動植物・ペット・園芸
レファレンスブック

日外アソシエーツ

Reference Books
of
Animals and Plants

Compiled by
Nichigai Associates, Inc.

©2011 by Nichigai Associates, Inc.
Printed in Japan

本書はディジタルデータでご利用いただくことができます。詳細はお問い合わせください。

●編集担当● 城谷 浩
装 丁：赤田 麻衣子

刊行にあたって

　私たちは生活の中で自然、とくに動植物を身近に感じている。日本では古くから「花鳥風月」といわれるように、春の桜をはじめ、四季折々の動植物に親しんできた。子どもの頃の昆虫採集や、犬・猫・鳥などのペットの飼育、植物の栽培などは多くの人の暮らしや思い出の中に根づいている。

　小社では、辞書・事典などの「参考図書」を分野別に調べられるツールとして、2010年に『福祉・介護 レファレンスブック』『「食」と農業 レファレンスブック』の2冊を刊行した。本書はそれに続く第3冊で、動物・植物、ペット、園芸に関する参考図書を収録している。野草の図鑑、飼育や栽培のガイドブックといった身近な図書から、世界自然遺産になった小笠原の生物誌、聖書や万葉集の動植物の事典など、その内容は多岐にわたっている。これらの参考図書は、図書館のNDC分類では自然科学、産業、さらに思想、文学などの棚に分かれているが、本書では動植物の分類別にわかりやすく排列し、さらに参考図書の形式ごとに分けて収録し、動植物に関する参考図書を1冊で調べられるようにした。また、すべての参考図書に内容解説または目次のデータを付記し、どのような調べ方ができるのかわかるようにした。巻末の索引では、書名、著編者名、主題（キーワード）から検索することができる。

　インターネットの検索で情報をすぐに得られるようになった現代だが、各分野の研究成果にもとづく正確な内容が掲載されている点、また美しく鮮明な図版が掲載されている点などで、動植物の参考図書は現在も広く利用されている。本書が、動物・植物について調べるにはどのような参考図書があるか、の課題に解決法を示すツールとして、既刊と同様にレファレンスの現場で大いに利用されることを願っている。

　2011年8月

　　　　　　　　　　　　　　　　　　　　　　　　　日外アソシエーツ

凡　例

1. 本書の内容

    本書は、動植物・ペット・園芸に関する事典、図鑑、ハンドブック、法令集、年鑑などの参考図書の目録である。いずれの図書にも、内容解説あるいは目次を付記し、どのような参考図書なのかがわかるようにした。

2. 収録の対象

    (1) 1990年（平成2年）から2010年（平成22年）までの間に日本国内で発売された動植物・ペット・園芸に関する参考図書2,832点を収録した。
    (2) 園芸については、植物の栽培に関する参考図書を収録対象とし、生産・流通・経営に関するものは収録対象外とした。

3. 見出し

    (1) 全体を「生物」「植物」「動物」に大別し、大見出しを立てた。
    (2) 上記の区分の下に、各参考図書の主題によって分類し、186の中見出し・小見出しを立てた。
    (3) 同一主題の下では、参考図書の形式別に「書誌」「年表」「事典」「辞典」「索引」「名簿」「ハンドブック」「法令集」「図鑑」「カタログ」「地図帳」「年鑑・白書」「統計集」の小見出しを立てた。

4. 図書の排列

    同一主題・同一形式の下では、書名の五十音順に排列した。

5. 図書の記述

    記述の内容および記載の順序は以下の通りである。
    　　書名／副書名／巻次／各巻書名／版表示／著者表示／出版地（東京以外を表示）／出版者／出版年月／ページ数または冊数／大きさ／

叢書名／叢書番号／注記／定価(刊行時)／ISBN(Ⓘで表示)／NDC(Ⓝで表示)／目次／内容

6．索引

(1) 書名索引

　　各参考図書を書名の五十音順に排列し、所在を掲載ページで示した。

(2) 著編者名索引

　　各参考図書の著者・編者を姓の五十音順、名の五十音順に排列し、その下に書名と掲載ページを示した。機関・団体名は全体を姓とみなして排列、欧文のものは五十音順の後にABC順に排列した。

(3) 事項名索引

　　本文の各見出しに関するテーマなどを五十音順に排列し、その見出しと掲載ページを示した。

7．典拠・参考資料

　　各図書の書誌事項は、データベース「BOOKPLUS」およびJAPAN/MARCに拠った。内容解説はできるだけ原物を参照して作成した。

目　次

生　物

動植物全般 ……………………… 1
生物学 …………………………… 4
　進化・系統 ……………………… 9
　古生物学 ………………………… 9
　　化　石 ………………………… 10
　バイオテクノロジー …………… 11
　細胞学 …………………………… 16
　生化学 …………………………… 16
　微生物学 ………………………… 18
　遺伝学 …………………………… 20
　生態学 …………………………… 22
　人類学 …………………………… 22
　生物誌 …………………………… 23
　　日本の生物 …………………… 24
　　水生生物 ……………………… 27
　環境問題・自然保護 …………… 28
　有害生物 ………………………… 31
　生物と文化 ……………………… 32

植　物

植物全般 ………………………… 33
　植物と文学 ……………………… 39
　　植物歳時記 …………………… 40
　　万葉の植物 …………………… 43
　植物と美術 ……………………… 43
　植物と聖書 ……………………… 44
　植物と文化・民俗 ……………… 44
　植物園 …………………………… 45
　植物学 …………………………… 45
　　花　粉 ………………………… 47
　　光合成 ………………………… 48
　　植物病理学 …………………… 48
　　植物遺伝学 …………………… 49

　　植物バイオテクノロジー …… 49
　有毒植物 ………………………… 49
　食虫植物 ………………………… 50
　水生植物 ………………………… 50
　淡水植物・湿性植物 …………… 51
　帰化植物 ………………………… 51
　植物分類学 ……………………… 52
植物誌 …………………………… 52
　　日本の植生 …………………… 52
　　世界の植生 …………………… 58
　植物保護 ………………………… 59
高原・高山植物 ………………… 60
　山野草・山菜 …………………… 65
　牧草・草地 ……………………… 72
　雑　草 …………………………… 73
　草木染め ………………………… 74
薬　草 …………………………… 74
　生　薬 …………………………… 80
　本草学 …………………………… 80
　ハーブ …………………………… 82
　植物ヒーリング ………………… 87
花 ………………………………… 88
　花ことば ………………………… 95
　フラワー療法 …………………… 97
　花の文化 ………………………… 97
　押し花 …………………………… 98
　フラワーデザイン ……………… 98
　いけばな ………………………… 99
　茶　花 …………………………… 101
　野の花 …………………………… 101
　野　草 …………………………… 104
　四季の草花 ……………………… 107
　日本各地の花 …………………… 115
　世界各地の花 …………………… 122
樹　木 …………………………… 122

(6)

目　次

植物（続き）

- 日本の樹木 …………………… *130*
- 街路樹 ………………………… *133*
- 木の実・草の実 ……………… *135*
- 森　林 ………………………… *136*
  - 森林保護 …………………… *137*
- 園　芸 ………………………… *138*
  - 園芸植物の病害虫 ………… *142*
  - 観葉・観賞植物 …………… *143*
  - 花卉園芸 …………………… *146*
    - 宿根草花 ………………… *155*
    - 鉢植花卉 ………………… *155*
    - ガーデニング …………… *156*
  - 花木・庭木 ………………… *157*
  - 芝　草 ……………………… *160*
  - 盆　栽 ……………………… *160*
  - 作物栽培 …………………… *161*
  - 稲　作 ……………………… *162*
  - 野　菜 ……………………… *163*
    - 蔬菜の病害虫 …………… *167*
  - サツマイモ ………………… *168*
  - タバコ ……………………… *168*
  - 茶 …………………………… *169*
  - 果樹栽培 …………………… *169*
- 種子植物 ……………………… *171*
  - ラン ………………………… *173*
  - バラ ………………………… *175*
  - サクラ ……………………… *178*
  - ウメ ………………………… *179*
  - アジサイ …………………… *179*
  - キク ………………………… *180*
  - アサガオ …………………… *180*
  - スミレ ……………………… *180*
  - サボテン …………………… *180*
- 藻　類 ………………………… *182*
  - 海　藻 ……………………… *182*
- 菌　類 ………………………… *183*
  - きのこ ……………………… *184*
- コケ・シダ …………………… *192*
  - コケ植物 …………………… *192*
  - シダ植物 …………………… *192*

動　物

- 動物全般 ……………………… *194*
  - 動物と文学 ………………… *202*
  - 動物と聖書 ………………… *203*
  - 動物と文化・民俗 ………… *204*
  - 動物園・水族館 …………… *205*
  - 動物学 ……………………… *206*
    - 動物遺伝・育種学 ……… *207*
    - 動物生態学 ……………… *208*
  - 獣医学 ……………………… *210*
  - 日本各地の動物 …………… *212*
  - 世界各地の動物 …………… *214*
  - 土壌動物 …………………… *214*
  - 水生動物 …………………… *215*
    - プランクトン …………… *219*
    - 海洋動物 ………………… *220*
  - 有毒動物 …………………… *226*
  - 動物保護 …………………… *226*
  - 古代動物・化石 …………… *230*
    - アンモナイト …………… *232*
    - 恐　竜 …………………… *232*
    - 絶滅哺乳類 ……………… *239*
    - マンモス ………………… *239*
  - 幻想動物 …………………… *239*
  - 家　畜 ……………………… *239*
  - ペット ……………………… *240*
- 無脊椎動物 …………………… *244*
  - サンゴ ……………………… *244*
  - 貝類・軟体動物 …………… *244*
    - イカ・タコ ……………… *248*
  - 棘皮動物 …………………… *248*
  - 節足動物 …………………… *249*
    - 甲殻類 …………………… *249*
    - ザリガニ ………………… *250*
    - 蛛形類 …………………… *250*
- 昆虫類 ………………………… *251*
  - 各地の昆虫 ………………… *261*
  - 個々の昆虫 ………………… *263*
    - アリ ……………………… *266*
    - ハチ ……………………… *266*

〔7〕

目 次

- チョウ・ガ …………………………… 267
- トンボ ………………………………… 271
- カブトムシ・クワガタムシ ……… 272
- 水生昆虫 ……………………………… 276
- 害 虫 ………………………………… 277
- 魚 類 …………………………………… 278
  - 日本の魚 …………………………… 289
  - 個々の魚 …………………………… 293
    - メダカ …………………………… 294
    - サケ・マス ……………………… 294
    - マグロ …………………………… 295
    - サ メ …………………………… 295
  - 鑑賞魚 ……………………………… 296
- 両棲類・爬虫類 ……………………… 301
  - カエル ……………………………… 304
  - ヘ ビ ……………………………… 305
  - カ メ ……………………………… 306
- 鳥 類 …………………………………… 306
  - 鳥類学 ……………………………… 317
  - 日本各地の鳥 ……………………… 318
  - 世界各地の鳥 ……………………… 321
  - 野鳥保護 …………………………… 322
  - 海鳥・渡り鳥 ……………………… 323
  - 個々の鳥 …………………………… 323
    - ワシ・タカ ……………………… 323
    - ペンギン ………………………… 324
    - ニワトリ ………………………… 324
  - 鳥の飼育 …………………………… 324
- 哺乳類 ………………………………… 325
  - 個々の哺乳類 ……………………… 329
    - ゾ ウ …………………………… 330
    - ウ シ …………………………… 330
    - ウ マ …………………………… 330
    - 競走馬 …………………………… 331
    - イルカ・クジラ ………………… 331
  - イヌ科の動物 ……………………… 333
    - イ ヌ …………………………… 333
    - 盲導犬 …………………………… 341
  - ネコ科の動物 ……………………… 341
    - ネ コ …………………………… 341
  - 霊長類 ……………………………… 344

- 書名索引 ……………………………… 347
- 著編者名索引 ………………………… 381
- 事項名索引 …………………………… 451

生　物

動植物全般

＜書　誌＞

動物・植物の本全情報　93／98　日外アソシエーツ編　日外アソシエーツ，紀伊国屋書店〔発売〕　1999.6　695p　21cm　28000円　Ⓘ4-8169-1545-1

[目次]動物編（動物全般，動物文学・随筆，動物学，一般動物学，動物地理・動物誌，動物園・水族館，無脊椎動物，昆虫類，魚類，両棲類・爬虫類，鳥類，哺乳類・その他の動物），植物編（植物全般，植物と文学・随筆，植物学，一般植物学，植物地理・植物誌，植物園・庭園，高山植物・野生植物，薬草，花一般，樹木一般，森林，種子植物，藻類・菌類，コケ植物・シダ植物，園芸，作物栽培，果樹栽培）

[内容]動物・植物に関する図書を網羅的に集め，主題別に排列した図書目録。1993年（平成5年）から1998年（平成10年）までの6年間に日本国内で刊行された商業出版物，政府刊行物，私家版など10533点を収録し，またそれ以前に刊行され，前版（1993年刊）に掲載されなかった図書も併せて収録。図書の記述の内容は，書名，副書名，巻次，各巻書名，著者表示，版表示，出版地，出版者，出版年月，ページ数または冊数，大きさ，叢書名，叢書番号，注記，定価（刊行時），ISBN，NDC，内容など。事項名索引付き。

動物・植物の本 全情報　1999-2003　日外アソシエーツ編　日外アソシエーツ，紀伊國屋書店〔発売〕　2004.10　738p　21cm　28000円　Ⓘ4-8169-1870-1

[目次]動物編（動物全般，動物文学・随筆，動物学，一般動物学，動物地理・動物誌，動物園・水族館，無脊椎動物，昆虫類，魚類，両棲類・爬虫類，鳥類，哺乳類・その他の動物），植物編（植物全般，植物と文学・随筆，植物学，一般植物学，植物地理・植物誌，植物園・庭園，高山植物・野生植物，薬草，花，樹木，森林，種子植物，藻類・菌類，コケ植物・シダ植物，園芸，作物栽培，果樹栽培）

[内容]動物・植物に関する図書を網羅的に集め，主題別に排列した図書目録。1999年（平成11年）から2003年（平成15年）までの5年間に日本国内で刊行された商業出版物，政府刊行物，私家版など12060点を収録。巻末に事項索引が付く。

＜事　典＞

動物と植物　ジル・ベイリー，マイク・アラビー著，デイビッド・マクドナルド監修，太田次郎監訳，薮忠綱訳　朝倉書店　2006.9　173p　30cm　（図説 科学の百科事典 1）〈原書第2版　原書名：The New Encyclopedia of Science second edition, Volume 2. Animals and Plants〉　6500円　Ⓘ4-254-10621-1

[目次]1 壮大な多様性，2 生命活動，3 動物の摂餌方法，4 動物の運動，5 成長と生殖，6 動物のコミュニケーション，用語解説，資料

[内容]動植物について発生・形態・構造・進化が関わる様々な事項を迫力のある写真やイラストを用いて解説した百科事典。

日常の生物事典　田幡憲一，早崎博之，市石博，奥谷雅之，柏倉正伸，小泉裕一，新行内博編　東京堂出版　1998.9　348p　21cm　2800円　Ⓘ4-490-10495-2

[目次]第1章 身のまわりの生き物，第2章 自然と人間のかかわり，第3章 からだの不思議，第4章 人間の五感と行動，第5章 ヒトの遺伝と発生，第6章 生物の利用と人間生活

[内容]ペットからカビ・細胞まで，身近な生物の話題164を収録した事典。

＜辞　典＞

知ってびっくり「生き物・草花」漢字辞典　烏の賊が何故イカか　加納喜光［著］　講談社　2008.6　331p　16cm　（講談社＋α文庫）　800円　Ⓘ978-4-06-281207-8　Ⓝ480

[目次]第1章 動物編（陸の動物，家畜・家禽，海と川の動物，爬虫類・両生類，淡水の魚介類，海の魚介類，鳥：虫），第2章 植物編（庭木・街路樹，山野の樹木，野草，園芸植物，果樹，水辺の植物，野菜・山菜・穀物，香辛料植物・ハーブ，きのこ・藻類，有用植物）

[内容]ふだんはカタカナで読み書きしている動植物の漢字を解説する漢字辞典。動物・魚・鳥・昆虫などの生物，樹木・草花・野菜・果物などの植物は，たいてい漢字表記をもっている。常用漢字でも，多くの動植物には，それぞれ固有の意味をもつ漢字名がある。あなたはいくつわかる？

動植物全般　　生物

動植物ことば辞典　東郷吉男,上野信太郎著
東京堂出版　2006.5　271p　19cm　2500円
ⓘ4-490-10691-2
[内容]犬・猫・馬・牛や松・竹・梅・桜など身のまわりの動植物からつくられた多彩な日本語2830語を網羅。日本人が身近な動植物をどのようにとらえたか私たちの言語生活の一端がわかる。国語辞書には出てこない慣用句や成句・熟語なども数多く収め日本語教育に便利。

動植物名よみかた辞典　日外アソシエーツ編
日外アソシエーツ,紀伊国屋書店〔発売〕
1991.8　961p　21cm　19800円　ⓘ4-8169-1103-0　Ⓝ470.33
[内容]当て字や読みが難しい漢字を使うことの多い動植物名の読み方を、1文字目の音や画数を手がかりにすぐ調べられる。動植物名約28000を収録し、学名・科名等を付記して簡単な動物・植物の事典としても利用できる。ワープロ入力する際に便利なJIS区点コード付。

ふしぎびっくり語源博物館　ことばの調べ学習に役立つ　5　動植物・自然のことば　江川清監修,山下暁美文,阿木二郎絵
ほるぷ出版　2000.2　135p　21cm　2200円
ⓘ4-593-57205-3　ⓃK812
[目次]第1章 季節や自然現象のことば(はる,かげろう ほか),第2章 動物や鳥のことば(さる,いぬ ほか),第3章 魚や貝・虫のことば(さけ,かつお ほか),第4章 植物のことば(たんぽぽ,しゃくやく ほか)
[内容]言葉の意味と語源についてイラストや写真で解説したもの。この巻では、動植物や自然現象に関する言葉の中から、身近な言葉、観察に役立つ言葉などを取り上げている。

<図　鑑>

いきもの探検大図鑑　NATURE-PAL
岡島秀治,小野展嗣,岸由二,小宮輝之,富田京一,長谷川博,増井光子,望月賢二,山田卓三,山本洋輔,羽田節子指導・監修　小学館　1997.9　303p　30cm　3790円　ⓘ4-09-213141-0
[目次]学習上大切な項目,生きもののグループをまとめた項目,生きもの全体がわかる項目
[内容]動物、植物から細菌まで、2千数百種の生物を掲載。排列は、見出し語の五十音順。巻末に、五十音順の索引がある。

機械と生き物Q&A くらべる図鑑　3　つくる　渡辺政隆監修　フレーベル館　1997.4　55p　27×22cm　1900円　ⓘ4-577-01737-7
[目次]1 木かげのハンモックでゆっくりおひるね,2 水をせきとめてダムづくり,3 あたたかくてじょうぶな手づくり木製ハウス,4 大きなシャベルでザックザックトンネル建設中,5 これぞ名人芸!土でつくったみごとな形,6 シロアリの巨大住宅・完ぺきなエアコン設備,7 夏すずしく冬あたたかい かいてきな草の屋根,8 小えだでつくった素敵なあずまやへようこそ,9 母鳥のかわり,ひきうけます,10 軽くてじょうぶ ふしぎな六角形の集まり,11 潮の満ち干もOK!長い足で支える,12 大きいものを細いもので支える

機械と生き物Q&A くらべる図鑑　4　まもる　渡辺政隆監修　フレーベル館　1997.7　56p　27×22cm　1900円　ⓘ4-577-01738-5
[目次]1 強いぞ!固いからでしっかり守る,2 するどい歯も剣も手が出ない 完ぺきなよろい,3 水からニュキッ!体をかくして様子をさぐる,4 近づく敵をノックアウト!ガスをふき出し身を守る,5 やさしく包む赤ちゃんのベッド,6 いつでもいっしょ どこへもラクラクつれて行く,7 安全、安心たくさんの子どもを一度に運ぶ,8 体を包んで 危険な夜ものりこえる,9 光は通して寒さシャットアウト,10 たいせつな物をしっかり守る 空気の泡の2つの効果,11 水の中でもあったかい 体にピッタリ水中スーツ,12 力強い走り ショックを吸いこむ足の裏

こどものずかんMio　12　きせつとしぜん　(大阪)ひかりのくに　2005.9　64p　27×22cm　762円　ⓘ4-564-20092-5
[目次]きたかぜびゅうびゅう,はるかぜふわふわ,さむいふゆ しずかにしずかに…,だれのあしあと?,おなかがすいた…,パノラマワイドのやまのいきものたちは?,パズル だれのあしあと?,ずかん いろんなところがこおったよ,ずかん いけやかわでみられるとり,はるのはじまりはるいちばんをみつけた![ほか]

飼育・栽培　増補改訂版　学研教育出版,学研マーケティング(発売)　2010.7　216p　19cm　(新・ポケット版学研の図鑑 8)〈監修・指導：中山周平ほか　初版：学習研究社2002年刊　索引あり〉　960円　ⓘ978-4-05-203210-3　Ⓝ480.76
[目次]昆虫(カブトムシ、アトラスオオカブト ほか),動物(ハムスター、モルモット ほか),水の生き物(キンギョ、メダカ ほか),植物・コケ植物(ヒマワリ、コスモス ほか)
[内容]昆虫・動物・水の生き物・植物、生き物の育て方ガイド。写真やイラストで育ち方もよくわかる。

飼育栽培図鑑　はじめて育てる・自分で育てる　有沢重雄文,月本佳代美絵　福音館書店　2000.4　381p　19cm　1600円　ⓘ4-8340-1664-1　ⓃK480
[目次]飼育,イヌ・ネコと小さな動物,昆虫な

生物　　　　　　　　　　　　　　　　　動植物全般

ど，鳥，魚・カニなど，栽培，草花を育てる，野菜・ハーブを育てる
〈内容〉児童を対象とした生きものの飼育，植物の栽培図鑑。飼育，栽培に関する基本的な説明と方法とイヌ・ネコ，昆虫などと草花などの種類ごとに分類しての解説をしている。巻末に動植物名および事項の五十音順索引を付す。

飼育と観察　筒井学，萩原清司，相馬正人，樋口幸男指導・執筆・監修　小学館　2005.8　183p　29×22cm　（小学館の図鑑NEO 15）〈付属資料：シール〉　2000円　Ⓘ4-09-217215-X
〈目次〉虫の飼い方（林の虫，川や池の虫 ほか），水の生き物の飼い方（海の生き物，川や池の生き物），鳥やペットの飼い方，植物の育て方（花を育てよう，作物を育てよう）
〈内容〉さまざまな生き物の飼い方や育て方を紹介。12～65ページではカブトムシなどの昆虫，66～101ページでは魚やカニなどの水の生き物，102～121ページでは小鳥やハムスターのようなペット，122～161ページではアサガオのような花や，ジャガイモなどの作物を紹介。

超はっけん大図鑑　11　見つけよう！自然のふしぎ　小泉伸夫監修　ポプラ社　2003.6　67p　22×22cm　780円　Ⓘ4-591-07749-7
〈目次〉やさいを育てよう，ダンゴムシと遊ぼう，自然地図をつくろう，身近な鳥をさがそう，植物で色水遊びをしよう，町の化石たんけん
〈内容〉身近な生きものを通して自然にふれる6つのテーマをしょうかい。かんさつのこつや，まとめかたのアイデアも大公開。幼児～小学校低学年向き。

はるなつあきふゆ　無藤隆監修　フレーベル館　2006.2　128p　30×23cm　（フレーベル館の図鑑ナチュラ 12）　1900円　Ⓘ4-577-02848-4
〈目次〉春（春のしぜん，春のくらし），夏（夏のしぜん，夏のくらし），秋（秋のしぜん，秋のくらし），冬（冬のしぜん，冬のくらし），もっと知りたい！春夏秋冬

ふれあいこどもずかん　春・夏・秋・冬　学習研究社　2005.7　291p　19cm　1400円　Ⓘ4-05-202365-X
〈目次〉春のずかん（むしをさがそう，はなをさがそう，みずのいきものみつけよう，とりをみつけよう），夏のずかん（むしをさがそう，うみのいきものみつけよう，はなをさがそう），秋のずかん（きのみやくさのみをさがそう，なくむしさがそう，のりものみてみよう，はっぱをさがそう，はなをさがそう），冬のずかん（こおり，どうぶつみてみよう，くさばなをさがそう，と

りをみつけよう，むしをさがそう）
〈内容〉「見たい」「知りたい」「調べたい」を，この1冊で。全288ページに写真・イラスト・図版が1500点。自然とふれあうこどものずかん決定版。

ふれあいこどもずかん春夏秋冬　きせつのしぜん　幼児～低学年　第2版　学研教育出版，学研マーケティング（発売）　2010.4　291p　19cm　〈初版：学習研究社2005年刊　索引あり〉　1400円　Ⓘ978-4-05-203200-4　Ⓝ460.7
〈目次〉春のずかん（むしをさがそう，はなをさがそう，みずのいきものみつけよう，とりをみつけよう），夏のずかん（むしをさがそう，うみのいきものみつけよう，はなをさがそう），秋のずかん（きのみやくさのみをさがそう，なくむしさがそう，のりものみてみよう，はっぱをさがそう，はなをさがそう），冬のずかん（こおり，どうぶつみてみよう，くわぼなをさがそう，とりをみつけよう，むしをさがそう）
〈内容〉身近な昆虫や草花を中心に，約1200種の生き物を，四季に分けて紹介する図鑑。生態のひみつ解説も充実。「虫の飼い方」や「草花あそび」など，自然と触れ合うアイデアが満載。持ち歩きに便利な，ハンディサイズ。

ポケット版 学研の図鑑　8　飼育・栽培　中山周平，平井博監修・指導　学習研究社　2002.4　192, 16p　19cm　960円　Ⓘ4-05-201492-8　ⓃK480
〈目次〉昆虫（カブトムシ，アトラスオオカブト ほか），動物（ハムスター，モルモット ほか），水の生き物（キンギョ，メダカ ほか），植物（ヒマワリ，コスモス ほか），資料館（観察日記をつけよう，標本のつくり方 ほか）
〈内容〉子ども向けに飼育・栽培方法を紹介する図鑑。昆虫，動物，水の生き物，植物に分類して掲載。さまざまな生き物の飼育・栽培の方法とポイントを，実例を見せながらくわしく解説している。それぞれの生き物の全長，季節，幼虫の期間，さなぎの期間，成虫の期間などのデータや飼育難易度，注意点なども紹介されている。巻末に索引が付く。

わくわくウオッチング図鑑　1　山と高原　高原・高原のしつ原・山　学習研究社　1990.7　152p　19cm　〈監修：大野正男，柴田敏隆〉　854円　Ⓘ4-05-104332-0　ⓃK460
〈内容〉小学生向けの自然観察図鑑。リスやウサギだけでなく鳥やカエル，昆虫，木や草まで。動物・植物の分類別ではなく，環境別に様々な生きものを1冊に収めた新しい図鑑のシリーズ。

わくわくウオッチング図鑑　2　川と川原　上流・中流／川原・下流／河口　学習研究社　1990.7　152p　19cm　〈監修：大野正

生物学　　　　　　　　　　　生　物

男，柴田敏隆〉　854円　ⓃK460　Ⓓ4-05-104333-9

⦅目次⦆第1章 上流（上流の沢すじにはえる木々，水辺に咲く花を見にいこう，けい流にいこうチョウ ほか），第2章 中流・川原（広い川原でバードウオッチング，川原をいろどる美しい花たち，魚つりのおじさんのビクの中を見る ほか），第3章 下流・河口（オギやヨシのジャングル，ヨシのジャングルにいる虫たち，カモやカモメが河口に群れているよ ほか）

⦅内容⦆川と川原の生物が1冊でわかる，初めての子どものためのポケット図鑑。川にいるのは鳥やトンボだけではない。川原の草や木，ヘビやカエル，それに魚までふくめて紹介する。

わくわくウオッチング図鑑　3　海辺や干がた　干がた・砂はま・いそ　学習研究社　1990.7　152p　19cm　〈監修：大野正男，柴田敏隆〉　854円　Ⓓ4-05-104334-7　ⓃK460

⦅目次⦆第1章 干がた（干がたは旅する鳥の食堂だ，いろいろなカニがいっぱい，どろをほると貝がザックザック出るよ ほか），第2章 砂はま（海からのおくり物を探しにいこう，塩や熱，砂の動きにも負けない草たち，風や砂をとめる林 ほか），第3章 いそ（潮風や日の照り返しにも強い植物，打ち寄せられた海そうを調べてみよう，大きな潮だまりには魚がいっぱいよ ほか）

⦅内容⦆海と海辺の生物が1冊でわかる，初めての子どものためのポケット図鑑。海にいるのは魚や貝だけではない。海そうや浜辺の木や草。それに鳥までふくめて紹介する。

わくわくウオッチング図鑑　4　草原や林　草原・雑木林・ブナの林　学習研究社　1991.4　152p　19cm　〈監修：大野正男，柴田敏隆〉　854円　Ⓓ4-05-104335-5　ⓃK460

⦅内容⦆草原や林の生物が1冊でわかる，初めての子どものためのポケット図鑑。動物・植物の分類別ではなく，環境別に様々な生きものを1冊に収めた新しい図鑑のシリーズ。

わくわくウオッチング図鑑　5　田や畑　畑・水田や小川・ぬま　学習研究社　1991.4　152p　19cm　〈監修：大野正男，柴田敏隆〉　854円　Ⓓ4-05-104336-3　ⓃK460

⦅目次⦆第1章 畑（畑にはいつも食べている野菜があるよ，すごい早さで育つ畑の雑草たち，野菜が大好きな虫たち，カキやクリの木に集まる虫たち，畑の下にはミミズがいるよ ほか），第2章 水田や小川（春の田んぼはお花畑，ふまれたり，かり取られたりする草，秋の田んぼにはアカトンボがいっぱい，水田の上をトンボやシラサギがまっているよ，水草でおおわれたぬまは，水生動物の楽園だ ほか），第3章 ぬま（ぬまの水辺は草のジャングルだ，ぬまの中には浮草や水草がいっぱい，ぬまを飛びかうトンボたち，ガ

スボンベやシュノーケルを使う虫たち，ぬまにはコイやフナが泳いでいる ほか）

⦅内容⦆田・畑や小川・ぬまの生物が1冊でわかる，初めての子どものためのポケット図鑑。田や畑にいるのはカエルだけではない。野草，作物から昆虫，魚，鳥，小動物までふくめて紹介する。

わくわくウオッチング図鑑　6　街の中　家のまわり・小さな林や空き地・ビル街　学習研究社　1991.4　152p　19cm　〈監修：大野正男，柴田敏隆〉　854円　Ⓓ4-05-104337-1　ⓃK460

⦅目次⦆第1章 家のまわり（庭に出てみよう。生きがいっぱい，庭やベランダのきれいな花，かわいい花を咲かせる雑草，庭の木や花には虫がいっぱい，地面や石の下の虫を見てみよう ほか），第2章 小さな林や空き地（空き地の草のジャングル，空き地の草や花に集まる虫たち，小さな林で仲良しの木をつくろう，小さな林でセミのぬけがらを探そう，モグラやリスがいるよ ほか），第3章 ビル街（街の安らぎ，緑の並木道，選びぬかれたシティの花たち，わずかな緑や土にも虫は生きる，ビルの谷間に生きる鳥たち）

⦅内容⦆街の中の生物が1冊でわかる，初めての子どものためのポケット図鑑。街にいるのはイヌやネコだけではない。ビル街や小さな林の草や木，昆虫，カエル，ヘビから鳥までふくめて紹介する。

生物学

〈事　典〉

アリストテレスから動物園まで　生物学の哲学辞典　P.B.メダワー，J.S.メダワー著，長野敬，鈴木伝次，田中美子訳　みすず書房　1993.4　398,30p　19cm　4635円　Ⓓ4-622-03948-6

⦅内容⦆「アリストテレス」「ニワトリと卵」「インターフェロン」「動物園」などの生物学をめぐる項目をABC順に収録し，議論を記載した「拾い読むための」生物学辞典。

旺文社　生物事典　四訂版　八杉貞雄，可知直毅監修　旺文社　2003.1　479p　19cm　1500円　Ⓓ4-01-075143-6

⦅内容⦆日常学習から入試，一般教養まで使える本格的な生物小事典。学習項目・重要項目7300余を五十音順に収録。重要な見出しには印を付けたほか，学習上必要な項目は大項目として特別に解説。巻末の付録に分類表，系統図，生物学史年表を収録。

現代生物科学辞典　マイケル・タイン，マイケル・ヒックマン編，太田次郎監訳　講談社　1999.10　546p　19cm　〈原書第9版〉　3500

円 ①4-06-153428-9

(内容)生物科学の古典的な領域から,分子生物学,免疫学,細胞学,遺伝学,生態学,動物学や植物学などの現代最先端の知識まで収録した生物科学辞典。約5500の見出し語を,日本語の五十音順に配列。欧文索引付き。

三省堂 生物小事典 第4版 三省堂編修所編
三省堂 1994.2 458p 19cm 1200円 ①4-385-24005-1

(内容)現行の高校教科書・大学入試問題・専門雑誌などから生物関連用語5600項目を収録する事典。生物の全分野の新しい重要術語を多数収録する。付録には分類表・系統図・生物学史年表などがある。

時間生物学事典 石田直理雄,本間研一編
朝倉書店 2008.5 326p 22cm 〈文献あり〉 9200円 ①978-4-254-17130-3 Ⓝ463.9

(目次)第1部 時間生物学,第2部 サーカディアンリズムの基礎,第3部 生物リズムの研究法,第4部 生物時計,第5部 サーカディアンリズムの分子機構,第6部 リズム障害,第7部 ヒトとリズム

生物を科学する事典 市石博,早崎博之,加藤美由紀,鍋田修身,早山明彦,平山大,降幡高志著 東京堂出版 2007.10 238p 21cm 2600円 ①978-4-490-10711-1

(目次)第1章 親から子へ(連続する生命,DNAと日常生活),第2章 生命を維持するはたらき(からだの調節,行動は語る),第3章 自然と人間生活(微生物と人間生活,生態系のしくみ,植物と人間生活),第4章 生命進化40億年の道のり(無から有へのナゾ,進化のしくみとは?,ヒトはどう進化した?)

生物学辞典 石川統,黒岩常祥,塩見正衛,松本忠夫,守隆夫,八杉貞雄,山本正幸編 東京化学同人 2010.12 1615p 22cm 〈年表あり 索引あり〉 12000円 ①978-4-8079-0735-9 Ⓝ460.33

(内容)分子生物学,細胞生物学,生化学などの基礎科学から,医学,農学,進化学,古生物学まで,生物学に関連する広範な領域から基本用語を網羅した辞典。生物の精密イラストも多数収録する。欧文索引・略号索引つき。

生物学データ大百科事典 上 石原勝敏,金井竜二,河野重行,能村哲郎編 朝倉書店 2002.6 1459, 47p 26cm 100000円 ①4-254-17111-0 Ⓝ460.36

(目次)生体の構造,生化学,植物の生理・成長・分化,動物生理(1)

(内容)生命現象の原理,生物の構成,集団の構成や活動までの知見・データをまとめた事典。全体を9分野に分けた体系別編成で,2分冊に掲載。表・グラフ・模式図・概念図などが主体で,各項末尾に文献リストがある。巻末には上下巻全体に対する索引(和文と欧文)がある。

生物学データ大百科事典 下 石原勝敏,金井竜二,河野重行,能村哲郎編 朝倉書店 2002.9 1冊 26cm 100000円 ①4-254-17112-9 Ⓝ460.36

(目次)5 動物生理(2)(運動・栄養・調節・免疫(運動,栄養・消化・排泄 ほか),6 動物の発生(生殖,配偶子形成 ほか),7 遺伝学(遺伝学の歴史と遺伝子の概念,メンデルの遺伝の法則 ほか),8 動物行動(走性,動物の感覚特性 ほか),9 生態学(動物生態学,植物生態学 ほか),10 進化・系統(生命の起源と先カンブリア紀の進化,動物・植物の進化と系統 ほか)

(内容)生命現象の原理・原則,生物を構成する分子から個体,集団の構成や活動までの知見・データ類を網羅する資料集。生物学の領域別に,表・グラフ・模式図・概念図を多数収録。巻末に和文・欧文索引がある。

生物学名辞典 平嶋義宏著 東京大学出版会 2007.7 1292p 23×16cm 45000円 ①978-4-13-060215-0

(目次)第1章 古典語の変化語尾,第2章 接頭辞,第3章 接尾辞,第4章 縮小辞,第5章 一般的な形容詞,第6章 色に関する用語,第7章 形と寸法に関する用語,第8章 表面構造に関する用語,第9章 動物体の構造に関する用語,第10章 植物の構造に関する用語,第11章 環境に関する用語,第12章 動物の行動に関する用語

(内容)約35000語におよぶ用語を索引に収録する大辞典。さまざまな生物の学名の語源と意味を詳細に解説。学名に用いられるギリシア語とラテン語の語彙を全12章に分けて解説。約400点におよぶ豊富な生物の写真や図版を掲載。巻末に高次分類群名索引,属名索引,種小名索引,和名索引がつく。

生物学名命名法辞典 平嶋義宏著 平凡社 1994.11 493p 21cm 8240円 ①4-582-10712-5

(目次)第1章 学名の基礎的知識,第2章 動物の学名—サルとヒト,第3章 植物の学名,第4章 微生物の学名

(内容)動物・植物・微生物の学名の語源と意味を解説するもの。学名の規則と文法を解説する第1章と分類別に具体例を解説する第2~4章で構成する。第4章の後に参考文献一覧がある。属名・種(小)名・高次分類群学名・和名・人名・事項の6種の索引を付す。

生物教育用語集 日本動物学会,日本植物学

会編　東京大学出版会　1998.9　191p
21cm　2400円　④4-13-062210-2
〈内容〉高等学校までの生物教育に資するため、標準となると思われる生物学用語2702語を採録した用語集。

生物事典　改訂新版　旺文社　1994.9　440p
19×14cm　1500円　④4-01-075109-6
〈内容〉生物名約1500を含む、教科書や入試に頻出する項目約6800を収録した高校生物の学習事典。五十音順に排列。項目解説は定義を簡潔に記し、次に具体的な解説を加える2段階式。また重要度を記号で示し、特に重要な項目は大項目として特別解説する。図表400を記載。付録として生物分類表、生物の系統、生物学史年表がある。

生物の事典　石原勝敏、末光隆志総編集　朝倉書店　2010.9　542p　26cm　〈文献あり　年表あり　索引あり〉　17000円　④978-4-254-17140-2　Ⓝ460.36
〈内容〉地球や生物の誕生から、微生物・植物・動物などの生息環境、生態系の形成や社会の形成まで、生物に関わるすべての分野を網羅した事典。生物の生命現象や社会生活、文化など、あらゆる事象をまとめる。

生物の小事典　石浦章一、小林秀明、塚谷裕一著　岩波書店　2001.2　306p　18cm　(岩波ジュニア新書367　事典シリーズ)〈索引あり〉　1400円　④4-00-500367-2　ⓃK460
〈内容〉DNA、細胞、免疫、進化、性、生命など生物学の用語を収録、現代生物学の視点からやさしく解説する学習事典。

バイオサイエンス事典　新装版　太田次郎編　朝倉書店　2007.2　367p　26cm　13000円　④978-4-254-17131-0
〈目次〉1 生体の成り立ち、2 生体物質と代謝、3 動物体の調節、4 動物の行動、5 植物の生理、6 生殖と発生、7 遺伝、8 生物の起源と進化、9 生態、10 ヒトの生物学、11 バイオテクノロジー

バイオサイエンス事典　太田次郎編　朝倉書店　2002.1　13，367p　21cm　12000円　④4-254-17107-2　Ⓝ460.36
〈目次〉生体の成り立ち、生体物質と代謝、動物体の調節、動物の行動、植物の生理、生殖と発生、遺伝、生物の起源と進化、生態、ヒトの生物学、バイオテクノロジー
〈内容〉バイオサイエンスについて体系的に解説する専門書。11分野以下にそれぞれ10項目から30項目のバイオサイエンス用語を振り分け、適宜図版を交えながら解説してゆく。用語は原則として各学会で制定された学術用語集に準じている。巻末に五十音順の和文索引とアルファ

ベット順の欧文索引を付す。

バイオニクス学事典　軽部征夫編　丸善　2005.1　136p　21cm　1890円　④4-621-07527-6
〈内容〉生物の機能を応用したり、模倣したりする技術であるバイオニクス（Bionics）とは、バイオテクノロジー・医療福祉や環境など私たちの生活の質を向上させる技術である「ヒューマニクス」とこれらの技術をサポートする「バイオエレクトロニクス」そして「ロボッティクス」から成り立つ。本事典では、これら三本柱に属するキーワードの中から最重要なものを選びだし、ビジュアルに、かつ誰もが理解できるよう噛み砕いて解説する本邦初の事典。第三世代バイオテクノロジーの全貌が見渡せる。

バイオのことば小辞典　広川秀夫、丸野内棣著　講談社　1998.9　248p　19cm　2500円　④4-06-153546-3
〈内容〉アポトーシス、活性酸素、がん遺伝子、抗原提示細胞、クローン、ゲノム、細胞周期、ニューロン、プログラム細胞死、免疫応答、利己的遺伝子など、遺伝子と細胞の世界の理解に必要な用語を解説した辞典。排列は五十音順。アルファベット順の索引付き。

マグローヒル バイオサイエンス用語辞典
マグローヒル・バイオサイエンス用語辞典編集委員会編　日刊工業新聞社　1998.10　975p　21cm　〈原書名：The McGraw - Hill Dictionary of Bioscience〉　5600円　④4-526-04246-3
〈内容〉バイオサイエンス関係の用語約16000語を収録した辞典。収録分野は、解剖学、生化学、生物学、生物物理学、植物学、細胞学、生態学、進化、遺伝学、組織学、免疫学、無脊椎動物学、微生物学、分子生物学、菌類学、古生植物学、古生物学、生理学、分類学、脊椎動物学、ウイルス学、動物学の23分野。五十音順排列。英文索引付き。

<辞 典>

英和学習基本用語辞典生物　海外子女・留学生必携　津田稔用語解説、藤沢皖用語監修　アルク　2009.4　425p　21cm　(留学応援シリーズ)〈他言語標題：English-Japanese the student's dictionary of biology　『英和生物学習基本用語辞典』（1994年刊）の新装版　索引あり〉　5800円　④978-4-7574-1574-4　Ⓝ460.33
〈内容〉英米の教科書に登場する生物用語を選定。英米の統一テストでの必須用語をカバー。図やグラフを多用し、高校生レベルに合わせたわかりやすい解説。学部・大学院留学生の基礎学習

英和 生物学習基本用語辞典 海外子女・留学生必携 アルク 1994.11 446p 21cm 6500円 ⓘ4-87234-364-6

(内容)留学生・海外子女のための英和学習用語辞典。イギリスやアメリカの教科書で使用されている用語1549語をアルファベット順に排列。日本の生物の授業で使われている訳語を示し、一部の語には詳しい説明、関連用語への参照がある。巻末に図版208点をまとめて掲載、また生物教育の日米英比較、カリキュラムが参考資料としてある。和英索引を付す。

プロフェッショナル英和辞典 SPED EOS 生命科学編 堀内克明,布山喜章ほか編 小学館 2004.3 1813p 17cm 3500円 ⓘ4-09-506701-2

(内容)一般語から専門語まで10万項目、用例1万3千を収録した英和辞典。うち専門語は3万2千項目を収録し簡潔に解説。付録に略語集・接辞集・遺伝学和英索引は付く。

Basic生物・化学英用語辞典 山本格編 (京都)化学同人 2003.5 440, 10p 19cm 2500円 ⓘ4-7598-0926-0

(内容)生物学および化学の関連分野から専門用語などを約23000語収録。生化学、微生物学、分子生物学、生命科学、薬理学、衛生化学、遺伝学、免疫学など進展著しい分野の、最新用語および略語を豊富に掲載。科学論文に頻出する動詞、形容詞、副詞などの一般英語をほぼ完全に網羅。付録として「和製英語」、「難解用語の読み方」などユニークな表を添付。

マグロウヒル現代生物科学辞典 英米 第2版 南雲堂フェニックス 2003.4 662p 22×14cm 3400円 ⓘ4-88896-310-X

(内容)生物学分野の専門用語22000語を網羅した大幅改訂版。同義語、頭字語、略語も収録。解剖学、生化学、植物学、進化論、遺伝学、微生物学、生理学、動物学など20あまりの生命科学分野のほか、法医学、神経科学、病理学、薬理学、獣医学など他の重要な生物医学分野もカバー。

ライフサイエンス辞書 医学・生物学のための絶対使える電子辞書 専門用語かな漢字変換と英和／和英、用例検索、共起表現のスーパーツールVersion 4.0 改訂 金子周司編 羊土社 2001.8 245p 25cm 〈付属資料(CD-ROM1枚 12cm)索引あり〉 4800円 ⓘ4-89706-663-8 Ⓝ490.33

(内容)医学・生物学分野の専門用語集。4万語の日本語、4万語の英語、5万語の対訳、2万5千の例文、73万行の共起表現を収録する。また英文の逐語訳ツールも収録。1997年刊「医学・生物学のためのライフサイエンス辞書3.1スーパーブック」の改題改訂版。

ライフサイエンス必須英和・和英辞典 ライフサイエンス辞書プロジェクト編著 羊土社 2010.4 659p 19cm 〈『ライフサイエンス必須英単語』(2000年刊)の改訂第3版〉 4800円 ⓘ978-4-7581-0839-3 Ⓝ460.7

(内容)基礎医学・臨床医学・薬学・理学・農学系の最重要語を網羅した英和・和英辞典。頻出1万語の英和と1万6千語の和英を収録し、文献で汎用される動詞や形容詞もカバー。重要な単語にはひと目で分かる頻度表示付き。

<名 簿>

医学・生物学研究のためのウェブサイト厳選700 丸山和夫,佐内豊監修,羊土社ホームページ編集室編 羊土社 1999.6 174p 26cm 〈付属資料：CD‐ROM1、「実験医学」別冊〉 4900円 ⓘ4-89706-632-8

(目次)第1章 ホームページPick Up (InferenceFind, U.S. National Library of Medicine(NLM), European Molecular Biology Laboratory(EMBL) ほか)、第2章 ホームページリスト(コメント付き)(データベース、データ解析ツール、情報リンク集、仮想図書館、検索エンジン、重要キーワード、試薬・機器メーカー)、第3章 ホームページリスト(コメントなし)(医学・生物学系出版社、ジャーナル、学会・研究会、大学・付置研究所)、企業ホームページ紹介、索引

(内容)医学・生物関連のホームページから700サイトを選び紹介したガイド。「全掲載URLリンク集」を収録したCD-ROM付き。

ウェブサイト厳選2500 医学・生物学研究のためのデータベース、ホームページ探しの決定版 改訂第2版 丸山和夫,佐内豊監修,羊土社ホームページ編集室編 羊土社 2002.1 235p 26cm 〈付属資料：CD‐ROM1〉 4800円 ⓘ4-89706-667-0 Ⓝ490.7

(目次)第1章 ホームページPick Up (National Center for Biotechnology Information(NCBI)—バイオテクノロジーに不可欠なデータベースを提供、European Molecular Biology Laboratory(EMBL)—発展する欧州多国籍共同研究施設、European Bioinformatics Institute(EBI)—分子生物学関連の各種データベース・解析ツールを提供 ほか)、第2章 ホームページリスト—コメント付き(データベース378件、データ解析サイト・ツール133件、検索サイト90件 ほか)、第3章 ホームページリスト—コメントなし(医学・生物学系出版社63件、ジャーナル168件、学会・研究会223件 ほか)

生物学　　　　　　　　　　　生物

⑩医学・生物学研究のためのホームページ集。1999年6月発行の「ウェブサイト厳選700」を増補、2500サイト以上を紹介する。定番ホームページのピックアップ、項目別重要情報のホームページ集、研究機関・企業・関連出版社などのホームページ集で構成。各分野の研究者の推薦するホームページをコメント解説付きで紹介。巻末に索引あり。付録のCD-ROMに本書掲載ホームページにすぐアクセスできるURLを全掲載。

＜ハンドブック＞

サイエンスビュー 生物総合資料 増補新訂版　長野敬、牛木辰男ほか著　実教出版　2006.3　272p　26×21cm　781円　①4-407-30780-3

(目次)第1章 細胞、第2章 発生、第3章 遺伝、第4章 遺伝情報とその発現、第5章 反応と調節、第6章 代謝、第7章 生物の分類と系統、第8章 進化、第9章 生物の集団

サイエンスビュー生物総合資料 生物1・2 理科総合B対応 増補4訂版　長野敬、牛木辰男ほか著　実教出版　2009.3　304p　26cm　781円　①978-4-407-31687-2　Ⓝ460

(目次)第1章 細胞、第2章 発生、第3章 遺伝、第4章 遺伝情報とその発現、第5章 反応と調節、第6章 代謝、第7章 生物の分類と系統、第8章 進化、第9章 生物の集団

時間生物学ハンドブック　千葉喜彦、高橋清久編　朝倉書店　1991.10　558p　22cm　15450円

(目次)1.生物リズムの基礎研究、2.生物リズムと人間の生活—医学的・心理学的研究、3.生物リズムと人間社会—社会学的研究、4.宇宙と生物リズム、5.研究法

⑩生物の周期性を扱う時間生物学の研究を網羅したもの。1978年に刊行された『時間生物学』をもとに「生物リズムと人間社会—社会学的研究」の1章を追加するなどした増補改訂版にあたる。各章末に参考文献、巻末に和文索引・欧文索引・生物索引を付す。

新 観察・実験大事典 生物編　「新 観察・実験大事典」編集委員会編　東京書籍　2002.3　3冊(セット)　30cm　12000円　①4-487-73118-6　Ⓝ375.42

(目次)1 植物(植物、細胞、栽培、採集・標本)、2 動物(動物、ヒトのからだ、細胞・発生、遺伝・進化 ほか)、3 野外観察／環境(環境と生物、校外施設、基本操作)

⑩小学・中学・高校生対象の生物の観察・実験ガイドブック。「新 観察・実験大事典」の生物編。「植物」、「動物」、「野外観察／環境」の全3巻で構成。第1巻は植物・細胞・栽培・採集

と標本の4項目、第2巻は動物・ヒトのからだ・細胞と発生、遺伝と進化等6項目、第3巻は環境と生物・校外施設・基本操作の3項目に分けて、各テーマの観察・事件について、ねらい、対象学年、時間、必要器具と入手先を明記、実験の手順をイラストと解説で詳しく紹介している。事故防止のための注意点、結果のまとめ方、考察のポイント、発展学習のヒント、関連知識のコラム等、指導者向けの情報も示す。各巻末に事項索引を付す。

図解 生物学データブック　石津純一、内藤豊、原田宏、松本忠夫、柳沢富雄、山田晃弘編　丸善　1993.1　916p　21cm　〈第2刷(第1刷：86.1.25)〉　18540円　①4-621-03786-2

(目次)1 細胞・組織・器官(形態)、2 遺伝、3 発生・成長・分化、4 進化・系統・分子進化、5 生理化学、6 生理学、7 行動、8 生態学

Snow forest雪の森へ スノーシュー＆ネイチャースキー自然観察ハンドブック　秋山恵生著　(長野)ほおずき書籍、星雲社(発売)　2010.2　120p　19cm　〈文献あり 索引あり〉　1000円　①978-4-434-14120-1　Ⓝ460.7

(目次)ネイチャーウォッチング(アニマルトラッキング、バードウォッチング、コクーンウォッチング、ツリーウォッチング)、装備、雪上アクティビティー、森林療法、雪の森での注意点、インフォメーション(全国体験施設・団体)

ビジュアルワイド 図説生物 改訂4版　水野丈夫、辻英夫監修　東京書籍　2000.2　242p　26×21cm　838円　①4-487-68496-X　ⓃK460

(目次)第1章 生命の単位、第2章 代謝、第3章 生殖と発生、第4章 遺伝、第5章 刺激と反応、第6章 生体内の調節、第7章 生物の集団、第8章 進化と系統

⑩生物の資料集。各種資料により生物の解説を行う。内容は生命の単位、代謝、生殖と発生、遺伝、刺激と反応、生体内の調節、生物の集団、進化と系統の全8章で構成。各項目は図説による解説と重要語句の説明、発展事項などを掲載。ほかに巻末に顕微鏡の使い方と細胞の観察、体細胞分裂の観察などの実験例を紹介、また化学の基礎知識、身体の数値などの資料と重要用語リストを収録する。五十音順の事項索引を付す。

＜図鑑＞

生命のふしぎ　大利昌久監修、小野直子訳　ほるぷ出版　1997.11　32p　28×22cm　(学習図鑑からだのひみつ)　2800円　①4-593-59450-2

(目次)生命のはじまり、女の生殖器系、男の生殖器系、思春期、卵子はどのようにしてつくられるか、精子はどのようにしてつくられるか、受精、子宮、胚の発達、からだの形成、胎児の成長、胎盤、成長と遺伝

◆進化・系統

<ハンドブック>

シンカのかたち 進化で読み解くふしぎな生き物 遊磨正秀、丑丸敦史監修、北海道大学CoSTEPサイエンスライターズ著、宮本拓海イラスト 技術評論社 2007.5 215p 21cm 1580円 ①978-4-7741-3062-0

(目次)1章 ようこそ、ふしぎな生き物の世界へ、2章 似たものへの進化、3章 生き物の形をつくるしくみ、4章 体の大きさが意味するもの、5章 寄生・共生という関係のふしぎ、6章 極限環境を生き残るひみつ、7章 子孫を残すためのさまざまな工夫、8章 仲間と一緒に暮らす生き物たち、終章 ヒトというふしぎな生き物

(内容)空中生活を送るネズミ・歩くヤシの木・巨大なミミズ・メスしかいないトカゲ・シロアリをだますカビ・いつも四つ児で生まれるアルマジロ・干上がっても死なない虫・オタマジャクシにならないカエル・若返りするクラゲ…常識をくつがえす生き物たちが、進化のひみつを伝える。

<図鑑>

生物の進化大図鑑 マイケル・J.ベントン他監修、オフィス宮崎日本語版編集、小畠郁生日本語版総監修 河出書房新社 2010.10 512p 31cm 〈訳：池田比佐子ほか 索引あり 原書名：Prehistoric.〉 9500円 ①978-4-309-25238-4 ⓝ467.5

(目次)創生期の地球(過去の地球を探る、地球の起源、地球誕生からの5億年、プレートテクトニクス ほか)、地球上の生物(始生代、厚生代、カンブリア紀、オルドヴィス紀 ほか)、人類の起源(人類の類縁動物、人類の祖先、現生人類の起源、出アフリカ ほか)

(内容)生命37億年の壮大な全貌を、世界で初めて1冊にビジュアル展開した画期的な図鑑。化石の写真やCGの復元図など、3000点以上の膨大な図版を収録。バクテリアなどの微生物から、植物、無脊椎動物、昆虫、魚類、爬虫類、鳥類、哺乳類、そして人類誕生まで、生物種772種を詳細に解説。地球の地殻変動や隕石の衝突などにともなう気候変動、環境の変化。各分野における生物学上の進化説。さまざまな最新の学説や研究成果を採り入れた最前線の内容。恐竜も充実、現在わかっている恐竜の属名800以上を

すべて解説。そのうち125をCGなどの図版とともに詳しく紹介。

◆古生物学

<事典>

古生物学事典 日本古生物学会編 朝倉書店 1991.1 410p 21cm 9888円 ①4-254-16232-4 ⓝ457.033

(内容)この事典には古生物に関係する重要な用語のほかに、主要な脊椎動物化石、無脊椎動物化石、植物化石、微化石、人名などを含めた、また巻頭には日本の代表的な化石の写真を37図版収録し、化石図鑑としての性格ももたせ、巻末には化石の採集法および処理法、地質年代表、海陸分布変遷図、生物分類表、系統図などを用意した。

古生物学事典 普及版 日本古生物学会編 朝倉書店 2009.8 78, 410p 22cm 〈索引あり〉 12000円 ①978-4-254-16239-4 ⓝ457.033

(内容)地質、岩石、脊椎動物、無脊椎動物、中生代植物、新生代植物、人物など古生物学に関する重要な用語を解説。配列は項目名の五十音順で約500項目を収録。巻頭には日本の代表的な化石図版を収録、巻末には系統図、生物分類表、地質時代区分、海陸分布変遷図、化石の採集法や処理法などの付録と日本語索引、外国語索引、分類群名索引が付く。

古生物学事典 第2版 日本古生物学会編 朝倉書店 2010.6 576p 27cm 〈索引あり〉 15000円 ①978-4-254-16265-3 ⓝ457.033

(内容)古生物学および関連諸科学の重要な用語約1100項目を収めた事典。古生物に関係する用語、さまざまな分類群にわたる化石、人名に加えて、主な概念や研究手法なども収録。

古生物百科事典 普及版 Rodney Steel, Authony P.Haruey著、小畠郁生監訳 朝倉書店 2004.4 256p 26cm 〈原書名：The Encyclopaedia of Prehistoric Life Edited〉 9500円 ①4-254-16248-0

(内容)古生物全般とその関連事項について解説。随所に図解を掲載した。巻頭に分類別カラー系統樹と地質年代表を収載。巻末に日本語索引、外国語索引を付す。

<図鑑>

大むかしの生物 日本古生物学会監修 小学館 2004.12 183p 29×22cm 〈小学館の図鑑NEO 12〉〈付属資料：ポスター〉 2000円 ①4-09-217212-5

生物学　　　　　　　　　　生物

(目次)先カンブリア時代、古生代(カンブリア紀、オルドビス紀、シルル紀、デボン紀、石炭紀、ペルム紀)、中生代(三畳紀、ジュラ紀、白亜紀)、新生代(第三紀、第四紀)
(内容)化石を通してしかうかがい知ることのできない絶滅してしまった生物たちを、最新の研究にもとづいて復元し、紹介する図鑑。

太古の生物図鑑　ウイリアム・リンゼー著、伊藤恵夫日本語版監修　あすなろ書房　2006.11　61p　29×22cm　(「知」のビジュアル百科 33)　〈原書名：Eyewitness— Prehistoric Life〉　2500円　Ⓘ4-7515-2333-3
(目次)生命発達の各段階、地球の変化、生命の痕跡、生命の多様性、硬い殻、体の内の骨、海の怪物、陸上に根を下ろす、最初の四足動物、湿地の森〔ほか〕
(内容)さまざまな生物が生まれ、そして消えた…。地球に最初の生命体が誕生してから34億年。今なお、神秘のベールにつつまれた「生命の歴史」の不思議に迫る。

地球から消えた生物　猪又敏男文　講談社　1993.8　48p　25×22cm　(講談社パノラマ図鑑 33)　1200円　Ⓘ4-06-250025-6
(目次)スーパーアイ、ぜつめつのなぞふしぎ、地球かんきょうの変化と生物、大むかしの生きものと進化、近代以降のぜつめつ、もっと知りたい人のQ&A
(内容)小さな生きものから宇宙まで、知りたいふしぎ・なぜに答える科学図鑑。精密イラスト・迫力写真、おどろきの「大パノラマ」ページで構成する。小学校中学年から。

ビジュアル博物館　52　先史時代　地球上の生命の起源を知る　フランク・グリーナウェイ著、リリーフ・システムズ訳　(京都)同朋舎出版　1995.2　63p　30cm　2800円　Ⓘ4-8104-2113-9
(目次)生命発達の各段階、地球の変化、生命の痕跡、生命の多様性、硬い殻、体の内の骨、海の怪物、陸上に根を下ろす、最初の四足動物、湿地の森〔ほか〕

◆◆化　石

<事　典>

化石鑑定のガイド　新装版　小畠郁生編　朝倉書店　2004.3　204p　26cm　4800円　Ⓘ4-254-16247-2
(目次)1 野外ですること(化石の探しかた、化石のとりかた、記録のとりかた、化石の包みかたと運びかた ほか)、2 室内での整理のしかた、3 化石鑑定のこつ(貝化石、植物化石、微化石)

(内容)初歩の化石研究者・愛好者のための鑑定手引き書。古生物学の高度の生物学的分類の知識が充分でなくても、また必要な辞典や文献がなくとも、一応自分なりに化石をしらべ、また鑑定ができるよう、具体的な実例を示しながら記述している。

<図　鑑>

化石　北隆館　1995.2　255p　19cm　(フィールドセレクション 20)　1800円　Ⓘ4-8326-0339-6
(内容)動植物の化石を約500種収録した図鑑。日本の代表的な化石や最近発見された稀産種を中心に収録する。生物の生きた時代別に大きく古生代・中生代・新生代に分類し、その中は種類別に排列。古生物の生きていた時代、化石の見つかった岩質などをマークで示す。巻末に形態用語解説、和名・学名総合索引を付す。

化石図鑑　ポール・テイラー著、伊藤恵夫日本語版監修、リリーフ・システムズ翻訳協力　あすなろ書房　2004.3　61p　29×22cm　(「知」のビジュアル百科 4)　〈ビジュアル博物館 化石〉新装・改訂・改題書　原書名：EYEWITNESS GUIDES FOSSIL〉　2000円　Ⓘ4-7515-2304-X
(目次)化石—本物と偽物、岩の成り立ち、石に変わる、変化する世界、初期の古生物学、化石の民間伝承、未来の化石、驚くべき遺骸、サンゴ、海底にすむ動物たち〔ほか〕
(内容)化石にかくされた情報、その不思議な世界の読みとり方を、わかりやすく紹介。太古の動物や植物のようすが見えてくる。「化石とは何か」といった初歩的なことから、人類が魅せられてきた発掘のロマンまで、考古学の基礎が楽しく学べる化石図鑑。150種の化石を掲載。

産地別日本の化石650選　本でみる化石博物館・新館　大八木和久著　築地書館　2003.3　272p　21cm　3800円　Ⓘ4-8067-1260-4
(目次)北海道、東北、関東、中部・北陸、近畿、中国・四国、九州
(内容)日本全国を38年間にわたって歩きつくした著者が自分で採集した化石9000点余のなかから672点を厳選、カラーで紹介。産地・産出状況など化石愛好家が、ほんとうに知りたい情報を整理した化石博物館。

図解 世界の化石大百科　ジョヴァンニ・ピンナ著、小畠郁生監訳、二上政夫訳　河出書房新社　2000.1　237p　30×23cm　〈原書名：Enciclopedia illustrata dei FOSSILI〉　12800円　Ⓘ4-309-25124-2　Ⓝ457.038
(目次)化石と古生物学、生物の分類、最古の化

石，植物，無脊椎動物，脊索動物
⟨内容⟩世界中から発見された約1300点の化石標本を掲載した図鑑。植物、原始的脊椎動物、両生類、爬虫類、鳥類、哺乳類の標本を系統的に排列。巻末に和名索引、欧名索引がある。

ゾルンホーフェン化石図譜 1 植物・無脊椎動物ほか カール・アルベルト・フリックヒンガー著，小畠郁生監訳，舟木嘉浩，舟木秋子訳 朝倉書店 2007.5 202p 26cm ⟨原書名：Die Fossilien von Solnhofen, Vol.1+2⟩ 14000円 ⓘ978-4-254-16255-4
⟨目次⟩植物(藻類、シダ種子類とソテツ類、イチョウ類と針葉樹(球果)類、偽化石：忍ぶ石)、動物(無脊椎動物(海綿動物、腔腸動物、触手動物、軟体動物、蠕虫類、甲殻類、昆虫類、棘皮動物、半索動物))

日本化石図譜 増訂版 普及版 鹿間時夫著 朝倉書店 2010.8 286p 27cm ⟨文献あり 索引あり⟩ 15000円 ⓘ978-4-254-16253-0 Ⓝ457.21
⟨目次⟩1 化石、2 東亜における化石の時代分布、3 化石の時代分布図、4 東亜の地質系統表、5 化石図版および説明、6 化石の形態に関する術語

日本の化石 野沢勝写真 成美堂出版 1993.12 359p 15cm (ポケット図鑑) 1200円 ⓘ4-415-08011-1
⟨目次⟩日本産(古生代の化石、中生代の化石、新生代の化石)、博物館で化石を楽しもう、化石展示のある博物館一覧、化石採集は楽しい
⟨内容⟩日本算の化石を収録、化石のみかた、博物館ガイドも掲載したガイドブック。

バージェス頁岩 化石図譜 デリック・E.G.ブリッグス，ダグラス・H.アーヴィン，フレデリック・J.カリア著，チップ・クラーク写真，大野照文監訳，鈴木寿志、瀬戸口美恵子，山口啓子訳 朝倉書店 2003.9 231p 21cm ⟨原書名：The Fossils of the Burgess Shale⟩ 4800円 ⓘ4-254-16245-6
⟨目次⟩1 研究史(発端、間奏曲 ほか)、2 地質概要と化石の保存(ウォルコット石切場、運搬と埋積 ほか)、3 カンブリア紀の放散(原生代の終わり、エディアカラ生物相 ほか)、4 バージェス頁岩の化石(藍色細菌ユレモ目(フィラメント状の藍色細菌)、藻類 ほか
⟨内容⟩進化の初期における多細胞動物たちの姿をとどめた化石を豊富に保存しているのがバージェス頁岩である。本書はバージェス頁岩化石生物群集についての最も完璧な写真集なのである。

ビジュアル博物館 19 化石 その起源、形態、驚くべき多様性など 謎に満ちた化石の世界を探る ポール・D.テイラー著，リリーフ・システムズ訳 (京都)同朋舎出版 1991.7 61p 29cm ⟨監修：大英自然史博物館⟩ 3500円 ⓘ4-8104-0965-1 Ⓝ457
⟨内容⟩化石にかくされた情報、不思議な世界の読みとり方を紹介する図鑑図鑑。

◆バイオテクノロジー

＜書誌＞

農林水産研究文献解題 No.19 食品微生物バイオテクノロジー 農林水産技術会議事務局編 農林統計協会 1993.3 432p 21cm 5000円 ⓘ4-541-01723-7
⟨目次⟩第1章 微生物バイオテクノロジーの発展状況(遺伝子組換え技術、細胞融合技術、バイオリアクター技術)、第2章 醸造・発酵食品生産における微生物バイオテクノロジーの研究動向(清酒、ビール、ワイン、焼酎・泡盛、醤油、味噌、パン、納豆、食酢、チーズ、発酵乳・乳酸菌飲料)、第3章 食品素材生産における微生物バイオテクノロジーの研究動向(タンパク質、アミノ酸、ヌクレオシド、糖質、油脂・脂肪酸、アルコール)、第4章 バイオテクノロジーの新しい展開(蛋白質工学、糖質工学、脂質工学、染色体工学、生理活性物質の機能変換、微生物の拮抗現象、分類・同定への適用、人工酵素、バイオセンサー)

＜事典＞

現代用語百科 バイオテクノロジー編 第2版 丸野内棣，沢田誠著 東京化学同人 1994.6 183p 19cm 1980円 ⓘ4-8079-0409-4
⟨目次⟩1 バイオテクノロジーの世界、2 遺伝子の構成と発現調節、3 染色体の構造、4 制限酵素とベクター、5 遺伝子ライブラリーとスクリーニング、6 PCR法、7 遺伝子導入と発現制御、8 タンパク質工学とタンパク質構造解析、9 抗生物質と微生物毒素、10 細胞周期の分子生物学、11 がんとがん遺伝子、12 成長因子とサイトカイン、13 細胞内シグナル伝達、14 培養細胞と分子生物学、15 オルガネラの分子生物学、16 細胞外マトリックスと細胞接着、17 形態形成の遺伝子制御、18 発生工学、19 ジーンターゲッティング、20 免疫—生体防御の分子生物学、21 抗体を用いた実験法、22 神経生物学の基礎、23 神経伝達物質、24 膜電位とイオンチャンネル、25 神経栄養因子と神経系サイトカインネットワーク、26 植物バイオテクノロジー、27 バイオテクノロジーとバイオエシックス
⟨内容⟩基礎から最先端技術までのバイオテクノロジー関連用語の意味と背景を解説する事典。

先端バイオ用語集　ポストゲノムがよくわかる　野島博著　羊土社　2002.9　251p　21cm　4200円　④4-89706-286-1　Ⓝ464.1

(内容)バイオテクノロジーの最新用語を解説する小事典。プロテオミクス、バイオインフォマティクス、再生医学などのポストゲノム研究において頻出する重要語を収録・解説する。

ナノバイオ用語事典　石原直, 馬場嘉信, 落合幸徳監修, 山科敦之編　オーム社　2005.3　254p　21cm　2400円　④4-274-50014-4

(内容)最近では、ナノテクノロジー、バイオテクノロジー、ライフサイエンスを組み合わせた新しい研究領域として「ナノバイオ」が成立し、世界的に活発な取組みが行われている。本書はナノバイオ関連用語を中心に、その背景にあるナノテクノロジーに関わる他の幅広い分野からも基本的な用語を拾いあげ、その分野に不案内な読者でも理解できるように、可能なかぎり平易に簡潔に解説。英文の論文作成や読解にも活用できるように、すべての見出し語に英文表記を入れ索引も付加した。

日経バイオテクノロジー最新用語辞典 1991　日経バイオテク編　日経BP社　1991.4　792p　22cm　〈書名は奥付による　標題紙等の書名：日経バイオ最新用語辞典　出版者の名称変更：1987年までは日経マグロウヒル社〉　6900円　④4-8222-0815-X　Ⓝ460.33

(内容)4年ぶりの改訂版。バイオテクノロジーに関する2,000項目を五十音順に排列、技術背景や企業化競争の現状まで解説した辞典。7,000語から引ける索引つき。

バイオテクノロジー用語事典　太田次郎, 室伏きみ子共編　オーム社　1993.9　338p　21cm　7500円　④4-274-02250-1

(内容)バイオテクノロジーに関する基本用語、重要用語2000語を解説する事典。収録分野には、最新の遺伝子工学、ウイルス関連、医学関連も含めた、研究・開発から産業応用までを視野に入れている。

バイオテクノロジー用語小事典　ディー・エヌ・エー研究所編　講談社　1990.9　487p　18cm　(ブルーバックス B-839)　1300円　④4-06-132839-5　Ⓝ460.33

(内容)現代バイオテクノロジーの理解に必須な960項目の用語を解説。中小項目の五十音順。日本語名とその読み方、英語名と略語を併記した実用性最優先の表記方法を採用。簡単な図版や写真多数。

バイオマス用語事典　日本エネルギー学会編　オーム社　2006.1　518p　21cm　5000円　④4-274-20143-0

(内容)「対象」「生産」「変換」「事例」「システム」「政策」の6分野についてそれぞれ重要と考えられる用語を収録した用語事典。配列は見出し語の五十音順で、見出し語、見出し語の読み、見出し語の英語、解説文からなる。巻末に和索引、英索引が付く。

ポケットガイド バイオテク用語事典　Rolf D.Schmid著, 村松正実監訳　東京化学同人　2005.3　353p　19cm　3300円　④4-8079-0603-8

(目次)歴史的検分、食品バイオテクノロジー、アルコール、酸、アミノ酸、抗生物質、特殊な化合物、酵素、パン酵母と単細胞技術、バイオテクノロジーと環境プロセス、医学の生物工学、バイオテクノロジーを使った農業、微生物学の基礎、バイオ工学の基礎、分子遺伝学の基礎、最近の動向、安全面、倫理面、経済面の問題

(内容)バイオテクノロジーと遺伝子工学を一望に収めた本。何よりも特筆すべきは、各項目について見開き2ページを用い、右半分を完全なカラー図版とし、重要な事実や概念を一目瞭然に示し、左半分に、図版では説明し切れない内容を解説するという方式を取っていることである。読者はバイオテクノロジーに関するいろいろな言葉や概念の意味と、その問題点を興味深く捉え、かつ理解することができるであろう。生物学や生化学、分子生物学に一応の基礎知識を持っている人々はもちろんのこと、非専門家でも、論理的思考さえしっかりしていれば、大抵の項目は、それなりに理解できる。

<名 簿>

世界のバイオ企業　2004・2005　最新情報・戦略・R&D動向　日経BP社, 日経BP出版センター〔発売〕　2004.7　1254p　26cm　〈付属資料：CD-ROM1〉　85000円　④4-8222-0846-X

(目次)日本企業、海外企業

バイオ・創薬アウトソーシング企業総覧 2002-03　第2版　清水章監修　(大阪)メディカルドゥ　2002.2　603p　21cm　(「遺伝子医学」別冊)　〈「バイオアウトソーシング企業総覧」の改題〉　3800円　④4-944157-95-9　Ⓝ460.35

(目次)試薬合成関連、担体作製関連、抗体関連、細菌・細胞関連、動物関連、遺伝子操作関連、遺伝子検査関連、遺伝子解析関連、蛋白・糖解析関連、薬理・創薬関連〔ほか〕

(内容)バイオ・創薬アウトソーシング企業のガイドブック。バイオ・創薬・化粧品・食品関連のアウトソーシングを業務とする、試薬合成・担体作製・抗体等14業種関連の企業について、66受託項目別にのべ565社の情報を紹介。各社に

生 物　　　　　　　　　　　生物学

ついて、社名、担当部課、問い合わせ先及び、受託内容・受託条件、特長・特記事項について表示している。代表的な項目については受託企業を一覧表にまとめている。巻末に企業索引を付す。第2版ではレンタルラボ、組換え食品検査、SNP解析、TLO等の新規項目が追加されている。

<ハンドブック>

生物工学ハンドブック　日本生物工学会編
　コロナ社　2005.6　851p　26cm　28000円
　①4-339-06734-2
　⊟次 1 生物工学の基盤技術（生物資源・分類・保存、育種技術、プロテインエンジニアリング、機器分析法・計測技術 ほか）、2 生物工学技術の実際（醸造製品、食品、薬品・化学品、環境にかかわる生物工学、生産管理技術）

バイオ・ケミルミネセンスハンドブック
　今井一洋、近江谷克裕編著　丸善　2006.3　231p　26cm　3800円　①4-621-07710-4
　⊟次 第1章 生物発光（生物発光概論、生物発光の生物学 ほか）、第2章 化学発光（化学発光とは、分子レベルでみる化学発光 ほか）、第3章 発光の計測（発光を計測する機器、どのように発光は計測されるのか）、第4章 発光技術の応用展開（臨床検査に用いられる発光、身近な遺伝子解析を目指した発光 ほか）、第5章 身近で実践する生物発光・化学発光（光で遊ぶ、酵素の特性を発光で学ぶ ほか）
　内容 バイオルミネセンス（生物発光）、ケミルミネセンス（化学発光）の手法が面白い。細胞内の特定遺伝子の転写量を光で測定でき、細胞内のタンパク質切断過程を視覚的に捉えることができる斬新な手法が今注目されている。また、発光検出が高感度なため臨床検査での免疫測定法の検出に普及しつつある。生物発光、化学発光を初めて学ぶ学生や大学院生、現場で働く研究者に役に立つ"生物発光と化学発光"に関する基礎から応用面まで網羅するハンドブックであり、学生実験マニュアルとしても活用できる。

バイオテクノロジー総覧　日本能率協会総合研究所編　通産資料出版会　2005.4　765、26p　26cm　38000円　①4-901864-05-X
　⊟次 第1章 総論、第2章 行政、第3章 産業、第4章 バイオ機器関連、第5章 バイオ関連機関

バイオテクノロジーと食品の安全性　FAO／WHO合同協議会報告書　国際連合食糧農業機関編、国際食糧農業協会訳　国際食糧農業協会　1998.1　62p　21cm　1000円
　⊟次 背景、協議範囲、食品の安全性についての考察、安全性評価、主要問題点、結論、勧告、参考文献、付属文書

バイオ・テク便覧　1991年版　バイオインダストリー協会バイオ・テク便覧編集グループ編　通産資料調査会　1991.5　1, 335p　26cm　39000円　①4-88528-115-6　Ⓝ460.36
　⊟次 第1編 イントロダクション、第2編 身近なバイオテクノロジー、第3編 拡大・進化するバイオテクノロジーマーケットの将来像、第4編 バイオ技術シーズの展開、第5編 注目のキーバイオテクノロジー、第6編 バイオに対するユーザーニーズとその利用展開、第7編 バイオエンジニアリング、第8編 企業のバイオ研究実用化・特許動向、第9編 バイオ研究開発に係る金融・税制上の支援策、第10編 バイオ研究の国際的取組み、第11編 バイオナショナルプロジェクトの取組み、第12編 バイオの地方展開、第13編 国立研究所におけるバイオ関連研究、第14編 バイオ関連指針、第15編 バイオテクノロジーにおける知的財産権の動向、第16編 参考資料

バイオベンチャー大全　2007-2008　日経バイオテク編　日経BP社、日経BP出版センター〔発売〕　2007.7　701p　26cm　94000円　①978-4-8222-3158-3
　⊟次 第1部「ケーススタディ」（有力ベンチャーの企業研究、その他のベンチャーの企業情報）、第2部「経営のポイント」（ベンチャー経営基礎講座、株式上場の戦略、株式公開のための情報開示、日本版SOX法への対処方法、米国のベンチャー投資）、第3部「経営サポートへのアクセス」（バイオ投資に積極的なベンチャーキャピタル、弁護士・弁理士事務所、監査法人、証券会社、製薬企業、CRO・SMO）

バイオマス技術ハンドブック　導入と事業化のノウハウ　新エネルギー財団編　オーム社　2008.10　722p　21cm〈文献あり〉10000円　①978-4-274-20610-8　Ⓝ501.6
　⊟次 第1章 バイオマスエネルギーの基礎、第2章 燃焼・ガス化、第3章 メタン発酵、第4章 バイオエタノール生産、第5章 バイオディーゼル生産、付録1 関連法規・規制、付録2 支援制度、付録3 連絡先一覧（支援窓口、情報提供窓口）、付録4 参考図書・ホームページ、付録5 単位、付録6 学名
　内容 バイオマスエネルギーの定義から利用技術、施策、課題点までをまとめたハンドブック。体系的に構成・記述する。巻末付録には関連法規など多くの資料を掲載する。

バイオマスハンドブック　第2版　日本エネルギー学会編　オーム社　2009.12　523p　27cm〈他言語標題：Biomass handbook　文献あり　索引あり〉　12000円　①978-4-274-20785-3　Ⓝ501.6
　⊟次 第1部 バイオマスの組成と資源量（バイオマスの定義と分類、資源量の推算 ほか）、第2

動植物・ペット・園芸 レファレンスブック　13

部 バイオマス変換技術―熱化学的変換(直接燃焼, ガス化 ほか), 第3部 バイオマス変換技術―生物化学的変換(メタン発酵, エタノール発酵 ほか), 第4部 バイオマス利用システム(バイオマスを利用する既存システム, バイオマス利用システムの創出 ほか), 第5部 バイオエネルギーのシステム評価(システム評価のフレームワーク, バイオマスのライフサイクルアセスメント ほか), 付録

<年鑑・白書>

食料白書 2002(平成14)年版 バイオテクノロジーへの期待と不安 食料・農業政策研究センター編 食料・農業政策研究センター, 農山漁村文化協会〔発売〕 2001.11 129p 21cm 1762円 ⓘ4-540-01174-X Ⓝ611.3

(目次)1 総論と要約(科学技術の進歩とその管理, バイオテクノロジーの潜在的可能性 ほか), 2 バイオテクノロジーの研究開発と管理(農林水産業, 食品産業へのバイオテクノロジーの貢献, 主要国・国際組織の対応), 3 分野別の研究開発と利用状況(作物分野での現状と問題点, 家畜分野でのバイオテクノロジーの現況と問題点), 4 種苗産業の現状と品種登録制度による育成者権の保護(種苗産業の現状について, バイオテクノロジーへの取り組みと消費者の意識 ほか)
(内容)農業技術に関する研究開発の現状や創出される作物・食品などの特性について解説した資料集。

世界の穀物需給とバイオエネルギー 梶井功編 農林統計協会 2008.1 235p 21cm (日本農業年報) 2700円 ⓘ978-4-541-03534-9 Ⓝ611

(目次)1 総論:食料とエネルギー(低食料自給国として"競合"時代にどう対処するか), 2 エネルギーと穀物の世界需給―現状と展望(エネルギー世界需給―1970年代以降の推移・現状・展望, 石油需給と多国籍石油企業(メジャー)の動向, 最近の世界経済の動きと穀物の需給動向), 3 農作物のエタノール使用の拡大とそのインパクト(農作物のバイオマスエネルギー使用の拡大と食料需給へのインパクト, ブラジル・アメリカを中心とするバイオエタノール生産の拡大と食料需給への影響, 中国におけるエタノール生産の状況と穀物需給への影響, 穀物需給構造の変化がアメリカ農業法・WTO交渉に与えるインパクト), 4 日本の対応(「バイオマス・ニッポン総合戦略」の整理・検討, 地域循環型バイオマス生産・利用の経済構造, 日本における食料自給率目標と食料・エネルギー問題の相克), 5 日本のバイオマス戦略(2007)(農林水産省によるバイオマスへの取組(講演), 日本のバイオ

マスの課題と展望(討論))

日経バイオ年鑑 研究開発と市場・産業動向 91/92 日経バイオテク編集 日経BP社 1991.11 793p 27cm 50485円 ⓘ4-8222-0816-8 Ⓝ460.59
(内容)医薬品, 化成品, 食品などバイオ産業の動向と資料を整理収録した年鑑。

日経バイオ年鑑 研究開発と市場・産業動向 93 日経バイオテク編 日経BP社 1992.11
(内容)医薬品, 化成品, 食品などバイオ産業の動向と資料を整理収録した年鑑。

日経バイオ年鑑 研究開発と市場・特許動向 94 日経バイオテク編 日経BP社 1993.11 904p 27cm 55340円 ⓘ4-8222-0822-2 Ⓝ460.59
(内容)医薬品, 化成品, 食品などバイオ産業の動向と資料を整理収録した年鑑。

日経バイオ年鑑 研究開発と市場・特許動向 95 日経バイオテク編 日経BP社 1994.11 930p 27cm 58252円 ⓘ4-8222-0825-7 Ⓝ460.59
(内容)医薬品, 化成品, 食品などバイオ産業の動向と資料を整理収録した年鑑。

日経バイオ年鑑 研究開発と市場・特許動向 96 日経バイオテク編 日経BP社 1995.11 938p 27cm 60194円 ⓘ4-8222-0828-1 Ⓝ460.59
(内容)医薬品, 化成品, 食品などバイオ産業の動向と資料を整理収録した年鑑。

日経バイオ年鑑 研究開発と市場・産業動向 97 日経バイオテク編 日経BP社 1996.11 940p 27cm 60194円 ⓘ4-8222-0830-3 Ⓝ460.59
(内容)医薬品, 化成品, 食品などバイオ産業の動向と資料を整理収録した年鑑。

日経バイオ年鑑 研究開発と市場・産業動向 Biofile 98 医療局ニュースセンター 日経バイオテク編 日経BP社 1997.11 893p 27cm 61000円 ⓘ4-8222-0834-6 Ⓝ460.59
(内容)医薬品, 化成品, 食品などバイオ産業の動向と資料を整理収録した年鑑。

日経バイオ年鑑 研究開発と市場・産業動向 Biofile 98 医療局ニュースセンター 日経バイオテク編 日経BP社 1998.11 908p 27cm 61000円 ⓘ4-8222-0836-2 Ⓝ460.59
(内容)医薬品, 化成品, 食品などバイオ産業の動向と資料を整理収録した年鑑。

日経バイオ年鑑　研究開発と市場・産業動向　Biofile　2000　日経バイオテク編集部編　日経BP社　1999.11　924p　27cm　61000円　ⓘ4-8222-0839-7　Ⓝ460.59
内容 医薬品、化成品、食品などバイオ産業の動向と資料を整理収録した年鑑。

日経バイオ年鑑　研究開発と市場・産業動向　Biofile　2003　日経バイオテク、日経バイオビジネス編　日経BP社　2002.11　1006p　27cm　76000円　ⓘ4-8222-0843-5　Ⓝ460.59
内容 医薬品、化成品、食品などバイオ産業の動向と資料を整理収録した年鑑。分野別最新技術動向や製品実用化状況を詳説。2001, 2002の各版は刊行がなく2003版が3年ぶり第15回の発行となった。

日経バイオ年鑑　研究開発と市場・産業動向　2004　日経バイオテク編　日経BP社, 日経BP出版センター〔発売〕　2003.11　1132p　26cm　〈付属資料：CD-ROM1〉　76000円　ⓘ4-8222-0844-3
目次 第1部 総括—2004年のバイオ関連市場と動向、第2部 分野別各論（医薬品、化成品、食品、農業、畜産、水産、環境・バイオマス、バイオサービス、バイオ関連装置／システム）、第3部 特別レポート（これでいいのか日本のヘルスクレーム、激化する機能性食品の開発競争、海外における機能性食品の表示規制 ほか）

日経バイオ年鑑　研究開発と市場・産業動向　2005　日経BP社バイオセンター編　日経BP社, 日経BP出版センター〔発売〕　2004.12　1085p　26cm　〈付属資料：CD-ROM1〉　76000円　ⓘ4-8222-0847-8
目次 第1部 総括、第2部 分野別各論（医薬品、診断薬、化成品、食品、農業、畜産・水産、環境・バイオマス、バイオサービス、バイオ関連装置／システム）、第3部 特別リポート（技術トレンド、業界トレンド、製薬企業のパイプライン研究）

日経バイオ年鑑　研究開発と市場・産業動向　2006　日経BP社バイオセンター編　日経BP社, 日経BP出版センター〔発売〕　2005.12　1250p　30cm　76000円　ⓘ4-8222-3155-0
目次 第1部 総括、第2部 分野別各論（医薬品・診断薬、化成品、食品、農業、畜産・水産、環境・バイオマス、バイオサービス、バイオ関連装置／システム）、第3部 特別リポート（技術トレンド、業界トレンド、製薬企業のパイプライン研究）

日経バイオ年鑑　研究開発と市場・産業動向　2007　日経BP社バイオセンター編集編　日経BP社, 日経BP出版センター〔発売〕　2006.12　1113p　26cm　76000円　ⓘ4-8222-3157-7
目次 第1部 総括—2006年のバイオ市場と動向、第2部 分野別各論（医薬品・診断薬、化成品、食品 ほか）、第3部 特別リポート（技術トレンド、業界トレンド）、製薬企業のパイプライン研究（関節リウマチ治療薬（生物製剤）、関節リウマチ治療薬（低分子化合物）、うつ病治療薬 ほか）

日経バイオ年鑑　研究開発と市場・産業動向　2008　日経BP社, 日経BP出版センター編　日経BP社, 日経BP出版センター〔発売〕　2007.12　1090p　27cm　76000円　ⓘ978-4-8222-3159-0　Ⓝ460.59
内容 医薬品、化成品、食品などバイオ産業の2007年10月頃までの動向と資料を整理収録した年鑑。分野別最新技術動向や製品実用化状況を詳説。

日経バイオ年鑑　研究開発と市場・産業動向　2009　日経バイオテク編　日経BP社, 日経BP出版センター〔発売〕　2008.12　1174p　27cm　92857円　ⓘ978-4-8222-3160-6　Ⓝ460.59
内容 医薬品、化成品、食品などバイオ産業の2008年10月頃までの動向と資料を整理収録した年鑑。分野別最新技術動向や製品実用化状況を詳説。

日経バイオ年鑑　研究開発と市場・産業動向　Biofile　2010　日経バイオテク編　日経BP社, 日経BP出版センター〔発売〕　2009.12　1175p　27cm　92857円　ⓘ978-4-8222-3161-3　Ⓝ460.59
内容 医薬品、化成品、食品などバイオ産業の2009年10月頃までの動向と資料を整理収録した年鑑。分野別最新技術動向や製品実用化状況を詳説。

日経バイオ年鑑　研究開発と市場・産業動向　Biofile　2011　日経バイオテク編　日経BP社, 日経BPマーケティング〔発売〕　2010.12　1189p　27cm　92857円　ⓘ978-4-8222-3162-0　Ⓝ460.59
内容 医薬品、化成品、食品などバイオ産業の2010年10月頃までの動向と資料を整理収録した年鑑。分野別最新技術動向や製品実用化状況を詳説。

バイオビジネス白書　2002年版　大和総研新規産業情報部著　翔泳社　2002.2　266p　26cm　3200円　ⓘ4-7981-0202-4　Ⓝ579.9
目次 巻頭トピックス バイオビジネス最前線!（最新ガン治療研究事情, ここまできている!遺伝子治療, 先端ゲノム医療で「生活習慣病」を

克服する―糖尿病治療の場合 ほか），第1部 日本のバイオビジネスの現状とベンチャー起業のガイドライン（本格的な発展期に入るバイオテクノロジー，日本のバイオビジネスの市場動向，バイオベンチャーの活躍はこれからが本番 ほか），第2部 先端バイオベンチャー67社の最新ビジネス動向，第3部 地域におけるバイオインキュベーションの事例研究（北海道地域，関東地域，中部地域 ほか）

(内容) バイオビジネスの現状と動向を収録した白書。大和総研経営調査本部の新規産業情報部の特別研究チームの取材・研究により，医療関連を中心とするバイオベンチャー企業67社の現状と動向を収録する。巻末資料として，日本のバイオベンチャーマップ，事業カテゴリー別 バイオベンチャーを付す。

◆細胞学

<事典>

細胞生物学辞典　細胞生物学辞典編集委員会編　中外医学社　1992.11　364p　19cm
〈〈執筆：秋元義弘ほか〉〉　4944円　①4-498-00932-0

(内容) 様々な分野で細胞生物学をベースとした研究を行なっている学生・大学院生・若手の研究者を対象に，細胞生物学の新しい用語を収録し，簡単な説明と訳語を示す。アルファベット順に排列。巻末に和文索引がある。

細胞生物学事典　石川統，黒岩常祥，永田和宏編　朝倉書店　2005.2　464p　21cm
16000円　①4-254-17118-8

(内容) 細胞生物学に関わる用語を解説。幅広く，約300項目を収録し，五十音順に排列。図解あり。巻末に和文索引，欧文索引を収載。

細胞生物学辞典　J.M.ラキー，J.A ダウ，T.編　林正男訳　啓学出版　1994.7　345p　21cm 〈原書名：THE DICTIONARY OF CELL BIOLOGY〉　4900円　①4-7665-0609-X

(内容) 現代細胞生物学を中心に，分子生物学，生化学，遺伝学，神経生物学，生理学，免疫学，病理学など関連分野の用語および新用語を含む4600語を収録した事典。

細胞生物学辞典　John M.Lackie，J.A.T.Dow，林正男訳　共立出版　1998.6　578p　19cm 〈原書第2版　原書名：The Dictionary of CELL BIOLOGY〉　8000円　①4-320-05500-4

(内容) 細胞生物学を中心に分子生物学，遺伝学，神経生物学，生理学，免疫学，病理学などの関連基礎用語を収録した辞典。排列は見出し語に

アルファベット順。各項目は，見出し語（英語），アメリカの発音（カタカナ），訳語，および説明文からなる。五十音順排列の訳語索引，アルファベット順排列の略号索引付き。

分子細胞生物学辞典　第2版　村松正実編集代表　東京化学同人　2008.10　1184p　22cm　12600円　①978-4-8079-0687-1　Ⓝ463.033

(内容) 遺伝子関連技術にとって不可欠な分子生物学，細胞生物学あるいはその融合としての分子細胞生物学の中で，最もよく使われる術語や概念を網羅的に解説。ゲノム関連諸事項，新分析法関連用語等，約1000項目を追加した第2版。

分子細胞生物学辞典　村松正実，岩淵雅樹，清水孝雄，谷口維紹，広川信隆，御子柴克彦，柳田充弘，矢原一郎編　東京化学同人　1997.3　1025p　21cm　9400円　①4-8079-0461-2

(内容) 遺伝子関連技術にとって不可欠な分子生物学，細胞生物学あるいはその融合としての分子細胞生物学の中で使われる術語や概念を解説した辞典。

<ハンドブック>

細胞内シグナル伝達　改訂第2版　山本雅編　羊土社　1999.6　217p　26cm 〈Bio Science 新用語ライブラリー〉 〈「実験医学」別冊〉　6500円　①4-89706-262-4

(目次) 1章 増殖・分化のシグナルとその受容システム（VEGF／Flt，PDGF／PDGFレセプター，HGF／Met ほか），2章 細胞内シグナル伝達システム―膜から細胞質・核へ（Srcファミリー，Csk，Crk／Crk‐L ほか），3章 核内因子―シグナルの到達と作用（Myc／Max／Mad，IRF‐1／IRF‐2，IRFファミリー ほか）

(内容) 医学と分子生物学の先端の各領域における重要なキーワードを選択し，その構造から機能，疾患との関連までを解説したもの。巻末に，索引を付す。

◆生化学

<事典>

生化学辞典　第2版　大島泰郎ほか編　東京化学同人　1990.11　1613p　21cm　9600円　①4-8079-0340-3

(内容) 分子生物学，細胞生物学，遺伝子工学，細胞工学，免疫学など進展著しい諸領域の拡充に特に重点を指向した最新全訂版。

生化学辞典　第3版　今堀和友，山川民夫監修，井上圭三，大島泰郎，鈴木紘一，脊山洋

右，豊島聡，畠中寛，星元紀，渡辺公綱編　東京化学同人　1998.10　1658p　21cm　9800円　④4-8079-0480-9

(内容)生化学、分子生物学、細胞生物学の用語20100項目を収録した辞典。欧文索引、略号索引付き。付録として、生化学命名法、国際単位系と基本物理定数、ノーベル賞受賞者一覧がある。

生命元素事典　桜井弘編　オーム社　2006.3　440p　21cm　5000円　④4-274-20197-X

(目次)1章 生命元素とは(生命元素とは何か、生命元素はなぜ種類が多くそして微量で十分なのか ほか)、2章 主要元素、生命元素および生体機能にかかわる元素(主要元素、必須微量元素ほか)、3章 微量元素の生理作用(海水中の元素と生命の起源、微量元素を特異的に凝縮する植物および動物 ほか)、4章 微量元素の研究法(定量法、構造解析法)

タンパク質の事典　猪飼篤、伏見譲、卜部格、上野川修一、中村春木、浜窪隆雄編　朝倉書店　2008.7　863p　27cm〈文献あり〉28000円　①978-4-254-17128-0　N464.2

(目次)概論(タンパク質研究のあけぼの、タンパク質の生合成から分解まで、身の回りのタンパク質、タンパク質の化学 ほか)、各論、索引

(内容)タンパク質に関連する事項を解説する事典。概論では13テーマに分けて体系的に記述。各論では約200項目を中項目形式、五十音順排列で解説。巻末には和文・欧文の索引を付す。

分子生物学歯科小事典　西沢俊樹監修、花田信弘、今井奨、西原達次編　口腔保健協会　2003.6　469p　19cm　5200円　④4-89605-191-2

(内容)歯科分野の分子生物学の用語を解説する辞典。分子生物学の基礎から応用まで、さまざまなジャンルから口腔保健領域でも使用される用語・造語・略語、および、分子生物学の一般基礎知識として知っておきたい用語・造語・略語を収録。口腔科学の立場から歯科向けに解説する。

分子生物学辞典　Jochanan Stenesh著、中村運訳・編　(京都)化学同人　1992.4　798p　19cm〈原書名：Dictionary of Biochemistry and Molecular Biology, second edition〉5665円　④4-7598-0230-4

(内容)分子生物学・生化学分野に加え、化学・免疫学・ウイルス学・遺伝学・生物学などの関連分野から16,000語を収載。日本の専門家が解説した1000語を原著に補足し、完璧を期す。見出し語は、500以上の成書、600以上の最新論文から精選。日本語からも解説へ、和英辞典を兼ねた索引を付す。生物科学・生命科学・生物工学など、バイオ関係の研究者・技術者・学生に最適。

分子生物学大百科事典　2　T.E.クレイトン編、太田次郎監訳　朝倉書店　2010.9　1246p　27cm〈索引あり　原書名：Encyclopedia of molecular biology.〉43000円　①978-4-254-17141-9　N464.1

(内容)生化学、とくにタンパク質や酵素に関する部分を中心に、分子に関係する生物学全分野の重要項目を網羅した百科事典。分子生物学を通して生命現象・事象を総説的にまとめ、最新の成果を含めて平易に解説する。図表も豊富に掲載。

分子生物学・免疫学キーワード辞典　永田和宏〔ほか〕編　医学書院　1994.11　514p　22cm　7725円　①4-260-13638-0

(内容)分子生物学・免疫学の理解に必要な1600語を解説する事典。五十音順に排列し、見出し語とそれに対応する欧文・略語、解説を記載する。巻末に外国語索引、参考図書一覧がある。

分子生物学・免疫学キーワード辞典　第2版　永田和宏、宮坂昌之、宮坂信之、山本一彦編　医学書院　2003.5　1035p　21cm　9800円　④4-260-13653-4

(内容)最先端医学・生物学キーワード事典。選び抜かれた2200語。本文は項目の五十音順に排列。巻末に和名索引や人名索引などを収録。

〈辞典〉

英和・和英生化学用語辞典　第2版　日本生化学会編　東京化学同人　2001.10　503p　19cm　2500円　④4-8079-0549-X　N464.033

(内容)生化学関連分野の用語約14700語を収録する英和・和英辞典。1987年刊行の生化学用語辞典の増補改訂版。英和の排列は原則としてアルファベット順、和英は五十音順による。重要語には簡単な解説を付す。

生化学・分子生物学英和用語集　中村運編　(京都)化学同人　2002.8　514p　19cm　2000円　①4-7598-0919-8　N464.033

(内容)生化学・分子生物学及び関連分野の専門用語や物質名を集成した対訳用語集。3万4000語をアルファベット順に排列して対応する和訳語を示す。解説はない。略号の場合、フルタームを記載する。訳語は原則として文部省『学術用語集』に準拠。

先端医学キーワード小辞典　長野敬、永田和宏、宮坂昌之、宮坂信之編　医学書院　2004.12　201p　19cm　1800円　④4-260-13656-9

(内容)先端医学で使われる重要語1369語を概説。日本語見出しの五十音順に排列。巻末に「ヒトのCD分類」、略語、英和索引を収録。

生物学　　　　　　　　　　　　　生　物

日中英対照生物・生化学用語辞典　日中英用語辞典編集委員会編　朝倉書店　2000.9　501p　21cm　1200円　Ⓡ4-254-17104-8　Ⓝ460.33
（内容）生物・生化学分野の対訳辞典。日・中・米三国の学術交流に役立てるべく企画されたもの。用語は生物・生化学の分野で頻繁に使用される約4700語を収録。これを、日中英のどこからでも必要とする用語が捜し出せるよう日中英、中日英、英日中の順に排列する。

＜ハンドブック＞

酵素ハンドブック　第3版　八木達彦,福井俊郎,一島英治,鏡山博行,虎谷哲夫編　朝倉書店　2008.5　996p　27cm　48000円　Ⓡ978-4-254-17113-6　Ⓝ464.5
（目次）1 酸化還元酵素（オキシドレダクターゼ）,2 転移酵素（トランスフェラーゼ）,3 加水分解酵素（ヒドロラーゼ）,4 脱離酵素（リアーゼ）,5 異性化酵素（イソメラーゼ）,6 連結酵素（合成酵素）（リガーゼ）

バイオ実験法&必須データポケットマニュアル　ラボですぐに使える基本操作といつでも役立つ重要データ　田村隆明著　羊土社　2006.6　323p　18cm　3200円　Ⓡ4-7581-0802-1
（目次）1部 実験法の解説+プロトコール編（実験の基礎、DNAを扱う、基本となるDNA実験、DNA解析実験 ほか）,2部 実験に必要なデータ編（実験の基礎、DNAを扱う、基本となるDNA実験、DNA解析実験 ほか）
（内容）バイオ実験の汎用プロトコールとそれに関連するデータを幅広くカバーし、それらをポケット版サイズに凝縮させた、新しいタイプの実験解説書。

◆微生物学

＜事　典＞

ウイルス学事典　第2版　Brian W.J.Mahy著,山内一也,北野忠彦,石浜明訳　（新潟）西村書店　2002.5　358p　21cm　〈原書第2版　原書名：A Dictionary of Virology, 2nd ed.〉　10000円　Ⓡ4-89013-298-8　Ⓝ465.8
（内容）脊椎動物に感染するウイルス名と、ウイルス学関連用語3800項目を収録する事典。遺伝学、免疫学、分子生物学で用いられる関連用語に加えて、原書の刊行から邦訳されるまでに出現したウイルスについても取り上げる。排列はアルファベット順。和名、参考文献を示して解説する。巻末に五十音順とアルファベット順の項目索引を付す。

眼微生物事典　大橋裕一,望月学編　メジカルビュー社,グロビュー社〔発売〕　1996.5　295p　26cm　18540円　Ⓡ4-89553-573-8
（目次）カレントコンセプト、病原体ソーター、病原体ディレクトリー（ウイルス、クラミジア、細菌、真菌、寄生虫）
（内容）眼科領域に疾患を起こす病原体60の概要、形態と一般的性質、増殖様式・伝播形式、感染病理、眼感染スペクトルと対処法、同定法等について解説したもの。巻末に「病原体索引」「症状・疾患索引」「一般索引」がある。

コーワン微生物分類学事典　S.T.コーワン著,L.R.ヒル編,駒形和男,杉山純多,安藤勝彦,鈴木健一朗,横田明訳　学会出版センター　1998.8　513p　21cm　〈原書名：A DICTIONARY OF MICROBIAL TAXONOMY〉　8000円　Ⓡ4-7622-1895-2
（内容）植物学や動物学の分野を含んだ、微生物分類学用語の事典。微生物の命名規約、分類学のための研究材料、分類の哲学、細菌分類の初期の歴史、細菌命名の動向、命名法体系の基礎と菌類命名の動向、菌類科名の標準和名、和欧索引付き。

食品微生物学辞典　日本食品微生物学会監修　中央法規出版　2010.4　341p　22cm　〈索引あり〉　3800円　Ⓡ978-4-8058-3229-5　Ⓝ498.54
（内容）食品衛生、食品安全、食品の製造・保蔵および各種発酵食品などに関する微生物の幅広い情報を網羅。基礎から最新の用語まで、コンパクトにわかりやすく解説。食品製造・品質管理の現場や食品微生物の研究に役立つ知識と情報が満載。

微生物学の歴史　1　レイモンド・W.ベック著,嶋田甚五郎,中島秀喜監訳　朝倉書店　2004.9　249p　21cm　（科学史ライブラリー）　〈原書名：A Chronology of Microbiology in Historical Context〉　4900円　Ⓡ4-254-10580-0
（内容）微生物学の歴史を紀元前3180年頃から1918年まで記載。年譜として年代順に排列。微生物以外の科学と歴史上の出来事も記述。巻末に人名索引、事項索引を収録。

微生物学・分子生物学辞典　Paul Singleton, Diana Sainsbury著,太田次郎監訳　朝倉書店　1997.3　1261p　21cm　〈原書名：DICTIONARY OF MICROBIOLOGY and MOLECULAR BIOLOGY〉　43000円　Ⓡ4-254-17091-2
（内容）医学・生物学・農学・薬学・バイオテクノロジー分野で役立つ術語14000語を収録した研究者向けの辞典。日本語訳の五十音配列。

18　動植物・ペット・園芸 レファレンスブック

微生物制御実用事典 フジ・テクノシステム 1993.12 957p 27×20cm 53000円 ⓘ4-938555-38-7

⦅目次⦆第1編 微生物制御の基礎技術（静菌，除菌，殺菌，隔離または遮断），第2編 微生物制御のための機器とシステム（洗浄装置，ろ過装置，冷却・凍結・脱水・乾燥装置，加熱殺菌装置，冷殺菌装置，化学的殺菌装置，二次汚染防止のための保存・保蔵技術とシステム機器，微生物制御のための包装材料適性），第3編 工場・環境技術（微生物制御の工場設計，工場計画における環境設備，工場計画における機械設備，衛生環境維持技術），第4編 衛生検査技術と衛生管理技術（検査技術，衛生管理技術），第5編 各種工場における微生物制御実施例（加工食品，医薬品および特殊事例）

微生物の事典 渡辺信，西村和子，内山裕夫，奥田徹，加来久敏，広木幹也編 朝倉書店 2008.9 732p 27cm 〈文献あり〉 25000円 ⓘ978-4-254-17136-5 Ⓝ465.036

⦅目次⦆1 概説―地球・人間・微生物，2 発酵と微生物，3 農業と微生物，4 健康と微生物，5 食品（貯蔵・保存）と微生物，6 病気と微生物，7 環境と微生物，8 生活・文化と微生物，9 新しい微生物の利用と課題

⦅内容⦆ウイルスや細菌などの微生物を解説する事典。概説と8分野に分けて200人以上の研究者の分担執筆により構成する。巻末に和文・欧文の各索引を付す。

＜辞 典＞

英和・和英微生物学用語集 第4版 日本細菌学会用語委員会編 菜根出版 1992.2 479p 19cm 5500円 ⓘ4-7820-0086-3

⦅内容⦆微生物学関連用語を「英和」「和英」の部に集録した用語集。日本細菌学会の選定により収録。第4版では，バイオテクノロジー，分析用機器に関する用語にも配慮して改訂が行なわれた。

最新版 英和・和英微生物学用語集 第5版 日本細菌学会用語委員会編 菜根出版，紀伊国屋書店〔発売〕 1999.10 525p 19cm 〈本文：日英両文〉 5500円 ⓘ4-7820-0147-9

⦅内容⦆微生物学関連用語を「英和」「和英」の部に集録した用語集。約12000語を収録。約8000語を収録した便覧には，細菌名，真菌名，動物ウイルス命名表，寄生虫名，主要培地一覧表がある。

＜ハンドブック＞

アメリカ微生物学会臨床微生物学ポケットガイド メディカルスタッフのための臨床微生物検査ガイド Patrick R.Murray著，坂崎利一監訳 近代出版 2000.10 363p 19cm 〈原書第2版 原書名：Pocket Guide to Clinical Microbiology 2nd ed.〉 4500円 ⓘ4-87402-052-6 Ⓝ491.7

⦅目次⦆第1章 医学上重要な微生物の分類，第2章 常在微生物叢と病原微生物，第3章 検体の採取と輸送，第4章 検体の処理，第5章 微生物の同定，第6章 ワクチン，抗生物質および薬剤感受性テスト，第7章 免疫診断検査法，第8章 報告義務のある感染症

⦅内容⦆臨床微生物学の一般知識を編集収録したポケットガイドブック。基礎微生物学，検体の採取，輸送および処理，臨床上重要な微生物の同定，抗生物質および感受性パターン，感受性テストの方法，テスト結果の判定，および感染症の最近の動向を述べている。巻末に和文索引，欧文索引がある。

食品工業利用微生物データブック 食品工業利用微生物研究会編 東京化学同人 1994.3 290p 26cm 8200円 ⓘ4-8079-0404-3

⦅目次⦆微生物別一覧表，製品別一覧表，微生物名―正名（採用学名）対照表，正名（採用学名）―微生物名対照表

⦅内容⦆食品工業にかかわる微生物および微生物生産酵素についての記述を，成書や報文などから集め，微生物学名，酵素名，製品名など10項目に製埋，収載した資料集。

食品微生物学ハンドブック 好井久雄，金子安之，山口和夫編著 技報堂出版 1995.11 664p 21cm 14420円 ⓘ4-7655-0025-X

⦅目次⦆1編 食品微生物総論，2編 食品製造における微生物の利用，3編 食品および食品保蔵中の微生物，4編 食品微生物の管理，5編 食品微生物の検査法

図解 微生物学ハンドブック 石川辰夫ほか編 丸善 1990.9 711p 21cm 10300円 ⓘ4-621-03524-X Ⓝ465.036

⦅目次⦆1 微生物概説，2 原核微生物の細胞構造，3 真核微生物の細胞構造，4 成長・増殖と死滅，5 代謝生化学，6 遺伝，7 分類，8 生活環と形態形成，9 進化・系統，10 生態

微生物工学技術ハンドブック 前田英勝，三上栄一，冨塚登編 朝倉書店 1990.5 578p 21cm 14420円 ⓘ4-254-43043-4

⦅目次⦆基礎技術編（微生物基礎技術，遺伝子組換え技術，細胞融合技術，バイオリアクター化技術，細胞培養技術），応用技術編（微生物生産技術，酵素利用技術，資源エネルギー関連技術，微生物変換技術，環境保全技術），付録（微生物

株保存機関と寄託・分譲方法，特許微生物の寄託と分譲）

必携－NBCテロ対処ハンドブック
CBRNEテロ対処研究会編　診断と治療社　2008.5　371p　26cm　〈文献あり〉　3800円　Ⓘ978-4-7878-1577-4　Ⓝ559.3
目次 NBCテロ対処総論，1 化学剤，生物剤，放射線・核兵器について（化学剤，生物剤，放射線・核兵器の概要，化学・生物テロへの対処，核・放射能テロへの対処），2 化学剤，生物剤，放射線，爆弾の医療対処（化学剤の医療対処，生物剤の医療対処，放射線障害の医療対処，爆弾の医療対処），3 NBCテロに対する関係機関の取り組み（政府のテロ対策，関係機関の連携とNBCテロ対処現地関係機関連携モデル，関連機関のNBCテロ対処に関わる活動，日本中毒情報センターの活動と連携モデルにおける役割，生物テロに対するサーベイランスと疫学調査，N災害時（原子力発電所事故）における国の対処），4 付録（テロ対処のためのシナリオモデル，NBCテロ対策のためのチェックリスト，有用な情報源）

臨床微生物学ハンドブック　微生物から病態まで　Peter Q.Warinner著，光山正雄，嶋田甚五郎監修，吉川博子ほか訳　（大阪）医薬ジャーナル社　2001.6　411p　18cm　〈原書名：Clinical Microbiology Review〉　3900円　Ⓘ4-7532-1893-7　Ⓝ491.7
目次 1 基礎，2 細菌，3 ウイルスとプリオン，4 真菌，5 寄生虫，6 総一覧
内容 臨床のための感染症原因微生物の便覧。細菌，ウイルス，真菌，寄生虫を収録し，病原因子，病態，治療のポイントなどについて記載。巻頭に基本用語解説，巻末に全微生物総合一覧表と索引を掲載。

<図　鑑>

環境微生物図鑑　小島貞男，須藤隆一，千原光雄編　講談社　1995.12　758p　26cm　38000円　Ⓘ4-06-153406-8
目次 総論（環境微生物，微生物と環境），各論（細菌，菌類，微細藻類，原生動物，微小後生動物）
内容 環境微生物について解説した図鑑。総論と各論の2部構成で，総論では環境中に出現する微生物の種類と環境での役割および相互関係について記述，各論では国内の微生物について種の名称，出現環境，形態・分類，生理・生態，培養，毒性，浄化等を図版とともに解説する。解説は署名入り。巻末に事項索引，和名索引，学名索引がある。

◆遺伝学

<事　典>

遺伝学用語辞典　第6版　R.C.King，W.D.Stansfield著，西郷薫，佐野弓子，布山喜章監訳　東京化学同人　2005.12　562p　21cm　〈第6版　原書名：A Dictionary of Genetics, Sixth Edition〉　7800円　Ⓘ4-8079-0629-1
内容 伝統的な遺伝学用語の範囲にとどまらず，関連分野の文献中にしばしば出現する動植物名をはじめ，物理学，化学，さらには地質学などを含む広範な用語までを収録した全面改訂版。

遺伝子工学キーワードブック　わかる、新しいキーワード辞典　改訂第2版　緒方宣邦，野島博著　羊土社　2000.1　464p　21cm　6900円　Ⓘ4-89706-637-9　Ⓝ467.2
内容 遺伝子工学に関する用語約1900語を収録した用語集。排列は五十音順。巻末にアルファベッド順の索引がある

遺伝子工学小辞典　Stephen G.Oliver, John M.Ward著，村松正実訳　丸善　1991.5　177p　19cm　〈原書名：A Dictionary of Genetic Engineering〉　2884円　Ⓘ4-621-03576-2　Ⓝ467.1
内容 生命の機能を司るDNAを細胞から取り出して切断し，組み換え分子を作り，それを大腸菌などの異種の細胞に移し増殖させる一連の技術を組み換えDNA技術または遺伝子工学という。本書には，遺伝子工学の理解に必須な用語がコンパクトに纏められている。

進化と遺伝　ジル・ベイリー著，デイビッド・ダルジーニオ，マーク・リドレー監修，太田次郎監訳，長神風二，谷村優太，溝部鈴訳　朝倉書店　2007.8　169p　30×23cm　（図説　科学の百科事典 3）〈原書第2版　原書名：The New Encyclopedia of Science second editon, Volume 8.Evolution and Genetics〉　6500円　Ⓘ978-4-254-10623-7
目次 1 生命の構造，2 生命の暗号，3 遺伝のパターン，4 進化と変異，5 地球上の生命の歴史，6 新しい生命をつくること，7 人類の遺伝学，資料
内容 生命の構造・発展を解説する事典。生命の構成要素（細胞とその要素，とくにDNA）の議論に始まり，DNA分子上の情報がどのようにして運ばれ，それが翻訳されてタンパク質やより大きな構造がつくられ，生体を構成していく様子を紹介する。次に，個体の間にどのように変異が生じるのかを，生殖の過程で遺伝子が混ざり合うことから，（より大きなスケールでは）自然選択を経て混ざり合っていく方法までを詳

述する。

人類遺伝学用語事典 室伏きみ子、滝沢公子監修　オーム社　2008.7　365p　21cm　〈執筆：阿部敏明ほか〉　4200円　⑪978-4-274-20574-3　Ⓝ467.036

〔目次〕1章 メンデル遺伝，2章 分子遺伝学，3章 細胞遺伝学，4章 非メンデル遺伝，5章 腫瘍遺伝学，6章 DNA診断・研究技術，7章 ゲノム計画，8章 遺伝生化学，9章 生殖・発生遺伝学，10章 免疫遺伝学，11章 集団遺伝学と家系解析

DNAキーワード小事典 ジェフリ・L.ウィザリー、ガレン・P.ペリー、ダリル・L.レジャ著、村松正実監訳、藤川良子訳　メディカル・サイエンス・インターナショナル　2004.8　126p　19cm　〈原書名：An A to Z of DNA : Science, What scientists mean when they talk about genes and genomes〉　1800円　⑪4-89592-380-0

〔内容〕遺伝学研究の専門用語149語を収録し詳しく解説。本文は五十音順に排列。巻末にキーワード索引を収録。

<ハンドブック>

遺伝子 第8版　ベンジャミン・ルーイン編著、菊池韶彦、榊佳之、水野猛、伊庭英夫訳　東京化学同人　2006.1　933p　30cm　〈原書名：GENES(8)〉　10000円　⑪4-8079-0630-5

〔目次〕第1部 遺伝子、第2部 タンパク質、第3部 遺伝子発現、第4部 DNA、第5部 核、第6部 細胞

遺伝子工学ハンドブック 村松正実、岡山博人編　羊土社　1991.3　319p　26cm　(実験医学 別冊)　6200円

〔内容〕『実験医学』増刊号の「遺伝子工学総集編」(1987年刊)を全面改訂したもの。遺伝子クローニング、遺伝子の構造と機能の解析、ベクターの3部に分けて、各分野の実験技術を紹介。各技術ごとに、有効性の評価および参考文献を付す。

新 遺伝子工学ハンドブック 改訂第4版　村松正実、山本雅編　羊土社　2003.10　334p　26cm　〈「実験医学」別冊〉　7400円　⑪4-89706-373-6

〔目次〕概論 ゲノム科学の時代の遺伝子工学—その役割と実践、第1章 核酸の調製、第2章 遺伝子クローニング、第3章 遺伝子の構造解析、第4章 遺伝子の発現解析、第5章 細胞への遺伝子導入と機能解析、第6章 遺伝子産物の機能解析、第7章 個体レベルの解析、第8章 ゲノムプロジェクトからの遺伝子解析

〔内容〕近年のゲノム研究の進展に対応し、RNAi、SNP解析など、今注目の実験法を多数追加。実験法の進歩に対応するため全項目のプロトコールを刷新。章の編成を再構成して「核酸の調製」「遺伝子産物の機能解析」の章を新たに設置。遺伝子工学の基礎から最新技術まで、あらゆる実験法を網羅した研究者必携の書。

新 遺伝子工学ハンドブック 改訂第5版　村松正実、山本雅、岡第康司編　羊土社　2010.11　365p　26cm　〈『実験医学』別冊 索引あり〉　7600円　⑪978-4-7581-0177-6　Ⓝ467.2

〔目次〕第1章 核酸の調製、第2章 遺伝子クローニング、第3章 遺伝子・ゲノムの構造解析、第4章 遺伝子の発現解析、第5章 細胞への核酸導入と機能解析、第6章 遺伝子産物の機能解析、第7章 個体レベルの解析、第8章 ハイスループットな手法

〔内容〕生命科学の著しい進展に対応し、小分子RNAの実験手法を随所に追加。新たに「ハイスループットな手法」の章を設置、次世代シークエンサーなど最先端技術を紹介。核酸の抽出からクローニング、機能解析まで、必須＆重要な実験手法を余さず収録、詳細に解説。

新訂 新遺伝子工学ハンドブック 改訂第3版　村松正実、山本雅編　羊土社　1999.9　329p　26cm　〈「実験医学」別冊〉　7500円　⑪4-89706-631-X

〔目次〕第1章 遺伝子工学をはじめるにあたって—戦略とストラテジー、第2章 遺伝子クローニング、第3章 遺伝子の構造解析、第4章 遺伝子の発現解析、第5章 遺伝子の機能解析、第6章 個体レベルの解析、第7章 ゲノムプロジェクトからの遺伝子解析

転写因子・転写制御キーワードブック 田村隆明、山本雅之編　羊土社　2006.7　325p　21cm　6200円　⑪4-7581-0805-6

〔目次〕概論（転写機構、基本転写因子、転写の制御、クロマチンレベルの転写制御、配列特異的転写制御因子、誘導的遺伝子発現、臓器組織特異的転写制御、発生と分化の転写制御、癌と転写因子、転写因子研究法）、用語辞典

〔内容〕重要因子、分子機構、生命現象など多様な用語をコンパクトに解説。コンセンサス配列・アクセッションナンバーなどの情報も掲載。掲載用語を11のカテゴリーに分類し、あふれる用語を整理整頓。カテゴリー別の概論もあるのでテキストとしても使える。

バイオインフォマティクス ゲノム配列から機能解析へ デービッド W.マウント著、岡崎康司、坊農秀雅監訳　メディカル・サイエンス・インターナショナル　2005.12　644p　30cm　〈原書名：Bioinformatics : Sequence and Genome Analysis, SECOND EDITION〉　11000円　⑪4-89592-426-2

(目次)バイオインフォマティクスの歴史と全貌、配列の収集と蓄積、対にした配列のアラインメント、配列アラインメントの確率的、統計的解析入門、多重配列アラインメント、類似配列のデータベース検索、系統推定、RNA二次構造の予測、遺伝子予測と遺伝子調節、タンパク質の分類と構造予測、ゲノム解析、PerlとPerlモジュールを用いたバイオインフォマティクス・プログラミング、マイクロアレイの解析

(内容)配列解析や構造解析の方法を理解したい医学生物学者のためのハンドブック。コンピュータプログラムの限界や使い方のストラテジーをはじめ、その根底にあるアルゴリズムや仮定について、理解しやすいように解説。第2版では、初版では第3章の一部であった「配列アラインメントの確率的、統計的解析入門」に相当する内容を、新たに第4章として独立させ、仮説の検証と配列解析に基づく予測の正確性の検証についての基礎も含める。第12章と第13章は、初版には含まれていなかったPerlプログラミングとマイクロアレイ解析を扱っている。

◆生態学

<事典>

環境と生態 サリー・モーガン，マイク・アラビー著，ピーター・ムーア，ジェームズ・C.トレーガー監修，太田次郎監訳，薮忠綱訳　朝倉書店　2007.2　172p　30×23cm　（図説 科学の百科事典 2）〈原書第2版　原書名：The New Encyclopedia of Science second edition, Volume 6.Ecology and Environment〉　6500円　①978-4-254-10622-0

(目次)1 生物が住む惑星，2 鎖と網，3 循環とエネルギー，4 自然環境，5 個体群研究，6 農業とその代償，7 人為的な影響

図解 生物観察事典 岡村はた，橋本光政，前田米太郎，室井綽著　地人書館　1993.1　419p　26cm　5768円　①4-8052-0428-1

(内容)様々な生物の特徴を、姿やつくりだけでなく、生態、すなわち、その生物の生育する環境の上で他にはみられない特異なことがらをピックアップして解説した生物事典。姉妹編として「植物観察事典」「動物観察事典」もある。

図解 生物観察事典 新訂版　岡村はた，橋本光政，前田米太郎著，室井綽著・監修　地人書館　1996.10　419p　26cm　5768円　①4-8052-0520-2

(内容)動植物の生態や特徴を解説した事典。排列は五十音順。各解説は箇条書きで示し、栽培植物して利用度の高いものにはその要点を、教材として利用できるものには観察・実験のポイ

ントを記す。図版も掲載。五十音順の生物名索引、事項索引、学名の欧文索引を付す。

生態学事典 巌佐庸，松本忠夫，菊沢喜八郎，日本生態学会編　共立出版　2003.6　682p　22×16cm　13000円　①4-320-05602-7

(目次)1 基礎生態学，2 バイオーム・生態系・植生，3 分類群・生活型，4 応用生態学，5 研究手法，6 関連他分野，7 人名・教育・国際プロジェクト

(内容)298名の執筆者による678項目の詳細な解説を五十音順に掲載。巻末に和文索引、英文索引、生物名索引、人名索引を収録。

生態の事典　〔新装版〕沼田真編　東京堂出版　1993.7　384p　21cm　2900円　①4-490-10345-X

(内容)動物生態・植物生態・非生物環境などの生態学の分野の用語・概念などで1200項目を選定・解説する事典。最近の文献を増補。

野外毒本　被害実例から知る日本の危険生物　羽根田治著　山と溪谷社　2004.8　263p　19cm　1700円　①4-635-50026-8

(目次)野山の危険生物（ヘビ類，イモリ類，カエル類，ヒル類，ムカデ・ヤスデ類，サソリ類，クモ類，ダニ類，ツツガムシ類，ガ類，甲虫類，ハチ類，アリ類，カ類，ヌカカ類，ブユ類，アブ類，マツモムシ類，大型動物，その他），野山の危険植物（花粉症やかぶれの被害を与える植物，食べてはいけない植物），海の危険生物（魚類，軟体動物，棘皮動物，節足動物，環形動物，刺胞動物，食べてはいけない海の生物，その他）

(内容)野山や川・海で活動する人たちに知っておいてほしい「危険な生物」を紹介するハンドブック。それらの生物がどのような被害を与えるのか、「実例」情報と「予防」「症状」「応急処置」などを各生物ごとに紹介し、さらに生物たちの「特徴・習性」を紹介する。また、「現在医療情報」なども随所に収めている。

<ハンドブック>

生物環境調節ハンドブック　新版　日本生物環境調節学会編　養賢堂　1995.4　585p　26cm　13390円　①4-8425-9514-0

(目次)1 序論，2 環境調節と生物反応，3 生物環境調節のためのセンサ・計測とシステム制御，4 環境調節施設

◆人類学

<事典>

人類学用語事典　渡辺直経編　雄山閣出版

1997.11　305p　21cm　5800円　①4-639-01479-1
(内容)民族学、考古学、生理学、解剖学など隣接諸分野の術語から最新の用語まで2100項目を収録。

日本人の事典　佐藤方彦編　朝倉書店　2003.6　718p　26cm　28500円　①4-254-10176-7
(目次)日本人の起源、日本人の視覚、日本人の色覚、日本人の聴覚、日本人の温度感覚、日本人の嗅覚、日本人の味覚、日本人の皮膚感覚、日本人の振動感覚、日本人の換気・拡散能〔ほか〕
(内容)日本人と他民族との相違はあるのか、日本人の特質とは何か、ひいては日本人とは何かを生理人類学の近年の研究の進展と蓄積されたデータを駆使して、約50の側面から解答を与えようとする事典。豊富に挿入された図表はデータブックとしても使用できるとともに、資料に基づいた実証的な論考は日本人論・日本文化論にも発展できる。

人間の許容限界事典　山崎昌廣、坂本和義、関邦博編　朝倉書店　2005.10　1014p　26cm　38000円　①4-254-10191-0
(目次)1 生理、2 心理、3 運動、4 生物、5 物理、6 化学、7 栄養
(内容)人間の能力の限界について、生理学、心理学、運動学、生物学、物理学、化学、栄養学の7分野より図表を多用し、約140項目にわたって解説した。

<　図　鑑　>

人類大図鑑　ロバート・ウィンストン総編集、石井米雄日本語版総監修　ネコ・パブリッシング　2006.9　512p　31×26cm　8800円　①4-7770-5167-6
(目次)概論、起源、身体、心、ライフサイクル、社会、文化、民族、未来
(内容)人間を理解するためのビジュアルガイドの決定版。人間の存在をあらゆる面から考察した。ロバート・ウィンストン率いる専門分野のライターと顧問のチームが、人間という素晴らしい生き物の物語をあますところなく語り尽くす。

ビジュアル博物館　14　古代人　ドーリング・キンダースリー編著、リリーフ・システムズ訳　(京都)同朋舎出版　1991.3　63p　29×23cm　3500円　①4-8104-0933-3
(目次)ヒトか?サルか?、原始時代の食物、道具をつくる、フリント石器、北への移動、火の使用、氷河時代の生活、氷河時代の狩人たち、現代人、最初の芸術家たち、狩猟と採集、砂漠の狩人たち、土を耕す、衣服と織物、体の装飾、魔術、死と埋葬、古代の文字、青銅器、青銅器の美しさ、青銅器時代の戦士、鉄器時代の装飾品、鉄器時代の生活、鉄人、古代の中国、代価としての貨幣、中米の人々、過去を掘り起こす
(内容)先史時代の人々とその暮らし方を紹介する図鑑。先史時代の人々の道具、武器、装飾品、衣服、さらには彼ら自身の遺骨の実物写真によって、この400万年の間に人類の生活がどのように変化してきたかを目のあたりに見ることが出来る。

◆**生物誌**

<　図　鑑　>

ガラパゴス大百科　大洋に浮かぶ進化の小宇宙　水口博也著　ティビーエス・ブリタニカ　1999.7　223p　30cm　4700円　①4-484-99300-7
(目次)序 ガラパゴス―過去から未来へ、第1章 ガラパゴス諸島の自然(島じまの誕生、火山がつくった地形 ほか)第2章 ガラパゴス諸島の動物(海鳥、沿岸鳥 ほか)第3章 島じまを訪ねる(サンタクルス島、北セイモア島 ほか)、第4章 ガラパゴス諸島と人間(最初にたどり着いた人びと、ダーウィンとガラパゴス ほか)
(内容)ガラパゴス諸島の自然や生息する生物などを800点の写真と共に紹介した図鑑。巻末に、資料編として、ガラパゴス諸島年譜、固有種・固有の亜種一覧、索引、学名索引がある。

ビジュアル博物館　54　ジャングル　熱帯雨林に住む生物たち　テレサ・グリーンウェイ著、ジェフ・ダン写真　(京都)同朋舎出版　1995.5　63p　30cm　2800円　①4-8104-2132-5
(目次)ジャングルとは?、ジャングルの種類、森の最上層、林冠、森の地面、水の中、着生植物、つる植物、中央アメリカのジャングル、植物の作戦〔ほか〕
(内容)ジャングルの珍らしい植物や動物、昆虫の姿をカラー写真で紹介する。

ビュフォンの博物誌　全自然図譜と進化論の萌芽　『一般と個別の博物誌』ソンニーニ版より　ジョルジュ・ルイ・ルクレール・ビュフォン著、ベカエール直美訳　工作舎　1991.11　336p　26cm　〈原書名：HISTOIRE NATURELLE, GENERALE ET PARTICULIERE〉　12360円　①4-87502-190-9
(目次)地球の理論、自然の諸時期、鉱物の博物誌、動物の博物誌、人間の博物誌、四足獣類の博物誌、猿類の博物誌、鯨類の博物誌、鳥類の博物誌、両生・爬虫類の博物誌、魚類の博物誌、軟体動物の博物誌、節足動物の博物誌、植物の博物誌、一覧表・付図

動植物・ペット・園芸 レファレンスブック　23

(内容)18世紀の博物学の大著『一般と個別の博物誌』の1123点3000余種のカラー図版を完全収録した図集。

◆◆日本の生物

<年表>

日本博物誌年表 磯野直秀著 平凡社
 2002.6 837, 100p 23×17cm 25000円
 ①4-582-51204-6 ⑩460.32

(内容)日本の博物学に関する著作や記載を採録した博物誌年表。古代から慶応四年(明治元年、1868)までを扱い、上段に国内事項(本邦に深く関わる海外事項を含む)、下段に海外事項を載せる。また、明治前期に出版あるいは作成された著作のうち、江戸時代の博物誌に密接に関連するものを、1868年の項の後に「付記」として加える。付録に「薬品会年表」があり、巻末には、用語集と、年号一覧および六十干支表を掲載。人名・書名・事項索引を付す。

<事典>

近世産物語彙解読辞典 植物・動物・鉱物名彙 1 穀物篇1 近世歴史資料研究会編 科学書院 2002.6 748p 26cm 38000円 ①4-7603-0281-6 ⑩460.33

(内容)近世の史料に見られる語彙の表記を明らかにしたもの。穀物に関する用語を五十音順に排列し、実際の史料に見える字面をそのまま掲載する第1巻。

近世産物語彙解読辞典 植物・動物・鉱物名彙 2 穀物篇2 近世歴史資料研究会編 科学書院 2002.6 1冊 26cm 38000円 ①4-7603-0282-4 ⑩460.33

(内容)近世の史料に見られる語彙の表記を明らかにしたもの。穀物に関する用語を五十音順に排列し、実際の史料に見える字面をそのまま掲載する第2巻。

近世産物語彙解読辞典 植物・動物・鉱物名彙 3 魚類・貝類篇 近世歴史資料研究会編 科学書院、霞ケ関出版〔発売〕 2004.3 848p 26cm 38000円 ①4-7603-0283-2

(目次)魚類、貝類

(内容)近世の古文書に見いだされる日本産の魚類・貝類の名称を収録。本文は五十音順排列。

近世産物語彙解読辞典 植物・動物・鉱物名彙 4 野生植物篇1 近世歴史資料研究会編 科学書院、霞ケ関出版〔発売〕 2004.8 889p 26cm 38000円 ①4-7603-0288-3

(内容)日本で唯一の植物・動物・鉱物語彙の完璧な解読辞典。近世の古文書に見いだされる、日本産の植物・動物・鉱物の名称を検索できる唯一の産物語彙解読辞典。第1巻(あ〜し)・第2巻(す〜を)として、穀物の名称合計約九千種類につき解読。五十音順に配列。日本に産する植物・動物・鉱物の語彙を完璧に網羅。

近世産物語彙解読辞典 植物・動物・鉱物名彙 5 野生植物篇2 近世歴史資料研究会編 科学書院、霞ケ関出版〔発売〕 2004.8 1冊 26cm 38000円 ①4-7603-0289-1

(内容)日本で唯一の植物・動物・鉱物語彙の完璧な解読辞典。近世の古文書に見いだされる、日本産の植物・動物・鉱物の名称を検索できる唯一の産物語彙解読辞典。第1巻(あ〜し)・第2巻(す〜を)として、穀物の名称合計約九千種類につき解読。五十音順に配列。日本に産する植物・動物・鉱物の語彙を完璧に網羅。

<ハンドブック>

奄美の稀少生物ガイド 2 勝広光著 (鹿児島)南方新社 2008.11 107p 21cm 〈「2」のサブタイトル:鳥類、爬虫類、両生類ほか〉 1800円 ①978-4-86124-145-1 ⑩462.197

(目次)鳥類、爬虫類、両生類、昆虫類、陸産貝類

(内容)世界自然遺産候補の島・奄美から。深い森から鳴き声を響かせるリュウキュウアカショウビン、地を這うハブ、渓流に佇むイシカワガエル…。奄美の生物世界。

小笠原ハンドブック 歴史、文化、海の生物、陸の生物 ダニエル・ロング、稲葉慎編著 (鹿児島)南方新社 2004.9 123p 19cm (小笠原シリーズ2) 〈地方〉 1500円 ①4-86124-015-8

(目次)第1部 歴史(小笠原の前史, 小笠原諸島の先史時代の石器 ほか)、第2部 文化(小笠原における教育, 小笠原の演奏芸術 ほか)、第3部 海の生物(海の哺乳類、ウミガメ ほか)、第4部 陸の生物(植物、鳥類 ほか)、付録

(内容)小笠原のことを「もう少し知りたい」人のためのガイドブック。初来島の観光客でも使えるように編集。そして「一航海で山のトレッキングも、シュノーケリングも、島の博物館的なスポットもまわりたい」という欲張りな人にも役立つ。

校庭の生き物ウォッチング 野外観察ハンドブック 浅間茂、中安均共著 全国農村教育協会 2003.6 191p 21cm 1905円 ①4-88137-105-8

(目次)自然のドラマ、生き物たちのネットワー

ク（サクラに集まる生き物，カラスノエンドウを
めぐる生物間のネットワーク，アブラムシをめ
ぐる生物間のネットワーク，花と虫との相互
利用し合う関係，虫たちの防衛戦略，人の活動との関
わりの中で生き抜く雑草，グラウンドの草地で
の生物同士の関わり ほか），校庭の生き物調べ
⑩内容⑪学校周辺の自然（生態系）の生物同士，も
しくは生物と環境との間の関係をまとめた資料
集。著者らの勤務地である千葉県やその近郊都
県での事例が中心となっているが，校庭の自然
には，地域が異なっても，人間の諸活動の直接・
間接の影響のもとに形成・維持されていること
による共通した特徴があり，全国のさまざまな
学校で活用できる。

田んぼまわりの生きもの 栃木県版 メダカ
里親の会編　（宇都宮）下野新聞社　2006.8
140p　21cm　1600円　①4-88286-307-3
⑩目次⑪田んぼまわりの景観と生きもの，水生植
物，陸上植物，水生動物，陸上動物，同定のポイ
ント，田んぼまわりの環境健全度
⑩内容⑪水田，水路（小川），ため池，畦（あぜ），
それらと接する林縁部に生活の場をもつ植物と
動物を掲載。栃木県を中心としながら，関東地
方から東北地方南部の田んぼまわりでよく見ら
れる種を収録。

<図　鑑>

西表島フィールド図鑑　横塚真己人写真・著
実業之日本社　2004.3　303p　19cm　2000
円　①4-408-61119-0
⑩目次⑪西表島のロケーション，フィールドへで
る前に知っておこう，西表島のフィールド，海
へ行ってみよう，マングローブへ行ってみよう，
森へ行ってみよう，道路ぎわで観察してみよう，
西表島の生き物471種図鑑，西表島の天然記念物

奥日光フィールド図鑑　奥日光自然史研究会
編　（宇都宮）下野新聞社　2009.7　199p
19cm　〈索引あり〉　1300円　①978-4-
88286-398-4　Ⓝ462.132
⑩内容⑪花・樹木から，昆虫，鳥，哺乳類・両生
類・爬虫類・魚類まで，奥日光に生息する動植
物を集めたフィールド図鑑。それぞれの写真と
ともに，大きさ，生態などをわかりやすく解説
する。コースマップも収録。

尾瀬の自然図鑑　前田信二著　メイツ出版
2007.6　159p　21cm　（ネイチャーガイド）
1500円　①978-4-7804-0255-1
⑩目次⑪尾瀬ケ原周辺（鳩待峠〜山の鼻，植物研究
見本園 ほか），至仏山（鳩待峠〜小至仏山，小
至仏山〜至仏山 ほか），尾瀬沼周辺（尾瀬沼山
峠〜大江湿原，大江湿原 ほか），燧ヶ岳周辺（御
池〜燧ヶ岳，見晴新道・長英新道 ほか），富士

見峠周辺（鳩待峠〜アヤメ平，富士見下〜竜宮・
見晴 ほか），尾瀬の自然図鑑（植物，キノコ，
動物）
⑩内容⑪尾瀬で見られる花・鳥・虫・ほ乳類など
動植物492種を掲載。ガイドブックと図鑑が1冊
になった本。

上高地の自然図鑑　蛭川憲男著　メイツ出版
2010.4　183p　21cm　（ネイチャーガイド）
〈文献あり 索引あり〉　1800円　①978-4-
7804-0808-9　Ⓝ462.152
⑩目次⑪上高地（太兵衛平）〜大正池・田代池，上
高地温泉〜ウェストン碑，バスターミナル〜河
童橋・小梨平，木道・湿地・明神周辺，明神〜徳
沢〜横尾，焼岳，西穂高岳，岳沢〜穂高連峰・
明神岳，徳本峠〜霞沢岳，王滝山〜蝶ヶ岳・常
念岳〔ほか〕
⑩内容⑪ガイドブックと図鑑が一冊に。上高地と
その周辺の山々で見られる動植物477種を掲載。

川の生きもの図鑑 鹿児島の水辺から　鹿
児島の自然を記録する会編　（鹿児島）南方
新社　2002.6　386p　26cm　2857円　①4-
931376-69-X　Ⓝ462.197
⑩目次⑪鹿児島の川，鹿児島の地質（岩石），植物，
昆虫，クモ類，哺乳類，鳥類，爬虫類，両生類，
魚類，エビ・カニ類，貝類
⑩内容⑪川とその流域の動植物を収録する図鑑。鹿
児島県本土の川，特に川内川を中心に，目にす
ることができる生き物のほとんどを収録対象と
している。植物は種子植物，シダ植物，藻類の
一部，動物は脊椎動物，節足動物，軟体動物を
掲載。それぞれ種類ごとに分類し，排列してい
る。各種の分布，形態，生態，類似種を写真と
ともに紹介。この他に採集・飼育・標本の作り
方なども掲載している。巻末に索引が付く。

川の生物図典　リバーフロント整備センター
編　山海堂　1996.4　674p　26cm　19776円
①4-381-02139-8
⑩目次⑪1植物，2陸生昆虫，3水生昆虫，4魚類，
5鳥類，6ヒル類・クモ類・貝類・甲殻類・両
生類・は虫類・哺乳類
⑩内容⑪川の水辺や水中で見られる動植物328種
（類似種を含めると817種）の図鑑。植物，陸生
昆虫，水生昆虫，魚類，鳥類，その他の分類別
に，各動植物の分布・形態，生活史，他の生物
との関係，食性，繁殖，河川改修や維持管理の
際に配慮すべきポイント等をまとめる。巻末に
キーワード・用語解説，学名索引，和名索引が
ある。

北アルプス自然図鑑 花・蝶・鳥　竹内真一，
高木清和，栗田貞多男著　山と溪谷社
2004.6　194p　18cm　1200円　①4-635-
59618-4

動植物・ペット・園芸 レファレンスブック　25

(目次)花（白，うす黄，黄色，紅紫，青紫，その他の色，樹木，実），蝶とその他の昆虫（高山，亜高山以下），鳥（高山，亜高山，山麓，コラム 北アルプスを越える鳥たち，水辺），哺乳類とその他の動物
(内容)北アルプスの生き物をまるごと紹介。花は色別，蝶や鳥は標高別に構成。似た種類の区別点をわかりやすくポイント指示。

里山図鑑 おくやまひさし著 ポプラ社 2001.3 303p 21cm 1680円 ①4-591-06664-9 Ⓝ460.7
(目次)春（けいちつのころ，早咲きの野の花，早咲きの木の花 ほか），夏（野イチゴの季節，食べられる初夏の木の実，イモムシ・ケムシのおしゃれ ほか），秋（秋の七草，野ギクの仲間，野の花 ほか），冬（樹木の冬芽，ロゼットは冬の花，虫の冬越し ほか）
(内容)里山に見られる植物・生物の図鑑。四季によって章を分け，各季節の特徴的な植物や生物を写真とともにやさしく解説する。巻頭に里山についてのエッセイや用語解説，巻末に「野草・キノコ」「樹木」などで分類した索引がある。

静岡県田んぼの生き物図鑑 静岡県農林技術研究所編 （静岡）静岡新聞社 2010.6 221p 26cm 〈文献あり 索引あり〉 1886円 ①978-4-7838-0547-2 Ⓝ462.154
(目次)田んぼの種類と特徴，田んぼの作業と生き物観察の時期，観察の仕方と注意点，昆虫，害虫，天敵，甲殻類・貝類・その他，魚類，両生類，爬虫類，鳥類，ほ乳類，植物

田んぼの生きものおもしろ図鑑 農村環境整備センター企画，湊秋作編著 農山漁村文化協会 2006.3 398p 19cm 4571円 ①4-540-06196-8
(目次)動物編（虫たち，クモたち，エビやカニたち，貝たち，ミミズたち ほか），植物編（水を張った田んぼ，水面，乾いた田んぼ，湿地，池沼・ため池 ほか）
(内容)田んぼやその周辺の水路，ため池，道ばた，畑，林などで出会う動物や植物約440種類を写真とイラストで紹介。その面白い生態や田んぼとの豊かな関係などについて解説する。資料編として，田んぼと楽しくつき合う心構えや生きもの調査の方法なども紹介する。田んぼの生きもの調査や稲作体験学習などに必携の図鑑。

田んぼの生き物図鑑 内山りゅう写真・文 山と溪谷社 2005.7 320p 21×18cm （ヤマケイ情報館） 3200円 ①4-635-06259-7
(目次)1 爬虫・両生類―ヘビやカメ，カエルの仲間，2 魚類―メダカやドジョウの仲間，3 昆虫類―トンボやアメンボの仲間，4 甲殻類―エビやカニの仲間，5 貝類・その他の動物―タニシやヒルの仲間，6 植物類―水草や雑草
(内容)田んぼやビオトープでの自然観察に必携の大図鑑。全507種類の生命。

千葉いきもの図鑑 前園泰徳著 丸善メイツ 1999.5 247p 19cm 1500円 ①4-89577-225-X
(目次)千葉県全域（市街地／植物，市街地／鳥，市街地／昆虫，市街地／小動物，野原／植物，野原／鳥，野原／昆虫，野原／小動物，森・林／植物，森・林／鳥，森・林／昆虫，森・林／小動物，水辺／植物，水辺／鳥，水辺／昆虫，水辺／小動物，田・畑／植物，田・畑／鳥，田・畑／昆虫，田・畑／小動物），南房総（植物，鳥，昆虫，小動物），海辺（植物，鳥，小動物）
(内容)植物、鳥、昆虫、魚、貝、小動物など、千葉県の生物を紹介した図鑑。50音順と分類別大きさ順の索引付き。

筑波山の自然図鑑 前田信二著 メイツ出版 2009.4 183p 21cm （ネイチャーガイド） 〈文献あり 索引あり〉 1800円 ①978-4-7804-0618-4 Ⓝ462.131
(目次)筑波山神社，筑波山梅林，御幸ヶ原コース，白雲橋コース，迎場コース，おたつ石コース，薬王院コース，旧ユースホステルコース，筑波高原キャンプ場コース，自然研究路〔ほか〕
(内容)ガイドブックと図鑑が1冊になった本。筑波山と宝篋山で見られる動植物636種を掲載。

日本の生きもの図鑑 講談社編，石戸忠，今泉忠明監修 講談社 2001.10 255p 20cm 2000円 ①4-06-210951-4 Ⓝ462.1
(目次)街（木，草花，虫，鳥，ほ乳類，その他），里（木，草花，虫，鳥，ほ乳類，その他），山（木，草花，虫，鳥，ほ乳類，魚，その他），水辺（木，草花，虫，鳥，ほ乳類，魚，その他），海（木，草花，虫，鳥，ほ乳類，魚，その他）
(内容)日本に生息する700種の生物をカラーイラストで図説した家庭向けのガイドブック。イラストは1200点以上を収録。漢字表記にはフリガナ付き。各項目末にはコラムを掲載。巻末に索引がある。

日本の外来生物 決定版 多紀保彦監修，自然環境研究センター編著 平凡社 2008.4 479p 21cm 〈他言語標題：A photographic guide to the invasive alien species in Japan 文献あり〉 3400円 ①978-4-582-54241-7 Ⓝ462.1
(目次)哺乳類，鳥類，爬虫類・両生類，魚類，昆虫類・クモ類，甲殻類・軟体動物・環形動物・扁形動物・有櫛動物，植物
(内容)外来生物の大きさ、分布、特徴、影響と対策をカラー写真とともに掲載する図鑑。明治時代以降の外来生物2200種以上のうち、生態系、

人体、農林水産業に大きな影響をおよぼす235種を選定、分類別に収録する。各項目には参考文献も記載。巻末には「世界と日本の侵略的外来種ワースト100」などの資料、日本語名・欧名の索引を付す。

フィールドガイド 小笠原の自然 東洋のガラパゴス 小笠原自然環境研究会編 古今書院 1992.1 143p 20×14cm 1800円 ⑭4-7722-1026-1
(目次)小笠原自然環境研究会の紹介、小笠原の自然への招待、自然観察モデルコース、開拓と自然破壊の歴史、地質、植物相、植生、哺乳類、鳥類、土壌動物、陸産貝類、化石、特殊病害虫、淡水生物・陸生甲殻類、小笠原のアオウミガメ
(内容)木・花・草・鳥・虫・ハ虫類。小笠原図鑑。

まるごと日本の生きもの 学研もちあるき図鑑 木村義志、小宮輝之、高橋秀男監修 学研教育出版、学研マーケティング(発売) 2009.11 264p 20cm 〈索引あり〉 2000円 ⑭978-4-05-203108-3 Ⓝ462.1
(目次)第1章 まち、第2章 田、第3章 畑、第4章 草原、第5章 雑木林、第6章 山、第7章 川、第8章 海辺
(内容)日本の生きものを収録した図鑑。場所別、なかま分け別に、約1000種を紹介。すんでいる場所や大きさ、見られる季節など、基本情報を掲載。漢字名や英名から、生きものと人とのかかわりもわかる。読んで楽しいコラムも40項目掲載。

◆◆水生生物

<ハンドブック>

水生生物ハンドブック 刈田敏写真・文 文一総合出版 2003.2 63p 18cm 1200円 ⑭4-8299-2171-4
(目次)エルモンヒラタカゲロウ、オオマダラカゲロウ、ヨシノマダラカゲロウ、フタスジモンカゲロウ、シロハラコカゲロウ、サホコカゲロウ、チラカゲロウ、シロタニガワカゲロウ、ナミトビイロカゲロウ、キカワゲラ〔ほか〕

水生生物ハンドブック 改訂版 刈田敏写真・文 文一総合出版 2006.9 65p 19cm 1200円 ⑭4-8299-0019-9
(目次)エルモンヒラタカゲロウ、オオマダラカゲロウ、ヨシノマダラカゲロウ、フタスジモンカゲロウ、シロハラコカゲロウ、サホコカゲロウ、フタバカゲロウ、キイロカワカゲロウ、チラカゲロウ、シロタニガワカゲロウ〔ほか〕
(内容)河川に生息する水生生物を調べるときに役立つようにカゲロウ目を11種(掲載写真では12種)、カワゲラ目を6種、トビケラ目を8種、その他の水生昆虫を11種、節足動物・その他を14種掲載し、携帯しやすいハンディサイズにまとめた。

水生生物ハンドブック 新訂 刈田敏三著 文一総合出版 2010.11 80p 19cm 1400円 ⑭978-4-8299-1179-2 Ⓝ462.1
(目次)カゲロウの仲間(エルモンヒラタカゲロウ、オオマダラカゲロウ ほか)、カワゲラの仲間(キカワゲラ、フタメカワゲラ ほか)、トビケラの仲間(ヒゲナガカワトビケラ、ウルマーシマトビケラ ほか)、その他の水生生物(コオニヤンマ、ダビドサナエ ほか)

<図 鑑>

うみのいきもの 改訂新版 (大阪)ひかりのくに 1997.7 63p 26×21cm (体験を広げるこどものずかん 5) 1000円 ⑭4-564-20075-5
(目次)ひろいうみ、いわいそのかんさつ、やどかり、いそぎんちゃく、うに・ひとで、いそのいきもの(図かん)、いそのかい(図かん)、たこ、たこ・いか、くらげのなかま(図かん)、かいそうのなかま(図かん)、べら(きゅうせん)、かつお、きしべやすなぞこのさかな(図かん)、いわいそやうちうみのさかな(図かん)〔ほか〕

海辺の生き物 小林安雅著 山と渓谷社 2000.3 281p 15cm (ヤマケイポケットガイド 16) 1000円 ⑭4-635-06226-0 Ⓝ481.72
(目次)海の生き物(海綿動物門、刺胞動物門、有櫛動物門、扁形動物門、環形動物門、軟体動物門、節足動物門、触手動物門、棘皮動物門、原索動物門)、海藻・海草
(内容)砂遊びやスノーケリング、スキューバダイビングで見かける約730種の無脊椎動物と、47種の海藻、海草を紹介した図鑑。本州沿岸の岩礁地や砂泥底で見られるものだけでなく、南日本のサンゴ礁域で見られるものや、北日本の冷水域で見られるものまで幅広く紹介。掲載データは、和名、学名、大きさ、生息域、分布、特徴、雌雄、繁殖、食べ物、生活形態など。

淡水指標生物図鑑 ウラディミール・スラディチェック著、鈴木実訳 北隆館 1991.8 301p 26cm 〈原書名:Atlas of Freshwater Saprobic Organisms〉 8500円 ⑭4-8326-0244-6
(内容)この種の図鑑としては世界で最も詳しく、収録タクサ数は2,300を越える。植物は図版1の細菌類から図版55の水草までで図数は779、動物は図版56のアメーバ類から図版146の魚類までで図数は1,486。河川、湖沼、下水、廃水など、あらゆる陸水から検出される全ての生物群

を見事な図で収録。

淡水微生物図鑑　原生生物ビジュアルガイドブック　日本国内に生息する原生生物375属／807種　月井雄二著　誠文堂新光社　2010.3　239p　21cm　〈文献あり　索引あり〉　3400円　Ⓘ978-4-416-21004-8　Ⓝ462.1

(目次)属・種ごとの画像と解説(375属807種)(鞭毛虫(31属77種)、肉質虫(59属109種)、繊毛虫(112属183種)ほか)、テーマ別に原生生物を紹介(細胞分裂、食作用・排泄・分泌、オルガネラ(細胞小器官)ほか)、原生生物の採集と観察(原生生物の採集法、原生生物の観察法)

(内容)日本国内に生息する原生生物375属／807種を掲載。

干潟の図鑑　日本自然保護協会編　ポプラ社　2007.4　207p　21cm　1600円　Ⓘ978-4-591-09422-8

(目次)北海道・東北の干潟、関東の干潟、東海・近畿の干潟、中国・四国の干潟、九州・沖縄の干潟、干潟ってなんだろう

(内容)干潟のいきものを紹介する図鑑。

ビジュアル博物館　6　池と川の動植物　スティーブ・パーカー著、リリーフ・システムズ訳　(京都)同朋舎出版　1990.7　63p　29×23cm　3500円　Ⓘ4-8104-0894-9

(目次)春の植物、春の動物、初夏の植物、初夏の動物、真夏の植物、真夏の動物、秋の池、冬の池、淡水の魚、マス、水鳥、水辺の鳥、イグサとアシ、アシ原、水辺の哺乳類、カエルとイモリ、水辺のハンターたち、池の水面の花、水に浮かぶ植物、水中の水草、トンボ、水中の昆虫、淡水の貝、川の上流、川岸の生物たち、河口、塩水の沼沢地、研究と自然保護

(内容)池と川の世界を紹介する博物図鑑。魚、水生甲虫、カエル、水草などの写真によって、淡水中やその周辺にすむ植物および動物の生態を学べるガイドブック。

ビジュアル博物館　10　海辺の動植物　スティーブ・パーカー著、リリーフ・システムズ訳　(京都)同朋舎出版　1990.10　61p　24×19cm　3500円　Ⓘ4-8104-0898-1　Ⓝ403.8

(目次)海辺の世界、海岸線をつくる、海岸の概観、陸地の端に生きる、海の植物、緑藻類、褐藻類、紅藻類、海藻をすみかとする、海辺の貝殻、岩にしっかりとしがみつく、潮だまりの中、潮だまりの魚、花のような動物、触手と針、海の星、穴を掘るもの、巣をつくるもの、硬い殻、興味深い協力関係、身を隠す、岩棚の生物たち、海でえものをとる、海辺にやってくる動物たち、海辺の宝探し、海辺を守る

(内容)海辺の動植物を紹介する博物図鑑。カニ、ロブスター、磯の潮だまりの生物、魚、アザラシなどの生きている姿の写真によって、海辺の生物たちを紹介するガイドブック。

◆環境問題・自然保護

<事　典>

エコロジー小事典　マイケル・アラビー編、今井勝, 加藤盛夫訳　講談社　1998.5　703p　18cm　(ブルーバックス)　〈原書名：THE CONCISE OXFORD DICTIONARY OF ECOLOGY〉　2000円　Ⓘ4-06-257217-6

(内容)エコロジーに関する用語5000項目収録した事典。環境の汚染と保全に関する用語、ならびにエコロジーに由来する用語に加えて、生物地理学、動物行動学、進化説ならびに分類学上の関連用語とともに、動・植物学、気候学ならびに気象学、海洋学、水文学、土壌学、氷河学および地形学用語も掲載。見出し語は五十音順に排列。欧文索引付き。

外来水生生物事典　佐久間功著, 宮本拓海イラスト・著　柏書房　2005.7　206p　21cm　2800円　Ⓘ4-7601-2746-1

(目次)水生生物の特殊性、オオクチバスをキーワードに考える、漁業権と外来魚、ペットと外来種、現代日本の水辺環境と移植種、環境の悪化と放流、言葉の意味と混乱—生態系・生物群集・生物多様性、水鳥への好意が環境を破壊する、要注意外来生物

(内容)オオクチバス(ブラックバス)など問題になっている国外種から、メダカ・アユなど国内移入種まで、生物移入の歴史と現状がひとめでわかる。

外来生物事典　池田清彦監修, DECO編　東京書籍　2006.9　463p　21cm　2800円　Ⓘ4-487-80118-4

(目次)第1部 特定外来生物(第1次)(哺乳類、鳥類、爬虫類、両生類、魚類、昆虫類、クモ・サソリ類、植物)、第2部 特定外来生物(第2次)(哺乳類、両生類、魚類、昆虫類、甲殻類、軟体動物等、植物)、第3部 要注意外来生物(哺乳類、鳥類、爬虫類、両生類、魚類、昆虫類、甲殻類、軟体動物等、植物)、第4部 資料・索引(外来生物法、外来生物法以外の主な法規制、主な海外事情、外来生物関連年表、用語解説、索引、参考文献・サイト一覧)

(内容)環境省指定の「特定外来生物」(外来生物法対象)と「要注意外来生物」320種を掲載。

<ハンドブック>

外来種ハンドブック　日本生態学会編、村上

興正,鷲谷いづみ監修 地人書館 2002.9 390p 26cm 4000円 ①4-8052-0706-X Ⓝ468

(目次)第1章 外来種問題の現状と課題(外来種と外来種問題,外来種問題はなぜ生じるのか―外来種問題の生物学的根拠,外来種問題に対する国際的認識の高まり ほか),第2章 外来種対策・管理はどのように行うべきか(外来種対策に関する基本的な考え方,外来種対策・管理に関する国際的動向,侵入経路別対策),第3章 外来種事例集(種別事例集,地域別事例集)

(内容)日本における外来種問題の現状をまとめたハンドブック。外来種問題の概要や取り組みをまとめた総論と,生物種や地域を具体的にまとめた事例集で構成する。事例は種別と地域別に,それぞれ40種以上の外来種と21の地域事例を収録する。種別事例は,生物名,原産地と生態,分布拡大のしくみ,対策,写真などを記載。付録・資料として,IUCNガイドライン,日本の外来種リスト,「外来種管理法」の制定に向けての要望書などがある。巻末に事項索引,生物名索引および和名学名対照表がある。

自然紀行 日本の天然記念物 講談社
2003.10 399p 26×21cm 3800円 ①4-06-211899-8

(目次)北海道,東北,関東,北陸,中部,近畿,中国,四国・九州北部,九州南部・沖縄,地域を定めずに指定された動物

(内容)平成15年現在,国が指定した天然記念物指定物権のすべて966件を収録。日本全国を9の地域に分け天然保護区域を紹介,都道府県別に「植物」「動物」「地質・鉱物」の順に説明。本文は天然記念物指定名称,所在都府県名,指定年月日,所在地,管理者,解説文を記載,写真も約1300点掲載したビジュアル百科となっている。巻末に「地域,分類別索引」「50音順索引」が付く。

生物多様性緑化ハンドブック 豊かな環境と生態系を保全・創出するための計画と技術 亀山章監修,小林達明,倉本宣編 地人書館 2006.3 323p 21cm 3800円 ①4-8052-0766-3

(目次)第1部 生物多様性緑化概論(生物多様性保全に配慮した緑化植物の取り扱い方法―「動かしてはいけない」という声に応えて,緑化ガイドライン検討のための解説―植物の地理的な遺伝変異と形態形質変異との関連),第2部 生物多様性緑化の実践事例(遺伝的データを用いた緑化のガイドラインとそれに基づく三宅島の緑化計画,ミツバツツジ自生地減少の社会背景と庭資源を用いた群落復元,アツモリソウ属植物の保全および再生のための種子繁殖技術の可能性と問題点,地域性苗木のためのトレーサビリティ・システム,地域性苗木の生産・施工一体化システム―高速道路緑化における試み ほか)

(内容)緑化植物分野の生物多様性の問題をまとめたハンドブック。緑化植物として導入した外来種が急増し,在来植物を駆逐し景観まで変えてしまう事例が多数ある。こうした問題を克服し,生物多様性豊かな緑化を実現する方策について,日本緑化工学会の研究者が理論と実践事例をまとめている。

生物による環境調査事典 内山裕之,栃本武良編著 東京書籍 2003.8 291p 21cm 2600円 ①4-487-79852-3

(目次)第1章 動物による環境調査・観察(環境ホルモンの影響を調べる,水辺を調べる,海岸の自然度を調べる ほか),第2章 植物による環境調査・観察(水辺を調べる,海岸の自然度を調べる,人里の自然度を調べる ほか),第3章 ビオトープづくり(ビオトープとは,ビオトープ池をつくろう,トカゲのビオトープをつくろう ほか)

(内容)環境教育に携わる全ての人へ。環境ホルモン調査,自然度調査,ビオトープづくりなど,生物に関わる実験・実践を満載。

世界遺産ガイド 生物多様性編 古田陽久,古田真美監修,21世紀総合研究所企画・構成,世界遺産総合研究所編 (広島)シンクタンクせとうち総合研究機構 2004.1 128p 21cm 2000円 ①4-916208-83-8

(目次)ユネスコ世界遺産の概要(ユネスコとは,世界遺産とは,ユネスコ世界遺産が準拠する国際条約,世界遺産条約成立の経緯,わが国の世界遺産条約の締結 ほか),世界遺産に登録されている主な生物多様性(カフジ・ビエガ国立公園(コンゴ民主共和国),オカピ野生動物保護区(コンゴ民主共和国),ニオコロ・コバ国立公園(セネガル),ベマラハ厳正自然保護区のチンギ(マダガスカル),オカランパ・ドラケンスバーグ公園(南アフリカ) ほか),生物多様性関連情報源

(内容)自然遺産の4つの登録基準の一つに「生物多様性の本来的保全にとって最も重要かつ意義深い自然生息地を含んでいるもの。これには,科学上,または,保全上の観点からすぐれて普遍的価値をもつ絶滅の恐れのある種が存在するものを含む」という基準がある。本書では,この登録基準を満たしている主な世界遺産を特集。

日本の絶滅のおそれのある野生生物 レッドデータブック 1 改訂 環境省自然環境局野生生物課編 自然環境研究センター 2002.3 177p 30cm 〈他言語標題:Threatened wildlife of Japan〉 3000円 ①4-915959-73-2 Ⓝ462.1

(内容)環境省が発表したレッドリスト(絶滅のおそれのある日本の野生生物の種のリスト)を基

日本の絶滅のおそれのある野生生物 レッドデータブック 2 鳥類 改訂版 環境省自然環境局野生生物課編 自然環境研究センター 2002.8 278p 30cm 3400円 ①4-915959-74-0 Ⓝ462.1

(目次)はじめに(レッドデータブック見直しの目的と経緯、レッドデータブックの検討体制、レッドデータブックの新しいカテゴリー、鳥類レッドデータブックの見直し手順、鳥類レッドデータブックの見直し結果、今後の課題)、レッドデータブックカテゴリー(環境庁、1997)、鳥類概説、レッドデータブック掲載種

(内容)環境省が発表したレッドリスト(絶滅のおそれのある日本の野生生物の種のリスト)を基に編纂した資料集。2では環境省が平成10年6月12日に公表した鳥類のレッドリストに基づき総数137種・亜種を収録。種ごとに生息状況等を詳述。巻末に、和名索引、学名索引を付す。

日本の絶滅のおそれのある野生生物 レッドデータブック 3 改訂 環境庁自然保護局野生生物課編 自然環境研究センター 2000.2 120p 30cm 〈他言語標題:Threatened wildlife of Japan〉 2200円 ①4-915959-70-8 Ⓝ462.1

(内容)環境庁が発表したレッドリスト(絶滅のおそれのある日本の野生生物の種のリスト)を基に編纂した資料集。全9巻。3では爬虫類・両生類を収録。

日本の絶滅のおそれのある野生生物 レッドデータブック 4 改訂 環境省自然環境局野生生物課編 自然環境研究センター 2003.5 230p 図版16p 30cm 〈他言語標題:Threatened wildlife of Japan〉 3300円 ①4-915959-77-5 Ⓝ462.1

(内容)環境省が発表したレッドリスト(絶滅のおそれのある日本の野生生物の種のリスト)を基に編纂した資料集。全9巻。4では汽水・淡水魚類を収録。

日本の絶滅のおそれのある野生生物 レッドデータブック 5 改訂 環境省自然環境局野生生物課編 自然環境研究センター 2006.8 246p 図版8p 30cm 〈他言語標題:Threatened wildlife of Japan〉 3100円 ①4-915959-83-X Ⓝ462.1

(内容)環境省が発表したレッドリスト(絶滅のおそれのある日本の野生生物の種のリスト)を基に編纂した資料集。全9巻。5では昆虫類を収録。

日本の絶滅のおそれのある野生生物 レッドデータブック 6 改訂 環境省自然環境局野生生物課編 自然環境研究センター 2005.7 402p 図版12p 30cm 〈他言語標題:Threatened wildlife of Japan〉 3800円 ①4-915959-81-3 Ⓝ462.1

(内容)環境省が発表したレッドリスト(絶滅のおそれのある日本の野生生物の種のリスト)を基に編纂した資料集。全9巻。6では陸・淡水産貝類を収録。

日本の絶滅のおそれのある野生生物 レッドデータブック 7 改訂 環境省自然環境局野生生物課編 自然環境研究センター 2006.1 86p 図版4p 30cm 〈他言語標題:Threatened wildlife of Japan〉 2000円 ①4-915959-82-1 Ⓝ462.1

(内容)環境省が発表したレッドリスト(絶滅のおそれのある日本の野生生物の種のリスト)を基に編纂した資料集。全9巻。7ではクモ形類・甲殻類等を収録。

日本の絶滅のおそれのある野生生物 レッドデータブック 8 改訂版 環境庁自然保護局野生生物課編 自然環境研究センター 2000.7 660p 30cm 4200円 ①4-915959-71-6 Ⓝ462.1

(目次)はじめに(レッドデータブック作成の目的と経緯、レッドデータブックの検討体制、レッドデータブックの新しいカテゴリー、植物1(維管束植物)レッドデータブックの作成手順、植物1(維管束植物)レッドデータブックの内容、今後の課題、レッドデータブックカテゴリー(環境庁、1997))、植物1(維管束植物)概説、レッドデータブック掲載分類群、野生絶滅(EW)、絶滅危惧1A類(CR)、絶滅危惧1B類(EN)、絶滅危惧2類(VU)、準絶滅危惧(NT)、情報不足(DD)

(内容)環境庁が発表したレッドリスト(絶滅のおそれのある日本の野生生物の種のリスト)を基に編纂した資料集。全9巻。8では植物1として維管束植物1665種を収録。レッドデータブックの目的、作成手順と今後の課題、および植物1(維管束植物)の概説、レッドデータで構成。レッドデータは絶滅・野生絶滅、絶滅危惧1A類、絶滅危惧1B類、絶滅危惧2類、準絶滅危惧、情報不足に各種を分類して科別に排列。各種は和名、学名などのデータ、形態と生育状況、植物RDB現地調査の集計結果、生育地の現状と判定理由および判定基準と都道府県別分布状況一覧を掲載。ほかに参考資料と和名索引、学名索引を巻末に付す。

日本の絶滅のおそれのある野生生物 レッドデータブック 9 改訂版 環境庁自然保護局野生生物課編 自然環境研究センター 2000.12 429p 30cm 3800円 ①4-915959-72-4 Ⓝ462.1

(目次)レッドデータブック作成の目的と経緯、レッドデータブックの検討体制、レッドデータ

ブックの新しいカテゴリー、植物2(維管束植物以外)レッドデータブックの作成手順、植物2(維管束植物以外)レッドデータブックの内容、今後の課題、レッドデータブックカテゴリー(環境庁、1997)、蘚苔類、藻類、地衣類、菌類

(内容)環境庁が発表したレッドリスト(絶滅のおそれのある日本の野生生物の種のリスト)を基に編纂した資料集。全9巻。レッドリストは平成4年(1992)成立の「絶滅のおそれのある野生動植物の種の保存に関する法律」に基づき調査・発表される。9では植物2として、平成9年8月に公表されたレッドリストに基づき、蘚苔類・藻類・地衣類・菌類の366分類群を収録。記載項目は分類、和名、学名、分布の概要、存続を脅かす要因、保護対策、参考文献、英文サマリーなど。学名索引、和名索引付き。

湾岸都市の生態系と自然保護 千葉市野生動植物の生息状況及び生態系調査報告

沼田真監修　信山社サイテック、大学図書〔発売〕　1997.1　1059p　26cm　41748円　⑭4-7972-2502-5

(目次)序章 湾岸都市の生態系と自然保護―千葉市野生動植物の生息状況及び生態系調査結果概要、第1章 湾岸都市の生態系―その調査研究のあゆみと展望、第2章 湾岸都市千葉市の地質環境と地下水、第3章 湾岸都市千葉市の水文環境、第4章 ランドスケープ、第5章 植物群落、第6章 植物相、第7章 動物相、第8章 自然環境の保護・保全と復元、第9章 都市計画―湾岸都市千葉市の環境保全戦略を踏まえた都市計画、第10章 Executive Summary

<年鑑・白書>

環境白書 循環型社会白書／生物多様性白書 平成21年版 地球環境の健全な一部となる経済への転換

環境省編　日経印刷、全国官報販売協同組合(発売)　2009.6　400p　30cm　2572円　⑪978-4-904260-19-7　Ⓝ519

(目次)第2部 各分野の施策等に関する報告(低炭素社会の構築、地球環境、大気環境、水環境、土壌環境、地盤環境の保全、循環型社会の形成―循環型社会の構築を通じた経済発展の実現に向けて、化学物質の環境リスクの評価・管理、生物多様性の保全及び持続可能な利用―私たちのいのちと暮らしを支える生物多様性、各種施策の基盤、各主体の参加及び国際協力に係る施策)、平成21年度環境の保全に関する施策、平成21年度循環型社会の形成に関する施策、平成21年度生物の多様性の保全及び持続可能な利用に関する施策(低炭素社会の構築、地球環境、大気環境、水環境、土壌環境、地盤環境の保全、循環型社会の形成、化学物質の環境リスクの評価・管理、生物多様性の保全及び持続可能な利用、各種施策の基盤、各主体の参加及び国際協力に係る施策)〔ほか〕

環境白書 循環型社会白書／生物多様性白書 平成22年版 地球を守る私たちの責任と約束 チャレンジ25

環境省編　日経印刷、全国官報販売協同組合(発売)　2010.6　1冊　30cm　2381円　⑪978-4-904260-52-4　Ⓝ519

(目次)第1部 総合的な施策等に関する報告(地球の行方―世界はどこに向かっているのか、日本はどういう状況か、地球とわが国の環境の現状、地球温暖化にいち早く対応する現世代の責任―チャレンジ25、生物多様性の危機と私たちの暮らし―未来につなぐ地球のいのち、環境産業が牽引する新しい経済社会―グリーン・イノベーションによる新たな成長)、第2部 各分野の施策等に関する報告(低炭素社会の構築、地球環境、大気環境、水環境、土壌環境、地盤環境の保全、循環型社会の形成―ビジネス・ライフスタイルの変革を通じた循環型社会への道しるべ、化学物質の環境リスクの評価・管理、生物多様性の保全及び持続可能な利用 ほか)

<統計集>

生物生息地の保全管理への取組状況調査結果 地域資源の維持管理・活性化に関する実態調査 平成12年度

農林水産省大臣官房統計情報部編　農林統計協会　2002.2　216p　30cm　(農林水産統計報告 13-53)　2500円　⑭4-541-02905-7　Ⓝ519.81

(目次)解説(生物生息地の保全管理への取組に関する市区町村の意向、生物生息地の保全管理を行っている運営主体の概要)、統計表(生物生息地の保全管理への取組に関する市区町村の意向、生物生息地の保全管理を行っている運営主体の概要)、生物生息地の保全管理を行っている運営主体一覧表、取組事例集

(内容)生物生息地の環境保全のための調査を収録した報告書。平成12年度地域資源の維持管理・活性化に関する実態調査の一環として行われた「生物生息地の保全管理への取組状況調査」と、保全管理への取組状況について情報収集を行った結果を一覧表及び事例集として取りまとめたもの。調査は平成12年度に全国の3251の市区町村の農政担当者または環境担当者に対して行われた。

◆有害生物

<事典>

写真で見る有害生物防除事典

谷川力編、

生物学　　　　　　　　　　　　生　物

富岡康浩, 池尻幸雄, 白井英男, 吉浪誠共著　オーム社　2007.3　197p　21cm　2200円　⑪978-4-274-50123-4

(目次)第1章 有害生物による被害(被害は拡大の一方, 有害生物とその害 ほか), 第2章 害虫編(ゴキブリ類, ハエ類 ほか), 第3章 害獣編(ネズミ, 害鳥, 害獣), 第4章 微生物編(微生物, 細菌 ほか), 第5章 防除機器と薬剤(昆虫対策の機器と薬剤, ネズミ対策の機器と薬剤 ほか)

(内容)ネズミ・ゴキブリ, ノロウイルス・トリインフルエンザ, あらゆる害虫・害獣・微生物, 万全な防除対策。

<ハンドブック>

建築物におけるIPM実践ハンドブック　新しい理念に基づく総合的有害生物管理　日本環境衛生センター監修, 田中生男編集代表　中央法規出版　2008.9　291p　26cm　4700円　⑪978-4-8058-4838-8　Ⓝ498.69

(目次)第1章 建築物衛生法とねずみ等の防除について(建築物衛生法におけるねずみ等の防除について, 平成14年建築物衛生法政省令改正について ほか), 第2章 建築物におけるねずみ・害虫等の維持管理の進め方(IPMとは, IPMを構成する要素について ほか), 第3章 IPM実施モデル(ネズミ, ゴキブリ ほか), 第4章 建築物内に発生・侵入するネズミ・害虫とその生態(ネズミ類, ゴキブリ類 ほか), 第5章 衛生害虫防除と防除薬剤(有害動物における薬剤の果たす役割, IPMと薬剤 ほか)

(内容)衛生分野でのIPMとは?IPMの理念がわかる。IPMの施工法を細やかに収載。清掃から薬剤の使用まで, 総合的な防除方法を考える。平成20年に示された「建築物における維持管理マニュアル」を最新の知見から解説。

◆生物と文化

<事 典>

英文学のための動物植物事典　ピーター・ミルワード著, 中山理訳　大修館書店　1990.7　568p　19cm　4120円　⑪4-469-01230-0　Ⓝ930.33

(内容)アダムとイブの物語に出てくる「蛇」の表すものは?『嵐が丘』に茂るヒースとはどんな花を咲かせるのか?—聖書やシェイクスピア劇を始め, 英文学にしばしば登場する動物・植物たちが持つ豊かな寓意を解き明かした小百科。動物編・植物編に分かれる。240点の挿し絵を掲載。巻末に日本語名からの索引を付す。

北斎絵事典　動植物編　永田生慈監修　東京美術　1998.12　302p　21cm　2300円　⑪4-8087-0656-3

(内容)葛飾北斎の動植物に関する1000点のイラストを, 絵柄で分類整理し掲載した事典。五十音順総索引付き。

<辞 典>

動植物ことわざ辞典　高橋秀治著　東京堂出版　1997.9　323p　19cm　2400円　⑪4-490-10468-5

(内容)動植物に関することわざや語句を集めた辞典。動物174種, 2050項目, 植物130種, 850項目, 類句を合わせて3200項目を収録。動物編と植物編からなり, ことわざ, 語句に含まれる動物, 植物を見出し語として, 五十音順に配列。見出し語のもとに, それぞれ関連したことわざ, 語句を五十音順に配列し解説がつく。

植 物

植物全般

<書 誌>

植物・植物学の本全情報 45-92　日外アソシエーツ編　日外アソシエーツ, 紀伊国屋書店〔発売〕　1993.7　685p　21cm　29000円　①4-8169-1183-9

〈内容〉植物と植物学関連の図書目録。1945年から1992年までの48年間に国内で刊行された約11000点を分類体系順に収録する。収録資料の範囲は、図鑑、学術書から実用書、児童書、エッセイまで、収録分野は、花、樹木、森林、野草、園芸植物、植物誌、熱帯雨林保護など。巻末に書名索引、事項名索引を付す。

図書館探検シリーズ　第24巻　植物と人間の生活　埴沙萠著　リブリオ出版　1991.5　24p　31cm　〈監修：本田晄 編集：タイム・スペース 関連図書紹介：p24〉　①4-89784-266-2　ⓃK028

〈内容〉小学生や中学生が、あるテーマについて図書館や図書室で本をさがすときの、そのテーマの基本的なことがらを解説し、基本の図書を紹介するシリーズ。小学校上級以上向。

<事 典>

植物3.2万名前大辞典　日外アソシエーツ株式会社編　日外アソシエーツ　2008.6　772p　21cm　9333円　①978-4-8169-2120-9　Ⓝ470.33

〈内容〉植物名を五十音順に収録。漢字表記や学名、科名、別名、大きさ、形状などを記載。最大規模の32000件を満載した基本ツール。

図説 花と樹の事典　木村陽二郎監修, 植物文化研究会編　柏書房　2005.5　589p　21cm　3800円　①4-7601-2658-9

〈目次〉第1部 花と樹の文化事典, 第2部 関係資料・索引

〈内容〉日本の花と樹1500種を収録。本文は五十音順に排列。名前、学名、解説、名称の由来や利用法まで幅広く記載。図版650点。巻末に植物名索引と事項索引を収録。

図説 花と樹の大事典　木村陽二郎監修, 植物文化研究会編　柏書房　1996.2　589p　30cm　18540円　①4-7601-1231-6

〈内容〉日本産の被子植物・裸子植物・シダ植物・藻類、近代以降導入された外国産植物など1500種を収録した事典。植物の分布・形態・特徴のほか和名の由来・別称や方言・学名・国別の花言葉・歳時記・歴史や文化について小見出しを立てて解説する。巻末に植物分類表・植物用語名称一覧や外国名・学名・事項・植物名の各索引を付す。

なんでもわかる花と緑の事典　樋口春三監修, 花卉懇談会編　六耀社　1996.6　422p　21cm　5000円　①4-89737-232-1

〈内容〉植物の種類・形態・生産・環境・流通・デザイン・法律・文化・造園等の分野の専門用語・業界用語2765項目を解説した事典。排列は五十音順。各ページの上欄に関連のイラスト・写真・図表等を掲載し、解説を補足する。巻末に国花・県花・冠婚葬祭と花・花言葉・誕生花・五十音順植物名索引・花き関係団体一覧を収録。

花と緑を讃える噺　樹の噺・草の噺・葉の噺・花の噺　安西正峯著　海馬書房　2001.8　1冊　26cm　3300円　①4-907704-14-3　Ⓝ470

〈目次〉嘘も真もとりまぜて―植物よもやま話（生活に関わってきた植物, 文化を育んできた植物, 植物名の由来, 遊びも優雅に ほか）, 植物用語の玉手箱（花のおはなし, 実と種のおはなし, 葉のおはなし, もろもろのおはなし ほか）

〈内容〉身近な花と緑に関する用語を、花、実・種、葉、樹、名前や分類などのテーマに分けて、カラー写真を交えて紹介したもの。嘘も真もとりまぜた植物よもやま話も掲載。

プリニウス博物誌　植物篇　プリニウス〔著〕, 大槻真一郎責任編集, 岸本良彦〔ほか〕訳　八坂書房　1994.4　552, 60p　23cm　〈巻末：参考文献　原書名：Naturalis historia.〉　14000円　①4-89694-643-X　Ⓝ402.9

〈目次〉樹木, 果樹, 森林<野生>樹, 栽培樹, 穀物とマメ類, 繊維作物と野菜

〈内容〉地中海世界を中心にペルシア, アラビア, インドをも含む地域に生育する植物約600種を収録。性状や栽培法はもとより、食用、薬用、酒、香料、木材などへの利用法を神話・伝説・歴史にもふれながら詳述する壮大な植物誌。

植物全般　　　　　　植　物

<索引>

植物レファレンス事典　2(2003-2008 補遺)　日外アソシエーツ編集部編　日外アソシエーツ　2009.1　894p　22cm　〈索引あり〉　32000円　①978-4-8169-2158-2　Ⓝ470.31

(内容)13467種の植物がどの図鑑・百科事典にどのような見出しで載っているか一目でわかる。68種79冊の図鑑から延べ37,375件の見出しを収録。植物の同定に必要な情報(学名、漢字表記、別名、形状説明など)を記載する。図鑑ごとに収録図版の種類(カラー、モノクロ、写真、図)も明示する。

<名簿>

植物文化人物事典　江戸から近現代・植物に魅せられた人々　大場秀章編　日外アソシエーツ　2007.4　632p　21cm　7600円　①978-4-8169-2026-4

(内容)日本の植物文化史に名を残した、本草学者、植物学者、篤農家、農業技術者、文人、画家、写真家、園芸家など、1157人を収録した人物事典。功績の定まった物故者を収録対象とする。

<ハンドブック>

毒・食虫・不思議な植物　奥井真司著　データハウス　2003.7　267p　21cm　1800円　①4-88718-725-4

(目次)第1章 薬や毒にもなる植物、第2章 虫などを食べる植物、第3章 不思議で面白い植物、第4章 仕掛けを持った植物、第5章 何かに似ている植物、第6章 謎に満ちた植物世界

(内容)不思議植物の分布から入手法・栽培法まで。

<図鑑>

香りの植物　樹木からハーブまで　吉田よし子著、亀田竜吉写真　山と渓谷社　2000.4　191p　22×14cm　(POINT図鑑)　1900円　①4-635-06303-8　Ⓝ470.38

(内容)香りについて植物ごとに解説した植物図鑑。針葉、柑橘、薬臭等のにおいが植物の部位の関係の表と香りについての解説を各植物に解説。写真も併載する。巻末に植物名索引を付す。

学習図鑑 植物　岩瀬徹著、鈴木庸夫写真　成美堂出版　1996.2　271p　21cm　1800円　①4-415-08354-4

(目次)1 植物が支える日本の自然、2 日本の植物はどのようにふえるのだろう、3 植物の成長とくらし、5 植物観察に出かけよう

(内容)野生の草木から栽培植物まで300種を収録

した、児童向けの学習図鑑。5章から成り、第1章で日本全体の植物の様子を紹介、第2章で日本で見られる種々の植物の写真を掲載し、開花時期・分布・生育地・特徴を紹介する。3章、4章、5章では植物の増え方や成長、植物観察の方法を説明。巻末に五十音順の植物用語解説と植物園・自然園ガイドがある。

カラー植物百科　新訂増補版　平凡社編　平凡社　2000.12　506p　18cm　2800円　①4-582-82512-5　Ⓝ470.38

(内容)世界の植物を紹介する図鑑。収録項目数は植物と植物学用語を合わせ約2900、カラー図版・写真は約1500点を収録。見出しの五十音順に排列し、解説と図版・写真を掲載、天然記念物などの区別も記載する。また、"サクラ・モミジ・都市の植物"などをカラーイラストの特集ページで掲載する。増補版の追加項目は本編の後に掲載する。

くさばな・き　学習研究社　1993.5　132p　27cm　〈学研のこども図鑑〉　3090円　①4-05-104725-3

(内容)幼児向け・こどものための草花・樹木の図鑑。

くもんのはじめてのずかん　はな・くだもの・やさい・かいそう　あきびんご絵, 山田卓三監修　くもん出版　2010.10　72p　19×19cm　〈索引あり〉　1200円　①978-4-7743-1762-5　ⓃE460

(内容)子どもに身近なものを中心に、274種の、花・果物・野菜・海藻をあいうえお順で収録。人気絵本作家・あきびんごの魅力あふれるイラストを掲載。親子でためになる、英語の名前・漢字の名前・大きさ・重さを掲載。楽しみながら子どもの興味を広げる、ずかんの使い方・遊び方を紹介。

原色植物検索図鑑　復刻版　矢野佐者、石戸忠画　北隆館　2003.7　108,138p　22cm　4800円　①4-8326-0027-3　Ⓝ479.038

(内容)花や葉の特徴から植物名を検索できる図鑑。昭和37年初版の植物検索図鑑の古典的な名著の復刻版。もっとも身近な合弁花類・離弁花類・単子葉類に大別して収録。

原色図鑑 芽ばえとたね 植物3態／芽ばえ・種子・成植物　新装版　浅野貞夫著　全国農村教育協会　2005.5　280p　30cm　9000円　①4-88137-115-0

(内容)草本編(クワ科、イラクサ科、タデ科、ヤマゴボウ科 ほか)、木本編(イチョウ科、マツ科、マキ科、カバノキ科 ほか)

原色日本植物図鑑　草本編1　合弁花類　改訂版　北村四郎、村田源、堀勝共著　(吹

植物　　　　　　　　　　　　　　　　　　　　　植物全般

田）保育社　2008.4（改訂69刷）　297p　図版70p　22cm　（保育社の原色図鑑 15）〈文献あり〉　5800円　Ⓘ978-4-586-30015-0　Ⓝ470.38

⟨内容⟩日本の植物を掲載した図鑑。初版は1957年（昭和32）刊行。写真よりもイラストのほうが特徴を把握しやすいことから、図版は手描きによるカラーイラストを掲載する。また学名や分類体系の改訂を重ねている。必要に応じて花の解剖図も掲載。「草本編1」では、日本に自生する野草のうち、合弁花類植物590種ほどを原色図版に収録、解説ページには日本産合弁花類全種がわかるように、詳しい検索表を付して区別点などを明示している。

原色牧野植物大図鑑　合弁花・離弁花編
改訂版　牧野富太郎著，小野幹雄〔ほか〕編　北隆館　1996.6　589p　27cm　30900円　Ⓘ4-8326-0400-7　Ⓝ470.38

⟨内容⟩牧野富太郎が編纂した『牧野日本植物圖鑑』を補遺改訂した『牧野新日本植物圖鑑』の原色版（カラー版）。昭和57年刊をもとに出最新の植物分類学を導入し新しい植物図鑑として編纂された。全編に正確なカラーイラストを描き直し、写真ではわかりづらい部分も図解で示す。全2巻の第1巻で合弁花・離弁花編（きく科～くろうめどき科）を収録。

原色牧野植物大図鑑　離弁花・単子葉植物編　〔改訂版〕　牧野富太郎著，小野幹雄〔ほか〕編　北隆館　1997.3　926p　27cm　35000円　Ⓘ4-8326-0401-5　Ⓝ470.38

⟨内容⟩牧野富太郎が編纂した『牧野日本植物圖鑑』を補遺改訂した『牧野新日本植物圖鑑』の原色版（カラー版）。全2巻の第2巻にあたる離弁花・単子葉植物編（くろたきかずら科～そてつ科）。

原色牧野植物大図鑑　〔CD版〕　牧野富太郎〔著〕，邑田仁編修　北隆館　c2000　CD-ROM1枚　12cm　〈他言語標題：Makino's illustrated flora in colour　ファイル特性：データファイル　利用環境：Windows 95, Windows 98　箱入　付属資料：ユーザーズマニュアル（64p 26cm）〉　35000円　Ⓘ4-8326-1001-5

⟨内容⟩『牧野新日本植物圖鑑』の原色版（カラー版）のCD-ROM版。

原色牧野日本植物図鑑　1　重版　牧野富太郎著　北隆館　1999.9　396p　19cm　（コンパクト版 1）　4800円　Ⓘ4-8326-0044-3

⟨目次⟩被子植物（双子葉類（合弁花群，離弁花群），単子葉類，裸子植物門（まつ綱，いちょう綱），隠花植物（しだ（羊歯）植物），菌植物（担子菌類）

⟨内容⟩ベストセラー「原色牧野植物大図鑑」のポケットサイズ「コンパクト版原色牧野日本植物図鑑」。写真と異なり細密なカラー図版で植物の細部まで確認でき、彩色部分図と部分名により各植物の特徴が一目でわかる。

原色牧野日本植物図鑑　2　牧野富太郎著　北隆館　2000.5　361p　19cm　（コンパクト版 2）　4660円　Ⓘ4-8326-0045-1

⟨目次⟩被子植物（双子葉類（合弁花群，離弁花群），単子葉類，裸子植物門（まつ綱），隠花植物（しだ（羊歯）植物），菌植物（担子菌類）

⟨内容⟩ベストセラー「原色牧野植物大図鑑」のポケットサイズ「コンパクト版原色牧野日本植物図鑑」。写真と異なり細密なカラー図版で植物の細部まで確認でき、彩色部分図と部分名により各植物の特徴が一目でわかる。

しょくぶつ　フレーベル館　1990.7　116p　30cm　（ふしぎがわかるしぜん図鑑 3）〈監修：水野丈夫，浅山英一〉　1650円　Ⓘ4-577-00035-0　ⓃK470

⟨内容⟩こどもが自然に触れ確かめるときの手びき書となる図鑑。写真や細密な絵により、自然の不思議や秘密がひとりでにわかるよう編集に工夫をこらしている。

しょくぶつ　無藤隆総監修，高橋秀男監修　フレーベル館　2004.6　128p　30×23cm　（フレーベル館の図鑑 ナチュラ 2）　1900円　Ⓘ4-577-02838-7

⟨目次⟩草花（にわや公園の草花，野山の草花），木（にわや公園の木，野山の木），食べるしょくぶつ（くだもの，実を食べるやさい，葉や花を食べるやさい，根や茎を食べるやさい，こくもつ），もっと知りたい!植物（植物のくらし，植物のからだ，植物が生きるしくみ，植物がふえるしくみ，高さによって，生える植物はちがう，外国から来た植物，観察日記をつけよう）

⟨内容⟩リアルなイラストや写真と解説とを組み合わせ、特徴や種類、観察ポイントなどを詳しく紹介した植物図鑑。巻末に五十音順索引が付く。

植物　学習研究社　2000.3　200p　30×23cm　（ニューワイド学研の図鑑）　2000円　Ⓘ4-05-500410-9　ⓃK470

⟨目次⟩街・空き地の植物，田畑・野原の植物，里山の植物，深い山の植物，高い山の植物，水辺や川原の植物，海辺の植物，シダ植物，キノコ

⟨内容⟩草および木とシダ植物などの野外植物とキノコを収録した図鑑。街・空き地、田畑等の生息する場所に分類して排列。それぞれの植物には種名、別名、科名などと解説を載せる。各項目ごとの他にも巻末に植物の情報誌としてさまざまな解説を載せている。植物の各名称からの索引を付す。

動植物・ペット・園芸 レファレンスブック　35

植物全般　　　　　　　　　植　物

植物　改訂版　旺文社　1998.4　207p　19cm　（野外観察図鑑 2）　743円　Ⓘ4-01-072422-6
〔目次〕春（サクラ、タンポポ ほか）、夏（アサガオ、ヒマワリ ほか）、秋（ドングリ、秋の花 ほか）、冬（冬の木の実と花、草木の冬ごし ほか）、植物とわたしたち（植物の育ち方―観察と実験、植物と人のくらし、植物のなかまわけ、植物に親しもう）
〔内容〕身の周りの植物を重点的に収録した植物図鑑。探しやすいように季節別と場所別に構成した仲間分けや、植物の特ちょうがひと目で分かるように引き出し線でポイントを説明。野外観察に便利なハンディーサイズ。

植物　門田裕一監修、畑中喜秋、和田浩志、岡田比呂実指導・執筆　小学館　2002.7　207p　30cm　（小学館の図鑑NEO 2）　2000円　Ⓘ4-09-217202-8　ⓃK470.38
〔目次〕場所で植物を紹介するページ（身近な植物、山の植物、深い山の植物 ほか）、なかまで植物を紹介するページ（裸子植物のなかま、シダのなかま、コケのなかま ほか）、菌類などのページ（キノコのなかま、カビ・地衣類・変形菌類）、植物の基本がわかる（植物の体と働き）
〔内容〕子ども向けの植物図鑑。約1200種の植物とキノコ、カビ、変型菌などの仲間を収録。被子植物は生息環境と季節ごとに分類し、掲載。次に裸子植物、シダ、コケ、などを分類別に掲載している。各植物の種名、別名、科名、生活の仕方、草たけや樹高、花の時期、果実の時期、育つ地域や原産地、育つ場所などを記載。また、植物の特徴的な部分をイラストで紹介している。この他に、「もの知りコラム」や「やってみようコラム」など学習に役立つ記事も掲載している。巻末に索引が付く。

植物　改訂版　大場達之総合監修　学習研究社　2006.1　240p　30×23cm　（ニューワイド学研の図鑑）　2000円　Ⓘ4-05-202486-9
〔目次〕花だんの植物、室内・温室の植物、街・空き地の植物、田畑・野原の植物、里山の植物、深い山の植物、高い山の植物、水辺や川原の植物、海辺の植物、シダ植物、コケ植物、海藻、キノコ、こく物・豆類・油など、野菜、果物
〔内容〕花壇の植物やコケ植物、野菜など身の回りの植物約500種を収録。

植物　大場達之監修・指導　学習研究社　2007.6　148p　26cm　（ジュニア学研の図鑑）　1500円　Ⓘ978-4-05-202650-8
〔目次〕双子葉植物、海辺の植物、高い山の植物、単子葉植物、水生植物、しだ植物、こけ植物、地衣類、海そう、きのこ、ほかの植物について　生活する植物、食虫植物、有毒植物
〔内容〕身近な植物をなかま分けで紹介。調べ学習にも役立つ植物図鑑。なかま分けの特ちょうをやさしく解説。約1000種掲載の生態写真図鑑。

植物　増補改訂版　学研教育出版、学研マーケティング（発売）　2010.4　232p　19cm　（学研の図鑑 新・ポケット版 2）　960円　Ⓘ978-4-05-203204-2　ⓃE470.38
〔目次〕植物ギャラリー、春の花だん、春の樹木、春の野草、初夏の花だん、初夏の樹木、初夏の野草、夏の花だん、夏の樹木、夏の野草〔ほか〕
〔内容〕野外観察に最適。収録数約1100種。植物の楽しみ方が広がる情報満載。

植物　和田浩志監修・執筆、岡田比呂実ほか指導・執筆、斎藤光一、松岡真澄ほか画、亀田竜吉、大作晃一ほか写真　小学館　2010.6　207p　19cm　（小学館の図鑑NEO POCKET 2）〈文献あり 索引あり〉　950円　Ⓘ978-4-09-217282-1　ⓃE470
〔目次〕道ばたや公園の草、野山の草、道ばたや公園の木、野山の木、裸子植物、タケとササ、きのこ、深い山の植物、高山植物、海辺の植物、水辺の植物、亜熱帯の植物、野菜・果物
〔内容〕道ばたや公園から、亜熱帯のジャングルにある植物まで、日本でみられる植物約820種と、きのこ約40種を紹介。

植物イラスト図鑑　武田義明監修、近藤浩文、土居内和夫共著　（東大阪）保育社　2004.3　340p　19cm　2500円　Ⓘ4-586-31111-8
〔目次〕春の植物（植物イラスト、植物解説）、初夏の植物、夏の植物、秋の植物
〔内容〕「植物観察ポイント」決定版。約800種の草本・木本。約3500項目のポイント。

植物生活史図鑑　1　春の植物No.1　河野昭一監修　（札幌）北海道大学図書刊行会　2004.5　111p　30cm　3000円　Ⓘ4-8329-1371-9
〔目次〕1 カタクリ、2 ヒメニラ、3 コシノコバイモ、4 チゴユリ、5 ホウチャクソウ、6 キバナノアマナ、7 ウバユリ、8 オオバナノエンレイソウ、9 ミヤマエンレイソウ、10 ショウジョウバカマ

植物生活史図鑑　2　春の植物No.2　河野昭一監修　（札幌）北海道大学図書刊行会　2004.5　109p　30cm　3000円　Ⓘ4-8329-1381-6
〔目次〕1 フクジュソウ、2 エゾエンゴサク、3 ギョウジャニンニク、4 キバナチゴユリ、5 ユキツバキ、6 ヒメアオキ、7 スズラン、8 アマドコロ、9 タネツケバナ、10 スズメノカタビラ

植物生活史図鑑　3　夏の植物　No.1　河野昭一監修　（札幌）北海道大学出版会　2007.6　113p　30cm　3000円　Ⓘ978-4-

8329-1393-6

(目次)1 エゾスカシユリ（ユリ科），2 ヒメユリ（ユリ科），3 ヤマユリ（ユリ科），4 ミゾソバ（タデ科），5 キツリフネ（ツリフネソウ科），6 ツリフネソウ（ツリフネソウ科），7 キツネノカミソリ（ヒガンバナ科），8 ヒガンバナ（ヒガンバナ科），9 ウラシマソウ（サトイモ科），10 フタバアオイ（ウマノスズクサ科）

植物のかんさつ 矢野亮文，渡辺晴夫写真 講談社 1992.4 48p 25×22cm （講談社パノラマ図鑑16） 1200円 ①4-06-250016-7

(目次)スーパーアイ，春の野原，タンポポの観察，めだたない木の花，おばなとめばな，よい子孫をのこすためのくふう，いろいろな形の葉，かわった葉，夜ねる植物，昼ねる植物，まきつく植物，一年のうつりかわり，四季の草花，季節のうつりかわり，色づく葉のいろいろ，どんぐりあつめ，たねの旅，冬の草のようす，冬に木を見分ける，春をまつ芽，つくってあそぼう，もっと知りたい人のQ&A

(内容)植物のうつりかわりや，植物の美しさ，ふしぎさ，おもしろさなどを，写真を中心に紹介する図鑑。小学校中学年から。

植物の生態図鑑 学習研究社 1993.8 160p 30cm （大自然のふしぎ） 3200円 ①4-05-200138-9

(目次)身近な植物のふしぎ，野原・雑木林の植物のふしぎ，森林・山地の植物のふしぎ，水辺の植物のふしぎ，世界の植物のふしぎ，からだのしくみのふしぎ，自然ウォッチング，資料編

(内容)植物の素顔を収めた大型図鑑。身近な植物たちの知られざる素顔，子孫を残すための驚くべき戦略，世界のふしぎ植物など，最新の研究結果を大判で収録するビジュアルブック。

植物の生態図鑑 改訂新版 学研教育出版，学研マーケティング（発売） 2010.4 168p 31cm （大自然のふしぎ 増補改訂）3000円 ①978-4-05-203130-4 ⓃK471.7

(目次)身近な植物のふしぎ，野原・雑木林の植物のふしぎ，森林や山地の植物のふしぎ，水辺の植物のふしぎ，世界の植物のふしぎ，からだのしくみのふしぎ，受粉のふしぎ，植物の増え方のふしぎ，自然ウォッチング，資料編

植物のふしぎ 香取一文，渡辺晴夫写真 講談社 1993.3 48p 25×22cm （講談社パノラマ図鑑25） 1200円 ①4-06-250024-8

(目次)スーパーアイ，花の形と色，花のしくみ，外国のきれいな花，花粉の形のいろいろ，受粉のふしぎ，たねができるふしぎ，食べられる果実〔ほか〕

(内容)小さな生きものから宇宙まで，子どもの知りたいふしぎ・なぜに答える科学図鑑。小学校中学年から。

新牧野日本植物図鑑 牧野富太郎原著，大橋広好，邑田仁，岩槻邦男編 北隆館 2008.11 1458p 27cm 〈他言語標題：New Makino's illustrated flora of Japan〉 25000円 ①978-4-8326-1000-2 ⓃK472.1

(内容)種子植物から地衣類まで5056種を網羅した、国内最大級の植物図鑑。1989年刊「牧野新日本植物圖鑑」の内容を全面的に改訂。種子植物・シダ植物についての詳細な検索表を追加、最新の命名規約に基づいた学名を記載する。

野山の植物 牧野晩成著 小学館 2000.5 359p 21×13cm （自然観察シリーズ） 2250円 ①4-09-214031-2 ⓃK470

(目次)野の草，山の草，春の木，夏の木，秋の木，針葉樹・タケ・ササ，池やぬまの草，海岸の植物

(内容)草花および樹木のイラストによる図鑑。各植物は季節別に野の草，山の草および樹木，ほかに針葉樹・タケ・ササ，池やぬまの草，海岸の植物に分類して構成。各植物は全体および花などの細部のイラストと類および科，生育地，高さ，食用等と解説文を収録。巻末に類および植物名の五十音順索引と用語索引を付す。

花と実の図鑑 花芽から花・実・たねまで 1 春に花が咲く木 斎藤謙網絵，三原道弘文 偕成社 1990.5 40p 29×25cm 2200円 ①4-03-971010-X ⓃK470

(目次)マンサク，ヒュウガミズキ　トサミズキ，モモ，ボケ，ヒイラギナンテン，サクラ（ソメイヨシノ），ハナズオウ，ハナミズキ，ドウダンツツジ，モクレン，ハナカイドウ，モミジイチゴ，ミツバアケビ　アケビ，モミジ（イロハモミジ）トウカエデ，ヒメリンゴ，フジ，カルミア，キリ

(内容)花芽から花・実・たねまで，身ぢかな木の花の1年を，生き生きとした細密画で描く観察図鑑。

花と実の図鑑 花芽から花・実・たねまで 2 夏・秋・冬に花が咲く木 斎藤謙網絵，三原道弘文 偕成社 1990.7 40p 29×25cm 2200円 ①4-03-971020-7 ⓃK470

(目次)ユリノキ，エゴノキ，ハコネウツギ，ハクウンボク，マユミ，クチナシ，アジサイ，ザクロ，ヤマボウシ，リョウブ，ナツツバキ，エンジュ　ハリエンジュ，ノウゼンカズラ　アメリカノウゼンカズラ，サルスベリ，ムクゲ，ハギ（ミヤギノハギ），ビワ，ツバキ

(内容)花芽から花・実・たねまで，身ぢかな木の花の1年を，生き生きとした細密画で描く観察図鑑。

| 植物全般 | 植物 |

花と実の図鑑　花芽から花・実・たねまで　3　公園や庭でみられる木　斎藤謙綱絵，三原道弘文　偕成社　1992.6　40p　29×25cm　2200円　④4-03-971030-4

（目次）キブシ，サンシュユ，アブラチャン，アセビ，エニシダ，ボボー，グミ，ヤマブキ，ニシキギ，シャリンバイ，ウツギ，ミツバウツギ，ホオノキ，ヒメシャラ，ネズミモチ，アオギリ，モッコク，クサギ

（内容）花芽から花・実・たねまで，身ぢかな木の花の1年を，生き生きとした細密画で描く観察図鑑。子どもから大人まで，自然を愛する人のための本。掲載した木の花は，どれも公園や庭で，ふつうに見られるものばかり。すこし注意すれば，かならずこの本に描かれていることができる。

花と実の図鑑　花芽から花・実・たねまで　4　校庭や街路でみられる木　斎藤謙綱絵，三原道弘文　偕成社　1993.7　40p　29cm　〈監修：菱山忠三郎〉　2200円　④4-03-971040-1

（目次）ネコヤナギ，ユキヤナギ，ウグイスカグラ，シキミ，ニワウメ，モチノキ，ミズキ，コナラ，ツリバナ，キーウィフルーツ，スイカズラ，トチノキ，カキ，ネムノキ，ムラサキシキブ，ナンキンハゼ，アキニレ，サザンカ

（内容）花芽から花・実・たねまで，身ぢかな木の花の1年を，生き生きとした細密画で描く観察図鑑。子どもから大人まで，自然を愛する人のための本。

花と実の図鑑　花芽から花・実・たねまで　5　散歩道でみられる木　斎藤謙綱絵，三原道弘文　偕成社　1994.3　40p　29cm　〈監修：菱山忠三郎〉　2200円　④4-03-971050-9

（内容）花芽から花・実・たねまで，身ぢかな木の花の1年を，生き生きとした細密画で描く観察図鑑。子どもから大人まで，自然を愛する人のための本。掲載した木の花は，どれも散歩道などで，ふつうに見られるものばかり。花だけではなく，花芽から花がひらき，実がそだってたねができるまでの〈一生〉を描いており，四季折々，それぞれの時期に見られる木の美しさを観察することができる。

花と実の図鑑　花芽から花・実・たねまで　6　身近な樹木の1年　斎藤謙綱絵，三原道弘文，菱山忠三郎監修　偕成社　1997.5　40p　24×28cm　2136円　④4-03-971060-6

（目次）ロウバイーソシンロウバイ，ウメ，アオキ，プラタナス（モミジバスズカケノキ），ライラック，ユズリハ，イスノキ，ムベ，コウゾ，ツルウメモドキ，ノイバラーテリハノイバラ，ゴンズイ，トベラ〔ほか〕

（内容）花芽から花・実・たねまで，身ぢかな木の花の1年を，生き生きとした細密画で描く観察図鑑。子どもから大人まで，自然を愛する人のための本。花だけではなく，花芽から花がひらき，実がそだってたねができるまでの〈一生〉を描いており，四季折々，それぞれの時期に見られる木の美しさを観察することができる。

花と実の図鑑　花芽から花・実・たねまで　7　身近な樹木の観察　1　斎藤謙綱絵，三原道弘文，菱山忠三郎監修　偕成社　2000.12　40p　29cm　〈文献あり〉　2200円　④4-03-971070-3　ⓃK470

（目次）ミツマタ（ベニバナミツマタ），ハンノキ，ヤマモモ，クワ，ナシ，ニワトコ，イチョウ，ケヤキ，タブノキ，ブドウ，タイサンボク，ガマズミ，サンゴジュ，カクレミノ，ビナンカズラ（サネカズラ），ヤツデ，チャ，シロダモ

花と実の図鑑　花芽から花・実・たねまで　8　身近な樹木の観察　2　斎藤謙綱絵，番場瑠美子絵，三原道弘文，菱山忠三郎監修　偕成社　2004.3　39p　29×24cm　2200円　④4-03-971080-0

（目次）オウバイモドキ（ウンナンオウバイ）・オウバイキソケイ，オオベニガシワ，カツラ，ヒサカキ・ハマヒサカキ，セイヨウシャクナゲ，ハナノキ（ハナカエデ），カラタチ，ブラックベリー，イヌマキ，イイギリ〔ほか〕

（内容）花芽から花・実・たねまで，身ぢかな木の花の1年を，生き生きとした細密画で描く観察図鑑。

はな　やさい　くだもの　矢野亮指導　学習研究社　1993.8　32p　27cm　（はじめてのえほん図鑑 7）　1000円　④4-05-200119-2

（内容）幼児向けの植物図鑑。道ばたの草や花，そして毎日食べている野菜や果物を多く取りあげ，カラー図で紹介する。

はな・やさい・くだもの　講談社　1992.1　23p　20×21cm　（ディズニー幼児ずかん 8）　880円　④4-06-250308-5

（目次）チューリップ，パンジー，ばら，あさがお，ひまわり，きく，コスモス，トマト，かぼちゃ，にんじん，さつまいも，たまねぎ，キャベツ，すいか，いちご，りんご，みかん，ぶどう，かき，いろいろなきのみ

ビジュアル博物館　11　植物　デビッド・バーニー著，リリーフ・システムズ訳　（京都）同朋舎出版　1990.10　61p　24×19cm　3500円　④4-8104-0899-X　Ⓝ403.8

（目次）植物とはどんなものか，植物の体，植物の誕生，花が開く，光によって生きる，簡単な花の構造，複雑な花，花の種類，植物の受粉，花から果実へ，どのように種子をまき散らすか，

風に乗って，種子なしで増える，生きている葉，自分の身を守る，地面をはうもの，ほかのものにつかまって上に伸びるもの，肉食性の植物，わなに捕らえられる，寄生植物，着生植物，水に適応する，雪線より上に生きる，水なしで生きる，食物となる植物，コムギの話，薬と毒，植物採集家，植物を調べる
(内容)植物の世界を紹介する博物図鑑。花，果実，種子，葉，そのほかの写真によって，植物の体のつくりや生長のしかたを知るガイドブック。

フェンスの植物 はい回る蔓たち 石井由紀著，熊田達夫写真　山と渓谷社　2000.4　191p　22×14cm　(POINT図鑑)　1900円　①4-635-06301-1　Ⓝ470.38
(内容)蔓など木や壁やフェンスをよじ登り覆い被さる植物をとりあげた図鑑。巻きつく植物，巻きひげなどを絡ませる植物，鉤などを引っかける植物，付着根などで張り付く植物，寄りかかる植物に分類して排列。各植物は写真にくわえて名称と学名，科・属，形態と分布などと解説を掲載。巻末に五十音順の植物名索引を付す。

フォトCD早引き植物図鑑　日本の代表的な植物239種を収録 今井建樹写真　誠文堂新光社　1996.12　133p　23×19cm　〈付属資料：フォトCD1〉　3900円　①4-416-29632-0
(目次)1　Photo CDを見るための環境，2　Photo CDを見る手順，3　早引き植物図鑑の操作，4　Photo CDの画像構成，画像収録リスト(池や川辺で見かける植物，森の木陰や日陰の植物，野原や道端の植物，田や畑の近くの植物，山地や高原の植物，その他の場所の植物)

フローラ トニー・ロードほか著，大槻真一郎索引用語監修，井口智子訳　産調出版　2005.6　2冊(セット)　31×24cm　19000円　①4-88282-405-1
(目次)第1巻(ツクバネウツギ属～アズテキウム属，ホザキアヤメ属～ビュストロポゴン属，カッシニア属～エニシダ属，ダボエキア属～デュプシス属　ほか)，第2巻(コウシュンフジマメ属～ミソハギ属，イヌエンジュ属～ギンバイカ属，ナゲイア属～ヌマミズキ属，ヨウラクラン属～オゾタムヌス属　ほか)
(内容)世界中に分布している20000種以上の植物に関する情報を掲載した植物総合百科事典。ラテン語の植物学名でABC順に並べた項目には，それぞれの植物とその特徴，原産地や由来から，栽培に必要な条件，成長習性，繁殖にいたるまで，詳細な説明を記載。高木，低木，一年生植物，多年生植物，鱗茎植物，球茎植物，塊茎植物，サボテン類と多肉植物，芝生，グラウンドカバー，草類，ハーブ，野菜，果樹，その他の農作物，堅果のなる木，ヤシとソテツ，シダ，つる植物と匍匐植物，パイナップル科，肉食植物，そしてランの仲間等，あらゆる植物グループを網羅する。

ポケット版 学研の図鑑 2 植物 高橋秀男監修・指導　学習研究社　2002.4　208, 16p　19cm　960円　①4-05-201486-3　Ⓝ K470
(目次)春の花だん，春の樹木，春の野草，初夏の花だん，初夏の樹木，初夏の野草，夏の花だん，夏の樹木，夏の野草，高山の植物(木)〔ほか〕
(内容)子ども向けの植物図鑑。日本に自生している野外植物や花壇で栽培されている植物の主なものを取り上げている。樹木は自生しているもの，庭や公園にあるもの，街路樹も取り上げている。この他にシダ植物，コケ，作物，果物の一部も紹介している。花が咲く季節ごとに分類し，掲載。各種の種名，科名，花期，高さ，生育地，特徴などを記載している。巻末に索引が付く。

ヤマケイジュニア図鑑 1 草花と木 企画室トリトン編著　山と渓谷社　2002.6　143p　19cm　950円　①4-635-06236-8　Ⓝ K470.38
(目次)庭や花壇の花，野山の草花，庭や公園の木・街路樹
(内容)子ども向けの草花と木の図鑑。身近な場所でよく見られる草花や木を，庭や花壇の花，身近な野草，身近な樹木に分けて紹介する。科の順番にそって排列。各種の種名，科名，大きさ，時期，原産地・分布，解説を記載している。各章の頭には，イラストを使って，代表的な植物の育ち方や基本的な形など，面白い話題を紹介している。巻末に索引が付く。

◆植物と文学

<事　典>

古典植物辞典 松田修〔著〕　講談社　2009.8　365p　15cm　(講談社学術文庫1958)　〈索引あり〉　1200円　①978-4-06-291958-6　Ⓝ910.23
(内容)奈良・平安文学に現れる植物を解説する事典。『古事記』『日本書紀』『風土記』『万葉集』『古今和歌集』『枕草子』『源氏物語』に現れるすべての植物名をとりあげ，古典の用例を掲げ，現在の植物名を解説する。排列は五十音順。後半(II)では，古典作品別に植物名や概説を述べる。

古典文学植物誌 国文学編集部編　学灯社　2002.4　216p　21cm　1700円　①4-312-10053-5　Ⓝ910.2
(目次)春(芹，薺 ほか)，夏(卯の花，葵 ほか)，秋(萩，薄 ほか)，冬(茶，日陰蔓 ほか)，雑(松，杉 ほか)

〔内容〕古典文学に登場する植物のガイドブック。古代から近世まで古典文学に頻出する植物200以上を収録。春夏秋冬の季節別に区分、各季節の冒頭に代表的な植物の図版を掲載し、各植物について、植物の特徴や名前の由来を紹介、作品名を挙げながら、各作品の中でその植物がどう描かれ、どんなイメージを託されているかについて解説する。架空の植物や仏典の植物等、古典の中で特徴的な植物についてもまとめて紹介。植物のことわざも紹介している。巻末に索引を付す。

知っ得 古典文学植物誌　國文學編集部編
　學燈社　2007.7　216p　21cm　1800円
　①978-4-312-70019-3
〔目次〕春、夏、秋、冬、雑、古典の中の植物・拾遺、植物のことわざ

和歌植物表現辞典　平田喜信, 身崎寿著　東京堂出版　1994.7　438p　19cm　3800円
　①4-490-10371-9
〔内容〕古典和歌に現れる植物に関する歌語約280項について解説を加えた辞典。

和漢古典植物考　寺山宏著　八坂書房
　2003.3　714p　23×16cm　15000円　①4-89694-815-7
〔内容〕4000余に及ぶ漢詩句・和歌・俳句の作例を、植物ごと、年代順に整理して紹介。とりあげる植物については和・漢・英・学名、及び生物学上の分類を明記。古名・俗名も多数収載。呼称の語源や生物学的・文化史的背景についても詳しく解説。「和名索引・漢名索引」など付録・索引も充実。

◆◆植物歳時記
　　　　　＜事典＞

歌ことばの泉　天体・気象・地理・動植物
寺島恒世, 松本真奈美編著　おうふう
　2000.10　178p　19cm　1900円　①4-273-03147-7　Ⓝ911.104
〔目次〕天体の歌ことば―25語（旅の空, 照る日ほか）, 気象の歌ことば―28語（雷, 鳴神 ほか）, 地理の歌ことば―29語（北, 日本 ほか）, 動植物の歌ことば―62語（春の鳥, 花鳥 ほか）, 歌枕と枕詞―15語（鞍馬山, 小倉山 ほか）
〔内容〕「歌ことば」を「日本の詩歌・歌謡に見られることば」と定義し分野別に解説する事典。天体・気象・地理・動植物に関する歌ことば159項目を解説する。解釈や読みに諸説ある物は1つに絞られている。巻末に「歌ことば・漢詩語索引」あり。『歌ことばの泉―時・人・心・生活』の姉妹編。河北新報に1998年に連載されたコラム「歌ことばの泉」の単行本化。

季語の花 秋　佐川広治著, 吉田鴻司監修, 夏梅陸夫写真　ティビーエス・ブリタニカ
　2000.7　151p　19cm　1900円　①4-484-00409-7　Ⓝ911.307
〔目次〕菊, 弁慶草, カンナ, 伶人草, 大文字草, 赤のまんま, 臭木の花, 山茱萸の実, 朝顔, 仙翁〔ほか〕
〔内容〕花の名前を中心とした季語のハンドブック。秋の季語の中から花を中心に98語を収録。原則として開花順により排列。写真とともに別称と解説、作句上のポイント、鑑賞などを掲載、昔から日本人に愛されてきた花の由来を紹介する。巻末に別称を含めた季語の五十音順索引を付す。

季語の花 夏　佐川広治著, 吉田鴻司監修, 夏梅陸夫写真　ティビーエス・ブリタニカ
　2000.4　155p　19cm　1900円　①4-484-00402-X　Ⓝ911.307
〔目次〕牡丹, アイリス, 車前草の花, 都草, 著莪の花, 踊子草, 繍毬花, 桐の花, 朴の花, 水木の花〔ほか〕
〔内容〕花に関する季語を写真とともに掲載したハンドブック。歳時記における夏の季語から101種を収録。季語の排列はおおむね開花順とし、各項目について別称と花の由来、作句上のポイントなどの解説と例句を掲載。巻末に花の名称の五十音順索引を付す。

草木花歳時記　春　金子兜太監修・例句選, 木原浩写真, 清水建美植物　朝日新聞社
　1999.1　312p　21cm　3800円　①4-02-340202-8
〔目次〕山野の植物（いぬふぐり, 椿, 野蒜 ほか）, 水辺・海辺の植物（芹, 種漬花, 蘆の角 ほか）, 田園の植物（梅, 牡丹の芽, 薔薇の芽 ほか）, 公園・庭園の植物（シクラメン, マーガレット, エリカ ほか）
〔内容〕植物の季題約3000、例句7500、植物写真1200を収録したカラー版の歳時記。語索引、植物名索引付き。

草木花歳時記　夏　朝日新聞社編, 川崎展宏監修・例句選, 木原浩写真, 清水建美植物
朝日新聞社　1999.3　311p　21×23cm　3800円　①4-02-340203-6
〔目次〕山野の植物（若楓, 新緑, 筍 ほか）, 水辺・海辺の植物（菖蒲, 海桐の花, 蘇鉄の花 ほか）, 田園の植物（夏蜜柑, 苺, 桐の花 ほか）, 公園・庭園の植物（花水木, 海芋, 箸莪の花 ほか）

草木花歳時記　秋の巻　稲畑汀子監修・例句選, 木原浩写真, 清水建美植物　朝日新聞社
　1998.11　311p　21×23cm　3800円　①4-02-340201-X
〔目次〕山野の植物（萩, 吾赤紅, 撫子 ほか）, 水

草木花歳時記　冬　飴山実監修・例句選、木原浩写真、清水建美植物、朝日新聞社編　朝日新聞社　1999.5　295, 16p　21×23cm　3800円　④4-02-340204-4

(目次)山野の植物(枯草、枯葎 ほか)、水辺・海辺の植物(石蕗、水仙 ほか)、田園の植物(茶の花、柿落葉 ほか)、公園・庭園の植物(寒梅、蝦蛄仙人掌 ほか)、拾遺百花選(赤芽柏、明日葉 ほか)

草木花歳時記　拾遺百花選　朝日新聞社編、飴山實、木原浩、清水建美監修　朝日新聞社　2006.6　238p　15cm (朝日文庫)　1000円　④4-02-261505-2

(目次)赤芽柏、アカンサス、秋野芥子、朝霧草、明日葉、アナナス、甘野老、アロエ、飯桐の実、いすの木 〔ほか〕

(内容)芽吹きが美しい「赤目柏」から香り高い「ローズマリー」まで、新季語100花の作句と写真を掲載したカラー版の植物歳時記。

草木花歳時記　春 上　朝日新聞社編　朝日新聞社　2006.2　238p　15cm (朝日文庫)　1000円　④4-02-261483-8

(目次)梅、山茱萸の花、いぬふぐり、椿、野蒜、黄蓮、芹、種漬花、赤楊の花、節分草〔ほか〕

(内容)早春に匂う「梅」から身近な野菜「胡葱」まで古今の名句、季語の写真をオールカラーで掲載。

草木花歳時記　春 下　朝日新聞社編　朝日新聞社　2006.2　237p　15cm (朝日文庫)　1000円　④4-02-261484-6

(目次)杏の花、畦青む、青麦、雀の帷子、諸葛菜、三椏の花、三葉芹、紫葉英、李の花、茎立〔ほか〕

(内容)可憐な「杏の花」から岩礁を覆う「石蓴」まで古今の名句、季語の写真をオールカラーで掲載。

草木花歳時記　夏 上　朝日新聞社編、川崎展宏監修・例句選、木原浩写真、清水建美植物　朝日新聞社　2006.5　238p　15cm (朝日文庫)　1000円　④4-02-261485-4

(目次)若楓、新緑、筍、若葉、花水木、海芋、海桐の花、葎、常磐木落葉、忍冬の花〔ほか〕

(内容)芭蕉が、虚子が、夏を詠む。みずみずしい「若楓」からかくれないの「紅の花」まで古今の名句、季語の写真をオールカラーで掲載。

草木花歳時記　夏 下　朝日新聞社編、川崎展宏監修・例句選、木原浩写真、清水建美植物　朝日新聞社　2006.5　238p　15cm (朝日文庫)　1000円　④4-02-261486-2

(目次)敦盛草、桜桃の実、李、枇杷、杏子、胡瓜、山法師の花、麒麟草、夏椿の花、榊の花〔ほか〕

(内容)一茶が、楸邨が、夏を詠む。野生ランの逸品「敦盛草」から紅紫色の海藻「天草」まで古今の名句、季語の写真をオールカラーで掲載。

草木花歳時記　秋 上　朝日新聞社編、稲畑汀子監修・例句選、木原浩写真、清水建美解説　朝日新聞社　2005.8　238p　15cm (朝日文庫)　1000円　④4-02-261480-3

(目次)萩、吾亦紅、撫子、女郎花、桔梗、沢桔梗、朝顔、鳳仙花、鬼灯、狗尾草〔ほか〕

(内容)秋の七草「萩」から山野を彩る「草紅葉」までを解説。

草木花歳時記　秋 下　朝日新聞社編、稲畑汀子監修・例句選、木原浩写真、清水建美解説　朝日新聞社　2005.8　238p　15cm (朝日文庫)　1000円　④4-02-261481-1

(目次)七竃、団栗、星草、蘆、荻、溝蕎麦、水草紅葉、珊瑚草、磯菊〔ほか〕

(内容)深紅の実「七竃」から風に揺れる「芭蕉」までを解説。

草木花歳時記　冬　朝日新聞社編　朝日新聞社　2005.11　237p　15cm (朝日文庫)　1000円　④4-02-261482-X

(目次)枯草、枯葎、霜枯、枯芒、柊の花、石蕗の花、深山櫨、寒蘭、藪柑子、寒葵〔ほか〕

(内容)寂しさ漂う「枯草」から正月飾り「穂俵」まで古今の名句、季語の写真をオールカラーで掲載。

日本うたことば表現辞典 植物編　大岡信監修、日本うたことば表現辞典刊行会編　遊子館　1997.7　2冊(セット)　26cm　36000円　④4-946525-03-3

(内容)『日本うたことば表現辞典』(全6巻)は、和歌、短歌、俳句に詠み込まれた「うたことば」を植物、動物、叙景、恋愛の4つの項目に分類し、その表現手法を通して、日本人の「うたごころ」を明らかにしようとするものである。植物編は上・下の2巻構成で、万葉から現代の和歌、短歌、俳句に詠み込まれた和名をもつ植物のうたことばとその作品を掲載。排列は、見出し語の五十音順。下編の巻末に、植物編枕詞一覧と植物名彙索引を付す。

花歳時記百科　北隆館　1993.6　453p　27cm　〈監修:山田卓三〉　15000円　④4-8326-0330-2　⑧470.33

(内容)花が咲き、種子をつける種子植物を中心に、植物を四季に分けて採り上げ、解説する事典。

植物全般　　　　　　　植物

花と草樹を詠むために　大野雑草子編　博友社　1994.8　389p　11×16cm　(俳句用語用例小事典10)　2500円　①4-8268-0149-1
(内容)俳句表現上に必要な、花木・植物に関する用語用例辞典。採録の範囲は季語以外にも及ぶ。派生語・関連語を含めて2566語を収録し、うち1496語を見出しとする。見出しの排列は五十音順で、簡潔な解説、派生語・関連語、例句計6000余を記載する。巻末に、派生語・関連語も含めた五十音順索引を付す。巻末に参考文献、巻末付録に県木・県花一覧がある。

花の歳時記　春　鍵和田秞子監修　講談社　2004.2　231p　21cm　2800円　①4-06-250231-3
(目次)樹木(梅、紅梅、椿 ほか)、草花(パンジー、香菫、捩菖蒲 ほか)、野菜・茸・海藻(菜の花、大根の花、豆の花 ほか)
(内容)四季の草木花と秀句が織りなす「花の歳時記」の決定版。季語333収録。

花の歳時記　夏　鍵和田秞子監修　講談社　2004.5　283p　21cm　3200円　①4-06-250232-1
(目次)樹木(余花、葉桜、桜の実 ほか)、草花(杜若、あやめ、花菖蒲 ほか)、野菜・穀物・茸・海藻(苺、瓜苗、瓜の花 ほか)
(内容)四季の草木花を広範囲に収録。植物図鑑としても役立つ内容。懇切な季語解説と名句鑑賞。初心者の手引きとなる俳句のヒント。近世・近代の名句から現代の秀句まで収載。

花の歳時記　秋　鍵和田秞子監修　講談社　2004.8　239p　21cm　2800円　①4-06-250233-X
(目次)樹木(芙蓉、芙蓉の実、木槿 ほか)、草花(芭蕉、破芭蕉、ジンジャーの花 ほか)、野菜・穀物・茸・淡水藻(西瓜、冬瓜、南瓜 ほか)
(内容)季語359収録。四季の草木花を広範囲に収録。植物図鑑としても役立つ内容。懇切な季語解説と名句鑑賞。初心者の手引きとなる作句のヒント。近世・近代の名句から現代の秀句まで収載。

花の歳時記　冬・新年　鍵和田秞子監修　講談社　2004.11　207p　21cm　2400円　①4-06-250234-8
(目次)冬・樹木(早梅、冬至梅 ほか)、冬・草花(寒菊、冬菊 ほか)、冬・野菜・茸・海藻(冬の苺、冬菜 ほか)、新年(楪、歯朶 ほか)、花の名所案内(梅、椿 ほか)
(内容)四季の草木花を広範囲に収録。植物図鑑としても役立つ内容。懇切な季語解説と名句鑑賞。初心者の手引きとなる作句のヒント。近世・近代の名句から現代の秀句まで収載。

花の歳時記三百六十五日　俳句あるふぁ編集部編　毎日新聞社　1996.3　207p　15×21cm　2800円　①4-620-60506-9
(内容)花と緑を中心にした歳時記。植物のカラー写真や精密図も取り入れながら、毎日の行事や時候・天文などの情報とその日に相応しい花と緑の例句を挙げて季語の解説を付す。排列は月日の順。「五十音順季語総索引」と五十音順の「俳句掲載人名索引」が巻末にある。

花の俳句歳時記　大野雑草子編　博友社　2004.1　251p　11×16cm　2200円　①4-8268-0194-7
(目次)春(青木の花、青文字の花 ほか)、夏(アイリス、葵 ほか)、秋(藍の花、茜草 ほか)、冬(青木の実、アロエの花 ほか)
(内容)ジャンル別俳句歳時記シリーズの一巻で、「花」をテーマにした1冊。季語・季題を、春、夏、秋、冬、に区分し、季節ごとに五十音順に配列して掲載する。

<辞典>

季語早引き辞典 植物編　宗田安正監修、学研辞典編集部編　学習研究社　2003.4　222p　18cm　1500円　①4-05-301327-5
(内容)俳句のための、植物にまつわる季語のポケットサイズ辞典。例句も多数収録。五十音順排列。植物学的解説付き。巻頭口絵に代表的な植物のカラー写真を掲載し、ここからも調べられる。

短歌俳句 植物表現辞典 歳時記版　大岡信監修　遊子館　2002.4　589、28p　21cm　3500円　①4-946525-38-6　Ⓝ911.107
(目次)春の季語―立春(二月四日頃)から立夏前日(五月五日頃)、夏の季語―立夏(五月六日頃)から立秋前日(八月七日頃)、秋の季語、立秋(八月八日頃)から立冬前日(十一月六日頃)、冬の季語―立冬(十一月七日頃)から立春前日(二月三日頃)、新年―新年に関するもの、四季―四季を通して
(内容)日本の短詩型文学において見られる植物表現の季語や作品について取りまとめた辞典。見出し語は四季に基づいて分類し、その下では五十音順に排列。見出し語の読み、語源、同義語、参照項目、秀句・秀歌の用例、図版などを記載する。巻末に五十音順の総索引を付す。

<図 鑑>

草木の本　湯浅浩史文、木原浩写真　(京都)光琳社出版　1998.7　191p　21cm　3200円　①4-7713-0315-0
(目次)春の章、夏の章、秋の章、冬の章、読む

検索、植物索引、植物関連文献
(内容)植物と親しむ歳時記風植物図鑑。行事、縁起、シンボルに使われた植物や薬草を暦順に排列し、植物の特色を写真で示し、その由来や人との関わり、エピソードを紹介。

俳句の花図鑑　季語になる折々の花、山野草、木に咲く花460種　復本一郎監修　成美堂出版　2004.4　399p　21cm　1700円
⓵4-415-02513-7
(目次)春(初春、仲春 ほか)、夏(初夏、仲夏 ほか)、秋(初秋、仲秋 ほか)、冬(初冬、仲冬 ほか)、新年
(内容)身近に自生する花、山野の花、庭や花壇の花、木の花など季語として使われるおよそ460種の植物を季節順に紹介。見出し季語のほか、別称や和名も紹介。その花の特徴、歴史、文化のほか、作句するときのポイントも紹介。その花の季語の入った俳句を数多く収録。

◆◆万葉の植物

＜事　典＞

万葉　花のしおり　吉野江美子、中村明巳写真　(京都)柳原出版　2006.3　183p　21cm　2300円　⓵4-8409-5014-8
(目次)あかね(アカネ)、あさがほ(キキョウ、ムクゲ、アサガオ)、あし(アシ)、あしび(アシビ)、あぢさゐ(アジサイ)、あづさ(ヨグソミネバリ)、あは(アワ)、あふち(センダン)、あふひ(タチアオイ、フユアオイ)、あべたちばな(ダイダイ)〔ほか〕
(内容)万葉人が歩いた古道に咲く可憐な野草たち。万葉花約150点を収録。万葉歌に詠われた「花」の子孫たちの集大成。わかりやすい文章で万葉の花々を解説する。

万葉植物事典　万葉植物を読む　山田卓三、中嶋信太郎著　北隆館　1995.11　591p　19cm　3800円　⓵4-8326-0374-4
(内容)万葉植物175種と、植物の詠み込まれた歌1700種を掲載。植物の生態のほか、当時の文化や風俗も解説する。

万葉植物事典　大貫茂著、馬場篤植物監修　クレオ　1998.3　249p　30cm　25000円
⓵4-87736-022-0
(目次)序—万葉の花、心のよりどころ、万葉植物事典・カラー篇(あかね、あきのかほか)、植物解説篇(万葉植物の特徴、万葉植物の特性—食用・薬用・有用 ほか)、資料篇・植物歌総覧(特定、または有力な植物、特定できない植物)、万葉公遠・万葉植物園
(内容)万葉集に詠まれた植物を収録した植物事典。排列は植物名の五十音順、植物の現代名、詠まれた歌、植物の解説を記載、巻末には万葉植物、現代植物の索引が付く。

万葉植物事典　普及版　大貫茂著、馬場篤植物監修　クレオ　2005.8　249p　30×22cm　3000円　⓵4-87736-106-5
(目次)万葉植物事典／カラー篇(あかね、あきのかほか)、植物解説篇(万葉植物の特徴、万葉植物の特性(食用・薬用・有用) ほか)、資料篇植物歌総覧、万葉公園・万葉植物園
(内容)「萬葉集」に登場する植物の歌を収載、分類し、カラー写真と解説を掲載。万葉植物の特性から全国の万葉植物園まで万葉植物のすべてがわかる。本文は五十音順に排列。索引付き。

＜図　鑑＞

万葉植物の検索　その歌、その植物、その花と実と　高樋竜一著　日本図書刊行会、近代文芸社〔発売〕　2001.4　144p　21cm　2200円　⓵4-8231-0651-2　Ⓝ911.125
(目次)その1 万葉植物・万葉歌と現在の植物、その2 万葉植物が詠まれている巻数と歌番号一覧、その3 現在の植物名と万葉植物との対比一覧、その4 おもな万葉植物の写真
(内容)万葉歌にあらわれる植物を写真で掲載する図鑑。第1章で名前が見られる万葉花を歌とともに五十音順に紹介。第4章は、各植物の写真の下に和名、別名、科名、花期・花の色、果期・果実の色、万葉植物名を記載する。

◆植物と美術

＜図　鑑＞

日本織文集成　1　草木花卉　(京都)青幻舎　2010.3　319p　15cm　〈他言語標題：Collection of Japanese textile design　各巻の並列タイトル：Flowers　解説：長崎巖　『織文類纂』(有隣堂1892-1893年刊)の編集〉　1200円　⓵978-4-86152-238-3　Ⓝ753.2
(目次)春の部(梅、桜、牡丹、藤、小葵、花勝見、桐、柏)、夏の部(鉄仙、橘、蓮、竜胆、瓢箪、苺、桃)、秋の部(菊、桔梗、秋海棠、撫子、石榴、蔓、霊芝、秋野、葡萄)、冬の部(椿、松、笹、瑞花)、唐草・他の部(唐草唐花、松竹梅、果物、その他)
(内容)帝国博物館(現・東京国立博物館)監修のもと、明治25年から26年にかけて多色木版により刊行された『織文類纂』(全10巻)の複刻。「織文類纂」は政府主導による輸出用の美術工芸品制作のための、デザイン指導の一環としても出版された。「草木花卉」「禽獣虫魚」「天象器物」に大別されるうち、本書では「草木花卉」を収

録。もはや実物を見ることができない優品を多数掲載し、わが国の染織文化の粋を紹介する。

◆植物と聖書

<事 典>

聖書植物大事典　ウイリアム・スミス編、藤本時男編訳　国書刊行会　2006.9　526p　21cm　9000円　①4-336-04746-4
(内容)聖書に登場する植物を網羅し、自然・歴史・文化・言語など、あらゆる角度から聖書時代における植物と人々との関わりを考察。聖書学の頂点をなす歴史的大著『聖書事典』より、植物に関する項目を選び、全訳。本文は植物名のアルファベット順に排列。モノクロ図版を随所に掲載。巻頭には日本語「五十音順項目索引」、巻末には「植物名索引」「聖書箇所索引」「人名索引」を収録。

<図 鑑>

新聖書植物図鑑　廣部千惠子著、横山匡写真　教文館　1999.8　166p　26cm　4500円　①4-7642-4024-6
(目次)イスラエルの地形と植物、野の花、茨とあざみ、樹木、水辺の植物、畑の産物、香料と野草、砂漠の植物、参考文献、索引(植物名・関連事項索引、聖句索引)
(内容)ソロモンの雅歌やイエスのたとえ話など、聖書に語られている植物を収録した図鑑。日本語と外国語の植物名・関連事項索引と、聖句索引がある。

聖書植物図鑑　〔カラー版〕　大槻虎男著、善養寺康之、大槻虎男写真　教文館　1992.1　126p　26×22cm　5500円　①4-7642-4011-4
(目次)第1篇　総説(聖地植物と聖書植物研究の歴史、聖書の国の植物とその生態、異国植物の移入と土着、聖地の植物の種類数、聖地植生の生物学的スペクトル、聖地植生の変遷、聖書に記された植物の解明)、第2篇　個々の植物(もっともはっきりしている11種の植物、ユリとバラ、イバラ、カシの木とテレビンの木、善悪を知る木、知識の木、樹木類10余種、草本類10余種、香料植物13種、ヒソプとコイナスビ、マナとギョリュウ、その他17種の聖書植物)

◆植物と文化・民俗

<事 典>

イギリス植物民俗事典　ロイ・ヴィカリー編著、奥本裕昭訳　八坂書房　2001.7　547p　22cm　〈文献あり　索引あり　原書名：A dictionary of plant-lore〉　7800円　①4-89694-475-5　Ⓝ382.73
(内容)イギリス諸島の植物に関する民間伝承、伝統的な利用法を解説する事典。いわゆる迷信、伝統的慣習や民間療法における利用法などに分類掲載する。

静岡県 草と木の方言　野口英昭著　(静岡)静岡新聞社　2006.7　358p　21cm　2000円　①4-7838-0541-5
(目次)本文、和名さくいん、方言名さくいん、方言出所一覧
(内容)対象とした植物は、静岡県内に自生または植栽されているもの。植物約1100種、方言約7500種を収録した。

植物ことわざ事典　足田輝一編　東京堂出版　1995.7　338p　20cm　2800円　①4-490-10394-8　Ⓝ814.4
(内容)四季を彩る草木たちと、日本人はどのように接して来たのか。ことわざ・成語の中に、日本人の生活文化や自然観をさぐる。

ロシア語の比喩・イメージ・連想・シンボル事典 植物　狩野昊子著　日ソ、新時代社〔発売〕　2007.4　693p　21cm　6000円　①978-4-7874-3002-1
(内容)400以上の植物についてロシア語でのイメージ、意味、表象、エンブレム等を解説した事典。植物名のロシア語名を見出しに、日本語名、学名、日本語解説、一般用例等を記載。巻頭にロシア語索引、日本語索引が付く。

<辞 典>

語源辞典 植物編　吉田金彦編著　東京堂出版　2001.9　281p　19cm　2400円　①4-490-10586-X　Ⓝ812
(内容)国語学の側から見た植物名の語源辞典。桜・松・ススキ・ハス・稲・ゴボウ・ワカメ・花など身近な、そして重要な植物の名前680語についてその由来や語源を解く。五十音順に排列し、項目一覧付き。

知っ得 植物のことば語源辞典　日本漢字教育振興会編　(京都)日本漢字能力検定協会　1997.11　218p　17cm　(漢検新書　知っ得ことば術シリーズ 7)　900円　①4-89096-001-5
(目次)草花編、樹木編、藻類編、植物ことばの比喩成句
(内容)日本で自生または栽培している植物のなかから450種を選び、植物の由来や歴史、特性などを解説した語源辞典。

植物の漢字語源辞典　加納喜光著　東京堂出版　2008.6　449p　20cm　〈文献あり〉

3800円　①978-4-490-10739-5　Ⓝ821.2

(目次)木の部，瓜の部，禾の部，竹の部，米の部，艸の部，豆の部，韭の部，麦の部，麻の部，黍の部，部外1，部外2

(内容)植物を表わす漢字の本来の意味と，その語源・字源を解説する語源辞典。470項目を収録。植物に関わりのある部首とその他の部外2種に分け，各部首ごとに画数順に排列する。各漢字は，中国と日本で意味する植物の違いや，国字であるかどうかなどを，文献により検証。植物の学名，別名，初出文献，用例などを記載する。巻末に，植物漢名索引，植物和名索引，引用文献解説などを付す。

日本植物方言集成　八坂書房編　八坂書房　2001.2　946p　21cm　16000円　①4-89694-470-4　Ⓝ477.33

(内容)2000種あまりにわたる植物の標準和名ごとに，およそ40000語の方言名をまとめて五十音順に収録したもの。それぞれの使用地域名を加えた本篇と，方言名から標準和名を知ることができるように排列した方言名索引との2部から構成されている。

◆植物園

<名　簿>

最新全国植物園ガイド　日本テレビ放送網
1990.1　215p　26×22cm　2200円　①4-8203-8946-7

(内容)第1~3部会の園と第4部会の楽草園の2つに分け，それぞれ地域別に配列し，園の名称，所在地，電話番号，入園時間，入園料，休園日，交通案内の他，園の沿革，研究内容，植生，見どころ，付属施設や花暦〔薬草園は省略〕等も併記している。

◆植物学

<事　典>

オックスフォード植物学辞典　Michael Allaby編，駒嶺穆監訳　朝倉書店　2004.10　548p　21cm　〈原書第2版　原書名：A Dictionary of Plant Sciences〉　9800円　①4-254-17116-1

(内容)植物分類学，植物系統学，植物形態学，植物地理学，生態学，進化学，遺伝学，植物生理学，生化学，細胞学，分子生物学など分野から5000を超える用語を収録。配列は見出し語の五十音順。見出し語，見出し語の英語，解説文を記載。巻末に英和索引が付く。

暮らしを支える植物の事典　衣食住・医薬からバイオまで　アンナ・レウィントン著，光岡祐彦ほか訳　八坂書房　2007.1　445，40p　21cm　〈原書名：PLANTS FOR PEOPLE〉　4800円　①978-4-89694-885-1

(目次)植物できれいに，植物で装う，植物で養う，植物で住む，植物で癒す，植物で移動する，植物で楽しむ

(内容)石けん・シャンプー・マーガリンから，医薬品・鉛筆・クレヨン・楽器に至るまで，身近な品々を取りあげて，その原材料となる植物を詳しく紹介。安全に作られているか，持続的な供給は可能か，遺伝子組み換え作物と商品の関連，バイオファーミング，ゲノミックスの動きなどなど，資源植物を取り巻く話題を満載。

写真で見る植物用語　岩瀬徹，大野啓一著　全国農村教育協会　2004.5　189p　21cm　(野外観察ハンドブック)　2200円　①4-88137-107-X

(目次)1章 植物の体の成り立ち(コケ植物の体，シダ植物の体 ほか)，2章 花と種子(裸子植物の花と種子，被子植物の花 ほか)，3章 環境と生活(草と木の形と生活，特殊な生活をする植物 ほか)，4章 植生とその分布(群落の構造と遷移，植生帯と気候帯 ほか)

植物栄養・肥料の事典　植物栄養・肥料の事典編集委員会編　朝倉書店　2002.5　697p　21cm　23000円　①4-254-43077-9　Ⓝ613.4

(目次)植物の形態，根圏，元素の生理機能，吸収と移動，代謝，共生，ストレス生理，肥料，施肥，栄養診断，農産物の品質，環境，分子生物学

(内容)植物栄養学・肥料学における最新の研究成果をまとめた事典。生産機能やストレス耐性機能など多くの機能，世界の食料問題に対する対策，食料の品質，施肥起源の環境問題，環境汚染をもたらすことのない施肥法，環境改善法に関連する項目を体系的に排列して詳述。巻末に索引あり。

植物形態の事典　ヴェルナー・ラウ著，中村信一，戸部博訳　朝倉書店　1999.7　340p　21cm　12000円　①4-254-17105-6

(目次)総論(種子植物の形態形成，種子の構造，種子の発芽，発芽様式と実生の構造，子葉，根，胚軸，茎，葉，花，花序，受粉，受精および種子の成熟，果実，植物個体の寿命，植物の生活形)，各論(根を利用する植物，胚軸を利用する植物，芽を利用する植物，葉を利用する植物，花および花序を利用する植物，種子および果実を利用する植物)

植物形態の事典　新装版　ヴェルナー=ラウ著，中村信一，戸部博訳　朝倉書店　2009.8　340p　21cm　〈文献あり　索引あり　原書名：Morphologie der Nutzpflanzen.2.Aufl.〉

植物全般　　　　　　　　　植　物

10000円　①978-4-254-17144-0　Ⓝ471.1

(目次)総論(種子植物の形態形成，種子の構造，種子の発芽，発芽様式と実生の構造，子葉，根，胚軸，茎，葉，花，花序，受粉，受精および種子の成熟，果実，植物個体の寿命，植物の生活形)，各論(根を利用する植物，胚軸を利用する植物，茎を利用する植物，葉を利用する植物，花および花序を利用する植物，種子および果実を利用する植物)

(内容)身近な植物の(外部)形態的構造について253数の図版を用いて詳細解説。巻末に和名索引，学名索引，事項索引が付く。

植物の百科事典　石井竜一，岩槻邦男，竹中明夫，土橋豊，長谷部光泰，矢原徹一，和田正三編　朝倉書店　2009.4　548p　27cm　〈索引あり〉　20000円　①978-4-254-17137-2　Ⓝ471

(目次)1 植物のはたらき，2 植物の生活，3 植物のかたち，4 植物の進化，5 植物の利用，6 植物と文化

図解 植物観察事典　新訂版　家永善文，岡村はた，橋本光政，平畑政幸，藤本義昭，前田米太郎，室井綽共著　地人書館　1993.2　818p　21cm　7004円　①4-8052-0429-X

(内容)様々な植物の特徴を，姿やつくりだけでなく，生態，すなわち，その植物の生育する環境の上で他にはみられない特異なことがらをピックアップして解説した植物事典。姉妹編として「生物観察事典」「動物観察事典」もある。

図説 植物用語事典　清水建美著，梅林正芳画，亘理俊次写真　八坂書房　2001.7　323p　21cm　3000円　①4-89694-479-8　Ⓝ470.34

(目次)1 植物群を表す用語，2 習性によって分けた植物の用語，3 花に関連する用語，4 果実と種子に関連する用語，5 葉に関連する用語，6 茎に関連する用語，7 芽に関連する用語，8 根に関連する用語，9 生殖に関連する用語

(内容)植物を観察し，見分けるときに必要となる植物用語の事典。主に被子植物，ほか原核藻類，真核藻類，蘚苔類，菌類の植物を対象とし1200用語を収録，700点あまりの写真，図版を掲載する。「日本産種子植物分類表」などの付録，和文用語索引，欧文用語索引付き。

根の事典　新装版　根の事典編集委員会編　朝倉書店　2009.7　438p　26cm　〈索引あり〉　18000円　①978-4-254-42037-1　Ⓝ471.1

(目次)1 根の形態と発育，2 根の屈性と伸長方向，3 根系の形成，4 根の生育とコミュニケーション，5 根の遺伝的変異，6 根と土壌環境，7 根と栽培管理，8 根と根圏環境，9 根の生理作用と機能，10 根の研究方法

根の事典　根の事典編集委員会編　朝倉書店　1998.11　438p　21cm　14000円　①4-254-42021-8

(目次)1 根の形態と発育，2 根の屈性と伸長方向，3 根系の形成，4 根の生育とコミュニケーション，5 根の遺伝的変異，6 根と土壌環境，7 根と栽培管理，8 根と根圏環境，9 根の生理作用と機能，10 根の研究方法

(内容)植物の根と根を取り巻く環境に関する事典。植物名対照表，欧文索引，和文索引付き。

身近な草木の実とタネハンドブック　多田多恵子著　文一総合出版　2010.9　168p　19cm　〈文献あり 索引あり〉　1800円　①978-4-8299-1075-7　Ⓝ471.1

(目次)風散布(ふわふわ)—綿毛や冠毛をもち，風にふわふわ漂うタネ，風散布(ひらひら)—回転翼やグライダー翼をもち，空を飛ぶタネ，風散布(微細)—微細でほこりのように舞うタネ，水散布—水流に乗って流れたり，雨滴に弾かれたりするタネ，自動散布—乾いて縮む力や水の圧力を用い，自ら弾け飛ぶタネ，動物散布(付着)—カギ針や逆さトゲ，粘着質などで，人や動物にくっつくタネ，動物散布(被食＝周食)—鳥や動物が果肉などの可食部分を食べることで運ばれるタネ，動物散布(貯食)—小動物や鳥が貯え，一部を食べ残すことで運ばれるタネ，動物散布(アリ)—アリを誘引してアリに運ばれるタネ

(内容)草木約200種の実やタネ，花などの写真とともに，タネが散布される仕組みを解説。

＜辞　典＞

学術用語集 植物学編　増訂版　文部省，日本植物学会〔編〕　丸善　1990.3　684p　19cm　〈初版：大日本図書昭和31年刊〉　2781円　①4-621-03376-X　Ⓝ470.33

(内容)最近の生物工学や環境科学の発展に対応して新しい用語を取り入れた改訂版。用語の統一に際しては動物学用語との調整も図っている。和英の部・英和の部のほか，植物科名の標準和名を参考に付す。

植物学名命名者・略称対照辞典　1992年版　科学書院，霞ケ関出版〔発売〕　1992.5　329p　30cm　30900円

(内容)世界の植物の学名の命名者，約1万人の正式な名称とその略称を対照する辞典。

植物学ラテン語辞典　復刻・拡大版　豊国秀夫　ぎょうせい　2009.9　386p　26cm　〈1987年に株式会社至文堂より刊行された『植物学ラテン語辞典』を原本とする。〉　12000円　①978-4-324-08862-3　Ⓝ470

植物　　　　　　　　　　　　　　植物全般

(目次)辞典部(植物学ラテン語辞典)，文法部(植物学ラテン語文法)

植物和名学名対照辞典　1992年版　科学書院，霞ケ関出版〔発売〕　1992.3　684p　30cm　41200円
(内容)現在日本で自生あるいは栽培されている植物名を網羅する学名辞典。それらの和名、別名、英名、仏名、独名、漢名・漢字名、学名などを、整理して記載する。

図説 草木名彙辞典　柏書房　1991.11　481p　21cm　3800円　④4-7601-0731-2　Ⓝ470.33
(目次)名彙検索編、植物名彙本編、救荒植物編、花材植物編、植物名数編
(内容)既存の辞典・図鑑で調べられない古典植物の語彙・情報を広く集めた辞典。古典資料にみる植物名彙約4,000を集め、表記、読み方、誤用字、別称を記載。農書・絵巻物などの図版約1,200収録。

有用植物和・英・学名便覧　由田宏一編　(札幌)北海道大学図書刊行会　2004.5　366p　21cm　3800円　④4-8329-8071-8
(目次)第1部 和名の部—和名から学名・英名を調べる、第2部 学名の部—学名から和名・英名を調べる、第3部 英名の部—英名から和名・学名を調べる、第4部 科名一覧—和名・学名を調べる
(内容)新旧や国の内外を問わず和名のある有用植物2500種を収録。和名では標準的なもののほか別称、古称、外国語や方言由来の名前も加え、対応する英語を添えた。本文は見出しの五十音順またはアルファベット順に排列。

<ハンドブック>

国際栽培植物命名規約　日本語版　国際園芸学会著、大場秀章日本語版監修、栽培植物分類名称研究所訳　(鎌倉)アボック社　2008.2　159p　23cm　〈原書名：International Code of Nomenclature for Cultivated Plants. 7th ed.〉　14286円　①978-4-900358-60-7　Ⓝ470.34
(目次)第1部 原則、第2部 規則と勧告、第3部 雑種属の名前、第4部 名前の登録、第5部 スタンダード標本、第6部 規約の修正、附録

トロール図説植物形態学ハンドブック　W.トロール著、中村信一、戸部博訳　朝倉書店　2004.6　2冊(セット)　26cm　〈原書名：Praktische Einführung in die PFLANZENMORPHOLOGIE：Ein Hilfsbuch für den botanischen Unterricht und für das Selbststudium〉　28000円　④4-254-17115-3

(目次)第1部 栄養器官(種子植物の原型、種子の形態と胚の状態、実生 ほか)、第2部 花と果実(花と苞葉、花の構造、花被 ほか)、第3部 花序(花序、総穂花序、散形花序 ほか)
(内容)前編で栄養器官を扱い、後編で花と果実、および花序を扱う。前後2編によって種子植物外部形態の全体を概説する。

<図鑑>

原寸イラストによる落葉図鑑　吉山寛著、石川美枝子画　文一総合出版　1992.12　372p　21cm　2500円　④4-8299-3017-9
(内容)生きた葉はもちろん、落葉にも使えるこの『落葉図鑑』では、色よりも、葉の裏側の葉脈・側脈といった情報を重視。

タネの大図鑑 色・形・大きさがよくわかる 身近な花・木から野菜・果物まで　ワン・ステップ編、サカタのタネ監修　PHP研究所　2010.11　63p　29cm　〈文献あり索引あり〉　2800円　①978-4-569-78091-7　Ⓝ471.1
(目次)第1章 タネって、なんだろう?(タネをさがしてみよう、タネをくわしく知ろう、タネのいろいろな旅)、第2章 写真で見るタネ図鑑(花と野菜のタネ、木と果物のタネ、タネの大きさをくらべよう—原寸タネ図鑑 ほか)、第3章 タネ博士になろう!(タネの会社の仕事、新しい品種のタネをつくる、アサガオを育てよう ほか)
(内容)身近な花や野菜、木や果物のタネを、花や果実の写真とともに紹介。

日本植物種子図鑑　改訂版　中山至大、井之口希秀、南谷忠志著　(仙台)東北大学出版会　2004.4　667p　26cm　20000円　④4-925085-81-6
(目次)種子植物門、裸子植物亜門(ソテツ綱、マツ綱、イチイ綱)、被子植物亜門(双子葉植物綱、離弁花亜綱、合弁花亜綱、単子葉植物綱)
(内容)植物の種子2156種を収録。本文は種類別に排列され、多くのカラー写真を掲載している。巻末に学名索引、和名索引と参考文献一覧を収録。

◆◆花　粉

<事　典>

花粉学事典　日本花粉学会編　朝倉書店　1994.12　454p　21cm　14420円　④4-254-17088-2
(内容)花粉・胞子等を対象とする花粉学(パリノロジー)の用語を解説する事典。見出し語の五十音順に排列、原綴り、解説のほか、必要に応じて参照項目指示を記載する。巻末に分野ごと

の詳細な参考文献を示す。日本語索引、外国語索引、ラテン語による分類群名索引を付す。

花粉学事典 新装版 日本花粉学会編 朝倉書店 2008.5 454p 図版32p 26cm 18000円 ①978-4-254-17138-9 Ⓝ471.3

(内容)花粉の研究分野(花粉分析、形態・分類、細胞・生理、遺伝・育種、花粉症・空中花粉、養蜂・食品など)から主要項目1300を選び精細に説明。巻末に日本語索引、外国語索引、分類群名索引が付く。

花粉分析と考古学 松下まり子著 同成社 2004.10 135p 19cm (考古学研究調査ハンドブック1) 1500円 ①4-88621-303-0

(目次)1 考古学と植物学、2 花粉分析、3 花粉・胞子の形態、4 花粉の生態、5 花粉分析の実際、6 花粉分析による調査研究、7 自然科学調査の総合化、8 情報公開
(内容)花粉分析とは何か。その内容と方法について、発掘現場での具体的な利用例を取り上げながら、マニュアル的に解説する。

<図 鑑>

琉球列島産植物花粉図鑑 藤木利之,小澤智生著 (宜野湾)アクアコーラル企画 2007.9 155p 28×21cm 〈地方〉 5000円 ①978-4-9901917-8-8

(内容)琉球列島で普通に目にする植物を中心に65科117種の花粉形態を掲載。

◆◆光合成

<事 典>

光合成事典 日本光合成研究会編 学会出版センター 2003.11 430p 21cm 8000円 ①4-7622-3020-0

(内容)光合成および関連した用語約2500語を収録。本文は五十音順に排列し、各項目を関連づけて解説した。巻末に光合成関連の結晶構造図、葉緑体の電子顕微鏡超薄切片像、生体に存在するクロロフィルの分子構造と吸収波長ほか欧文索引も収載。巻頭にカラー写真あり。

◆◆植物病理学

<事 典>

植物病理学事典 日本植物病理学会編 養賢堂 1995.3 1220p 30cm 28840円 ①4-8425-9515-9

(目次)植物病原体の分類、病気の診断と病原体の同定、植物病原体の形態と構造、植物病原体

の遺伝と進化、微生物の生育と代謝生理、植物病原体と宿主の相互作用、病気の発生生態、病気の防除、農薬、植物検疫〔ほか〕

植物保護の事典 普及版 本間保男、佐藤仁彦、宮田正、岡崎正規編 朝倉書店 2009.7 509p 22cm 〈索引あり〉 18000円 ①978-4-254-42036-4 Ⓝ615.8

(目次)植物病理、雑草、応用昆虫、応用動物、植物保護剤、ポストハーベスト、植物防疫、植物生態、森林保護、生物環境調節、土地造成、土壌、植物栄養、環境保全、造園、バイオテクノロジー、国際協力

日本植物病害大事典 岸国平編 全国農村教育協会 1998.11 1276p 26cm 50000円 ①4-88137-070-7

(目次)食用作物、特用作物、牧草・飼料作物・芝草、野菜、草花、果樹、観賞樹木、林木、野生植物
(内容)日本の植物病害6156種を解説した事典。宿主和名索引、病原名索引付き。

日本植物病名目録 日本植物病理学会編 日本植物防疫協会 2000.4 857p 26cm 11000円 ①4-88926-066-8 Ⓝ615.81

(目次)食用作物、特用作物、牧草及び芝草、野草、野菜、きのこ、草花、果樹、針葉樹、竹笹、広葉樹、索引(宿主和名索引、宿主学名索引、病原学名索引、病原和名索引)
(内容)有用植物の病害名の基礎資料集。1960年以来刊行されてきた『日本有用植物病名目録』第1～5巻をもとに、野草・きのこを宿主として加え、その後に命名・公表された新病名等も追加して1冊にまとめている。植物の科別に大別し、科・属・学名のアルファベット順に排列、各植物ごとに病害を掲載する。各病害には病名、病名のよみ、病名の異名、英名、学名、文献を記載。巻末に宿主和名索引・学名索引と病原和名索引を付す。

<辞 典>

応用植物病理学用語集 浜屋悦次編著 日本植物防疫協会 1990.12 506p 19cm 〈英和和英 付：参考文献〉 4800円 Ⓝ615.81

(内容)生化学、分子生物学関係の用語を重点的に、植物病理学関係の教科書、実験書から集めた用語集。英和の部、和英の部、および付録で構成。付録には、日本産植物病原分類一覧表、アミノ酸略語表とコドン表がある。

◆◆植物遺伝学

<事典>

植物育種学辞典 日本育種学会編 培風館 2005.9 785p 21cm 12000円 ⓘ4-563-07788-7

(内容)植物育種学に関する育種法、細胞遺伝学、細胞組織培養学、植物生理学、植物形態学、生殖生理学、栽培学、人名、統計学、情報科学、突然変異育種、遺伝学、統計遺伝学、分子生物学、分析法、遺伝資源、増殖、品種、育種目標、形質などの分野から用語を収録。配列は項目名の五十音順、項目名、項目名の欧文、同義語、解説文からなり、巻末に人名索引と事項名索引がつく。

植物ゲノム科学辞典 駒嶺穆総編集,斉藤和季,田畑哲之,藤村達人,町田泰則,三位正洋編 朝倉書店 2009.1 406p 22cm 12000円 ⓘ978-4-254-17134-1 Ⓝ471

(内容)植物ゲノム科学に関する重要なキーワード約1800語を50音順に解説。一般化された和訳がない新語には、カタカナ原語もしくは両方を掲載。検索に便利な日本語・英語索引付き。

<辞典>

新編 育種学用語集 日本育種学会編 養賢堂 1994.11 336p 21cm 3296円 ⓘ4-8425-9425-X

(内容)育種学と関連諸分野の用語辞典。英和・和英ともに11000語を収録。英和の部はアルファベット順、和英の部は五十音順に排列する。各語には対訳語を対置し、必要に応じて分野・説明を補記する。付録として主要有用動植物名、病害・害虫名がある。凡例の後に参考文献を記載する。

◆植物バイオテクノロジー

<書誌>

農林水産研究文献解題 no.17 植物バイオテクノロジー編 農林水産技術会議事務局編 農林統計協会 1991.3 639p 21cm 〈各章末:文献〉 6500円 ⓘ4-541-01406-8 Ⓝ610.31

(内容)植物のバイオテクノロジーに関する文献を解説する解題書誌。全体は総論、各論の2部構成。総論では作物全般にわたる内外の代表的な文献を紹介。各論では普通作物から菌類・藻類まで、作物分類別に文献を解説する。

<事典>

植物バイオテクノロジー事典 駒嶺穆〔ほか〕編 朝倉書店 1990.1 392p 22cm 10094円 ⓘ4-254-42012-9 Ⓝ467.2

(内容)本文は五十音順排列。植物バイオテクノロジーの系統的概念の把握のために巻頭に植物組織培養の歴史的展開、俯瞰図(体系図)をおき、巻末に、和英、英和の索引のほか、培地の組成、プロトプラスト化の酵素、プロトプラストの培養例、組織培養で使用されている主な抗生物質、代表的な制限酵素、酵素免疫測定法、緩衝液文献検索、植物名一覧を掲載する。

◆有毒植物

<事典>

毒草大百科 愛蔵版 奥井真司著 データハウス 2003.7 319p 21cm 2300円 ⓘ4-88718-726-2

(目次)第1章 人を死に至らしめる植物、第2章 人を狂わせる植物、第3章 人を苦しめる植物、第4章 個性的な毒を持つ植物、第5章 毒草栽培のための知識と設備、第6章 毒草を利用する

(内容)毒草100種類を収録。毒草が現在に至るまでの経緯、入手方法から栽培方法、薬用としての効果、有毒成分の解説など写真や図説で細かく紹介。

<図鑑>

気をつけよう!毒草100種 類似の植物と見分けられる! 中井将善著 金園社 2002.6 180p 19cm 1500円 ⓘ4-321-24819-1 Ⓝ471.9

(目次)Aグループ 人気のある山菜によく似ている毒草(アミガサユリ、イヌサフラン ほか)、Bグループ 外見上いかにも無害に見える毒草(アオツヅラフジ、イヌホオズキ ほか)、Cグループ 身近にあって知られていない有毒植物(アキカラマツ、アサ ほか)、Dグループ 処理方法を誤ると中毒になる有用植物(アカザ、イチョウ ほか)、Eグループ かぶれや花粉症など外部接触で害がある毒草(オオルリソウ、オニグルミ ほか)

(内容)毒草のガイドブック。100種類の毒草を5グループに分けて、五十音順に排列、方言名、生態と特色、分布と自生、毒の成分や扱いの注意、薬草としての効用、食用になるか、類似の植物等について写真を交えて解説する。巻頭に身近にある毒草の基礎知識をまとめる。山菜等に似ている毒草について、その見分け方も紹介、毒草と薬草の2つの側面をもつ植物についての

植物全般　　　　　　　　　植　物

毒草大百科　奥井真司著　データハウス　2001.5　253p　21cm　1600円　Ⓘ4-88718-599-5　Ⓝ471.9
(目次)第1章 人を死に至らしめる植物（ジキタリス、ドクニンジン ほか）、第2章 人を狂わせる植物（コカノキ、ハシリドコロ ほか）、第3章 人を苦しめる植物（フクジュソウ、イチイ ほか）、第4章 個性的な毒を持つ植物（ポインセチア、アイリス ほか）
(内容)毒草の入手方法、栽培方法、薬用としての効果、有毒成分などについて解説したビジュアル事典。全ての毒草の写真や図を掲載する。

毒草大百科　増補版　奥井真司著　データハウス　2002.5　319p　21cm　2000円　Ⓘ4-88718-652-5　Ⓝ471.9
(目次)第1章 人を死に至らしめる植物、第2章 人を狂わせる植物、第3章 人を苦しめる植物、第4章 個性的な毒を持つ植物、第5章 毒草栽培のための知識と設備、第6章 毒草を利用する
(内容)毒草のビジュアル事典。人を死に至らしめる植物、人を狂わせる植物、人を苦しめる植物、個性的な毒を持つ植物等4つに区分した各毒草について写真や図を掲載、入手方法、栽培方法、薬用としての効果、有毒成分などについて解説する。毒草栽培の基本知識や毒草の利用法の基本についてもまとめて紹介している。巻末に参考文献一覧を付す。

◆食虫植物

＜図　鑑＞

カラー版 食虫植物図鑑　近藤勝彦、近藤誠宏著　家の光協会　2006.7　247p　19cm　2600円　Ⓘ4-259-56155-3
(目次)アルドロバンダ属、ダイオネア属、ドロセラ（モウセンゴケ）属、ドロソフィルム属、ダーリングトニア属、ヘリアンフォラ属、サラセニア（ヘイシソウ）属、ネペンテス（ウツボカズラ）属、セファロータス属、ビブリス属、ロリデュラ属、ゲンリセア属、ピングィキュラ（ムシトリスミレ）属、ウトリキュラリア（タヌキモ）属、ポリポンポリックス属、食虫植物という植物
(内容)191種の食虫植物を紹介。食虫植物の栽培方法も紹介。

食虫植物の世界 420種魅力の全てと栽培完全ガイド　田辺直樹著　（横浜）エムピージェー　2010.6　159p　21cm　（アクアライフの本）〈文献あり 索引あり〉　1905円　Ⓘ978-4-904837-04-7　Ⓝ471.76
(目次)食虫植物とは、ハエトリソウ、モウセンゴケ、ムシトリスミレ、その他の粘着捕虫タイプ、ウツボカズラ、サラセニア、その他の落とし穴捕虫タイプ、水中もしくは地中に罠を仕掛けるタイプ、食虫植物の栽培に適した鉢と用土
(内容)国内で普及している食虫植物を中心に420種をカラー写真で紹介、育て方や無視を捕る仕組みを解説したガイドブック。学名索引・和名索引を付す。

食虫植物ふしぎ図鑑 つかまえ方いろいろ！ 写真と図で見るおどろきの生態　ワン・ステップ編、柴田千晶監修　PHP研究所　2009.11　79p　29cm　〈索引あり〉　2800円　Ⓘ978-4-569-78001-6　Ⓝ471.76
(目次)第1章 食虫植物を知ろう！(食虫植物って、どんな植物？、虫をつかまえるしくみ)、第2章 食虫植物を見てみよう！(写真で見る食虫植物図鑑、世界の食虫植物、日本の食虫植物、食虫植物を観察しよう)、第3章 食虫植物を育てよう！(食虫植物を育てる前に、育て方のポイント、食虫植物の育て方、食虫植物のふやし方、もっと知りたい食虫植物)
(内容)葉などで虫をつかまえて消化し、栄養を吸収する不思議な「食虫植物」の世界を紹介する図鑑。

世界の食虫植物　食虫植物研究会編　誠文堂新光社　2003.3　159p　26cm　3800円　Ⓘ4-416-40305-4
(目次)（特集）ギアナ高地の食虫植物、閉じ込み式捕虫をする食虫植物、吸い込み式捕虫をする食虫植物、粘り着け式捕虫をする食虫植物、(特集)ヨーロッパのPinguicula、落とし穴式捕虫をする食虫植物、誘い込み式捕虫をする食虫植物、(特集)日本の食虫植物・自生地と保護

◆水生植物

＜図　鑑＞

日本海草図譜　大場達之，宮田昌彦著　（札幌）北海道大学出版会　2007.2　114p　43×31cm　24000円　Ⓘ978-4-8329-8175-1
(目次)第1章 日本産海草概説、第2章 科・属・種の検索と記載、第3章 栄養体による種の検索、第4章 日本海草図譜、第5章 海草の群落体系、第6章 海草と人とのかかわり、第7章 Seagrasses of Japan

日本水生植物図鑑　復刻版　大滝末男、石戸忠共著　北隆館　2007.6　318p　26cm　18000円　Ⓘ978-4-8326-0828-3
(目次)種子植物門（有花植物）（被子植物亜門）、造卵器植物（シダ植物門、コケ植物門）
(内容)日本に帰化した水草を含めた自生種の水

50　動植物・ペット・園芸 レファレンスブック

生植物の図鑑。栽培種も若干収録している。種の配列は、種子植物、シダ植物と若干のコケ植物の順で、各植物門のなかの配列はほぼエングラーの分類体系に従っている。

◆淡水植物・湿性植物

<図　鑑>

北海道の湿原と植物　辻井達一，橘ヒサ子編著，髙橋英樹，梅沢俊，岡田操，冨士田裕子著　（札幌）北海道大学図書刊行会　2003.3　264p　19cm　2800円　④4-8329-1361-1
目次第1部 北海道の湿原植物（黄・オレンジの花，赤・ピンク・茶・赤紫の花，青・青紫の花，白い花，緑・クリームの花 ほか），第2部 北海道の湿原（根室・釧路地方，オホーツク海に沿って，日本海に沿って，南西部域，十勝地方 ほか）
内容北海道の代表的な51の湿原と主な湿原植物416種を収録した。

<年鑑・白書>

河川水辺の国勢調査年鑑　平成4年度 植物調査編　建設省河川局治水課監修，リバーフロント整備センター編　山海堂　1995.1　1433p　26cm　19800円　④4-381-00949-5
目次1 河川水辺の国勢調査について，2 平成4年度植物調査の概要，3 河川別植物調査結果，4 資料編
内容建設省が実施している河川水辺の国勢調査のうち，植物調査の結果を収録。全国109の一級水系及び90の二級水系河川を地域別に排列。参考資料として「河川水辺の国勢調査」実施要領，同マニュアル（案）がある。

河川水辺の国勢調査年鑑　平成8年度 植物調査編　建設省河川局河川環境課監修，財団法人リバーフロント整備センター編　山海堂　1998.11　53p　26cm　〈付属資料：CD-ROM1〉　18000円　④4-381-01298-4
目次河川水辺の国勢調査について，CD-ROMの使い方と解説，平成8年度調査の概要（植物調査の概要），資料
内容平成8年度に実施した植物調査について，その成果をまとめたもの。現地での調査結果のほか，調査対象河川内の文献調査結果もあわせて記載，河川内の植物の生育状況の既往の記録にもふれた内容になっている。

河川水辺の国勢調査年鑑　平成7年度 植物調査編　建設省河川局河川環境課監修，リバーフロント整備センター編　山海堂　1997.11　55p　26cm　〈付属資料：CD-ROM1〉　19000円　④4-381-01148-1

内容平成7年度に実施した植物調査について，その成果をまとめたもの。現地での調査結果のほか，調査対象河川内の文献調査結果もあわせて記載，河川内の植物の生育状況の既往の記録にもふれた内容になっている。

河川水辺の国勢調査年鑑　平成9年度 植物調査編　建設省河川局河川環境課監修，リバーフロント整備センター編　山海堂　1999.10　45p　26cm　〈付属資料：CD-ROM1〉　12000円　④4-381-01347-6
目次河川水辺の国勢調査について，CD-ROMの使い方と解説（植物調査編画面構成，植物調査結果収録河川一覧 ほか），平成9年度調査の概要（植物調査の概要），資料（「河川水辺の国勢調査」実施要領）
内容平成9年度に実施した植物調査について，その成果をまとめたもの。現地での調査結果のほか，調査対象河川内の文献調査結果もあわせて記載，河川内の植物の生育状況の既往の記録にもふれた内容になっている。CD-ROM付き。

河川水辺の国勢調査年鑑　河川版 平成11年度 植物調査編　国土交通省河川局河川環境課監修，リバーフロント整備センター編　山海堂　2001.10　39p　26cm　〈付属資料：CD-ROM1〉　14500円　④4-381-01374-3　Ⓝ517.21
内容河川の自然環境を調査に基づき掲載する資料集。「平成9年度 河川水辺の国勢調査マニュアル 河川版（生物調査編）」に基づいて実施された調査結果を編集。河川水辺の国勢調査結果のうち，ダム湖を除く河川に係わる生物調査についてとりまとめる。

◆帰化植物

<事　典>

日本の帰化植物　清水建美編　平凡社　2003.3　337p　26cm　14000円　④4-582-53508-9
目次帰化植物とは，種の解説（双子葉植物綱（離弁花亜綱，合弁花亜綱），単子葉植物綱）
内容2002年現在の日本に野生するすべての帰化植物1000余種を掲載。写真は649種820点を収録。判別がむずかしいイネ科植物については小穂のモノクロ写真付き。巻末に学名・英名索引と和名索引を収録。

<図　鑑>

しなの帰化植物図鑑　土田勝義，横内文人著　（長野）信濃毎日新聞社　2007.11　223p　21cm　2000円　④978-4-7840-7061-9

(目次)帰化植物とは，信州の帰化植物，しなの帰化植物写真図鑑，信州の帰化植物目録，帰化率，国内帰化植物，帰化植物数種の繁殖とその生態，帰化植物の駆除，外来生物法による外来種の規制，近ごろ分布を広げている帰化植物，珍しい帰化植物，日本から外国へ行った植物
(内容)海を越えてきた，野山の侵略者たち。信州の帰化植物のすべてがわかる。105種のカラー図鑑と445種類の目録。

日本帰化植物写真図鑑 Plant invader 600種 清水矩宏，森田弘彦，広田伸七編著 全国農村教育協会 2001.7 554p 19cm 4300円 ①4-88137-085-5 Ⓝ471.71
(目次)帰化植物について，イラクサ科，タデ科，ヤマゴボウ科，オシロイバナ科，ザクロソウ科，スベリヒユ科，ツルムラサキ科，ナデシコ科，アカザ科〔ほか〕
(内容)日本で見られる帰化植物約600種をまとめた図鑑。科別に排列した各植物の写真に和名・学名・英語名，分類，参考文献と分布情報，解説を付す。本文中には多数のコラムと類似種の見分け方についての記事を挟む。巻頭に帰化植物の解説，巻末に種子の写真，和名索引，学名索引，英語名索引がある。

日本帰化植物写真図鑑 第2巻 植村修二，勝山輝男，清水矩宏，水田光雄，森田弘彦ほか編著 全国農村教育協会 2010.12 579p 19cm 5000円 ①978-4-88137-155-8 Ⓝ470
(目次)アサ科，イラクサ科，タデ科，オシロイバナ科，スベリヒユ科，ナデシコ科，アカザ科，ヒユ科，キンポウゲ科，コショウ科〔ほか〕
(内容)日本帰化植物写真図鑑第1巻に掲載した600余種を除いて，第1巻に掲載しなかった種，新しく発見された種と，沖縄の帰化植物を含めて500余種を収録。

日本の帰化植物図譜 日本植物画倶楽部著，大場秀章監修・解説 （鎌倉）アボック社 2009.12 330p 31cm 〈他言語標題：Drawings of alien plants of Japan : a collection 文献あり 索引あり〉 9333円 ①978-4-900358-65-2 Ⓝ471.71
(目次)ホウライシダ，ナガバオモダカ，タイワンホトトギス，ヒメヒオウギズイセン，キショウブ，オオニワゼキショウ，ヒトフサニワゼキショウ，スノーフレーク，ナツズイセン，スイセン〔ほか〕
(内容)帰化植物は最も身近な植物！精緻なアートで見る世界に類のない植物図鑑。

◆植物分類学

<ハンドブック>

高等植物分類表 米倉浩司著，邑田仁監修 北隆館 2009.10 189p 19cm 〈文献あり 索引あり〉 2381円 ①978-4-8326-0838-2 Ⓝ471.8
(目次)1 ヒカゲノカズラ類(小葉類)(ヒケゲノカズラ綱)，2 大葉類(大葉シダ植物，裸子植物，被子植物)

植物分類表 大場秀章編著 （鎌倉）アボック社 2009.11 513p 19cm 3333円 ①978-4-900358-61-4 Ⓝ471.8
(内容)DNAが決める新分類体系。470科2600余属10000余種類収載。

植物誌

<事典>

植物誌 1 テオプラストス〔著〕，小川洋子訳 （京都）京都大学学術出版会 2008.3 586, 21p 図版4p 20cm （西洋古典叢書）〈折り込2枚 文献あり 原書名：Recherches sur les plantes.〉 4700円 ①978-4-87698-174-8 Ⓝ470.2
(目次)第1巻 植物の研究法，および，植物の諸部分について(植物の研究法，植物の諸部分に見られる特徴と相違)，第2巻 繁殖，とくに栽培される樹木の繁殖について(植物の繁殖法，繁殖法による成長の相違，自然に生じる樹木の変異と奇跡，樹木以外の植物に生じる自然，または人為的な変異，繁殖に関する技術と注意事項，ナツメヤシの繁殖，およびヤシ類の諸事，樹木の栽培法，落果防止法(カプリフィケイション))，第3巻 野生の樹木について(野生の樹木の繁殖法，および栽培される樹木との比較，植物の生理現象，野生の樹木—分類，形態，材や実などの特徴と用途)
(内容)植物学の祖と称される著者がヘレニズム世界の五百余種の植物を，はじめて分類記載し，用途や利用法まで伝える書。

◆◆日本の植生

<事典>

近江の山の山野草 山道沿いで出会える花500種 渋田義行写真・文 （彦根）サンライズ出版 2008.1 179p 21cm 1800円 ①978-4-88325-346-3 Ⓝ472.161
(目次)春から夏に花が咲く山野草，近江の山のスミレ，近江の山のネコノメソウ，近江の山の

ラン，夏から秋に花が咲く山野草，近江の山のアザミ

海岸植物の本 沖縄の自然を楽しむ 屋比久壮実著 (宜野湾) アクアコーラル企画 2008.12 127p 19cm (おきなわフィールドブック 5) 1580円 ①978-4-9904413-0-2 Ⓝ471.73

〔目次〕砂浜で見られる植物，岩礁で見られる植物，海岸林で見られる植物，よく見られる海岸植物，お勧めの観察コース，海中道路，久高島／喜屋武岬，万座毛，慶佐次湾のヒルギ林，川平湾／東平安名崎，和名索引，方言索引，食べられる植物，薬用のある植物，毒のある植物

〔内容〕沖縄をもっと知ろう!海岸植物は有用植物の宝庫!食べられる植物25種，薬用植物16種，有毒植物6種!計100種紹介。

シーボルト 日本植物誌 本文覚書篇 改訂版 P.F.B.フォン・シーボルト著，大場秀章監修・解説，瀬倉正克訳 八坂書房 2007.10 291, 7p 21cm 〈原書名：Flora Japonica〉 3600円 ①978-4-89694-899-8

〔目次〕シキミ，シイ，レンギョウ，オキナグサ，シュウメイギク，ウツギ，マルバウツギ，ヒメウツギ，ツクシシャクナゲ，キリ〔ほか〕

〔内容〕シーボルトが見た日本の植物―日本の植物を美しい彩色画で初めてヨーロッパに紹介し賞讃を博した『日本植物誌』。その本文からシーボルト本人が日本での見聞をもとに書き残した「覚書」を編纂・待望の全訳。江戸の人々と植物と文化の結びつきを伝える貴重な資料。

新日本植物誌 顕花編 改訂版 大井次三郎著 至文堂 1992.11 1716p 26cm 40000円 ①4-7843-0121-6

〔内容〕日本の植物を分類体系化して収録する基礎資料。1983年刊の改訂版，2冊構成。

新日本植物誌 シダ篇 改訂増補版 中池敏之著 至文堂 1992.11 868p 26cm 25000円 ①4-7843-0122-4

〔内容〕日本の植物を分類体系化して収録する基礎資料。1982年刊の改訂版，2冊構成。

<ハンドブック>

尾瀬植物手帳 猪狩貴史著 JTBパブリッシング 2006.4 175p 18cm (大人の遠足BOOK) 1300円 ①4-533-06298-9

〔目次〕Visual Index (ミズバショウの咲く頃，ニッコウキスゲの咲く頃，エゾリンドウが咲く頃，花の百名山至仏山に咲く花)，白～黄色の花，赤～赤紫色の花，青～青紫色の花，緑～茶色の花，実・葉

〔内容〕花の楽園・尾瀬の植物300種を色別検索。科名検索，和名検索なども充実。尾瀬全域MAP付き。

新 校庭の雑草 第3版 岩瀬徹，川名興，中村俊彦共著 全国農村教育協会 1998.6 166p 21cm (野外観察ハンドブック) 1905円 ①4-88137-069-3

〔目次〕校庭雑草のくらしとかたち (ロゼットを観察しよう，冬越しの草，春の花，春から夏に伸びる，つる性，寄りかかり性の茎 ほか)，校庭の雑草250種，校庭雑草の調べかた (雑草を生かす校庭，校庭における雑草調査，雑草を用いたやさしい学習，草の名前をおぼえるためのくふう)

〔内容〕校庭をはじめ，空き地，道端など，身近なところに普通に見られる雑草を対象に，雑草229種，コケ植物21種，地衣類5種を収録し解説したハンドブック。学名索引，和名索引付き。

高尾・奥多摩植物手帳 新井二郎著 JTBパブリッシング 2006.4 191p 18cm (大人の遠足BOOK) 1300円 ①4-533-06297-0

〔目次〕高尾と奥多摩の植物，すみれ，白～黄色の花，赤～赤紫色の花，青～青紫色の花，緑～茶色の花，実・葉

〔内容〕人気のハイキングコース高尾・奥多摩の植物約400種を色別検索。科名検索，和名検索なども充実。

千葉県植物ハンドブック 植物目録・分布・類似植物の識別 改訂新版 千葉県生物学会編 (柏) たけしま出版 2010.10 248p 21cm 2000円 ①978-4-925111-38-6 Ⓝ472.135

〔目次〕シダ植物，裸子植物，被子植物・双子葉植物・離弁花類，合弁花類，単子葉植物，追加種目次

千葉県植物ハンドブック 植物目録・分布・類似植物の識別 新版 千葉県生物学会編 (柏) たけしま出版 2004.2 242p 21cm 〈地方〉 2000円 ①4-925111-18-3

〔目次〕シダ植物 (マツバラン科，ヒカゲノカズラ科 ほか)，裸子植物 (ソテツ科，イチョウ科 ほか)，被子植物・双子葉植物・離弁花類 (ヤマモモ科，クルミ科 ほか)，合弁花類 (リョウブ科，イチヤクソウ科 ほか)，単子葉植物 (オモダカ科，トチカガミ科 ほか)

日本植生便覧 改訂新版 宮脇昭，奥田重俊，藤原陸夫編 至文堂 1994.10 910p 26cm 25000円 ①4-7843-0147-X

〔目次〕植物概論，日本植生体系，植物群落総目録，日本植生図目録

〔内容〕日本の植物群落単位とそれを構成する個々の分類群の植生データを網羅収集したデータブッ

ク。植生概論、日本植生体系、植物群落総目録、日本植生図目録からなる本文と、和名、品種、学名から引く日本植物種名辞典で構成する。巻頭に図版、巻末付図として日本の現存植生図、日本の潜在自然植生図がある。昭和53年初版刊行、58年に改訂版刊行されたものの3次改訂版。

日本の植生　宮脇昭編　学研教育出版, 学研マーケティング（発売）　2010.9（第7刷）　535p　27cm　18000円　①978-4-05-404569-9　Ⓝ472.1

⑬目次①1 日本の自然と植物, 2 常緑広葉樹林帯—ヤブツバキクラス域, 3 夏緑広葉樹林帯—ミズナラ・ブナクラス域, 4 亜高山帯と高山帯, 5 寒帯と極地, 6 熱帯, 7 海藻, 8 世界の植生と人類

街でよく見かける雑草や野草がよーくわかる本　岩槻秀明著　秀和システム　2006.11　527p　19cm　1600円　①4-7980-1485-0

⑬目次①春の花（ゴマノハグサ科, シソ科, キク科, マメ科 ほか）, 夏の花（キク科, キキョウ科, キョウチクトウ科, オオバコ科 ほか）, 秋の花（キク科, キキョウ科, オミナエシ科, ウリ科 ほか）

⑬内容①無数にある植物の中から、道ばた、里山、水田地帯、市街地、農耕地など、身近なところで比較的よく見かける種類約600種を掲載。

利尻礼文・知床・大雪植物手帳　村田正博著　JTBパブリッシング　2007.4　175p　18cm　（大人の遠足BOOK）　1300円　①978-4-533-06688-7

⑬目次①利尻・礼文の自然, 道東・大雪山の自然, 花のモデルコース 礼文島, 利尻岳, 羅臼岳, 大雪山, 白雲岳, 白〜黄色の花, 赤〜赤紫色の花, 青〜青紫色の花, 緑〜茶色の花

⑬内容①花の楽園北海道の植物約300種を色別検索。科名検索、和名検索なども充実。

<図鑑>

浅野貞夫 日本植物生態図鑑　浅野貞夫著　全国農村教育協会　2005.10　635p　31×22cm　13000円　①4-88137-117-7

⑬目次①種子植物—被子植物（双子葉植物（合弁花類, 離弁花類）, 単子葉植物）

⑬内容①555種の、克明に描かれた植物図で、植物の生態を記録した図鑑。和名、学名、分布、植物季節、種子重量、休眠型、植生型などの解説を付けた。巻末に植物生態写真（カラー）、和名索引、学名索引を収載。

エコロン自然シリーズ 1 植物　大井次三郎, 大橋広好, 山下貴司補　（大阪）保育社　1996.5　166p　19cm　1800円　①4-

586-32110-5

⑬目次①合弁花類, 離弁花類

⑬内容①日本産の草本植物の図鑑。1、2巻合わせて600種を収録する。排列は科別。巻末に五十音順の和名索引とアルファベット順の学名索引がある。「標準原色図鑑全集9 植物1」（1966年刊）の改装版にあたる。

小笠原の植物 フィールドガイド　小笠原野生生物研究会編　風土社　2002.6　95p　18cm　1000円　①4-938894-59-9　Ⓝ472.1369

⑬目次①1 シダ植物（木生シダ, ホラシノブ属のシダ2種 ほか）, 2 稀少植物（エビネ属のラン2種, オガサワラシコウラン ほか）, 3 人里の植物（ホナガソウ, ムラサキカタバミ ほか）, 4 海岸の植物（テリハボク, モモタマナ ほか）, 5 山地の植物（ムニンシャシャンボ, ムニンヒメツバキ ほか）

⑬内容①小笠原諸島に生息する植物のビジュアルガイドブック。小笠原諸島固有の植物を含めて、父島・母島から一般に見ることのできる植物95種以上を、シダ植物、希少植物、山地の植物、人、里の植物、海岸の植物の5種に区分し、各植物について、写真を多数掲載し、科、花・葉・種子等の形状、生息地域等の特徴について解説する。巻末に、五十音順索引と用語解説を付す。

小笠原の植物 フィールドガイド 2　小笠原野生生物研究会著　風土社　2008.4　95p　18cm　1000円　①978-4-938894-90-0　Ⓝ470

⑬目次①1 シダ植物（マツバラン, ナンカクラン ほか）, 2 稀少植物（タイヨウフウトウカズラ, オオヤマイチジク ほか）, 3 人里の植物（アサヒカズラ（ニトベカズラ）, ギンネム（ギンゴウカン）ほか）, 4 海岸の植物（トキワギョリュウ（トクサバモクマオウ）, ナハカノコソウ ほか）, 5 山地の植物（シマゴショウ, クワ科イチジク属の2種 ほか）

⑬内容①2002年に刊行した『小笠原の植物フィールドガイド』の続編。前編と同様、小笠原を訪れる人たちに、父島や母島で見られる植物を案内することを目的としている。

沖縄の蜜源植物　嘉弥真国男著　（那覇）沖縄タイムス社出版部　2002.9　295p　19cm　2381円　①4-87127-602-3　Ⓝ646.9

⑬目次①トキワギョリュウ, ヤマモモ, クワノハエノキ, インドゴムノキ, ガジュマル, シマクワ, ハンクスシノブノキ, ニトベカズラ, ツルソバ, ソバ〔ほか〕

⑬内容①沖縄の密源植物を紹介する図鑑。336種を収録。科ごとに分類し排列。各植物の和名、学名、方言名、その他の形態、用途を記載。さらに蜜源として、花蜜の糖度、花粉の色、採蜜またはプロポリスの原料である樹脂の採集状況

尾瀬の自然　尾瀬の植物200種　近藤篤弘写真，近藤陽一解説　成美堂出版　2000.3　351p　15cm　（ポケット図鑑）　1200円　①4-415-01046-6　Ⓝ472.133

目次 ミズバショウが咲く頃に咲く花，ワタスゲの実，はぜる頃に咲く花，至仏山に咲く花，ニッコウキスゲが咲く頃に咲く花，秋の気配が漂いはじめる頃から咲く花

内容 尾瀬に生育する植物200種を四季の移り変わりがわかるように構成し掲載した図鑑。巻末に，おすすめ探索コースと本書に出てくる植物用語解説，掲載植物の五十音索引がある。

学校のまわりでさがせる生きもの図鑑　ハンディ版　動物・鳥　吉野俊幸，中川雄三ほか写真，今泉忠明監修　金の星社　2010.3　127p　22cm　〈索引あり〉　2500円　①978-4-323-05684-5　Ⓝ480.38

目次 ほ乳類の仲間，鳥の仲間，は虫類の仲間，動物・鳥さくいん，観察ノートを作ろう

学校のまわりの生きものずかん　1　春　おくやまひさし文・写真　ポプラ社　2004.4　71p　26×22cm　2600円　①4-591-08009-9

目次 空き地や畑（テントウムシ，アリ，花にくる昆虫たち ほか），雑木林（林やその周辺でみられるチョウ，ギフチョウ，ナナフシ，池や小川（池や小川の魚，ザリガニ，エビや貝 ほか）

学校のまわりの生きものずかん　2　夏　おくやまひさし文・写真　ポプラ社　2004.4　1冊　26×22cm　2600円　①4-591-08010-2

目次 空き地や畑（セミのなかま，アブラゼミ，ウスバカゲロウ（アリジゴク） ほか），雑木林（カブトムシ，クワガタムシ，樹液やくち木にあつまる甲虫 ほか），池や小川（川で育つトンボ，池や沼で育つトンボ，アキアカネ ほか）

学校のまわりの生きものずかん　3　秋　おくやまひさし文・写真　ポプラ社　2004.4　71p　26×21cm　2600円　①4-591-08011-0

目次 空き地や畑（バッタのなかま，トノサマバッタ，イナゴ（コバネイナゴ） ほか），雑木林（花にあつまるチョウ，樹液にあつまるチョウ，キチョウ ほか），池や小川（秋のトンボ）

学校のまわりの生きものずかん　4　冬　おくやまひさし文・写真　ポプラ社　2004.4　71p　27×22cm　2600円　①4-591-08012-9

目次 空き地や畑（畑や家のまわりの昆虫，土の中で冬ごし ほか），雑木林（1本のエノキの下で，落ち葉をめくると… ほか），池や小川（水辺の生きもの，カモのなかま ほか），沖縄地方（南の島の生きもの，甲虫やカメムシなど ほか）

皇居東御苑の草木図鑑　菊葉文化協会編，近田文弘解説・写真　大日本図書　2010.5　141p　19cm　〈索引あり〉　2500円　①978-4-477-02097-6　Ⓝ472.1361

目次 1 この図鑑について，2 草木の話，樹木編，草編，シダ植物編

内容 自然豊かな皇居東御苑。皇居植物研究の第一人者の近田文弘が，東御苑の樹木，草，シダ植物402種を写真とわかりやすい解説をつけ植物観察のたのしさを紹介する。

里山いきもの図鑑　今森光彦写真・文・切り絵　童心社　2008.7　319p　19cm　2200円　①978-4-494-01939-7　Ⓝ462.1

目次 早春（早春の田んぼ，早春の雑木林 ほか），春（春の田んぼ，春の雑木林 ほか），夏（夏の田んぼ，夏の雑木林 ほか），秋（秋の田んぼ，秋の雑木林），冬（冬の田んぼ，冬の雑木林）

内容 カブトムシやクワガタ，チョウ，カエル，ザリガニ，クサガメ，カナヘビなど，いきものを中心に構成した，子どもむけ里山ガイドブック。昆虫採集や草花あそび，キノコとりやドングリひろい，農業・林業，年中行事まで，立体的に里山を紹介。

里山の植物ハンドブック　身近な野草と樹木　平野隆久写真，日本放送出版協会編，多田多恵子監修　日本放送出版協会　2009.2　255p　19cm　〈文献あり　索引あり〉　1900円　①978-4-14-040243-6　Ⓝ472.1

目次 春（野草（野や人里，山や雑木林，湿地や水辺），樹木），夏，秋，冬，里山の植物を楽しむ，植物名索引

内容 里山で見られる野草約280種，樹木約120種の約400種を春夏秋冬の4章に分け生育環境別に紹介。

四季の山野草観察カタログ　安藤博写真　成美堂出版　1992.4　143p　30cm　1600円　①4-415-03228-1

内容 日本の四季を彩る山野草の可憐なプロフィール。生育環境別に350種を紹介。「観察ガイド」ロゼット植物，つる植物，野草と雑草。

静岡県の植物図鑑　上　黒沢美房，清水通明著，杉野孝雄編著　（静岡）静岡新聞社　1990.4　271p　19cm　2500円　①4-7838-0521-0

内容 山野に普通に見られる草花を中心に，花や実が美しく目立つ樹木と，似ている植物や変種，品種を解説する。解説では，特徴，日本名の由来，県内の方言，薬用，山菜としての利用，俳句の季題（季語），茶花，花ことばなど身近なことを重点的に説明している。

静岡県の植物図鑑　下　杉野孝雄編　静岡新

聞社 1990.7 270p 19cm 2500円 ⓘ4-7838-0522-9

(内容)夏から秋冬に開花する山野に普通に見られる草花を中心に、花や実が美しく目立つ樹木250種類と、似ている植物や変種、品種158種類を解説する。解説では、特徴、日本名の由来、県内の方言、薬用、山菜としての利用、俳句の季題(季語)、茶花、花ことばなど身近なことを重点的に説明している。

自然観察 千曲川の植物 千曲市の河原を歩く 宮入盛男著 (長野)ほおずき書籍、星雲社〔発売〕 2007.10 177p 21cm 2000円 ⓘ978-4-434-11072-6

(目次)堤防で多く見られる植物、礫河原で多く見られる植物、水辺や湿地で多く見られる植物、草地で多く見られる植物、高敷地に生える木本植物、河川敷に広がる野菜畑、河川敷で見られる園芸植物

(内容)千曲川中流域にあたる千曲市内の河原に成育する野生植物約190種を環境別に5分類し、その生態をやさしく解説。栽培植物21種も加え、全種類写真付きオールカラー。

植物 2 大井次三郎著、大橋広好、山下貴司補 (大阪)保育社 1996.6 167p 19cm (エコロン自然シリーズ) 1800円 ⓘ4-586-32111-3

(目次)離弁花類、単子葉類、シダ類、センタイ類、チイ類

(内容)日本産の植物の図鑑。本巻では離弁花類の一部と、単子葉類、シダ類、センタイ類、チイ類を解説する。排列は科別。「標準原色図鑑全集10 植物2」(1967年刊)の改装版にあたる。

新・尾瀬の植物図鑑 新井幸人写真、里見哲夫解説 偕成社 2001.4 200p 19cm (マチュア選書) 1400円 ⓘ4-03-529510-8 Ⓝ472.133

(目次)春(ミズバショウ、リュウキンカ ほか)、夏(ズダヤクシュ、キヌガサソウ(ハナガサソウ) ほか)、山(ミネウスユキソウ・オゼソウ、ホソバヒナウスユキソウ・ミヤマウイキョウ(イワウイキョウ) ほか)、秋(マルバダケブキ、ミヤマアキノキリンソウ(コガネギク) ほか)

(内容)尾瀬で見られるおもな植物約150種の図鑑。季節と生息地により排列。各植物の記載項目は名称、分類、おもな生育場所、各種の特徴、観察の要点、語源、鑑賞のしおりなど。巻末に尾瀬の解説、ハイキング地図・案内、和名索引を付す。

高尾山 花と木の図鑑 菱山忠三郎著 主婦の友社、角川書店〔発売〕 2001.9 231p 19cm 2100円 ⓘ4-07-231969-4 Ⓝ472.1365

(目次)春の部(四季の移り変わり、温帯林と暖帯林、ブナとイヌブナ ほか)、夏の部(モミとカヤ、ラン、マタタビ類 ほか)、秋から冬の部(紅葉、明るいところの花、林下の花 ほか)、高尾山で最初に発見され、発表された植物

(内容)高尾山で見られる花と木560種の図鑑。平成2年刊行の改訂版。季節と植物分類、特徴により排列。撮影点を示した写真のもと、和名、分類、特徴などを記載する。巻頭に高尾山・高尾山周辺のハイキングコース案内、「ハイキングコース別 見られる植物一覧表」を盛り込み、巻末には「高尾山で最初に発見され、発表された植物」と索引がある。

日本植物誌 シーボルト『フローラ・ヤポニカ』 新装版 シーボルト著、木村陽二郎、大場秀章解説 八坂書房 2000.12 159p 26cm 〈原書名:FLORA JAPONICA〉 4500円 ⓘ4-89694-469-0 Ⓝ472.1

(目次)カラー図版八〇点、単色図版七一点、シーボルトと植物学、シーボルトの『日本植物誌』、『日本植物誌』に描かれた植物の目録

(内容)日本の植物を彩色図譜でヨーロッパに最初に紹介したシーボルトの『日本植物誌』の図譜全151図を掲載したもの。保存状態のよい図版を中心に80点をカラーで、残りを単色で収録する。各図版には原本の図版番号と和名を掲載。図版の排列は、カラー・単色ともに原本の掲載順。巻末に目録と和名索引付き。

日本植物種子図鑑 中山至大、井之口希秀、南谷忠志著 (仙台)東北大学出版会 2000.2 642p 26cm 19000円 ⓘ4-925085-29-8 Ⓝ471.1

(目次)種子植物門・裸子植物亜門(ソテツ綱、マツ綱、イチイ綱)、被子植物亜門・双子葉植物綱(離弁花亜綱、合弁花亜綱、単子葉植物綱)

(内容)野生植物の種・亜種・変種、帰化植物や重要な栽培植物など約2000種の種子を収録した図鑑。掲載項目は、基本番号・和名・学名・科名、長さ・幅・厚さ・重さ、種子の形、色、光沢、果実の種子数、採集地、採集年月日、備考、写真など。巻末に、和名索引付き。

日本野生植物館 生育環境別 奥田重俊編著 小学館 1997.7 631p 26×22cm 9300円 ⓘ4-09-526072-6

(目次)植物ガイド、人里の植物、水辺の植物、草原の植物、海岸の植物、雑木林の植物、照葉樹林の植物、亜熱帯の植物、夏緑樹林の植物、高原の植物、亜高山の植物、高山の植物

(内容)1600種余りの草本(野草)、木本(樹木)を写真で紹介。植物の生育環境を、人里、水辺、草原、海岸、樹木林、照葉樹林、亜熱帯、夏緑樹林、高原、亜高山、高山の11に区分し、それ

ぞれの生育特性ごとに植生を解説し、植物を排列。巻末に、学名索引、和名索引を付す。

日本野生植物図鑑 前川文夫監修 八坂書房 1999.2 351p 19cm 2800円 ①4-89694-429-1

(目次)分類検索表―草(春(海辺の花、路傍の花・雑草類、山地・林野の花、水辺・水中の花)、夏(海辺の花、路傍の花・雑草類、山地・林野の花、水辺・水中の花)、秋・冬(海辺の花、路傍の花・雑草類、山地・林野の花、水辺・水中の花))、分類検索表―木/つる/タケ・ササ/シダ(針葉樹、広葉樹、つる、タケ・ササ、シダ)

(内容)日本の植物882種(野生植物、帰化植物、栽培種が野生化したもの、公園・街路樹などの栽植品までを含む)を、カラー写真と植物解説で構成した図鑑。野外でよく見かける草507種、木284種、つる57種、タケ・ササ11種、シダ23種を収録。和名索引、学名索引付き。

貫・福智山地の自然と植物 熊谷信孝著 (福岡)海鳥社 2002.11 235p 21cm 3800円 ①4-87415-356-9 ⑰472.191

(目次)春の植物、夏の植物、秋の植物、シダ植物・維管束植物以外、解説・資料編

(内容)貫山地(貫山・平尾台・竜ヶ鼻・飯岳山)と福地山地(皿倉山・尺岳・牛斬山・香春岳)の植物を写真で紹介する図鑑。317種の植物を収録。春の植物、夏の植物、秋の植物、シダ植物・維管束植物以外に分類し構成。各植物の名称、学名、科名、分布、解説文が記載されている。解説・資料編では地質、植生概況、植物群落、自然観察について解説されている。巻末に植物名索引が付く。

野の植物誌 大場達之編・解説、平野隆久、熊田達夫、巽英明写真 山と渓谷社 2000.7 467p 20×21cm (山渓カラー名鑑) 〈『山渓フィールド百花 野の花』改訂・改題書〉 3500円 ①4-635-09029-9 ⑰472.1

(目次)畦道や路傍に咲く、雑草の花・畑、雑草の花・水田、踏まれて生きる、都市に生える、雑草の花・庭、河原を彩る、芝生に生える、茅はらの花、強風に耐える、裸地に耐える、やぶをつくる、池や沼を彩る、湿地に咲く、海辺の花・砂浜、海辺の花・干潟、海辺の花・磯や崖、照葉の森に生える、照葉林帯の川筋の林に咲く、雑木林の花、モミ・ツガ林の花

(内容)日本の野を21の環境に区分して、地理的・気候的条件とともにそこに花を咲かせる植物約400種を掲載した図鑑。第1～7章では、耕作地、村や都会、庭の雑草など身近な野の花の集団を紹介。第8～14章では、土手、芝生やススキの生える野はら、池や沼、荒し地や湿地などさほど親しまれなかったが身近にある花を紹介。第15～21章では、里や野に最も近いところにある

「山」に咲く花を紹介。巻末に「野の植物誌」と共通の索引がある。

野の植物誌 大場達之編・解説、平野隆久、熊田達夫、巽英明写真 山と渓谷社 2000.8 467p 22×22cm (山渓カラー名鑑) 6500円 ①4-635-05608-2 ⑰470.38

(目次)畦道や路傍に咲く、雑草の花・畑、雑草の花・水田、踏まれて生きる、都市に生える、雑草の花・庭、河原を彩る、芝生に生える、茅はらの花、強風に耐える、裸地に耐える、やぶをつくる、池や沼を彩る、湿地に咲く、海辺の花・砂浜、海辺の花・干潟、海辺の花・磯や崖、照葉の森に生える、照葉林帯の川筋の林に咲く、雑木林の花、モミ・ツガ林の花

(内容)写真による植物図鑑。植物について『野の植物誌』と『山の植物誌』の2巻に分け、それぞれ日本の風土を構成する環境空間を40単位、植物数にして825種を紹介。野の植物誌では畦道や路傍、雑草の花・畑のほか湿地、海辺などについて各ポイントに分類し、植物の写真に植物名、撮影年月日、撮影地などの撮影データと植物の見られるポイントについて併記する。ほかに日本の植物帯、植物の群落などの解説を付す。巻末に『野の植物誌』と『山の植物誌』共通の植物名索引を付す。

ひょうごの山野草 兵庫県に自生する身近な草花178種 神戸山草会編 (神戸)神戸新聞総合出版センター 2002.12 127p 21cm 1600円 ①4-343-00112-1 ⑰472.164

(目次)早春(セツブンソウ、セリバオウレン、バイカオウレン ほか)、春(ヒトリシズカ、フタリシズカ、アリマウマノスズクサ ほか)、夏(コウホネ、ヒツジグサ、アケビ ほか)、秋・冬(ミヤコアオイ、ヒメカンアオイ、イヌタデ ほか)

(内容)兵庫県に自生する身近な草花178種を収録する図鑑。「早春」「春」「夏」「秋・冬」と、花の時期ごとに分類して紹介している。各種の種名、科名、解説文を記載。園芸店で入手できるものは、育て方のワンポイントアドバイスも記載している。巻末に索引が付く。

街で見つける山の幸図鑑 井口潔著 山海堂 1994.10 302p 21cm 2400円 ①4-381-10212-6

(目次)きのこ類、野草類、樹木類、街中の自然と上手につきあう

(内容)都会の近くで見られるきのこ・野草・樹木を紹介するガイド。内容は、カラー図版、解説記事、用語解説、分類図鑑。図鑑部分は各植物ごとに見開き単位で、イラスト、概説、特徴、発生場所、区別のポイント、採取時期、利用、メモを記載する。―都会の自然再発見、我が家から100m以内で見つかる山の幸。

屋久島 高地の植物 世界自然遺産の島 初島住彦監修, 川原勝征著 （鹿児島）南方新社 2001.8 110p 19cm 1500円 ⓘ4-931376-52-5 Ⓝ472.197

(目次)シダ植物, 種子植物（裸子植物, 被子植物, 双子葉植物, 単子葉植物）

(内容)屋久島で見られる植物全100種類のガイドブック。屋久島固有の植物は46種類を収録。排列は植物分類。和名, 漢字表記, 分類, 分布, 特徴を撮影日の入った写真とあわせて解説する。巻末に和名索引と解説「屋久島固有の植物と分布北限の植物について」。

屋久島の植物 世界自然遺産の島 川原勝征写真・文 八重岳書房 1995.10 223p 19cm 2000円 ⓘ4-8412-1172-1

(内容)屋久島に生育する植物307種を425枚のカラー写真で紹介する図鑑。しだ植物とその他の植物に分類し,（その他の植物は生育する環境別および形態別に細分）, それぞれの植物の分布域, 標高, 特徴, 花期, 果期について解説する。巻末に五十音索引がある。

ようこそ緑の夢王国 県立植物園 新潟県立植物園編著 （新潟）新潟日報事業社 2003.4 168p 19cm 1500円 ⓘ4-88862-968-4

(目次)春（雪割草, ヒスイカズラ ほか), 夏（バオバブ, ラベンダー ほか), 秋（ハギ, セージ ほか), 冬（アザレア, ビヨウタコノキ ほか), 通年（ガジュマル, バイカモ ほか)

(内容)新潟県立植物園（新津市）は, 平成十年十二月に開園した比較的若い植物園である。本書では, この植物園で栽培されている約二千五百種類の植物の中から選りすぐりを紹介している。

◆◆世界の植生

<事 典>

樺太植物誌 菅原繁蔵著 国書刊行会 1995.6 4冊（セット） 26cm 72000円 ⓘ4-336-01656-9

(内容)樺太の植物に関する研究報告「樺太植物誌」全4巻（昭和12～15年刊）の復刻版。樺太に自生するもの, 及び栽培品の野性化したもの104科423種・変種・品種, 合計1370種の解説と, 内812種の図解を掲載する。排列はA.EnglerとG.Gilgの分類式に拠る。各巻末にアルファベット順の学名索引, 五十音順の和名索引がある。ほかに樺太植物探検史, 研究史抄等を収録する。

定本 インド花綴り 西岡直樹絵・文 木犀社 2002.9 532p 18cm 3700円 ⓘ4-89618-029-1 Ⓝ472.25

(目次)つる草の腕輪——チョウマメ, ラクシュミーの乳房——ベルノキ, 花の雨——サラノキ, 木の結婚式——インドボダイジュ, 締め殺しの木——バンヤンジュ, つぼみのしずく——ムユウジュ, コウモリの大好物——ナガバキダチオウソウカ, 春を告げる花——ハナモツヤクノキ, もっとも神聖な植物——カミメボウキ, ベンガルのマンマー—メボウキ〔ほか〕

(内容)インドの植物と文化についてのエッセイと植物の解説をまとめたもの。136のエッセイ1篇ごとに, 登場する植物の絵を中心にした事典ページを設け, 和名と, ヒンディー, ベンガリー, サンスクリット, 英語の名前を並記し, 概要を記載。花と果実の季節一覧, 地図, 学名索引, 植物名索引などがある。

<ハンドブック>

スイスアルプス植物手帳 高橋修著 JTBパブリッシング 2007.4 175p 18cm （大人の遠足BOOK） 1400円 ⓘ978-4-533-06690-0

(目次)スイスアルプスの自然と植物, アルプス花のハイキングコース, 白〜黄色の花, 赤〜赤紫色の花, 青〜青紫色の花, 緑〜茶色の花, 多色花検索表

(内容)憧れのスイスアルプスハイキング。エーデルワイス, アルペンローゼ他, 約300種を掲載。科名検索, 和名検索に加え学名検索も掲載。

<図 鑑>

世界のワイルドフラワー 1 地中海ヨーロッパ／アフリカ：マダガスカル編 大場秀章監修, 冨山稔著 学習研究社 2003.11 264p 27×22cm （学研の大図鑑） 3800円 ⓘ4-05-201912-1

(目次)1章 地中海ヨーロッパ（ポルトガル（アルガルベ地方), スペイン（アンダルシア地方), ピレネー山脈（スペイン／フランス), フランス（オーベルニュ地方） ほか), 2章 アフリカ, マダガスカル（ケニア, タンザニア, ナミビア, 南アフリカ（ケープ／ナマクワランド, ドラケンスベルク ほか))

世界のワイルドフラワー 2 アジア／オセアニア／北・南アメリカ編 冨山稔写真・著 学習研究社 2004.4 272p 27×22cm （学研の大図鑑） 3800円 ⓘ4-05-201913-X

(目次)1章 アジア（アルメニア, カザフスタン ほか), 2章 オセアニア（オーストラリア, ニュージーランド), 3章 北アメリカ（カナダ（カナディアンロッキー), カナダ（ニューファンドランド） ほか), 4章 南アメリカ（ボリビア, チリ／アルゼンチン（アンデス山系） ほか)

世界文化生物大図鑑 植物 1 双子葉植物
改訂新版 世界文化社 2004.6 423p 28
×23cm 10000円 ⓘ4-418-04905-3

⦅目次⦆植物概論(植物とは何か,植物の分類と系統 ほか),双子葉植物(イラクサ目,ビャクダン目 ほか),日本の植生(世界の植生,日本の植生帯 ほか),日本の植生と植物群落(植物の分類と分布,植生と植物群落 ほか),植物を楽しむノウハウ(植物採集と標本)

⦅内容⦆双子葉植物約1300種をカラー写真とともに紹介した植物図鑑。索引は科名,属名,種名,別名を五十音順に配列している。

世界文化生物大図鑑 植物 2 単子葉植物
改訂新版 世界文化社 2004.6 391p 28
×23cm 10000円 ⓘ4-418-04906-1

⦅目次⦆単子葉植物(オモダカ目,ホンゴウソウ目 ほか),野草の栽培(ロックガーデン,小庭園 ほか),野草の栽培法(野生植物とは,植物の環境を再現する ほか),四季の野草(早春の野草,春の野草 ほか),人気野草の育て方(草原の野草,林下の野草 ほか)

⦅内容⦆単子葉植物約800種をカラー写真とともに紹介した植物図鑑。索引は科名,属名,種名,別名を五十音順に配列している。

中国砂漠・沙地植物図鑑 木本編 中国科学院蘭州沙漠研究所編,劉媖心主編,徳岡正三訳・解説 東方書店 2002.5 543p
30cm 18000円 ⓘ4-497-20110-4 Ⓝ471.5

⦅目次⦆裸子植物門(松科,柏科,麻黄科 ほか),被子植物門(楊柳科,胡桃科,楡科,桑科,蓼科 ほか)

⦅内容⦆中国の砂漠・沙地に生息する植物を収録した図鑑。「中国沙漠植物志」(全3巻)に記載されている植物の中から,木本植物をとり上げ,それらのほぼ全訳を試みたもの。裸子植物,被子植物,それぞれ科ごとに収録。本編はイラストと解説文からなる。巻末付録として日中字形対象表,学名・漢名・和名索引,行政区名や地名・地物索引が付く。

ハワイアン・ガーデン 楽園ハワイの植物図鑑 近藤純夫著 平凡社 2004.11 303p
21cm 2400円 ⓘ4-582-54238-7

⦅目次⦆第1章 ハワイの花と自然と文化(ハワイの固有植物,自然と植物相,ポリネシア人が持ち込んだ植物 ほか),第2章 ハワイの植物(アオイ科,アオギリ科,アカテツ科 ほか),第3章 ハワイの植物園(カウアイ島,オアフ島,マウイ島 ほか)

⦅内容⦆フラやレイ,ハワイアン・キルトに使われる植物,ハワイに移り住んだポリネシア人が持ってきた24の植物など,自然と文化をキーワードに解説。ハワイで見られる約400種の花や木を,美しい写真とともに解説。行ってみたい植物園がきっと見つかる植物園ガイド付き。

<年鑑・白書>

食料・農業のための世界植物遺伝資源白書 ドイツ・ライプチヒにおける国際植物遺伝資源技術会議のために作成 国際連合食糧農業機関編 国際食糧農業協会 1999.3
129p 21cm (世界の食料・農業水産業データファイル No.2) 2000円

⦅目次⦆第1章 多様性の現状,第2章 生息域内管理,第3章 生息域外保全,第4章 植物遺伝資源の利用,第5章 国家計画,訓練の必要性,政策および法令,第6章 地域協力と国際協力,第7章 アクセスと利益の配分

◆植物保護

<事 典>

植物保護の事典 本間保男,佐藤仁彦,宮田正,岡崎正規編 朝倉書店 1997.6 509p
21cm 17000円 ⓘ4-254-42017-X

⦅目次⦆植物病理,雑草,応用昆虫,応用動物,植物保護剤,ポストハーベスト,植物防疫,植物生態,森林保護,生物環境調節,土地造成,土壌,植物栄養,環境保全,造園,バイオテクノロジー,国際協力

日本の消えゆく植物たち 岩槻邦男文,福田泰二写真 研成社 2007.9 169p 21cm
1800円 ⓘ978-4-87639-146-2

⦅目次⦆日本の絶滅危惧植物,北海道〜東北を中心に分布する種(一二種),本州中部を中心に分布する種(一五種),本州中西部に分布する種(一〇種),四国,九州に分布する種(一四種),小笠原の種(一〇種),暖地に見る広分布種(一三種),沖縄を中心に分布する種(一八種),広分布のラン科植物(八種),広分布の水草(一一種),その他の広分布種(十七+1種),日本の絶滅危惧植物の最近の動向

⦅内容⦆地球上の全植物の7種に1種が絶滅の危機にある。明日は消えるかもしれない植物が,つぎは人間が滅ぶ番になると示唆…。人間は植物なしでは生きられない。多くの植物が滅べば,人間の生存も危機的状態に追いやられる。この130種の種物が「絶滅種が増えれば人類滅亡のカウントダウンがはじまる」と身をもって警告。

滅びゆく日本の植物50種 岩槻邦男編著
築地書館 1992.11 212p 19cm 2060円
ⓘ4-8067-1110-1

⦅目次⦆保護意識の高揚を願う,生物の多様性保全のために,絶滅の危機に瀕する日本の植物,

動植物・ペット・園芸 レファレンスブック 59

高原・高山植物

滅びゆく日本の植物50種，日本における保護上重要な植物種

(内容)すでに日本から35種の植物が滅び，162種が絶滅寸前の状況にある50種のイラストを加え，第一線の研究者25名による現場からの報告。レッドデータブック選定の全895種のリスト掲載。

レッドデータブック　日本の絶滅危惧植物
日本植物分類学会編　農村文化社　1993.5　141p　30cm　3500円　ⓘ4-931205-13-5

(目次)第1章 絶滅のおそれのある植物種の現状（野生植物の種の保護の必要性，野生植物保護のための環境の保全，わが国における野生植物の生育地の現状，わが国における野生植物種の保護のために必要な方策），第2章 絶滅のおそれのある代表的な植物，第3章 わが国における保護上重要な植物種リスト

(内容)絶滅の危機にある植物を調査記載した『我が国における保護上重要な植物種の現状』の編集普及版。第1章の1から6までの構成は原本に準拠し，記述は要約したものの，原本記載の895種のリストを巻末に収録している。原本には図版がなかったが，本書では283点の写真を掲載し，形態的特徴や自生地の現状について簡潔な記載を付している。

＜図　鑑＞

レッドデータプランツ　日本絶滅危機植物図鑑　宝島社　1994.3　208p　23×19cm　2980円　ⓘ4-7966-0748-X

(目次)はじめに植物の種と絶滅の危機，維管束植物—濫獲と開発の中で絶滅に向かう維管束植物，蘚苔類—環境の変化に敏感な蘚苔類，藻類—基礎調査研究が望まれる藻類の生育と分布，菌類—日本産菌類調査の難しさと環境保護，地衣類—人為的環境変化に弱い地衣類，植物形態模式図，写真図版，種別解説

(内容)絶滅の危機に瀕する日本の植物を掲載する図鑑。243種のカラー写真と315種の解説データを収録する。絶滅の危機に瀕する植物の生態を示す写真版レッドデータブック。

レッドデータプランツ　ヤマケイ情報箱
矢原徹一監修，永田芳男写真　山と溪谷社　2003.12　719p　21×19cm　4200円　ⓘ4-635-06255-4

(目次)被子植物双子葉合弁花類，被子植物双子葉離弁花類，被子植物単子葉類，裸子植物・シダ植物，その他のレッドデータプランツ

(内容)841種類を写真＋植物解説＋取材記でくわしく紹介。この本でしか見られない植物も多数登場。絶滅危惧植物全種類の県別分布データ付き。

高原・高山植物
＜事　典＞

越後・佐渡・谷川岳・苗場山植物手帳　高橋修著　JTBパブリッシング　2008.3　159p　18cm　（大人の遠足book）　1300円　ⓘ978-4-533-07029-7　Ⓝ472.141

(目次)花のハイキングコースガイド（角田山，苗場山，谷川岳，アオネバ渓谷），白〜黄色の花，赤〜赤紫色の花，青〜青紫色の花，緑〜茶色の花

(内容)谷川岳（谷川連峰の山々），苗場山（苗場山周辺の山），越後山脈（越後三山など越後の内陸部の高峰），越後の低山（角田山，櫛形山脈など標高の低い山，海岸近くの山），佐渡（佐渡の山）で見られる花を紹介する事典。植物を花の色（白〜黄，赤〜赤紫，青〜青紫，緑〜茶）で分け，さらに原則として開花時期の早い順で並べている。索引では植物名，科名でも探せる。

高山植物　北隆館　1994.6　247p　19cm　（Field selection 16）　1800円　ⓘ4-8326-0335-3　Ⓝ471.72

(目次)きく科，ききょう科，まつむしそう科，おみなえし科，すいかずら科，あかね科，おおばこ科，たぬきも科，ごまのはぐさ科，しそ科，むらさき科，はなしの科，みつがしわ科，りんどう科，さくらそう科〔ほか〕

高山の花　イラストでちがいがわかる名前がわかる　久保田修構成・著　学習研究社　2007.6　263p　19cm　（自然発見ガイド）　1800円　ⓘ978-4-05-402903-3

(目次)花の大きさ検索（ユリかそれ以上，タンポポぐらい ほか），高山の花の環境（高山稜線の花，カール（圏谷）の花 ほか），合弁花類（キク科，キキョウ科 ほか），離弁花類（ミズキ科，ウコギ科 ほか），単子葉類（ラン科，アヤメ科 ほか）

(内容)群を抜く収録数で高山の花の全てがわかる。高山植物600種。

北海道の高山植物　新版　梅沢俊著　（札幌）北海道新聞社　2009.5　367p　21cm　〈文献あり〉　2500円　ⓘ978-4-89453-505-3　Ⓝ471.72

(目次)被子植物 双子葉合弁花類，被子植物 双子葉離弁花類，被子植物 単子葉類，裸子植物・シダ植物

(内容)800種以上を収録。カラー写真の総数は約1700点と図鑑随一。花弁などのクローズアップや花全体の写真のほか，見事なお花畑も随所に掲載。科別の配列で調べやすい。

八ケ岳・霧ケ峰植物手帳　新井和也著　JTB

植 物　　　　　　　　　　高原・高山植物

パブリッシング　2008.4　159p　18cm　（大人の遠足book）　1300円　Ⓘ978-4-533-07118-8　Ⓝ472.152
⦅目次⦆白～黄色の花，赤～赤紫色の花，青～青紫色の花，緑～茶色の花
⦅内容⦆高山植物の宝庫八ヶ岳・霧ヶ峰，山麓の山野草もあわせ約350種を掲載。

＜ハンドブック＞

白馬植物手帳　藤井猛著　JTBパブリッシング　2007.6　175p　18cm　（大人の遠足BOOK）　1300円　Ⓘ978-4-533-06689-4
⦅目次⦆白～黄色の花，赤～赤紫色の花，青～青紫色の花，緑～茶色の花，実・葉
⦅内容⦆多様な自然が広がる白馬の植物約440種を色別掲載。栂池自然園・八方尾根・白馬尻・姫川源流エリアの植物を主に掲載。

＜図　鑑＞

カラー　高山植物　増補新版，〔完全保存新装版〕　白籏史朗著　東京新聞出版局　1996.9　405，28p　26cm　3800円　Ⓘ4-8083-0573-9
⦅目次⦆総説（植物を知る基礎知識，植物の分類，植物各部の名称，同定ということ　ほか），写真と植物解説（キク科，キンポウゲ科，ツツジ科，アヤメ科　ほか）
⦅内容⦆日本全国の高山植物860種の特徴や分布・生育環境などを解説した図鑑。排列はキク科・アヤメ科など科別。巻末に五十音順索引，花期別索引，科属別索引，花色別索引を付す。

決定版　山の花1200　山麓から高山まで
　青山潤三写真・解説　平凡社　2003.7　604p　21cm　3600円　Ⓘ4-582-54233-6
⦅目次⦆ウスユキソウの仲間（キク科），アズマギクの仲間（キク科），キク・ヨモギの仲間（キク科），オグルマの仲間（キク科），ウサギギクの仲間（キク科），コスモスの仲間（キク科），コウモリソウの仲間（キク科），ヒヨドリバナの仲間（キク科），タンポポの仲間（キク科），アザミの仲間（キク科）〔ほか〕
⦅内容⦆北海道から屋久島まで，低山～高山の多様な環境に咲く花を自然写真家・青山潤三が数多く紹介。野生植物と山岳景観の美しさを写真で楽しめる。「山の蝶117種」と「花の名山21」の付録付き。

高山植物　木原浩著　山と渓谷社　2006.12　303p　19×12cm　（新装版山渓フィールドブックス 16）　1600円　Ⓘ4-635-06073-X
⦅目次⦆被子植物双子葉合弁花類，被子植物双子葉離弁花類，被子植物単子葉，裸子植物，シダ植物，蘚苔・地衣植物

⦅内容⦆ハイマツ帯以上の"高山帯"に生える純粋な高山植物はもちろん，夏山登山で通過する亜高山帯の植物も加えた，合計332種類を"高山植物"として紹介。高山で見られるシダ植物や蘚苔類，地衣植物も紹介。系統的に新しいものから古いものへ，分類学の順に便宜上6章に分けて構成。

高山植物　木原浩著　山と渓谷社　1993.7　303p　19cm　（山渓フィールドブック7）　2000円　Ⓘ4-635-06047-0
⦅目次⦆被子植物双子葉合弁花類，被子植物双子葉離弁花類，被子植物単子葉，裸子植物，シダ植物，蘚苔・地衣植物
⦅内容⦆332種の高山植物を掲載した図鑑。一般に高山植物とは，ハイマツ帯以上の"高山帯"を主な生育域とする植物を指すが，本書では，このハイマツ帯以上に生える純粋な高山植物以外にも，夏山登山で通過する亜高山帯の植物も収録対象に加えている。

高山植物　大場達之監修，永田芳男写真　学習研究社　2001.5　259p　19cm　（フィールドベスト図鑑9）　1900円　Ⓘ4-05-401123-3　Ⓝ471.72
⦅目次⦆ピンク・赤・紫・青の花，黄色やオレンジ色の花，白い花，緑や褐色，その他の花
⦅内容⦆日本に生息する高山植物のハンディな図鑑。植物を花の色によって分類。記載データは名称，特徴，分布，生息する高度，場所と日付の入った写真と解説。巻末に「植物用語解説」「高山植物の水平・垂直分布図」「花の名山」および和名・別名索引がある。

高山植物　増補改訂　永田芳男写真，大場達之監修　学習研究社　2009.5　267p　19cm　（フィールドベスト図鑑 vol.9）〈索引あり〉　1800円　Ⓘ978-4-05-403841-7　Ⓝ470
⦅目次⦆ピンク・赤・紫・青の花，黄色やオレンジ色の花，白い花，緑や褐色，その他の花
⦅内容⦆本州中部なら標高1000メートル以上に生える代表的な高山植物310種を収録。花の色別に掲載，よく似た他種の写真とあいまって花の名前がすぐわかる。花の生えている標高，生息環境もマークでわかりやすく表示。高山で見かける動物や，動物と植物との関係を増補ページで解説。

高山植物　菅原久夫著　小学館　1991.7　255p　19cm　（フィールド・ガイド9）　1800円　Ⓘ4-09-208009-3
⦅内容⦆高山と一部亜高山の，厳しく，しかし美しい環境に生きる花と木290種を，写真で紹介する図鑑。わかり易く使い易い科別の構成と，環境についての詳しい解説が特色。針葉林帯をぬけると，視界は一気に広がる。戸外に携帯し

動植物・ペット・園芸 レファレンスブック　61

高原・高山植物　　　　　　　植物

て至便なポケット版。家でも高山の爽やかさを味わえる。

高山植物ハンディ図鑑　Nature guide
新井和也著　小学館　2009.6　174p　18cm　（小学館101ビジュアル新書 V002）　〈索引あり〉　950円　①978-4-09-823002-0　Ⓝ471.72
〔目次〕高山のお花畑へようこそ（北アルプス，南アルプス，八ヶ岳，東北，北海道―大雪山，アポイ岳など，北海道―利尻島，礼文島），白～黄色の花，赤～赤紫の花，青～青紫の花，緑～茶色の花
〔内容〕登山に持って行ける，130グラムの本格派・新書図鑑。北海道からアルプスまで，一般的な種からあこがれの名花まで。全国の高山植物・約440種を紹介。そのうち約360種を写真掲載する。ビギナーに嬉しい色別掲載。解説には，花や葉の切り抜き写真を多用し，見分けのポイントが一目でわかる。

高山に咲く花　清水建美編・解説，木原浩写真　山と溪谷社　2002.7　495p　21cm　（山溪ハンディ図鑑 8）　3000円　①4-635-07008-5　Ⓝ471.72
〔目次〕被子植物双子葉合弁花類，被子植物双子葉離弁花類，被子植物単子葉類，裸子植物・シダ植物
〔内容〕日本の高山植物・亜高山植物の他，低山地の植物もいくつか収録した図鑑。約700種を1700枚以上の写真と簡潔な解説で紹介している。科・属ごとに分類し排列。各種の和名，学名，和名の漢字表記，分布，基準標本，同定のポイント，一般解説，花期，染色体数を記載している。この他に巻頭では高山植物に関する学術的な解説がなされている。巻末に五十音順索引と学名索引が付く。

高山の植物　高山から亜高山帯に咲く390種　青山富士夫著　主婦の友社　1998.4　447p　19cm　（Field books）　〈索引あり〉　1800円　①4-07-223734-5　Ⓝ471.72
〔目次〕高山帯岩礫地の植物，高山帯草地の植物，高山・亜高山帯水湿地の植物，亜高山帯（針葉樹林帯）の植物
〔内容〕日本の高山帯に生育する植物のうち，目立つ花の咲くものはほとんど収録した図鑑。亜高山帯の植物は，特に高山植物として注目されるものを選んで収録する。

高山の花　永田芳男写真，伊地知英信文　山と溪谷社　2010.9　79p　19cm　（わかる!図鑑 6）　〈文献あり索引あり〉　1200円　①978-4-635-06207-7　Ⓝ471.72
〔目次〕高山の名花，エーデルワイスの仲間，黄色いキクの仲間（亜高山帯），黄色いキクの仲間（高山草原），黄色いキクの仲間（高山礫地），白いキクの仲間，ピンクのキクの仲間，キキョウの仲間，ウルップソウの仲間，ゴマノハグサの仲間〔ほか〕

高山の花　永田芳男，伊地知英信著　山と溪谷社　2010.7　281p　15cm　（新ヤマケイポケットガイド 3）　〈1999年刊の改訂〉　1200円　①978-4-635-06263-3　Ⓝ471.72
〔目次〕被子植物（双子葉合弁花類）（キク科，キキョウ科 ほか），被子植物（双子葉離弁花類）（ミズキ科・セリ科・アカバナ科，スミレ科 ほか），被子植物（単子葉類）（ラン科，ユリ科 ほか），裸子植物（マツ科）
〔内容〕収録種類数は約240種（亜種，変種，品種を含む）。ごくふつうに見られるものを中心に選んでいる。

高山の花　永田芳男著　山と溪谷社　1999.4　281p　15cm　（ヤマケイポケットガイド 3）　1000円　①4-635-06213-9
〔目次〕被子植物（双子葉合弁花類）（キク科，キキョウ科，マツムシソウ科，オミナエシ科，スイカズラ科，オオバコ科・タヌキモ科，ゴマノハグサ科，シソ科，ムラサキ科・ハナシノブ科，リンドウ科，ミツガシワ科，サクラソウ科，ツツジ科，ガンコウラン科・イワウメ科），被子植物（双子葉離弁花類）（ミズキ科・セリ科・アカバナ科，スミレ科，オトギリソウ科，フウロソウ科，マメ科，バラ科，ユキノシタ科，ベンケイソウ科，アブラナ科，ケシ科，メギ科，キンポウゲ科・シラネアオイ科，スイレン科，ナデシコ科，タデ科，ヤナギ科），被子植物（単子葉類）（ラン科，ユリ科，カヤツリグサ科），裸子植物（マツ科）
〔内容〕高山植物を約240種紹介した図鑑。掲載項目は，名前，分類，解説文，生育地や分布を書き出したデータ，写真など。巻末に索引を付す。

中央アルプス駒ヶ岳の高山植物　林芳人著　（長野）ほおずき書籍，星雲社〔発売〕　2002.8　104p　21cm　1143円　①4-434-02267-9　Ⓝ472.152
〔目次〕樹木，白花草，黄花草，赤花草，青・紫花草，茶・緑花草，花びらのない草（イグサ科カヤツリグサ科イネ科），シダ植物，見つけにくい植物
〔内容〕中央アルプス周辺に咲く高山植物の図鑑。駒ヶ岳の高山帯に生育する植物134種を収録。掲載順序は植物学の分類には従わず，形態，花の色により分類し，樹木は小さい順に，草もほぼ小さい順に排列している。また掲載植物写真一覧で植物名を検索することができる。各種の科名，花期，分布，高さ，観察適地を記載。同時に分布図を載せて，生育地を明確にしている。巻末に索引が付く。

植物　　　　　　　　　　　　　　　　高原・高山植物

日本アルプス植物図鑑　大場達之, 高橋秀男著　八坂書房　1999.4　223p　19cm　2200円　Ⓘ4-89694-430-5
(内容)日本アルプスのとその周辺の山々で見られる高山・亜高山の植物を、カラー写真とイラストレーション、コンパクトな植物解説で紹介した図鑑。草花から樹木・シダ類まで438種を収録。付録として「分布から見た日本植物相の特色」「高山と亜高山の植物分布」「日本の高山と亜高山の植生」「日本の山岳」「本州中部の山と植物」がある。和名索引、学名索引付き。

日本の高山植物　〔特装版〕　豊国秀夫編　山と溪谷社　1990.6　719p　21×22cm　（山渓カラー名鑑）〈第3刷（第1刷：88.9.20）〉7500円　Ⓘ4-635-05604-X　Ⓝ471.72
(目次)高山植物の生育環境、被子植物（双子葉合弁花類、子葉離弁花類、単子葉類）、裸子植物、羊歯植物、こけ植物、地衣植物

日本の高山植物　青山潤三解説・写真　成美堂出版　1994.9　447p　16cm　（ポケット図鑑）　1300円　Ⓘ4-415-08071-5　Ⓝ471.72
(内容)高山に咲く花460種を完全ガイド。

日本の高山植物400　ポケット図鑑　新井和也著　文一総合出版　2010.6　319p　15cm　〈索引あり〉1000円　Ⓘ978-4-8299-0118-2　Ⓝ471.72
(目次)白〜クリーム色の花、黄色の花、赤〜赤紫色の花、青〜青紫色の花、緑〜茶色の花、花に関する名称、葉に関する名称、用語解説、高山の垂直分布、高山植物観察のポイントと注意、新井和也流高山植物撮影テクニック、レッドリストと盗掘問題、シカ食害問題、温暖化問題
(内容)山地〜高山で見られる植物約400種類を掲載。歩きながらでもすばやく簡単に目の前の植物の名前が調べられるように花色別に掲載。コンパクトながら、1種について2〜4点、全部で約1000点という豊富な写真で紹介する。

ひと目で見分ける250種　高山植物ポケット図鑑　増村征夫著　新潮社　2003.6　174p　15cm　（新潮文庫）　590円　Ⓘ4-10-106121-1
(目次)赤色系の花、白色系の花、黄色系の花、紫色系の花、緑色系の花、茶色系の花、花の山旅、花の撮影ワンポイント・アドバイス、花ウォッチングの七つ道具
(内容)登山のもうひとつの楽しみは、可憐な高山植物に出会えること。でも、この花はチングルマなのかチョウノスケソウなのか、ミヤマリンドウなのかタテヤマリンドウなのか、と迷うことがきた植物の見本だった。そこでイラストを駆使して、見分けるポイントをズバリ例示。花の色・形・付き方、葉の形から細かく分類したので、簡単に花の名前が分かる。

ヒマラヤ植物大図鑑　吉田外司夫写真・解説　山と溪谷社　2005.5　799p　26cm　13000円　Ⓘ4-635-58031-8
(目次)被子植物双子葉合弁花類（キク科、キキョウ科、マツムシソウ科 ほか）、被子植物双子葉離弁花類（セリ科、ウコギ科、ミズキ科 ほか）、被子植物単子葉類・裸子植物（ラン科、ショウガ科、フクジンソウ科 ほか）
(内容)パキスタンのインダス川上流部からカシミール、インド北部、ネパール、シッキム、ブータン、チベットまで、世界の屋根ヒマラヤ全域をカバーした植物図鑑。標高300メートルの熱帯の植物から標高5500メートルに生きる高山植物まで、1771種類の植物を2724点の美しいカラー写真と的確な解説で紹介。

フィールド版　日本の高山植物　山崎敬編　平凡社　1996.5　139p　19cm　2500円　Ⓘ4-582-53512-7
(目次)裸子植物亜門、被子植物亜門・双子葉植物綱・離弁花亜綱、合弁花亜綱、単子葉植物綱
(内容)日本の高山帯・亜高山帯に生育する種子植物の図鑑。裸子植物・被子植物等の分類別で構成され、さらに科ごとに分類して掲載する。本文と写真ページとは別れており、各科の本文は属の検索、種の検索、種の解説の順に。巻末に学名属名索引、和名索引を付す。

富士山の植物図鑑　邑田仁、鳥居塚和生監修、大久保栄治、磯田進編　東京書籍　2007.7　311p　21×13cm　2800円　Ⓘ978-4-487-80112-1
(目次)シダ植物、裸子植物、双子葉植物、単子葉植物
(内容)富士に咲く500種の植物を紹介した日本で初めての本格的ガイドブック。

持ち歩き高山植物見極め図鑑　大海淳著　大泉書店　2008.6　351p　18cm　1500円　Ⓘ978-4-278-04446-1　Ⓝ471.72
(目次)イワカガミ、ミヤマリンドウ、ヤマホタルブクロ…花弁の一部か全部が合着している植物―双子葉合弁花植物（ミヤマウスユキソウ、ハヤチネウスユキソウ ほか）、コマクサ、ナナカマド、オオタチツボスミレ…1つの花にあるすべての花弁が互いに分離する植物―双子葉離弁花植物（ゴゼンタチバナ、ヤマボウシ ほか）、スズラン、オオウバユリ、マイヅルソウ…種子が発芽すると、1枚の子葉が出る植物―単子葉植物（ハクサンチドリ、ノビネチドリ ほか）、ハイマツ、カラマツ、コメツガ…果実がなく、種子だけができる植物―裸子植物（ミヤマネズ、ミヤマビャクシン ほか）
(内容)見つけたその場ですぐわかる！全269種カ

動植物・ペット・園芸 レファレンスブック　63

持ち歩き図鑑 高山の花 青山富士夫著 主婦の友社 2007.7 215p 17cm （主婦の友ポケットBOOKS） 900円 ⓘ978-4-07-254597-3

(目次)岩礫地でよく見る植物、草地でよく見る植物、池、沼、湿地の植物、亜高山帯（高山の中腹や針葉樹林帯）でよく見る植物

(内容)亜高山帯から高山帯の岩場や草地、水辺などに咲く330種。持ち歩き図鑑の決定版。

夜叉神峠・鳳凰三山の高山植物 南アルプス歩きながら覚える （甲府）山梨日日新聞社出版部 2002.6 126p 15cm 952円 ⓘ4-89710-861-5 Ⓝ471.7

(目次)1 夜叉神峠登山口～夜叉神峠、御座石温泉～燕頭山、2 夜叉神峠～砂払岳、燕頭山～地蔵ケ岳、3 砂払岳～地蔵ケ岳

(内容)南アルプスの鳳凰三山の高山植物を紹介する図鑑。夜叉神峠登山口～夜叉神峠、夜叉神峠～砂払岳、砂払岳～地蔵岳の3コースで構成し、その中を花の色別、各色のなかは開花時期順に掲載する。歩きながら高山植物の名前を覚えて、その生態を理解してもらうことを目的とする。巻末に参考文献と索引を付す。

山に咲く花 写真検索 永田芳男写真、畔上能力編・解説、菱山忠三郎、西田尚道解説 山と渓谷社 1996.9 591p 21cm （山渓ハンディ図鑑 2） 2884円 ⓘ4-635-07002-6

(目次)被子植物双子葉合弁花類、被子植物双子葉離弁花類、被子植物単子葉類

(内容)低山帯から亜高山帯までに自生する野草1169種を2860枚の写真とともに紹介した携帯図鑑。「被子植物双子葉合弁花類」「被子植物双子葉離弁花類」「被子植物単子葉類」で構成される。全体を写した生態写真とアップ写真とを組み合わせて掲載し、植物の名称・学名・特徴・花期・分布を記す。既刊の「野に咲く花」（1989年刊）の収録植物も検索できるアルファベット順の学名索引、五十音順総合索引が巻末にある。

山の植物誌 大場達之編・解説、熊田達夫、木原浩写真 山と渓谷社 2000.7 455p 21×20cm （山渓カラー名鑑）〈『山渓フィールド百花 山の花』改訂・改題書〉 3500円 ⓘ4-635-09030-2 Ⓝ472.1

(目次)夏緑林帯の湿った林に咲く、夏緑林帯の谷筋に咲く、夏緑林のへりに生える、ブナ林に生える、尾根筋や岩場を彩る、亜高山の河原に生える、亜高山の針葉林に咲く、雪崩に耐えて生きる、亜高山の草はらに咲く、雪田のまわりを彩る、崩壊地に咲く花、沢筋や源流に生える、多雪山地の湿原、雪どけに咲く・高山の雪田、ハイマツとともに生える、高山の岸壁を彩る、超塩基性岩地に生える

(内容)日本の山を19の環境に分類し、地理的・気候的条件とともにそこに花を咲かせる植物約400種を掲載した図鑑。第1～5章では、落葉広葉樹林や林縁のやぶや草木、山草、沢や岩場などの環境を紹介。第6～13章では、主に亜高山の植物界を紹介。第14～19章では、高山の植物界を紹介。巻末に「野の植物誌」と共通の索引がある。

山の植物誌 特装版 大場達之編・解説、熊田達夫、木原浩写真 山と渓谷社 2000.8 455p 22×22cm （山渓カラー名鑑） 6500円 ⓘ4-635-05609-0 Ⓝ470.38

(目次)夏緑林帯の湿った林に咲く、夏緑林帯の谷筋に咲く、夏緑林のへりに生える、ブナ林に生える、尾根筋や岩場を彩る、亜高山の河原に生える、亜高山の針葉林に咲く、雪崩に耐えて生きる、亜高山の草はらに咲く、雪田のまわりを彩る、崩壊地に咲く、沢筋や源流に生える、多湿産地の湿原、雪どけに咲く・高山の雪田、ハイマツとともに生える、高山の強風に耐える、高山の岩礫地に咲く、高山の岩壁を彩る、超塩基性岩地に生える

(内容)写真による植物図鑑。植物について『野の植物誌』と『山の植物誌』の2巻に分け、それぞれ日本の風土を構成する環境空間を40単位、植物825種を収録する。山の植物誌では夏緑林帯の湿った林、谷筋のほか、亜高山、高山などについて各ポイントにを分類し、植物の写真に植物名、撮影年月日、撮影地などの撮影データと植物の見られるポイントについて併記する。ほかに日本の植物帯、植物の生活環境と群落などの解説を付す。巻末に『野の植物誌』と『山の植物誌』共通の植物名索引を付す。

山の花 マウンツ 北隆館 1992.3 1冊 20cm （フィールドグラフィックス 4） 2500円 ⓘ4-8326-0249-7

(内容)亜高山から高山帯までの山にはえる植物を中心にして、一部低山にはえている低木を含む植物335種を掲載した図鑑。

山の花 木原浩著 山と渓谷社 1999.4 281p 15cm （ヤマケイポケットガイド 2） 1000円 ⓘ4-635-06212-0

(目次)双子葉合弁花類（キク科、キキョウ科、マツムシソウ科、オミナエシ科、アカネ科、キツネノマゴ科、イワタバコ科、ゴマノハグサ科、ナス科、シソ科、マクツヅラ科、ムラサキ科、ハナシノブ科、ガガイモ科、リンドウ科、サクラソウ科、イチヤクソウ科、イワウメ科）、双子葉離弁花類（セリ科、ウコギ科、アカバナ科、スミレ科、ツリフネソウ科、オトギリソウ科、ミカン科、カタバミ科、フクロウソウ科、マメ科、バラ科、ユキノシタ科、ベンケイソウ科、モウセンゴケ科、アブラナ科、ケシ科、メギ科、

植 物　　　　　　　　　高原・高山植物

キンポウゲ科，ボタン科，ナデシコ科，タデ科，ツチトリモチ科，ヤッコソウ科，ウマノスズクサ科，クワ科，イラクサ科，センリョウ科），単子葉類（ラン科，ヒガンバナ科，ユリ科，サトイモ科）
〈内容〉山に生息する野草約280種紹介した図鑑。掲載項目は，名前，分類，解説文，生育地や分布を書き出したデータ，写真など。巻末に索引を付す。

山の花　木原浩写真，柴崎その枝文　山と渓谷社　2010.2　79p　19cm　（わかる！図鑑1）〈文献あり　索引あり〉　1200円　①978-4-635-06202-2　Ⓝ477.038
〈目次〉春（水ぬるむころの裏高尾・小下沢のハナネコノメ，早春に咲くキンポウゲ科の花々，日本産アネモネの仲間 ほか），夏（標高1500mの新緑は初夏のころ上高地のニリンソウ群落，木もれ日の下に咲く花々，森や草原の"緑の化身"たち ほか），秋（秋の花野・美ヶ原高原は自然がかなでる風の音楽，草むらに咲くリンドウの仲間たち，うす紫，青紫，紅紫の秋草 ほか）
〈内容〉生きものの特徴をピンポイントで示し，簡単に名前がわかる図鑑。

山の花　木原浩，柴崎その枝著　山と渓谷社　2010.7　281p　15cm　（新ヤマケイポケットガイド2）〈1999年刊の改訂，新装　並列シリーズ名：New Yama-Kei Pocket Guide　文献あり　索引あり〉　1200円　①978-4-635-06262-6　Ⓝ477.038
〈目次〉双子葉合弁花類（キク科，キキョウ科，マツムシソウ科 ほか），双子葉離弁花類（セリ科，ウコギ科，アカバナ科 ほか），単子葉類（ヒラ科，ヒガンバナ科，ユリ科 ほか）
〈内容〉町や村の近くの低山から，奥の深山までの野草を約280種掲載した図鑑。雑木山や森林，草原や伐採地，湿原，沢や谷沿い，岩場や尾根など，緑あふれる環境の野草を収録。

山の花　山の花800種イラストでちがいがわかる名前がわかる　自然発見ガイド　久保田修構成・著　学習研究社　2008.6　263p　19cm　〈他言語標題：Wild flowers mountain side〉　1800円　①978-4-05-402904-0　Ⓝ477.038
〈目次〉花の形・大きさ検索（ユリかそれ以上（大きい），タンポポぐらい（中ぐらい）ほか），合弁花類（キク科，ツツジ科 ほか），離弁花類（セリ科，ヤマトグサ科 ほか），単子葉類（ラン科，アヤメ科 ほか）
〈内容〉低山地からブナ林が広がる中級山岳によく見かける，知名度の高い草花を中心に800種を紹介。

山の花手帳　高原・湿原・高山の花　ハイキング必携の花図鑑　畔上能力監修　婦人画報社　1997.6　119p　21cm　（Ars books 41）〈索引あり〉　1648円　①4-573-40041-9　Ⓝ477
〈目次〉初春から晩春に咲く花，初夏から盛夏に咲く花，晩夏から初冬に咲く花，高山植物，紅葉・秋の木の実，高原・高山の花，紅葉観賞ガイド
〈内容〉山野で出会える代表的な花々を網羅掲載する図鑑。具体的には，高原・高山に咲く花，紅葉・秋の木の実を取り上げ，植物の分類や解説と花期，自生地や分布地などを紹介する。山野を歩く際に携帯すると便利な，自然観察に役立つ花図鑑。

◆山野草・山菜

<事 典>

木の実・山菜事典　1　木本／シダ編　橋本郁三著　（長野）ほおずき書籍，星雲社〔発売〕　2001.5　300p　21cm　2300円　①4-434-00908-7　Ⓝ657.86
〈目次〉木本・裸子葉植物，木本・被子植物・単子葉植物，木本・被子植物・双子葉植物・離弁花類，木本・被子植物・双子葉植物・合弁花類，シダ植物・木本，シダ植物・草本，植物の用語例
〈内容〉139科373属1000種類以上の木の実や山菜を全2巻に収録した，食用草木の事典。第1巻には木本とシダ類を掲載し，生態，分布状況，採取時期，見分け方，料理法などを解説する。和名総さくいんと，学名さくいんがある。

木の実・山菜事典　2　草本編　橋本郁三著　（長野）ほおずき書籍，星雲社〔発売〕　2001.5　300p　21cm　2300円　①4-434-00909-5　Ⓝ657.86
〈目次〉草本・単子葉植物，双子葉植物・離弁花類（浜辺の幸・アカザ科の野草，ぴりっと辛い・アブラナ科，葉を食べる・マメ科の野草，花サラダを彩る・スミレ類，香りのハーブ・セリの仲間），双子葉植物・合併花類（若芽を食べる・シソの仲間，歯切れさくさく・キク科，山で薫る・モミジガサの類，フレッシュな味・アザミ類）
〈内容〉139科373属1000種類以上の木の実や山菜を全2巻に収録した，食用草本の事典。第2巻には草本を掲載し，生態，分布状況，採取時期，見分け方，料理法などを解説する。和名総さくいんと，学名さくいんがある。

山野草の名前と育て方　野山で見分けられるようになる　早川満生監修　日東書院本社　2008.3　319p　21cm　1500円　①978-4-528-01627-9　Ⓝ627

動植物・ペット・園芸 レファレンスブック　65

(目次)山野草特徴と見分け方，山野草の入手方法と育て方
(内容)野山や高山で自生する，人気の山野草を400種以上掲載する。各植物の詳細なデータと野外で見分けるためのポイントや，イラストを使った山野草の基本的な育て方・殖やし方も紹介する。高原に咲く可憐な花，岩場にひっそりと咲く花，空き地や道端などでよく見かける草など，園芸品種とはまた違った，山野草の魅力を紹介。

食べられる海辺の野草 山菜の会編著 徳間書店 1991.3 223p 19cm 〈ナチュラライ・ブックス 8〉 1400円 ④4-19-374502-3

(目次)第1章 海岸の食草，第2章 河口・海辺の池沼の食草，第3章 海辺の平地の食草，第4章 海辺の兵陵の食草，第5章 食べられる海辺の木の実，第6章 海辺の野草・木の実採りの準備と心得，第7章 海辺の野草・木の実の料理法と保存法
(内容)採る，食べる，守る…。食草200種大図鑑。

食べられる野生植物大事典 草本・木本・シダ 橋本郁三著 柏書房 2003.7 1冊 26cm 15000円 ④4-7601-2389-X

(目次)序論 植物の分布と生態，各論 食べられる草木の種類（草本（被子植物，地衣植物，シダ植物），木本（シダ植物，裸子植物，被子植物，双子葉植物）），採取・料理・利用編，中部日本・温帯の主な食用野生木本，有毒植物についての理解
(内容)北海道から沖縄まで，全国を調査し実際に食した約1150種の野生植物を，植物分類学の体系にそって紹介。植物の味覚を5段階にランク付け。おいしい植物が一目でわかる。植物のもつ味を最大限に引き出す調理法を紹介。巻末付録に代表的なレシピも収録。植物の希少性を5段階にランク付け。自然環境の保全にも役立つ。食べてはいけない有毒植物との見分け方もわかりやすく解説。植物の見分け方，料理法をクローズアップしたカラー図版が満載。ヴィジュアルな理解に役立つ。和名・学名索引が充実，座右の検索事典として利用できる。

食べられる野生植物大事典 草本・木本・シダ 新装版 橋本郁三著 柏書房 2007.8 496p 26cm 3400円 ④978-4-7601-3187-7

(目次)序論 植物の分布と生態（日本の植物分布，水平分布と垂直分布との関連，各植物帯の森林ほか），各論 食べられる草木の種類（食用植物の種類の配列），採取・料理・利用編（自然と，山菜・木の実，花のサラダをつくる，山菜をゆでる ほか）
(内容)北は礼文島から南は与那国島までの日本全国1150種の野生植物を生態，採取法，味，調理法，リキュールの作り方まで紹介する食用植物の大事典。味覚・希少性の5段階評価付き。

日本の山野草ポケット事典 久志博信，内藤登喜夫編 日本放送出版協会 1998.3 468p 19cm 2800円 ④4-14-040143-5 Ⓝ627

(目次)双子葉植物・合弁花（キツネノマゴ科，ガガイモ科 ほか），双子葉植物・離弁花（ウマノスズクサ科，ツリフネソウ科 ほか），単子葉植物（オモダカ科，ヒガンバナ科 ほか），シダ植物（イワヒバ科，トクサ科 ほか）
(内容)国内種，海外種約1600種収録した山野草事典。双子葉植物・合弁花，双子葉植物・離弁花，単子葉植物，シダ植物にまとめ，学名，科・属，分布，生態などを記載，巻末に植物名別索引が付く。

ひと目で探せる四季の山菜 畔上能力監修 成美堂出版 2002.4 223p 21cm 〈『四季の山菜・採り方と食べ方』改訂・改題書〉 1300円 ④4-415-02026-7 Ⓝ657.86

(目次)1 野遊びで自然の恵み「山菜」を採ろう，2 春の山菜ガイド，3 夏の山菜ガイド，4 秋の山菜ガイド，5 冬の山菜ガイド
(内容)四季別山菜のガイドブック。春夏秋冬の季節別に113種・13類の山菜について写真を交えて紹介。分類や形状，分布・生育地のデータや食用部位等の解説に加えて，インデックス的に採取カレンダーを表示，採取法の手引きや料理法，まちがえやすい毒草や近い種類について，ピックアップして紹介している。巻頭に検索がすぐにできる季節別，食用部位別の写真目次を付し，山菜採りのポイントや基本料理法のレシピも紹介する。

＜ハンドブック＞

山菜・野草ハンドブック 見分ける・採る・食べる 須山正男監修 （新宿区）池田書店 1998.2 214p 17cm 950円 ④4-262-15684-2

(目次)山菜・野草採りを楽しむ前に—山菜・野草豆知識，人家の近くでよく見かける山菜・野草，山でよく見かける山菜・野草，水辺の近くでよく見かける山菜・野草，有毒植物
(内容)食べられる山菜・野草88種と有毒植物23種の採取方法や見分け方をまとめたハンドブック。食用にできる山菜，野草は採取場所ごとにまとめ写真付きで解説，毒草は発生する場所や中毒症状などを記載。

山野草を食べる本 食べられる山野草132種・きのこ30種 採取時期・生育地・特徴・料理がひと目でわかる 講談社編 講談社 1996.2 175p 26cm 〈監修：奥田重俊 新装版〉 2000円 ④4-06-207959-3 Ⓝ471.9

(目次)早春の山野草，春の山野草，夏・秋の山

野草，山野草料理の基本，食べられるきのこ30種，きのこ料理の基本（木の実と果実酒，木の実の料理，木の実・草の実のジャム）
(内容) 採取時期・生育地・特徴・料理がひと目でわかる。

山・野草ハンドブック671種　ふだん目にするものから話題の野草まで徹底ガイド!!　山口昭彦写真・解説　婦人生活社　1997.3　399p　19cm　1920円　Ⓘ4-574-70108-0
(目次) 単子葉植物，双子葉植物離弁花類，双子葉植物合弁花類，さくいん

採って食べる山菜・木の実　橋本郁三著（長野）信濃毎日新聞社　2003.5　255p　21cm　2200円　Ⓘ4-7840-9945-X
(目次) 山地の春，春から初夏，晩春から初夏，初夏，初夏から夏，亜高山帯の夏，初秋から初冬，暖地植物紀行，平地の早春，利用編，長野県にある主な食用野生植物
(内容) 350種の山菜・木の実，その料理写真の数々。「山の幸」とふれあって生きる本。

野山で見つける草花ガイド　主婦と生活社編　主婦と生活社　2007.5　143p　21cm　1500円　Ⓘ978-4-391-13425-4
(目次) 春から咲く山野草ガイド，夏から咲く山野草ガイド，秋，冬から咲く山野草ガイド，デジカメで野山の草花を撮る，山野草の入手方法と育て方，野草好きのための植物園ガイド
(内容) 花の季節で引ける。美しい写真でよくわかる。名前の由来や花言葉つき。山歩きで見つかる人気の山野草。

初めての山野草　腰本文子文，小幡英典写真　集英社　2003.7　186p　15cm　（集英社be文庫）　743円　Ⓘ4-08-650036-1
(目次) 春（永遠の野原，足元の小さな幸せ ほか），初夏（林縁のにぎわい，野に咲くイチゴ ほか），夏（草原の輝き，緑陰の個性派 ほか），秋（したたかなコスモス，秋の野辺で ほか），冬・早春（冬の足音，氷の世界で ほか），山野草とふれあえば…（里山の春夏秋冬，親しむコツ，楽しみ方 ほか）

<図　鑑>

秋の野草　北隆館　1991.6　255p　19cm　（Field selection 3）　1718円　Ⓘ4-8326-0234-9　Ⓝ470.38
(内容) 1頁に1種を収め，部分拡大写真も含むカラー写真を掲載，学名，全般的説明，分布，花期，撮影時期・場所の解説を記載している。本書には約270種を掲載。

秋の野草　永田芳男著　山と渓谷社　1991.9　383p　20cm　（山渓フィールドブックス 3）　2400円　Ⓘ4-635-06043-8　Ⓝ470.38
(内容) 日本の野生植物約3000種のなかから，花の美しいもの約1000種を収録。この数は日本で普通に見られる野草をほとんど含んでいる。従来ぬけがちであった西南日本や沖縄の代表的な野草も収録したことにより，日本全国で使用できる。本巻には，9～11月に見られる花と，12～1月の冬の花も収録してある。

色別茶花・山草545種　奥山春季，奥山和子著　主婦の友社　2009.2　287p　17cm　（主婦の友ポケットbooks）〈『色別茶花・山草770種』（1994年刊）の新構成　索引あり〉　1400円　Ⓘ978-4-07-264621-2　Ⓝ470.38
(目次) 色別・月別　茶花・山草（黄色，淡黄色，緑色，白色，淡紅色，赤色，赤紫色，淡紫色，紫色，茶・褐色，橙色），ツバキ・ムクゲ・アサガオ・キク（ツバキ，ムクゲ，アサガオ，キク），紅葉・実（紅葉，実）
(内容) 花は，おおよその色別に十二色に分類し開花時期順に配列。巻末に索引が付く。

色別茶花・山草770種　12色・開花月順　奥山春季，奥山和子著　主婦の友社　1994.4　383p　19cm　3200円　Ⓘ4-07-938960-4　Ⓝ470.38
(目次) 黄色，淡黄色，緑色，白色，淡紅色，濃紅色，赤色，赤紫色，淡紫色，紫色，茶・褐色，橙色，ツバキ・ムクゲ・アサガオ・キク，紅葉・実

カラー図鑑　山菜・木の実　自分で採って，自分で味わうための徹底ガイド　山口昭彦著　成美堂出版　1993.4　159p　21cm　1300円　Ⓘ4-415-07845-1
(内容) 一般に山菜として認められている植物の中から，食べておいしいものと健康に役だつものを収録する図鑑。旬の写真を掲載，山菜の生育環境，採取の適期（旬），おいしい食べ方を解説する。ほかに，紛らしい食べられない種についても言及している。

季節の野草・山草図鑑　色・大きさ・開花順で引ける　高村忠彦監修　日本文芸社　2005.5　367p　24×19cm　1600円　Ⓘ4-537-20367-6
(目次) 春から咲く野草・山草，夏から咲く野草・山草，秋，冬から咲く野草・山草
(内容) 空き地に生えるお馴染みの花，道ばたでよく見かける花，土手に群れる花，高原に涼やかに咲く花，里山で出会う花，深山にひっそり咲く花…園芸種とは趣が異なる味わい深い「野に咲く花」の魅力を満載。

原寸大　花と葉でわかる山野草図鑑　高橋良

高原・高山植物　　　　　　　植物

孝監修　成美堂出版　2007.5　319p　26×21cm　1800円　①978-4-415-30025-2

(目次)花色もくじ，葉形もくじ，原寸大山野草図鑑と解説（50音順），山野草を楽しむ基礎知識，花の構造，葉の構造，用語解説，植物名さくいん

(内容)野山で見られる山野草のうち人気があるものを中心に300種を原寸大で紹介。花の色と葉の形で引ける目次付き。実際に自生している写真も収録。各植物の詳細なデータと野外で見つけるためのポイントなども解説。

里山・山地の身近な山野草　ワイド図鑑　ハイキングや山歩きでよく見かける山野草400種を1800枚の写真で紹介。よく似た植物も豊富に掲載。　菱山忠三郎写真と文　主婦の友社　2010.10　367p　24cm　（主婦の友新実用books　Flower & green）〈索引あり〉　1700円　①978-4-07-274128-3　Ⓝ470.38

(目次)春編—1月～5月，夏編—6月～8月，秋編—9月～12月

(内容)里山・山地に生える約400種の山野草を，1800枚以上の写真で紹介。ひとつひとつの植物について，季節ごとの姿・形・色が一目でわかる，これまでになかった画期的な図鑑。まぎらわしい植物もよくわかるよう，類似の植物や参考植物も豊富に掲載。

山菜　特徴・採取法・食べ方　丸山尚敏解説，会田民雄写真　成美堂出版　1993.4　415p　16cm　（ポケット図鑑）　1200円　①4-415-07850-8　Ⓝ657.86

(目次)野の山菜，野山の山菜，山の山菜，水辺・海辺の山菜，木の実，毒草，山菜採りを楽しむために，植物名索引

(内容)ごく一般的に採取できる山菜をほとんど掲載し，各山菜の特徴や採取法，食べ方などをコンパクトに紹介する図鑑。手軽に携帯できる図鑑。

山菜　北隆館　1994.3　247p　19cm　（Field selection 14）　1800円　①4-8326-0333-7　Ⓝ657.86

(内容)日本のフィールドで普通に見られる一般的な植物から，食べる食物233種を選んで紹介する図鑑。全233種のうち，葉や芽などが食用となる，いわゆる「山菜」が167種。「実を食べるもの」が38種。また，間違って食べると中毒の危険がある「有毒なもの」を，28種収録している。

山菜　新装版　木原浩著　山と渓谷社　2006.11　239p　19cm　（山渓フィールドブックス14）　1600円　①4-635-06071-3

(目次)山菜，木の実，毒，料理

(内容)食べておいしい，本当にお勧めできる山菜50群と木の実33群，合計100種類を厳選して紹介する

山菜　身近で採れる山菜265種　丸山尚敏解説，会田民雄写真　成美堂出版　2000.3　415p　15cm　（ポケット図鑑）　1200円　①4-415-01039-3　Ⓝ657.86

(目次)野の山菜，野山の山菜，山の山菜，水辺・海辺の山菜，木の実，毒草，山菜採りを楽しむために

(内容)ごく一般的に採取できる山菜の特徴や採取法，食べ方を収録した図鑑。256種類を収録。「野」「野山」「山」「水辺・海辺」と生育地別に分類し，「木の実」及び「毒草」も掲載している。巻末には「山菜採りの基礎知識」「山菜料理の基礎知識」がある。五十音順植物名索引を付す。

山菜　中川重年著　小学館　1993.5　263p　19cm　（フィールド・ガイド 12）　1800円　①4-09-208012-3

(目次)町なかの山菜，郊外の山菜，海辺の山菜，水辺の山菜，木の芽，木の花，木の実，山菜料理のポイント〔ほか〕

(内容)町なかで採れる身近な山菜から山や水辺の幸まで，利用できる山菜の葉・花・実を環境別に紹介する図鑑。生態写真，実際に収穫・調理した写真，山菜とりの時期・場所から食べ方までの解説を掲載する。

山菜　木原浩著　山と渓谷社　1992.6　239p　19cm　（山渓フィールドブックス 5）　1800円　①4-635-06045-4

(内容)食べられる野草や木の実の中から，食べておいしい，本当にお勧めできる山菜50群と木の実33群，合計100種類を厳選して紹介する図鑑。

山菜・木の実　武田良平解説・写真　小学館　2000.4　351p　15cm　（ポケットガイド 7）　1260円　①4-09-208207-X　Ⓝ657.86

(目次)山菜（町，野，水辺，雑木林，山，海辺），木の実・草の実（町，水辺，雑木林，山，海辺），有毒植物（草本，木本）

(内容)山菜・木の実299種とまちがえやすい有毒植物40種を写真とともに紹介・解説した図鑑。山菜と木の実に分けそれぞれを自生する環境別に構成。各項目には科・属，分布と食物の生え方，特徴，利用法などの解説を掲載。巻末には植物名の五十音順索引を付す。

山菜・木の実　水野仲彦著　山と渓谷社　1999.4　281p　15cm　（ヤマケイポケットガイド 6）　1000円　①4-635-06216-3

(目次)山菜（山菜，きゃらぶきづくり，かつての山菜，いま観賞したい野草，冬の山菜，雪の下のアサツキ掘り），木の実（木の実，果実酒づくり，花酒づくり，果実酒にできる草の実），毒草

(毒草（樹木も含む）、山菜や木の実の毒)、山菜採りの基本・料理（山菜採りの基本・料理、山菜を見つけるコツ、山菜を採る場所、山菜採りのマナー、毒草に注意、遭難・危険な動物・けがに注意、山菜採りの服装・道具、山菜の持ち帰り方・料理）

(内容)山菜約140種、木の実約45種、毒草約25種、計約210種を紹介した図鑑。掲載項目は、名前、分類、解説文、利用部位、食べ方を書き出したデータ、写真など。巻末に索引を付す。

山菜・木の実 水野仲彦写真、小葉竹由美文 山と渓谷社 2010.2 79p 19cm （わかる！図鑑 4) 〈文献あり 索引あり〉 1200円 ①978-4-635-06204-6 ⑩657.86

(目次)絶品の山菜（山菜の王者「タラの芽」、知る人ぞ知る木の芽 ほか）、山の山菜（草地や日だまりの山菜、湿原の山菜 ほか）、里の山菜（畑の山菜、土手、あぜの山菜 ほか）、木の実（生食&ジャムに、果実酒に ほか）、毒草（死亡のおそれがある毒草、かぶれ、ただれを起こす毒草）

(内容)生きものの特徴をピンポイントで示し、簡単に名前がわかる図鑑。

山菜・木の実 水野仲彦、小葉竹由美著 山と渓谷社 2010.7 281p 15cm （新ヤマケイポケットガイド 4) 〈2000年刊の改訂〉 1200円 ①978-4-635-06266-4 ⑩657.86

(目次)山菜、木の実、毒草（毒草（樹木も含む）、山菜や木の実の毒）、山菜採りの基本・料理（山菜採りの基本・料理、山菜を見つけるコツ、山菜を採る場所、山菜採りのマナー、毒草に注意、遭難・危険な動物・けがに注意、山菜採りの服装・道具、山菜の持ち帰り方・料理）

(内容)山菜約140種、木の実約45種、毒草25種、合計約210種（亜種、変種、品種、毒草を含む）を収録した図鑑。ごくふつうに利用されるものを中心に選んでいる。

山菜図鑑 高木国保編著 日本文芸社 1998.3 215p 18cm （カラーポシェット） 1000円 ①4-537-07604-6

(目次)おいしい山菜（セリ（セリ科）、オランダガラシ（アブラナ科） ほか）、野趣を楽しむ山野草（エゾエンゴサク（ケシ科）、アマナ（ユリ科） ほか）、春の山野草（ネコヤナギ（ヤナギ科）、マンサク（マンサク科） ほか）、毒草（キケマン（ケシ科）、フクジュソウ（キンポウゲ科） ほか）

(内容)食用や毒のある山菜159種を収録した山菜図鑑。特徴や採取時期などを写真付きで解説、巻末には調理や保存方法が付く。

山菜と木の実の図鑑 おくやまひさし著 ポプラ社 2003.3 255p 21cm 1500円 ①4-591-07662-8

(目次)里の山菜（早春の野の摘み草）、山の山菜、おいしい山菜の芽、海辺の山菜、初夏の木の実、野生イチゴ、秋の木の実、山野に育つ根菜、有毒植物

(内容)おいしい山菜と木の実、採り方・食べ方。約150種を美しい写真と親しみやすい解説で紹介。

山菜採りナビ図鑑 いますぐ使える 大海淳著 大泉書店 2006.3 223p 21cm 1200円 ①4-278-04718-5

(目次)野原の山菜、田畑の山菜、里山の山菜、山地の山菜、水辺の山菜、海辺の山菜、気をつけたい毒草、撮影地マップ、山菜採りの基礎知識

山菜ハンドブック 山菜取りに携帯便利なコンパクト事典 食べられる山菜・野草105種毒草16種を紹介 高木国保著 広済堂出版 1991.5 173p 15cm （広済堂カラー文庫） 780円 ①4-331-65096-0

(目次)山菜、野草、毒草、野の花

山菜ハンドブック 四季の野草木の実を見る採る・味わう 日野東文、平野隆久写真 ナツメ社 2002.3 277p 19cm 1400円 ①4-8163-3193-X ⑩657.86

(目次)山の山菜、林の山菜、野原の山菜、水辺の山菜、田畑の山菜、海岸の山菜、草木の果実、毒草

(内容)採集や料理のための山菜ガイドブック。食用等に利用できる山菜や木の実169種、誤食が危険な有毒植物31種類を紹介。山菜は生育地別に6地域に区分、写真とともに、利用法・料理法をはじめ、似た種類の区別法、採種時の注意点等の情報に加えて、地方の別名・俗名や、生育地、採集時期、分布、花期、利用部位等を欄外にまとめている。代表的な山菜の項では料理手順をイラストで解説している。巻末に植物用語解説、索引を付す。

山菜見極め図鑑 持ち歩き 大海淳著 大泉書店 2007.1 288p 18cm 1400円 ①978-4-278-04445-4

(目次)科別 山菜・毒草もくじ、フィールド別 写真もくじ、科別 山菜図鑑、必ず覚えたい科別 毒草図鑑、山菜見極めのための基礎用語、上手なアク抜き法、50音順さくいん

(内容)山菜+毒草212種。カラー写真&見極めのコツ付。

山野草 〔カラー版〕 会田民雄ほか写真 家の光協会 1990.3 342p 19cm 2800円 ①4-259-53651-6 ⑩470.38

(目次)双子葉合弁花類（キク科、キキョウ科、マツムシソウ科、ウリ科 ほか）、双子葉離弁花類（セリ科、ミズキ科、ウコギ科、アカバナ科 ほか）、単子葉類（ラン科、アヤメ科、ヤマノイモ

高原・高山植物　　　　　　　植物

科，ヒガンバナ科 ほか），シダ類（ウラボシ科，オシダ科，イノモトソウ科）

山野草　片桐啓子文，金田洋一郎写真　西東社　1993.4　382p　16cm　(Field photograph）　1500円　Ⓘ4-7916-0447-4　Ⓝ470.38

（目次）山野草ウォッチングのしかた，山野草ウォッチングの注意点，春の山野草，夏の山野草，秋・冬の山野草，植物写真の撮り方

（内容）気候に恵まれ自然がごく豊かな日本には約3000種の草本植物がある。本書はその中からグループの代表種や一般になじみのあるものを450種余を選び，写真とともに紹介している。このほか同属のもの，よく似ているものについても，できるかぎり文中で触れた。

山野草 雑草から山菜，薬草，毒草まで 450種の特徴と見わけ方　菱山忠三郎著　主婦の友社　1998.4　455p　19cm　（Field books）〈索引あり〉　1800円　Ⓘ4-07-223763-9　Ⓝ470.38

（目次）植物用語の図解，山菜，薬草とよく似た毒草の見分け方，人里の山野草，丘陵の山野草，山地の山野草，湿地・水辺の山野草，海岸の山野草，主な薬用植物の効能と用い方

（内容）日本の山野の草本植物450種を紹介する図鑑。分類は，初心者にもわかりやすいよう，主な生育地別としている。各生育地の中では，開花の早い順に配列して掲載。よく似た植物やまちがえやすい植物は，比較しやすいように隣り合せのページに掲載している。

山野草ウォッチング　夏梅陸夫監修・写真　大泉書店　2000.3　286p　15cm　1300円　Ⓘ4-278-04434-8　Ⓝ470.38

（目次）第1章 春の山野草ウォッチング，第2章 夏の山野草ウォッチング，第3章 秋の山野草ウォッチング，野山歩きの注意点，山野草ウォッチングの服装＆持ち物，山野草ウォッチングの場所，花を見つけたら，山野草の楽しみ方（写真を撮る，スケッチをする，押し花を作る），植物の基本知識（草花の各部位の名称，代表的な花の形，科別の特徴的な花形，花序の形 ほか）

（内容）日本の山野でみることができる植物の事典。花期によって3章にわけ，各章を双子植物，単子植物で分類しそれぞれ科名の五十音順に排列。各植物に大きさや分布などの各種データと代表的な漢字表記，色の目安，主な生育エリアなどを掲載。巻末に野山歩きの注意点，植物の基本知識等を収録。植物名索引付き。

山野草ガイド 四季の草花をたのしむ　高村忠彦，高橋良孝監修　新星出版社　1997.10　254p　18cm　1200円　Ⓘ4-405-08533-1

（目次）本書の見方・使い方，山野草（はる，なつ，あき・ふゆ），観察の予備知識，植物の構造，

さくいん

（内容）山野草を開花の順に掲載。別名，科名・属名，薬草・毒草の区別，簡単な特徴などを写真付きで解説。巻末に索引が付く。

山野草ハンディ事典　久志博信，内藤登喜夫著　講談社　2010.4　477p　19cm〈他言語標題：Handy Encyclopedia of Alpine Plants　文献あり　索引あり〉　3500円　Ⓘ978-4-06-214997-6　Ⓝ477.038

（目次）双子葉植物綱（古生花被植物亜綱）（タデ科，スベリヒユ科 ほか），双子葉植物綱（合弁花植物亜綱）（イワウメ科，ツツジ科 ほか），単子葉植物綱（ユリ科，ヒガンバナ科 ほか），シダ植物（イワデンダ科，チャセンシダ科 ほか）

（内容）コンパクトなボディに1840種類のカラー写真を掲載。栽培の専門家による撮影で花の一番美しい状態を紹介。雪割草56・桜草30・福寿草27品種など，最新の品種を紹介。カラー写真と1色解説は共通の通し番号で検索が容易。1色解説ページには各植物の栽培に役立つ情報を掲載。

四季の山野草　観察カタログ '93　安藤博写真　成美堂出版　1993.5　142p　30cm　1600円　Ⓘ4-415-03619-8

（目次）春の山野草，夏の山野草，秋の山野草，海辺の山野草，水辺の山野草，高山の山野草，四季の山野草観察ガイド

（内容）身近な山野草350種を生育環境別に紹介した図鑑。

世界の山草・野草ポケット事典　冨山稔，森和男著　日本放送出版協会　1996.6　383p　19cm　2800円　Ⓘ4-14-040134-6

（目次）1 ヨーロッパ，中東，2 アジア中部，3 アジア東部，4 北アメリカ，5 南半球

（内容）世界各地の山草・野草660種のカラー写真図鑑。各植物には科名，属名，学名，分布，開花時期および特徴を付記する。排列は17のエリア別に，科名の五十音順。巻末に五十音順の植物名索引，アルファベット順の学名索引がある。

食べごろ摘み草図鑑 採取時期・採取部位・調理方法がわかる　篠原準八著　講談社　2008.10　143p　18cm　1400円　Ⓘ978-4-06-214355-4　Ⓝ657.86

（目次）平地（アカザ，アザミ類 ほか），里（アサツキ，アシタバ ほか），山（アケビ，アマドコロ ほか），湿地（ウワバミソウ，クコ ほか），摘み草料理レシピ（オオバコのわだち揚げ，カラスノエンドウの卵絡めとじ ほか）

（内容）山菜など食べられる草を収穫，調理して楽しむ「摘み草」のための図鑑。摘み草の部位別の食べごろを記し，見分け方，下ごしらえ，調理方法などを掲載，紹介する。

植物　　　　　　　　　　　　　　　　　　高原・高山植物

日本山野草・樹木生態図鑑　シダ類・裸子植物・被子植物（離弁花）編　浅野貞夫，桑原義晴編　全国農村教育協会　1990.8　664p　26cm　25000円　①4-88137-039-1　Ⓝ470.38

内容『日本現職雑草図解』（1968年刊）の姉妹編。本書は日本列島に生育するシダ植物、種子植物を対象とし、本巻にシダ植物、裸子植物、被子植物の離弁花を収録した。

日本の山菜　高橋秀男監修　学習研究社　2003.4　248p　19cm　（フィールドベスト図鑑 13）　1900円　①4-05-401881-5

目次 植物の生育環境の区分、山菜の採取と利用、植物用語の図解

内容 生育場所を分けて掲載。山菜は全部で約150種類、毒草も30種紹介。

日本の山菜　増補改訂　高橋秀男監修　学習研究社　2009.1　256p　19cm　（フィールドベスト図鑑 vol.12）〈索引あり〉　1800円　①978-4-05-403839-4　Ⓝ657.86

目次 平地（春，夏，秋・冬，通年，海辺），山地（春，夏，秋，冬，高山），毒草

内容『日本の山菜』新装改訂版。食べられる野草、木の実など150種以上。間違えやすい毒草36種、見つけ方、採り方、調理法などくわしく解説。

日本の山野草　季節・生育地別に403種　岩瀬徹監修，安藤博写真　成美堂出版　2000.3　463p　15cm　（ポケット図鑑）　1200円　①4-415-01040-7　Ⓝ470.38

目次 春の山野草，初夏の山野草，夏の山野草，秋の山野草

内容 日本の山野草を、季節・生育地別に403種収録したポケット図鑑。山野草を花期によって季節に分け、各季節のなかで生育地別にまとめた。季節分けは「春」「初夏」「夏」「秋」の4グループ。生育地は「野」「水辺と湿地」「海岸」「山と高原」を基本として分けた。巻末に、植物用語図解、植物用語解説、植物名索引がある。

日本の山野草　大貫茂著　クレオ　2000.2　127p　30×23cm　2800円　①4-87736-048-4　Ⓝ470.38

目次 野山の花，人里の花，水辺の花，高嶺の花，群落の風景，花の幻想，外国の野草

内容 日本でみられる植物を写真を付して紹介した図鑑。生息する場所によって分類し掲載している。各写真に植物名、科名属名、花期、自生地（原産地）、撮影地、撮影月日などを記す。巻末に植物名の五十音順索引付き。

日本の山野草　ポケット図鑑　安藤博写真　成美堂出版　1993.4　463p　16cm　（ポケット図鑑）〈監修：岩瀬徹〉　1200円　①4-415-07851-6　Ⓝ470.38

目次 春の山野草，初夏の山野草，夏の山野草，秋の山野草

日本の野草・雑草　低山や野原に咲く471種　日野東解説，平野隆久写真　成美堂出版　2000.4　495p　15cm　（ポケット図鑑）　1300円　①4-415-01009-1　Ⓝ479.038

目次 春の野草・雑草，夏の野草・雑草，秋の野草・雑草

内容 住宅地周辺の田畑、道端などを中心に海岸から山里にまで生える野草や雑草を集めた図鑑。構成は花期ごとに章を立て各章で双子葉・単子葉植物の順に排列。各項目では和名・学名等名称と形態的な特徴を中心にした解説、主な生育地と種の特徴を掲載。巻末に植物用語解説および図解を収録。植物名索引を付す。

野山で見かける山野草図鑑　見分けかたや名前の由来など、野山を散策しながら見つけた、季節の山野草が調べられる　柴田規夫監修　新星出版社　2006.4　255p　24×19cm　1400円　①4-405-08552-8

目次 アカザ科，アカネ科，アカバナ科，アブラナ科，アヤメ科，イチヤクソウ科，イネ科，イラクサ科，イワウメ科，イワタバコ科〔ほか〕

内容 野山を散策しながら見つけられる554種の山野草を紹介。紹介する種は植物学上の科ごとに分類し、各科を50音順に排列。

花色でひける山野草の名前がわかる事典　自然の野山や高山に咲く山野草523種　大嶋敏昭著　成美堂出版　2005.3　319p　21cm　1500円　①4-415-02979-5

目次 花色もくじ，葉形もくじ，実形もくじ，花の構造・葉の構造，山野草・山野草主な自生地イラストマップ，観察に出かける場合の注意事項，山野草解説，山野草の楽しみ方，図解 山野草用語辞典

内容 人気の山野草を1453点の写真と322点のイラストで紹介し、類似品種の見分け方まで詳しく紹介している。

ポケット 山菜　清水大典，安藤博著　家の光協会　1993.3　223p　15cm　1000円　①4-259-53732-6

目次 山菜91種・有毒植物15種，山菜の基礎知識（山菜の用語と形状，山菜の採り方・楽しみ方，山菜料理のコツ，山菜の上手な保存法）

内容 人々に親しまれている山菜91種を選んで掲載する図鑑。また、まちがえやすい有毒植物15種も併載。山菜ごとに料理法と食べ方のヒントを紹介。また、山菜の用語、形状、採り方、楽しみ方などの基礎知識を巻末に収録する。

動植物・ペット・園芸 レファレンスブック　71

ポケット 山野草　久志博信，会田民雄著　家の光協会　1994.3　219p　15cm　1000円　ⓘ4-259-53753-9
(目次)春の山野草，夏の山野草，秋・冬の山野草，山野草を楽しむ
(内容)多種の山野草のなかから，よく見られる267種類を分類・掲載する事典。山野草観察のための用語，形状などの基礎知識を巻末に収録。一野山で山野草を探すのに便利なハンディサイズ

ポケット図鑑 山菜 野の味を楽しむ山菜231種　成美堂出版編集部編　成美堂出版　2005.5　399p　15cm　1200円　ⓘ4-415-02810-1
(目次)野原(アカザ，アサツキ ほか)，里山(アカメガシワ，イチョウ ほか)，山地(アカモノ，アケビ ほか)，水辺・海浜(アシタバ，ウワバミソウ ほか)，毒草(アセビ，ウラシマソウ ほか)
(内容)身近にある野原・里山で見られる山菜231種に加え，注意したい毒草36種を紹介。判別の際に役に立つ，細かいところまでよくわかる拡大写真と自然状態における生育地での写真を掲載，山菜を見つける，種類を同定するのに便利な一冊。

ポケット判 日本の山野草　菱山忠三郎著　主婦の友社　2003.6　455p　16cm　1200円　ⓘ4-07-238411-9
(目次)人里の山野草，丘陵の山野草，山地の山野草，湿地・水辺の山野草，海岸の山野草
(内容)雑草から山菜，薬草，毒草まで日本の山野草456種を紹介したオールカラー図鑑。主な生育地別に排列。巻頭に植物用語の図解と山菜・薬草とよく似た毒草の見分け方を収録。巻末に主な薬用植物の効能と用い方および索引五十音順を収録。

ポケット 山の幸 山菜・木の実・きのこ　橋本郁三著　家の光協会　1993.7　223p　15cm　1000円　ⓘ4-259-53734-2
(目次)山菜39種，木の実・花41種，きのこ24種，山の幸・野の幸を求めて
(内容)多種の山の幸・野の幸のなかから，山菜39種，木の実・花41種，きのこ24種を選定収録した図鑑。料理法解説と，料理の写真を掲載する。

北海道山菜・木の実図鑑 山の幸を知り尽くす　山岸喬，山岸敦子著　(札幌)北海道新聞社　2010.5　376p　21cm　〈他言語標題：Edible wild plants & fruits of Hokkaido〉　2800円　ⓘ978-4-89453-533-6　Ⓝ657.86
(目次)春一番の山菜—4~5月(アキタブキ，アサツキ，アマニュウ，イワガラミ，エゾイラクサ ほか)，ゴールデンウィークの山菜—5月上旬(アキノキリンソウ，エゾゴマナ，エゾニュウ，オオアマドコロ，オオウバユリ ほか)
(内容)食べる機会の多い140種類の特徴を切り抜き写真で紹介。便利な写真つきの索引。調理法も充実。野外でも家庭でも，北海道の自然を楽しめる一冊。

北海道 山菜実用図鑑　山岸喬，山岸敦子著　(札幌)北海道新聞社　1991.4　272p　19cm　2060円　ⓘ4-89363-601-4
(目次)春一番の山菜，ゴールデンウイークの山菜，春の山菜，初夏の山菜，夏から秋の山菜，注意すべき有毒植物
(内容)山菜94種と有毒植物10種をカラー写真と解説で紹介する図鑑。山菜採りの心得，調理の手順とコツをイラストを添えて記述する。

北海道山菜実用図鑑 新版　山岸喬，山岸敦子著　(札幌)北海道新聞社　1994.3　304p　19cm　2200円　ⓘ4-89363-717-7　Ⓝ657.86
(内容)北海道の山菜106種と10種の毒草を紹介。見分け方，食べ方，保存法を解説。

用途がわかる山野草ナビ図鑑　大海淳著　大泉書店　2007.4　351p　21cm　1500円　ⓘ978-4-278-04720-2
(目次)冬・春の山野草，夏の山野草，秋・冬の山野草，山野草の基礎知識(植物部位の名称，山野草の利用法)

◆牧草・草地

<事 典>

草地学用語辞典　日本草地学会編　全国農村教育協会　2008.3　119p　22cm　〈執筆：阿部佳之ほか〉　4000円　ⓘ978-4-88137-137-4　Ⓝ643.5
(内容)草地畜産に関わる用語を整理し，1528語の用語を解説。

草地学用語集 改訂第1版　日本草地学会編　養賢堂　2000.6　248p　21cm　3600円　ⓘ4-8425-0060-3　Ⓝ643.5
(目次)和英の部，英和の部，植物名・病害名・昆虫および動物名(植物名(和名順)，植物名(学名順)，病害名(和名順)，病害名(学名順)，昆虫および動物名(和名順)，昆虫および動物名(学名順))
(内容)草地学の和英・英語対照の用語集。草地学，草地農業に関連する用語及び牧草・飼料作物のほかに雑草，野草等を加えた植物名，病害名と牧草地・飼料畑に発生する昆虫および動物について収録。本文は用語の和英の部，英和の部と植物名・病害名・昆虫および動物名につい

てそれぞれ五十音順の和名、アルファベット順の英名で対照する。用語は約5000語を収録。

<図鑑>

牧草・毒草・雑草図鑑 清水矩宏、宮崎茂、森田弘彦、広田伸七編・著 畜産技術協会、全国農村教育協会〔発売〕2005.3 285p 19cm 2800円 ①4-88137-114-2

(目次)雑草の生活型、牧草・飼料作物編、草地雑草編、有毒植物編、有毒植物編文献、牧草・飼料作物編参考書、草地雑草編参考書、有毒植物編参考書

(内容)本図鑑は、家畜のエサとなる牧草・飼料作物だけでなく、家畜のエサとしてはならない有毒植物、さらには草地で問題となる雑草といった、謂わば家畜に関わる植物を網羅したものである。

◆雑草

<図鑑>

形とくらしの雑草図鑑 見分ける、280種
岩瀬徹著 全国農村教育協会 2007.10 223p 21cm （野外観察ハンドブック）2400円 ①978-4-88137-135-0

(目次)トクサ科、クワ科、タデ科、ベンケイソウ科、ナデシコ科、スベリヒユ科、ヤマゴボウ科、アカザ科、ヒユ科、アブラナ科〔ほか〕

(内容)街なか、人里、畑の周辺など身近なところに普通に見られる雑草約280種をとりあげた雑草図鑑。種ごとに、全体の形、茎や葉、花や果実、群生するようすなどの写真を掲載。巻末に学名索引、和名索引が付く。

校庭の雑草 4版 岩瀬徹、川名興、飯島和子共著 全国農村教育協会 2009.6 187p 21cm （野外観察ハンドブック）〈並列シリーズ名：Handbook for field watching 文献あり 索引あり〉2400円 ①978-4-88137-146-6 Ⓝ479.038

(目次)第1部 雑草の形とくらし（ロゼットを観察しよう、ロゼットの地下部をくらべる、ロゼットから茎が立ち上がる、ロゼットをつくらない草、つる性・寄りかかり性の型、長い地下茎を伸ばす型、イネ科タイプの草）、第2部 校庭の雑草280種（主な科の特徴、校庭の雑草280種）、第3部 校庭の雑草の調べかた（身近な自然としての雑草調査、群落を数値化して成り立ちを考えよう、群落は動く——遷移をとらえる、雑草に親しむために、雑草のおもしろい方言名）

(内容)どこにでも生えている雑草は古くから人との関わりのもっとも深い植物だ。とかくじゃまもの扱いを受けてきたが雑草には雑草の命が

あり自然のしくみに組み込まれた姿がある。地球規模で環境を考えることは大切だが先ずは身の周りの雑草のくらしから自然を感じ、発見していこう。いま雑草との良いつき合い方が求められている。

校庭の雑草図鑑 上赤博文著 （佐賀）佐賀県生物部会、（鹿児島）南方新社〔発売〕2003.12 191p 21cm 〈地方〉1905円 ①4-86124-006-9

(目次)つる植物、白色系の花をつける植物、黄色系の花をつける植物、黄緑色または緑色の花をつける植物、淡紅色または赤っぽい花をつける植物、紫色系の花をつける植物、青色系の花をつける植物、褐色系の花をつける植物、イネ科・カヤツリグサ科の植物、樹木の芽ばえ、シダ植物、帰化植物、二次的自然と里地・里山

写真で見る外来雑草 畜産技術協会 1996.9 44p 30cm 1339円 ①4-88137-056-1

(目次)タデ科、ヤマゴボウ科、ザクロソウ科、ナデシコ科、アカザ科、ヒユ科、キンポウゲ科、アブラナ科、カタバミ科、フウロソウ科〔ほか〕

(内容)日本で見られる外来植物のうち、最近農耕地で急増しているものや毒性の危険性のあるもの30科172種を写真掲載した図鑑。植物の和名・学名・特徴のほか、種子の形態も記す。和名索引・属名索引を付す。

世界の雑草 「付」シダ・コケ・モ類 3 単子葉類 竹松哲夫、一前宣正著 全国農村教育協会 1997.11 1057p 26cm 41000円 ①4-88137-066-9

(目次)種子植物門（アヤメ科、ユリ科、イグサ科、ミズアオイ科、ツユクサ科、ススキ科、ウキクサ科、サイトモ科、カヤツリグサ科〔ほか〕）、シダ植物門（トクサ科、イノモトソウ科、デンジソウ科、サンショウモ科、アカウキクサ科）、コケ植物門（ウキゴケ科）、車軸藻植物門（シャジクモ科）、緑藻植物門（アミミドロ科、ホシミドロ科）

(内容)世界の農耕地雑草のうち単子葉植物綱に含まれる17科123属、384種について解説、類似種797種を付記。その他シダ植物門、コケ植物門、車軸藻植物門、緑藻植物門についての解説もある。

街でよく見かける雑草や野草のくらしがわかる本 300種超の写真で見る生態図鑑 Handy & color illustrated book
岩槻秀明著 秀和システム 2009.4 447p 19cm 〈文献あり 索引あり〉1900円 ①978-4-7980-2246-8 Ⓝ479.038

(目次)クワ科、イラクサ科、タデ科、ヤマゴボウ科、オシロイバナ科、ザクロソウ科、スベリヒユ科、ナデシコ科、アカザ科、ヒユ科〔ほか〕

動植物・ペット・園芸 レファレンスブック 73

薬草　　　　　　　　　　　植物

⟨内容⟩ウキクサの花、ワレモコウの果実、イノコズチの氷柱等々、雑草・野草の生態写真を多数掲載！雑草・野草の生態観察がもっともっと楽しくなる。

身近な野草・雑草 ワイド図鑑 季節ごとの姿・形・色がこれ一冊でわかる画期的な図鑑！ 菱山忠三郎写真と文　主婦の友社　2010.4　367p　24cm　〈主婦の友新実用books　Flower & green〉〈索引あり〉1600円　①978-4-07-270484-4　Ⓝ472.1

⟨目次⟩春編（1月から5月）、夏編（6月から8月）、秋編（9月から12月）
⟨内容⟩掲載写真1800余枚。類似植物や参考植物も豊富に収録。野草の四季が誰にでもすぐわかる。

ミニ雑草図鑑 雑草の見分けかた 広田伸七編著　全国農村教育協会　1996.8　190p　21cm　2266円　①4-88137-062-6

⟨目次⟩1 水田の雑草、2 水路・休耕地・水湿地の雑草、3 畑地の雑草、4 樹園地・非農耕地の雑草、学名索引、和名索引
⟨内容⟩水田、畑地、果樹園、河川敷等に生育する雑草480種を収録した図鑑。「水田の雑草」「水路・休耕地・水湿地の雑草」「畑地の雑草」「樹園地・非農耕地の雑草」の4編で構成され、雑草の生育段階の写真とともに各名称・学名・特徴・分布を示す。巻末にアルファベット順の雑草学名索引、五十音順の雑草和名索引を付す。

持ち歩き図鑑 身近な野草・雑草 菱山忠三郎著　主婦の友社　2007.4　223p　17cm　（主婦の友ポケットBOOKS）　900円　①978-4-07-254574-4

⟨目次⟩春の野草・雑草（1月〜5月）、夏の野草・雑草（6月〜8月）、秋の野草・雑草（9月〜12月）、植物用語の図解、植物用語の解説
⟨内容⟩里山の野草から町なかの雑草まで400種を紹介。各季節の中での配列は、被子植物（双子葉合弁花類）、被子植物（双子葉離弁花類）、被子植物（単子葉類）、シダ植物の順。

野草・雑草観察図鑑 身近で見る430種のプロフィール 岩瀬徹著、鈴木庸夫写真　成美堂出版　1997.8　287p　21cm　1600円　①4-415-08543-1

⟨目次⟩プロローグ ビギナーズ植物学「Part1」、1 道ばた、空き地、野原などで、2 林の中、林の周り、草原などで、3 湿地、水辺、田んぼなどで、4 高原で、5 海岸の砂浜、岩場などで、エピローグ ビギナーズ植物学「Part2」、観察地ガイド

◆草木染め
<図鑑>

草木染 染料植物図鑑 続・続 山崎青樹著　美術出版社　1996.7　237p　21cm　2900円　①4-568-30050-9

⟨目次⟩アオビユ、アカザ、アズキナシ、アスナロ、アゼカヤツリ、アブラチャン、アマチャ、アワコガネギク、イタチハギ、イヌキクイモ、イノコズチ、ウラジロノキ、オオケタデ〔ほか〕
⟨内容⟩植物とその染色方法とを解説したもの。媒染の違いによる出来上がりの差を写真で掲載する。排列は植物名の五十音順。巻末には「アイ、アカネ」など日本名の染材料名索引と、植物の学名索引を付す。

古典薬用植物染色図譜 野口武彦著　（福岡）葦書房　2000.10　257p　26cm　15000円　①4-7512-0778-4　Ⓝ617.8

⟨目次⟩第1章 植物染料の色彩、第2章 動物・鉱物染料の色彩、第3章 交染の色彩、第4章 草木を染める、第5章 染料一覧表
⟨内容⟩日本の古典文学に現れる薬用植物を紹介する図鑑。原料の植物とその染色・薬効についてカラー写真とともに解説し、それぞれの植物を使った染色・染め物に関する古典文学の用例を掲載する。

薬草

<事典>

安心して応用できる薬木薬草事典 大須賀正美著　（会津若松）歴史春秋出版　1997.8　392p　19cm　2500円　①4-89757-350-5

⟨内容⟩身近に自生するものや、よく知られている薬草・薬木185種を収録。配列は薬草・薬木名の五十音順、見分け方、薬用部分と採集時期、調整法、薬効と用い方などを薬草の写真付きで解説。

家庭で使える薬用植物大事典 田中孝治著、神蔵嘉高写真　家の光協会　2002.2　287p　26×21cm　3200円　①4-259-56016-6　Ⓝ499.87

⟨目次⟩薬用植物250種効用と用い方（アイ、アオキ、アカマツ・クロマツ、アカメガシワ、アキカラマツほか）、図解 薬用植物利用の基礎知識（薬用植物の採集、薬用植物のふやし方、鉢植え・プランターでの栽培法、畑地での栽培法、薬用植物の調製法 ほか）、症状別薬用植物一覧
⟨内容⟩身近な野菜や果物を含む250種の薬用植物を解説する実用的な事典。全植物を五十音順に排列して生態、名の由来、用い方について記載。

薬になる草と木424種 坪井敏男著 研数広文館 1991.7 615p 19cm 〈監修：田中孝治〉 2913円 ⓣ4-87443-002-3 Ⓝ499.87

(内容)身近にある薬用植物のうち、現在薬効成分が明らかにされているものと、成分未詳でも古い時代から経験によって薬効が確認されている424種を収録。採集、調製、使用法等を解説している。

薬になる植物百科 260種の採取と用い方
田中孝治著 主婦と生活社 1994.2 259p 23×19cm 〈新編 ホーム園芸〉 2500円 ⓣ4-391-11618-9

(目次)薬になる草・木、薬になる野菜・豆類、薬草とわが国の医薬、薬草の採取と用い方、症状別薬草一覧

(内容)薬用に用いられる植物を掲載した事典。約260種の薬用植物を、草・木類と野菜・豆類の2項目に大別し、それぞれ植物名の五十音順に排列する。薬としての用いられ方が一目でわかるよう、植物名のタイトルと並んで、地方での呼称や通称などの別名、生薬名、薬用部分、薬用などを記載する。

図解 薬草の実用事典 田中孝治著 家の光協会 2001.2 143p 21cm 1600円 ⓣ4-259-53986-8 Ⓝ617.7

(目次)カラー 薬草は美しく健康にする—64種の素顔を見る(アオキ、アケビ、アシタバ、アマドコロ、イカリソウ、アロエ、イノンド、ウイキョウ、ウコギ、ウツボグサ、ウコン、エビスグサ、エンジュ、オウレン、オケラ、オタネニンジン、カミツレ、カワラケツメイ、カエワラヨモギ ほか)、薬用植物—種類・栽培・使い方(薬用植物の種類と効用、薬用植物のふやし方、種子のまき方、苗の植え方、草本・木本薬用植物の栽培法 ほか)、薬用植物100種類の効用(アオキ、アカマツ、アケビ、アサガオ、アシタバほか)、症状別・薬用植物の効能—こんな症状には、この植物がおすすめ、薬用植物130種の使い方と効能

(内容)薬用植物について種類・育て方・効用などを図解する事典。薬用植物び栽培法などについて概観するほか、100種についてその植物としての特徴、名前の由来、育て方、使い方について解説。またここで取り上げられなかった植物130種について、使い方と効能を一覧表にまとめる。100種の解説と、一覧表はそれぞれ五十音順に排列されている。その他、「症状別・薬用植物の効能」では症状から有効な薬草を調べることができる。

世界薬用植物百科事典 アンドリュー・シェヴァリエ原著、難波恒雄監訳 誠文堂新光社 2000.10 335p 29×23cm 〈原書名：THE ENCYCLOPEDIA OF MEDICINAL PLANTS〉 19000円 ⓣ4-416-40001-2 Ⓝ499.87

(目次)薬草医学の発達(薬用植物はどのように作用するのか、活性成分 ほか)、世界の薬草の伝統(ヨーロッパ、インド ほか)、代表的な薬用植物、その他の薬用植物、家庭用のハーブ治療薬(薬用植物の栽培、収穫と加工 ほか)

(内容)世界の薬用植物(薬草)を民間療法的な面と薬理作用の面との両方から解説した事典。550種以上の薬草について効能、使用法などを解説し、そのうち代表的100種については原産、生育地、成分、作用、最新研究、調剤例や用法をグラフィカルに記載する。巻末には参考文献、学名索引、和名索引、漢名索引、ハーブ関連団体・会社等の住所録などが付されている。

食べる薬草事典 春夏秋冬・身近な草木75種 大地の薬箱 村上光太郎著 農山漁村文化協会 2010.1 118p 21cm 〈索引あり〉 1600円 ⓣ978-4-540-08102-6 Ⓝ499.87

(目次)1 薬効を丸ごと食べよう—身近な草木にこれだけの力(タンポポ—女性ホルモンを活発にし、美肌を作る、オオバコ—腎臓を強くし、眼の老化を防ぐ、ドクダミ—生は殺菌消炎剤、乾燥品は排膿解毒剤、お酒にすれば強壮剤、薬草バラ寿司・薬草稲荷寿司・薬草カレーのすすめほか)、2 人の命を支える大地の薬箱事典(アオツヅラフジ、アカマツ、アカメガシワ、アケビほか)

(内容)薬効を取り入れるいちばんの近道は食べること。病気のときだけでなく、日常生活に生かす食べ方を満載。お茶やおひたし、天ぷらだけでなく、皮ごと焼いて食べる・根をきんぴらにする・発酵させて酵母を取る・本格薬酒をつくるなど、食生活を豊かにする知恵の数々。

花のくすり箱 体に効く植物事典 鈴木昶著 講談社 2006.5 287p 19×13cm 1300円 ⓣ4-06-213426-8

(目次)春(梅、春蘭 ほか)、夏(菖蒲、紫陽花 ほか)、秋(朝顔、秋海棠 ほか)、冬(山茶花、屁糞葛 ほか)

(内容)身近な植物160種の薬効を、日本古来の知恵とあわせて紹介。俳句や川柳をまじえた「花の健康歳時記」。食べ方、生薬の作り方、煎じ方、薬用酒や入浴剤の作り方などもわかりやすく解説。医療保険のきく漢方処方も多数掲載。

プリニウス博物誌 植物薬剤篇 新装版
Gaius Plinius Secundus〔著〕、大槻真一郎責任編集、岸本良彦〔ほか〕訳 八坂書房 2009.4 475, 81p 23cm 〈文献あり 索引あり 原書名：Naturalis historia.〉 7800円 ⓣ978-4-89694-932-2 Ⓝ402.9

(目次)1 野菜の薬効, 2 花と花冠, 3 草本類の薬効, 4 栽培樹の薬効, 5 森林〈野生〉樹の薬効, 6 野草の薬効, 7 身体各所の病気に効く薬草, 8 薬効のあるその他の植物

(内容)野菜、草花、果物、樹木、穀物など約1200種におよぶ植物を、様々な病気に効く医薬として、また染料、洗剤、毒薬、媚薬などとして網羅した、古代薬物知識の集大成。記載の薬効は6000種以上におよび、その製法と処方が詳述される。

プリニウス博物誌 植物薬剤篇 プリニウス〔著〕, 大槻真一郎責任編集, 岸本良彦〔ほか〕訳 八坂書房 1994.4 475, 81p 23cm 〈巻末：参考文献 原書名：Naturalis historia.〉 13000円 ⓘ4-89694-644-8 Ⓝ402.9

(目次)1 野菜の薬効, 2 花と花冠, 3 草本類の薬効, 4 栽培樹の薬効, 5 森林〈野生〉樹の薬効, 6 野草の薬効, 7 身体各所の病気に効く薬草, 8 薬効のあるその他の植物

(内容)野菜、草花、果物、樹木、穀物等約1200種におよぶ植物を、様々な病気に効く医薬として、また染料、洗剤、毒薬、媚薬として網羅した、古代薬物知識の集大成。記載の薬効は6000種以上におよび、その製法と処方が詳述される。

薬草カラー大事典 日本の薬用植物のすべて 伊沢一男著 主婦の友社 1998.4 903p 26cm 5800円 ⓘ4-07-223059-6

(目次)ハイネズ, ネズ, ニオイヒバ, コノテガシワ, アスナロ, ヒノキ, ソテツ, イチョウ, マオウ, アカマツ〔ほか〕

(内容)日本見られる薬草826種を収録した薬草事典。分布、見分け方、効能を記載。巻末には病気別・症状別索引が付く。

薬草500種 栽培から効用まで 馬場篤文, 大貫茂写真 誠文堂新光社 1996.9 167p 21cm 2100円 ⓘ4-416-49618-4 Ⓝ499.87

(目次)カラー版―薬草・栽培・効用, 薬草の栽培・採取・保存・使用法―薬草500種の種類・栽培一覧, 薬草500種一覧―栽培から効用まで, 全国の薬用植物園

<ハンドブック>

南米薬用植物ガイドブック PART.1 南米アマゾン流域ペルー・ブラジル 南米薬用ハーブ普及会編 南米薬用ハーブ普及会 2001.3 596p 26cm 24000円 Ⓝ499.87

(目次)1 はじめに, 2 アマゾン・ハーブの有用性, 3 南米薬用植物ガイド(紫イペ(パウダルコ), マカ, カツアーバ, パフィア(スウマ), ガラナほか), 4 DSHEA(健康食品規定1994, 米国)について, 5 索引

(内容)南米の薬用植物についてのガイドブック。PART.1では21種の植物を収録、伝承例、効果・効能、適応、含有成分、使用方法を記載する。

身近な薬草ハンドブック 家の庭から、海、山、川など、場所別に探す 山口昭彦写真・解説 婦人生活社 1997.3 239p 19cm 1460円 ⓘ4-574-70107-2

(内容)効用、利用法、採取時期、見つけ方、間違えやすい毒草との見分け方など身近にある薬草を写真付きで解説。病気の症状から効果のある薬草を探せる症状別さくいんや五十音索引付き。

薬草 種類・薬効・用い方 御影雅幸, 吉光見稚代共著 (大阪)保育社 1996.6 206p 19cm (検索入門シリーズ) 1600円 ⓘ4-586-31041-3

(目次)写真と解説, 本書に収載された薬草, 薬草療法, 薬草療法の基本, 薬草の上手な利用方法, 薬草の採集方法, 薬草の乾燥と保存方法, 薬草の煎じ方と服用方法, 薬草茶のつくり方, 黒焼きのつくり方, 湿布薬のつくり方と用い方〔ほか〕

(内容)日本で使用することができる薬草152種、類似植物93種の利用方法を解説したハンドブック。カラー写真で掲載した各薬草ごとに特徴・収穫と調製・保存方法・薬効と利用法・使用上の注意点や副作用・類似植物を記す。巻頭に薬草の自生環境や形態から植物名を調べられる検索表が、巻末に植物名の五十音順索引がある。

薬草 平野隆久, 柴崎その枝著 山と渓谷社 2010.7 281p 15cm (新ヤマケイポケットガイド 5) 〈2000年刊の改訂〉 1200円 ⓘ978-4-635-06274-9 Ⓝ499.87

(目次)薬草(春〜夏), 薬草(秋〜冬), 薬草(一年中), 栽培種(役に立つ野菜・果物・園芸植物), 毒草, 薬草の採取と保存, 薬用植物園

(内容)薬草約170種、薬効のある野菜・果物・園芸植物約100種、毒草約20種、合計約290種(亜種、変種、品種を含む)を収録。民間薬としてごくふつうに利用されたものを中心に選んでいる。

<図鑑>

愛媛の薬用植物図鑑 松井宏光, 田中信也著, 北添伸夫写真 (松山)愛媛新聞社 2000.8 334p 21cm (自然博物シリーズ 4) 3000円 ⓘ4-900248-72-X Ⓝ499.87

(目次)図鑑の見方, 愛媛の薬用植物INDEX, 薬草をより正しく使うために, 花や葉のつくり, 図鑑編, 愛媛の薬用植物 写真データ図鑑, 資料編

(内容)愛媛県の薬用植物図鑑。愛媛県内に自生、または栽培されている代表的な薬用植物251種

類を写真図版とともに解説。本編は図鑑編、資料編で構成。図鑑編は薬用植物を和名の五十音順に排列、掲載種は内服・外用・薬用茶・薬用酒・浴場料・食用と6分類してマーク表示。各種の薬用植物は和名・科名、日本薬局方収載、有毒表示、薬用部位、効能、採取時期などのデータと用途表示、特徴・用法途などの解説などを掲載。資料編では薬用歳時記と薬用酒・薬用茶・浴場料・有毒植物の一覧、植物の用語解説、用途別・生薬名別・症例別・学名による索引と植物名総索引を掲載する。

かぶとやまの薬草 時政孝行著 新風舎
2005.3 63p 21cm 1800円 ④4-7974-5352-4

(目次)春(アセビ、ウメ ほか)、夏(アジサイ、カボチャ ほか)、秋(イチョウ、カエデ ほか)、冬(キンカン、ケンポナシ ほか)

(内容)タンポポ、アジサイ、ヒマワリ、ナンテン他、春夏秋冬の薬草61種を紹介。身近な野草にこんな効果が。

カラー版 薬草図鑑 伊沢凡人、会田民雄著
家の光協会 1999.8 319p 21cm 4700円
④4-259-53653-2

(目次)アオキ、アカネ、アカザ、アカメガシワ、アキカラマツ、アケビ、アサガオ、アズキ、アシタバ、アマチャ〔ほか〕

(内容)写真を使って薬草を紹介した図鑑。薬草の名前の50順配列。巻末に、薬草名、病気等索引がある。

薬になる野草・樹木 持ち歩き図鑑 伊沢一男著 主婦の友社 2008.10 191p 17cm (主婦の友ポケットbooks) 950円 ④978-4-07-263870-5 Ⓝ499.87

(目次)春編、夏編、秋冬編、植物用語の図解、植物用語の解説

(内容)身近なものから山野に生えるものまで、昔から薬草とされてきた植物340種を収録。薬効や用い方ガイドも収載。

原色薬草図鑑 1 北隆館 1994.10 311p 19cm 〈コンパクト版 13〉 4800円 ④4-8326-0360-4

(内容)和漢薬草及び外国産の薬草を、現在使用されているものから過去に使用されたものまで網羅的に集めた図鑑。1、2巻合わせて約1400種を収録する。分類階級に従って構成し、薬用部分、成分、薬効と薬理、使用法、形態を記述する。『原色牧野和漢薬草大図鑑』のコンパクト版。

原色薬草図鑑 2 北隆館 1994.12 311p 19cm 〈コンパクト版 14〉 4800円 ④4-8326-0361-2

(内容)和漢薬草及び外国産の薬草を、現在使用されているものから過去に使用されたものまで網羅的に集めた図鑑。1、2巻合わせて約1400種を収録し、うち本巻には674種を収録する。分類階級に従って構成し、薬用部分、成分、薬効と薬理、使用法、形態を記述する。和名索引、学名索引を付す。また巻末には有毒植物一覧を付した。『原色牧野和漢薬草大図鑑』のコンパクト版。

釣り人のための薬草50木の実50 菅原光二写真・文 つり人社 1999.4 135p 19cm 1500円 ④4-88536-419-1

(目次)渓流沿いの薬草、里山の薬草、海辺の薬草、毒草、渓流沿いの木の実、里山の木の実、海辺の木の実、毒の木の実

(内容)渓流釣りや海釣り、河川や湖沼の釣りを楽しむ釣り人のために、釣り場やその道筋に生えていて、容易に見つけやすい薬草50種、木の実50種、さらに命にかかわる毒草13種と毒の樹木9種を掲載した図鑑。掲載項目は、採取時期、薬用部分、薬効と利用法、料理など。索引付き。

日本の薬草 指田豊監修 学習研究社
2004.8 248p 19cm (フィールドベスト図鑑 17) 1900円 ④4-05-402540-4

(目次)草本(ヒルムシロ科、ユリ科、イグサ科 ほか)、シダ植物(トクサ科、ハナヤスリ科、イノモトソウ科 ほか)、木本(マツ科、ヒノキ科、イチイ科 ほか)

(内容)知っていると役に立つおばあさんの知恵。薬になる植物200種完全紹介。

日本の薬草 増補改訂 指田豊監修 学研教育出版、学研マーケティング(発売) 2010.3 256p 19cm (フィールドベスト図鑑 vol.15) 〈初版:学習研究社2004年刊 文献あり 索引あり〉 1800円 ④978-4-05-404472-2 Ⓝ499.87

(目次)草本(ヒルムシロ科、ユリ科、イグサ科 ほか)、野菜、シダ植物(トクサ科、ハナヤスリ科、イノモトソウ科 ほか)、木本(マツ科、ヒノキ科、イチイ科 ほか)

(内容)日本の薬用植物約200種を収録。生育場所から薬用植物の名前がわかる。使用する部分や、見分けるための特徴を表した写真を多数掲載し、保存法・使用法をわかりやすく解説。改訂版では薬効のある野菜8種の使用法を増補。

野山の薬草 見つけ方と食べ方の図鑑 伊那谷自然友の会編 農山漁村文化協会
1990.8 126p 21cm 1350円 ④4-540-90044-7

(目次)薬草採取のエチケット、薬草の処理と用い方、薬草料理のおすすめ、花の形の分類法、花の色から調べる身近な薬草71種、薬草の利用法―薬効・飲み方・食べ方・栽培法

(内容)ちょっと外に出ればあるこんな身近な雑草、樹木も実は生薬名のついた立派な薬草。薬

薬草　　　　　　　　　　植物

効の確かな71種を厳選し、子供でも見つけられるようわかりやすく紹介。

ポケット判 日本の薬草　伊沢一男著　主婦の友社　2003.6　455p　16cm　1200円
①4-07-238405-4
(目次)春 3～5月を中心に開花の薬草155種、夏 6～8月を中心に開花の薬草197種、秋・冬 9～2月を中心に開花・結実の薬草85種
(内容)山野に生える主な薬草437種を収録し、全体の姿、根、茎、葉、花、果実、種子など各植物の特徴について、詳述。

ポケット 薬草　草野源次郎、会田民雄著　家の光協会　1994.3　221p　15cm　1000円
①4-259-53754-7
(目次)薬草92種(春・夏に採取できる薬草、秋・冬に採取できる薬草、1年中採取できる薬草)、有毒植物15種、薬草の基礎知識(民間療法の考え方、薬草採取の基本、薬草の使い方)
(内容)野山で採取できる薬草92種類と、まちがえやすい有毒植物15種類を掲載した携帯用図鑑。薬草ごとに採取の仕方と利用法を紹介、薬草の基礎知識を巻末に収録する。

北海道 薬草図鑑　野生編　山岸喬著　(札幌)北海道新聞社　1992.10　271p　19cm (フィールドガイド)　2200円　①4-89363-662-6
(目次)覚えると便利な繁用薬草、家の周りや道端の薬草、林の周りや野原の薬草、林内の薬草、湿地や沼地の薬草、海岸や岩場の薬草、亜高山から高山の薬草、資料編
(内容)北海道の205種の野生薬草の見分け方、使い方を豊富な写真で解説。生えている場所ごとに薬草を紹介。

牧野和漢薬草大図鑑　新訂原色　新訂版　岡田稔監修　北隆館　2002.10　822p　26cm　35000円　①4-8326-0810-X　Ⓝ499.87
(目次)被子植物門、双子葉植物綱、離弁花亜綱、合弁花亜綱、単子葉植物綱、裸子植物門、しだ(羊歯)植物門、紅藻植物門、褐藻植物門、地衣植物門、菌植物門
(内容)和漢薬草およびハーブ・スパイス等の外国産薬用・資源植物を収録する図鑑。昭和63年に刊行された「原色牧野和漢薬草大図鑑」の新訂版。1500余種を収録する。門、綱、目、科、属ごとに分類して構成。属はアルファベット順に排列。各種の分布、形態、薬用部分、成分、薬効と薬理、使用法などを記載。また、乾燥生薬768品目の写真による「生薬早見検索表」により、生薬の外観から特徴を確認することができる。巻末に和名索引と学名索引が付く。

身近な薬草百科 採取と利用法　水野瑞夫著　リバティ書房　1993.6　193p　19cm

1500円　①4-947629-49-5
(目次)薬草を楽しむための基本、薬草編、毒草編
(内容)ハイキングや散歩の途中で採集できる薬草を誰でも利用できるように解説した入門書。

薬草　新装版　井波一雄解説、会田民雄写真　山と渓谷社　2006.12　239p　19cm　(新装版山渓フィールドブックス 17)　1600円　①4-635-06074-8
(目次)1 血行しっかり、2 だるさ一掃、3 食事をおいしく、4 動きはつらつ、5 のどをすっきり、6 張りのある肌を、7 美顔さわやか、8 女性のために、9 若さいっぱい、10 旅を楽しく、薬草に親しむ
(内容)薬効が実証され一応の評価を得た民間薬のほか、身近にあって入手の簡単な野菜や果物などで薬効のあるものを加えて紹介。

薬草　平野隆久著　山と渓谷社　2000.3　281p　15cm　(ヤマケイポケットガイド 14)　1000円　①4-635-06224-4　Ⓝ499.87
(目次)薬草(春～夏、秋～冬、一年中)、栽培種(役に立つ野菜・果物・園芸植物)、毒草の採取と保存、薬用植物園
(内容)民間薬、漢方薬などに用いられる生薬の原料となる薬用植物、薬効があるとされる野菜・果物、および作用の強い毒草などを収録した図鑑。収録種類数は、薬草約170種、薬効のある野菜・果物・園芸植物約100種、毒草約20種、合計約290種。掲載データは、標準和名、別名、生薬名、学名、利用部位、薬効、用法、採取時期、分布、生育地、生活型、大きさ、花期、花、葉など。

薬草　井波一雄解説、会田民雄写真　山と渓谷社　1995.10　239p　19cm　(山渓フィールドブックス 12)　1800円　①4-635-06052-7
(目次)1 血行しっかり2 だるさ一掃、3 食事をおいしく、4 動きはつらつ、5 のどをすっきり、6 張りのある肌を、7 美顔さわやか、8 女性のために、9 若さいっぱい、10 旅を楽しく
(内容)古来より伝わる民間薬としての薬草の図鑑。各植物のカラー写真、解説、効用、採り方、分布等を効能別に10の病状に分類して収録する。巻末に病気別薬草索引、和名・生薬名索引がある。野外ハンドブックシリーズ11「薬草」(1983年刊)の改装新版にあたる。

薬草　矢萩信夫、矢萩礼美子解説　成美堂出版　1994.4　423p　15cm　(ポケット図鑑)　1400円　①4-415-08043-X　Ⓝ499.87
(内容)古くから知られている薬草、薬木のほか、普通は観賞用草花や庭木、野菜、果物などとして扱われているものでも薬効のあるものは一部取り上げ、類書に見られない多種類の植物を収載した。

植物　　　　　　　　　　薬草

薬草カラー図鑑　1　伊沢一男著　主婦の友社　1990.3　248p　21cm　1000円　ⓓ4-07-935305-7
〔目次〕春の薬草，夏の薬草，秋・冬の薬草，まちがいやすい毒草，採取法・栽培法・調整法・用い方，薬草歳時記，全国薬用植物園めぐり，図解 花や葉・果実の用語

薬草カラー図鑑　2　伊沢一男著　主婦の友社　1990.3　244p　21cm　1000円　ⓓ4-07-935311-1
〔目次〕春の薬草，夏の薬草，秋・冬の薬草，この成人病にはこの薬草を―病気別の身近な薬草精選，図解 花や葉・果実の用語

薬草カラー図鑑　3　伊沢一男著　主婦の友社　1990.3　246p　21cm　1000円　ⓓ4-07-935328-6
〔目次〕気をつけたい有毒植物，春の薬草，夏の薬草，秋・冬の薬草，薬草の健康食と美容，薬用植物の栽培ポイント，図解 花や葉・果実の用語

薬草カラー図鑑　4　薬草　伊沢一男著　主婦の友社　1995.11　246p　21cm　1500円　ⓓ4-07-217627-3
〔内容〕薬草（薬用植物）のカラー図鑑。開花期別に212種を収録、薬草のカラー写真のほか、和名、ラテン語学名、別名、薬用部分、採取時期、薬効等を掲載する。巻末に病気別・症状別索引、類似植物や別名も引ける薬草の五十音索引がある。

薬草歳時記　品川鈴子監修　おうふう　2000.5　143p　21cm　1500円　ⓓ4-273-03143-4　Ⓝ499.87
〔目次〕春の七草，南天，朮，松，麦門冬，葱，福寿草，蕗の薹，水仙，金縷梅〔ほか〕
〔内容〕身近な薬草を収録した歳時記。春の七草、南天など薬草として用いられる植物を俳句とともに掲載。月別の季節ごとに季語として薬草を排列。全70項目を収録。各項目は薬草の名称、風習など薬草にまつわる解説、栄養素や効果などの薬効と季語として詠まれた俳句を掲載。また、各項目に植物の名称と科名、学名を併記した薬用部分の詳しいスケッチつき。

薬草採取　440種の見わけ方と採取のコツ　伊澤一男著　主婦の友社　1998.4　455p　19cm　（Field books）〈索引あり〉　1800円　ⓓ4-07-223757-4　Ⓝ499.87
〔目次〕春―3～5月を中心に開花の薬草155種，夏―6～8月を中心に開花の薬草197種，秋・冬―9～2月を中心に開花・結実の薬草85種
〔内容〕山野に生える主な薬草437種を収録した図鑑。全体の姿、根、茎、葉、花、果実、種子など各植物の特徴について詳述している。

薬草毒草300　朝日新聞社編，安藤博写真　朝日新聞社　1992.6　255p　15cm　（朝日文庫）　960円　ⓓ4-02-260706-8
〔目次〕薬用植物100，有毒植物200，矢毒の文化，事故例にみる毒草の危険，薬用植物の栽培，薬草の効用と毒草の知識
〔内容〕どれが薬で、どれが毒か。カラー版コンパクト図鑑。

薬草毒草300プラス20　朝日新聞社編，安藤博写真　朝日新聞社　2000.5　215p　15cm　（朝日文庫）〈「薬草毒草300」（朝日文庫1992年刊）の増補改訂版〉　680円　ⓓ4-02-261298-3　Ⓝ499.87
〔内容〕薬草と毒草はどのように見分ければよいのか？何が薬効で何が毒なのか？野や山で見かけるさまざなな薬用・有毒植物をカラー写真付きでわかりやすく解説し、好評を博した『薬草毒草300』に、最近大ブームのザクロやダイエット茶で話題のギムネマなど、新たに20種を加えた増補改訂版。

薬草の詩　自然とのふれあいをもとめて　鹿児島県薬剤師会編　（鹿児島）南方新社　2002.1　167p　19cm　1500円　ⓓ4-931376-62-2　Ⓝ499.87
〔目次〕春（44種），夏（54種），秋（64種），資料編（薬草Q&A，主な薬用植物の用法）
〔内容〕代表的な薬草162種をエッセイとカラー写真で紹介する図鑑。採取時期ごとに掲載。各薬草の生薬名、薬用途、薬用部位、採取時期を記載。資料として、薬草の採取と保存の仕方、薬草の煎じ方と飲み方、薬草酒の作り方、主な薬用植物350種の用法などを収録。巻末に五十音順・植物名（生薬名）索引が付く。

薬用植物ガイド　小西天二，磯田進，邑田裕子，矢原正治共著　（大阪）トンボ出版　2010.4　191p　26cm　〈文献あり 索引あり〉　2800円　ⓓ978-4-88716-167-2　Ⓝ499.87
〔目次〕シダ植物門，裸子植物亜門，被子植物亜門（双子葉類，単子葉類），用語集
〔内容〕普段目にする植物の薬用効果と話題を、約350種800余点の写真と共に紹介する。

薬局店主が書いた身のまわりの薬草豆事典　笹川寿一著　明日香出版社　1990.8　254p　19cm　1300円　ⓓ4-87030-392-2
〔内容〕野草名「ゲンノショウコ」は漢字で「現の証処」。身近な薬草の来歴から効用まで、自然を楽しみながら身につく。春夏秋冬114種薬草図解。

動植物・ペット・園芸 レファレンスブック　79

薬草　　　　　　　　　植物

◆生薬

<事 典>

漢方のくすりの事典 生薬・ハーブ・民間
薬　鈴木洋著　医歯薬出版　1995.3　578p
21cm　6901円　Ⓘ4-263-73075-5
㊞漢方薬・家庭薬などに配合されている漢
方生薬を中心に、日本の民間薬・ハーブな
どについても解説したもの。約780種類を五十音順
に排列。生薬の基原とその分布、生薬や基原植
物の語源やいわれ、主成分や薬理作用、使用法
などを解説する。巻末に生薬名・事項・和名の
各索引を付す。

生薬単 語源から覚える植物学・生薬学名
単語集　伊藤美千穂、北山隆修、原島広
至著　エヌ・ティー・エス　2007.11　316,
22p　21cm　3500円　Ⓘ978-4-86043-179-2
㊞1 高等植物を基原とする生薬、2 植物の
分泌物を基原とする生薬、3 藻類を基原とする
生薬、4 真菌を基原とする生薬、動物・鉱物を
基原とする生薬、付録
㊞日本薬局方（第十五改正）収載の164種類
の生薬を学名順に解説。基原植物・生薬・関連
植物等カラー写真満載。生薬成分の化学構造式
&分子モデル（空間充填モデル）付き。巻末に和
名索引、学名索引、英明索引、成文索引が付く。

<ハンドブック>

和漢薬ハンドブック　久保道徳、森山健三著
（大阪）保育社　1995.1　205p　19cm　1800
円　Ⓘ4-586-61117-0
㊞内科、小児科、産婦人科、皮膚科、泌尿
器科、耳鼻咽喉科、眼科、精神神経科、歯科
㊞漢方の運用法を西洋医学の病名分類に従っ
て掲載した薬便覧。内科から歯科までの分類別
に構成し、用いられる漢方薬の名前、読み方、
処方の際のポイントを記載する。医薬専門外の
読者のためにコラム、用語解説を掲載する。付
録としてよく用いられる漢方薬の処方集がある。
漢方薬局一覧、病名索引、方剤索引を付す。

<図 鑑>

漢方ポケット図鑑 主要漢方49処方、生薬
82種　宮原桂編著　源草社　2008.5　284p
19cm　1900円　Ⓘ978-4-906668-62-5
Ⓝ499.8
㊞よく使われる漢方処方（大建中湯、芍薬甘
草湯、牛車腎気丸、補中益気湯、葛根湯 ほか）、
よく使われる生薬（阿膠、威霊仙、黄耆、黄芩、
黄柏 ほか）、漢方の知識
㊞主要漢方49処方、生薬82種を収録。水彩

イラストで漢方のひみつがわかりやすい。

和漢薬百科図鑑　1　難波恒雄著　（大阪）保
育社　1993.11　606p　26cm　18000円
Ⓘ4-586-30203-8
㊞根、根茎、果実、種子類の和漢薬233種412
点を収録した漢方薬の図鑑。37図版を収載し、
3図版にそれらの常用カット品55品目62点を収
載する。現在日本市場で販売されているものの
大半を網羅収録しているが、民間的に用いられ
るものの一部は削除している。また和漢薬以外
のゲンチアナ、センナのような日本で常用され
る生薬も収載する。

和漢薬百科図鑑　2　改訂新版　難波恒雄著
（大阪）保育社　1994.2　525p　26cm
16000円　Ⓘ4-586-30204-6
㊞1 植物性和漢薬（全草・葉、花類、根皮・
樹皮、全草・根皮・樹皮のカット生薬、茎・材
類、樹脂・エキス・虫瘿類、藻・菌類）、2 動物
性和漢薬、3 鉱物性和漢薬
㊞全草、葉、花、根皮、樹皮、茎、材、樹脂、
エキス類、藻・菌類、動物、鉱物類和漢薬218種
314点を39図版に収載し、1図版に全草、皮類の
常用カット品15品目15点を収めた図鑑。

◆本草学

<事 典>

現代本草集成 『増補能毒』を読む　源草
社　2001.8　327p　26cm　（東静漢方研究叢
書 3）　4200円　Ⓘ4-906668-17-8　Ⓝ499.9
㊞人参、甘草、黄耆、独活、柴胡、芍薬、
前胡、升麻、当帰、生地黄、肉桂〔ほか〕
㊞151種の生薬を収録した漢方薬の事典。自
然社から発行された『増補能毒』を元に、数巻
の本草書より生薬の性味・帰経・薬能を比較、
加えて基原植物・成分・薬理作用を簡潔に記載
する。漢薬名と和薬名を対比して巻末に五十音
順索引を付す。

<図 鑑>

近世植物・動物・鉱物図譜集成　第6巻
目八譜 2 解読篇・索引篇 諸国産物帳集
成　近世歴史資料研究会編　科学書院、霞ケ
関出版〔発売〕　2008.7　763, 113p　27cm
50000円　Ⓘ978-4-7603-0317-5
㊞江戸時代中期以降に製作された植物・動
物・鉱物図譜を集めた図版資料集。江戸時代の
政治・経済・文化・学問などを把握し、総合科
学としての博物学・本草学の歴史を辿ることを
編集方針としている。全27巻構成で、動物・植
物・鉱物・作物のその土地の呼び名、形態、生

態等を記述し、カラーの彩色図を掲載する。

近世植物・動物・鉱物図譜集成　第11巻　錦窠魚譜　1　近世歴史資料研究会編　伊藤圭介著　科学書院, 霞ケ関出版（発売）　2009.2　1086p　27cm　〈諸国産物帳集成 第3期〉〈国立国会図書館所蔵の複製〉　50000円　Ⓘ978-4-7603-0322-9　Ⓝ460

目次　武蔵石寿『甲介群分彙』，毛利梅園『梅園介譜』，毛利梅園『毛利梅園介譜抜書』，栗本瑞見『蝦蟹類写真』，伊藤圭介『錦窠蟹譜』，『蟹類写真』

近世植物・動物・鉱物図譜集成　第13巻　錦窠禽譜　1　近世歴史資料研究会編　伊藤圭介著　科学書院, 霞ケ関出版（発売）　2009.8　947p　27cm　〈諸国産物帳集成 第3期〉〈国立国会図書館所蔵の複製〉　50000円　Ⓘ978-4-7603-0324-3, 4-7603-0324-3　Ⓝ460

目次　伊藤圭介『錦窠魚譜(2)』，栗本瑞見『皇和魚譜』，関根雲停『雲停鯉魚譜』，『萬寶魚譜』，小林義兄『湖魚考』，神田玄泉『日東魚譜』，栗本瑞見『異魚図纂』，『水族四帖』，藤良山書『魚譜』，栗本瑞見『栗氏魚譜』

近世植物・動物・鉱物図譜集成　第15巻　〔1 索引篇〕　魚類・貝類・甲殻類　1　索引篇　近世歴史資料研究会編　科学書院, 霞ケ関出版（発売）　2010.11　565p　26cm　〈諸国産物帳集成 第3期〉　Ⓘ978-4-7603-0326-7　Ⓝ460

目次　原文篇（甲介群分品彙，蟹譜，梅園介譜〔ほか〕），索引篇

中国本草図録　巻1　蕭培根編，真柳誠訳編　中央公論社　1992.11　278p　30cm　15000円　Ⓘ4-12-403092-4

内容　中国全土の研究者が協力，深山秘境に分け入り貴重な生薬原料を生態のままオールカラー図版で紹介。本巻は広く採取される生薬500種。

中国本草図録　巻2　蕭培根主編，真柳誠訳編　中央公論社　1993.1　278p　30cm　〈監修：大塚恭男ほか〉　15000円　Ⓘ4-12-403093-2

内容　中国の天然薬用資源（生薬）の図集。全10巻と別巻1で構成し，計5000種を収録する。解説・伝統医学用語解説・参考文献を付す。

中国本草図録　巻3　蕭培根編，真柳誠訳編　中央公論社　1993.2　258p　30cm　15000円　Ⓘ4-12-403094-0

内容　中国の天然薬用資源（生薬）の図集。全10巻と別巻1で構成し，計5000種を収録する。巻3は東北地方・華東地域の薬用資源。解説・伝統医学用語解説・参考文献を付す。

中国本草図録　巻4　蕭培根編，真柳誠訳編　中央公論社　1993.3　264p　30×23cm　15000円　Ⓘ4-12-403095-9

内容　中国の天然薬用資源（生薬）の図集。全10巻と別巻1で構成し，計5000種を収録する。巻4では，吉林省中医中薬研究院など8機関の共同編集により，東北・西南・華北地域の薬源，薬用真菌43種，薬用地衣14種，植物薬393種等収載。解説・伝統医学用語解説・参考文献を付す。

中国本草図録　巻5　蕭培根編，真柳誠訳編　中央公論社　1993.4　262p　30cm　15000円　Ⓘ4-12-403096-7

内容　中国の天然薬用資源（生薬）の図集。全10巻と別巻1で構成し，計5000種を収録する。巻5では，長春中医学院，中国科学院昆明植物研究所などの協力により，興安嶺・長白山・雲南・峨嵋山他の生薬を収載。解説・伝統医学用語解説・参考文献を付す。

中国本草図録　巻6　蕭培根編，真柳誠訳編　中央公論社　1993.5　240p　29×22cm　15000円　Ⓘ4-12-403097-5

内容　中国の天然薬用資源（生薬）の図集。全10巻と別巻1で構成し，計5000種を収録する。解説・伝統医学用語解説・参考文献を付す。

中国本草図録　巻7　蕭培根編，真柳誠訳編　中央公論社　1993.6　232p　30cm　15000円　Ⓘ4-12-403098-3

内容　中国の天然薬用資源（生薬）の図集。全10巻と別巻1で構成し，計5000種を収録する。巻7では四川省中薬学校など五機関の編集により，四川省峨嵋山地域の特産薬物を中心に，少数民族の薬材をも採録。解説・伝統医学用語解説・参考文献を付す。

中国本草図録　巻8　蕭培根編，真柳誠訳編　中央公論社　1993.7　232p　30cm　15000円　Ⓘ4-12-403099-1

目次　真菌植物門，地衣植物門，蕨類植物門，裸子植物門，被子植物門，伝統医学用語解説

内容　中国の天然薬用資源（生薬）の図集。全10巻と別巻1で構成し，計5000種を収録する。巻8では，中国科学院昆明植物研究所が中心となり，西部地域の少数民族，ことにチベット族の伝統薬物を多数収載。解説・伝統医学用語解説・参考文献を付す。

中国本草図録　巻9　蕭培根主編，真柳誠訳編　中央公論社　1993.8　240p　30cm　〈監修：大塚恭男ほか〉　15000円　Ⓘ4-12-403100-9

内容　中国の天然薬用資源（生薬）の図集。全10巻と別巻1で構成し，計5000種を収録する。解説・伝統医学用語解説・参考文献を付す。

中国本草図録 巻10 蕭培根主編，真柳誠訳編 中央公論社 1993.9 232p 30cm 〈監修：大塚恭男ほか〉 15000円 Ⓘ4-12-403101-7

(内容)中国の天然薬用資源(生薬)の図集。全10巻と別巻1で構成し，計5000種を収録する。解説・伝統医学用語解説・参考文献を付す。

中国本草図録 別巻 蕭培根編，真柳誠訳編 中央公論社 1993.12 209p 30×23cm 10000円 Ⓘ4-12-403102-5

(目次)生薬漢名・基原中国名索引(五十音引き，画引き)，基原学名索引，基原植物和名索引，基原動物和名索引，鉱物生薬索引，付録(伝統医学用語解説，参考文献，本書に掲載した「解説」一覧)

(内容)中国の天然薬用資源(生薬)の図集の索引。五十音引き索引，画引き索引，学名索引，植物・動物・各和名索引，伝統医学用語解説で構成する。

訳注 質問本草 呉継志著，原田禹雄訳注 (宜野湾)榕樹書林 2002.7 626, 12p 26cm 25000円 Ⓘ4-947667-80-X Ⓝ499.9

(目次)質問本草内篇巻一，質問本草内篇巻之二(黄精，玉竹 ほか)，質問本草内篇巻之三(山慈姑，石蒜 ほか)，質問本草内篇巻之四(川烏頭，艸烏頭 ほか)，質問本草外篇巻之一(瓜子金，地棉 ほか)，質問本草外篇巻之二(鉄樹，封艸 ほか)，質問本草外篇巻之三(犁頭草，魚鱗艸 ほか)，質問本草外篇巻之四(野葡萄，鋪格 ほか)，質問本草付録(茘枝，竜眼 ほか)

(内容)琉球・奄美・薩摩の植物，薬草研究の原典。天保8年刊行の，琉球の呉継志の著『質問本草』9巻5冊を現代語に訳して，注をほどこしたもの。各薬草のイラストと解説文が掲載されている。巻末に索引が付く。

◆ハーブ

<事 典>

英国王立園芸協会 ハーブ大百科 デニー・バウン著，吉村則子，石原真理訳，高橋良孝監修 誠文堂新光社 1997.5 421p 30cm 12000円 Ⓘ4-416-89668-9

(目次)ハーブガーデンの設計，ハーブの利用，野生のハーブ，ハーブカタログ，ハーブ辞典

(内容)世界中のハーブを1500枚以上の写真と，1000以上の品種，交配種，栽培変種の説明を掲載。

基本 ハーブの事典 北野佐久子編 東京堂出版 2005.12 299p 21cm 2200円 Ⓘ4-490-10684-X

(目次)暮らしを彩るさまざまなハーブの顔，ハーブ事典，ハーブガーデンの歴史，ノットガーデンと家事，ハーバル，ハーバリストの始まり，新世界からのハーブ，庭園にかかわる本

(内容)定番ハーブ90種とハーブガーデン，ハーバル，ハーバリストを古典植物誌や文学作品，神話伝説，迷信などと写真を交えて紹介する読むハーブ事典。

図解・ハーブ栽培事典 宮野弘司著 いしずえ 1999.7 118p 21cm 1429円 Ⓘ4-900747-24-6

(目次)カラー・ハーブの花ごよみ，図解/ハーブ作りの基礎，図解/種類別の栽培法72，市販のハーブ604種類と作り方一覧，ハーブの種子と苗の購入ガイド

(内容)ハーブの作り方を図解で紹介した事典。掲載項目は，ハーブ名，月別作業暦，同方法で栽培できるハーブ，ふやし方，用度と植え方，水やり・肥料やり，栽培場所，収穫のポイント，用途など。巻末に，市販のハーブ604種類と作り方一覧，ハーブの種と苗の購入ガイド，ハーブ名索引(和名・英名)がある。

スパイス&ハーブの使いこなし事典 「スパイス&ハーブ検定」認定テキスト 基本のすべてを楽しく学べる 主婦の友社編 主婦の友社 2009.8 143p 21cm 〈予想問題付き 文献あり 索引あり〉 1500円 Ⓘ978-4-07-267051-4 Ⓝ617.6

(目次)序章(スパイス&ハーブの歴史，これだけは知っておきたい「スパイス&ハーブの基礎知識」)，第1章 料理とスパイス&ハーブ(覚えておきたい「スパイス&ハーブの基本的な使い方」，さまざまな国の食文化を知る「世界のスパイス&ハーブ料理とドリンク」ほか)，第2章 スパイス&ハーブ図鑑(アニス，オールスパイス ほか)，第3章 暮らしの中で楽しむ・役立てるスパイス&ハーブ(「ハーブティーの楽しみ」，「スパイス&ハーブをヘルス&ビューティに」ほか)

(内容)これ1冊で「スパイス&ハーブ」のとっておきの知識を楽しく学べる。スパイス&ハーブ検定に役立つ初の認定テキスト。

西洋中世ハーブ事典 マーガレット・B.フリーマン著，遠山茂樹訳 八坂書房 2009.2 171p 20cm 〈索引あり 原書名：Herbs for the mediaeval household.〉 2200円 Ⓘ978-4-89694-925-4 Ⓝ617.6

(目次)料理用ハーブ(アニス，バジル ほか)，治療用ハーブ(アグリモニー，アロエ ほか)，毒性ハーブ(ヨウシュトリカブト，クリスマスローズ ほか)，芳香性ハーブ(コストマリー，アイリス ほか)

(内容)ヨーロッパで伝統的な70余種のハーブについて，当時の料理書，家政書，本草書ほか信頼性の高い第一級の史料を手がかりに，料理用・

治療薬・芳香料・毒薬などとして日常的にどのように用いられていたかを中心に記述する。美しいボタニカル・アートなどのカラー図版と15世紀の木版画を多数掲載。詳細な訳註・解説により資料性もさらに充実。

日本のハーブ事典　身近なハーブ活用術
村上志緒編　東京堂出版　2002.9　264p　21cm　2400円　①4-490-10612-2　Ⓝ499.87

(目次)1 日本のハーブの歴史，2 日本人の暮らしとハーブ，3 北海道アイヌと沖縄のハーブ，4 ハーブ活用の基本テクニック，5 ハーブ活用実践編，6 日本のハーブ，7 症状別ハーブ活用，8 注意事項

(内容)庭先，道端，空き地，山野などで出会う日本の伝承ハーブを紹介したもの。歴史，薬湯などの利用法，収穫と保存などに分類して解説する。それぞれのハーブについては，学名，生薬名，自生地域，生育地，特徴，名前の由来，成分，作用，適応，使用方法，解説文を記載。注意事項として毒草の解説文がある。巻末に植物用語解説と古典文献リスト，参考文献，五十音順索引付き。

ハーブ学名語源事典
大槻真一郎，尾崎由紀子著　東京堂出版　2009.4　198p　21cm　〈文献あり 索引あり〉　2400円　①978-4-490-10745-6　Ⓝ617.6

(目次)精油，危険精油，キャリアオイル，ハーブティー，バッチフラワー，付録 植物と星座

(内容)アロマテラピー，メディカルハーブ，バッチフラワー，手作りコスメ，キッチンハーブやハーブティー，栽培など…ハーブを楽しむ・学ぶ人，待望の事典。ハーブの一般名，学名，英名，和名の索引も便利。

ハーブ活用百科事典
林真一郎日本語版監修，キャロライン・フォーリー，ジル・ナイス，マーカスA.ウェッブ著，鈴木宏子訳　産調出版　2006.8　223p　26cm　（ガイアブックス）〈原書名：New Herb Bible〉　2900円　①4-88282-496-5

(目次)ハーブガーデン，ハーブ図鑑，ハーブで作る化粧品，薬用ハーブ，ハーブを使った料理

(内容)ハーブをクッキングや化粧品，家庭菜として利用するための知識を解説する事典。植える前の準備や植えつけから収穫・乾燥までの実用的な知識を掲載し，オリジナルのハーブガーデンの作り方がわかる。「ハーブ図鑑」の章では最適な栽培条件や一般的な利用法がわかる。料理・薬用・化粧品の3つの主な用途について，各章でわかりやすく説明。料理レシピやちょっとした不調に効くドリンクも紹介する。

ハーブ事典　ハーブを知りつくすAtoZ
レスリー・ブレムネス編，樋口あや子訳　文化出版局　1999.8　238p　21cm　2000円　①4-579-20678-9

(目次)第1部 ハーブのAからZまで，第2部 ハーブ・クッキング，第3部 ハーブで家を飾る，第4部 ハーブの美容，第5部 ハーブで健康に，第6部 ハーブを栽培しよう

(内容)イギリスを中心に伝承的に行われてきたハーブの扱い，使用法を紹介したもの。用語集，索引付き。

ハーブハンドブック　健康と癒しのハーブ105種
レスリー・ブレムネス著，椎名佳代訳，林真一郎監修　東京堂出版　2010.11　286p　19cm　〈他言語標題：HANDBOOK OF HERBS　文献あり 索引あり　原書名：The essential herbs handbook.〉　2400円　①978-4-490-20718-7　Ⓝ617.6

(目次)1 ハーブの世界，2 ハーブガイド（活力と刺激のハーブ，脳を強壮するハーブ，免疫強化のハーブ，保護のハーブ，身体を強壮するハーブ，浄化のハーブ，リラックスのハーブ，ロマンティックな催淫のハーブ，精神高揚のハーブ）

(内容)100種を超えるハーブを見開きで紹介する事典。全てのハーブをカラー写真で掲載。その働き（活力と刺激，脳の強壮，免疫強化，保護，身体の強壮，浄化，リラックス，催淫，精神高揚）ごとにグループ分けして掲載。ハーブの伝統的，文化的な利用のしかた，心と身体のための様々な癒しのパワー，栽培や収穫の方法，レシピの紹介も豊富に掲載。

ホリスティックハーブ療法事典　日常生活の健康と症状にハーブの薬効を生かした決定版
ペネラピ・オディ著，竹内智子訳　産調出版　2004.10　204p　22cm　〈原書名：THE HOLISTIC HERBAL DIRECTORY〉　2200円　①4-88282-384-5

(目次)1 呼吸器系，2 目，3 皮膚，髪，3 消化器系，4 心，5 心臓血管系，6 筋肉，骨，関節，7 尿生殖器系，8 乳幼児と子供

(内容)西洋，中国，アーユルヴェーダの伝統医学におけるハーブ治療の基本概念およびハーブ利用法の違いを解説する事典。正統な西洋医学が病気の症状を治療するというよりは緩和する傾向にあるのに対し，伝統的なハーブ療法では，西洋東洋ともに，ハーブを調合することによって心身の調和や安定を目指すことに重きが置かれる。この事典では個人に合わせたアプローチを選ぶことができる。

メディカルハーブの事典　主要100種の基本データ
林真一郎編　東京堂出版　2007.4　216p　26cm　3200円　①978-4-490-10709-8

(目次)アーティチョーク，アイスランドモス，アメリカ人参，アルニカ，アンジェリカ，イチョ

薬草　　　　　　　　　植物

ウ，イブニングプリムローズ，ウィッチヘーゼル，ウコン，ウスベニアオイ〔ほか〕

(内容)欧米で繁用され，科学的評論が得られている中から100種類についての基礎情報，概化，含有成分，構造式，作用，適応，服用法，禁忌，副作用，相互作用，安全性，補足をわかりやすく紹介。

＜ハンドブック＞

ハーブ・香草の楽しみ方　小黒晃監修，緑のある暮らし普及会編集協力　学習研究社　2004.3　183p　21cm　（ひと目でわかる新・園芸ハンドブック）　1300円　①4-05-402371-1

(目次)ハーブの基礎知識（ハーブとは?，さまざまなハーブの種類 ほか），1 食べて元気になる味わうハーブ（ローズマリー，セージ ほか），2 飲んで触れて安らぐ癒しのハーブ（ミント，カモミール ほか），3 香りと彩りで生活を飾るハーブ（ラベンダー，ヤロウ ほか），初心者でもできるハーブ栽培のポイント（種子・苗選び方，その後の生育の決め手，土・肥料は性質に合わせて選ぼう ほか），香りに包まれた庭を訪ねて…全国ハーブガーデンガイド

(内容)人気の高いハーブ56品種を用途別に写真とともに紹介。育て方や管理方法を写真と図で見やすく解説。用途に合わせて楽しめる、使い方の情報も満載。

ハーブノート　ハーブの栽培、知識、利用法　鷹谷宏幸著　グラフ社　2008.6　143p　21cm　1333円　①978-4-7662-1151-1　Ⓝ617.6

(目次)世界のハーブ（アーティチョーク，アグリモニー，アニスヒソップ，アルカネット ほか），日本のハーブ（ウメ，エゴマ，オオバコ，カタクリ，カリン ほか）

(内容)香りを楽しむ114種の世界のハーブ、24種の日本のハーブ。その特徴、利用法、栽培のポイントなどを紹介。

HERB BIBLE　人気ハーブの効能と使い方がよくわかる本　アースプランツリサーチオーガニゼーション監修　双葉社　2005.9　111p　21cm　2000円　①4-575-29833-6

(目次)覚えておきたいハーブの基礎知識（ハーブって何?，ハーブの選び方・保管法，主な使用方法），第1章 世界のハーブ（アイブライト，アニシード，アロエベラ ほか），第2章 アジアのハーブたち（アマチャヅル，ウコン，オオバコ ほか）

(内容)初心者からプロまで活用できる、ハーブ本の決定版がついに完成。特徴、使用法、産地、部位から菜園の時期までが一目でわかるディクショナリー形式でハーブ全80種類を紹介。

身近にあるハーブがよーくわかる本　岩槻秀明著　秀和システム　2007.7　383p　19cm　1600円　①978-4-7980-1693-1

(目次)アオイ科，アオギリ科，アカザ科，アカテツ科，アカネ科，アカバナ科，アブラナ科，アマ科，アヤメ科，イネ科〔ほか〕

(内容)収録数410種。国内でよく見かけるハーブを豊富な写真で紹介。ハーブの名前や特徴がすぐに探せるハンディ図鑑。ガーデニングに役立つワンポイントを掲載。利用部位や時期もひと目でわかる。

メディカルハーブ安全性ハンドブック　マイケル・マクガフィン，クリストファー・ホップス，ロイ・アプトン，アリシア・ゴールドバーグ編，メディカルハーブ広報センター監修，林真一郎，渡辺肇子監訳，若松英輔訳　東京堂出版　2001.12　362p　21cm　〈原書名：Botanial safety handbook〉　6500円　①4-490-20452-3　Ⓝ499.87

(内容)約650品目のメディカルハーブ（薬用植物）を科学的アプローチにより解説した便覧。ラテン語二命名法によるアルファベット順に排列。各ハーブを使用制限のレベルにより7クラスに分類し、各種名称、使用部位、標準用量、使用上の注意等を記載する。巻末に付録として植物化学成分やメディカルハーブの薬理作用についての資料、メディカルハーブクラス分類リストがあるほか、用語解説、索引が付く。

＜図鑑＞

ガーデン・ハーブ図鑑　庭で楽しむハーブの育て方と実用的ガイド　デニ・ボウン著，岩井つかさ訳　日本ヴォーグ社　1996.8　80p　30×18cm　2300円　①4-529-02739-2

(目次)ハーブガーデンとは、魅力ある庭を創ろう、アニス・ヒソップ、レディス・マントル、チャイブ、レモン・バーベナ、ディル、アンゼリカ、ワームウッド、ボリジ〔ほか〕

(内容)庭で育てるためのハーブ60種の性状・草丈・広がり・育て方・近根種などを写真入りで紹介したもの。巻末に五十音順の植物名索引がある。耐寒性・土質・陽あたり・繁殖・手入れ法を調べられるスライドカード付き。

カラー図鑑　ハーブクラフト　ハーブとスパイス 栽培と楽しみ方　高橋章著　成美堂出版　1993.4　159p　21cm　1300円　①4-415-07848-6

(目次)いろいろなハーブの楽しみ方、リースをつくってみよう、ハーブ・リース、ハーブ料理ア・ラ・カルト、花の美しいハーブ、葉の美しい

ハーブ，ハーブ図鑑，ハーブのある風景，ハーブの品種紹介，ハードの育て方，ハーブ・クラフト

(内容)ハーブの保存法や楽しみ方，栽培法を中心に紹介する図鑑。また，51品種のハーブについて，その品種の特徴や栽培の仕方，利用の仕方を紹介している。

暮らしにいかすハーブ図鑑 神蔵嘉高著
講談社 1997.4 99p 21×19cm （ベル・フルール） 1500円 ①4-06-208646-8

(目次)カモマイル，ミント，ラベンダー，ローズ，バジル，セージ，ローズマリー，フェンネル，ディル，タイム，チリペパー，タラゴン，マジョラム，ナスタチウム，ロケット，クレソン，チャイブ，センテッド・ゼラニウム，英国のハーブ ガーデンめぐり，もっと知りたい 多彩なハーブ・カタログ，日本のハーブとスパイス，全国のおもなハーブガーデン，ハーブを育てる基礎知識

日本ハーブ図鑑 山岸喬著 家の光協会
1998.4 242p 26cm 4700円 ①4-259-53886-1

(目次)図鑑編(ユリ科，アヤメ科，イネ科，クワ科，タデ科，ナデシコ科，オトギリソウ科，ノウゼンハレン科，アブラナ科，バラ科，マメ科，アマ科，ミカン科，アオイ科，スミレ科，セリ科，リンドウ科，アカネ科，オミナエシ科，オオバコ科，ムラサキ科，クマツヅラ科，シソ科，ゴマノハグサ科，キク科，その他のハーブ，有毒なハーブ)，資料編(料理に活躍するハーブ，エステ効果のあるハーブ，薬効のあるハーブ，生活を豊かにするハーブ，その他)

(内容)日本で育てられるハーブを集めた図鑑。図鑑編と資料編からなり，図鑑編は科ごとにまとめ英名，学名，用途や特徴，栽培方法などを記載，資料編では様々な使い方を解説。巻末に和名索引，英名索引，学名索引，別名索引が付く。

花図鑑 ハーブ 高橋章監修 草土出版，星雲社〔発売〕 1996.5 319p 24×19cm （草土花図鑑シリーズ 3） 3090円 ①4-7952-9537-9

(目次)育てる―ガーデニング，楽しむ―ヘルス&ビューティー，作る―ハーブクラフト，食べる―ティー&クッキング

(内容)400種のハーブを紹介した図鑑。「ガーデニング」「ハーブクラフト」「ヘルス&ビューティー」「クッキング&ティー」の目的別に構成され，それぞれの方法を解説した後に適するハーブを紹介する。巻末に花色別索引・五十音順総索引・アルファベット順学名索引がある。

花図鑑ハーブ＋薬用植物 草土出版，星雲社〔発売〕 2004.12 331p 24×19cm （草土花図鑑シリーズ 3） 3000円 ①4-434-03915-6

(目次)育てる―ガーデニング，楽しむ―ヘルス&ビューティー，作る―ハーブクラフト，食べる―ティー&クッキング，食材別相性のよいハーブ，その他のハーブ，薬用植物図鑑

(内容)400種を目的別に完全ガイド。実用的ハーブ図鑑の決定版。

ハーブ 350種の特徴・栽培・利用法 高橋章著 三心堂出版社 1995.2 336p 15cm （ポケットカラー事典） 1500円 ①4-915620-97-2

(目次)アーティミシアのグループ，アリウムのグループ，オレガノのグループ，カモマイルのグループ，カラミントのグループ，サントリナのグループ，セージのグループ，センテッドゼラニウムのグループ，タイムのグループ，ネペタのグループ，バジルのグループ，パセリのグループ〔ほか〕

(内容)日本になじみのあるハーブ350種を収録したポケット図鑑。五十音順に掲載するが，同じグループに属するものはそれぞれのグループ名の下に1箇所にまとめている。植物名，コモンネーム，学名，科名，一年草・二年草等の別，特徴・栽培・利用法の解説を記載する。巻末に病害虫対策，ハーブガーデン・ショップリストなどの資料，五十音順索引を付す。

ハーブ 亀田竜吉著 山と渓谷社 1999.4 281p 15cm （ヤマケイポケットガイド 4） 1000円 ①4-635-06214-7

(目次)アオイ科，アカザ科，アカネ科，アカバナ科，アブラナ科，アマ科，アヤメ科，イネ科，イラクサ科，オオバコ科，オミナエシ科，キク科，キョウチクトウ科，キンポウゲ科，クスノキ科，クマツヅラ科，クワ科，ケシ科，ゴマノハグサ科，サクラソウ科，サトイモ科，シソ科，シナノキ科，ショウガ科，スイカズラ科，スベリヒユ科，スミレ科，セリ科，ダデ科，ツツジ科，トウダイグサ科，ナス科，ナデシコ科，ノウゼンハレン科，バラ科，ハンニチバナ科，ヒノキ科，フウチョウソウ科，フウロソウ科，フトモモ科，マツムシソウ科，マメ科，ミカン科，ミソハギ科，ムラサキ科，モクセイ科，モクセイソウ科，モクレン科，ユリ科

(内容)ハーブ約440種紹介した図鑑。掲載項目は，名前，分類，解説文，収穫期や利用部位を書き出したデータ，写真など。巻末に索引を付す。

ハーブ 北隆館 1994.9 247p 18cm （Field Selection 19） 1800円 ①4-8326-0338-8

(目次)きく科，うり科，おみなえし科，すいかずら科，あかね科〔ほか〕

(内容)ハーブをうまく利用して実際の生活に役

立てるための案内書としてまとめられた写真図鑑。各ハーブにつき、英語名、和名、学名、利用法や育て方に重点を置いた解説、種まきや花の時期(月)を記載、花の写真と利用度の高い部位の写真を掲載する。全171種を収録し、双子葉植物(合弁花類→離弁花類)から順に各科ごとに排列。巻末には英名(カナ書き)および和名(カナ書き)による50音順索引と、ハーブガーデン・薬用植物園の一覧を付す。

ハーブ図鑑 ハーブハーモニーガーデン監修 日本文芸社 1998.3 207p 18cm (カラーポシェット) 1000円 ⓘ4-537-07603-8

(目次)1 ハーブ図鑑(アーティチョーク、アシタバ、アニスヒソップ、アブラナ ほか)、2 ハーブの庭づくり(ハーブのある暮らし、ハーブ選び、コンテナ栽培、ハーブが好む土地の条件 ほか)

(内容)約130種類のハーブを解説した図鑑。排列はハーブ名の五十音順、和名、学術名、原産地、特徴、栽培方法などを写真付きで解説。

ハーブ図鑑200 美しい花と香りを楽しむ 主婦の友社編 主婦の友社 2009.7 187p 21cm (主婦の友ベストbooks) 〈索引あり〉 1300円 ⓘ978-4-07-267387-4 Ⓝ617.6

(目次)アーティチョーク、アイ、アカネ、アカンサス、アグリモニー、アサツキ、アシタバ、アニス、アニスヒソップ、アマチャ〔ほか〕

(内容)バジルやローレル、ローズマリー、ミントなど、料理の味を引き立てるハーブ、さわやかな香りを楽しむハーブなど、生活に役立つハーブ200種類を、美しいカラー写真で紹介。じょうずな使い方やおすすめの利用法をくわしく解説した、ハーブ図鑑の決定版。

ハーブ入門 カラー図鑑 金田初代文、金田洋一郎写真、アトリエ・カスミ協力 西東社 1997.6 398p 15cm 1500円 ⓘ4-7916-0699-X

(目次)1 ハーブと暮らす―ハーブの楽しみ方・使い方、2 知っておきたいハーブ121種(あ、か、さ、た、な、は、ま、や、ら、わ)、3 失敗のない育て方・収穫・保存

ハーブの写真図鑑 オールカラー世界のハーブ700 レスリー・ブレムネス著 日本ヴォーグ社 1995.10 312p 21cm (地球自然ハンドブック) 2700円 ⓘ4-529-02569-1

(目次)ハーブとは何か、葉と茎、花、種子、果実、木の実、根、樹皮、木部、樹脂、精油、料理用ハーブとして、治療用ハーブ、ハーブのそのほかの利用法〔ほか〕

(内容)ハーブ700種の図鑑。各ハーブの特徴、用途等を簡単な解説とカラー写真1500点で紹介する。巻末にアルファベット順のラテン語学名・英語名索引、五十音順の英名・和名索引がある。

ハーブの図鑑 見て、読んで育てて使いきる 萩尾エリ子著、橋本篤生写真 (新宿区)池田書店 1999.4 239p 19cm 1600円 ⓘ4-262-13611-6

(目次)アイ、アーティチョーク、アカネ、アカンサス、アグリモニー、アスパラガス、アニスヒソップ、アマランサス、アルカネット、アルファルファ〔ほか〕

(内容)日本でよく栽培され、よく利用されるハーブを掲載した図鑑。掲載項目は、名称・別名・学名、花と葉の写真、成育できる条件、生活に生かせる利用法、栽培・収穫・保存のコツなど。学名索引、英名・和名・学名索引付き。

ハーブの育て方・楽しみ方大図鑑 ハーブハーモニーガーデン監修 成美堂出版 2004.11 175p 24×19cm 1300円 ⓘ4-415-02661-3

(目次)ハーブのある暮らしを楽しむ(素敵なハーブガーデン、ハーブティーを楽しむ ほか)、ハーブカタログ111種(アグリモニー、アニス ほか)、ハーブを育てる(ハーブ栽培のしかた、苗を庭に植える ほか)、ハーブを収穫する・殖やす(ハーブを収穫する、収穫したハーブを保存する ほか)

(内容)111種類のハーブを写真付で1ページずつ解説。料理や、ハーブの増やし方なども写真付で紹介。

ハーブの花図譜 カラーチャート 星野登志子絵、桐原春子解説 誠文堂新光社 1995.5 126p 21cm (ハーブの本) 2500円 ⓘ4-416-49505-6

(内容)ハーブを花の色別に分類し、花の形と色、葉の形、株の姿等を解説したもの。

ハーブハンドブック 蓼科ハーバルノート監修 (新宿区)池田書店 1997.7 175p 17cm 950円 ⓘ4-262-15677-X

(目次)ハーブ・114種、スパイス・16種、ワイルド&ガーデンフラワー・16種、ハーブの利用法

(内容)日本でよく栽培され、利用されているハーブを選び掲載したハンドブック。ハーブ・スパイス130種、ワイルド&ガーデンフラワー16種を収録。索引として、「英名・和名・別名・近縁種名インデックス」、「学名インデックス」がある。

ハーブベストセレクション150 選び方から楽しみ方まですべてがわかるハーブガイド 日本ハーブ協会連絡協議会監修 日本文芸社 1996.12 175p 21cm 1400円 ⓘ4-537-01826-7

(目次)ハーブ図鑑(アーティチョーク、アニス、アニスヒソップ、アルカネットほか)、ハーブを楽しむ(ハーブのある暮らし、ハーブを食べる、ハーブを飲む、ハーブを育てる、ハーブの知識、ハーブと出会う)

◆植物ヒーリング

<事 典>

アロマセラピーとマッサージのためのキャリアオイル事典 レン・プライス、シャーリー・プライス、イアン・スミス著、ケイ・佐藤訳 東京堂出版 2001.3 235p 21cm 〈原書名：Carrier Oils for Aromatherapy & Massage〉 2600円 ①4-490-10566-5 Ⓝ617.9

(目次)キャリアとしての植物油、固定油の化学、固定油と皮膚透過、キャリアオイル・プロフィール、用語解説、付録(主要なキャリアオイルの特性と適応症、ヨウ素価、その他の植物油)

(内容)アロマセラピーとマッサージのほか、化粧品や料理にも利用される43種類の植物油の情報をまとめたもの。キャリアオイル・プロフィールで個々のオイルの語源、植物とその環境、油の性質、抽出方法、主な成分構成、物理的特性、民間伝承と伝統的な植物の利用、治療特性 経口・外用、化粧品としての利用、調理、使用上の注意などについてまとめる。巻末に索引を付す。

アロマテラピー事典 パトリシア・デービス著、高山林太郎訳 フレグランスジャーナル社 1991.8 370p 21cm 6700円 ①4-938344-23-8

(内容)アロマテラピー(芳香療法)についての知識の全般にわたり、331項目にわけて詳しく実践的に解説し、新しい分野「香りの健康法・美容法」をオールラウンドに理解するための事典。

アロマテラピーの事典 篠原直子著 成美堂出版 2000.8 173p 21cm 1200円 ①4-415-01453-4 Ⓝ498.3

(目次)1 精油を使ってみましょう、2 精油&ベースオイルカタログ、3 つくって楽しむ暮らしのアロマ、4 アロマバスでリフレッシュ&リラックス、5 スキンケア&ヘアケアのためのアロマテラピー、6 家で気軽にアロママッサージ、7 元気になるためのアロマテラピー

(内容)アロマテラピーに使用する精油、アロマテラピーの方法について解説したハンドブック。精油&ベースオイルカタログでは75種類の精油と18種類のベースオイルについて学名、科名、抽出部位、ノート、効能と使用法について掲載。ほかに精油の基礎知識、各種のアロマテラピーについて解説をする。巻末に五十音順の事項索引を収録。

天然食品・薬品・香粧品の事典 普及版〔Albert Y.Leung, Steven Foster〕〔著〕、小林彰夫、斎藤洋監訳 朝倉書店 2009.7 527p 27cm 〈文献あり 索引あり 原書名：Encyclopedia of common natural ingredients.2nd ed.〉 23000円 ①978-4-254-43106-3 Ⓝ499.87

(目次)アカシア、アギ(阿魏)、アスパラガス、アスピジウム、アセロラ、アーティチョーク、アナトー、アニス(スターアニス)、アボカド、アメリカザンショウ〔ほか〕

<名 簿>

アロマ&エステティックガイド 2002 アロマトピア編集部、クレアボー編集部編 フレグランスジャーナル社 2002.2 315p 26cm 2000円 ①4-89479-050-5 Ⓝ499.87

(目次)アロマ(サプライヤー(精油/エッセンシャルオイル他)、ショップ、ガーデン&ミュージアム、スクール、トリートメント&サロン、関連団体)、エステティック(スクール、トリートメント&サロン、関連団体、美容メーカー&ディーラー)

(内容)アロマテラピーおよびエステティックに関する情報を紹介するガイドブック。ジャパンアロマテラピーガイド」から「アロマ&エステティックガイド2002」と名を改め、幅広い関連情報1679件を収録している。サプライヤー、ショップ、スクール、関連団体などを掲載し、それぞれの名称、所在地、連絡先、内容などを記載している。巻末に索引が付く。

アロマテラピーと癒しのお店ガイド 岡山・広島・香川 ミコプロジェクト編 (岡山)吉備人出版 2002.1 124p 21cm 1429円 ①4-906577-92-X Ⓝ499.87

(目次)アロマ/岡山、アロマ/倉敷・牛窓・津山、アロマ/四国、アロマ/広島、その他/岡山、その他/倉敷・玉野・笠岡・牛窓、その他/広島、その他/四国

(内容)アロマテラピーやメンタルリラクゼーションのお店のガイドブック。岡山・広島・香川の3県で開店しているアロマテラピーのお店、その他のリフレクソロジー・メンタルリラクゼーションなどのお店全47店を、各県・地域別に紹介する。営業時間、連絡先、メニューの紹介に加えて、店長のコメント、所在地マップ、写真も掲載している。

<ハンドブック>

コルテ・フラワーエッセンスの癒しの世界 アンドレアス・コルテ著、竹之内悦子訳 フレグランスジャーナル社 2008.2 223p

21cm 〈原書名：Ratgeber Blutenessenzen.〉 3500円 ①978-4-89479-131-2 Ⓝ499.87

(目次)1 ジェムのエッセンス, 2 キノコのエッセンス, 3 クラシックエッセンス, 4 ヨーロッパの野生植物のエッセンス, 5 アフリカ, カナリア諸島の野生の花のエッセンス, 6 サボテンと多肉植物のエッセンス, 7 バラのエッセンス, 8 ランのエッセンス

(内容)花を摘まない新製法によるコルテ・フラワーエッセンスの全容を紹介。フラワーでは野生の花、バラ、アマゾンのランのフラワーエッセンスを解説。鉱物（ジェムなど）を初めキノコ、野生植物、サボテンなど多数を網羅。エッセンスを中心に、学名、起源のほかエッセンスの作用等、アファメーションについて詳述。

精油・植物油ハンドブック 健康と癒しのアロマ・オイル100種 ジェニー・ハーディング著、椎名佳代訳、林真一郎監修 東京堂出版 2010.11 302p 19cm 〈文献あり 索引あり 原書名：The essential oils handbook.〉 2400円 ①978-4-490-20719-4 Ⓝ499.87

(目次)1 精油のパワー, 2 オイルガイド（キャリアオイル, 筋肉のケア, 肌の改善, 呼吸の改善, 温かい刺激, 免疫の改善, ホルモンの調節, 神経の鎮静, 消化の改善, 高揚の香り）

(内容)生活の質を高めるための100種類の精油・植物油（キャリアオイル）の簡単・便利なガイド。リラックスのバスタイム、癒しの吸入、活力のマッサージ、鎮静の湿布剤など、実践方法も豊富。100種類の精油・植物油を、その働きごとにグループに分け、それぞれ見開きでわかりやすく作用、安全性、目的に合わせた効果的なブレンドなどについて詳しく紹介。伝統的な利用法についても触れている。貴重なハーブの写真も掲載。様々な働きをもつキャリアオイルや、香りのパワーとアロマテラピーの素晴らしさを日常生活に取り入れる具体的な方法を紹介した。

ヒーリング植物バイブル 樹木・花・食用植物のヒーリング決定版ガイド ヘレン・ファーマー＝ノウルズ著、中谷友紀子訳 ガイアブックス、産調出版(発売) 2010.8 399p 17cm (The world's bestselling series) 〈索引あり 原書名：The healing plants bible.〉 2600円 ①978-4-88282-739-9 Ⓝ499.87

(目次)薬用ハーブ（ホーステスチェスナット, アロエベラ ほか）, 食用のヒーリング植物（マッシュルーム, パイナップル ほか）, 樹木のヒーリングエネルギー（モミ, バオバブ ほか）, スピリチュアルヒーリングのための植物（ベニテングタケ（フライアガリック）, アヤワスカ ほか）, フラワーエッセンス（花のもつ力, フラワーエッセンスの歴史 ほか）

(内容)世界中から100種以上のヒーリング効果がある植物を集めたガイドブック。セントジョンズワートやセージ、カモミールなどの主要な薬用ハーブをはじめ、ブドウやブルーベリーなどの食用のヒーリング植物や、ヒーリングエネルギーをもつ花や樹木を収録、利用の歴史や、効能、使用法を紹介。また、スピリチュアルヒーリングのための神聖な植物や、軽い病気や心のトラブルに効果的なフラワーエッセンスも扱っている。

<図 鑑>

自分で採れる薬になる植物図鑑 増田和夫監修 柏書房 2006.11 319p 26cm 3400円 ①4-7601-2997-9

(目次)薬になる植物243種, 薬になる野菜・ハーブ34種, 毒草22種

(内容)薬になる身近な植物約300種の特徴や成分、採り方、使用方法などを写真とともに解説。各植物の生育場所や採取時期、薬効がひと目でわかるアイコンつき。毒草やよく似た植物との見分け方、食用にもなる薬草の調理法と効能、家庭での栽培法など、類書では得られない情報をコラムで紹介。各項目は植物分類体系によって配列。症状や薬効、生薬名からも検索可能なマルチインデックス付。

花

<事 典>

花の香り事典 三枝敏郎著 透土社、丸善〔発売〕 2002.12 187p 21cm 2000円 ①4-924828-82-3 Ⓝ617.6

(目次)第1章 花の香りとは（花の香り・役割と背景, 花の香りと生活）, 第2章 芳香花散策（コブシ, チュウゴクシュンラン, ジンチョウゲ ほか）, 第3章 芳香花あれこれ（芳香のユリは横を向く, ミステリー小説に登場する芳香花, 花の香りの選択 ほか）, 世界の芳香花事典（芳香花のユリ, 芳香花の洋ラン）

(内容)香りが魅力の芳香花の知識をまとめた事典。花の香りの役割・歴史などの基礎知識、日本に産する35種の芳香花の紹介、五十音順の世界の芳香花事典などで構成する。五十音順の植物名索引、アルファベット順の学名索引を付す。

花の事典 知りたい花の名前がわかる 金田初代文, 金田洋一郎写真 西東社 2003.10 351p 21cm 1500円 ①4-7916-1187-X

(目次)1 春の花, 2 夏の花, 3 秋・冬の花, 4 周年の花

㊤内容 約1000点の豊富な写真と解説で、現在出回っている花を紹介。「色と季節からさがせる花のカラー写真もくじ」は、花を色で分け、季節順に並べてあるので、色と咲く季節からめざす花をさがし出すことができる。また、巻末の「知りたい花の名前が見つかる総索引」には、タイトルの花名のほか本文中に記載した和名、英名、通称なども含めて50音順に掲載。

花の事典 新品種&人気の花 新しい切り花・鉢花・花苗 花葉会編、安藤敏夫監修 講談社 1997.3 239p 21cm 2816円 Ⓒ4-06-131955-8

㊤内容 市場に流通する切花や鉢物、花苗のうち最近3年間に登場した新品目や新品種を中心に市場で人気の高い花300品目750点を収録した事典。品目の基本データとして、科名、学名、園芸的分類、別名、原生地、花色、葉色、切花長、鉢物高、出回り時期を記載。

花の事典 洋花&グリーン 新しい花・観葉植物 講談社編 講談社 1994.9 271p 21cm 2900円 Ⓒ4-06-131944-2

㊤内容 明治時代以降現在までに日本に輸入され、いけばなやフラワーデザインとして使用されている花材を収載した図鑑。洋花100項目260種、グリーン180項目250種を収録する。全体を洋花、グリーン、和洋のグリーンダイジェストの3部に分け、その中を名前の五十音順に排列。それぞれに写真を掲載し、名前、学名、植物分類、原産地、別名、英名、出回り時期のデータと解説を記載。巻末に五十音順索引を付す。—今注目の新しい洋花の魅力とグリーンの楽しみ方のすべてを紹介。

花の大百科事典 V.H.ヘイウッド著、大沢雅彦監訳 朝倉書店 2005.4 355p 31×22cm 〈原書名：FLOWERING PLANTS OF THE WORLD〉 36000円 Ⓒ4-254-17114-5

㊤目次 双子葉植物亜綱（モクレン上目、マンサク上目、ナデシコ上目、ビワモドキ上目 ほか）、単子葉植物亜綱（オモダカ上目、ツユクサ上目、ヤシ上目、ユリ上目）

㊤内容 世界中の花を、美しいカラー図版で詳しく解説。25万種以上の花の特徴・生態を全300科で記載。ガーデニング愛好家から、植物学の研究者まで。

花の大百科事典 普及版 V.H.ヘイウッド編、大沢雅彦監訳、黒沢高秀、福田健二編訳 朝倉書店 2008.6 355p 31cm 〈訳：尾崎煙雄ほか 執筆：S.C.H.Barrettほか 原書名：Flowering plants of the world.〉 34000円 Ⓒ978-4-254-17139-6 Ⓝ477.036

㊤目次 双子葉植物亜綱（モクレン上目、マンサク上目、ナデシコ上目、ビワモドキ上目、バラ上目、キク上目）、単子葉植物亜綱（オモダカ上目、ツユクサ上目、ヤシ上目、ユリ上目）

㊤内容 2005年刊行の『花の大百科事典』普及版。世界中の"花の咲く植物＝顕花植物／被子植物"の特徴を、約300の科別に美しいカラー図版と共に詳しく解説。巻末に和文、欧文索引が付く。

花の名前 庭の花・花屋さんの花・園芸店の花522種 浜田豊著 日東書院 2003.6 321p 19cm 1300円 Ⓒ4-528-01640-0

㊤内容 ガーデニング・フラワーアレンジメントにも活用できる。「緑・花文化の知識認定試験」にも対応した花の百科事典。巻末に五十音順索引と花の入手時期索引が付く。

花の名前 ポケット事典 身近にある花、花屋さんの花がわかる本 日本放送出版協会 1995.3 430p 19cm 2800円 Ⓒ4-14-040127-3

㊤目次 1 1・2年草、2 宿根草、3 球根類、4 花木・庭木、5 観葉植物・シダ、6 つる性植物、7 ラン類、8 サボテン・多肉植物・その他

㊤内容 身近な植物について、学名や分類などを示した事典。1・2年草、宿根草、観葉植物、ラン類など種類別に排列。通称名を見出し語とし、科名・属名、学名、別名、英名、原産地、用途などについて記載。花の写真約1200枚を収録。巻末に五十音順索引を付す。

<図　鑑>

一日ひとつの花図鑑 365選 金田洋一郎写真、金田初代文 PHP研究所 2009.8 221p 19cm 〈持ち歩きbook〉〈索引あり〉 1500円 Ⓒ978-4-569-77009-3 Ⓝ627.038

㊤目次 はる（プリムラ・キューエンシス、ヘリコニア ほか）、なつ（カザグルマ、ベニバナトチノキ ほか）、あき（ガンピ、レンゲショウマ ほか）、ふゆ（カカリア、ツルハナナス ほか）

㊤内容 見る、学ぶ、楽しむ、野山で、植物園で、花屋で、こころ惹かれた花の名前がわかり、花検定にも役立つ！365選。

色で楽しむ花図鑑500 日本ヴォーグ社 1997.4 167p 21cm 2000円 Ⓒ4-529-02897-6

㊤目次 ピンク—フラワーカラーセラピー、レッド—フラワーカラーセラピー、オレンジ—フラワーカラーセラピー、イエロー—フラワーカラーセラピー、ホワイト—フラワーカラーセラピー、ブルー・パープル—フラワーカラーセラピー

㊤内容 花屋、ガーデンセンター等で手に入る花500点を収録した図鑑。巻末には、植物名索引、種別索引を付す。

花　　　　　　　植物

色でひける花の名前がわかる事典　花屋さんの花・花壇の草花450種　高橋竜次，勝山信之著　成美堂出版　2001.7　336p　21cm　1500円　Ⓘ4-415-01495-X　Ⓝ627.038

〔内容〕花屋や花壇で見る草花450種を収録した図鑑。五十音順排列。流通名、別名、花の色、分類、特徴、花言葉、出回り時期、購入・手入れのポイントなどを1000点の写真とともに解説。「緑と花文化の知識認定試験」の手引書としても対応。巻頭に花の色から探せる「花色もくじ」、巻末に「花の入手時期さくいん」と「五十音順さくいん」がある。

学研の図鑑　花　新訂版　学習研究社　1994.11　184p　26cm　1500円　Ⓘ4-05-200505-8

〔内容〕園芸植物と作物を620点のカラー写真で紹介する学習図鑑。季節ごとの「花」、穀物、野菜、果物に分けた「作物」、植物園ガイドや育て方などの「花とわたしたちのくらし」の3部構成。巻末に花ことばと索引を付す。

樹に咲く花　合弁花・単子葉・裸子植物　改訂第3版　茂木透写真、高橋秀男、勝山輝男監修・解説、石井英美、太田和夫、城川四郎、崎尾均、中川重年ほか解説　山と溪谷社　2003.7　719p　21cm　（山渓ハンディ図鑑5）　3600円　Ⓘ4-635-07005-0

〔目次〕被子植物双子葉合弁花類（ツツジ科、リョウブ科、ヤブコウジ科 ほか）、被子植物単子葉類（ユリ科、イネ科、ヤシ科 ほか）、裸子植物（ソテツ科、イチョウ科、マツ科 ほか）

〔内容〕ツツジ科・ハイノキ科・モクセイ科・アカネ科・クマツヅラ科・スイカズラ科・イネ科・マツ科・スギ科・ヒノキ科などを中心に約460種類を収録。

樹に咲く花　離弁花　1　茂木透写真　山と溪谷社　2000.4　719p　21cm　（山渓ハンディ図鑑 3）　3600円　Ⓘ4-635-07003-4　Ⓝ477.038

〔目次〕被子植物双子葉離弁花類（ヤマモモ科、クルミ科、ヤナギ科、カバノキ科、ブナ科、ニレ科、クワ科、イラクサ科、モクマオウ科 ほか）

〔内容〕日本に自生する樹木を中心に主な外国産の樹木や園芸品種も含めた樹木の写真図鑑。全3巻の構成で本巻では被子植物・双子葉離弁花類のうち約385種を収録。新エングラーの分類体系による科目で排列。樹木は基本的に花や果実、樹木全体の写真と冬芽、種子など細部の拡大写真を掲載。掲載データは各名称、分布、生育地と形状に関する詳細な解説がある。巻末に主な植物用語集と学名索引・和名索引を付す。

切り花図鑑　一番新しい花に出会える　長岡求監修　講談社　2002.3　39p　21×18cm　1800円　Ⓘ4-06-210900-X　Ⓝ627

〔目次〕1 ニューフェースの切り花（アフログリーン，クリスマスキャロル ほか），2 周年の切り花（アルストロメリア，アンスリウム ほか），3 春の切り花（アイリス，アネモネ ほか），4 夏の切り花（アジサイの仲間，アスター ほか），5 秋冬の切り花（ケイトウ，コスモス ほか）

〔内容〕市場に流通する切り花のうち、入荷するようになって間もない新品種や人気の高い花を収録する図鑑。新品種および出回り時期の季節別に分類・掲載し、適宜に生け花や花束の作品例を併載している。各品種目の学名、科名、園芸的分類、別名または和名や英名、原生地、花色、葉色、寸法、出回り時期を記載。新品種については目安としての価格も記してある。巻末に植物名索引を付す。

切り花図鑑　岡田比呂実解説，鈴木庸夫写真　小学館　1997.4　319p　15cm　（ポケットガイド 1）　1262円　Ⓘ4-09-208201-0

〔目次〕周年，早春，陽春，初夏，盛夏，秋・冬，葉もの，実もの

暮らしを彩る花屋さんの花ガイドブック　永岡書店　1995.8　255p　17cm　1200円　Ⓘ4-522-21138-4

〔内容〕生花店で入手可能な花300種目428品種の図鑑。出回る時期により全体を「周年」「春」「夏」「秋・冬」「グリーン」に分けて収録、それぞれ名称、データ、180字程度の解説とカラー写真を掲載する。巻末に花名の五十音索引がある。

原種デンドロビューム全書　オーキッドバイブル 2　岡田弘，合田一之，露木尚治，広田哲也，藤広治，松原剛著　草土出版，星雲社〔発売〕　2002.11　120p　31×23cm　8000円　Ⓘ4-434-02171-0　Ⓝ627.57

〔目次〕原種デンドロビュームA‐Z，デンドロビュームの原生地（タイ，ニューギニア，フィリピン／バヌアツ／インドネシア），デンドロビュームのセクション，温度別デンドロビュームの栽培法

〔内容〕原種デンドロビューム（洋蘭）の写真図鑑。アルファベット順に排列し、1ページに3件を収録。左側に原生地の地図、右側に写真を掲載。さらに、和名、セクション、異名、花茎、着花状況、花色、花命を記載。巻末に品種名アルファベット順、五十音順、セクション別の索引がある。

昆虫の集まる花ハンドブック　田中肇文・写真　文一総合出版　2009.4　80p　19cm　〈文献あり　索引あり〉　1200円　Ⓘ978-4-8299-0139-7　Ⓝ477.038

〔目次〕昆虫の観察，花の観察，推理する，紫〜

赤紫の花，黄色の花，淡紅〜赤〜橙赤の花，白色の花，緑〜褐色の花，青〜青紫の花，黒・その他の花
〔内容〕昆虫により花粉が運ばれる虫媒花を中心に，少数の鳥媒花を含む142種の花を選び，受粉方法を解説。

新百花譜百選 木下杢太郎著，前川誠郎選
岩波書店 2001.3 図版100枚 36cm 〈6p（26cm）箱入（39cm）〉 30000円 ⓘ4-00-008076-8 Ⓝ721.9
〔内容〕木下杢太郎著『百花譜』から100枚を選び，原寸大で掲載した花の図集。画家，詩人，キリシタン史家また美術史家であり，医者であった木下杢太郎（1885〜1945）は，その生涯の最後の時期に，2年3ヵ月にわたり草木や花の生命を描いた。その872枚を収録した1979年刊「百花譜」からの選定編集版。

庭と温室と海岸の花 花のつくりがよくわかる植物観察図鑑 松原巖樹，浅井粂男絵，松原巖樹構成・文 旺文社 1998.4 207p 27cm 5000円 ⓘ4-01-072478-1
〔内容〕自然の学習に役立つ図解による植物観察図鑑シリーズ。子どもになじみの深い，身近な植物を，大きな細密イラストや生態写真で紹介する。全2巻。第2巻では，庭や温室で育てることのできる花，海岸で見られる花などを収録。

花 中山周平監修 学習研究社 1998.4 144p 19cm （新こどもポケットずかん 3）〈索引あり〉 800円 ⓘ4-05-151967-8
〔内容〕生活科の調べ学習や体験学習に使える小型の学習図鑑シリーズ。

花 学習研究社 2000.3 184p 30×23cm （ニューワイド学研の図鑑） 2000円 ⓘ4-05-500413-3 ⓃK627
〔目次〕草花，花木，温室植物，作物，花の情報館
〔内容〕園芸植物と花を集めた図鑑。草花，花木，温室植物，作物に分類して掲載。各植物には種名及び別名，なかまの名前，およその高さ，開花時期，原産地，自生地などのデータと解説を掲載。巻末に花の情報館として園芸植物の育成等の解説などを収録している。巻末に植物の名称からの索引を付す。

花ごよみ種ごよみ 「あの花にこんな実がなるの？」 高橋新一写真・文 文一総合出版 2002.7 111p 26cm 1900円 ⓘ4-8299-2164-1 Ⓝ477
〔内容〕花と種の写真図鑑。一つの種を1ページ4〜5枚の写真で構成し，おおよその花期別に分け，そのレイアウトは左上方から右下方に可能な限り，全形・花・果実・種の順に排列・掲載する。収録点数は107種。

花図鑑 球根＋宿根草 村井千里，久山敦監修 草土出版，星雲社〔発売〕 1998.10 304p 24×19cm （草土花図鑑シリーズ 8） 3000円 ⓘ4-7952-9555-7
〔目次〕球根（球根植物とは，球根の種類と分類，球根の選び方，買い方，球根の植えつけ時期と特性，根の状態，球根図鑑 ほか），宿根草（宿根草と1・2年草，宿根草か球根植物か？，宿根草を手に入れる，植えつけ，殖やし方，宿根草図鑑 ほか）
〔内容〕球根，宿根草を紹介する図鑑。掲載データは，分類，和名，学名，英名，別名，原産地，草丈，花径など。総索引，学名索引，英名索引，宿根草用途別索引，ナーセリー・ショップリスト，ガーデン・植物園リスト付き。

花図鑑 切花 草土出版，星雲社〔発売〕 1996.4 327p 24×19cm （草土花図鑑シリーズ 1）〈『花屋さんの花図鑑』増補・改題書〉 3090円 ⓘ4-7952-9536-0
〔目次〕贈る花選びに…〔逆引き花言葉字典，366日の誕生花〕，CLOSE‐UP FLOWERS（バラ，チューリップ），花図鑑（淡桃色，桃色，薄紫色ほか）
〔内容〕生花店等で入手可能な切り花の図鑑。花を色・形別に分類し，一般的な呼称，学名，分類，開花時期と出回り時期，花言葉・誕生花，外観上の特徴，扱い方，色のバリエーション等を解説する。巻頭に花言葉から花が引ける「逆引き花言葉字典」，日付から誕生花が引ける「366日の誕生花」を掲載する。巻末に花の出回り季節一覧，花名の総索引，フラワースクール・生花市場ガイドがある。

花図鑑 樹木 伊丹清監修 草土出版，星雲社〔発売〕 1997.10 318p 23×18cm （草土花図鑑シリーズ 6） 3000円 ⓘ4-7952-9548-4
〔目次〕樹木観察法（樹形，樹高，樹皮，葉，花，実，樹木分類），図鑑（広葉樹，針葉樹，竹・笹・その他，コニファーガイド，枝物，コラム，用語），森林浴・アロマテラピー

花図鑑 鉢花 草土出版，星雲社〔発売〕 1996.3 287p 23×19cm （草土花図鑑シリーズ 2）〈『花屋さんの花図鑑 育てる花』新装・改題書〉 3090円 ⓘ4-7952-9535-2
〔目次〕花の自生地を知ろう，花の育て方を知ろう，花の名前を知ろう，好きな花を探そう，データファイル
〔内容〕生花店等で入手可能な鉢花の図鑑。花を色・形別に分類し，一般的な呼称，学名，分類，開花時期，花言葉・誕生花，手入れ方法，花にまつわる物語，色のバリエーション等を解説する。巻末に花言葉から花が引ける「逆引き花言葉字典」，五十音順の総索引，アルファベット

順の学名索引がある。

花 知識をひろげるまなぶっく図鑑 前田栄作解説, 平田信写真 メイツ出版 2008.6 159p 21cm （まなぶっく） 1500円 ①978-4-7804-0458-6 ⓃE477

[目次]野山・低山（山野草）, 高山（高山植物）, 公園・花壇・庭（園芸種）, 畑（農作物）

[内容]野草・高山植物から園芸種や農作物まで幅広く掲載した図鑑。花言葉付き。

「花と木の名前」1200がよくわかる図鑑 阿武恒夫監修 主婦と生活社 2005.10 255p 21cm 1500円 ①4-391-13114-5

[目次]草花・鉢花 春, 草花・鉢花 初夏, 草花・鉢花 夏, 草花・鉢花 秋冬, カラーリーフ, 観葉植物, 花木 春, 花木 初夏, 花木 夏, 花木 秋冬, 庭木, コニファー タケ／ササ, つる植物, 山野草 春, 山野草 夏, 山野草 秋冬, 身近にある野草 春, 身近にある野草 夏, 身近にある野草 秋, 洋ラン

[内容]コンパクト図鑑で最も多い1200品種がわかる。「花や木」の名前、咲く時期、花の色、草丈からひけて便利。香りを楽しむ、食べられる一楽しみ方からも探せる。

花の色図鑑 和の花色・洋の花色・中国の花色 福田邦夫著 講談社 2007.3 175p 19×12cm 1600円 ①978-4-06-213173-5

[目次]第1章 和の花の伝統色（牡丹色、躑躅色、紅葉色 ほか）, 第2章 洋の花の伝統色（ピアニーパープル、ローズレッド、ラズベリー ほか）, 第3章 中国の花の伝統色（牡丹紅、棗紅、楓紅 ほか）

[内容]和の花色64色、洋の花色122色、中国の花色48色を収録。色の由来がわかる。デザインに使える、花にまつわる伝統色を集めた色の文化誌。

花の顔 実を結ぶための知恵 田中肇文・写真, 平野隆久写真 山と渓谷社 2000.4 191p 22×14cm （POINT図鑑） 1900円 ①4-635-06304-6 Ⓝ470.38

[目次]第1章 白い花・緑の花, 第2章 黄色の花, 第3章 赤・ピンクの花, 第4章 青・紫の花

[内容]花の咲く植物の受粉の方法を生態面から解説した図鑑。白い花・緑の花、黄色の花、赤・ピンクの花、青・紫の花に分けて4章で構成。各植物ごとに写真と名称、科・属、形態等と花粉媒介者、受粉の方法を解説。巻末に花にくる昆虫や鳥と五十音順の植物索引を付す。

花の声 街の草木が語る知恵 多田多恵子著, 熊田達夫写真 山と渓谷社 2000.4 191p 22×14cm （POINT図鑑） 1900円 ①4-635-06305-4 Ⓝ470.38

[目次]第1章 春の声, 第2章 初夏の声, 第3章 夏の声, 第4章 秋の声, 第5章 冬の声

[内容]植物が生き抜くための物理的・化学的手段を紹介した図鑑。季節ごとの特徴に分類して春、初夏、夏、秋、冬の5章で構成。各植物は植物の生きていく手段とともに写真と名称、学名、科・属と花の咲く季節、分布、形態と性質を掲載。巻末に植物名およびその他の事項の五十音順索引を付す。

花のつくりとしくみ観察図鑑 1 花のあるけしき 松原巌樹著 小峰書店 2010.4 51p 29cm 〈文献あり 索引あり〉 3000円 ①978-4-338-25301-7, 978-4-338-25300-0 Ⓝ471.1

[目次]高山、高山に咲く花、山と谷川、山に咲く花、川原、川原に咲く花、海辺、海辺に咲く花、里山、里山とくらし、里山と雑木林、里山と田畑、里山と果樹園・花栽培、まち、まちをいろどる花、植物の群落と分布、植物のはたらき 緑の魔法工場、生産者と消費者と分解者の循環、根・茎・葉のはたらき、花のつくりとはたらき、受粉のしかた、裸子植物と被子植物、花をもたない植物、花名さくいん

[内容]山・川・海、里山、まちに分けて、環境と花の関係を紹介。分布や光合成や受粉など植物の基本知識も解説する。

花のつくりとしくみ観察図鑑 2 校庭の花 松原巌樹著 小峰書店 2010.4 51p 29cm 〈文献あり 索引あり〉 3000円 ①978-4-338-25302-4, 978-4-338-25300-0 Ⓝ471.1

[目次]春から夏へ（ソメイヨシノ、サトザクラ ほか）, 夏から秋へ（ムクゲ、シマスズメノヒエ ほか）, 秋から春へ（サザンカ、ヤブツバキ ほか）, 花の役割とくらし, 花名さくいん

[内容]校庭のヤエザクラの花、めしべが葉に化けているのが見つかるかもしれません。ムクゲ、クワクサほか44種の花のつくりを生態画で紹介する。

花のつくりとしくみ観察図鑑 3 通学路の花 松原巌樹著 小峰書店 2010.4 51p 29cm 〈文献あり 索引あり〉 3000円 ①978-4-338-25303-1, 978-4-338-25300-0 Ⓝ471.1

[目次]春から夏へ（タンポポ、ノボロギク ほか）, 夏から秋へ（アサガオ、メヒシバ ほか）, 秋から春へ（エノコログサ・アキノエノコログサ、キンエノコロ ほか）, 花の役割とくらし, 花名さくいん

[内容]通学路に咲く、タンポポ、ヒマワリ、キクイモなど44種の花のつくりを生態画で紹介する。

花のつくりとしくみ観察図鑑 4 公園・花だんの花 松原巌樹著 小峰書店

2010.4　51p　29cm　〈文献あり　索引あり〉　3000円　①978-4-338-25304-8, 978-4-338-25300-0　Ⓝ471.1
㊖春から夏へ（チューリップ，パンジー ほか），夏から秋へ（ハナカンナ，タマスダレ ほか），秋から春へ（ポインセチア，レンテンローズ ほか），花の役割とくらし，花名さくいん
㊉公園や花壇に咲く，ハナミズキ，パンジー，シュウメイギクなど四季折々の44種の花のつくりを生態画で紹介する。

花のつくりとしくみ観察図鑑　5　花屋さんの花　松原巌樹著　小峰書店　2010.4　51p　29cm　〈文献あり　索引あり〉　3000円　①978-4-338-25305-5, 978-4-338-25300-0　Ⓝ471.1
㊖ニホンサクラソウ，ガーベラ，アネモネ，アイスランド・ポピー，オーニソガラム，シチフクジン，ネリネ，ビンカ（ニチニチソウ），ヤグルマギク，ゼラニウム（ペラルゴニウム）〔ほか〕
㊉花屋さんの店先をにぎわす，コスモス，アネモネ，ベニバナなど四季折々の44種の花のつくりを生態画で紹介する。

花のつくりとしくみ観察図鑑　6　水辺・海辺の花　松原巌樹著　小峰書店　2010.4　51p　29cm　〈文献あり　索引あり〉　3000円　①978-4-338-25306-2, 978-4-338-25300-0　Ⓝ471.1
㊖春から夏へ（ユリワサビ，キツネノボタン ほか），夏から秋へ（サギソウ，イヌゴマ ほか），海辺の花（コウボウムギ，マルバシャリンバイ ほか），花の役割とくらし，花名さくいん
㊉ユリワサビやキツリフネのような水辺の花と，イソギクやハマナデシコなどの海辺の花，43種のつくりを生態画で紹介する。

花のつくりとしくみ観察図鑑　7　山や野の花　松原巌樹著　小峰書店　2010.4　51p　29cm　〈文献あり　索引あり〉　3000円　①978-4-338-25307-9, 978-4-338-25300-0　Ⓝ471.1
㊖春から夏へ（ヤマルリソウ，イワウチワ ほか），夏から秋へ（キツネノカミソリ，アオツヅラフジ ほか），秋から春へ（シュンラン，ヒトリシズカ ほか），花の役割とくらし，花名さくいん
㊉山や野の花，エイザンスミレ，ワレモコウ，ニリンソウなど44種のつくりを生態画で紹介する。

花のつくりとしくみ観察図鑑　8　花のつくりの観察　松原巌樹著　小峰書店　2010.4　51p　29cm　〈文献あり　索引あり〉　3000円　①978-4-338-25308-6, 978-4-338-25300-0　Ⓝ471.1

㊖花の観察（花のつくりの基本，花の観察入門，スケッチブックより），花の形のいろいろ（花の形を考える，キク・タンポポ形，ツリガネ形 ほか），花をつくろう（花の工作の前に，チューリップ，カーネーション ほか），花をながめるだけでなく，花名さくいん
㊉花のつくりとしくみを調べる上で欠かせない基礎知識を図解。また，カーネーションやバラなどを紙工作でつくる方法を紹介する。

花ハンドブック　花のプロフィール・育て方　浜田豊監修　池田書店　1998.4　191p　17cm　〈索引あり〉　950円　①4-262-15689-3　Ⓝ627
㊉輸入花や身近な切り花，鉢花330種を解説したポケット花図鑑。原産地や植物分類，別名，開花期，用途，花色のほかに，花の特徴や見どころについて解説。切り花では，花もち，鉢花では鑑賞に耐えうる期間を示し，手入れやポイントで，切り花の水あげ法や鉢花の管理の方法を解説。花名を五十音順にして，検索しやすいよう配慮。

花屋さんの花　ポケット図鑑　鈴木昭著　主婦の友社　1992.8　352p　15×9cm　（主婦の友生活シリーズ）　1300円
㊖花と葉の用語，モダンな感覚の花，ナチュラルな感覚の花，クラシックな感覚の花，グリーン（葉物），花を贈る—花束とアレンジメント，366日の誕生花と花言葉
㊉ポピュラーな花から珍しい花まで300種。贈るとき，飾るときのヒントもいっぱい。

花屋さんの花がわかる本　カラー最新版　長岡求〔著〕　講談社　1998.2　331p　16cm　（講談社+α文庫）　〈索引あり〉　1300円　①4-06-256249-9　Ⓝ627
㊖一年中出回る切り花，早春〜春の切り花，夏の切り花，秋〜冬の切り花，葉物（グリーン）
㊉人気の花，伝統の花から珍しい花まで約370種の花を紹介する図鑑。知りたい花の名前から，水あげなどの扱い方，出回り最盛期，価格まで見やすくまとめてある。花を気軽に"生活"にとり入れたい人のために，花選びのコツや花贈りのマナーなど，ちょっとした"花アイディア"と366日の誕生花と花言葉も収録。

花屋さんの「花」図鑑　知っておきたい221種　最新版　角川マガジンズ，角川グループパブリッシング（発売）　2010.4　236p　16cm　〈『花時間』特別編集　文献あり〉　1200円　①978-4-04-732506-7　Ⓝ627.038
㊖花（アイリス，アガパンサス，アゲラタム ほか），グリーン（アイビー，アジアンタム，アスパラガス ほか），実もの（アイビーベリー，

イタリアンベリー，ウメモドキ ほか〕

(内容)花や葉，実もの221種を厳選。科・属，原産地などの基本データから，花市場の情報を元にした出回り時期と花色まで掲載する。

花屋さんの花図鑑 草土出版 1993.10
303p 24cm 〔発売：星雲社〕 3000円
①4-7952-9517-4 Ⓝ627.038

(目次)逆引き花言葉字典，366日の誕生花，花図鑑，野草&ハーブ〔ほか〕
(内容)花を色別に紹介する図鑑。各色のパートでは，花の形のイメージをもとに並べている。それぞれの花は，代表的な色の部分に解説を掲載している。ほかにもよく出回る色がある場合は写真だけを掲載し，解説ページが参照できるようにしている。

ひと目でわかる花の名前辞典 浜田豊監修
大泉書店 2005.3 319p 21cm 1400円
①4-278-04440-2
(内容)500種の花を色別，さらに季節別に分けた持ち歩き花図鑑。携帯に便利な花色カタログつき。

百花譜 百選 木下杢太郎著，沢柳大五郎選
岩波書店 1990.2 100枚 37cm 〈第2刷（第1刷：83.5.30）, 別冊：解説(6p B5)〉
24800円 ①4-00-008015-6
(内容)百花譜は医学博士太田正雄＝詩人木下杢太郎が，その最晩の2年余りの間に描き遺した植物の写生872枚の図譜である。それは昭和18年3月10日のまんさくに始まり，20年7月27日の山百合の絵で終っている。近代植物画中の逸品『百花譜』の真髄を示す百葉。

ポケット図鑑 木の花 花色、実形でひける 木に咲く花414種 大嶋敏昭監修 成美堂出版 2004.5 463p 15cm 1200円 ①4-415-02625-7
(目次)花色もくじ，実形もくじ，花解説，植物用語解説，咲く順・咲く時期さくいん，植物名さくいん
(内容)花色と実形の写真目次ですぐに樹木名がわかる。自然の野山で見られる花が咲く樹木414種を50音順に掲載。約700点の美しい写真を使い，その魅力がさまざまな角度からわかるように解説。一般名の他に別名，漢字名を記し，名前の由来まで紹介している。

身近な木の花ハンドブック430種 庭の木から山の木まで徹底ガイド!! 山口昭彦写真・解説 婦人生活社 1997.3 272p 19cm 1560円 ①4-574-70109-9
(目次)種子植物（被子植物，裸子植物），しだ植物・木生しだ，木の葉のいろいろ・木の実のいろいろ，樹木に関する用語解説，さくいん

(内容)日本にある野生種（自生種），外国原産種および園芸品種など，合わせて1200種以上の木の中から430種を写真付きで解説したハンドブック。樹木に関する専門用語解説，五十音索引付き。

身近な野草とキノコ 花のつくりがよくわかる植物観察図鑑 松原巌樹絵文 旺文社 1998.4 207p 27cm 5000円 ①4-01-072477-3
(内容)自然の学習に役立つ図解による植物観察図鑑シリーズ。子どもになじみの深い身近な植物を，大きな細密イラストや生態写真で紹介する。全2巻。第1巻では，四季ごとに見られる野草やキノコを収録。

もち歩き図鑑 花木ウォッチング 夏梅陸夫写真 大泉書店 2001.5 262p 18cm 1200円 ①4-278-04437-2 Ⓝ477.038
(目次)1 花を見る木，2 葉・実を見る木（花と葉のなりたち，花序のいろいろ，葉のいろいろ）
(内容)花の美しい花木を紹介したハンディな図鑑。「花を見る木」と「葉・実を見る木」から季節によって分類し，五十音順に排列。巻末に「花と葉の成り立ち」「花序のいろいろ」「葉のいろいろ」「一般名称による索引」がある。

持ち歩き 花屋さんの花図鑑 主婦の友社編
主婦の友社 2006.3 255p 17cm 〔主婦の友ポケットBOOKS〕 1000円 ①4-07-250725-3
(目次)花図鑑 花（アイリス，アガパンサス ほか），花図鑑 実・穂（シンフォリカルポス，スグリ ほか），花図鑑 グリーン（アイビー，アグロオネマ ほか），基礎レッスン 水揚げ法（水切り，湯揚げ ほか）
(内容)花の名前がアイウエオ順でさがしやすい。花屋さんに出回る時期や花色，花言葉などが一目でわかる。花材編では「切花と枝もの」，グリーン編では「葉もの」の名前がわかる。花と枝ものの水揚げ法が写真でよくわかる。

<カタログ>

園芸店で買える花のカタログ 親しみやすい花、毎年楽しめる花、育てやすい花500点 成美堂出版 1994.7 162p 29cm 1600円 ①4-415-03677-5 Ⓝ627
(内容)親しみやすい花，毎年楽しめる花，育てやすい花500点。

園芸店・花屋さんで買える花のカタログ 流行の花・育てやすい花・親しみやすい花500種を四季別に紹介 成美堂出版 1996.6 162p 29cm 1600円 ①4-415-04112-4 Ⓝ627

〔内容〕園芸店、花屋で買える花を四季別に紹介するカタログ。人気の花や流行の花、新しい品種など500種を、カラー写真入りで掲載、その特徴を説明。花の飾り方や手入れの方法、贈り物にするときのマナーなども解説する。

花屋さんで買える花ベストセレクション 四季を彩る人気の花177種 日本文芸社 1999.4 175p 21cm 1300円 ⓘ4-537-01964-6

〔目次〕春の切り花、夏の切り花、秋・冬の切り花、グリーンなど、鉢物、花のある暮らしアラカルト

〔内容〕花屋で人気の高い花を177種選び、その特徴や価格帯、管理の方法などをまとめたもの。掲載データは、学名、原産地、草丈、花色、買いどき、特徴、用途、管理、価格帯、花言葉など。花名索引付き。

◆花ことば

<事典>

誕生花を贈る366日 春 北脇栄次、森田敏隆、山口真澄写真 講談社 1996.3 117p 15cm (講談社プラスアルファ文庫) 880円 ⓘ4-06-256135-2

〔内容〕花屋さんで手に入る花の小事典。3月から5月に咲く春の花を、花言葉と簡単な解説を付してカラー写真で紹介する。日付順に1日1花ずつ掲載する。巻末に全巻共通の花名索引がある。

誕生花を贈る366日 夏 北脇栄次、森田敏隆、山口真澄写真 講談社 1996.4 117p 15cm (講談社プラスアルファ文庫) 880円 ⓘ4-06-256136-0

〔内容〕花屋さんで手に入る花の小事典。6月から8月に咲く夏の花を、花言葉と簡単な解説を付してカラー写真で紹介する。日付順に1日1花ずつ掲載する。巻末に全巻共通の花名索引がある。

誕生花を贈る366日 秋 北脇栄次、森田敏隆、山口真澄写真 講談社 1996.5 115p 15cm (講談社プラスアルファ文庫) 880円 ⓘ4-06-256137-9

〔内容〕花屋さんで手に入る花の小事典。9月から11月に咲く秋の花を、花言葉と簡単な解説を付してカラー写真で紹介する。日付順に1日1花ずつ掲載する。巻末に全巻共通の花名索引がある。

誕生花を贈る366日 冬 北脇栄次、森田敏隆、山口真澄写真 講談社 1996.6 117p 15cm (講談社プラスアルファ文庫) 880円 ⓘ4-06-256138-7

〔目次〕ドラセナ、ユーカリノキ、ネフロレピス(ツディたましだ)、さざんか、ポインセチア、マルメロ、シクラメン、かんつばき、げっけいじゅ、コニファー(ドワーフ・コニファー)〔ほか〕

〔内容〕花屋さんで手に入る花の小事典。12月から2月に咲く春の花を、花言葉と簡単な解説を付してカラー写真で紹介する。日付順に1日1花ずつ掲載する。巻末に全巻共通の花名索引がある。

誕生花事典 日々を彩る花言葉ダイアリー 鈴木路子監修、夏梅陸夫写真 大泉書店 2010.3 223p 21cm 1500円 ⓘ978-4-278-04447-8 Ⓝ627

〔目次〕1月の誕生花、2月の誕生花、3月の誕生花、4月の誕生花、5月の誕生花、6月の誕生花、7月の誕生花、8月の誕生花、9月の誕生花、10月の誕生花、11月の誕生花、12月の誕生花

誕生花事典366日 植松黎著 角川書店 2002.12 393p 15cm (角川文庫) 686円 ⓘ4-04-242724-3 Ⓝ627

〔内容〕誕生花の花言葉を紹介する事典。1年366日の誕生花をとりあげて月日順に1日1ページで掲載。花名、原綴、和名、イラストを示し、ギリシアやローマの神話、北欧の伝説などをベースとしてエリザベス朝からヴィクトリア朝時代にかけて発展した「花言葉」を紹介、その由来や花の特徴を解説する。巻末に花名、和名、花言葉の各索引を付す。

誕生花と幸福の花言葉366日 徳島康之監修、主婦の友社編 主婦の友社 2005.3 207p 21cm (主婦の友ベストBOOKS) 1400円 ⓘ4-07-246037-0

〔目次〕1月の誕生花、2月の誕生花、3月の誕生花、4月の誕生花、5月の誕生花、6月の誕生花、7月の誕生花、8月の誕生花、9月の誕生花、10月の誕生花、11月の誕生花、12月の誕生花

〔内容〕誕生花を選んで紹介する事典。花市場やお花屋さんでの流通状況、人気の盛衰なども参考に収録。また、古来、花言葉には不幸を意味するものも含まれるが、そうしたマイナスイメージの言葉ではなく、多くの方を励まし、元気づける内容のものを中心に取り上げている。

誕生花 わたしの花あの人の花 北脇栄次 **誕生花366日写真集** 新装版 北脇栄次監修・写真、田中真理文 いしずえ 2004.4 418p 21cm 3333円 ⓘ4-86131-007-5

〔目次〕1月(うめ・シンビジューム ほか)、2月(つばき、パンジー ほか)、3月(れんげそう、アイスランド・ポピー ほか)、4月(さくら、きぶし ほか)、5月(すずらん、ライラック ほか)、6月(あやめ、ささゆり ほか)、7月(つきぬきにんどう、ブローディア ほか)、8月(はまゆう、のこぎりそう ほか)、9月(リコリス、チューベローズ ほか)、10月(きんもくせい、コリウス ほか)、11月(カンガルーポー、しらかば ほか)、12月

（スパティフィラム，ユーカリノキ ほか）

内容 初版発行から7年，ベストセラー誕生花366日写真集の新装・豪華保存版完成。新たな写真を加えてオールカラー・約750点登載。

誕生日の花 春編 3月～5月
誕生日の花制作委員会著 グラスウインド，星雲社〔発売〕 2004.4 199p 21cm 1400円 ①4-434-04335-8

目次 3月1日～31日（3月1日 ハハコグサ，3月2日 タチツボスミレ，3月3日 モモ ほか），4月1日～30日（4月1日 カブ，4月2日 エイザンスミレ，4月3日 ヒトリシズカ ほか），5月1日～31日（5月1日 スズラン，5月2日 ムシトリナデシコ，5月3日 ミズバショウ ほか）

内容 366日の誕生日の花たちを美しいカラー写真ですべて掲載。花ことば全掲載，花ことばの由来，花データ完全収録。

誕生日の花　夏編
誕生日の花制作委員会著 グラスウインド，星雲社〔発売〕 2004.6 198p 21cm 1400円 ①4-434-04432-X

目次 6月1日～30日（サツキツツジ，ウツギ（ウノハナ），ツリガネソウ ほか），7月1日～31日（ハンゲショウ，タチアオイ，アガパンサス ほか），8月1日～31日（アサガオ，サギソウ，ニチニチソウ ほか）

内容 花ことばを全掲載。花ことばの由来も紹介。花データ完全収録。

誕生日の花　秋編
誕生日の花制作委員会著 グラスウインド，星雲社〔発売〕 2004.9 197p 21cm 1400円 ①4-434-04765-5

目次 9月1日～30日（オシロイバナ，ミョウガ，ツルボ ほか），10月1日～31日（マツムシソウ，キンモクセイ，アシタバ ほか），11月1日～30日（サクラタデ，アマゾンリリー（エウカリス），キク ほか）

内容 366日の誕生日の花たちを美しいカラー写真ですべて掲載。

誕生日の花　冬編
誕生日の花制作委員会著 グラスウインド，星雲社〔発売〕 2004.9 196p 21cm 1400円 ①4-434-04766-3

目次 12月1日～31日（エラチオールベゴニア，マルバノキ（ベニマンサク），ハボタン ほか），1月1日～31日（マツ（アカマツ，クロマツ），オモト，スノードロップ ほか），2月1日～29日（ハナナ，セツブンソウ，ナズナ ほか）

内容 366日の誕生日の花たちを美しいカラー写真ですべて掲載。

花ことばと神話・伝説
伊宮伶編著 新典社 2006.12 318p 19cm 1500円 ①4-7879-7834-9

内容 花を題材に今日伝えられている神話・伝説との関わりや，花言葉等を収録。見出し語は花の名前で，五十音順に排列。花と神話・伝説との関わり以外に，花ことば・科目・原産地・花期・別名・由来・薬効等も併せて収録。神話や伝説は日本のものだけでなくギリシヤ・ローマ神話，その他，題材の花が関わっている神話・伝説・伝記等を掲載している。巻頭の「はじめに」の中に，主な参考文献を記載。巻末に総合索引を付す。

花言葉・花事典 知る・飾る・贈る
フルール・フルール編 池田書店 2009.4 191p 21cm 〈文献あり 索引あり〉 1300円 ①978-4-262-14744-4 Ⓝ627

内容 第1章 花言葉と花の事典，第2章 花のある生活を楽しむ（花のあるインテリアで運気をアップ，来客があるときの花飾り，贈りものに花を添える，花を長く楽しむ，how to arrange 四季の花飾り）

内容 花言葉，花のプロフィールを知ることで，花をより身近なものに感じることができる事典。季節にあわせて飾ったり，贈りものとして，花を暮らしに取り入れるためのガイド。

花言葉「花図鑑」
夏梅陸夫写真・監修 大泉書店 2000.12 262p 17cm 1000円 ①4-278-04436-4 Ⓝ627.038

目次 1 春の花，2 夏の花，3 秋の花，4 冬の花

内容 花にまつわる伝説やエピソード，風俗史，花言葉，名前の由来，特有の性質などを紹介した図解事典。開花時期によって春・夏・秋・冬の4章に分け，さらに花色ごとに掲載する。記載項目は，分類，別名，代表的な花言葉，英名，花期，原産地，解説。巻末に索引付き。

花ことばハンドブック 花束に託す心のメッセージ
浜田豊監修 （新宿区）池田書店 1999.12 191p 17cm 950円 ①4-262-15699-0

目次 花に託すメッセージ（花ことばの誕生と歴史，花を贈る，花贈りの工夫とアレンジ，フラワーアレンジのサンプル），花ことば物語―起源をたどる（アイリス，アカシア，アカンサス，アゲラタム ほか）

内容 花屋さんや園芸店でよく見かける花約150種の花ことばを紹介したハンドブック。花ことばの種類や分類，誕生の起源と歴史などを写真を使って解説。花贈りの知識と実例，フラワーアレンジの方法なども掲載。巻末に，メッセージのイメージ，項目別花ことば一覧がある。

花と花ことば辞典 原産地・花期・物語・生薬付
伊宮伶編著 新典社 2003.10 254p 19cm 1400円 ①4-7879-7828-4

内容 花ことばを中心に原産地，花期，生薬，別名，花にまつわる神話などを掲載した花の辞典。

本文は五十音順に排列。巻末に逆引き花ことばを収録。

◆フラワー療法

<事典>

片桐義子の花日記　片桐義子文, 自然史植物画研究会画　(長野)信濃毎日新聞社　2005.5　1冊　15cm　1200円　①4-7840-9990-5

(内容)花療法の第一人者が贈る花々の癒やし。それを彩るボタニカルアートの繊細な美しさ、今を生きるあなたの毎日に欠かせない一冊。季節ごとに咲く366種類の花々。飾り方や、まつわるエピソード。花の持つ香りや色、形によるセラピーも必読。いつも傍らに置いておきたい手のひらサイズの優しい癒し本。

フラワー療法事典　花のもつ癒しの魅力・フラワーヒーリング図鑑　新装普及版　アン・マッキンタイア著, 飯岡美紀訳　産調出版　2006.8　287p　25×20cm　(ガイアブックス)　〈原書名：The Complete Floral Healer〉　3800円　①4-88282-495-7

(目次)1 花による癒し, 2 フラワー, 3 フラワー・エッセンスとエッセンシャル・オイル, 付録

(内容)もっとも重要な約100種の花を写真つきで紹介。花の癒しの特徴や治療上の特性を解説。薬草学、アロマセラピー、ホメオパシー、フラワー・エッセンスが、こうした特徴をひき出し、最大限に活用する。それぞれの花の解説には、調整法や治療法を記載し、その作用の仕方や、特定の疾患に適した処置の選び方を述べている。

◆花の文化

<事典>

季節の花事典　籠次郎著　八坂書房　1999.8　539, 14p　21cm　7800円　①4-89694-440-2

(目次)春(アイリス、アネモネ ほか), 夏(アカンサス、アスチルベ ほか), 秋(アキノキリンソウ、アスター ほか), 冬(アオギリ、アロエ ほか)

(内容)花々の姿・形や色や、生活・文学・芸術・伝説にまつわる話題など、約90種類の花と植物を逸話とともに紹介した事典。索引付き。

田崎真也の記念日ワインにはこの花を　田崎真也著　ワニブックス　1999.7　153p　21cm　2400円　①4-8470-1311-5

(目次)1月, 2月, 3月, 4月, 5月, 6月, 7月, 8月, 9月, 10月, 11月, 12月

(内容)花屋で買える花366種で構成したカレンダーに合わせて、フランスワイン366アイテムを紹介し解説したガイドブック。巻末に、地方別ワインリストと輸入代理店リストがある。

花を愉しむ事典　神話伝説・文学・利用法から花言葉・占い・誕生花まで　ジェゼフィーン・アディソン著, 樋口康夫, 生田省悟訳　八坂書房　2002.6　447p　19cm　〈原書名：The Illustrated Plant Lore〉　2900円　①4-89694-494-1　⑩382.3

(内容)野生植物からハーブ・野菜・果物まで300種の花を取り上げた植物文化史事典。見出しの植物名には原則として和名を使用し、五十音順に排列。英名、学名、名前の由来、民俗風習、薬効、料理法などに加えて、誕生花、花言葉、意味・象徴、占星術、参照項目、解説文を記載。巻末に原著参考文献と、和名索引、英名索引、学名索引がある。

花を愉しむ事典　神話伝説・文学・利用法から花言葉・占い・誕生花まで　新装版　J.アディソン著, 樋口康夫, 生田省悟訳　八坂書房　2007.5　447p　19cm　〈原書名：The Illustrated PLANT LORE〉　2900円　①978-4-89694-892-9

(内容)野生植物からハーブ・野菜・果物まで300種について、名前の由来・民俗風習・薬効・料理法などを解説した植物文化史。配列は見出し語の五十音順、和名、英名、学名、解説を記載、巻末に和名索引、英名索引、学名索引が付く。

花の西洋史事典　アリス・M.コーツ〔著〕, 白幡洋三郎, 白幡節子訳　八坂書房　2008.2　505, 13p　22cm　〈原書名：Garden shrubs and their histories.(抄訳)〉　4800円　①978-4-89694-905-6　⑩470.33

(目次)アイリス, アオキ, アカンサス, アジサイ, アスター, アセビ, アネモネ, アベリア, アリウム, アルストロメリア〔ほか〕

(内容)日本でもお馴染みの花を巡る逸話や民俗風習、世界各地から導入された植物のヨーロッパにおける園芸史などを、膨大な資料渉猟から詳細に解き明かす、定評ある花の文化史事典。アイリスからワスレナグサまで五十音順に114項目を取り上げ、巻末に関係人物の小事典を付す。植物の参考図版410点。

<図鑑>

伝説の花たち　物語とその背景　石井由紀著, 熊田達夫写真　山と渓谷社　2000.4　191p　22×14cm　(POINT図鑑)　1900円　①4-635-06302-X　⑩470.38

(内容)植物にまつわる伝説や神話、俗信を掲載した植物図鑑。日本や中国、ヨーロッパなどに伝わる伝説や神話を取り上げ、その植物のエピソードや伝説などのもととなっている信仰や時

代背景などを解説。巻末に神々の象徴や英名についての解説と植物名の五十音順索引を付す。

花花素材集　井上のきあ著　エムディエヌコーポレーション，インプレスコミュニケーションズ（発売）　2008.5　111p　21×21cm　3500円　①978-4-8443-5981-4　Ⓝ727

(内容)デザインを美しく彩る花・植物の素材が満載。プロのデザインワークに役立つIllustrator EPSデータと、Wordでも使えるPNG／JPEGデータを2500点以上収録。

美花選　ピエール＝ジョゼフ・ルドゥーテ画　河出書房新社　2010.7　144p　36cm　〈他言語標題：Choix des plus belles fleurs〉　14000円　①978-4-309-25531-6　Ⓝ477.038

(内容)フランスの宮廷画家ルドゥーテの最晩年の成果の中から、保存状態のよい当時の原本を本邦初の原寸大で復刻。可憐なブーケやみずみずしい果実も含む144点のボタニカルアートを収録する。（著者）＜ピエール＝ジョゼフ・ドゥーテ＞1759～1840年。サン＝チュベール生まれ。マリー・アントワネットやナポレオン妃ジョゼフィーヌに仕えた画家。著書に「ユリ科植物図譜」「バラ図譜」など。

◆押し花

＜図鑑＞

押し花花図鑑　わかりやすい植物解説　押し方と押し花コラージュ付き　柴田規夫監修，小須田進写真，増山洋子，花と緑の研究所解説　日本ヴォーグ社　2004.5　160p　21cm　1905円　①4-529-03970-6

(目次)春の花と押し花コラージュ，春の花，夏の花と押し花コラージュ，夏の花，秋の花と押し花コラージュ，秋の花，冬の花と押し花コラージュ，冬の花，花づくりを楽しむために，花処理と押し方の基礎

(内容)春から冬までの花を季節別に紹介する図鑑。特に代表的な花に関しては、その花を使って作った押し花コラージュの作品を掲載している。

押し花野草図鑑　柴田規夫監修，小須田進写真，増山洋子，花と緑の研究所押し方解説　日本ヴォーグ社　2003.11　160p　21cm　1905円　①4-529-03919-6

(目次)春（春の野草と押し花コラージュ，春の野草，春の野草と押し花コラージュ，春の野草），夏（夏の野草と押し花コラージュ，夏の野草），秋（秋の野草と押し花コラージュ，秋の野草）

(内容)春から秋までの野草を季節別に紹介。特に代表的な野草に関しては、その野草を使って作った押し花コラージュの作品を掲載。植物に関してはできる限り外見上類似している植物も

掲載し、特徴を解りやすく解説。

◆フラワーデザイン

＜事典＞

愛しのレイ　ナー・レイ・マカマエ　マリー・A.マクドナルド，ポール・R.ワイシック著，丸子あゆみ訳　イカロス出版　2009.1　191p　28cm　〈文献あり　索引あり　原書名：Na lei makamae.〉　7143円　①978-4-86320-135-4　Ⓝ793

(目次)レイに使われる植物とレイ、レイ・パーパヒ（レイ・フアラーライ・マウカ，レイ・コハラ・マウカ，レイ・オ・ククエナ，レイ・オ・ポリアフ，アアリイ，アエ，アフアワ，アイアカネーネー，アーキア，アーコーレア ほか），日本語版のための著者インタビュー

(内容)伝統的なレイに使われる88種類の花と植物（それに加えて何色ものバリエーションも）を解説する事典。ハワイ語名によって分類し、植物学上の情報だけでなく、それぞれにまつわる伝説やチャントも紹介する。西洋文化が入ってくる以前の、各植物の使い方やその特別な意味を解説。写真も多数掲載する。

フラワーデザイナーのためのハンドブック　六耀社　1999.6　206p　21cm　（Flower Design Culture Book）　2500円　①4-89737-350-6

(内容)フラワーデザイン関係の用語を収録した用語集。50音順に配列。付録として、シンボル＝象徴、年表、用語索引を付す。

フラワーデザイナーのためのハンドブック　フラワーデザイン用語集　増補改訂版　六耀社　2009.1　271p　21cm　〈他言語標題：Flower designer handbook　文献あり　年表あり〉　2800円　①978-4-89737-618-9　Ⓝ793.033

(内容)フラワー・デザイン発祥の地であるイギリスと、花の職能技術としてのフラワー・デザイン理論を進展させたドイツで使われている用語に、近代フローリストの合理的な技能を世界に発信したアメリカや、花束を中心にフローラル・アートを発展させたフランスで使われている用語も加え、欧米スタイルすべてのフラワー・デザインに対応できるように作成。さらに、巻末には、シンボルに加え、フラワー・デザイナーの方々に必要な時代様式年表、年中行事、色彩についてまとめた。

フローラル・ディクショナリー　草土出版，星雲社〔発売〕　1996.7　256p　19cm　1800円　①4-7952-9538-7

(目次)1 花に関する用語（フラワーデザイン用語，

いけばな用語，色彩用語，美術・建築・ファッション・インテリア用語，花言葉，記念日・祝日，園芸用語），2植物事典
(内容)花の仕事・学習に必要な用語を解説したフラワーデザイン用語集。フラワーデザイン用語・いけばな用語・色彩用語・美術用語・花言葉・園芸用語等を収録した「花に関する用語」と，切り花・鉢花の基本データを収録した「植物事典」の2部構成。巻末に用語索引がある。

＜ハンドブック＞

花とみどりのキャリアBOOK2003 花メゾン 全国花のスクールガイド 2003年度版 草土出版，星雲社〔発売〕 2003.4 212p 30×23cm 1800円 ④4-434-02672-0
(目次)「花のある風景」を描く画家笹尾光彦さん，巻頭グラビア フラワーデザインの飽くなき魅力，特集 大いなる可能性を秘めた注目花材，フラワーデザイン作品集，花とみどりの留学・資格，TOPICS，全国花のスクールガイド，スクールレッスンレポート，インタビュー

フラワーデザインをはじめたいあなたに 全国フラワースクールガイド 1992年版 草土出版，星雲社〔発売〕 1992.1 151p 25×25cm 2200円 ④4-7952-9510-7
(目次)曙光の章（ブライダルアレンジ，住まいのアレンジ，サンクスギビングディのアレンジほか），光彩の章（フラワーデザインの基礎知識とテクニック，ブライダルブーケ＆ブートニア，ブライダルブーケ＆ブートニア，母の日のアレンジほか），光輝の章，光明の章（マミフラワーデザインスクール，ローヤルフラワースクール，フロムネイチャー，フラワーアートスクール，デ・マスターフラワースクール，フラワースクールを選ぶには，全国フラワースクールガイド）
(内容)フラワースクールの先生による基礎レッスン＆作品集。スクールの特徴を満載したガイド付き。

＜図鑑＞

花材図鑑 ドライ・プリザーブドフラワー 春夏秋冬で魅せる色別フラワーアレンジ集 草土出版，星雲社〔発売〕 2006.9 159p 26×21cm （草土花材図鑑シリーズ3） 2000円 ④4-434-06742-7
(目次)花材図鑑＆作品，副材図鑑—サブの花材として，ドライとプリザーブドフラワーの人気のグリーンや実ものを図鑑形式で紹介，366日の誕生花，本書の使い方，季節のフラワーデザイン，ドライ・プリザーブドフラワーの基礎知識，フラワーデザイン用語集，巻頭作品「季節のフラワーデザイン」のつくり方

(内容)花材は色別に，作品はテーマ別，シチュエーション別に紹介されているからわかりやすい。メイン花材を支えるサブ花材も多数紹介しているから実用的。生花を除くフラワーアレンジ花材を網羅した花材図鑑の決定版。待望の第3弾はドライフラワーをはじめ，今話題のプリザーブドフラワーからアーティフィシャルフラワーまで豊富な花材と作品を多数収録。

花材図鑑 ブーケ 草土出版，星雲社〔発売〕 2002.11 271p 26×21cm （草土花材図鑑シリーズ2） 3000円 ④4-434-02104-4 Ⓝ627
(目次)花材図鑑＆ブーケ（バラ，カーネーション，チューリップ，ラン，ユリ，ガーベラ，グリーン野草ハーブ，枝物・実物，白い花，青い花，色ごとの花，プリザーブドフラワー，木の実のクラフト），副材図鑑（ブーケのサブ花材として人気のグリーンや小花を図鑑形式で紹介，ブーケにぴったりの花言葉）
(内容)ブーケ見本帳と切花図鑑をまとめて編集したもの。プリザーブドフラワーをはじめ，バラ，チューリップ，ラン，白い花，青い花などの人気花材600種と，それを使った旬のブーケ400点を収録。主な花材別にブーケを紹介し，写真，構造，使用花材，制作可能時期，参考上代，制作者名を記載する。巻末に五十音順の花材名索引とアルファベット順の学名索引を付す。

最新花材図鑑 1 ばら 塩野法子フラワーデザイン・指導 草土出版，星雲社〔発売〕 2003.11 168p 27×22cm 2500円 ④4-434-03400-6
(目次)タイプ別最新切花ばら大図鑑，新品種＆人気品種のばらをつむいで，金運・恋愛運・健康運…バラ風水，ガーデンローズミニ図鑑，色ごとのフラワーデザイン，レベル別 誌上レッスン
(内容)最新＆人気品種のばらをつむいだ花色で魅せるフラワーデザイン。プロによる丁寧な解説と段階写真でレベル別に学ぶ誌上レッスン。金運・恋愛運アップ。ばら風水。

◆いけばな

＜事典＞

いけばな花材辞典 逸見旺潮編 東京堂出版 1990.3 438p 19cm 〈新装普及版〉 1942円 ④4-490-10267-4 Ⓝ793.3
(内容)花道家が古来から用いている花材に限定して750種を採録。写真・図を示して解説。巻末に索引を付す。元版は1971年刊。

いけばな辞典 大井ミノブ編 東京堂出版 1990.3 434p 19cm 〈新装普及版〉 1942円 ④4-490-10268-2 Ⓝ793.033

(内容)いけばな全般にわたり1,200項目を採録。巻頭にいけばなの歴史、巻末付録に、いけばな関係の古典「仙伝書」「池坊専応口伝」と、現代いけばな諸流一覧を付す。元版は1976年刊。

花材百科 四季花事典 1 春-夏 小学館
　1992.4　302p　27×22cm　9800円　①4-09-312201-6
(内容)1,800種類の花材を全カラーで収載。豊富な情報量・実践的な作例。花好きに贈る花材事典の決定版。

作例、文献付 生花格花花材事典 講談社編
　講談社　1998.8　367,8p　26cm　12000円
　①4-06-131953-1
(目次)春の花材(梅、木瓜 ほか)、夏の花材(牡丹、芍薬 ほか)、秋の花材(桔梗、唐胡麻 ほか)、冬の花材(石蕗、山茶花 ほか)
(内容)生花(各花)を学ぶ上で必要な花材を必要な花材を写真で見せ、その知識と技法を、総合的に解説したいけばな実用百科。五十音順の総索引、作例・文献索引付き。

三省堂いけばな草花辞典 瀬川弥太郎編、木下章明　三省堂　1997.9　663,31p　19cm　3200円　①4-385-15832-0
(目次)植物用語解説、植物用語図説、本文、引用文献一覧、国花一覧、郷土の花と木、都道府県の花・鳥・木
(内容)いけばなの素材として用いられる草花、704種を収録。生体、原産地、花にまつわる故事来歴、伝説、詩歌などを解説。淡彩画300図つき。

四季 池坊いけばな花材事典 春 講談社
　2004.12　249p　23×16cm　2800円　①4-06-266201-9
(目次)春の花材といけばな作品、春の花材集、植物用語集、収録花材リスト
(内容)池坊で用いられる花材を季節別に解説する事典。いけばな素材としての選び易さと実用例を重視し、日常的に使用する名前や俗名でも作品例を検索でき、一般名や世界共通の名前(学名)にも到達でき、植物の形態、分類の基本や用語にも慣れ親しめるよう編集する。

四季 池坊いけばな花材事典 夏 池坊専永、高林成年監修　講談社　2004.3　239p　23×16cm　2800円　①4-06-266202-7
(目次)夏の花材といけばな作品、夏の花材集、植物用語集、収録花材リスト
(内容)池坊で用いられる花材を季節別に解説する事典。実技研修に役立つよう、作品例とともに花材の取り扱いや取り合わせ等、制作に必要な知識を解説する。巻末に「収録花材リスト」「植物用語集」を収録。

四季 池坊いけばな花材事典 秋 池坊専永、高林成年監修　講談社　2004.7　241p　23×16cm　2800円　①4-06-266203-5
(目次)秋の花材といけばな作品、秋の花材集、植物用語集、収録花材リスト
(内容)池坊で用いられる花材を季節別に解説する事典。いけばな素材としての選びやすさと実用例を重視し、日常的に使用する名前や俗名でも作品例を検索でき、一般名や世界共通の名前(学名)にも到達でき、植物の形態、分類の基本や用語にも慣れ親しめるよう編集する。いけばな作品で使用例を示し、活用上のアドバイスやいけばな素材としての特徴も解説。

四季 池坊いけばな花材事典 冬・周年 池坊専永、高林成年監修　講談社　2005.6　247p　21cm　2800円　①4-06-266204-3
(目次)冬・周年の花材といけばな作品、冬・周年の花材集、植物用語集、収録花材リスト
(内容)池坊で用いられる花材を季節別に解説する事典。実技研修に役立つよう、作品例とともに花材の取り扱いや取り合わせ等、制作に必要な知識を解説する。

<図　鑑>

和の花、野の花、身近な花 色別花図鑑
　主婦の友社編　主婦の友社　2003.5　151p　21cm　1300円　①4-07-236607-2
(目次)1 色別・身近な花図鑑(白、ピンク・赤 ほか)、2 いたわって花を飾る技術(道具は2つ(はさみ・器)、花の切り方(切り方の基本・花を切り分ける) ほか)、3 心豊かになる花の飾り方(暮らしに自然を再現する、緑の葉だけを集めて ほか)、4 採集と水揚げの知識(花をつむ(道具)、花の水揚げ ほか)
(内容)野原や山里、路傍、庭など、私たちの身近にあって、いま心ひかれる和趣の花図鑑。花をいけるときの切り方や、水揚げ法など、簡単な技術もくわしく解説。花の色から、すぐに名前がさがせるように、白、ピンク・赤、黄・オレンジ、青・紫、草・技・実ものの5つのグループに分けてある。

和花 日本の花・伝統の花 講談社編　講談社　1993.4　279p　21cm　(花の事典)　2900円　①4-06-131942-6
(内容)和花を知り、和花の魅力を存分に生かすための情報を掲載した、花の事典。掲載花材数は205項目300種。

植物　　　　　　　　　　　　　花

◆茶花

　　　　　　＜ハンドブック＞

茶花の入れ方がわかる本　田代道弥著　学習研究社　1995.6　224p　15cm　（趣味の図鑑シリーズ 4）　1000円　①4-05-400474-1

(内容)茶花作品のカラー写真と、花や花器の特徴、入れ方等を掲載。

茶花の図鑑 風炉編　世界文化社　2006.5　159p　21cm　（ビジュアル版お茶人の友 4）　1800円　①4-418-06308-0

(目次)五月・六月の茶花（一人静、芋環、梅花空木 ほか）、七月・八月の茶花（虎杖、真蔓紫、松本仙翁 ほか）、九月・十月の茶花（葉鶏頭、蔓竜胆、野紺菊 ほか）

(内容)五月から十月、風炉の時期に使われる茶花二五〇種を収録。その性状やエピソード、いれ方のヒントを紹介。清楚で可憐な草花が数多く掲載されているので、野山の散策に。

茶花の図鑑 炉編　世界文化社　2006.1　159p　21cm　（ビジュアル版お茶人の友 2）　1800円　①4-418-05327-1

(目次)十一月・十二月の茶花（榛、角榛 ほか）、一月・二月の茶花（衝羽根、福寿草 ほか）、三月・四月の茶花（猫楊、枝垂柳 ほか）、椿（大白玉、初嵐 ほか）

(内容)十一月から四月、口切りや炉開き、初釜の茶席で使われる炉の茶花一五〇種を掲載。その中で、初冬から春にかけての時期に珍重される椿は約五〇種を紹介。茶花の逸話や花の入れ方のヒントも載っている。

必携茶花ハンドブック　日本の文化がよくわかる　加藤淡斎、横井和子著　里文出版　2010.1　277p　21cm　〈奥付のタイトル：茶花ハンドブック　『茶花』（平成13年刊）の新版　索引あり〉　2300円　①978-4-89806-346-0　⑯791.6

(目次)炉の花（椿、十一月から四月ころの花）、風炉の花（五月ころの花、六月ころの花、七月ころの花、八月から十月ころの花）、茶花の心得（花入の手順、花入の種類、茶花に思う）

(内容)花を知る。花が器と出合う。茶花の魅力。

　　　　　　＜図　鑑＞

加藤淡斎 茶花　加藤淡斎、横井和子著　里文出版　2001.6　277p　21cm　4800円　①4-89806-149-4　⑯791.6

(目次)炉の花（椿、十一月ころの花）、風炉の花（五月ころの花、六月ころの花、七月ころの花、八月から十月ころの花）、茶花の心

得（花入の手順、花入の種類、茶花に思う）

(内容)四季の茶花約700種を集めた図鑑。月により分類した花は写真とともに、和名、分類、簡単な解説で紹介。そのほか茶花についての記事もある。巻末に椿索引と五十音順索引が付く。

茶花づくし 炉編・風炉編　千宗左、千宗室監修　講談社　2000.3　2冊（セット）　29×24cm　19000円　①4-06-933839-X　⑯791.6

(目次)風炉編—5月～10月（初夏の木の花、菖蒲、初夏の野の花、紫陽花 ほか）、炉編—11月～4月（椿、照葉、実もの、初冬の花 ほか）

(内容)茶事・茶会に用いられる茶花の図鑑。茶の湯の区分にしたがった11月～4月の花の炉編と5月～10月の花の風炉編の2分冊で構成。開花順に花名で排列。植物の項目名は標準和名で表記、各項目は花名および品種名と茶花の格と解説、また茶花作品と写真とその作品名等、花入れ、茶花の作品例、扱いと器、制作者名を掲載。巻末にはそれぞれ茶事・茶会の解説と茶花の扱い方、花事典を掲載。収録。ほかに茶の湯基本用語解説と花入れの種類を収録。炉・風炉編共通の花名索引と茶花作品索引を付す。

◆野の花

　　　　　　＜事　典＞

草花もの知り事典　平凡社編　平凡社　2003.11　437p　18cm　2500円　①4-582-12428-3

(内容)身近な草花をもっと知る草花エピソード図鑑・事典。総項目数900（項目）。収録図版数1500（点）を収録。

　　　　　　＜ハンドブック＞

野の花・山の花ウォッチング　日本植物友の会編著　山と渓谷社　1999.6　335p　21×19cm　（ヤマケイ情報箱）　2000円　①4-635-06252-X

(目次)街と公園、奥武蔵、奥多摩・奥秩父・中央線沿線、丹沢・湘南・箱根・伊豆、富士・東海、八ガ岳・南アルプス周辺、上州・信州、房総・常磐、尾瀬・日光・那須、越後、北海道・東北

(内容)植物観察コースを紹介するガイドブック。関東周辺115、北海道・東北17の植物観察コースを400枚近くの植物イラストと地図で紹介。公園や低山から南アルプスまで、植物観察向けのコースを選定。植物観察のポイントや、花見分け方、名前のおぼえ方、特徴などを解説し、観察場所がわかる地図を掲載。主な植物600種の索引付き。

動植物・ペット・園芸 レファレンスブック　101

<図鑑>

あそびのおうさまずかん くさばな 学習研究社 2002.7 64p 26×24cm 780円
④4-05-201770-6 ⓃK031
(目次)かだんのはな(はるのはな、なつのはな、あきのはな、ふゆのはな)、のやまのはな、きのはな、み、ねえねえおしえてくさばなあそび、ねえねえおしえてはなことば
(内容)花壇や野山、木に咲く花を季節別に紹介する図鑑。草花遊びや花言葉も掲載する。

色別 野の花図鑑 菅原久夫著 小学館 2001.4 303p 19cm (フィールド・ガイド 21) 1940円 ④4-09-208021-2 Ⓝ477.038
(目次)青色の花、紫色の花、赤色の花、橙色の花、黄色の花、白色の花、緑色の花、茶色の花
(内容)身近に咲く野の花343種を収録したガイドブック。8種類の花の色と16種類の花のつくりによって排列。それぞれの花の和名、漢字表記、分類、花期、分布、生育環境などの解説、撮影場所と日付を明記した写真と記載する。巻末に植物用語の解説、和名・学名索引がある。

色別身近な野の花山の花ポケット図鑑 花色別777種 辻幸治監修 (鹿沼)栃の葉書房 2009.5 462p 15cm (別冊趣味の山野草) 1714円 ④978-4-88616-211-3 Ⓝ477.021
(内容)初めて植物と付き合い始める人を対象に、専門用語をなるべく使わず、花の形・色など、肉眼で簡単に見て取れる特徴を抜き出してまとめたポケット図鑑。花色別に777種を収録。

花色でひける野草・雑草観察図鑑 高橋良孝監修 成美堂出版 2004.4 335p 21cm 1500円 ④4-415-02411-4
(内容)野に咲く四季の草花478種。野原や公園でふと目にした草花の名前がすぐにわかる。日本の野草・雑草478種を開花月順に美しい写真で紹介。花の色、葉の形からも知りたい草花を探すことができる。

くさばな 新版 高橋秀男、真室哲也監修 学習研究社 2004.10 120p 30×23cm (ふしぎ・びっくり!?こども図鑑) 1900円
④4-05-202107-X
(目次)花だんの草花(春の花だん、夏の花だん、秋の花だん、にわや公園の木、へやで楽しむ草花)、野山の草花(道ばたや野原にさく草花、川原や水べの草花、高い山の草花、たけ・ささ、野山の木、草花あそび)、くだもの・野さい(くだもの、野さい、こくもつ、きのこ、草花をそだててみよう)
(内容)写真やスーパーイラストで好奇心をくぎづけ。テーマに合った発展内容やクイズで知識

が身につく。おうちの方へのコーナーの詳しい情報で親子の会話が増える。幼児〜小学校低学年向き。

草花遊び図鑑 小林正明著、小林茉由絵 全国農村教育協会 2008.7 115p 26cm 1500円 ④978-4-88137-138-1 Ⓝ384.55
(目次)タンポポ・シロツメクサの指輪、松葉で花かんざし・花かざり、タンポポのサイフォン、ヤエムグラのペンダント、つなぎめはどこ?、タンポポの茎の風車と水車、髪かざり、タンポポの人形、ナズナのからから、食べてあそぶ、食べられる花〔ほか〕
(内容)ただながめているだけの草花・植物と、もう少し深く付き合うための図鑑。身近な草花を使い、野外で遊びながら自然にふれる体験。昔、子どもだったお父さん・お母さん、おじいちゃん・おばあちゃんも、「あっ、この遊び、やったやった!」となつかしい。そんな遊び100を紹介する。

里の花 里の花800種イラストでちがいがわかる名前がわかる 自然発見ガイド 久保田修構成・著、藤田和生絵 学習研究社 2009.3 263p 19cm 〈文献あり 索引あり〉 1800円 ④978-4-05-403947-6 Ⓝ477.038
(目次)合弁花類、離弁花類、単子葉類
(内容)群を抜く収録数で里の花のすべてがわかる!里の花800種。種類別に全体の雰囲気がわかる写真と識別ポイントをイラストで紹介。巻末に五十音順の索引が付く。

「山野草の名前」1000がよくわかる図鑑 久志博信監修 主婦と生活社 2010.5 207p 21cm 〈文献あり 索引あり〉 1500円 ④978-4-391-13849-8 Ⓝ477.038
(目次)春の山野草(野の花、山地の花、海岸の花)、夏の山野草(野の花、山地の花、高山の花、海岸の花)、秋&冬の山野草(野の花、山地の花、海岸の花)
(内容)日本に自生する主な山野草を網羅。季節別の「野の花」「山地の花」「海岸の花」がひける!新植物分類体系に対応した—最も新しい山野草図鑑!コンパクト図鑑で最も多い1000品種がわかる。

山麓トレッキング花ガイド これだけは知っておきたい 中村至伸撮影・著 (長野)ほおずき書籍、星雲社〔発売〕 2000.7 155p 15cm (Naturing Series 3) 1000円 ④4-434-00414-X Ⓝ477
(目次)黄色の花、緑色の花、白色の花、紅色の花、紫色の花、茶色の花、橙色の花
(内容)山麓で普通に見られる花150種を収録した図鑑。色別に大きく7グループに分類し、その中で薄い色の花から濃いものへの順、さらに科別

植物　花

にまとめて掲載する。

図鑑 野の花山の花1170種 見分け方・栽培法・いけ花・食用・薬用 暮しの中の利用法　上野明，上条勝弘写真　中央公論社　1990.4　231p　30cm　2800円　①4-12-001872-5　Ⓝ477.038

(目次)春の野の花山の花，初夏の野の花山の花，夏の野の花山の花，秋・冬の野の花山の花，野の花山の花と親しむために

名前といわれ 野の草花図鑑 4(続編2)　杉村昇写真・文　偕成社　1990.6　184p　19cm　1400円　①4-03-529120-X

(内容)草花の写真とその植物の語源の写真を見開き2ページに配した図鑑。2枚の写真を見くらべるだけで、植物名のいわれや語源がわかり、草花の名前を印象深くおぼえられるように編集されている。

名前といわれ 野の草花図鑑 5(続編の3)　杉村昇写真・文　偕成社　1992.4　186p　19cm　1400円　①4-03-529180-3

(内容)草花の写真とその植物の語源の写真を見開き2ページに配した図鑑。2枚の写真を見くらべるだけで、植物名のいわれや語源がわかり、草花の名前を印象深くおぼえられるように編集されている。

野の花 山野の花・自然の花　講談社編　講談社　1993.9　279p　21cm　(花の事典)　2900円　①4-06-131943-4

(目次)福寿草、節分草、雪割草、片栗、春蘭、蕗の薹、菫、鈴蘭、水芭蕉、山芍薬、二人静、えごの木、河原撫子、葛、山辣韮、白髭草、柏葉白熊〔ほか〕

(内容)日本の山野に自生する植物のうち、いけな花材として使用されている自然の草木を中心に収載し、『野の花』として1巻に構成した図鑑。

野の花　木原浩著　山と渓谷社　1999.4　281p　15cm　(ヤマケイポケットガイド 1)　1000円　①4-635-06211-2

(目次)双子葉合弁花類(キク科、キキョウ科、ウリ科、オミナエシ科・スイカズラ科、アカネ科、オオバコ科、キツネノマゴ科・ハマウツボ科、タヌキモ科、ゴマノハグサ科、シソ科、マクツヅラ科・ムラサキ科、ヒルガオ科、ガガイモ科、リンドウ科・イソマツ科、サクラソウ科)、双子葉離弁花類(セリ科、アカバナ科・ミソハギ科、スミレ科、ブドウ科、トウダイグサ科、オトギリソウ科・ヒメハギ科、カタバミ科、フクロウソウ科、マメ科、バラ科、ユキノシタ科、ベンケイソウ科、モウセンゴケ科、アブラナ科、ケシ科、キンポウゲ科、スイレン科、ナデシコ科、スベリヒユ科・ツルナ科、ヤマゴボウ科・アカザ科、タデ科・クワ科、ドクダミ科)、単子葉

類(ラン科、アヤメ科、ヒガンバナ科、ユリ科、ミズアオイ科、ツユクサ科・サトイモ科、カヤツリグサ科・イネ科、トチカガミ科・オモダカ科、ヒルムシロ科・ミクリ科・ガマ科、シダ植物 トクサ科)

(内容)野草約280種紹介した図鑑。掲載項目は、名前、分類、解説文、生育地や分布を書き出したデータ、写真など。巻末に索引を付す。

野の花　木原浩、酒井巧著　山と渓谷社　2010.7　281p　15cm　(新ヤマケイポケットガイド 1)〈1999年刊の改訂、新装　並列シリーズ名：New Yama-Kei Pocket Guide　文献あり 索引あり〉　1200円　①978-4-635-06261-9　Ⓝ477.021

(目次)双子葉合弁花類(キク科、キキョウ科、ウリ科 ほか)、双子葉離弁花類(セリ科、アカバナ科・ミソハギ科、スミレ科 ほか)、単子葉類(ラン科、アヤメ科、ヒガンバナ科 ほか)

(内容)町や村でごくふつうに見られる野草を約280種紹介した図鑑。市街地、ちょっとした草地や土手、水田や湿地、川や河原、雑木林、海岸など、毎日の散歩コースに見られる野草を収録。

野の花 アーバン　北隆館　1991.11　335p　19cm　(フィールドグラフィックス 1)　2500円　①4-8326-0246-2　Ⓝ470.38

(内容)野山に咲く花を生えている場所ごとにまとめた写真図鑑。本巻では、道端、空き地、畑、田んぼから水辺や海辺など町のごく近くでみられる植物335種を掲載している。

野の花 ルーラル　北隆館　1992.1　335p　19cm　(フィールドグラフィックス 2)　2500円　①4-8326-0247-0　Ⓝ477.038

(内容)野山に咲く花を生えている場所ごとにまとめた写真図鑑。本巻では、田んぼ、畑から草原、丘陵、低い山、海辺や水辺など、私たちがごく気軽に出かけることのできるところにはえている植物335種を掲載している。

野の花さんぽ図鑑　長谷川哲雄著　築地書館　2009.5　159p　21cm〈索引あり〉　2400円　①978-4-8067-1379-1　Ⓝ472.1

(目次)啓蟄(3月上旬)、春分(3月下旬)、清明(4月上旬)、穀雨(4月下旬)、立夏(5月上旬)、小満(5月下旬)、芒種(6月上旬)、夏至(6月下旬)、小暑(7月上旬)、大暑(7月下旬)〔ほか〕

(内容)野の花370余種を、花に訪れる昆虫88種とともに、2週間ごとの季節の移り変わりで描く。花、実、根のようすから、季節ごとの姿まで、身近な草花の意外な魅力、新たな発見がいっぱいの植物図鑑。巻末には、植物画の描き方の特別講座付き。

野の花の図譜　井上光三郎著　(浦和)埼玉新聞社　1995.3　75p　26cm　2500円　①4-

動植物・ペット・園芸 レファレンスブック　103

87889-158-0

⦿内容 秩父の野の花のカラーイラスト104点。種ごとに簡潔な解説を付す。

野の花フィールド日記　松岡真澄著　山と渓谷社　1995.5　239p　19cm　(MY DATA 図鑑)　1800円　①4-635-58021-0

⦿内容 イラストによる野の花の観察図鑑。

野の花山の花　色で見分ける図鑑　増補改訂　田中豊雄著　(長野)ほおずき書籍　1991.4　604p　19cm　〈発売：長野県教科書供給所〉　3900円　①4-89341-151-9　Ⓝ477.038

⦿内容 野山の自然の中の花を写真とともに紹介する図鑑。1987年刊の増補改訂版。

野の花・山の花観察図鑑　登山、キャンプ、ハイキングで見る　東京山草会編　主婦の友社　2008.8　191p　21cm　(主婦の友ベストbooks)　1300円　①978-4-07-262119-6　Ⓝ477.038

⦿目次 ユリやランの仲間―単子葉類(ユリの仲間、ウバユリ ほか)、イチリンソウやキクの仲間―放射相称の花(イチリンソウの仲間、キクザキイチゲ ほか)、スミレやタツナミソウの仲間―左右相称の花(トリカブトの仲間、ハマエンドウ ほか)、サラシナショウマなどの仲間―小さな花(ヒトリシズカ、フタリシズカ ほか)、野生植物保護に関する資料

⦿内容 野の花、山の花300種以上を収録した図鑑。

野花で遊ぶ図鑑　おくやまひさし著　地球丸　1997.5　159p　21cm　(アウトドアガイドシリーズ)　1700円　①4-925020-15-3

⦿目次 いつでも野草を楽しむために、この本に出てくるおもな植物用語、春を告げる早咲きの花を見つけよう、ほろ苦いフキノトウは大地の香り、日だまりでツクシ摘み、野原で探す、新・春の七草、根っこでわかるセリとドクゼリの違い、独特の花の形をもつスミレ、タンポポは昔も今も身近な草花、レンゲソウはタネから育てるとおもしろい〔ほか〕

ハイキングで出会う花ポケット図鑑　ひと目で見分ける320種　増村征夫著　新潮社　2006.5　190p　15cm　(新潮文庫)　629円　①4-10-106122-X

⦿目次 赤色系の花、白色系の花、黄色系の花、紫色系の花、緑色系の花、茶色系の花

⦿内容 ポケット図鑑に待望の中・低山編が登場。低山と1000〜2000mの山域でよく見られる花を選び、花の色や形や付き方、葉の形で細かく分類、似ている花同士を並べて解説。見分けるポイントもイラストでズバリ例示。簡単に名前が分かる。まさにハイカー必携のグッズ。

花色でひける山野草・高山植物　自然の野山や高山に咲く416種　大嶋敏昭監修　成美堂出版　2002.5　463p　15cm　(ポケット図鑑)　1200円　①4-415-01906-4　Ⓝ470.38

⦿内容 山野草と高山植物の図鑑。自然の野山で見られる約416種を収録。花色写真目次により植物名を検索することができる。標準和名の五十音順に排列。各植物の別名、学名、花色、科・属名、花期、特徴、名前の由来を写真とともに掲載している。巻末に植物用語解説、花期別索引、五十音順索引が付く。

花色別　野の花・山の花図鑑　花色で花の名前がわかる、野山歩きに必携！　布施正直写真、田中桃三、高橋佳晴文、講談社編　講談社　2000.3　215p　21cm　2500円　①4-06-209580-7　Ⓝ477

⦿目次 黄、黄橙、白、桃・淡紅紫・淡紅、紅紫、青紫、その他(暗紫・暗赤・茶・朱系)

⦿内容 日本に自生している植物および帰化植物約576種を「花色別」「季節別」「科目別」に区分し、排列した図鑑。植物用語集、花色さくいんがある。

花図鑑　野草　高橋秀男監修　草土出版、星雲社〔発売〕　1998.3　286p　24×19cm　(草土花図鑑シリーズ 7)　3000円　①4-7952-9551-4

⦿目次 世界のワイルドフラワー、図鑑、野草を楽しむ、毒草を見分ける、絶滅に瀕する野草

花と葉で見わける野草　亀田竜吉、有沢重雄著、近田文弘監修　小学館　2010.4　272p　19cm　〈他言語標題：Identifying Japanese Wild Herbs by Flowers & Leaves　文献あり　索引あり〉　1900円　①978-4-09-208303-5　Ⓝ472.1

⦿内容 日本在来の野草から新しい帰化植物まで330種を掲載。似ている野草の違いがわかる。

◆野草

<事典>

野草大百科　北隆館　1992.6　477p　26cm　15000円　①4-8326-0264-0

⦿内容 野生の草本植物が主体に木本植物も収録した事典。配列は被子植物、裸子植物、シダ植物の順とし、さらに被子植物は双子葉類のキク科からモクレン科へ、単子葉類はイネ科からトチカガミ科の順としている。

<図鑑>

愛知の野草　図鑑　名古屋理科同好会植物サークル編　(名古屋)中日新聞本社

1993.6　319p　19cm　〈付・草花あそび 監修：芹沢俊介〉　2300円　①4-8062-0255-X　Ⓝ470.38

⓬愛知県の道端や野山でよく見かけそうな植物を中心に収録した野草図鑑。一部、稀ではあるが、愛知県を特徴づける植物、愛知県にはこんなものもあるよという植物も加えている。

学研生物図鑑　特徴がすぐわかる　野草1　双子葉類　改訂版　山口昭彦編　学習研究社　1990.3　386p　22cm　〈監修：本田正次　『学研中高生図鑑』の改題〉　4600円　①4-05-103857-2　Ⓝ460.38

⓬中学・高校生向けの生物の学習図鑑シリーズ。野草の部は「1双子葉類」「2単子葉類」の2冊で構成する。

学研生物図鑑　特徴がすぐわかる　野草2　単子葉類　改訂版　山口昭彦編　学習研究社　1990.3　330p　22cm　〈監修：本田正次　『学研中高生図鑑』の改題〉　4600円　①4-05-103858-0　Ⓝ460.38

⓬中学・高校生向けの生物の学習図鑑シリーズ。野草の部は「1双子葉類」「2単子葉類」の2冊で構成する。

原色野草検索図鑑　合弁編　池田健蔵、遠藤博編　北隆館　1996.9　127p　21cm　4944円　①4-8326-0384-1

⓭第1部 検索図表（植物の形）、第2部 種類の説明（合弁花類）

⓬図表を用いて植物を検索する「原色野草検索図鑑」の合弁花編。収録数は408種。「検索図表」と「種類の説明」の2部構成をとる。第1部では雄しべの数・果実の形・茎と葉の形別の4種の検索図表から科名を検索し、第2部で種の説明をする形式。各植物に付された説明文の内容は生息場所・形状・種子の特徴・分布など。巻末に和名索引・学名索引を付す。

原色野草検索図鑑　単子葉植物編　池田健蔵、遠藤博編　北隆館　1997.2　122, 115p　21cm　4800円　①4-8326-0386-8

⓭第1部 検索図表（花でひく検索図表、雄しべの数でひく検索図表、果実の形でひく検索図表、茎と葉の形でひく検索図表）、第2部 種類の説明

⓬合弁花類408種、離弁花類408種、単子葉植物類380種の計1176種類を収録する植物検索図鑑。巻末に、和名索引、学名索引を付す。

原色野草検索図鑑　離弁花編　池田健蔵、遠藤博編　北隆館　1996.12　127p　21cm　4944円　①4-8326-0385-X

⓭第1部 検索図表（植物の形、花でひく検索図表、雄しべの数でひく検索図表、果実の形で

ひく検索図表、茎と葉の形でひく検索図表）、第2部 種類の説明（離弁花類）

こどものずかんMio　7　くさばな・き　（大阪）ひかりのくに　2005.8　64p　27×22cm　667円　①4-564-20087-9

⓭ここはジャングル?、のはらのじゅうたん、しろいボールみたいだね?、あちらこちらではながさいた!、とおくへいこう!、はるのくさばな、くさばなあそび、はるをさがしにしゅっぱつ!、はるのかだんのはな・きのはな、はやおきのはなだよ!〔ほか〕

最新版　山野草大百科　久志博信、内藤登喜夫著　講談社　2005.3　310p　26×21cm　2857円　①4-06-212294-4

⓭早春の山野草を訪ねる、春の山野草を訪ねる、夏の山野草を訪ねる、秋の山野草を訪ねる、海外に咲く山野草、山野草栽培の基礎知識

⓬日本と世界で人気のある山野草1200以上の種類と最新の品種を収録した図鑑。それぞれの植物について、植え方、日常の管理、殖やし方を紹介。園芸の本場英国の栽培・研究の達人10人が育て方・楽しみ方を解説。日本および世界各地の迫力のある自生風景を紹介。栽培の専門家が撮影したカラー写真を多数掲載する。

多年草図鑑1000 PERENNIALS 永久保存版　英国王立園芸協会編、植村猶行日本語版監修、英国王立園芸協会日本支部訳　日本ヴォーグ社　1997.9　343p　21cm　（プラントフォトガイドシリーズ）　3000円　①4-529-02849-6

⓭多年草カタログ、大型多年草（大型多年草 夏、デルフィニウム、大型多年草 秋、大型多年草 冬・通年）、中型多年草（中型多年草 春、非球根性アイリス、シャクヤク類、中型多年草 夏、フロックス、ペラルゴニウム属、ペンステモン属、ヘメロカリス、中型多年草 秋、キク、アスター、中型多年草 冬・通年）、小型多年草（小型多年草 春、プリムラ、小型多年草 夏、ディアンサス属、ギボウシ属、小型多年草 秋、ベゴニア属、小型多年草 冬・通年、セントポーリア属、イネ科、カヤツリグサ科、イグサ科、シダ）

⓬庭における多年草を選んだり、同定するためのガイドブック。1000種類を超える世界中の多年草を紹介。巻末に五十音順の索引がある。

知識ゼロからの野草図鑑　ネイチャー・プロ編集室〔著〕、平野隆久写真、高橋秀男監修　幻冬舎　2010.2　159p　21cm　〔他言語標題：Wild flowers illustrated book　索引あり〕　1300円　①978-4-344-90178-0　Ⓝ472.1

⓭春（野や里の野草、林や山の野草、水辺の野草・海辺の野草、野や里の樹木、林や山の樹

動植物・ペット・園芸 レファレンスブック　105

木，水辺の樹木・海辺の樹木），夏，秋冬
(内容)春夏秋冬，野や里，山から水辺。身近に出会える小さな自然387種。見つけた植物の名前がすぐわかる。

東京野草図鑑 街草みつけた 上條滝子絵・文 東京新聞出版局 2007.2 207p 21cm 1600円 ⓘ978-4-8083-0864-3
(目次)ハコベ，ツワブキ，コウホネ，タンポポ，フキ，フキノトウ，オランダミミナグサ，ヨモギ，スミレ，ギシギシ，ナノハナ〔ほか〕
(内容)街中のアスファルトの道端や，コンクリートのすき間，街路樹の根元のわずかな土の上でも季節の移りかわりに生きている草花がある。仕事や買い物に出かけた帰り道など，街の生活の中でおもいがけずに出会った草花に驚いたり感心したり面白がっている。そんな出会いから生まれた本。

都会の草花図鑑 秋山久美子著 八坂書房 2006.6 248, 14p 19cm 2000円 ⓘ4-89694-871-8
(目次)ドクダミ科，ハス科，キンポウゲ科，メギ科，ケシ科，クワ科，イラクサ科，ヤマゴボウ科，オシロイバナ科，アカザ科〔ほか〕
(内容)公園や空き地，道端や広場などで見かける身近な草花を取りあげ，花や草姿，葉の様子など様々な写真で紹介。名前の由来やおもしろい性質，ちょっと便利な利用法や薬効など，知って得する情報満載。

日本の野草〔特装版〕 林弥栄編 山と渓谷社 1990.6 719p 21×22cm（山渓カラー名鑑）〈第25刷（第1刷：83.9.1）〉7500円 ⓘ4-635-05601-5
(目次)被子植物 双子葉合弁花類，被子植物 双子葉離弁花類，被子植物 単子葉類

日本の野草 増補改訂新版／門田裕一／改訂版監修 林弥栄編・解説，畔上能力，菱山忠三郎解説 山と渓谷社 2009.11 735p 20×21cm（山渓カラー名鑑）〈文献あり 索引あり〉7600円 ⓘ978-4-635-09042-1 Ⓝ472.1
(目次)被子植物門 双子葉合弁花類（キク科，キキョウ科，マツムシソウ科ほか），被子植物門 双子葉離弁花類（セリ科，ミズキ科，ウコギ科ほか），被子植物門 単子葉類（ラン科，ヒナノシャクジョウ科，ショウガ科ほか）
(内容)高山から浜辺まで，日本に自生する野草1534種を収録。双子葉合弁花類624種，双子葉離弁花類558種，単子葉類352種，近年発見された新種39種を追加掲載。

野山の野草 勝山輝男解説，熊田達夫写真 小学館 2001.3 351p 15cm（ポケットガイド 10）1260円 ⓘ4-09-208210-X Ⓝ477.038
(目次)双子葉植物合弁花類（キク科，キキョウ科，ウリ科，マツムシソウ科 ほか），双子葉植物離弁花類（セリ科，ウコギ科，ヤマトグサ科，アリノトウグサ科 ほか），単子葉植物（ラン科，アヤメ科，ヤマノイモ科，ユリ科 ほか）
(内容)野草391種の図鑑。被子植物の分類によって排列。日本の野山，水辺や湿地でよく見られる野草（亜種・変種を含む）の特徴，類似種との相違点，名前の由来などの解説とともに，撮影時期と場所を明記した写真を掲載。巻末に本文中の言葉を解説した用語解説のほか，日本の植物区系，日本列島の植物のルーツ，学名索引，和名索引を付す。

ひっつきむしの図鑑 北川尚史監修，伊藤ふくお，丸山健一郎著（大阪）トンボ出版 2003.9 95p 26cm〈地方〉2800円 ⓘ4-88716-147-6
(目次)オオオナモミ，イガオナモミ，オナモミ，トゲオナモミ，オヤブジラミ，ヤブジラミ，ウマノミツバ，ウマゴヤシ，コウマゴヤシ，モンツキウマゴヤシ〔ほか〕
(内容)野原で遊んでいたら，ズボンの裾や靴ひも，上着の袖などに植物の実が付いていたことはないだろうか。これらの服に付く実は，関西周辺では親しみをもって「ひっつきむし」や「くっつきむし」などと呼ばれている。本書では，「果実やそれに連なる部分に付着するための構造を特に発達させている植物」を基準に「ひっつきむし」をピックアップした。また近い仲間（同じ属）の植物など「ひっつきむし」と考えられる植物もできるだけ取り上げてある。

ひっつきむしの図鑑 フィールド版 伊藤ふくお写真，丸山健一郎文，北川尚史監修（大阪）トンボ出版 2009.9 95p 21cm〈文献あり 索引あり〉1000円 ⓘ978-4-88716-169-6 Ⓝ471.1
(目次)ひっつきむしの生える環境，ひっつきむしの形で名を調べよう，オオオナモミ，イガオナモミ，オナモミ，トゲオナモミ，オヤブジラミ，ヤブジラミ，ウマノミツバ，ウマゴヤシ，コウマゴヤシ〔ほか〕

街・里の野草 門田裕一解説，熊田達夫写真 小学館 1997.8 319p 16cm（Pocket guide 2）〈索引あり〉1260円 ⓘ4-09-208202-9 Ⓝ477.038
(目次)双子葉植物合弁花類（キク科，キキョウ科，スイカズラ科，ウリ科，オオバコ科 ほか），双子葉植物離弁花類（セリ科，ウコギ科，アカバナ科，ミソハギ科，スミレ科 ほか），単子葉植物（ラン科，アヤメ科，ヤマノイモ科，ヒガンバナ科，ユリ科 ほか）

〔内容〕日本の都会から人里まで、普通に見られる四季折々の野草295種を収録。巻末には、「学名索引」「和名索引」を付す。

野草 改訂新版 〔本田正次, 矢野佐, 高橋秀男〕〔監修〕 学習研究社 2002.11 215p 31cm （原色ワイド図鑑） 5952円 Ⓝ4-05-152137-0 Ⓝ470

〔内容〕約680種の野草を収録した図鑑。自生地で撮影した標本写真を掲載。野草の検索図鑑としても使える。

野草大図鑑 Outdoor graphics 北隆館 1990.4 727p 27cm 〈監修：高橋秀男 付：主要参考文献〉 19417円 Ⓝ470.38

〔内容〕「牧野新日本植物図鑑」の姉妹編。日本でふつうに見られる草本類（野草）を中心に、カラー写真を挿入し、話題種・最近の帰化種などを加えた3003種を収録。

野草のおぼえ方 上 いがりまさし著 小学館 1998.3 255p 19cm （フィールド・ガイド 18） 1750円 Ⓝ4-09-208018-2

〔目次〕キク科、キキョウ科、アカネ科、オオバコ科、ゴマノハグサ科、ナス科、シソ科、ムラサキ科、ヒルガオ科、リンドウ科〔ほか〕

〔内容〕春から夏に目につく野草300種を解説した図鑑。野草の名前とその特徴を、口ずさんで覚えられるように、語呂のよいフレーズを掲載。和名・学名・英名索引、総索引付き。

野草のおぼえ方 下 いがりまさし著 小学館 1998.7 263p 19cm （フィールド・ガイド 19） 1750円 Ⓝ4-09-208018-9

〔目次〕キク科、キキョウ科、マツムシソウ科、ウリ科、オミナエシ科、アカネ科、タヌキモ科、キツネノマゴ科、イワタバコ科〔ほか〕

〔内容〕夏から秋にかけて見られる野草300種を解説した図鑑。野草の名前とその特徴を、口ずさんで覚えられるように、語呂のよいフレーズを掲載。和名・学名・英名索引、総索引付き。

野草 見分けのポイント図鑑 林弥栄総監修, 畔上能力, 菱山忠三郎, 西田尚道監修, 石川美枝子イラスト 講談社 2003.2 335p 19cm 1900円 Ⓝ4-06-211599-9

〔目次〕春の野草（キク科、オオバコ科、ゴマノハグサ科 ほか）、夏の野草（キク科、キキョウ科、オミナエシ科 ほか）、秋の野草（キク科、キキョウ科、ハマウツボ科 ほか）

〔内容〕この草はなに？どこが違うの？あなたの疑問がイラストですっきり。理解が深まる検索ハンドブック。

◆**四季の草花**

<事 典>

咲く順でひける四季の花事典 鈴木路子監修 成美堂出版 2003.3 335p 21cm 1500円 Ⓝ4-415-02170-0

〔目次〕花解説、喜ばれる花贈り

〔内容〕開花時期、花の名前、別名、花ことばから、知りたい花が探せる。掲載写真は1170点。購入のポイントや手入れの仕方、楽しみ方を解説。父の日、母の日、クリスマスなど、花贈りのポイントやマナーがわかる。「緑・花文化の知識認定試験」にも対応した手引書。

四季の花事典 増訂版 麓次郎著 八坂書房 1999.5 721, 15p 21cm 9500円 Ⓝ4-89694-434-8

〔目次〕春（アセビ、ウメ ほか）、夏（アサガオ、アザミ ほか）、秋（アケビとムベ、アシ ほか）、冬（イチイとキャラボク、ウメモドキ ほか）、増補（アオキ、アマドコロとナルコユリ ほか）

〔内容〕植物160種を季節ごとに収録した事典。古今東西の習俗・民俗にあらわれた植物の姿、名前の由来・数々の方言名とそのいわれ、神話・伝説・詩歌・文学・美術とのかかわりなど植物利用の歴史に隠されたさまざまなエピソードを紹介している。巻末に索引を付す。

花ごよみ365 八坂書房編 八坂書房 2005.1 396, 18p 19cm 2000円 Ⓝ4-89694-850-5

〔目次〕一月（ごようまつ、もうそうちく ほか）、二月（こうばい、めだけ ほか）、三月（つばき（おとめつばき）、ヒマラヤゆきのした ほか）、四月（しだれざくら、くさのおう ほか）、五月（あやめ、じゃがいも ほか）、六月（はくちょうげ、にんにく ほか）、七月（はまなし、つるれいし ほか）、八月（しらたえひまわり、たらのき ほか）、九月（くじゃくそう、あれちうり ほか）、十月（おおおにばす、たいわんつばき ほか）、十一月（とうかえで、カンガルーポー ほか）、十二月（レモン、うちわサボテン ほか）

〔内容〕庭や路傍、山野に咲く花を中心に、花屋の店頭や植物園の温室などで見かける花なども含めて選び、その日には必ず見られる花を基準にし、一部には行事の花、祝祭の花として定着しているものも収録。また、変わり行く身近な山野草や雑草、そして大きく変わりつつある果物や野菜の世界にも目を向けて収録した。

花ごよみ花だより 八坂書房編 八坂書房 2003.1 397, 16p 19cm 2000円 Ⓝ4-89694-811-4

〔目次〕一月（まつ、うめ ほか）、二月（つばき、ねこやなぎ ほか）、三月（チューリップ、こぶし ほか）、四月（さくら、えびね ほか）、五月（ぼ

たん、みずき ほか)、六月(はなしょうぶ、シャスタデージー ほか)、七月(やまゆり、ダーリア ほか)、八月(くがいそう、オクラ ほか)、九月(あきのきりんそう、まつむしそう ほか)、十月(グラジオラス、しこんのぼたん ほか)、十一月(かえで、カランコエ ほか)、十二月(つばき、サンダーソニア ほか)

花のいろいろ 四季を楽しむ12カ月の花ごよみ 金田洋一郎写真、金田初一文 実業之日本社 2006.4 301p 19cm 1800円 ⓘ4-408-40341-5

(目次)1月、2月、3月、4月、5月、6月、7月、8月、9月、10月、11月、12月
(内容)見て読んで楽しむ、365日、三百六十五種の美しい花の図鑑。見られる場所、科名、学名、原産地等のデータ充実。

花の名前 高橋順子文、佐藤秀明写真 小学館 2005.5 167p 21cm 2400円 ⓘ4-09-681433-4

(目次)踏青の巻(立春、雨水 ほか)、滴翠の巻(立夏、小満 ほか)、錦秋の巻(立秋、処暑 ほか)、埋火の巻(立冬、小雪 ほか)
(内容)花の名前を枝折りにたどる「記憶のこよみ」それはいきものの言霊のかたち。季節の色を3倍に楽しむ本。辞典+歳時記+エッセー+写真集のアンサンブル。

<図 鑑>

秋の花 野草・樹木・園芸植物 山と渓谷社 1994.10 767p 17cm (山渓ポケット図鑑3) 2700円 ⓘ4-635-07013-1

(目次)野や街、山や丘、海辺、針葉樹カタログ、秋に目立つシダ、秋にも見られる春や夏の花、紅葉と木の実・草の実、冬芽・樹皮カタログ
(内容)8月下旬〜12月に目立つ花や実・紅葉などを収録した写真図鑑。花・実・紅葉770種、針葉樹30種、秋に目立つシダ類10種類を場所別に分類収録。写真・名称・学名・漢字表記・解説・分布などを掲載する。他に付録として秋になっても見られる夏の花60種、目立たない紅葉・実150種、冬芽・樹皮100種を紹介。シリーズ全3巻で計2650種類を収録し、全3巻の総合索引を付す。一野草・樹木・園芸、花も実も紅葉もいっしょに楽しめる欲張りな植物図鑑。

秋の野草 新装版 永田芳男著 山と渓谷社 2006.11 383p 19cm (山渓フィールドブックス 11) 2000円 ⓘ4-635-06068-3

(目次)双子葉植物(合弁花類)、双子葉植物(離弁花類)、単子葉植物
(内容)9〜11月に見られる花と、わずかだが12〜1月の冬の花も収録。

色・大きさ・開花順で引ける季節の花図鑑 鈴木路子監修 日本文芸社 2004.7 367p 24×19cm 1600円 ⓘ4-537-20280-7

(目次)早春から陽春に咲く花、初夏から盛夏に咲く花、秋から冬に咲く花、周年咲く花
(内容)より大きく、より検索しやすい花の事典。園芸店、公園、花壇、ガーデニング、庭木…日頃よく見かける花から山野草、珍しい品種まで500種以上掲載。

色がわかる四季の花図鑑 主婦の友社編 主婦の友社 2004.9 239p 24×19cm (主婦の友新実用BOOKS) 1600円 ⓘ4-07-242750-0

(目次)色の組み合わせでイメージが決まる 美しい花壇の配色デザイン、花色が一目でわかる!季節別花カタログ(早春の花、春の花、初夏の花、夏の花、秋〜冬の花、室内で楽しむ花、葉もの)、これだけは知っておこう!すてきな花壇デザインの基礎レッスン、形態・色彩・材質感をよく理解して、実践に役立てたい!ガーデンデザインの基礎、実例で見る季節別花壇デザイン
(内容)季節ごとに花色から植物の名前が検索できる花図鑑。その花の花色が一目でわかるのでとても便利。季節ごとに花壇やコンテナの配色デザインの実例がのっているのでセンスアップ。おしゃれな花壇を作るカラーレッスンの基礎知識を詳しく解説。別名、園芸分類、花期、草丈、ふやし方の時期などの園芸情報も一目で。

色・季節でひける花の事典820種 金田初代文、金田洋一郎写真 西東社 2010.3 351p 21cm 〈索引あり〉 1500円 ⓘ978-4-7916-1698-5 Ⓝ627.038

(目次)1 早春の花、2 春の花、3 初夏の花、4 夏の花、5 秋の花、6 冬の花、7 周年の花・カラーリーフプランツ
(内容)新しい品種と人気の花が満載!カラーリーフプランツもたくさん掲載した図鑑。

「開花順」四季の野の花図鑑 花色で引ける・見分け方がわかる いがりまさし著 技術評論社 2008.4 389p 21cm 2380円 ⓘ978-4-7741-3424-6 Ⓝ477.038

(目次)春(立春(2月上旬)、雨水(2月下旬) ほか)、夏(立夏(5月上旬)、小満(5月下旬) ほか)、秋(立秋(8月上旬)、処暑(8月下旬) ほか)、冬(立冬(11月上旬))
(内容)代表的な野の草花、約700種を掲載した図鑑。季節で、色で、名前で、知りたい花を探すことができる。

学校のまわりでさがせる植物図鑑 ハンディ版 春 平野隆久写真、近田文弘監修 金の星社 2009.2 127p 22cm 〈索引あり〉 2500円 ⓘ978-4-323-05671-5

植物　花

Ⓝ470.38
㊣春の野原や空き地（特集・タンポポ，特集・スミレ，特集・レンゲソウ），春の水辺，春の林や山，春の海辺，春の野草さくいん，野草のさくいん，観察ノートを作ろう
㊣身近で見られる植物を花が咲く季節ごとに紹介した図鑑。学校の行き帰りに出会う草花の名前がわかる。似ている植物の見分け方も掲載する。

学校のまわりでさがせる植物図鑑　ハンディ版　夏　平野隆久写真，近田文弘監修　金の星社　2009.3　127p　22cm　〈索引あり〉　2500円　①978-4-323-05672-2
Ⓝ470.38
㊣夏の野原や空き地，夏の水辺，夏の林や山，夏の海辺，夏の野草さくいん，野草のさくいん，観察ノートを作ろう
㊣身近で見られる植物を花が咲く季節ごとに紹介した図鑑。似ている植物の見分け方も掲載。植物の名前や，特徴を調べるのに役立つ。

学校のまわりでさがせる植物図鑑　ハンディ版　秋冬　平野隆久写真，近田文弘監修　金の星社　2009.3　127p　22cm　〈索引あり〉　2500円　①978-4-323-05673-9
Ⓝ470.38
㊣秋冬の野原や空き地，特集 セイタカアワダチソウ，特集 オオオナモミ，特集 シロザ，特集 ススキ，特集 ヒガンバナ，秋冬の水辺，秋冬の林や山，秋冬の海辺
㊣身近で見られる植物を花が咲く季節ごとに紹介した図鑑。この巻では，花が咲く野草を全115種掲載。冬に見過ごされがちなススキが地面の下で冬越ししている姿なども紹介。

学校のまわりの植物ずかん　1　花の色でさがせる春の草花　おくやまひさし文・写真　ポプラ社　2005.3　71p　26×21cm　2600円　①4-591-08460-4
㊣野原の草花（球根でふえるスイセン，お株とめ株，春の七草，ナズナの昼と夜，セイヨウタンポポとカントウタンポポ，花のめがねや首かざり），田んぼや水辺の草花（カラスムギの種），雑木林や低い山の草花（カタクリの球根）
㊣春をつげるツクシやフキノトウ，道ばたのタンポポ，野原のスミレ，田んぼのレンゲソウ，林の中にさくカタクリやフクジュソウなど。春の七草や，シロツメクサの首かざりづくりなども紹介。

学校のまわりの植物ずかん　2　花の色でさがせる夏の草花　おくやまひさし文・写真　ポプラ社　2005.3　71p　26×21cm　2600円　①4-591-08461-2
㊣野原の草花（ヒルガオとコヒルガオの見わ

け方，ヒメジョオンとハルジオン，ひとりでは立てないつる性の草，カラスウリの花がさくまで），田んぼや水辺の草花（アレチマツヨイグサの花がさくまで，水にうく草，ホテイアオイ，食べられる根レンコン，オニバスの花のひみつ），雑木林や低い山の草花
㊣フェンスにからみつくヒルガオ，道ばたのネジバナやエノコログサ，夜に開くカラスウリの花，池にさくハスやホテイアオイ，海辺のスカシユリやハマボウフウ，林でさきみだれるヤマユリなど。

学校のまわりの植物ずかん　3　花の色でさがせる秋の草花　おくやまひさし文・写真　ポプラ社　2005.3　71p　26×21cm　2600円　①4-591-08462-0
㊣野原の草花（ヒガンバナの一年，服にくっつく種，秋の七草），田んぼや水辺の草花（ヤナギタデの葉でつくるタデ酢，ジュズダマのアクセサリー），雑木林や低い山の草花（ヤマノイモとオニドコロ，草の実と種，くっつく種 ほか）
㊣野原をいろどるキキョウやナデシコ，ハギやススキなど秋の七草。川原に実るジュズダマの実，林の中にさくリンドウなど。服にくっつく種のあそびや，ヨウシュヤマゴボウの色水あそびも紹介。

学校のまわりの植物ずかん　4　冬ごしのすがたでさがせる冬の草花　おくやまひさし文・写真　ポプラ社　2005.3　71p　26×21cm　2600円　①4-591-08463-9
㊣野原の草花（雪国の野山，かんさつしよう根やイモで冬ごしする草花），田んぼや水辺の草花（ススキ，オギ，ヨシの見わけ方），雑木林や低い山の草花（ヤマノイモとオニドコロの見わけ方，自然のドライフラワー，草の種と芽ぶき，どんな芽が出るかな？）
㊣雪の中でも花をさかせるノボロギクやホトケノザ，緑の葉をつけるヒガンバナやノビル，地面に葉をひろげるナズナやハルジオンのロゼット，根で冬をこすススキやヨモギなど。種や芽ぶきも紹介。

四季を楽しむ花図鑑500種　柴田規夫監修　新星出版社　〔2005.3〕　254p　24×19cm　（かんたんガーデニング）　1500円　①4-405-08548-X
㊣アオイ科，アヤメ科，キク科，キンポウゲ科，ゴマノハグサ科，サクラソウ科，シュウカイドウ科，スミレ科，ツツジ科，ナス科，ナデシコ科，バラ科，ヒガンバナ科，ボタン科，マメ科，ユキノシタ科，ユリ科，ラン科，その他の科
㊣名前の由来や歴史などを紹介。花屋さんの花の名前がひと目でわかる。

四季の花図鑑　花屋さんの花の名前と育て方　木馬書館　1996.3　215p　21cm　1700円　ⓘ4-943931-48-0

(目次)春の花、夏の花、秋・冬の花、ハーブ、観葉植物・多肉植物

(内容)生花店等で入手可能な園芸植物の図鑑。花の名称、別名、分類、学名、花期、原産地、特徴、育て方、花言葉を掲載する。「春の花」「夏の花」「秋・冬の花」「ハーブ」「観葉植物」の5部構成。巻末に花名の五十音順索引がある。─花屋さんの人気の花まるごとガイド。

四季の花　花屋さんの花416種　鈴木誠監修　成美堂出版　2000.3　351p　15cm　(ポケット図鑑)　1200円　ⓘ4-415-01043-1　Ⓝ477

(目次)一年中店頭にある花たち、春から夏の花たち、秋から冬の花たち、冬から春の花たち、春と秋の花たち、春から秋の花たち、秋から春の花たち、夏から秋の花たち、鉢物

(内容)日常、花屋さんでよく目にしたり、気軽に購入したりする花416種を紹介した図鑑。9つのパートに分け、五十音順に排列。巻末に、「植物用語図解」「園芸植物用語集」やさくいんなどがある。

四季の花　花屋さんの花図鑑　成美堂出版　1994.4　351p　15cm　(ポケット図鑑)　〈監修:鈴木誠〉　1300円　ⓘ4-415-08010-3　Ⓝ477

(内容)花屋さんの花を273種完全ガイド。

四季の花色大図鑑　花を調べる花を使う　講談社編　講談社　2010.11　239p　26cm　〈他言語標題:Encyclopedia of Flower Colors for Four Seasons　文献あり　索引あり〉　2900円　ⓘ978-4-06-216019-3　Ⓝ477.038

(目次)庭・コンテナガーデン・アレンジメントのための花色合わせ─基本とヒント、桃色、赤色、青色・紫色、橙色、黄色、白色、その他、カラーリーフ、用語解説

(内容)花を調べ、花を知り、花を使う。花を使いこなすための画期的な図鑑。1100種2000点の花と緑を収録!園芸店で見かける新しい花、花木、草花、山野草、ハーブを網羅。

四季花の事典　和花・洋花・野の花を楽しむ　講談社編　講談社　2001.3　223p　26×22cm　2800円　ⓘ4-06-210321-4　Ⓝ793.3

(目次)春(梅、猫柳、万作、木瓜 ほか)、夏(牡丹、薊、鈴蘭、忘れな草 ほか)、秋冬(萩、桔梗、洋種山牛蒡、狗尾草 ほか)

(内容)和花・洋花・野の花1000点を収録した図鑑。本書は講談社刊『花の事典 和花』、『花の事典 洋花』、『花の事典 野の花』に、新たに写真を加えて再編集したもの。季節ごとに花を分け、開花順または花材として使用されることの多い時期に排列。学名、植物分類、分布、原産地、別名、花期、出回り時期、写真、解説を掲載。写真にはいけばなの作例も併載。巻末に植物用語の解説、和名索引がある。

デジカメで綴る花の歳時記　ぶらりデジカメ　花追い人著　技術評論社　2004.7　239p　21cm　1580円　ⓘ4-7741-2048-0

(目次)フユボタン、シモバシラ、ヤブツバキ、ナノハナ、ハンノキ、スイセン、ウメ、ウメ(番外編)、ハイビスカス、フクジュソウ〔ほか〕

(内容)撮りに出かけよう、身近な花が織り成す季節の美。

夏の花　野草・樹木・園芸植物　山と渓谷社　1994.7　767p　17cm　(山渓ポケット図鑑2)　2700円　ⓘ4-635-07012-3

(内容)6月中旬から8月にかけて目立つ花や実約790種類を収録した図鑑。簡単に見られない高山植物約130種類は1章にまとめている。付録として、夏にも咲き残っている春の花・8月に入ると咲きはじめる秋の花・木の花・夏に見られる木の実や草の実など約200種類をカタログ風に掲載する。

夏の野草　新装版　永田芳男著　山と渓谷社　2006.11　383p　19cm　(山渓フィールドブックス 10)　2000円　ⓘ4-635-06067-5

(目次)双子葉植物(合弁花類)、双子葉植物(離弁花類)、単子葉植物

(内容)7〜8月に見られる花を収録。

夏の野草　北隆館　1991.6　255p　19cm　(Field selection 2)　1748円　ⓘ4-8326-0233-0　Ⓝ470.38

(内容)1頁に1種を収め、部分拡大写真も含むカラー写真を掲載、学名、全般的説明、分布、花期、撮影時期・場所の解説をそえる。本書には身近に見られ、7月〜9月に開花する約270種を掲載。

夏の野草　永田芳男著　山と渓谷社　1991.8　383p　19cm　(山渓フィールドブックス 2)　2400円　ⓘ4-635-06042-X　Ⓝ470.38

(目次)双子葉植物(合弁花類)、双子葉植物(離弁花類)、単子葉植物、野草に親しむために、主な植物用語の図解

(内容)日本の野生植物約3000種のなかから、花の美しいもの約1100種を収録。この数は日本で普通に見られる野草をほとんど含んでいる。野草の識別に便利なように、大きな写真で全草の姿を、小さな写真で種の特徴や区別点を見せている。初級者や中級者でも理解できるように、難解な学術用語の使用は極力さけている。

日本の野草　春　矢野亮監修　学習研究社

1999.3 255p 19cm （フィールドベスト図鑑 vol.1） 1900円 ①4-05-401053-9

〈目次〉ピンク・赤・紫・青の花（平地、丘や山、水辺、海辺）、黄色やオレンジ色の花（平地、丘や山、水辺、海辺）、白い花（平地、丘や山、水辺、海辺）、緑や褐色の花（平地、丘や山、水辺、海辺）

〈内容〉3月から5月に花が咲く植物を花の色別に掲載した図鑑。それぞれの色の花を主に生育している場所別（平地、丘や山、水辺、海辺）に分類。巻末に、野草を調べるための用語集、「日本の野草 春」、「日本の野草 夏」、「日本の野草 秋」の3巻の総索引付き。

日本の野草 夏 矢野亮監修 学習研究社 1999.5 256p 19cm （フィールドベスト図鑑 vol.2） 1900円 ①4-05-401054-7

〈目次〉ピンク・赤・紫・青の花（平地、丘や山、水辺、海辺）、黄色やオレンジ色の花（平地、丘や山、水辺、海辺）、白い花（平地、丘や山、水辺、海辺）、緑や褐色の花（平地、丘や山、水辺、海辺）、野草を調べるための用語集、総索引

〈内容〉夏に花が咲く植物を花の色別に掲載した図鑑。それぞれの色の花を主に生育している場所別（平地、丘や山、水辺、海辺）に分類。巻末に、野草を調べるための用語集、総索引付き。

日本の野草 秋 矢野亮監修 学習研究社 1999.8 264p 19cm （フィールドベスト図鑑 vol.3） 1900円 ①4-05-401055-3

〈目次〉ピンク・赤・紫・青の花、黄色やオレンジ色の花、白い花、緑や褐色の花

〈内容〉9月以降に花が咲く植物を収録した図鑑。それぞれの色の花を主に生育している場所別（平地、丘や山、水辺、海辺）に分類。巻末に、野草を調べるための用語集、総索引付き。

日本の野草 春 増補改訂 矢野亮監修 学習研究社 2009.1 264p 19cm （フィールドベスト図鑑 vol.1） 〈索引あり〉 1800円 ①978-4-05-403797-7 Ⓝ472.1

〈目次〉ピンク・赤・紫・青の花（平地、丘や山、水辺、海辺）、黄色やオレンジ色の花、白い花、緑や褐色の花

〈内容〉アイコン方式のフィールドベスト図鑑の増補改訂版。スミレ検索チャートなど、役に立ち使いやすい記事も掲載。

日本の野草 夏 増補改訂 矢野亮監修 学習研究社 2009.5 264p 19cm （フィールドベスト図鑑 vol.2） 〈索引あり〉 1800円 ①978-4-05-403842-4 Ⓝ472.1

〈目次〉ピンク・赤・紫・青の花（平地、丘や山、水辺、海辺）、黄色やオレンジ色の花（平地、丘や山、水辺、海辺）、白い花、緑や褐色の花、日本のユリと仲間、野草を調べるための用語集

〈内容〉夏に咲く花235種。花の色、咲いている場所から花の名前がわかる。見分けるポイントを示すイラスト付き。巻末にユリとその仲間の検索ページ。

日本の野草 秋 増補改訂 矢野亮監修 学習研究社 2009.9 272p 19cm （フィールドベスト図鑑 vol.3） 〈索引あり〉 1800円 ①978-4-05-404264-3 Ⓝ472.1

〈目次〉ピンク・赤・紫・青の花（平地、丘や山、水辺、海辺）、黄色やオレンジ色の花、白い花、緑や褐色の花

〈内容〉「日本の野草・秋」新装改訂版。秋に咲く花235種。花の色、咲いている場所から花の名前がわかる。見分けるポイントを示すイラスト付き。巻末に見分けにくい日本の野菊検索図鑑付き。

日本の野草300 ポケット図鑑 夏・秋 鈴木庸夫〔著〕 文一総合出版 2009.7 319p 15cm 〈索引あり〉 1000円 ①978-4-8299-1020-7 Ⓝ472.1

〈目次〉白色の花、黄色の花、紫色系の花、緑色や目立たない色の花、冬春との端境に咲く花たち

〈内容〉身近な草花300種類と関連する70種類、計370種類を掲載した図鑑。花色別に掲載、その中で形の似た種類を配列。各種について花アップや葉、果実、類似種などの写真構成。総使用写真点数1156枚。夏～秋に町中～低山でよく見られる日本の野草300種の名前を花色で示す。

日本の野草300 ポケット図鑑 冬・春 鈴木庸夫〔著〕 文一総合出版 2009.12 319p 15cm 〈索引あり〉 1000円 ①978-4-8299-1026-9 Ⓝ472.1

〈目次〉白色の花、黄色の花、紫色系の花、緑色や目立たない色の花

〈内容〉身近な草花300種類と関連する45種類、計345種類掲載。花色別に掲載、その中で形の似た種類を配列。各種について花アップや葉、果実、類似種などの写真構成。総使用写真点数は驚異の1160枚。

日本の野草 春 菅原久夫著 小学館 1990.4 255p 19cm （フィールド・ガイド 4） 1800円 ①4-09-208004-2

〈内容〉日本の野草を季節別に紹介する図鑑。町から低山までの春の野草281種を収録。接写を多用したカラー写真を掲載。漢字表記と名前の由来を盛り込んで解説する。学名索引付き。

日本の野草 夏 菅原久夫著 小学館 1990.7 255p 19cm （フィールド・ガイド 5） 1800円 ①4-09-208005-0

〈内容〉日本の野草を季節別に紹介する図鑑。町から低山までの夏の野草264種を収録。接写を

多用したカラー写真395点を掲載。漢字表記と花の形・名前の由来を盛り込んで解説する。学名索引付き。

日本の野草　秋　菅原久夫著　小学館
1990.9　263p　19cm　（フィールド・ガイド6）　1800円　Ⓘ4-09-208006-9

内容　日本の野草を季節別に紹介する図鑑。町から低山までの秋の野草272種を収録。接写を多用したカラー写真を掲載。漢字表記と名前の由来を盛り込んで解説する。学名索引と春・夏・秋の総合索引を付す。

庭で楽しむ四季の花280　人気の草花、木の花が大集合　主婦の友社編　主婦の友社
2009.1　191p　21cm　（主婦の友ベストbooks）　1400円　Ⓘ978-4-07-264420-1
Ⓝ627

目次　単子葉類 ユリ、アヤメ、ランなどの仲間（アガパンサス／ヘメロカリス、トリトマ、ギボウシ ほか）、合弁花類 アサガオ、リンドウ、キクなどの仲間（クチナシ、フウセントウワタ／アカンサス、アルメリア／スターチス ほか）、離花弁類 ハナナ、ナデシコ、バラなどの仲間（トロロアオイ／モミジアオイ、アメリカフヨウ／シダルケア、ラバテラ ほか）

内容　園芸店などで手に入る、人気の花、最新花などの花の咲く時期、花の色、草丈、生育上の性質、管理法などをやさしく解説。

野の花・街の花　身近な花の名がわかる写真1089点　講談社　1997.3　327p　22cm　〈監修：長岡求〉　2781円　Ⓘ4-06-208090-7
Ⓝ627

目次　春～初夏（野の草花、街の草花、樹の花）、夏（野の草花、街の草花、樹の花）、秋～冬（野の草花、街の草花、樹の花）

野の花めぐり　春編　初島住彦監修、大工園認写真・文　（鹿児島）南方新社　2003.2　232p　19cm　〈地方〉　2000円　Ⓘ4-931376-79-7

内容　九州発・待望の植物ガイド決定版。四季の野の花1290種。

野の花めぐり　夏・初秋編　初島住彦監修、大工園認写真　（鹿児島）南方新社　2003.8　240p　19cm　〈地方〉　2000円　Ⓘ4-931376-89-4

内容　鹿児島県の植物を紹介する図鑑。「自然を楽しむ植物図鑑」として、野草を中心に、1291種の植物（言及種、シダ種を含む）を収録。1630枚の写真とともに解説する。写真は数枚をのぞき全て鹿児島県で撮影している。

花だより百選　デジカメで撮った植物写真　江塚昭典著　新風舎　2007.12　107p　19cm

2300円　Ⓘ978-4-289-03348-5

目次　冬／早春の花（ニホンズイセン、ボタン ほか）、春の花（シロバナタンポポ、セイヨウアブラナ ほか）、夏の花（ヘラオオバコ、ユウゲショウ ほか）、秋の花（ヤブミョウガ、ヘクソカズラ ほか）

内容　身近なものを中心に、野生品から栽培品まで、100種類の植物を写真と文でわかりやすく紹介。

花の色別道ばたの草花図鑑　1（春一夏編）　杉村昇著　偕成社　2000.4　213p　19cm　〈索引あり〉　1800円　Ⓘ4-03-529490-X　ⓃK470

目次　黄色い花、白色の花、うす赤色の花、赤色の花、緑色の花、うす青紫色の花、青紫色の花、茶色の花

花の色別 道ばたの草花図鑑　2　夏～秋・冬編　杉村昇著　偕成社　2000.4　213p　19cm　1800円　Ⓘ4-03-529500-0　ⓃK470

目次　黄色い花、白色の花、うす赤色の花、赤色の花、緑色の花、うす青紫色の花、青紫色の花、茶色の花

内容　花の色別に構成した草花図鑑。身近にみることのできる草花674種を全2巻で紹介した図鑑の夏～秋・冬編。花の色は8色に分けて構成。各植物は名前と分布・生育地、花期、草丈、花の径と名前の由来などの一口メモを収録。巻末に1・2巻共通の植物名索引を付す。

花のおもしろフィールド図鑑　春　ピッキオ編　実業之日本社　2001.3　311p　19cm　1700円　Ⓘ4-408-39471-8　Ⓝ477

目次　赤・紫・青色の花（ノアザミ、ヒレアザミ、キツネアザミ ほか）、白色の花（フキ、センボンヤリ、ハルジオン ほか）、黄色の花（オオジシバリ、ジシバリ、ニガナ ほか）、緑・茶色の花（チチコグサ、ハハコグサ、タチチチコグサ ほか）

内容　春の野山で見られる花のガイドブック。専門用語を一切使わず、平易な言葉で解説。目立つ特徴を描いたイラストや名前の由来、その花の魅力についてをまとめる。実際に見た花を探しやすいように、赤・紫・青、白、黄、緑・茶の色別で排列。巻末に索引がある。

花のおもしろフィールド図鑑　夏　ピッキオ編　実業之日本社　2001.6　323p　19cm　1700円　Ⓘ4-408-39475-0　Ⓝ477

目次　赤・紫・青色の花（オニアザミ、ハマアザミ ほか）、白色の花（ノコギリソウ、ヤマノコギリソウ ほか）、黄・オレンジ色の花（ブタナ、コウソリナ ほか）、緑・茶色の花（ヒメチドメ、オオバチドメ ほか）、高山植物（ミヤマアズマギク、ヒメシャジン ほか）

〔内容〕夏の野山で見られる花のガイドブック。専門用語を一切使わず、平易な言葉で解説。目立つ特徴を描いたイラストや名前の由来、その花の魅力についてを記載する。実際に見た花を探しやすいように、赤・紫・青・白・黄・緑・茶の色別で排列。巻末に索引がある。

花のおもしろフィールド図鑑　秋　ピッキオ編著　実業之日本社　2002.7　301p　19cm　1700円　①4-408-39496-3　Ⓝ477

〔目次〕赤・紫色の花（ノハラアザミ、タムラソウ、フジアザミ ほか）、白色の花（オケラ、ノブキ、ヌマダイコン ほか）、緑・茶色の花（オヤマボクチ、ハバヤマボクチ、ヨモギ ほか）

〔内容〕日本の野山でよく見られる花の図鑑。花の色別に章立てされており、野山で花の名前に困ったとき、花の色から植物名を判別できるようになっている。各章の中は双子葉植物（合弁端～離弁花）～単子葉植物の順に排列されている。各花の解説、分布、花期、識別のポイントが写真とともに掲載されている。巻末に索引が付く。

花屋さんの四季の花　花辞典　春　文化出版局編　文化出版局　1994.5　94p　21cm　1400円　①4-579-20469-7

〔内容〕花屋で扱われる花を紹介する図鑑。季節別に全2巻で構成、この〔春〕篇には、3、4、5月を中心に花屋に出回る花、117種、248カットを掲載する。

花屋さんの四季の花　花辞典　夏・秋・冬　文化出版局編　文化出版局　1994.8　94p　21cm　1400円　①4-579-20474-3

〔内容〕花屋で扱われる花を紹介する図鑑。切り花を中心で、花の出回り時期順により掲載する。

花屋さんの花カラー図鑑　四季別　金田初代文、金田洋一郎写真　西東社　1995.6　374p　16cm　1500円　①4-7916-0442-3　Ⓝ477.087

〔内容〕花屋で見られる花を、身近な花から珍しい花まで、カラー写真と説明文で紹介したコンパクト図鑑。

春の花　鈴木庸夫写真、畔上能力、菱山忠三郎、鳥居恒夫、西田尚道、新井二郎ほか解説　山と渓谷社　1995.3　767p　17cm　（山渓ポケット図鑑1）　2700円　①4-635-07011-5

〔内容〕早春から6月にかけて咲く春の花1000種のポケット図鑑。カラー写真。

春の野草　新装版　永田芳男著　山と渓谷社　2006.11　367p　19cm　（新装版山渓フィールドブックス9）　2000円　①4-635-06066-7

〔目次〕双子葉植物（合弁花類）、双子葉植物（離弁花類）、単子葉植物

春の野草　永田芳男著　山と渓谷社　1991.6　367p　19cm　（山渓フィールドブックス1）　2400円　①4-635-06041-1　Ⓝ470.38

〔内容〕季節別の野外携帯図鑑（全3巻、1000種）の中の1巻。野生の草の写真を主体に、特徴や区別点を示す小写真を付し、科別に配列し解説をそえる。2～6月のものを紹介。

春の野草　北隆館　1991.6　255p　19cm　（Field selection 1）　1748円　①4-8326-0232-2　Ⓝ470.38

〔内容〕1頁に1種を収め、部分拡大写真も含むカラー写真を掲載、学名、全般的説明、分布、花期、撮影時期・場所をそえる。本書には身近に見られ、3月～6月に開花する約270種を掲載。

日々を彩る一木一草　寺田仁志写真・文　（鹿児島）南方新社　2004.4　210p　21cm　〈地方〉　2000円　①4-86124-014-X

〔目次〕一月（マンリョウ、センリョウ ほか）、二月（コショウノキ、シロダモ ほか）、三月（スギナ、クサイチゴ ほか）、四月（ニガキ、カラスノエンドウ ほか）、五月（ノゲシ、ノビル ほか）、六月（ナワシロイチゴ、シャリンバイ ほか）、七月（ミズキ、クマノミズキ ほか）、八月（クロキ、ヒメノボタン ほか）、九月（ダイコンソウ、モウセンゴケ ほか）、十月（サキシマフヨウ、クサギ ほか）、十一月（セイタカアワダチソウ、ジュズダマ ほか）、十二月（ヤマノイモ、イラクサ ほか）

〔内容〕南日本新聞連載の大好評コラムを1冊に。永久保存版・おりふしに見る、野辺のはな。

フィールド検索図鑑　春の花　北隆館　1995.12　311p　19cm　2000円　①4-8326-0372-8

〔内容〕春に開花する花300種の図鑑。花の形態別に分類され、花の形から検索することができる。写真はカラー。巻末に花名の五十音索引がある。

フィールド検索図鑑　夏の花　北隆館　1995.6　311p　19cm　2000円　①4-8326-0370-1

〔内容〕夏に開花する花350種の図鑑。27種の花の形態別に分類され、花の形から検索することができる。写真はカラー。巻末に花名の五十音索引がある。

フィールド検索図鑑　秋の花　北隆館　1995.9　295p　19cm　2000円　①4-8326-0371-X

〔内容〕秋に開花する花300種の図鑑。花の形態別に分類され、花の形から検索することができる。写真はカラー。巻末に花名の五十音索引がある。

振りかえるふるさと山河の花　第1巻　3月～5月　御所見直好著　日貿出版社

2001.6　347p　21cm　2800円　①4-8170-8050-7　Ⓝ477

(目次)三月（フキノトウ、キバナアケビ、アブラナ（ナノハナ・ナタネ・ナタネナ）ほか）、四月（アケビ、ミツバアケビ、ムベ（トキワアケビ・ウベ）ほか）、五月（クルマバソウ、アカバナユウゲショウ、オトメヒルザキツキミソウ ほか）

(内容)四季折々に咲く山野の花々を解説した図鑑全4巻のうちの第1巻。本書では3月から5月にかけての植物を、開花始期、科目、五十音順によって排列。標準和名、別名、漢名、有用性などに撮影地と日付を明記した写真を添えて解説。万葉歌に見られる植物も紹介する。巻頭に和名（副標準名や方言を含む）索引がある。

振りかえるふるさと山河の花　第2巻　5月～6月　御所見直好著　日貿出版社
2001.6　343p　21cm　2800円　①4-8170-8052-3　Ⓝ477

(目次)五月（オニノアザミ（オオノアザミ）、オニタビラコ、オニノゲシ、キツネアザミ、コウゾリナ ほか）、六月（クチナシ、アレチマツヨイグサ、ツキミソウ（ツキミグサ）、メマツヨイグサ、ノハナショウブ ほか）

(内容)四季折々に咲く山野の花々を解説した図鑑全4巻のうちの第2巻。本書では5月から6月にかけての植物を、開花始期、科目、五十音順によって排列。標準和名、別名、漢名、有用性などに撮影地と日付を明記した写真を添えて解説。万葉歌に見られる植物も紹介する。巻頭に和名（副標準名や方言を含む）索引がある。

まちかど花ずかん　四季折々、散歩で出逢う花の物語　南孝彦、虫メガネ研究所著、荒木田文輝監修　ソフトバンクパブリッシング　2005.6　287p　19cm　1600円　①4-7973-3158-5

(目次)春―三～五月（こぶし（辛夷）、はくもくれん（白木蓮）ほか）、夏―六～八月（あじさい（紫陽花）、びようやなぎ（美容柳）ほか）、秋―九月～十一月（はまなす（浜梨）、くこ（枸杞）ほか）、冬―十二～二月（じゃのめえりか（蛇の目エリカ）、つた蔦（夏蔦）ほか）

(内容)花の名前がわかると、ちがう風景が見えてくる。花は、春74種、夏66種、秋51種、冬45種を掲載。花の紹介だけではなく、それぞれの花の由来も解説。

見つけたい楽しみたい野の植物　近田文弘、清水建美著　旺文社　2000.4　272p　14×14cm　（アレコレ知りたいシリーズ 4）1429円　①4-01-055056-2　ⓃK470

(目次)春の植物（セイヨウタンポポ、ハハコグサ、ハルジオン ほか）、夏の植物（ホタルブクロ、ヘクソカズラ、タツナミソウ ほか）、秋の植物（セイタカアワダチソウ、タウコギ、ヨメナ ほ

か）、冬の植物（マンリョウ、ヤブツバキ、ヤドリギ ほか）

(内容)家のまわりや、町や村に近い里山の草花や樹木を利用法とともに解説した図鑑。植物を花の咲く季節により分類、それぞれのグループごとに高等とされるものから掲載している。各植物は特徴、見つけ方、人の生活との関係、同じ科や属の仲間について記載。巻末に付録として植物の分類としくみ、野山歩きと野草生活を収録。植物名の索引を付す。

野草図鑑　春編　北隆館　1996.3　298p　20×21cm　（アウトドア図鑑シリーズ）　3000円　①4-8326-0382-5

(目次)植物用語解説、合弁花植物、離弁花植物、単子葉植物

(内容)春に開花する野草600種の図鑑。合弁花類、離弁花類、単子葉類の順に科別に排列する。身近な種のほか、特定の地域のみで見られる特産種・稀産種も掲載する。カラー写真。巻末に「夏編」「秋編」収録の野草も引ける五十音順の索引がある。

野草図鑑　夏編　北隆館　1995.7　298p　20×21cm　（アウトドア図鑑シリーズ）　3000円　①4-8326-0380-9

(内容)夏に開花する野草700種の図鑑。合弁花類、離弁花類、単子葉類の順に科別に排列する。身近な種のほか、特定の地域のみで見られる特産種・稀産種もすべてカラー写真で掲載する。巻末に五十音索引がある。

野草図鑑　秋編　北隆館　1995.8　286p　20×21cm　（アウトドア図鑑シリーズ）　3000円　①4-8326-0381-7

(内容)秋に開花する野草690種の図鑑。合弁花類、離弁花類、単子葉類の順に科別に排列する。身近な種のほか、特定の地域のみで見られる特産種・稀産種もすべてカラー写真で掲載する。巻末に五十音索引がある。

野草の名前　和名の由来と見分け方　春　高橋勝雄写真・解説　山と渓谷社　2002.4　367p　21cm　（山渓名前図鑑）　2600円　①4-635-07014-X　Ⓝ470.38

(内容)植物の名前の由来と見分け方のポイントを紹介する図鑑。野草418種を収録する。日本の野山に自生する種の他、外国の野生種で栽培用に導入された草、野生種同士を交配した園芸種、樹木だが草の風情のある小低木なども収録している。各種の種名、属、花期、分布と自生地、特徴などを記載。またイラストと写真を用いて名前の由来や見分け方を解説している。五十音順に排列。巻末に五十音順索引が付く。

野草の名前　和名の由来と見分け方　夏　高橋勝雄写真・解説　山と渓谷社　2003.4

367p 21cm （山渓名前図鑑） 2600円 ①4-635-07015-8

⑳内容⑳オールカラー写真とイラストで、夏の植物の名前の由来や見分け方のポイントを解説。日本の野山に自生している草のほか、外国の野生種で栽培用に導入された草、野生種同士を交配した園芸種、樹木だが草の風情のある小低木なども加え約400種を五十音順に収録。五十音索引付き。

野草の名前　和名の由来と見分け方　秋・冬　高橋勝雄写真・解説　山と溪谷社　2003.11　351p　21cm　（山渓名前図鑑）　2600円　①4-635-07016-6

⑳内容⑳植物の名前の由来と見分け方のポイントをイラストと写真、平易な文章で紹介した五十音順の図鑑。植物の生い立ちや素顔を知ることで、名前覚えや街歩き・野山散策が楽しみに。

野草の花図鑑　最新花色検索システム版　春　平野隆久写真　スコラ　1996.4　250p　19cm　（SCHOLAR FIELD BOOKS SERIES 1）　1800円　①4-7962-0374-5

⑳内容⑳春の野に咲く花をその花色から検索できるポケット図鑑。春の野に咲く222種の花の和名・漢字表記名・学名・分類・分布・解説を6色の花色別に「双子葉合弁花類」「双子葉離弁花類」「単子葉類」に分けて掲載する。巻末に五十音順の植物和名索引がある。「野草の花図鑑」シリーズ3分冊の第1巻にあたる。―花色で野の花がわかるポケット図鑑の決定版。

野草の花図鑑　最新花色検索システム版　夏　平野隆久写真　スコラ　1996.6　250p　18cm　（SCHOLAR FIELD BOOKS SERIES 2）　1800円　①4-7962-0394-X

⑳目次⑳黄色、紅色、紫色、白色、褐色、緑色
⑳内容⑳夏の野に咲く223種の花を黄色・紅色・紫色・など花色で検索できるハンディサイズの図鑑。「野草の花図鑑」シリーズ3分冊の第2巻にあたる。花の和名・漢字表記名・学名・分類・分布・生育地を紹介し、カラー写真とともに解説。排列は、同一花色の中で「双子葉合弁花類」「双子葉離弁花類」「単子葉類」の分類順。巻末に五十音順の植物和名索引がある。

野草の花図鑑　最新花色検索システム版　秋　平野隆久写真　スコラ　1996.9　255p　18cm　（SCHOLAR FIELD BOOKS SERIES 3）　1800円　①4-7962-0408-3

⑳内容⑳秋の野に咲く花224種を黄色・紅色・紫色・など花色で検索できるハンディサイズの図鑑。花の和名・漢字表記名・学名・分類・分布・生育地を紹介し、カラー写真とともに解説。排列は、同一花色の中で「双子葉合弁花類」「双子葉離弁花類」「単子葉類」の分類順。巻末に五十音順の植物和名索引がある。

◆日本各地の花

<ハンドブック>

関東近郊　花のある旅100　大貫茂著　山海堂　1996.9　205p　19cm　（旅の達人シリーズ）　1250円　①4-381-01090-6

⑳目次⑳東京・神奈川・千葉、埼玉・茨城・群馬、栃木、静岡・山梨・長野・福島
⑳内容⑳桜の名所から野の花まで四季折々の花を訪ねる旅を紹介したガイド。関東を中心に地域ごとに計100カ所を収める。「国営昭和記念公園のポピー」というように場所と花とを見出しに、所在地・開花期・交通・照会先・特徴を風景の写真とともに掲載する。

花の乗鞍岳　田中豊雄著　（長野）ほおずき書籍、星雲社〔発売〕　1999.4　101p　18cm　（フラワーウォッチング・ハンドブック 16）　1000円　①4-7952-8638-8

⑳目次⑳乗鞍岳周辺コースマップ、6月、7月、8月、9月、さくいん、植物用語図解
⑳内容⑳フラワーウォッチング、花を探して観察する人のために、乗鞍岳の花を月別に記載し、和名（漢字）の科・属・撮影年月日・和名の由来などを掲載したハンドブック。

ポケットガイド　新潟県の山の花　加藤明文著　（新潟）新潟日報事業社　2005.3　249p　19cm　1500円　①4-86132-105-0

⑳目次⑳被子植物双子葉合弁花類（キク科、キキョウ科 ほか）、被子植物双子葉離弁花類（ミズキ科、ウコギ科 ほか）、被子植物単子葉類（ラン科、アヤメ科 ほか）、裸子植物（ヒノキ科、マツ科）

北海道の植物　野の花・山の花　続　谷口弘一、三上日出夫編　（札幌）北海道新聞社　1996.4　318p　19cm　2000円　①4-89363-815-7　⑳470.38
⑳内容⑳北海道の高山性の草木と渓林・山地の低木を収録した山野草ガイド。1989刊の続刊。

北海道の野の花　最新版　谷口弘一、三上日出夫編　（札幌）北海道新聞社　2005.5　631p　21cm　3800円　①4-89453-337-5
⑳内容⑳野に山に咲く1131種収録。厳選写真約2800枚と豊富なイラスト、小中高、生涯学習のフィールドワーク用に。

六甲山の花　春夏秋冬―あなたを招く 244種と花トレッキングおすすめ7コース　清水美重子著　（神戸）神戸新聞総合出版セ

ンター　2008.5　167p　21cm　1800円　①978-4-343-00466-6　Ⓝ477.02164

⦅目次⦆シュンラン，セリバオウレン，スズシロソウ，アマナ，アセビ，マンサク，キブシ，シキミ，ヤブツバキ，ヒサカキ〔ほか〕

<図鑑>

石鎚山の花　安原修次著・写真　(長野)ほおずき書籍，星雲社〔発売〕　2004.11　198p　21cm　2600円　①4-434-05059-1

⦅目次⦆ミヤマカタバミ(かたばみ科・4月)，マンサク(まんさく科・4月)，フッキソウ(つげ科・4月)，コシノコバイモ(ゆり科・4月)，タムシバ(もくれん科・4月)，ヤマザクラ(ばら科・4月)，ユキモチソウ(さといも科・4月)，アセビ(つつじ科・4月)，ヒトリシズカ(せんりょう科・4月)，ヤマエンゴサク(けし科・4月)〔ほか〕

⦅内容⦆石鎚山周辺の花の一年。開花月順に180種を収載。

伊吹山の花　安原修次撮影・著　(長野)ほおずき書籍，星雲社〔発売〕　2003.8　198p　22×16cm　2800円　①4-434-03321-2

⦅目次⦆キバナノアマナ(ゆり科・3月)，セツブンソウ(きんぽうげ科・3月)，ミヤマカタバミ(かたばみ科・4月)，ミヤマキケマン(けし科・4月)，スハマソウ(きんぽうげ科・4月)，アマナ(ゆり科・4月)，ヒトリシズカ(せんりょう科・4月)，シロモジ(くすのき科・4月)，イチリンソウ(きんぽうげ科・4月)，エンレイソウ(ゆり科・4月)〔ほか〕

⦅内容⦆織田信長が宣教師に薬草園を開かせたという伊吹山は，1700種類もの草が見られ，花々が咲き競う別天地。この地固有の植物も多い。伊吹山周辺を丹念に歩き撮影した全196点。オールカラー。

絵合わせ 九州の花図鑑　益村聖著　(福岡)海鳥社　1995.1　587, 21p　21cm　6500円　①4-87415-102-7

⦅内容⦆植物学上の分類ではなく，葉の形などの特徴から検索する植物図鑑。九州中・北部に産する種子植物2000種を採り上げ，うち1500種には図を示す。木や草，葉の形から12の群に分け，その中は細密画との絵合わせにより検索する。専門用語を排した解説のほか季語の表示と俳句・短歌の作例を記載。巻頭に検索表，巻末に用語解説，植物名索引を付す。

かながわの山に咲く花　神奈川県自然公園指導員連絡会編　(鎌倉)銀の鈴社　2009.7　295p　19cm　〈文献あり　索引あり〉　2300円　①978-4-87786-794-2　Ⓝ477.02137

⦅内容⦆神奈川県内の標高500m以上の山を対象に，アプローチを含む登山口から山頂までに咲いている花を収録。春、夏、秋、樹木の4節に分け、花の色別、開花順に、解説とメモを加えて紹介する。

軽井沢町植物園の花　佐藤邦雄監修，軽井沢町教育委員会編　(長野)ほおずき書籍，星雲社〔発売〕　2005.4　149p　21cm　2000円　①4-434-05960-2

⦅目次⦆植物園の特徴，植物園の四季の変化，植物園の花，軽井沢の植物研究史，皇室と植物園，参考文献，和名索引，学名索引，科名索引

⦅内容⦆軽井沢の特殊な自然環境を構成する様々な植物を保存・育成している軽井沢町植物園。植栽されている植物の自生地、分布、花期、また根・茎・葉・花の各部の特徴を簡潔にまとめたガイドブック。159種、カラー写真177点を収録。

軽井沢町植物園の花　第2集　佐藤邦雄監修，軽井沢町教育委員会編　(長野)ほおずき書籍，星雲社〔発売〕　2007.10　176p　21×12cm　2000円　①978-4-434-11232-4

⦅目次⦆植物園の花，雌雄異花の植物，皇室と植物園，参考文献，和名索引，学名索引，科名索引

⦅内容⦆前作『軽井沢町植物園の花』未収載の160種を写真と解説で紹介する第2集。栽培しても結実しないといった相談が多く寄せられる、注意したい雌雄異花の野生植物114種と花の雌雄性に特徴的な野生植物11種を併載。

軽井沢町植物園の花　第3集　軽井沢町教育委員会編　(長野)ほおずき書籍，星雲社(発売)　2010.10　177p　21cm　〈文献あり　索引あり〉　2000円　①978-4-434-15114-9　Ⓝ477.02152

⦅目次⦆植物園の花，皇室と植物園，参考文献，和名総合索引，学名索引

⦅内容⦆1600種類以上の植物を植栽する軽井沢町植物園。第3集は，解説に信州佐久地方で呼ばれている植物方言も加え、第1集・第2集を大きく上回る296種の植物を写真付きで紹介。さらに、第1集・第2集に収載した種も含めた全掲載種の和名の総合索引を備えた、シリーズ完結編。

キャンパスに咲く花　阪大吹田編　福井希一，栗原佐智子編著　(吹田)大阪大学出版会　2008.2　291p　19cm　1900円　①978-4-87259-229-0　Ⓝ477.02163

⦅目次⦆春の植物106種、夏の植物73種、秋の植物54種、冬の植物18種、資料(阪大近隣植物の見所、世界の国花と日本の県木 ほか)

⦅内容⦆日本で初めてのニュータウン、千里。この地にもともと生えていた野の花や大学として造成されてから持ち込まれた植物、全251種600点を越すカラー図版。周辺の環境や様相も見える植物の地域史。身近な花を参照できるハンディな図鑑。

植物　　　　　　　　　　　　　　　　　　　　　花

キャンパスに咲く花　阪大豊中編　福井希一, 栗原佐智子編著　(吹田)大阪大学出版会　2009.3　289p　19cm　〈文献あり　索引あり〉　1900円　①978-4-87259-267-2　Ⓝ477.02163

(目次)春の植物109種(キク科、オミナエシ科 ほか)、夏の植物65種(キク科、キキョウ科 ほか)、秋の植物42種(キク科、ナス科 ほか)、冬の植物29種(キク科、モクセイ科 ほか)、資料

(内容)キャンパスに守られた里山。植物全245種とそこに生きる小さな命。600点を越すカラー図版で身の回りにあふれる豊かな自然資源を知る。歌枕として知られる待兼山の過去・現在。

九州・野山の花　花トレッキング携帯図鑑　片野田逸朗著　(鹿児島)南方新社　2004.9　373p　21cm　3900円　①4-86124-023-9

(目次)第1章 落葉広葉樹林、第2章 常緑針葉樹林、第3章 草原・湿原、第4章 常緑広葉樹林、第5章 農耕地・人里、第6章 河川・池沼、第7章 海岸

(内容)落葉広葉樹林、常緑針葉樹林、草原、人里、海岸…。生育環境と葉の特徴で見分ける1295種の植物。トレッキングやフィールド観察にも最適。

賢治と学ぶ大磯・四季の花　上　春・初夏編　石井竹夫著　(二宮町)蒼天社、文藝書房〔発売〕　2006.3　204p　19cm　1000円　①4-89477-215-9

(目次)春〜SPRING(城山公園—アオキ、オオイヌノフグリ、コバノタツナミ、シャガ、モクレイシなど約110種、丘陵地・市街地—アケビ、キブシ、ヒトリシズカ、ニリンソウ、ホタルカズラなど約50種、こゆるぎの浜—クロマツ、コウボウムギ、シロバナマンテマ、チガヤ、ハマエンドウなど10種)、初夏〜EARLY SUMMER(城山公園—ガクアジサイ、クスノキ、ナンテン、ネジバナ、ハコネウツギなど約80種、丘陵地・市街地—アカナショウマ、オカタツナミソウ、キショウブ、ネズミムギ、ユウゲショウなど約60種、こゆるぎの浜—カモガヤ、コバンソウ、ハマヒルガオ、ハマボウフウ、マツヨイグサなど約20種)、賢治の作品に出てくるその他の植物—オキナグサ、ケシ、ギンドロ、ドイツトウヒ、ミズバショウなど約10種の植物

(内容)イネ科植物を数多く取り入れ、写真は大磯町を大きく三つのエリアに分けて掲載。解説文の多くに宮沢賢治の作品の一部を引用した。

賢治と学ぶ大磯・四季の花　下　夏・秋編　石井竹夫著　(二宮町)蒼天社、文藝書房〔発売〕　2006.3　204p　19cm　1000円　①4-89477-223-X

(目次)夏〜SUMMER(城山公園—ウリクサ、サルスベリ、シンテッポウユリ、ナツズイセン、ヤマユリなど約45種、丘陵地・市街地—オトギリソウ、カラスウリ、キツネノカミソリ、ネムノキ、ミソハギなど約70種、こゆるぎの浜—オオフタバムグラ、ハマゴウ、ハマスゲ、ビロードテンツキ、ワルナスビなど15種)、秋〜AUTUMN(城山公園—イソギク、キチジョウソウ、キンモクセイ、センニンソウ、ホトトギスなど約50種、丘陵地・市街地—アシ、イガホオズキ、オケラ、ツリガネニンジン、ツリフネソウなど約95種)、賢治の作品に出てくるその他の植物—アワ、ウメバチソウ、キビ、トウゴマ、ヒエなど8種の植物

(内容)イネ科植物を数多く取り入れ、写真は大磯町を大きく三つのエリアに分けて掲載。解説文の多くに宮沢賢治の作品の一部を引用した。

原色 九州の花・実図譜 2　益村聖作画・解説　(福岡)海鳥社　2005.8　126p　26cm　4200円　①4-87415-535-9

(目次)ツツジ科、ヤブコウジ科、サクラソウ科、モクセイ科、ミツガシワ科、カガイモ科、アカネ科、ヒルガオ科、ムラサキ科、クマツヅラ科、シソ科、ゴマノハグサ科、ハマウツボ科、スイカズラ科、キキョウ科、オミナエシ科、キク科、ブナ科、クワ科、ヤドリギ科、タデ科、ナデシコ科、シキミ科、クスノキ科、センリョウ科、ツヅラフジ科、スイレン科、センリョウ科、ボタン科、ツバキ科、アブラナ科、ベンケイソウ科、ユキノシタ科、バラ科、マメ科、カタバミ科、トウダイグサ科、ミカン科、カエデ科、トチノキ科、スミレ科、キブシ科、セリ科、ユリ科、ミズアオイ科、ツユクサ科、サトイモ科、ラン科

(内容)九州に産する代表的種子植物を原色で図示、花や実の繊細な色合い、葉脈・茎・根の細部まで表現した植物図譜。簡明な解説を付した。世評高い『九州の花図鑑』の著者による渾身の作。第2集として173種(うち変種5)を収めた。

原色 九州の花・実図譜 3　益村聖作画・解説　(福岡)海鳥社　2007.10　126p　27×20cm　4200円　①978-4-87415-651-3

(目次)マツ科、イヌガヤ科、イチイ科、ツツジ科、ハイノキ科、リンドウ科、ガガイモ科、アカネ科、ムラサキ科、クマツヅラ科、シソ科、ナス科、キツネノマゴ科、ナガボノウルシ科、レンプクソウ科、オミナエシ科、キキョウ科、キク科、ブナ科、ニレ科、ボロボロノキ科、タデ科、スベリヒユ科、ナデシコ科、キンポウゲ科、メギ科、コショウ科、オトギリソウ科、マンサク科、ベンケイソウ科、ユキノシタ科、トベラ科、バラ科、マメ科、ミカン科、ニガキ科、トウダイグサ科、ニシキギ科、シナノキ科、アオイ科、イイギリ科、スミレ科、ミソハギ科、フトモモ科、ノボタン科、サトイモ科、ユリ科、ヒガンバナ科、アヤメ科、ショウガ科、カンナ

動植物・ペット・園芸 レファレンスブック　117

科，ラン科

内容 九州に産する代表的種子植物を原色で図示，花や実の繊細な色合い，葉脈・茎・根の細部まで表現した植物図譜。簡明な解説を付した。世評高い『九州の花図譜』の著者による渾身の作。第3集として168種（うち変種8，品種3）を収めた。

原色 九州の花・実図譜 4 益村聖作画・解説 （福岡）海鳥社 2009.12 127p 27cm 〈索引あり〉 4200円 ⓘ978-4-87415-754-1 Ⓝ477.0219

目次 ヒノキ科，ツツジ科，カキノキ科，ハイノキ科，リンドウ科，ガガイモ科，アカネ科，クマツヅラ科，シソ科，ナス科〔ほか〕

内容 九州に産する代表的種子植物を原色で図示，花や実の繊細な色合い，葉脈・茎・根の細部まで表現した植物図譜。簡明な解説を付した。世評高い『九州の花図鑑』の著者による渾身の作。第4集として234種（うち亜種1，変種8，雑種1）を収めた。

校庭の花 野外観察ハンドブック 並河治，岩瀬徹，川名興共著 全国農村教育協会 1995.10 136p 21cm 1960円 ⓘ4-88137-058-8

目次 花の「くらし」と「かたち」，校庭の花124種，学校や家庭での花栽培，分類別種名一覧

これだけは知っておきたい北アルプス花ガイド 中村至伸撮影・著 （長野）ほおずき書籍，星雲社〔発売〕 1998.6 152p 14cm （Naturing Series 1） 1000円 ⓘ4-7952-8629-9

目次 黄色の花，緑色の花，白色の花，紅色の花，紫色の花，茶色の花，橙色の花

内容 花色で花名を検索できるポケットサイズの図鑑。北アルプス一帯に咲く花147種を，色別7グループに分類して収録。項目として，花名，生育地，花期，垂直分布などを掲載。五十音順の索引付き。

信州高山高原の花 新装版 今井建樹著 （長野）信濃毎日新聞社 2001.3 449p 19cm 2900円 ⓘ4-7840-9888-7 Ⓝ471.72

目次 双子葉植物合弁花類（キク科，キキョウ科ほか），双子葉植物離弁花類（セリ科，ウコギ科ほか），単子葉植物（ラン科，カヤツリグサ科ほか），裸子植物（イチイ科，ヒノキ科 ほか）

内容 中部山岳地帯に生息する植物の図鑑。1992年に刊行した同書の新装版で，約1300種を収録する。信州（長野県）を中心に，南北アルプスなど隣接する地域の被子植物と裸子植物を科別に排列。掲載項目は和名，学名，分布，撮影場所と日付を明記した写真，解説からなる。見返しに主な用語の解説と「信州の高山・高原と近隣の山やま」，巻末に和名と科からひく索引付き。

信州 野山の花 今井建樹著 （長野）信濃毎日新聞社 2003.3 305p 19cm 2000円 ⓘ4-7840-9943-3

目次 春の花，夏の花，高山の花，秋の花

内容 信州に自生する種子植物を草本・木本の区別なく1913種類を収録。カラー写真と簡潔な説明を付けた。春の花，夏の花，高山の花，秋の花の順に収載。巻頭に植物の用語解説，長野県全図を付す。

信州「畑の花」 季節の彩り，実り，味わい 栗田貞多男，市川董一郎，山岸茂晴写真・解説 （長野）信濃毎日新聞社 2008.5 128p 26cm 2200円 ⓘ978-4-7840-7082-4 Ⓝ477

目次 1 春に咲く（春の野菜など，春の果樹など），2 夏の咲く（夏の野菜など，夏の果樹など），3 秋冬に咲く（秋冬の野菜など，秋冬の果樹など）

新版北海道の花 鮫島惇一郎〔ほか〕著 （札幌）北海道大学図書刊行会 1993.4 375p 19cm 〈『北海道の花』（新版）の増補版 参考図書：p358〉 2678円 ⓘ4-8329-1013-2 Ⓝ477

内容 花の名前を知るための，花の色でひく図鑑。旧版に46種を増補。収録数は写真・解説合わせて1,200種を掲載する。

すぐわかる尾瀬の花図鑑 鈴木幸夫写真・文 コウサイクリエイツ，弘済出版社〔発売〕 1999.6 223p 19cm 1524円 ⓘ4-330-55799-1

目次 雪解け（ムシカリ，タムシバ ほか），花開く（サンカヨウ，コケモモ ほか），至仏山（タカネトウウチソウ，イワシモツケ ほか），夏盛り（アサヒラン，トキソウ ほか），霜降る（ナナカマドの実），尾瀬の山小屋（長蔵小屋，尾瀬沼山荘 ほか）

すぐわかる尾瀬の花図鑑 第2版 鈴木幸夫写真・文 交通新聞サービス，交通新聞社〔発売〕 2004.4 223p 19cm 1524円 ⓘ4-330-79404-7

目次 雪解け（ムシカリ，タムシバ ほか），花開く（サンカヨウ，コケモモ ほか），至仏山（タカネトウウチソウ，イワシモツケ ほか），夏盛り（アサヒラン，トキソウ ほか），霜降る（ナナカマドの実），尾瀬の山小屋（長蔵小屋，尾瀬沼山荘 ほか）

高尾山の花 高尾山 陣馬山 景信山 南浅川その周辺 近藤篤弘著 （立川）けやき出版 1996.4 220p 19cm （ポケット図鑑） 1500円 ⓘ4-905942-89-6

植物　　　　　　　　　　　　　　　　　花

(目次)高尾山と植物，写真と解説，花ウォッチング・野草との出会い，高尾山と自然保護，花の美しい撮り方，花の色の不思議，索引

(内容)高尾山，陣馬山，景信山，南浅川周辺で見られる植物を花期別に写真と解説文で紹介した小型図鑑。巻末に植物名の五十音順索引がある。

高尾山の花名さがし　ポケット高尾花一覧約420種 高尾山の本　遠藤進，佐藤美知男著　([出版地不明])高尾山の花名さがし隊，揺籃社(発売)　2009.11　64p　19cm　〈平成21年度市民企画事業補助金交付事業〉　952円　①978-4-89708-283-7　Ⓝ477.038

(目次)スミレの花，春の花，夏の花，秋の花，草の実，木の実，花の用語図解，花と蝶のイラスト，高尾山周辺ハイキングコース，索引，花ハイクmemo

(内容)高尾山の花420種の写真と名前，特徴を収めたハンディ図鑑。

高尾山の野草313種　歩きながら出会える花の手描き図鑑　開誠文・絵　近代出版　2004.9　319p　17cm　1700円　①4-87402-104-2

(目次)春咲く野草(黄色系の花，紅紫青色系の花，白色系の花，その他の色の花)，夏咲く野草，秋咲く野草

(内容)1頁に1点のスケッチ画と親しみやすい解説。季節ごとに花の色を調べれば，歩きながら野草の名前がすぐにわかる。見られるコースも示してあるので，探す元気が出てくる図鑑。

鳥海山花図鑑　斎藤政広写真と文　(秋田)無明舎出版　2010.7　144p　19cm　〈文献あり索引あり〉　1500円　①978-4-89544-523-8　Ⓝ477.02124

(内容)鳥海山に生息する花123種を紹介した図鑑。それぞれの写真と簡単な説明とともに，学名・科属・花期・垂直分布・草丈を掲載し，花の色別に収録。植物用語解説，50音順さくいん付き。

栃木の花　まち散歩・里山散歩携帯図鑑　小杉国夫写真・文　(宇都宮)下野新聞社　2009.7　132p　19cm　〈索引あり〉　1000円　①978-4-88286-397-7　Ⓝ477.02132

(内容)栃木県内の低山や里，市街地周辺の道ばたに咲く花274種類を，春・夏・秋の3シーズンに分け，写真とともに掲載。花期と大きさを記し，生育地や植物の特徴をできるだけ分かりやすく解説する。

花かおる飯豊連峰　小荒井実撮影・著　(長野)ほおずき書籍，星雲社(発売)　2004.5　97p　19cm　(ビジター・ガイドブック 19)　1000円　①4-434-04355-2

(目次)飯豊連峰概説—万年説とお花畑，飯豊連峰概念図，主稜線への推薦3コース，山麓の花(白色系統の花，緑黄色系統の花 ほか)，ブナ林の花(白色系統の花，緑黄色系統の花 ほか)，高山の花(白色系統の花，緑黄色系統の花 ほか)

花かおる葦毛湿原　吉田豊撮影・著　(長野)ほおずき書籍，星雲社(発売)　2005.6　107p　19cm　(ビジター・ガイドブック 27)　1000円　①4-434-06205-0

(内容)葦毛湿原とその周辺で比較的簡単にみることのできる植物221種を収録。全種類にカラー写真を掲載。季節，種類別に排列。巻頭に葦毛湿原の季節，魅力を掲載。

花かおる越後三山　魚沼自然観察歴史探訪ガイドクラブ撮影・著　(長野)ほおずき書籍，星雲社(発売)　2004.5　112p　19cm　(ビジター・ガイドブック 20)　1000円　①4-434-04221-1

(目次)春の花，夏の花，秋の花，その他

花かおる上高地　中村至伸撮影・著　(長野)ほおずき書籍，星雲社(発売)　2003.8　92p　19cm　(ビジターガイドブックシリーズ 17)　1000円　①4-434-03434-0

(目次)白色系の花，黄色系の花，赤〜赤紫系の花，青〜紫系の花，その他の色の花

花かおる草津・白根山　湯田六男著，山口昭夫撮影　(長野)ほおずき書籍，星雲社(発売)　2005.5　113p　19cm　(ビジター・ガイドブック 26)　1000円　①4-434-06125-9

(目次)コース案内，草津・白根山花図鑑，白色系の花，赤〜赤紫色系の花，青〜青紫色系の花，茶色系の花，黄緑色系の花，黄色系の花

花かおる櫛形山　櫛形山を愛する会撮影・著　(長野)ほおずき書籍，星雲社(発売)　2007.5　125p　19cm　(ビジター・ガイドブック)　1000円　①978-4-434-10473-2

(目次)櫛形山の概要，櫛形山安内図，各登山道の交通アクセスと紹介，櫛形山花図鑑，櫛形山の見どころ

花かおる志賀高原　中村至伸撮影・著　(長野)ほおずき書籍，星雲社(発売)　2004.8　90p　19cm　(ビジター・ガイドブック 24)　1000円　①4-434-04773-6

(目次)白色系の花，黄色系の花，赤〜赤紫色系の花，青〜青紫色系の花，その他の色の花

(内容)160種の花を色別に紹介した志賀高原の花図鑑。

花かおる仙丈ヶ岳・東駒ヶ岳　津野祐次撮影・著　(長野)ほおずき書籍，星雲社(発売)　2006.8　112p　19×11cm　(ビ

花　　　　　　　植物

ター・ガイドブック 32） 1000円 ⓘ4-434-08099-7

内容 白色系の花58種、赤～赤紫色系の花42種、黄色系の花34種、橙色系の花4種、青～青紫色系の花22種、その他の色の花10種。合計170種を収録。

花かおる蓼科山・御泉水自然園　橋詰己繁著　（長野）ほおずき書籍、星雲社〔発売〕2006.5 112p 19×11cm （ビジター・ガイドブック 29）　1000円　ⓘ4-434-07412-1

目次 コース案内、蓼科山・御泉水自然園花図鑑（白色系の花、黄色系の花、赤色系の花、青色系の花、その他の色の花）、植物名さくいん、インフォメーション

花かおる立山黒部アルペンルート　佐藤武彦撮影・著　（長野）ほおずき書籍、星雲社〔発売〕2004.7 112p 19cm （ビジター・ガイドブック）　810円　ⓘ4-434-04630-6

目次 立山の自然、立山黒部アルペンルート全体図、散策コースガイド、室堂平周辺概念図及び山脈略絵、立山黒部花図鑑、白色系の花、黄色系の花、黄緑色系の花、赤～赤紫色系の花、青～青紫色系の花、その他の色の花、立山黒部アルペンルートの断面略図

花かおる栂池自然園　中村至伸撮影・著　（長野）ほおずき書籍、星雲社〔発売〕2003.8 93p 19cm （ビジターガイドブックシリーズ 18）　1000円　ⓘ4-434-03503-7

目次 白色系の花、黄色系の花、赤～赤紫系の花、青～紫系の花、その他の色の花、千国街道塩の道めぐり、10か所の名湯めぐり

花かおる剣山　新居綱男写真、尾野益大文　（長野）ほおずき書籍、星雲社〔発売〕2002.8 101p 19cm 1000円　ⓘ4-434-01858-2　Ⓝ472.181

目次 剣山の概要と植生（剣山の由来、剣山の概要と国定公園、剣山の植生、剣山の野生動物、剣山と周辺の観光名所・施設、モデルコース）、春の花、夏の花、秋の花

内容 剣山の花の写真図鑑。まず剣山の概要と植生を紹介し、ついで春、夏、秋の花を紹介している。巻末に花名の五十音順索引と、参考文献、関係機関連絡先がある。

花かおる戸隠高原　上信越高原国立公園　小川秀一、小川朱実著　（長野）ほおずき書籍、星雲社〔発売〕2006.5 128p 19×10cm（ビジター・ガイドブック 30）1000円　ⓘ4-434-07881-X

目次 早春、春深まる、新緑～梅雨入りの頃、夏のはじめ、盛夏、初秋、木の実・紅葉

花かおる苗場山　石沢進監修、佐藤政二撮

影・著、飯塚英春撮影　（長野）ほおずき書籍、星雲社〔発売〕2003.8 108p 19cm （VISITOR GUIDE BOOK 16）　1000円　ⓘ4-434-03495-2

目次 苗場山における植生の概要、主な登山コースの植生の概要、白色系の花、黄色系の花、紅色系の花、青紫色系の花、黄緑色系の花、樹木の花（他）

花かおる西駒ヶ岳　林芳人撮影・著　（長野）ほおずき書籍、星雲社〔発売〕2006.9 108p 18×11cm （ビジター・ガイドブック 31）　1000円　ⓘ4-434-08333-3

目次 1 高山帯の植物（草状の小さな木、白花の草、黄花の草、赤花の草、青・紫花の草、茶・緑の草、低木・中木、長葉・無花弁の草）、2 バスから見える植物（樹木、白花の草、黄花の草、赤花系の草、青・紫花の草）、3 花期一覧表、4 生育地一覧表、5 高山帯の植物総目録

花かおる八方尾根　藤井猛写真・文　（長野）ほおずき書籍、星雲社〔発売〕2007.5 116p 19cm （ビジター・ガイドブック）　1000円　ⓘ978-4-434-10297-4

目次 八方尾根の自然、八方尾根コースガイド、八方尾根の景色、本書の使い方、花図鑑、コラム（花のつくりと用語、葉のつくりと用語、葉の観察の薦め、八方尾根と蛇紋岩、絶滅危惧種、八方池より上部の植生、八方尾根の固有種、ギフチョウとヒメギフチョウ）

花かおる早池峰　一ノ倉俊一著、黒沼幸男撮影　（長野）ほおずき書籍、星雲社〔発売〕2002.8 96p 19cm 1000円　ⓘ4-434-02278-4　Ⓝ472.122

目次 自然編（早池峰の四季、交通案内、早池峰の自然の姿、早池峰連峰略図 ほか）、図鑑編（固有種・稀有種、花ごよみ、早池峰花図鑑、早池峰山固有種 ほか）、民俗編（早池峰神楽、歳時記）、情報編

内容 岩手県の早池峰山の植物と自然を紹介する図鑑。自然編、図鑑編、民族編、情報編の4編からなる。五十音順の植物名索引と早池峰植物目録あり。

花かおるビーナスライン　今井建樹著　（長野）ほおずき書籍、星雲社〔発売〕2004.7 112p 19cm （ビジター・ガイドブック）　1000円　ⓘ4-434-04638-1

目次 ビーナスライン周辺のハイキングコース案内（霧ヶ峰コース、蓼科・八ヶ岳山麓コース、美ヶ原コース）、ビーナスライン花図鑑（白色系の花、黄色系の花、赤～赤紫色系の花 ほか）

花かおる妙高高原　田地野政義撮影・著　（長野）ほおずき書籍、星雲社〔発売〕2004.5 90p 19cm （ビジター・ガイド

ブック4） 1000円 Ⓘ4-434-03256-9

(目次)いもり池，カヤバ草原，笹ケ峰，妙高山，火打山

花かおる六甲山 清水孝之撮影・著，六甲山自然案内人の会協力 (長野)ほおずき書籍，星雲社〔発売〕 2006.4 110p 18cm (ビジター・ガイドブック) 1000円 Ⓘ4-434-07532-2

(目次)六甲山の季節の移ろい，六甲山の植生，花図鑑解説，花図鑑(早春の花，春の花，初夏の花，夏の花，秋の花)，索引，インフォメーション

(内容)六甲山は大都会のすぐ近くにありながら国立公園に指定されている全国的にも珍しい場所で，緑豊かで神戸市周辺の人々にとって貴重な緑のオアシスとなっている。六甲山が瀬戸内海国立公園に編入されてちょうど50年。著者が休日を利用して六甲山の花々の撮影を始めて約4年。感銘を受けた花200種を選び収録。

花かおる和賀岳・真昼岳 倉田陽一撮影・著，真木真昼県立自然公園を美しくする会編 (長野)ほおずき書籍，星雲社〔発売〕 2004.4 110p 19cm (ビジター・ガイドブック 21) 1000円 Ⓘ4-434-04220-3

(目次)アクセス道路，真昼山地の概要，登山道，お花畑，各コースの距離と時間，4月の花，5月の花，6月の花，7月の花，8月の花，9月の花，山の生活，お花畑の花一覧

花ひらく中之条 安原修次撮影・著 (長野)ほおずき書籍，星雲社〔発売〕 2002.11 212p 21cm 2800円 Ⓘ4-434-02491-4 Ⓝ472.133

(目次)アズマイチゲ，フクジュソウ，ハナネコノメ，カキドオシ，カントウタンポポ，トウゴクミツバツツジ，キバナノアマナ，アマナ，ヒトリシズカ，ジュウニヒトエ〔ほか〕

(内容)群馬県中之条町の花の図鑑。200種，223点の写真を開花月順に掲載。巻末に五十音順索引を付する。

平尾台花ガイド 安原修次撮影・著 (長野)ほおずき書籍，星雲社〔発売〕 2000.6 156p 15×10cm (Naturing Series 2) 1000円 Ⓘ4-434-00228-7 Ⓝ477

(内容)日本3大カルスト大地のひとつである平尾台にみられる花を収録したガイドブック。花は平尾台における開花月別に排列して掲載。それぞれは写真と写真撮影日，植物名，科名と形状および草丈についての解説を掲載する。巻末に五十音順の植物名索引を付する。

北海道山の花ずかん 夕張山地 梅沢俊著 (札幌)北海道新聞社 1993.6 207p 19cm 〈参考図書：p204〜205〉 2200円 Ⓘ4-89363-690-1 Ⓝ477.087

(内容)北海道の山の花を紹介する図鑑シリーズ。

北海道山の花図鑑 札幌市藻岩・円山・八剣山 梅沢俊著 (札幌)北海道新聞社 1994.4 217p 19cm 〈参考図書：p216〜217〉 2200円 Ⓘ4-89363-721-5 Ⓝ477.038

(内容)北海道の山の花を紹介する図鑑シリーズ。札幌市の藻岩山，円山，八剣山に生育する，花の咲く植物とシダ植物を収録し，黄色系，赤色系，白色系など，花の色でわけて紹介。姿・形や本期，生育地について簡潔に説明する。

北海道山の花図鑑 アポイ岳・様似山道・ピンネシリ 梅沢俊著 (札幌)北海道新聞社 1995.4 237p 19cm 2300円 Ⓘ4-89363-777-0

(内容)北海道様似町のアポイ岳，様似山道，ピンネシリに生育する草木・低木・シダ植物を収録した初心者向けの携帯用図鑑。花の色別に掲載し，同色内は菊科を先頭に合弁花，離弁花，単子葉の順に排列。巻末に花の和名索引，参考図書紹介がある。

北海道山の花図鑑 大雪山 梅沢俊著 (札幌)北海道新聞社 1996.5 249p 19cm 2300円 Ⓘ4-89363-832-7

(目次)黄色系の花，白色系の花，赤色系の花，青色系の花，緑色系の花，目立たない花，シダ植物

(内容)北海道大雪山国立公園内の山岳地帯に生育する，花の咲く植物(草木・低木)とシダ植物の図鑑。花の色で分けた6グループにシダ植物を加えた合計7グループ別に，各植物のカラー写真を掲載し，形態，花期，生育地等の簡潔な解説を付す。巻末に五十音順の和名索引がある。

北海道山の花図鑑 利尻島・礼文島 梅沢俊著 (札幌)北海道新聞社 1997.6 253p 19cm 〈文献あり 索引あり〉 2350円 Ⓘ4-89363-840-8 Ⓝ477.038

(目次)黄色系の花，白色系の花，赤色系の花，青色系の花，緑色系の花，目立たない花，シダ植物

(内容)北海道の山の花を紹介する図鑑シリーズ。宗谷管内利尻島と礼文島に生育する，花の咲く植物(草木と低木)とシダ植物を収録する。初心者のための花色で引ける。

北海道山の花図鑑 夕張山地・日高山脈 梅沢俊著 (札幌)北海道新聞社 2004.4 239p 19cm 2191円 Ⓘ4-89453-286-7

(目次)黄色系の花，白色系の花，赤色系の花，青色系の花，緑色系の花，目立たない花，シダ植物

◆世界各地の花

<図　鑑>

アルプスの花を訪ねて　エーデルワイス、アルペンローゼが咲くスイスへ　小島潔著　〔横浜〕小島潔　2003.7　143p　19cm　〈朝日新聞社（発売）〉　1800円　①4-02-100076-3　Ⓝ471.72

目次 花の名前の表現について，赤い花，青い花，黄色い花，白い花，ハイキングコース案内（ヴェルビエ：モンフォール，アローザ：ヴァイスホルン，ミューレン：シルトホルン，シャモニー：ラックブラン），個人旅行で訪ねるスイスの旅

内容 可憐で美しい花のとりこになり，スイスへ通い続けて30年。アルプスの高山や路傍などに咲く187種を，赤・青・黄・白と花の色で分類し，著者自ら撮影した写真240点を収載して解説。アルプスの花々を満喫できる4つのハイキングコースも紹介。

イスラエル花図鑑　オーリー・フラグマン，広部千恵子著　ミルトス　1995.1　247p　19cm　〈原書名：Flowers of Israel〉　2800円　①4-89586-013-2

目次 赤い花，ピンクの花，黄色い花，白い花，青い花，緑色の花，茶色の花

内容 イスラエルでよく見かける花を収録したポケット図鑑。269種を写真とともに掲載、その類似植物166種も記述する。この中には聖書に係わる植物50種を含む。花の色で大別し，その中は学名アルファベット順に掲載する。記載データは，学名・科名・和名，分布，花期，類似植物，解説。学名アルファベット順の索引を付す。

雲南花紀行　8大名花をめぐる旅　管開雲，魯元学著，邑田仁監修，李樹華訳　（大阪）国際花と緑の博覧会記念協会，紀伊國屋書店〔発売〕　2003.11　303p　19cm　2800円　①4-87738-174-0

目次 第1章 雲南、花を見る旅（驚異の植物王国、雲南、昆明—常春の花の都、迪慶（シャングリラ）—シャクナゲが群生する憧れの地、怒江—神秘にみちた東方の大峡谷、麗江—多彩な気候帯をもつ植物の遺伝子バンク ほか）、第2章 雲南の花（木蘭、緑絨蒿、山茶花、杜鵑花、龍胆ほか）、第3章 雲南の花ミニ事典

内容 400種を掲載した花図鑑。この遺伝子の宝庫がヨーロッパの花園を変えた。

オーストラリアの花100　相原正明，安部順，近田文弘，広瀬敬代，福田達朗著　阪急コミュニケーションズ　2005.4　143p　24×18cm　2400円　①4-484-05901-0

目次 北西部沿岸エリア、西部沿岸・内陸エリア、中央乾燥エリア、北東沿岸・内陸エリア、南東沿岸・内陸エリア、南部沿岸エリア、タスマニアエリア

グレート・ヒマラヤ花図巻　藤田弘基photo box　藤田弘基著　講談社　2009.5　239p　15×15cm　（講談社art box）　1900円　①978-4-06-264302-3　Ⓝ477.02258

目次 四川省・雲南省、チベット自治区、ネパール、カシミール、カラコルム、ヒンズークシュ、大ヒマラヤ撮影行40年

内容 大ヒマラヤ山脈東西4000km、標高3000m以上の高地に咲く花たち。ブルーポピーからセントレアまで、貴種ばかりが一冊に。

トルコの花　岡田季代子著　（大阪）パレード、星雲社（発売）　2008.3　190p　21cm　〈他言語標題：Flowers in Turkey, Turkiye'nin cicekleri　副題：Flowers guide book：Latin, Turkish, English, Japanese, German, French, Italian　共同刊行：まぐまぐ〉　1619円　①978-4-434-11677-3　Ⓝ472.274

目次 Cerastium arvense, Wisteria sinensis 'Alba', Lamium moschatum, Lamium album, Cyclamen persicum, Artedia sp., Conium maculatum, Daucus carota, Heracleum sphondylium, Orlaya grandiflora〔ほか〕

内容 日本語・英語・ラテン語・トルコ語・ドイツ語・フランス語・イタリア語の7ケ国語で紹介した448種類のトルコの花のガイドブック。

野草の写真図鑑　オールカラー英国と北西ヨーロッパのワイルドフラワー500　クリストファー・グレイ・ウィルソン著、高橋良孝日本語版監修　日本ヴォーグ社　1996.12　328p　21cm　（地球自然ハンドブック）　2900円　①4-529-02693-0

目次 双子葉（クワ科、イラクサ科、ヤドリギ科、ウマノスズクサ科、タデ科、アカデ科、ツルナ科、スベリヒユ科、ナデシコ科、スイレン科ほか）、単子葉（オモダカ科、ハナイ科、トチカガミ科、キボウホウヒルムシロ科、ヒルムシロ科、ユリ科、ヒガンバナ科、ヤマイモ科、アヤメ科、ミクリ科、サトイモ科、ガマ科、ラン科）

樹　木

<事　典>

木の大百科　平井信二著　朝倉書店　1996.11　2冊（セット）　26cm　49440円　①4-254-47024-X

目次 イチョウ科、マツ科、スギ科、コウヤマキ科、ヒノキ科、マキ科、イヌガヤ科、イチイ

科, ヤマモモ科, クルミ科, ヤナギ科, カバノキ科, ブナ科, ニレ科, クワ科〔ほか〕

⟨内容⟩樹木を詳細解説と写真で紹介する事典。解説編、写真編の2分冊。解説編では樹木ごとにイラストを加え、名称の由来、概要、材の組織、材の性質と利用などを解説。写真編では4000枚以上の写真により樹姿、樹林、樹肌、丸太断面、組織の顕微鏡写真などをマクロとミクロの両面から示す。

原色木材大事典170種 日本で手に入る木材の基礎知識を網羅した決定版 木目、色味、質感がひと目で分かる! 村山忠親著, 村山元春監修 誠文堂新光社 2008.9 240p 26cm 3800円 ①978-4-416-80861-0 Ⓝ657.2

⟨目次⟩針葉樹(イチョウ, イチイ, カヤ ほか), 広葉樹(軟質広葉樹材, 中硬質広葉樹材, 硬質広葉樹材), 木材製品以外で使用される有用樹種(コウゾ, ミツマタ, ガンピ ほか)

⟨内容⟩現在日本で手に入手可能な木材170種のデータをまとめた事典。分類別に構成し、各木材の樹木名、分類、学名、心材の色から、材料としての様々な特性データを掲載。木肌やインテリア作品などの写真も交えて紹介す。巻末には、樹種名索引、用語索引がある。

樹木 コリン・リズデイル, ジョン・ホワイト, キャロル・アッシャー著, 杉山明子, 清水晶子訳 新樹社 2007.6 360p 23×14cm 〈知の遊びコレクション〉〈原書名：Eyewitness Companion Trees〉 2800円 ①978-4-7875-8556-1

⟨目次⟩樹木とはなにか?(樹木の分類、樹木の進化、樹木の構造 ほか), 生活のなかの木(有史前の人びとと木、木にまつわる神話と精霊、食物をつくる木 ほか), 世界の樹木(胞子をつける木、種子をつける木)

⟨内容⟩人間とかかわりの深い約500種の樹木について、樹皮、葉、花、果実などの基本情報を掲載。植物の同定に役立つ。たくさんの美しい写真やわかりやすいキャプションをとおして、世界じゅうの樹木について新たな発見をしよう。自然の動植物の生息地であり、生態系の重要な一部である樹木と森の大切さを理解しよう。民話や林業などをつうじて、古来からつづく人と木のきずなを探ってみよう。

樹木医が教える緑化(りょくか)樹木事典 病気・虫害・管理のコツがすぐわかる! 樹種別解説 矢口行雄監修 誠文堂新光社 2009.6 336p 26cm 〈文献あり 索引あり〉 3800円 ①978-4-416-40906-0 Ⓝ653.2

⟨目次⟩常緑樹(アカマツ／クロマツ／ゴヨウマツ, イヌマキ, カイヅカイブキ, コウヤマキ ほか), 落葉樹(アオギリ, アカシデ, アキニレ,

アジサイ ほか)

⟨内容⟩樹木の性質や管理上の注意を詳細に解説した樹木事典。主要な緑化樹木110種について、常緑樹(針葉樹、広葉樹の順に掲載)と落葉樹にわけてそれぞれ50音順に掲載。巻末に樹種名索引が付く。

樹木もの知り事典 平凡社編 平凡社 2003.4 407p 18cm 2500円 ①4-582-12426-7

⟨内容⟩おもに日本で見られる樹木の事典。収録されている項目は、樹木名項目約500、植物一般項目約100、収録図版約1500点。

南洋材 新訂増補版 須藤彰司著 地球社 1998.12 543p 21cm 4500円 ①4-8049-5101-6

⟨目次⟩南洋材とは, 南洋材の特徴, 各論(Alangiaceae(ウリノキ科), Anacardiaceae(ウルシ科), Annonaceae(バンレイシ科), Apocynaceae(キョウチクトウ科) ほか), 増補編(Anacardiaceae(ウルシ科), Annonaceae(バンレイシ科), Apocynaceae(キョウチクトウ科), Aquifoliaceae(モチノキ科) ほか)

⟨内容⟩南洋材についての百科辞典。掲載項目は、南洋材の種名、現地名、木材の性質、用途など。1970年刊行の初版に、パプア・ニューギニア、ソロモン、フィージー、その他の地域からの樹種などを追加した増補版。地域名、学名索引付き。

木材・樹木用語辞典 木材・樹木用語研究会編 井上書院 2004.6 322p 19cm 3200円 ①4-7530-0097-4

⟨目次⟩1 木材の組織・材質・物性, 2 製材・加工・乾燥, 3 木質材料, 4 構造・施工, 5 木材の耐久性・耐火性, 6 接着・塗装・化学修飾, 7 樹木・森林・林業, 主要樹種

⟨内容⟩木材の組織・材質・物性から、製材、加工、乾燥、木質材料、構造利用、施工、耐久性・耐火性、接着、塗装に至る用語、および森林・林業に関連する用語約2000余を収録。建築材料としての木材の全てがわかる本格的な辞典。住宅に携わる設計・施工者、木材を扱う実務関係者はもとより、自然素材としての木に関心をもつ一般のユーザーにも応えられるよう、第一線の研究者が平易に解説。巻末には、主要木材の樹種約340を掲載。各樹木の分布や用途、特徴が一目でわかるよう簡潔にまとめられている。

<辞典>

日本樹木名方言集 復刻版 農商務省山林局編, 関岡東生解題 海路書院 2006.12 482p 21cm 18000円 ①4-902796-56-2

⟨内容⟩大正四年刊行の本書は、木材需給情報の一元的な管理・統制を念頭に「方言」と「標準

語」を対照させる目的で上梓されたものである。頭文字の字画による漢字名索引付。

<ハンドブック>

樹皮ハンドブック 林将之著 文一総合出版
2006.10 80p 19cm 1200円 ④4-8299-0022-9

(目次)常緑針葉樹（マツ科、スギ科・ヒノキ科 ほか）、落葉針葉樹（イチョウ科・マツ科、スギ科）、落葉広葉樹（ヤナギ科、カバノキ科 ほか）、常緑広葉樹（ブナ科、クスノキ科 ほか）

(内容)若木や老木も含めた多くの樹皮写真を掲載することに第一義をおき、筆者の観察経験に基づく樹皮の見分けポイントを、オリジナルな表現で解説。

木材科学ハンドブック 岡野健, 祖父江信夫 編 朝倉書店 2006.2 435p 21cm 16000円 ④4-254-47039-8

(目次)木材資源、主要な木材、木材の構造、木材の化学組成と変化、木材の物理的性質、木材の力学的性質、木材の乾燥、木材の加工、木材の劣化と保存処理、木材の改質、製材と木質材料、その他の木材利用、木材のリサイクルとカスケード利用

木材活用ハンドブック 最も使用頻度が高く人気が高い主要木材の実践的ガイド ニック・ギブス著、乙須敏紀訳 産調出版 2005.10 254p 21×17cm 〈原書名：The Wood Handbook〉 3200円 ④4-88282-450-7

(目次)資源の持続可能性、木材の購入、樹木から板材へ、木材の保管、木材一覧（本書の活用法、木材索引、主要木材、その他の木材、木材の造形美）

木材居住環境ハンドブック 岡野健, 鈴木正治, 葉石猛夫, 則元京, 増田稔ほか編 朝倉書店 1995.7 488p 21cm 15450円 ④4-254-26620-0

(目次)序 木材の特徴、構造、変異、密度、温熱・湿気環境編、光環境・視覚編、音・振動編、におい編、すべり・衝撃、触覚編、情緒編

木材工業ハンドブック 改訂4版 森林総合研究所監修 丸善 2004.3 1221p 21cm 32000円 ④4-621-07411-3

(目次)資源・原料、木材の性質、製材、木材乾燥、機械加工、単板・合板、集成材入、木質ボード類、構造材料・木質構造、木質環境、接着・塗装、木材保存、化学加工、パルプ・紙、木材成分の利用、木材炭化、木質バイオマスのエネルギー利用、その他の利用、規格、統計資料、参考資料

(内容)木材工業の最新知識をまとめたハンドブック。独立行政法人森林総合研究所の、木材特性、加工技術、構造利用、複合材料、木材改質、成分利用、樹木化学、きのこ・微生物の8つの研究領域の研究成果を盛り込み、加工技術、生産技術の最新データを掲載する。前版刊行以降新しく進歩した分野である木質環境、化学加工、木材成分利用、木質バイオマスのエネルギー利用の章を新設している。

<図鑑>

花実でわかる樹木 951種の検索 馬場多久男著 （長野）信濃毎日新聞社 2009.1 407p 21cm 〈文献あり 索引あり〉 3500円 ④978-4-7840-7093-0 ⓝ653.21

(目次)検索編、解説編（裸子植物、被子植物双子葉離弁花類、被子植物双子葉合弁花類、被子植物単子葉類）

(内容)樹木の花と果実の時期に検索できる図鑑。花の時期と果実の時期に検索することができる検索編と樹種の樹形や樹皮、花と果実などの特徴を解説と写真で示した解説編からなる。巻末に五十音順の索引が付く。

木々の恵み フレッド・ハーゲネーダー著, 玉置悟訳 毎日新聞社 2009.1 242, 9p 21cm 〈索引あり 原書名：The living wisdom of trees.〉 2900円 ④978-4-620-60637-8 ⓝ653.2

(目次)アカシア、カエデ、バオバブ、トチノキ、カウリ、ハンノキ、アーモンド、モンキーパズル（チリマツ）、カバノキ（シラカバ）、シデ〔ほか〕

(内容)遠い昔から、人は木々の恵みに浴してきた。神話・伝承・宗教・日々の生活…その歴史を、美しいビジュアルとともにひもとき、太古の世界へ誘う"癒しの樹木図鑑"。

樹に咲く花 合弁花・単子葉・裸子植物 茂木透写真、城川四郎、高橋秀男、中川重年ほか解説 山と渓谷社 2001.7 719p 21cm（山渓ハンディ図鑑 5） 3600円 ④4-635-07005-0 ⓝ653.2

(目次)被子植物双子葉合弁花類（ツツジ科、リョウブ科、ヤブコウジ科 ほか）、被子植物単子葉類（ユリ科、イネ科、ヤシ科 ほか）、裸子植物（ソテツ科、イチョウ科、マツ科 ほか）

(内容)日本に自生する樹木を知るためのハンディな図鑑。全3巻で構成され、第1巻と第2巻が双子葉離弁花類にあたり、今回の第3巻は双子葉合弁花類、単子葉類、裸子植物を収録する。排列は「ツツジ科」など科別。本文中に科や属の見分け方などのコラムを挿入する。本巻の巻末に全3刊の学名総索引と五十音総索引がある。

樹に咲く花 離弁花 2 茂木透写真、高橋

秀男，勝山輝男監修，石井英美，太田和夫，勝山輝男，城川四郎，崎尾均，高橋秀男，中川重年，吉山寛解説　山と渓谷社　2000.10　719p　21cm　（山渓ハンディ図鑑4）　3600円　①4-635-07004-2　Ⓝ653.2

(目次)スズカケノキ科，マンサク科，ユキノシタ科，トベラ科，マメ科，メギ科，アケビ科，ツツラフジ科，マタタビ科，オトギリソウ科〔ほか〕
(内容)日本に自生する樹木を中心に，主な外国産の樹木や園芸品種も含めて全3巻にまとめた図鑑。本巻では，ユキノシタ科・マメ科などを中心に約450種類を収録。科の排列は新エングラーの分類大系（1964年）順。巻末に学名索引，五十音索引付き。

木の写真図鑑　オールカラー世界の高木500　アレン・コーンビス著，浜谷稔夫訳　日本ヴォーグ社　1994.12　328p　21cm　（地球自然ハンドブック）〈原書名：TREES〉　2900円　①4-529-02356-7

(目次)針葉樹類，広葉樹類
(内容)世界の主な高木約500種を収録した携帯用ハンドブック。針葉樹類と広葉樹類に分類した上，科ごとに排列。分布や生育地の他，葉・樹皮・花・果実の各部位ごとにその特徴を詳細に記述，併せて1000枚以上のカラー写真，さらに図版を掲載して，容易に種の同定ができるようにしてある。巻末に樹種名索引，用語集を付す。

木の図鑑　長谷川哲雄著　岩崎書店　1999.8　48p　30cm　（絵本図鑑シリーズ20）　1500円　①4-265-02920-5

(内容)四季折々の雑木林の樹木のみどころを紹介する図鑑。

木の名前　由来でわかる花木・庭木・街路樹445種　岡部誠著　婦人生活社　2001.7　305p　19cm　（婦人生活ベストシリーズ）　1500円　①4-574-80435-1　Ⓝ629.7

(内容)街角ツリーウォッチング，グリーンインテリアに使えるよう，445品種を700点の写真とともに収録した樹木の図鑑。索引あり。

原色樹木図鑑　1　2版　北隆館　1991.6　354p　19cm　〈監修：林弥栄ほか　コンパクト版4〉　4635円　①4-8326-0047-8　Ⓝ653.2

(内容)樹木を紹介する小型図鑑。全2冊。

原色樹木大図鑑　新訂版　邑田仁監修　北隆館　2004.4　894p　26cm　35000円　①4-8326-0811-8

(目次)双子葉植物綱（離弁花亜綱，合弁花亜綱，単子葉植物綱），裸子植物門（そてつ綱，いちょう綱，球果植物綱，まおう綱），しだ（羊歯）植物門（薄嚢しだ類亜綱）
(内容)日本産の樹木の他に日本で見られる外国産樹木などを加えた基本種1529種、関連記載種数約2000種、総数3500余種を収録。

原色新樹木検索図鑑　合弁花他編　池田健蔵，遠藤博編　北隆館　1997.10　127p　21cm　4800円　①4-8326-0396-5

(目次)第1部　検索図表（植物の形，「離弁花類」の検索図表，「合弁花類」の検索図表，「単子葉類」の検索図表　ほか），第2部　種類の説明（合弁花類，単子葉類，裸子植物，園芸植物）
(内容)日本の山野に自生する樹木や園芸品種などの離弁花類444種を収録。第1部の検索図表では植物の形（花，葉，茎，実など）から調べることができ，第2部で植物の種類をカラー図版付きで解説している。巻末に五十音順索引とアルファベット順の学名索引がある。

原色新樹木検索図鑑　離弁花編　池田健蔵，遠藤博編　北隆館　1997.6　135p　21cm　4800円　①4-8326-0395-7

(目次)第1部　検索図表（植物の形，「離弁花類」の検索図表，「合弁花類」の検索図表，「単子葉類」の検索図表，「裸子植物」の検索図表，「花季に葉がない植物」の検索図表，「つる茎の植物」の検索図表，「はう茎の植物」の検索図表，「とげ，かぎのある植物」の検索図表），第2部　種類の説明（やまもも科，くるみ科，やなぎ科，かばのき科　ほか）

原寸図鑑　葉っぱでおぼえる樹木　濱野周泰監修　柏書房　2005.9　334p　26cm　3400円　①4-7601-2780-1

(目次)イチョウ科，マツ科，スギ科，コウヤマキ科，ヒノキ科，マキ科，イチイ科，ヤマモモ科，クルミ科，ヤナギ科〔ほか〕
(内容)葉の精密な原寸写真（表・裏）を掲載。実際の葉の大きさとの比較も可能となる臨場感あふれるダイナミックな紙面。図鑑としては必要にして十分な樹木300種を網羅。日本に広く分布し身近に見る機会の多い樹木のほとんどが見分けられる。葉の写真から検索可能となるビジュアル・インデックスを採用。葉のつき方や樹木の生活型を示す分類アイコンで検索同定を補強。おぼえておきたい見分け方のポイントをわかりやすく解説。同定をさらに確実にする樹皮や樹形，枝先，花や実などの写真も豊富に収録。

原寸図鑑　葉っぱでおぼえる樹木　2　濱野周泰，石井英美監修　柏書房　2007.4　290p　26cm　3400円　①978-4-7601-3082-5

(目次)マツ科，スギ科，ヒノキ科，マキ科，イヌガヤ科，クルミ科，ヤナギ科，カバノキ科，ブナ科，クワ科〔ほか〕
(内容)葉の実物と比較できる原寸写真（表・裏）と，わかりやすい見分け方のポイント。樹木ファン待望の第2弾。国産樹木から外国産樹木まで，

身近な樹木235種を収録。<正・続>2冊をあわせて活用すれば、北海道から沖縄まで広く分布する樹木のほとんどが見分けられる。葉の写真から探せるビジュアル・インデックス付。

樹皮ハンディ図鑑 若木・成木・老木の写真で樹木の名前が必ずわかる 梅本浩史著 永岡書店 2010.3 287p 18cm 1200円 ①978-4-522-42665-4 Ⓝ657.2

(目次)第1章 庭・公園で見られる常緑樹、第2章 庭・公園で見られる落葉樹、第3章 山野・海岸で見られる樹木、第4章 針葉樹、タケ類、その他の樹木

樹木 岡本省吾著 (大阪)保育社 1995.12 173p 19cm (エコロン自然シリーズ) 1800円 ①4-586-32112-1

(内容)日本産の樹木324種の図鑑。図版頁と解説頁で構成される。巻末に五十音索引がある。『標準原色図鑑全集8樹木』(1966年刊)の改装版にあたる。

樹木 菱山忠三郎著 講談社 2007.3 271p 19cm (講談社ネイチャー図鑑) 1500円 ①978-4-06-213806-2

(目次)1 春の樹木探訪、2 夏の樹木探訪、3 秋の樹木探訪、4 威風堂々と立つ木、5 南方から来た花木、6 生け垣に使われる木、7 街路樹に使われる木

(内容)カラー写真516点+多彩な情報。身近な樹木がまるごとわかるフォト・ドキュメント。花、実、紅葉、樹皮、情景。ウォーキングに必携。「栽培ワンポイント」つき。

樹木 春夏編 永田芳男著 山と渓谷社 1997.6 335p 19cm (山渓フィールドブックス) 2300円 ①4-635-06056-X

(目次)色別検索「花と果実」、被子植物双子葉合弁花類(クサトベラ科、ハマジンチョウ科、スイカズラ科、ノウゼンカズラ科、ムラサキ科 ほか)、被子植物双子葉離弁花類(ウコギ科、ウリノキ科、ミズキ科、ヒルギ科、シクンシ科 ほか)

(内容)2月から8月の春から夏に花や実が目立つ樹木を中心に325種を掲載。種の排列は、おおむねエングラーの排列に従い、高等なものから科ごと属単位に1種1ページにまとめている。

樹木 秋冬編 永田芳男著 山と渓谷社 1997.10 303p 19cm (山渓フィールドブックス 17) 2300円 ①4-635-06057-8

(目次)色別検索—紅葉と果実、花、被子植物双子葉合弁花類、被子植物双子葉離弁花類、被子植物単子葉、シダ植物、裸子植物

(内容)秋から冬に紅葉や実が目立つ樹木、針葉樹など259種を掲載。紅葉した葉や実の色で探せる色別検索のページがある。

樹木観察ハンドブック 葉・花・実・樹皮で見分ける! 山歩き編 松倉一夫著 JTBパブリッシング 2009.8 127p 19cm (るるぶdo!ハンディ) 〈絵:阿部亮樹 文献あり 索引あり〉 1200円 ①978-4-533-07564-3 Ⓝ653.21

(目次)第1章 夏緑樹の森—ブナやミズナラ、第2章 低山の雑木林—コナラやアカマツ、第3章 高原の森—シラカバやカラマツ、第4章 針葉樹の森—シラビソやコメツガ、第5章 里山の雑木林—シイやカシ、第6章 四季に目を引く木々、第7章 樹木観察を楽しむために

(内容)ハイキングコースや登山道沿いなどで見られる樹木観察を楽しむためのハンドブック。登山口周辺の雑木林から低山、亜高山帯まで、まず最初に覚えたい代表的な樹木を取り上げている。

樹木図鑑 NHK趣味の園芸 北村文雄監修、巽英明写真・解説、妻鹿加年雄解説 日本放送出版協会 2001.2 518p 26cm 6000円 ①4-14-040101-X Ⓝ629.7

(目次)裸子植物(ソテツ科、イチョウ科、イチイ科、マキ科 ほか)、被子植物—双子葉・離弁花類(センリョウ科、ヤナギ科、ヤマモモ科、クルミ科 ほか)、被子植物—双子葉・合弁花類(リョウブ科、ツツジ科、ヤブコウジ科、カキノキ科 ほか)

(内容)日本の木本科植物324種の図鑑。複数の写真で各樹木の生育ステージを紹介。各樹木の名称は和名や学名、別名、俗名、漢字表記を盛り込んでいる。記載データは分布、性質、鑑賞期、植栽地域のほか、形態や生育、植栽のポイントなど。巻末に植物用語図解、和名索引、学名索引、主要参考文献を付す。

樹木図鑑 デヴィッド・バーニー著, 中村武久日本語版監修, リリーフ・システムズ翻訳協力 あすなろ書房 2004.3 60p 29×22cm (「知」のビジュアル百科 3) 『ビジュアル博物館 樹木』新装・改訂・改題書 原書名:EYEWITNESS GUIDES, VOLUME 5-TREE〉 2000円 ①4-7515-2303-1

(目次)木とは何か、広葉樹、針葉樹、熱帯樹、木の誕生、木はどのように生長するか、根を伸ばす、木の幹、樹皮—木の皮膚、芽から葉へ[ほか]

(内容)樹木のすべてを、この1冊に収録。樹木の種類から木が登場する伝説、木の活用法や酸性雨との関係まで、コンパクトにまとめた。生物学的な知識だけでなく、神話や環境問題など幅広い知識が身につく樹木図鑑。70種の樹木、60種の葉を掲載。

樹木図鑑 葉・実・樹皮で確実にわかる

鈴木庸夫著　日本文芸社　2005.4　367p　24×19cm　1500円　ⓃⒷ4-537-20354-4
㋳街中の樹木、野山の樹木、海岸の樹木、マングローブの植物、山地の樹木、樹木が見られる植物園ガイド、訪れてみたい日本の美林、植物用語の解説
㋤ここをおさえていれば、簡単に樹木の名前がわかる。街中で、野山で、海岸や山地で見られる樹木を網羅。高い街路樹など葉の形がわかりづらくても「樹皮」で見分ける方法を紹介。日本の樹木を広くカバーする450種を掲載。

樹木図鑑　鈴木庸夫著　日本文芸社　2009.4　287p　17cm　〈実用mini books〉〈索引あり〉　1200円　Ⓑ978-4-537-20737-8　Ⓝ653.2
㋳お散歩で樹木ウォッチング、この本の使い方、樹木の各部名称、街中の樹木、野山の樹木
㋤普段の生活や週末の散歩などで見かける身近な樹木のうちから269種類を選び、街中と野山の2つの章に分けて紹介する。

樹木大図鑑　北隆館　1991.4　494p　26cm　〈OUTDOOR GRAPHICS〉　30900円　Ⓝ653.2
㋤日本にふつうに見られる樹木を中心に、シュロやタケ・ササのように樹木のような格好をしたものを加え、1001種類を収録した図鑑。カラー写真3000葉を掲載。沖縄や小笠原に分布する稀産種や庭園や街路にふつうに栽植されている外国産の種類も収録する。

樹木と遊ぶ図鑑　いろんな木と話をする方法　おくやまひさし著　地球丸　1998.6　159p　21cm　〈アウトドアガイドシリーズ〉　1700円　Ⓑ4-925020-36-6
㋳春（早咲きの花を探しにいこう、一年の最初の花見は梅見から、全国サクラの花図鑑 ほか）、夏（初夏に咲く白い花、意外と知らないクリの生長、七変化アジサイの色はなぜ変わる ほか）、秋（イチョウの定点観察、かわいいドングリ・カタログ、実るまで2年かかる気の長いクヌギ ほか）、冬（冬の楽しみ!樹形の観察、木の肌おもしろ図鑑、木のつるでクラフト遊び ほか）、さくいん（五十音順さくいん、花、実から引くさくいん）

樹木の冬芽図鑑　菱山忠三郎著　オリジン社、主婦の友社〔発売〕　1997.1　204p　19cm　2136円　Ⓑ4-07-220635-0
㋳冬芽の基本的な名称、いろいろな冬芽（よく似た冬芽の比較、代表的な樹木の冬芽）、特殊なところにつく冬芽、3種類の樹木による実験報告、葉痕の形を楽しむ

樹木見どころ勘どころまるわかり図鑑　大海淳著　大泉書店　2009.5　255p　21cm　〈012 outdoor〉〈索引あり〉　1300円　Ⓑ978-4-278-04723-3　Ⓝ477.038
㋳落葉広葉樹（サルトリイバラ、イヌコリヤナギ、オニグルミ ほか）、常緑広葉樹（シラカシ、アラカシ、スダジイ ほか）、針葉樹（カヤ、クロマツ、アカマツ ほか）
㋤樹皮・葉・花・果実・樹形…見つけたその場ですぐわかる!野遊び師が教える見分けのコツ。

樹木　見分けのポイント図鑑　林弥栄総監修、畔上能力、菱山忠三郎、西田尚道監修、石川美枝子イラスト　講談社　2003.2　335p　19cm　1900円　Ⓑ4-06-211600-6
㋳春の樹木（ツツジ科、モクセイ科 ほか）、夏の樹木（スイカズラ科、ノウゼンカズラ科 ほか）、秋の樹木（スイカズラ科、クマツヅラ科 ほか）、針葉樹（裸子植物）（ヒノキ科、スギ科 ほか）
㋤この木はなに?どこが違うの?あなたの疑問がイラストですっきり。理解が深まる検索ハンドブック。

世界木材図鑑　エイダン・ウォーカー編・共著、ニック・ギブス ほか共著、乙須敏紀訳　産調出版、産業調査会〔発売〕　2006.2　192p　31×23cm　〈原書名：The Encyclopedia of Wood〉　4800円　Ⓑ4-88282-470-1
㋤世界中で最もよく使用されている用途の広い木材150種を厳選。各樹種に固有の木理、模様、もく、繊細な色をあますところなく読者に伝え、木材の組織と生長についてわかりやすく解説。森林の破壊と保護。木材が森林から切り出され、木工家の手元に到達するまでの全過程。製材の仕方や木取り法がどのように木材の性質に影響するか。機械による強度テストと等級付け、乾燥および保管の仕方。林業で活躍する最先端の機械も紹介。

夏の樹木　北隆館　1991.7　255p　19cm　〈Field selection 5〉　1748円　Ⓑ4-8326-0236-5　Ⓝ653.2
㋤初夏から秋にかけて花を咲かせる樹木と、花の時期は考えなかった果樹、針葉樹を収める。すいかずら科、なす科、やぶこうじ科等と、果樹6科、針葉樹9科を収録、オールカラーの大小2点の写真の組合せで掲載する。

名前といわれ　木の写真図鑑　1　早春から初夏まで　杉村昇著　偕成社　1998.4　189p　19cm　1800円　Ⓑ4-03-529460-8
㋳ロウバイ、カンヒザクラ、サンシュユ、マンサク：ヤドリギ、コリヤナギ、ネコヤナギ、ヤブツバキ、ハナノキ、オニシバリ〔ほか〕
㋤市街地や公園、ハイキングコースなどで

動植物・ペット・園芸 レファレンスブック　127

樹木

名前といわれ 木の写真図鑑 2 初夏から初秋まで 杉村昇著 偕成社 1998.4 189p 19cm 1800円 ④4-03-529470-5

⽬次 ニガイチゴ、モミジイチゴ、ヤブサンザシ、ヤマモモ、ハナイカダ、ナギイカダ、ハリエンジュ、ツリガネカズラ、キハダ、ミツバウツギ〔ほか〕

内容 市街地や公園、ハイキングコースなどで見かける身近な木々の語源を写真付きで解説した植物図鑑。データ内容は語源のほかに別名、植物の科・目、分布、育成地、葉なの色、果実の色、葉の形などを記載。「早春から初夏まで」「初夏から初秋まで」「初秋から冬まで」の季節ごとに全3巻で構成、計482種を収録。

名前といわれ 木の写真図鑑 3 初秋から冬まで 杉村昇著 偕成社 1998.4 189p 19cm 1800円 ④4-03-529480-2

⽬次 ハマナス、ハグマノキ、イチョウ、コクサギ、アオハダ、イヌビワ、ビワ、ノグルミ、ユズリハ、カクレミノ〔ほか〕

内容 市街地や公園、ハイキングコースなどで見かける身近な木々の語源を写真付きで解説した植物図鑑。データ内容は語源のほかに別名、植物の科・目、分布、育成地、葉なの色、果実の色、葉の形などを記載。「早春から初夏まで」「初夏から初秋まで」「初秋から冬まで」の季節ごとに全3巻で構成、計482種を収録。

葉っぱで調べる身近な樹木図鑑 街路樹、庭木、公園の木がわかる！この木なんの木？ 林将之著 主婦の友社 2008.2 175p 21cm （主婦の友ベストbooks） 1300円 ④978-4-07-258098-1

⽬次 検索表（針葉樹の葉一覧、ふつうの形の葉一覧、もみじの形の葉一覧、はね形の葉一覧）、解説（ふつうの形・ギザギザの葉をもつ落葉樹、ふつうの形・ギザギザの葉をもつ常緑樹、ふつうの形・なめらかな葉をもつ落葉樹、ふつうの形・なめらかな葉をもつ常緑樹、もみじ形の葉をもつ樹木、はね形の葉をもつ樹木、針葉樹、紹介しきれなかった木々）

内容 1枚の葉っぱから、身近な樹木の名前が簡単に調べられる初心者向きの樹木図鑑。街路樹や、公園などで見かける樹木約140種類を紹介する。葉っぱのスキャン画像を中心に、樹皮や樹姿なども多数掲載。

葉っぱ・花・樹皮でわかる樹木図鑑 池田書店編集部編 池田書店 2007.11 287p 26cm 2300円 ④978-4-262-13616-5

⽬次 樹木を知る（広葉樹と針葉樹・常緑樹と落葉樹、樹高・枝のつき方、樹形、花の形・花冠ほか）、樹木図鑑（ヤマモモ科ヤマモモ属、クルミ科クルミ属、クルミ科サワグルミ属、ヤナギ科ヤマナラシ属 ほか）

内容 ふだん何気なく見ている木もよく観察すると葉っぱの大きさや形、枝や樹皮などひとつひとつが実にユニークな表情をもっている。本書はもっと自然と、そして樹木と親しむために葉っぱ、樹形、花、樹皮、枝葉5つの視点から樹木を紹介。さらに「樹木を知る」章で用語関係もしっかりわかる、初心者のための樹木観察入門書。

葉で見わける樹木 増補改訂版 林将之著 小学館 2010.7 303p 19cm （小学館のフィールド・ガイドシリーズ 23）〈他言語標題：How to identify trees by leaves 並列シリーズ名：Field Guide 文献あり 索引あり〉 1940円 ④978-4-09-208023-2 Ⓝ653.21

内容 葉で木の名前を調べるための、入門者向け樹木図鑑。4つのチェック項目で調べるシンプルな検索表と、葉を直接スキャナで取り込んだリアルな画像によって、簡単に木を見わけられる。野山や公園、庭に見られる樹木471種類を紹介、うち327種の葉スキャン画像を掲載。2004年発売の前版に48ページ121種類を追加した。

春の樹木 北隆館 1991.7 255p 19cm （Field selection 4） 1748円 ④4-8326-0235-7 Ⓝ653.2

内容 フィールドで使えるよう、春に花をつける樹木を集め、花枝や花のアップ、花と実の両方などを、オールカラーの大小2点の写真の組合せで掲載。野草3分冊に続く姉妹編。

ビジュアル博物館 5 樹木 デビッド・バーニー著、リリーフ・システムズ訳 （京都）同朋舎出版 1990.7 83p 29×23cm 3500円 ④4-8104-0893-0

内容 樹木の世界を紹介する博物図鑑。樹皮、葉、花、果実、幼木などの写真によって、葉の茂る枝から土の中の根まで、樹木の様々な姿を学べるガイドブック。

冬芽ハンドブック 広沢毅解説、林将之写真 文一総合出版 2010.11 88p 19cm 〈文献あり 索引あり〉 1200円 ④978-4-8299-1174-7 Ⓝ653.21

⽬次 クルミ科、ヤナギ科、カバノキ科、ブナ科、ニレ科、クワ科、モクレン科、クスノキ科、フサザクラ科・カツラ科、アケビ・ツヅラフジ・ウマノスズクサ科〔ほか〕

ポケット判 身近な樹木 菱山忠三郎著 主婦の友社 2003.6 391p 16cm 1200円 ⓘ4-07-238428-3

(目次)有毒成分のある木, 若芽が食用になる木, 実が食べられる木, 薬用になる木, 庭木として親しまれる木, 垣根, 防風樹によく使う木, 街路樹によく使う木, 社寺や公園に似合う木, 雑木林で見られる木, 山地のハイキングで見る木〔ほか〕

(内容)花、実、葉、樹形で見分ける、用途がわかる。396種を紹介。

街へ野山へ楽しい木めぐり ポケットスケッチ図鑑616種 開誠文・絵 近代出版 2007.10 368p 18×11cm 1900円 ⓘ978-4-87402-137-8

(目次)街路樹, 針葉樹・竹など, つる性樹木, 果樹, 高木, 低木

(内容)散歩のとき、買い物の途中で、ふと見かける木。旅先で、ちょっと気になる果実や木の葉。大きなわかりやすい画、気楽でやすらぐ文、名前を見つけやすい分類、木と友達になれるスケッチ図鑑。

身近な樹木 葉、花、実、樹形でわかる400種 菱山忠三郎著 主婦の友社 1998.4 391p 19cm (Field books) 〈索引あり〉 1800円 ⓘ4-07-223740-X Ⓝ477.038

(目次)有毒成分のある木, 若芽が食用になる木, 実が食べられる木, 薬用になる木, 庭木として親しまれる木, 垣根, 防風樹によく使う木, 街路樹によく使う木, 社寺や公園に似合う木, 雑木林で見られる木, 山地のハイキングで見る木〔ほか〕

(内容)日本の代表的な樹木約400種を収録し、平易に解説する図鑑。

身のまわりの木の図鑑 葛西愛著, 長岡求監修 ポプラ社 2004.11 260p 21cm 1500円 ⓘ4-591-08210-5

(目次)樹木図鑑(学校周辺の樹木, 街なかで見られる樹木, 落葉する樹木, 紅葉する樹木 ほか), 知っておきたい樹木の知識(樹木のおおきさ, 樹木のしくみ, 広葉樹, 針葉樹 ほか), 資料集

(内容)約250種の木を豊富な写真で紹介。図鑑は学校に植えられているもの、街路樹など街なかで見られるもののほか、落葉樹、紅葉樹、常緑樹、花木、果樹、有用植物、観葉植物にわけている。写真は全体のすがたと樹皮のようすのほか、葉や花、実など、その木の特徴をつかみやすくするものを掲載。

持ち歩き図鑑 身近な樹木 菱山忠三郎著 主婦の友社 2007.4 223p 17cm (主婦の友ポケットBOOKS) 900円 ⓘ978-4-07-254580-5

(目次)春の樹木(1月〜5月), 夏の樹木(6月〜8月), 秋の樹木(9月〜12月), 樹木の見方, おすすめ!森林浴スポット, 植物用語の図解, 植物用語の解説

(内容)山野から街路、公園まで、よく見かける樹木380種を紹介。各季節の中での、それぞれの配列は、被子植物(双子葉合弁花類)、被子植物(双子葉離弁花類)、被子植物(単子葉類)、裸子植物の順。

葉形・花色でひける 木の名前がわかる事典 庭木・花木・街路樹など身近な樹木433種 大嶋敏昭監修 成美堂出版 2002.10 335p 21cm 1500円 ⓘ4-415-02048-8 Ⓝ477.038

(目次)葉形もくじ, 花色もくじ, 実形もくじ, 樹木解説

(内容)樹木の図鑑。日本に自生している樹木を中心に、庭木、花木、街路樹、公園樹などに身近なものから、山野、高山に自生するものまで、433種の樹木を収録する。五十音順に排列。各樹木の名称、花色、別名、科・属名、樹高、花期、名前の由来、特徴などを記載している。また、葉形もくじ、花色もくじ、実形もくじにより、簡単に樹木名を検索することができる。巻末に五十音順索引が付く。

落葉広葉樹図譜 机上版 斎藤新一郎著 共立出版 2009.2 399p 22cm 〈並列タイトル:Winter dendrology in Japan 索引あり〉 5500円 ⓘ978-4-320-05679-4 Ⓝ653.7

(目次)1 総論(用語解説), 2 各論(ヤナギ科, ヤマモモ科, クルミ科, カバノキ科, ブナ科, ニレ科, クワ科, フサザクラ科, カツラ科, メギ科 ほか), 3 冬期からみた落葉樹林の歴史

落葉広葉樹図譜 フィールド版 斎藤新一郎著 共立出版 2009.2 399p 19cm 〈他言語標題:Winter dendrology in Japan 索引あり〉 3800円 ⓘ978-4-320-05680-0 Ⓝ653.7

(目次)1 総論(用語解説)(一年生枝, 冬芽の種類, 冬芽のつき方 ほか), 2 各論(ヤナギ科, ヤマモモ科, クルミ科 ほか), 3 冬期からみた落葉樹林の歴史(落葉広葉樹の出現, 休眠芽の形態, 低温への適応 ほか)

落葉樹の葉 拓本図譜 田中啓幾著 山と渓谷社 2008.6 447p 21cm (山渓ハンディ図鑑 12) 〈文献あり〉 3000円 ⓘ978-4-635-07024-9 Ⓝ653.7

(目次)クルミ科, ヤナギ科, カバノキ科, ブナ

科，ニレ科，クワ科，イラクサ科，ビャクダン科，マツブサ科，モクレン科，クスノキ科，ロウバイ科，カツラ科，フサザクラ科，キンポウゲ科，バラ科〔ほか〕

(内容)日本に自生する落葉広葉樹を中心に539種類の葉を拓本で紹介。

ワイド図鑑身近な樹木 季節ごとの姿・形・色がこれ一冊でわかる画期的な図鑑！ 菱山忠三郎写真と文 主婦の友社 2010.7 367p 24cm (主婦の友新実用books Flower & green) 〈索引あり〉 1600円 ①978-4-07-270521-6 ⓃY477.038

(目次)町なかでよく見られる樹木，野原や里山でよく見られる樹木，海岸近くでよく見られる樹木，山地でよく見られる樹木

(内容)使用写真の多さは類書中でNo.1。450種以上の樹木を，町なか，野原・里山，海辺，山地の生育地別に，ていねいに紹介。ひとつひとつの樹木について，季節ごとの姿・形・色が一目でわかる画期的なワイド図鑑。花，果実，葉，樹皮など，樹木の特徴がすぐわかる。類似の木も豊富に掲載しているので，見わけ方もよくわかる。

◆日本の樹木

<事典>

岩手の樹木百科 菅原亀悦編著 （盛岡）岩手日報社 1993.10 231p 19cm （カラー百科シリーズ 10） 2100円 ①4-87201-722-6 ⓃY470.38

(内容)岩手県の主に丘陵地帯や山地帯に普通に見られる樹木196種を紹介する事典。特徴，分布，用途，類似種の相違点などを詳細に解説する。

木の名前 由来がわかる花木・庭木・街路樹445種 岡部誠著 日東書院 2003.8 305p 19cm 1300円 ①4-528-01641-9

(目次)アオキ，アオギリ，アカガシ，アカガシワ，アカシデ，アカシア，アカマツ，アキニレ，アケビ，アコウ〔ほか〕

(内容)「あの木の名前」がすぐ見つかる。街路樹ウォッチング・グリーンインテリアにも役立つ「緑・花文化の知識認定試験」にも対応した木の百科最新版。

巨樹・巨木 日本全国674本 渡辺典博著 山と渓谷社 1999.3 451p 21×18cm （ヤマケイ情報箱） 3200円 ①4-635-06251-1

(目次)北海道・東北，関東，中部，近畿，中国，四国，九州

(内容)全国の巨樹・名木674本を紹介したガイド。地上約1.3メートルの位置で幹周りが3メートル以上を目安に全国の巨樹を紹介。名木の多い桜111本，樹齢の長い杉71本，とりわけ大きくなるクスノキ55本，信仰の対象となる木が多いイチョウ43本など，77種類の樹木を収録。掲載項目は，樹種，樹高と幹周り，推定樹齢など。「樹種別索引」，主な樹種16種の「樹種別最新全国ランキング」，ぜひ見て欲しい212本を掲載した「巨樹・巨木MAP」付き。

巨樹・巨木 日本全国674本 渡辺典博著 山と渓谷社 1999.3 451p 21×18cm （ヤマケイ情報箱） 3200円 ①4-635-06251-1

(目次)北海道・東北，関東，中部，近畿，中国，四国，九州

(内容)全国の巨樹・名木674本を紹介したガイド。地上約1.3メートルの位置で幹周りが3メートル以上を目安に全国の巨樹を紹介。名木の多い桜111本，樹齢の長い杉71本，とりわけ大きくなるクスノキ55本，信仰の対象となる木が多いイチョウ43本など，77種類の樹木を収録。掲載項目は，樹種，樹高と幹周り，推定樹齢など。「樹種別索引」，主な樹種16種の「樹種別最新全国ランキング」，ぜひ見て欲しい212本を掲載した「巨樹・巨木MAP」付き。

巨樹・巨木 日本全国846本 続 渡辺典博著 山と渓谷社 2005.12 487p 21×19cm （ヤマケイ情報箱） 3600円 ①4-635-06256-2

(目次)北海道・東北，関東，中部，近畿，中国，四国，九州

(内容)日本全国の巨樹・巨木846本を，カラー写真および取材記や巨樹にまつわる話などを交えて紹介。本文は地域別に排列（北海道から沖縄まで）。巻末に樹種別索引付き。

樹木 春夏編 新装版 永田芳男著 山と渓谷社 2006.11 335p 19cm （山渓フィールドブックス 12） 2000円 ①4-635-06069-1

(目次)色別検索 花と果実，被子植物双子葉合弁花類（クサトベラ科，ハマジンチョウ科，スイカズラ科，ノウゼンカズラ科，ムラサキ科 ほか），被子植物双子葉離弁花類（ウコギ科，ウリノキ科，ミズキ科，ヒルギ科，シクシシ科 ほか）

(内容)2～8月の春から夏に花や実が目立つ樹木を中心に325種類掲載。

樹木 秋冬編 新装版 永田芳男著 山と渓谷社 2006.11 303p 19cm （山渓フィールドブックス 13） 2000円 ①4-635-06070-5

(目次)色別検索 紅葉と果実，花，被子植物双子葉合弁花類，被子植物双子葉離弁花類，被子植物単子葉，シダ植物，裸子植物

(内容)9～1月の秋から冬に紅葉や実が目立つ樹

木と、針葉樹などあわせて259種類掲載。

<ハンドブック>

写真と資料が語る総覧・日本の巨樹イチョウ 幹周7m以上22m台までの全巨樹 堀輝三，堀志保美著 内田老鶴圃 2005.12 218p 26cm 22000円 Ⓣ4-7536-4096-5

(目次)第1章 写真編，第2章 資料編，第3章 参考編：わが国のイチョウの文化史（日本へのイチョウの伝来はいつか，伝来後の日本におけるイチョウ文化の展開）

(内容)幹周長7m以上（最大22m台まで）の樹すべてを対象として調査した記録。

身近な木の花ハンドブック 庭の木から山の木まで徹底ガイド‼430種 山口昭彦写真・解説 日東書院 2004.9 272p 19cm 1300円 Ⓣ4-528-01642-7

(目次)種子植物（被子植物，裸子植物），しだ植物・木生しだ

(内容)日本には野生種（自生種），外国原産種および園芸品種など，合わせて1200種以上の木があるといわれている。本書ではその中から430種掲載。

麗澤の森 仁草木に及ぶ 井田孝著 （柏）麗澤大学出版会，（柏）廣池学園事業部〔発売〕 2007.10 127p 18×11cm 714円 Ⓣ978-4-89205-529-4

(目次)正門から，東門から，大学ゾーン，北部住宅ほか

(内容)「仁草木に及ぶ」の精神で守られた廣池学園内の様々な樹木を紹介。

<図 鑑>

学校のまわりでさがせる植物図鑑 ハンディ版 樹木 平野隆久写真，近田文弘監修 金の星社 2009.3 127p 22cm 〈索引あり〉 2500円 Ⓣ978-4-323-05674-6 Ⓝ470.38

(目次)春の樹木，特集 サクラ，夏の樹木，特集 アジサイ，秋冬の樹木，特集 カエデ（モミジ），特集 ドングリ，特集 イチョウ

(内容)身近で見られる植物を紹介した図鑑。サクラ，アジサイ，カエデなど，近身な樹木を集め、全181種を掲載。花が咲いたり，果実をつけたり，葉が紅葉するなど，その植物の特徴がよくわかる季節ごとに紹介する。

学校のまわりの植物ずかん 5 葉の形でさがせるみぢかな木 おくやまひさし文・写真 ポプラ社 2005.3 71p 26×21cm 3300円 Ⓣ4-591-08464-7

(目次)春（ウメの実がみのるまで，1年に2度、花をつけるサクラ），夏（とげのある木、ムクゲの花は一日花），秋（イチョウの四季、赤くなる木の葉 ほか），冬（ほかの木に寄生するヤドリギ、常緑樹の葉もかれる ほか）

(内容)春をしらせるネコヤナギ、満開のウメ、モモ、サクラ、新緑のケヤキ、梅雨にぬれるアジサイ、夏の庭にさくバラやサルスベリ、秋色づくイチョウ、いろいろなドングリ、冬も緑のスギやマツなど。小学校低学年から。

花木・公園の木 金田洋一郎写真，八木下知子文 山と渓谷社 2010.2 79p 19cm （わかる!図鑑 2）〈索引あり〉 1200円 Ⓣ978-4-635-06203-9 Ⓝ477.038

(目次)拾って飾ろう!原寸大どんぐりミニ図鑑，集めてびっくり!いろんな葉っぱミニ図鑑，庭先で見かける木（冬枯れの庭を彩る花たち，木々に咲きほこる花々。にぎわいの春、古木の味わい、香り高い花 ほか），公園や歩道で見かける木（桜前線を心待ちに、木の下に人が集う、桜からバトンタッチ。街角が花でにぎわう、見上げて見つける、高い木に咲く花 ほか）

(内容)生きものの特徴をピンポイントで示し、簡単に名前がわかる図鑑。

鑑定図鑑日本の樹木 枝・葉で見分ける540種 三上常夫，川原田邦彦，吉沢信行著 柏書房 2009.5 476p 26cm 〈文献あり 索引あり〉 7800円 Ⓣ978-4-7601-3555-4 Ⓝ653.21

(内容)よく見かける代表的な基本種はもちろん、生産、造園、園芸、環境緑化に使われることの多い品種も幅広く網羅。各種樹木試験の対策に使えて、プロも納得の情報が満載の、樹木図鑑の新スタンダード。日本を代表する樹木540種をこの一冊に凝縮。

原寸イラストによる 落葉図鑑 第3版 吉山寛著，石川美枝子画 文一総合出版 1996.5 372p 22cm 2575円 Ⓣ4-8299-3041-1

(目次)ヤマモモ科，クルミ科，ヤナギ科，カバノキ科，ブナ科，ニレ科，クワ科，イラクサ科，ヤマモガシ科，ビャクダン科〔ほか〕

(内容)日本で見られる広葉樹のうち、高山植物を除いた600種の葉を掲載した図鑑。原寸大の葉のイラストと種名・学名・分布・樹の大きさ・葉のつきかた・特徴等を記す。巻末に五十音順の種名索引がある。

紅葉ハンドブック 林将之著 文一総合出版 2008.9 80p 19cm 1200円 Ⓣ978-4-8299-0187-8 Ⓝ653.21

(目次)イチョウ目，マツ目，ヤナギ目，ブナ目，イラクサ目，モクレン目，オトギリソウ目，バラ目，フウロソウ目，ムクロジ目，ニシキギ目，

クロウメモドキ目、アオイ目、スミレ目、フトモモ目、セリ目、ツツジ目、カキノキ目、シソ目、マツムシソウ目

北海道樹木図鑑 新版 佐藤孝夫著 （札幌）
亜璃西社 2002.7 303p 21cm 2800円
①4-900541-45-1 Ⓝ653.211

(目次)葉の形、冬芽、解説編、主な類似種の見分け方

(内容)北海道内で見られる樹木の図鑑。樹木それぞれの葉、冬芽、花、果実、樹形、樹皮などを写真で紹介している。北海道に自生する樹種と庭や公園などに植えられている導入樹種合わせて456種について解説したほか、関連する変種や品種、園芸品種、雑種など72種の写真を掲載。葉や冬芽の写真はまとめて掲載し、樹木名を特定できるようになっている。解説編では和名、科名、学名、生育地、樹高、葉、花、分布などを紹介。巻末に和名索引と学名索引がつく。

釣り人のための渓流の樹木図鑑 菅原光二著 つり人社 2002.5 157p 17cm 1900円 ①4-88536-494-9 Ⓝ477

(内容)渓流釣りを楽しむ釣り人向けの樹木の図鑑。ヤマメやイワナが棲息する里山や低山帯の渓流や、イワナの棲息限界である高山帯に至る渓流沿いに生えている85種の樹木を収録する。460数点の写真を使用し、樹木用語の図解を載せ、釣り場ですぐに役立つようになっている。各樹木の名称、科名、分布、生育地、花期、果実、特徴などを記載。巻末に五十音索引を付す。

日本の樹木 〔特装版〕 林弥栄編 山と渓谷社 1990.6 751p 21×22cm （山渓カラー名鑑）〈第13刷（第1刷：85.9.1）〉 7500円 ①4-635-05602-3 Ⓝ653.2

(目次)裸子植物、被子植物（単子葉類、双子葉離弁花類、双子葉合弁花類）

日本の樹木 増補改訂 西田尚道監修 学習研究社 2009.8 264p 19cm （フィールドベスト図鑑 vol.5）〈索引あり〉 1800円 ①978-4-05-403844-8 Ⓝ650

(目次)春に花の咲く樹木（ピンク・赤・紫・青色の花、黄色やオレンジ色の花、白い花、緑や褐色の花）、夏に花の咲く樹木、秋に花の咲く樹木

(内容)美しい写真と探しやすいアイコン方式で評判のフィールドベスト図鑑の増補改訂版。人気のサクラとモミジがすぐ見分けられる検索ページなど、役に立ち使いやすい記事を掲載。

日本の樹木 庭木、自然木428種 会田民雄写真、加藤僖重解説 成美堂出版 2000.3 431p 15cm （ポケット図鑑） 1200円 ①4-415-01044-X Ⓝ477.038

(目次)春の庭、春の野山、夏の庭、夏の野山、秋の庭、秋の野山、冬の樹木、裸子植物

(内容)日本に生育している樹木428種を収録した図鑑。巻末に、植物用語図解や索引がある。

日本の樹木 西田尚道監修 学習研究社 2000.4 256p 19cm （フィールドベスト図鑑 5） 1900円 ①4-05-401119-5 Ⓝ653.21

(目次)春に花の咲く樹木（ピンク・赤・紫・青色の花、黄色やオレンジ色の花、白い花、緑や褐色の花）、夏に花の咲く樹木、秋に花の咲く樹木

(内容)日本の樹木の図鑑。樹木の形から名前を調べやすい構成になっている。春、夏、秋の3部で構成され、そのなかで代表的な花の色、人里付近や山野、海岸付近などの植栽されている場所で排列している。樹木のデータは樹高、花期、果期、樹形、分布および解説とイラストを掲載。樹木を調べるための主な用語集と五十音順索引を巻末に付す。

日本の樹木 加藤僖重解説、会田民雄写真 成美堂出版 1994.7 429p 15cm （ポケット図鑑） 1300円 ①4-415-08069-3

(目次)春の庭、春の野山、夏の庭、夏の野山、秋の庭、秋の野山、冬の樹木、裸子植物、植物用語図解、日本の森、身近な自然を観察しよう、葉痕を観察しよう、生きている化石

(内容)日本全国の樹木378種を収録した図鑑。

日本の樹木 上 中川重年著 小学館 1991.3 255p 19cm （フィールド・ガイド 7） 1800円 ①4-09-208007-7

(内容)早春から初夏にかけて町なかや野山を彩る樹木261種を掲載。私達は、古えより木を愛し、木と共存してきた。美しい花を中心とした本書には、それぞれの木の基本的な解説だけでなく、私達と暮らしを共にする木の情報がいっぱい。家の外でも中でも充分楽しめる"木の国の木の本"。

日本の樹木 下 中川重年著 小学館 1991.3 263p 19cm （フィールド・ガイド 8） 1800円 ①4-09-208008-5

(内容)夏から秋にかけて、果実や紅葉で私たちの目を楽しませてくれる樹木を中心に301種を紹介。生態だけでなく材としての利用や、お国がらを偲ばせる方言名にまで踏み込んだ解説は類書に見られない。美しく、かつ特徴を的確にとらえた写真で、あらためて木の素晴らしさに触れることができる。

野山の樹木 姉崎一馬著 山と渓谷社 2000.3 281p 15cm （ヤマケイポケットガイド 13） 1000円 ①4-635-06223-6 Ⓝ653.21

(目次)イチイ科、マキ科、イヌガヤ科、マツ科、スギ科、ヒノキ科、ユリ科、コショウ科、ヤナギ科、ヤマモモ科〔ほか〕

植物　　　　　　　　　　　　　樹木

(内容)日本の野山で見られる代表的な野生の樹木を約220種を紹介した図鑑。掲載データは、一般名、別名、学名、生活型、木の高さ、花期、花、花の大きさ、実、果期、葉のつき方、葉の形、分布、生育環境など。

野山の樹木　八田洋章解説・写真、鈴木庸夫解説　小学館　2000.4　351p　15cm　（ポケットガイド 9）　1260円　①4-09-208209-6　Ⓝ653.2

(目次)色別図鑑、つる性の植物、高木、低木、タケ・ササ類

(内容)日本に自生する樹木の図鑑。372種400品種を花や葉、果実や木肌の写真と伴に収載。つる性、高木、低木、タケ・ササ類に大別して構成。タイトルは和名で各種の漢字表記も記載、データは学名と科・属・種名、樹木の特徴、花期、用途等を掲載。巻末に姉妹本の庭木・街の木とあわせた学名および和名の索引を付す。

野山の樹木観察図鑑　野生の木と林へのアプローチ　岩瀬徹著　成美堂出版　1998.6　271p　21cm　1600円　①4-415-00636-1

(目次)ビギナーズ植物学、林の周りや草原の木、雑木林の木、針葉樹（マツ、スギ、ヒノキなどの類）、照葉樹林の木、水辺や湿地の木、海辺の木、谷あいの木、高原や山の木、つるの木、年輪のできない木、寄生する木、木になるシダ

(内容)日本にもとから生育していた木を中心に、野山や海辺でよく見かける木を収録。7つの生育環境と、5つの木の性質によって、12グループに分類。

北海道 樹木図鑑　増補改訂版　佐藤孝夫著　（札幌）亜璃西社　2000.3　303p　21cm　2800円　①4-900541-36-2　Ⓝ477.038

(目次)葉の形、冬芽、解説編、主な類似種の見分け方、和名索引、学名索引

(内容)北海道内で見られる樹木それぞれの葉、冬芽、花、果実、樹形、樹皮などを写真で紹介した図鑑。北海道に自生する樹種と道内で見られる導入種あわせて456種について解説。ほかに関連する変種、雑種等72種類の写真を収録。写真編と解説編で構成。写真編は葉と冬芽をそれぞれ比較しやすいようにまとめて掲載し、解説ページと対応させている。解説編では樹木の名称、形状等の各種データを掲載。巻末に和名索引および学名索引を付す。

北海道 樹木図鑑　第2版　佐藤孝夫著　（札幌）亜璃西　1997.9　303p　21cm　（Alice field library）　2800円　①4-900541-28-1

(目次)葉の形、冬芽、解説編、主な類似種の見分け方

(内容)北海道に自生する樹木532種を収録。和名、科名、学名、育成地や樹高・葉・花・冬芽・分

布などを解説。葉の形や冬芽を2700枚のカラー写真で検索もできる。巻末に和名索引、学名索引がつく。

北海道 樹木図鑑　第2版　佐藤孝夫著　（札幌）亜璃西　1995.8　303p　21cm　2800円　①4-900541-22-2

(内容)北海道で見られる樹木532種の図鑑。各樹木の和名・学名・生育地・樹高・葉・花・冬芽・分布・主な用途をカラー写真とともに解説する。葉430種、冬芽331種の写真をまとめて掲載し、写真からの検索が可能。巻末に和名索引、学名索引がある。

街の樹木観察図鑑　菱山忠三郎著　成美堂出版　1999.7　271p　21cm　1600円　①4-415-00804-6

(目次)1 春の樹木：2 夏の樹木、3 秋の樹木、4 美しく紅葉する木、5 果実を観賞する木、6 つる性の木、7 針葉樹（裸子植物）、8 熱帯、亜熱帯の樹木、9 食用に栽培される木、10 寒風の中の冬芽たち

(内容)庭や公園・野山など身近に見られる樹木400種を収録した図鑑。巻末に、「樹木の基礎知識」として図解樹木各部の形、植物用語解説、樹木名さくいんがある。

南九州の樹木図鑑　太陽の贈り物　川原勝征写真と文　（鹿児島）南方新社　2009.4　213p　21cm　〈文献あり 索引あり〉　2900円　①978-4-86124-155-0　Ⓝ477.0219

(内容)南九州で見られる200種類の植物を、針葉樹か広葉樹か、互生か対生または輪生かなど、葉の形と枝へのつき方に着目した8つの群に分けて掲載。幹と花と実の写真も添える。

◆**街路樹**

＜ハンドブック＞

緑化樹木ガイドブック　『建設物価』完全対応　建設省都市局公園緑地課監修、日本緑化センター、日本植木協会編　建設物価調査会　1999.3　503p　30cm　12600円　①4-7676-6701-1

(目次)本編（針葉樹，高木常緑広葉樹，高木落葉広葉樹，低木常緑広葉樹，低木落葉広葉樹，ヤシ・タケ・その他，GCP），資料編（植物検索インデックス，『建設物価』収載植物の規格一覧表，索引，参考文献，協力・提供）

(内容)近年の多様化する緑化ニーズと、それらを満たす特性を備えた緑化樹木やグラウンドカバープランツの生産・施工・管理に必要となる実践的な情報を収録したガイドブック。掲載項目は、学名、植物名、樹種名、科名、形質分類、植栽密度、樹形、生育条件、耐性、形態的特徴、

動植物・ペット・園芸 レファレンスブック　133

利用、特性、鑑賞期間、生育条件、使い方(被覆タイプ)、植栽規模(適正な被覆面積規模の目安)、植栽可能域、供給可能量、ワンポイント・アドバイス、写真及びキャプションなど。学名索引、植物名索引付き。

緑化樹木ガイドブック ポケット版 建設省都市局公園緑地課監修、日本緑化センター、日本植木協会編　建設物価調査会　2001.11　503p　21cm　4800円　①4-7676-7201-5　Ⓝ629.7

(目次)本編(針葉樹、高木常緑広葉樹、高木落葉広葉樹、低木常緑広葉樹、低木落葉広葉樹、ヤシ・タケ・その他、GCP(ササ類、木草本類、ツル性類))、資料編

(内容)緑化工事で使用される植栽材料を掲載するガイドブック。『建設物価』に対応して利用できるよう「公共用緑化樹木品質寸法規格基準(案)」の対象樹種を含めて収録する。本編は分類別に学名のアルファベット順に排列し、形態的特徴、利用場所・用途、特性、ワンポイントアドバイス等を簡潔に記述、生育条件などをカラーチャート化、写真を掲載する。植物の特徴から検索できる植物検索インデックス、学名アルファベット順索引、和名五十音索引を付す。

<図　鑑>

散歩道で出会う身近な樹木たち　高岡得太郎著　〔出版地不明〕高岡得太郎、神戸新聞総合出版センター(製作・発売)　2008.7　287p　19cm　1400円　①978-4-343-00467-3　Ⓝ653.21

(目次)アオキ(ミズキ科)、アオギリ(アオギリ科)、アカシア(マメ科)、アカメガシワ(トウダイグサ科)、アキグミ(グミ科)、アキニレ(ニレ科)、アケビ(アケビ科)、アセビ(ツツジ科)、イイギリ(イイギリ科)、イスノキ(マンサク科)〔ほか〕

(内容)公園や街路、庭先などで見かける樹木137種を紹介。花の咲く木、実のなる木、ふしぎな木…身近な植物が増えて、毎日の散歩が楽しくなる一冊。

都会の木の花図鑑　石井誠治著　八坂書房　2006.5　249, 15p　19cm　2000円　①4-89694-870-X

(目次)モクレン科、ロウバイ科、クスノキ科、シキミ科、メギ科、アケビ科、カツラ科、スズカケノキ科、マンサク科、ニレ科〔ほか〕

(内容)公園や街路樹、生垣や庭先で見かける身近な樹木を取りあげ、花や葉、樹皮など様々な写真で紹介。名前の由来やおもしろい性質、ちょっと便利な利用法や手入れ法など、知って得する情報満載。

庭木・街路樹　金田洋一郎著　山と渓谷社　1999.4　281p　15cm　(ヤマケイポケットガイド 5)　1000円　①4-635-06215-5

(目次)スイカズラ科、アカネ科、ノウゼンカズラ科、クマツヅラ科、キョウチクトウ科、マチン科、フジウツギ科、モクセイ科、エゴノキ科、ヤブコウジ科、ツツジ科、リョウブ科、オオギリ科、ミズキ科、ウコギ科、フトモモ科、ザクロ科、ミソハギ科、ジンチョウゲ科、トケイソウ科、イイギリ科、ギリュウ科、オトギリソウ科、ツバキ科、アオイ科、シナノキ科、ブドウ科、トチノキ科、カエデ科、ニシキギ科、モチノキ科、ウルシ科、ツゲ科、トウダイグサ科、センダン科、ニガキ科、ミカン科、マメ科、バラ科、スズカケノキ科、マンサク科、トベラ科、ユキノシタ科、クスノキ科、ロウバイ科、メギ科、アケビ科、ボタン科、キンポウゲ科、モクレン科、ニレ科、ブナ科、カバノキ科、ヤマモモ科、ヤナギ科、センリョウ科、リュウゼツラン科、バショウ科、ヤシ科、イネ科、ヒノキ科、スギ科、マツ科、マキ科、イヌガヤ科、イチイ科、イチョウ科、ソテツ科

(内容)日本で見られる庭木を約540種紹介した図鑑。掲載項目は、名前、分類、解説文、生活型や木の高さを書き出したデータ、写真など。巻末に索引を付す。

町の木公園の木図鑑　春・夏　おくやまひさし解説・写真　大日本図書　2001.12　160p　19cm　2429円　①4-477-01468-6　ⓃK653

(目次)町の木、公園の木について、北国の木と南の地方の木、町の木や公園の木／春、町の木や公園の木／夏、夏の木の実

(内容)身近な樹木を取り上げ誰でも木の名前がわかるようにした図鑑。町の中、街路樹、公園、各個人の庭などに見られる身近な樹木を取り上げ、原産地、花期、分布、分類や木の特徴、見分け方のポイント、有毒か食用かの表示などもし、誰でも木の名前がわかるようにしている。本巻では、春・夏編の構成で、シナマンサク、モミジイチゴ、コナラ、オニグルミ、ニワトコをふくむ165種を収録。巻末に木の種類の五十音順索引を付す。

町の木公園の木図鑑　秋・冬　おくやまひさし解説・写真　大日本図書　2002.1　158p　19cm　2429円　①4-477-01469-4　ⓃK653

(目次)町の木や公園の木／秋、木の実の季節、紅葉・黄葉、常緑の木、落葉樹の冬芽、町の木や公園の木の役目、せん定される町の木、冬芽の芽ぶき

(内容)街の中、街路樹、公園、各個人の庭などに見られる樹木を収録する図鑑。215種を収録。この秋・冬の巻では木の実や紅葉や黄葉する葉、それに落葉樹の冬芽などを中心に掲載している。

原産地、花期、分布、分類や木の特徴、見分けのポイント、有毒か食用かの表示などもし、だれでも木の名前がわかるようにしている。巻末に五十音順索引が付く。

◆木の実・草の実

<ハンドブック>

どんぐりハンドブック　いわさゆうこ著，八田洋章監修　文一総合出版　2010.11　80p　19cm　〈文献あり〉　1200円　Ⓐ978-4-8299-1176-1　Ⓝ657.85

〔目次〕どんぐりって何?，どんぐりの降る森、落葉広葉樹林と常緑広葉樹(照葉樹)林、シラカシの1年「常緑樹」、コナラの1年「落葉樹」、風媒花のどんぐりの花、虫媒花のどんぐりの花、1年内に熟すどんぐり、2年にまたがって育つどんぐり、どんぐりの発根と発芽〔ほか〕

どんぐりハンドブック　観察・工作・遊び　岩藤しおり、岩槻秀明著　いかだ社　2008.9　95p　21cm　1400円　Ⓐ978-4-87051-242-9　Ⓝ594

〔目次〕自然観察編(どんぐりひろいにでかけよう!、どんぐりのタイプ、どんぐりの芽生え、どんぐりと動物 ほか)、つくる・遊ぶ・かざる どんぐり工作編(どんぐりおもちゃ、どんぐり昆虫、どんぐりフラワー、どんぐり動物 ほか)

野鳥と木の実ハンドブック　叶内拓哉写真・文　文一総合出版　2006.11　80p　19cm　1200円　Ⓐ4-8299-0024-5

〔目次〕赤色の木の実(ヤマモモ、ヒメコウゾ ほか)、黒色の木の実(ムクノキ、ヤマグワ ほか)、紫色・黄色の木の実(コムラサキシキブ、アマクサギ ほか)、茶色・白色の木の実(ハンノキ、コナラ ほか)

<図　鑑>

木の実・草の実　甘中照雄著　(東大阪)保育社　1999.9　91p　21cm　(名まえしらべ)　1500円　Ⓐ4-586-36502-1

〔目次〕木の実・草の実検索図、どんぐり図鑑、くだもの図鑑、いろいろな果実、種子の移動、毒のある果実、植物の説明

〔内容〕木の実や草の実の名前や種類、しくみなどを掲載した図鑑。巻末に索引がある。

都会の木の実・草の実図鑑　石井桃子著　八坂書房　2006.9　233,10p　19cm　2000円　Ⓐ4-89694-879-3

〔目次〕モクレン科、ロウバイ科、クスノキ科、センリョウ科、マツブサ科、ハス科、キンポウゲ科、メギ科、アケビ科、ツヅラフジ科〔ほか〕

〔内容〕身近な果実・種子図鑑の決定版。公園や街路樹、空き地や広場、庭先などで見かける身近な植物200種あまりを収録。タネや果実の持つおもしろい性質や形を紹介。虫や鳥などとの関係、薬効、ちょっと便利な利用法など、知って得する情報満載。

どんぐりの図鑑　伊藤ふくお著、北川尚史監修　トンボ出版　2001.12　79p　26cm　2800円　Ⓐ4-88716-144-1　Ⓝ657.85

〔目次〕ドングリの成長パターン、ドングリ各部位の名称、ドングリのなかま(ブナ科)の特徴、1年成ドングリ／コナラの発芽と成長、2年成ドングリ／クヌギの発芽と成長、ドングリの成長、クヌギ、アベマキ、カシワ、ナラガシワ、コナラ、ミズナラ、ウバメガシ、イチイガシ、アラカシ、シラカシ、ハナガガシ、ウラジロガシ、オキナワウラジロガシ、アカガシ、ツクバネガシ、シリブカガシ、マテバシイ、ツブラジイ、スダジイ、クリ、ブナ、イヌブナ、殻斗の形でグループ分け、冬芽、紀伊半島で見られる不思議なドングリ、落葉を集める、インドネシア(ジャワ島)とチュウゴク(海南島)のドングリ、縄文時代の遺跡から発掘されたドングリの貯蔵穴、うまいドングリ、渋いドングリ

〔内容〕ブナ科ブナ属2種、コナラ属15種、クリ属1種、シイ属2種の、合計22種を収録したドングリの図鑑。それぞれのドングリの花被、柱頭、へそ、殻斗などをできる限り完全な形で撮影し、1粒のドングリからの種の同定を可能にする。

日本どんぐり大図鑑　徳永桂子著　偕成社　2004.3　156p　29×24cm　4800円　Ⓐ4-03-971140-8

〔目次〕一年じゅう緑の葉をつけるどんぐりの木(常緑樹)(ウバメガシのなかま、カシのなかま、シイのなかま ほか)、冬に葉を落とすどんぐりの木(落葉樹)(ナラのなかま、クヌギのなかま、カシワのなかま ほか)、外国産のどんぐりの木(ヨーロッパ〜アジアのどんぐり、北アメリカのどんぐり)

〔内容〕樹形から芽生えまで日本で観察できるどんぐりの全種を精密に描く。実と葉が実物と同じ大きさなので検索しやすい。小学中級から一般向。

ポケット　木の実　草の実　橋本郁三著　家の光協会　1994.4　221p　15cm　1000円　Ⓐ4-259-53759-8

〔目次〕樹木ウォッチング、小低木10種、低木55種、小高木12種、高木24種、つる状のもの12種、果実の種類 正しく見るために

〔内容〕木の実・草の実を植物分類別に掲載した図鑑。採取した木の実・草の実の食べ方などのポイントを記載し、巻末に果実酒・薬酒のつくり方などを掲載する。

◆森林

<年表>

現代森林年表 森と木と人をつなぐ 2008.10～1998&トピックス・データ
21世紀年表編集委員会編 日本林業調査会 2008.12 181p 19cm 〈文献あり 索引あり〉 1429円 ⓘ978-4-88965-186-7 Ⓝ651.2

(内容)1998年から2008年10月までに起きた森林・林業・木材産業に関する出来事を、隔週刊『林政ニュース』の掲載記事を中心に整理・収録。「国有林野抜本改革」など話題のテーマを紹介するトピックス&データも掲載。

<事典>

現代雑木林事典　全国雑木林会議編 （八王子）百水社、星雲社〔発売〕 2001.9 340p 21cm 2600円 ⓘ4-7952-6495-3 Ⓝ650.33

(目次)総論、活動、管理、生産、利用、植物、生態、福祉、歴史、総説

(内容)市民ボランティアのための初の雑木林事典。遊び・学校林・環境教育・木を伐る・公園のボランティア・こころと雑木林・里山ビオトープ・柴づけ漁・指標植物・森林イベント・炭焼窯・バリアフリー・ツリーハウス・鋸と鉈・バウムクーヘン・プランナーの役割・埋薪・薪でパンを焼く、などの項目を本文では五十音順で排列。目次では総論・活動・管理・生産・利用・植物・生態・福祉・歴史・総説に分けて雑木林に対する骨格を明らかにしている。

森林大百科事典　森林総合研究所編 朝倉書店 2009.8 626p 27cm 〈索引あり〉 25000円 ⓘ978-4-254-47046-8 Ⓝ650.36

(目次)森林と樹木、森林の成り立ち、森林を支える土壌と環境、水と土の保全、森林と気象、森林における微生物の働き、森林の昆虫類、野生動物の保全と共存、遺伝的多様性、樹木のバイオテクノロジー、きのことその有効活用、森林の造材、林業の機械化、林業経営と木材需要、木材の性質、木材の加工、木材の利用、森林バイオマスの利用、森林の管理計画と空間利用、地球環境問題と世界の森林

(内容)森林がもつ数多くの重要な機能を解明、森林に関するすべてを網羅した事典。

森林の百科事典　太田猛彦、北村昌美、熊崎実、鈴木和夫、須藤彰司、只木良地、藤森隆郎編 丸善 1996.11 826p 21cm 18540円 ⓘ4-621-04261-0

(目次)総論（森林、森林が生む環境、森林と文化、森林が生む物質的資源、森林の管理、今日の森林問題）、各論、統計に見る世界の森林、日本の森林、和英・英和索引

森林用語辞典 森と木と人をつなぐ 現代林業用語辞典 version2　林業Wikiプロジェクト編 日本林業調査会 2008.12 197p 19cm 〈文献あり〉 1429円 ⓘ978-4-88965-187-4 Ⓝ650.33

(内容)現代の森林・林業・木材産業に関係する基礎用語及び最新用語を解説する事典。2007年9月刊行の『現代林業用語辞典』の第2版として、新語を加えて全面改訂している。

森林・林業百科事典　日本林業技術協会編 丸善 2001.5 1236p 26cm 28000円 ⓘ4-621-04888-0 Ⓝ650.33

(内容)森業、林業、林産業に関する最新情報をまとめた事典。林業・林産業の実務者や研究者のほか、森林に関心を寄せる一般読者も対象に編集している。見出し語の五十音順に排列し、五十音索引・欧文索引を付す。1961年の「林業百科事典」、1971年の「新版林業百科事典」に引き続くもので30年ぶりに全面的に改訂した。

緑化技術用語事典　日本緑化工学会編 山海堂 1990.4 268p 19cm 3200円

(内容)緑化工および関連分野の用語約1,800語を五十音順に排列し、解説をほどこし、英語も付す。巻末に緑化工植物に関する資料と、英和対訳形式のアルファベット順索引を付す。

<ハンドブック>

すぐわかる森と木のデータブック 2002
日本林業調査会編 日本林業調査会 2002.4 111p 18cm 1000円 ⓘ4-88965-137-3 Ⓝ650

(目次)データ&解説（森林、林業、木材、林政）、最新の話題（温暖化問題で「森林吸収源」対策に焦点、違法伐採問題の実態解明と対応策が急務、世界規模で広がる森林認証・ラベリング制度、林産物の貿易自由化問題、セーフガードとWTO、「世界の水」問題で森林の役割に注目ほか）

(内容)森林、林業、木材についてのデータブック。森林・林業・木材・林政の4部門に分けて、それぞれの現状・問題点等の45テーマについて、グラフや図表等のデータを掲載、詳しい解説を加える。また、温暖化問題、違法伐採問題等の最近の話題16テーマについてもピックアップして紹介する。巻末に都道府県別森林・林業関係統計表等の資料を掲載、用語説明を付す。

<年鑑・白書>

世界森林白書 2002年版　国連食糧農業機

植物　　　　　　　　　　　　　　　　　　樹木

関(FAO)編, FAO協会訳　(FAO協会)国際食糧農業協会, 農山漁村文化協会〔発売〕2002.11　311p　21cm　4000円　①4-540-02131-1　Ⓝ652

(目次)第1部 森林セクターの状況と最近の進展(最近の進展), 第2部 今日の森林セクターの主要課題(森林の状況:世界森林資源評価2000, 気候変動と森林, 地球の炭素貯留に森林の果たす役割 ほか), 第3部 森林に関する国際対話と取組(国際対話と地球, 地域, 国家レベルの取組), 第4部 地域別経済グループの林業(東南アジア諸国連合, カリブ海共同市場, 独立国家共同体 ほか)

(内容)世界の森林と森林部門についてのFAO隔年報告の第4版。主として過去2年間に焦点をあて、これらの進展を考察している。森林セクターの状況と最近の進展、今日の森林セクターの主要課題、森林に関する国際対話と取組、地域別経済グループの林業の4部構成。10年に1回行われる世界森林資源評価2000の要約結果の大要、世界の森林の現状2001に基づく世界森林地図、森林部門の新しい展開と森林に関連する重要な課題などが収録されている。

◆◆森林保護

<ハンドブック>

巨樹・巨木林フォローアップ調査報告書　第6回自然環境保全基礎調査　環境省自然環境局生物多様性センター編　財務省印刷局　2002.8　125p　30cm　1300円　①4-17-319210-X　Ⓝ653.21

(目次)1 巨樹・巨木林フォローアップ調査業務の概要, 2 巨樹・巨木林調査(前回調査)の概要, 3 本編(本調査の位置づけ, 項目別集計結果, 項目間集計結果, 解析結果, 総括), 付表, 資料

(内容)昭和63年に始まる巨樹・巨木林調査のフォローアップ調査統計書。昭和63年度に第4回自然環境保全基礎調査の一環として、初の巨樹・巨木林調査を実施した。ここでは前回調査以降の変化状況を含めた巨木の現況を、平成11・12年度に巨樹・巨木林フォローアップを行い調査結果をまとめたもの。

日本の巨樹・巨木林　第4回自然環境保全基礎調査　北海道・東北版　北海道・青森県・岩手県・宮城県・秋田県・山形県・福島県　環境庁編　大蔵省印刷局　1991.5　1冊　30cm　〈第4回自然環境保全基礎調査〉　3204円　①4-17-319201-0　Ⓝ653.2

(内容)我が国における巨樹及び巨木林の現況等を把握することを目的として、昭和63年度に、各都道府県に委託して実施され、平成元年度において集計整理された、第4回自然環境保全基礎調査「巨樹・巨木林調査」の結果を各都道府県別に取りまとめた資料集。日本の森林、樹木の象徴的存在であり、良好な景観や野生動物の生息環境を形成し、人々の心のよりどころとなるなど、生活と自然を豊かにする上でかけがえのない価値を有する、全国の巨樹・巨木55798本を調査。その位置、生育状況、生育環境、人々との関わり、保護の現状等についての調査結果を掲載する。

日本の巨樹・巨木林　第4回自然環境保全基礎調査　関東版1　茨城県・栃木県・群馬県　環境庁編　大蔵省印刷局　1991.5　1冊　30cm　〈第4回自然環境保全基礎調査〉　2500円　①4-17-319202-9　Ⓝ653.2

(内容)昭和63年度実施の第4回自然環境保全基礎調査「巨樹・巨木林調査」の結果を各都道府県別に取りまとめた資料集。

日本の巨樹・巨木林　第4回自然環境保全基礎調査　関東版2　埼玉県・千葉県・東京都・神奈川県　環境庁編　大蔵省印刷局　1991.5　1冊　30cm　〈第4回自然環境保全基礎調査〉　2500円　①4-17-319203-7　Ⓝ653.2

(内容)昭和63年度実施の第4回自然環境保全基礎調査「巨樹・巨木林調査」の結果を各都道府県別に取りまとめた資料集。

日本の巨樹・巨木林　第4回自然環境保全基礎調査　甲信越・北陸版　環境庁編　大蔵省印刷局　1991.5　1冊　30cm　3400円　①4-17-319204-5

(内容)昭和63年度実施の第4回自然環境保全基礎調査「巨樹・巨木林調査」の結果を各都道府県別に取りまとめた資料集。

日本の巨樹・巨木林　第4回自然環境保全基礎調査　東海版　岐阜県・静岡県・愛知県・三重県　環境庁編　大蔵省印刷局　1991.5　1冊　30cm　〈第4回自然環境保全基礎調査〉　2600円　①4-17-319205-3　Ⓝ653.2

(内容)昭和63年度実施の第4回自然環境保全基礎調査「巨樹・巨木林調査」の結果を各都道府県別に取りまとめた資料集。

日本の巨樹・巨木林　第4回自然環境保全基礎調査　近畿版　滋賀県・京都府・大阪府・兵庫県・奈良県・和歌山県　環境庁編　大蔵省印刷局　1991.5　1冊　30cm　〈第4回自然環境保全基礎調査〉　2500円　①4-17-319206-1　Ⓝ653.2

(内容)昭和63年度実施の第4回自然環境保全基礎調査「巨樹・巨木林調査」の結果を各都道府県別に取りまとめた資料集。

動植物・ペット・園芸 レファレンスブック　137

日本の巨樹・巨木林　第4回自然環境保全
　基礎調査　中国・四国版　環境庁編　大蔵
　省印刷局　1991.5　1冊　30cm　3600円
　①4-17-319207-X
（内容）昭和63年度実施の第4回自然環境保全基礎
調査「巨樹・巨木林調査」の結果を各都道府県
別に取りまとめた資料集。

日本の巨樹・巨木林　第4回自然環境保全
　基礎調査　九州・沖縄版　環境庁編　大蔵
　省印刷局　1991.5　1冊　30cm　3400円
　①4-17-319208-8
（内容）昭和63年度実施の第4回自然環境保全基礎
調査「巨樹・巨木林調査」の結果を各都道府県
別に取りまとめた資料集。

日本の巨樹・巨木林　第4回自然環境保
　基礎調査　全国版　環境庁編　大蔵省印刷
　局　1991.12　235p　30cm　2500円　①4-
　17-319209-6
（目次）1 巨樹・巨木林調査の概要，2 巨樹・巨木
材調査情報処理業務の概要，3 本編，付図及び
付表，資料（第4回自然環境保全基礎調査検討会
及び分科会，第4回自然環境保全基礎調査要綱
巨樹・巨木林調査）
（内容）昭和63年度実施の第4回自然環境保全基礎
調査「巨樹・巨木林調査」の結果を取りまとめ
た資料集。都道府県別の8冊と全国版の計9冊で
構成する。

園芸

＜事典＞

A－Z園芸植物百科事典　英国王立園芸協会
　監修，クリストファー・ブリッケル編集責
　任，横井政人監訳　誠文堂新光社　2003.6
　1080p　30cm　〈原書名：RHS A-Z
　encyclopedia of garden plants.〉　38000円
　①4-416-40300-3　Ⓝ627.033
（内容）一般草花から花木・庭木まで，15000を越
す世界の園芸植物を紹介する事典。詳細な植物
解説と6000点を越えるカラー写真を掲載する。
その性質や栽培のポイントも記載する。

園芸学用語集・作物名編　園芸学会編　養賢
　堂　2005.9　352p　21cm　4000円　①4-
　8425-0376-9
（目次）第1部 和英の部，第2部 英和の部，第3部
園芸作物名編（果樹名，野菜名，花き名），第4
部 園芸作物名索引（和名，学名，英名）

園芸事典　新装版　松本正雄，大垣智昭，大川
　清編　朝倉書店　2007.12　397p　26cm
　16000円　①978-4-254-41031-0
（内容）園芸学用語集をはじめ，関係学会の諸用

語集や多くの参考文献から，利用頻度の高いも
のはもちろん，古来の園芸特有な重要用語など
を1500項目を，図・写真・表などを掲げて解説。

園芸植物大事典　〔コンパクト版〕　小学館
　1994.4　3冊（セット）　26cm　42000円
　①4-09-305111-9
（目次）1 ア～ツ，2 テ～ワ，用語・索引
（内容）世界の園芸植物5万種類を国際規約に基づ
く植物名（学名）の五十音順に排列・掲載した事
典。原産地や分布地を記すほか，1万2千点のカ
ラー写真，「科」の世界分布図なども収録する。

園芸植物大事典　6　小学館　1990.4　589p
　30cm　13900円　①4-09-305106-2　Ⓝ620.33
（内容）日本と世界の園芸植物を網羅し，オール
カラー，世界最多の写真1万5千点を収録の，本
編5巻の中の園芸・植物用語を五十音順に配列し
て解説。5種の索引を附す。

家庭園芸栽培大百科　カラー版　江尻光一
　監修・著，島崎はるか，浅岡みどり，鈴木重
　俊，尾崎章，小島研二ほか著　家の光協会
　2004.2　510p　26×21cm　3800円　①4-
　259-56053-0
（目次）1 庭を彩る四季の草花―春，夏，秋，冬
の花壇に加えたい草花たち，2 ベランダや室内
に潤いを与える鉢花，観葉植物―ベランダや玄
関，室内で楽しむことのできる身近な植物たち，
3 華麗な洋ランを咲かせよう―せっかく手に入
れた洋ランを枯らさないために，4 庭先で楽し
む庭木，花木，果樹―春の芽吹き，夏には緑の
木陰，秋の紅葉，四季を感じさせてくれる植物
たち，5 植物といっしょに生活するために（植物
をよく知ろう，家庭園芸での分類ほか）
（内容）定番・人気の花・花木・果樹303種を厳選。
豊富なイラストで作り方が見やすく，わかりや
すい。四季折々に楽しめる室内外のコーディネ
イトプランを提案。初心者も安心。知っておき
たい園芸の基礎知識が満載。上級者は必読。オ
リジナルの花作り，接ぎ木のテクニック。園芸
用語集，四季別の作業カレンダーも。

決定版 山野草の育て方＆楽しみ方事典　栽
　培の達人が教える極意　久志博信，内藤登
　喜夫著　講談社　2007.11　256p　26×24cm
　2200円　①978-4-06-213291-6
（目次）山野草の楽しみ方（全国山野草展示会ガイ
ド，植え方，飾り方を楽しむ，山野草の達人，
全国山野草ウオッチング），山野草の育て方事
典（アサギリ／アキチョウジ，アキノキリンソ
ウの仲間，アズマギクの仲間，アツモリソウの
仲間，アポイギキョウ ほか）
（内容）144種類の山野草について，育て方・殖や
し方を分かりやすく丁寧に解説。山野草の一年
のライフサイクルと作業暦が一目で分かる栽培

カレンダー。実や苗や根の状態など、栽培の達人ならではの役に立つ写真情報を多数掲載。日本全国の山野草展示会情報および出展作品を美しいカラーで紹介。日本全国38ヶ所の山野草ウオッチングスポットを美しいカラーで紹介。たんに鉢に植えるだけでなく、小山飾りなどさまざまに工夫した新しい楽しみ方を紹介。植え替えや株分けの仕方、小山飾りの作り方などの作業の実際を詳細な分解写真で紹介。

すべての園芸家のための花と植物百科 クリストファー・ブリッケル編、塚本洋太郎監訳 (京都)同朋舎出版 1992.3 667p 29×23cm 〈原書名：Gardener's encyclopedia of plants and flowers〉 15000円 Ⓣ4-8104-1013-7

内容 英国王立園芸協会監修の事典の日本語版。8000種以上の植物と4000枚の写真を掲載。初心者からプロまで使える園芸事典。季節と色、高さで花を配列する。

土壌肥料用語事典 土壌編、植物栄養編、土壌改良・施肥編、肥料・用土編、土壌微生物編、環境保全編、情報編 新版(第2版) 藤原俊六郎、安西徹郎、小川吉雄、加藤哲郎編 農山漁村文化協会 2010.3 304p 19cm 〈索引あり〉 2800円 Ⓣ978-4-540-08220-7 Ⓝ613.5

内容 生産・研究現場の必須用語830余を解説。土壌とその機能、植物栄養と品質、地方や肥料による作物生産、効率施肥、有機質活用、環境保全などの分野で新用語を充実。

ビジュアル園芸・植物用語事典 土橋豊著 家の光協会 1999.2 205p 26cm 2400円 Ⓣ4-259-53911-6

目次 1 植物の形態編、2 植物の分類編、3 植物の名前編、4 環境と植物編、5 植物の栽培・作業編

内容 園芸・植物用語を解説した事典。植物の形態、分類、名前、栽培・作業などに関する958の用語を、5つのテーマに分類して、写真・イラストを使って解説。巻末に50音索引付き。

<辞 典>

土壌・肥料・植物栄養学用語集 日本土壌肥料学会編 養賢堂 2000.4 303p 19cm 4000円 Ⓣ4-8425-0059-X Ⓝ613.5

内容 土壌・肥料・植物栄養学の用語集。ひらがな、漢字から英字とする和英の部と英字から漢字、ひらがなとする英和の部の2部で構成。項目は利用語として約6000語を収録。

<名 簿>

全国園芸店名簿 2001 グリーン情報編集部編 (名古屋)グリーン情報 2001.9 333p 27cm 8000円 Ⓝ620.35

内容 全国の園芸店の名簿。平成13年2月から7月の調査に基づき編集する。711店を掲載する店舗概要と、6984店を掲載する都道府県別店舗一覧で構成。店舗概要には社名、代表者、所属団体、開店・リニューアル年月、従業員数、敷地、駐車台数、売場面積、定休日、特色などを記載。

<ハンドブック>

学校園おもしろ栽培ハンドブック 農文協編 農山漁村文化協会 2010.3 16, 143p 26cm 1500円 Ⓣ978-4-540-09308-1 Ⓝ374.7

目次 1 ゴールがあるから燃える!私の学校園(学級園のマイ野菜でみそしるパーティーを開くぞ!、カレー・シチュー・トン汁畑を子どもたちがプロデュース ほか)、2 学校空間を活かす、スキマ栽培術!(部活動の息抜きにおいでよ!校庭のスキマでミニ循環農園、農業オタクと給食委員が大活躍!プール横の空き地で食材づくり ほか)、3 かんたん・あんしん栽培の基礎とモデル(ゼロからわかる栽培の基本作業、知っておきたい土壌改良の基礎 ほか)、4 まるわかり!学校園のポピュラー作物(トマト一先生と子どもがおもしろ栽培法を次々と開発!、キュウリ一夏休みにジャンジャン実がなる!…でも、子どもがいなかった ほか)

内容 身近な容器・資源、学校のスキマも徹底活用。すぐできるワクワクおもしろ栽培の知恵・アイデア満載。

ここがポイント!園芸12か月 一年中花と緑を楽しむ 桜井廉著 学習研究社 1990.12 183p 21cm (園芸ハンドブック) 1600円 Ⓣ4-05-103518-2

目次 春の園芸、夏の園芸、秋の園芸、冬の園芸

内容 庭の草花から、庭木、果樹、鉢ものまで、園芸作業を中心にして、年間管理のポイントをとりまとめたハンドブック。

雑草管理ハンドブック 草薙得一、近内誠登、芝山秀次郎共編 朝倉書店 1994.12 597p 21cm 18540円 Ⓣ4-254-40005-5

内容 安定した農業生産をはかるうえで不可欠な雑草管理の基礎から実用的管理技術までの知識をとりまとめた実務便覧。雑草の生理・生態など雑草化学の基礎的知見の基礎編、状況別の雑草管理の実際をまとめた実用編、主要雑草一覧表・除草剤一覧表・関連法規などの付録からな

る。事項索引・雑草名索引・薬剤名索引を付す。

雑草管理ハンドブック 普及版 草薙得一,近内誠登,芝山秀次郎編 朝倉書店 2010.10 597p 22cm 〈索引あり〉 16000円 ⓘ978-4-254-40018-2 Ⓝ615.83

(目次)1 基礎編(雑草の概念と雑草科学,雑草の種類と分類,雑草管理法の種類,雑草の生理・生態,除草剤利用技術の基礎,雑草管理機械の種類と特性), 2 実用編1(水稲作,麦作,畑作,特用作物栽培,作付体系と雑草管理), 3 実用編2(樹園地の雑草管理,草地の雑草管理,林業地の雑草管理,ゴルフ場の雑草管理,非農耕地の雑草管理,機械的,物理的雑草防除法,生物的雑草防除法,雑草と環境保全,雑草の利用),付録

除草剤便覧 選び方と使い方 第2版 野口勝可,森田弘彦,竹下孝史著 農山漁村文化協会 2006.3 497p 21cm 4476円 ⓘ4-540-05238-1

(目次)第1章 雑草防除の基礎知識(雑草の種類と生態,除草剤の選び方・使い方), 第2章 水田編(水田雑草の種類と生態,水田用除草剤の選び方・使い方,栽培様式と除草体系 ほか), 第3章 畑地編(畑地雑草の生態と防除の着眼点,普通畑作物・工芸作物,野菜 ほか)

(内容)改正農薬取締法後の最新の除草剤約500のデータを整理,収録。「発酵粗飼料用稲栽培」や新剤型の「少量拡散型粒剤」を盛り込むなど,旧版を一新。種類,発生生態,見分け方などの確かな除草剤選びを導くための生きた雑草知識を紹介。今回新たに帰化雑草,除草剤抵抗性雑草も納める。水田編では栽培様式別に,畑地編では作物別に効率的な雑草防除の着眼点,薬剤選びの実際をガイド。耕種的防除法や薬害・環境対策も新たに解説。使い方一覧表は旧版を全面的に改め,作物の生育ステージ,対象草種別に除草剤が選べるよう掲載。また畑作物や果菜類では,除草剤の適用作物一覧表も付けて,除草剤選びの活用度を高めた。同系列の選択判断に便利な成分別除草剤一覧を巻末に収録。

図解 種から山野草を育てる 石原篤幸著 小学館 2000.4 223p 21cm (プロが教える園芸秘伝) 1500円 ⓘ4-09-305304-9 Ⓝ627

(目次)1 種子から育てることを楽しむ(なぜ種子から?,種子の基礎知識 ほか), 2 栽培の基本(用意したい道具,露地植えか鉢植えか ほか), 3 植物の育て方, 4 植物の楽しみ方(庭で咲かせて楽しむ,山野草を食べる ほか), 5 さあ,種播きしましょう!(風になって種子を広げる,種子をお送りします! ほか)

(内容)山野草を種子から育成させるためのガイドブック。72種の日本の山野草について収録。

各植物は名称と植物分類,分布,自生地,別名のほかに解説,種子の採り方と播き方,育て方,月ごと状態,施肥等を掲載。ほかに栽培の基本,植物の利用法についても解説している。巻末に五十音順の植物名索引を付す。

生物農薬ガイドブック 1999 日本植物防疫協会編 日本植物防疫協会 1999.8 158p 21cm 2000円

(目次)概論(生物農薬とは,生物農薬の登録,登録を取得した生物農薬,生物農薬の適切な使用方法,今後の展望), 各論(トリコデルマ生菌,バクテローズ,バイオキーパー水和剤,ボトキラー水和剤 ほか), 付録(BT剤の適用表,フェロモン剤の適用表,天敵等への化学農薬の影響の目安)

(内容)現在利用することができる生物農薬について,その特徴と適切な使用方法をまとめたもの。概論として生物農薬の一般的な特徴と利用方法を解説し,各論では製品ごとの解説とBT剤の一覧表を掲載してある。

生物農薬ガイドブック 2002 日本植物防疫協会編 日本植物防疫協会 2002.9 205p 21cm 3200円 ⓘ4-88926-084-6 Ⓝ615.87

(目次)概論(生物農薬とは,生物農薬の登録,登録を取得した生物農薬,生物農薬の適切な使用方法,適切な利用のための情報源,今後の展望), 各論(殺虫剤,殺線虫剤,殺菌剤,除草剤)

(内容)生物農薬の特徴と利用方法を解説したガイドブック。概論として生物農薬の一般的な特徴と利用方法を解説し,各論では最新の情報をもとに製品ごとの解説をする。生物農薬は,製品名,登録番号,登録年月日,メーカー名,容器及び内容,含有生物のステージ及び含有量,その他の成分などを記載する。付録として,BT剤の適用表,防除用性フェロモン剤適用表,天敵等への科学農薬の影響の目安を掲載。

タネから楽しむ山野草 東京山草会編著 農山漁村文化協会 2004.4 263p 21cm 2143円 ⓘ4-540-03113-9

(目次)1 基礎編(なぜ山野草をタネからふやす必要があるのか,人工受粉のしかた,なぜタネから芽が出るのか,タネの採り方と保存 ほか), 実際編(アカバナ科,アブラナ科,アヤメ科,イネ科 ほか)

(内容)科別に代表的な68種の山野草を取り上げ,それぞれの自生地や発芽・生育特性,人工受粉・採種法,実生法,栽培場所・用土・肥培管理・植え替えなどの栽培法を,手順をおって実践的に詳しく紹介。

<図鑑>

園芸植物 鉢花と観葉植物 長岡求,小笠原

誓解説，植原直樹，中島隆写真　小学館　1997.4　303p　19cm　（フィールド・ガイド　15）　1942円　④4-09-208015-8

(目次)鉢花，ラン，観葉植物，サボテン・多肉植物

(内容)鉢植えやコンテナ・ガーデンなど，室内やベランダで育てることの多い鑑賞用の植物約760種を収録。巻末には，総合索引，学名索引を付す。

園芸植物　鈴木基夫，横井政人監修　山と渓谷社　1998.4　671p　20×21cm　（山渓カラー名鑑）　4700円　④4-635-09028-0

(目次)園芸植物に親しむ，1 被子植物双子葉類，2 被子植物単子葉類，3 裸子植物，4 羊歯植物

(内容)被子植物双子葉類121科1841種・品種，被子植物単子葉類20科，479種・品種，裸子植物8科73種・品種，羊歯植物8科18種・品種の計2411種を収録した園芸植物名鑑。

かれんな花を楽しむはじめての山野草102種　庭先，玄関，ベランダで楽しむための栽培テクニック　君島正彬著　成美堂出版　2001.5　239p　21cm　1300円　④4-415-01497-6　Ⓝ627.83

(目次)品種別・山野草の育て方（アサギリソウ，アズマギク，アルペンブルー ほか），山野草の基礎知識（山野草の栽培に適した用土，山野草の水やり，山野草に必要な肥料 ほか）

(内容)山野草102種の手入れのしかたをわかりやすく紹介したガイドブック。各植物の名称や写真，特徴に加えて植え替えや置き場所など管理方法を解説。五十音順排列。巻末に品種の五十音順索引がある。

樹と花の絵図典　造園・土木・建築デザイナーのためのビジュアルデータ　村山克之，宮腰佐貴子著　技術書院　2003.5　83p　26cm　（スペースデザインブックス）　2500円　④4-7654-3220-3

(目次)1 樹と花へのアプローチ（樹と花の四季，樹と花と文化，樹と花がある空間の魅力 ほか），2 樹と花の絵図典（絵図典の使い方，常緑広葉高木，落葉広葉高木 ほか），3 樹と花のスペースデザイン（デザインのいろいろ，デザインのプロセス，デザイン例・住宅 ほか）

(内容)身近で親しみのある樹と花，造園で代表的に植栽されている樹や花を中心として，161種類を選定し，一本一本の特徴をイラストに表現。写真と併せてビジュアル的にわかりやすく紹介している。単なる植物図鑑にとどまらず，描き方やレイアウトを紹介し，住宅の庭，都市，公園，インテリア等の計画に活用できるよう解説している。

栽培　改訂新版　〔橋本貞夫，千谷順一郎

〔監修〕　学習研究社　2002.11　159p　31cm　（原色ワイド図鑑）　5952円　④4-05-152141-9　Ⓝ620

(内容)草花・野菜・花木・果樹などの栽培法を紹介する図鑑。カラー写真と図解で具体的に詳細に解説する。

栽培大図鑑　種まき・土づくり・水やり・とりいれ…　世界文化社　1998.7　190p　27×22cm　1800円　④4-418-98802-5

(目次)野菜・果物（いちご，いんげんまめ，かぶ，さつまいも，とうもろこし ほか），草花（あいりす，あじさい，あねもね，かんな，ききょう ほか），部屋で育てる植物（さぼてん，しくらめん，ぜらにうむ，もうせんごけ，すいれん ほか），栽培の基そ知識

(内容)子供たちが庭に作った花壇で，また鉢植えで育てることの出来る身近な植物を収録した図鑑。

自慢したい咲かせたい庭の植物　伊丹清著　旺文社　2000.4　272p　14×14cm　（アレコレ知りたいシリーズ 5）　1429円　④4-01-055057-0　ⓃK627

(目次)春の植物（フクジュソウ，スノードロップ，ウメ ほか），夏の植物（ハナショウブ，アサガオ，スモークツリー（ハグマノキ） ほか），秋の植物（カンナ，ダリア，キンレンカ（ノウゼンハレン） ほか），冬の植物（ツバキ，ヤツデ，モチノキ ほか）

(内容)園芸植物を歴史や由来とともに紹介した図鑑。植物を花の咲く季節により分類して掲載。各植物は特徴と人の生活との関係，同じ科と属の植物，育て方の要点などを記載している。巻末に付録として植物の育て方・知っておきたいことを収録。植物名の索引を付す。

植物の育て方　改訂版　旺文社　1998.4　167p　19cm　（野外観察図鑑 10）　743円　④4-01-072430-7

(目次)春まきの草花，春植えの球根，秋まきの草花，秋植えの球根，宿根の草花，花木，食虫植物，野菜，観葉植物，水草，温室植物，サボテン，育て方の知識とくふう

(内容)庭や窓辺を美しくかざる植物を中心に植物の育て方を掲載。植物を季節別に花、、木、野菜などの育て方やポイントを図解入りでわかりやすく解説している。

新・花と植物百科　英国王立園芸協会監修，塚本洋太郎訳，クリストファー・ブリッケル責任編集　同朋舎，角川書店〔発売〕　2001.3　767p　30cm　〔索引あり　原書名：RHS encyclopedia of plants and flowers〕　19000円　④4-8104-2657-2　627.038

(内容)英国王立園芸協会の監修の元に編集され

た、ガーデニングを楽しむ園芸家向けの植物事典。8000種以上の植物を4000点以上のカラー写真とともに収録。学名の知識がなくても種類別に探したい植物が手早く探せる「植物カタログ」などの特色がある。

花・園芸の図詳図鑑　学習研究社　1995.4
　160p　30cm　（大自然のふしぎ）　3000円
　①4-05-500095-2

(内容)児童向けの花と園芸の図鑑。花と園芸に関する各種の疑問に答える形でイラストや写真を用いて解説する。巻末に全国の緑の相談所一覧、五十音順索引がある。

花・作物　改訂新版　〔千谷順一郎、浅山英一〕〔監修〕　学習研究社　2002.11　196p　31cm　（原色ワイド図鑑）　5952円　①4-05-152138-9　Ⓝ627

(内容)園芸品種の花と作物400種を収録する図鑑。すべて実物写真で紹介し、種子や球根も写真で表示する。

◆園芸植物の病害虫

<事　典>

原色作物ウイルス病事典　土崎常男〔ほか〕編　全国農村教育協会　1993.3　738p　22cm　12500円　①4-88137-049-9　Ⓝ615.82

(目次)第1章 食用作物、第2章 特用作物、第3章 牧草・芝草、第4章 野菜、第5章 草花、第6章 果樹、第7章 観賞樹木

植物病害虫の事典　佐藤仁彦、山下修一、本間保男編　朝倉書店　2001.1　494p　21cm　17000円　①4-254-42025-0　Ⓝ615.8

(目次)1 病害編（水田病害、畑作病害、野菜病害、果樹病害、花卉病害、特用作物病害、芝草病害、樹木病害、ポストハーベストの病害）、2 害虫編（水田害虫、畑作害虫、野菜害虫、果樹害虫、花卉害虫、特用作物害虫、芝草害虫、樹木害虫、貯蔵食品害虫）

(内容)植物の病気・害虫についてのハンドブック。病害編では病気の病原体および発生・生態・防除方法について、害虫編では害虫の形態、生理、分布、生態、生活史、防除方法などについてを掲載する。

もっともくわしい植物の病害虫百科　園芸・家庭菜園に役立つ!植物の病害虫その知識と予防　根本久、矢口行雄監修　学習研究社　2005.3　343, 32p　21cm　2600円　①4-05-402211-1

(目次)第1章 植物別病害虫診断（草花、野菜、ハーブ ほか）、第2章 病気別・症状と原因、対処法（葉に斑点のできる病気、葉・花・茎・実の病気、枝・幹に関する病気 ほか）、第3章 害虫別・症状と原因、対処法（植物の汁を吸う害虫（吸汁性害虫）、葉・花を食べる害虫（食葉性害虫）、葉・茎に潜行する害虫（潜行性害虫）ほか）

(内容)草花／野菜／ハーブ／果樹／庭木・花木／観葉植物。写真で確認してすぐわかる。園芸・家庭菜園に役立つ。最新「使える」農薬リスト。

<ハンドブック>

農家が教える農薬に頼らない病害虫防除ハンドブック　農文協編　農山漁村文化協会　2010.6　191p　26cm　〈「別冊現代農業 2009年10月号」と同内容〉　1143円　①978-4-540-10177-9　Ⓝ615.8

(目次)1 農薬に依存しない防除法（天敵活用で産地の防除が変わった、天敵栽培すると、問題になってくる虫たち、クロヒョウタンの産地間引っ越し ほか）、2 害虫の生態と防除法（アザミウマ、アブラムシ、ウンカ ほか）、3 病原の生態と防除法（アルタナリア―黒斑病ほか、ボトリチス―灰色かび病ほか、クラドスポリウム―黒星病、葉かび病ほか ほか）

(内容)農薬に頼らない病害虫防除―農家の知恵が満載。

病気と害虫BOOK　草花、花木、庭木、果樹、野菜の　高橋兼一監修　主婦の友社　2006.4　175p　21cm　（主婦の友ベストBOOKS）　1200円　①4-07-250151-4

(目次)植物別病害虫（草花編、花木・庭木編、果樹編、野菜編）、病気&害虫対策（病気編、害虫編、病害虫防除の基本）

<図　鑑>

園芸植物の病害虫図鑑　〔カラー保存版〕　上住泰著　講談社　1992.5　246p　19cm　（ザ・ベストライフ・シリーズ）　1600円　①4-06-195357-5

(目次)庭木・花木・果樹の病害虫、草花の病害虫、温室・フレーム植物の病害虫、病害虫防除の手引き

(内容)庭木・花木・果樹・草花・洋ラン類・観葉植物…。123種類のすぐに役立つ病害虫防除ハンドブック。

花と緑の病害虫図鑑　堀江博道、高野喜八郎、植松清次、吉松英明、池田二三高編　全国農村教育協会　2001.3　547p　21cm　14000円　①4-88137-082-0　Ⓝ627.18

(目次)花卉、鑑賞樹木、果樹、芝、共通病害、害虫、花と緑の病害防除

(内容)花と緑に関する主な病気をほぼ網羅した

図鑑。花卉、鑑賞用・緑化用樹木、芝、家庭用・緑化用果樹などを科別に分類し、五十音順に排列。植物ごとに発生する病害の名称とその症状、学名を付した病原の解説、特徴を掲載。付属資料では主要害虫を図説。巻末に病害防除の方法・ポイントを記載する。

◆観葉・観賞植物

<事典>

観葉植物 尾崎章解説,植原直樹写真 山と渓谷社 1992.11 295p 19cm (山渓園芸ハンドブック 1) 1900円 ①4-635-58014-8
(目次)裸子植淵、被子植物(単子葉植物,双子葉植物)、上手にできる管理方法
(内容)観葉植物700余におよぶ品種をカラー写真で紹介する事典。管理法を簡潔に解説する。

観葉植物事典 上手にインテリア・グリーンを楽しむ本 土橋豊監修 (新宿区)池田書店 1999.4 239p 21cm 1500円 ①4-262-13610-8
(目次)部屋になじむ定番グリーンを楽しむ、インテリアのグリーンアクセントを楽しむ、さわやかグリーンの涼感を楽しむ、ビッグプランツの豪快さを楽しむ、葉も花もトロピカルムードを楽しむ、ハンギングで空間演出を楽しむ、マニアックな個性を楽しむ、観葉植物の基礎知識
(内容)観葉植物を目的別に取り上げ、育て方・楽しみ方を解説した事典。植物名さくいん付き。

<ハンドブック>

イワヒバを楽しむ 岡島秀光著 日本放送出版協会 1996.2 143p 21cm (家庭園芸百科 9) 1500円 ①4-14-040119-2
(目次)イワヒバの魅力(鉢植えのほか石づけにも好適、庭植えで楽しむ、四季に移ろう色彩変化の美)、イワヒバ257品種選(金華山・錦驍光、紫玉・群青錦・和楽錦、金麒麟 ほか)、イワヒバを育てる(イワヒバとはこんな植物、多彩な葉芸と見どころ、置き場 ほか)
(内容)イワヒバの代表的な257品種と栽培管理法を紹介したハンドブック。品種名と特徴を記し写真はオールカラーで掲載する。巻末に五十音順の品種名索引がある。

インテリア観葉植物 置き場所・手入れ・殖やし方がわかる 平田幸彦監修 日本文芸社 2005.5 223p 24×19cm 1300円 ①4-537-20366-8
(内容)庭やベランダだけでなく室内でもグリーンを楽しみたい、ホッと安らぐ緑がほしい…。こうした想いに応えて、インドアでこそ映えてインテリアとしても楽しめる観葉植物を集めた。でも植物は本来、屋外で育つもの。室内で楽しむには、まず日当たりが重要。日照条件の違いによって、おすすめの観葉植物を選んだ。さらに日常の手入れ、殖やし方まで解説した。

ザ・熱帯魚水草レイアウト 美しい熱帯魚水槽の作り方 小林道信文・写真 誠文堂新光社 2009.2 223p 21cm (アクアリウム・シリーズ) 〔並列シリーズ名: Aquarium series〕 2500円 ①978-4-416-70915-3 Ⓝ627.85
(目次)水槽レイアウトの世界、水槽レイアウトの魅力、60cmレイアウト、小型水槽レイアウト、90cm水槽レイアウト、120〜180cmレイアウト、レイアウトの飼育用品、熱帯魚群泳図鑑、レイアウトの基礎知識、レイアウトQ&A

新・緑空間デザイン植物マニュアル 都市緑化技術開発機構編 誠文堂新光社 1996.7 190p 26cm (特殊空間緑化シリーズ 3) 4500円 ①4-416-49607-9
(目次)植栽空間と植物、本書利用の手引、データファイル、植物特性分類表、植物特性一覧
(内容)都市内に立地する空間、人工的に生み出される空間、通常の植栽技術では植物の健全な生育が望めない空間、緑化が望まれる空間の意を持つ「特殊空間」の緑化のための植物を掲載したガイド。各植物の写真を掲載し、名称・学名・形態・原産地・利用価値・栽培可能地域・人工地盤における特性・屋内照度を記す。巻末に五十音順の植物名索引がある。

ティランジア・ハンドブック 改訂版 清水秀男、滝沢弘之共著 (福島)日本カクタス企画社、(下関)新日本教育図書〔発売〕 2000.6 134p 26cm 3800円 ①4-88024-222-5 Ⓝ627.58
(目次)写真アルバム(ティランジアの故郷、ティランジア美種アルバム、ティランジア交配種と自然交配種、銀葉系フリーセア、ティランジア栽培をこれから始める方へ(日本の現状と栽培のあり方、ティランジアに適した環境とは、灌水、植え込み材料、施肥管理、病害、繁殖)、熱川バナナワニ園とブロメリア(パイナップル科植物)コレクション、ティランジア栽培の難易について、ワシントン条約について
(内容)熱帯アメリカに広く分布するパイナップル科植物の1属であるティランジアのハンドブック。ティランジアの写真アルバムと日本の現状・栽培のあり方で構成。写真アルバムはティランジアの原生する故郷、学名アルファベット順のティランジア美種アルバム、ティランジア交配種と自然交配種、銀葉系フリーセアで構成。写真には原綴の学名およびカタカナ読み、株の大きさ、原産地もしくは分布域、自生地の標高、

動植物・ペット・園芸 レファレンスブック 143

人気の斑入りカンアオイ・斑入り山野草
　　流出版，千早書房〔発売〕　2003.10　183p
　26cm　2667円　④4-88492-278-6

〔目次〕人気の斑入りカンアオイ（タイリンアオイ
「楊貴妃」，カントウカンアオイ，タマノカンア
オイ，コシノカンアオイ　ほか），人気の斑入り
山野草（ヤマシャクヤク（ボタン科）三光白覆輪，
ワサビ（アブラナカ科），トチバニンジン（ウコ
ギ科），ツリガネニンジン（キキョウ科）ほか〕

人気の斑入りカンアオイ・斑入り山野草
　　vol.2　流出版，千早書房〔発売〕　2006.8
　159p　26cm　1886円　④4-88492-298-0

〔目次〕人気の斑入りカンアオイ（タマノカンアオ
イ，カントウカンアオイ，タイリンアオイ，コシ
ノカンアオイ　ほか），人気の斑入り山野草（ヤ
マシャクヤク，ユキザサ，レンゲショウマ，シ
ラネアオイ　ほか），カンアオイ栽培12ヶ月，盛
り上がる斑入り植物

見てわかる観葉植物の育て方　苗木の選び
方から殖やし方まで　高橋良孝監修　誠文
　堂新光社　2006.11　159p　21cm　（見てわ
　かる園芸シリーズ）　1400円　④4-416-
　40614-2

〔目次〕大胆に育てて楽しむ，おしゃれに育てて
楽しむ，ミニで可愛く育てて楽しむ，花を咲か
せて楽しむ，香りよく育てて楽しむ，ハンギン
グを楽しむ，日陰・半日陰で育てて楽しむ，，
葉をきれいに育てて楽しむ

〔内容〕園芸店などで手に入れやすい品種を中心
に，植物の特徴，楽しみ方などの観点から8つの
グループに分類し，誰にでもわかりやすいよう
に栽培のコツをまとめた。

わかりやすい観葉植物の育て方　栽培の基
本から寄せ植えまで　小川恭弘監修　大泉
　書店　2006.3　160p　24×19cm　1100円
　④4-278-04443-7

〔目次〕暮らしをうるおすグリーンの力—観葉植
物とは，観葉植物のふるさと，いごこちのよさ
をつくる観葉植物の世界，組み合わせて楽しむ
グリーンの見どころ，植物によって見どころは
これだけ違う，室内でグリーンと上手につきあ
うために，グリーンに合った置き場所選び，この
部屋にはこのグリーンを，楽しみ方の極意・単品
植えから寄せ植えまで，葉の形を楽しむ〔ほか〕

〔内容〕人気80種のカタログ付き。美しい葉色を
長く楽しむコツがよくわかる。

　　　　　　　　<図　鑑>

アクアリウムで楽しむ水草図鑑　小林道信

ほか写真，富沢直人，山崎浩二文　ピーシー
　ズ　2001.10　224p　26cm　〔索引あり〕
　2667円　④4-938780-61-5　Ⓝ627.8

〔内容〕水草500種類を掲載する図鑑。特性や選択，
管理方法のほか，水槽という限られた空間を用
いたレイアウト方法などを紹介する。

おもと　280種の特徴と育て方　日本おもと
　協会監修，日本おもと業者組合編著　三心堂
　出版社　1999.8　335p　15cm　（ポケットカ
　ラー事典）　2500円　④4-88342-286-0

〔目次〕大葉系—家宝都の図，残雪，鷲高隈など
48品種，一文字系—暁，地球宝，富士の雪など
15品種，縞甲系—宇宙宝，錦麒麟，晃明殿など
22品種，千代田系—三光の松，千代田の松，日
出の松など25品種，その他の薄葉系—鳳，寿，
白雀など10品種，獅子系—海竜獅子，鶴の舞，
舞子獅子など29品種，羅紗系—天光冠，富国殿，
鶯山など132品種，おもとの基礎知識，おもと
の育て方，おもとの殖やし方

〔内容〕平成7年8月現在，日本おもと協会に登録
されている502品種のうちから主要なものを選
び，さらに未登録ながら有望とされるものを数
品種，合わせて281品種，284個体を掲載したも
の。品種索引付き。

おもと　280種の特徴と育て方　日本おもと
　業者組合編著　三心堂出版社　1995.10
　335p　15cm　（ポケットカラー事典）　2300
　円　④4-88342-022-1

〔目次〕大葉系，一文字系，縞甲系，千代田系，
その他の薄葉系，獅子系，羅紗系，おもとの基
礎知識，おもとの育て方，おもとの殖やし方

〔内容〕おもと280種のポケット図鑑。1頁1点ずつ，
カラー写真を掲載し，特徴・性質を解説するカ
ラー頁と，栽培法等を記したモノクロ頁で構成
される。

カラー図鑑　観葉植物　尾崎章著　西東社
　1994.12　210p　21cm　1500円　④4-7916-
　0659-0

〔目次〕楽しい観葉植物活用法，育てたい観葉植
物80種，観葉植物の育て方

カラー図鑑　水草の育て方　水草と上手に
長くつきあうために　山田洋著　成美堂出
　版　1999.9　189p　21cm　1000円　④4-
　415-00950-6

〔目次〕Color special fnntastic aquarium lay-
out, Aqua plants mini catalog，水草の上手な
育て方　基礎知識と実践ガイド（水と緑を暮し
の中に，水草の基礎知識，水草育成の4つの鍵，水
草育成用品とセッティング，水草の選定と植え
込み，水草の手入れと水槽管理　ほか），水草専
科ミニ事典

〔内容〕人気水草103種と水草水槽のレイアウト実

例を紹介した図鑑。イラストと写真を使って水草の上手な育て方とそれに欠かせない基礎知識を解説。水槽とともに楽しむ熱帯魚の紹介、水槽育成用語辞典、全国の有名アクアショップリストつき。

観葉植物 高林成年編 山と渓谷社 1991.9 655p 20×21cm 〈山渓カラー名鑑〉 4900円 ⓘ4-635-09023-X

(目次)1 被子植物双子葉類，2 被子植物単子葉類，3 裸子植物，4 羊歯植物

観葉植物 特徴と楽しみ方 尾崎章解説・写真 成美堂出版 1996.4 415p 15cm （ポケット図鑑） 1300円 ⓘ4-415-08369-2

(目次)人気観葉植物30種，大型グリーンを楽しむ，中・小型グリーンを楽しむ，ハンギング仕立てで楽しむ，花も楽しめるグリーン
(内容)日本で入手できる観葉植物556種の図鑑。植物の特徴、栽培管理のポイント等の解説を掲載する。巻末に植物名の五十音順索引がある。

観葉植物と熱帯花木図鑑 観葉植物・熱帯花木・熱帯果実 日本インドア・グリーン協会編 誠文堂新光社 2009.4 295p 26cm 〈文献あり 索引あり〉 4800円 ⓘ978-4-416-40904-6 Ⓝ627.038

(目次)シダ植物（ヒカゲノカズラ類，シダ類），裸子植物（ソテツ目，マツ目），被子植物（モクレン類，センリョウ類，双子葉類，バラ類（離弁花類），キク類（合弁花類），単子葉類）
(内容)一般に観葉植物として、市場や園芸業界で取り扱っている植物を中心に掲載。巻末に科・属・種・品種索引，学名・英名索引が付く。

決定版 水草大図鑑 小林道信撮影・文 世界文化社 1995.12 303p 26cm 7800円 ⓘ4-418-95409-0

(目次)第1章 水槽レイアウト，第2章 水草の図鑑，第3章 アクアリウム・インテリア，第4章 水草に合う熱帯魚，第5章 水草の栽培方法
(内容)水草260種の図鑑。水草の種類、原産地、栽培法等をカラー写真とともに紹介するほか、水槽レイアウト法、水槽インテリア情報等も掲載する。巻末に五十音索引がある。

最新観葉植物 小笠原誓著，中島隆写真 小学館 2001.5 319p 15cm （POCKET GUIDE 8） 1260円 ⓘ4-09-208208-8 Ⓝ627.85

(目次)観葉植物，シダ植物，多肉植物
(内容)園芸店で入手できる観葉植物218種357品種をわかりやすく解説したガイドブック。管理のしかたは関東地方の平野部で例示する。名称、原産地、入手時期、流通サイズなどに解説と写真を記載。巻末に用語解説と「水やりの極意」

など管理のポイント、学名・和名索引がある。

ザ・水草図鑑 栽培と楽しみ方 小林道信文・写真 誠文堂新光社 2009.10 223p 21cm （アクアリウム・シリーズ）〈並列シリーズ名：Aquarium series〉 2500円 ⓘ978-4-416-70949-8 Ⓝ627.85

(目次)水草の世界（水草を愛でる世界へようこそ！），水草図鑑（有茎の水草，有茎の水草のレイアウト，水生シダのレイアウト，ウィローモスのレイアウト応用法，スイレンの仲間，アヌビアスの仲間，エキノドルズの仲間，クリプトコリネの仲間のレイアウト，水草ア・ラ・カルト（栽培が禁止されている水草，水草の屋外栽培，水草栽培に適したオープン・アクアリウムほか）

世界の水草 小田明写真 成美堂出版 1995.8 367p 15cm （ポケット図鑑） 1300円 ⓘ4-415-08192-4

(目次)アヌビアスの仲間，イモの仲間，エキノドルスの仲間，クリプトコリネの仲間，シダの仲間，テープ状水草の仲間，有茎水草の仲間，その他の水草

世界の水草728種図鑑 アクアリウム&ビオトープ 吉野敏著 （横浜）エムピージェー，マリン企画〔発売〕 2005.11 239p 26cm 2552円 ⓘ4-89512-534-3

(目次)アクアリウム向けの水草（緑藻類，車軸藻類，蘚苔類，シダ類 ほか），ビオトープ向けの水草（シダ類，単子葉類，双子葉類 離弁花，双子葉類 合弁花）
(内容)世界の水草の図鑑。古くから普及している一般種から最近流通するようになった種類、また実物にはちょっとお目にかかれないような珍種までを幅広く収録。それとベランダなどに手軽に置けるスイレン鉢などで育成する水生植物も収録する。図鑑として利用できるように、分類学にしたがって種類を収録、学名の命名者名も記載する。種類の解説も、単に育成方法だけでなく、調べたいと思った水草が何であるかがわかるように、葉などの大きさや色彩、形状までを記述する。

<カタログ>

日本と世界の水草のカタログ 1994 成美堂出版 1993.9 130p 30cm 1600円 ⓘ4-415-03650-3

(目次)街の中のアクア・スペース，水槽を彩る世界の水草123，「水草のふるさとに学ぶ」—（自生する水生植物のフィールド調査），インテリア水槽のキーパー達，器材カタログ，インテリア水槽の管理，水にこだわれば、シンプルなアクアリウムができあがる，水草の用語辞典，

水草育成データ集，全国水族館リスト，アクアリウム専門店インフォメーション　全国ショップリスト

日本と世界の水草のカタログ　1995　成美堂出版　1994.8　130p　29×21cm　1600円　①4-415-04014-4

(目次)水槽を彩る世界の水草130種，大型水槽レイアウト集，60cm水槽レイアウト集，挑戦!水草レイアウト　60cm水槽から始めるゼロからのレイアウト術，それぞれの水草レイアウト，トラブル対策Q&A

日本と世界の水草のカタログ　世界の水草250種　1997　成美堂出版　1996.10　126p　30cm　1600円　①4-415-04131-0

(目次)ディスプレイ水槽の魅力，Aqua plants catalogue，水草の掃除屋さん，ヌマエビの仲間たち，パソコン通信を使ってアクアリウム　アクアリウム・フォーラムは，おもしろワールド，ファーストエイドQ&A──何か変だぞ!?そんな時の対処法，レイアウト水槽のためのアクアグッズ　カイログ，ハイビジョン映像がアクアリウムの新しい波をつくる

(内容)250種の水草を掲載したカタログ。アヌビアスの仲間・シダの仲間など8つに分類して紹介。カラー写真とともに名称・学名・特徴・価格・生育環境を記す。巻末に学名索引，通称名索引，全国ショップリストがある。

◆花卉園芸

<事 典>

花卉園芸大百科　1　生長・開花とその調節　農山漁村文化協会編　農山漁村文化協会　2002.1　635p　27cm　〈シリーズ責任表示：農文協／編〉　11429円　①4-540-01201-0　Ⓝ627.17

(内容)花卉園芸の基礎情報をまとめた事典。全16巻。

花卉園芸大百科　2　土・施肥・水管理　農山漁村文化協会編　農山漁村文化協会　2001.12　655p　26cm　11429円　①4-540-01202-9　Ⓝ627

(目次)花卉における根の役割，土(培地)，施肥と水管理，養液栽培，養水分管理の生産者事例

(内容)花卉園芸の基礎情報をまとめた事典。2では，花栽培の基本となる土つくりと施肥，水管理に関する情報を収録。生育・品質に影響する用土や培地の性質，養水分の吸収特性から，美しくて品質のよい花を咲かせるための管理の実際を解説。また，土壌検定や栄養診断の方法，最新のリアルタイム施肥管理法，各種養液栽培システムも紹介。巻末に学名から品名，または

品名から学名を引く主な掲載品目一覧がある。

花卉園芸大百科　3　環境要素とその制御　農山漁村文化協会編　農山漁村文化協会　2002.2　651p　図版16p　27cm　〈シリーズ責任表示：農文協／編〉　11429円　①4-540-01203-7　Ⓝ627.14

(内容)花卉園芸の基礎情報をまとめた事典。

花卉園芸大百科　4　経営戦略・品質　農山漁村文化協会編　農山漁村文化協会　2002.3　8, 509p　27cm　〈シリーズ責任表示：農文協／編〉　9524円　①4-540-01204-5　Ⓝ627

(内容)花卉園芸の基礎情報をまとめた事典。

花卉園芸大百科　5　緑化と緑化植物　農山漁村文化協会編　農山漁村文化協会　2002.1　8, 279p　27cm　〈シリーズ責任表示：農文協／編〉　7619円　①4-540-01205-3　Ⓝ629.7

(内容)花卉園芸の基礎情報をまとめた事典。

花卉園芸大百科　6　ガーデニング・ハーブ・園芸療法　農文協編　農山漁村文化協会　2002.3　349p　26cm　7619円　①4-540-01206-1　Ⓝ627.13

(目次)ガーデニングと花壇(ガーデニング・花壇の現状と課題，花壇の設計と花壇用植物)，園芸療法(園芸療法の歴史と現状，園芸療法・事例)，花壇苗の生産(花壇苗生産の基礎，花壇苗生産の基本と実際，花壇苗生産者事例)，ハーブ類

(内容)花卉園芸の基礎情報をまとめた事典。6では，ヨーロッパを主とする世界のガーデニング，歴史と動向，新しい分野として注目される園芸療法の歴史と現状，心の癒しや身体機能の回復と花栽培の役割，実際の療法事例などを紹介，最後に主なハーブ類を紹介。巻末に主な掲載品目学名一覧あり。

花卉園芸大百科　7　育種・苗生産・バイテク活用　農山漁村文化協会編　農山漁村文化協会　2002.3　18, 780p　27cm　〈シリーズ責任表示：農文協／編〉　14286円　①4-540-01207-X　Ⓝ627.12

(内容)花卉園芸の基礎情報をまとめた事典。

花卉園芸大百科　8　キク　農山漁村文化協会編　農山漁村文化協会　2002.3　16, 693p　27cm　〈シリーズ責任表示：農文協／編〉　12381円　①4-540-01208-8　Ⓝ627.55

(内容)花卉園芸の基礎情報をまとめた事典。

花卉園芸大百科　9　カーネーション(ダイアンサス)　農山漁村文化協会編　農山漁村文化協会　2002.3　8, 273p　27cm　〈シリーズ責任表示：農文協／編〉　7619円

ⓘ4-540-01209-6　Ⓝ627.58

内容 花卉園芸の基礎情報をまとめた事典。

花卉園芸大百科　10　バラ　農山漁村文化協会編　農山漁村文化協会　2002.2　381p　図版10p　27cm　〈シリーズ責任表示：農文協／編〉　9524円　ⓘ4-540-01210-X　Ⓝ627.77

内容 花卉園芸の基礎情報をまとめた事典。

花卉園芸大百科　11　1・2年草　農山漁村文化協会編　農山漁村文化協会　2002.3　26, 801p　27cm　〈シリーズ責任表示：農文協／編〉　14286円　ⓘ4-540-01211-8　Ⓝ627.4

内容 花卉園芸の基礎情報をまとめた事典。

花卉園芸大百科　12　宿根草　農文協編　農山漁村文化協会　2002.3　902p　30cm　14286円　ⓘ4-540-01212-6　Ⓝ627.5

目次 主な宿根草（ガーベラ，カンパニュラ（宿根性），クレマチス ほか），その他の宿根草1（アガパンサス（ムラサキクンシラン），アスチルベ，アニゴザントス ほか），その他の宿根草2（アラランサス（アルテルナンテラ，テランセラ），アキレア（ノコギリソウ），アスクレピアス ほか）

内容 花卉園芸の基礎情報をまとめた事典。12では、ガーベラ、カンパニュラ等15種類の主な宿根草について、原産・品種・栽培特性・生育過程別栽培法等、栽培の基礎及び技術の基本と実際について解説し、優良生産者の栽培事例も紹介する。その他の宿根草118種類についても紹介。巻末に掲載ページ付きの学名一覧、執筆者一覧がある。

花卉園芸大百科　13　シクラメン・球根類　農文協編　農山漁村文化協会　2002.3　769p　26cm　14286円　ⓘ4-540-01213-4　Ⓝ627.6

目次 シクラメン（栽培の基礎，技術の基本と実際，生産者事例），主な球根類（アネモネ，アマリリス，アルストロメリア ほか），その他の球根類（アイリス，アキメネス，アマクリナム ほか），その他の球根類（アシダンテラ，アマリネ，イスメネ（パンクラチウム） ほか）

内容 花卉園芸の基礎情報をまとめた事典。13では、シクラメンを中心に約80種の球根類を収録。種類ごとに、原産地とその特徴、主な品種と特性、生理生態と生長・開花の基礎、各種栽培方法などの実際を解説。主な種類については優良生産者の栽培事例も紹介する。巻末に主な掲載品目学名一覧あり。

花卉園芸大百科　14　花木　農文協編　農山漁村文化協会　2002.3　622p　26cm　11429円　ⓘ4-540-01214-2　Ⓝ627.7

目次 主な花木（アカシア，アザレア，アジサイ ほか），その他の花木（アオキ，イブキ（ビャクシン），ウメモドキ ほか），その他の花木（アブチロン，カイドウ，カロライナジャスミン ほか）

内容 花卉園芸の基礎情報をまとめた事典。14では、花木を3部構成で収録。巻末に、学名から品名、または品名から学名を引く、主な掲載品目一覧がある。

花卉園芸大百科　15　ラン　農山漁村文化協会編　農山漁村文化協会　2001.12　517p　26cm　9524円　ⓘ4-540-01215-0　Ⓝ627

目次 共通編，シンビジウム，デンドロビウム，ファレノプシス，カトレア，その他のラン

内容 花卉園芸の基礎情報をまとめた事典。15では、主要なラン約80種を収録した園芸事典。共通編では、世界のラン科植物の原産地と分類、生産・消費動向と経営課題、ラン関係の情報の入手に関する記事などを掲載。それぞれの種に関しては栽培の基礎、技術の基本と実際を解説する。また、優良生産者の栽培事例も紹介。巻末に掲載ページ付きの学名一覧、執筆者一覧がある。

花卉園芸大百科　16　観葉植物・サボテン・多肉植物・全巻品目索引　農文協編　農山漁村文化協会　2002.3　509p　30cm　9524円　ⓘ4-540-01216-9　Ⓝ627.85

目次 主な観葉植物（アスパラガス，アナナス類 ほか），その他の観葉植物1（アグラオネマ，アフェランドラ ほか），その他の観葉植物2（アカリファ，アローカリア ほか），サボテン（シャコバサボテン類，クジャクサボテン類 ほか），多肉植物（アロエ，カランコエ ほか）

内容 花卉園芸の基礎情報をまとめた事典。最終巻の16では、ヤシ類、シダ類等観葉植物14種類、サボテン3種類、アロエ等多肉植物5種類をはじめ約70種類以上について、原産・品種・栽培特性・生育過程別栽培法等、栽培の基礎及び技術の基本と実際について解説し、優良生産者の栽培事例も紹介する。巻末に掲載ページ付きの学名一覧、執筆者一覧に加えて、「花卉園芸大百科」シリーズ全16巻の全巻索引を掲載する。

花卉園芸の事典　普及版　阿部定夫，岡田正順，小西国義，樋口春三編　朝倉書店　2010.10　808p　22cm　〈索引あり〉　19000円　ⓘ978-4-254-41032-7　Ⓝ627.036

目次 1 花卉の分類と品種保護，2 一・二年草，3 宿根草，4 球根，5 花木，6 温室植物，7 観葉植物，8 ラン，9 サボテン・多肉植物，10 病虫害，11 園芸資材編，12 用語解説

原色花卉病害虫百科　1　草花　カーネーション、ガーベラ、キクほか23種　1（アーキ）　農文協編　農山漁村文化協会　2008.3　1冊　22cm　13333円　ⓘ978-4-540-07287-1　Ⓝ627.18

(目次)アオイ類(タチアオイ,ホリホック),アサガオ,アザミ類,アスター(エゾギク),アスチルベ,アマドコロ(ナルコユリ),アルメリア,イソギク,イソトマ,インパチェンス類(ホウセンカ,ニューギニアインパチェンス,インパチェンス)〔ほか〕

原色花卉病害虫百科　2　草花　スターチス・デルフィニウムほか26種　2(クーテ)　農文協編　農山漁村文化協会　2008.3　1冊　22cm　13333円　①978-4-540-07288-8　Ⓝ627.18

(目次)クリスマスローズ(ヘレボラス),クレマチス,グロキシニア(オオイワギリソウ),クンシラン(ウケザキクンシラン),ケイトウ,ケシ類(ポピー,アイスランドポピー),コスモス(アキザクラ,キバナコスモス),コリウス,サクラソウ(プリムラ),サルビア〔ほか〕

原色花卉病害虫百科　3　草花　トルコギキョウ・ベゴニア・リンドウほか31種　3(トーワ)　農文協編　農山漁村文化協会　2008.3　1冊　22cm　13333円　①978-4-540-07289-5　Ⓝ627.18

(目次)トルコギキョウ(ユーストマ),ナデシコ(ダイアンサス),ニゲラ,ニチニチソウ(ビンカ),バーベナ,ハナショウブ(イリス類,アイリス類),ハナビシソウ(エスコルチア),ハボタン,ハマユウ(ハマオモト),ヒマワリ〔ほか〕

原色花卉病害虫百科　4　シクラメン・球根類　アルストロメリア・ユリほか21種　農文協編　農山漁村文化協会　2008.3　1冊　22cm　12381円　①978-4-540-07290-1　Ⓝ627.18

(目次)シクラメン,アネモネ,アマリリス,アリウム類,アルストロメリア,イリス類(アイリス類),オキザリス,カラー,グラジオラス,クルクマ〔ほか〕

原色花卉病害虫百科　5　ラン・観葉・サボテン・多肉植物・シバ　ラン16種,観葉植物17種ほか　農文協編　農山漁村文化協会　2008.3　1冊　22cm　14286円　①978-4-540-07291-8　Ⓝ627.18

(目次)ラン(ウチョウラン,エビネ,オドントグロッサム　ほか),観葉植物(アスパラガス,アナナス類,オモト　ほか),多肉植物・サボテン(アロエ,カランコエ(ベンケイソウ),クジャクサボテン　ほか),シバ

原色花卉病害虫百科　6　花木・庭木・緑化樹1　農文協編　農山漁村文化協会　2008.3　1冊　21cm　14286円　①978-4-540-07292-5　Ⓝ627.18

(目次)アオキ,アジサイ,アセビ,アベリア,イチョウ,イヌツゲ,イヌマキ,イボタノキ,ウメ,ウメモドキ〔ほか〕

(内容)アジサイ,サクラ,ツツジほか41種。

原色花卉病害虫百科　7　花木・庭木・緑化樹2　農文協編　農山漁村文化協会　2008.3　1冊　21cm　12381円　①978-4-540-07293-2　Ⓝ627.18

(目次)ツバキ(サザンカ),トベラ,ナンテン,ニセアカシア,ニレ類,ネズミモチ,ネムノキ,ハイビスカス(ヒビスカス),ハギ類,ハグマノキ(スモークツリー)〔ほか〕

(内容)ツバキ,バラ,マツほか48種。

四季の花の名前と育て方　手入れの仕方がよくわかる　川原田邦彦監修　日東書院本社　2008.4　319p　21cm　1500円　①978-4-528-01626-2　Ⓝ627

(目次)春から夏に咲く花,夏から秋に咲く花,秋から冬に咲く花,冬から春に咲く花,周年で楽しめる花,花を楽しむ基礎知識

(内容)街中や公園などで見られる,身近な花を440種以上紹介。それぞれの花の特徴や手入れのポイントの他,イラストを使って基本的な育て方・殖やし方・園芸作業を解説。花が出回る季節に分類して掲載していますので,季節ごとの好みの花を簡単に探すこともできる。

花の園芸用語事典　小西国義著　川島書店　1991.3　200p　21cm　2500円　①4-7610-0445-2　Ⓝ627.033

(内容)近年,花の生産だけでなく,花を栽培し,花を楽しむ人が非常に多くなった。この本はそのような花愛好者のために,よく使われる学術用語と園芸用語約1000語を選んで,内容が正しく理解できるように配慮し,その意味や使い方を解説した事典。

花の名前と育て方大事典　きれいな草花・花木・山野草840種　福島誠一監修　成美堂出版　2006.4　271p　26×21cm　1600円　①4-415-03878-6

(目次)身近な花・人気の花―特徴と育て方(日本にはアヤメなど6～7種が自生―アイリスの仲間,夏の朝を彩る―アサガオの仲間,梅雨時に咲く美しい花―アジサイの仲間,多種多様な花と性質を持つ―キクの仲間　ほか),その他の草木の花―特徴と育て方(ア行,カ行,サ行,タ行　ほか),イラストで見る園芸作業の基本

(内容)草花・花木・山野草の中で特に花がきれいで親しまれている840種を紹介。花ごとにきれいに咲かせるための育て方から冬越し,剪定,虫害,病気対策まで写真,イラストでわかりやすく解説。

ベゴニア百科　日本ベゴニア協会編　誠文堂新光社　2003.5　263p　26cm　4200円　①4-416-40306-2

| 植物 | 園芸 |

⦿目次 種と品種の紹介（木立性ベゴニア、矢竹型・叢生型・多肉茎型・つる性型四季咲きベゴニア（センパフローレンス）ほか）、ベゴニア・アラカルト（ベゴニアの自生地を見る、ベゴニアの見学できる植物園 ほか）、図解シリーズ（ベゴニアの繁殖の仕方、エラチオール・ベゴニアの挿し芽 ほか）、本文（ベゴニア礼賛、ベゴニアの園芸的分類 ほか）、種・品種の一覧表（木立性ベゴニア、矢竹型・叢生型・多肉茎方・つる性型四季咲きベゴニア（センパフローレンス）ほか）

<ハンドブック>

北で育てる魅力の花 花新聞ほっかいどう編集室編 （札幌）北海道新聞社 2004.7 178p 23×19cm 1715円 ①4-89453-305-7

⦿目次 楽しもう緑ある暮らし、北海道でのガーデニング、1 育てよう咲かせよう—鉢で楽しみたい植物、2 育てよう咲かせよう—屋外が似合う植物、3 庭を彩る名脇役—厳選21種、4 植物を知ろう正しい分類と名称

草花の名前と育て方 上手に育ててたくさん咲かせる 高橋良孝監修 日東書院本社 2008.3 319p 21cm 1500円 ①978-4-528-01625-5 Ⓝ627

⦿目次 身近な花と人気のある草花、その他の草花、草花の育て方・殖やし方

⦿内容 草花のなかで、花や葉がきれいで親しまれているものを中心に587種を掲載。植物の特徴や間違いのない育て方のポイントのほか、イラストを使って基本的な育て方・殖やし方・園芸作業を解説。

12か月楽しむ花づくり 絶対失敗しない！ 平田幸彦著 日本文芸社 2005.4 231p 24×19cm 1300円 ①4-537-20353-6

⦿目次 春（3〜5月）に楽しむ花（ガーベラ、球根アイリス ほか）、初夏（6月）に楽しむ花（アガパンサス、アカンサス ほか）、夏（7〜9月中旬）に楽しむ花（アサガオ、アメリカンブルー ほか）、秋（9月中旬〜11月上旬）に楽しむ花（アンデスノオトメ、ウインターコスモス ほか）、冬（11月中旬〜2月）に楽しむ花（アザレア、エリカの仲間 ほか）

⦿内容 1年中途切れない花のある生活が満喫できる基礎からの花づくり。育ててふやしてキレイに咲かせる。はじめてでも簡単で病害虫も少ない120種を掲載。

世界のアイリス 花菖蒲・ジャーマンアイリス・原種 日本花菖蒲協会編 誠文堂新光社 2005.3 247p 26cm 4200円 ①4-416-40501-4

⦿目次 カラーページ（花菖蒲・カキツバタとその園芸文化、ジャーマンアイリスとその原種、世界のアイリスとその自生地、最新のハイブリッドアイリス）、本文ページ、資料編

世界のプリムラ 原種・さくらそう・オーリキュラ・ポリアンサス 世界のプリムラ編集委員会編 誠文堂新光社 2007.3 256p 26cm 4200円 ①978-4-416-40701-1

⦿目次 世界のプリムラ原種、さくらそう、オーリキュラとヨーロピアンプリムラ園芸種、サクラソウの流通品種と育種、総論の部、世界の原種概説、プリムラの生理・生態、日本の花文化・さくらそう、華麗なるヨーロピアンプリムラ、流通品種の過去・現在・未来、育種の夢を追って、栽培の手引き

日本の椿花 園芸品種1000 新装版 横山三郎、桐野秋豊著、神園英彦写真 （京都）淡交社 2005.11 421, 17p 26cm 4800円 ①4-473-03277-9

⦿目次 椿花、日本産ツバキ属と園芸品種とのかかわり、一重咲き、八重咲き、唐子咲き、二段咲き、牡丹咲き、獅子咲き、千重、宝珠、列弁咲き、ツバキを育てよう—その栽培、管理のポイント

⦿内容 椿花の園芸品種約1000種を網羅したガイド。

はじめての花づくり きれいに咲かせたい 白瀧嘉子監修 池田書店 2007.2 191p 26cm 1300円 ①978-4-262-13615-8

⦿目次 作業の基本（種まき、苗の管理、植えつけ、植え替え ほか）、おすすめの草花（一・二年草、宿根草、球根、花木）、園芸用語解説・植物名さくいん

⦿内容 花づくりの作業の基本から、100種以上の花の育て方や特長をイラストと写真を用いてやさしく解説。また花をさらにきれいに見せるための「花組み合わせアドバイス」を収録。色やバランスの組み合わせ例の参考写真を掲載。

はじめての花作り 初心者にもわかりやすい四季の花・ハーブ・観葉植物の育て方 林角郎監修 新星出版社 1999.4 254p 24×19cm （かんたんガーデニング） 1600円 ①4-405-08535-8

⦿目次 1 花のある暮らし、2 早春に咲く花、3 春に咲く花、4 初夏に咲く花、5 夏に咲く花、6 秋冬に咲く花、7 ハーブ、8 観葉植物、9 花作りの基礎知識

⦿内容 ガーデニングに関するするハンドブック。花や植物ごとに、開花月、失敗が少ない栽培の始め方、難易度、栽培作業時期の目安、栽培のポイント、トラブルの予防法と解決法、花の形や大きさ、性質など付加価値するアレンジ方法、寄せ植えなどの観賞方法の最適・適・不適などを掲載。巻末に索引付き。

動植物・ペット・園芸 レファレンスブック　149

花の病害虫　防除ハンドブック　堀江博道，竹内浩二著　全国農村教育協会　2006.2　63p　21cm　1600円　④4-88137-118-5

（目次）病害（共通病害，部位別病害），害虫（ハダニ類，ケナガコナダニ類，ホコリダニ類，アザミウマ類，アブラムシ類ほか）

（内容）病害はさび病や半身萎凋病，うどんこ病，疫病，菌核病等の共通病害，そして黒星病，褐斑病や根腐病などのように葉や根などの部位別病害に写真とともに解説。害虫では虫の大きさ別にハダニ類，アザミウマ類，アブラムシ類，コナジラミ類などのような微小昆虫，そしてチョウやガ類，コガネムシ類などの大型昆虫に分けて写真とともに解説。野外でよく見かける天敵昆虫についても解説。このハンドブックは花や一部花木にどのような病害虫が発生しているかを栽培前に知るとともに，栽培中の病害虫については被害状況や生態の写真と解説から種類を知り，適切な防除法を判断するために作成した。

＜図　鑑＞

色分け花図鑑　花菖蒲　永田敏弘著，加茂花菖蒲園写真　学習研究社　2007.3　192p　21cm　1500円　④978-4-05-402924-8

（目次）青紫色の花，紅紫色の花，白色の花，白ぼかしの花，二色花，白筋入りの花，脈入りの花，ピンクの花，藤色・水色の花，覆輪の花，砂子の花，絞りの花，交配種，外国種，その他，栽培

（内容）花色・歴史・名前の由来。植えつけ・株分け・種子から育てる。花菖蒲とともに半世紀，加茂花菖蒲園がお答えする古花・新花の決定版。

色分け花図鑑　桜草　名前の由来と品種がわかる　鳥居恒夫著，さくらそう会写真　学習研究社　2006.2　192p　21cm　1500円　④4-05-402923-X

（目次）紅色の花，白色の花，桃色の花，紫色の花，淡紫色の花，薄色の花，とき色の花，絞りの花，その他，栽培

（内容）江戸時代から愛好された日本の春を彩る可憐な代表的草花。園芸品種，野生品ほか350種類を収録。庭を美しく彩るための色分け花図鑑。

色分け花図鑑　椿　桐野秋豊写真・著　学習研究社　2005.1　192p　21cm　1500円　④4-05-402529-3

（目次）紅色の花，白色の花，桃色の花，絞りの花，白斑の花，葉変わり，侘助・侘芯，洋種・雑種・ミニ，海外の原種，その他，栽培

（内容）古くから欧米にも渡り，園芸家を魅了し続ける日本の代表的花木・椿とともに半世紀。桐野秋豊先生がお答えする椿の決定版。原種・品種・侘助・洋種ほか名花厳選350種。庭を美しく彩るための色分け花図鑑。

園芸植物　庭の花・花屋さんの花　肥土邦彦著，植原直樹写真　小学館　1995.6　303p　19cm　（フィールド・ガイド 14）　2000円　④4-09-208014-X

（内容）庭や花壇の花，生花店に出回る花のポケット図鑑。900以上の種・品種を1000点のカラー写真で紹介する。排列は花の科別。巻末に別名からも引ける五十音索引，アルファベット順の学名索引がある。

花材図鑑　コンテナガーデン　草土出版，星雲社〔発売〕　2001.7　1冊　26×21cm　（草土花材図鑑シリーズ 1）　3000円　④4-7952-9572-7　⑧627.038

（内容）コンテナガーデン（コンテナガーデン）の作り方200と最新園芸品種800を収録した花材図鑑。本文は季節で分類した品種の紹介と寄せ植えに関する記事で構成される。各花材を学名や分類等のほか，寄せ植えのコツ・注意点，手入れの方法により解説。巻末に花の種類や品種名で引く索引がある。

くらしの花大図鑑　花を楽しむ花と遊ぶ　講談社編　講談社　2009.11　351p　26cm　〈文献あり　索引あり〉　3048円　④978-4-06-214996-9　⑧627

（目次）1 庭ですごす憩いのひととき（わたしのバラと草花の庭づくり，狭さを生かす小さな庭づくり ほか），2 庭の花を使って楽しむ・遊ぶ（庭の草花でアレンジメントを，自家製ハーブと野菜を楽しむ ほか），3 テーマで楽しむ花図鑑（冬・早春，春 ほか），4 草花，樹木の育て方（ガーデニング道具図鑑，ガーデニング資材図鑑 ほか）

（内容）「花の育て方」から「花の生かし方」まで花とくらす喜びが，この一冊でわかる図鑑。目的別分類で，育て方や育てる場所に合った草花がすぐに選べる。

くらしの花百科　Gardening Book　講談社　1999.2　318p　26×21cm　2900円　④4-06-209036-8

（目次）1 ガーデンライフを楽しむ，2 四季の花とガーデニング，3 花の庭をつくる，4 基本のガーデニング

（内容）ガーデニングに使われる，草花・花木，ハーブ・野菜，果樹，山野草，観葉植物・洋ラン・

植物　　　　　　　　　　園芸

サボテン・多肉植物の図鑑。内容項目は、学名、植物名または項目名、別名・和名・通称名・英名など、花色・葉色・実色、植物が好む日照条件、科名、園芸的分類など、原生地、開花期・観賞期、花茎・花序径・花序高・草丈・樹高・耐寒温度など。植物名索引付き。

クレマチス 品種早わかり　杉本公造著　学研教育出版, 学研マーケティング〔発売〕2009.10　192p　21cm　（色分け花図鑑）〈他言語標題：Clematis　写真：春日井園芸センター　文献あり　索引あり〉　1500円　①978-4-05-403946-9　Ⓝ627.58

(目次)紫色系の花、白色・薄色系の花、藤色・水色系の花、ピンク・赤色系の花、覆輪・筋入り・複色系の花、その他の花、栽培

(内容)花色・歴史・原産地・名前の由来。苗の選び方、植えつけ、剪定方法、誘引のしかた、挿し木、新種づくり。一重・八重、ベル形・壺形・大輪・小輪。紫・白・藤色・ピンク・赤・覆輪・筋入り。多彩な花色別品種350種類。庭を美しく彩る、品種選びに役立つ本。

Clematis Gallery 美しさでひもとくクレマチス図鑑　金子明人監修　草土出版, 星雲社〔発売〕　2006.10　243p　19cm　（ジュエリーブックシリーズ 3）　2200円　①4-434-07099-1

(目次)クレマチスのある風景、クレマチスの魅力と楽しみ方、世界の原種自生地から、クレマチス図鑑（原種、フラミュラ系 ほか）、アレンジ＆コンテナ、剪定と育て方

原種カトレヤ全書 オーキッドバイブル 1　岡田弘, 広田哲也, 和中雅人著　草土出版, 星雲社〔発売〕　2001.9　101p　30cm　〈本文：日英両文〉　8000円　①4-7952-9579-4　Ⓝ627.5

(目次)第1章 ベネズエランカトレヤ（カトレヤスケリアナ、カトレヤジェンマニー ほか）、第2章 コロンビアンカトレヤ（カトレヤチョコエンシス、カトレヤメンデリー ほか）、第3章 ブラジリアンカトレヤ（カトレヤインターメディア、カトレヤラビアタ ほか）、第4章 中南米カトレヤ（カトレヤオーランティアカ、カトレヤボーリンギアナ ほか）

(内容)カトレヤの写真図鑑。品種分類により構成・掲載する。巻末に索引がある。

原種花図鑑　流出版, 千早書房〔発売〕　2009.4　99p　26cm　〈索引あり〉　1524円　①978-4-88492-325-9　Ⓝ627.5

(目次)雪割草―雪割草素朴に魅入る、セッコク―春の彩を競う花の舞・セッコク、エビネ―エビネ・天の神秘を探る、羽蝶蘭―豪華・原点の美を探る、春蘭―見直すべき世界への提案 春蘭, 富貴蘭―花・葉・香り 三拍子の世界, 雪割草原種の魅力、雪割草の栽培法、セッコク原種の魅力、セッコクの栽培法、エビネ原種の魅力、エビネの栽培法、ウチョウラン原種の魅力、ウチョウランの栽培法、春蘭原種の魅力、春蘭の栽培法〔ほか〕

最新日本ツバキ図鑑　日本ツバキ協会編　誠文堂新光社　2010.1　359p　26cm　〈文献あり 年表あり 索引あり〉　7600円　①978-4-416-41006-6　Ⓝ627.76

(目次)第1類 ヤブツバキ系、第2類 変り葉・変り枝ツバキ、第3類 肥後ツバキ、第4類 ワビスケ・ワビ芯ツバキ、第5類 種間雑種、第6類 サザンカ

最新の切り花 飾る・贈る・楽しむ　浜田豊監修　小学館　1998.7　143p　19cm　（花づくり園芸図鑑シリーズ）　1300円　①4-09-305324-3

(目次)本書の特徴、カラー検索もくじ、1 華やかさも魅力―球根類の切り花、2 使い方は変幻自在――一、二年草／多年草の切り花、3 造形美が魅力―花木・実もの、4 欠かせないアクセント―葉もの・グリーン、切り花を楽しむために…

(内容)新しい花、色・形の変更、鉢花・ガーデン用が切り花として登場などの、新しい切り花145種を収録した図鑑。花データは、植物名、属名、原産地、花色、切り花長、入手時期、花保ち、鑑賞期間など。花の用語解説、さくいん付き。

最新 花屋さんの花図鑑 買いたい花の名前がわかる！　主婦の友社編, 井越和子監修　主婦の友社　2005.11　199p　21cm　（主婦の友ベストBOOKS）　1200円　①4-07-247462-2

(目次)花図鑑 花材編（色別フラワーアレンジ、アイリス、アガパンサス、アキレア ほか）、花図鑑 グリーン編（葉のアイディア・アレンジ、基礎レッスン 水揚げ法）

(内容)花屋さんに出回る時期や花色、花言葉などが一目でわかる。花材編では「切花と枝もの」、グリーン編では「葉もの」の名前がわかる。花合わせ、色合わせのアレンジ実例が豊富。花と枝ものの水揚げ法が写真でよくわかる。

世界の花と木2850 インドアプランツ＆ガーデンプランツの図鑑　ロブ・ヘルヴィッヒ著, 奥本裕昭訳　主婦の友社　1991.2　367p　30cm　（原書名：House and Garden Plants）　6800円　①4-07-936032-0　Ⓝ627.038

(目次)園芸植物の原産地と気候条件、植物の働き、植物の命名、インドアプランツの栽培、ガーデンプランツの栽培、記号について、インドアプランツ、ガーデンプランツ

動植物・ペット・園芸 レファレンスブック　151

園芸　　　　　　　　　　　　植物

(内容)インドアプランツおよびガーデンプランツを写真と記述で収録した図鑑。

窓辺の花　金田洋一郎著　山と渓谷社　2000.3　281p　15cm　〈ヤマケイポケットガイド12〉　1000円　④4-635-06222-8　Ⓝ627.038
(内容)窓辺や室内、ポーチなどで栽培される鉢花や観葉植物を中心に約520種を紹介した図鑑。掲載データは、一般名、別名、学名、出回り時期、自然花期、花の大きさ、花色、姿形、高さ、原産地、園芸分類、耐寒性、日照、利用法など。

種から育てる花図鑑わたし流　渡辺とも子著　農山漁村文化協会　2004.1　271p　19cm　1857円　④4-540-03183-X
(目次)1 私の四季の花図鑑(春の花、夏から秋の花、冬から早春の花、葉の美しい草花)、2 四季の花つくり(早春、春、夏から初秋、秋、冬)、3 種から育てる基礎知識
(内容)カメラを手に、種をまいては記録をする日々を続けてきた著者。長年付けてきた園芸日誌やメモ書きをもとに、数々の失敗を繰り返してきた160余種の草花の著者なりの育て方をまとめた一冊。

デザインのための花合わせ実用図鑑　花色・草丈・花期・花性で探す　島村宜幸、長岡求監修　六耀社　2000.2　319p　30cm　3800円　④4-89737-360-3　Ⓝ627.038
(目次)草花(赤、桃、橙、青・紫、緑)、樹木・枝もの(赤、桃、橙、青・紫、緑)
(内容)花合わせ・色合わせに役立つように、約260種の植物を花色、花期、草丈、植性から探せる花図鑑。掲載項目は、植物名、学名や原産地などを掲載した植物データ、植性マーク、栽培や管理のポイント、育て方、管理の仕方、ランク、草丈・樹高グラフなど。巻末に索引付き。

デザインのための花合わせ実用図鑑　花色・草丈・花期・花性で探す　新装改訂版　六耀社　2009.3　319p　30cm　〈索引あり〉　3800円　①978-4-89737-625-7　Ⓝ627
(目次)草花(赤、桃、橙、黄、白、青・紫、緑)、樹木・技もの
(内容)花合わせに役立つ日照、適した土壌、耐寒性、開花時期、植物の個性ともいえる主張形態や動きの形態などの植性データをひと目でわかるマークで表示。最高の組み合わせのための実用的な花図鑑。

ドリル式 花図鑑　書き込んで自分の図鑑ができる　花と植物の雑学研究会編　笠倉出版社　2007.8　95p　26cm　1000円　①978-4-7730-0376-5
(目次)宿根アイリス、アガパンサス、アザレア、アジサイ、アネモネ、アマリリス、アリウム、インパチェンス、カーネーション、ガーベラ〔ほか〕
(内容)花の知識をおさらい覚え書き。本書は図鑑形式になっており、ドリル式の問題はすべて空欄へ書き込めるようになっている。

日本花名鑑　1　2001-2002　安藤敏夫、小笠原亮監修、森弦一編　(鎌倉)アボック社　2001.4　304p　26cm　2838円　④4-900358-52-5　Ⓝ627.038
(目次)高木・低木、コニファー、ヤシ・ソテツ、観葉植物、サボテン・多肉植物、つる植物、果樹、野菜、ハーブ、水生植物、シダ・コケ、球根植物、1・2・多年草
(内容)花き植物(花苗・鉢花・造園用植物)約5000種についての図鑑。園芸分類ごとに学名(属名)アルファベット順で排列。記載項目は植物名、写真、日本花き取引(JF)コード、農林水産省品種登録番号、特徴、性状、用途、栽培適地、流通時期など。巻末に植物入手のための基礎知識、全国主要園芸店・種苗店一覧、植物耐寒ゾーン地図、栽培植物の表記と命名ルール、名称索引を付す。

日本花名鑑　2　安藤敏夫、小笠原亮監修、森弦一編　日本花名鑑刊行会、(鎌倉)アボック社〔発売〕　2002.7　386p　26cm　2838円　④4-900358-54-1　Ⓝ627.038
(目次)シダ・コケ、水生植物、ヤシ・ソテツ、コニファー、果樹、野菜、ハーブ、つる植物、サボテン・多肉植物、観葉植物、ラン、球根植物、1・2・多年草、高木・低木
(内容)日本で流通している花苗・鉢花・苗木など主要な園芸植物を収録する図鑑。約4000種以上を収録。園芸分類ごとに学名(属名)のアルファベット順に排列。各属の中では種小名順に排列している。各種の植物名、写真、JFコード、農林水産省品種登録番号、特徴、性状、用途、植栽適地などを記載。巻末に属名・異名・英名索引、和名索引、日本花き取引コード逆引き索引が付く。

日本花名鑑　3　安藤敏夫、小笠原亮監修　(鎌倉)日本花名鑑刊行会、アボック社(発売)　2003.4　444p　26cm　〈編集：森弦一〉　2838円　④4-900358-55-X　Ⓝ627
(内容)日本で流通している花苗・鉢花・苗木など主要な園芸植物を収録する図鑑。園芸植物約1万種類以上を園芸分類に分けて掲載。それぞれの品種で写真を使用し、性状・用途や耐寒性などの他、流通名や日本花き取引コードも記載。3では最新約4000種類を追加している。

日本花名鑑　4　安藤敏夫、小笠原亮、長岡求監修　日本花名鑑刊行会、アボック社〔発売〕　2007.4　553p　26cm　4571円

152　動植物・ペット・園芸 レファレンスブック

ⓘ978-4-900358-59-1
⦅内容⦆最新の「売れ筋植物」をこの1冊に集約。内容体裁一新。6000種類収載、写真2500点。写真と文字を見やすく拡大。学名順に配列。造園緑化新樹種を全再録。

庭の花図鑑500 美しい庭の実例を多数紹介！ 主婦の友社 2009.4 225p 26cm （主婦の友生活シリーズ） 1800円 ⓘ978-4-07-266070-6 Ⓝ627.038
⦅内容⦆庭やベランダを彩る草花や庭木500種を季節別に掲載した図鑑。最新の花の名前と育て方がすぐ分かる。園芸用語、肥料の種類と与え方、病気と害虫に関する知識も収録。

はじめての花の木 彩り豊かな庭を楽しむ 宙出版書籍編集部編 宙出版 2000.2 143p 21cm （宙カルチャーブックス） 1300円 ⓘ4-87287-995-3 Ⓝ627.7
⦅目次⦆彩りのガーデンツリー（それぞれの個性を生かして仕立てます、洋風の庭に合う新しい花木も人気の的です ほか）、花木を楽しむための8つの心得（花木には、ガーデン材料として、草花にはない楽しみがあります、どのくらい大きくなるのかを調べ、長年安心して育てられる樹種を選びます ほか）、Flower Trees栽培図鑑（アカシア、アセビ ほか）、花の木の育て方（苗木を購入するときは、こんな点に注意しよう、購入した花木苗のじょうずな植えつけ方 ほか）、園芸基礎用語の解説、全国・緑の相談一覧、花木苗の入手情報、植物名索引

花色図鑑 講談社編 講談社 2003.3 223p 26×21cm 2600円 ⓘ4-06-210990-5
⦅目次⦆桃色、青色紫色、赤色、橙色、黄色、白色、その他、カラーリーフ
⦅内容⦆花木、果樹、コニファー、草木、山野草、ハーブ、観葉植物など2000点の植物を収録。各花の特徴、育て方など園芸・ガーデニングのための知識をわかりやすく解説した万能の花図鑑。花色は、桃、青紫（青と紫）、赤、橙、黄、白、その他の7グループに、開花期は春・夏・秋・冬の四季に分け、それぞれを科別（五十音順）に排列。巻末に、用語解説と索引を収録。オールカラー写真掲載。

花図鑑 観葉植物・熱帯花木・サボテン・果樹 尾崎章、大林修一、長田清一監修 草土出版、星雲社〔発売〕 2000.9 304p 24×19cm （草土花図鑑シリーズ 9） 3000円 ⓘ4-7952-9570-0 Ⓝ627.038
⦅目次⦆観葉植物図鑑、熱帯花木図鑑、サボテン・多肉植物図鑑、果樹、ラン
⦅内容⦆観葉植物・熱帯花木・サボテン・果樹の植物図鑑。2000年8月現在に日本で流通されている植物、または流通が予測される物を収録。図鑑は観葉植物図鑑、熱帯花木図鑑、サボテン・多肉植物図鑑、果樹、ランで構成、それぞれ科・属の五十音順で排列。植物の写真図版とともに植物の総称名、解説データ、カレンダー、地図、耐寒温度を全て属単位で記載。分類、学名、和名、英名、別名、用土、肥料、病害虫、殖やし方、冬越し、原産地などを掲載する。索引は五十音順の総索引と学名索引を付す。

花図鑑 球根＋宿根草 増補改訂版 村井千里、久山敦監修 草土出版、星雲社〔発売〕 2003.7 332p 24×19cm （草土花図鑑シリーズ 8） 3000円 ⓘ4-434-03221-6
⦅目次⦆球根（球根植物とは、球根の種類と分類、球根の選び方、買い方、球根の植えつけ時期と特性、根の状態 ほか）、宿根草（宿根草と1・2年草、宿根草か球根植物か?、宿根草を手に入れる、植えつけ、殖やし方 ほか）
⦅内容⦆ガーデンの主役、球根「大きさや植えつけ深さが一目で分かる」＋宿根草「日本の気候条件に適した栽培データ」。人気急上昇の宿根草＝クレマチス＆クリスマスローズでプラス32ページ。新品種・人気品種多数掲載。

花図鑑 切花 増補改訂版 草土出版、星雲社〔発売〕 2001.11 343p 24×19cm （草土花図鑑シリーズ 1） 3000円 ⓘ4-434-01384-X Ⓝ627.038
⦅目次⦆贈る花選びに…（逆引き花言葉字典、366日の誕生花）、CLOSE‐UP FLOWERS（バラ、チューリップ）、花図鑑（淡桃色、桃色、薄紫色、紫色 ほか）
⦅内容⦆切花の図鑑。1996年刊行の同名書籍を増補改訂版したもの。花の色と種類（葉物、ハーブ等）により分類・排列。和名、学名、英名、分類、原産地、出回り時期、花言葉、誕生花のほか特徴や手入れ方法などに写真を添えて解説。巻末に「植物の形の表現」「出回り季節一覧」「総索引」「フラワースクール・生花市場ガイド」がある。

花図鑑 樹木 増補改訂版 伊丹清監修 草土出版、星雲社〔発売〕 2004.2 339p 24×19cm （草土花図鑑シリーズ 6） 3000円 ⓘ4-434-03914-8
⦅目次⦆樹木観察法（樹形、樹高、樹皮、葉、花 ほか）、図鑑（広葉樹、針葉樹、竹・笹・その他、コニファーガイド、枝物）、森林浴・アロマテラピー、索引

花図鑑 野菜＋果物 芦沢正和、内田正宏、小崎格監修 草土出版、星雲社〔発売〕 2008.4 359p 24cm （草土花図鑑シリーズ 4） 3000円 ⓘ978-4-434-11347-5 Ⓝ627.038
⦅目次⦆葉菜類、野菜類、根菜類、中国野菜、京野菜、香辛野菜、山菜・野草、そのほかの野菜、

園芸　　　　　　　　　　　　　　植物

キノコ，果物

花と草木の事典　育てる親しむ1800種　浅山英一著　講談社　1994.3　797p　15cm　（講談社プラスアルファ文庫）　1680円
①4-06-256037-2
(目次)草花編，花木，庭木編，よく使われる園芸用語，草花栽培の基礎知識，花木，庭木栽培の基礎知識
(内容)園芸研究の権威が，日常よく目にする1800種以上の草花・樹木をとりあげ，栽培のポイントを具体的に紹介した簡便な園芸植物事典。初心者にわかりやすいように，基本的な技術や園芸用語を巻末にまとめ，図による解説も多用。

花と葉の色・形・開花時期でひける花の名前がわかる本　高橋竜次，勝山信之著　成美堂出版　2010.4　351p　22cm　〈『色でひける花の名前がわかる事典』(2001年刊)の加筆，改題　文献あり　索引あり〉　1500円
①978-4-415-30756-5　Ⓝ627.038
(内容)身近で見られる四季を彩る草花・花木450種。花色・開花時期・花の形・実の色・葉の形・誕生花から調べられる。「緑・花文化の知識認定試験」対応。

花と緑の園芸百科　育てる楽しみ見る楽しみ　柳宗民，坂梨一郎，伊藤義治編　山と渓谷社　1994.4　487p　26×21cm　3500円
①4-635-58605-7
(目次)いきいきグリーンインテリア　観葉・鉢花編，はなやかガーデンライフ　草花編，さわやかカラフルエクステリア　花木編
(内容)一般家庭で比較的よく植えられ観賞されているもの，花屋によく出まわるものを中心に，294種・品種に近縁のものなどを加えた計904品種を収録した事典。

花の名前ガイド　花屋さんで買える　新星出版社　1996.8　246p　18cm　1200円
①4-405-08528-5
(目次)周年，春，夏，秋・冬，観葉植物，添え葉
(内容)生花店，園芸店等で入手可能な切り花，鉢花，花苗，観葉植物360種について，花の特徴，管理，植え方，購入時のポイント等を解説したもの。花が出回る時期別に「周年」「春」「夏」「秋・冬」と，「観葉植物」「添え葉」の全6章から成る。巻末に花名の五十音順索引がある。ーすぐに役立つ入門ガイド。花を選ぶためのヒントが満載。

花屋さんの花図鑑　育てる花　草土出版，星雲社〔発売〕　1995.5　287p　24×19cm　3000円　①4-7952-9530-1
(目次)花の自生地を知ろう，花の育て方を知ろう，花の名前を知ろう，好きな花を探そう，デー

タファイル
(内容)生花店等で入手可能な一般的な花の図鑑。春・初夏・夏・秋・冬の季節別に，1頁につき2種ずつの花のデータ，手入れ方法，花にまつわる物語や花言葉等を紹介する。巻末に総索引，花の学名索引，フラワースクールガイドがある。

雪割草　230種の特徴と栽培法　日本雪割草協会監修　三心堂出版社　1997.4　287p　15cm　（ポケットカラー事典）　2427円
①4-88342-107-4
(目次)各部の名称，花型の種類，明治時代の彩色画，雪割草230種の特徴，雪割草の基礎と栽培法
(内容)第1回雪割草全国大会（日本雪割草協会主催）に出品された品種を中心に299点を収録。花の特徴，産地，発見年，葉の特徴，性質を記載。掲載順は，花型(芸)の区分ごとにそれぞれ五十音順。

雪割草全集　2　流出版，千早書房〔発売〕　1999.3　175p　26cm　2400円　①4-88492-230-1
(目次)標準花（濃紅花系，濃紫花系，覆輪花系，白覆輪花系，地合咲系，地合覆輪花系，吹掛花系，縞花系，中透け系，網目咲系，梅弁花系，ツマ紅花系，底白花系，底紅・裏紫花系，絞り花系，ツマ白花系，緑・黄花系，変り色花系，青軸系，ナデシコ咲系，変り咲系），八重咲系（咲分け系，多弁花系，乙女咲系，日輪咲系，妖精咲系，丁字咲系，紅系二段咲，紫系二段咲，桃系二段咲，白系二段咲，紅系三段咲，紫系三段咲，桃・白・緑系三段咲，カラコ咲系，二段カラコ咲系，濃紅系千重咲，濃紫系千重咲，紅系千重咲，紫系千重咲，桃系千重咲，白・黄系千重咲，緑系千重咲，複色系千重咲），葉芸品（葉変り，葉芸品），本文（各地愛好家に聞く最新栽培管理法，最新病虫害対策，銘花総索引）

＜カタログ＞

園芸店で買える花のカタログ　育てやすく，親しみやすい花500種を四季別に紹介　成美堂出版　1995.6　162p　30cm　1600円　①4-415-04056-X
(目次)季節を呼ぶ花たち，魅力ある花に変身　CLOSE UP新品種，花と暮らす
(内容)身近な花500種のカタログ。春・初夏・夏・秋・冬・周年に分けて花の特徴，価格の目安等を写真とともに掲載する。価格の目安は1995年3月現在。巻末に花の名前の五十音索引がある。

フラワーバイヤーズブック　'98　平城好明，松田岑夫監修　草土出版，星雲社〔発売〕　1998.1　498p　21×14cm　1800円

154　動植物・ペット・園芸 レファレンスブック

①4-7952-9549-2

⑪次 今年の観葉、コニファー、鉢花、特性&購入データ、今年のラン、山野草、サボテン、水生湿生植物、その他、今年の球根花、今年の切花、海外の花を買う、今年の花入手先リスト

◆◆宿根草花

<図鑑>

宿根草図鑑 Perennials 山本規詔著 講談社 2009.4 127p 26×21cm 2200円
①978-4-06-215335-5 Ⓝ627.5

⑪次 1 宿根草を主役にした庭づくり（宿根草を植える場所を選ぶ、日なたの庭はひと工夫、ボーダーガーデンづくりのポイント ほか）、2 おすすめの宿根草240（アーティチョーク／アカバナジョチュウギク、アカンサス／アストランティア・マヨール、アガパンサス ほか）、3 宿根草の育て方基礎講座（市販の苗の選び方、植えつけ方と肥料のやり方、摘心と切り戻しのコツ ほか）

⑬容 2万種類を超える植物を栽培してきた著者が厳選した240種類。植え方から庭の構成方法まで、ビギナーにも上級者にも役立つ。

ペレニアルガーデン 小黒晃監修 小学館 1998.5 143p 19cm （花づくり園芸図鑑シリーズ） 1300円 ①4-09-305322-7

⑪次 宿根草の魅力、四季の宿根草図鑑、宿根草の育て方、「知的園芸の技術」を磨こう

◆◆鉢植花卉

<事典>

ど忘れかんたん鉢花事典 教育図書、人文社〔発売〕 1998.4 255p 17cm 981円
①4-7959-1170-3

⑬容 初めての人にも手軽に育てられる、かんたん鉢花を多数収録。

鉢花ポケット事典 長岡求著 日本放送出版協会 1997.12 423p 19cm 2800円 ①4-14-040140-0

⑪次 ニューフェース、早春〜陽春（SPRING）、初夏〜盛夏（SUMMER）、秋〜冬（AUTUMN〜WINTER）、コンテナガーデンの脇役たち

⑬容 人気品種と主要品種など1000種以上を収録。花色や大きさ、繁殖、栽培などについて解説。巻末に植物名索引、学名索引が付く。

<ハンドブック>

完全ガイド 鉢花 咲かせる！育てる！人気種とその手入れ 中山草司著 大泉書店 1999.4 158p 21cm 1000円 ①4-278-04432-1

⑬容 1 基本知識とテクニック（鉢花園芸に必要な用具と容器、鉢花がいきいきと育つ用土、ポット苗の植えつけ方、球根の植えつけ方 ほか）、2 手入れのコツと楽しみ方（ギリシャでは愛の花と呼ばれるアガパンサス、初夏から晩秋まで咲き続けるアゲラタム、夏の朝をさわやかに彩るアサガオ、ヨーロッパ生まれの美しいツツジ―アザレア ほか）

⑬容 79種の鉢花を取り上げ、日常の手入れのポイントと増やし方などを図解したガイド。

きれいに咲かせる鉢花づくり120種 1年草、宿根草から球根植物、観葉植物まで 鷲沢孝美監修 成美堂出版 2002.3 207p 24×19cm 1300円 ①4-415-01990-0
Ⓝ627.83

⑪次 春 早春から陽春にかけて咲く花、夏 初夏から盛夏にかけて咲く花、秋 初秋から晩秋にかけて咲く花、冬 晩秋から早春にかけて咲く花、鉢花ガーデニングの基本テクニック

⑬容 鉢花用植物のガイドブック。1年草、宿根草、球根植物、花木、観葉植物等鉢花ガーデニングに適した草花について、開花時期別に、春の花27種、夏の花69種、秋の花20種、冬の花11種の約120種を紹介する。それぞれについて、花の写真とともに、花径・草丈、育てやすさ、手入れや管理のポイント等を紹介、南関東を基準とした開花期や作業適期を栽培カレンダーの形で表示する。巻末に、鉢花ガーデニングの基本テクニック及び用語集をまとめている。

花のコンテナ コツのコツ 山崎誠子監修 小学館 2008.2 159p 21cm （大人の園芸ブックス） 1400円 ①978-4-09-305243-6
Ⓝ627.83

⑪次 1 はじめての花づくりレッスン（植えつけ、寄せ植え ほか）、2 花のコンテナアレンジ12か月（プリムラ、スイセン ほか）、3 コンテナガーデニングを楽しむ基礎知識（一、二年草、多年草 ほか）、今さら聞けないガーデニングQ&A（水やりをしているのに花が咲きません、コンテナを選ぶときのコツは？ ほか）

⑬容 自宅の鉢花をコンパクトに美しく。写真とイラストで定番の花を完全網羅。簡単な工夫でグッとよくなるガーデニングのキメ技を詳しく紹介。

<図鑑>

鉢花&寄せ植えの花320 人気の花、可憐な花が大集合 主婦の友社編 主婦の友社 2009.1 191p 21cm （主婦の友ベスト

動植物・ペット・園芸 レファレンスブック 155

books) 1400円 ①978-4-07-264437-9 Ⓝ627.83

(目次)単子葉類 ユリ、アヤメ、ランなどの仲間(エリスロニウム/ギボウシ/オリヅルラン/オーニソガラム、カマッシア/カロコロッス ほか)、合弁花類 アサガオ、リンドウ、キクなどの仲間(クチナシ/コケサンゴ、サンタンカ/ブバルディア、バーチェリア/ペンタス ほか)、離花弁類 ハナナ、ナデシコ、バラなどの仲間(アニソドンテア/ブルーハイビスカス、ハイビスカス、アブチロン/ウキツリボク ほか)

(内容)園芸店などで手に入る、人気の花、最新花などの花の咲く時期、花の色、草丈、生育上の性質、管理法などをやさしく解説。

花の事典 鉢花 飾る花・育てる花 講談社 1995.3 239p 21cm 2900円 ①4-06-131945-0

(目次)春(アクイレギア、アッツザクラ、アリッサム ほか)、夏(アイビーゼラニューム、アガパンサス ほか)、秋・冬周年(アザレア、アンスリューム ほか)

◆◆ガーデニング

<事典>

エコガーデニング事典 ガーデンで使用してよいもの・悪いものガイダンス ニジェル・ダッドレー、スー・スティックランド著、木塚夏子訳 産調出版 1998.3 313p 19cm (ガイアブックシリーズ) 1500円 ①4-88282-176-1

(目次)アイビー(セイヨウキヅタ)、IPM、アカフサスグリ、アカンサス、アキノキリンソウ、揚げ床、アシナシトカゲ、アスパラガス、アスパラガスハムシ、アスベスト〔ほか〕

(内容)化学製品のチェックや植物の病気、有害生物の防除法などナチュラルガーデニングには欠かせない情報を収録したガーデニングの事典。

庭づくり百花事典 1000種類の植物から色と草丈で選ぶ手引き ジェニー・ヘンディー著、阿武恒夫、リンガフランカ訳 グラフィック社 1999.9 200p 26cm 3500円 ①4-7661-1104-4

(目次)ピンク、オレンジ、グリーン、レッド、ホワイト、ブルー、イエロー、パープル

(内容)1000種類以上の植物を紹介した花壇づくりの事典。ピンク、オレンジ、グリーン、レッド、ホワイト、ブルー、イエロー、パープルの8色に分類し、各ページの上段には花壇後部用の草丈1.2m以上の植物、中段には花壇中央部の草丈0.6～1.2m程度の植物、下段には花壇前部用の草丈0.6m以下の植物を掲載する。掲載項目は、植物名、別名、日本で代わりとなる種類または品種、標準の草丈×横張り、適地、花期、用途、性状、気温条件など。植物名索引、別名索引付き。

non・noガーデニング基本大百科 集英社 2000.2 511p 26×21cm 3800円 ①4-08-309010-3 Ⓝ627

(目次)第1章 植物はいつもガーデニングの主役—花図鑑(一・二年草、宿根草 ほか)、第2章 スタイルのある庭づくりをする—テーマガーデン(カラーガーデン、ローズガーデン ほか)、第3章 庭がなくても手軽にできる—コンテナガーデン(寄せ植えで小さな庭づくり、スペースを生かしたベランダガーデニング ほか)、第4章 植物をじょうずに育てるために—ガーデニング便利帳(これだけは揃えたい基本のガーデンツール、こだわりのエクステリア&マテリアル ほか)

<ハンドブック>

アーバンガーデニング 花による緑化マニュアル 花葉会編、安藤敏夫、近藤三雄責任編集 講談社 2002.1 371p 30cm 38000円 ①4-06-210068-1 Ⓝ629.75

(目次)第1章 アーバンガーデニング(アーバンガーデニング概論、花による緑化の手法、アーバンガーデニングが目指すもの、アーバンガーデニングの植物素材)、第2章 花による緑化素材ガイド&マニュアル(花による緑化素材図鑑、花による緑化素材図鑑補遺)、第3章 アーバンガーデニングデータ集(植物素材総覧、花色別・草丈別データ一覧、品種リスト、学名索引・植物素材 植物名索引)

(内容)花の造園業、アーバンガーデニングのマニュアルブック。アーバンガーデニングの概説と、花による緑化素材ガイド&マニュアル、関連データ集から構成。造園家、園芸家それぞれから、アーバンガーデニングの目的、手法についての提言を紹介。花による緑化素材は、各素材別に地域・気候的適性や鑑賞期間暦などを写真とともに紹介。植物素材総覧、花色別・草丈別データ一覧、品種リスト、アルファベット順学名・植物素材・植物名索引などのデータも付す。

<図鑑>

ガーデンカラーブック 鮮やかな花々のカラーデザイン、配色見本帳 ポール・ウィリアムズ著、渋谷正子訳 産調出版 2001.4 175p 24×26cm 3830円 ①4-88282-251-2 Ⓝ627

(目次)青色、藤色、白色、黄色、茶色、オレンジ色、緑色、黒色、紫色、灰色、赤色、斑模様、

ピンク色
(内容)多年草や1年草から球根植物、つる植物などガーデニング向けの植物600種を解説したガイドブック。本文は色別に分類され、「カラーパレット」として3分割されたページにより植物の色彩を組合せられる。各植物に日当たり／日陰、適温、土壌、色の取り合わせの提案、栽培及び繁殖法、サイズを記載。巻末に植栽レシピ、五十音順の品種索引がある。

◆花木・庭木

<事典>

新しい植木事典 おすすめの美しい庭木・花木350種　三上常夫,若林芳樹共著　成美堂出版　2004.5　392p　21cm　1700円　Ⓘ4-415-02687-7
(目次)写真で探す、花の色で探す、実の色で探す、葉の色で探す、新しい植木350種
(内容)比較的近年日本に導入された木や、日本の自生種のうちこれまで植えられることの少なかった樹種で、人気のある木、花や葉や樹形が美しい木、実や香りが楽しめる木など観賞価値の高い樹木350種を、学名のアルファベット順に紹介。生長したときの樹高や樹形、日本における植栽可能域がひと目でわかる。50音順写真さくいん、花色さくいん、実色さくいん、葉色さくいんが付く。

記念樹　記念日と誕生日365日＋1の樹　三上常夫,若林芳樹著　経済調査会　2006.12　495p　21cm　1800円　Ⓘ4-87437-903-6
(目次)第1章 新しい記念樹（出産記念さくいん、入学・合格記念さくいん、卒業記念さくいん、成人記念さくいん ほか）、第2章 誕生日の樹（1月、2月、3月、4月 ほか）

新編 庭木の選び方と手入れ事典　1　主婦と生活社編　主婦と生活社　2001.10　167p　26cm　1200円　Ⓘ4-391-12532-3　Ⓝ627.7
(目次)春に花をつける木、香りのよい花をつける木、夏に花をつける木、芽立ちの美しい木、緑陰樹に向く木、樹形を自由に変えられる木、薬味・薬用になる木、かわった木、手入れのいらない木
(内容)庭木の特徴、美しさ、基本の手入れ等を利用目的別に紹介した事典。本巻には春に花をつける木、香りの良い花をつける木、夏に花をつける木などを収録。巻末に項目別で選べる樹種索引、庭木の用語解説を掲載。

新編 庭木の選び方と手入れ事典　2　主婦と生活社編　主婦と生活社　2001.10　167p　26cm　1200円　Ⓘ4-391-12533-1　Ⓝ627.7
(目次)秋に花をつける木、冬に花をつける木、早春に花をつける木、黄葉・紅葉の美しい木、実の美しい木、下木に向く木、生垣に向く木、植えつぶしに向く木、池辺に強い木、石組・坪庭に向く木、縁起・記念樹に向く木、土壌改良の方法、庭木の肥料について、生け垣の作り方、石組みの庭の作り方、庭の形による樹種の選び方、花芽の分化期と開花期、庭木を鉢上げする方法
(内容)庭木の特徴、美しさ、基本の手入れ等を利用目的別に紹介した事典。本巻には秋に花をつける木、黄葉・紅葉の美しい木、冬に花をつける木などを収録。巻頭に項目別で選べる樹種索引、巻末に土壌改良法、生垣の作り方、石組みの庭の作り方などを掲載。

新編 庭木の選び方と手入れ事典　3　主婦と生活社編　主婦と生活社　2001.10　167p　26cm　1200円　Ⓘ4-391-12534-X　Ⓝ627.7
(目次)食べられる実のなる木、枝垂れる木、つる性の木、幹膚の美しい木、小鳥を呼ぶ木、主木になる木、大気汚染に強い木、日陰に耐えられる木、芝庭に合う木、玄関脇に向く木、門かぶりに向く木、庭木になる雑木、庭の排水、主木の仕立て方、門かぶりの仕立て方、庭木の殖やし方、実なりをよくする方法、花芽の分化期と開花期、目的に合った庭木選び、小鳥と実のなる木、図解植物用語
(内容)庭木の特徴、美しさ、基本の手入れ等を利用目的別に紹介した事典。本巻には食べられる実のなる木、小鳥を呼ぶ木、庭木になる雑木などを収録。巻頭に項目別で選べる樹種索引、巻末に主木の仕立て方、庭木の殖やし方、実なりをよくする方法などを掲載。

庭園・植栽用語辞典　吉河功監修,日本庭園研究会編　井上書院　2000.10　409p　19cm　3400円　Ⓘ4-7530-0087-7　Ⓝ629.033
(目次)庭園・植栽用語、代表的な日本庭園、著名な作庭家・庭園関係者、主要樹木、その他の樹木（抄）、巻末図表（おもな花木の開花期、配植の基本パターン、庭のゾーニングと樹種、自然樹形 ほか）
(内容)伝統的な日本庭園と植栽関係に焦点を当てた用語辞典。樹種、庭園材料、植栽施行、測量、土木工事、施工管理、維持管理など、住宅設計・造園施工・現場管理分野の用語2600を図版・写真330点をまじえて解説する。本文は五十音順で、他に代表的な日本庭園、著名な作庭家・庭園関係者、主要樹木、その他の樹木（抄）を掲載、巻末には50ページにわたる植物・樹木関連の図表を付す。

庭木花木の整姿・剪定 図解 樹種別作業事典　石川格著　誠文堂新光社　1995.6　176p　23×19cm　2900円　Ⓘ4-416-49519-6

園芸　　　　　　　植物

⑬目次⑭整姿・剪定の基本(庭木の自然樹形と仕立て樹形、庭木の樹体各部の名称と機能、枝の性質 ほか)、図解 整姿・剪定の実際(剪定用具の使い方、枝の名称と標準的な切り方、枝透かしと切り戻し ほか)、樹種別整姿・剪定
⑬内容⑭庭木の手入れについて、樹種別に整姿・剪定方法等を図解したもの。排列は樹種の五十音順。巻末に植物名索引がある。

＜ハンドブック＞

植える 樹木編　北沢周平、鈴木庸夫著　井上書院　2005.7　134p　19cm　(住宅現場携帯ブック)　1840円　Ⓝ4-7530-1883-0
⑬目次⑭常緑針葉樹―高中木、常緑広葉樹―高中木、落葉広葉樹―高中木、常緑針葉樹―潅木、常緑広葉樹―潅木、落葉広葉樹―潅木、つる性植物―常緑、つる性植物―落葉、下草(山野草)―常緑多年草、下草(山野草)・その他〔ほか〕
⑬内容⑭よく使われる249種の造園樹木の特徴や用途、作庭手法について、樹形・葉・花・実等のカラー写真530点とともに解説した。設計者、現場管理者必携の植栽ハンドブック。

大人の園芸 庭木・花木・果樹　濱野周泰監修　小学館　2006.3　335p　27×22cm　3800円　Ⓝ4-09-305231-X
⑬目次⑭庭木、花木(ウメ、サクラ類、ハナカイドウ ほか)、果樹(ウメ、アンズ、セイヨウミザクラ ほか)
⑬内容⑭自分の庭で、あるいはベランダで、自由に木を育て、楽しむための実用書。庭の木には、樹形や、緑葉、紅葉などを愛でる「庭木」、四季おりおりに花が咲く「花木」、果物がなる「果樹」などがある。これらの木々の基本的な知識はもちろん、どんな木を植えるかのヒントと選び方、選んだ木のそれぞれの育て方、手入れの仕方などを1冊にまとめた。

新樹種ガイドブック 新しい造園樹木　日本植木協会編　建物価調査会　2000.1　351p　30×21cm　9400円　Ⓝ4-7676-6801-8　Ⓝ627.7
⑬目次⑭本編(広葉樹、コニファー(針葉樹))、資料編(索引(学名索引、呼称名索引)、参考文献)
⑬内容⑭造園樹木を選定し紹介するガイドブック。広葉樹編約490種、コニファー(針葉樹)編約140種の合計厄20種を収録。掲載データは、科名・属名、樹種名(和名・呼称)、学名表記および学名の読み、セールスポイント(特徴・特性)、アドバイス、鑑賞ポイント、形質分類、樹形、樹高、生育条件、耐性、植栽可能地、関連種および品種、写真およびキャプションなど。学名索引、呼称名索引付き。

庭木・花木の手入れとせん定 身近な庭木

129種の整枝・せん定がよくわかる!　佐藤勇武監修　成美堂出版　2003.7　191p　24×19cm　1300円　Ⓝ4-415-02127-1
⑬目次⑭せん定作業の基礎と方法、早春に花を楽しむ花木、春に花を楽しむ花木、夏に花を楽しむ花木、秋〜冬に花や実を楽しむ花木、樹形や葉を楽しむ庭木、果樹を育てる、庭木、花木の基礎知識
⑬内容⑭施肥、植えつけ・植え替え、病害虫対策、寒さ対策などの手入れのポイント、作業カレンダーも万全。

人気のガーデニング花木100 一年中、花を楽しみたい!　主婦の友社編　主婦の友社　2007.7　127p　21×19cm　(セレクトBOOKS)　1300円　Ⓝ978-4-07-256685-5
⑬目次⑭小さな庭や鉢で楽しむ人気の花木100(冬〜早春、春〜初夏、夏〜秋、その他の花木)、これだけは知っておきたい!花木の育て方基礎知識(花が咲かないのはなぜ?、苗木の入手、植えつけと移植、花木の整枝・剪定 ほか)
⑬内容⑭季節の花木の育て方と手入れの仕方をやさしく解説。花を咲かせるための、花芽のつき方、剪定の仕方が一目でわかる。花が咲かない原因をていねいに解説。シンボルツリーや花垣、鉢植えなど、花木の楽しみ方がいろいろ載っている。花木を育てるための基礎知識もイラストで詳しく解説。

＜図　鑑＞

ガーデン植物大図鑑 木を植えよう花で飾ろう　講談社編　講談社　2008.11　351p　26cm　3619円　Ⓝ978-4-06-214467-4　Ⓝ627.038
⑬目次⑭1 樹木の個性を生かした庭づくり(庭をナチュラルに演出する樹木の選び方、バラいっぱいの庭をつくる ほか)、2 ガーデン樹木図鑑(早春の花木、春の花木 ほか)、3 ガーデン草花図鑑(春の宿根草、初夏の宿根草 ほか)、4 庭木＆草花栽培の基礎知識(剪定の目的と効果、美しい木姿にするために知っておきたい「枝の切り方」 ほか)
⑬内容⑭新しい種類と品種を含め庭木715種類と草花400種類を掲載。素敵な庭の実例を美しいカラー写真で紹介。

花木＆庭木図鑑200 人気の花木、最新の庭木がすぐわかる　主婦の友社編　主婦の友社　2009.7　191p　21cm　(主婦の友ベストbooks)　〈索引あり〉　1300円　Ⓝ978-4-07-267393-5　Ⓝ627.7
⑬目次⑭アオキ、アカバメギ、アキグミ、アケビ、アザレア、アジサイ、アセビ、アブチロン、アベリア、アメリカロウバイ〔ほか〕

植物　園芸

⊕内容⊕庭に植えたい美しい花木、新緑や紅葉、実の美しい庭木など200種類を美しいカラー写真で紹介した、花木＆庭木の入門書。それぞれの種類には花期や樹高を明記し、育て方や管理のポイントもやさしく解説。

花木・庭木　西田尚道著　学習研究社　2000.4　240p　19cm　（フィールドベスト図鑑 4）　1900円　Ⓘ4-05-401118-7　Ⓝ627.7

⊕目次⊕春に花の咲く花木・庭木（ピンク・赤・紫・青の花、黄色やオレンジ色の花、白い花、緑や褐色の花）、夏に花の咲く樹木、秋に花の咲く樹木

⊕内容⊕花木・庭木の図鑑。樹木の形から名前を調べやすい構成になっている。春、夏、秋の3部で構成され、そのなかで代表的な花の色、植栽されている場所で排列する。樹木のデータは樹高、花期、果期、樹形、分布と解説を記載。樹木に関する主な用語集と五十音順索引を巻末に付す。

花木・庭木　増補改訂版　西田尚道著　学習研究社　2009.3　248p　19cm　（フィールドベスト図鑑 vol.4）〈索引あり〉　1800円　Ⓘ978-4-05-403840-0　Ⓝ627

⊕目次⊕春に花の咲く花木・庭木（ピンク・赤・紫・青の花、黄色やオレンジ色の花、白い花、緑や褐色の花）、夏に花の咲く樹木（ピンク・赤・紫・青の花、黄色やオレンジ色の花、白い花、緑や褐色の花）、秋に花の咲く樹木（ピンク・赤・紫・青の花、黄色やオレンジ色の花、白い花、緑や褐色の花）

⊕内容⊕庭や公園を美しい花で彩る花木と庭木約300種を収録。花の咲く時期、花の色、植えられる場所から名前がすぐわかる。人気のツツジ、シャクナゲの検索ページを増補。

静岡県庭木図鑑　川崎順二著　（静岡）静岡新聞社　2000.11　1冊　21cm　2500円　Ⓘ4-7838-0746-9　Ⓝ629.7

⊕目次⊕庭木の基礎知識、針葉樹、常緑広葉樹、落葉広葉樹、つる性植物

⊕内容⊕静岡県内の一般家庭に植栽されている約200種類の庭木を紹介する図鑑。著者の経験や知識をもとにそれぞれの分布、特徴、特性、用途、管理のポイントと写真を掲載する。家庭で利用されることの少ない樹木については割愛している。巻末に索引付き。

低木とつる植物図鑑1000　英国王立園芸協会編、横井政人、植村猶行日本語版監修、英国王立園芸協会日本支部訳　日本ヴォーグ社　1997.8　328p　21cm　（プラントフォトガイドシリーズ）　3000円　Ⓘ4-529-02850-X

⊕目次⊕低木とつる植物カタログ、低木（大型低木、中型低木、小型低木）、つる植物

⊕内容⊕庭木を選んだり、同定するためのガイドブック。世界中の1000種類を超える低木とつる植物をカラー写真1000余点を用いて紹介。植えつけ、繁殖、剪定、管理など実際的な事柄をイラストで説明。巻末に、五十音順の索引を付す。

庭木・植木図鑑　花色・仲間・落葉・常緑で引ける　川原田邦彦監修　日本文芸社　2006.4　367p　24×19cm　（実用BEST BOOKS）　1600円　Ⓘ4-537-20438-9

⊕目次⊕花・葉の部分名称、花の色から引ける花色もくじ、葉の形から引ける葉形もくじ、実の形から引ける実形もくじ、落葉樹・半落葉樹編、常緑樹編、庭木・植木の基礎知識、庭木・植木の手入れのポイント

⊕内容⊕自分の庭に合った庭木、ぜひ育ててみたい植木…。あまり高木にならず、手入れも簡単で人気のある423品種を掲載。基本データはいうに及ばず、育て方の実用情報も満載。

庭木図鑑450　永久保存版　英国王立園芸協会編、横井政人、植村猶行日本語版監修、英国王立園芸協会日本支部訳、ケネス・A・ベケット、アレン・J・クームズ、キース・ラシュホース監修・執筆　日本ヴォーグ社　1996.11　195p　21cm　（プラントフォトガイドシリーズ）　2300円　Ⓘ4-529-02775-9

⊕目次⊕樹木（高木、亜高木、低木）、針葉樹

⊕内容⊕450種を越える世界中の庭木を500点以上のカラー写真で紹介。庭木の習性、色、サイズ、適応する環境が一目でわかり、植えつけ、繁殖、管理などがイラストなどでわかりやすく説明。

庭木専科　気になる草花、樹木をマルチに検索!!　須長一繁、安田浩司、松下高弘著　グラフィック社　1998.8　134p　26cm　3300円　Ⓘ4-7661-1055-2

⊕目次⊕庭木図鑑（常緑高木、落葉高木、常緑中木、落葉中木、常緑低木、落葉低木、常緑ツル物、落葉ツル物、常緑地被類、落葉地被類、特殊物）、植栽の設計実例、植栽用語辞典

⊕内容⊕住宅の設計者が植栽（庭木）を選定するときの参考となるよう、約170種の樹種を収録した植物図鑑。掲載項目は、名称、別名、分類別、植物学上の科、植栽分布、庭の景色、植栽のポイント、手入れのポイント、一般的な樹高や特性など。樹木インデックス、常緑落葉インデックス、陰樹陽樹インデックス、五十音インデックス、花インデックス付き。

庭木・街の木　岡部誠、堀越禎一解説、巽英明写真　小学館　1999.3　319p　16cm　（ポケットガイド 4）　1260円　Ⓘ4-09-208204-5

⊕目次⊕色別図鑑、つる性・生け垣樹、主木・高木、低木・グラウンドカバー、タケ・ササ類、用語解説

⊕内容 身近な庭木、街なかで見かける樹木、275種413品種を掲載した図鑑。索引、学名索引付き。

庭に植えたい樹木図鑑 村越匡芳監修 池田書店 2006.10 223p 26cm 1400円 ①4-262-13613-2

⊕目次 樹木を知る・選ぶ・育てる、落葉広葉樹、常緑広葉樹、針葉樹、春の花木、夏の花木、秋・冬の花木、果樹

⊕内容「庭に木を植えたいがどのような木を選んだらよいのだろう」そんなときに役立つのがこの「庭に植えたい樹木図鑑」。本書は樹木の性質や特徴、選び方や植え方、管理の方法、楽しみ方などをわかりやすく解説。落葉広葉樹、常緑広葉樹、針葉樹はもちろん花木、果樹までを紹介した樹木選びの入門書。

庭の花 鈴木庸夫著 山と渓谷社 2000.3 281p 15cm (ヤマケイポケットガイド 11) 1000円 ①4-635-06221-X Ⓝ627.038

⊕目次 春の花、初夏の花、夏の花、秋冬の花

⊕内容 庭の祭壇や玄関先、ベランダなどで栽培できる草花を中心に約550種の園芸植物を紹介した図鑑。掲載データは、一般名、別名、学名、花期、花色、花の大きさ、草姿、草丈、原産地、園芸分類、日照、耐寒性、植えつけ、利用法など。

人気の庭木・花木159種 整枝と管理のポイントがよくわかる 主婦の友社編 主婦の友社、角川書店〔発売〕 2001.5 239p 21cm 1500円 ①4-07-228944-2 Ⓝ627.7

⊕目次 第1章 人気の庭木・花木(花を楽しむ木、実を楽しむ木、落葉樹、常緑樹)、第2章 庭木・花木管理の基礎知識

⊕内容 庭木と花木159種の整枝・管理に関する図鑑。掲載項目は各木の特徴、整枝のポイント、管理のポイント、ふやし方をイラスト入りで解説。巻末には「整枝用具と使い方」「整枝・剪定の基本」などの基礎知識と、樹種索引がある。

よくわかる庭木大図鑑 葉花実樹形 椎葉林弘著 永岡書店 2009.4 367p 26cm 1500円 ①978-4-522-42603-6 Ⓝ627.7

⊕内容 常緑樹・落葉樹・コニファーなど、庭木約450種を収録。和風・洋風・自然風など適した庭のタイプ、楽しみ方がわかる。花・葉・実・樹形から好みの庭木を探す写真索引付き。

◆芝 草

<事典>

芝草管理用語辞典 真木芳助著 一季出版 1997.5 393p 18×12cm 3800円 ①4-87265-034-4

⊕内容 1994年4月から2年8カ月にわたり、月刊「ゴルフマネジメント」誌(発行・一季出版)に連載したものを骨子とした芝草学の辞典。排列は、見出し語の五十音順。付録資料として主要芝草品種名、芝草病名一覧、芝草適用登録農薬(商品名)一覧を掲載。巻末には、英和対訳集(本書の見出しの和語と英語を並び変え、アルファベット順に排列したもの)を付す。

芝草管理用語辞典 大改訂版 真木芳助著 一季出版 2008.2 439p 19cm 4000円 ①978-4-87265-149-2 Ⓝ629.73

⊕内容 543語、5万字に及ぶ大改訂版。付録資料は、従前のものを一新し、「芝草新品種の形質評価」「芝草の主要病害と病徴」「ゴルフ場や公園で使われる緑化樹・灌木類」を新設。「芝草適用登録農薬(商品名)一覧」「厚生省、環境省が定める水質暫定指針値」の追加訂正を行った。見出し(及び解説文中の語句等)の和語と英語を並べ換え、アルファベット順に配列して英和対訳集としている。

◆盆 栽

<ハンドブック>

てのひらにのる自然 ミニ盆栽のすべて 群境介著 (大阪)ひかりのくに 2002.10 159p 26cm (がぁでんぶっくす) 1400円 ①4-564-40856-9 Ⓝ627.8

⊕目次 小品盆栽へホップ・ステップ・ジャンプ、身近な器でおしゃれに楽しむ(楽しもう、それぞれのミニ盆栽、「枯らしてしまった」をなくすために、絶対失敗しない素材づくり、樹のシェイプ法、こんなに効果的。ステップアップ改作術)、樹種別カタログ(花もの類、実もの類、雑木類、松柏類)、そのとき役立つ樹種100

⊕内容 ミニ盆栽の樹種と手入れのしかたを解説したガイドブック。ミニ盆栽の楽しみ方や育て方について解説した部分と樹種別カタログで構成。樹種別カタログは各種類ごとに五十音順に排列し、樹名、写真、手入れ等の時期と、手入れのしかたをイラストとともに紹介する。巻末に五十音順の樹種索引を付す。

<図 鑑>

清香園美術盆栽 日本の粋、江戸の粋 山田登美男, 山田香織共著 いしずえ 2008.7 127p 31cm 〔英語併記 おもに図〕 9524円 ①978-4-86131-027-0 Ⓝ627.8

⊕内容 春・夏(彩花盆栽「松竹梅」、床の間飾り、彩花盆栽「寿」、彩花盆栽「新春を祝して」、ゴヨウマツ「福寿丸」ほか)、秋・冬(ブナ、ニシキギ、彩花盆栽「錦秋」、マユミ、アカバナヤ

エサンザシ ほか）

盆栽芸術 天 小林国雄の世界 盆栽編 小林国雄著 美術年鑑社 2008.12 319p 31cm 〈英語併記 年譜あり〉 8300円 ①978-4-89210-177-9 Ⓝ627.8
〔目次〕新春，春，夏，秋，冬，受賞作品，改作
〔内容〕自然界の神秘的な美を体現する盆栽に心を奪われ，その技を極めるとともに，専門美術館まで建てた気鋭の盆栽家・小林国雄。その集大成となる，多数の盆栽を網羅した作品集。

◆作物栽培

<事 典>

作物学用語事典 日本作物学会編 農山漁村文化協会 2010.3 406p 27cm 〈索引あり〉 15000円 ①978-4-540-07136-2 Ⓝ615.036
〔目次〕栽培，成長，形態，生理，品種・遺伝・育種，作物
〔内容〕作物に関する用語を解説する事典。6つの分野に分け，その中を約160の項目を立て，その項目に関連する用語を見開き2ページの中で解説する。

「事典」果物と野菜の文化誌 文学とエロティシズム ジャン＝リュック・エニグ著，小林茂，尾河直哉ほか訳 大修館書店 1999.6 663p 21cm 6000円 ①4-469-21240-7
〔目次〕アーティチョーク―綿毛につつまれたお尻，マルス嬢のアーモンド・スープ，アスパラガスの天国，アボカドの猛々しさ，あんずの煙，いちごのムート夫人，いちじくの隠された恋，いらくさの接吻，いんげんまめを捕まえろ!，ミステリアスなオリーブ〔ほか〕
〔内容〕古今東西の文学作品，絵画，料理法，食餌療法，神話，迷信の中にある果物・野菜のエロティックなイメージを解説した事典。

新編作物学用語集 日本作物学会編 養賢堂 2000.6 329p 19cm 3800円 ①4-8425-0063-8 Ⓝ615.033
〔内容〕作物に関する研究分野について作物，雑草名のほか環境・バイオテクノロジー・統計・情報処理などに関する用語を収録した作物学用語集。和英の部と英和の部の2部で構成。昭和62年刊行の「改訂作物学用語集」に採録された用語を加除修訂，見出し語を和英8190，英和9160語を収録。和英の部の各項目はよみ，漢字交じり日本語，英語を記載。英和の部は英語と対応する日本語について記載する。巻末には国際単位系(SI単位)及び単位の換算表を巻末に付す。

地域生物資源活用大事典 藤巻宏編 農山漁村文化協会 1998.4 582p 30cm 19048円 ①4-540-97099-2
〔目次〕植物資源(アイ，小上粉(アイ)―事例，アオノリ(スジアオノリ) ほか)，動物資源(アゲマキガイ，アザラシ，アマゴ ほか)，きのこ・微生物資源(泡盛菌，いずし菌，ウスヒラタケ ほか)
〔内容〕植物，きのこ，微生物について農林水産業，農山漁村の活性化に役立つことが期待できる生物資源を約400種収録。植物資源，動物資源，きのこ・微生物資源の3つに分類し，加工，利用特性，遺伝資源，栽培，飼育，培養などの情報を記載。巻末には品目索引，用途索引，学名索引が付く。

<ハンドブック>

食用作物 国分牧衛著 養賢堂 2010.8 513p 22cm 〈『新編食用作物』(1980年刊)の新訂 文献あり 索引あり〉 6000円 ①978-4-8425-0473-5 Ⓝ616.036
〔目次〕総論，水稲，陸稲，コムギ，オオムギ，ライムギ，エンバク，トウモロコシ，モロコシ，キビ，アワ，ヒエ，シコクビエ，トウジンビエ，ハトムギ，ソバ，その他の穀物，ダイズ，アズキ，ラッカセイ，インゲンマメ，リョクトウ，ササゲ，エンドウ，ソラマメ，ヒヨコマメ，キマメ，ヒラマメ，その他のマメ類，ジャガイモ，サツマイモ，キャッサバ，ヤムイモ，タロイモ，コンニャク，その他のイモ類，その他の食用作物

ハイテク農業ハンドブック 植物工場を中心にして 日本植物工場学会編 東海大学出版会 1992.8 259p 21cm 3296円 ①4-486-01203-8
〔目次〕1章 施設園芸，2章 水耕栽培，3章 植物工場，4章 環境制御技術，5章 計測とセンサ，6章 成育と生産物の評価，7章 自動化，8章 エネルギー源と省エネルギー，9章 植物細胞大量培養，10章 クローン植物大量増殖，11章 種苗工場，12章 栽培品目，13章 経営例
〔内容〕21世紀の日本農業を救うハイテク農業。野菜，花，米まで工場生産。水耕栽培，環境制御，自動化などハイテクを駆使。

野菜と果物の品目ガイド プロの知識を手軽に身に付ける実用マニュアル 改訂7版 食品流通構造改善促進機構監修，農経新聞社編 農経新聞社 2005.12 286p 26cm 3333円 ①4-9901456-3-1
〔目次〕野菜編(根菜類，葉茎菜類 ほか)，新野菜編(プチヴェール，チコリ ほか)，京野菜・加賀野菜編(京野菜，加賀野菜)，果物編(国産果実，輸入果実)，新果物編(サラカ，タマリロ ほ

か），関係資料編

野菜と果物の品目ガイド　プロの知識を手軽に身に付ける実用マニュアル　オールカラー　改訂8版　食品流通構造改善促進機構監修，農経新聞社編　農経新聞社　2010.2　299p　26cm　2857円　Ⓘ978-4-9901456-4-4　Ⓝ626

(目次)野菜編，新野菜編，京野菜・加賀野菜編，果物編，新果物編，関係資料編

＜図鑑＞

こどものずかんMio　11　やさい・くだもの　（大阪）ひかりのくに　2005.8　64p　27×22cm　762円　Ⓘ4-564-20091-7

(目次)あれはなんのほし?，おひさまのこどもたち!，しろいはなからまっかなみ，はるからなつのくだもの，さあとりいれだ!，あきからふゆのくだもの，がいこくでつくられるくだもの，くだもののようなやさい，やさいってなに?くだものってなに?,「み」や「たね」をたべるやさい〔ほか〕

世界の食用植物文化図鑑　起源・歴史・分布・栽培・料理　バーバラ・サンティッチ，ジェフ・ブライアント編，山本紀夫監訳　柊風舎　2010.1　360p　26cm　〈はり込奥付1枚　原書名: Edible.〉　15000円　Ⓘ978-4-903530-35-2　Ⓝ657.8

(目次)第1部　植物から食物へ（採集から栽培へ，主食，食糧貿易，探検，征服，広がる食物の世界，緑の未来），第2部　食用植物事典（果物，野菜，穀物，ナッツ，ハーブ，スパイス，飲料に使われる植物，植物糖，植物油），資料編

(内容)「食べる植物」約500種を紹介する図鑑。その起源と歴史，分布，学名，栽培法，そして食べ方や味を解説する。食卓をさらに美味しく，楽しくする1冊。

東南アジア市場図鑑　植物篇　吉田よし子，菊池裕子著　弘文堂　2001.7　237p　19cm　2500円　Ⓘ4-335-55091-X　Ⓝ626

(目次)香辛料，果実と木の実，果菜，根菜，葉菜（草本），その他の葉菜，子実類

(内容)東南アジアの首都市場で売られている野菜・果物を紹介した図鑑。本文は「うまみのある調味料」などコラムを挟み，植物の食用部位により排列。各植物に和名，学名，科名，食用部位や巻頭写真の番号を記載する。巻頭に植物のカラー写真と「東南アジアの食文化と料理」について，巻末に専門用語の解説，アルファベット順の各国語名対照表，図書案内と項目索引がある。

野菜&果物図鑑　栄養と効能がギュッとつまった一冊!　ファイブ・ア・デイ協会，若宮寿子監修　新星出版社　2006.4　191p　21cm　1400円　Ⓘ4-405-08551-X

(目次)春野菜（アスパラガス，キャベツ（春／冬）ほか），夏野菜（かぼちゃ，きゅうり ほか），秋野菜（栗，さつまいも ほか），冬野菜（かぶ，大根 ほか），通年野菜（えのきたけ，エリンギ ほか）

(内容)素材の最もおいしい旬でお知らせ。気になる種類・栄養・選び方・調理法・保存法・食べ合わせ・Q&Aを総まとめ。全ページカラーで写真を大きく。野菜と果物の断面も紹介。

野菜・果物　金田洋一郎，満田新一郎著　山と渓谷社　2001.3　281p　15cm　（ヤマケイポケットガイド　21）　〈文献あり　索引あり〉　1000円　Ⓘ4-635-06231-7　Ⓝ626.038

(内容)野菜約370種，果実約250種，合計約620種（品種を含む）を収録する図鑑。日本で利用されている野菜と果物を種（または品種群）ごとに収録，特徴や利用法，栽培のポイント，歴史などを解説する。出回り時期，利用する部分から検索できる「つめ」付き。

◆稲　作

＜事　典＞

稲作大百科　1　総説、形態、品種、土壌管理　第2版　農文協編　農山漁村文化協会　2004.3　616p　26cm　11429円　Ⓘ4-540-03326-3

(目次)稲作技術史，世界の稲作，イネ＝植物特性と起源・分化，イネの形態と発育，イネの品種生態と品種選択，主要うるち品種の特性と栽培法，もち米，新形質米，酒米の品種選択，水田の土壌の特質と土壌改良

(内容)稲の形態・生理と栽培の基礎知識を詳述する事典。イネの形態・生理と基本技術，生育診断法，水田土壌の特質と土壌管理，品種選択の着眼点と各品種の特性，食味の変動要因と乾燥・精米まで含めた食味向上技術，気象災害のしくみと回避技術などの基本的な情報を解説。また，急速に広がる減農薬・除草剤を使わない雑草防除，有機・特別栽培の技術，新たな展開をみせる直播栽培などの最新技術情報を網羅し，あわせて，各地の先進的な事例を紹介する。

稲作大百科　2　栽培の基礎、品質・食味、気象災害　第2版　農文協編　農山漁村文化協会　2004.3　616p　26cm　11429円　Ⓘ4-540-03327-1

(目次)イネの生理作用（生育相と生態・生理反応のとらえ方，苗の生育と生理反応 ほか），米の品質と食味（米の品質と構成成分，米の食味と

評価法 ほか），乾燥・調製・貯蔵・出荷技術（収穫後処理のシステム，収穫 ほか），気象災害（冷害，病害虫対策）
(内容)稲の形態・生理と栽培の基礎知識を詳述する事典。イネの生理と関係づけて栽培の基礎を解説。さらに，食味を左右する要因と食味向上のポイント，乾燥・調製・貯蔵・出荷技術，冷害・病害対策までを紹介する。

米の事典 稲作からゲノムまで 新版 石谷孝佑編 幸書房 2009.11 336p 19cm 3000円 ⓘ978-4-7821-0338-8 Ⓝ610
(目次)水稲の品種改良―その現在と未来，日本の米作り，世界の米生産と流通，中国の米生産と米飯嗜好，米の消費・流通システムの構造変化，新しい米の特徴と利用，米の価値を高める新ブレンド法，おいしい米の炊き方，米の調理特性，米の成分特性と米加工品，米の栄養的価値，米糠の機能性成分，稲のゲノム研究

◆野菜

<事典>

カラー版 家庭菜園大百科 板木利隆著 家の光協会 2001.3 503p 26×22cm 3800円 ⓘ4-259-53944-2 Ⓝ626.9
(目次)第1編 野菜の育て方114種（果菜類，葉茎菜類，根菜類，ハーブ類その他），第2編 野菜づくりの基礎知識
(内容)家庭で野菜を栽培しようとする人のために手順と注意点の基本知識をまとめた実用事典。第1編では114種の野菜について栽培特性・品種・栽培方法・成功のポイントをイラストを多用して解説し，第2編では野菜作りの基本を解説する。巻末に五十音順の用語索引と野菜索引を付す。家の光協会既刊の関連本数種を全集成し加筆再構成したもの。

蔬菜園芸の事典 普及版 斎藤隆著 朝倉書店 2010.10 324p 22cm 〈文献あり 索引あり〉 5800円 ⓘ978-4-254-41033-4 Ⓝ626.036
(目次)1 序論（蔬菜園芸学の定義と特徴，蔬菜園芸の発達と現況 ほか），2 果菜類（ナス類，ウリ類 ほか），3 葉茎菜類（菜類，生菜類，柔菜類，ネギ類），4 根茎菜類（直根類，塊茎・塊根類）

蔬菜園芸の事典 斎藤隆著 朝倉書店 1991.10 324p 21cm 5974円 ⓘ4-254-41013-1
(目次)果菜類，葉茎菜類，根菜類
(内容)環境保全的で持続性の高い農業を目指す人，蔬菜園芸学を学ぼうとする人を対象に，蔬菜の生理生態的特性を把握できるよう体系的に解説。巻末に索引つき。

蔬菜の新品種 第17巻 伊東正監修 誠文堂新光社 2009.6 151p 26cm 8400円 ⓘ978-4-416-40914-5 Ⓝ626.11
(目次)スイカ，トウガン台木（スイカ用），キュウリ，カボチャ，メロン，メロン台木，ツルレイシ，パパイア，トマト，トマト台木〔ほか〕

都道府県別 地方野菜大全 タキイ種苗株式会社出版部編，芦沢正和監修 農山漁村文化協会 2002.11 359p 30cm 6000円 ⓘ4-540-02156-7 Ⓝ626
(目次)北海道，青森県，岩手県，宮城県，秋田県，山形県，福島県，茨城県，栃木県，群馬県〔ほか〕
(内容)全国の地方野菜・地方品種の大全。近年脚光を浴びるようになった地方独特の野菜，600種以上を収録。都道府県ごとに分類し，北から排列。各野菜の育種由来，特性，品種，栽培法，食べ方などを解説している。また，収録した地方野菜・地方品種の種苗の入手の可否，入手先・問い合わせ先も掲載している。巻頭には野菜の種類別に検索できる「野菜の種類別目次」，巻末には「地方野菜名・地方品種名索引」が付く。

熱帯アジアの野菜 ウェンディ・ハットン著，木暮欣正訳 チャールズ・イー・タトル出版 1998.12 64p 19cm 980円 ⓘ4-8053-0558-4
(内容)熱帯アジアの野菜の事典。所属する科名（ラテン名）のアルファベット順に排列し，タイ語，マレー語，インドネシア語，タガログ語，英語の読みも併記。記述内容は，野菜の買い方，保存方法，調理上の下準備，歴史的背景，栄養価値，薬効特性など。調理方法も収録。和名索引，学名索引付き。

花図鑑 野菜 芦沢正和，内田正宏監修 草土出版，星雲社〔発売〕 1996.10 319p 23×19cm （草土 花図鑑シリーズ 4） 3090円 ⓘ4-7952-9540-9
(目次)葉菜類，果菜類，根菜類，中国野菜，京野菜，香辛野菜，山菜・野草，そのほかの野菜，キノコ
(内容)野菜の歴史と品種，花，栽培方法，食べ方と効能を写真とともに紹介した園芸ガイド。葉菜類・果菜類・根菜類等の9章から成る。通称名を見出しに学名・原産地などのデータのほか，各品種の解説，料理方法，栽培カレンダー等を掲載。巻末に通称名などの総索引，学名索引がある。

野菜園芸大百科 1 キュウリ 第2版 農文協編 農山漁村文化協会 2004.1 615p 図版10枚 27cm 11429円 ⓘ4-540-03282-8 Ⓝ626.22
(内容)野菜づくりの基礎情報をまとめた事典。作

園芸　　　　　　　植物

物別の20巻と施設・環境別の3巻の計23巻で構成。作業、生育診断、鮮度保持、減・無農薬や耕種的防除、有機質肥料の使い方などを解説。1988〜1989刊の改訂第2版。

野菜園芸大百科　2　トマト　第2版　農文協編　農山漁村文化協会　2004.1　728p　図版14枚　27cm　12381円　①4-540-03283-6　Ⓝ626.27

(内容)野菜づくりの基礎情報をまとめた事典。1〜20は作物別に構成する。

野菜園芸大百科　3　イチゴ　第2版　農文協編　農山漁村文化協会　2004.2　692p　図版10枚　27cm　11905円　①4-540-03284-4　Ⓝ626.29

(内容)野菜づくりの基礎情報をまとめた事典。1〜20は作物別に構成する。

野菜園芸大百科　4　メロン　第2版　農文協編　農山漁村文化協会　2004.1　524p　27cm　10000円　①4-540-03285-2　Ⓝ626.24

(内容)野菜づくりの基礎情報をまとめた事典。1〜20は作物別に構成する。

野菜園芸大百科　5　スイカ・カボチャ　第2版　農文協編　農山漁村文化協会　2004.1　469p　27cm　9048円　①4-540-03286-0　Ⓝ626.23

(内容)野菜づくりの基礎情報をまとめた事典。1〜20は作物別に構成する。

野菜園芸大百科　6　ナス　第2版　農文協編　農山漁村文化協会　2004.3　340p　27cm　〈シリーズ責任表示：農文協／編〉　8095円　①4-540-03287-9　Ⓝ626.26

(内容)野菜づくりの基礎情報をまとめた事典。1〜20は作物別に構成する。

野菜園芸大百科　7　ピーマン・生食用トウモロコシ・オクラ　第2版　農文協編　農山漁村文化協会　2004.3　352p　27cm　7619円　①4-540-03288-7　Ⓝ626.28

(内容)野菜づくりの基礎情報をまとめた事典。1〜20は作物別に構成する。

野菜園芸大百科　8　エンドウ・インゲン・ソラマメ・エダマメ・その他マメ　第2版　農文協編　農山漁村文化協会　2004.2　516p　27cm　9524円　①4-540-03289-5　Ⓝ626.3

(内容)野菜づくりの基礎情報をまとめた事典。1〜20は作物別に構成する。

野菜園芸大百科　9　アスパラガス　第2版　農文協編　農山漁村文化協会　2004.2　291p　27cm　7143円　①4-540-03290-9　Ⓝ626.58

(内容)野菜づくりの基礎情報をまとめた事典。1〜20は作物別に構成する。

野菜園芸大百科　10　ダイコン・カブ　第2版　農文協編　農山漁村文化協会　2004.2　345p　27cm　7619円　①4-540-03291-7　Ⓝ626.44

(内容)野菜づくりの基礎情報をまとめた事典。1〜20は作物別に構成する。

野菜園芸大百科　11　ニンジン・ゴボウ・ショウガ　第2版　農文協編　農山漁村文化協会　2004.2　327p　27cm　7143円　①4-540-03292-5　Ⓝ626.46

(内容)野菜づくりの基礎情報をまとめた事典。1〜20は作物別に構成する。

野菜園芸大百科　12　サツマイモ・ジャガイモ　第2版　農文協編　農山漁村文化協会　2004.3　526p　27cm　10000円　①4-540-03293-3　Ⓝ616.8

(内容)野菜づくりの基礎情報をまとめた事典。1〜20は作物別に構成する。

野菜園芸大百科　13　サトイモ・ナガイモ・レンコン・ウド・フキ・ミョウガ　第2版　農文協編　農山漁村文化協会　2004.7　335p　27cm　7619円　①4-540-04116-9　Ⓝ626.4

(内容)野菜づくりの基礎情報をまとめた事典。1〜20は作物別に構成する。

野菜園芸大百科　14　レタス・ミツバ・シソ・パセリ　第2版　農文協編　農山漁村文化協会　2004.3　428p　27cm　8571円　①4-540-04117-7　Ⓝ626.5

(内容)野菜づくりの基礎情報をまとめた事典。1〜20は作物別に構成する。

野菜園芸大百科　15　ホウレンソウ・シュンギク・セルリー　第2版　農文協編　農山漁村文化協会　2004.6　470p　26cm　9524円　①4-540-04118-5

(目次)ホウレンソウ(ホウレンソウ＝植物としての特性，生育ステージと生理、生態，品種特性と作型適応性，技術と経営戦略)，シュンギク(シュンギク＝植物特性と生理，品種生態と作型)，セルリー(セルリー＝植物としての特性，生育のステージと生理、生態，セルリーの品種生態―品種利用と作型，各作型での基本技術と生理，緑色セルリー(ミニセルリー))

野菜園芸大百科　16　キャベツ・ハナヤサイ・ブロッコリー　第2版　農文協編　農山漁村文化協会　2004.6　471p　26cm　9048円　①4-540-04119-3

(目次)キャベツ(キャベツ＝植物としての特性，生育のステージと生理、生態，品種特性と作型適応性，栽培の実際，各作型での基本技術と生理，個別技術の課題と検討)，ハナヤサイ(ハナ

ヤサイ＝植物としての特性、生育のステージと生理、生態、ハナヤサイの品種生態―品種利用と作型、地域性、各作型での基本技術と生理）、ブロッコリー（ブロッコリー＝植物としての特性、生育のステージと生理、生態、品種生態、各作型での基本技術と生理）

野菜園芸大百科　17　ハクサイ・ツケナ類・チンゲンサイ・タアサイ　第2版　農文協編　農山漁村文化協会　2004.3　363p　26cm　7619円　④4-540-04120-7

(目次)ハクサイ（ハクサイ＝植物としての特性、品種特性と作型適応性、各作型での基本技術と生理）、ツケナ類（ツケナ類＝植物としての特性、生育のステージと生理、生態、ツケナ類の品種生態と作型、コマツナの栽培、技術と経営戦略）、チンゲンサイ、タアサイ

(内容)第1版の作型別栽培体系を中心にした編成から、作業や課題別の編成に一新。栽培の課題や作業のおさえどころ、生育の見方などズバリ解説。高糖度や食味向上、安心・安全は野菜栽培の大きな課題。施肥や水管理のポイント、ヒントになる技術情報も豊富に収録。身体がラクで働きやすい工夫や省力技術も重視して紹介。少量・多品目生産や地域特産づくり事典としても便利。知れば知るほど楽しくなる野菜つくり。生育の見方、肥料や水管理、減農薬防除、食味アップなど、ガーデニングの悩みや課題へのヒントも満載。既存の園芸書に満足できない方に最適。原産地や日本への来歴、栽培の歴史、品種の特徴、品質や鮮度、食味や糖度と栽培の関係など、小学校から高校、大学まで、食農学習や調べ学習の実際的資料として、また生産からわかる食材事典としても貴重。

野菜園芸大百科　18　ネギ・ニラ・ワケギ・リーキ・やぐら性ネギ　第2版　農文協編　農山漁村文化協会　2004.3　443p　26cm　9048円　④4-540-04121-5

(目次)ネギ（ネギ＝植物としての特性、生のステージと生理、生態、ネギの品種生態と特性、育苗、根深ネギ＝圃場での成育と栽培管理、葉ネギ＝圃場での成育と栽培管理、障害と対策、作型、栽培システムと地域での生かし方）、ニラ（ニラ＝植物特性と生理、生態、ニラ＝各作型での基本技術と生理）、ワケギ（ワケギ＝植物特性と生理、生態、ワケギ＝各作型での基本技術と生理）、リーキ・やぐら性ネギ類（リーキ、やぐら性ネギ類）

(内容)第1版の作型別栽培体系を中心にした編成から、作業や課題別の編成に一新。栽培の課題や作業のおさえどころ、生育の見方などズバリ解説。高糖度や食味向上、安心・安全は野菜栽培の大きな課題。施肥や水管理のポイント、ヒントになる技術情報も豊富に収録。身体がラクで働きやすい工夫や省力技術も重視して紹介。

少量・多品目生産や地域特産づくり事典としても便利。知れば知るほど楽しくなる野菜つくり。生育の見方、肥料や水管理、減農薬防除、食味アップなど、ガーデニングの悩みや課題へのヒントも満載。既存の園芸書に満足できない方に最適。原産地や日本への来歴、栽培の歴史、品種の特徴、品質や鮮度、食味や糖度と栽培の関係など、小学校から高校、大学まで、食農学習や調べ学習の実際的資料として、また生産からわかる食材事典としても貴重。

野菜園芸大百科　19　タマネギ・ニンニク・ラッキョウ・アサツキ・シャロット　第2版　農文協編　農山漁村文化協会　2004.6　361p　26cm　8095円　④4-540-04122-3

(目次)タマネギ（タマネギ＝植物としての特性、生育のステージと生理、生態、タマネギの品種生態と作型、各作型での基本技術と生理、個別技術の課題と検討）、ニンニク（ニンニク＝植物特性と生理、生態、ニンニク＝各作型での基本技術と生理）、ラッキョウ（ラッキョウ＝植物特性と生理、生態、ラッキョウ＝各作型での基本技術と生理）、アサツキ、シャロット

(内容)第1版の作型別栽培体系を中心にした編成から、作業や課題別の編成に一新。栽培の課題や作業のおさえどころ、生育の見方などズバリ解説。高糖度や食味向上、安心・安全は野菜栽培の大きな課題。施肥や水管理のポイント、ヒントになる技術情報も豊富に収録。身体がラクで働きやすい工夫や省力技術も重視して紹介。少量・多品目生産や地域特産づくり事典としても便利。知れば知るほど楽しくなる野菜つくり。生育の見方、肥料や水管理、減農薬防除、食味アップなど、ガーデニングの悩みや課題へのヒントも満載。既存の園芸書に満足できない方に最適。原産地や日本への来歴、栽培の歴史、品種の特徴、品質や鮮度、食味や糖度と栽培の関係など、小学校から高校、大学まで、食農学習や調べ学習の実際的資料として、また生産からわかる食材事典としても貴重。

野菜園芸大百科　20　特産野菜70種　第2版　農文協編　農山漁村文化協会　2004.3　434p　26cm　9048円　④4-540-04123-1

(内容)第1版の作型別栽培体系を中心にした編成から、作業や課題別の編成に一新。栽培の課題や作業のおさえどころ、生育の見方などズバリ解説。高糖度や食味向上、安心・安全は野菜栽培の大きな課題。施肥や水管理のポイント、ヒントになる技術情報も豊富に収録。身体がラクで働きやすい工夫や省力技術も重視して紹介。少量・多品目生産や地域特産づくり事典としても便利。知れば知るほど楽しくなる野菜つくり。生育の見方、肥料や水管理、減農薬防除、食味アップなど、ガーデニングの悩みや課題へのヒ

ントも満載。既存の園芸書に満足できない方に最適。原産地や日本への来歴、栽培の歴史、品種の特徴、品質や鮮度、食味や糖度と栽培の関係など、小学校から高校、大学まで、食農学習や調べ学習の実際的資料として、また生産からわかる食材事典としても貴重。

野菜園芸大百科 21 品質・鮮度保持 第2版 農文協編 農山漁村文化協会 2004.3 406p 26cm 9048円 ①4-540-04124-X

(目次)栽培条件と品質、品質の評価法、栽培・収穫条件と収穫後の品質変化、品質・鮮度保持の技術、カット野菜の鮮度保持技術、販売戦略と鮮度保持技術

(内容)第1版の作型別栽培体系を中心にした編成から、作業や課題別の編成に一新。栽培の課題や作業のおさえどころ、生育の見方などズバリ解説。高糖度や食味向上、安心・安全は野菜栽培の大きな課題。施肥や水管理のポイント、ヒントになる技術情報も豊富に収録。身体がラクで働きやすい工夫や省力技術も重視して紹介。少量・多品目生産や地域特産づくり事典としても便利。知れば知るほど楽しくなる野菜づくり。生育の見方、肥料や水管理、減農薬防除、食味アップなど、ガーデニングの悩みや課題へのヒントも満載。既存の園芸書に満足できない方に最適。原産地や日本への来歴、栽培の歴史、品種の特徴、品質や鮮度、食味や糖度と栽培の関係など、小学校から高校、大学まで、食農学習や調べ学習の実際的資料として、また生産からわかる食材事典としても貴重。

野菜園芸大百科 22 養液栽培・養液土耕 第2版 農文協編 農山漁村文化協会 2004.3 507p 26cm 10000円 ①4-540-04125-8

(目次)養液栽培（養液栽培の基礎、養液栽培での生育と技術、養液栽培のシステムと特徴、農家の栽培事例）、養液土耕栽培（養液土耕栽培の基本と応用、養液土耕栽培の応用技術）、環境制御（温度制御、大型高軒高温室の環境と制御）

(内容)第1版の作型別栽培体系を中心にした編成から、作業や課題別の編成に一新。栽培の課題や作業のおさえどころ、生育の見方などズバリ解説。高糖度や食味向上、安心・安全は野菜栽培の大きな課題。施肥や水管理のポイント、ヒントになる技術情報も豊富に収録。身体がラクで働きやすい工夫や省力技術も重視して紹介。少量・多品目生産や地域特産づくり事典としても便利。知れば知るほど楽しくなる野菜づくり。生育の見方、肥料や水管理、減農薬防除、食味アップなど、ガーデニングの悩みや課題へのヒントも満載。既存の園芸書に満足できない方に最適。原産地や日本への来歴、栽培の歴史、品種の特徴、品質や鮮度、食味や糖度と栽培の関係など、小学校から高校、大学まで、食農学習や調べ学習の実際的資料として、また生産からわかる食材事典としても貴重。

野菜園芸大百科 23 施設・資材、産地形成事例 第2版 農文協編 農山漁村文化協会 2004.7 355p 27cm 8095円 ①4-540-04126-6 Ⓝ626

(内容)野菜づくりの基礎情報をまとめた事典。最終巻の23は、各種被覆資材や被覆方法と生育環境、自然崩壊・生分解被覆資材や防虫ネットの利用、点滴など灌水資材、セル苗など育苗資材と育苗方法、移植機の特徴と移植方法などを詳述。婦人や高齢者グループの産地形成事例も紹介する。

野菜栽培技術データ集 農耕と園芸編集部編 誠文堂新光社 1992.1 126p 26cm 2800円 ①4-416-49213-8

(目次)品種・作型・育苗、土と肥料の使い方、農薬の使い方、栽培資材の使い方、予冷と流通

野菜・山菜博物事典 草川俊著 東京堂出版 1992.9 342p 19cm 2900円 ①4-490-10324-7

(内容)従来の作物解説の域を抜け出し、物語り性を加味した新鮮な構成。

野菜の上手な育て方大事典 人気の葉菜・果菜・根菜から一度はつくってみたい地方野菜・中国野菜まで106種 北条雅章監修 成美堂出版 2009.5 271p 26×21cm 1600円 ①978-4-415-30586-8 Ⓝ626.9

(目次)1章 葉菜類の育て方（アーティチョーク、アスパラガス ほか）、2章 果菜類の育て方（アズキ、イチゴ ほか）、3章 根菜類の育て方（アピオス、ウコン ほか）、4章 地方野菜・中国野菜＋ハーブの育て方（沖縄トウガラシ、沖縄島ニンジン ほか）、5章 野菜づくりの基本作業（菜園プラン、土づくり ほか）

(内容)人気の野菜106種の上手な育て方を葉菜類（葉もの・茎もの）、野菜類（実もの）、根菜類（根もの）、さらに地方野菜・中国野菜、ハーブ類にわけて紹介。種まきから収穫までそれぞれの作業プロセスを豊富な写真でくわしく解説する保存版大事典。

47都道府県・地野菜／伝統野菜百科 成瀬宇平、堀知佐子著 丸善 2009.11 348p 20cm 〔文献あり 索引あり〕 3800円 ①978-4-621-08204-1 Ⓝ626

(目次)第1部 概説（日本人と野菜、日本の野菜の原産、地野菜と伝統野菜、京野菜と加賀野菜、新野菜、野菜の安全性）、第2部 都道府県別地野菜・伝統野菜とその特色（北海道、青森県、岩手県、宮城県、秋田県、山形県、福島県、茨城県、栃木県、群馬県、埼玉県、千葉県、東京都、神奈川県、新潟県、富山県、石川県、福井

県, 山梨県, 長野県, 岐阜県, 静岡県, 愛知県, 三重県, 滋賀県, 京都府, 大阪府, 兵庫県, 奈良県, 和歌山県, 鳥取県, 島根県, 岡山県, 広島県, 山口県, 徳島県, 香川県, 愛媛県, 高知県, 福岡県, 佐賀県, 長崎県, 熊本県, 大分県, 宮崎県, 鹿児島県, 沖縄県), 付録

(内容)各種ビタミン類、ミネラル類、その他の機能性成分や食物繊維を含み、見た目の愛らしさ・たくましさ、色や味の多様性など多くの魅力を持つ地野菜・伝統野菜。本書では、日本各地のバリエーションに富む地野菜・伝統野菜について、ルーツ、特色からそれを用いた料理までを、都道府県ごとに解説する。地産地消・食育の観点からも注目される地野菜・伝統野菜の全貌がわかるユニークな百科。

<ハンドブック>

蔬菜の新品種　第14巻(2000年版)　日本園芸生産研究所編　誠文堂新光社　2000.7　177p　26cm　8400円　ⓘ4-416-40002-0　Ⓝ626.11

(目次)スイカ, キュウリ, カボチャ, カボチャ(台木), メロン, ユウガオ(台木), トマト, トマト(台木), ナス, ナス(台木), ピーマン, トウガラシ, オクラ, イチゴ, インゲン, ソラマメ, エダマメ, スイートコーン, キャベツ, メキャベツ, カリフラワー, ブロッコリー, ハクサイ(結球), コマツナ, カラシナ・タカナ, チンゲンサイ, その他のナ類, ホウレンソウ, レタス, ダイコン, カブ, ニンジン, タマネギ, ネギ・ワケギ, ニラ, ハス, ジャガイモ, サツマイモ

(内容)蔬菜の新品種のガイドブック。2000年現在で種苗法に基づき登録された新品種を掲載。蔬菜の種類ごとに排列し、各品種ごとに銘柄と品種名、育成者名、育成の目的、素材や方法、種についての育成経過と栽培上、また機能性・調理性などの特性の解説と取扱者名等について掲載。ほかに巻頭に蔬菜語との新種の概要と傾向、巻末に関係試験研究機関一覧、関係育成者および種苗取扱者一覧、これまでに掲載された品種一覧を収録。

蔬菜の新品種　第15巻(2003年版)　伊東正監修, 日本園芸生産研究所編　誠文堂新光社　2003.7　190p　27×19cm　8400円　ⓘ4-416-40310-0

(目次)スイカ, キュウリ, カボチャ, カボチャ(台木), メロン, メロン(台木), ユウガオ(台木), ツルレイシ, トマト, トマト(台木)〔ほか〕

蔬菜の新品種　第16巻　伊東正監修, 日本園芸生産研究所編　誠文堂新光社　2006.7　166p　26cm　8400円　ⓘ4-416-40606-1

(目次)スイカ, ユウガオ台木(スイカ用), キュウリ, カボチャ台木(キュウリ用), カボチャ, メロン, メロン台木, ツルレイシ, トマト, トマト台木〔ほか〕

にっぽんたねとりハンドブック　プロジェクト「たねとり物語」著　現代書館　2006.6　194p　21cm　2000円　ⓘ4-7684-6926-4

(目次)第1章 種採りの目的(種を採り続けること, F1種子をどう考えるか ほか), 第2章 種採りの基本(繁殖方法, 選抜 ほか), 第3章 種採りの方法(トマト, ナス ほか), 第4章 たねとりくらぶのこれから(たねとりくらぶの取り組み, たねとりくらぶのリスト)

(内容)野菜の種は自分で採ろう。昔からの大事な種子を自分の手で次代に伝える。日本の風土に合って、日本で広く栽培されてきた品目64種類。誰にでもできる種採り法と美味しいレシピ満載。種から育て、種を採り、豊かな農と食を引き継いでいくための一書。

野菜園芸ハンドブック　新編　西貞夫監修　養賢堂　2001.3　1184p　21cm　14000円　ⓘ4-8425-0076-X　Ⓝ626

(目次)野菜の生産と消費の動向, 野菜の用途・成分・機能性および安全性, 野菜の種類と分類, 品種生態と作型, 野菜の育種, 種子の特性と育苗, 養水分・土壌管理, 園芸資材の種類と利用, 施設環境制御, 養液栽培〔ほか〕

(内容)野菜栽培の基本情報をまとめたハンドブック。品種、機械機器、施設など野菜園芸の基本技術の科学的根拠を記述するほか、土壌・肥料、病害虫防除、流通・販売などの部門の情報も紹介する。

野菜づくり大図鑑　旬を育てる・旬を味わう　藤田智編著　講談社　2007.11　311p　26×21cm　3048円　ⓘ978-4-06-213753-9

(目次)果菜(ナス, トマト ほか), 葉菜(ハクサイ, キャベツ ほか), 根菜(ダイコン, コカブ ほか), 中国野菜(チンゲンサイ, ターサイ ほか), 香味野菜・ハーブ(トウガラシ, ショウガ ほか), 地方野菜(賀茂ナス, 万願寺トウガラシ ほか)

(内容)収録野菜は最多の128種類。とれたて野菜の料理レシピ146品。定番野菜からハーブ・地方野菜まで、育てる楽しみと味わう喜びを凝縮した一冊。

◆◆蔬菜の病害虫

<事典>

原色野菜病害虫百科　1　トマト・ナス・ピーマン他　第2版　農文協編　農山漁村文化協会　2005.3　827p　21cm　13333円　ⓘ4-540-04267-X

(目次)トマトの病気、トマトの害虫、ナスの病気、ナスの害虫、ピーマンの病気、ピーマンの害虫、トウガラシの病気
(内容)野菜の病害虫の基礎情報を作物ごとにまとめた事典。1987年刊の第2版。各巻の「診断の部」では被害の様子を初期症状などに分けて解説。被害部位ごとの症状をカラー写真で示す。「防除の部」ではその病害虫の防除の実際を解説する。全7巻、総計9200ページで、1600種類の病害虫を6000枚のカラー写真で掲載する。

原色野菜病害虫百科 2 キュウリ・スイカ・メロン他 第2版 農文協編 農山漁村文化協会 2005.2 611p 22cm 11429円 ①4-540-04268-8 ⓝ626.18
(内容)野菜の病害虫の基礎情報を作物ごとにまとめた事典。

原色野菜病害虫百科 3 イチゴ・マメ類・スイートコーン他 第2版 農文協編 農山漁村文化協会 2005.2 562p 22cm 10476円 ①4-540-04269-6 ⓝ626.18
(内容)野菜の病害虫の基礎情報を作物ごとにまとめた事典。

原色野菜病害虫百科 4 キャベツ・ハクサイ・シュンギク他 第2版 農文協編 農山漁村文化協会 2005.3 474p 22cm 10000円 ①4-540-04270-X ⓝ626.18
(内容)野菜の病害虫の基礎情報を作物ごとにまとめた事典。

原色野菜病害虫百科 5 レタス・ホウレンソウ・セルリー他 第2版 農文協編 農山漁村文化協会 2005.3 519p 21cm 10000円 ①4-540-04271-8
(目次)レタスの病気、レタスの害虫、ホウレンソウの病気、ホウレンソウの害虫、セルリーの病気、セルリーの害虫、パセリの病気、パセリの害虫、シソの病気、シソの害虫、ショウガの病気、ショウガの害虫、ミョウガの病気、ワサビの病気

原色野菜病害虫百科 6 ネギ類・アスパラガス・ミミツバ他 第2版 農文協編 農山漁村文化協会 2005.3 523p 22cm 9524円 ①4-540-04272-6 ⓝ626.18
(内容)野菜の病害虫の基礎情報を作物ごとにまとめた事典。

原色野菜病害虫百科 7 ダイコン・ニンジン・イモ類他 第2版 農文協編 農山漁村文化協会 2005.3 752p 21cm 12857円 ①4-540-04273-4
(目次)ダイコンの病気、カブの病気、ニンジンの病気、ニンジンの害虫、ゴボウの害虫、ジャガイモの病気、ジャガイモの害虫、サツマイモの病気、サツマイモの害虫、サトイモの病気、サトイモの害虫、ヤマノイモの病気、レンコンの病気

<ハンドブック>

菜園の病害虫 防除ハンドブック 全国農村教育協会 2005.5 63p 21cm 1600円 ①4-88137-110-X
(目次)病害(共通病害、ウリ類、トマト、ナス、ピーマン ほか)、害虫(ダニ類、バッタ類、アザミウマ類、カメムシ類、コナジラミ類 ほか)
(内容)菜園にどのような病害虫が発生しているかを被害状況や生態の写真と解説から知り、適切な防除法を判断するための本。

防除ハンドブック 豆類の病害虫 平井一男、上田康郎、仲川晃生、田中文夫著 全国農村教育協会 2008.8 64p 21cm 1600円 ①978-4-88137-141-1 ⓝ616.7
(目次)害虫(カメムシ類、マルカメムシ、シロイチモジマダラメイガ、マメシンクイガ ほか)、病害(ダイズ 赤かび病、ダイズ 萎縮病、ダイズ ウイルス病、ダイズ 褐斑病 ほか)
(内容)ダイズ、アズキ、インゲン、ラッカセイ等の豆類に普通に発生する病害虫を取り上げた便覧。病害虫の種類を判別しやすいように特徴的な写真を掲載し、被害、被害作物、発生、防除、薬剤について簡潔に解説する。被害については被害実態、被害部位等、発生については多発環境、発生時期、生態的特性等を解説した。防除については、生態的・生物的・化学的防除法を解説する。

◆サツマイモ

<事典>

サツマイモ事典 起源・伝播・作物特性・品種・栽培・利用・文化 いも類振興会編 いも類振興会、全国農村教育協会(発売) 2010.1 352p 27cm 〈文献あり 索引あり〉 4800円 ①978-4-88137-150-3 ⓝ616.8
(目次)1章 サツマイモの起源と伝播、2章 サツマイモの特性、3章 サツマイモの生産と普及、4章 サツマイモの流通・加工・利用、5章 サツマイモの食べ方、6章 サツマイモをめぐる文化、7章 世界のサツマイモ事情

◆タバコ

<図 鑑>

タバコ属植物図鑑 日本たばこ産業編 誠文堂新光社 1994.3 293p 26cm 20000円

①4-416-49410-6

[内容]タバコ属全66種を収録した図鑑。すべての形態写真、JTの学術調査による62種の自生地の生態写真を掲載する。

◆茶

<事典>

茶大百科 1 歴史・文化／品質・機能性／品種／製茶 農山漁村文化協会編 農山漁村文化協会 2008.3 948p 27cm 〈文献あり〉 23333円 ①978-4-540-07141-6 Ⓝ619.8

[目次]世界の茶、日本の茶、茶の生産と消費、茶のおいしさと機能性、茶の経営・販売戦略、茶の育種と品種、製茶、茶の審査・品質評価と管理

[内容]茶を様々な角度からとりあげた資料集。全2巻構成。1では、茶の歴史、飲料としての成分と特徴、産業の動向と技術などを体系的に解説する。図版も多数掲載する。

茶大百科 2 栽培の基礎／栽培技術／生産者事例 農山漁村文化協会編 農山漁村文化協会 2008.3 972p 27cm 〈文献あり〉 23333円 ①978-4-540-07142-3 Ⓝ619.8

[目次]チャの特性と収量・品質の変動要因、園地の造成と更新、栽培方法、土壌管理と施肥、気象災害と対策、病害虫の診断と防除、生産者事例

◆果樹栽培

<年表>

日本果物史年表 梶浦一郎著 養賢堂 2008.7 310p 22cm 3400円 ①978-4-8425-0439-1 Ⓝ625.021

[目次]約70000年前〜古墳時代、奈良時代、平安時代から安土桃山時代、江戸時代、明治・大正時代、昭和元年〜30年、昭和時代30年以降、平成時代

[内容]本年表には、原始時代から2006年(平成18年)までの日本における果樹の生育、栽培、果物の販売・消費、果物文化全般にわたる項目を収録した。

<事典>

原色果樹病害虫百科 1 カンキツ・キウイフルーツ 第2版 農文協編 農山漁村文化協会 2005.8 667p 22cm 11429円 ①4-540-05101-6 Ⓝ625.18

[内容]果樹栽培での病害虫防除の診断と対策のための実用知識をまとめた事典。診断の部では被害の様子を症状別に示し適確な診断を目指し、防除の部では病害虫の生態などから対策のポイントを解説、薬剤、栽培管理を含めた防除上の注意まで掲載する。1987年刊の改訂版。

原色果樹病害虫百科 2 リンゴ・オウトウ・西洋ナシ・クルミ 第2版 農文協編 農山漁村文化協会 2005.9 669p 22cm 11905円 ①4-540-05102-4 Ⓝ625.18

[内容]果樹栽培での病害虫防除の診断と対策のための実用知識をまとめた事典。

原色果樹病害虫百科 3 ブドウ・カキ 第2版 農文協編 農山漁村文化協会 2005.9 600p 22cm 10952円 ①4-540-05103-2 Ⓝ625.18

[内容]果樹栽培での病害虫防除の診断と対策のための実用知識をまとめた事典。

原色果樹病害虫百科 4 モモ・ウメ・スモモ・アンズ・クリ 第2版 農文協編 農山漁村文化協会 2005.10 681p 21cm 12381円 ①4-540-05104-0

[目次]モモの病気、モモの害虫、ウメの病気、ウメの害虫、スモモの病気、アンズの病気、スモモ・アンズの害虫、クリの病気、クリの害虫

[内容]果樹栽培での病害虫防除の診断と対策のための実用知識をまとめた事典。診断の部では被害の様子を初期症状、中期症状、典型的な症状などに分け、さらに枝、葉、果実、根部など、被害部位ごとにその症状を鮮明なカラー写真で示した。防除の部ではその病害虫の生態や生活史、発生しやすい条件、対策のポイントを解説し、さらに防除適期と薬剤、栽培管理を含めた防除上の注意にまで及んでいる。

原色果樹病害虫百科 5 ナシ・ビワ・イチジク・マンゴー 第2版 農文協編 農山漁村文化協会 2005.10 587p 21cm 10952円 ①4-540-05105-9

[目次]ナシの病気、ナシの害虫、ビワの病気、ビワの害虫、イチジクの病気、イチジクの害虫、マンゴーの病気、マンゴーの害虫

[内容]果樹栽培での病害虫防除の診断と対策のための実用知識をまとめた事典。「診断の部」では被害の様子を初期症状、中期症状、典型的な症状などに分け、さらに枝、葉、果実、根部など、被害部位ごとにその症状を鮮明なカラー写真で示した。害虫では、卵、幼虫、蛹、成虫というように各生態をカラー写真で示し、害虫名を的確に判断できるようにした。「防除の部」ではその病害虫の生態や生活史、発生しやすい条件、対策のポイントを解説し、さらに防除適期と薬剤、栽培管理を含めた防除上の注意にま

で及んでいる。適用農薬は「改正農薬取締法」に合わせて最新のデータを精選して掲載。

<ハンドブック>

新編果樹園芸ハンドブック 杉浦明編 養賢堂 1991.7 793p 22cm 〈執筆:杉浦明ほか〉 10300円 ⓐ4-8425-9107-2 Ⓝ625

内容)果樹生産業者や園芸に関心を持つ人に、最新技術とその実践法を解説するハンドブック。約20年の間、版を重ねてきた「果樹園芸ハンドブック」を、最近の技術の変化等に対応させるべく新たに全面改訂したもの。

熱帯の有用果実 土橋豊著 (大阪)トンボ出版 2000.3 151p 26cm 2800円 ⓐ4-88716-142-5 Ⓝ625.8

目次)フルーツ・ナッツ類(マンゴー,タマゴノキ ほか),嗜好料(アラビアコーヒー,コンゴコーヒー ほか),香辛料・香料(ダイウイキョウ,オールスパイス ほか),染料・油料(ベニノキ,ククイノキ ほか),観賞用(ボーモンティア・グランディフロラ,ミフクラギ ほか)

内容)フルーツやナッツ類、さらに嗜好料、香辛料・香料、油料、観賞用の果実を解説したもの。各区分ごとに双子葉植物と単子葉植物に分け、それぞれの科名に対する学名のアルファベット順に紹介。巻頭に用語解説、巻末に食品成分表がある。

はじめての果樹ガーデン 自宅でできる簡単フルーツの育て方 大森直樹著 成美堂出版 2007.2 167p 24×19cm 1300円 ⓘ978-4-415-30012-2

目次)1 果樹のある庭(ブルーベリーが実る憩いの庭、見て楽しく食べておいしい、大人気のジューンベリー ほか),2 おもな家庭果樹88種(アケビ,ムベ,アンズ,イチジク ほか),3 家庭果樹の育て方(よい苗木を選ぶことが大切、苗木の植えつけ、鉢に植えつける場合 ほか)

内容)キウイ、プルーン、レモン、マンゴー、モモ、ライチなど人気の果樹88種の育て方。

ベリーハンドブック 野いちご、木いちご、草いちご 木原浩写真・監修 文一総合出版 2006.8 64p 19cm 1200円 ⓐ4-8299-0173-X

目次)ツツジ科(シラタマノキ属,ウラシマツツジ属),バラ科(キイチゴ属,オランダイチゴ属,ヘビイチゴ属)

内容)いわゆる「ベリー」と呼ばれる液果を実らせる、ツツジ科とバラ科の植物のハンドブック。ツツジ科の仲間は、デザートやジャムなどによく使われるブルーベリーのタイプで球形の実をつける。バラ科のキイチゴ類はやはり食材として人気が高いラズベリーのタイプで、小さ

な球果が集まった形のもの、そしてイチゴ状の実をつけるオランダイチゴ属、およびヘビイチゴ属がある。これらのなかから、代表種を選んで、花と実の写真を掲載し、解説を加える。

わが家で育てる果樹&ベリー100 船越亮二監修 主婦の友社 2007.10 207p 21cm (主婦の友ベストBOOKS) 1300円 ⓘ978-4-07-257785-1

目次)introduction(家庭で楽しむ果樹&ベリー、おすすめの果樹&ベリー ほか),人気の果樹・70(アケビ,アセロラ ほか),その他の果樹・30(アーモンド/アロニア/イチゴノキ,イヌビワ/イヨカン/カラタチ ほか),じょうずな栽培法(よい苗木の選び方、土づくり ほか)

内容)庭やベランダでおいしい果実を収穫しよう。植え方や枝の切り方が一目で分かる。

<図 鑑>

くだもの フレーベル館 1996.10 21p 20×21cm (フレーベル館のこどもずかん 7) 780円 ⓐ4-577-01646-X

内容)メロンやバナナ・リンゴといったくだものを絵で紹介した、子供向けの図鑑。それぞれの名称と特徴を記す。

新編原色果樹図説 養賢堂 1996.1 423p 22×31cm 〈監修:小崎格ほか〉 49440円 ⓐ4-8425-9602-3 Ⓝ477.038

内容)現代の果樹の主要品種を果実の写真とともに収録した図鑑。

熱帯アジアの果物 ウェンディ・ハットン著,七理久美子訳 チャールズ・イー・タトル出版 1998.12 62p 19cm 980円 ⓐ4-8053-0557-6

内容)ドリアン、カシューアップル、ムラサキフトモモなど、熱帯アジアの果物を紹介したもの。所属する科名(ラテン名)のアルファベット順に排列し、タイ語、マレー語、インドネシア語、タガログ語、英語の読みも併記。バナナ、アボガド、マンゴーなど、果物を用いたデザートの作り方も収録。和名索引、学名索引付き。

熱帯くだもの図鑑 色と手ざわりで探せる 海洋博覧会記念公園管理財団制作・監修 (本部町(沖縄県))海洋博覧会記念公園管理財団, 東洋企画印刷(発売) 2009.1 159p 21cm 〈他言語標題:Tropical fruit guide book〉 2000円 ⓘ978-4-938984-62-5 Ⓝ625.8

目次)検索 色と手ざわりで探す熱帯果物、図説 用語の凡例、本編 熱帯くだもの図鑑、付録 沖縄の野生果実、付録 栽培暦、付録 開花期と結実期

種子植物

<事典>

タンポポ観察事典 小田英智構成・文、久保秀一写真 偕成社 1996.5 39p 28×23cm （自然の観察事典2） 2400円 ⓘ4-03-527220-5

⦿目次 タンポポの名前の由来、タンポポの分類、冬のタンポポ—ロゼット、花のつぼみの観察、タンポポの花の開花、タンポポの花の日周運動、タンポポの花の舌状花の観察、花にくる昆虫と受粉、ひとつの花の連続観察、花茎の観察・実の生長〔ほか〕

⦿内容 タンポポの特徴や観察方法を「タンポポの分類」「花のつぼみの観察」「タンポポの花の日周運動」等、18のテーマ別に解説した学習用図鑑。巻末に索引がある。児童向け。

チューリップ観察事典 小田英智構成・文、松山史郎写真 偕成社 2003.3 39p 28×23cm （自然の観察事典27） 2400円 ⓘ4-03-527470-4

⦿目次 春のチューリップ畑で…、球根からそだつチューリップ、チューリップの芽ぶき、緑のチューリップ畑、チューリップのつぼみ、チューリップの花の開花、5月のチューリップ畑、おしべとめしべの成長、野生のチューリップは…、チューリップの実と種、種からそだったチューリップ、花が咲くまでの年月、チューリップ畑の花摘み、花を失ったチューリップ畑で、球根の収穫、商品としての球根、夏のユリの季節に、チューリップをそだててみよう

⦿内容 チューリップの品種は、3000種をこすといわれている。花の色も形も色々ある。まわりにどんな花が咲いているか調べてみよう。小学校中学年から。

NEWさつき大事典 800品種を花色別と12群の花柄に大別 （鹿沼）栃の葉書房 2010.5 734p 19cm （別冊さつき研究） 2476円 ⓘ978-4-88616-228-1 Ⓝ627.74

⦿内容 さつきの現存品種のうち、最新花を中心に800品種を美しい写真で紹介。名前が判らなくても検索できるように、基本4色の花色に花柄を加えた12項目に分類。

ヘチマ観察事典 小田英智構成・文、松山史郎写真 偕成社 2006.12 39p 28×23cm （自然の観察事典38） 2400円 ⓘ4-03-526580-2

⦿内容 緑のヘチマ棚の下で、土のなかでの種の発芽、双葉の芽生え、つぎつぎに芽生える本葉、茎を支える巻きひげ、ぐいぐいのびるヘチマの茎、花芽の成長、ヘチマの花の開花、ヘチマの花の受粉、ヘチマの花外蜜腺、青いヘチマの実の成長、大きくそだったヘチマの実、畑のウリ科植物のなかま、秋をむかえたヘチマ棚、赤い実のカラスウリ、枯れたヘチマの実、ヘチマ棚でヘチマをそだてよう

<図鑑>

岡山県カヤツリグサ科植物図譜 カヤツリグサ属からシンジュガヤ属まで 星野卓二、正木智美著、西本真理子画 （岡山）山陽新聞社 2003.6 229p 26×19cm （岡山県カヤツリグサ科植物図譜2） 5714円 ⓘ4-88197-708-3

⦿目次 第1章 カヤツリグサ科植物の形態の解説と分布図、第2章 岡山県のカヤツリグサ科植物図解検索表、写真図版、各論（カヤツリグサ属、ヒメクグ属、ヒンジガヤツリ属、クロタマガヤツリ属、ホタルイ属、テンツキ属、ハタガヤ属、ハリイ属、ノグサ属、ミカヅキグサ属、ヒトモトススキ属、アンペライ属、シンジュガヤ属）

⦿内容 岡山県のスゲ属以外のカヤツリグサ科植物の図鑑。岡山県で見られる典型的なものを参考に、植物体全体、小穂、鱗片、痩果、柱頭の詳細な図を掲載する。また、植物体全体や花序、小穂、痩果のカラー写真やSEM（走査型電子顕微鏡）で撮影した痩果の表面構造の写真も掲載する。

岡山県スゲ属植物図譜 岡山県カヤツリグサ科植物図譜　1 星野卓二、正木智美著、西本真理子画 （岡山）山陽新聞社 2002.4 229p 26cm 5714円 ⓘ4-88197-699-0 Ⓝ479.345

⦿目次 第1章 スゲ属植物の形態の解説、第2章 岡山県のスゲ属植物の分布、第3章 岡山県のスゲ属植物図解検索表、各論（マスクサ亜属（クロカワズスゲ節、ミコシガヤ節、コウボウムギ節 ほか）、真正スゲ亜属（アゼスゲ節、クロボスゲ節、イワカンスゲ節 ほか））

⦿内容 岡山県に育成するスゲ属植物95種（変種を含む）を収録する図鑑。属、節ごとに分類して掲載。各種の特徴を説明し、生育地や分布に付いても記述し、植物の全体、小穂、鱗片、果胞、痩果の詳細な図を掲載している。巻末に学名索引と和名索引を付す。

カエデ識別ハンドブック 猪狩貴史著 文一総合出版 2010.11 100p 19cm 〈文献あり 索引あり〉 1400円 ⓘ978-4-8299-

1175-4　Ⓝ479.824

(目次)ミツデカエデ節，アサノハカエデ節，ウリカエデ節，ヒトツバカエデ節，オガラバナ節，カエデ節，イタヤ節，コブカエデ節，メグスリノキ節，トウカエデ節〔ほか〕

カヤツリグサ科入門図鑑　谷城勝弘著　全国農村教育協会　2007.3　247p　22×14cm　2800円　Ⓘ978-4-88137-124-4

(目次)第1部 カヤツリグサ科の形，第2部 カヤツリグサ科200種，第3部 カヤツリグサ科の生える環境，第4部 標本でみるカヤツリグサ科

ギボウシ図鑑　日本ぎぼうし協会編　誠文堂新光社　2010.4　232p　26cm　4600円　Ⓘ978-4-416-41002-8　Ⓝ479.373

(目次)第1章 ギボウシ属の概要と歴史，第2章 原種・原種選抜品種，第3章 国内交配園芸品種，第4章 海外作出園芸品種，第5章 ガーデンホスタ（植栽例），第6章 良い苗の選び方，第7章 基本的な栽培，第8章 新しい品種作り

(内容)ギボウシの原種から国内外で生育された多くの園芸品種を美しい写真で紹介するほか，苗の手入れ方法から栽培方法，基本的な育種方法まで取り上げる。五十音順，アルファベット順の索引や文献リストなど，ギボウシ関連の情報を体系的に網羅。

スイレンハンドブック　川島淳平著　文一総合出版　2010.7　64p　19cm　〈文献あり索引あり〉　1200円　Ⓘ978-4-8299-0149-6　Ⓝ627.58

(目次)スイレン科在来種（ヒツジグサ，エゾベニヒツジグサ ほか），その他の浮葉植物（ハス，ジュンサイ ほか），園芸スイレン（ヒメスイレン，マリアセアアルビーダ，マリアセアクロマティラ，アンドレアナ，レイデケリロゼア，アフターグロー，アルバートグリーンバーグ ほか），海外原産のスイレン（ニンファエアコロラタ，ニンファエアカペンシス ザンジバリエンシス‘ロゼア’ ほか），スイレン・浮葉植物と同所で見られる水生植物（サジオモダカ，ミツガシワ，スギナモ，ミズドクサ ほか）

タケ・ササ図鑑 種類・特徴・用途　内村悦三著　創森社　2005.4　219p　19cm　2400円　Ⓘ4-88340-187-1

(目次)タケ・ササ類の特徴・用途（単軸型タケ類，短軸型ササ類，連軸型タケ類），タケ・ササ類の基礎知識（タケ・ササ類の種類・分類と特徴，タケ・ササ類の生育と開花，タケ・ササ類の簡易検索表，タケ・ササ類の部位図と名称，タケ・ササ類の分布—世界と日本 ほか）

(内容)野山のタケやササを同定するための図鑑。写真と解説をもとに種類を見当づけたり，同定したりしやすいように編集した実用的手引書。

ダリア百科　日本ダリア会編　誠文堂新光社　2009.3　239p　26cm　〈他言語標題：Encyclopedia of dahlia 索引あり〉　4200円　Ⓘ978-4-416-40909-1　Ⓝ627.6

(目次)ダリア礼賛（ダリアの美しい庭園・公園，草花との組み合わせを楽しむダリア，皇帝ダリアのある風景 ほか），ダリアの品種（超巨大輪から大輪デコラティブ咲き，超巨大輪から大輪セミカクタス咲き，超巨大輪から大輪カクタス咲き ほか），本文ページ（日本のダリアの現状，ダリアの植物学とその渡来記，江戸のダリア ほか）

日本イネ科植物図譜 増補改訂版　長田武正著　平凡社　1993.5　777p　27×21cm　18500円　Ⓘ4-582-50613-5

(内容)外来種を含む，野生のイネ科の草本340種を収録した図鑑。解説は形態のみでなく，特徴や近縁種との区別点を簡潔に記した「同定のかぎ」，学名の問題その他を解説した「ノート」などの項目を加え，英文付きで記載する。全種類に著者の描く図を掲載，図は全形図に加え，小穂その他部分拡大図も多数収載する。花序の形と小穂の形の組み合せで検索する「図解検索表」を付す。

日本イネ科植物図譜　桑原義晴著　全国農村教育協会　2008.10　503p　27cm　6800円　Ⓘ978-4-88137-139-8　Ⓝ479.343

(目次)ハネガヤ属，カモジグサ属，コヌカグサ属，スズメノテッポウ属，ウシクサ属，ハルガヤ属，オキナワカルカヤ属，マツバシバ属，オオカニツリ属，コブナグサ属〔ほか〕

日本ツバキ・サザンカ名鑑　日本ツバキ協会編　誠文堂新光社　1998.6　359p　26cm　6000円　Ⓘ4-416-49811-X

(内容)ツバキ2200種とサザンカ200種，合計2400種の園芸品種を収録した日本に現存するツバキ，サザンカの総合カラー図鑑。園芸品種はツバキとサザンカに区分し，それぞれ五十音順に排列。

日本のスゲ　勝山輝男著　文一総合出版　2005.12　375p　21cm　〈ネイチャーガイド〉　4800円　Ⓘ4-8299-0170-5

(目次)小穂が1個のグループ（カンチスゲ節，ヒナスゲ節 ほか），無柄の小穂を複数つけるグループ（コウボウムギ節，クロカワズスゲ節 ほか），有柄の小穂を複数つけ，円錐状の花序をもつグループ（アブラシバ節，ハナビスゲ節），有柄の小穂を複数つけ，総状の花序をもつグループ（ナキリスゲ節，アゼスゲ節 ほか），スゲ属の帰化植物

(内容)スゲ属植物の図鑑は，これまで線画による図譜は出されているが，写真によるものはない。本書では，全形の生態写真と小穂のアップ

写真、株の基部の写真を中心に、類似種との識別に特に重要である一部の種について、果胞や痩果の写真を組み合わせて示した。日本産のスゲ属植物の全種(252種)に、主要な16変種を加えた268種を項目化して収録している。

日本の野生植物 草本2 離弁花類 新装版 佐竹義輔、大井次三郎、北村四郎、亘理俊次、冨成忠夫編 平凡社 1999.2 318p 26cm 17600円 ①4-582-53502-X
(目次)クワ科、イラクサ科、ビャクダン科、ツリトリモチ科、タデ科、ヤマゴボウ科、オシロイバナ科、ザクロソウ科、ツルナ科、スベリヒユ科〔ほか〕
(内容)日本の種子植物のうち、草本植物約2800種をとりあげ、分類別に解説した図鑑。本巻は、離弁花類を収録。1982年刊の新装版。

日本の野生植物 木本1 新装版 佐竹義輔、原寛、亘理俊次、冨成忠夫編 平凡社 1999.6 321p 26cm 18000円 ①4-582-53504-6
(目次)裸子植物亜門(ソテツ綱、マツ綱、イチイ綱)、被子植物亜門(双子葉植物綱(離弁花亜綱))
(内容)日本に野生する種子植物のうち、木本を対象とした図鑑。索引付き。

日本の野生植物 木本2 新装版 佐竹義輔、原寛、亘理俊次、冨成忠夫編 平凡社 1999.6 305p 26cm 18000円 ①4-582-53505-4
(目次)被子植物亜門(双子葉植物綱(離弁花亜綱、合弁花亜綱)、単子葉植物綱))
(内容)日本に野生する種子植物のうち、木本を対象とした図鑑。索引付き。

花蓮品種図鑑 大貫茂著 誠文堂新光社 2009.6 135p 26cm 〈他言語標題: Encyclopedia of lucus〉 2800円 ①978-4-416-40920-6 ②479.712
(目次)花蓮の生態と構造(蓮の科学、蓮の特徴)、花蓮品種(一重咲き、半八重咲き、八重咲き、千弁咲き)、花蓮の魅力(蓮と睡蓮の相違、蓮の名称がつく植物、二千年の眠りから覚めた大賀蓮、行田蓮の誕生、加賀妙蓮と近江妙蓮のふしぎ、青蓮の渡来、蓮の伝説と行事、蓮の文学、蓮のいろいろ)、花蓮の公園ガイド(全国花蓮の主な名所、見ごたえのある蓮の公園、全国蓮の名所)

◆ラン

<事 典>

洋ランポケット事典 唐沢耕司、小笠原亮著 日本放送出版協会 1999.2 415p 19cm 2800円 ①4-14-040149-4
(目次)カトレヤ類、シンビジウム、デンドロビウム、リカステ類、ミルトニア、オドントグロッスム類、オンシジウム、パフィオペディルム、ファレノプシス類、バンダ類、そのほかの洋ラン
(内容)洋ランの原種と交配種を中心に、東洋ランや野生ランとして扱われるラン類まで収載した洋ラン図鑑。原種317種、交配種475種を収録。索引付き。

<図 鑑>

原種 世界の蘭 530種の特徴と基礎知識・栽培法 斉藤亀三編 三心堂出版社 1998.3 351p 15cm (ポケットカラー事典) 2381円 ①4-88342-178-3
(目次)世界のラン 530種の特徴(アカカリス属、アカンテフィピウム属、アキネタ属、アダ属 ほか)、ランの基礎知識と栽培法(草姿と各部の名称、花茎(花序)の形、花の形態と名称、花の器官と名称 ほか)
(内容)世界に自生するランの原種のなかから118属、525種を厳選し、カラー写真付きで解説。掲載順は属・種とも学名(欧文)のアルファベット順、巻末にはランの基礎知識を栽培法がある。

原種洋蘭大図鑑 白石茂著 家の光協会 1999.8 364p 30cm 10000円 ①4-259-53888-8
(目次)五大属(カトレヤ属、シンビジューム属、デンドロビューム属、パフィオペディラム属、ファレノプシス属)、その他の属(アカカリス属、アカンペ属、アカンテフィピウム属、アシネタ属、アクリオプシス属 ほか)
(内容)日本で栽培されている大部分の種を掲載した原種洋蘭図鑑。285属1198種を収載。掲載項目は、花径、花期、花もち、香り、日照、栽培適温、自生地の垂直分布、栽培の難易など。学名ごとにアルファベット順に配列した「学名索引」、属ごとに五十音順に配列した「五十音順索引」付き。

世界の珍蘭奇蘭大図鑑 ミステリアスオーキッド 齊藤亀三著 誠文堂新光社 2006.4 159p 26cm 3800円 ①4-416-40602-9
(目次)巻頭特集 人々を魅了する原種ランの世界、特集2 ランは植物界の異端児!?その不思議な生態のしくみ(ずい柱、花被片 ほか)、世界の原種ラン474種(アア属・アカカリス属・アカントフィピウム属・アケラス属・アキアンタス属、アッカーマニア属・アクリオプシス属・アダ属・エランギス属・エランテス属・エリデス属 ほか)、258属の解説、特集3 亀三先生のフィールドワークノート

⓪内容 世界各地に分布する野生ランの原種の中から285属474種を厳選。

世界の蘭380 特徴・生態・栽培法 不思議な花、奇妙な花が大集合! 斉藤亀三著
主婦の友社 2009.2 191p 21cm （主婦の友ベストbooks）〈索引あり〉 1400円
Ⓘ978-4-07-264443-0 Ⓝ479.395

⓪目次 中南米のラン，アジアのラン，アフリカのラン，オーストラリアのラン，ヨーロッパのラン，周極地域のラン
⓪内容 地球上に約1000属、2万5000種から3万種あるとされるランの中から、美しいラン、不思議なラン約380種類を地域別に紹介する。

中国野生ラン図鑑 陳心啓，吉占和，羅毅波著，李樹華訳，森和男監訳 オーム社 2008.2 425p 27cm 〈他言語標題：Native orchids of China in colour 英語併記 文献あり 原書名：Native orchids of China in colour.〉 15000円 Ⓘ978-4-274-20513-2 Ⓝ479.395

⓪内容 中国全土を対象とした野生ランの形態、花・果時期、生育環境、海抜などの内容を網羅し、種ごとにカラー写真を掲載。クローズアップ以外に生育環境の写真も公表・収録する。

富貴蘭 230種の特徴と楽しみ方 堀内一博著 三心堂出版社 1995.12 287p 15cm（ポケットカラー事典） 2500円 Ⓘ4-88342-031-0

⓪内容 富貴蘭の登録品種160点と未登録品種合わせて230点を掲載するポケット図鑑。カラー写真を1頁1点ずつ掲載し、解説を加える。

富貴蘭美術銘鑑 日本富貴蘭会監修 三心堂出版社 1997.12 191p 43×30cm 28571円 Ⓘ4-88342-155-4

⓪目次 富貴蘭 登録品種（別格稀貴品、優秀、稀貴品、金盛貴品、全盛 ほか）、富貴蘭 未登録品種（縞、覇輪、中斑・中透け、虎斑・その他、無地葉変わり、花）

⓪内容 平成9年度撰、第48号『富貴蘭銘鑑』に登載されている登録品種161点と、有望と思われる未登録品種210点をカラー写真で掲載。

洋ラン 土橋豊著 山と渓谷社 1996.3 287p 18cm （山渓園芸ハンドブック2）1900円 Ⓘ4-635-58015-6

⓪目次 主要10洋ラン（カトレヤ類、コチョウラン類、シンビジウム、デンドロビウム、オンシジウム ほか）、そのほかの洋ラン、上手にできる管理法（洋ラン栽培入門、さらに詳しく知るために）

⓪内容 カトレヤやコチョウランなど洋ラン145属703種を収録した図鑑。主要10洋ラン・その外の洋ラン・上手にできる管理法の3章で構成され、前半2章では洋ランの名称・学名・栽培法を紹介、最終章ではランを買う際の注意点・水やり・病害虫等、栽培に関する基本的な知識や方法を解説する。巻末に属名の五十音順索引とアルファベット順索引がある。

洋ラン図鑑 土橋豊著 （京都）光村推古書院 1993.4 279p 30cm 7800円 Ⓘ4-8381-0121-X

⓪内容 野生のランを中心に、改良されてより身近になった交雑種を含め、約700枚の写真を使用して紹介、種類ごとの特徴や栽培法も解説する。

蘭 唐沢耕司監修 山と渓谷社 1996.11 671p 20×21cm （山渓カラー名鑑） 4944円 Ⓘ4-635-09026-4

⓪内容 世界の蘭318属1860種（原種1010種、交配種850種）をカラー写真付きで紹介。五十音索引、学名索引付き。

＜カタログ＞

世界の野生ランカタログ 世界のラン野生種400余点の魅力をさぐる 斉藤亀三編著 成美堂出版 1993.12 143p 29×21cm 1700円 Ⓘ4-415-03665-1

⓪目次 世界のラン エリアマップ、観賞編「野生ランカタログ」、ランを知る、ランを育てる
⓪内容 野生ランを写真と記事で紹介するカタログ。ほかに、ランのふるさとを訪ねて、栽培のコツなどの記事を掲載する。

日本と世界の洋ランカタログ '93 成美堂出版 1993.3 165p 29×21cm 1600円 Ⓘ4-415-03612-0

⓪内容 カトレア、シンビジュームからリカステ等までの、最新オリジナル品種400点を紹介するカタログ。

日本と世界の洋ランカタログ '94 成美堂出版 1994.3 162p 30cm 1600円 Ⓘ4-415-03676-7

⓪目次 暮らしを彩るラン、こころを伝えるラン、洋ランカタログ、ラン科植物の分布をめぐって、ランの変遷とブームの移り変わり、より深くランを知るために、日本と世界のおもな洋ラン園
⓪内容 内外の洋ラン400点を紹介するカタログ。

日本と世界の洋ランカタログ '97 大場良一ほか編 成美堂出版 1996.11 162p 29cm 1533円 Ⓘ4-415-04135-3 Ⓝ627

⓪内容 日本と世界のオリジナル品種の洋ランを紹介するカタログ。'91年から刊行されている。海外にも引けを取らないといわれる日本のラン園で扱う洋ランのほか、洋ラン栽培の本場アメ

リカ、アジア諸国、花産業の盛んなオランダなどのラン園から送られた400余枚の写真を、その花の特徴とともに掲載する。

◆バラ

<ハンドブック>

写真でわかるバラづくり　失敗しない咲かせ方　安藤洋子監修　西東社　2008.5　191p　24×19cm　1500円　①978-4-7916-1482-0　Ⓝ627

(目次)1 花色で選ぶバラ図鑑(白系、ピンク系 ほか)、2 バラはこんな植物(バラの性質と特徴、バラの咲く環境と咲き方 ほか)、3 知っておきたい作業の基本(バラの生育環境、バラの日常管理 ほか)、4 バラづくりの12か月(1月の作業、2月の作業 ほか)、5 バラで楽しむガーデニング(すてきな庭にするポイントは立体感、場所別仕立て方のポイント ほか)

薔薇　薔薇ブック　草土出版、星雲社〔発売〕　2000.4　192p　30×23cm　2600円　①4-7952-9567-0　Ⓝ627.77

(目次)プロローグ バラに魅せられた人たち、1 バラはじめの一歩―バラのヒミツが本当によく分かる章、2 バラ図鑑―バラ717種大図鑑の章、3 成功する育て方―育ててみよう大好きなバラの章、4 フラワーアレンジ―美しく飾るフラワーアレンジの章、5 超トクトク情報―知ると得するトクトク情報の章

(内容)バラに関するハンドブック。品種と変遷の解説、バラの品種717種を収録した図鑑と育成方法の基本と年間スケジュール、ほかに日本全国のバラに関する情報で構成。図鑑はオールドローズ、モダンローズ、ワイルドローズに大別して排列し、バラの図版に原名、香り、咲き方、開花期、形状等の解説を付す。第5章では日本全国のバラ園ガイド、ホームページ、国花・県花・ことわざ・花言葉・味覚とほかに全国緑の相談所一覧、用語集を収録。巻末に品種別と花の色別の索引を付す。

見てわかるバラの育て方　苗木の選び方から殖やし方まで　川原田邦彦監修　誠文堂新光社　2006.12　158p　21cm　1400円　①4-416-40616-9

(目次)知っておきたいバラの基本知識、美しいバラのカタログ、バラづくりをはじめよう、バラづくりの実際、プラス1のバラの楽しみ方、バラの便利帖

(内容)個性豊かなバラの魅力にふれながら、その育て方やガーデニングを楽しむためのコツなどを紹介。また、花の色ごとに分けた目次によって、咲かせてみたい花色から品種を選ぶこともできる。手軽にできる鉢植えや、栽培のタイミングがわかるカレンダーなども掲載。

<図鑑>

イングリッシュローズ図鑑　デビッド・オースチン著、中谷友紀子訳、平岡誠編集協力　産調出版　2007.11　303p　29×24cm　〈原書名：THE ENGLISH ROSES〉　4800円　①978-4-88282-632-3

(目次)第1部 イングリッシュ・ローズの起源と特性(バラ、イングリッシュ・ローズとは、イングリッシュ・ローズの先祖、イングリッシュ・ローズの性質、香り、最初のイングリッシュ・ローズ)、第2部 イングリッシュ・ローズの品種ギャラリー(オールド・ローズ・ハイブリッド、リアンダー・グループ、イングリッシュ・ムスク・ローズ、イングリッシュ・アルバ・ハイブリッド、つる性のイングリッシュ・ローズ、切花用のイングリッシュ・ローズ、初期のイングリッシュ・ローズ)、第3部 庭のイングリッシュ・ローズ(園芸植物としてのイングリッシュ・ローズ、庭のイングリッシュ・クライマー、ローズ・ガーデン、室内のイングリッシュ・ローズ、イングリッシュ・ローズの未来、イングリッシュ・ローズの育て方)

(内容)デビッド・オースチンの作品のなかで最も人気の高い品種と新品種の数々を、美しい写真と詳細な説明によって紹介。

オールド・ローズとつるバラ図鑑674　寺西菊雄、前野義博、村田晴夫、小山内健編　講談社　2006.3　223p　21cm　2200円　①4-06-212946-9

(目次)原種のバラ、オールド・ガーデン・ローズ、クライミング・ローズ、モダン・シュラブ・ローズ、イングリッシュ・ローズ、ローズ・ヒップ

(内容)原種、オールド・ガーデン・ローズ、クライミング・ローズ、モダン・シュラブ・ローズを集めた、どこででもバラを楽しめるハンディなバラ図鑑。

オールド・ローズ花図譜　野村和子著　小学館　2004.4　337p　26cm　6500円　①4-09-305503-3

(目次)アルバ・ローズ、ブルボン・ローズ、ブールソール・ローズ、ケンティフォリア・ローズ、チャイナ・ローズ、ダマスク・ローズ、ガリカ・ローズ、ハイブリッド・パーペチュアル・ローズ、モス・ローズ、ノワゼット・ローズ〔ほか〕

(内容)日本初の本格的オールド・ローズ図鑑誕生。528種をオール・カラーで収録。

クリスマスローズギャラリー　美しさでひもとくクリスマスローズ図鑑　草土出版、星雲社〔発売〕　2005.12　239p　19cm　(ジュエリーブックシリーズ 2)　2200円

動植物・ペット・園芸 レファレンスブック

種子植物　　　　　　　　　　　　植　物

①4-434-07096-7

(目次)クリスマスローズが彩る風景，クリスマスローズの魅力と楽しみ方，多彩な花とさまざまな楽しみ，刊行によせて(Will McLewin)，ニゲルの物語，クリスマスローズの栽培，ボタニカルアートの世界，芽・葉・つぼみ—Delicacy of Christmas Roses，自生地の姿，花の咲き方，多彩な模様，クリスマスローズ図鑑

(内容)自生地とガーデン風景に花色，花型別の編集。その個性をとらえた美しい写真が満載。コンパクトでちょっと豪華なはじめてのビジュアル図鑑。

決定版 バラ図鑑　寺西菊雄，前野義博，村田晴夫，小山内健編　講談社　2004.4　247p　26×21cm　3300円　①4-06-211099-7

(目次)バラの最新品種，バラの歴史，原種のバラ，オールド・ガーデン・ローズ，クライミング・ローズ，モダン・シュラブ・ローズ，イングリッシュ・ローズ，ハイブリッド・ティ・ローズ，フロリバンダ・ローズ，ポリアンサ・ローズ，ミニチュア・ローズ，ローズ・ヒップ，バラの育て方

(内容)日本の風土に合うバラや歴史的に重要なバラを紹介する図鑑。類書中最多914品種+ローズ・ヒップ38種を収録，バラ選びの参考になる品種写真，バラづくりの参考になる作例写真を掲載した。作例写真はすべて日本の実例。2003-04年度の新作を中心に，各社の最新品種を30種紹介。バラの選び方，植えつけ，肥料やり，剪定など，基本的な育て方をイラストをまじえて解説。バラの性質に合った最適な使い道を知る試みとして，バラの樹形を完全分類する。

四季咲き木立ちバラ図鑑728　寺西菊雄，前野義博，村田晴夫，小山内健編　講談社　2006.3　223p　21cm　2200円　①4-06-212945-0

(目次)ハイブリッド・ティ・ローズ，フロリバンダ・ローズ，ポリアンサ・ローズ　ミニチュア・ローズ

(内容)ハンディなバラ図鑑。ハイブリッド・ティ・ローズ，フロリバンダ・ローズ，ポリアンサ・ローズ，ミニチュア・ローズを収録する。

はじめてのバラづくり　ガーデンローズを楽しむ　近藤昭郎著　宙出版　2000.2　144p　21cm　(宙カルチャーブックス)　1300円　①4-87287-996-1　Ⓝ627.7

(目次)バラの咲く庭(樹性を生かして仕立てましょう，バラの部位の名称，バラの花型 ほか)，Garden Rosesバラ図鑑(フロリバンダ・ローズ，ポリアンサとパティオ，モダン・シュラブ・ローズ ほか)，バラの育て方(どんなバラを植えたらよいでしょう，育てる前に，バラという植物の性質を知っておくことがたいせつです，囲い，

「四季咲き」とは？ ほか)，用語解説，バラ苗の入手先，品種名索引

花図鑑 薔薇　上田善弘監修，野村和子，梶みゆき執筆　草土出版，星雲社〔発売〕1997.3　304p　24×19cm　(草土花図鑑シリーズ5)　3000円　①4-7952-9543-3

(目次)バラを育てる(年間スケジュール，植える，肥料・水やり，夏越し・冬越し，剪定，誘引，病気，害虫，植鉢え栽培)，バラを楽しむ(庭で楽しむ，ボタニカルアートを楽しむ，香りを楽しむ，ドライフワラーを楽しむ，フラワーデザインを楽しむ)，図鑑(本書の使い方，イングリッシュローズ，オールドローズ，原種，その他，モダンローズ)，最新品種のバラ(ブーケ・アレンジで活躍する，最新品種のバラ，ガーデンシーンを彩る，最新品種のバラ)，バラ園・バラ苗情報(全国バラ園紹介，バラ苗業者紹介)

花図鑑 薔薇 増補改訂版　上田善弘監修，野村和子，梶みゆき執筆　草土出版，星雲社〔発売〕2001.10　336p　26cm　(草土花図鑑シリーズ5)　3000円　①4-7952-9580-8　Ⓝ627.7

(目次)人気品種&最新品種のバラ(ブーケ・アレンジで活躍する，人気品種のバラ，最新品種のバラ，ガーデンシーンを彩る，注目品種のバラ)，バラ園・バラ苗情報(全国バラ園紹介，バラ苗業者紹介)

(内容)オールドローズから最新品種までバラ850種の図鑑。本書は増補改訂版。イングリッシュローズ，オールドローズ・原種・その他，モダンローズの3区分に分類し，花色順に排列。和名，原名，作出に関する情報，花形・色，香り，開花時期，季咲きについてなどの特徴データを写真とともに解説。巻頭には「ローズギャラリー」と「バラの系統図」，巻末にカナで引く総索引と原名索引，香りの索引がある。

バラ　色分け花図鑑　名前の由来と品種がわかる　入谷伸一郎著　学習研究社　2008.4　208p　21cm　1500円　①978-4-05-403556-0　Ⓝ627.7

(目次)ピンク系の花，赤色系の花，朱色系の花，オレンジ系の花，黄色系の花，白色系の花，複色系の花，覆輪咲の花，紫色系の花，茶色系の花，ミニチュア系，イングリッシュローズ，オールドローズ，野生種，栽培

(内容)コンパクト版で最大の550種。紀元前から栽培され，今も世界中で愛され続けている花の女王バラ。苗木を上手に育てたい，きれいな花を咲かせたい，庭を薔薇にしたい人へ。花色・歴史，原産地，名前の由来，苗の植えつけのしかた，剪定方法，挿し木，接ぎ木，肥料，病害虫。バラとともに半世紀，京成バラ園芸がお答えするバラの決定版。

バラ図鑑300　初心者でも気軽に楽しめる
主婦の友社編, 高木絢子監修　主婦の友社　2009.7　191p　21cm　〈主婦の友ベストbooks〉〈索引あり〉　1300円　Ⓘ978-4-07-267370-6　Ⓝ627.77

㋐知っておきたいバラの基礎知識, 原種・オールドローズ, ハイブリッドティーローズ, フロリバンダローズ, イングリッシュローズ, モダンシュラブ・その他, つるバラ

バラ図鑑300　永久保存版　英国王立園芸協会編, 上田善弘日本語版監修, 英国王立園芸協会日本支部訳, ピーター・ハイネス, リンデン・ホーソン監修・執筆　日本ヴォーグ社　1996.11　159p　21cm　〈プラントフォトガイドシリーズ〉　2000円　Ⓘ4-529-02774-0

㋐モダンブッシュローズ, モダンシュラブローズ, オールドガーデンローズと原種バラ, グランドカバーローズ, パティオおよびミニチュアローズ, ツルバラとランブラー, バラの手入れ法

㋑300種を越えるバラを350点以上のカラー写真で紹介。習性, 色, サイズ, 適応する環境が一目でわかり, 植えつけ, 繁殖, 管理などイラストでわかりやすく説明。

バラ図譜　ピエール=ジョゼフ・ルドゥーテ画　河出書房新社　2008.5　1冊(ページ付なし)　38cm　〈他言語標題: Les roses　肖像あり〉　14000円　Ⓘ978-4-309-25519-4　Ⓝ479.75

㋑植物画の天才画家ルドゥーテの最高傑作「バラ図譜」を原寸大で復刻。保存状態のよい当時の初版本を底本とし, 高品質印刷で色彩豊かに再現した豪華愛蔵版。

薔薇大図鑑2000　白澤照司撮影　草土出版, 星雲社〔発売〕　2006.5　487p　30cm　4800円　Ⓘ4-434-07439-3

㋑美しい瞬間をとらえた貴重な撮り下ろし写真と解説でバラ2000品種掲載。オールド・ローズ, イングリッシュ・ローズなどの人気ガーデン・ローズのほか, 国内外の切りバラをプラス。最新品種から稀少品種, 人気品種を多数掲載。

ばら・花図譜　鈴木省三著　小学館　1990.6　398p　28×23cm　25000円　Ⓘ4-09-305501-7

㋐ハイブリッド・ティ・ローズ, ティ・ローズ, フロリバンダ・ローズ, ポリアンサ・ローズ, ミニチュア・ローズ, クライミング・ローズ, ハイブリッド・パーペチュアル・ローズ, シュラブ・ローズ, 原種, 亜種, 原種間交雑種, バラの文化史, 日本と世界のバラ, バラの起源と文化史, 系統と分類, 品種改良・栽培の歴史, 形態, バラの花色, 香り, 品種改良・繁殖の技術, 世界と日本のバラ園

㋑原種から園芸品種までカラー1000点で系統別に紹介。解説1150種, 文化史・分類・形態・花色・香り・育種・世界と日本のバラ園など, バラのすべてを収録したバラ事典。

持ち歩き バラの品種図鑑　高木絢子監修, 主婦の友社編　主婦の友社　2007.5　255p　17×9cm　〈主婦の友ポケットBOOKS〉　1000円　Ⓘ978-4-07-256076-1

㋐知っておきたいバラの知識(バラの歴史と分類, バラの分類図, バラの花形と樹形, 知っておきたいバラの香り), 知っておきたいバラ育てのポイント(バラ苗の植えつけ方, バラの栽培カレンダー), バラ園ガイド

㋑知りたいバラの名前がすぐわかる。色別234種。

Rose book　今、最も美しく新しいバラ図鑑625品種　永久保存版　『花時間』編集部編　角川マガジンズ, 角川SSコミュニケーションズ〔発売〕　2008.4　108p　21×21cm　1300円　Ⓘ978-4-8275-3098-8　Ⓝ627.77

㋑色別アレンジ&ブーケ, 図鑑, 注目の美しき最新バラ25品種, バラの系統, バラの花のしくみ, バラの咲き方, バラの樹形, ビギナーのための, バラQ&A, Information バラ情報の花束

＜カタログ＞

New Roses　ローズブランドコレクション2006　産經新聞メディックス　2006.4　61p　30cm　1000円　Ⓘ4-87909-750-0

㋐日本, 米国, イギリス, ニュージーランド, フランス, ドイツ, オランダ, デンマーク, 小売店の特選品種, バラの楽しみを広げる

㋑日本で販売, 販売予定で実際に入手可能なバラの主要な品種をブランドごとに掲載。

New Roses 2009　産經新聞メディックス　2009.4　88p　30×23cm　1000円　Ⓘ978-4-87909-801-6　Ⓝ627.77

㋑2009 Rose Brand Collection(日本, アメリカ ほか), 小売店(ローズアドバイザー)おすすめ品種(三越日本橋本店屋上チェルシーガーデン有島薫さん, クリフトン・ナーセリーズat京阪ガーデニング小山内健さん ほか), 国際コンクール入賞花(JRC2008年度(平成20年度)入賞花, 第8回ぎふ国際ローズコンテスト受賞品種ほか), バラの美を表現する(繰り返し夢見るバラとスイーツバラのスイーツ, 特集・花型のスタイル ほか), 暮らし・栽培—バラの楽しみを広げる(ハーブ&ベジタブル『バラ色の暮し』に食彩を—蓼科高原バラクライングリッシュガーデン, カベを取り払い, 損得抜きで, バラの普及を ほか)

㋑各バラ園・種苗会社の協力のもと, 日本

において実際に販売され（含・予定）入手できるバラの主な品種を、ブランドごとに掲載。31ブランド352品種。

バラ図鑑　日本と世界のバラのカタログ
最新版　鈴木省三監修　成美堂出版　1997.3　143p　30cm　1500円　④4-415-04151-5

（目次）Rose Garden, ROSE CATALOG 薔薇、ハイブリッドティローズ、フロリバンダローズ、ミニアチュアローズ、クライミングローズ、原種、バラの歴史―起源から現代まで、日本のバラ園―一度は訪れてみたい各地のバラ園、世界のバラ園、バラの育てかた12か月

（内容）バラの品種265点を紹介。バラの栽培12か月案内。

◆サクラ

<事　典>

おもしろくてためになる桜の雑学事典　井筒清次著　日本実業出版社　2007.3　253p　19cm　1400円　⑨978-4-534-04201-9

（目次）第1章　サクラへのパスポート（サイタサイタサクラガサイタ―サクラと日本人、バラ科サクラ属サクラ亜属―植物としてのサクラ　ほか）、第2章　サクラの歴史と文学（コノハナサクヤヒメの「木の花」とは―記・紀・万葉の時代のサクラ、世の中にたえて桜のなかりせば―宮中花宴と古今和歌集　ほか）、第3章　サクラの民俗と芸能（花見、やすらい祭、桜会―サクラと信仰、秘すれば花なり、秘せずば花なるべからず―能・歌舞伎のサクラ　ほか）、第4章　サクラの名所（信仰に根ざした花―吉野のサクラ、町全体が花の名所―京都のサクラ　ほか）

（内容）花の咲くのを待ちこがれ、そのさまを愛で、散るのを惜しむ。桜を愛するDNAは古代より日本人に受け継がれてきた―。「桜の名所100選」はじめ、日本全国の名所、一本桜を紹介。詳細な「桜の日本史年表」も。

桜紀行　蔵並秀明著　（藤沢）武田出版、星雲社〔発売〕　2004.2　236p　26cm　2500円　④4-434-04137-1

（目次）九州地方の桜、四国地方の桜、中国地方の桜、近畿地方の桜、中部地方の桜、関東地方の桜、東北・北海道地方の桜

（内容）樹齢100～1800年の名桜300本の情報満載。桜との出会いにアクセスする方法は…。血と汗ににじむ十余年の取材に基づく日本初の"名桜"大事典。

桜の話題事典　大貫茂編著　東京堂出版　2010.3　293p　21cm　〈文献あり〉　2400円　⑨978-4-490-10777-7　Ⓝ479.73

（目次）第1部　桜の基礎知識入門（野生桜の種類と分布、里桜（園芸種）の花の咲き方　ほか）、第2部　桜を見て歩く（さくら前線、桜の名木や巨樹を撮る　ほか）、第3部　話題のある桜（伝説が残る桜、話題のある桜）、第4部　桜の巨樹・名木（国・県指定天然記念物）、第5部　桜の雑学あれこれ（桜の時期に行われる祭りと行事、文学に登場する桜　ほか）

（内容）写真紀行作家の著者が、桜を追って30年にわたり全国各地を取材してきた成果を本書に凝縮。天然記念物の桜については写真撮影のポイントを伝授。

<図　鑑>

サクラ図譜　川崎哲也画、大場秀章編　（鎌倉）アボック社　2010.3　222p　37cm　〈著作目録あり　年譜あり　索引あり〉　23810円　①978-4-900358-66-9　Ⓝ479.75

（目次）第1部（苔清水、有明、御衣黄、一葉、江戸　ほか）、第2部（カンヒザクラ、真鶴桜、熊谷桜、請願桜、二度桜　ほか）

（内容）サクラ研究の第一人者、川崎哲也が遺したサクラ属植物の繊細かつ緻密な描画が今、蘇る。植物画41種90点を収録。

サクラハンドブック　大原隆明著　文一総合出版　2009.3　88p　19cm　〈索引あり〉　1200円　①978-4-8299-0181-6　Ⓝ627.73

（目次）野生のサクラ（ヤマザクラ、オオヤマザクラ　ほか）、栽培品／早咲き（カンザクラ'カンザクラ'、'カワヅザクラ'　ほか）、栽培品／同時期（エドヒガン'イトザクラ'、コヒガン'コヒガン'　ほか）、栽培品／遅咲き（'イチヨウ'、'アサヒヤマ'　ほか）、栽培品／二季咲き（'フユザクラ'、コヒガン'シキザクラ'　ほか）

（内容）日本人に愛されながらも、「見分けることが難しい」と言われ続けてきたサクラですが、ポイントを押さえればそれほど面倒なものではない。本書では、野生種は分布域がある程度広い11種類、栽培されるものは見かける機会が多い52種類を厳選した上でその特徴を述べ、名前を調べやすくした。

さくら百科　永田洋、浅田信行、石川晶生、中村輝子編　丸善　2010.1　364p　22cm　〈索引あり〉　7000円　①978-4-621-08193-8　Ⓝ627.73

（目次）本編（桜のサイエンス、種々の桜、桜と文化、桜の楽しみ方）、アドバンス編（桜の開花の仕組み（資料）、甦る江戸の桜園―桜狂の画家・三熊思孝）、巻末資料（桜の園芸品種、桜の名所、全国の桜名所の地）

新日本の桜　木原浩写真、大場秀章、川崎哲也、田中秀明解説　山と溪谷社　2007.3　263p　26cm　4200円　①978-4-635-06192-6

⌈目次⌉野生のサクラ(カンヒザクラ群野生種, エドヒガン群野生種, ヤマザクラ群野生種, マメザクラ群野生種, チョウジザクラ群野生種 ほか), 栽培のサクラ(カンヒザクラ群栽培品種, エドヒガン群栽培品種, ヤマザクラ群, サトザクラの仲間, タカサゴ系の栽培品種 ほか)

日本の桜 勝木俊雄監修・執筆 学習研究社 2001.3 256p 19cm 〈フィールドベスト図鑑 10〉 1900円 ⓘ4-05-401274-4 Ⓝ479.75

⌈目次⌉検索(日本のサクラの種, 栽培品種), サクラの種, サクラの栽培品種(白色の花, 淡紅色の花, 紅色の花, 紅紫色の花, 黄色や緑色の花), サクラの仲間
⌈内容⌉日本にある桜の図鑑。日本種・外国種・種間雑種を、日本で見られる種、鑑賞用の栽培品種、桜に似ている亜種に分けて紹介。記載データは名称、花弁、花径、花期、分布、日付と撮影地を明記した写真と解説。巻末に「サクラの名所」と用語解説、索引に加え、各ページには花の色や開花時期を探せるマークや「サクラの豆知識」がある。

日本の桜 増補改訂版 勝木俊雄著 学習研究社 2009.3 264p 19cm 〈フィールドベスト図鑑 vol.10〉〈索引あり〉 1800円 ⓘ978-4-05-403796-0 Ⓝ470

⌈目次⌉検索, サクラの種, サクラの栽培品種, サクラの仲間, サクラの育て方・ふやし方, サクラ類の病虫害, サクラの名所
⌈内容⌉野生の桜、栽培品種、桜の仲間を約290種紹介。花色、花弁数、咲く時期から名前がわかる。桜の入手法、接木の方法、病害虫を増補。

◆ウメ

<図 鑑>

ウメの品種図鑑 梅田操著 誠文堂新光社 2009.2 204p 26cm 〈他言語標題:Color encyclopedia of Japanese apricot 索引あり〉 3400円 ⓘ978-4-416-40901-5 Ⓝ625.54

⌈目次⌉1 ウメの植物学(ウメの分類, ウメの形状, ウメの利用), 2 品種分類の記載標準, 3 ウメの品種(野梅類型ウメ, 野梅系ウメ, 李系ウメ, 杏系ウメ)

◆アジサイ

<図 鑑>

アジサイ図鑑 コリン・マレー著, 大場秀章, 太田哲英訳 (鎌倉)アボック社 2009.6 243p 30cm 〈原書名:Hydrangea.〉 5714円 ⓘ978-4-900358-64-5 Ⓝ479.75

⌈目次⌉低木および小高木(アジサイ節(アメリカノリノキ亜節, タマアジサイ亜節, ノリウツギ亜節, アジサイ亜節, コアジサイ亜節)), つる性低木(ツルアジサイ亜節, クスノハアジサイ節(モノセギア亜節およびポリセギア亜節))
⌈内容⌉アジサイ収集・栽培家コリン・マレー女史の所有する「マレー・コレクション」を中心にアジサイ属植物の多様な種や園芸品種を990点のフルカラー写真で紹介。

アジサイの世界 その魅力と楽しみ方 日本アジサイ協会, 鎌倉アジサイ同好会監修 家の光協会 2008.6 79p 26cm 1500円 ⓘ978-4-259-56217-5 Ⓝ627.79

⌈目次⌉各地に自生するアジサイと、さまざまな品種(エゾアジサイ, ヤマアジサイ, ガクアジサイ, アマチャ, 里帰りアジサイ), 花の変化と植栽風景(クレナイの花色の変化, ミヤマヤエムラサキの3色咲き, 両性花の咲き方を見る, 植栽風景), 花の特徴と栽培方法(アジサイの花, 花の咲き方のいろいろ, 装飾花の咲き方, 花の形いろいろ, 花後の剪定と植え替え, さし木の手順「頂芽ざし」さし木の手順「二芽ざし」, さし木の手順「冬ざし」)
⌈内容⌉日本人を魅了してやまない約120種類を紹介した本格的アジサイ図鑑。

アジサイ百科 川島インデクス 川島栄生著 (鎌倉)アボック社 2010.6 32p, 624p 22cm 〈文献あり〉 11429円 ⓘ978-4-900358-67-6 Ⓝ479.75

⌈目次⌉図鑑編(ヤマアジサイ, エゾアジサイ, ヒメアジサイ, ガクサジサイ ほか), 解説編(アジサイ科植物の分類と体系, 日本におけるアジサイの栽培と文化, アジサイの不思議にせまるQ&A)
⌈内容⌉世界初、2845品種。アジサイランキング120。販売名で引ける総索引。新花材・新苗960品種の入手先リスト。「アジサイファインダー」付。

日本のアジサイ図鑑 川原田邦彦, 三上常夫, 若林芳樹著 柏書房 2010.5 204p 26cm 〈文献あり 索引あり〉 3400円 ⓘ978-4-7601-3819-7 Ⓝ479.75

⌈内容⌉代表的な品種から最新の品種までを幅広く網羅した600種類、カラー写真1000点。基本種は系統別に詳細に解説。品種は系統ごとに写真を配列し、微妙な違いが一目でわかるよう配慮した。図鑑篇のほかにも、栽培や繁殖、盆栽など総合的な知識をプロが伝授。花の咲く時期や形が図解で簡単に見分けられる充実の資料編、アジサイ園や名所の一覧も掲載。学名・和名・斑入り品種のいずれからでも引ける索引を完備。

種子植物　　　　　　　　　　植物

◆キク

<図鑑>

日本の野菊　いがりまさし写真・解説　山と渓谷社　2007.9　279p　21×13cm　（山渓ハンディ図鑑 11）　2800円　①978-4-635-07020-1
目次 キク属，シオン属，その他の野菊
内容 日本の秋を彩る野菊95種類を1500枚を超える写真で徹底紹介。

◆アサガオ

<事典>

アサガオ観察事典　小田英智構成・文，松山史郎写真　偕成社　2003.11　39p　28×23cm　（自然の観察事典 28）　2400円　①4-03-527480-1
目次 海をわたってきたアサガオ，種からの発芽，双葉から本葉への成長，本葉がそだつ緑のアサガオ，巻きのぼるアサガオのつる，葉のつけ根にそだつ花芽，花のつぼみの成長，アサガオの花がひらくとき，どんな花が咲きましたか，アサガオの受粉，暑さの夏をむかえて，変化アサガオの世界，野生のアサガオのなかま，アサガオを加害する昆虫たち，花のあとの実の成長，実のなかでの種の成長，晩秋をむかえたアサガオ，アサガオをそだててみよう

<図鑑>

色分け花図鑑　朝顔　米田芳秋著　学習研究社　2006.5　192p　21cm　1500円　①4-05-402925-6
目次 朝顔観賞のポイント，朝顔の花のいろいろ，朝顔栽培の用語，アサガオはどこからきたか，原種系アサガオ，アサガオの開花期と開花時刻，大輪朝顔，朝顔市／朝顔展示会，肥後朝顔，肥後朝顔の観賞〔ほか〕
内容 名前の由来と品種がわかる。園芸品種，交配種ほか350種類を収録。夏の風物詩を楽しむための色分け花図鑑。

◆スミレ

<図鑑>

原色日本のスミレ　増補　浜栄助著　誠文堂新光社　2002.7　280, 49p　31×22cm　28000円　①4-416-80222-6　Ⓝ479.85
目次 スミレ属（Viola）の総説（スミレ属の形態と生理，日本産スミレ属の分類について，日本産スミレ属検索表，日本産スミレ類の分布），原色日本のスミレ—図版とその解説（日本産スミレ属目録）（ウラジロスミレ節，タチツボスミレ節，ニオイスミレ節，シレトコスミレ節，キスミレ節 ほか）
内容 諏訪および信州を起点として日本全国のスミレを紹介する図鑑。巻末に和名索引、学名索引を付す。

信州のスミレ　今井建樹，伊東昭介著　（長野）ほおずき書籍，星雲社〔発売〕　2004.4　171p　19cm　1500円　①4-434-04322-6
目次 基本種（1）地上茎のないスミレ（スミレサイシン節，ウスバスミレ節，ミヤマスミレ節），基本種（2）地上茎のあるスミレ（タチツボスミレ節，ニオイスミレ節，ニョイスミレ節 ほか），信州の自然雑種（無茎種，有茎種，雑種早見表），外来のスミレ
内容 長野県版レッドデータブックで希少雑種（RH：Rare Hybrid）とされる57の自然雑種のすべてを収録。他書に見られない貴重な生態写真の数々。

スミレハンドブック　山田隆彦著　文一総合出版　2010.3　104p　19cm　〈他言語標題：The handbook of Japanese violets　文献あり　索引あり〉　1400円　①978-4-8299-1077-1　Ⓝ479.85
目次 キスミレ類，キバナノコマノツメ類，シレトコスミレ類，オオバタチツボスミレ類，ウラジロスミレ類，タチツボスミレ類，イブキスミレ類，ニオイスミレ類，ニョイスミレ類，ツクシスミレ類〔ほか〕
内容 日本に自生するスミレ全種と、ほぼ全ての亜種・変種など107種類を写真で掲載。

日本のスミレ　写真検索　いがりまさし写真・解説，高橋秀男監修　山と渓谷社　1996.4　247p　21×13cm　（山渓ハンディ図鑑 6）　2000円　①4-635-07006-9
内容 日本で見ることができる野生のスミレ150種を収録したハンディサイズの図鑑。カラー写真とともに和名・学名・分布・特徴などを記す。目次に地上茎の有無から類名を検索できる表が，巻末に学名索引・和名索引がある。

◆サボテン

<事典>

サボテン科大事典　266属とその種の解説　伊藤芳夫著　未来社　1995.1　743p　27cm　〈1988年刊の復刊〉　49440円　①4-624-00020-X　Ⓝ479.86
内容 サボテン科266属を掲載した事典。60余年かけてサボテンの栽培・新品種の発見につとめ

つつ、未開拓のサボテン分類学の確立をめざしてきた著者のライフワーク。世界最多のカラー写真1400枚を掲載。

サボテン・多肉植物ポケット辞典 平尾博，児玉永吉編 日本放送出版協会 1999.12 382p 19cm 2800円 ①4-14-040161-3

〔目次〕サボテン（サボテンの一般的な栽培法，花の美しいサボテン，刺が見どころのサボテン，姿・形が見どころのサボテン，小型のサボテンほか），多肉植物（多肉植物の一般的な栽培法，色彩，模様を楽しむ多肉植物，根、茎の肥大種，華美な斑入り種，高度玉型メセン類 ほか）

〔内容〕サボテン約500種、多肉植物約500種を学名、栽培法などのデータつきで紹介した辞典。掲載項目は、植物名、学名、科名・属名、自生地、特徴、花、栽培、ふやし方、備考など。植物名索引、学名索引がある。

<図 鑑>

原色サボテン事典 CACTUS HAND BOOK 佐藤勉編著 （福島）日本カクタス企画社，誠文堂新光社〔発売〕 1997.7 345p 30cm 9500円 ①4-416-49711-3

〔内容〕3000点のカラー写真で世界中のサボテンを解説。本文はハントの分類を参考にした属名のアルファベット順に排列、巻末に属名索引がつく。

原色サボテン事典 日本カクタス企画社編 （福島）日本カクタス企画社，（下関）新日本教育図書〔発売〕 2000.6 345p 31×22cm 9500円 ①4-88024-221-7 Ⓝ627.78

〔目次〕アカントセレウス，アポロカクタス，アリオカルプス，アルマトセレウス，アロヤドア，アウトロセレウス，アストロフィツム，アウストロカクタス，アステキウム，ブロスフェルデア〔ほか〕

〔内容〕サボテンの図鑑。バッケベルグの分類に基づき属名の五十音順で排列。品種のデータは写真とともに学名、和名の愛称とおおまかな形態・サイズ・花の色を記載。巻末に和名愛称による五十音順索引と属名索引を付す。

サボテン・多肉植物 優良品種・新品種ガイドと栽培・管理法 小林浩著 成美堂出版 1995.6 175p 21cm （カラー図鑑） 1300円 ①4-415-08182-7

〔目次〕競い合う艶やかな花、鮮やかな花、千変万化した姿形の不思議な魅力、おしゃれな生活空間を演出する、サボテンカタログ、多肉植物カタログ、サボテン・多肉植物の分布状況は?、道路わき・人家の裏山で出会うサボテンたち、「こんな所に!」と思わず見つける多肉植物，栽培編（栽培する前に、栽培の基礎、栽培の実際，繁殖法，種類別栽培法）

サボテン・多肉植物 小学館 1999.5 142p 19cm （花づくり園芸図鑑シリーズ） 1400円 ①4-09-305325-1

〔目次〕サボテン・多肉植物の楽しみ（室内インテリアにぴったりなサボテン・多肉植物、アイデアをいかして楽しむ、サボテン・多肉植物ガーデンを楽しむ），四季のサボテン・多肉植物図鑑（春～秋，年中，秋～春），サボテン・多肉植物の上手な育て方（置き場所，水やり，植え替え ほか）

〔内容〕約330品種のサボテンと多肉植物の特徴と栽培、管理法などを紹介した図鑑。花期を春～秋，年中，秋～春の3つのブロックに分類して収録。掲載項目は、植物名（属名・種名）、学名、分類、原産地、見所、特徴、品種名の学名（ラテン語）表記など。巻末に、サボテン・多肉植物愛好会リスト，サボテン・多肉植物の主な販売業者、全国緑の相談所、索引を付す。

サボテン・多肉植物330種 楽しみ方・育て方のコツ 伊豆シャボテン公園伊豆資源生物アカデミー編著 新星出版社 1996.8 200p 21cm 1500円 ①4-405-08530-7

〔目次〕鮮やかなサボテンの花たち，1 サボテンカタログ262種，2 多肉植物カタログ48種，3 サボテンと暮らす

〔内容〕サボテンや多肉植物の名称、学名、自生地、特徴などを写真入りで紹介したもの。「木の葉サボテン」「団扇サボテン」「柱サボテン」等、形状による分類別に330種を収録する。巻末にサボテン・多肉植物主要販売業者リストがある。

世界の多肉植物 2300種カラー図鑑 佐藤勉著 誠文堂新光社 2004.5 303p 26cm 〈本文：日英両語〉 4800円 ①4-416-40410-7

〔目次〕アガベ科，ハマミズナ科，アロエ科，ガガイモ科，キク科，ベンケイソウ科，ドラセナ科，トウダイグサ科，トケイソウ科，コショウ科

〔内容〕多肉植物の全体像をカラー写真で紹介。60科281属2271種・品種を掲載。

<カタログ>

最新 花サボテンカタログ 月下美人，クジャク・シャコバサボテン他 三橋博著 成美堂出版 1993.6 135p 30cm 1600円 ①4-415-03632-5

〔目次〕花サボテンの競演，ジャングルカクタスの類縁関係，サボテンのふるさと，観賞編，栽培編（栽培の基礎知識，毎年花を咲かせるために，上手な殖やし方）

藻類

(内容)花サボテン人気種380余点を紹介するカタログ。毎年花を咲かせるための四季管理、よい苗の選び方・挿し木・接ぎ木他ほ記事も掲載する。

藻 類

<ハンドブック>

淡水藻類 淡水産藻類属総覧 山岸高旺著 内田老鶴圃 2007.12 1428p 26cm 50000円 ①978-4-7536-4085-0

(目次)淡水藻類 序、藍藻類、灰青藻類、紅藻類、黄色鞭毛藻類、黄緑色藻類、珪藻類、褐色鞭毛藻類、渦鞭毛藻類、緑色鞭毛藻類、褐藻類、緑虫藻類、緑藻類、車軸藻類

(内容)Bourrellyの分類により淡水藻類を12藻類群に分け約800属を収載。各属の原記載文献、形態形質や生殖形質とともに類似属との比較や関連事項を記載。巻末に学名総索引、属名カナ読み索引、和文事項索引、欧文事項索引が付く。

淡水藻類入門 淡水藻類の形質・種類・観察と研究 山岸高旺編著 内田老鶴圃 1999.6 646p 26cm 25000円 ①4-7536-4087-6

(目次)1 淡水藻類の形質(淡水藻類の細胞、淡水藻類の体制、淡水藻類の生殖と生活史、淡水藻類の分布と伝播、淡水藻類の分類)、2 淡水藻類の種類(藍藻類、紅藻類、黄色鞭毛藻類、黄緑色藻類、珪藻類、褐色鞭毛藻類、渦鞭毛藻類、緑色鞭毛藻類(ラフィド藻類)、褐藻類、緑虫藻類(ミドリムシ類)、緑藻類、車軸藻類(シャジクモ類))、3 淡水藻類の観察と研究(淡水藻類の採集と観察、淡水藻類の観察と研究分野、ベンスト性およびプランクトン性淡水藻類の観察と研究 ほか)、索引(術語小解・術語索引、学名総索引、属名・仮名読み・和名対照索引、属名・仮名読み・和名索引、綱・目・科名索引)

<図鑑>

小林弘珪藻図鑑 第1巻 小林弘、出井雅彦、真山茂樹、南雲保、長田敬五共著 内田老鶴圃 2006.11 531p 26cm 34000円 ①4-7536-4046-9

(目次)新分類群・新組み合わせ・新用語、収録分類群一覧、珪藻の殻構造と用語、珪藻用語対照表、珪藻分類体系

(内容)分類学を中心に据えた日本初の珪藻図鑑。扱われたすべての分類群の説明に電子顕微鏡写真が加えられている点では世界初の図鑑である。

世界の淡水産紅藻 熊野茂著 内田老鶴圃 2000.6 395p 26cm 28000円 ①4-7536-4088-1 Ⓝ474.5

(目次)紅藻綱(チノリモ目、ベニミドロ目、オオイシソウ目、ウシケノリ目、アクロカエチウム目、バルビアナ目、カワモズク目、ベニマダラ目、イギス目)

(内容)淡水産紅藻種のデータと図版を収録した図鑑。日本産の淡水産紅藻の学名と和名を標準化するため世界の淡水産紅藻の分類書をまとめる。世界で現在認められている淡水産紅藻の種、変種のランクまで9目、16科、28属、218分類群について収録。紅藻は分類群により排列、各項目は目、科、属、種ごとに形状、生態と生態環境等を記載、図版も併載する。巻末に、淡水産紅藻に関連する学術用語集(和英・英和)と学名索引と和名索引がある。

淡水珪藻生態図鑑 群集解析に基づく汚濁指数DAIpo, pH耐性能 渡辺仁治編著 内田老鶴圃 2005.5 666p 26cm 33000円 ①4-7536-4047-7

(目次)総論(珪藻研究の歴史、環境指標としての珪藻群集、湖沼、河川共通の水質汚濁指数DAIpo、珪藻の生活様式、試料の採集、試料の処理と検鏡、形態(種の同定に関わる特性要素))、写真編(中心目(Centrales)の分類、羽状目(Pennales)の分類、無縦溝亜目(Araphidineae)の分類、有縦溝亜目(Raphidineae)の分類)

(内容)世界の各地から得たおよそ1500の淡水産付着珪藻群集のサンプルに基づいて生態情報を処理検討し、その結果をまとめたもの。

日本アオコ大図鑑 渡邊眞之著 誠文堂新光社 2007.6 159p 26cm 6000円 ①978-4-416-20716-1

(目次)人とアオコ―人間にとって有益それとも有害?、採集と観察、分離と培養―TACとNIES、アオコの分類と分類形質・用語解説、日本産アオコ形成藻の目と属の検索表、日本産アオコの種―形態の記述・国内での記録・毒物質の生産、類似するアナベナの種の識別(1) A.affinis-citrispora-macrospora-planctonica-viguieri、類似するアナベナの種の識別(2) A.compacta-eucompacta-pseudocompacta-reniformis、類似するアナベナの種の識別(3) A.circinalis-crassa-minispora-mucosa-ucrainica、アナベノプシス属とシリンドロスペルモプシス属の相違、アオコ構成種の地理的分布の傾向、あとがきにかえて―筆者のアオコ研究遍歴

◆海 藻

<事典>

新日本海藻誌 日本産海藻類総覧 吉田忠生著 内田老鶴圃 1998.5 1222p 26cm 46000円 ①4-7536-4049-3

植物　　　　　　　　　　　　　　　　菌類

(目次)1 緑藻綱(よつめも目、クロロコックム目、ひびみどろ目 ほか)、2 褐藻綱(しおみどろ目、いそがわら目、うすばおおぎ目 ほか)、3 紅藻綱(ちのりも目、べにみどろ目、エリスロペルティス目 ほか)

(内容)日本沿岸に産することが報告されている海産の緑藻、褐藻および紅藻の種類を対象として、種の認識や分布についてまとめたもの。学名総索引、和名索引付き。

<図鑑>

学研生物図鑑 特徴がすぐわかる 海藻
改訂版　学習研究社　1990.3　292p　22cm　〈監修：千原光雄 編集：小山能尚 『学研中高生図鑑』の改題〉　4100円　①4-05-103859-9　Ⓝ460.38

(内容)中学・高校生向けの生物の学習図鑑シリーズ。全12冊。

原色新海藻検索図鑑　新崎盛敏著、徳田広編
北隆館　2002.9　205p　21cm　4800円　①4-8326-0754-5　Ⓝ474.038

(目次)第1部 検索図表(体は苔状、芝生状に這い、はりつき匍匐するもの、体は塊状、球状、袋状をなすもの、体は単条で分枝の無いもの、またはきわめて少ないもの ほか)、第2部 種の図説(緑藻類、褐藻類、紅藻類 ほか)、第3部 付録―海藻類の必要知識(海藻の採集、海藻標本の作り方、海産藻類の培養、海藻の利用、日本近海の海藻相)

(内容)海藻の図鑑。第1部の検索図表は、主に生活状態と形態により分類されており、これにより海藻の名前を検索することができる。第2部の種の図説では、緑藻類、褐藻類、紅藻類に分類し、さらに科ごとに分けて排列。各種の学名、色、形態、大きさ、分布などを記載している。また第3部では、海藻の採集、海藻標本の作り方、海草類の基礎知識が掲載されている。巻末に和名索引と学名索引が付く。

図鑑・海藻の生態と藻礁　徳田広〔ほか〕編
緑書房　1991.9　198p　27cm　〈執筆：新井章吾ほか〉　14800円

(内容)海産植物200種を取り上げ、天然の海で海藻がどのような姿で生えるのかを前半に、人為的に投入した藻礁にいかにして海藻を増やすかを後半に、専門知識のない人もわかるよう平易に記述。巻末に、藻礁小史・藻礁一覧表・植物名索引・事項索引を付す。

日本の海藻　千原光雄監修　学習研究社
2002.3　192p　19cm　〈フィールドベスト図鑑 vol.11〉　1900円　①4-05-401373-2　Ⓝ474.038

(目次)緑藻綱、単子葉植物綱(海産種子植物)、褐藻綱、紅藻綱、淡水の藻類、海藻標本を作ろう、資料集(日本の海藻の分布、海藻のおもななかま ほか)

(内容)日本沿岸に生育する海藻を紹介する図鑑。緑藻、黄緑藻、褐藻、紅藻の代表的なもの354種と海産種子植物14種、淡水藻33種を収録。種名は和名と学名を表記し、主に種の特徴的な形態と色彩について、写真標本に指示線をつけて説明している。この他に海藻の生活史、海藻標本の作り方なども掲載。巻末に分類索引と種名索引が付く。

日本の海藻 基本284　田中次郎解説、中村庸夫写真　平凡社　2004.10　245p　21cm　2800円　①4-582-54237-9

(目次)緑藻綱(ヒビミドロ目、アオサ目、シオグサ目、ミドリゲ目、イワズタ目、ミル目、ハネモ目、カサノリ目)、褐藻綱(シオミドロ目、イソガワラ目、クロガシラ目、アミジグサ目、ナガマツモ目、ウイキョウモ目、カヤモノリ目、ムチモ目、ケヤリモ目、ウルシグサ目、コンブ目、ヒバマタ目)、紅藻綱(ウシケノリ目、ダルス目、ウミゾウメン目、サンゴモ目、テングサ目、カギケノリ目、スギノリ目、オゴノリ目、マサゴシバリ目、イギス目)

(内容)海藻の不思議ワールドへようこそ。日本の海藻のうち代表種284種を紹介。海中での生態写真と、標本写真、さらに、学名の由来や生態など、これまでの図鑑では触れられなかった詳細な解説を掲載。海藻の基本を知る決定版図鑑。和名索引、学名索引付き。

菌　類

<事典>

図説 日本の変形菌　山本幸憲著　東洋書林
1998.11　700p　21cm　18000円　①4-88721-322-0

(目次)変形菌分類学の研究史、日本における変形菌分類学の研究史、本書で採用した分類体系、変形菌綱(ツノホコリ亜綱、モジホコリ亜綱、ムラサキホコリ亜綱)

日本産菌類集覧　勝本謙著、勝本謙、安藤勝彦入力編集　(船橋)日本菌学会関東支部、松香堂(発売)　2010.5　1177p　26cm　〈日本菌学会関東支部創立20周年記念刊行〉　8000円　①978-4-87974-624-5　Ⓝ474.7

(内容)日本産の菌類のデータを集大成したデータ集。2008年までに日本国内で発表された新種、新産種の菌類学名、著者、論文名、雑誌名、habitat、産地、標本番号などのデータを網羅収録する。

動植物・ペット・園芸 レファレンスブック　183

<ハンドブック>

日本産樹木寄生菌目録 宿主、分布および文献 小林享夫著 全国農村教育協会 2007.4 1227p 30cm 10000円 ⓘ978-4-88137-129-9

目次 Text—Enumeration of the fungus with host, distribution and literature, Index of Literature cited in the text, Distinction of the authors having the same family name, Host genus index with the fungi listed on it, Species name index of the host contrasted in scientific and Japanese names, English and Japanese names in the cited magazines and books

内容 日本産の木本植物を基質とする菌類を収録した目録。2000年までに報告された菌類を出来る限り採録し、それらをアルファベット順に並べ、その宿主・分布・文献を記載する。

<図鑑>

カビ図鑑 野外で探す微生物の不思議 細矢剛、出川洋介、勝本謙著、伊沢正名写真 全国農村教育協会 2010.7 160p 26cm 〈文献あり 索引あり〉 2500円 ⓘ978-4-88137-153-4 Ⓝ465.8

目次 第1章 カビの世界の扉を開ける（わっ…カビだ!、カビをよく見てみれば ほか）、第2章 カビを探してみよう（野外でくらすカビたち、サクラてんぐ巣病菌 ほか）、第3章 実験!カビを捕まえよう（水の中のカビを釣る、土の中からカビを呼び出す ほか）、第4章 カビと深くつきあうために（カビを集めてみよう、ルーペ・顕微鏡で観察しよう ほか）、まとめ 菌類への深い理解をめざして

内容 野外のカビの美しさ、不思議さを紹介する図鑑。自然の一部としてのカビのはたらきを紹介、環境についての考えが広く深くなる。野外でカビを探すコツがつかめる。

原色 冬虫夏草図鑑 清水大典著 誠文堂新光社 1994.12 380p 26cm 28000円 ⓘ4-416-29410-7

目次 有吻目、鱗翅目、鞘翅目、膜翅目、直翅目、トンボ目、シロアリ目、双翅目、クモ目、ダニ目、ツチダンゴキン目、バッカクキン目、顕花植物、寄主不詳の仲間

内容 昆虫に寄生する菌類の一種で、漢方薬として重用される冬虫夏草398種を原色細密標本画で収録した図鑑。排列は分類順、図版と和名・学名・ローマ字表記を掲載する。巻末に年譜・解説記事、和名索引、学名索引を付す。

冬虫夏草図鑑 カラー版 清水大典著 家の光協会 1997.9 446p 21cm 8000円 ⓘ4-259-53866-7

目次 カメムシ（有吻）目「Rhynchota」に生ずる種、チョウ（鱗翅）目「Lepidoptella」に生ずる種、コウチュウ（鞘翅）目「Coleoptera」に生ずる種、ハチ（膜翅）目「Hymenoptera」に生ずる種、バッタ（直翅）目「Orthoptera」に生ずる種、トンボ目「Odonatae」に生ずる種、シロアリ目「Isoptera」に生ずる種、ハエ（双翅目）「Diptera」に生ずる種、クモ目「Araneina」に生ずる種、ダニ目「Acarina」に生ずる種、ツチダンゴキン目「Elaphomycetales」に生ずる種、バッカクキン目「Clavicipitare」に生ずる種、顕花植物「Phanerogamae」に生ずる種

内容 昆虫に寄生する菌類の一種である冬虫夏草338種を収録した図鑑。寄生する昆虫別に分類する。寄主、発生地、発生期、特徴などをイラスト付で解説。巻末に学名索引、和名索引がつく。

冬虫夏草ハンドブック 盛口満著、安田守写真 文一総合出版 2009.6 80p 19cm 〈文献あり 索引あり〉 1400円 ⓘ978-4-8299-0143-4 Ⓝ474.5

目次 地生型、気生型、朽ち木生型、菌生型

内容 身近な環境で見ることができる冬虫夏草を中心に、図鑑解説で68種、類似種の紹介なども含めると81種を取り上げた図鑑。

日本変形菌類図鑑 平凡社 1995.7 163p 21cm 3800円 ⓘ4-582-53521-6

内容 日本に生息する変形菌（真性粘菌）の図鑑。134種8変種をカラー写真とともに解説する。巻頭に総論、巻末に用語の解説、和英・英和の用語対照表等がある。巻末にはほかに学名索引、和名索引を付す。

放線菌図鑑 日本放線菌学会編 朝倉書店 1997.2 223p 31cm 〈英書名：Atlas of actinomycetes 英文併記 References：p208〜218〉 10300円 ⓘ4-254-17098-X Ⓝ465.8

内容 近年の遺伝子情報の解析の躍進にともない、大きな進展をとげた放線菌の研究成果を、多くの電子顕微鏡写真とともに掲載する専門図鑑。広く国内外の研究者に執筆を依頼し、最近の話題も紹介する。本文は英文併記。

◆きのこ

<事典>

おいしいきのこ毒きのこ 見分け方がよくわかる! 北海道から沖縄まで、各地のきのこ200種を紹介 大作晃一、吹春俊光著 主婦の友社 2010.9 191p 21cm（主婦の友ベストbooks）〈文献あり 索引あり〉 1400円 ⓘ978-4-07-273560-2 Ⓝ474.85

(目次)おいしいきのこ140(ヒラタケ科，ヌメリガサ科，キシメジ科ほか)注意したい毒きのこ60(キシメジ科，テングタケ科，ハラタケ科ほか)，きのこ狩りの基礎知識(きのこ狩りのポイント，きのこをおいしく食べる，きのこの生物学)

(内容)きのこ採りをするときに役に立つおいしいきのこ140種，注意したい毒きのこ60種を紹介。各種の名前の前には食，毒を明記。よく似た毒きのこがある種類は「注意したい毒きのこ」も解説。それぞれのきのこは近縁種をまとめて別科に配列，よく似た種類と比較しやすい。じょうずなきのこの見つけ方，採り方，おいしい料理や保存法も掲載。

きのこの語源・方言事典 奥沢康正，奥沢正紀著 山と渓谷社 1998.11 607p 18cm 2000円 ⓒ4-635-88031-1

(目次)きのこ用語図譜，きのこ和名のアラカルト，語源編，方言編，方言・標準和名の採集原資料と参考文献，古名および古語の参考文献

(内容)きのこの和名の由来，意味などについて解説した事典。

ポケット きのこ 清水大典，伊沢正名著 家の光協会 1992.8 223p 15cm 1000円 ⓒ4-259-53710-5

(内容)持ち運びに便利なハンディサイズ。236種のきのこを猛毒，有毒，食用，不食，薬用に分類(色分け表示)。毒きのこの欄には，まちがえやすい食きのこの名称とページ数を注記。きのこの料理法，用途を14とおりにマークで分類し，優先順に3とおりまで紹介。きのこの用語，生態，形状，採り方，楽しみ方などの基礎知識を巻末に収録。

<ハンドブック>

きのこガイドブック '99年版 農村文化社 きのこガイドブック編集部編 農村文化社 1998.11 351p 26cm 6666円 ⓒ4-931205-45-3

(目次)第1章 きのこの生産・流通動向，第2章 きのこの生産・販売の関連基準，第3章 種菌・菌床の開発，第4章 病害虫防除剤・栄養材，第5章 栽培用施設・資機材，第6章 経営指標，第7章 きのこ産業の振興施策，第8章 統計・資料，第9章 名簿

(内容)きのこ類の生産，流通，販売，さらにきのこ農家の経営分析や消費者の消費動向分析等を分析したもの。改正種苗法の概要や，容器包装リサイクル法へ向けた流通のあり方などについても掲載。

きのこ・木の実 360種の特徴，見わけ方，毒の有無 須田隆，善如寺厚，桜井廉著，主婦の友社編 主婦の友社 1998.9 407p 19cm (Field Books) 1800円 ⓒ4-07-224550-X

(目次)きのこの用語，木の実の用語，きのこ編(きのこ—この不思議な生物の生態，担子菌類，腹菌類，子嚢菌類，毒きのこ12種，毒きのこ—見わけ方のウソ)，木の実編(毒木の実5種，果実酒とジャムの作り方)，索引

キノコの世界 朝日新聞社 1997.10 160p 30×24cm (朝日百科) 3800円 ⓒ4-02-380011-2

(目次)菌界，真菌門，ハラタケ類，ヒラタケ科，ヌメリガサ科，キシメジ科，テングタケ科，ウラベニガサ科，ハラタケ科，ヒトヨタケ科，オキナタケ科，モエギタケ科，ウウセンタケ科，チャヒラタケ科，イッポンシメジ科，ヒダハタケ科，オウギタケ科，ベニタケ科，イグチ科，ヒダナシタケ類，腹菌類，キクラゲ類，子嚢菌類，鞭毛菌類，接合菌類，不完全菌類，糸状不完全菌類，分生子果不完全菌類，麹と食文化，酵母，変形菌門

(内容)キノコを中心に菌類の世界の食，宗教・民俗，薬，化学などにまつわる話題を，分類体系と生態系を踏まえて紹介したもの。

きのこハンドブック 衣川堅二郎，小川真編 朝倉書店 2000.1 448p 21cm 16000円 ⓒ4-254-47029-0 ⓃN657.82

(目次)1 きのこの栽培編(マツタケ，ホンシメジ，シイタケ，エノキタケ，ナメコ，ヒラタケ，ブナシメジ，マイタケ，ハタケシメジ，エリンギ，ヤナギマツタケ，ウスヒラタケ，マッシュルーム，フクロタケ，マンネンタケ，ヒメマツタケ，冬虫夏草，その他のきのこ)，2 きのこの流通と利用編(世界の食用きのこの栽培地と流通，日本のきのこの生産の経営と流通，きのこの栄養成分と栄養価，冬虫夏草の薬的作用，きのこ料理)，3 きのこの基礎編(菌類ときのこの概念，地球・生命複合体における菌類，きのこの遺伝と育種，菌糸ときのこの生理・生態，きのこのニューハイテクノロジー，きのこの化学成分と薬理学的効果)

きのこハンドブック 見分ける・採る・食べる 小宮山勝司監修 (新宿区)池田書店 1997.9 205p 17cm 950円 ⓒ4-262-15681-8

(目次)きのこ狩りをする前に「きのこ豆知識」，「おいしく食べられる」針葉樹林によく発生するきのこ，「おいしく食べられる」広葉樹林によく発生するきのこ，「食べられない」毒きのこ，採りたてのきのこをおいしく食べる

(内容)食用きのこ86種と毒のあるきのこ22種を収録。食べられるきのこについては発生する場所ごとに分類，発生時期，見分け方，食べ方な

動植物・ペット・園芸 レファレンスブック 185

菌類　　　　　　　　植物

どを紹介したほか、きのこの料理法や保存法、栽培法も解説している。毒きのこは、その特徴を正確に伝えるためにイラストも用いて解説。食用と毒きのこの区別がつく五十音順索引が巻末につく。

北陸きのこガイド　食用きのこが一目でわかる　佐々木秀雄監修　（金沢）北國新聞社　2007.9　151p　19cm　1800円　Ⓘ978-4-8330-1585-1

(目次)本書の見方、きのこ狩りの心得、部位名称と形状の解説、見分けが難しいきのこ、地方名インデックス

(内容)北陸の山で採るならこれ。よく見かけるきのこ138種を写真で解説。

名人が教えるきのこ採り方・食べ方　瀬畑雄三監修　家の光協会　2006.9　175p　21cm　1800円　Ⓘ4-259-56162-6

(目次)アイシメジ、アイタケ、アオイヌシメジ、アカジコウ、アカモミタケ、アカヤマドリ、アミガサタケ、アミタケ、アラゲキクラゲ、アンズタケ〔ほか〕

(内容)きのこの魅力を最大限に楽しむ。採取・料理の極意を名人が伝授。比較的見つけやすいキノコを中心に収録。

森のきのこたち　種類と生態　柴田尚著　八坂書房　2006.8　197,9p　21cm　2000円　Ⓘ4-89694-875-0

(目次)森のきのこ図鑑（ヌメリガサ科、キシメジ科、テングタケ科、ハラタケ科、モエギタケ科ほか）、きのこを通して森を見る―亜高山帯林のきのこの生態から見えること（きのこの生活、富士山のきのこ、八ヶ岳の亜高山帯針葉樹林ときのこ、秩父山地西部の亜高山帯針葉樹林ときのこ、きのこと共にある亜高山帯の森林　ほか）

(内容)きのこを通して森を見る。富士山、八ヶ岳など亜高山帯の森林に生きるきのこを紹介。前半部「森のきのこ図鑑」は、カラーガイド・森のきのこ100選。分布、発生場所、発生季節、特徴などを解説するとともに、食用に関して一目でわかる「食用」「有毒」「食不適」「食注意」「食毒不明」の表示を付す。後半部「きのこを通して森を見る」では、なぜそこにきのこが生えているのか、樹木の種類によって生えるきのこが違う理由、きのこによってわかる森の生態や性格などを詳述。

<図鑑>

秋田きのこ図鑑　畠山陽一著　（秋田）無明舎出版　1991.8　317p　19cm　2500円　Ⓝ474.8

(目次)1 毒菌群、2 食用群、3 薬菌群、4 雑きのこ、5 解説（キノコに親しもう、キノコを食べ

る、毒キノコに注意しよう、キノコと方言、キノコ写真の撮り方）

安心キノコ100選　これだけ覚えれば大丈夫　小山昇平著　（長野）ほおずき書籍、星雲社〔発売〕　2003.10　156p　19cm　1500円　Ⓘ4-434-03666-1

(目次)図鑑（春から秋に生きるキノコ、夏から秋に生えるキノコ、夏の終わりから秋に生えるキノコ、秋に生えるキノコ、その他の季節に生えるキノコ）、資料（キノコの生きる時期、キノコの味の大別、味の特徴、生に近い食べ方は禁物、キノコにつく虫の処理、採ったキノコの処理と保存法、キノコ中毒）

(内容)キノコの発生時期別に、発生場所・特徴・食べ方・保存方法を掲載。また、類似の可食キノコは青ワク、毒キノコは赤ワクで写真を囲み、解説を付した。比較的手軽に採れる安全でおいしいキノコをピックアップ。

安心キノコ100選　これだけ覚えれば大丈夫　改訂版　小山昇平著　（長野）ほおずき書籍、星雲社〔発売〕　2004.7　156p　19cm　1500円　Ⓘ4-434-04686-1

(目次)図鑑（春から秋に生きるキノコ、夏から秋に生えるキノコ、夏の終わりから秋に生えるキノコ、秋に生えるキノコ、その他の季節に生えるキノコ）、資料（キノコの生える時期、キノコの味の大別、味の特徴、生に近い食べ方は禁物、キノコにつく虫の処理　ほか）

(内容)キノコの発生時期別に、発生場所・特徴・食べ方・保存方法を掲載。また、類似の可食キノコは青ワク、毒キノコは赤ワクで写真を囲み、解説を付した。比較的手軽に採れる安全でおいしいキノコをピックアップ。

石川のきのこ図鑑　本郷次雄監修、池田良幸著　（金沢）北國新聞社出版局　1996.7　255p 図版80p　21cm　〈文献あり　索引あり〉　5631円　Ⓘ4-8330-0933-1　Ⓝ474.85

(内容)石川県産野生きのこ1300余種の中から905種を収録した図鑑。学名には意味があげ、総論にもページをさいた、初心者でも読みやすい編集。

愛媛のキノコ図鑑　沖野登美雄著・写真、本郷次雄監修　（松山）愛媛新聞社　1999.5　253p　21cm　〈自然博物シリーズ 2〉　3000円　Ⓘ4-900248-58-4

(目次)図鑑編（ハラタケ目、ヒダナシタケ目、ニセショウロ目、ケシボウズタケ目、ホコリタケ目、スッポンタケ目〔ほか〕）、資料編（キノコ料理、県内発見種リスト）

(内容)愛媛県内の山間部や平野部などで見られる207種のキノコを収録した図鑑。分類別に排列し、キノコの和名・漢名・学名、「食」「毒」「不明」「食不適」を明記し、食べられるキノコにつ

おいしいキノコと毒キノコ 高山栄著 ネイチャーネットワーク 2001.9 148p 18cm （自然出会い図鑑 2） 1334円 ⓘ4-931530-07-9 Ⓝ474.8

⦅目次⦆第1章 おいしいキノコ（ヒラタケ、シイタケ、ハタケシメジ ほか）、第2章 毒キノコ（ツキヨタケ、ドクササコ、タマゴタケモドキ ほか）、第3章 キノコ総評（キノコ料理、毒キノコの中毒症状、キノコ四方山話 ほか）

⦅内容⦆店頭に並ぶキノコや毒キノコ50種のガイドブック。和名、学名、分類、食べ方、毒の症状、色かたちなど特徴をイラスト入りで解説。巻末に和名索引がある。

傘の形でわかる日本のきのこ 吉見昭一監修、加々美光男写真 成美堂出版 2002.10 351p 15cm （ポケット図鑑） 1200円 ⓘ4-415-02058-5 Ⓝ474.85

⦅目次⦆毒きのこ、広葉樹林のきのこ、針葉樹林のきのこ、混生林のきのこ、畑、草地、竹林、人里などのきのこ、いろいろな場所のきのこ、きのこの楽しみ方

⦅内容⦆きのこの図鑑。213種を収録。きのこを広葉樹林、針葉樹林、混成林、人里等、いろいろな場所の5分野の発生場所に分け、さらに広葉樹林、針葉樹林は樹種別に細分して構成。各分野五十音順に排列。また、中毒例の多いきのこ、毒性の強いきのこは最初にまとめて掲載している。各きのこの発生時期、目名、科名、食毒の区別などの解説を記載。巻頭には傘の形でわかるきのこ目次があり、簡単に検索できる。巻末には索引が付く。

カラー版 きのこ図鑑 本郷次雄監修、幼菌の会編 家の光協会 2001.8 335p 21cm 4700円 ⓘ4-259-53967-1 Ⓝ474.85

⦅目次⦆ハラタケ類、ヒダナシタケ類、腹菌類、キクラゲ類、子嚢菌類

⦅内容⦆主要な日本のきのこ約700種を掲載した図鑑。科別分類で排列。胞子紋の色、和名、学名、分類、形状・サイズ、毒性などを写真付きで解説する。巻頭にきのこの分類体系と用語解説、巻末に「京都御苑きのこ観察日記」「きのこ分類最前線」「きのこと毒」の各記事のほか、和名索引と学名索引がある。

きのこ 小宮山勝司著 山と溪谷社 2000.3 281p 15cm （ヤマケイポケットガイド 15） 1000円 ⓘ4-635-06225-2 Ⓝ474.85

⦅目次⦆人家の近くのきのこ、シイ・カシ林のきのこ、マツ林のきのこ、コナラ・ミズナラ・ブナ林のきのこ、カラマツ林のきのこ、モミ・ツガ林のきのこ

⦅内容⦆日本でよく見られるものを中心に約220種のきのこを紹介した図鑑。掲載データは、標準和名、学名、生育地、生活型、分布、発生時期、傘の表、つば、柄の高さ、柄の色、つば、食・毒など。

きのこ 新装版 本郷次雄、上田俊穂監修・解説、伊沢正名写真 山と溪谷社 2006.6 383p 19×12cm （新装版山溪フィールドブックス 7） 2000円 ⓘ4-635-06064-0

⦅目次⦆菌界（変形菌門（変形菌綱）、真菌門（べん毛菌亜門）、子嚢菌亜門（半子嚢菌綱、不整子嚢菌綱、盤菌綱 ほか）、担子菌亜門（異形担子菌綱、真正担子菌綱））

⦅内容⦆収録菌種1155種の小さな大図鑑。配列は菌類の科・属別、巻末に学名索引、和名索引が付く。

きのこ 小宮山勝司写真、山田智子文 山と溪谷社 2010.7 79p 19cm （わかる！図鑑 9）〈文献あり 索引あり〉 1200円 ⓘ978-4-635-06210-7 Ⓝ474.85

⦅目次⦆絶品（マツタケとその仲間、本物のシメジ ほか）、食菌（ヌメリガサの仲間、シメジいろいろ ほか）、猛毒（中毒死する恐れの高い猛毒きのこ）、毒（十分に注意したい毒きのこ、神経や視覚に作用する毒きのこ ほか）

⦅内容⦆おいしいきのこがすぐわかる、きのこ狩りに出かけたくなる本。生きものの特徴がわかる。よく似たものとの区別がわかる。

きのこ 小宮山勝司、山田智子著 山と溪谷社 2010.8 281p 15cm （新ヤマケイポケットガイド 10）〈2000年刊の改訂、新装並列シリーズ名：New Yama-Kei Pocket Guide 文献あり 索引あり〉 1200円 ⓘ978-4-635-06275-6 Ⓝ474.85

⦅目次⦆きのこは木の子、人家の近くのきのこ、シイ・カシ林のきのこ、マツ林のきのこ、コナラ・ミズナラ・ブナ林のきのこ、カンバ林のきのこ、カラマツ林のきのこ、モミ・ツガ林のきのこ入門

⦅内容⦆収録種類数は、約220種（亜種、変種、品種を含む）で、ごくふつうに見られ、食用になるものおよび毒のあるものを中心に選んである。

きのこ 上田俊穂ほか解説、伊沢正名写真 山と溪谷社 1994.9 383p 19cm （山溪フィールドブックス 10） 2400円 ⓘ4-635-06050-0

⦅目次⦆変形菌門、真菌門、子嚢菌亜門、担子菌亜門

⦅内容⦆1155種のきのこを掲載した図鑑。分類順に構成、食・毒の区別を明示する。

きのこ 北隆館 1991.9 255p 19cm （Field selection 6）〈おもに図〉 1800円 ④4-8326-0237-3 Ⓝ474.8

〔内容〕秋の味覚マツタケほか、なじみ深いきのこを満載したきのこガイドの決定版。

キノコ図鑑 高木国保編著 日本文芸社 1998.9 215p 18cm （カラーポシェット） 1000円 ④4-537-07607-0

〔目次〕キノコ（ヒラタケ科、ヌメリガサ科、アカヤマタケ科、キシメジ科、ウラベニガサ科、ハラタケ科、ヒトヨタケ科、オキナタケ科、モエギタケ科、フウセンタケ科、オウギタケ科、イッポンシメジ科、イグチ科、ベニタケ科、アンズタケ科、ホウキタケ科、ハナビラタケ科、ハリタケ科、イボタケ科、サルノコシカケ科、ホコリタケ科、シロキクラゲ科、キクラゲ科、チャワンタケ科、ノボリリュウ科、ビョウタケ科）、毒キノコ（キシメジ科、テングタケ科、モエギタケ科、フウセンタケ科、イッポンシメジ科、ホウキタケ科、仮称）、保存方法・料理、キノコの名称

〔内容〕約200種のキノコを解説する図鑑。掲載データは、キノコの名称、特徴、カサ、ヒダ、柄など。五十音順の索引付き。

きのこ採りナビ図鑑 いますぐ使える 大海淳著 大泉書店 2005.7 191p 21cm （OUTDOOR 012） 1200円 ④4-278-04717-7

〔目次〕アカマツ・クロマツ林、カラマツ林、カンバ林、ブナ・ミズナラ林、モミ・ツガ・トウヒ林、コナラ・クヌギ林、シイ・カシ林、スギ林・果樹・草地、きのこ採りの基礎知識

〔内容〕達人が教える、見つけ方・採り方・食べ方のポイント。

きのこのほん 鈴木安一郎写真、保坂健太郎監修 ピエ・ブックス 2010.10 191p 21cm 2200円 ④978-4-89444-878-0 Ⓝ474.85

〔内容〕知らないところで地表に現れ、人間の目に触れることなく土に帰っていくきのこたち。そんなきのこの可愛らしさ、美しさ、不思議さを楽しむ写真集。きのこの特徴やおいしい食べ方なども紹介する。

きのこハンドブック　きのこ採りに携帯便利なコンパクト事典 高木国保著 広済堂出版 19〔90.9〕 217p 15cm （広済堂カラー文庫） 780円 ④4-331-65076-6

〔目次〕ナラ林主体の広葉樹林、コナラ林、松とコナラの雑木林、松林、カラ松・ツガ類の針葉樹林、杉林、ブナ林、その他、毒きのこ、きのこの知識

〔内容〕食べられるきのこ156種毒きのこ19種を紹介する。

九州で見られるきのこ　なば 本郷次雄監修, 下田道生, 塩津孝博共著 （熊本）環境調査研究所 2001.6 288p 21cm 2800円 ④4-9980892-2-6 Ⓝ474.85

〔目次〕1 ハラタケ類、2 ヒダナシタケ類、3 腹菌類、4 キクラゲ類、5 子のう菌類、6 九州で見られないきのこ

〔内容〕九州に分布するきのこ331種の図鑑。内訳はハラタケ類237種、ヒダナシタケ類43種、腹菌類25種、キクラゲ類7種、子のう菌類ほか19種。排列は自然分類群による。和名、分類、学名、食毒の分類、特徴などを記載。本文にはきのこにまつわる随筆と「キノコ中毒」「キノコ料理」の記事がある。巻頭にはキノコの用語解説、用語図解、巻末に学名索引と和名索引、参考文献を収録。

猿の腰掛け類きのこ図鑑 神奈川キノコの会編、城川四郎著 地球社 1996.1 207p 26cm 5000円 ④4-8049-5093-1

〔目次〕猿の腰掛け類とは、猿の腰掛けと制癌性、用語解説、簡易検索表、傘肉の色と白腐れ、褐色腐れ、コウヤクタケ科、ウロコタケ科、イダタケ科、スエヒロタケ科、カンゾウタケ科〔ほか〕

〔内容〕サルノコシカケ類のキノコ200種の図鑑。1頁に1種ずつ解説する。カラー写真、検鏡図付き。排列は科別。巻末に五十音順の和名索引がある。

詳細図鑑　きのこの見分け方 大海秀典, 大海勝子, 酒井修一著 講談社 2003.9 152p 21cm 2000円 ④4-06-212074-7

〔目次〕採っておいしいきのこ図鑑（ヒラタケ、ウスヒラタケ、サクラシメジ、サクラシメジモドキ、アケボノサクラシメジ ほか）、きのこ料理アラカルト（ハタケシメジとクリタケのけんちん風豚汁、イグチと肉野菜の煮合わせ、雑たけのおろしあえ、ハナイグチの佃煮、コウタケご飯 ほか）

〔内容〕山や里で比較的よく見られるきのこ66種とまちがいやすい毒きのこ7種を収録した図鑑。きのこの原寸大の姿、傘の表裏、柄、ひだなどの色や形状、きのこの幼、成、老の姿などを掲載し、見分け方のポイントを紹介する。

信州のキノコ 小山昇平解説、小沢良行写真 （長野）信濃毎日新聞社 1994.9 349p 19cm 2800円 ④4-7840-9412-1

〔目次〕1 広葉樹林のキノコ、2 針葉樹林のキノコ、3 林内・草地などのキノコ

〔内容〕長野県内で発生するキノコを網羅的に収めた図鑑。まだ分類されていないものも含め680種を収録し、発生地の植生別に掲載する。計820枚のカラー写真のほか、各キノコには分類、食

用・毒の区別，傘・ヒダの特徴，環境，食べ方の解説を記載する。巻末に五十音順索引を付す。

世界きのこ図鑑 トマス・レソェ著，前川二太郎監修　新樹社　2005.11　304p　21cm〈ネイチャー・ハンドブック〉〈原書名：DK Handbook of Mushrooms〉　3200円　Ⓘ4-7875-8540-1

〖目次〗傘の裏面にあるヒダが柄にたれさがっているきのこ，柄へのヒダのつき方が狭いきのこと広いきのこ，離生のヒダをもつハラタケ目のきのこ，柄が中心にない，または欠けている，傘のあるきのこ，孔のある傘と柄をもつきのこ，蜂の巣状，脳状，あるいは鞍形の傘をもつきのこ，棚状またはこうやく状のきのこ，針をもつきのこ，こん棒形のきのこ，鹿角状からサンゴ状のきのこ，球状のきのこ，洋ナシ形からすりこぎ形のきのこ，椀形から円盤形のきのこ，ラッパ形のきのこ，星形とかご形のきのこ，耳または脳のような形をしたゼラチン質のきのこ

〖内容〗世界中の500種以上のきのこを収録した初めての世界のきのこの図鑑。おもに温帯域を中心とする種類を収録。2300枚以上の写真やイラストと解説を掲載。科名，種名のほか，発生時期や大きさ，胞子紋，食の可否などを記載。また，基礎知識や，用語解説，索引も掲載し，子実体の様子も図示する。

東北きのこ図鑑　工藤伸一著，長沢栄史監修　家の光協会　2009.9　271p　22cm〈写真：手塚豊　文献あり　索引あり〉　2800円　Ⓘ978-4-259-56261-8　Ⓝ474.85

〖目次〗きのこ用語の解説，きのこ用語の図解，本書におけるきのこの分類体系，きのこの新分類，食用きのこと毒きのこについて，東北地方における縄文時代のきのこ

〖内容〗新種および日本新産種25種を含む東北地方のきのこ計477種を紹介。分類や食毒の最新情報も掲載した，きのこ愛好家必携の一冊。

都会のキノコ図鑑　大舘一夫，長谷川明監修，都会のキノコ図鑑刊行委員会著　八坂書房　2007.5　258, 9p　19cm　2000円　Ⓘ978-4-89694-891-2

〖目次〗ハラタケ類（ヒラタケ科，ヌメリガサ科，キシメジ科，テングタケ科，ウラベニガサ科，ハラタケ科，ヒトヨタケ科，オキナタケ科，モエギタケ科，フウセンタケ科，チャヒラタケ科，イッポンシメジ科，ヒダハタケ科，イグチ科，オニイグチ科，ベニタケ科），ヒダナシタケ類（アンズタケ科，シロソウメンタケ科，カレエダタケ科，コウヤタケ科，ウロコタケ科，シワタケ科，カンゾウタケ科，ニンギョウタケモドキ科，タコウキン科，マンネンタケ科，タバコウロコタケ科），腹菌類（ツチグリ科，ニセショウロ科，タマハジキタケ科，チャダイゴケ科，ヒメツチグリ科，ホコリタケ科，アカカゴタケ科，スッポンタケ科，プロトファルス科，ショウロ科），キクラゲ類（シロキクラゲ科，キクラゲ科，ヒメキクラゲ科，アカキクラゲ科），チャワンタケ類（キンカクキン科，クロチャワンタケ科，ベニチャワンタケ科，ノボリリュウタケ科，アミガサタケ科，ピロネマキン科，チャワンタケ科，バッカクキン科，スチルベラ科，ニクザキン科，クロサイワイタケ科）

〖内容〗公園や空き地，庭先の植え込みなどなど，ごく身近なところに顔を見せるキノコ267種を取り上げて，幼菌や成菌，傘の裏，胞子など様々な写真で紹介。キノコの性質・見分け方・食毒・ちょっとおいしい食べ方など，知って得する情報満載。

採りたい食べたいキノコ　七宮清著　旺文社　2000.4　256p　14×14cm（アレコレ知りたいシリーズ6）　1429円　Ⓘ4-01-055058-9　ⓃK474

〖目次〗家のまわりのキノコ（オオホウライタケ，カラカサタケ，ヒトヨタケ ほか），広葉樹林のキノコ（スエヒロタケ，サクラシメジ，ホンシメジ ほか），針葉樹林のキノコ（マツオウジ，ホテイシメジ，サマツモドキ ほか），栽培されるキノコ（ヒラタケ，シイタケ，ハタケシメジ ほか）

〖内容〗キノコの図鑑。家のまわりのキノコ，広葉樹林のキノコ，針葉樹林のキノコ，栽培されるキノコの4つに分類。それぞれのグループを原色日本新菌類図鑑の記載順にしたがい紹介。各キノコは特徴，見つけ方，人の生活との関係，同じ科や属の仲間のキノコ，育て方と毒の有無あるいは不明について記載。巻末に付録としてキノコのしくみ，キノコ狩りとキノコ生活・知っておきたいことを収録。キノコ名の索引を付す。

新潟県のきのこ　新潟県で出合えるきのこ260種　神田久，小林巳癸彦編，新潟きのこ同好会著，宮内信之助監修　（新潟）新潟日報事業社　2010.6　159p　21cm〈文献あり　索引あり〉　2000円　Ⓘ978-4-86132-398-0　Ⓝ474.85

〖目次〗新潟県内およびその周辺で見られるきのこ（ハラタケ目，ヒダナシタケ類（ホウキタケ類・サルノコシカケ類等），腹菌類，シロキクラゲ類，キクラゲ類，子のう菌類），菌根菌の話，フウセンタケきのこの識別，付録 新潟県のきのこ中毒の歴史抄録

〖内容〗新潟県で出合えるきのこ260種を紹介。

日本のきのこ　〔特装版〕　今関六也，大谷吉雄，本郷次雄編　山と渓谷社　1990.6　623p　21×22cm（山渓カラー名鑑）〈第4刷（第1刷：88.11.10）〉　7500円　Ⓘ4-635-05605-8　Ⓝ474.8

日本のきのこ　加々美光男写真　成美堂出版
　1994.9　351p　15cm　〈ポケット図鑑シリーズ〉　1300円　Ⓘ4-415-08074-X

(目次)きのこの楽しみ方(きのことは?、きのこの発生場所、きのこの見つけ方、採り方、きのこウォッチングを楽しむ、フィールドノートをつけよう、きのこの名前を調べるには、きのこ採りのルールとマナー)、毒きのこに要注意(毒きのことは、怪しいものに手は出さない、俗説・迷信を信じない、中毒かな?と思ったら)、毒きのこ、広葉樹林のきのこ(ブナ／ミズナラ林、コナラ／クヌギ／クリ林・シイ／カシ林、その他の広葉樹林)、針葉樹林のきのこ(マツ林、カラマツ林、モミ／ツガ／トウヒ林、その他の針葉樹林)、混生林のきのこ、畑、草地、竹林、人里などのきのこ、いろいろな場所のきのこ

(内容)日本の214種のきのこを掲載した図鑑。発生場所による分類順に構成。食菌・毒菌の区別を明示する。

日本のキノコ262　ポケット図鑑　柳沢まきよし著　文一総合出版　2009.9　319p　15cm　〈文献あり 索引あり〉　1000円　Ⓘ978-4-8299-1171-6　Ⓝ474.85

(目次)キノコの識別の手順(キノコの構造、発生場所と発生の仕方 ほか)、図鑑(ハラタケ類、ヒダナシタケ類 ほか)、キノコの採りかたと見つけかた(キノコ狩りの道具、キノコ狩りの極意 ほか)、山採りキノコの簡単料理(キノコを美味しく食べるには?、キノコの保存法)

(内容)食用キノコとよく似た毒キノコを中心に262種掲載。識別に役立つ部分アップなど全種2～7点の写真構成。探し方・見分け方・採り方のポイントを詳細に解説。キノコの保存法や簡単料理レシピも紹介。

日本の毒きのこ　長沢栄史監修　学習研究社　2003.10　280p　19cm　〈フィールドベスト図鑑 14〉　1900円　Ⓘ4-05-401882-3

(目次)なぜ「毒」きのこ図鑑か?、きのこ観察のポイント、検索表1、検索表2ハラタケ目の毒きのこ、猛毒菌・中毒者の多い菌一覧、きのこ中毒の実態、テングタケ類毒きのこ一覧、きのことは何か、日本で未記録の毒きのこ―カヤタケ属の毒きのこ、生食は禁物〔ほか〕

(内容)現在知られている日本の毒きのこのほとんどすべて、約240種を収載。生態、特徴はもとより、毒成分、症状、応急処置まで記した毒きのこ大全。

日本の毒きのこ　増補改訂　長沢栄史監修　学習研究社　2009.9　288p　19cm　〈フィー

ルドベスト図鑑 vol.13〉　〈文献あり 索引あり〉　1900円　Ⓘ978-4-05-404263-6　Ⓝ474.85

(目次)なぜ「毒」きのこ図鑑か、きのこ観察のポイント、検索表1、検索表2 ハラタケ目の毒きのこ、猛毒菌・中毒者の多い菌一覧、きのこ中毒の実態、テングタケ類毒きのこ一覧、きのことは何か、日本で未記録の毒きのこ(1) カヤタケ属の毒きのこ、スギヒラタケは毒きのこか?、生食は禁物、きのこの名前―学名と和名、日本で未記録の毒きのこ(2) フウセンタケ属の毒きのこ、人間から生えたきのこ、イグチ科毒きのこ一覧、きのこ狩りの注意とマナー、きのこの呈色反応、子嚢菌類毒きのこ一覧、栽培されているきのこ、きのこの分布拡大と地球環境、きのこ中毒の歴史、きのこで中毒したらどうするか―応急処置と治療法、幻覚性きのこについて、主な毒成分の化学構造と作用、毒と無毒の境目

(内容)「日本の毒きのこ」新装改訂版。日本の毒きのこ240種。毒が検出されているもの、中毒例があるもの、知られている毒きのこに極く近縁のものを収録し解説。毒成分と中毒症状を詳細に解説、応急処置フローチャート付き。

日本の毒キノコ150種　初の毒キノコカラー図鑑　小山昇平著　(長野)ほおずき書籍　1992.8　216p　19cm　〈〈監修:本郷次雄〉　2300円　Ⓘ4-89341-168-3

(内容)キノコ中毒の防止に役立てるため、毒キノコ97種と注意を要するキノコ57種をカラー写真で掲載。分類学の体系順に構成。巻末に中毒になった場合の応急処置などを付す。

北海道きのこ図鑑　新版　高橋郁雄著　(札幌)亜璃西社　2003.7　363p　21cm　2800円　Ⓘ4-900541-52-4

(目次)針葉樹編、広葉樹編、針・広混交林編、草地・その他編、森林ときのこのかかわり、きのこ狩りとその心得、本書関係分の菌類群とその科の主な特徴

(内容)新たに62種を増補した北海道のきのこ704種を、カラマツ・トドマツなどの樹種や各種森林、草地といった発生環境別に編集。約1000点の写真を使う詳細な解説ページでは、食・毒・要注意きのこを色分けで区別。さらに、カバノアナタケなど抗がん作用があるとされるきのこ17種も色分けで収載。そのほか、ヒダナシタケ類を徹底網羅し、林業関係者のために樹病菌も豊富に掲載した、入門者から専門家までが幅広く使える実践的な図鑑。

北海道「きのこ図鑑」　第2版　高橋郁雄著　(札幌)亜璃西　1996.8　363p　21cm　(ALICE Field Library)　2884円　Ⓘ4-900541-26-5

(目次)針葉樹編、広葉樹編、針・広混交林編、草

地・その他編、森林ときのこのかかわり、きのこ狩りとその心得、本書関係分の菌類群とその科の主な特徴、和名索引、学名索引、参考文献
⊕内容⊕北海道の山野に自生するきのこ642種を掲載した図鑑。カラマツ林、ブナ林など森林環境別に分類して収録する。きのこのカラー写真に和名・学名・生態・形態・分布・毒の有無・適した料理等のデータを付す。巻末に和名索引・学名索引がある。

北海道のキノコ　続　五十嵐恒夫著　（札幌）北海道新聞社　1993.9　302p　19cm　2300円　Ⓘ4-89363-702-9　Ⓝ474.8
⊕内容⊕前書では264種類を収録したが、本書は前書には無い266種類（毒13種重複）のキノコについて、毒、食、食不適を区分して、その特徴を平易に解説する。日本では初めての新種、初産出も収録。

見つけて楽しむきのこワンダーランド　大作晃一写真、吹春俊光文　山と渓谷社　2004.9　111p　26×21cm　（森の休日 4）　1600円　Ⓘ4-635-06324-0
⊕目次⊕1章 ようこそ、きのこワンダーランドへ―森をつくるきのこ（色いろいろ、森の乙女たち、きのこの五形 ほか）、2章 きのこのくらしかた、いろいろ―物を食べるきのこ（仁王様、腐生菌、地面の下の秘密、続・腐生菌森の御三家 ほか）、3章 きのこは自然の贈り物―人と出会ったきのこ（きのこ偉人伝、利用、薬、きのこの名前 ほか）
⊕内容⊕きのこを全て「実物大」の写真で紹介の写真で紹介する図鑑。森には木々や木の実や草花のほか、きのこも生えている。目をこらして見てみれば大きいきのこ、小さいきのこ、可憐なきのこ、不思議なきのこ。実は木が緑の葉を茂らせているのも、足元の腐葉土がふかふかなのも、みんなきのこのおかげ。そんなきのこの不思議なくらしを紹介する。

持ち歩き きのこ見極め図鑑　大海淳著　大泉書店　2005.8　255p　18cm　1300円　Ⓘ4-278-04442-9
⊕目次⊕ヒラタケ科、ヌメリガサ科、キシメジ科、テングタケ科、ウラベニガサ科、ハラタケ科、ヒトヨタケ科、オキナタケ科、モエギタケ科、フウセンタケ科〔ほか〕
⊕内容⊕全191種。カラー写真＆アイコン付。

持ち歩き図鑑 きのこ・毒きのこ　横山和正監修、須田隆、中沢武、村岡眞治郎執筆　主婦の友社　2007.9　223p　17×19cm　（主婦の友ポケットBOOKS）　900円　Ⓘ978-4-07-254605-5
⊕目次⊕ハラタケ類、ヒダナシタケ類、腹菌類、キクラゲ類、子嚢菌類

⊕内容⊕ポピュラーな種から珍しい種まで、野生のきのこ300種を掲載。持ち歩き図鑑の決定版。

＜年鑑・白書＞

きのこ年鑑　'92年版　農村文化社きのこ年鑑編集部編　農村文化社　1991.11　597p　26cm　7500円　Ⓘ4-931205-10-0　Ⓝ657.82
⊕目次⊕序章 世界のきのこ栽培の現況、1 生産、2 基礎、3 栽培、4 流通、5 成分・利用、6 経営、7 政策・研究、8 統計・資料、9 名簿
⊕内容⊕栽培の基礎科学から研究動向、栽培技術や流通、販売状況、理容開発まで、きのこ産業を取り巻く諸情勢について掲載した年鑑。最新の動向を可能なかぎり掲載する。

きのこ年鑑　2000年版　農村文化社　2000.1　401p　27cm　〈文献あり〉　7500円　Ⓘ4-931205-64-X　Ⓝ657.82
⊕目次⊕序章 21世紀きのこ産業の展望、第1章 きのこの生産動向、第2章 きのこの流通、第3章 きのこの生産・流通の関連基準、第4章 栽培きのこの基礎科学、第5章 きのこ栽培の最新技術、第6章 きのこの成分と利用、第7章 栽培きのこの経営指標、第8章 きのこ生産への助成制度、第9章 統計・資料、第10章 名簿

きのこ年鑑　2004年度版　特産情報きのこ年鑑編集部、プランツワールド〔発売〕　2004.4　407p　26cm　8500円　Ⓘ4-931205-76-3
⊕目次⊕第1章 きのこ類の生産と市場動向、第2章 きのこ栽培の基礎科学、第3章 きのこ産業の最新動向、第4章 きのこ栽培の最新技術、第5章 きのこの成分利用、第6章 きのこの経営指標、第7章 きのこ産業の振興施策、第8章 統計・資料、第9章 名簿

きのこ年鑑　2008年度版　特産情報、プランツワールド（発売）　2008.4　383p　26cm　10000円　Ⓘ978-4-931205-81-9　Ⓝ657.8
⊕目次⊕第1章 きのこ類の生産と需要動向、第2章 きのこ類の輸出入動向、第3章 きのこ生産に関する諸制度、第4章 きのこ栽培の最新技術、第5章 きのこの経営指標、第6章 きのこ産業の振興施策、第7章 統計・資料、第8章 名簿

きのこ年鑑　2009年度版　特産情報、プランツワールド（発売）　2009.4　377p　26cm　10000円　Ⓘ978-4-931205-82-6　Ⓝ657.8
⊕目次⊕第1章 きのこ類の生産と流通動向、第2章 きのこ類の輸出入動向、第3章 きのこ生産に関する諸制度、第4章 きのこ栽培の最新技術、第5章 きのこの経営指標、第6章 きのこ産業の振興施策、第7章 統計・資料、第8章 名簿

きのこ年鑑　2010年度版　特産情報きのこ

年鑑編集部, プランツワールド（発売）2010.4 302p 26cm 10000円 ⓅISBN978-4-931205-84-0 Ⓝ657.8

⦿目次 第1章 きのこ類の生産と流通動向、第2章 きのこ類の輸出入動向、第3章 きのこ生産に関する諸制度、第4章 きのこ栽培への新規参入計画と設備投資計画、第5章 きのこの経営指標、第6章 きのこ産業の振興施策、第7章 統計・資料、第8章 名簿

コケ・シダ

<図　鑑>

しだ・こけ　新装版　岩月善之助解説, 伊沢正名写真　山と渓谷社　1996.6　271p　18cm　（山渓フィールドブックス）　1800円　Ⓟ4-635-06054-3

⦿目次　しだ, こけ, 地衣

⦿内容　しだ・こけ・地衣類の携帯用図鑑。しだ154種、こけ247種、地衣47種のカラー写真と解説を科別に収録する。巻末にアルファベット順の学名索引、五十音順の和名索引がある。野外ハンドブックシリーズ13「しだ・こけ」（1986年刊）の改装版。

しだ・こけ　新装版　岩月善之助解説, 伊沢正名写真　山と渓谷社　2006.4　271p　19cm　（新装版山渓フィールドブックス 8）　1600円　Ⓟ4-635-06065-9

⦿内容　日本に生育する代表的な種、しだ154種、こけ247種、地衣47種を収録した写真図鑑。本文は分類体系別に排列。巻末に学名索引、和名索引付き。

◆コケ植物

<図　鑑>

校庭のコケ　野外観察ハンドブック　中村俊彦, 古木達郎, 原田浩共著　全国農村教育協会　2002.9　191p　21cm　1905円　Ⓟ4-88137-092-8　Ⓝ475

⦿目次　コケを見つける（コケとは? 蘚苔類（コケ植物）、地衣類 ほか）、校庭のコケ190種（センタイ類、地衣類）、コケを調べる（コケの生活を調べる、センタイ類の顕微鏡観察、地衣類の顕微鏡観察 ほか）

⦿内容　身近に見られるセンタイ類と地衣類を対象にしたコケに関するハンドブック。特に関東地方以西の低地など丘陵帯に見られる種類を中心に取り上げる。センタイ類は、セン類76種とタイ類42種、ツノゴケ類4種、地衣類は67種を収録し、写真、名称、学名、科目、分布、特徴などを記載する。付録として「センタイ類を顕微鏡で同定するときの特徴」の図解を掲載する。巻頭に、科別種名一覧があり、巻末に、学名索引と和名索引を付す。

日本産蘚類図説　〔復刻版〕　関根雄次著（横浜）ぬぷん　1990.7　364p　21cm　10300円　Ⓟ4-88975-001-0　Ⓝ475.6

⦿目次　ミズゴケ類、クロゴケ類、マゴケ類

日本の野生植物　コケ　岩月善之助編　平凡社　2001.2　355p 図版192p　27cm　19500円　Ⓟ4-582-53507-0　Ⓝ470.38

⦿内容　日本に野生するすべてのコケ植物を対象にした図鑑。系統順に配列し、属や種の検索表も収録。写真は963種1162点、拡大写真も多数掲載する。顕微鏡図はすべての属を網羅する。

◆シダ植物

<ハンドブック>

シダ植物　村田威夫, 谷城勝弘共著　全国農村教育協会　2006.4　134p　21cm　（野外観察ハンドブック）　1905円　Ⓟ4-88137-121-5

⦿目次　シダの「くらし」と「かたち」（シダとは、身近に見られるシダ、シダを詳しく見てみよう、シダの形態、人の生活に関係するシダ）、身近なシダ90種、シダを調べる（シダの種類を調べる、胞子をまいて前葉体をつくる、シダの葉の展開の仕方を調べる、どんな環境に、どんなシダが生えるか調べる、シダの雑種を調べる）

シダ ハンドブック　北川淑子著, 林将之スキャン写真　文一総合出版　2007.10　80p　19×11cm　1200円　Ⓟ978-4-8299-0175-5

⦿目次　単葉、単（1回）羽状、1～2回羽状、2回羽状、2～3回羽状、3回羽状以上、特殊な枝分かれ

⦿内容　シダは、日本では約630種が記録されている。同じ北半球の島国イギリスでは約70種であることを考えると、日本はシダの豊富な国であることが分かる。古来シダは食用や薬用、篭などの生活用品を作る材料として、日本人の生活と深く結びついていた。しかし現代はシダの活躍する場は狭くなり、シダそのものの美しさを楽しもうという姿勢も、シダの豊富なわりには少ない。まずは本書で独特の用語に慣れ、身近なシダから観察してみよう。

<図　鑑>

信州のシダ　大塚孝一著　（長野）ほおすぎ書籍, 星雲社〔発売〕　2004.8　194p　21cm　2300円　Ⓟ4-434-04809-0

⦿目次　人里のシダ、山地や渓谷のシダ、高原や湿地のシダ、高山や亜高山のシダ、暖地のシダ、シダの芽立ち、長野県産シダ植物目録、長野県版

レッドデータブック掲載種,主な属の検索表
⦿内容 信州に自生するシダ植物を掲載した図鑑。246種23変種,56雑種の,計325種類(品種を含まず)を収録。シダが主に生育する場所ごとに,人里・山地や渓谷・高原や湿地・高山や亜高山・暖地の5つに分けて掲載。また信州に自生するシダの全種類のリスト(目録)を掲載する。

日本のシダ植物図鑑 分布・生態・分類 第7巻 日本シダの会企画,倉田悟,中池敏之編 東京大学出版会 1994.12 409p 30cm 15450円 Ⓘ4-13-061067-8
⦿内容 日本産シダ植物の分類,生態写真,解説,線画などを収めた図鑑。第7巻では雑種と考えられるもの254種を取り扱い,このうち48種については証拠標本,分布図を掲載する。分類別に掲載,巻末に和名・学名の組み合せ一覧,和名索引・学名索引を付す。

日本のシダ植物図鑑 8 分布・生能・分類 倉田悟,中池敏之編 東京大学出版会 1997.2 473p 30cm 16000円 Ⓘ4-13-061068-6
⦿目次 第1巻〜6巻の補遺(21科,250種),第7巻の雑種(県単位)の補遺(5科,48種),日本を基準産地とするシダ植物学名の原記載集,日本産シダ植物の科,属の一覧,日本産シダ植物の和名=学名の一覧,日本産シダ植物の学名索引誌,世界各国のシダ植物の文献

日本のシダ植物図鑑 分布・生態・分類 6 倉田悟,中池敏之編 東京大学出版会 1990.2 881p 30cm 18450円 Ⓘ4-13-061066-X Ⓝ476.038
⦿目次 ヒカゲノカズラ科,イワヒバ科,ハナヤスリ科,ゼンマイ科,コケシノブ科,ワラビ科,オシダ科
⦿内容 日本に自生するシダ植物のうち,100種類を収録した事典。生態写真,解説,線画,分布図,世界の分布地域名,証拠標本,胞子写真を掲載する。

日本の野生植物 シダ 岩槻邦男編 平凡社 1992.3 311p 図版196p 27cm 18000円 Ⓘ4-582-53506-2 Ⓝ470.38
⦿内容 日本に自生するシダ植物のすべてをまとめた図鑑。科・属・種について,形態的質のみならず,染色体・生殖型について等,できるかぎりの情報を付し,ほぼ全種のカラー写真を収録する。

日本の野生植物 シダ 新装版 岩槻邦男編 平凡社 1999.7 311p 図版196p 27cm 18932円 Ⓘ4-582-53506-2 Ⓝ470.38
⦿内容 日本に自生するシダ植物のすべてをまとめた図鑑。科・属・種について,形態的質のみならず,染色体・生殖型について等,できるかぎりの情報を付し,ほぼ全種のカラー写真を収録する。1992年版の新装版。

葉によるシダの検索図鑑 阿部正敏著 誠文堂新光社 1996.7 211p 19cm 2200円 Ⓘ4-416-49602-8
⦿内容 シダをその葉のつきかたや葉の形から検索できる図鑑。200種のシダの葉のつきかたや葉の形の図,分布,高さ,特徴を掲載する。巻末にシダ名の索引を付す。

南太平洋のシダ植物図鑑 国立科学博物館編(秦野)東海大学出版会 2008.4 31,295p 27cm (国立科学博物館叢書8) 〈他言語標題:Illustrated flora of ferns & fern-allies of South Pacific Islands 英語併記〉 8200円 Ⓘ978-4-486-01792-9 Ⓝ476.0273
⦿目次 ヒカゲノカズラ科,イワヒバ科,ハナヤスリ科,マツバラン科,トクサ科,リュウビンタイ科,ゼンマイ科,コケシノブ科,ウラジロ科,ヤブレガサウラボシ科〔ほか〕
⦿内容 南太平洋に生育するシダの図解検索。ニューカレドニア,バヌアツ,フィジー,サモアなどの諸島での調査・観察記録。

動 物

動物全般

<書誌>

動物・動物学の本全情報 45-92　日外アソシエーツ編　日外アソシエーツ、紀伊国屋書店〔発売〕　1993.7　828p　21cm　29000円　①4-8169-1182-0

(内容)動物関連の本を主題別に排列した図書目録。1945年から1992年の48年間に国内で刊行された12000点を分類体系順に排列する。収録資料は、図鑑から学術書、随筆、児童書まで、収録分野は、哺乳類、両棲類、魚介類、鳥類、昆虫、家畜、野生動物、動物誌、動物文学等。巻末に書名索引・事項名索引を付す。

図書館探検シリーズ　第3巻　日本の野生動物　今泉忠明著　リブリオ出版　1990.4　24p　31cm　〈監修：本田眠　編集：タイム・スペース　関連図書紹介：p20〜23〉　①4-89784-201-8　ⓃK028

(内容)小学生や中学生が、あるテーマについて図書館や図書室で本をさがすときの、そのテーマの基本的なことがらを解説し、基本の図書を紹介するシリーズ。小学校上級以上向。

本の探偵事典　どうぶつの手がかり編　あかぎかんこ著　（神戸）フェリシモ　2005.5　112p　17cm　1238円　①4-89432-354-0

(目次)冷たい生きもの、温かくて卵を生む生きもの、温かい生きもの

(内容)「ガールフレンドに会いに行くミミズ」「コインを運ぶカニ」「ポケットがないカンガルー」「けむくじゃらのラクダ」…"どうぶつの手がかり"で思い出の本をみつける『本の探偵事典』。子どもの本300点を収録。本文はNDC(十進分類)順に排列。表紙(カラー写真)と内容の概略を記載。巻末に「作品名さくいん」「作者名さくいん」を収録。

<事典>

動物1.4万名前大辞典　日外アソシエーツ株式会社編　日外アソシエーツ　2009.6　540p　21cm　9333円　①978-4-8169-2189-6　Ⓝ480.33

(内容)動物名を五十音順に収録。漢字表記や学名、科名、別名、大きさ、特徴などを記載。最大規模の14000件を満載した基本ツール。

動物のふしぎ　今泉忠明監修　ポプラ社　2008.3　207p　29×22cm　（ポプラディア情報館）　6800円　①978-4-591-10083-7

(目次)哺乳類のふしぎ(哺乳類の体、哺乳類の子育て、哺乳類のコミュニケーション ほか)、爬虫類・両生類のふしぎ(爬虫類とは、爬虫類のくらしと育ち方、爬虫類のすむ場所 ほか)、動物を観察しよう(動物園での観察、写真やビデオで撮影してみよう、インターネットで調べよう ほか)

(内容)動物たちのリアルな世界を豊富な写真とイラストで紹介する図鑑。哺乳類、爬虫類、両生類を「目」ごとに分類し、代表的な種の生態をくわしく紹介。動物の体のしくみ、食べ物の種類、子育ての方法など、図鑑だけではわからない知識も満載。巻末には、動物園での観察の方法と、全国のおもな動物園リストを掲載。

日本動物大百科　1　哺乳類　1　川道武男編　平凡社　1996.2　156p　29cm　〈監修：日高敏隆〉　3200円　①4-582-54551-3　Ⓝ482.1

(内容)日本に生息する動物の図鑑。第1巻ではムササビ・タヌキ・ヒグマ・ユキウサギ・アズマモグラ・オオコウモリなどを収録。

日本動物大百科　2　哺乳類　2　伊沢紘生、粕谷俊雄、川道武男編　平凡社　1996.3　155p　30cm　3600円　①4-582-54552-1

(目次)霊長目総論、クジラ目総論、鰭脚目総論、偶蹄目総論、帰化哺乳類総論

(内容)日本に生息する動物の図鑑。日本産の哺乳類・鳥類・両生類・爬虫類は全種を、魚類・昆虫類は全科を収録する。本巻は全11巻構成の第2巻で、哺乳類のうちサル・クジラ・イルカ・アザラシ・カモシカ・シカ・帰化哺乳類等について、各種の分布・特徴等のデータと、生活史・生態の詳細な解説を付す。巻末に和名索引と学名索引がある。

日本動物大百科　3　鳥類　樋口広芳、森岡弘之、山岸哲編　平凡社　1996.7　182p　30cm　3600円　①4-582-54553-X

(目次)アビ目、カイツブリ目、ミズナギドリ目、ペリカン目、コウノトリ目、カモ目、チドリ目、

ツル目, タカ目

〔内容〕国内に生息する動物の図鑑。本巻は全11巻構成の第3巻で, 鳥類のうちアビ目, カイツブリ目, ミズナギドリ目, ペリカン目, コウノトリ目, カモ目, チドリ目, ツル目, タカ目の鳥について分布・特徴等のデータと, 生活史・生態に関する詳細な解説を掲載する。巻末に和名索引と学名索引がある。

日本動物大百科 4 鳥類 2 樋口広芳〔ほか〕編 平凡社 1997.3 180p 29cm〈監修:日高敏隆〉 3600円 ⓘ4-582-54554-8 Ⓝ482.1

〔内容〕日本に生息する動物の図鑑。第4巻ではキジ・カッコウ・フクロウ・カワセミ・キツツキ・シジュウカラ・カラスなどを収録。

日本動物大百科 5 両生類・爬虫類・軟骨魚類 日高敏隆監修 平凡社 1996.12 189p 30cm 3600円 ⓘ4-582-54555-6

〔目次〕両生類総論(有尾目, 無尾目), 爬虫類総論(カメ, 有鱗目), 軟骨魚類総論(全頭類総論, ギンザメ目, 板鰓類総論, ネコザメ目, テンジクザメ目, メジロザメ目, ネズミザメ目, カグラザメ目, ツノザメ目, ノコギリザメ目・カスザメ目, エイ目, サメ・エイ類の保護)

日本動物大百科 6 魚類 日高敏隆監修, 中坊徹次, 望月賢二編 平凡社 1998.6 204p 30cm 3800円 ⓘ4-582-54556-4

〔目次〕硬骨魚類総論, チョウザメ目, カライワシ目・フウセンウナギ目・ソコギス目, ウナギ目, ニシン目, コイ目, ナマズ目, サケ目, ワニトカゲギス目・ヒメ目・ハダカイワシ目, タラ目〔ほか〕

日本動物大百科 7 無脊椎動物 日高敏隆監修, 奥谷喬司, 武田正倫, 今福道夫編 平凡社 1997.11 196p 30cm 3800円 ⓘ4-582-54557-2

〔目次〕無脊椎動物総論, 原生動物, 平板動物と中生動物, 刺胞動物, 扁形動物と紐形動物, 顎口・腹毛・輪形動物, 動吻・胴甲・鉤頭動物, 線形動物と類線形動物, 内肛動物と鰓曳動物, 軟体動物, 環形動物, ユムシ・星口・緩歩・下形動物, 水生節口動物, 小型軟甲類, 外肛・毛顎・有鬚動物, 箒虫動物と腕足動物, 棘皮像物, 半索動物, 尾索動物, 頭索動物

〔内容〕アメーバ, クラゲ, イソギンチャクなど無脊椎動物を門ごとに収録。和名, 学名のほか分布, サイズ, 特徴などを解説, 巻末に和名索引, 学名索引が付く。

日本動物大百科 8 昆虫(1) 日高敏隆監修, 石井実, 大谷剛, 常喜豊編 平凡社 1996.9 188p 30cm 3600円 ⓘ4-582-54558-0

〔目次〕クモ形類(クモ綱)総論, 陸生等脚類(ワラジムシ目), ムカデ・ヤスデ・エダヒゲムシ・コムカデ類(多足上綱), 昆虫類(六脚上綱)総論

〔内容〕日本で見ることができる昆虫について解説した事典。日本産の動物を紹介する「日本動物大百科」シリーズ全11巻の第8巻にあたり, クモ形類・陸生等脚類・ムカデ類等を収める。各昆虫の和名・学名・生態などのデータに加え, 特徴を述べる。巻末に和名索引・学名索引を付す。

日本動物大百科 9 昆虫(2) 日高敏隆監修, 石井実, 大谷剛, 常喜豊編 平凡社 1997.8 181p 30cm 3495円 ⓘ4-582-54559-9

〔目次〕昆虫の進化と変態, 脈翅類, トビケラ類, 鱗翅類(チョウ目), チョウ類, ガ(蛾)類, 双翅類(ハエ目), ノミ類, シリアゲムシ類, 気象観測船でとれた虫, 小笠原諸島の昆虫

日本動物大百科 10 昆虫(3) 日高敏隆監修, 石井実, 大谷剛, 常喜豊編 平凡社 1998.9 187p 30cm 3800円 ⓘ4-582-54560-2

〔目次〕膜翅類, 広腰亜目, 細腰亜目, ネジレバネ類, 甲虫類

日本動物大百科 別巻 動物分類名索引 日高敏隆監修 平凡社 1998.12 334p 21cm 3800円 ⓘ4-582-54561-0

〔目次〕日本の希少動物, 身体各部名称, 用語解説, 系統分類表, 総索引(和名索引, 学名索引, 英名索引)

〔内容〕「日本動物大百科」全11巻に登場する約20000項目の動物名を収録した索引。和名索引, 学名索引, 英名索引の3部構成。環境庁, IUCNなどの絶滅危惧動物最新リスト, 用語解説, 系統分類表付き。

<索引>

動物レファレンス事典 日外アソシエーツ編集部編 日外アソシエーツ, 紀伊國屋書店〔発売〕 2004.6 914p 21cm 43000円 ⓘ4-8169-1848-5

〔内容〕11610種の動物がどの図鑑・百科事典にどのような見出しで載っているか一目でわかる。69種139冊の図鑑から延べ37068件の見出しを収録。動物の同定に必要な情報(学名, 漢字表記, 別名, 分布説明など)を記載。図鑑ごとに収録図版の種類(カラー, モノクロ, 写真, 図)も明示。

<ハンドブック>

動物の仕事につくには さんぽう, 星雲社〔発売〕 2000.6 82p 26cm (つくにはブックス NO.2) 286円 ⓘ4-434-00367-4

動物全般　　　　　　　　　動物

Ⓝ645.9

⦅目次⦆動物たちの仕事を学ぶ—スクールライフの最前線，よくわかる動物のお仕事ガイド，動物の仕事めざしています！スクールライフメッセージ，動物（関連）業界で活かせる主なライセンスと検定，動物関連のしごとをめざす人のための専門教育機関ガイド，スクールインフォメーション，動物に関係する仕事をめざすあなたにQ&A
⦅内容⦆動物の仕事とそのための教育機関を紹介する職業案内。仕事ガイド，主なライセンスと検定，専門教育機関ガイドで構成。仕事ガイドは種類別に仕事内容，資格の取得方法，就職状況および収入等について解説。専門教育機関ガイドでは所在地，連絡先等のデータと特色，取得資格，学費と就職状況を掲載。巻末に動物関連学校および動物関連団体・企業の一覧を掲載。

動物の仕事につくには　2003年度版　さんぽう編，星雲社〔発売〕　2002.7　115p　26cm　（つくにはブックス No.2）　286円　Ⓘ4-434-02316-0　Ⓝ645.9
⦅目次⦆動物たちの仕事を学ぶスクールライフの最前線，よくわかる動物のお仕事ガイド，パートナーは大好きな動物！アニマルライフメッセージ，コレでわかった！業界就職最前線，新聞・雑誌等でみる動物とペットの話題，動物関連「注目本」紹介一覧，動物関連のしごとをめざす人のための専門教育機関ガイド，スクールインフォメーション，動物に関係する仕事をめざすあなたにQ&A
⦅内容⦆動物の仕事とそのための教育機関を紹介する職業案内。動物の仕事ガイドではトリマー，動物看護士，動物飼育の技術者などの11件の仕事を紹介する。掲載校の五十音索引がある。

動物の仕事につくには　さんぽう編　さんぽう，星雲社〔発売〕　2004.9　120p　26cm　（つくにはブックス No.2）　286円　Ⓘ4-434-05009-5
⦅目次⦆動物たちの仕事を学ぶスクールライフの最前線，よくわかる動物のお仕事ガイド，（トリマー，動物看護士，動物飼育技術者，野生生物保護技術者・環境省レンジャー，動物訓練士，獣医師，動物エンターテイナー，アニマルセラピスト＆カウンセラー，ペットライフサポーター，水産技術者・アクアリウム技術者，畜産技術者），パートナーは大好きな動物！アニマルライフメッセージ，動物とふれあうフィールドは広い！業界大研究，コレでわかった！業界就職最前線，新聞・雑誌等でみるニュース＆トピックス，動物関連のしごとをめざす人のための専門教育機関ガイド，動物に関係する仕事をめざすあなたにQ&A，スクールインフォメーション

動物の仕事につくには　'04～'05年度用　さんぽう編　さんぽう，星雲社〔発売〕　2004.2　121p　26cm　（つくにはブックス No.2）　286円　Ⓘ4-434-04227-0
⦅目次⦆動物たちの仕事を学ぶスクールライフの最前線，よくわかる動物のお仕事ガイド（トリマー，動物看護士 ほか），パートナーは大好きな動物！アニマルライフメッセージ，動物とふれあうフィールドは広い！業界大研究，コレでわかった！業界就職最前線，新聞・雑誌等でみるニュース＆トピックス，動物関連のしごとをめざす人のための専門教育機関ガイド，動物に関係する仕事をめざすあなたにQ&A，スクールインフォメーション

動物の仕事につくには　さんぽう編　さんぽう，星雲社〔発売〕　2006.8　126p　26cm　（つくにはブックス No.2）　286円　Ⓘ4-434-08308-2
⦅目次⦆動物たちの仕事を学ぶビジネスシーンへの最前線，よくわかる動物のお仕事ガイド，動物とふれあうフィールドは広い！業界大研究，コレでわかった！業界就職最前線，新聞・雑誌等でみるニュース＆トピックス，動物関連のしごとをめざす人のための専門教育機関ガイド

動物の仕事につくには　さんぽう編　さんぽう，星雲社〔発売〕　2006.2　118p　26cm　（つくにはブックス No.2）　286円　Ⓘ4-434-07460-1
⦅目次⦆動物たちの仕事を学ぶビジネスシーンへの最前線，よくわかる動物のお仕事ガイド（トリマー，動物看護士，動物飼育技術者，野生生物保護技術者・環境省レンジャー，動物訓練士ほか），新聞・雑誌等でみるニュース＆トピックス，動物とふれあうフィールドは広い！業界大研究，コレでわかった！業界就職最前線，動物関連のしごとをめざす人のための専門教育機関ガイド，スクールインフォメーション
⦅内容⦆動物の仕事とそのための教育機関を紹介する職業案内。

動物の仕事につくには　2008年度版　さんぽう編　さんぽう，星雲社〔発売〕　2007.8　134p　26cm　（つくにはブックス No.2）　286円　Ⓘ978-4-434-11022-1
⦅目次⦆巻頭インタビュー 恩賜上野動物園園長・小宮輝之さん，企業フロントライン 株式会社コジマ，動物たちの仕事を学ぶビジネスシーンへの最前線，よくわかる動物のお仕事ガイド，動物とふれあうフィールドは広い！業界大研究，ペットは"家族の一員"の風潮があらわに！動物病院の求人増加 業界就職最前線，業界の将来性を探る！これがペット業界の最新動向，動物関連のしごとをめざす人のための専門教育機関ガイド，スクールインフォメーション

動物の仕事につくには　'07～'08年度版　さんぽう編　さんぽう，星雲社〔発売〕

2007.2 127p 26cm （つくにはブックス No.2） 286円 ⓘ978-4-434-10197-7

⦅目次⦆巻頭インタビュー 恩賜上野動物園園長・小宮輝之さん，企業フロントライン 株式会社コジマ，動物たちの仕事を学ぶ ビジネスシーンへの最前線，よくわかる動物のお仕事ガイド，動物とふれあうフィールドは広い！業界大研究，ペットは"家族の一員"の風潮があらわに！動物病院の求人増加 業界就職最前線，新聞・雑誌等でみるニュース＆トピックス，動物関連のしごとをめざす人のための専門教育機関ガイド，スクールインフォメーション

動物の仕事につくには　2009 さんぽう編 さんぽう，星雲社（発売） 2008.9 130p 26cm （つくにはブックス no.2） 286円 ⓘ978-4-434-12245-3 Ⓝ366.29

⦅目次⦆よくわかる仕事ガイド（"かわいい"を演出するトリマー，動物医療の現場には欠かせない動物看護士，知識・感覚，そして愛情が大切 動物飼育技術者 ほか），プロフェッショナルをめざして資格・就職・進学（動物関連の職場と仕事のイメージマップ 業界大研究，これでわかった！業界就職最前線，話題の情報からみえてくる動物業界の"いま" ほか），カンタン・得する学校資料の集め方（資料請求方法，資料請求用FAXシート）

動物の仕事につくには　2008-2009年度版 さんぽう編 さんぽう，星雲社（発売） 2008.2 130p 26cm （つくにはブックス no.2） 286円 ⓘ978-4-434-11685-8 Ⓝ366.29

⦅目次⦆よくわかる仕事ガイド（よくわかる動物のお仕事ガイド，"かわいい"を演出するトリマー，動物医療の現場には欠かせない動物看護士，知識・感覚，そして愛情が大切 動物飼育技術者 ほか），プロフェッショナルをめざして資格・就職・進学（動物関連の職場と仕事のイメージマップ 業界大研究，停滞知らず！動物関連の求人状況，これでわかった！業界就職最前線，話題の情報からみえてくる動物業界の"いま" ほか），カンタン・得する学校資料の集め方

＜図鑑＞

あそびのおうさまずかん いきもの・くらし にっぽんのどうぶつたち 今泉忠明監修 学習研究社 2002.7 64p 26×24cm 780円 ⓘ4-05-201771-4 ⓃK031

⦅目次⦆にっぽんのいきものちず，さるのくらし，きつねのくらし，たぬきのくらし，くまのくらし，かもしかのくらし，おこじょのくらし，ねずみのくらし，いるかのくらし，つるのくらし，からすのくらし，すずめのくらし，かえるのくらし，さけのくらし，ざりがにのくらし，ちょうのくらし，はちのくらし

⦅内容⦆日本全国に住む生き物たちの暮らしを写真で紹介する図鑑。

いきもの 今泉忠明監修 学習研究社 〔2001〕 168p 19cm （新こどもポケットずかん 1）〈索引あり〉 800円 ⓘ4-05-151965-1

⦅内容⦆生活科の調べ学習や体験学習に使える小型の学習図鑑シリーズ。

生き物のくらし 昆虫・水の生き物・魚 岡島秀治，沖山宗敏，武田正倫監修 学習研究社 2007.3 140p 30×23cm （ニューワイド学研の図鑑） 2000円 ⓘ978-4-05-202586-0

⦅目次⦆昆虫（カブトムシ，ゲンジボタル ほか），水の生き物（スナイソギンチャク，ホタテガイ ほか），魚（ホシザメ，ウナギ ほか），生き物のくらし情報館（生き物の食事，生き物の身の守り方 ほか）

⦅内容⦆のぞいてみよう！生き物たちのおどろきの世界。昆虫・水の生き物・魚27種を徹底解剖。

おかしな生きものミニ・モンスター 世にも奇怪な珍虫・珍獣図鑑 ポーラ・ハモンド著，赤尾秀子訳 二見書房 2009.12 175p 21cm 〈原書名：Mini monsters.〉 1800円 ⓘ978-4-576-09178-5 Ⓝ480

⦅内容⦆実在する奇っ怪な生き物たち168匹！気色悪くも愛らしいミニ怪獣ばかりを集めた「可笑しな動物園」。

学研生物図鑑 特徴がすぐわかる 動物（ほ乳類・は虫類・両生類） 改訂版 学習研究社 1990.3 386p 22cm （監修：今泉吉典，岡田弥一郎 編集：本間三郎，伊藤年一） 4300円 ⓘ4-05-103851-3 Ⓝ460.38

⦅内容⦆中学・高校生向けの生物の学習図鑑シリーズ。全12冊。

くもんのはじめてのずかん どうぶつ・とり あきびんご絵，今泉忠明監修 くもん出版 2010.10 72p 19×19cm 〈索引あり〉 1200円 ⓘ978-4-7743-1760-1 ⓃE460

⦅内容⦆子どもに身近なものを中心に，259種の動物と鳥をあいうえお順で収録。人気絵本作家・あきびんごの魅力あふれるイラストを掲載。親子でためになる，英語の名前・漢字の名前・大きさ・重さを掲載。楽しみながら子どもの興味を広げる，ずかんの使い方・遊び方を紹介。

くもんのはじめてのずかん さかな・みずのいきもの・こんちゅう あきびんご絵，今泉忠明魚・水の生き物監修，岡島秀治昆虫監修 くもん出版 2010.10 72p 19×19cm 〈索引あり〉 1200円 ⓘ978-4-7743-

1761-8 ⓃE460
⑩子どもに身近なものを中心に、296種の魚・水の生き物・昆虫をあいうえお順で収録。人気絵本作家・あきびんごの魅力あふれるイラストを掲載。親子でためになる、英語の名前・漢字の名前・大きさを掲載。楽しみながら子どもの興味を広げる、ずかんの使い方・遊び方を紹介。

原色動物大図鑑　第1巻　脊椎動物（哺乳綱・鳥綱・爬虫綱・両棲綱） 復刻版　内田清之助著者代表　北隆館　2009.5　346, 64p　27cm　〈他言語標題：Encyclopaedia zoologica illustrated in colours　原本：昭和32年刊〉　30000円　Ⓘ978-4-8326-0831-3　Ⓝ480.38

⑨脊椎動物（哺乳綱（霊長目、翼手目 ほか）、鳥綱（燕雀目、雨燕目 ほか）、爬虫綱（亀鼈目、有鱗目 ほか）、両棲綱（無尾目、有尾目 ほか））

⑩図版とともに動物の和名や学名、概要などを掲載した図鑑。第1巻には、脊椎動物の哺乳綱・鳥綱・爬虫綱・両棲綱の各部門を収録。本邦産の動物は、主要な種類は殆んど掲げ、528種を、外国産の動物は、代表的且つ著明な種類及び我国で畜養並びに愛翫用として多く飼育されるものは勿論、近時世界的な文化交流の結果、吾人の目にふれることの多い外国産の種類にも大いに注目、これらを外国種として486種収載した。本邦産及外国産動物を解説した種類は1014種に達し、記載中に解説した亜種及び近似種等を加えれば、総種数は3000種以上に及ぶ。毎日出版文化賞（第15回）受賞。

原色動物大図鑑　第2巻　脊椎動物（魚綱・円口綱）／原索動物 復刻版　冨山一郎, 阿部宗明, 時岡隆共著　北隆館　2009.5　392, 86p　27cm　〈他言語標題：Encyclopaedia zoologica illustrated in colours　原本：昭和32年刊〉　30000円　Ⓘ978-4-8326-0832-0　Ⓝ480.38

⑩図版とともに動物の和名や学名、概要などを掲載した図鑑。II巻では、脊椎動物中の魚綱・円口綱、原索動物の頭索綱・尾索綱・腸鰓綱の各部門を収録。初版は昭和32年刊。

原色動物大図鑑　第3巻　棘皮・毛顎・前肛・軟体動物 復刻版　岡田要, 滝庸著者代表　北隆館　2009.5　1冊　27cm　〈他言語標題：Encyclopaedia zoologica illustrated in colours　執筆：馬場菊太郎ほか　原本：昭和32年刊〉　30000円　Ⓘ978-4-8326-0833-7　Ⓝ480.38

⑨無脊椎動物（棘皮動物、毛顎動物、前肛動物群（擬軟体動物）、内肛動物、軟体動物）

⑩第3巻には、無脊椎動物の中、第4巻に載せた比較的小形乃至微小或は、顕微鏡的な動物の部門を除いた残り全部を含む、棘疲・毛顎・前肛・軟体動物の各門を総括し、合計約1450種を載せている。軟体動物門は種類を極めて多く、人生関係は深く、特にわが国では一般に広く親しまれ、又重要な産業に関連するものがあるため多数の種を収録した。

原色動物大図鑑　第4巻　節足・環形・円形・担輪・紐形・扁形・有櫛・腔腸・海綿・中生・原生動物 復刻版　岡田要, 内田亨著者代表　北隆館　2009.5　1冊　27cm　〈他言語標題：Encyclopaedia zoologica illustrated in colours　執筆：浅沼靖ほか　原本：昭和32年刊〉　30000円　Ⓘ978-4-8326-0834-4　Ⓝ480.38

⑩図版とともに動物の和名や学名、概要などを掲載した図鑑。第4巻では、節足及び無脊椎動物の中で下等部門に属する環形・円形・担輪・紐形・扁形・有櫛・腔腸・海綿・中生・原生動物を収録。

原色日本動物図鑑 北隆館　1995.10　351p　19cm　（コンパクト版 17）　4800円　Ⓘ4-8326-0364-7

⑨脊椎動物門、節足動物門、軟体動物門

⑩日本に生息する脊椎動物、節足動物、軟体動物1716種を収録した動物図鑑。見開きの左頁にカラー図版、右頁にその解説を掲載する。排列は脊椎動物門、節足動物門、軟体動物門の順で、同一門内はさらに綱に分類される。巻末に和名索引、学名索引がある。一般の動物愛好者向け。

原寸大 どうぶつ館 前川貴行写真, 成島悦雄監修　小学館　2008.7　48p　37×27cm　（小学館の図鑑NEO　本物の大きさ絵本）〈付属資料：初回限定 原寸大パンダの特大ポスター1〉　1500円　Ⓘ978-4-09-217252-4

⑩さまざまな動物の写真を、本物の大きさで掲載する図鑑。毛の一本一本や、皮ふの質感、ひとみのかがやきなど、細かなところも、よ〜く見える。

こども大図鑑動物 リチャード・ウォーカー著, キム・ブライアン監修, 西田美緒子訳, ネイチャー・プロ編集室日本語版編集　河出書房新社　2010.11　123p　31cm　〈原書名：Wow!animal.〉　2362円　Ⓘ978-4-309-61551-6　Ⓝ480

⑨1 地球の生きもの（生命, 動物界, 分類, 無脊椎動物, 脊椎動物, 骨格, つりあいの取れたからだ, 寿命, 哺乳類, 鳥類, 爬虫類, 両生類, 魚類, 棘皮動物, 甲殻類, クモ形類, 昆虫, 軟体動物, ミミズやヒルのなかま, カイメン, クラゲ, サンゴ, 大昔の生きもの, 絶滅寸前の動物たち）, 2 生きるための技（呼吸, 食事, 移動, 速度, からだの手入れ, 感覚, 視覚, 聴覚, 嗅覚と味覚, 伝達, 身を守る, カムフラージュ,

警告，競争，本能，学習，オスとメス，求愛，卵，成長，子育て），3 生きもののくらし（生息環境，すみか，暗やみでくらす生きもの，生態系，食物網，ひと休み，長距離の移動，極限のくらし，共生，集団，寄生，画依頼主，品種改良）

[内容]無脊椎動物から昆虫，魚類，哺乳類まで，驚くほど多種多様な動物たちの世界をコンパクトに紹介する図鑑。躍動感あふれる写真を多用し，レイアウトに最大限の工夫。こどもたちの好奇心を刺激する。動物たちがどんなからだをもち，どんな関係をもちながら，きびしい環境をどうやって生きているのかがわかる。生態系や食物網，外来種，絶滅など，これからの時代を生きることもが知っておくべき問題を解説する。

こどものずかんMio 2 どうぶつ （大阪）ひかりのくに 2005.7 64p 27×22cm 762円 ①4-564-20082-8

[目次]かわいいねあかちゃん，おかあさんのおっぱいおいしいね，ぞうさんどこへいくの?，ながいはな・おおきなみみ，なにをみているの?，みずのなかではどうしているの?，くさをたべるどうぶつ（ぞうやさい，きりん，かばなど），くさをたべるどうぶつ（しかやひつじ，うしなど），いろいろなつのくらべ，あふりかのだいそうげん〔ほか〕

昆虫・両生類・爬虫類 今泉吉典総監修，今島実，矢島稔，松井孝爾監修 講談社 1997.6 207p 27×22cm （講談社 動物図鑑 ウォンバット 1） 1700円 ①4-06-267351-7

[目次]原生動物門，海綿動物門，刺胞動物門，軟体動物門，環形動物門，節足動物門，昆虫綱，シミ目 トビムシ目，カゲロウ目 カワゲラ目，トンボ目，カマキリ目，ゴキブリ目 ナナフシ目，シロアリ目，バッタ目，カメムシ目，アミメゲロウ目 シリアゲムシ目 トビケラ目，チョウ目，ハチ目，甲虫目，ハエ目 ノミ目 シラミ目 チャタテムシ目，棘皮動物門，原索動物門，両生綱・無足目，両生綱・有尾目，両生綱・無尾目，爬虫綱・カメ目，爬虫綱・ムカシトカゲ目，爬虫綱・有鱗目，爬虫綱・ワニ目，小さな生きものの飼い方

世界の動物 成美堂出版 1995.5 351p 15cm （ポケット図鑑） 1300円 ①4-415-08127-4

[目次]食肉目，霊長目，偶蹄目，寄蹄目，有袋目，齧歯目，翼手目，クジラ目，ウサギ目，海牛目・長鼻目・イワダヌキ目・貧歯目・食虫目・単孔目

世界文化生物大図鑑 動物 哺乳類・爬虫類・両生類 改訂新版 世界文化社 2004.6 415p 28×23cm 10000円 ①4-418-04901-0

[目次]動物概論（動物とは，動物の分類と系統 ほか），哺乳類（単孔目，ディデルフィス目 ほか），爬虫類（カメ目，ワニ目 ほか），両生類（有尾目，無尾目），動物の飼育（飼育概論，哺乳類の飼育 ほか）

[内容]世界に分布する哺乳類804種，爬虫類318類，両生類123類を収録した動物図鑑。索引は目名，科名，種名，亜種名，別名を五十音順に配列。

地球動物図鑑 フレッド・クックほか監修，山極寿一日本版監修 新樹社 2006.3 607p 27×24cm 〈原書名：THE ENCYCLOPEDIA OF ANIMALS〉 10000円 ①4-7875-8544-4

[目次]総論，哺乳類，鳥類，爬虫類，両生類，魚類，無脊椎動物

ちきゅうの どうぶつたち 学習研究社 1993.7 1冊 37×26cm （学研 大パノラマずかん） 2300円 ①4-05-200194-X

[内容]子ども向けの大型の学習図鑑。

どうぶつ フレーベル館 1990.7 116p 30cm （ふしぎがわかるしぜん図鑑2）〈監修：水野丈夫，増井光子〉 1650円 ①4-577-00034-2 ⓃK480

[目次]陸にすむどうぶつ（コアラ，カンガルー，もぐら，ゴリラ，うさぎ，りす，いぬ，ラッコ ほか），水の中にすむどうぶつ，はちゅうるい

どうぶつ フレーベル館 1996.10 229p 20×21cm （フレーベル館のこどもずかん 6） 780円 ①4-577-01645-1

[内容]ライオンやパンダ・ぞうといった動物を絵で紹介した，子供向けの図鑑。それぞれの名称と特徴を記す。

どうぶつ 今泉忠明監修 学習研究社 2002.11 99p 15cm （いつでもどこでもちいさなずかんポッケ） 550円 ①4-05-201718-8 ⓃK482

[目次]アフリカのどうぶつ，きたアメリカのどうぶつ，みなみアメリカのどうぶつ，ヨーロッパのどうぶつ，アジアのどうぶつ，にっぽんのどうぶつ，オセアニアのどうぶつ，なんきょくやほっきょくのどうぶつ

[内容]子ども向けのポケット版動物図鑑。アフリカ，北アメリカ，南アメリカなど大陸別に構成。さらに住んでいる場所などにより分類し収録されている。巻末に索引が付く。

どうぶつ 新版 小宮輝之監修 学習研究社 2005.5 120p 30×23cm （ふしぎ・びっくり!?こども図鑑） 1900円 ①4-05-202111-8

[目次]やせいのどうぶつ（肉を食べるどうぶつの

動物全般　　　　動物

なかま、ごりら・さるのなかま、かば・うしなどのなかま ほか)、ペット・かちく（かいねこのなかま、かいいぬのなかま、うさぎなどのなかま、人にやくだつどうぶつ)、はちゅうるい（かめ、とかげ・へび・わに、どうぶつ園のやくわり)

どうぶつ　学習研究社　1996.7　120p　30cm　（ふしぎ・びっくり!?こども図鑑）　2000円　①4-05-200683-6

(目次) やせいのどうぶつ（肉を食べるどうぶつのなかま、ゴリラ・さるのなかま、かば・うしなどのなかま、さい・しまうまのなかま、ぞうのなかま、うさぎ・りすのなかま、なまけもの・こうもりなどのなかま、カンガルーなどのなかま、おっとせいなどのなかま、くじらのなかま)、ペット・かちく（かいねこのなかま、かいいぬのなかま、うさぎなどのなかま、人にやくだつどうぶつ)、はちゅうるい（かめ、とかげ・へび・わに、どうぶつ園のひみつ）

(内容) 動物の世界を、迫力ある描きおろしイラストと、おどろきのある写真でみせる、幼児～小学校低学年向の図鑑。「ふしぎ・なぜ?」に答える生態ページと標本ページの2面構成。クイズ・ワークのある展開は子どもに考えさせる頭脳開発図鑑。親子で対話し、楽しめる「おうちの方へ」を掲載。

どうぶつ　小学館　1994.4　31p　29×22cm　（21世紀幼稚園百科 3）　1000円　①4-09-224003-1

(内容) 地球にくらしている動物（ほ乳類）を、住んでいる環境とあわせて紹介する図鑑。

どうぶつ　無藤隆総監修、今泉忠明監修　フレーベル館　2004.9　128p　30×23cm　（フレーベル館の図鑑 ナチュラ 3）　1900円　①4-577-02839-5

(目次) ほにゅうるい（ねこのグループ、さるのグループ、ぞうのグループ、うまのグループ ほか)、はちゅうるい（かめのグループ、わにのグループ、へびのグループ、とかげのグループ ほか）

(内容) リアルなイラストや写真と解説とを組み合わせて、動植物などの様子を生き生きと描き出した。解説の記事は幼児にも小学生にもわかるよう記載。実際に子どもが自然に関わるためのヒントも多挙。初めて図鑑を見る小さな子どもの心に、自然の不思議さを印象づけてくれ、まさに体験の世界と知識の学習を鮮やかにつないでくれる図鑑。

動物　改訂版　旺文社　1998.4　231p　19cm　（野外観察図鑑 3）　743円　①4-01-072423-4

(目次) 絵でみる動物たちのくらし、両生類のくらし、ハ虫類のくらし、ホ乳類のくらし、動物

のくらしと体、解説編

(内容) 世界中の動物約750種を収録した動物図鑑。名前調べがしやすい仲間分けや、動物の特ちょうがひと目で分かるように引き出し線でポイントを説明。持ち運びに便利なハンディーサイズ。

動物　新訂版　学習研究社　1993.6　176p　26cm　（学研の図鑑）　1500円　①4-05-200097-8

(目次) 哺乳類、両生類、爬虫類

動物　今泉忠明監修・執筆　学習研究社　1999.11　184p　30cm　（ニューワイド学研の図鑑）〈索引あり〉　2000円　①4-05-500411-7

(内容) 哺乳類、爬虫類、両生類を収録した学習図鑑。分類別に色々な生き物の珍しい生態を詳しく紹介。最新の写真を多用し、動物データなど見やすく掲載する。

動物　小宮輝之監修　学習研究社　2007.3　144p　26cm　（ジュニア学研の図鑑）　1500円　①978-4-05-202651-5

(目次) 世界の動物地図（ユーラシア大陸・オセアニア、アフリカ、北アメリカ・南アメリカ ほか)、哺乳類（カモノハシ・ハリモグラのなかま、カンガルー・コアラのなかま、モグラ・トガリネズミのなかま ほか)、両生類・爬虫類（アシナシイモリ・サンショウウオ・イモリのなかま、カエルのなかま、ワニのなかま ほか)、脊椎動物の進化

動物　増補改訂版　学研教育出版, 学研マーケティング（発売）　2010.4　240p　19cm　（学研の図鑑 新・ポケット版 3）　960円　①978-4-05-203205-9　ⓃE489

(目次) 動物たちのすみか大研究、ほ乳類、は虫類、は虫類と両生類のちがい、両生類、ペット・家ちく、アニマル・ウォッチング、絶滅危機動物

(内容) 野外観察に最適。収録数約600種。最新の絶滅危機動物リスト掲載。

動物　増補改訂　学研教育出版, 学研マーケティング（発売）　2010.11　208p　30cm　（ニューワイド学研の図鑑 3）〈初版：学習研究社1999年刊　付(2枚)：しましまボード＆シート　索引あり〉　2000円　①978-4-05-203333-9　ⓃE489

(目次) 動物の世界（地域別・動物たちのくらし)、ほ乳類（ネコのなかま、アザラシのなかま ほか)、は虫類・両生類（ワニのなかま、カメのなかま ほか)、動物の情報館（動物ウォッチング、昔話に出てくる動物たち ほか）

(内容) 哺乳類700種、両生・爬虫類200種を、迫力ある写真・イラストで紹介!動物図鑑の決定版。

動物 1 林寿郎著 （大阪）保育社 1995.9 224p 19cm （エコロン自然シリーズ） 2000円 ①4-586-32101-6
(内容)外国産の野性動物の図鑑。小形のホ乳類、ハ虫類、両生類255種を科別に収録する。原色写真の図版頁と解説頁で構成され、巻末に和名索引学名索引、英名索引がある。「標準原色図鑑全集19 動物1」の改装版にあたる。

動物 2 林寿郎著 （大阪）保育社 1995.10 228p 19cm （エコロン自然シリーズ） 2000円 ①4-586-32102-4
(内容)外国産の野性動物の図鑑。大型のホ乳類を原色写真で191種、線画で115種収録する。図版頁と解説頁で構成される。巻末に、巻共通の和名索引、学名索引、英名索引がある。「標準原色図鑑全集20 動物 」(1968年刊)の改装版にあたる。

動物園の動物 さとうあきら著 山と渓谷社 2000.3 281p 15cm （ヤマケイポケットガイド 19） 1000円 ①4-635-06229-5 Ⓝ489.038
(目次)ほ乳類(有袋目、食虫目、翼手目、ツパイ目、霊長目、貧歯目、げっ歯目、食肉目、管歯目、ゾウ目、ハイラックス目、奇蹄目、偶蹄目)、家畜・ペット、鳥類・は虫類、水族館の動物
(内容)動物園で見ることができる、哺乳類約190種、鳥類・大形爬虫類約30種、水族館の動物約20種、合計約240種を紹介した図鑑。記載事項は、標準和名、別名、英名、分布、生息環境、大きさ、特徴、生活、食べ物、子の数など。

どうぶつ505 秋吉文夫絵 講談社 1993.12 96p 26cm （いっぱい図鑑 1） （監修：今泉忠明、永井昭三） 1300円 ①4-06-251701-9
(内容)幼児向けの動物図鑑。本やテレビで見たり、動物園や水族館で目にしたり、家で飼う動物を紹介する。犬、ねこ、ぞう、ライオンなどの身近な動物や、大むかしの動物を505をとりあげたイラスト図鑑。

どうぶつ・とり 学習研究社 1993.5 140p 27cm （学研のこども図鑑） 3090円 ①4-05-104722-9
(内容)幼児向け・子どものための動物図鑑。

どうぶつなんでもずかん 講談社 1993.5 32p 27×22cm （KINTARO 幼稚園百科 23） 980円 ①4-06-253123-2
(内容)幼児・子ども向けの動物図鑑。子どもたちが毎日見たり、行動したりしているいくつかの「動作」をテーマにして、動物たちの愛らしい姿やおもしろい習性、行動を紹介している。

動物ワールド ジュニア図鑑 平凡社 1996.7 201p 30cm 3600円 ①4-582-40717-X
(目次)動物―原生動物からほ乳類まで，ほ乳類，鳥類，両生類とは虫類，魚類，こん虫・クモ・エビ・カニ，軟体動物と海の生きもの
(内容)2500種の動物について、その名前・姿・生態・分布をほにゅう類・鳥類・魚類などの分類別構成で紹介した動物図鑑。掲載する動物画はイラストレーターの手によるものでオールカラー。巻末に動物名の五十音順索引がある。小学生向け。

日本野生動物 久保敬親ほか著 山と渓谷社 2001.3 281p 15cm （ヤマケイポケットガイド 24） 〈文献あり 索引あり〉 1000円 ①4-635-06234-1 Ⓝ481.7
(目次)ほ乳類、は虫類、両生類
(内容)日本に生息するほ乳類約70種、は虫類約30種、両生類約30種の合計約130種を紹介する図鑑。日本に住んでいるほ乳類と両性・は虫類を、種または亜種ごとに取り上げ、特徴や生態などを解説する。主要なほ乳類は数ページにわたり生活史なども記述する。大きさ、生息環境から検索できる「つめ」付き。

ハローキティのどうぶつ図鑑 田中光常写真 サンリオ 2002.6 64p 26cm 1000円 ①4-387-02050-4 ⓃK480
(目次)りくにすむどうぶつ、みずのなかにすむどうぶつ、はちゅうるい、とりのなかま
(内容)子ども向けの動物図鑑。動物とその生態や習慣の一部を、イキイキした写真で紹介している。動物の種類は、子どもたちがテレビや絵本、動物園、また普段の生活の中で見ることができるものを中心に集め、鳥やは虫類なども収録している。巻末に索引が付く。

ビジュアル動物大図鑑 カレン・マクギー，ジョージ・マッケイ著，今泉忠明監修，花田知恵、北村京子訳 日経ナショナルジオグラフィック社, 日経BP出版センター（発売） 2009.1 256p 31cm （National Geographic） 〈原書名：Encyclopedia of animals.〉 6476円 ①978-4-86313-048-7 Ⓝ480.38
(目次)第1章 動物の世界，第2章 哺乳類，第3章 鳥類，第4章 爬虫類，第5章 両生類，第6章 魚類，第7章 無脊椎動物
(内容)地球で最大のシロナガスクジラから小さな微生物まで全1500種を網羅した野生動物ガイドの決定版。詳しく体のしくみや生態を精彩なカラーイラストで解説。

人・動物・自然・食べ物 村越愛策監修 あかね書房 2006.2 95p 17×13cm （記号のポケット図鑑 1） 1200円 ①4-251-

動物全般　　　　　　　　動物

07831-4
(内容)標識やシンボルマークなど、街でみつけた記号や、製品についている記号の、名前や意味を調べる本。

ふしぎ動物大図鑑　デイビッド・ピーターズ作、小田英智訳　偕成社　〔1994.4〕　48p　34×25cm　〈原書名：STRANGE CREATURES〉　2800円　④4-03-732070-3
(目次)ふしぎな無脊椎動物、おそろしいウミサソリ、重装備をした板皮類、奇妙な姿をしたサメ、かわった形の魚たち、魚を釣るアンコウの仲間、奇怪な姿をした深海魚〔ほか〕
(内容)ふしぎな無脊椎動物や恐しいウミサソリ、奇怪な深海魚、目に見えないほど小さい昆虫、巨大な恐竜など、ふだん目にしないふしぎ動物を原則として実物大で描く図鑑。ただし、本からはみだす大きな動物は小さく描き、本物の大きさが実感できるよう、身長150cmの人間を描きそえている。また、絶滅した動物には〈絶滅〉と注記している。

ポケット版 学研の図鑑 3 動物　今泉忠明監修・指導　学習研究社　2002.4　208,16p　19cm　960円　④4-05-201487-1　Ⓝ K480
(目次)ほ乳類、は虫類、ペット・家ちく、アニマル・ウォッチング、絶滅危機動物
(内容)子ども向けの動物図鑑。世界と日本の動物（ほ乳類、は虫類）を取り上げている。そのほか動物の生態のコラム、野外や動物園などに持っていったとき役立つウォッチングのページ、最新のワシントン条約やレッドデータブックにもとづく絶滅が心配される動物のリストもとり上げている。目名ごとに分類し、掲載。各種の種名、科名、体の大きさ、体重、分布、特徴などを記載している。巻末に索引が付く。

ヤマケイジュニア図鑑 4 動物　山と渓谷社　2002.7　143p　19cm　950円　④4-635-06239-2　Ⓝ K489.038
(目次)世界の動物（ネコやイヌの仲間、アシカやアザラシの仲間、クジラやイルカの仲間 ほか）、日本の動物（ネコやイヌの仲間、アシカやアザラシの仲間、クジラやイルカの仲間 ほか）、ペット（飼いイヌの仲間、イエネコの仲間、飼いウサギの仲間 ほか）
(内容)子ども向けの動物図鑑。動物園や日本の野山で見られる動物、家で飼っているペットなどの哺乳類を紹介している。世界の動物、日本の動物、ペットに分類し、それぞれ仲間ごとに掲載している。各動物の種名、科名、大きさ、生息環境、原産国、分布、解説、写真を収録。各章の頭では、イラストを使って、代表的な動物のくらしや繁殖の仕方、面白い話題などを紹介している。巻末に索引が付く。

夢に近づく仕事の図鑑 1 動物や昆虫が好き！　仕事の図鑑編集委員会編　あかね書房　1996.4　79p　26cm　2800円　④4-251-00831-6
(目次)騎手、競走馬の厩務員、警察犬訓練士、昆虫学者、昆虫カメラマン、昆虫飼育係、獣医師、水族館飼育係、水族館トレーナー、畜産指導員、動物園飼育係、動物学者、トリマー、盲導犬歩行指導員、野生動物保護管理、酪農家
(内容)様々な分野の仕事を児童向けに紹介したもの。全6巻構成で、134職種を収録する。本巻では動物や昆虫にかかわる職種について、仕事の概要と、その職業に就いている人の体験談を写真入りで掲載する。巻末に全巻共通の職種名の索引がある。

陸と水の動物　松原巌樹構成・文・絵、浅井粂男、梅田紀代志絵　旺文社　1999.4　208p　26cm　〈からだのつくりがよくわかる生きもの観察図鑑〉　5000円　④4-01-072481-1
(目次)ほ乳類、鳥類、は虫類、両生類、魚類、無せきつい動物、バードウォッチングの楽しみ方
(内容)いろいろな動物を正確で大きな図を用いて紹介した図鑑。巻末に、付録として「バードウォッチングの楽しみ方」を付す。

リロ&スティッチいきものずかん　斎藤勝監修　講談社　2010.8　64p　26cm　〈ディズニー知育えほん　ディズニー知育百科〉　1400円　④978-4-06-265727-3　Ⓝ 480
(目次)こんにちは、スティッチのイトコ、いぬとあそぼう、どうぶつえんにいこう、さむいところのどうぶつ、さかなのようなどうぶつ、みずべのいきもの、みぢかなとり、おおむかしのいきもの
(内容)100種以上の生きものと12の恐竜、30のスティッチのイトコたちが登場。3〜6歳。

◆動物と文学

＜事典＞

ことばの動物史 歴史と文学からみる　足立尚計著　明治書院　2003.2　211p　19cm　1300円　④4-625-63317-6
(目次)けものや人の類など（トラ、ネコ ほか）、空飛ぶ鳥の類など（オシドリ、キジ ほか）、野山の昆虫・は虫類など（トンボ、カマキリ ほか）、海や川の水に棲む類など（エビ、コイ ほか）
(内容)動物についての語源、動物と人との歴史や文学などを、ユーモアを交えて分かり易く紹介する。

短歌俳句 動物表現辞典 歳時記版　大岡信監修　遊子館　2002.10　476,20p　26cm　3300円　④4-946525-39-4　Ⓝ 911.107

〔目次〕春の季語―立春(2月4日頃)から立夏前日(5月5日頃)、夏の季語―立夏(5月6日頃)から立秋前日(8月7日頃)、秋の季語―立秋(8月8日頃)から立冬前日(11月6日頃)、冬の季語―立冬(11月7日頃)から立春前日(2月3日頃)、新年―新年に関するもの、四季―四季を通して

〔内容〕日本の短詩型文学において見られる動物表現の季語や作品について取りまとめた辞典。見出し語は四季に基づいて分類し、その下では五十音順に排列。見出し語の読み、語源、同義語、参照項目、秀句・秀歌の用例、図版などを記載する。巻末に五十音順の総索引を付す。

日本うたことば表現辞典 3 動物編 大岡信監修，日本うたことば表現辞典刊行会編 遊子館 1998.1 415, 39p 26cm 18000円 Ⓘ4-946525-06-8

〔内容〕和歌、短歌、俳句に詠み込まれた「うたことば」を植物、動物、叙景、恋愛の4つの項目に分類したも『日本うたことば辞典』の動物編。本文の排列は動物名の見出し語の五十音順で、動物の簡単な解説と関連する和歌などがつく。

日本古典博物事典 動物篇 小林祥次郎著 勉誠出版 2009.8 580p 22cm 〈文献あり 索引あり〉 9500円 Ⓘ978-4-585-06066-6 Ⓝ910.2

〔目次〕畜獣(獣、犬、猫、牛、馬、羊 ほか)、禽鳥(鳥、鶴、雁、鴨、鴛鴦、鷺 ほか)、虫介(虫、貝、蛇、蛙、蝦蟇、蛍 ほか)、竜魚(魚、鯉、鮒、鮎、鯰、鰻 ほか)

〔内容〕日本人は動物をどのように感じ、表現してきたのか、動物と自然が織りなす環境にどのように向き合ってきたのかを、文献を通して解説する事典。94項目を分類別に収録。古代から近現代の多種多様かつ厖大な文献群から引用し、日本人の心性の歴史を明らかにする博物事典。

俳句用語用例小事典 7 動物の俳句を詠むために 大野雑草子編 博友社 1990.7 225p 11×16cm 1650円 Ⓘ4-8268-0119-X

〔内容〕動物の俳句を詠む基本用語を収録し、現代俳人の例句を具体的に示した実作マニュアル。季語・季題とは関係なく、魚貝類をのぞいた日常身辺で見かけるペットや家畜動物・動物園やサファリパークで見かける野生動物・われわれの生活に関係の深い小動物や鳥類・昆虫類などをテーマとする。

<図鑑>

俳句の魚菜図鑑 復本一郎監修 柏書房 2006.4 319p 21cm 2800円 Ⓘ4-7601-2887-5

〔目次〕春(魚、菜)、夏、秋、冬、新年

〔内容〕旬の食材と俳句の絶妙なコラボレーション。季語になる魚、野菜などの食材を中心に約260種を網羅。その食材を使用した料理の季語や、「桜餅」「甘酒」など食べものの季語も掲載。食材の解説のほかに、著名な俳人の句例を多く収録。食材や料理はもちろん、農業や漁業の生産・加工風景など生活感あふれる写真が満載。春・夏・秋・冬・新年という季節順の構成で、読み物としても楽しめる。日本の風土と食文化を興味深く紹介したコラムを各章に配置。食材の和名・季語・俳人名から自在に検索可能な索引つき。

俳句の鳥・虫図鑑 季語になる折々の鳥と虫204種 復本一郎監修 成美堂出版 2005.4 319p 21cm 1500円 Ⓘ4-415-02997-3

〔目次〕春、夏、秋、冬、無季

〔内容〕山野や水辺、身近で見られる野生の鳥と虫を取り上げ、235項目の季語として季節順に紹介。見出し季語のほか、別称や古称、和名も紹介。鳥・虫の特徴、生態、鳴き声のほか、観察・作句するときのポイントも紹介。その鳥・虫の季語の入った俳句を数多く収録。

◆動物と聖書

<事 典>

聖書動物事典 〔カラー版〕 ピーター・フランス文、エリック・ホスキング、デイヴィッド・ホスキング写真、平松良夫訳 教文館 1992.10 140p 27×22cm 〈原書名: An Encyclopedia of BIBLE ANIMALS〉 5665円 Ⓘ4-7642-4012-2

〔内容〕イギリスの著名なジャーナリストの執筆による聖書の動物事典。現地取材による写真を豊富に掲載。聖書の動物がユダヤ教や西欧の文学でどのように描かれてきたかまでを解説する。

聖書動物大事典 ウイリアム・スミス編、小森厚、藤本時男編訳 国書刊行会 2002.10 524p 21cm 8000円 Ⓘ4-336-03645-4 Ⓝ193.033

〔内容〕聖書に登場する動物について、博物学・言語学・古典学の3つの視点から論究した事典。1863年に英国で刊行された"A Dictionary of the Bible"(『聖書事典』全3巻、ジョン・マレー刊)のうち動物に関する109項目を選定し翻訳したもの。項目はアルファベット順に排列し、和訳語を示して、巻頭に五十音順項目索引、巻末に動物名索引、聖書箇所索引、人名索引、主要参考文献一覧を付す。

聖書の動物事典 ピーター・ミルワード著、中山理訳 大修館書店 1992.5 370p 19cm 2575円 Ⓘ4-469-24325-6

(目次)第1部 聖書の動物入門(天使と動物, ワシの翼, ハトの翼, ワタリガラスの食べ物, スズメとツバメ, 巨大な魚, ライオンのうなり声 ほか), 第2部 聖書の動物事典(毒ヘビ, アリ, サル, エジプトコブラ, ロバ, アナグマ ほか)
(内容)聖書には多くの動物が登場する。本書の第1部はエッセイ「聖書の動物入門」で, 第2部は登場する動物を網羅した「聖書の動物事典」である。100種の動物をとりあげ, 聖書の中でのイメージや記載に関して解説し, 典拠とした章節を, 和文・英文対応させて示す。また, 訳注では, 種の特定に関する諸説を紹介し, 19世紀イギリスの書籍からとった美しい銅版画70点を収めた。

◆動物と文化・民俗

<事典>

動物信仰事典 芦田正次郎著　北辰堂
 1999.4　262p　19cm　3000円　①4-89287-229-6
(目次)第1部 動物への信仰(民衆信仰と動物, 動物への想い, 動物と自然現象, 動物と神仏, 時と方角の動物, 天駆ける動物, 文字と図の動物, 動物と植物), 第2部 動物信仰事典(鳥類, 獣類, 虫類, 魚類, 鬼刑類)
(内容)動物への信仰の起因と展開について, いろいろな視点を考察し, 個々への信仰を, 写真やイラストを交え解説した事典。第二部の配列は, 古代中国の分類法である「鳥・獣・虫・魚」の4類とし, 架空の動物を「霊鳥・霊獣・霊虫・霊魚」に分け各類に配列し, その中で実在の動物を50音順とし続いて架空の動物を50音順とした。項目として,「表題」を, 項目名, 生物学的分類名, 見所, 関連動物名(五十音順), 関連宗教, 関連民衆信仰など。「本文」は, 動物への想い, 東洋から日本へ, 信仰と伝承など。

日本史のなかの動物事典 金子浩昌, 小西正泰, 佐々木清光, 千葉徳爾著　東京堂出版　1992.6　266p　19cm　2300円　①4-490-10309-3
(内容)日本人は, 自然の一部である動物をどう見てきたか, どう扱ってきたか—人と動物の交渉を通して, 我々の生活・精神文化の源流をたどる。

<辞典>

語源辞典 動物編 吉田金彦編著　東京堂出版　2001.5　266p　19cm　2400円　①4-490-10574-6　Ⓝ812
(目次)哺乳類, 鳥類, 魚類, 昆虫類, その他, ことば

(内容)国語学の側から見た動物名の語源辞典。馬・鶏・アユ・蛍・カエル・たてがみなど690語を収め, 多彩な文献から用例をあげてこれまでの諸説を紹介し, 語源不明とされていた動物にも新説を提案する。

知っ得 動物のことば語源辞典 日本漢字教育振興会編　(京都)日本漢字能力検定協会　1997.11　218p　17cm　(漢検新書 知っ得ことば術シリーズ 8)　900円　①4-89096-002-3
(目次)哺乳類編, 鳥類編, 両生・爬虫類編, 虫類編, 魚介類編, 架空の動物の由来, 動物ことばの比喩成句
(内容)日本及びその近海に生息する動物約400の名前の由来, 漢字表記の由来を解説した語源辞典。哺乳類, 鳥類, 両生・爬虫類, 虫類, 魚介類の5分野と架空動物, 動物のことば比喩成句に分けて, 各項目を五十音順に収録。巻頭に五十音順総目次が付く。

動物の漢字語源辞典 加納喜光著　東京堂出版　2007.11　414p　19cm　3800円　①978-4-490-10731-9
(目次)牛の部, 犬の部, 羊の部, 虎の部, 虫の部, 豕の部, 豸の部, 貝の部, 隹の部, 馬の部, 魚の部, 鳥の部, 鹿の部, 黽の部, 鼠の部, 龍の部, 鼈の部, 部外1, 部外2
(内容)漢字・国字を合わせて, 600の動物漢字の語源を収録。動物を表わす漢字の本来の意味と, その語源・字源を解説。中国と日本で意味する動物の違いや, 国字であるかどうかなどを, 厖大な文献で検証。単字は主に字源を, 熟字・複合語は主に語源を説明。部首で分類し, その中を画数順に配列。字源解説のために多くの古代文字を掲載。巻末に「動物漢名索引」「国字・半国字・和製漢字表記索引」「動物和名索引」を収録。

捕らぬ狸は皮算用？ 世界14言語動物ことわざワールド 亜細亜大学ことわざ比較研究プロジェクト編　白帝社　2003.9　259p　19cm　1800円　①4-89174-632-7
(目次)犬, 牛, 鶏・鳥, 馬・ロバ, 猫・虎・ライオン, 魚, ことわざワールド
(内容)世界の動物のことわざを紹介する辞典。前半部は14の言語のことわざに共通する動物を配列。後半部は各国の動物情報を記載。亜細亜大学に開設している14の言語を対象とした「外国語比較研究」プロジェクトの「動物に関することわざの比較研究」の一端を紹介し, ことわざによる世界の動物園めぐりを楽しむ本。

<図鑑>

日本織文集成 2　禽獣虫魚　(京都)青幻

舎　2010.3　271p　15cm　〈他言語標題：Collection of Japanese textile design　各巻の並列タイトル：Animals　解説：長崎巌『織文類纂』(有隣堂1892-1893年刊)の編集〉　1200円　Ⓘ978-4-86152-239-0　Ⓝ753.2

(目次)鳥の部(鳳凰，鶴 ほか)，獣の部(竜，麒麟 ほか)，虫の部(蝶，虫)，魚・他の部(魚，蟹ほか)

(内容)帝国博物館(現・東京国立博物館)監修のもと，明治25年から26年にかけて多色木版により刊行された『織文類纂』(全10巻)の複刻。「織文類纂」は政府主導による輸出用の美術工芸品制作のための，デザイン指導の一環としても出版された。「草木花卉」「禽獣虫魚」「天象器物」に大別されるうち，本書では「禽獣虫魚」を収録。もはや実物を見ることができない優品を多数掲載し，わが国の染織文化の粋を紹介する。

◆動物園・水族館
<名　簿>

親子で遊ぼう!!おもしろ動物園 首都圏版
　日地出版　1999.4　159p　21cm　(福袋)　1200円　Ⓘ4-527-01652-0

(目次)東京都，神奈川県，埼玉県，千葉県，群馬県・栃木県・茨城県，静岡県・山梨県

(内容)関東地方の各都県，静岡・山梨県の一部の動物とふれあうことのできるレジャー施設を収録したガイドブック。76施設を地域別に配列。内容は，平成11年1月現在。内容項目は，施設名，大人2人と小学生・幼児(4歳以上)の4人分の入園料金を合計した料金，広域地図索引，マップ，レストランや授乳室の有無などを示したマーク，開園時間や休園日などを紹介したデータ，施設内の人気スポットや周辺情報などを紹介したみだし情報，耳寄り情報など。巻末に50音順索引を付す。

決定版!!全国水族館ガイド　中村元著　ソフトバンクパブリッシング　2005.5　239p　21cm　1900円　Ⓘ4-7973-3086-4

(目次)注目の水族館7館，北海道・東北，関東，東海・北陸・信越，近畿・中国，四国・九州・沖縄

(内容)水族館人の目で見つけた全国100館の個性。

最新全国動物園水族館ガイド　日本テレビ放送網　1992.5　333p　21cm　2500円　Ⓘ4-8203-9202-6

(内容)社団法人日本動物園水族館協会に加入している代表的な動物園・水族館155園館を紹介したガイドブック。

水族館ウォッチング　中村庸夫構成　平凡社　1997.9　259p　20cm　1900円　Ⓘ4-582-52726-4

(目次)日本編(北海道・東北，関東，中部，近畿，中国・四国，九州・沖縄)，海外編(北米，ヨーロッパ，その他の地域)

(内容)日本の水族館129館，世界の水族館113館を地域別に紹介。インターネット・アドレスも収録。

水族館ガイド　(名古屋)ヒューマンネットワークサービス　1991.4　112p　26×21cm　(ヒューマンBooks)　1500円　Ⓘ4-89403-807-2

(内容)全国水族館エリアMAP，海中は不思議の王国(幻想の海，神秘の海，水族館のアイドル，奇妙なインベーダーたち，海中ホラー)，特集 新・水族館時代がやってきた(ダイバー気分の海中散歩)，全国水族館縦断の旅(リゾート気分で海中探検，まだまだあるレジャー水族館)

水族館で遊ぶ　全国水族館ガイド104館完全紹介　中村庸夫，中村武弘著　実業之日本社　2007.4　139p　21cm　1400円　Ⓘ978-4-408-32337-4

(目次)1 水の世界の住人たち，2 水族館の舞台裏を見る，3 何度も訪れたい個性豊かな水族館10選，4 水族館おもしろ知識，5 中村庸夫の撮影術 水族館で綺麗に写真を撮る方法，6 全国水族館データベース94

(内容)雄大な世界の海を再現した迫力の巨大水槽や水中にいると錯覚してしまう水中トンネル。魚たちのダイナミックなショーや見る人を魅了する趣向・工夫を凝らした展示。

全国水族館ガイド　アペスプランニング編　双葉社　1997.3　125p　21cm　(陶磁郎BOOKS)　1600円　Ⓘ4-575-28689-3

(目次)全国の水族館81(北海道，東北，関東，中部，近畿，中国，四国，九州)，生きた魚たちの見方・楽しみ方(にぎやかな波打ち際は，生物の進化を語る，体色の変化で身を守る，同種でも，ここまで違う体色と斑紋，クラゲは，こうして大量発生する ほか)

全国水族館めぐり　アペスプランニング編著　双葉社　1993.5　205p　19cm　(双葉社ガイド1)　1850円　Ⓘ4-575-28229-4

(内容)日本全国のすべての水族館73館をカラーで紹介するガイドブック。

中村元の全国水族館ガイド112　中村元写真・著　長崎出版　2010.7　223p　25cm　〈索引あり〉　1900円　Ⓘ978-4-86095-414-7　Ⓝ480.76

(目次)関東，北海道，東北，北信越，東海，近畿，中国，四国，九州・沖縄

〈内容〉水族館プロデューサーが自らの目で、見て回った!全国112の施設、最新情報。

日本と世界の動物園 Zooガイド 近藤純夫著 平凡社 1998.9 255p 21cm 2200円 ⓘ4-582-52727-2

〈目次〉日本編(北海道・東北、関東、中部、近畿、中国・四国、九州・沖縄)、海外編(北米、ヨーロッパ、その他の地域)

〈内容〉日本130カ所・海外1422カ所の動物園を紹介するガイドブック。

<図 鑑>

水族館のいきものたち 改訂版 望月昭伸ほか写真 エムピージェー、マリン企画〔発売〕 2003.7 167p 18cm (ポケット図鑑) 1000円 ⓘ4-89512-526-2

〈目次〉第1章 海のどうぶつたち、第2章 外洋のさかなたち、第3章 サンゴ礁のさかなたち、第4章 岩礁のさかなたち、第5章 砂泥底のさかなたち、第6章 熱帯のさかなたち、第7章 川や沼・湖のさかなたち

〈内容〉全国のおもな水族館でよく見られる魚類、ほ乳類、両生類など、ぜんぶで116種のいきものたちを収録。写真の大半は海の写真家・望月昭伸が海中で撮影。美しい海と魚の写真集としてもじゅうぶん楽しめる。解説ではとくに、水族館で観察するポイントに力を入れ、いきものたちへの理解と関心を深められるようにしてある。

◆動物学

<事 典>

オックスフォード動物学辞典 Michael Allaby編、木村一郎、野間口隆、藤沢弘介、佐藤寅夫訳 朝倉書店 2005.7 606p 21cm (原書第2版 原書名:A Dictionary of Zoology, SECOND EDITION) 14000円 ⓘ4-254-17117-X

〈内容〉動物学が包含する広範な分野から約5000項目を選定し、解説した辞典。節足動物や無脊椎動物、魚類、両生類などのありとあらゆる動物を含む。また、遺伝学、進化学、哺乳類の生理学に関しての最新の項目も収録した。本文は五十音順排列。巻末に付表、欧文索引を付す。

オックスフォード動物行動学事典 デイヴィド・マクファーランド編、木村武二監訳 どうぶつ社 1993.12 834p 21cm (原書名:The Oxford Companion to Animal Behaviour) 15450円 ⓘ4-88622-500-4

〈内容〉遊び、求愛、攻撃など、動物のさまざまな行動を関連事項とともに227の項目にまとめた事典。現代の動物行動学界を代表する欧米の研究者が分担執筆し、1000種をこえる動物についての実例と図表を掲載する。心理学、社会生物学など、動物の行動を理解するうえで重要な関連諸分野、さらに、ペットや野生動物の管理、動物愛護の問題などもとりあげている。

カラー動物百科 新訂増補版 平凡社 2000.10 506p 18×11cm 2800円 ⓘ4-582-82511-7 Ⓝ480.38

〈目次〉本編、増補編

〈内容〉動物の百科事典。世界の動物と動物生態学など動物に関する各種事項、2500項目と、図版2000点を収録。各項目は五十音順に排列、動物は別名、科・目および種、生態などについて解説。

事典人と動物の考古学 西本豊弘、新美倫子編 吉川弘文館 2010.12 276,18p 20cm (文献あり 索引あり) 3200円 ⓘ978-4-642-08042-2 Ⓝ210.025

〈目次〉人と動物の歴史を探る、動物考古学の世界、骨を調べる、捕らえる、食べる、飼う、利用する、占う・祈る、古代の動物観、付録

〈内容〉原始時代より、人は動物とともに生活してきた。発掘された骨や遺物などから、明治初頭までの人と動物との多様な関わりを描く。これまで知られることのなかった日本人と動物の歴史をわかりやすく解説する読む事典。

図解 動物観察事典 新訂版 岡村はた,冨川哲夫,室井綽著 地人書館 1993.4 563p 21cm 5356円 ⓘ4-8052-0431-1

〈内容〉様々な動物の特徴を、姿やつくりだけでなく、生態、すなわち、その動物の生育する環境の上でにはみられない特異なことがらをピックアップして解説した動物事典。姉妹編として「生物観察事典」「植物観察事典」もある。

<辞 典>

動物学ラテン語辞典 小野展嗣編 ぎょうせい 2009.9 807p 27cm (他言語標題:A Latin-Japanese dictionary of zoology 文献あり 索引あり) 25000円 ⓘ978-4-324-08802-9 Ⓝ480.73

〈目次〉辞典の部(ラテン語-日本語辞典、日本語-ラテン語辞典)、解説の部(ラテン語文法の基礎知識、動物学におけるラテン語の役割)

<ハンドブック>

国際動物命名規約提要 渡辺千尚著 文一総合出版 1992.2 133p 21cm 2500円 ⓘ4-8299-3025-X

〈目次〉1 命名規約の概説(規約の沿革、規約<第

3版>の大要),2 命名規約に関する諸事項の註釈(規約の目的と役割について,規約が管理する学名について,規約における基本原則について,審議会の強権について),3 命名規約をめぐる諸問題の処理(亜種以下の諸型の扱い方,最初からの新参同物異名の扱い方,同時に出版された学名の扱い方,新参異物同名の扱い方,学名のつづりの訂正,未使用の古参同物異名の扱い方,不適当なタイプの扱い方),4 命名規約における学名に付加する用語の解説(学名に付加する用語とその引用,全動物名の命名法上における地位配置表について,シノニムリストについて)

動物細胞工学ハンドブック 普及版 日本動物細胞工学会編 朝倉書店 2009.7 342p 27cm 〈年表あり 索引あり〉 12000円
①978-4-254-43107-0 Ⓝ481.1

(目次)動物細胞培養の基礎,機能性細胞培養法,細胞のライフサイクルと動物細胞工学,動物細胞機能の制御,機能性細胞を用いた評価法,培養工学,生理活性物質と動物細胞工学,動物細胞と糖鎖工学,人工臓器,遺伝子操作動物の創出と利用,遺伝子治療と細胞治療,免疫学と動物細胞工学,抗体工学と動物細胞工学,畜産学への動物細胞工学の応用,水産学への動物細胞工学の応用,宇宙空間と細胞工学,生産物およびプロセスの法的規制

<図 鑑>

いろいろたまご図鑑 ポプラ社 2005.2 255p 21cm 1650円 ①4-591-08554-6

(目次)虫とクモ(アゲハ,モンシロチョウ ほか),鳥(キジバト,ヨタカ ほか),淡水の生き物と両生類,は虫類(サケ,タイリクバラタナゴ ほか),海の生き物(ネコザメ,ナヌカザメ ほか),土の中の生き物(シマミミズ,クロオオアリ ほか)

(内容)虫のたまご,鳥のたまご,魚のたまご,ふだん目にするものから,「まさかこれが,たまご?」とおどろくユニークなものまで約180種が登場。

どっちがオス?どっちがメス? オスメスずかん 高岡昌江文,友永たろ絵,今泉忠明監修 学研教育出版,学研マーケティング(発売) 2010.3 79p 21cm〈ニューワイドなるほど図鑑〉〈索引あり〉 1200円
①978-4-05-203090-1 Ⓝ481.35

(目次)ライオン—たてがみがあるものと,ないものがいるよ。キリン—つののさきが,ちょっとちがう…?,アフリカゾウ—きばの太さがちがうみたい…?,コアラ—胸の色がちがうよ。マウンテンゴリラ—背中の毛の色がちがうよ。テングザル—鼻の形がちがうよ。カピバラ—鼻の上が黒いのと,黒くないのがいるなあ。タテゴトアザラシ—背中のもようがちがうよ。シャチ—背びれの形がちがうね。カモノハシ—後ろあしにけづめがあるものと,ないものがいるよ。いろんな家畜のオスとメス,いろんなペットのオスとメス,ダチョウ—羽の色がちがうね。インドクジャク—おしりの羽の長さがちがうよ。いろんな家きんのオスとメス,ペットの鳥のオスとメス,野鳥のオスとメス,ちいさなオスメスずかん

(内容)オスとメスのちがいから生き物のくらしが見えてくる図鑑。

ビジュアル博物館 3 骨格 スティーブ・パーカー著,リリーフ・システムズ訳 (京都)同朋舎出版 1990.3 63p 23×29cm 3500円 ①4-8104-0801-9 Ⓝ487.038

(目次)人間の骨格,骨から石へ,哺乳動物,鳥,魚,爬虫類,両生類,体の外に骨がある動物,海にすむ外骨格の動物,人間の頭蓋骨と歯,頭蓋骨はどのようにできているのだろうか,動物の頭蓋骨,動物の感覚,あごの形と食べ物,動物の歯,人間の脊椎,動物の背骨,胸郭,人間の腰骨,動物の腰骨,人間の腕と手,腕,翼,ひれ足,動物の肩甲骨,人間の脚,動物の脚,最大の骨と最小の骨,骨の構造と再生,骨の名前小辞典

(内容)人間と動物の骨格のしくみを新しい目でとらえた図鑑。人間の骨格の実物写真を見ると,私たちの体がどのように動くかが手に取るようにわかる。鳥,爬虫類,両生類,魚,昆虫,哺乳動物などの骨格のさまざまな違いもはっきりわかる。

骨 動物の内側を見る ジニー・ジョンソン著,エリザベス・グレイ画,小梨直訳 白水社 1995.10 46p 34×27cm〈原書名:SKELETONS:An inside look at animals〉 1800円 ①4-560-04090-7

(内容)魚,ワニ,クジラ,ナマケモノ,ゴリラ等18種類の動物の骨格を大型のイラストで掲載したもの。

◆◆動物遺伝・育種学

<書 誌>

農林水産研究文献解題 no.18 動物バイオテクノロジー編 農林水産技術会議事務局編 農林統計協会 1992.3 501p 21cm Ⓝ610.31

(目次)I 家畜(新しい繁殖技術,遺伝資源保存,遺伝子ならびに胚の操作による新素材の作出,育種・改良ならびに遺伝資源にかかわるバイテク研究の成果の利用),II 農業昆虫(遺伝資源,

動物全般　　　　　　　動物

培養技術，遺伝子操作，実験昆虫），III 水産動物（遺伝資源保存，雌性発生，雄性発生，3倍体，形質転換）
内容 動物のバイオテクノロジーに関する文献を分類別に解説する解題書誌。

＜事典＞

動物遺伝育種学事典 動物遺伝育種学事典編集委員会編　朝倉書店　2001.11　636p　21cm　22000円　①4-254-45019-2　Ⓝ467.033
内容 遺伝学・育種学の専門用語事典。研究者・実務家のために、分子遺伝学から統計遺伝学まで多岐にわたる専門用語、家畜、家禽、魚類などの分野で用いられる育種用語などから、主要用語100語あまりを選定・収録し、関連用語も含めて解説する。共通性の高い汎用語については独立に説明し、用語辞書としてだけでなく、参考書としても利用できるよう構成する。本文は五十音順、巻末に索引を付す。

動物遺伝育種学事典　普及版 動物遺伝育種学事典編集委員会編　朝倉書店　2009.7　636p　22cm　〈索引あり〉　18000円　①978-4-254-45025-5　Ⓝ460
内容 動物遺伝育種分野でキーとなる主要用語100語あまりを選定し、関連用語も含めて体系的に解説。共通性の高い汎用語については独立に説明し、用語辞書としてだけでなく、参考書としても利用できるよう構成。

◆◆動物生態学

＜書誌＞

図書館探検シリーズ　第14巻　動物の親子いろいろ　今泉忠明著　リブリオ出版　1991.5　24p　31cm　〈監修：本田睨　編集：タイム・スペース　関連図書紹介：p24〉　①4-89784-256-5　ⓃK318
内容 小学生や中学生が、あるテーマについて図書館や図書室で本をさがすときの、そのテーマの基本的なことがらを解説し、基本の図書を紹介するシリーズ。小学校上級以上向。

＜事典＞

アニマルトラック＆バードトラックハンドブック　野山で見つけよう動物の足跡　改訂新版　今泉忠明著　自由国民社　2010.12　128p　18cm　〈他言語標題：ANIMALTRACKS & BIRDTRACKS HANDBOOK　資料画：平野めぐみ〉　1200円　①978-4-426-11148-9　Ⓝ481.7

内容 動物の足跡46種類を実物大で掲載。

行動生物学・動物学習辞典　ロム・ハレ, ロジャー・ラム著, 小美野喬訳　（日野）インデックス出版　2003.12　257p　21cm　〈原書名：THE DICTIONARY OF Ethology and Animal Learning〉　3400円　①4-901092-36-7
目次 Abnormal behavior（異常行動），Activity（活動），Adaptation in evolutionary biology（進化生物学における適応），Aggression（攻撃），Agonic（役だつ楽性），Altruism：biological（利他行動：生物学的），Analogy（相似），Anthropomorphism（擬人観），Appeasement（なだめ），Appetite（食欲）〔ほか〕
内容 動物の学習心理学、発達心理学、行動生物学の用語200を収録。本文は見出し語のアルファベット順。英文目次と和文目次を収録。

野生動物観察事典　今泉忠明著，平野めぐみ資料画　東京堂出版　2004.3　309p　21cm　2900円　①4-490-10643-2
目次 第1部 フィールドの知識（四季の痕跡をよむ，観察に役だつ動物学），第2部 フィールドの痕跡（基礎篇，痕跡集）
内容 雪原、森の中、雨あがりのぬかるみ…。フィールドに残された足跡・食痕・糞などの痕跡から野生動物の行動を観察するアニマル・トラッキング。日本の野山で観られる動物たちの痕跡を多数の資料画で示し、著者の豊かな経験に基づく観察のための様々な知識を満載。

＜図鑑＞

アニマルトラック＆バードトラックハンドブック　野山で見つけよう動物の足跡　改訂増補版　今泉忠明著　自由国民社　2006.3　128p　18cm　1000円　①4-426-73704-4
目次 イノシシ，ニホンカモシカ，ニホンジカ，エゾシカ，キツネ，タヌキ，イヌ，ネコ，イリオモテヤマネコ，ハクビシン〔ほか〕
内容 動物の足痕を実物大で掲載。野山に残された足痕などから足痕の主を見つけてみよう。

アニマルトラックハンドブック　野山で見つけよう動物の足跡　新版　今泉忠明著　自由國民社　2004.3　112p　18cm　1000円　①4-426-73703-6
目次 日本産哺乳類・主な種類の分布図，足跡の名称，どんな動物が歩いたのか，足跡の主の見当をつける，蹄型はイノシシ・シカ・カモシカの3種，指型はイヌとイタチの仲間，人型はクマとサルの2種，棒型はウサギ・リス・ネズミなど，イノシシ，ニホンカモシカ〔ほか〕
内容 動物の足痕を実物大で掲載した図鑑。大

208　動植物・ペット・園芸 レファレンスブック

生き物のくらし 岡島秀治, 沖山宗雄, 武田正倫監修 学習研究社 2007.3 140p 30×23cm 〈ニューワイド学研の図鑑〉 2000円 ⓘ978-4-05-202586-0

〔目次〕昆虫(カブトムシ, ゲンジボタル ほか), 水の生き物(スナイソギンチャク, ホタテガイ ほか), 魚(ホシザメ, ウナギ ほか), 生き物のくらし情報館(生き物の食事, 生き物の身の守り方 ほか)

〔内容〕のぞいてみよう。生き物たちのおどろきの世界。昆虫・水の生き物・魚27種を徹底解剖。

クローズアップ大図鑑 イゴール・ジヴァノヴィッツ著, 渡辺政隆日本語版監修 ポプラ社 2009.12 95p 31cm 〈他言語標題: Close up encyclopedia 索引あり 原書名: Animals up close.〉 2500円 ⓘ978-4-591-11157-4 Ⓝ480

〔目次〕小さな世界, 動物の形, 自然のなかへ, ゾウムシ, ホソロリス, マダラオンブバッタ, サバクツノトカゲ, ウニ, シチリアサソリ, ゴシキセイガイインコ 〔ほか〕

〔内容〕てのひらにのるぐらいの大きさのさまざまな動物が, えものをつかまえ, 食事をし, 育っていくようすを大きく掲載した図鑑。

自然断面図鑑 リチャード・オー画, モイラ・バターフィールド著, 岩井修一監修, 原まゆみ, 新井朋子, 入江礼子訳 偕成社 1996.7 30p 37cm 〈原書名: NATURE CROSS-SECTIONS〉 2400円 ⓘ4-03-531160-X

〔目次〕ビーバーの巣, シロアリ塚, 熱帯の水辺, 熱帯雨林, 森の生活, オークの木, 南極の生活, 北極の生活, いその生物, ミツバチの巣, アメリカの砂漠, うみのなか

〔内容〕さまざまな動物とその生息環境の断面図を描いた図鑑。「シロアリ塚」「熱帯の水辺」等動物や環境で分類して掲載。見開き2ページで地上から地中まで生息環境を断面で表し, 生息環境の特徴・動物の特徴や生態・動物間の連鎖を解説する。巻末に動物名の五十音順索引がある。

どうくつの生きもの フランク・グリーナウェイ写真, クリスィアン・グンジ文, 上野俊一訳 岩波書店 1994.3 29p 26cm 〈クローズアップ図鑑 11〉〈原書名: Cave life.〉 1100円 ⓘ4-00-115321-1

〔目次〕どうくつの生きもの, コウモリの曲芸, 冬のあいだのかくれが, コウモリの捕食者, えものを待ちふせる, うたたねをするコウモリ, すけすけの魚, 暗やみのひと声, 岩のうえに, ごみあさり屋, シダ類の門飾り

動物とえもの 〔Philip Whitfield〕〔著〕, 〔Richard Orr〕〔画〕, 〔今泉忠明〕〔日本語訳・監修〕 学習研究社 2002.11 151p 31cm 〈原色ワイド図鑑〉〈原書名: The hunters.〉 5952円 ⓘ4-05-152129-X Ⓝ481.7

〔内容〕昆虫, ほ乳類, 鳥など捕食性動物の, えものをとる方法やからだのつくり, 習性などをくわしく解説する図鑑。

動物の「跡」図鑑 ジニー・ジョンソン著, 宮田攝子訳, 友国雅章, 西海功, 川田伸一郎日本語版監修 文渓堂 2009.2 192p 29cm 〈索引あり 原書名: Animal tracks and signs.〉 2500円 ⓘ978-4-89423-612-7 Ⓝ481.7

〔目次〕哺乳類(大型のネコのなかま, 小型のネコのなかま ほか), 両生類と爬虫類(カエル, イモリ, ワニ ほか), 鳥類(カラス類, 鳥の羽毛 ほか), 昆虫などの無脊椎動物(甲殻類, 環形動物, 軟体動物 ほか)

〔内容〕「足あと」や「食べあと」,「ふん」「かくれ場所」など, 動物たちが残す手がかりをもとに, その行動やくらしぶりを紹介する図鑑。哺乳類, 爬虫類, 両生類, 鳥類といった脊椎動物から, 昆虫などの無脊椎動物まで400種類以上の動物を収録。およそ200個の実物大の足あとなど, 600枚以上の写真とイラストも掲載。

動物のくらし 今泉忠明, 小宮輝之, 鳥羽通久著 学習研究社 2006.3 140p 30×23cm 〈ニューワイド学研の図鑑〉 2000円 ⓘ4-05-202331-5

〔目次〕ほ乳類(カモノハシ, コアラ, オオアリクイ ほか), 鳥類(コウテイペンギン, カッショクペリカン, オオハクチョウ ほか), 爬虫類・両生類(ミシシッピワニ, パンケーキガメ, セネガルカメレオン ほか)

〔内容〕迫力ある精密イラストで動物の体のつくりや特徴がよくわかる。くわしい解説と最新の情報で動物のくらしがよくわかる。

動物の生態図鑑 学習研究社 1993.9 159p 31×23cm 〈大自然のふしぎ〉 3200円 ⓘ4-05-200136-2

〔目次〕ウシ・ウマの仲間のふしぎ, イヌ・ネコの仲間のふしぎ, ネズミの仲間のふしぎ, サルの仲間のふしぎ, クジラの仲間のふしぎ, いろいろな動物のふしぎ, 鳥のふしぎ, 両生・は虫類のふしぎ, 自然ウォッチング, 資料編

〔内容〕漁師顔負けのクジラの漁法, チンパンジーの会話術, ウンコをまき散らすカバの秘密など, 最新の研究結果を大判で収録するビジュアルブック。

動物の生態図鑑 改訂新版 学研教育出版, 学研マーケティング(発売) 2009.10 176p

31cm 〈大自然のふしぎ 増補改訂〉 〈初版：学習研究社1993年刊　並列シリーズ名：Nature library　索引あり〉　3000円
①978-4-05-203131-1　Ⓝ481.7
目次 珍獣大図鑑，ウシ・ウマの仲間のふしぎ，イヌ・ネコの仲間のふしぎ，ネズミの仲間のふしぎ，サルの仲間のふしぎ，クジラの仲間のふしぎ，いろいろな動物のふしぎ，両生・は虫類の仲間のふしぎ，自然ウォッチング，資料編
内容 動物たちの「ふしぎ」に迫る図鑑。

ポケット版 学研の図鑑　9　フィールド動物観察　小宮輝之著　学習研究社　2004.3
152p　19cm　960円　①4-05-201938-5
目次 足あと，食べあと，ふん，巣や通り道，海辺で見られるもの，ほねや羽根，地面に書かれた物語

◆獣医学

<事典>

新獣医学辞典　新獣医学辞典編集委員会編　チクサン出版社，緑書房〔発売〕　2008.1
1563p　22cm　16000円　①978-4-88500-654-8　Ⓝ649.035
内容 獣医系17大学，研究機関の委員・著者による最新知見の集大成。「獣医学専門用語」を収載した日本で唯一の獣医学辞典の全面改訂版。新規6分野（遺伝・育種，免疫，実験動物，動物行動，ヒトと動物の関係，野生動物）を加えた全20分野，30000語を収載。最新重要語3,035語を収載。実用性を重視し，項目解説文に同義語・関連語を記載。検索に便利な全項目の英語索引・英語略語索引付き。

ブラッド 獣医学大辞典 英和・和英
D.C.Blood, Virginia P.Studdert〔著〕，友田勇〔ほか〕監修　文永堂出版　1998.11
1271p　27cm　〈原書名：Bailliere's comprehensive veterinary dictionary.〉
32000円　①4-8300-3166-2　Ⓝ649.033
内容 獣医学の研究・学習および臨床の場で必要となる50000語を超える用語を収録した大型の事典。用語は小動物，産業動物，野生動物および公衆衛生まで，獣医学の全分野にわたり網羅する。

明解 獣医学辞典　チクサン出版社　1991.12
1540p　21cm　14500円　①4-88500-610-4
Ⓝ649.033
内容 29,000語を収録したコンパクトな獣医学大辞典の携帯版。

<辞典>

獣医英和大辞典　長谷川篤彦編　チクサン出版社，緑書房〔発売〕　1992.5　1758p　27×19cm　39000円　①4-88500-611-2
内容 獣医学の臨床領域の用語を中心に，隣接する専門分野も含めた用語を収録した初の獣医学英和辞典。収録語数約12万語。小動物から大動物にいたる英語・ラテン語を収録し，解剖・病理・生化・薬理・内科など15分野の最新の専門用語も収録する。

新獣医学英和辞典　長谷川篤彦編　チクサン出版社　1995.1　1992p　20cm　9800円　①4-88500-620-1　Ⓝ649.033
内容 小動物から大動物にいたる獣医学界最大量の和欧約21万語を収録した英和辞典。解剖・病理・生化・薬理・内科など15分野におよぶ専門用語を収録。臨床用語には簡明な解説付き。同義語・略語・慣用語からでも目的とする用語に到達できるよう機能性を重視。今版では初の和文索引を設け，日本語からも引ける。

<名簿>

イヌ・ネコの実力獣医師広島　野村恵利子著，河口栄二監修　（広島）南々社　2008.12
175p　21cm　1600円　①978-4-931524-66-8
Ⓝ649.035
目次 まえがき　良い獣医師との出会いで，ペットと幸せな暮らしを，ゼネラリストとは スペシャリストとは，広島県東部，広島県西部，広島県外，インタビュー特集，取材を終えて 獣医師は真剣に，弱っている動物たちと向き合っています
内容 この病気に，この獣医師!43人。皮膚病，腫瘍，椎間板ヘルニアから，目，歯，不妊手術など，すべての診療科を網羅。県内中心に的確な診断・治療ができる獣医師を選び抜く!国内初!全てインタビュー取材による獣医師評価本。

最新小動物検査ラボnavi　インターズー
2010.9　95p　30cm　〈他言語標題：Navigator of examination laboratories for small animal veterinary medicine〉　3000円
①978-4-89995-573-3　Ⓝ649.5
内容 全国の小動物検査の特長と検査・診断項目を掲載した要覧。全国26社の小動物検査ラボを対象に，ラボの特長や検査結果の報告のほか，各社の企業概要，資料請求方法，会員紹介，問合せ先，その他サービスなどの情報を掲載する。企業名，検査分野，検査項目からの検索が可能。検査項目は日常的な検査から特殊検査まで，小動物検査に必要とされる最新の検査項目約300項目にわたっている。

動物病院ガイドブック 拡大版 クリエーティブオフィス21執筆・編集 広済堂出版 2001.6 215p 26cm （広済堂ベストムック29号） 1500円 ①4-331-80032-6 Ⓝ649.035

〔内容〕地域住民や病院などへの直接取材に基づき、関東地方の340の病院を選定紹介するガイドブック。

動物病院ガイドブック 関東・首都圏版 2000年 クリエーティブオフィス21著 広済堂出版 2000.8 253p 19cm 1314円 ①4-331-50724-6 Ⓝ649.035

〔目次〕東京都区部，東京都市部，神奈川県，埼玉県，千葉県

〔内容〕首都圏の動物病院のガイドブック。市区別に掲載する。病院のデータは所在地、連絡先、院長、開業年月、スタッフ数、駐車場、入院設備、急患対応、往診、診療時間などと診療対象、診療の特徴と所属学会、病院のモットー、料金目安等を掲載。巻末に病院名の五十音順索引を付す。

ポチとタマがおしえてくれるうちの獣医さん 楽 1990.9 101p 19×19cm 1350円 ①4-947646-01-2

〔内容〕首都圏80人の獣医を紹介する名鑑。「あの先生、うちのポチに冷たいんだもの…」「実はうちの獣医とトラブって…」「あっちの獣医だったらもう少し安いかな」そんな思いをしている飼い主に、獣医さん選びの目安になる一冊。

<ハンドブック>

最新・動物病院経営指針 桜井富士朗監修 チクサン出版社，緑書房〔発売〕 2006.11 198p 30cm 6200円 ①4-88500-650-3

〔目次〕第1部 変貌するペット関連産業と獣医療（成長途上のペット関連産業、飼育頭数・飼育率、飼育動物の種類、飼い主の意識の変化と飼育費用増加、最近の動物病院と獣医師の動向、アメリカの獣医師の現状と就職状況）、第2部 新規開業のための条件と準備（動物病院経営の実情と開業・廃業動向、動物病院開業までのプロセス、開業初期における選択的設備投資へのアドバイス、動物病院建築と内装の基本、経営・事業承継と税金の基礎知識）、第3部 ますます重要になる院長の役割（、経営に必要なファイナンシャルプランニング、経営者の役割・経営の法則、より良い職場をつくる）、第4部 新しい課題に直面する動物病院経営（さらに成長するためのストーリー、動物病院での「健康・予防・療法食」サービス提供、動物病院の事業承継方法）

〔内容〕『新・動物病院経営学』をベースに、新しいペット産業モデルが出現する一方、動物病院業界が成熟し競争が激化した4年間の変化を、新しい章として追加。

小動物の処方集 Bryn Tennant著，永田正訳 学窓社 2006.8 332p 21cm （学窓社のBSAVAマニュアルシリーズ）〈付属資料：CD-ROM1，原書第5版 原書名：BSAVA SMALL ANIMAL FORMULARY, 5th Edition〉 12000円 ①4-87362-135-6

〔目次〕はじめに（この処方集の使い方，処方に関するガイダンス，薬物の保管および交付，処方のための薬物の分類，処方箋の書き方 ほか）、薬物の一覧およびモノグラフ（一般名による五十音順）、付録（器管系による抗生物質の選択，腎または肝機能不全がある場合の投薬量の調節，"エキゾチックペット"を含む小動物への投薬，体重から体表面積（BSA）への換算表，溶液％ ほか）

〔内容〕英国小動物獣医師会が小動物臨床にたずさわる獣医師のために各種薬物の使用方法をまとめた処方集の最新版（第五版）。

小動物ハンドブック イヌとネコの医療必携 普及版 高橋英司編 朝倉書店 2010.10 331p 22cm 〈索引あり〉 5800円 ①978-4-254-46030-8 Ⓝ649

〔目次〕第1編 動物福祉と獣医師倫理（動物福祉，獣医師倫理 ほか）、第2編 特性と飼育・管理（特性，飼育・管理）、第3編 感染症（ウイルス感染症，細菌感染症 ほか）、第4編 器官系の構造・機能と疾患（呼吸器系，循環器系 ほか）

小動物ハンドブック イヌとネコの医療必携 高橋英司編 朝倉書店 2006.12 331p 22×16cm 9500円 ①4-254-46026-0

〔目次〕第1編 動物福祉と獣医師倫理（動物福祉，獣医師倫理 ほか）、第2編 特性と飼育・管理（特性，飼育・管理）、第3編 感染症（ウイルス感染症，細菌感染症 ほか）、第4編 器官系の構造・機能と疾患（呼吸器系，循環器系 ほか）

〔内容〕イヌとネコの医療と健康のために。基礎から臨床にいたるまで簡潔に整理してまとめたハンドブック。

小動物皮膚病臨床大図鑑 米倉督雄著 メディカルサイエンス社，インターズー〔発売〕 2000.6 319p 30cm 36190円 ①4-89995-148-5 Ⓝ645.6

〔目次〕1 アレルギー性病群，2 脂漏症候病群，3 細菌性病群，4 真菌性病群，5 寄生虫性病群，6 内分泌性病群，7 自己免疫性病群，8 神経性病群，9 代謝性病群，10 医原性病群，11 先天性病群，12 未分類病群

〔内容〕犬・猫などの小動物の皮膚病を解説する図解事典。皮膚病を診察頻度の高い順に12系統・

159疾患に分類して掲載。皮膚症状の細目、必要な検査項目、鑑別項目、治療に使用する薬品と用量、予後をコンパクトに集約し、各疾患が一目で理解できる構成としている。また各疾患は皮膚病のカラー写真を併載し、獣医師が皮膚病を収録するのみならずインフォームドコンセントにも使用可能。

食品衛生検査指針 動物用医薬品・飼料添加物編 2003 厚生労働省監修 日本食品衛生協会 2003.9 230p 26cm 8572円

(目次)1 通則、検体とサンプリング、2 試験法（一斉試験法、個別分析法）、付録

動物用医薬品用具要覧 1991年版 日本動物薬事協会編 日本動物薬事協会 1991.6 625p 21cm 6500円

(内容)約1900品目を収載し、薬効別に分類、その中は商品名の五十音順に排列する。製造発売元、成分分量、効能効果、用法用量、使用上の注意、包装価格等を記載。巻末には参考資料としての動物用医薬品の使用の規制に関する法令の一部ほかを付す。薬効別索引、品名別索引、水産用及び蚕用医薬品索引、医療用具索引がある。前版刊行（平成2年1月）以降、大幅に内容が変更されたものや新薬の承認を加えている。

ペットとあなたの健康 人獣共通感染症ハンドブック 高山直秀編、人獣共通感染症勉強会著 （吹田）メディカ出版 1999.4 99p 21cm 1300円 ①4-89573-739-X

(目次)イヌ・ネコ回虫、エキノコックス症、オウム病、疥癬、カンピロバクター腸炎、Q熱、狂犬病、サルモネラ腸炎、トキソプラズマ症、ネコひっかき病、ノミ症、パスツレラ症、皮膚糸状菌症、ブルセラ症、リステリア症、レプトスピラ症

(内容)ヒトと動物に共通の病気を解説したハンドブック。代表的な人獣共通感染症の一つずつに1章を当て、また病原体や感染経路などのヒトの病気と動物の病気に共通する部分、ヒトの症状や検査、治療、動物の症状や治療に分けて記述。

ワン・ニャン110番 犬・猫・小動物のための情報が満載 ナヴィインターナショナル編著 日刊スポーツ出版社 1999.12 191p 21cm 1700円 ①4-8172-0205-X

(目次)Dog catalogue（犬種の分類、シーズ、ゴールデンリトリーバー ほか）、Cat catalogue（猫の分類、アメリカン・ショートヘア、ペルシャ ほか）、Small animals catalogue（Hamster・Marmotte・Rabbit、犬・猫に会えるテーマパーク、犬の飼い方・育て方＆病気の予防・対処法 ほか）

(内容)犬・猫・小動物（ハムスター、モルモット・ラビットなど）の飼い方、病気の予防・対処法、全国動物霊園・葬儀場、犬訓練所・スクール、動物管理センター・保健所、犬・猫と泊まれる宿、ペットをつれて旅行にいける海外旅行・国内旅行の情報などをペットに関する情報を収録したハンドブック。

<法令集>

獣医畜産六法 日本獣医師会編、農林水産省畜産局監修 新日本法規出版 1991.10 2043p 19cm 5500円 ①4-7882-1071-6

(目次)第1章 行政組織、第2章 家畜生産対策、第3章 価格対策、第4章 流通対策、第5章 草地開発、第6章 流通飼料、第7章 衛生、第8章 獣医事、第9章 薬事、第10章 競馬、第11章 公害、第12章 土地利用、第13章 金融税制、第14章 関係法令

獣医畜産六法 平成22年版 日本獣医師会編、農林水産省生産局畜産部監修 （名古屋）新日本法規出版 2009.9 2462p 18cm 6800円 ①978-4-7882-7236-1 Ⓝ649.81

(目次)第1章 家畜生産対策、第2章 価格対策、第3章 流通対策、第4章 飼料、第5章 衛生、第6章 獣医事、第7章 薬事、第8章 競馬、第9章 環境、第10章 関係法令

(内容)「獣医療法施行規則」、「家畜伝染病予防法施行規則」の改正をはじめ90余件の既登載法令に改正を加えるとともに、新たに「愛がん動物用飼料の安全性の確保に関する法律」など15件の法令を新規登載した最新版。関係する法令を、相互の関連性と使用上の利便さを考慮しながら、10の章に分類整理し、収録する。

獣医療公衆衛生六法 獣医事法規研究会監修、山田治男、池本卯典編 中央法規出版 1999.10 1309p 21cm 3300円 ①4-8058-4221-0

(目次)第1章 基本法、第2章 獣医事、第3章 家畜衛生、第4章 公衆衛生、第5章 食品衛生、第6章 家畜生産対策、第7章 薬事、第8章 環境、第9章 流通対策、第10章 飼料、第11章 競馬、第12章 金融税制、第13章 関係法令

(内容)獣医事法を学習する学生にとって必須と考えられる、法律41と関連政省令および規則を収録した法令集。内容は、1999年9月9日現在。

◆ **日本各地の動物**

<事典>

聴き歩きフィールドガイド 奄美 鳥飼久裕解説、上田秀雄音声 文一総合出版 2007.5 79p 18cm 1400円 ①978-4-8299-0127-4

〖目次〗奄美の森（アマミノクロウサギ，リュウキュウイノシシ ほか），奄美の里（ハロウェルアマガエル，リュウキュウアカガエル ほか），奄美の海（ザトウクジラ，シロチドリ ほか），静かな生物（ケナガネズミ，アマミトゲネズミ，オリイコキクガシラコウモリ，ハブ，アカマタ ほか），奄美の暮らし（八月踊り，諸鈍シバヤ ほか）

〖内容〗サウンドリーダーや携帯電話で奄美の生き物の声が聞こえる野外観察図鑑。森、里、海の3つの生息環境ごとに哺乳類、両生類、鳥類、昆虫類の順にならべ、ほとんど声を出さない生物は「静かな生物」としてまとめている。巻末に索引が付く。

千葉県動物誌　千葉県動物学会編　文一総合出版　1999.4　1247p　26cm　25000円
①4-8299-3050-0

〖目次〗千葉県の地勢，千葉県の気候と気象の概要，房総半島周辺海域の海況，千葉県の原生動物，千葉県の扁形動物（プラナリア），千葉県非海産貝類目録，千葉県外房海域の海産貝類，千葉県の軟体動物双神経亜門，千葉県のクモ類，千葉県南部（清澄山）のクモ〔ほか〕

〈図　鑑〉

聴き歩きフィールドガイド 沖縄　1　沖縄・大東諸島　嵩原建二，久高将和解説，上田秀雄音声　文一総合出版　2008.7　80p　19cm　〈音声情報あり　再生要件：サウンドリーダー、携帯電話〉　1400円　①978-4-8299-0136-6　Ⓝ482.199

〖目次〗森の音（アカハラダカ／ツミ，ヤンバルクイナ ほか），人里の音（カイツブリ／ゴイサギ，リュウキュウヨシゴイ ほか），海の音（ザトウクジラ，クロツラヘラサギ／ミサゴ ほか），夜の音（オリイオオコウモリ，オキナワコキクガシラコウモリ／リュウキュウユビナガコウモリ ほか），静かな生物（ケナガネズミ／オキナワトゲネズミ／リュウキュウヤマガメ，オキナワキノボリトカゲ／クロイワトカゲモドキ／キクザトサワヘビ ほか），人々の暮らし（エイサー／ウンジャミ，シヌグ／ハーリー ほか）

〖内容〗形態や生態の解説に加え、サウンドリーダーや携帯電話を用いて、現場（＝野外）で鳴き声を聞き、識別の手がかりとなるように編集・制作した音の出るフィールド図鑑。

原色検索 日本海岸動物図鑑　1　西村三郎編著　（大阪）保育社　1992.10　425p　26cm　23000円　①4-586-30201-1

〖内容〗この図鑑は、脊椎動物および有殻軟体動物群を除き、それ以外の、わが国の海岸でみられる動物群を扱う。ただし、海岸動物としてさほど重要でない一部の小動物群および大部分の寄生動物群は除いてある。一方、有殻軟体動物でありながら一見、無殻のようにみえる若干の特別な群（たとえば、腹足綱のベッコウタマガイ科）、および寄生性ではあるが海岸でよく眼につく根頭類とその近縁群（節足動物甲殻亜門）は、収録してある。

資料 日本動物史　新装版　梶島孝雄著　八坂書房　2002.5　652，27p　21cm　7800円
①4-89694-495-X　Ⓝ210.1

〖目次〗第1部 時代・事項別通史（地質時代，旧石器時代（先土器時代），縄文時代，弥生時代 ほか），第2部 動物別通史（原生動物，海綿動物，腔腸動物，扁形・袋形動物 ほか）

〖内容〗日本人が過去にどのように動物を理解し、どのように利用してきたかを明らかにする動物図鑑。古今の著書、絵画、考古資料等を通じて動物に関する資料を収集し、編集している。種類別では原生動物から昆虫類、魚類、鳥類、哺乳類まで、利用法別には野生動物から鑑賞、飼育、食材の対象まで、約750種の動物を収録。第1部では時代順に、第2部では動物種別に排列している。巻末に書名索引と動物名索引を付す。

ホネからわかる！動物ふしぎ大図鑑　1　日本の動物たち　富田京一監修　日本図書センター　2010.4　55p　31cm　〈文献あり〉　4000円　①978-4-284-20165-0，978-4-284-20164-3　Ⓝ481.16

〖目次〗ホネってなんだろう？，草原をはねるように走る動物なあに！？，暗闇を自在に飛ぶ動物何だ！？，枝分かれした大きな角の動物は何！？，手足を広げて滑空する動物だれだ！？，シャベルのような前あしの動物は何！？，夜空にはばたくハンターはだれだ！？，池に浮く、平らなくちばしの動物は！？，体をくねらせて進む生きものは何！？，水辺が好きな、しっぽのない動物何だ？，水中にすむ尾の長い動物はだれ！？

〖内容〗日本列島で見られるほ乳類、鳥類、両生類など10種類の動物の骨格標本を取り上げ、各動物の骨のつくりとともに、その生態についてもわかりやすく解説する図鑑。

身近な野生動物観察ガイド　鈴木欣司著　東京書籍　2003.4　191p　21cm　2000円
①4-487-79901-5

〖目次〗山の自然で出会える動物（ムササビ─不思議いっぱいムササビの森，ホンドモモンガ─木から木へ、自由に飛び移る森の忍者，ニホンリス─早起きしないと見られない、山小屋の訪問者 ほか），里山～人家近く（公園、川辺など）で出会える動物（ホンドギツネ─野生味あふれる、里山の行動派，ニホンアナグマ─タヌキの陰に隠れた、ずんぐりかわいい里山の住人，アライグマ─ラスカル里山に暮らす ほか），限られた場所だけで出会える動物（キタキツネ─観光客

動物全般　　　　　　　　動　物

から餌をもらう人気者だが…，エゾシカ―恋の行方は，オスの角次第，エゾシマリス―北海道の小さな人気者 ほか〉
⦿内容⦿ 動物たちの「今」をとらえた貴重な生態写真を満載。見て，読んで，出会える，完全ガイド。

◆世界各地の動物

＜ハンドブック＞

ボルネオ島アニマル・ウォッチングガイド
安間繁樹著　文一総合出版　2002.9　231p　21cm　2400円　Ⓘ4-8299-2165-X　Ⓝ482.243
⦿目次⦿ 第1部 出発の前に（ボルネオの森と動物たち，マレーシア国サバ州，ブルネイ，動物に会うための技術），第2部 聖域を行く（キナバル公園，カビリ・セピロク保存林，ゴマントン保存林，キナバタンガン下流生物サンクチュアリ，タビン野生生物保存区，ダヌムバレー自然保護地域，マリアウベイスン自然保護地域，ブルネイ・ウルテンブロン国立公園）
⦿内容⦿ ボルネオの自然や動物に関するガイドブック。対象とする地域は，サバ・ブルネイ限定とする。自然環境や森林と動物との関係などを解説する部分と，動物に関する情報と著者の自然や動物との出会いを書く部分の2部で構成。巻末にボルネオ産哺乳動物一覧，足跡と歩行パターン図，持ち物一覧，参考図書，予約・問い合わせ先があり，五十音順の動物名索引を付す。

＜図　鑑＞

オーストラリアケアンズ生き物図鑑　松井淳著　文一総合出版　2008.8　111p　21cm　2000円　Ⓘ978-4-8299-0186-1　Ⓝ482.711
⦿目次⦿ 昆虫網，両生網，爬虫網，鳥網，哺乳網，おすすめの自然観察地ガイド
⦿内容⦿ ケアンズ市街から日帰りで行ける範囲で見られる生き物のうち，比較的，観察する機会の多いものを掲載した生き物図鑑。昆虫，両生類，爬虫類，鳥類，哺乳類を，特徴をしっかりとらえた生態写真と，わかりやすい解説文で紹介。また，巻末にはおすすめの自然観察地を厳選して取り上げた。

熱帯探険図鑑　1　マレーシア　空中を飛ぶトビトカゲとジャングルに生きる動物たち　松岡達英原案・絵，鈴木良武構成・文　偕成社　1994.3　49p　31×23cm　3000円　Ⓘ4-03-527110-1
⦿内容⦿ 熱帯の自然や動・植物，人びとの生活を描く読みもの図鑑。

熱帯探険図鑑　2　ニューギニア　世界最大のチョウ・トリバネアゲハと熱帯雨林の動物たち　松岡達英原案・絵，鈴木良武構成・文　偕成社　1994.3　49p　31×23cm　3000円　Ⓘ4-03-527120-9
⦿内容⦿ 熱帯の自然や動・植物，人びとの生活を描く読みもの図鑑。

熱帯探険図鑑　3　メキシコ　大旅行をする二千万びきのオオカバマダラと砂漠や高原の動物たち　松岡達英原案・絵，鈴木良武構成・文　偕成社　1994.3　49p　31×23cm　3000円　Ⓘ4-03-527130-6
⦿内容⦿ 熱帯の自然や動・植物，人びとの生活を描く読みもの図鑑。

熱帯探険図鑑　4　アマゾン　巨大昆虫ネプチューンオオツノカブトと密林の動物たち　松岡達英原案・絵，鈴木良武構成・文　偕成社　1994.3　49p　31×23cm　3000円　Ⓘ4-03-527140-3
⦿内容⦿ 熱帯の自然や動・植物，人びとの生活を描く読みもの図鑑。

熱帯探険図鑑　5　アフリカ　二本あしで立ちあがる珍獣ジェレヌクとサバンナの動物たち　松岡達英原案・絵，鈴木良武構成・文　偕成社　1994.3　49p　31×23cm　3000円　Ⓘ4-03-527150-0
⦿内容⦿ 熱帯の自然や動・植物，人びとの生活を描く読みもの図鑑。

ホネからわかる!動物ふしぎ大図鑑　2　世界の動物たち　富田京一監修　日本図書センター　2010.4　55p　31cm　〈文献あり〉　4000円　Ⓘ978-4-284-20166-7，978-4-284-20164-3　Ⓝ481.16
⦿目次⦿ ホネってなんだろう?，森にすむやさしい力もちはだれだ!?，タケが大好きな白黒模様の動物は!?，草原にすむ首の長い動物はなあに!?，森にくらすしま模様のハンターはだれ!?，水辺でくらす大きな口の動物は何!?，長い鼻をもつ陸上最大の動物何だ!?，後ろあしでとびはねる動物だれだ!?，白黒のしましま模様の動物なあに!?，一番大きくて走るのが速い鳥は!?，長い体をくねらせて歩く動物は何!?
⦿内容⦿ 世界各地に生息するほ乳類，鳥類，は虫類など10種類の動物の骨格標本を取り上げ，各動物の骨のつくりとともに，その生態についてもわかりやすく解説する図鑑。

◆土壌動物

＜図　鑑＞

土の中の小さな生き物ハンドブック　皆越

214　動植物・ペット・園芸 レファレンスブック

ようせい文・写真，渡辺弘之監修　文一総合出版　2005.10　78p　19cm　1400円　ⓘ4-8299-2193-5

(目次)ヒダリマキゴマガイ・オカモノアラガイ，ナミギセル・ミスジマイマイ，ナメクジ・ヤマナメクジ，チャコウラナメクジ，シーボルトミミズ，ハッタミミズ，シマミミズ，ホタルミミズ，クソミミズ（ニオイミミズ），ヒトツモンミミズ・フトスジミミズ〔ほか〕

(内容)身近にいる土の中に生きる小さな生き物をきれいな生態写真と簡単な解説文で紹介。

日本産土壌動物　分類のための図解検索
青木淳一編著　東海大学出版会　1999.2　1076p　26cm　25000円　ⓘ4-486-01443-X

(目次)土壌動物の綱・目への検索，扁形動物門，紐形動物門，袋形動物門，軟体動物門，環形動物門，緩歩動物門，節足動物門，甲殻綱，多足類，昆虫綱

日本産土壌動物検索図説　青木淳一編　東海大学出版会　1991.5　405, 201p　26cm　15450円　ⓘ4-486-01156-2

(目次)土壌動物とは，土壌動物の綱・目への検索，扁形動物門，紐形動物門，袋形動物門，軟体動物門，環形動物門，緩歩動物門，節足動物門

◆水生動物

<事典>

海辺の生物観察事典　小田英智構成・文，川嶋一成写真　偕成社　2006.8　39p　28×23cm　（自然の観察事典 36）　2400円　ⓘ4-03-526560-8

(目次)海辺の海底探検，岩の表面をおおうカイメン，刺胞をもつイソギンチャク，刺胞動物の花園，クラゲも刺胞動物のなかま，ヒラムシのなかまたち，エビの体の観察，海岸のカニたち，巻貝を背おうヤドカリ，甲殻類のなかまのフジツボ，巻貝をはわせてみよう，貝殻を失った巻貝，二枚貝をさがしてみよう，二つの口をもつホヤのなかま，獲物を捕らえるヒトデ，藻類をたべるウニ，砂や泥をたべるナマコ，いのちを育む海辺で…

ダイバーのための海底観察図鑑　吉野雄輔著　PHP研究所　1999.5　167p　21cm　1550円　ⓘ4-569-60186-3

(目次)海中の景観をつくりだす無脊椎動物たち，節足動物，軟体動物，刺胞動物，棘皮動物，環形動物，原索動物，海綿動物ほか

(内容)海にすむ生物で，ダイバーが比較的多く出会える無脊椎動物約400種を収録したガイドブック。掲載項目は，種名，学名，科名，写真の個体の標準的な大きさ，写真の撮影地，撮影現場の水深など。

<ハンドブック>

海辺で出遭うこわい生きもの　山本典暎著　幻冬舎コミックス，幻冬舎（発売）　2009.7　143p　19cm　〈文献あり 索引あり〉　1980円　ⓘ978-4-344-81700-5　Ⓝ481.72

(目次)咬む！（アオザメ，シュモクザメ ほか），刺す！（アカエイ，ハチ ほか），挟む！切る！など（イシガニ，ノコギリガザミ ほか），中毒させる！（オニカマス，バラフエダイ ほか）

(内容)さわるなキケン！食べるなキケン！海にひそむ危険生物たちから身を守る安全指南書の決定版。

<図　鑑>

池や小川の生きもの　秋山信彦文　講談社　1993.7　48p　25×22cm　（講談社パノラマ図鑑 32）　1200円　ⓘ4-06-250029-8

(目次)スーパーアイ，のぞいてみよう，はこめがねで見てみよう，むれをつくる魚たち，池のぬしとハンターたち，かわった産卵，たまごをまもる魚たち，池や小川の移住者たち，池のなかのピラミッド，池のなかの生きもの―くう，くわれるの関係，エビのなかま，カニのなかま，両生類，水のなかのこん虫，ホタルの一生，とりにいこう，飼ってみよう，もっと知りたい人のQ&A

(内容)小さな生きものから宇宙まで，知りたいふしぎ・なぜに答える科学図鑑。精密イラスト・迫力写真，おどろきの「大パノラマ」ページで構成する。小学校中学年から。

伊豆大島海中図鑑　阿部慎太郎写真集　阿部慎太郎著　求竜堂　2000.6　108p　21cm　〈索引あり〉　1500円　ⓘ4-7630-0024-1　Ⓝ481.72

(目次)伊藤大島のダイビングポイント（ダイビングポイントMAP，伊豆大島のダイビングポイント，春夏秋冬in大島），伊豆大島の海のフォトジェニック独断的BEST16（伊豆大島の海のフォトジェニック独断的BEST16，僕が勧める水中写真コツのコツfor大島），さかなたちの生活（なわばり争い，巣づくり，子づくり ほか），おたく的コレクション（エビ・カニ編，ウミウシ編，イザリウオ編 ほか）

貝と水の生物　改訂版　旺文社　1998.4　183p　19cm　（野外観察図鑑 6）　743円　ⓘ4-01-072426-9

(目次)貝のなかま，ヒザラガイ・ウミウシのなかま，イカ・タコのなかま，エビのなかま，カニのなかま，フジツボのなかま，アミ・ミジン

コのなかま，昆虫のなかま，クラゲ・イソギンチャク・サンゴのなかま，ヒトデ・ウニ・ナマコのなかま〔ほか〕
〔内容〕日本の海や川・池にすむ，貝や動物，植物など水の生きものの図鑑。すんでいる場所による仲間わけや，引き出し線で特ちょうをしめし，ほかの動・植物とのちがいなどを説明している。

学研生物図鑑　特徴がすぐわかる　水生動物　改訂版　学習研究社　1991.5　340p　22cm　〈監修：内海富士男　編集：小山能尚『学研中高生図鑑』の改題〉　4300円　①4-05-103856-4　Ⓝ460.38
〔内容〕中学・高校生向けの生物の学習図鑑シリーズ。全12巻。

学校のまわりでさがせる生きもの図鑑　ハンディ版　水の生きもの　桜井淳史ほか写真，武田正倫監修　金の星社　2010.2　127p　22cm　〈索引あり〉　2500円　①978-4-323-05681-4　Ⓝ480.38
〔目次〕言葉の説明，魚の仲間，エビ・カニ・ヤドカリなどの仲間，貝・イカ・タコなどの仲間，ヒトデ・イソギンチャク・ウニ・クラゲなどの仲間，両生類の仲間，水の生きものさくいん，観察ノートを作ろう
〔内容〕身近で見られる水の生きものの特徴や飼い方を，生きものの種類ごとに紹介する図鑑。

川の図鑑　本山賢司絵・文　東京書籍　2009.9　135p　22cm　〈文献あり　索引あり〉　1600円　①978-4-487-80241-8　Ⓝ481.75
〔目次〕上流域と高緯度地域（ヤマトイワナ，ニッコウイワナ，ミヤベイワナ ほか），中流域（イトヨ，トミヨ／エゾトミヨ／ハリヨ，イバラトミヨ ほか），下流域（コイ，ドジョウ／シマドジョウ／ヤマトシマドジョウ／タイリクシマドジョウ），スジシマドジョウ大型種・中型種・小型種／フクドジョウ ほか）
〔内容〕生活に身近な川の生物を魚，昆虫，動物，植物などでオールイラストレーションの細密画で紹介する画期的な図鑑。上流から河口まで，日本の河川の基本的な生物を詳しいデータと生態図で解説。

川の生物　フィールド総合図鑑　リバーフロント整備センター編　山海堂　1996.4　383p　19cm　〈監修：奥田重俊ほか〉　3193円　①4-381-02140-1　Ⓝ460.38
〔内容〕川の多様な空間に棲む様々な生き物を収録した図鑑。川を生活の場としている植物，陸生昆虫，水生昆虫，魚類，鳥類，両棲類，爬虫類419種をカラー写真とともに紹介。一目で生態特性がわかるキーマーク付。

原寸大すいぞく館　さかなクン作，松沢陽士

写真　小学館　2010.3　48p　37cm　〈小学館の図鑑NEO　本物の大きさ絵本〉〈文献あり〉　1500円　①978-4-09-217253-1　Ⓝ481.72
〔目次〕メガネモチノウオ，マンボウ，タカマイ，ミツクリザメ，ジンベエザメ，アカシュモクザメ，ギンザメ，マダラトビエイ，コモンカスベ／ネコザメ幼魚，サケ（卵・稚魚），フグのなかま，シャチ，シロイルカ，クラゲのなかま，タカアシガニ，ミズダコ，イカのなかま，ラッコ，オウサマペンギン，ヒメウミガメ
〔内容〕世界最大のカニ，人気者のラッコ，そのほかにも，マンボウ，シャチ，クラゲ，ウミガメなどなど。海のなかまたちが本物の大きさで見られる図鑑。

こどものずかんMio 3　いけ・かわのいきもの　（大阪）ひかりのくに　2005.6　64p　27×22cm　762円　①4-564-20083-6
〔目次〕「ぽちゃん！」あれっなんのおと？，なんでふくれているの？，かいじゅうにはさまれる!?，あれっ？いしだとおもったら，ひかりのダンス，みずのなかでくらすむし，めだかのぼうけん，なにかがはねた！

さかなと水のいきもの　まつばらいわき，あさいくめお著　旺文社　2000.4　127p　20cm　〈ふしぎなぞときたんけんずかん 4〉〈索引あり〉　762円　①4-01-071784-X
〔目次〕魚類（魚のからだ，マイワシ，コノシロ ほか），海辺の生き物（いろいろな海辺，潮だまりの生き物，アラレタマキビ ほか），両生類（ニホンアカガエル，カエル，サンショウウオ），は虫類（は虫類のからだ，クサガメ，ヤモリ ほか）
〔内容〕魚と水の生き物のふしぎをイラストとQ&Aでくわしく解説する学習図鑑。

サメも飼いたいイカも飼いたい　岩井修一，間正理恵監修　旺文社　1999.7　272p　14×14cm　〈アレコレ知りたいシリーズ 3〉　1429円　①4-01-071465-5
〔目次〕淡水魚（ポルカドットスティングレイ，オーストラリアハイギョ ほか），海水魚（アカシュモクザメ，シーラカンス ほか），無セキツイ動物（ニホンアワサンゴ，ウメボシイソギンチャク ほか），水生セキツイ動物（トウキョウサンショウウオ，オオサンショウウオ ほか）
〔内容〕魚類をはじめ，水生の無脊椎動物，両生類，は虫類，ほ乳類の中から面白い生態をもつ種を中心に紹介した図鑑。巻末に索引がある。

世界大博物図鑑　別巻2　水生無脊椎動物　荒俣宏著　平凡社　1994.6　367p　26cm　13000円　①4-582-51827-3
〔目次〕原生生物，海綿動物，刺胞動物，有櫛動

物，紐形動物，輪形動物，鰓曳動物，曲形動物，触手動物，軟体動物，星口動物，毛顎動物，有鬚動物，半索動物，棘皮動物，絶滅した水生無脊椎動物

日本の水生動物 武田正倫監修 学習研究社 2004.7 208p 19cm （フィールドベスト図鑑） 1900円 ⓘ4-05-402414-9

(目次)原生動物，海綿動物，刺胞動物，有櫛動物，扁形動物，内肛動物，紐形動物，類線形動物，環形動物，ゆむし動物，節足動物，星口動物，箒虫動物，外肛動物，腕足動物，棘皮動物，原索動物，有鬚動物，半索動物，毛顎動物

(内容)海岸や水辺のウォッチング必携。日本にすむ水生無脊椎動物（軟体動物を除く）990種を写真で紹介。

干潟の生きもの図鑑 光あふれる生命の楽園 三浦知之写真・文 （鹿児島）南方新社 2008.8 197p 21cm 〈文献あり〉 3600円 ⓘ978-4-86124-139-0 ⓝK481.72

(内容)干潟の生き物観察と採集の方法，それぞれの種の特徴や，よく似た種の見分け方を，1200点の写真とともに丁寧に解説。子供から研究者まで一生使える。南九州発の干潟図鑑。

ポケット版 学研の図鑑 4 水の生き物 武田正倫監修・指導 学習研究社 2002.4 208，16p 19cm 960円 ⓘ4-05-201488-X ⓝK481

(目次)魚類，両生類，無脊椎動物，川や池の生き物，干潟や砂浜の生き物，磯の生き物，海の中の生き物，深海の生き物，水の生き物用語事典

(内容)子ども向けの水の生き物図鑑。主に日本や日本近海で見られる，水の中や水辺に住む生き物を取り上げている。魚類，両生類，無脊椎動物の3つのグループに分けて，代表的なものを掲載している。一部，ミミズ，ヒルの仲間やカタツムリの仲間のように，陸上に住む生き物も含まれている。各種の種名，科名，大きさ，分布，特徴などを記載。巻末に索引が付く。

ほんとのおおきさ水族館 松橋利光写真，柏原晃夫絵，高岡昌江文，小宮輝之監修 学研教育出版，学研マーケティング（発売） 2010.3 48p 37cm 1500円 ⓘ978-4-05-203091-8 ⓝK481.72

(目次)リーフィーシードラゴン，ミノカサゴ，イルカ，ペンギン，メガネモチノウオ，ジュゴン，おたのしみ！すいそう，ナマズ，マンボウ，ウミガメ，クラゲ，シャチ，クマノミのなかま，タカアシガニ，オオサンショウウオ，ラッコ，ベルーガ，クリオネ，セイウチ

(内容)"水の妖精"クリオネから"海のギャング"シャチまで水の中でも実物大。実物大のいきものの図鑑。

みずのいきもの フレーベル館 1990.7 116p 30cm （ふしぎがわかるしぜん図鑑 4）〈監修：水野丈夫，武田正倫〉 1650円 ⓘ4-577-00036-9 ⓝK481

(目次)魚，かに・えびなどのなかま，貝，かえる・かめなどのなかま

水の生きもの 学研教育出版，学研マーケティング（発売） 2009.12 136p 27cm （ジュニア学研の図鑑）〈索引あり〉 1500円 ⓘ978-4-05-203109-0 ⓝ481.72

(目次)節足動物，軟体動物，棘皮動物，刺胞動物，海綿動物，原索動物，腕足動物，外肛動物，環形動物，ゆむし動物，扁形動物，武田先生と学ぶ磯の生きものの観察

(内容)磯に行けば何かに出会える！水の生きもの約700種掲載。

水の生き物 奥谷喬司，武田正倫監修・指導 学習研究社 2000.12 168p 30cm （ニューワイド学研の図鑑） 2000円 ⓘ4-05-500418-4 ⓝK481

(目次)節足動物，軟体動物，棘皮動物，刺胞動物，海綿動物，原索動物，触手動物，扁形動物，環形動物，水の生き物情報館

(内容)水の中に住む無脊椎動物を紹介する児童向けの図鑑。それぞれの動物について，分類，大きさ，分布，主な特徴，毒の有無とカラー写真を掲載する。巻末に索引付き。

水の生き物 増補改訂 学習研究社 2008.7 191p 30cm （ニューワイド学研の図鑑） 2000円 ⓘ978-4-05-202974-5 ⓝE480

(目次)節足動物，軟体動物，棘皮動物，刺胞動物，海綿動物，扁形動物，環形動物，原索動物，水の生き物の採集，水の生き物情報館

(内容)へんな生き物大集合！この図鑑にはへんてこでふしぎなくらしの生き物がいっぱい。

水の生き物 学研教育出版，学研マーケティング（発売） 2010.7 208p 19cm （新・ポケット版学研の図鑑 4）〈監修・指導：奥谷喬司ほか 索引あり〉 960円 ⓘ978-4-05-203206-6 ⓝE480

(目次)節足動物，軟体動物，棘皮動物，刺胞動物，外肛動物・腕足動物・ゆむし動物，海綿動物，環形動物，原索動物，扁形動物

(内容)収録数約850種。干潟・砂地・磯・沖合など，すみ場所別に分類。

水の生物 新訂版 学習研究社 1995.11 192p 26cm （学研の図鑑） 1500円 ⓘ4-05-200552-X

(内容)海や川に生息する生物（魚を除く）の学習用図鑑。生物の体の特徴や生態をイラストと写真で平易に解説する。図鑑の部分と，「研究と

水の生物　小学館　2005.3　191p　29×22cm　（小学館の図鑑NEO 7）〈付属資料：ゲーム1、ポスター1〉　2000円　①4-09-217207-9

(目次)原生生物、海綿動物、平板動物、刺胞動物、有櫛動物、扁形動物、中生動物、有顎動物、腹毛動物、内肛動物、外肛動物、有輪動物、ほうき虫動物、腕足動物、ひも形動物、毛顎動物、軟体動物、環形動物、星口動物、緩歩動物、有爪動物、有鬚動物、線形動物、類線形動物、節足動物、棘皮動物、半索動物、脊索動物

(内容)水の環境に生活する生物のなかで、特に背骨をもたない「無脊椎動物」とよばれるグループの図鑑。水にすむ無脊椎動物のうち、身近ななかまを中心にすべてのグループ（門）に属する動物を、分類順に紹介。あわせて、たった1つの細胞でできている「原生生物」とよばれるグループも紹介。

水の生物　改訂新版　〔内田亨〕〔ほか監修〕　学習研究社　2002.11　232p　31cm　（原色ワイド図鑑）　5952円　①4-05-152133-8　ⓃＮ481.72

(内容)エビ・カニ・タコ・イカ・ウニなどの水生動物から、プランクトンまで約900種を収録する図鑑。

水べの生きもの野外観察ずかん　1　海べの魚類・鳥類・植物・むせきつい動物　武田正倫監修、企画室トリトン著　ポプラ社　2003.4　87p　26×21cm　3300円　①4-591-07508-7

(目次)魚類（イシダイ、クマノミ ほか）、むせきつい動物（カニ、ヤドカリ ほか）、鳥類（カモメ、シギ）、植物（海草、海藻 ほか）

(内容)日本の海べや川、池、湖など、水べでよくみられるさまざまな生きものを紹介しているので、野外観察と生きものの情報あつめに最適。しらべやすいように、「生態ガイド」と「ずかんコーナー」をわけて構成。生態的とくちょうや分布など、野外観察にやくだつ情報が満載。小学校中学年以上。

水べの生きもの野外観察ずかん　2　川・池の魚類・両生類・はちゅう類・鳥類　武田正倫監修、企画室トリトン著　ポプラ社　2003.4　71p　26×21cm　3300円　①4-591-07509-5

(目次)魚類（メダカ、コイ、フナ ほか）、両生類（カエル、イモリ）、はちゅう類（カメ）、鳥類（ハクチョウ、カモ ほか）

(内容)日本の海べや川、池、湖など、水べでよくみられるさまざまな生きものを紹介しているので、野外観察と生きものの情報あつめに最適。しらべやすいように、「生態ガイド」と「ずかんコーナー」をわけて構成。生態的とくちょうや分布など、野外観察にやくだつ情報が満載。小学校中学年以上。

水べの生きもの野外観察ずかん　3　川・池の昆虫・植物・むせきつい動物　武田正倫監修、企画室トリトン著　ポプラ社　2003.4　79p　26×21cm　3300円　①4-591-07510-9

(目次)昆虫（トンボ、タガメ ほか）、むせきつい動物（カニ、ザリガニ ほか）、植物（水べの環境と植物、アシ・イグサ ほか）、野外観察ガイド（服装や道具を準備しよう、気をつけよう！これをしてはいけない！ ほか）

(内容)日本の海べや川、池、湖など、水べでよくみられるさまざまな生きものを紹介しているので、野外観察と生きものの情報あつめに最適。しらべやすいように、「生態ガイド」と「ずかんコーナー」をわけて構成。生態的とくちょうや分布など、野外観察にやくだつ情報が満載。小学校中学年以上。

ヤマケイジュニア図鑑　5　水辺の生き物　山と渓谷社　2002.7　143p　19cm　950円　①4-635-06240-6　ⓃＫ481.75

(目次)池や川の魚（コイの仲間、ナマズの仲間、ダツの仲間 ほか）、池や川の両生類（カエルの仲間、イモリやサンショウウオの仲間）、池や川の甲殻類・貝類（ホウネンエビの仲間、カブトエビの仲間、エビの仲間 ほか）

(内容)子ども向けの水辺の生き物図鑑。池や沼、水田、湖、川など身近な淡水の水辺でよく見られる生き物を紹介している。魚や両生類、甲殻類、貝類に分けて、さらに仲間ごとに分類し、掲載している。各生き物の種名、科名、大きさ、生息地、分布、解説、写真を収録。各章の頭では、イラストを使って、代表的な生き物のくらしや繁殖の仕方、面白い話題などを紹介している。巻末に索引が付く。

<年鑑・白書>

河川水辺の国勢調査年鑑　平成3年度　底生動物調査、植物調査、鳥類調査、両生類・爬虫類・哺乳類調査、陸上昆虫類等調査編　リバーフロント整備センター編集　山海堂　1994.3　999p　27cm　〈監修：建設省河川局治水課〉　18932円　①4-381-08181-1

(内容)建設省が実施している河川水辺の国勢調査のうち、底生動物・植物・鳥類・両生類・爬虫類・哺乳類・陸上昆虫類等の調査の結果を収録したもの。

河川水辺の国勢調査年鑑　平成4年度　底生

動物調査編 建設省河川局治水課監修，リバーフロント整備センター編　山海堂　1994.11　594p　26cm　18000円　Ⓘ4-381-00948-7

(目次)1 河川水辺の国勢調査について，2 平成4年度底生動物調査の概要，3 河川別底生動物調査結果

(内容)建設省が実施している河川水辺の国勢調査のうち，底生動物調査の結果を収録。35河川を地域別に排列。参考資料として「河川水辺の国勢調査」実施要領，同マニュアル（案）がある。

河川水辺の国勢調査年鑑　平成8年度 魚介類調査、底生動物調査編　建設省河川局河川環境課監修，リバーフロント整備センター編　山海堂　1998.11　71p　26cm　〈付属資料：CD‐ROM1〉　18000円　Ⓘ4-381-01297-6

(目次)河川水辺の国勢調査について，CD‐ROMの使い方と解説，平成8年度調査の概要（魚介類調査の概要，底生動物調査の概要），資料

(内容)平成8年度に実施した魚介類調査，底生動物調査について，その成果をまとめたもの。現地での調査結果のほか，調査対象河川内の文献調査結果もあわせて記載，河川内の魚介類・底生動物の生息状況の既往の記録にもふれた内容になっている。

河川水辺の国勢調査年鑑　平成7年度 魚介類調査、底生動物調査編　建設省河川局河川環境課監修，リバーフロント整備センター編　山海堂　1997.11　69p　26cm　〈付属資料：CD‐ROM1〉　19000円　Ⓘ4-381-01147-3

(内容)平成7年度に実施した魚介類調査，底生動物調査について，その成果をまとめたもの。現地での調査結果のほか，調査対象河川内の文献調査結果もあわせて記載，河川内の魚介類・底生動物の生息状況の既往の記録にもふれた内容になっている。

河川水辺の国勢調査年鑑　平成9年度 魚介類調査、底生動物調査編　建設省河川局河川環境課監修，リバーフロント整備センター編　山海堂　1999.10　73p　26cm　〈付属資料：CD‐ROM1〉　12000円　Ⓘ4-381-01346-8

(目次)河川水辺の国勢調査について，CD‐ROMの使い方と解説（魚介類調査編画面構成，底生動物調査編画面構成 ほか），平成9年度調査の概要（魚介類調査の概要，底生動物調査の概要），資料（「河川水辺の国勢調査」実施要領）

(内容)平成9年度に実施した魚介類調査，底生動物調査について，その成果をまとめたもの。現地での調査結果のほか，調査対象河川内の文献調査結果もあわせて記載，河川内の魚介類・底生動物の生息状況の既往の記録にもふれた内容になっている。CD‐ROM付き。

河川水辺の国勢調査年鑑　河川版 平成11年度 魚介類調査、底生動物調査編　国土交通省河川局河川環境課監修，リバーフロント整備センター編　山海堂　2001.10　69p　26cm　〈付属資料：CD‐ROM1〉　14500円　Ⓘ4-381-01373-5　Ⓝ517.21

(内容)河川の自然環境を調査に基づき掲載する資料集。「平成9年度 河川水辺の国勢調査マニュアル 河川版（生物調査編）」に基づいて実施された調査結果を収録。河川水辺の国勢調査結果のうち，ダム湖を除く河川に係わる生物調査についてとりまとめる。

◆◆プランクトン

<ハンドブック>

やさしい日本の淡水プランクトン 図解ハンドブック　滋賀県立衛生環境センター，一瀬諭，若林徹哉監修，滋賀の理科教材研究委員会編　合同出版　2005.2　150p　26cm　3800円　Ⓘ4-7726-0330-1

(目次)植物プランクトン（藍藻のなかま，珪藻のなかま，鞭毛藻のなかま，緑藻のなかま），動物プランクトン（原生動物のなかま，ワムシのなかま，節足動物のなかま）

(内容)プランクトンの不思議な世界。211属260種写真・図版982点を掲載。小学生から使える日本で初めての図解ハンドブック。

やさしい日本の淡水プランクトン 図解ハンドブック　普及版　滋賀県琵琶湖環境科学研究センター，一瀬諭，若林徹哉監修，滋賀の理科教材研究委員会編　（彦根）滋賀の理科教材研究委員会，合同出版〔発売〕　2007.5　150p　26cm　1600円　Ⓘ978-4-7726-0397-3

(目次)植物プランクトン（藍藻のなかま，珪藻のなかま，鞭毛藻のなかま，緑藻のなかま），動物プランクトン（原生動物のなかま，ワムシのなかま，節足動物のなかま）

(内容)滋賀県は日本の中央部に位置し，北方系のプランクトンも南方系のプランクトンも共に生息している。この図鑑の基礎的なプランクトン情報は，琵琶湖を中心にダム湖・ため池・田んぼなどの水域から採取したプランクトンから得られた。211属260種，写真・図版982点を掲載した，専門的な知識がなくても十分役に立つ図解ハンドブック。

<図　鑑>

日本産海洋プランクトン検索図説　千原光

動物全般　　　　　　　動物

雄，村野正昭編　東海大学出版会　1997.1
1574p　26cm　45000円　Ⓘ4-486-01289-5
⦅目次⦆植物プランクトン編（藍色植物門，原核緑色植物門，紅色植物門，クリプト植物門 ほか），動物プランクトン編（原生動物門，鞭毛虫亜門，肉質虫亜門，繊毛虫類 ほか）
⦅内容⦆日本で採集された記録のあるプランクトンを可能な限り収録。植物プランクトン158種，動物プランクトン1076種。

日本淡水産動植物プランクトン図鑑　田中正明著　（名古屋）名古屋大学出版会　2002.7　584p　21cm　9500円　Ⓘ4-8158-0435-4　Ⓝ468.5
⦅目次⦆動物プランクトン（原生動物門，袋形動物門，節足動物門），植物プランクトン（藍藻植物門，珪藻植物門，緑藻植物門）
⦅内容⦆日本に生息する淡水産動物・植物プランクトンを掲載する図鑑。約1800種を収録。写真および図をもとに種名を同定することを目的としており，それぞれ種の形態的な特徴，分布等を簡単に述べている。動物プランクトンと植物プランクトンの2編から構成され，それぞれ綱，目・科ごとに分類し，配列されている。巻末に学名索引と和名索引がつく。

日本淡水動物プランクトン検索図説　水野寿彦，高橋永治編　東海大学出版会　2000.3　551p　27cm　〈他言語標題：An illustrated guide to freshwater zooplankton in Japan　文献あり〉　18000円　Ⓘ4-486-01479-0　Ⓝ481.73
⦅目次⦆動物界（節足動物門，袋（輪）形動物門），原生生物界（繊毛虫門，肉質鞭毛虫門）

日本淡水動物プランクトン検索図説　水野寿彦，高橋永治編　東海大学出版会　1991.6　532p　26cm　15450円　Ⓘ4-486-01132-5
⦅目次⦆1 節足動物門，2 袋（輪）形動物門，3 繊毛虫門，肉質鞭毛虫門

やさしい日本の淡水プランクトン 図解ハンドブック　改訂版 普及版　滋賀県琵琶湖環境科学研究センター，一瀬諭，若林徹哉監修，滋賀の理科教材研究委員会編　合同出版　2008.10　150p　26cm　1800円　Ⓘ978-4-7726-0438-3　Ⓝ468.6
⦅目次⦆植物プランクトン（藍藻のなかま，珪藻のなかま，鞭毛藻のなかま，緑藻のなかま），動物プランクトン（原生動物のなかま，ワムシのなかま，節足動物のなかま）
⦅内容⦆名実ともに日本を代表する湖である琵琶湖を擁し，淡水性プランクトンの研究者が集う滋賀県で編集された「やさしい図鑑」。214属263種，写真・図版989点を掲載した，専門的な知識がなくても十分役に立つ図解ハンドブック。

◆◆海洋動物

＜事典＞

海の動物百科　4　無脊椎動物1　Andrew Campbell, John Dawes編，今島実監訳，西川輝昭，並河洋，蒲生重男，倉持利明訳　朝倉書店　2007.6　77, 15p　31×22cm　〈原書名：THE NEW ENCYCLOPEDIA OF AQUATIC LIFE：Aquatic Invertebrates〉　4200円　Ⓘ978-4-254-17698-8
⦅目次⦆第4巻 無脊椎動物1（水生無脊椎動物とは何か?，原生生物，カイメン類，イソギンチャク類とクラゲ類，クシクラゲ類 ほか），第5巻 無脊椎動物2（軟体動物，ホシムシ類，ユムシ類，環形動物，ワムシ類 ほか）
⦅内容⦆動物門ごとに，形態，機能，生殖，食性，利用などを解説。項目ごとに，さまざまな瞬間をとらえた美しくまた迫力のある水中写真や顕微鏡写真が随所にあり，それとともに形態の部分を示す明瞭なイラストが本文の解説を十分に補佐する。

海の動物百科　5　無脊椎動物2　Andrew Campbell, John Dawes編，今島実監訳・訳，齋藤寛，西川輝昭，倉持利明，馬渡峻輔，藤田敏彦訳　朝倉書店　2007.7　141, 15p　31×22cm　〈原書名：THE NEW ENCYCLOPEDIA OF AQUATIC LIFE〉　4200円　Ⓘ978-4-254-17699-5
⦅目次⦆軟体動物，ホシムシ類，ユムシ類，環形動物，ワムシ類，鉤頭虫類，内肛動物，ホウキムシ類，コケムシ類，腕足類，棘皮動物，ギボシムシ類とその仲間，ホヤ類とナメクジウオ類
⦅内容⦆動物門ごとに，形態，機能，生殖，食性，利用などを最新の高い水準で解説。

＜ハンドブック＞

磯採集ガイドブック 死滅回遊魚を求めて　荒俣宏，さとう俊，荒俣幸男著　阪急コミュニケーションズ　2004.8　253p　21cm　3500円　Ⓘ4-484-04401-3
⦅目次⦆第1部 採集魚類図鑑（カスザメ目，メジロザメ目，ウナギ目，ナマズ目，ヒメ目，タラ目，ニシン目，アカマンボウ目，アンコウ目，ボラ目，ダツ目，キンメダイ目，マトウダイ目，トウゴロウイワシ目，トゲウオ目，カサゴ目，スズキ目，カレイ目，フグ目），第2部 採集と飼育（磯採集の面白さと喜び，誰にでも出会える海の宝石たち，採集のしかた，魚たちと上手に付き合うには ほか）
⦅内容⦆潜らなくても楽しめる磯採集の世界へ。19目430種の稚魚が勢ぞろい。磯採集の楽しみ方，マナー，飼育の方法など，具体的な情報も充実。

モース、宇井縫三、青木熊吉、内田恵太郎など採集家列伝も必読。

磯の生物飼育と観察ガイド 潮だまりに暮らす無脊椎動物たち 岩崎哲也著　文一総合出版　2005.7　151p　21cm　1800円　①4-8299-0014-8

(目次)飼育と採集の基本、採集と飼育方法〔刺胞動物、軟体動物（腹足類）、環形動物、筋口動物（甲殻類）、棘皮動物〕

潜水調査船が観た深海生物　深海生物研究の現在　海洋研究開発機構 藤倉克則、奥谷喬司、丸山正編著　(秦野)東海大学出版会　2008.2　487p　27cm　〈他言語標題: Deep-sea life-biological observations using research submersibles〉6800円　①978-4-486-01787-5　②481.74

(目次)第1部 深海生物をとりまく環境と研究、第2部 化学合成生物群集の分布と特徴、第3部 化学合成生物群集：ベントス・ネクトン、第4部 光合成に依存した深海生物群集：ベントス、第5部 中・深層生物群集：プランクトン・ネクトン、第6部 潜水調査船が観た深海動物の基礎分類学、第7部 深海生物研究に使われる有人潜水調査船・無人探査機

南紀串本　海の生き物ウォッチングガイド 本州最南端 土屋光太郎監修、山本典暎、古見きゅう著　ピーシーズ　2005.7　264p　21cm　2400円　①4-86213-003-8

(目次)魚類カタログ（魚の仲間、カメの仲間）、無脊椎動物カタログ（カイメンの仲間、クラゲの仲間、ヒドラの仲間、ウミトサカ・ヤギの仲間、イソギンチャクの仲間ほか）

(内容)南紀串本にて全掲載種を撮影。亜熱帯系と温帯系の生物1070種を掲載。撮影ポイント情報も充実のダイバー必携書。

＜図　鑑＞

伊豆・大瀬崎マリンウォッチングガイド 伊藤勝敏写真・文、奥谷喬司監修　データハウス　1999.1　198p　19cm　1350円　①4-88718-515-4

(目次)OSEの生きもの 魚類編（魚類）、OSEの生きもの 無脊椎動物編（カイメンの仲間、ヒドロ虫の仲間、クラゲの仲間、ウミトサカ・ヤギ・ウミカラマツの仲間、イソギンチャクの仲間、コケムシ・ホウキムシの仲間、貝の仲間、ウミウシの仲間、イカ・タコの仲間、ゴカイの仲間、エビ・シャコの仲間、カニ・ヤドカリの仲間、ウミシダの仲間、ヒトデの仲間、ウニの仲間、ナマコの仲間、ホヤの仲間）、OSEの生きもの INDEX、大瀬崎マリンサービス＆スタイリスト

(内容)大瀬崎で見られる生きものを魚類とその他の無脊椎動物に大別して紹介したもの。索引付き。

伊豆の海・海中大図鑑　伊豆の海中生物を全網羅！ 伊藤勝敏著　データハウス　2001.7　377p　19cm　2400円　①4-88718-615-0　②481.72

(目次)伊豆の生きもの 魚類編（魚類）、伊豆の生きもの 無脊椎動物編（カイメン、ヒドロ虫、クラゲ、ウミトサカ、ヤギ、ウミカラマツ、イソギンチャク ほか）

(内容)伊豆の海中生物（魚類・無脊椎動物・海藻）1700種以上を紹介した図鑑。生物の分類により排列。見出しはグループごとで、それぞれ和名、科名、サイズ、撮影地を示した写真とともに解説。巻頭に「伊豆の海エリアマップ」、巻末に伊豆の生物の索引がある。

伊豆の海・海中大図鑑　改訂版 伊藤勝敏著　データハウス　2003.8　377p　19cm　2400円　①4-88718-736-X

(目次)伊豆の生きもの（魚類編）、伊豆の生きもの（無脊椎動物編）（カイメン、ヒドロ虫、クラゲ ほか）、イルカ（哺乳類）、ウミガメ（爬虫類）、イカ、タコ、エビ、シャコ、ヤドカリ、カニ〔ほか〕

(内容)伊豆の海で見られる生きものを魚類とその他の無脊椎動物に大別して構成。魚類はさらに「目」別に、無脊椎動物はグループ（主に綱）ごとに分類し、見出しのところにそれぞれの綱などの特徴を解説。巻末に索引が付く。

伊豆の海・海中大図鑑　第3版 伊藤勝敏著　データハウス　2005.5　373p　19cm　2400円　①4-88718-801-3

(目次)伊豆の生きもの（魚類編）、伊豆の生きもの（無脊椎動物編）、イルカ（哺乳類）、ウミガメ（爬虫類）、海藻（藻類）

(内容)伊豆の海で見られる生きものを魚類とその他の無脊椎動物に大別し構成。魚類はさらに「目」別に分類。無脊椎動物はグループ（主に綱）ごとに分類し、見出しのところにそれぞれの綱などの特徴を解説。

伊豆の海・海中大図鑑　第4版 伊藤勝敏著　データハウス　2007.8　377p　19cm　2400円　①978-4-88718-932-4

(目次)伊豆の生きもの 魚類編、伊豆の生きもの 無脊椎動物編、イルカ、ウミガメ、イカ、タコ、エビ、シャコ、ヤドカリ、カニ、その他の甲殻類、ウミシダ、ヒトデ、クモヒトデ、ウニ、ホヤ

(内容)伊豆の海中生物を全網羅。

動く！深海生物図鑑　深海数千メートルにうごめく生命の驚異　DVD-ROM＆図解 ビバマンボ、北村雄一著、三宅裕志、佐

動物全般　　　　　　　　　　動　物

藤孝子監修　講談社　2010.8　174p　18cm　〈並列シリーズ名：BLUE BACKS　索引あり〉　1500円　①978-4-06-257691-8　⑩481.74

(目次)第1章 深海世界の基礎知識(深海の生態系、熱水生態系と熱水噴出孔生物群集、湧水生態系と湧水生物群集、鯨骨生物群集)、第2章 深海生物図鑑(海綿動物門、刺胞動物門、有櫛動物門、軟体動物門、環形動物門、節足動物門、棘皮動物門、脊索動物門)

(内容)有人潜水調査船の能力向上により、深海に棲む生物たちが動き、生活している姿が目の当たりにできるようになった。数千メートルに及ぶ海溝が育んだ深海生物の宝庫、日本近海ほかで撮影された貴重な映像がパソコンで見られる本邦初めての「動く」深海生物図鑑。図解イラストと豊富な解説で、深海の特殊な生態系のしくみもすっきりわかる。

海の生き物ウオッチング500　生き物別撮影ガイド付き　月刊『マリンダイビング』編　水中造形センター　2007.4　231p　21cm　2500円　①978-4-86221-002-9

(目次)ウミウシ(イロウミウシなどの仲間、スギノハウミウシの仲間、タテジマウミウシの仲間、ミノウミウシの仲間 ほか)、エビの仲間、ヤドカリの仲間&アナジャコの仲間、カニの仲間、シャコの仲間、イカ・タコの仲間、巻貝の仲間、二枚貝の仲間、ウニの仲間、ヒトデの仲間、ウミシダ&クモヒトデの仲間、ナマコの仲間、クラゲの仲間、クラゲに似た仲間、イシサンゴの仲間、イソギンチャクの仲間、トサカ・ヤギの仲間、ハネガヤの仲間、カンザシゴカイの仲間、ホヤの仲間、カイメンの仲間、その他の仲間たち

(内容)ダイビングで見られる魚と海の生き物たち500種類を詳しい解説付きで紹介。写真は高精細300線印刷採用。ほかの図鑑にはない写真の美しさで生き物・魚の種類を調べるときに便利。生き物たちを水中写真に撮るときのコツ、テクニックを種類別に紹介。おすすめ撮影レンズ、生息場所などもひと目でわかる。

海の生き物の飼い方　カニやヤドカリだけじゃない 海にはいろんな生き物がいっぱい　富田京一監修　成美堂出版　2000.7　143p　21cm　〈学習自然観察〉　850円　①4-415-00976-X　⑩K481

(目次)カニ・エビの仲間、貝・タコ・イカの仲間、ヒトデ・ウニの仲間、イソギンチャク・クラゲの仲間、その他、海の魚、海藻の仲間　Q&A

(内容)海の生き物の飼い方ハンドブック。タコやイカをはじめ、タツノオトシゴからサメまで、海の生き物たちの飼い方をイラストを交えて解説。生き物たちの見つけ方、つかまえ方も楽しいイラストで紹介。生き物はカニ・エビの仲間、

貝・タコ・イカの仲間、ヒトデ・ウニの仲間、イソギンチャク・クラゲの仲間、その他、海の魚、海藻の仲間にわけ、それぞれの生き物の特徴、つかまえ方、飼い方について解説。巻末に生き物の名前による五十音順索引を付す。

海の生きもののくらし　小林安雅文・写真・映像　偕成社　2003.6　127p　30×24cm　〈生きものROM図鑑〉〈付属資料：CD-ROM1〉　4500円　①4-03-527580-8

(目次)第1章 潮だまり(潮が満ちるまで、ホンヤドカリのカップル ほか)、第2章 岩礁(ナヌカザメの卵、オキノスジエビの大集団 ほか)、第3章 転石砂底(ゴンズイ玉のクリーニング、イソギンチャクをつけるヤドカリ ほか)、第4章 砂底(深い海からの訪問者、ツキヒガイの泳ぎ ほか)、第5章 表層(群れがつくる形、クラゲのなかま ほか)

(内容)海の生きものたちの「産卵」や「食べもの」や「交尾」や「一生」や「けんか」や「擬装」や「子そだて」や「結婚」や「共生」や「威嚇」を写真と動く映像でみてみよう。本と付属CD-ROMでみるまったく新しいタイプの生きものの図鑑、新登場。

海の危険生物ガイドブック　山本典暎著　阪急コミュニケーションズ　2004.7　123p　21cm　2400円　①4-484-04402-1

(目次)中層にいる刺胞動物、海底にいる刺胞動物、エビ・カニの仲間、ヒトデ・ウニの仲間、貝の仲間、イカ・タコの仲間、ウミケムシの仲間、ウミヘビの仲間、サメの仲間、エイの仲間、ウツボ・アナゴの仲間、ナマズの仲間、ダツの仲間、アンコウの仲間、イットウダイの仲間、ミノカサゴの仲間、カサゴ・オコゼの仲間、ミシマオコゼの仲間、ギンポの仲間、ネズッポの仲間、タイの仲間、イシダイの仲間、キンチャクダイの仲間、スズメダイの仲間、アイゴの仲間、カマスの仲間、ニザダイの仲間、モンガラカワハギ・フグの仲間

(内容)海洋レジャーで遭遇しやすい海の危険生物約230種を生態写真で紹介。危険生物のフィールド観察、体験談、対処法などを収録、巻末に和名索引が付く。

海べの生きもの　武田正倫文、伊藤勝敏写真　講談社　1993.5　48p　25×22cm　〈講談社パノラマ図鑑 29〉　1200円　①4-06-250033-7

(目次)スーパーアイ、海は自然のわくわくランド、生きものと潮の干満、わたしはだれでしょ、海べの生きもの大集合、潮だまりは小さな水族館、きゅうばんをもつなかまたち、こうらをもつなかま、貝のなかま、これも貝のなかま、みんな動物、海べの生きものずかん、もっと知りたい人のQ&A

海辺の生きもの 新装版 奥谷喬司編著,楚山勇写真 山と渓谷社 2006.6 367p 19cm (山渓フィールドブックス3) 2000円 Ⓣ4-635-06060-8

⦅目次⦆海綿類,ヒドロ虫・コケムシ類,ウミトサカ・ヤギ・ウミカラマツ類,イソギンチャク・イシサンゴ類,クラゲ・サルパ類,ながむし(蠕虫)類,ゴカイ類,カセミミズ・ヒザラガイ類,巻き貝類,ウミウシ類〔ほか〕

⦅内容⦆1132種類収録・小さな大図鑑。本書の構成は、通常の図鑑とは違い、分類順にこだわらず形態・生活様式の似たものを集めて配列。便宜上それを21章にまとめた。

海辺の生きもの 奥谷喬司編著,楚山勇写真 山と渓谷社 1994.8 367p 19cm (山渓フィールドブックス8) 2700円 Ⓣ4-635-06048-9 Ⓝ481.72

⦅目次⦆1 海綿類,2 ヒドロ虫・コケムシ類,3 ウミトサカ・ヤギ・ウミカラマツ類,4 イソギンチャク・イシサンゴ類,5 クラゲ・サルパ類,6 ながむし(蠕虫)類,7 ゴカイ類,8 カセミミズ・ヒザラガイ類,9 巻き貝類,10 ウミウシ類,11 二枚貝類,12 イカ・タコ類,13 シャコ・エビ類,14 ヤドカリ・カニ類,15 フジツボ・ワレカラ類,16 ウミユリ・クモヒトデ類,17 ヒトデ類,18 ウニ類,19 ナマコ類,20 ホヤ・ナメクジウオ類,21 海藻・海草類

⦅内容⦆海のいきもの1132種を写真と解説で紹介する"小さな大図鑑"。全体の配列は形態・生態順。本州中部以北の海域を紹介する。日本新記録種が多く紹介されている。

海辺の生き物 武田正倫解説,川嶋一成写真 成美堂出版 1997.8 447p 15cm (ポケット図鑑) 1300円 Ⓣ4-415-08532-6

⦅目次⦆海綿動物,刺胞動物,扁型動物・環形動物・外肛動物,節足動物,棘皮動物,原索動物,軟体動物,脊椎動物,海辺の生き物の観察や採集,海辺の生き物の飼育に挑戦

海辺の生き物 小林安雅、中野ひろみ著 山と渓谷社 2010.7 281p 15cm (新ヤマケイポケットガイド9)〈2000年刊の改訂〉1200円 Ⓣ978-4-635-06276-3 Ⓝ480

⦅目次⦆海の生き物(海綿動物門,刺胞動物門・有櫛動物門,扁形動物門,環形動物門,軟体動物門,節足動物門,触手動物門,棘皮動物門,原索動物門),海藻・海草

⦅内容⦆無脊椎動物約730種と海藻約40種、合計約770種(亜種、変種、品種を含む)を収録した図鑑。ダイビングや磯遊びなどで、ごくふつうに見られるものを中心に選定。無脊椎動物はエビ、カニ、貝など26の仲間ごとに解説。その代表的な種は観察データを別建てにして解説文を示す。

海辺の生きものガイドブック 倉沢栄一著 ティビーエス・ブリタニカ 2002.6 143p 21cm 2400円 Ⓣ4-484-02407-1 Ⓝ481.72

⦅目次⦆ヒトデ・ウニ・ナマコ―棘皮動物,クラゲ・イソギンチャク・サンゴ―刺胞動物,エビ・カニ―節足動物甲殻類,姿を隠す,ヤドカリの家いろいろ―節足動物甲殻類,巻貝・二枚貝―軟体動物,ウミウシ―軟体動物,イカ・タコ―軟体動物,その他、無脊椎動物いろいろ,サメ・エイ―軟骨魚類〔ほか〕

⦅内容⦆海辺の生きもののビジュアルガイドブック。棘皮動物,刺胞動物,節足動物等から魚類,爬虫類まで、海辺・沖・海底の生きものの生態を紹介する。ヤドカリの家のいろいろや、産卵のシーンや擬態の様子等、各生物の個性的な生態をテーマとしてピックアップ、多数の写真を使用してビジュアル的に構成している。巻末に索引と参考文献一覧を付す。

海辺の生物 松久保晃作著 小学館 1999.8 303p 19cm (フィールド・ガイド20) 1940円 Ⓣ4-09-208020-4

⦅内容⦆磯で見かける生物,砂浜・干潟で見かける生物,海面で見かける生物,岸辺の魚 魚類,海藻・海草

⦅内容⦆浅瀬に生息する約650種の生物を掲載した図鑑。「磯」「砂浜・干潟」「海面」の3つの環境に大きく分け、それぞれの場所でよく見かける生物を紹介。巻末に和名・学名索引がある。

海辺の生物観察図鑑 海辺をまるごと楽しもう! 阿部正之写真・文 誠文堂新光社 2008.5 135p 21cm 1600円 Ⓣ978-4-416-80832-0 Ⓝ481.72

⦅目次⦆1章 海辺の生物観察図鑑(カニ、エビ、ヤドカリなどの仲間,魚の仲間 ほか),2章 海辺の生物観察ガイド(観察のための基礎知識,観察のための服装と道具 ほか),3章 海辺で遊ぼう!(漂着物いろいろ図鑑,ビーチクラフトで遊ぼう! ほか),4章 海辺の生物を飼ってみよう

大阪湾の生きもの図鑑 新野大写真・解説 (大阪)東方出版 2004.5 206p 21cm 2800円 Ⓣ4-88591-891-X

⦅目次⦆魚類,無脊椎動物(海綿動物(カイメン類),刺胞動物(クラゲ・イソギンチャク類他),有櫛動物(クシクラゲ類),扁形動物(ヒラムシ類),紐形動物(ヒモムシ類),軟体動物(貝・ウミウシ・イカ・タコ類他),環形動物(ゴカイ類),節足動物(エビ・カニ類他),外肛動物(コケムシ類),箒虫動物(ホウキムシ類),棘皮動物(ウニ・ナマコ類),脊索動物(ホヤ類))

⦅内容⦆湾内で撮影した魚類272種、無脊椎動物226種を掲載。

「**沖縄の海**」**海中大図鑑 写真で観る沖縄**

動物全般　　　　　　　　　動物

の海中生物　伊藤勝敏著　データハウス　2009.7　457p　20cm　〈文献あり 索引あり〉　2700円　Ⓘ978-4-7817-0019-9　Ⓝ482.199

(目次)沖縄の生き物 魚類編、沖縄の生き物 無脊椎動物編、ウミガメ 爬虫類、クジラ・海牛 哺乳類、海藻 藻類、沖縄の生き物・INDEX

(内容)南西諸島で見られる多種多様な生物2000種以上を収録したフルカラー図鑑。魚類と無脊椎動物大別し、魚は「目」ごと、無脊椎動物は「グループ」ことに分類。写真、和名、学名、撮影地、撮影者を記載し、巻末に索引が付く。

海岸動物　西村三郎、鈴木克美共著　(大阪)保育社　1996.3　196p　19cm　(エコロン自然シリーズ)　1800円　Ⓘ4-586-32105-9

(目次)海綿動物門、腔腸動物門、有櫛動物門、扁形動物門、紐形動物門、袋形動物門、曲形動物門、触手動物門、環形動物門、ユムシ動物門、星口動物門、緩歩動物門、節足動物門、軟体動物門、毛顎動物門、棘皮動物門、原索動物門、半索動物門

(内容)日本の海岸に生息する無脊椎動物485種の図鑑。図版頁と解説頁で構成され、図版のないものを加えると計768種を収録する。巻末に五十音順の和名索引とアルファベット順の属名索引がある。「標準原色図鑑全集16」(1971年刊)改装版にあたる。

海水魚・海の無脊椎動物1000種図鑑　ピーシーズ　1997.1　408p　30cm　4661円　Ⓘ4-938780-18-5

(目次)ようこそマリン・アクアリウムの世界へ、キンチャクダイの仲間、チョウチョウウオの仲間、スズメダイの仲間、ベラ・ブダイの仲間、ハナダイの仲間、ハタ・タナバタウオ・メギスの仲間、テンジクダイ・フエダイ・アジの仲間・他、コンベ・ネズッポ・ジョーフィッシュの仲間、ギンポ・トラギスの仲間、ハゼの仲間、ニザダイ・アイゴの仲間、モンガラカワハギ・カワハギの仲間、ハコフグ・フグの仲間、カサゴ・オコゼの仲間、イザリウオ・マツカサオの仲間、タツノオトシゴ・ヨウジウオの仲間・他、ウツボ・アナゴの仲間、サメ・エイの仲間、イシサンゴの仲間、イソギンチャク・その他の仲間〔ほか〕

海中生物図鑑　ダイバー・スノーケラーのための　小林安雅著　誠文堂新光社　2005.8　207p　21cm　2200円　Ⓘ4-416-70545-X

(目次)魚類編(ネコザメ目、テンジクザメ目、メジロザメ目、ネズミザメ目、カスザメ目、ノコギリザメ目、エイ目、ウナギ目、ナマズ目、ニシン目、ネズミギス目、シャチブリ目、ヒメ目ほか)、海岸動物編(カイメンの仲間、ヒドロ虫の仲間、ウミトサカの仲間、ウミエラの仲間、クダサンゴの仲間、ヤギの仲間、アオサンゴの仲間、ウミカラマツの仲間 ほか)

(内容)ダイバーやスノーケラーから磯遊びを楽しむ人まで、海の自然観察を愛好する方のための生態写真図鑑。日本近海で見られる海の生き物1219種(魚類830種・海岸動物389種)を1313点の生態写真で紹介。魚類で成魚と幼魚または雌雄で色彩や斑紋が異なるものは、可能な範囲で両方を掲載。生き物の色彩変異、闘争、産卵、卵、発光などの興味深い生態も掲載。

海洋生物ガイドブック　益田一著　東海大学出版会　1999.3　11,404p　19cm　3500円　Ⓘ4-486-01462-6

(目次)海綿動物、刺胞動物、扁形動物、環形動物、節足動物、軟体動物、触手動物、棘皮動物、原索動物、魚類

(内容)海岸無脊椎動物約615種と魚類の約556種を収録したハンドブック。無脊椎動物を9の動物グループ、魚類を29のグループに分類、科、属、種の順で配列。1258枚のカラー生態写真を掲載。和名索引、学名索引付き。

くらべてわかる食品図鑑　4　魚と海そう　家庭科教育研究者連盟編著、田村孝絵　大月書店　2007.11　39p　21×22cm　1800円　Ⓘ978-4-272-40604-3

(目次)タイとキンメダイ、カレイとヒラメ、マダラとギンダラ、マアジとムロアジ、マグロとカジキマグロ、トロと赤身、シロザケ ベニザケ、サバとサンマ、キスとカマス、イワシとニシン〔ほか〕

(内容)タイとキンメダイ、カレイとヒラメ、イワナとヤマメ、コンブとワカメ、黒いのりと青いのり…知っているようで答えられない食品知識を満載。

原色検索 日本海岸動物図鑑　2　西村三郎編著　(大阪)保育社　1995.12　663p　26cm　27000円　Ⓘ4-586-30202-X

(内容)日本の海岸で見られる動物(脊椎動物と有殻軟体動物を除く)の図鑑。カラー写真の図版頁と解説頁で構成される。巻末に和名索引、学名索引がある。

こどものずかんMio　4　うみのいきもの　(大阪)ひかりのくに　2005.6　64p　27×22cm　762円　Ⓘ4-564-20084-4

(目次)きしのちかくのさかな(いわいそ)、きしのちかくのさかな(すなぞこ)、おきやそとうみのさかな、さめ・えいのなかま、たこ・いか・くらげのなかま、うみのいろいろないきもの、えびのなかま、かにのなかま、いわいそのかい、すな(どろ)はまのかい〔ほか〕

サンゴ礁の生きもの　新装版　奥谷喬司編著、楚山勇写真　山と溪谷社　2006.6　319p　19cm　(新装版山溪フィールドブックス 4)　2000円　Ⓘ4-635-06061-6

動 物　　　動物全般

〔目次〕海綿類，ヒドロ虫・コケムシ類，ウミトサカ・ヤギ・ウミカラマツ類，イシサンゴ類，イソギンチャク類，クラゲ類，ながむし(蠕虫)類，カセミミズ・ヒザラガイ類，巻き貝類，ウミウシ類，二枚貝類，イカ・タコ類，ヤドカリ・カニ類，フジツボ・シャコ・エビ類，ウミユリ・クモヒトデ類，ヒトデ類，ウニ類，ナマコ類，ホヤ類，海藻・海草類
〔内容〕主に紀伊半島から琉球諸島ぐらいまでの暖かい海で、ダイバーが出会うことができるおよそ水深30メートルまでの脊椎動物は除く海洋植物を生態写真だけで収録。本書ではこれまで動物の図鑑に片寄りがちだったダイバー向きのハンドブックの殻を打ち破り、海洋の動物のみならず海藻・海草も掲載してあるユニークな図鑑。

サンゴ礁の生きもの　奥谷喬司編著，楚山勇写真　山と渓谷社　1994.8　319p　19cm　(山渓フィールドブックス9)　2600円　①4-635-06049-7　Ⓝ481.72
〔目次〕1 海綿類，2 ヒドロ虫・コケムシ類，3 ウミトサカ・ヤギ・ウミカラマツ類，4 イシサンゴ類，5 イソギンチャク類，6 クラゲ類，7 ながむし(蠕虫)類，8 カセミミズ・ヒザラガイ類，9 巻き貝類，10 ウミウシ類，11 二枚貝類，12 イカ・タコ類，13 ヤドカリ・カニ類，14 フジツボ・シャコ・エビ類，15 ウミユリ・クモヒトデ類，16 ヒトデ類，17 ウニ類，18 ナマコ類，19 ホヤ類，20 海藻・海草類
〔内容〕サンゴ礁の生き物988種を収録する"小さな大図鑑"。全体の配列は形態・生活様式順。紀伊半島以南琉球諸島の海域を紹介。日本新記録種が多く紹介されている。

深海生物大図鑑 ふしぎがいっぱい! 暗黒の世界を探検しよう　長沼毅監修　PHP研究所　2009.1　79p　29cm　〈文献あり 索引あり〉　2800円　①978-4-569-68927-2　Ⓝ481.74
〔目次〕第1章 深海の基礎知識(地球と海，海底にもある山脈，火山，平原，谷，川 ほか)，第2章 深海の生き物(深海の生物はいつも腹ペコ，エサが流れてくるのをじっと待つ ほか)，第3章 深海のオアシス(海底火山を中心にできた深海のオアシス，ふしぎな生き物，チューブワーム ほか)，第4章 人はなぜ深海に潜るのか(潜水技術の移り変わり，深海底から地震のメカニズムを探る ほか)

ダイバーのための海中観察図鑑 魚知ING!　吉野雄輔著　PHP研究所　1995.4　167p　21cm　1600円　①4-569-54715-X
〔目次〕岩礁やサンゴ礁でよく見られる魚，砂地や藻場でよく見られる魚，回遊魚・軟骨魚・その他の魚類
〔内容〕初・中級ダイバーを対象とする海の生物

図鑑。日本近海で見られる魚類・甲殻類・棘皮動物・刺胞動物など、基本種と話題種460種を収録。巻末に魚類、その他の分類別五十音順索引がある。

出会いを楽しむ 海中ミュージアム　楚山いさむ写真・文　山と渓谷社　2005.8　103p　26×21cm　(海の休日)　1600円　①4-635-06325-9
〔目次〕1章 砂地の生きもの(カニの仲間―砂潜りのうまい愉快なカニたち，巻き貝の仲間―砂に潜って獲物を待つ，二枚貝の仲間―みんなで暮らす旨い二枚貝たち ほか)，2章 岩礁地の生きもの(カニの仲間―磯遊びの人気者，カニらしいカニたち，ヤドカリの仲間―借家住まいは忙しそうだ，エビの仲間―なかなか捕まらないエビやシャコ ほか)，3章 サンゴ礁の生きもの(カニの仲間―サンゴの海は役者ぞろい，ヤドカリの仲間―南の海の住宅事情，エビとシャコの仲間―エビみっけ，シャコみっけ ほか)
〔内容〕干潮時をねらって、岩礁地のタイドプール(潮だまり)を見てまわる。「生きものの種類が多いのはここいらへん」と感じたあたりを起点にして、ゆっくりとまわりをながめていく。岩の側面には、色とりどりのカイメンの仲間がへばりついている。小石の下ではヤドカリたちが貝殻の奪い合いをしている。カニやエビたちは、ちらっと姿を見せるがすぐに隠れてしまう。くぼみにはイソギンチャクが触手をひろげて獲物を待っている。岩の割れ目あたりにはウニ、その上にはカサガイの仲間が点々とくっついている。何とも素敵な海中の世界。

ホネからわかる!動物ふしぎ大図鑑 3 海の動物たち　富田京一監修　日本図書センター　2010.4　55p　31cm　〈文献あり〉　4000円　①978-4-284-20167-4, 978-4-284-20164-3　Ⓝ481.16
〔目次〕ホネってなんだろう?，陸でも水中でもすばやく動く動物は!?，大きくて魚みたいなほ乳類は何だ!?，あおむけで海面に浮かぶ動物だれだ!?，大海原を泳ぐ、甲羅のある動物なあに!?，風を上手に使って飛ぶ動物は何!?，冷たい海中を飛ぶように泳ぐ鳥は!?，大きな口の平たい魚だれだ!?，やわらかい骨をもった魚は何だ!?，海底でつりをする魚はなあに!?，広い海をぷかぷかただよう魚は何だ!?
〔内容〕世界各地の海や海辺で見られるほ乳類、鳥類、魚類など10種類の動物の骨格標本を取り上げ、各動物の骨のつくりとともに、その生態についてもわかりやすく解説する図鑑。

ヤマケイジュニア図鑑 6 海辺の生き物　山と渓谷社　2002.7　143p　19cm　950円　①4-635-06241-4　ⓃK481.72
〔目次〕海の魚(スズキの仲間，カサゴの仲間 ほ

動植物・ペット・園芸 レファレンスブック　225

か)，海のエビやカニ(シャコの仲間，エビの仲間 ほか)，海の貝やイカ・タコ(ヒザラガイの仲間，巻き貝の仲間 ほか)，そのほかの海の生き物(カイメンの仲間，ヒドロ虫の仲間 ほか)
(内容)子ども向けの海辺の生き物図鑑。海辺で見られる魚やエビやカニの仲間，貝やイカ・タコの仲間を紹介している。生き物の種類ごとに分類し，掲載している。各生き物の種名，科名，大きさ，分布，生息域，解説，写真を収録。各章の頭では，イラストを使って，代表的な生き物のくらしや繁殖の仕方，面白い話題などを紹介している。巻末に索引が付く。

◆有毒動物

＜事 典＞

猛毒動物の百科 改訂版 今泉忠明著 データハウス 1999.6 175p 19cm （動物百科） 2200円 ④4-88718-532-4
(目次)哺乳類(ホッキョクグマ，カモノハシ，モグラ，トガリネズミ ほか)，鳥類(ヘビクイワシ)，両生類(ヤドクガエル，ヒキガエル，イモリ，サラマンダー)，爬虫類(コブラ，ガラガラヘビ，マムシ，ハブ，クサリヘビ ほか)，魚類(フグ，アオブダイ，オニダルマオコゼ)，その他の海生動物(フクロウニ，イモガイ，ヒョウモンダコ ほか)，節足動物(サソリ，クモ，アシナガバチ，スズメバチ，ミツバチ，その他の昆虫)，猛毒動物への対応
(内容)猛毒を持つ動物を紹介し，毒性，分布，対処法などを解説するもの。1994年刊の改訂版。

猛毒動物の百科 第3版 今泉忠明著 データハウス 2007.5 175p 19cm （動物百科） 2400円 ①978-4-88718-921-8
(目次)哺乳類，鳥類，両生類，爬虫類，魚類，その他の海生動物，節足動物，猛毒動物への対応

＜図 鑑＞

学研の大図鑑 危険・有毒生物 小川賢一，篠永哲，野口玉雄監修 学習研究社 2003.3 240p 27×22cm 3500円 ④4-05-401675-8
(目次)海にすむ危険・有毒生物，陸にすむ危険・有毒生物，有毒・危険植物，有毒キノコ，動物由来感染症，危険・有毒生物による事故の際の安全マニュアル
(内容)海・陸にすむ危険・有害生物，危険・有害植物，有毒キノコ，動物由来感染症，危険・有害生物による事故の際の安全マニュアルについて説明した図鑑。巻末に五十音順の索引付き。付録として植物を調べるための主な用語解説図，主な用語解説を掲載。

◆動物保護

＜事 典＞

絶滅危惧動物百科 1 総説―絶滅危惧動物とは Amy-Jane Beer, Andrew Campbell, Robert and Valerie Davies, John Dawes, Jonathan Elphick, Tim Halliday, Pat Morris〔著〕，自然環境研究センター監訳 朝倉書店 2008.4 116p 28cm 〈原書名：Endangered animals.〉 4600円 ①978-4-254-17681-0 ⓃN482.038
(目次)絶滅危惧種とは何か，保全のための組織，絶滅危険度の区分，動物の生態，動物への脅威，動物界，哺乳類，鳥類，魚類，爬虫類，両生類，無脊椎動物，保全活動の実際
(内容)絶滅したか絶滅の恐れのある代表的な野生動物の概要と対策について写真やイラストとともにまとめたカラー図鑑シリーズ。2002年にイギリスで刊行された図鑑の邦訳。全10巻で，第1巻の概説，414種を五十音順に排列した第2巻～第10巻で構成する。

絶滅危惧動物百科 2 アイアイ-ウサギ 自然環境研究センター監訳 朝倉書店 2008.4 116p 28×22cm 〈原書名：ENDANGERED ANIMALS〉 4600円 ①978-4-254-17682-7 ⓃN482.038
(内容)絶滅したか絶滅の恐れのある代表的な野生動物の概要と対策について写真やイラストとともにまとめたカラー図鑑シリーズ。第2巻～第10巻では哺乳類と鳥類を中心に414種を五十音順に排列し，それぞれ見開き2ページで紹介。形態や分布，個体数，生態などの基本情報とともに写真やイラストを添えて解説する。データパネルには基本情報と生息分布図を掲載。各巻の巻末には，用語解説，参考文献／ウェブサイト，謝辞と写真提供，分類群ごとの動物名リスト，学名・和名の全巻共通索引を付す。

絶滅危惧動物百科 3 ウサギ（メキシコウサギ）-カグー Amy-Jane Beer, Andrew Campbell, Robert and Valerie Davies, John Dawes, Jonathan Elphick, Tim Halliday, Pat Morris〔著〕，自然環境研究センター監訳 朝倉書店 2008.5 116p 28cm 〈原書名：Endangered animals.〉 4600円 ①978-4-254-17683-4 ⓃN482.038
(内容)絶滅したか絶滅の恐れのある代表的な野生動物の概要と対策について写真やイラストとともにまとめたカラー図鑑シリーズ。第3巻は「ウサギ（メキシコウサギ）-カグー」を収録。

絶滅危惧動物百科 4 カザリキヌバネドリ-クジラ（シロナガスクジラ） Amy-Jane Beer, Andrew Campbell, Robert and

Valerie Davies, John Dawes, Jonathan Elphick, Tim Halliday, Pat Morris〔著〕，自然環境研究センター監訳　朝倉書店　2008.5　116p　28cm　〈原書名：Endangered animals.〉　4600円　①978-4-254-17684-1　Ⓝ482.038

(内容)絶滅したか絶滅の恐れのある代表的な野生動物の概要と対策について写真やイラストとともにまとめたカラー図鑑シリーズ。第4巻は「カザリキヌバネドリ - クジラ（シロナガスクジラ）」を収録。

絶滅危惧動物百科　5　クジラ（セミクジラ）- サイ（シロサイ）　Amy-Jane Beer, Andrew Campbell, Robert and Valerie Davies, John Dawes, Jonathan Elphick, Tim Halliday, Pat Morris〔著〕，自然環境研究センター監訳　朝倉書店　2008.6　116p　28cm　〈原書名：Endangered animals.〉　4600円　①978-4-254-17685-8　Ⓝ482.038

(内容)絶滅したか絶滅の恐れのある代表的な野生動物の概要と対策について写真やイラストとともにまとめたカラー図鑑シリーズ。第5巻は「クジラ（セミクジラ）- サイ（シロサイ）」を収録。

絶滅危惧動物百科　6　サイ（スマトラサイ）- セジマミソサザイ　Amy-Jane Beer, Andrew Campbell, Robert and Valerie Davies, John Dawes, Jonathan Elphick, Tim Halliday, Pat Morris〔著〕，自然環境研究センター監訳　朝倉書店　2008.6　116p　28cm　〈原書名：Endangered animals.〉　4600円　①978-4-254-17686-5　Ⓝ482.038

(内容)絶滅したか絶滅の恐れのある代表的な野生動物の概要と対策について写真やイラストとともにまとめたカラー図鑑シリーズ。第6巻は「サイ（スマトラサイ）- セジマミソサザイ」を収録。

絶滅危惧動物百科　7　ゼノポエシルス - ニシオウギタイランチョウ　Amy-Jane Beer, Andrew Campbell, Robert and Valerie Davies, John Dawes, Jonathan Elphick, Tim Halliday, Pat Morris〔著〕，自然環境研究センター監訳　朝倉書店　2008.7　116p　28cm　〈原書名：Endangered animals.〉　4600円　①978-4-254-17687-2　Ⓝ482.038

(内容)絶滅したか絶滅の恐れのある代表的な野生動物の概要と対策について写真やイラストとともにまとめたカラー図鑑シリーズ。第7巻は「ゼノポエシルス - ニシオウギタイランチョウ」を収録。

絶滅危惧動物百科　8　ニシキフウキンチョウ - パンダ（レッサーパンダ）　Amy-Jane Beer, Andrew Campbell, Robert and Valerie Davies, John Dawes, Jonathan Elphick, Tim Halliday, Pat Morris〔著〕，自然環境研究センター監訳　朝倉書店　2008.7　116p　28cm　〈原書名：Endangered animals.〉　4600円　①978-4-254-17688-9　Ⓝ482.038

(内容)絶滅したか絶滅の恐れのある代表的な野生動物の概要と対策について写真やイラストとともにまとめたカラー図鑑シリーズ。第8巻は「ニシキフウキンチョウ - パンダ（レッサーパンダ）」を収録。

絶滅危惧動物百科　9　バンデューラバルブス - ポリネシアマイマイ類　Amy-Jane Beer, Andrew Campbell, Robert and Valerie Davies, John Dawes, Jonathan Elphick, Tim Halliday, Pat Morris〔著〕，自然環境研究センター監訳　朝倉書店　2008.9　116p　28cm　〈原書名：Endangered animals.〉　4600円　①978-4-254-17689-6　Ⓝ482.038

(内容)絶滅したか絶滅の恐れのある代表的な野生動物の概要と対策について写真やイラストとともにまとめたカラー図鑑シリーズ。第9巻は「バンデューラバルブス - ポリネシアマイマイ類」を収録。

絶滅危惧動物百科　10　マウンテンニアラ - ワタリアホウドリ　Amy-Jane Beer, Andrew Campbell, Robert and Valerie Davies, John Dawes, Jonathan Elphick, Tim Halliday, Pat Morris〔著〕，自然環境研究センター監訳　朝倉書店　2008.9　116p　28cm　〈原書名：Endangered animals.〉　4600円　①978-4-254-17690-2　Ⓝ482.038

(内容)絶滅したか絶滅の恐れのある代表的な野生動物の概要と対策について写真やイラストとともにまとめたカラー図鑑シリーズ。第10巻は「マウンテンニアラ - ワタリアホウドリ」を収録。

絶滅危惧の動物事典　川上洋一著　東京堂出版　2008.12　234p　図版16p　21cm　〈他言語標題：Animal cyclopedia of threatened species　文献あり〉　2900円　①978-4-490-10747-0　Ⓝ482.1

(目次)日本の自然環境と動物、哺乳類、爬虫類、両生類、無脊椎動物、移入種、レッドデータ動物カテゴリー別リスト

(内容)ニホンオオカミの後を追って姿を消すものは!?哺乳類、爬虫類、両生類、無脊椎動物、外来の移入種から100種をピックアップし、彼らの姿と生息環境の現状を資料画とともに解説。

絶滅野生動物の事典　今泉忠明著　東京堂出版　1995.9　257p　21cm　2900円　①4-490-10401-4

(目次) 哺乳綱，鳥綱，コラム一覧（今なお続く，フクロオオカミの生存調査，ブタアシバンディクートの発見物語，カンガルーの名前の由来，最初の標本，一度は元気な姿が確認されたのだがほか）

動物世界遺産 レッド・データ・アニマルズ 1 ユーラシア，北アメリカ 小原秀雄，浦本昌紀，太田英利，松井正文編著 講談社 2000.5 241p 30×24cm 4700円 Ⓣ4-06-268751-8 Ⓝ482

(目次) 哺乳類（食肉目，霊長目 ほか），鳥類（ミズナギドリ目，ペリカン目 ほか），爬虫類（カメ，トカゲ目），両生類（カエル目，サンショウウオ目）

(内容) 絶滅の危機にさらされた世界の動物を地域別に紹介する図鑑。IUCN（国際自然保護連合）が作成した"1996 IUCN Red list of Threatened Animals"に基づき，全2580種を8分冊に収録。1では，ユーラシア，北アメリカに生息する哺乳類169種，鳥類87種，爬虫類48種，両生類45種を収録。五十音順の収録種名一覧付き。

動物世界遺産 レッド・データ・アニマルズ 2 アマゾン 小原秀雄〔ほか〕編著 講談社 2001.1 179p 30cm 〈他言語標題：Red data animals〉 4700円 Ⓣ4-06-268752-6 Ⓝ482

(内容) 絶滅の危機にさらされた世界の動物を地域別に紹介する図鑑。IUCN（国際自然保護連合）が作成した"1996 IUCN Red list of Threatened Animals"に基づき，全2580種を8分冊に収録。

動物世界遺産 レッド・データ・アニマルズ 3 中央・南アメリカ 小原秀雄，浦本昌紀，太田英利，松井正文編著 2001.3 296p 30×24cm 4700円 Ⓣ4-06-268753-4 Ⓝ482

(目次) 哺乳類（異節目，貧歯目），オポッサム目 ほか），鳥類（ペンギン目，カイツブリ目 ほか），爬虫類（トカゲ目（トカゲ亜目，ヘビ亜目），ワニ目 ほか），両生類（サンショウウオ目，カエル目）

(内容) 絶滅の危機にさらされた世界の動物を地域別に紹介する図鑑。IUCN（国際自然保護連合）が作成した"1996 IUCN Red list of Threatened Animals"に基づき，全2580種を8分冊に収録。3では，生物地理区でいう新熱帯区のチリ地域と新北区，カリブ亜区に生息する脊椎動物のうち，魚類を除く463種を収録。記載項目は和名，学名，英名，サイズ，分布，3区分の絶滅ランク，解説。巻頭に「中央・南アメリカの動物相」，巻末には「収録種名一覧」を収載。

動物世界遺産 レッド・データ・アニマルズ 4 インド，インドシナ 小原秀雄，浦本昌紀，太田英利，松井正文編著 講談社

2000.7 214p 30×24cm 4700円 Ⓣ4-06-268754-2 Ⓝ482

(目次) 哺乳類（食肉目，クジラ目 ほか），鳥類（ペリカン目，コウノトリ目 ほか），爬虫類（ワニ目，カメ目 ほか），両生類（カエル目，サンショウウオ目）

(内容) 絶滅の危機にさらされた世界の動物を地域別に紹介する図鑑。IUCN（国際自然保護連合）が作成した"1996 IUCN Red list of Threatened Animals"に基づき，全2580種を8分冊に収録。4では，生物地理区でいう東洋区の大陸部と西諸島，台湾に生息する哺乳類110種，鳥類97種，爬虫類32種，両生類8種について収録。図版編と解説編で構成，動物はそれぞれ哺乳類，鳥類，爬虫類，両生類から目ごとに分類して排列。解説編では動物の名称と目及び科，学名，英名，サイズ，分布と絶滅危惧の度合い，解説を掲載。巻末に類別の五十音順収録種名一覧を付す。

動物世界遺産 レッド・データ・アニマルズ 5 東南アジアの島々 小原秀雄，浦本昌紀，太田英利，松井正文編著 講談社 2000.9 211p 29×23cm 4700円 Ⓣ4-06-268755-0 Ⓝ482

(内容) 絶滅の危機にさらされた世界の動物を地域別に紹介する図鑑。IUCN（国際自然保護連合）が作成した"1996 IUCN Red list of Threatened Animals"に基づき，全2580種を8分冊に収録。5では，東洋区の島嶼部とマレー半島の南部，オーストラリア区の移行区であるウォーレシアに生息する種で，絶滅の危機に瀕している種のうち，魚類を除いた脊椎動物を収録する。哺乳類，鳥類，爬虫類，両生類に分類して目・科の別に排列，それぞれは和名，学名，英名，サイズ，分布と生態・保護状況などについての解説を掲載。巻末に類別の索引を付す。

動物世界遺産 レッド・データ・アニマルズ 6 アフリカ 小原秀雄，浦本昌紀，太田英利，松井正文編著 講談社 2000.3 239p 30×24cm 4700円 Ⓣ4-06-268756-9 Ⓝ482

(目次) 哺乳類（食肉目，霊長目，長鼻目 ほか），鳥類（ペリカン目，ミズナギドリ目，コウノトリ目 ほか），爬虫類（カメ目，トカゲ目（トカゲ亜目），ワニ目 ほか），両生類（カエル目），解説（哺乳類，鳥類，爬虫類，両生類）

(内容) 絶滅の危機にさらされた世界の動物を地域別に紹介する図鑑。IUCN（国際自然保護連合）が作成した"1996 IUCN Red list of Threatened Animals"に基づき，全2580種を8分冊に収録。6では，サハラ以南のアフリカに生息する種を扱った。哺乳類205種，鳥類142種，爬虫類22種，両生類11種を収録する。収録種名一覧付き。

動物世界遺産 レッド・データ・アニマル

動物　　　　　　　　　　　　　　　　　　　　　　　　　　動物全般

ズ　7　オーストラリア、ニューギニア
小原秀雄, 浦本昌紀, 太田英利, 松井正文編
著　講談社　2000.11　231p　30×24cm
4700円　Ⓘ4-06-268757-7　Ⓝ480.79
[目次]図版（哺乳類, 鳥類, 爬虫類, 両生類）,
解説（哺乳類, 鳥類, 爬虫類, 両生類）
[内容]絶滅の危機にさらされた世界の動物を地域別に紹介する図鑑。IUCN（国際自然保護連合）が作成した"1996 IUCN Red list of Threatened Animals"に基づき、全2580種を8分冊に収録。7では、オーストラリア・ニューギニアの脊椎動物（魚類を除く）を紹介するデータブック。1996年に発表された最新のレッド・リストに基づき、哺乳類141種、鳥類104種、爬虫類36種、両生類25種を収録。系統分類順に掲載する。地図、コラム、五十音順の収録種名一覧付き。

動物世界遺産　レッド・データ・アニマルズ　8　太平洋、インド洋　小原秀雄〔ほか〕編著　講談社　2001.5　259p　30cm
〈他言語標題：Red data animals〉　4700円
Ⓘ4-06-268758-5　Ⓝ482
[内容]絶滅の危機にさらされた世界の動物を地域別に紹介する図鑑。IUCN（国際自然保護連合）が作成した"1996 IUCN Red list of Threatened Animals"に基づき、全2580種を8分冊に収録。

動物世界遺産　レッド・データ・アニマルズ　別巻　小原秀雄〔ほか〕編著　講談社　2001.7　187p　30cm　〈他言語標題：Red data animals〉　4700円　Ⓘ4-06-268759-3　Ⓝ482
[内容]絶滅の危機にさらされた世界の動物を地域別に紹介する図鑑。別巻では、絶滅動物一覧、レッド・リストを収録する。

野生動物保護の事典　野生生物保護学会編
朝倉書店　2010.1　782p　27cm　〈索引あり〉　28000円　Ⓘ978-4-254-18032-9　Ⓝ480.9
[目次]総論, 各論（陸棲哺乳類, 海棲哺乳類, 鳥類, 爬虫両棲類, 淡水魚類）, 特論
[内容]日本に生息する野生動物、とくにに脊椎動物の現状と保護管理問題、その解決に向けての提言をまとめた資料集。野生動物そのものに関する科学的知見のほか、生態系管理の観点、野生動物と人の関係などをまとめる。巻末に、事項索引、動物名索引、学名索引がある。

レッドデータアニマルズ　日本絶滅危機動物図鑑　JICC出版局　1992.4　190p　23×19cm　2980円　Ⓘ4-7966-0305-0
[内容]日本の絶滅危機動物のなかから哺乳類、鳥類、淡水魚類、両生爬虫類、昆虫類の5つのジャンルを選出し490種類のうち266種類のデータと生態写真を収録。既刊の類書には今まで収録さ

れなかった野生動物の素顔を多数紹介。

＜ハンドブック＞

野生鳥獣保護管理ハンドブック　ワイルドライフ・マネージメントを目指して　野生鳥獣保護管理研究会編　日本林業調査会　2001.3　417p　21cm　2857円　Ⓘ4-88965-128-4　Ⓝ659.7
[目次]第1章 鳥獣保護制度, 第2章 狩猟制度, 第3章 希少な鳥獣の保護, 第4章 野生鳥獣との共生, 第5章 共生に向けた課題, 第6章 その他の鳥獣保護施策
[内容]野生鳥獣の保護行政の概要をまとめた資料集。1999年の「鳥獣保護法」の改正により創設された特定鳥獣保護管理計画制度に基づいて、大きな転換期を迎えているこれからの鳥獣行政について記述する。野生鳥獣の保護管理に取り組む都道府県・市町村・農業協同組合・森林組合等の職員、鳥獣保護員の実務資料となるほか、狩猟者、研究者、野生鳥獣の保護管理に関心を持つNGOや一般の人々の理解を深めることを目的としている。

＜図鑑＞

新世界絶滅危機動物図鑑　図書館版　1（哺乳類）　今泉忠明監修　学習研究社　2003.3　71p　27cm　〈執筆：今泉忠明ほか〉　3000円
Ⓘ4-05-401793-2, 4-05-810705-7　Ⓝ482.038
[内容]絶滅の危機に瀕している動物を分類別に紹介する図鑑。IUCN・国際自然保護連合のレッドリスト2002年版に基づいて収録。日本の種については環境省のレッドリスト等も参考にしている。1には、ネコ、クジラ、ウマなどの哺乳類を収録。

新世界絶滅危機動物図鑑　図書館版　2（哺乳類2）　今泉忠明監修　学習研究社　2003.3　71p　27cm　〈執筆：今泉忠明ほか〉　3000円　Ⓘ4-05-401794-0, 4-05-810705-7　Ⓝ482.038
[内容]絶滅の危機に瀕している動物を分類別に紹介する図鑑。2には、サル、ウシ、カンガルーなどの哺乳類を収録。

新世界絶滅危機動物図鑑　図書館版　3（鳥類1）　小宮輝之監修　学習研究社　2003.3　55p　27cm　〈執筆：小宮輝之ほか〉　3000円　Ⓘ4-05-401795-9, 4-05-810705-7　Ⓝ482.038
[内容]絶滅の危機に瀕している動物を分類別に紹介する図鑑。3には、オウム、ツル、コウノトリなどの鳥類を収録。

新世界絶滅危機動物図鑑　図書館版　4（鳥類2）　小宮輝之監修　学習研究社　2003.3

動物全般　　　　　　　　動　物

55p　27cm　〈執筆：今泉忠明ほか〉　3000円　①4-05-401796-7，4-05-810705-7　Ⓝ482.038
(内容)絶滅の危機に瀕している動物を分類別に紹介する図鑑。4には、タカ、フクロウ、フウチョウなどの鳥類を収録。

新世界絶滅危機動物図鑑　図書館版　5（爬虫・両生・魚類）　今泉忠明，小宮輝之監修　学習研究社　2003.3　55p　27cm　〈執筆：今泉忠明ほか〉　3000円　①4-05-401797-5，4-05-810705-7　Ⓝ482.038
(内容)絶滅の危機に瀕している動物を分類別に紹介する図鑑。5には、爬虫類、両生類、魚類を収録。

新世界絶滅危機動物図鑑　図書館版　6（資料集）　今泉忠明，小宮輝之監修　学習研究社　2003.3　71p　27cm　3000円　①4-05-401798-3，4-05-810705-7　Ⓝ482.038
(内容)絶滅の危機に瀕している動物の図鑑。最終巻の6には、IUCN・環境省・CITESリストなどの資料を掲載する。

世界絶滅危機動物図鑑　第1集　日本の哺乳類　学習研究社　1997.1　64p　31cm　〈参考文献：p64〉　①4-05-500223-8　Ⓝ482.038
(内容)日本および世界で絶滅の危機にある動物と、すでに絶滅した動物を全6巻で分類別に収録した図鑑。

世界絶滅危機動物図鑑　第2集　日本の鳥、両生、爬虫、魚類　学習研究社　1997.1　64p　31cm　〈トキ絶滅年表：p52～53　参考文献：p64〉　①4-05-500224-6　Ⓝ482.038
(内容)日本および世界で絶滅の危機にある動物と、すでに絶滅した動物を全6巻で分類別に収録した図鑑。

世界絶滅危機動物図鑑　第3集　哺乳類1（食肉目、鯨目など）　学習研究社　1997.1　64p　31cm　〈参考文献：p64〉　①4-05-500225-4　Ⓝ482.038
(内容)日本および世界で絶滅の危機にある動物と、すでに絶滅した動物を全6巻で分類別に収録した図鑑。

世界絶滅危機動物図鑑　第4集　哺乳類2（霊長目、有袋目など）　学習研究社　1997.1　64p　31cm　〈参考文献：p64〉　①4-05-500226-2　Ⓝ482.038
(内容)日本および世界で絶滅の危機にある動物と、すでに絶滅した動物を全6巻で分類別に収録した図鑑。

世界絶滅危機動物図鑑　第5集　鳥、両生、爬虫、魚類　学習研究社　1997.1　64p　31cm　〈参考文献：p64〉　①4-05-500227-0　Ⓝ482.038
(内容)日本および世界で絶滅の危機にある動物と、すでに絶滅した動物を全6巻で分類別に収録した図鑑。

世界絶滅危機動物図鑑　第6集　絶滅動物図鑑　学習研究社　1997.1　64p　31cm　〈参考文献：p64〉　①4-05-500228-9　Ⓝ482.038
(内容)日本および世界で絶滅の危機にある動物と、すでに絶滅した動物を全6巻で分類別に収録した図鑑。

絶滅危機動物図鑑　消えゆく野生動物たち　ジョージ・C.マクガヴァン著，林良博日本語版監修，村田綾子，月谷真紀，佐々木とも子，辻本満寿子訳　ランダムハウス講談社　2008.7　191p　29cm　〈原書名：Endangered.〉　3800円　①978-4-270-00325-1　Ⓝ482
(目次)絶滅の本質（生きるものと死ぬもの、石に残された記録　ほか）、第6の絶滅（人類の起源、人間の支配　ほか）、失われた動物たちと最後の動物たち（単孔類と有袋類、食虫類　ほか）、食い止める（生息域内保全、生息域外保全　ほか）
(内容)地球の歴史には、たった一度の"事件"で全生物種の最大95パーセントが死滅した大量絶滅が少なくとも5回起きている。その原因は、大規模な火山爆発、隕石の衝突、急激な気候の変化とされている。本書では、人間が原因となって起こりつつある第6の大絶滅に迫る。

滅びゆく世界の動物たち　絶滅危惧動物図鑑　黒川光広作　ポプラ社　1996.6　31p　34×25cm　（ポプラ社の絵本図鑑3）　2400円　①4-591-04996-5
(内容)世界で絶滅の危機に瀕している動物を地域ごとにイラストで掲載した子供向けの図鑑。動物の名称・危機の度合い・生態や特徴・絶滅危機の原因を記載する。巻末に動物名の五十音順索引がある。

◆古代動物・化石

<事　典>

動物百科　絶滅巨大獣の百科　今泉忠明著　データハウス　1995.4　191p　19cm　2400円　①4-88718-315-1
(目次)第1章　哺乳類の黎明期、第2章　哺乳類の征服の時代、第3章　哺乳類の巨大化の時代、第4章　哺乳類の改良の時代、第5章　哺乳類の絶頂の時代、第6章　哺乳類の絶滅の時代

<図 鑑>

大むかしの動物 新訂版 学習研究社 1994.11 192p 26cm （学研の図鑑） 1500円 ⓘ4-05-200507-4

(目次)原始的な生物の時代、背骨のない動物の時代、魚類の時代、両生類の時代、爬虫類の時代、哺乳類の時代、生物の進化

(内容)古生物学の入門となる学習図鑑。原始的な生物、魚類、両生類、爬虫類（恐竜）、哺乳類の5つの時代に分け、地球の太古の動物のくらしを描く。別に生物の進化として、生物の移りかわりと化石について説明する。巻末に索引を付す。

大昔の動物 今泉忠明、高橋文雄、松岡敬二、吉田彰監修・執筆 学習研究社 2000.12 168p 30cm （ニューワイド学研の図鑑） 2000円 ⓘ4-05-500426-5 Ⓝ K457

(目次)地球と生命・45億年の旅（先カンブリア時代、生命のたん生、古生代・海の中での進化、海から陸へ ほか）、古生代―サンヨウチュウ、ウミサソリ、チョッカクガイ、甲冑魚、メガネウラなど（カンブリア紀、オルドビス紀、シルル紀 ほか）、中生代―恐竜、翼竜、魚竜、始祖鳥、アンモナイトなど（三畳紀、ジュラ紀、白亜紀）、新生代―デスモスチルス、サーベルタイガー、マンモス、リョコウバト、原始人類など（第三紀、第四紀、近年の絶滅、生きている化石）、大昔の動物情報館

(内容)古生代・中生代・新生代に生息していた動物や近年絶滅した動物の主なものをまとめた、児童向けの図鑑。地質年代順に排列し、それぞれの項目について、分類、体の大きさ、体重、生息年代、分布、主な特徴とイラストを掲載。巻末に索引付き。

大昔の動物 増補改訂 学習研究社 2008.3 176p 30cm （ニューワイド学研の図鑑） 2000円 ⓘ978-4-05-202891-5 Ⓝ E457

(目次)化石の発見から分かる大昔の動物最新恐竜像、地球と生命・45億年の旅、古生代―サンヨウチュウ、ウミサソリ、チョッカクガイ、甲冑魚、メガネウラなど、中生代―恐竜、翼竜、魚竜、始祖鳥、アンモナイトなど、新生代―デスモスチルス、スミロドン、マンモス、原始人類、ドードー、ステラーダイカイギュウ、など、大昔の動物情報館

(内容)鳥は恐竜の生き残り?動物の進化の歴史の最新情報満載。

恐竜と古代生物 小畠郁生執筆 実業之日本社 1993.10 159p 19cm （ジュニア自然図鑑 8） 1300円 ⓘ4-408-36148-8

(目次)地球の歴史、大陸の移動と生物の進化、

恐竜なぜ・なぜ百科

原色版 恐竜・絶滅動物図鑑 魚類から人類まで バリー・コックス、R.J.G.サヴェージ、ブライアン・ガーディナー、ドゥーガル・ディクソン著、岡崎淳子訳 大日本絵画 1993.1 312p 30×24cm 〈原書名：MACMILLAN ILLUSTRATED ENCYCLOPEDIA of DINOSAURS and PREHISTORIC ANIMALS〉 12000円 ⓘ4-499-20537-9

(目次)魚類、両生類、爬虫類、支配的爬虫類、鳥類、哺乳類型爬虫類～獣弓類、哺乳類

(内容)恐竜をはじめ、魚類、両生類、爬虫類、鳥類、そして哺乳類までの、絶滅してしまった動物を網羅的に紹介するカラー図鑑。

古脊椎動物図鑑 普及版 鹿間時夫著、薮内正幸画 朝倉書店 2004.4 212p 26cm 9500円 ⓘ4-254-16249-9

(目次)無顎膜亜門（無顎超綱、顎口超綱）、有顎膜亜門（爬型超綱、竜型超綱、獣形超綱）

絶滅した奇妙な動物 川崎悟司著 ブックマン社 2009.12 181p 21cm 〈文献あり 索引あり〉 1500円 ⓘ978-4-89308-729-4 Ⓝ 482

(目次)古生代（エオアンドロメダ―管状の腕が8本ある軟体動物、キンベレラ―2本の爪と殻を持った軟体動物、アノマロカリス―カンブリア紀の食物連鎖の頂点に立っていた海の王者 ほか）、中生代（オドントケリス―甲羅が腹側にしかない世界最古のカメ、キュネオサウルス―皮膜を張り滑空した最も古いトカゲの1種、ゲロトラックス―全体的に扁平な生物、2億4800万年前の両生類 ほか）、新生代（アルシノイテリウム―大きな2本の角の内部は空洞で、意外に軽い、アンドリューサルクス―これまで地球上に現れた陸生の肉食獣では最大、エオマニス―センザンコウの先祖にあたる生き物 ほか）

(内容)40億年の生命の歴史のなかで、確かに地球に生息した奇妙な動物総勢113頭、オールカラーで大胆復元。

よみがえる恐竜・古生物 超ビジュアルCG版 ティム・ヘインズ、ポール・チェンバーズ著、椿正晴訳、群馬県立自然史博物館監修 ソフトバンククリエイティブ 2006.7 215p 28×23cm （BBC BOOKS）〈原書名：THE COMPLETE GUIDE TO PREHISTORIC LIFE〉 2800円 ⓘ4-7973-3547-5

(目次)第1部 生命の誕生と動物の進化（カンブリア紀、オルドビス紀、シルル紀、デボン紀、石炭紀、ペルム紀）、第2部 爬虫類の時代（三畳紀、ジュラ紀、白亜紀）、第3部 哺乳類の時代（暁新

世，始新世，漸新世，中新世，鮮新世，更新世）

内容 10年間にも及ぶ期間を経て制作された、イギリスBBCの超人気科学番組『ウォーキングwithダイナソー』『ウォーキングwithビースト』『ウォーキングwithモンスター』の3シリーズを一冊にまとめた古生物図鑑。地球上での生命の進化という、40億年にわたる壮大なストーリーを、この一冊で紙上体験することができる。

◆◆アンモナイト

<図鑑>

アンモナイト アンモナイト化石最新図鑑 蘇る太古からの秘宝 ニール・L.ラースン著、棚部一成監訳、坂井勝訳 アンモナイト研究所、アム・プロモーション（発売） 2009.10 256p 21cm 〈他言語標題：Ammonites 原文併記 文献あり 索引あり 原書名：Ammonites.〉 3400円 ①978-4-904720-00-4 ⓃK457.84

目次 アンモナイトの自然史その起源と仲間たち（生息域、貝殻、アンモナイトの絶滅事変、保存状態、重要性）、世界の最も美しいアンモナイトたち（アフリカのアンモナイト、アジアのアンモナイト、オーストラリアのアンモナイト、ヨーロッパのアンモナイト、ロシアのアンモナイト、北米のアンモナイト、湾沿岸地域、南米のアンモナイト）

内容 ブラックヒルズ地質学研究所のニールL.ラースン氏が、長年にわたるアンモナイト化石の収集と研究をもとに書き記した最新アンモナイト化石図鑑。世界各国のアンモナイトの魅力を写真・学名入りで総解説。初心者からアンモナイト収集家までアンモナイト化石の比較・分類に役立つガイドブックの決定版！美しい写真とともに、アンモナイトをわかりやすく解説した図鑑機能と学術書なみの充実の内容。

◆◆恐 竜

<書 誌>

図書館探検シリーズ 第1巻 恐竜の時代 小田英智著 リブリオ出版 1990.4 24p 31cm 〈監修：本田睨 編集：タイム・スペース 関連図書紹介：p20～23〉 ①4-89784-199-2 ⓃK028

内容 小学生や中学生が、あるテーマについて図書館や図書室で本をさがすときの、そのテーマの基本的なことがらを解説し、基本の図書を紹介するシリーズ。小学校上級以上向。

<事 典>

恐竜イラスト百科事典 ドゥーガル・ディクソン著、小畠郁生監訳 朝倉書店 2008.10 256p 30cm 〈原書名：The illustrated encyclopedia of dinosaurs.〉 9500円 ①978-4-254-16260-8 Ⓝ457.87

目次 恐竜の時代（地質年代区分、初期の進化 ほか）、三畳紀（板歯類、魚竜類 ほか）、ジュラ紀（魚竜類、首長竜類 ほか）、恐竜の世界（ブラキオサウルス類とカマラサウルス類、ディプロドクス類 ほか）、白亜紀（翼竜類、大型の翼竜類 ほか）

恐竜図解新事典 黒川光広文・絵 小峰書店 1999.4 103p 30cm （恐竜の大陸） 2800円 ①4-338-10108-3

内容 186種の恐竜、26種の翼竜を掲載した恐竜事典。掲載データは、名称、大きさ、分類・食性、生息時代、生息地域、カラーイラストなど。総さくいん付き。

すべてわかる恐竜大事典 富田京一編著 成美堂出版 2006.6 127p 26×21cm 1100円 ①4-415-04215-5

目次 第1章 三畳紀の恐竜（解説 恐竜時代の幕開け、エオラプトル、ヘレラサウルス ほか）、第2章 ジュラ紀の恐竜（解説 巨大恐竜繁栄の時代、ヘテロドントサウルス、ディロフォサウルス ほか）、第3章 白亜紀の恐竜（解説 恐竜多様化の時代、アマルガサウルス、アクロカントサウルス ほか）

内容 100種以上の迫力あふれる恐竜を収録。生息環境もリアルに再現。臨場感あふれる恐竜の姿を紹介。貴重な化石写真、発掘写真も多数収録。

<図 鑑>

おもしろ恐竜図鑑 関口たか広著・画 国土社 2009.3 79p 29cm 〈文献あり 索引あり〉 3800円 ①978-4-337-25152-6 Ⓝ457.87

目次 ティラノサウルス、ブラキオサウルス、トリケラトプス、エウオプロケファルス、ステゴサウルス、マイアサウラ、変わった頭の恐竜たち、プテラノドン、首長竜・魚竜・海トカゲ竜（海生爬虫類）、日本の恐竜

きょうりゅう 学習研究社 1996.7 119p 30cm （ふしぎ・びっくり!?こども図鑑） 2000円 ①4-05-200688-7

目次 きょうりゅうのなかま、肉食のきょうりゅう（大きな肉食きょうりゅう、小さな肉食きょうりゅう）、しょくぶつ食のきょうりゅう（かみなりりゅう、イグアノドンのなかま ほか）、きょうりゅういがいの生きもの（よくりゅう、首長

動物　　　　　　　　　　　　　　　　動物全般

りゅう・魚りゅう ほか）
〔内容〕肉食の恐竜、植物食の恐竜、同じ時代に生きていたほかの生物の図鑑。幼児から小学校低学年向け。恐竜についての「ふしぎ」に答える「なぜ・なぜのページ」と、恐竜の生態について解説する「図かんのページ」から成る。巻末に五十音順の用語索引がある。

きょうりゅう　フレーベル館　1996.10　22p　20×21cm　（フレーベル館のこどもずかん 8）　780円　ⓘ4-577-01647-8
〔内容〕ティラノサウルスやプテラノドンといった恐竜とそのなかまを絵で紹介した、子供向けの図鑑。それぞれの名称と特徴を記す。

きょうりゅう みて、しらべて、あそぼ！　小畠郁生指導、今泉忠明監修　学習研究社　2002.7　97p　15cm　（いつでもどこでもちいさなずかんポッケ）　550円　ⓘ4-05-201715-3　ⓃK457
〔目次〕きょうりゅうのくらし、えものをつかまえるきょうりゅう、きのはやくさをたべるきょうりゅう、からだじまんのきょうりゅう、うみやそらのきょうりゅう、きょうりゅうのあとにさかえたどうぶつ、つくってあそぼう
〔内容〕子ども向けの恐竜図鑑。ポケット版。「えものをつかまえるきょうりゅう」、「きのはやくさをたべるきょうりゅう」などに分類して収録。写真やイラストとともに、恐竜に関する簡単な説明がついている。恐竜の種類の説明の他に、恐竜のくらしや恐竜の後に栄えた動物なども掲載している。巻末に索引がつく。

きょうりゅう　新版　小畠郁生監修　学習研究社　2004.7　111p　30×23cm　（ふしぎ・びっくり!?こども図鑑）　1900円　ⓘ4-05-202105-3
〔目次〕きょうりゅうのなかま（きょうりゅうにはどんななかまがいたの?、きょうりゅうはどんな生きものだったの? ほか）、肉食のきょうりゅう（大きな肉食きょうりゅう、小さな肉食きょうりゅう）、しょくぶつ食のきょうりゅう（かみなりりゅう、ヒプシロフォドン・イグアノドンのなかま ほか）、きょうりゅういがいの生きもの（よくりゅう、首長りゅう・魚りゅう ほか）
〔内容〕この『きょうりゅう』の図かんは、肉食のきょうりゅうとしょくぶつ食のきょうりゅう、そして同じ時代に生きていたほかの生きものをとりあげている。

きょうりゅう　新版　小畠郁生監修、藤井康文恐竜イラスト　小学館　2003.7　31p　27×22cm　（21世紀幼稚園百科 9）　1100円　ⓘ4-09-224109-7
〔内容〕好きな恐竜の名前を覚え、恐竜について学ぶことは、子どもたちの想像力をつちかい、

地球の歴史や生物への興味にもつながっていく。子どもといっしょにこの本をみて、恐竜や、恐竜が生きていたころの大昔の地球について、楽しい想像をはたらかせよう。幼稚園児向け。

恐竜　真鍋真監修・指導　学習研究社　2000.7　168p　30cm　（ニューワイド学研の図鑑）　2000円　ⓘ4-05-500416-8　ⓃK457
〔目次〕恐竜とは何か、恐竜の生態、獣脚類（けもの竜）、竜脚形類（かみなり竜）、原始的な鳥盤類、装盾類（剣竜・よろい竜）、鳥脚類（とり竜）、周飾頭類（けんとう竜・角竜）中生代について、恐竜はなぜ絶滅したのか、恐竜情報館
〔内容〕恐竜の児童向け図鑑。恐竜の分類や生態、分類による解説、恐竜の繁栄した時代についてイラストとともに紹介。ほかに恐竜情報館を収録。巻末に恐竜の名称による五十音順索引を付す。

恐竜　工藤晃司解説・絵　成美堂出版　1996.7　367p　15cm　（ポケット図鑑）　1300円　ⓘ4-415-08383-8
〔目次〕恐竜図鑑によせて、恐竜とは何か、恐竜の骨格や大きさ、地質年代図について、三畳紀の恐竜、ジュラ紀の恐竜、白亜紀前期の恐竜、白亜紀後期の恐竜、用語解説、参考文献、恐竜名索引
〔内容〕恐竜160種のイラスト、骨格図を掲載した図鑑。「三畳紀の恐竜」「ジュラ紀の恐竜」「白亜紀前期の恐竜」「白亜紀後期の恐竜」に分類して掲載。分類、全長、食物、発掘地等のデータおよび解説を付す。巻末に恐竜名の五十音順索引がある。

恐竜　冨田幸光監修、舟木嘉浩指導・執筆　小学館　2002.7　183p　30cm　（小学館の図鑑NEO 11）　2000円　ⓘ4-09-217211-7　ⓃK457.87
〔目次〕竜盤目の恐竜たち（獣脚類、竜脚形類）、鳥盤目の恐竜たち（装盾類、鳥脚類、周飾頭類）、恐竜以外の動物たち（翼竜のなかま、首長竜のなかま、魚竜のなかま、その他の動物たち）
〔内容〕子ども向けの恐竜図鑑。中生代に生きていた様々恐竜たちと、同じ時代に生きていた恐竜以外の動物たち約320種を紹介している。恐竜の種類ごとに収録。各恐竜の名前、科名、全長、食性、時代、場所、シルエットなどとともに、イラストや豊富な化石の写真を掲載し、説明している。この他に、「もの知りコラム」や「やってみようコラム」など学習に役立つ記事も掲載している。巻末に索引が付く。

恐竜　真鍋真監修、小田隆イラスト　学習研究社　2006.7　48p　23×22cm　（学研わくわく観察図鑑）　1000円　ⓘ4-05-202534-2
〔目次〕ティラノサウルスとヒトの骨をくらべてみよう、恐竜の進化と謎の絶滅、トリケラトプ

動植物・ペット・園芸 レファレンスブック　233

ス，パキケファロサウルス，コリトサウルス，エウオプロケファルス，ステゴサウルス，ディプロドクス，アロサウルス，ティラノサウルス，始祖鳥（アルカエオプテリクス）
[内容]代表的な恐竜の骨格と、それからわかる恐竜の生態を紹介。

恐竜 真鍋真監修　学習研究社　2007.3　136p　26cm　（ジュニア学研の図鑑）　1500円　①978-4-05-202649-2
[目次]これがティラノサウルスだ、恐竜ってなんだろう、恐竜とその特ちょう、化石が恐竜を知る手がかり、恐竜は鳥に進化した、地球の歴史と恐竜の絶滅、恐竜時代の生き物、恐竜に会いに行こう

恐竜　増補改訂　学研教育出版，学研マーケティング（発売）　2010.6　184p　29cm　（ニューワイド学研の図鑑 8）〈初版：学習研究社2000年刊　索引あり〉　2000円　①978-4-05-203247-9　⑰E457.87
[目次]恐竜は今でも生きている!?、恐竜とは何か、恐竜の生態、獣脚類（けもの竜）、竜脚形類（かみなり竜）、原始的な鳥盤類（レソトサウルス類など）、装盾類（剣竜・よろい竜など）、鳥脚類（とり竜）、周飾頭類（けんとう竜・角竜など）、中生代について、恐竜はなぜ絶滅したのか、恐竜情報館
[内容]最新情報満載！最多収録数！恐竜図鑑の決定版。

恐竜　冨田幸光監修・執筆，市川章三ほかイラスト　小学館　2010.6　207p　19cm　（小学館の図鑑NEO POCKET 4）〈文献あり索引あり〉　950円　①978-4-09-217284-5　⑰E457
[目次]三畳紀―恐竜出現の時代、ジュラ紀―さまざまな恐竜が登場した時代、白亜紀―恐竜が世界各地で進化した時代、白亜紀―最も栄えた恐竜時代、そのほかの生き物―中生代のは虫類とほ乳類
[内容]中生代と呼ばれる時代（約2億5100万年前から6500万年前）の地上に見られた、恐竜約250種と翼竜、首長竜、魚竜、そのほかのは虫類など約50種を紹介。

恐竜・大昔の生き物　増補改訂版　学研教育出版，学研マーケティング（発売）　2010.4　232p　19cm　（学研の図鑑 新・ポケット版 10）　960円　①978-4-05-203212-7　⑰457.87
[目次]戦う恐竜、地球の歴史と生物、脊椎動物の進化、魚類の進化、両生類の進化、爬虫類の進化、恐竜の進化、鳥類の進化、哺乳類の進化、化石資料館
[内容]最新情報満載。恐竜約220種収録。生き

の進化の歴史が最新の研究でわかる。

恐竜解剖図鑑　デヴィッド・ランバート著，瀬戸口美恵子，月川和雄訳　（京都）同朋舎出版　1994.9　191p　29×24cm　3600円　①4-8104-1973-8
[目次]恐竜のすべて、恐竜のプロフィール（獣脚亜目：竜脚亜目、有甲恐竜亜目、鳥脚亜目、裂頭亜目）、恐竜AtoZ
[内容]恐竜の生態・種類などを解説する事典。

恐竜キャラクター大百科　平山廉監修，レッカ社編著　カンゼン　2006.3　191p　19cm　895円　①4-901782-75-4
[目次]第1章 恐竜ワールドへGO!!、第2章 肉食恐竜、第3章 かみなり竜、第4章 けん竜・よろい竜、第5章 とり竜、第6章 いし頭竜・角竜、第7章 同じ時代に生きていた恐竜以外の動物たち
[内容]人気の恐竜から珍しい恐竜まで80種類の恐竜を大図解。恐竜時代に生きていたその他のは虫類たちや地球のようすがわかる。

恐竜時代の図鑑 1　三畳紀　理論社　1992.11　77p　21cm　1200円　①4-652-00607-1
[内容]コンピュータ作画のイラストによる恐竜図鑑。年代順の3分冊。それぞれの恐竜の特徴がひと目でわかる詳細な図と、恐竜の大きさ、重さ、食べものなどの最新のデータと、やさしい解説で構成する。わかりやすくて読みやすい、楽しくスマートな恐竜図鑑。おちびさんから、お年寄りまで、家族みんなで楽しめる。

恐竜時代の図鑑 2　ジュラ紀　あんぐりら制作　理論社　1993.2　98p　21cm　1300円　①4-652-00608-X
[内容]コンピュータ作画のイラストによる恐竜図鑑。年代順の3分冊。それぞれの恐竜の特徴がひと目でわかる詳細な図と、恐竜の大きさ、重さ、食べものなどの最新のデータと、やさしい解説で構成する。

恐竜時代の図鑑 3　白亜紀　あんぐりら制作　理論社　1993.4　127p　21cm　1400円　①4-652-00609-8
[目次]白亜紀―恐竜時代へ、（トリケラトプス、コリトサウルス、アルバートサウルス、カスモサウルス、エドモントサウルス、マイアサウラほか）、新生代―獣時代へ
[内容]コンピュータ作画のイラストによる恐竜図鑑。年代順の3分冊。それぞれの恐竜の特徴がひと目でわかる詳細な図と、恐竜の大きさ、重さ、食べものなどの最新のデータと、やさしい解説で構成する。

恐竜事典　デビッド・ノーマン，アンジェラ・ミルナー著，伊藤恵夫日本語版監修　あすな

ろ書房 2008.10 61p 29×22cm （「知」のビジュアル百科 50）〈『ビジュアル博物館 恐竜』新装・改訂・改題書 原書名： Eyewitness・Dinosaur〉 2500円 ⓘ978-4-7515-2460-2

(目次)恐竜とはどんな動物だったのだろう、初期の発見、恐竜の風景、小さい恐竜と大きい恐竜、頸の長い恐竜、防御のための尾、恐竜の食物、肉食性の恐竜、植物食の恐竜、変わった頭〔ほか〕

(内容)恐竜の不思議な生態をわかりやすく紹介し、生物進化の謎に迫る図鑑。

恐竜図鑑 サンリオ 1993.8 47p 30cm 1300円 ⓘ4-387-93108-6

(目次)1 生命の誕生、2 海から陸へ、3 両生類の誕生、4 爬虫類への進化、5 恐竜の分類・分布、6 中生代の海、7 中生代の空、8 日本の恐竜、9 絶滅した恐竜、10 化石で甦える恐竜

恐竜3D図鑑 泊明原画、インフォマックスCG制作 雷鳥社 2002.8 93p 24×17cm 2000円 ⓘ4-8441-3409-4 Ⓝ457.91

(目次)アナトティタン、アパトサウルス、アルバートサウルス、アルサウルス、アロサウルス、アンキケラトプス、アンキロサウルス、イグアノドン、イクチオサウルス、エドモントサウルス〔ほか〕

(内容)子ども向けの恐竜図鑑。50種の恐竜を紹介している。各恐竜のイラストと解説文が掲載されており、付属のレンズでイラストをのぞくと恐竜が飛び出して見えるようになっている。巻末に索引が付く。

恐竜大図鑑 よみがえる太古の世界 ポール・バレット著、ラウル・マーチンイラスト、ケビン・パディアン監修、椿正晴訳 日経ナショナルジオグラフィック社、日経BP出版センター〔発売〕 2002.7 191p 29×23cm 〈原書名：National Geographic dinosaurs〉 2800円 ⓘ4-931450-21-0 Ⓝ457.91

(目次)第1部 恐竜の世界を知るために（恐竜はどんな動物か、恐竜が生きた時代、世界各地にある恐竜化石の宝庫、恐竜の発見、恐竜の復元、恐竜の暮らし、恐竜の大きさ比べ、恐竜の移動方法）、第2部 恐竜たちのプロフィール（"鳥の腰"をもつ恐竜たち、"トカゲの腰"をもつ恐竜たち、絶滅、恐竜映画）

(内容)300点以上のイラストと写真で恐竜を紹介する図鑑。最近発見された新種の恐竜や有名な恐竜50種以上の細かなプロフィールを掲載。これらの恐竜の起源、進化、生態、行動を詳しく解説している。恐竜のプロフィールの他に、恐竜はどんな動物か、恐竜の復元、恐竜のくらし、恐竜の大きさ比べなどが掲載されており、恐竜に関する理解を深めることができる。巻末に索引が付く。

恐竜超百科 古代王者恐竜キング 恐竜大図鑑 セガ監修 小学館 2007.3 61p 15×15cm 800円 ⓘ978-4-09-750833-5

(目次)ティラノサウルス、スピノサウルス、スティラコサウルス、サイカニア、パラサウロロフス、カルノタウルス、カルカロドントサウルス、アマルガサウルス、パキリサウルス、ステゴサウルス〔ほか〕

(内容)地球史上最強の生物・恐竜をモチーフにした大人気カードゲーム「古代王者恐竜キング」。本書では、ゲームに登場する恐竜46体を、最新の研究・学説をベースに徹底解説。発掘化石をもとに再現された「恐竜キング」の超リアルCGとともに、キミを6500万年前に誘う。さあ、ゲームにどっぷりハマりつつ恐竜のすべてを知ってしまおう。

きょうりゅうと おおむかしのいきもの フレーベル館 1992.5 116p 30×23cm （ふしぎがわかるしぜん図鑑） 2000円 ⓘ4-577-00039-3

(目次)きょうりゅう（きょうりゅう大しゅうごう!、きょうりゅうのせかい、かせきがおしえてくれること、ティラノサウルスのなかま、ストルティオミムスのなかま、イグアノドンのなかま ほか）、おおむかしのいきもの（せぼねのない生きもののじだい、りょう生るいのじだい、りょう生るいのなかま、は虫るいのなかま、マンモス、サルのしんか ほか）

きょうりゅうとおおむかしのいきもの 無藤隆総監修、浜田隆士監修 フレーベル館 2004.11 128p 29×23cm （フレーベル館の図鑑NATURA 4） 1900円 ⓘ4-577-02840-9

(目次)きょうりゅう（じゅうきゃくるい、りゅうきゃくるい、けんりゅう、よろいりゅう、ちょうきゃくるい、石頭りゅう、角りゅう、よくりゅう、海にすんでいたはちゅうるい）、大むかしの生きもの、もっと知りたい!恐竜と大昔の生きもの

(内容)親子のコミュニケーションを育む、巻頭特集。4画面分の大パノラマページ。美しい撮りおろし標本写真の図鑑ページ。自然体験・観察活動に役立つ特集やコラム。幼稚園・保育園の体験活動、小学校の生活科、総合学習に最適。スーパーリアルイラストレーションによる図解。最新情報・最新データ満載。

恐竜の図鑑 浜田隆士著 小学館 1990.7 158p 26cm （小学館の学習百科図鑑 50） 1340円 ⓘ4-09-217050-5

(目次)恐竜以前、恐竜とは、竜盤目獣脚亜目、竜盤目古竜脚亜目、竜盤目竜脚亜目、鳥盤目鳥

脚亜目、鳥盤目角竜亜目、鳥盤目石頭恐竜類、鳥盤目剣竜亜目、鳥盤目曲竜亜目、日本の恐竜、恐竜に近いなかま
内容 ドキドキ恐竜王国。恐竜と恐竜に近いなかま168種をカラーで紹介。日本産恐竜全20種ものっている恐竜図鑑。

恐竜の探検館 安生健監修 世界文化社 2002.7 199p 27×22cm 〈親と子の行動図鑑〉《「おおむかし大図鑑・恐竜と絶滅した生き物」改訂・改題書》 1800円 ⓐ4-418-02811-0 ⓝK457.87
目次 恐竜を探検する(恐竜を知ることは、地球を知ること、恐竜時代って、どれくらい古いの?、恐竜時代の日本をのぞいてみよう！ ほか)、恐竜(恐竜時代へようこそ!、恐竜の種類を知ろう、恐竜の家系図 ほか)、地球と化石(地球は46億さい、地球はとてもふしぎな星、もしも地球が、ほかの星だったら?! ほか)
内容 子ども向けの恐竜図鑑。最新の恐竜の情報を1冊に収録。恐竜の生活の様子がわかる46億年の地球の歴史も掲載している。また化石に関する情報も収録。イラスト、写真を多く掲載し、楽しく学ぶことができる。関連する情報のホームページをそれぞれのページに掲載している。巻末に索引が付く。

恐竜博物図鑑 ヘーゼル・リチャードソン著、出田興生訳 新樹社 2005.2 224p 21cm 〈ネイチャー・ハンドブック〉《原書名：DK Handbook of Dinosaurs and Prehistoric Life》 2800円 ⓐ4-7875-8534-7
目次 生きものの分類、恐竜とは何か、恐竜の進化、哺乳類と鳥類の進化、地質時代、化石、先カンブリア時代、カンブリア紀、オルドビス紀、シルル紀、デボン紀、石炭紀、ペルム紀、中生代(三畳紀、ジュラ紀、白亜紀)、新生代(古第三期、新第三期、第四期)
内容 太古の生物たちを、豊富な情報と700点以上のフルカラー画像、体系的なアプローチで紹介。

恐竜ファイル 先史時代の地球を闊歩した恐竜たちの驚くべき生態120種 リチャード・ムーディ著、東洋一、柴田正輝監修、東眞理子訳 ネコ・パブリッシング 2007.3 144p 20×19cm 〈原書名：DINOFILE〉 1714円 ⓐ978-4-7770-5187-8
目次 古竜脚類、初期の竜脚類、竜脚類、獣脚類、ケラポッド類、装盾類、アンキロサウルス類、ステゴサウルス類、鳥脚類、イグアノドン類、ハドロサウルス類、とさかをもつハドロサウルス類、鳥類、ランフォリンクス類、プテロダティクス類、海生爬虫類、カメ類、ワニ類、モササウルス類
内容 恐竜生物120種の不思議に迫る詳細な解説。恐竜の生息地、生息年代、食物がひと目で分かる。驚くほど美しく正確なコンピューターグラフィックで再現。人間との大きさの比較を影絵で図示。

恐竜野外博物館 ヘンリー・ジー、ルイス・V.レイ著、小畠郁生監訳、池田比佐子訳 朝倉書店 2006.1 144p 27×23cm 〈原書名：A FIELD GUIDE TO DINOSAURS〉 3800円 ⓐ4-254-16252-9
目次 三畳紀(コエロフィシス、エオラプトル ほか)、ジュラ紀(クリオロフォサウルス、マッソスポンディルス ほか)、白亜紀前期からその中ほど(アクロカントサウルス、デイノニクス ほか)、白亜紀後期(エドモントニア、パキケファロサウルス ほか)
内容 もし生きている恐竜を、ライオンやペンギンのように観察できたら…代表的な恐竜57種をとりあげたフィールドガイドブック。

原色版 恐竜百科 フィリップ・ウイットフィールド著、加納真士訳 大日本絵画 1993.9 95p 30×24cm 〈原書名：DINOSAUR ENCYCLOPAEDIA FOR CHILDREN〉 2800円 ⓐ4-499-20001-6
目次 聞こえるだろう―本物の恐竜が息づいている!!、恐竜たちの時代、恐竜たちとその仲間、三畳紀、ジュラ紀前期、ジュラ紀後期、白亜紀前期、白亜紀後期
内容 125種類以上の恐竜を中心に、有史以前の動物たちを掲載する恐竜百科辞典。

原寸大 恐竜館 加藤愛一絵、冨田幸光監修 小学館 2008.7 48p 37×27cm 〈小学館の図鑑NEO 本物の大きさ絵本〉《付属資料：ポスター1》 1500円 ⓐ978-4-09-217251-7
内容 君は恐竜がどんな生きものだか知っている？「こわい、大きい、強い？」もちろん、それだけじゃない。この本には、本物と同じ大きさ(＝原寸大)の恐竜たちが登場する。生きていたときのすがたで出てくるものもいれば、化石のすがたでお目見えするものもいる。君がすでに知っているはずの恐竜でも、新しい発見があるにちがいない。ようこそ、原寸大・恐竜の世界へ。

こどものずかんMio 6 きょうりゅう (大阪)ひかりのくに 2005.6 64p 27×22cm 762円 ⓐ4-564-20086-0
目次 にくしょくきょうりゅうのなかま(おおがた)、にくしょくきょうりゅうのなかま(こがた)、かみなりゅうのなかま、けんりゅうのなかま、よろいりゅうのなかま、つのりゅうのなかま、いしあたまりゅうのなかま、とりあしりゅうのなかま、かものはしりゅうのなかま、もっとむかしのきょうりゅう〔ほか〕

最新恐竜大事典　市川章三イラスト，富田京一解説　小学館　1995.7　191p　21cm　1800円　Ⓘ4-09-290121-6

Ⓝ内容 恐竜のイラスト図鑑。排列は恐竜名の五十音順で，それぞれの名前，意味，記載者・記載年，分類，時代，分布，食性，全長，解説を記す。巻末に学名のアルファベット順索引がある。児童向けの雑誌『恐竜ランド』(季刊6冊)に連載された「最新恐竜イラスト大事典」をもとに加除訂正したもの。児童向け。

実物大 恐竜図鑑　デヴィッド・ベルゲン著，真鍋真日本語版監修，藤田千枝訳　小峰書店　2006.5　48p　36×27cm　〈付属資料：ポスター1　原書名：LIFE-SIZE DINOSAURS〉　1800円　Ⓘ4-338-01029-0

Ⓝ目次 恐竜とは?，そもそものはじまりは…，恐竜の惑星，植物食恐竜，肉食恐竜，その他の生き物たち，あらそいにそなえて，恐竜のおしゃべり，とさかとつの，失われた世界の風景，生き残りをかけて，最後の恐竜たち，大量絶滅

Ⓝ内容 幅1mを超える見開きいっぱいのティラノサウルスの口から，手のひらにのるぐらいの哺乳類の祖先・プルガトリウスまで，恐竜と，同時代のほかの生物計24種・27点の実物大イラストを収録。実物大ポスター付き。

スーパーリアル恐竜大図鑑　精密なCG・イラストで代表的な32種を徹底解説　富田京一監修　成美堂出版　2007.8　127p　26×22cm　1200円　Ⓘ978-4-415-10446-1

Ⓝ目次 第1章 驚異の恐竜たち(ティラノサウルス(獣脚類)—史上最強の肉食恐竜，スーパーサウルス(竜脚類)—史上最長の植物食恐竜 ほか)，第2章 恐竜の体と機能(獣脚類，竜脚類 ほか)，第3章 恐竜誕生までの道筋(アノマロカリス，三葉虫 ほか)，第4章 恐竜とともに生きた動物たち(イクチオサウルス，エラスモサウルス ほか)

Ⓝ内容 代表的な恐竜32種の骨格，筋肉，内臓など体の内部をCG，イラストで詳細に解説。

ダイノキングバトル 恐竜大図鑑　富田京一監修　角川クロスメディア，角川書店〔発売〕　2006.7　50p　26×22cm　933円　Ⓘ4-04-707228-1

Ⓝ内容 「ダイノキングバトル カードゲーム」の恐竜画像による図鑑。29種の恐竜のイラストとデータを収録。恐竜の名前から引く索引付き。国立科学博物館などを紹介する「恐竜に会える博物館」を収載。DVD付き。

ディクソンの大恐竜図鑑　D.ディクソン著　創美社，集英社〔発売〕　1993.7　157p　29×22cm　2800円　Ⓘ4-420-21001-X

Ⓝ目次 1 恐竜の誕生と進化のなぞ，2 巨大恐竜の世界，3 小型恐竜の世界，4 恐竜のからだと生活，5 なぞをとく恐竜の化石，博物館コーナー

Ⓝ内容 恐竜の誕生から死亡まで，からだのしくみなどを描いた図鑑。恐竜の誕生から絶滅までを地球の歴史と結びつけて恐竜の進化のなぞを語る。また，恐竜のからだのしくみや生態，種類，科学者による恐竜の化石の発見などを解説する。

ナショナルジオグラフィック恐竜図鑑　マイケル・K.ブレット=サーマン著，富田京一日本語版訳・監修　日経ナショナルジオグラフィック社，日経BP出版センター〔発売〕　2009.7　192p　31cm　〈索引あり　原書名：Encyclopedia of dinosaurs.〉　2800円　Ⓘ978-4-86313-068-5　Ⓝ457.87

Ⓝ目次 恐竜の時代(地球の歩み，恐竜が現れるまで ほか)，恐竜の生物学(恐竜とは何か?，いろいろな仲間 ほか)，恐竜の発掘(化石になるまで，化石を読む ほか)，最新・恐竜A to Z(アベリサウルス，アグスティニア ほか)

Ⓝ内容 新しく見つかったばかりの恐竜までを収録した最新恐竜図鑑。「最新・恐竜AtoZ」の章に登場する恐竜は全140種類。そのうち，40種類が2000年以降に学名がつけられた新顔の恐竜である。前半には恐竜を知るための最新情報を紹介する。

なんでもわかる恐竜百科　人気の50頭大集合!!　福田芳生監修　成美堂出版　2002.6　143p　19cm　800円　Ⓘ4-415-01993-5　ⓃK457.87

Ⓝ目次 あの5大人気恐竜の秘密に迫る!，恐竜なんでもランキング，肉食恐竜，カミナリ竜，えりまき恐竜・トゲトゲ恐竜，カモノハシ竜，ヨロイ恐竜

Ⓝ内容 子ども向けの恐竜図鑑。人気のある50頭を収録。恐竜の種類により分類し，それぞれ生息した年代順に排列。各恐竜を，大きなイラストと分かりやすい文章で解説している。この他に，名前の意味，大きさ，年代，食べ物などのデータも記載。また，強さ，大きさ，古さ，頭のよさ，足の速さなど，いろいろな一番がわかる恐竜何でもランキングも収録する。巻末に索引が付く。

日本の恐竜　東アジアの恐竜時代　学習研究社　1992.9　140p　19cm　(わくわくウオッチング図鑑 10)　880円　Ⓘ4-05-106174-4

Ⓝ目次 日本の恐竜時代，日本の恐竜，恐竜時代の日本の海，中国の恐竜

Ⓝ内容 恐竜と植物の化石が同時に出るのは，日本だけ。だから，日本では恐竜の生活がよくわかる。世界中から注目される日本の恐竜の決定版。

動物全般　　　　　　動物

はじめての恐竜大図鑑　アンジェラ・ウィルクス著，大坪奈保美訳　偕成社　1995.3　32p　37cm　〈原書名：THE BIG BOOK OF DINOSAURS〉　1800円　Ⓘ4-03-531100-6

(目次)恐竜って，どんな動物？，恐竜の顔，足の速い肉食恐竜，鳥ににた恐竜，いろいろな歯をもつ恐竜，大きな肉食恐竜，大きな草食恐竜，よろいをつけた恐竜，2本足で歩く草食恐竜，カモのようなくちばしをもつ恐竜，固い頭や角をもつ恐竜，恐竜のたまごと子育て，恐竜の大きさくらべ

(内容)児童対象の恐竜図鑑。53種を掲載，特徴別に排列する。体型の特徴・生態・食生活などの基本的な知識を解説。巻末に索引を付す。

はじめてのポケット図鑑 恐竜　本多成正著，長谷川善和監修　日経ナショナルジオグラフィック社，日経BP出版センター〔発売〕　2006.7　79p　15cm　（ナショナルジオグラフィック）　800円　Ⓘ4-931450-64-4

(目次)竜盤目獣脚亜目（エオラプトル，コエロフィシス ほか），竜盤目竜脚形亜目（プラテオサウルス，シュノサウルス ほか），鳥盤目装盾亜目（スケロサウルス，ファヤンゴサウルス，ステゴサウルス，ポラカントゥス，サイカニア），鳥盤目鳥脚亜目（ヘテロドントサウルス，ラエリナサウラ，イグアノドン，マイアサウラ，オロロティタン），鳥盤目周飾頭亜目（パキケファロサウルス，プシッタコサウルス，プロトケラトプス，トリケラトプス）

ヒサクニヒコの恐竜図鑑　ヒサクニヒコ著　ポプラ社　2004.3　231p　21cm　1500円　Ⓘ4-591-07795-0

(目次)1 獣脚類，2 古竜脚類，3 竜脚類，4 セグノサウルス類（テリジノサウルス類），5 鳥脚類，6 剣竜類，7 ヨロイ竜類，8 堅頭竜類（パキケファロサウルス類），9 角竜類，10 ハドロサウルス類（カモノハシ竜類）

(内容)1億7000万年も続いた恐竜時代に活躍した恐竜たちのほとんどを掲載。最近発見された羽のある恐竜も登場。

ビジュアル博物館　12　恐竜　デビッド・ノーマン，アンジェラ・ミルナー著，リリーフ・システムズ訳　（京都）同朋舎出版　1990.10　61p　24×19cm　3500円　Ⓘ4-8104-0900-7　Ⓝ403.8

(目次)恐竜とはどんな動物だったのだろう，初期の発見，恐竜の風景，小さい恐竜と大きい恐竜，首の長い恐竜，防御のための尾，恐竜の歯，肉食性の恐竜：草食性の恐竜，変わった頭，3本の角をもつ顔，硬い皮膚，骨板をつけた恐竜，足の速い恐竜，2本足か？4本足か？，太古の足跡，鉤爪の使い方，卵と巣，誕生と成長，恐竜

の死，恐竜か？鳥か？，恐竜を探す，恐竜の復元，時間の尺度，恐竜時代の終わり，神話と伝説

(内容)恐竜の骨，頭蓋骨，歯などを実写した写真によって，この先史時代の動物たちがどのくらい大きかったか，どのように生活していたのか，どのような行動をしていたのかを紹介する博物図鑑。

ポケット版 学研の図鑑 10　恐竜・大昔の生き物　真鍋真著　学習研究社　2004.3　204, 16p　19cm　960円　Ⓘ4-05-201939-3

(目次)地球の歴史と生物，脊椎動物の進化，魚類の進化，両生両の進化，爬虫類の進化，恐竜の進化，鳥類の進化，哺乳類の進化，化石資料集

ポケット版 恐竜図鑑　小畠郁生監修，工藤晃司解説・絵　成美堂出版　2002.6　383p　15cm　1000円　Ⓘ4-415-02072-0　Ⓝ457.87

(目次)三畳紀の恐竜（エオラプトル，ヘレラサウルス ほか），ジュラ紀の恐竜（シンタルスス，ディロフォサウルス ほか），白亜紀前期の恐竜（シノサウロプテリクス，デイノニクス ほか），白亜紀後期の恐竜（ドロマエオサウルス，ヴェロキラプトル ほか）

(内容)ポケット版の恐竜図鑑。世界各地では発掘，発見された恐竜165余種を収録。生息時代順に排列されている。各種の学名，分類，全長，食物，発掘地をはじめ，人間と比較したスケール図，生存期間がわかる地質年代図，最新の発見にもとづく精緻で信頼性のある復元画，詳細な解説が記載されている。巻末に用語解説や恐竜名索引が付く。

まんが恐竜図鑑事典　新訂版　学習研究社　1994.11　200p　21cm　（学研まんが事典シリーズ 18）　980円　Ⓘ4-05-200419-1

(目次)恐竜とはどんな動物か？，恐竜大行進，迫力満点の恐竜模型を見に行こう！，恐竜の新類たち

(内容)45の恐竜を収めた図鑑。それぞれ，名前・住んでいたところ・全長・体重・食べていたもの・生きていた時代を示した表，カラーによる資料画，まんがによる生活・特徴の説明を収める。

立体・恐竜図鑑　大日本絵画　1990.8　64p　27cm　〈監修：小畠郁生　企画・編集：アートボックス〉　2136円　Ⓘ4-499-20552-2　ⓃK457

(内容)恐竜の歴史とともにエウパルケリア，プラテオサウルス，始祖鳥等の38種を収録。化石研究による原色図像図，化石図，分布，人間との大きさの比較，データのマーク表示，等を示して解説。博物館一覧を付す。

238　動植物・ペット・園芸 レファレンスブック

動 物　　　　　　　　　　　　　　　　　　　　　　　　　動物全般

◆◆絶滅哺乳類

<図 鑑>

絶滅哺乳類図鑑　冨田幸光文，伊藤丙雄，岡本泰子イラスト　丸善　2002.3　222p　30cm　12000円　①4-621-04943-7　Ⓝ457.89

(目次)哺乳類とは，哺乳類の祖先，中生代の哺乳類と単孔類，新生代の哺乳類，有袋類，食虫性の真獣類，霊長類，初期の大型草食哺乳類，肉食性の真獣類，ネズミ類とウサギ類，海の哺乳類，空中への適応，奇蹄類，偶蹄類，ゾウのなかまとその近縁有蹄類，南アメリカ特有の哺乳類

(内容)現在すでに絶滅し，見ることのできない哺乳類を紹介する図鑑。時代や種別ごとにグループ分けして掲載。各種の学名，分類，時代，分布，大きさ奈どのデータとともに，種の進化の歴史を精密な復元画と解説により紹介している。解説は文章だけでなく，実際の化石の写真や骨格の復元図，各グループの系統図なども用いている。巻末に動物名索引が付く。

◆◆マンモス

<図 鑑>

マンモス探検図鑑　松岡達英絵，村田真一文　岩崎書店　1996.8　40p　30cm　(絵本図鑑シリーズ17)　1300円　①4-265-02917-5

(内容)哺乳類の歴史を絵で説明する，児童向けの絵本図鑑。見開き2ページで一時代の形をとり，その時代の主な哺乳類の体長・分布・特徴を簡潔に記す。巻末に動物名の五十音順索引がある。

◆幻想動物

<事 典>

怪物の事典　ジェフ・ロヴィン著，鶴田文訳　青土社　1999.1　478，8p　21cm　4700円　①4-7917-5688-6

(内容)メドゥーサ，ミノタウルス，ミイラ男，狼男，雪男など，世界の怪物・怪物を収録した辞典。収録範囲は，広告，コミック本，コンピューターゲーム，伝説，文学，映画，神話，詩，宗教，舞台，オモチャ，カード，テレビなど。収録内容は，そのモンスターが最初に出現したメディアを記載した「デビュー」，そのモンスターの簡単な生物学的分類をした「種」，性別，サイズ，特徴とパワー，モンスターの誕生から死までの歴史を書いた「履歴」など。

幻想動物事典　草野巧著，シブヤユウジ画　新紀元社　1997.5　374p　30cm　2500円　①4-88317-283-X

(目次)世界，ロシア，東アジア

(内容)世界中の幻想動物を紹介した事典。古代の神話や宗教書に登場するものから，比較的最近の小説や物語に登場するものまで，1002項目を収録。排列は，見出し語の五十音順。

図説・世界未確認生物事典　笹間良彦著　柏書房　1996.10　177p　21cm　2884円　①4-7601-1365-7

(目次)水棲類，湿生・両棲類，竜蛇類，鳥類，獣類，妖怪・妖精・妖霊，異形人類

(内容)古代ギリシャ，中国から20世紀のアメリカまで，正体がつかめない謎の生物278を300もの図版を駆使して紹介。

図説 日本未確認生物事典　笹間良彦著　柏美術出版　1994.1　180p　21cm　2800円　①4-906443-41-9

(目次)擬人的妖怪編，魚と亀の変化，竜蛇類の変化，獣類の変化，鳥類の変化，湿性類の変化

(内容)日本の民衆の精神史に登場する実在しない未確認の生物<幻人・幻獣・幻霊>をとりあげ，歴史文献と歴史図で解説・解明する事典。

◆家 畜

<事 典>

世界家畜品種事典　畜産技術協会企画・編，正田陽一監修　東洋書林　2006.1　420p　26cm　18000円　①4-88721-697-1

(目次)ウシ，ウシの近縁種，スイギュウ，ウマ，ロバ，ヒツジ，ヤギ，ブタ，ニワトリ，ウズラ，ホロホロチョウ，シチメンチョウ，アヒル，バリケン，ガチョウ

(内容)世界の主要な家畜約1000種をカラー写真とともに紹介。原産地や遺伝的特性，性能，主な生息地域などを詳説。

<図 鑑>

日本の家畜・家禽　秋篠宮文仁，小宮輝之監修・著　学習研究社　2009.3　270p　19cm　(フィールドベスト図鑑 特別版)　〈文献あり 索引あり〉　3000円　①978-4-05-403506-5　Ⓝ645.038

(目次)第1章 ウマ，第2章 ウシ，第3章 ブタ，第4章 ヤギ・ヒツジ・ウサギ，第5章 ニワトリ，第6章 その他の家禽，第7章 日本で作られた愛玩動物など

(内容)美しい写真と詳しい解説で評判のフィールドベスト図鑑の特別版。日本の家畜・家禽の品種，歴史，現状など，役に立ち興味深い記事

動植物・ペット・園芸 レファレンスブック　239

を掲載。

<統計集>

家畜衛生統計　平成9年　農林水産省畜産局衛生課編　農林弘済会，農林統計協会〔発売〕　1998.12　125p　30cm　〈本文：日英両文〉　2400円　①ISSN0448-4878

(目次)第1部(家畜伝染病発生(患畜)，伝染性疾病発生，防疫，動物検疫)，第2部(薬事，家畜衛生施設及び職員等，獣医事，予算及び決算)，参考統計(家畜の伝染病発生累年比較，家畜頭羽数，家畜共済，種畜検査，狂犬病予防(犬)，と畜，死亡獣畜処理，食鳥検査)

(内容)平成9年度(一部会計年度)中に農林水産省畜産局衛生課において集計した統計表を中心として，その他の関係統計表を加えて作成した統計集。第1部に，家畜伝染病予防法関係の統計表，第2部に，その他の家畜衛生及び薬事関係の統計表，参考統計に，畜産局衛生課の所管事項以外の関係統計表と所管事項の累年比較表とを収録。

家畜衛生統計　平成12年　農林水産省生産局畜産部衛生課編　農林弘済会，農林統計協会〔発売〕　2002.10　133p　30cm　2400円　①4-541-03000-4　Ⓝ649.8

(目次)1 家畜伝染病発生(患畜)，2 伝染性疾病発生，3 防疫，4 動物検疫，5 薬事，6 家畜衛生施設及び職員等，7 獣医事，8 予算及び決算，参考統計(家畜の伝染病発生累年比較，家畜頭羽数，家畜共済 ほか)

(内容)家畜衛生に関する統計書。平成11年(一部会計年度)に農林水産省畜産局衛生課が集計した統計表を中心に収録。家畜伝染病予防法関係の統計とその他の統計に分けて掲載，参考統計として畜産局衛生課の所管事項以外の関係統計表と所管事項の累年比較表を収録。

◆ペット

<事典>

解剖・観察・飼育大事典　内山裕之，佐名川洋之編著　星の環会　2007.9　351p　26cm　3500円　①978-4-89294-437-6

(目次)動物編(アカフジツボの解剖と観察，アサリの解剖，アサリの水浄化作用観察，アシナガバチの巣を観察しよう ほか)，植物編(アルコール発酵の実験，オオカナダモの光合成観察，気孔の観察，茎の維管束の観察 ほか)

ペットの自然療法事典　イヌやネコを愛する人のための　山根義久監修，バーバラ・フジェール著，越智由香訳　産調出版　2008.1　642p　22cm　〈文献あり　原書名：The pet lover's guide to natural healing for cats and dogs.〉　4300円　①978-4-88282-630-9　Ⓝ645.66

(目次)ペットのための自然療法，疾患を予防し健康を増進するための具体的な方法，ホリスティック栄養，栄養補助食品，ハーブ，理学療法，ホメオパシー，バッチフラワーレメディとアロマセラピー，自然療法の進め方，解毒(デトックス)プログラム〔ほか〕

(内容)食餌療法，栄養補助食品，サプリメント。ホメオパシー，アロマセラピー，フラワー療法，ハーブ療法。鍼，カイロプラクティック，マッサージ，手技療法。皮膚や消化器の問題といった個別の病状。ワクチン接種や体重コントロールなどの健康維持および予防医学。高齢の犬猫のケア等々。ペットの症状について，あなたが主治医とより円滑に話ができるように，獣医学に関する良質な情報をわかりやすく提供。

ペット用語事典　犬・猫編　改訂版　ワンダーブック，どうぶつ出版〔発売〕　2005.8　479p　19cm　1680円　①4-86218-000-0

(目次)犬編，猫編，ペット編

(内容)全犬種・全猫種の紹介を始め，飼育のしかたや最新医療，文学・芸術に登場するヒーロー＆ヒロイン，さらにキティちゃんなどのキャラクターものまで，あらゆる分野から用語をピックアップ。犬1556語，猫1056語，ペット27語収録。読み物としても楽しめる犬・猫にまつわる用語事典。プロやマスコミに携わる人々にも必携。

ペット用語事典　犬・猫編　1999-2000年版　どうぶつ出版編　どうぶつ出版　1998.10　475p　19cm　1800円　①4-924603-48-1

(目次)犬編，猫編

(内容)全犬種・全猫種の紹介を始め，飼育の仕方や医療，文学・芸術に登場するヒーロー＆ヒロイン，キャラクターまで，犬1500語，猫1042語を収録した，犬・猫にまつわる用語事典。

<名簿>

全国 ペットと泊まれる宿　第4改訂版　ブルーガイド編集部編　実業之日本社　2001.11　167p　21cm　(ブルーガイドニッポンアルファ)　1280円　①4-408-05218-3　Ⓝ689.8

(目次)北海道，東北，関東，甲信越，東海・北陸，近畿，中国・四国，九州

(内容)犬や猫などのペットと一緒に宿泊可能な施設345軒を紹介したガイドブック。記載データは2001年10月現在のもの。ホテル，旅館，ペンションのほか，観光地にあるペットホテルを県別に排列し，連絡先や交通機関などの利用案内

にっぽん全国 ペットと泊まれる温泉 宿泊・交通・見どころ・味　相良秋男著　金園社　1996.7　254p　19cm　1200円　ⓘ4-321-23732-7

(目次)1 北海道のペットと泊まれる温泉宿，2 東北のペットと泊まれる温泉宿，3 関東のペットと泊まれる温泉宿，4 中部・北陸のペットと泊まれる温泉宿，5 南紀・近畿・中国のペットと泊まれる温泉宿，6 九州のペットと泊まれる温泉宿

(内容)ペット同伴で宿泊できる全国の温泉宿100軒を紹介したもの。都道府県別に，各施設の所在地，電話番号，交通，規模，併設施設，温泉の泉質，ペットの扱い・条件等のデータと紹介記事を掲載する。

<ハンドブック>

獣医からもらった薬がわかる本 ノミ駆除薬から抗がん剤までの薬の効能・副作用・安全性がわかる　浅野隆司監修　世界文化社　2007.6　343p　21cm　1800円　ⓘ978-4-418-07412-9

(目次)識別コード索引，成分別薬の解説（中枢神経系用薬，解熱・鎮痛・抗炎症薬／抗アレルギー薬，循環器系用薬，腎臓・泌尿器系用薬，呼吸器系用薬，消化器系用薬，ホルモン製剤／内分泌・生殖器系用薬，ビタミン製剤／栄養製剤，抗菌薬／抗ウイルス薬，抗真菌薬，抗寄生虫薬，抗悪性腫瘍薬／免疫抑制薬，眼科用薬，皮膚科用薬，その他），製品名・成分名索引

(内容)ペットの健康を薬の副作用から守る。薬を「より安全に」「より効果的に」飲ませるために指針。

スモールペットパラダイス ペット用品ガイド 小動物編 2005年版　産經新聞メディックス　2005.4　103p　30×21cm　800円　ⓘ4-87909-734-9

(目次)特集 専門家が教えます!意外と多い小動物飼育の勘違い，小動物―フード，小動物―グッズ，小鳥―フード＆グッズ，昆虫―フード＆グッズ，お役立ち最新データ

スモールペットパラダイス ペット用品ガイドスモールペット編 2006年版　産經新聞メディックス　2006.4　83p　30cm　800円　ⓘ4-87909-753-5

(目次)特集 ペット業界の動きがよくわかる!スモパラNavi（ジャンルNavi―ジャンルごとに見る小動物業界の動き，アイテムNavi―本誌が選ぶおすすめアイテム），フード・グッズカタログ（小動物フード，小動物グッズ，小鳥フード＆グッズ，昆虫フード＆グッズ），お役立ち最新データ／索引

(内容)小動物・小鳥・昆虫のフード＆グッズが500アイテム。日本獣医師会，各種関連団体，日本小鳥・小動物協会，お役立ちデータ満載。

動物愛護管理業務必携　動物愛護管理法令研究会編著　大成出版社　2006.4　8, 416p　21cm　4000円　ⓘ4-8028-0520-9

(目次)第1 動物の愛護及び管理に関する法律等，第2 動物愛護週間，第3 中央環境審議会動物愛護部会，第4 判例等，第5 統計，第6 参考資料

(内容)「動物愛護管理制度」に関する業務必携として，関係法令，法律の逐条解説，通達，判例，統計資料等を取りまとめた便覧。

ペットビジネスハンドブック　2004年版　産經新聞メディックス　2004.3　251p　21cm　3000円　ⓘ4-87909-718-7

(目次)第1章 ペット市場動向（ペットの市場環境と予測，メーカー編，流通編 ほか），第2章 ペットのケア意識と実態（ペットケアの実態，フードの利用実態，用品の購入実態 ほか），第3章 データ資料（ペットフードの規定・定義，家庭動物等の飼養及び保管に関する基準，地方自治体動物保護管理行政担当組織一覧 ほか）

ペットビジネスハンドブック　2005年版　産經新聞メディックス　2005.2　259p　21cm　4000円　ⓘ4-87909-731-4

(目次)第1章 ペット市場動向（ペットの市場環境と予測，メーカー編，流通編，メーカー名鑑，卸名鑑），第2章 ペットのケア意識と実態（ペットケアの実態，フードの利用実態，用品の購入実態，サービスの利用実態，ペットの家計簿，サービスに対する要望，メーカー問い合わせ先一覧），第3章 データ資料（ペットフードの規定・定義，家庭動物等の飼養及び保管に関する基準，地方自治体動物保護管理行政担当組織一覧 ほか）

ペットビジネスハンドブック　2006年版　産經新聞メディックス　2006.3　242p　21cm　5000円　ⓘ4-87909-749-7

(目次)第1章 ペット市場動向（ペットの市場環境と予測，メーカー編，流通編 ほか），第2章 ペットのケア意識と実態（調査の概要，ペットケアの実態，フードの利用実態 ほか），第3章 データ資料（ペットフードの規定・定義，家庭動物等の飼養及び保管に関する基準，地方自治体動物保護管理行政担当組織一覧 ほか）

(内容)産經新聞メディックスでは，ペット用品カタログ，ペット新聞など多様な媒体を通じて情報発信をしているが，ペット関連ビジネスに携わる方々に向けて，ビジネスの指針となるデータ提供を目的に，本書を発刊した。

動物全般　　　　　　　　動 物

ペットビジネスハンドブック　2008年版
　産経新聞メディックス　2008.3　221p　21cm
　5000円　①978-4-87909-781-1　Ⓝ645.9
(目次)第1章 ペット市場動向（ペットの市場環境と予測，メーカー編，流通編，メーカー名鑑，卸名鑑）、第2章 データ資料（ペットフードの規定・定義，家庭動物等の飼養及び保管に関する基準，地方自治体動物保護管理行政担当組織一覧，都道府県別畜犬登録数，ペットフード産業実態調査の結果，パットフード・観賞魚の輸入統計，動物愛護法，動物愛護管理基本指針，愛がん動物用飼料の安全性の確保に関する法律案要綱，身体障害者補助犬の概要，ペット関連事業団体名簿，動物愛護法に関する世論調査，JKC公認トリマー資格者数，愛玩動物飼養管理士認定登録者数，盲導犬実働数）

ペットビジネスハンドブック　2009年版
　産経新聞メディックス　2009.3　303p
　21cm 8190円（税込）　①978-4879097965
(内容)ペット関連の業界の動向と資料をまとめたハンドブック。ペットの市場環境と予測、メーカー・流通・関連サービス動向などを解説。また、ペットフードの規定・定義、動物愛護管理法などの資料も掲載している。

ペットビジネスハンドブック　2010年版
　産経新聞メディックス　2010.3　245p　21cm
　5000円　①978-4-87909-809-2　Ⓝ645.9
(目次)第1章 ペット市場動向（ペットの市場環境と予測，メーカー動向，流通（問屋）動向，流通（小売）動向，関連サービス動向 ほか）、第2章 データ資料（ペットフードの規定・定義，動物愛護管理法，動物愛護管理基本指針，動物の飼養及び保管等に関するガイドライン，身体障害者補助犬法の概要 ほか）

ペット用品ガイド　キャット編　'97　サンケイ新聞データシステム　1997.4　188p
　30cm　（サンケイMOOK）　1000円　①4-87909-605-9
(目次)巻頭特集・あなたの愛猫を獣医さんが訪問診療，CATカタログ，プロに学ぶ，愛猫のかわいい写真の撮り方，ペットフード，ペット用品

ペット用品ガイド　ドッグ編　'97　サンケイ新聞データシステム　1997.4　256p
　30cm　（サンケイMOOK）　1000円　①4-87909-604-0
(目次)巻頭特集・しつけの学校に1日体験入学，DOGカタログ，働く犬たちのこともっと知りたい，ペットフード，ペット用品

ペット用品ガイド　フィッシュ編　'97　サンケイ新聞データシステム　1997.4　212p
　30cm　（サンケイMOOK）　1000円　①4-87909-606-7

(目次)巻頭特集・お宅の水槽，ちょっと拝見，熱帯魚カタログ，プロが教える，誰にでもできる熱帯魚の撮影術，初心者のための，水草との上手なつきあい方，ペットフード，ペット用品

＜法令集＞

動物愛護六法　吉田真澄編著　誠文堂新光社
　2003.10　366p　19cm　2476円　①4-416-70345-7
(目次)1 動物愛護法の手引き、2 動物愛護管理法を読み解く、3 重要判例に学ぶ動物の愛護と管理、4 動物愛護法令集、5 動物愛護条例集、6 動物愛護重要資料
(内容)動物愛護法施行五年後の見直しを視野に入れ、動物愛護六法本来の役割に加え、ペット法の権威による動物愛護管理法の逐条解説、動物愛護関連の重要判例解説、その他見直し論議に必要な資料満載。

ペット六法　法令篇　第2版　ペット六法編集委員会編　誠文堂新光社　2006.2　2冊（セット）　21cm　5700円　①4-416-70532-8
(目次)法令篇（動物愛護法、動物健康衛生法、就労動物法、野生動物法）、用語解説・資料編（外国のペット関連法、ペットの主要判例解説、重要資料、時の課題 編集委員の眼、用語解説とペット法概論）

ペット六法　法令篇，用語解説・資料篇
　ペット六法編集委員会編　誠文堂新光社
　2002.9　2冊（414p，156p）　21cm　5700円
　①4-416-70206-X　Ⓝ645.6
(目次)法令篇（ペット法概論、動物愛護法、動物健康衛生法、就労動物法、野生動物法、産業動物法）、用語解説・資料編（外国のペット関連法、ペットの主要判例の概観、重要資料、時の課題、編集委員の眼）
(内容)世界初のペット法令集。ペットを中心に動物に関連する、条約、法律、条例などを幅広く収録。ペットだけではなく動物法令集として対応可能。法令篇と用語解説・資料篇の2分冊構成。

＜図　鑑＞

あそびのおうさまずかん　ペット　今泉忠明監修　学習研究社　2002.7　64p　26×24cm　780円　①4-05-201769-2　ⓃK031
(目次)なになるのかな?ペットのあかちゃん，ハムスター，うさぎ，かわいいどうぶつだいしゅうごう!，とり，さかな，みずのいきものだいしゅうごう!，いろんなはちゅうるい・りょうせいだいしゅうごう!，くわがたむしとかぶとむし，おもしろいむしだいしゅうごう!，びっくりペッ

242　動植物・ペット・園芸 レファレンスブック

| 動物　　　　　　　　　　　　　　　　　動物全般

トペンちゃんとおともだち！
(内容)ハムスターやウサギ、魚、は虫類、両生類、クワガタムシ、カブトムシなど、ペットとして飼える動物を紹介する図鑑。

生きものの飼い方　改訂版　旺文社　1998.4　167p　19cm　（野外観察図鑑 9）　743円　①4-01-072429-3
(目次)昆虫のなかま、クモのなかま、カタツムリのなかま、カメやカエルのなかま、飼い鳥のなかま、小動物のなかま、水にすむなかま、生きものの採集と観察
(内容)昆虫、魚、カエル、カタツムリやペットなど、身近な生きものの飼い方を掲載した図鑑。科書に出てくる生きものはすべて収録されている。

生き物の飼育　がくしゅう大図鑑　日高敏隆監修　世界文化社　2006.7　479p　26×21cm　3000円　①4-418-06833-3
(目次)ほ乳類・両生類・は虫類（ニューフェイスのいきもの、フェレット ほか）、昆虫（アカトンボ、アゲハチョウ ほか）、魚類・貝類（キンギョ、メダカ ほか）、鳥類（アヒル、インコ・オウム ほか）
(内容)グッピーからポニーまで、圧倒的ボリューム。160種以上の飼育がこれでOK。小さな子どもでも読めるようにふりがな付き。観察力を伸ばし、学習に役立つおもしろ情報を満載。生き物との触れ合いが分かる。

こどものずかんMio　8　いきもののかいかた　（大阪）ひかりのくに　2005.7　64p　27×22cm　762円　①4-564-20088-7
(目次)すいそうからこえが?!、ほら、こっちもわすれないで!、おしりからながいひもが…?、すいそうをじゅんびしよう、こんなさかなもかってみたいな、ヒーターをつかえば、ふゆもポカポカ!、うみのみずをつくっていれよう!、ねったいぎょのなかま、まいにちみているとよくわかるね、だんだんすがたがかわっていくよ!〔ほか〕

飼育大図鑑　住まいづくり・えさやり・トイレ・ふやし方…　世界文化社　1998.7　190p　27×22cm　1800円　①4-418-98803-5
(目次)ほ乳類（いぬ、うさぎ ほか）、両生類・は虫類（あまがえる、いぐあなの仲間 ほか）、こん虫類・くも・だんごむし（あげはちょう、うすばかげろう ほか）、鳥類（あひる、うずら ほか）、魚類・貝類・えび・かに（あかてがに・さわがに、かたつむり ほか）、飼育の基そ知識（「ほ乳類」基本のかい方、「両生類・は虫類」基本のかい方 ほか）
(内容)子供たちが飼うことの出来る身近な動物を集めて掲載した図鑑。索引付き。

飼育と観察　平井博、今泉忠明監修・執筆

学習研究社　2000.7　168p　30cm　（ニューワイド学研の図鑑）　2000円　①4-05-500417-6　ⓃK480
(目次)昆虫、動物・ペット、水の生き物（淡水、海水）、大型動物
(内容)昆虫やペット、水の生き物など、さまざまな生き物の飼育の仕方と観察のポイントを紹介した図鑑。飼育する生き物ごとに飼育セットの全体を写真、またはイラストで解説、ほかに観察や実験のコラムを掲載する。ほかに飼育・観察情報館を収録。巻末に動物名の五十音順索引を付す。

飼育と観察　増補改訂　学習研究社　2009.2　176p　30cm　（ニューワイド学研の図鑑 9）　〈索引あり〉　2000円　①978-4-05-203008-6　ⓃE480
(目次)季節の生き物を観察しよう、昆虫、動物・ペット、水の生き物（淡水）、水の生き物（海水）、大型動物—ライオン、コアラ、ゾウ、イルカ、ワシ など、飼育・観察情報館
(内容)昆虫やペット、水の生き物など、さまざまな生き物の飼育の仕方と観察のポイントを紹介。

飼育と観察　新訂版　大野正男監修　学習研究社　1996.2　199p　26cm　（学研の図鑑）　1500円　①4-05-200555-4
(目次)昆虫、水にすむ生き物、魚、海にすむ生き物、両生類・爬虫類、小型哺乳類と小鳥、イヌとネコ
(内容)身近な動物や生き物の飼育方法と観察研究を紹介した学習図鑑。昆虫・魚・爬虫類・犬・猫などの生態や特徴を写真とともに解説し、飼育方法やポイントを述べる。巻末に事項索引を付す。

ゾウも飼いたいワニも飼いたい　成島悦雄監修　旺文社　1999.7　272p　14×14cm　（アレコレ知りたいシリーズ 1）　1429円　①4-01-055061-9
(目次)哺乳類（カモノハシ、ハリモグラ、フクロモモンガ ほか）、鳥類（ダチョウ、イワトビペンギン、カイツブリ ほか）、爬虫類（グリーンイグアナ、ニホンカナヘビ、ヒョウモントカゲモドキ ほか）
(内容)動物園で人気のある野生動物、動物園で飼われているが餌や習性が特殊で、飼育が困難なもの、家畜や家きんの仲間で飼いやすいものの3つの分類から、それぞれ代表的な動物を選んで飼い方を紹介した図鑑。巻末に索引がある。

わくわくウオッチング図鑑　8　飼育・観察　部屋の中の動物園　学習研究社　1991.4　140p　19cm　854円　①4-05-105560-4　ⓃK460
(内容)動物・植物の分類別ではなく、環境別に

動植物・ペット・園芸 レファレンスブック　　243

様々な生きものを1冊に収めた新しい図鑑のシリーズ。

無脊椎動物

<ハンドブック>

日本産野生生物目録 無脊椎動物編 本邦産野生動植物の種の現状 3 環境庁自然保護局野生生物課編 自然環境研究センター 1998.12 49p 30cm 1900円 ⓘ4-915959-69-4

(目次)日本産野生生物目録41(海綿動物門・普通海綿綱・ザラカイメン目・タンスイカイメン科,刺胞動物門・ヒドロムシ綱・ヒドロムシ目・マミズクラゲ科),日本産野生生物目録42(扁形動物門・ウズムシ綱(渦虫綱)),日本産野生生物目録43(ヒモ形(紐形)動物門・ハリヒモムシ綱・ハリヒモムシ目,曲形動物門・ウミウドンゲ目・ウルナテラ科,触手動物門・コケムシ綱),日本産野生生物目録44(軟体動物門・マキガイ綱(腹足綱),ニマイガイ綱(二枚貝綱)),日本産野生生物目録45(環形動物門・ヒル綱)

<図 鑑>

アメーバ図鑑 石井圭一著,堀上英紀,木原章編 金原出版 1999.2 253p 27cm 9238円 ⓘ4-307-03049-4 Ⓝ483.141

(内容)アメーバの同定に最小限必要な形態学について解説した図鑑。実際に取り扱う場合の採集・培養・観察の技術,これまでに発表された分類体系,全裸アメーバの属を同定するための記相と図等も掲載する。

水生線虫 クロマドラ目 形態と検索 野沢洽治,吉川信博著 恒星社厚生閣 1990.6 488p 26cm 12360円 ⓘ4-7699-0681-1

(目次)Chromadorida目taxa説明,自由生活線虫(Adenophorea)分類表

図説無脊椎動物学 R.S.K.Barnes, P.Calow, P.J.W.Olive, D.W.Golding, J.I.Spicer〔著〕,本川達雄監訳 朝倉書店 2009.6 575p 27cm 〈文献あり 原書名:The invertebrates. third edition〉 22000円 ⓘ978-4-254-17132-7 Ⓝ483

(目次)第1部 進化的序説(はじめに:基礎的なアプローチと原理,進化の歴史と無脊椎動物の系統学),第2部 無脊椎動物の各門(動物の多細胞化へ向けた多彩な経路,蠕虫類Worms,軟体動物Molluscs,触手冠動物Lophophorates,後口動物Deuterostomes,脚をもつ無脊椎動物:節足動物とそれに似た動物群),第3部 無脊椎動物の機能生物学(摂食,力学と運動(移動運動),

呼吸,排出,イオン・浸透圧調節,浮力,防衛,生殖と生活環,発生,制御系,基本原理再訪)

◆サンゴ

<図 鑑>

ソフトコーラル飼育図鑑 円藤清著 (横浜)エムピージェー,マリン企画(発売) 2008.10 128p 26cm (マリンアクアリウムガイドシリーズ 3) 〈他言語標題:How to keep soft corals〉 2362円 ⓘ978-4-89512-555-0 Ⓝ666.7

(目次)図鑑編(ウミヅタの仲間,ウミトサカの仲間,ヤギの仲間 ほか),飼育編—美しいソフトコーラル水槽の実例集(シンプルな水槽ほど,しっかりとしたメンテナンスが求められる,窓からの間接光を利用してウミキノコを飼育する,蛍光灯とLEDランプで長期飼育できるソフトコーラル水槽 ほか),飼育編—ソフトコーラル飼育の基礎知識(ソフトコーラルの飼育に必要なもの,水槽について,循環ポンプについて ほか)

◆貝類・軟体動物

<図 鑑>

ウミウサギ生きている海のジュエリー ネイチャーウォッチングガイドブック 日本と世界のウミウサギ165種+生体写真53種 飯野剛編,高田良二監修 誠文堂新光社 2010.2 224p 21cm 〈文献あり 索引あり〉 3200円 ⓘ978-4-416-81016-3 Ⓝ484.6

(目次)ウミウサギ類とわたし—和の心に響く美しさ,魅惑のウミウサギ,ウミウサギの生活—どんな生き物なのか,日本と世界のウミウサギ図鑑,ウミウサギ海中写真館,海兎考

(内容)日本と世界のウミウサギ165種を収録。貴重な生体写真も53種収録。各種,ひと目でわかる特徴解説付き。

ウミウシ生きている海の妖精 ネイチャーウォッチングガイドブック 特徴がひと目でわかる各種ウミウシの図解付き 加藤昌一編,小野篤司監修 誠文堂新光社 2009.7 272p 21cm 〈索引あり〉 3200円 ⓘ978-4-416-80900-6 Ⓝ484.6

(目次)頭楯目,嚢舌目,無楯目,背楯目,裸鰓目,裸鰓目,裸鰓目,裸鰓目

(内容)ウミウシの同定の決め手となるポイントをイラストで解説した図鑑。八丈島をメインに本州,沖縄までのウミウシ,変異,spなども含め425種を収録。特徴がひと目でわかる各種ウミウシの図解付き。ウミウシを美しく撮影するテクニックや,ウミウシを上手に探すコツなど

も紹介。美しいウミウシの魅力が伝わる写真の数々や歴史的な絵画も掲載。

ウミウシガイドブック 沖縄・慶良間諸島の海から 小野篤司著 ティビーエス・ブリタニカ 1999.7 183p 21cm 2400円 ①4-484-99298-1

(目次)頭楯目,ウズムシウミウシ目,アメフラシ目,背楯目,嚢舌目,ドーリス目(ドーリス亜目,スギノハウミウシ亜目,タテジマウミウシ亜目,ミノウミウシ亜目)

(内容)300種類のウミウシを紹介したガイドブック。掲載データは、名称(標準和名、ラテン語のカタカナ表記、仮称)、学名、観察地点、観察水深、観察した個体の体長、変異個体、若齢個体など。学名索引、和名索引付き。

ウミウシガイドブック 2 伊豆半島の海から 鈴木敬宇著 ティビーエス・ブリタニカ 2000.4 178p 21cm 2400円 ①4-484-00400-3 Ⓝ484.6

(目次)頭楯目,無楯目(アメフラシ目),背楯目,有殻翼足目,嚢舌目,裸鰓目(ドーリス亜目,スギノハウミウシ亜目,タテジマウミウシ亜目,ミノウミウシ亜目)

(内容)ウミウシを写真で紹介する図鑑。本州の海辺で見られる普通種から稀少種まで250種を生態写真とともに掲載。写真は全て伊豆半島で撮影されたもの。分類は『動物系統分類学第5巻(下)』(中山書店1999年)によって排列。データは和名、学名、撮影地・水深と撮影された個体の体長などと棲息環境、よくみられる季節などの解説などを収録。巻末に参考文献・参考ホームページ、伊豆半島海洋生物カレンダーを掲載。学名索引と和名索引を付す。

ウミウシガイドブック 3 バリとインドネシアの海から 殿塚孝昌著 阪急コミュニケーションズ 2003.8 164p 21cm 2400円 ①4-484-03409-3

(目次)頭楯目(ミスガイ科,ブドウガイ科 ほか),アメフラシ目(アメフラシ科),背楯目(カメノコフシエラガイ科,ヒトエガイ科),嚢舌目(ナギサノツユ科,カンランウミウシ科 ほか),裸鰓目(ドーリス亜目,スギノハウミウシ亜目 ほか)

(内容)貝殻をもたない巻貝の仲間「ウミウシ」をオールカラーで紹介するビジュアルブック。人気のロングセラーに第3弾登場。

海辺で拾える貝ハンドブック 池田等文,松沢陽士写真 文一総合出版 2009.7 96p 19cm 〈他言語標題:The handbook of the seashells collected on beach 文献あり 索引あり〉 1400円 ①978-4-8299-1024-5 Ⓝ484.021

(目次)巻貝(ツタノハガイ科,ヨメガカサガイ科,ユキノカサガイ科,スカシガイ科 ほか),二枚貝(フネガイ科,タマキガイ科,イガイ科,イタヤガイ科 ほか)

(内容)海辺で拾える一般的な貝類150種を取り上げて紹介。

沖縄のウミウシ 沖縄本島から八重山諸島まで 小野篤司著 ラトルズ 2004.7 304p 21cm 2838円 ①4-89977-075-8

(目次)頭楯目,嚢舌目,アメフラシ目,背楯目,裸鰓目(ドーリス亜目,スギノハウミウシ亜目,タテジマウミウシ亜目,ミノウミウシ亜目)

(内容)著者が慶良間諸島で10年にわたり撮影した写真の中から、計550種、1200点を厳選。さらに沖縄本島・八重山諸島からの写真も加え、600種類を一挙掲載。かつてない、充実のウミウシ図鑑。

貝の写真図鑑 オールカラー世界の貝500〔完璧版〕 ピーター・ダンス著 日本ヴォーグ社 1994.10 256p 21cm 〈地球自然ハンドブック〉〈原書名:SHELLS, EYEWITNESS HANDBOOKS〉 2500円 ①4-529-02419-9

(目次)巻貝類,ツノガイ類,ヒザラガイ類,二枚貝類,頭足類

(内容)解説と写真で世界の貝を体系的に紹介する初心者向けのポケットガイド。巻頭に貝の収集、貝の地理分布図、貝の各部の名称、貝を分類するためのキーポイント等を掲載し、次に500種余の貝を分類、収録している。カラー写真600点以上を掲載。専門用語の使用を最小限に止めた平易な解説を加えている。巻末に英名索引、和名索引と用語解説を付す。

貝の図鑑 採集と標本の作り方 行田義三写真・文 (鹿児島)南方新社 2003.8 174p 21cm 〈地方〉 2600円 ①4-931376-96-7

(目次)1 採集から標本作りまで(採集用具、採集の場所と方法、処理の仕方 ほか)、2 貝の見分け方(和名と科名、幼貝と成貝、形の似た貝 ほか)、3 貝の図鑑(海の貝、陸の貝、淡水の貝)

(内容)海、川、陸の貝、1049種の採集のしかた、標本の作り方のほか、よく似た貝の見分け方を丁寧に解説。

貝のふしぎ図鑑 身近な生きものにしたしもう おどろきいっぱい! 奥谷喬司監修 PHP研究所 2008.7 79p 29cm 2800円 ①978-4-569-68555-7 Ⓝ484

(目次)序章 貝のふしぎ(こんな貝もいる!おどろきの貝たち)、第1章 貝はどんなところにすんでいるの?(貝のすむ場所は?、あたたかい海にすむ貝、寒い海にすむ貝、いそにすむ貝、淡水や陸にすむ貝、深い海にすむ貝、干潟にすむ貝,

潮干狩りに行こう，潮干狩りでとれる貝，マテガイのおもしろいつかまえ方），第2章 貝ってどんな生きもの?（貝の体はどうなっているの?，貝は軟体動物のなかま，貝は何を食べるの?，貝はどんなたまごをうむの?，貝の赤ちゃんってどうなっているの?，貝殻でわかる貝の成長，貝の運動を見てみよう，貝の模様や形は，すむ場所によってかわる)，第3章 わたしたちのくらしと貝（わたしたちが食べる貝，おいしい貝料理貝，お寿司の貝，貝の漁と養殖，真珠をつくる，貝のさまざまな利用，毒のある貝），第4章 貝についてもっと知りたい!(市場で見られるいろいろな貝，貝殻のいろいろな形，歴史の中の貝，貝と日本人，貝の名前の由来は?，50音順さくいん）

(内容)日本列島とそのまわりの海にすむ貝だけでも5000種以上の貝がある。世界では10万種以上ともいわれる。そんな貝の世界に目を向けてもらうために，一部の貝をとりあげて，そのくらしや，利用のされかたについて紹介した図鑑。

学研生物図鑑 特徴がすぐわかる 貝1
巻貝 改訂版 小山能尚，築地正明編 学習研究社 1990.3 306p 22cm 〈監修：波部忠重，奥谷喬司 『学研中高生図鑑』の改題〉 4100円 ①4-05-103854-8 Ⓝ460.38

(内容)中学・高校生向けの生物の学習図鑑シリーズ。全12冊。貝の部は「1 巻貝」「2 二枚貝・陸貝・イカ・タコほか」の2冊で構成する。

学研生物図鑑 特徴がすぐわかる 貝2
二枚貝・陸貝・イカ・タコほか 改訂版 小山能尚，築地正明編 学習研究社 1990.3 294p 22cm 〈監修：波部忠重，奥谷喬司 『学研中高生図鑑』の改題〉 4100円 ①4-05-103855-6 Ⓝ460.38

(内容)中学・高校生向けの生物の学習図鑑シリーズ。全12冊。貝の部は「1 巻貝」「2 二枚貝・陸貝・イカ・タコほか」の2冊で構成する。

クラゲガイドブック 並河洋著，楚山勇写真 ティビーエス・ブリタニカ 2000.7 118p 21cm 2000円 ①4-484-00406-2 Ⓝ483.3

(目次)刺胞動物門（鉢虫綱，箱虫綱，ヒドロ虫綱），有櫛動物門（有触手綱，無触手綱），クラゲに似て非なる生物（脊索動物門，タリア綱，軟体動物門，腹足綱）

(内容)クラゲの図鑑。日本の海で見られるクラゲの仲間である刺胞動物，有櫛動物および脊索動物のサルパ類，軟体動物のハダカゾウクラゲ類などクラゲに似ている動物プランクトンを収録。動物分類にしたがって大きく5つのブロックに分け，生態写真とともに目名，種名，撮影データ，種の解説およびクラゲに関連したコラムを掲載。巻末には資料としてクラゲ用語解説，日本産クラゲリストを収録。，和名および学名索引を付す。

相模湾産後鰓類図譜 生物学御研究所編 岩波書店 1990.2 211, 13p 図版50枚 31cm 〈表紙の書名：Opisthobranchia of Sagami Bay 英文併記 第2刷（第1刷：1949年）〉 39140円 ①4-00-005401-5 Ⓝ484.6

(内容)ウミウシなど後鰓類についての昭和天皇のご研究を，馬場菊太郎の解説執筆によりまとめた図集。昭和24年刊の復刊。

相模湾産後鰓類図譜 補遺 生物学御研究所編 岩波書店 1990.2 74, 20p 30cm 〈第2刷（第1刷：55.4.29)〉 12360円 ①4-00-005402-3

(内容)後鰓類についての昭和天皇のご研究を，馬場菊太郎の解説執筆によりまとめた図集。昭和30年刊の補遺の部の復刊。

世界海産貝類コレクション大図鑑 美しい世界の貝 菱田嘉一著 電気書院 2000.1 497p 30cm 〈付属資料：別冊1, CD-ROM 1〉 28000円 ①4-485-99819-3 Ⓝ484.038

(目次)腹足綱（オキナエビスガイ科，クチキレエビスガイ科 ほか)，多板綱（ヒザラガイ科)，堀足綱（ツノガイ科)，頭足綱（アオイガイ科，オウムガイ科 ほか)，斧足綱（クルミガイ科，チリロウバイ科 ほか）

(内容)著者が蒐集した海産貝類を5000種類以上掲載した図鑑。掲載データは，和名，測定値，学名，分布，棲息場所。和名索引，学名索引付き。付録としてCD-ROMと，和名が不詳の貝150点余を紹介した別冊がある。

世界海産貝類大図鑑 R.タッカー・アボット，S.ピーター・ダンス著，波部忠重，奥谷喬司監訳 平凡社 1998.3 443p 28×22cm 16000円 〈原書名：COMPENDIUM OF SEASHELLS〉 ①4-582-51815-X

(目次)貝の世界，図鑑（腹足綱，掘足綱，多板綱，二枚貝綱，頭足綱，貝類の珍しい型と貝ではない貝殻)，索引

(内容)貝の種類ごとに貝の和名，学名，命名者，分布，特徴などを写真付きで紹介した図鑑。巻末に和名索引，学名索引，英名索引が付く。

世界文化生物大図鑑 貝類 改訂新版 世界文化社 2004.6 399p 28×23cm 10000円 ①4-418-04904-5

(目次)貝類概論（貝類とは何か，体各部の名称と用語解説 ほか)，貝類（無板綱，多板綱 ほか)，貝類の分布と生態（貝類の分布，貝類の生態)，貝の楽しむ（貝類の採集法，貝類の飼育 ほか）

(内容)貝類の形態と種類だけではなく，分布，生態，採取法，育成法などを記載した貝類図鑑。索引は科名，種名，近縁種名，別名を五十音順

タカラガイ生きている海の宝石 日本と世界のタカラガイ207種 ネイチャーウォッチングガイドブック ネイチャーウォッチング研究会編 誠文堂新光社 2009.2 240p 21cm 〈文献あり 索引あり〉 3400円 ①978-4-416-80902-0 Ⓝ484.6

(目次)日本と世界のタカラガイ207、タカラガイ見分け方図鑑、タカラガイの進化～古代種、描かれたタカラガイ：解説、探す・見つける愉しみを満喫するために―タカラガイ自己採集と保管のヒント、コレクター・あさきちのタカラガイ採集記、タカラガイ分類の変遷

(内容)日本と世界のタカラガイ、変種、異名を含め207種を収録。見つけた貝の名前がわかるチャート式「タカラガイ見分け方図鑑」。初心者でも始められる自己採集のヒント。コレクターの憧れ、日本五名宝と世界五名宝を掲載。世界に誇る日本の貝類図譜『目八譜』、奇才絵師・伊藤若冲の『貝甲図』で見るタカラガイの美。

タカラガイ・ブック 日本のタカラガイ図鑑 池田等, 淤見慶宏著 東京書籍 2007.3 215p 21cm 3400円 ①978-4-487-80172-5

(目次)日本のタカラガイ88種(ムラクモダカラ, ハチジョウダカラ, アミメダカラ, ホソヤクシマダカラ, ヤクシマダカラ ほか), 磨耗の過程32種(ヤクシマダカラ, ヒメホシダカラ, クチムラサキダカラ, ホシキヌタ, ヤナギシボリダカラ ほか)

(内容)日本タカラガイ88種。海岸で拾えるタカラガイ32種。

日本近海産貝類図鑑 奥谷喬司編著 東海大学出版会 2000.12 1173p 26cm 38000円 ①4-486-01406-5 Ⓝ484.038

(目次)無板綱(尾腔亜綱, 溝腹亜綱), 多板綱, 腹足綱(前鰓亜綱, 後鰓亜綱, 有肺亜綱), 掘足綱, 二枚貝綱(原鰓亜綱, 翼形亜綱, 異歯亜綱, 異靭帯亜綱), 頭足綱(オウムガイ亜綱, 鞘形亜綱)

(内容)日本産貝類とウミウシ類、イカ・タコ類の図鑑。日本産貝類図鑑では最大の約5000種を収録。主として最新の分類大系により排列し、写真、和名、学名、サイズ、特徴を日英両文で記載。巻末に索引付き。

日本産淡水貝類図鑑 1 琵琶湖・淀川産の淡水貝類 紀平肇, 松田征也, 内山りゅう著 ピーシーズ 2003.6 159p 21cm (ピーシーズ生態写真図鑑シリーズ 1) 2476円 ①4-938780-78-X

(目次)貝巻カタログ(カワニナ科, トウガタカワニナ科, タニシ科, リンゴガイ科, マメタニシ科, カワザンショウガイ科, ミズシタダミ科, モノアラガイ科, ヒラマキガイ科, サカマキガイ科, カワコザラガイ科, ミズゴマツボ科, ミズツボ科), 二枚貝カタログ(イシガイ科, シジミ科, ドブシジミ科, マメシジミ科, イガイ科)

日本産淡水貝類図鑑 1 琵琶湖・淀川産の淡水貝類 改訂版 紀平肇, 松田征也, 内山りゅう〔著〕(横浜)ピーシーズ 2009.10 159p 21cm (ピーシーズ生態写真図鑑シリーズ 1) 〈文献あり 索引あり〉 2476円 ①978-4-86213-064-8 Ⓝ484.021

(目次)巻貝カタログ(カワニナ科, トウガタカワニナ科, タニシ科, リンゴガイ科, マメタニシ科 ほか), 二枚貝カタログ(イシガイ科, シジミ科, ドブシジミ科, マメシジミ科, イガイ科)

日本産淡水貝類図鑑 2 汽水域を含む全国の淡水貝類 増田修, 内山りゅう著 ピーシーズ 2004.10 240p 21cm (ピーシーズ生態写真図鑑シリーズ 2) 3238円 ①4-938780-90-9

(目次)巻貝カタログ(アオオブネガイ科, フネアマガイ科, ユキスズメガイ科, リンゴガイ科, タニシ科 ほか), 二枚貝カタログ(イガイ科, イタボガキ科, カワシンジュガイ科, イシガイ科, チドリマスオガイ科 ほか)

(内容)300種以上の淡水貝を数多くのカラー写真で紹介。河口および周辺干潟で淡水が影響しているエリア、純淡水域、湧水による湿潤地で確認された種類を収録。本文は分類順で排列。巻末に淡水貝類レッドリスト、学名索引、和名索引を収録。

日本の貝 小菅貞男編著 成美堂出版 1994.6 431p 16cm (ポケット図鑑) 1300円 ①4-415-08048-0 Ⓝ484.038

(内容)海・川・陸に住む日本の貝670種を収録した図鑑。タコ・イカ・ウミウシも貝の仲間。150枚の(貝の図鑑では他にはない数の)生態写真も掲載。フィールドへ持っていけるハンディな図鑑。

日本の貝 1 巻貝 奥谷喬司著 学習研究社 2006.5 196p 19cm (フィールドベスト図鑑 18) 1900円 ①4-05-402887-X

(目次)マキガイ(巻貝)綱(腹足綱)―マキガイ亜綱(前鰓亜綱)(オキナエビスガイ目(原始腹足目)(オキナエビスガイ科, ミミガイ科 ほか), ニナ目(中腹足目)(アズキガイ科, ヤマタニシ科 ほか), バイ目(新腹足目)(オニコブシ科, アッキガイ科 ほか), イトカケガイ目(異腹足目)(タクミニナ科, イトカケガイ科 ほか))

(内容)海岸や水辺のウォッチングに貝がらのコレクションに。日本の巻貝や外国産の美しい巻貝、約1260種を写真で紹介。

日本の貝 2 二枚貝・陸貝・イカ・タコほか 奥谷喬司著 学習研究社 2006.5

204p 19cm （フィールドベスト図鑑 19）
1900円 ①4-05-402888-8

[目次]マキガイ（巻貝）綱（腹足綱）、ツノガイ綱（掘足綱）、ニマイガイ（二枚貝）綱、カセミミズ綱（無板綱）、ヒザラガイ綱（多板綱）、イカ綱（頭足綱）

[内容]海岸や水辺のウォッチングに貝がらのコレクションに。日本の二枚貝、陸貝、イカ、タコなど、約1050種を写真で紹介。

ビジュアル博物館 8 貝と甲殻 アレックス・アーサー著、リリーフ・システムズ訳（京都）同朋舎出版 1990.7 60p 29×23cm 3500円 ①4-8104-0896-5

[目次]殻（外骨格）とは何か?、殻（外骨格）をもった動物、らせんの中でくらす、世界の巻き貝、ちょうつがいのついた家、変わった殻、ウニ、よろいをつけた動物、10本の足をもった殻、カメ、成長する殻、グルメのための貝、真珠の誕生、化石の殻、すむ場所に合わせた殻、砂浜にすむ殻をもった動物たち、岩の上にすむ殻をもった動物たち、サンゴ礁にすむ殻をもった動物たち、深海にすむ殻をもった動物たち、淡水中にすむ殻をもった動物たち、陸地にすむ殻をもった動物たち、変わった場所で見られる殻をもった動物たち、貝の収集

[内容]貝殻や外骨格をもつ動物たちの世界を紹介する博物図鑑。空の貝殻やその中で生きている動物たち写真によって、これらの複雑で美しい動物たちの生活一何を食べ、どこにすみ、自らをどのように守っているのかを知るガイドブック。

本州のウミウシ 北海道から奄美大島まで 中野理枝著 ラトルズ 2004.8 304p 21cm 2838円 ①4-89977-076-6

[目次]頭楯目、嚢舌目、アメフラシ目、背楯目、裸鰓目（ドーリス亜目、スギノハウミウシ亜目、タテジマウミウシ亜目、ミノウミウシ亜目）

[内容]北海道から小笠原・八丈島、本州・九州、そして種子島・奄美大島。各地で活躍するカメラマンによる美しい生態写真で、日本のウミウシを網羅的に紹介。ウミウシウォッチングに必携の1冊。掲載種数290、写真点数1200。

◆◆イカ・タコ

<図 鑑>

イカ・タコガイドブック 土屋光太郎、山本典暎、阿部秀樹著 ティビーエス・ブリタニカ 2002.4 139p 21cm 2400円 ①4-484-02403-9 ⓃIP484.7

[目次]コウイカ目（コウイカ科）、ミミイカ目（ミミイカ科、ミミイカダマシ科、ヒメイカ科）、ツツイカ目（ジンドウイカ科、ホタルイカモドキ科、ツメイカ科、テカギイカ科、ソデイカ科、アカイカ科、ダイオウイカ科、ユウレイイカ科、ヒレギレイカ科、ヤツデイカ科）、八腕形目（フクロダコ科、クラゲダコ科、マダコ科、アミダコ科、カイダコ科、メンダコ科、ヒゲダコ科）

[内容]イカとタコ70種以上を収録する生態写真図鑑。イカ・タコ類を4群に分け、さらに目・科ごとに分類し、収録している。各種の科名、標準和名、学名、写真、解説、コラムを掲載。巻末に日本産頭足類リスト、和名索引、学名索引、参考文献・資料が付く。

イカ・タコ識別図鑑 小西英人編著、西潟正人料理、土屋光太郎監修 エンターブレイン、角川グループパブリッシング（発売）2010.8 223p 15cm （釣り人のための遊遊さかなシリーズ）〈索引あり〉 1500円 ①978-4-04-726716-9 ⓃIP484.7

[目次]序章 釣り人頭足類にはまる、イカ・タコシルエット探索＆ここで見分けよう写真検索、第1章 イカの仲間、第2章 タコの仲間、第3章 締める・持ち帰る イカ・タコ料理法

[内容]釣り人になじみのあるイカ18種、タコ11種を収録。美味しく食べるための締め方・持ち帰り方・料理法も解説。

世界イカ類図鑑 奥谷喬司著 全国いか加工業協同組合、成山堂書店〔発売〕 2005.10 253p 31×22cm 15000円 ①4-425-88231-8

[目次]コウイカ目（コウイカ科）、ダンゴイカ目（ダンゴイカ科、ヒメイカ科）、ツツイカ目（ピックフォードイカ科、ヤリイカ科、ヒカリイカ科、ダイオウホタルイカモドキ科、マダマイカ科 ほか）

[内容]世界のイカ408種を海域別にグループでまとめたイカ類図鑑。巻末にアルファベット順の索引と和名索引が付く。

◆◆棘皮動物

<図 鑑>

イソギンチャクガイドブック 内田紘臣、楚山勇写真 ティビーエス・ブリタニカ 2001.7 157p 21cm 2400円 ①4-484-01407-6 ⓃIP483.7

[目次]イソギンチャク目（ムカシイソギンチャク類、カワリギンチャク類、オヨギイソギンチャク類、ナゲナワイソギンチャク類、ムシモドキギンチャク類 ほか）、イソギンチャクの親戚たち（ホネナシサンゴ類、スナギンチャク類、ハナギンチャク類、ツノサンゴ類、イシサンゴ類）

[内容]イソギンチャクのカラー写真図鑑。日本産イソギンチャク類のほぼすべてを収録。生態

動物　　　　　　　　　　　　　無脊椎動物

写真を中心に分布と特長、近縁種との見分け方、特異な生態などについて解説。イソギンチャク類に関するおもしろい生態、興味ある歴史、人間との関わりなどを取り上げたコラムを掲載。

ヒトデガイドブック　佐波征機、入村精一著、楚山勇写真　ティビーエス・ブリタニカ　2002.7　135p　21cm　2400円　①4-484-02410-1　Ⓝ484.93

(目次)ヒトデ類(モミジガイ目、アカヒトデ目、ニチリンヒトデ目、ルソンヒトデ目、マヒトデ目)、クモヒトデ類(カワクモヒトデ目、クモヒトデ目)

(内容)日本沿海の浅海で見られるヒトデ類とクモヒトデ類を掲載する図鑑。約150種を収録。棘皮動物門5綱のうちヒトデ綱とクモヒトデ綱を、分類階級に従って目・科・属および種の順で、それぞれ各階級の特徴を解説している。また、自然のフィールドで撮影された生態写真を多く掲載し、関連する面白い話題などをコラムにしている。巻末に和名索引と学名索引がつく。

◆節足動物

<図　鑑>

校庭のクモ・ダニ・アブラムシ　浅間茂、石井規雄、松本嘉幸著　全国農村教育協会　2001.7　230p　21cm　(野外観察ハンドブック)　〈文献あり 索引あり〉　1905円　①4-88137-084-7　Ⓝ485.7

(目次)クモ―クモの「くらし」と「かたち」(クモと人間、クモのかたち ほか)、ダニなどの土壌動物―土壌動物の「くらし」と「かたち」(地面を見てみよう、土壌動物の世界 ほか)、アブラムシ―アブラムシの「くらし」と「かたち」(アブラムシという生き物、アブラムシの生活環 ほか)、校庭の小さな生き物の調べ方(学校での観察例)

(内容)クモ、ダニなどの土壌動物、アブラムシの「くらし」や「かたち」を解説した図鑑。クモ111種類、ダニなどの土壌動物110種類、アブラムシ56種類を収録する。「校庭の昆虫」の姉妹書。

節足動物ビジュアルガイド タランチュラ&サソリ　相原和久、秋山智隆著、川添宣広写真　誠文堂新光社　2007.1　176p　26cm　2800円　①4-416-70636-7

(目次)タランチュラとは?、アメリカのタランチュラ、アフリカのタランチュラ、アジアのタランチュラ、世界のサソリ、サソリとは?、コガネサソリ科(ボスリウス科・カラボクトヌス科・ヘミスコルピウス科・ヴァジョヴィス科も含む)、キョクトウサソリ科、タランチュラの博物誌、飼育の基礎知識、タイプ別飼育・繁殖、特定外来法について

タランチュラの世界　冨水明写真・解説　エムピージェー、マリン企画〔発売〕　1996.9　103p　26cm　3400円　①4-89512-360-X

(目次)タランチュラとは、その他のクモ型類、タランチュラの外部形態、第1章 バードイーター、第2章 バブーンスパイダー、第3章 ツリースパイダー、飼育総論、飼育設備、餌について、入手にあたって〔ほか〕

(内容)タランチュラの生態や飼育の仕方についてカラー写真入りで解説した図鑑。タランチュラの種別に和名・学名・分布・体長・飼育難易度・性質の荒さ・毒性の強さ等を示し、特徴を解説する。後半部分では餌や繁殖法、死亡原因・毒などタランチュラの飼育について図解する。巻末に五十音順の和名索引、アルファベット順の学名索引がある。

びっくり鬼虫大図鑑　獰猛オールカラー国内外全98匹　日本文芸社　2010.3　223p　19cm　571円　①978-4-537-25749-6　Ⓝ485

(目次)クモ(ジャイアント・ホワイトニー・タランチュラ、アリゾナ・ブロンド・タランチュラ ほか)、ムカデ(レッド・フェザーテール・センチピード、タンザニア・イエローレッグ・オオムカデ ほか)、サソリ(アフガンダイオウサソリ、マレー・ジャイアント・スコーピオン ほか)、ヤスデ(アフリカン・ジャイアント・ブラック・ミリピード、フロリダ・アイボリー・ミリピード ほか)、その他(タイワンサソリモドキ、タンザニア・バンデッド・ウデムシ ほか)

(内容)獰猛オールカラー国内外全98匹。詳細データ付き。

◆◆甲殻類

<図　鑑>

海の甲殻類　武田正倫、奥野淳児監修、峯水亮著　文一総合出版　2000.11　344p　21cm　(ネイチャーガイド)　3800円　①4-8299-0164-0　Ⓝ485.3

(目次)用語解説、この本で使用する甲殻類の体の各部の名称、名前を調べるために―科の特徴、エビ類、異尾類・アナジャコ類、カニ類、シャコ類

(内容)日本に生息する甲殻類の図鑑。北海道知床半島沖から沖縄県西表島までに生息する大型甲殻類のうち、十脚目のエビ類・カニ類・異尾類と口脚目のシャコ類の中から代表的な530種類を収録。水中で観察される種のほか、海岸や干潟などで見られる種も対象とする。科・属ごとにまとめて排列し、学名・和名・分布・生息

動植物・ペット・園芸 レファレンスブック　249

環境・生息水深・解説・標準的な大きさの成体の写真を掲載する。巻末に和名索引付き。

エビ・カニガイドブック 2 沖縄・久米島の海から 川本剛志、奥野淳兒著 阪急コミュニケーションズ 2003.7 173p 21cm 2400円 ④4-484-03405-0

〔目次〕エビの仲間（クルマエビ科、オトヒメエビ科、ドウケツエビ科 ほか）、ヤドカリの仲間（ヤドカリ科、ホンヤドカリ科、コシオリエビ科 ほか）、カニの仲間（カイカムリ科、トゲカイカムリ科、アサヒガニ科 ほか）、分類学的ノート（新たに提唱した和名、久米島産の標本が新種の発表に用いられた十脚甲殻類）

〔内容〕サンゴ礁の海の美しいエビ・カニたちが大集合。見て楽しく読んでためになるオールカラーの写真図鑑。

カニ観察事典 小田英智構成・文、桜井淳史写真 偕成社 1996.7 39p 28×23cm 〈自然の観察事典 9〉 2400円 ④4-03-527290-6

〔目次〕海はカニのふるさと、岩いそのカニの観察、干潟のカニの観察、大きなハサミをもつシオマネキ、干潟のカニのウェービング、陸でくらすアカテガニ、海岸に移動するアカテガニ、海に子どもを放つアカテガニ、海中でそだつカニの子どもたち、アカテガニの交尾〔ほか〕

〔内容〕カニの体のしくみや生態、飼育法等を18のテーマ別に解説した学習用図鑑。巻末に索引がある。児童向け。

カニ百科 成美堂出版 1995.8 159p 21cm 〈カラー図鑑シリーズ〉 1300円 ④4-415-08118-5

〔内容〕カニの生態、種類、飼い方、標本の作り方から料理のしかたまで徹底解説。

淡水産エビ・カニハンドブック 山崎浩二写真・文 文一総合出版 2008.4 65p 19cm 〈他言語標題：The handbook of freshwater shrimps, crayfish and crabs〉 1200円 ④978-4-8299-0134-2 Ⓝ485.3

〔目次〕ヌマエビ科（ヌマエビ、ヌカエビ ほか）、テナガエビ科（スジエビ、スネナガエビ ほか）、イワガニ科（モクズガニ ほか）、サワガニ科（サワガニ、ミネイサワガニ ほか）、アメリカザリガニ科（アメリカザリガニ、ニホンザリガニ ほか）

〔内容〕日本国内の河川、湖沼に生息する39種のエビ・カニ類を写真と解説で紹介。

◆◆ザリガニ

<図鑑>

ザリガニ 武田正倫監修 学習研究社 2005.7 48p 23×22cm 〈学研わくわく観察図鑑〉 1000円 ④4-05-202334-X

〔目次〕ザリガニの体（体を観察してみよう、体の中をのぞいてみよう）、ザリガニの育ち方（親と子、おすとめすの出会い ほか）、ザリガニのくらし（環境とくらし方、あらそい、あしやはさみの再生、ザリガニの食べ物、たくさんいる敵、ザリガニの1年）、ザリガニは何のなかま？（エビのなかま、日本のすんでいるザリガニ、いろいろな国のザリガニ）、ザリガニを飼育しよう（ザリガニをつかまえよう、ザリガニを飼おう、産卵させよう、子エビを飼おう）

〔内容〕シリーズ最新刊。これ1冊ですべてがわかる。生態・飼育・観察・図鑑・自由研究、5つのポイントを、大きな写真とイラストで詳しく解説。自由研究に役立つヒントがいっぱい。

◆◆蛛形類

<事典>

網をはるクモ観察事典 小田英智構成・文、難波由城雄写真 偕成社 1999.12 39p 30cm 〈自然の観察事典 21〉 2400円 ④4-03-527410-0

〔目次〕クモがきらいですか？、網をはるクモの観察、網のつくりを観察しよう、かわったクモの巣をさがそう、獲物を捕らえるクモの観察、クモが捕らえた獲物を調べよう、クモを襲う敵たち、脱皮して成長するクモ、オスグモの成熟、ジョロウグモのオスとメスの出あい、ジョロウグモの交接、ジョロウグモの産卵、冬を越すクモの観察、子グモの誕生、子グモの集団生活、空を飛ぶ子グモたち、最初の巣づくり、糸のつかい方を調べてみよう

〔内容〕網をはるクモの、ふしぎな生活を観察してみよう。最新の撮影技術と研究成果を基に、生きものたちの謎を詳しく解明。見て調べて、実際の飼育や栽培にも役立つ、本格的な観察事典。

<図鑑>

沖縄クモ図鑑 めずらしい沖縄のクモ217種！ 谷川明男著 文葉社 2003.4 95p 21cm 〈地方〉 2600円 ④4-9980907-9-8

〔内容〕沖縄に生息するクモ217種を収録したクモの図鑑。本文の構成はクモを科別に分類し大きさ、分布、形態、生態等を記述した解説部分、クモの雄雌を撮影した写真部分、沖縄県産クモ目録からなり、巻末に和名索引が付く。

原色植物ダニ検索図鑑 江原昭三、後藤哲雄編 全国農村教育協会 2009.5 349p 22cm 〈他言語標題：Colored guide to the plant mites of Japan 索引あり〉 10000円

① 978-4-88137-145-9　Ⓝ485.77

〔目次〕第1部 各論（カブリダニ類，ケダニ類（ミドリハシリダニ科，コハリダニ科，テングダニ科），ホコリダニ類，ナガヒシダニ類 ほか），第2部 概説（植物ダニ類の概説と分類，ハダニ科の概説と同定，スゴモリハダニ類，ヒメハダニ科およびケナガハダニ科の概説と同定 ほか），付録 植物別寄生ダニ一覧

〔内容〕カラー写真と線画を用いて，日本の植物に生息するダニ136種（海外よりの導入種を含む）とダニ以外の天敵昆虫および寄生微生物10種，合わせて146種を解説する。

写真・日本クモ類大図鑑　改訂版　千国安之輔著　偕成社　2008.7　308p　27cm　〈他言語標題：Pictorial encyclopedia of spiders in Japan　文献あり〉　30000円　①978-4-03-003360-3　Ⓝ485.73

〔目次〕ハラフシグモ科，カネコトタテグモ科，トタテグモ科，ジグモ科，ガケジグモ科，ハグモ科，ウズグモ科，チリグモ科，エンマグモ科，タマゴグモ科，ヤマシログモ科，イトグモ科，マシラグモ科，ユウレイグモ科，ヒメグモ科，ホラヒメグモ科，サラグモ科，センショウグモ科，ヨリメグモ科，コブグモ科，コガネグモ科，カラカラグモ科，アシナガグモ科，ヒラタグモ科，ホウシグモ科，ミズグモ科，タナグモ科，ハタケグモ科，キシダグモ科，コモリグモ科，ササグモ科，ワシグモ科，フクログモ科，イヅツグモ科，アシダカグモ科，シボグモ科，ミヤマシボグモ科，エビグモ科，カニグモ科，ハエトリグモ科

〔内容〕日本アルプス山系（中部地方）のクモを中心として，広く日本各地に分布する普通種と，それに多少の稀産種をも加えて，41科540種を掲載。巻末に学名索引・和名索引が付く。

日本産クモ類　小野展嗣編著　（秦野）東海大学出版会　2009.8　738p　27cm　〈他言語標題：The spiders of Japan　文献あり　索引あり〉　32000円　①978-4-486-01791-2　Ⓝ485.73

〔目次〕1 概論（節足動物門，鋏角亜門 ほか），2 各論（新属および新種の記載，日本産クモ目各科の解説），3 カラー図版，4 写真撮影法，5 初心者のための研究手法（野外調査の方法，標本の作製と保管）

〔内容〕現在までに日本から記録されているクモ類（Araneae）の全種（64科約1500種）を網羅し（新種記載を含む），科および属の検索表を掲げた。サラグモ科の全種（110属約280種）を日本で初めて図示した。クモを総合的に理解できるように，節足動物，鋏角類の進化から解きほぐし，形態，分類，系統などについて概説。サソリやダニなど近縁の各群にも言及した。独自の視点

で世界のクモ115科の分類表を掲載。種の項では，一般的な特徴の他，分布や生態学的な事柄について付記し，主な種については，口絵のカラー生態写真を充実。研究法，標本の作り方，生態写真の撮影法にも触れる。

日本のクモ　新海栄一編著　文一総合出版　2006.11　335p　21cm　（ネイチャーガイド）　4200円　①4-8299-0174-8

〔目次〕ハラフシグモ亜目・ハラフシグモ下目（ハラフシグモ科），トタテグモ亜目・トタテグモ下目（トタテグモ科，カネコトタテグモ科 ほか），クモ亜目・ヤマシログモ下目（エンマグモ科，ヤギヌマグモ科 ほか），カヤシマグモ下目（ハグモ科，ガケジグモ科 ほか），クモ下目（ナミハグモ科，ミズグモ科 ほか）

昆虫類

<事　典>

昆虫ウォッチング　日本自然保護協会編・監修　平凡社　1996.3　332p　19cm　（フィールドガイドシリーズ6）　2060円　①4-582-54016-3

〔目次〕第1章 昆虫は私たちの身近な仲間，第2章 昆虫ウォッチングの楽しみ，第3章 基本20目の昆虫と友だちになろう，第4章 環境別昆虫ウォッチング，第5章 こだわり昆虫観察，第6章 昆虫データバンク

〔内容〕昆虫を観察するためのガイド。全6章のうち第1章では昆虫の体や生活についての総説，第3章は基本20目の昆虫について，出会いの場や観察の仕方，第4章でえは環境別に昆虫の見つけ方と観察法を解説する。第6章には関連文献，博物館紹介を掲載。巻末に五十音順の昆虫種名索引がある。

昆虫学大事典　三橋淳総編集　朝倉書店　2003.2　1200p　26cm　48000円　①4-254-42024-2

〔目次〕1 基礎編（昆虫学の歴史，昆虫の分類・同定，主要分類群の特徴，昆虫の形態，生理・生化学 ほか），2 応用編（害虫管理，有用昆虫学，昆虫利用，種の保全，文化昆虫学）

〔内容〕昆虫学の基礎から応用まで，第一線研究者115名による最新研究の集大成。「基礎編」と「応用編」に分け，各項目について詳しく解説。巻末に和文索引，生物名索引，欧文索引，学名索引を付す。

昆虫大百科　カラー版　黒沢良彦監修　勁文社　2000.8　333p　15cm　（ケイブンシャの大百科）〈昭和54年刊の改訂〉　800円　①4-7669-3558-6

〔内容〕文庫サイズの小型の昆虫事典。

昆虫2.8万名前大辞典　日外アソシエーツ株式会社編　日外アソシエーツ　2009.2　814p　21cm　9333円　ⓘ978-4-8169-2164-3　Ⓝ486.033

〔内容〕昆虫名を五十音順に収録。漢字表記や学名、科名、別名、大きさ、特徴などを記載。最大規模の28000件を満載した基本ツール。

昆虫の食草・食樹ハンドブック　森上信夫, 林将之著　文一総合出版　2007.4　80p　18cm　1200円　ⓘ978-4-8299-0026-0

〔目次〕チョウ目(アゲハ類, ミカン科の樹木, キアゲハ ほか), 甲虫目(オトシブミ, シロスジカミキリ, ドロハマキチョッキリ, ゴマダラカミキリ, クワカミキリ ほか), いろいろな植物を食べる昆虫, 樹液に来る昆虫(カブトムシ, クワガタムシ類, カナブン, オオスズメバチなど, 樹液が出る樹木 ほか)

〔内容〕身近あるいは代表的と思われる昆虫82種と、その主な食草・食樹68種を紹介。取り上げた昆虫は、特定の植物をえさとして利用するチョウ類や甲虫類を中心に、野外観察で出会うことの多い樹液に集まる昆虫も含めている。巻末に昆虫、植物索引が付く。

花と昆虫観察事典　小田英智構成・文, 北添伸夫写真　偕成社　2005.9　40p　28×23cm　(自然の観察事典 33)　2400円　ⓘ4-03-526530-6

〔目次〕花は誰のために咲くのか, 花を訪れる昆虫たち, 花の蜜を集める昆虫たち, 蜜腺をさがしてみよう, 受粉と昆虫の役割, 雄花と雌花, 花の色と形のメッセージ, 蜜標という花の模様, 風媒花の花たち, 動くおしべをもつ花〔ほか〕

<辞典>

日本産昆虫の英名リスト　附・主用外国種の英名　矢野宏二編（秦野）東海大学出版会　2004.2　171p　26cm　2800円　ⓘ4-486-03171-7

〔目次〕1 分類郡別英名(Collembola—トビムシ目, Protura—カマアシムシ目, Diplura—コムシ目, Microcoryphia—イシノミ目, Thysanura—シミ目, Ephemeroptera—カゲロウ目, Odonata—トンボ目, Embioptera—シロアリモドキ目, Isoptera—シロアリ目, Plecoptera—カワゲラ目 ほか), 2 英名索引, 3 和名索引, 4 学名索引

〔内容〕印刷物上で使用された日本産昆虫の種の英名と上位分類群の英名をまとめた辞典。

<索引>

昆虫レファレンス事典　日外アソシエーツ編集部編　日外アソシエーツ, 紀伊國屋書店〔発売〕　2005.5　1468p　21cm　43000円　ⓘ4-8169-1921-X

〔内容〕チョウ・トンボ・甲虫からクモ・多足類まで、25916種の昆虫・ムシがどの図鑑・百科事典にどのような見出しで載っているか一目でわかる。41種109冊の図鑑から延べ57382件の見出しを収録。昆虫類の同定に必要な情報(学名, 漢字表記, 別名, 形状説明など)を記載。図鑑ごとに収録図版の種類(カラー, モノクロ, 写真, 図)も明示。

<図鑑>

今森光彦ネイチャーフォト・ギャラリー　不思議な生命に出会う旅・世界の昆虫　今森光彦著　偕成社　2008.7　94p　26cm　1800円　ⓘ978-4-03-016510-6　Ⓝ748

〔目次〕彗星ランを訪れたキサントパンスズメガ, オオアカエリトリバネアゲハと少年, ランの花にとまるハナカマキリ, 裸電球のまわりを飛ぶスラカヤママユガ, サバクワタリバッタの群れ, オオオニバスとスジコガネモドキ, アマゾン川とイリオネウスフクロウチョウ, 糞ボールをころがすスカラベ, 威嚇するマノハナカマキリ, 地面に隠れるイシバッタ〔ほか〕

〔内容〕世界の昆虫をテーマに写真家自らが選んだ22点の代表作。小学校高学年以上。

学習図鑑　昆虫　海野和男著　成美堂出版　1995.11　271p　21cm　1800円　ⓘ4-415-08304-8

〔目次〕1 昆虫ってどんな動物?, 2 日本の昆虫, 3 世界のめずらしい昆虫, 4 昆虫の世界を探る, 5 昆虫のとり方・飼い方

〔内容〕昆虫の学習用カラー図鑑。日本の昆虫280種、世界の昆虫40種を写真付きで収録する。各昆虫の分布、生育環境、体長等について解説する図鑑部分のほかに、「昆虫ってどんな動物」「昆虫の世界を探る」「昆虫のとり方, 飼い方」がある。排列は昆虫の種類。巻末に五十音順索引がある。児童向け。

学習図鑑　昆虫　海野和男著　成美堂出版　2001.6　271p　21cm　1300円　ⓘ4-415-01753-3　ⓃK486

〔目次〕1 昆虫ってどんな動物?(昆虫のたどった道, 異次元の生き物 ほか), 2 日本の昆虫(甲虫の仲間, チョウの仲間 ほか), 3 世界のめずらしい昆虫, 4 昆虫の世界を探る(昆虫とは何か—昆虫とほかの節足動物のちがい, 昆虫の仲間 ほか), 5 昆虫のとり方, 飼い方(道具と服装, 昆虫のつかまえ方 ほか)

〔内容〕日本の昆虫275種、世界の昆虫40種の計315種を紹介した児童向けの図鑑。ただ昆虫を

学研生物図鑑 特徴がすぐわかる 昆虫1 チョウ 改訂版 本間三郎ほか編 学習研究社 1991.5 305p 22cm 〈監修：白水隆 『学研中高生図鑑』の改題〉 4000円 ⓘ4-05-103848-3 Ⓝ460.38

内容 中学・高校生向けの生物の学習図鑑シリーズ。全12冊。昆虫の部は「1 チョウ」「2 甲虫」「3 バッタ・ハチ・セミ・トンボほか」の3冊で構成する。

学研生物図鑑 特徴がすぐわかる 昆虫2 甲虫 改訂版 本間三郎ほか編 学習研究社 1991.5 445p 22cm 〈監修：中根猛彦 『学研中高生図鑑』の改題〉 4300円 ⓘ4-05-103849-1 Ⓝ460.38

内容 中学・高校生向けの生物の学習図鑑シリーズ。全12冊。昆虫の部は「1 チョウ」「2 甲虫」「3 バッタ・ハチ・セミ・トンボほか」の3冊で構成する。

学研生物図鑑 特徴がすぐわかる 昆虫3 バッタ・ハチ・セミ・トンボほか 改訂版 本間三郎，伊藤年一編 学習研究社 1990.3 402p 22cm 〈監修：石原保 『学研中高生図鑑』の改題〉 4300円 ⓘ4-05-103850-5 Ⓝ460.38

内容 中学・高校生向けの生物の学習図鑑シリーズ。全12冊。昆虫の部は「1 チョウ」「2 甲虫」「3 バッタ・ハチ・セミ・トンボほか」の3冊で構成する。

学研の図鑑 昆虫 新訂版 学習研究社 1994.11 199p 26cm 1500円 ⓘ4-05-200504-X

内容 日本で見られる昆虫を12のなかまに分け、他に外国の昆虫、昆虫でない虫も収めた学習図鑑。それぞれの昆虫には標本図、大きさ、分布地、成虫が見られる時期、食草・幼虫の食べるもの、その昆虫の興味ある話を載せている。また巻末には、昆虫の生活、とり方、飼い方などを書いた「昆虫の世界」と索引を付す。

学校のまわりでさがせる生きもの図鑑 ハンディ版 昆虫1 新開孝ほか写真，岡島秀治監修 金の星社 2010.3 127p 22cm 〈索引あり〉 2500円 ⓘ978-4-323-05682-1 Ⓝ480.38

目次 チョウの仲間（特集アゲハ，特集モンシロチョウ，特集ヤマトシジミ），バッタ・カマキリなどの仲間（特集ショウリョウバッタ，特集トノサマバッタ，特集オンブバッタ ほか），トンボなどの仲間（特集ギンヤンマ，特集シオカラトンボ），昆虫さくいん，観察ノートを作ろう

内容 身近で見られる昆虫のくわしい特徴や飼い方を、昆虫の種類ごとに紹介する図鑑。

学校のまわりでさがせる生きもの図鑑 ハンディ版 昆虫2 新開孝ほか写真，岡島秀治監修 金の星社 2010.3 127p 22cm 〈索引あり〉 2500円 ⓘ978-4-323-05683-8 Ⓝ480.38

目次 甲虫の仲間、セミ・カメムシなどの仲間、ハチ・アリの仲間、ハエ・アブなどの仲間、昆虫でない虫の仲間、観察ノートを作ろう

内容 夏に雑木林へ行くと、カブトムシやクワガタムシに会えるかもしれません。形、くらしもさまざまな、甲虫、セミ、ハチ、アリなど、全174種を掲載。クモやダンゴムシも紹介。

かんさつしようこん虫のへんしん 松原巌樹絵・文 小峰書店 1999.7 27p 30cm （しぜんたんけんずかん 4） 1300円 ⓘ4-338-14704-0

目次 アゲハ（ナミアゲハ），キアゲハ，モンシロチョウ，オオムラサキ，カブトムシ，コクワガタ，キボシカミキリ，テントウムシ（ナミテントウ），ギンヤンマ，アブラゼミ，トノサマバッタ，オオカマキリ

内容 昆虫の一生を細密画で紹介した図鑑。

完璧版 昆虫の写真図鑑 オールカラー世界の昆虫、クモ、その他の虫300科 ジョージ・C.マクガヴァン著，野村周平日本語版監修，岸本年郎，神保宇嗣，石川忠，水島大樹訳 日本ヴォーグ社 2000.5 259p 21cm （地球自然ハンドブック）〈原書名：INSECTS, SPIDERS and OTHER TERRESTRIAL ARTHROPODS〉 2700円 ⓘ4-529-03267-1 Ⓝ486.038

目次 昆虫類（イシノミ類、シミ類 ほか）、昆虫以外の六脚類（トビムシ類、カマアシムシ類 ほか）、甲殻類（ワラジムシ類）、クモガタ類（サソリ類、カニムシ類 ほか）、多足類（エダヒゲムシ類、コムカデ類 ほか）

内容 世界の昆虫、クモ、その他の節足動物の図鑑。約300科以上を収録。陸上節足動物を昆虫類、昆虫以外の六脚類、クモガタ類、多足類にに分類し目ごとに41の章で構成。各章ではそれぞれの科の代表的な種の写真と特徴を説明する。それぞれの虫については目・科・種の数と体長、代表的なものの写真と形状の解説、生活史、分布・生息環境などを収載。巻末に用語集と学名・英名および和名・用語の索引を付す。

クローズアップ虫の肖像 世界昆虫大図鑑 クレール・ヴィルマン，フィリップ・ブランショ著，奥本大三郎訳 東洋書林 2008.6

255p 32cm 〈折り込2枚 文献あり 原書名：Portraits d'insectes.〉 8000円 Ⓝ978-4-88721-744-7 Ⓞ486.038

(目次)蜻蛉目（トンボの仲間），直翅目（バッタの仲間），網翅目（カマキリ，ゴキブリの仲間），竹節虫目（ナナフシの仲間），半翅目（カメムシの仲間），脈翅目（アミメカゲロウの仲間），鞘翅目（コウチュウの仲間），膜翅目（ハチの仲間），鱗翅目（チョウ，ガの仲間），長翅目（シリアゲムシの仲間），双翅目（ハエ，カの仲間）

(内容)スタジオ撮影による美しい昆虫の接写が二百数十点。世界の珍種・稀種をふくむ11目約600種を紹介。まさに「虫の博物誌」――生態や棲息地の民俗を詳述。

原色昆虫図鑑 1 北隆館 1995.1 303p 19cm （コンパクト版 15） 4800円 Ⓝ4-8326-0362-0

(目次)内顎亜綱，外顎亜綱

(内容)日本産昆虫の普通種および天然記念物指定種などの成虫を収録したカラー図鑑。1には1140種，2とあわせて2600種を収録する。分類順に掲載，形態・習性・出現期・分布など同定作業に必要な情報を簡潔に記載する。巻末に昆虫の系統分類などの資料がある。1・2両方を収めた目次，和名索引，学名索引を付す。

原色昆虫図鑑 2 甲虫他 北隆館 1995.4 311p 19cm （コンパクト版シリーズ 16） 4800円 Ⓝ4-8326-0363-9

(内容)一般の昆虫愛好者を対象に，日本産の普通種および天然記念物指定種など1248種（1，2巻計2600種）の成虫を掲載した昆虫図鑑。「学生版日本昆虫図鑑」「原色昆虫大図鑑」（全3巻）に準拠する。巻末に1，2巻共通の和名索引，学名索引がある。

原色昆虫大図鑑 第3巻（トンボ目・カワゲラ目・バッタ目・カメムシ目・ハエ目・ハチ目他） 新訂／平嶋義宏，森本桂／新訂監修 朝比奈正二郎，石原保，安松京三／旧版監修 北隆館 2008.1 14, 654p 図版 176p 27cm 〈他言語標題：Iconographia insectorum Japonicorum colore naturali edita〉 25000円 Ⓝ978-4-8326-0827-6 Ⓞ486.038

(内容)日本産のチョウ目・コウチュウ目を除いた他の30目約3200種を掲載した図鑑。巻頭に昆虫網全体の概説を収録する。

原寸大 昆虫館 小池啓一／監修，横塚真己人／写真 小学館 2010.6 48p 37×27cm （小学館の図鑑NEO 本物の大きさ絵本） 1500円 Ⓝ978-4-09-217254-8

(内容)さまざまな昆虫の生態写真，標本写真を，原寸大の写真で紹介する図鑑。オオミツバチの巨大な巣，カミキリムシの標本箱、クワガタムシやカマキリ，トンボ，チョウ，ナナフシ，アリ…などなど、大集合。

原寸大!スーパー昆虫大事典 井出勝久監修 成美堂出版 2005.7 111p 26×22cm 950円 Ⓝ4-415-03023-8

(目次)1 カブトムシ（ヘラクレスオオカブト，アクティオンゾウカブト ほか），2 クワガタムシ（ギラファノコギリクワガタ，エラフスホソアカクワガタ ほか），3 チョウ・ガ（ゴライアストリバネアゲハ，ツマキフクロウチョウ ほか），4 その他の昆虫（オオキバウスバカミキリ，テナガカミキリ ほか）

(内容)世界一大きいカブトムシ，体と同じ長さのアゴを持つクワガタムシ，手のひらには収まらない巨大カミキリムシ，透明なハネを持つチョウ，人の顔をしたカメムシ，ワニのような頭を持つセミなど大きさ，形，色など特徴のある世界のスーパー昆虫56種を大迫力マルチアングルで紹介。

甲虫 小林裕和，野中俊文，長谷川道明著 PHP研究所 1994.5 206p 18cm （カラー・ハンドブック 地球博物館 No.2） 2200円 Ⓝ4-569-54373-1

(目次)概説（各部名称解説，地図），クワガタムシ・ギネス（クワガタムシ，コガネムシ，カミキリムシ），僕のフィールドノート，フィールドノート作成例，和名索引／学名索引

(内容)日本産クワガタムシ全種を含む甲虫類319種を掲載した小型図鑑。

甲虫 新装版 黒沢良彦，渡辺泰明解説，栗林慧写真 山と渓谷社 1996.6 239p 19cm （山渓フィールドブックス） 1800円 Ⓝ4-635-06053-5

(目次)町や村に棲む甲虫，草原に棲む甲虫，森や林に棲む甲虫，川や沼に棲む甲虫，屋内に棲む甲虫，海岸に棲む甲虫，標本編

(内容)甲虫の携帯用図鑑。生態編，標本編から成り、生態編では棲息環境別に246種について拡大写真を掲載し、特徴、生態を解説する。標本編では体長が5ミリ以上のもの1343種、28亜種の写真を科別に掲載し、各種類の体長、分布域を記す。巻末に五十音順索引がある。野外ハンドブックシリーズ12「甲虫」（1984年刊）の改装版。

甲虫 新装版 黒沢良彦，渡辺泰明解説，栗林慧写真 山と渓谷社 2006.6 239p 19cm （新装版山渓フィールドブックス 6） 1600円 Ⓝ4-635-06063-2

(目次)始原亜目（ナガヒラタムシ科），食肉亜目（セスジムシ科，ハンミョウ科，オサムシ科，コガシラミズムシ科，ゲンゴロウ科，ミズスマシ

科)、ツブミズムシ亜目、多食亜目(ガムシ科、エンマムシモドキ科、エンマムシ科 ほか)

こどものずかんMio 1 むし (大阪)ひかりのくに 2005.6 64p 27×22cm 762円 ①4-564-20081-X
(目次)きみたちうちゅうじん?、キャベツもたべるの?、あっさかなだ!?、すっぱいにおいはどこだ?!、このちいさなあなあに?、くさむらでみつけた!

こんちゅう フレーベル館 1990.5 116p 30cm (ふしぎがわかるしぜん図鑑 1)〈監修:水野丈夫、矢島稔〉 1650円 ①4-577-00033-4 ⓃK486
(目次)ちょう、が、とんぼ、かぶとむし、せみ、はち、あり、ばった、水にすむ昆虫、家の中の虫、昆虫でない虫

こんちゅう 無藤隆総監修、矢島稔監修 フレーベル館 2004.6 128p 30×23cm (フレーベル館の図鑑 ナチュラ 1) 1900円 ①4-577-02837-9
(目次)かぶとむし・くわがたむし・てんとうむしなど、ちょう・が、とんぼ、せみ・かめむし、はち・あり、ばった、水にすむこん虫、家の中のこん中・こん虫ではない虫、もっと知りたい!昆虫
(内容)リアルなイラストや写真と解説とを組み合わせ、昆虫たちのからだのつくりやくらし、成長のようすなどを説明した昆虫図鑑。巻末に五十音順索引が付く。

昆虫 身近にいる昆虫347種 海野和男解説・写真 成美堂出版 2000.3 319p 15cm (ポケット図鑑) 1200円 ①4-415-01041-5 Ⓝ486.038
(目次)チョウ・ガの仲間、コウチュウの仲間、ハチ・アリ・アブの仲間、トンボの仲間、セミ・カメムシの仲間、バッタ・キリギリス・コオロギの仲間、その他、昆虫の撮影
(内容)身近で見ることのできる昆虫等347種をカラー写真を使って紹介した図鑑。巻末に索引付き。

昆虫 海野和男解説・写真 成美堂出版 1993.7 319p 15cm (ポケット図鑑) 1200円 ①4-415-07863-X
(目次)チョウ・ガの仲間、コウチュウの仲間、ハチ・アリ・アブの仲間、トンボの仲間、セミ・カメムシの仲間、バッタ・キリギリス・コオロギの仲間、昆虫の撮影
(内容)身近で見ることができる昆虫を中心に、夏の高原など訪れることが多い場所の昆虫、珍しいけれど名前をよく聞く昆虫等、計347種を収録、カラー写真を使って紹介する図鑑。

昆虫 中根猛彦、青木淳一、石川良輔共著 (大阪)保育社 1996.7 192p 19cm (エコロン自然シリーズ) 1800円 ①4-586-32107-5
(目次)ノミ目(陰翅目)、ハエ目(双翅目)、ハチ目(膜翅目)、アミメカゲロウ目(脈翅目)、トビケラ目(毛翅目)、シリアゲムシ目(長翅目)、甲虫目(鞘翅目)、カマキリ目、ナナフシ目、ハサミムシ目(革翅目)〔ほか〕
(内容)一般的な昆虫およびダニ類の図鑑。図版頁と解説頁で構成される。排列は科別。巻末に五十音順の和名索引とアルファベット順の学名索引がある。「標準原色図鑑全集2」(1966年刊)の改装版。

昆虫 改訂版 旺文社 1998.4 223p 19cm (野外観察図鑑 1) 743円 ①4-01-072421-8
(目次)チョウ・ガのグループ、カブトムシのグループ、バッタ・トンボなどのグループ、セミ・カメムシのグループ、ハチ・アリ・その他のグループ、?なぜ?どうして、昆虫の飼い方
(内容)400を超える身近な昆虫を掲載した昆虫図鑑。名前調べが早くできる仲間分けや、昆虫の特ちょうがひと目で分かるよう引き出し線でポイントを説明。野外観察に便利なハンディーサイズ。

昆虫 改訂版 学習研究社 2006.6 232p 30cm (ニューワイド学研の図鑑) 2000円 ①4-05-202587-3
(目次)チョウのなかま、カブトムシのなかま、ハチのなかま、トンボのなかま、セミ・カメムシのなかま、バッタのなかま、アブ・ハエなどのなかま、昆虫いがいの虫

昆虫 岡島秀治総合監修、植村好延、岸田泰則、市川顕彦監修 学習研究社 2007.6 152p 26cm (ジュニア学研の図鑑) 1500円 ①978-4-05-202720-8
(目次)昆虫ってなんだ、チョウのなかま、日本のいろいろな自然と昆虫、コウチュウのなかま、春の昆虫、ハチとハエのなかま、アミメカゲロウなどのなかま、昆虫の食べ物、さなぎにならない昆虫、世界の昆虫、昆虫の役割、クモのなかま、さあ昆虫を探しに出かけよう
(内容)どんなところにどんな昆虫がいるのかな?昆虫をさがそう、みつけよう。昆虫を身近に感じる図鑑、登場。

昆虫 増補改訂版 学研教育出版、学研マーケティング(発売) 2010.4 232p 19cm (学研の図鑑 新・ポケット版 1) 960円 ①978-4-05-203203-5 ⓃE486.038
(目次)チョウのなかま、コウチュウのなかま、ハチのなかま、トンボのなかま、セミ・カメムシのなかま、バッタなどのなかま、ハエ・アブ

のなかま、ウスバカゲロウなどのなかま、シロアリ・ノミなどのなかま、昆虫いがいの虫（クモなどのなかま）、昆虫の身の守り方・チョウの移動
(内容)昆虫の最新情報がいっぱい。収録数約800種。写真でわかるイラストでなっとく。これでキミも昆虫博士。

昆虫 小池啓一，小野展嗣，町田竜一郎，田辺力指導・執筆，森上信夫，筒井学，新開孝ほか写真，水口哲二標本撮影 小学館 2010.6 207p 19cm （小学館の図鑑NEO POCKET 1）〈文献あり 索引あり〉 950円 ⓘ978-4-09-217281-4 ⓝE486
(目次)イシノミ目・シミ目、カゲロウ目、トンボ目、カワゲラ目・シロアリモドキ目、バッタ目、ナナフシ目、ガロアムシ目・ハサミムシ目、シロアリ目・ゴキブリ目、カマキリ目、チャタテムシ目・シラミ目・アザミウマ目〔ほか〕
(内容)昆虫のなかまを中心に、ムカデやヤスデ、クモ、サソリなどの陸生の節足動物のなかまを合わせて約850種を紹介。

昆虫 友国雅章総合監修 学習研究社 1999.11 200p 29cm （ニューワイド学研の図鑑）〈索引あり〉 2000円 ⓘ4-05-500409-5
(内容)おもに日本に住んでいる昆虫と、昆虫以外のクモやダンゴムシなどの代表的なものを分類別に詳しく紹介する図鑑。最新の写真を多用し、生態の不思議や最新情報をふまえた解説を掲載。

昆虫 小池啓一，小野展嗣，町田竜一郎，田辺力指導・執筆，森上信夫，筒井学，新開孝ほか写真，水口哲二標本撮影 小学館 2010.6 207p 19cm （小学館の図鑑NEO POCKET 1） 950円 ⓘ978-4-09-217281-4
(目次)イシノミ目・シミ目、カゲロウ目、トンボ目、カワゲラ目・シロアリモドキ目、バッタ目、ナナフシ目、ガロアムシ目・ハサミムシ目、シロアリ目・ゴキブリ目、カマキリ目、チャタテムシ目・シラミ目・アザミウマ目〔ほか〕
(内容)昆虫のなかまを中心に、ムカデやヤスデ、クモ、サソリなどの陸生の節足動物のなかまを合わせて約850種を紹介。

昆虫 1 改訂新版 〔岡島秀治〕〔監修〕 学習研究社 2002.11 220p 31cm （原色ワイド図鑑） 5952円 ⓘ4-05-152126-5 ⓝ486
(内容)チョウ・ガ・トンボの日本産約620種、外国産約140種を収録した図鑑。標本写真生態写真、図解でくわしく解説する。

昆虫 2 改訂新版 〔岡島秀治〕〔監修〕 学習研究社 2002.11 240p 31cm （原色ワイド図鑑） 5952円 ⓘ4-05-152127-3 ⓝ486
(内容)甲虫・ハチ・セミ・コオロギなどの昆虫とクモなど約1050種を収録した図鑑。昆虫とクモの多彩な種類から生態までをくわしく解説する。

昆虫 3 小池啓一指導・執筆・企画・構成，小野展嗣，町田竜一郎指導・執筆，森上信夫，筒井学企画・構成 小学館 2002.7 207p 30cm （小学館の図鑑NEO 3） 2000円 ⓘ4-09-217203-6 ⓝK486.038
(目次)イシノミ、シミのなかま、カゲロウのなかま、トンボのなかま、カワゲラ、シロアリモドキのなかま、キリギリス、バッタのなかま、ナナフシのなかま、ガロアムシ、ハサミムシ、シロアリ、ゴキブリのなかま、カマキリ、チャタテムシ、シラミ、アザミウマなどのなかま、セミ、ヨコバイのなかま、カメムシのなかま〔ほか〕
(内容)子ども向けの昆虫図鑑。日本で見られる種類を中心に、約1400種の昆虫とムカデ・ヤスデなどの昆虫に近い仲間を収録。昆虫は大きなグループ（目）に分け、原始的なグループから順に掲載している。各昆虫の種名、別名、科名、体の大きさ、分布、成虫が見られる時期、幼虫の食べ物などを記載。この他に、「もの知りコラム」や「やってみようコラム」など学習に役立つ記事も掲載している。巻末に索引が付く。

昆虫顔面図鑑 日本編 海野和男著 実業之日本社 2010.6 110p 26cm 2000円 ⓘ978-4-408-32346-6 ⓝ486.038
(目次)ハチの仲間―膜翅目、アブの仲間―双翅目、カブトムシの仲間―甲虫目、チョウの仲間―鱗翅目、クサカゲロウの仲間―脈翅目、シリアゲムシの仲間―シリアゲムシ目、バッタの仲間―直翅目、カマキリの仲間―カマキリ目、ナナフシの仲間―ナナフシ目、トンボの仲間―トンボ目、セミの仲間―半翅目、カゲロウの仲間―カゲロウ目、ハサミムシの仲間―ハサミムシ目
(内容)肉眼で見ることができない小さな虫の顔に極限まで近づいて撮影した昆虫顔面写真集。知られざる虫たちの生態もじっくり解説。

こんちゅうげんすんかくだい図鑑 須田孫七監修 チャイルド本社 2001.5 117p 18×20cm （チャイルドブックこども百科） 1300円 ⓘ4-8054-2373-0 ⓝK486
(目次)春の野原で出会う虫たち、夏の山や林で出会う虫たち、夏の水べで出会う虫たち、夏から秋の野原で出会う虫たち、秋のおわりから冬に出会う虫たち
(内容)自然のなかで出会う昆虫についての児童向け図鑑。虫が見られる季節と場所で章を分け、虫のくらしや体、出会い方を原寸大の虫のイラストで解説。各章末に季節・場所別の観察ポイントを掲載。

こんちゅうずかん　講談社　1993.5　32p
27×22cm　（KINTARO 幼稚園百科 22）
980円　Ⓣ4-06-253122-4
内容　日本の身近な昆虫の世界をイメージできるよう構成した図鑑。

昆虫図鑑 みぢかな虫たちのくらし　長谷川哲雄絵・文　ハッピーオウル社　2004.5
47p　29×22cm　Ⓣ4-902528-01-0
内容　比較的身近に見られる昆虫を中心に、およそ600種あまりを、すんでいる環境と生活のしかたとのかかわりを軸にして紹介。ふだん見過ごしている小さな昆虫も、こちらから近づいていって、その気になって探したり、観察したり、飼育してみたりすると、今まで気づかなかった、すばらしく豊かでおもしろい世界が見えてくる。

昆虫図鑑 いろんな場所の虫さがし　藤丸篤夫文・写真　福音館書店　1997.4　86p
30cm　（みぢかなかがく）　1500円　Ⓣ4-8340-1421-5
目次　雑木林の虫さがし，草地の虫さがし，畑の虫さがし，田んぼと水辺の虫さがし，町の虫さがし

昆虫 知識をひろげるまなぶっく図鑑　前園泰徳著　メイツ出版　2005.7　143p
21cm　（まなぶっく）　1500円　Ⓣ4-89577-923-8
目次　甲虫の仲間，チョウ・ガの仲間，トンボの仲間，セミ・カメムシの仲間，バッタ・コオロギ・キリギリスの仲間，ハチ・アリの仲間，ハエ・アブ・カの仲間，その他の仲間
内容　きれいな写真と楽しい解説で昆虫が大好きになる。

昆虫ナビずかん かならずみつかる!　高家博成，三枝博幸監修，松原巌樹絵・文，松岡達英，今井桂三，中西章絵，川上洋一文　旺文社　2002.5　159p　21cm　952円　Ⓣ4-01-071866-8　ⓃK486
目次　カブトムシナビ ぞうき林編（カブトムシの予習，ぞうき林たんけん），トノサマバッタナビ 草はら編（トノサマバッタの予習，草はらたんけん），アゲハチョウナビ 家のまわり編（アゲハの予習，まちの自然たんけん），ギンヤンマナビ 水辺編（ギンヤンマの予習，水辺たんけん），こん虫をつかまえたらチャレンジ!（こん虫の飼い方，ビオトープの作り方 ほか）
内容　子ども向けの昆虫図鑑。探す虫がどこにいるか，どうしてとるか，どうして飼うか，どうしたら保存できるかが紹介されている。雑木林ならカブトムシ，草はらならトノサマバッタ，家のまわりならアゲハ，水辺ならギンヤンマといったように，4つの環境ごとに代表的な昆虫をとりあげている。ターゲットの昆虫をさがしだすまでの道のりを，環境の見分け方からやさしく解説。巻末では，4種の昆虫に関連して，飼い方・ビオトープの作り方・自由研究のテーマ・標本の作り方などを解説している。巻末に索引が付く。

昆虫の図鑑採集と標本の作り方 野山の宝石たち　増補改訂版　福田晴夫，山下秋厚，福田輝彦，江平憲治，二町一成，大坪修一，中峯浩司，塚田拓著　（鹿児島）南方新社　2009.9　261p　21cm　〈文献あり 索引あり〉　3500円　Ⓣ978-4-86124-168-0　Ⓝ486.0219
内容　九州・沖縄の身近な昆虫，全2542種を掲載。チョウは九州・沖縄産全種，日本の迷蝶全種のほか，トンボ・チョウ・ガの幼虫写真も収録し，採集方法から標本の作り方まで丁寧に説明する。

昆虫の生態図鑑　川上親孝編　学習研究社　1993.7　160p　31×23cm　（大自然のふしぎ）　3200円　Ⓣ4-05-200134-6
目次　昆虫とはどのような生きものか，チョウ・ガの仲間のふしぎ，甲虫の仲間のふしぎ，ハチ・アリの仲間のふしぎ，セミ・カメムシの仲間のふしぎ，バッタ・カマキリの仲間のふしぎ，アブ・ハエの仲間のふしぎ，いろいろな昆虫・クモなどのふしぎ，自然ウォッチング，資料編
内容　チョウやガの忍法変身術，ホタルの方言ラブコール，世界の奇妙でれつな昆虫たちなど，最新の研究結果を大判で収録するビジュアルブック。

昆虫の生態図鑑　改訂新版　学研教育出版，学研マーケティング（発売）　2010.6　176p　31cm　（大自然のふしぎ 増補改訂）〈初版：学習研究社1993年刊　並列シリーズ名：NATURE LIBRARY　索引あり〉　3000円　Ⓣ978-4-05-203265-3　Ⓝ486.038
目次　ハチ・アリの仲間のふしぎ，昆虫とはどのような生きものか，チョウ・ガの仲間のふしぎ，甲虫の仲間のふしぎ，セミ・カメムシの仲間のふしぎ，バッタ・カマキリの仲間のふしぎ，アブ・ハエの仲間のふしぎ，いろいろな昆虫・クモなどのふしぎ，自然ウォッチング，資料編
内容　毒のあるチョウを食べた鳥はどうなるのか？ホタルはなぜ光るのか？外国の昆虫がどのようにして日本に運ばれたのか？昆虫たちの「ふしぎ」に迫る，よくわかる情報がギッシリつまった1冊。

昆虫の分類　復刻版　素木得一著　北隆館　2010.7　961p　27cm　〈他言語標題：Classification of insects　原本：昭和48年刊〉　30000円　Ⓣ978-4-8326-0963-1　Ⓝ486.1
目次　総論（昆虫とその類似動物：節足動物，昆

虫の外形態、内形態、生理、生活環、分類）、各論（多節昆虫亜綱、少節昆虫亜綱、真昆虫亜綱）

昆虫変身3D図鑑 変態の決定的瞬間 海野和男写真・解説 雷鳥社 2001.7 166p 18×14cm 1680円 Ⓘ4-8441-3324-1 Ⓝ486.1

〔目次〕第1章 変身・変形—羽化・孵化・脱皮・蛹化の決定的シーン（スズムシ（孵化、羽化）、オオカマキリ（孵化、羽化）、トノサマバッタ—羽化 ほか）、第2章 昆虫親子図鑑（カラスアゲハ、アゲハ、キアゲハ、ウスバシロチョウ、ヒメギフチョウ、モンキチョウ ほか）、第3章 3D昆虫立体図鑑（ウスバシロチョウ（広角、アップ）、アゲハの産卵、クモガタヒョウモン ほか）

〔内容〕昆虫が変態する瞬間の写真を集めた図鑑。第1章は羽化や孵化の瞬間を虫ごとに紹介し、第2章は変態前と後の「親子」の姿を紹介。本文中に「虫たちの不思議な世界」と題するコラムを挟む。巻末に「昆虫写真の撮影テクニック」「3D（立体）メガネの作り方」と索引がある。

里山 昆虫ガイドブック 新開孝著 ティビーエス・ブリタニカ 2002.5 167p 21cm 2400円 Ⓘ4-484-02405-5 Ⓝ486

〔目次〕春一番のチョウとガ、こんにちは赤ちゃん—サトクダマキモドキ、アカサシガメ、春のゴマダラチョウ、葉っぱのお家—ハネナシコロギス、アオバセセリ、求愛と交尾—キイロスズメ、アゲハ、オドリバエなど、化ける（擬態）、花と昆虫—ハナバチ、ベニシジミ、ツユムシなど、産卵—アゲハ、クサヒバリ、カメムシ、クワガタムシ、林の居酒屋—キタテハ、ムネアカオオアリなど〔ほか〕

〔内容〕里山に生息する昆虫のビジュアルガイドブック。カブトムシ、トンボ等、約250種の昆虫の生態を紹介する。交尾や産卵のシーンや擬態の様子、その他季節ごとに見られる各昆虫の個性的な生態を、テーマとしてピックアップ、連続写真等多数の写真を使用して、ビジュアル的に構成している。里山探検や虫捕りをする際の楽しいウォッチング法も紹介。巻末に索引と参考文献一覧を付す。

里山の昆虫ハンドブック 日本放送出版協会（NHK出版）編、新開孝写真、大林延夫監修 日本放送出版協会 2010.6 255p 19cm 〈文献あり 索引あり〉 2000円 Ⓘ978-4-14-011292-2 Ⓝ486.021

〔目次〕春、夏、秋、冬、昆虫以外の小動物

〔内容〕観察した昆虫を判別しやすいように春夏秋冬の四季に、さらにそれぞれの生息環境別に「人里や野原」「山や雑木林」「湿地や水辺」と分けて紹介した昆虫ハンドブック。

世界大博物図鑑 第1巻 虫類 荒俣宏著

平凡社 1991.8 569p 27cm 〈参考文献：p562〜569〉 16000円 Ⓘ4-582-51821-4 Ⓝ480.38

〔内容〕全動物の東西古今の古典的図鑑や図書から集めたカラー図版と記述の集大成。本巻には人体寄生虫、環形動物、昆虫類、他を収める。

世界珍虫図鑑 上田恭一郎監修、川上洋一著 人類文化社、桜桃書房〔発売〕 2001.4 189p 26cm （オリクテロプス自然博物館シリーズ） 3200円 Ⓘ4-7567-1200-2 Ⓝ486.038

〔目次〕珍虫とは何か?、昆虫の種はなぜ多いのか?、昆虫に近縁の生物、昆虫の分類、昆虫の進化をたどる、熱帯雨林、温帯林、針葉樹林、草原・サバンナ、砂漠、高山・極地、湖沼・川、島

〔内容〕昆虫の各グループを代表する珍虫100種の図鑑。各章は生息場所の違いから構成され、それぞれの珍虫の和名、英名、学名、分類名、詳しい解説と写真を記載。巻末に和名索引を付す。

世界珍虫図鑑 改訂版 川上洋一著、上田恭一郎監修 柏書房 2007.6 218p 26cm 4700円 Ⓘ978-4-7601-3168-6

〔目次〕鱗翅目、毛翅目、隠翅目、双翅目、長翅目、膜翅目、撚翅目、鞘翅目、脈翅目、半翅目、総翅目、虱目、食毛目、噛虫目、絶翅目、マントファスマ目、非翅目、蟷螂目、等翅目、革翅目、竹節虫目、直翅目、紡脚目、蜻蛉目、原蜻蛉目、蜉蝣目、古網翅目、総尾目、イミノミ目、双尾目、粘管目、原尾目

〔内容〕ふしぎな姿・生態をもつ105種を厳選。小学生から大人まで楽しめるオールカラー図鑑。

世界の昆虫 岡島秀治総合監修 学習研究社 2004.3 168p 30×23cm （ニューワイド学研の図鑑） 2000円 Ⓘ4-05-500497-4

〔目次〕チョウのなかま（アゲハチョウのなかま、シロチョウのなかま、シジミチョウのなかま ほか）、コウチュウのなかま（オサムシなどのなかま、ハンミョウのなかま、ゾウムシのなかま ほか）、そのほかの昆虫（ハチのなかま、ハエのなかま、カメムシのなかま ほか）

〔内容〕収録種類数約1000種。最新の情報と学説を紹介。最近発見された珍種も登場。昆虫の不思議も詳しく紹介。

世界の昆虫 増補改訂 学習研究社 2009.6 192p 30cm （ニューワイド学研の図鑑 19） 〈索引あり〉 2000円 Ⓘ978-4-05-203137-3 ⓃE486.038

〔目次〕チョウのなかま（アゲハチョウのなかま、シロチョウのなかま ほか）、コウチュウのなかま（オサムシなどのなかま、ハンミョウのなかま ほか）、そのほかの昆虫（ハチのなかま、ハ

エのなかま ほか），昆虫以外の虫（クモやサソリのなかま，ムカデやヤスデのなかま）

⦿内容 チョウがたっぷり，人気のコガネムシがいっぱい，かっこいいカブトムシ・クワガタムシが満載。さらに充実，24ページ200種増，めずらしい種類がもりだくさん。世界の昆虫，約1200種掲載。

世界の昆虫大百科 カラー版 山口進，山口就平，青木俊明共著，世界昆虫研究会編 勁文社 2001.4 341p 15cm （ケイブンシャの大百科 674） 820円 Ⓘ4-7669-3793-7 ⓃK486

⦿内容 世界の昆虫845種を収録する図鑑。産地・特徴・体長を解説，写真とともに掲載する。また，図鑑の用語解説，世界の昆虫分布も収録する。1982年刊の一部改訂版。

世界文化生物大図鑑 昆虫 1 チョウ・バッタ・トンボなど 改訂新版 世界文化社 2004.6 423p 28×23cm 10000円 Ⓘ4-418-04907-X

⦿目次 昆虫概論（昆虫とは何か，昆虫の歴史 ほか），チョウ・バッタ・トンボなど（チョウ目，シミ目（総尾目） ほか），生態と行動（求愛行動，交尾 ほか），昆虫の生活（すみ分けと分布，チョウの生活 ほか），昆虫を楽しむノウハウ（採集法と採集場所）

⦿内容 ニホンで生息している3100種をチョウ，バッタ，トンボなどと甲虫で分けて紹介した昆虫図鑑。チョウ，バッタ，トンボなどの図鑑の他に昆虫概論，生態と行動，採取法，標本作成法などを紹介。索引は目名，科名，種名，亜種名，別名の五十音順で配列。

世界文化生物大図鑑 昆虫 2 甲虫 改訂新版 世界文化社 2004.6 399p 28×23cm 10000円 Ⓘ4-418-04908-8

⦿目次 甲虫（甲虫目（鞘翅目）（ナガヒラタムシ科，セスジムシ科 ほか）），生態と行動（飛翔（飛行），共生，寄生 ほか），昆虫の飼育（飼育概論，チョウの飼育，バッタ，カマキリの飼育 ほか）

⦿内容 ニホンで生息している3100種をチョウ，バッタ，トンボなどと甲虫で分けて紹介した昆虫図鑑。甲虫目の図鑑の他に昆虫概論，生態と行動，飼育法などを紹介。索引は目名，科名，種名，亜種名，別名の五十音順で配列。

チョウも飼いたいサソリも飼いたい 三枝博幸監修 旺文社 1999.7 256p 14×14cm （アレコレ知りたいシリーズ 2） 1429円 Ⓘ4-01-055062-7

⦿目次 家のまわりにすむ虫（セイヨウミツバチ，セグロアシナガバチ ほか），草原にすむ虫（コブハサミムシ，オオカマキリ ほか），森や林にすむ虫（オオゴキブリ，ヒナカマキリ ほか），水や水べにすむ虫（ヤエヤママダラゴキブリ，ツダナナフシ ほか）

⦿内容 飼う人が少ない珍しい虫や，飼うことの難しい虫，嫌われがちな虫を紹介した図鑑。巻末に索引がある。

とびだす昆虫たち 見て，聞いて，さわって，不思議いっぱい昆虫の世界を探検 学習研究社 1995.4 1冊 31cm （究極のポップアップ図鑑） 〈日本語版監修：矢島稔〉 2500円 Ⓘ4-05-200434-5

⦿内容 見て，聞いて，さわって，不思議いっぱい昆虫の世界を探検。

鳴く虫観察事典 小田英智構成・文，松山史郎写真 偕成社 2007.3 39p 28×23cm （自然の観察事典 40） 2400円 Ⓘ978-4-03-526600-6

⦿目次 鳴く虫をさがそう，キリギリス類の鳴き方，コオロギ類の鳴き方，鳴く虫の耳，羽が退化した鳴く虫，鳴き声のメッセージ，オスとメスとの出あい，交尾と精球，コオロギ類の産卵管，キリギリス類の産卵管，鳴く虫たちの敵，鳴く虫たちの冬，幼虫たちの誕生，鳴く虫たちの食物，成虫への羽化，めぐる季節と鳴く虫たち，鳴く虫を飼ってみよう

日本昆虫図鑑 復刻版 石井悌，内田清之助，江崎悌三，川村多実二，木下周太，桑山覚，素木得一，湯浅啓温編 北隆館 2009.10 1738, 203p 図版15枚 21cm 〈他言語標題：Iconographia insectorum Japonicorum 改訂版（昭和25年刊）の複製 索引あり〉 20000円 Ⓘ978-4-8326-0836-8 Ⓝ486.038

⦿目次 原尾目，総尾目，粘管目，直翅目，革翅目，襀翅目，等翅目，紡脚目，噛虫目，食毛目 〔ほか〕

日本産幼虫図鑑 学習研究社 2005.10 336p 31×22cm 18000円 Ⓘ4-05-402370-3

⦿目次 カゲロウ目，カワゲラ目，ヘビトンボ目・ラクダムシ目・アミメカゲロウ目，ゴキブリ目・ナナフシ目・カマキリ目・バッタ目，ハサミムシ目，トンボ目，カメムシ目，トビケラ目，ハチ目，ハエ目

⦿内容 この図鑑では，野外でよくみかける昆虫の幼虫の形態や色，習性や生態，分布などをカラー写真と解説文で紹介した。全体は分類にしたがって昆虫をグループ分けし，目や亜目，科などのグループごとの幼虫の特徴や生活史，生態や行動を紹介する概説ページと，各グループの種（一部は属・亜属）ごとに紹介する図鑑ページで構成した。また，巻末には和名さくいん，学名さくいんに加え，学名・和名対照一覧をつけた。

日本の昆虫 三木卓著 小学館 1993.8 255p 19cm （フィールド・ガイド 11） 1800円 ⓘ4-09-208011-5
㋲日本の昆虫、高山の蝶、南の昆虫
㋴芥川賞作家の著者が214種の昆虫を生態写真とともに紹介する図鑑。

人気の昆虫図鑑 岩淵けい子監修 日東書院本社 2006.6 191p 21cm （いきものシリーズ） 1500円 ⓘ4-528-01717-2
㋲チョウ目（鱗翅目）、トンボ目、コウチュウ目（鞘翅目）、ハチ目（細腰亜目）、カメムシ目（半翅目）、バッタ目、その他の目、昆虫以外の生き物
㋴日本で見られる257種類の虫たちをわかりやすく紹介。観察の仕方や自由研究のテーマもいっぱい。

人気の昆虫図鑑ベスト257 日本で見られる虫たちを大紹介！観察の仕方がよくわかる 主婦の友社編、岩淵けい子監修 主婦の友社 2009.7 191p 21cm （主婦の友ベストbooks）〈索引あり〉 1400円 ⓘ978-4-07-267565-6 Ⓝ486.038
㋲チョウのなかま、トンボのなかま、コウチュウのなかま、ハチのなかま、カメムシのなかま、バッタのなかま、その他の昆虫のなかま、昆虫以外の生き物
㋴日本で見られる260種類以上の昆虫を紹介する図鑑。クモやダンゴムシ、ゴキブリなど昆虫に近いなかまも紹介。主な昆虫の育ち方や卵の状態、さなぎの状態などのさまざまな生態も取り上げる。

野山の昆虫 今森光彦著 山と渓谷社 1999.4 281p 15cm （ヤマケイポケットガイド 10） 1000円 ⓘ4-635-06220-1
㋲甲虫目、膜翅目（ハチ目）、双翅目（ハエ目）、カ科、脈翅目（アミメカゲロウ目）、長翅目（シリアゲムシ目））、半翅目（カメムシ目）、直翅目（バッタ目）、等翅目（シロアリ目）、革（ハサミムシ目）
㋴野山で見られる昆虫約230種を紹介した図鑑。名前、分類、生息地や時期などを書き出したデータ、写真など。巻末に索引を付す。

野山の昆虫 今森光彦写真・文 山と渓谷社 2010.2 79p 19cm （わかる！図鑑 5）〈文献あり 索引あり〉 1200円 ⓘ978-4-635-06206-0 Ⓝ486.038
㋲甲虫（コガネムシの仲間、ハンミョウの仲間 ほか）、ハチ（ハナバチの仲間、アシナガバチの仲間 ほか）、セミ（セミの仲間、カメムシの仲間 ほか）、バッタ（バッタの仲間、イナゴの仲間 ほか）、チョウ（アゲハチョウの仲間、シロチョウの仲間 ほか）

㋴生きものの特徴をピンポイントで示し、簡単に名前がわかる図鑑。

野山の昆虫 今森光彦、荒井真紀著 山と渓谷社 2010.7 281p 15cm （新ヤマケイポケットガイド 7）〈1999年刊の改訂〉 1200円 ⓘ978-4-635-06270-1 Ⓝ486.038
㋲甲虫目（コガネムシ科、クワガタムシ科 ほか）、膜翅目（ハチ目）（ミフシハバチ科・ハバチ科・セイボウ科、ベッコウバチ科・アナバチ科 ほか）、双翅目（ハエ目）（ハナアブ科、コガシラアブ科・ムシヒキアブ科・アブ・ツリアブ科 ほか）、半翅目（カメムシ目）（セミ科、アワフキムシ科・オオヨコバイ科 ほか）、直翅目（バッタ目）（バッタ科、イナゴ科 ほか）
㋴約230種を掲載した昆虫図鑑。野山で観察される甲虫類、ハチ類、アリ類、セミ類、バッタ類など、ごくふつうに見られる昆虫を選んでいる。

ビジュアル博物館 17 昆虫 魅惑に満ちた昆虫の体のつくり、生活史など にぎやかで興味深い昆虫の世界を探る ローレンス・モード著、リリーフ・システムズ訳（京都）同朋舎出版 1991.7 63p 29cm〈監修：大英自然史博物館〉 3500円 ⓘ4-8104-0963-5 Ⓝ486.1
㋴子供向けの図解百科事典シリーズ。1冊1テーマで構成する。

フォトCD早引き昆虫図鑑 日本の代表的な昆虫176種を収録 坂本健祐写真 誠文堂新光社 1996.12 127p 23×19cm〈付属資料：CD‐ROM1〉 3900円 ⓘ4-416-29631-2
㋲Photo CDを見るための環境、Photo CDをみる手順、早引き昆虫図鑑の操作、Photo CDの画面構成、画像収録リスト（1 チョウ・ガのなかま、2 甲虫のなかま、3 セミ・カメムシのなかま、4 バッタ・コオロギのなかま、5 トンボのなかま、6 ハチ・アリのなかま、7 その他のむし）

ふしぎ・びっくり!?こども図鑑 むし 新版 高家博成監修 学習研究社 2004.7 120p 30×23cm 1900円 ⓘ4-05-202104-5
㋲こん虫（こう虫のなかま、あぶ・か・はえのなかま、ばった・こおろぎのなかま、かまきりなどのなかま、せみ・かめむしのなかま、とんぼのなかま、そのほかのこん虫）、くも・だんごむし（くも・だんごむしのなかま）、虫のかいかた
㋴庭や野山などで身近に見られる色々な昆虫と、くもやだんごむしなどを収録。本文内容は「こん虫」「くも・だんごむし」の2つに分かれている。

ポケット版 学研の図鑑 1 昆虫 岡島秀治監修・指導 学習研究社 2002.4 208,16p 19cm 960円 ①4-05-201485-5 ⓃK486

(目次)チョウのなかま、コウチュウのなかま、ハチのなかま、トンボのなかま、セミ・カメムシのなかま、バッタなどのなかま、ハエ・アブのなかま、ウスバカゲロウなどのなかま、シロアリ・ノミなどのなかま、昆虫いがいの虫(クモなどのなかま)

(内容)子ども向けの昆虫図鑑。主に日本に住んでいる昆虫と、昆虫以外のクモやダンゴムシなどの代表的なものの種類を、標本などで10の仲間に分けて取り上げている。各種の種名、科名、大きさ、季節、分布、幼虫の食べ物、越冬態、特徴などを記載。この他に資料として危険な昆虫や絶滅が心配される主な昆虫、用語の解説なども掲載している。巻末に索引が付く。

身近な昆虫 松原巖樹絵・文 旺文社 1999.4 215p 26cm (からだのつくりがよくわかる生きもの観察図鑑) 5000円 ①4-01-072480-3

(目次)チョウ・ガ、甲虫、ハチ・アブ、セミ・カメムシ、トンボ、バッタ・コオロギ、本物に見える昆虫の描き方

(内容)いろいろな昆虫を正確で大きな図を用いて紹介した図鑑。巻末に、付録として「本物に見える昆虫の描き方」を付す。

むし 高家博成監修 学習研究社 1996.5 120p 30cm (ふしぎ・びっくり!?こども図鑑) 2000円 ①4-05-200682-8

(目次)こん虫(こう虫のなかま、ちょう・がのなかま、はち・ありのなかま、はえ・あぶ・かのなかま、ばった・こおろぎのなかま、かまきりなどのなかま、せみ・かめむしのなかま、とんぼのなかま、そのほかのこん虫)、くも・だんごむし(くも・だんごむしのなかま、こん虫のかいかた)

(内容)野山などに見られるさまざまな昆虫とクモなどをとりあげた、幼児から小学校低学年向けの図鑑。昆虫・クモについての「ふしぎ」に答える「なぜ・なぜのページ」と、生態について解説する「図かんのページ」から成る。巻末に五十音順の用語索引がある。

むし ちいさなずかんポッケ 須田孫七、須田研司監修 学習研究社 2002.8 99p 15cm 550円 ①4-05-201716-1

(目次)のやまでみつけよう(はなでみつかるむし、はやしでみつかるむし、くさむらにいるむし、いけやぬま、かわにいるむし、じめんにいるむし)、いえのちかくでみつけよう(かだんにやってくるむし、にわやはたけのきでみつかる

むし、はたけのさくもつでみつかるむし、いえやいえのすぐちかくにいるむし)、むしをかってみよう

虫のおもしろ私生活 身近な虫の観察図鑑 ピッキオ編著 主婦と生活社 1998.7 239p 18cm 1200円 ①4-391-12229-4

(目次)1 虫のいるところ(地面にいる虫、木の幹にいる虫、枝茎葉にいる虫、花にいる虫、空中にいる虫、池にいる虫、川にいる虫)、2 虫のおもしろ私生活(地面での私生活、木の幹での私生活、枝・茎・葉での私生活、花の上での私生活、空中での私生活、水辺・水中での私生活、虫の病気)、3 虫たちの4億年(身近な水辺―学校のプール)、4 虫の仲間分け

(内容)虫の種類によって様々な生活を、野外で観察するための図鑑。五十音順の索引付き。

やくみつるの昆虫図鑑 やくみつる著 成美堂出版 2009.8 111p 19cm 〈索引あり〉 950円 ①978-4-415-30408-3 ⓃK486.021361

(目次)アオイトトンボ―どこから来るのかイトトンボ、アオスジアゲハ―ホテルの窓、三人三様の連想、アオマツムシ―桜新町を占拠、大陸よりの使者、アカエグリバ―天狗様がやって来た1、アカスジキンカメムシ―庭で発見!生きた宝石、アカマダラケシキスイ―廃品再利用、エコ飼育、アケビコノハ―奇跡の自動展翅標本、アゲハチョウ―その臭い、ハマるんです、アサギマダラ―台風が運んできたサプライズ、アブラゼミ――一日一善、セミ助け〔ほか〕

(内容)翅のない(!?)トンボに、天狗の顔をした蛾、窓に産みつけられた謎の優曇華の花…虫たちに並々ならぬ深い情愛を持つ著者が語る過去から現在への昆虫物語。

ヤマケイジュニア図鑑 2 昆虫 山と渓谷社 2002.6 143p 19cm 950円 ①4-635-06237-6 ⓃK486.038

(目次)庭や公園・野原の昆虫、林や森の昆虫、水辺の昆虫

(内容)子ども向けの昆虫図鑑。日本でわりあいよく見られる昆虫たちを、庭や公園・野原の昆虫、林や森の昆虫、水辺の昆虫と、すみ場所でおおまかに分けて、紹介している。昆虫の種類ごとに収録。各昆虫の種名、科名、大きさ、時期、分布、解説、写真を掲載。各章の頭では、イラストを使って、代表的な昆虫のくらし方や面白い行動などを紹介している。巻末に索引が付く。

◆各地の昆虫

<事典>

校庭の昆虫 田仲義弘、鈴木信夫共著 全国

農村教育協会 1999.7 191p 21cm （野外観察ハンドブック） 1905円 ⓘ4-88137-073-1

⟨目次⟩昆虫の「くらし」と「かたち」（昆虫観察の楽しさ、昆虫のかたち、擬態、昆虫の成長、昆虫の行動、昆虫の冬越し、昆虫の食事、昆虫の探し方、危険な虫とのつきあい方）、校庭の昆虫230種、身近な昆虫の調べ方（昆虫の観察・記録、いろいろな昆虫採集法、伊那谷のニホンミツバチ、虫のおもしろい呼び名、折り紙で虫を作る）

⟨内容⟩学校を取り巻く市街地や公園、川、家などの身近な環境に普通に見られる昆虫を対象に、約230種を紹介したもの。分類別種名一覧、索引付き。

九重昆虫記 昆虫の心を探る 1 宮田彬著 （大阪）かんぽうサービス，（大阪）かんぽう〔発売〕 2006.9 146p 30cm 2800円 ⓘ4-900277-82-7

⟨目次⟩第1部 九重昆虫記（オオルリハムシ、ハラアカコブカミキリ、温暖化の影響、ヒメシジミ、ヒメシロチョウとオオルリシジミ、九重町宝泉寺昆虫館の展示 ほか）、第2部 偶産蛾物語（熱帯への憧れ、偶産蛾とは何か?、オオツバメエダシャク、偶産蛾と地球温暖化、A群の偶産蛾、熱帯化する日本 ほか）、第1部、第2部共通動物和名索引

⟨内容⟩昆虫の観察を通じて昆虫の心を探る。2004年6月14日から大分合同新聞月曜日夕刊の科学欄に連載した記事61分と未発表の記事を合わせた1冊。

札幌の昆虫 木野田君公著 （札幌）北海道大学出版会 2006.6 413p 19cm 2400円 ⓘ4-8329-1391-3

⟨目次⟩カゲロウ目、トンボ目、カワゲラ目、ハサミムシ目、カメムシ目、アミメカゲロウ目、コウチュウ目、シリアゲムシ目、ハエ目、トビケラ目、ハチ目、その他の節足動物

⟨内容⟩3300枚のカラー写真で1700種を紹介、全道でも使える図鑑。小学生にも読めるように振りがなを付した。この一冊で、あなたも虫博士。

絶滅危惧の昆虫事典 新版 川上洋一著 東京堂出版 2010.7 238p 21cm 〈文献あり〉 2900円 ⓘ978-4-490-10785-2 Ⓝ486

⟨目次⟩日本の自然環境と昆虫、蜻蛉目（トンボ目）、非翅目（ガロアムシ目）、襀翅目（カワゲラ目）、半翅目（カメムシ目）、鞘翅目（コウチュウ目）、膜翅目（ハチ目）、双翅目（ハエ目）、毛翅目（トビケラ目）、鱗翅目（チョウ目）

⟨内容⟩昆虫抜きで生物多様性は語られない。昆虫とその生息環境がいかに多様性に富んでいるか、

それがどのように維持され、どのように失われてきたかを知る必要がある。レッドデータブックより100種類をピックアップし、詳しく解説。

絶滅危惧の昆虫事典 川上洋一著 東京堂出版 2006.12 237p 21cm 2900円 ⓘ4-490-10705-6

⟨目次⟩日本の自然環境と昆虫、蜻蛉目（トンボ目）、直翅目（バッタ目）、非翅目（ガロアムシ目）、半翅目（カメムシ目）、鞘翅目（コウチュウ目）、双翅目（ハエ目）、鱗翅目（チョウ目）、膜翅目（ハチ目）、レッドデータ昆虫カテゴリー別リスト

⟨内容⟩人と昆虫が共存してきた歴史が消える?絶滅・希少となった環境変化の要素と、わずかに残る生息地などを詳述。レッドデータブックより絶滅危惧類の100種を解説。

<図 鑑>

沖縄昆虫野外観察図鑑 〔増補改訂版〕 東清二編著、堀繁久、金城政勝、湊和雄、村山望、上杉兼司共著 （浦添）沖縄出版 1996.7 7冊（セット） 19cm 33000円 ⓘ4-900668-62-1

⟨目次⟩第1巻 鱗翅目（チョウ類・ガ類）、第2巻 甲虫目、第3巻 半翅目・双翅目・膜翅目・脈翅目、第4巻 トンボ目・直翅目・その他の昆虫、第5巻 鱗翅目—増補、第6巻 甲虫目—増補、第7巻 半翅目・双翅目・膜翅目・トンボ目・直翅目・その他の昆虫—増補

⟨内容⟩沖縄県内に生息する昆虫1000種の図鑑。昆虫の形態別の全7巻構成。昆虫の写真、和名・学名・成虫の大きさ・分布・出現時期・幼虫の餌を示し、その種の生活史や特徴などを解説。各巻末に和名索引を付す。

昆虫 神奈川県立生命の星・地球博物館編 （横浜）有隣堂 2000.3 143p 19cm （かながわの自然図鑑 2） 1600円 ⓘ4-89660-160-2 Ⓝ486.02137

⟨目次⟩1 チョウ・ガ類、2 トンボ類、3 セミ・カメムシ類、4 甲虫類、5 バッタ・キリギリス類、6 ナナフシ類、7 カマキリ類、8 ゴキブリ類、9 ツノトンボ類、10 アブ・ハエ類、11 ハチ類、12 その他の昆虫類、13 神奈川県の昆虫相

⟨内容⟩神奈川県に生息する昆虫のうち身近にみることの出来る種類を生態写真で紹介した図鑑。昆虫の中でもチョウ、トンボ、大型甲虫、セミ類など親しみやすいものを約450種紹介。掲載種は目のレベルで分類、種類数の多いものは生息環境ごとに排列した。各昆虫については体長、分布、出現期、生息環境、食草、類似種を収載。ほかに神奈川県の昆虫相を掲載する。巻末に五十音順索引を付す。

| 動　物 | 昆虫類 |

野や庭の昆虫　中山周平著　小学館　2001.3　359p　21cm　〈自然観察シリーズ〉　2250円　Ⓣ4-09-214032-0　Ⓝ486

(目次)庭・畑の草花にくる虫，野山の草花にくる虫，庭・畑の樹木にくる虫，野山の樹木にくる虫，作物にくる虫，食べもの・住みかと虫，解説ページ

(内容)庭や畑，野山の植物に集まる昆虫についてのハンディ図鑑。昆虫は集まる植物ごとにグルーピングされ，図版をまじえて名称や形状，生態を解説。本文の漢字にはフリガナが付く。巻末に「昆虫さくいん」と「植物さくいん」がある。

街の虫とりハンドブック 家族で見つける　佐々木洋著，八戸さとこイラスト　岳陽舎　2005.8　46p　22×22cm　1800円　Ⓣ4-907737-67-X

(目次)カブトムシ，クワガタムシ，カミキリムシ，テントウムシ，クワガタ，コオロギ，キリギリス，カマキリ，チョウ，トンボ，ダンゴムシ，カタツムリ，街の虫七つ道具，おかあさん，おとうさんへ

(内容)子どもたちが，小さないのちに親しむ第一歩として最適。おかあさん，おとうさんが，子どもたちに自慢できる虫の知識も満載。街で虫を見つけるポイントを，モダンでかわいい絵本形式で展開。およそ80種の写真図鑑，飼い方，楽しいコラムも多彩に掲載。家族のコミュニケーションにもぴったりな新しい虫とりハンドブック。

見つけよう信州の昆虫たち 身近な自然の昆虫図鑑　田下昌志，丸山潔，福本匡志，小野寺宏文編，信州昆虫学会監修　(長野)信濃毎日新聞社　2009.8　319p　19cm　〈文献あり 索引あり〉　2500円　Ⓣ978-4-7840-7117-3　Ⓝ486.02152

(目次)第1部 昆虫を観察しよう!信州の昆虫生態(チョウやガのなかま，コウチュウのなかま，トンボのなかま，セミやカメムシのなかま ほか)，第2部 昆虫の名前を調べよう!信州の昆虫標本(チョウのなかま，ガのなかま，コウチュウのなかま，トンボのなかま ほか)

(内容)見つけ方・捕まえ方・飼い方もわかりやすく。アカトンボはじめ身近な昆虫の見分け方もばっちり。長野県で見つかるチョウ・クワガタを完全収録。

山形昆虫記　宮沢輝夫著，読売新聞東京本社山形支局編　(山形)みちのく書房　2003.5　161p　21cm　〈地方〉　1800円　Ⓣ4-944077-61-0

(目次)虫の世界へようこそ(ルリタテハ，オオクワガタ，オオスズメバチ，ルリボシカミキリ ほか)，春の虫たち(ヒオドシチョウ，ギフチョウ ほか)，初夏の虫たち(ハッチョウトンボ，ハラビロトンボ ほか)，夏の虫たち(アオスジアゲハ，ミヤマクワガタ ほか)，秋の虫たち(オオルリボシヤンマ，ルリボシヤンマ ほか)

(内容)読売新聞山形版に連載された「山形昆虫記」を中心に，山形県内で撮影した120種，190枚の魅力的な美しい昆虫写真を紹介。

◆個々の昆虫

<事典>

日本のイエバエ科　篠永哲著　東海大学出版会　2003.2　347p　26cm　〈本文：英文〉　12000円　Ⓣ4-486-01603-3

(目次)イエバエ亜科(オオイエバエ族，ミヤマイエバエ族，イエバエ族)，トゲアシイエバエ亜科(ヤドリイエバエ族，クキイエバエ族，ハナゲバエ族，トゲアシイエバエ族)，マルイエバエ亜科，ハナレメイエバエ亜科(ミズギワイエバエ族，ハナレメイエバエ族)

(内容)新種・新記録種を含めた日本産のイエバエ科全種を収録した事典。外国の研究者にも利用できるように本文は英文としている。和文の検索表を付し，日本の衛生行政，畜産関係者などが利用できるようにしている。

虫こぶハンドブック　薄葉重著　文一総合出版　2003.6　82p　19cm　1200円　Ⓣ4-8299-2178-1

(目次)ワラビクロハベリマキフシ，マツシントメフシ，エゾマツシントメカサガタフシ，フウトウカズラハチヂミフシ，ヤナギエダコブフシ，ヤナギエダマルズイフシ，ヤナギシントメハナガタフシ，イヌコリヤナギハアカコブフシ，オノエヤナギハウラケタマフシ，シダレヤナギハオオコブフシ〔ほか〕

(内容)日本で記録されている約1400種の虫えいの，およそ1割について，写真および短い解説で紹介する事典。虫えいおよびダニえいを便宜的に虫こぶとして扱い，それ以外の菌えいなどは収録対象外としている。

<図　鑑>

アブラムシ入門図鑑　松本嘉幸著　全国農村教育協会　2008.6　239p　22cm　〈文献あり〉　2800円　Ⓣ978-4-88137-134-3　Ⓝ486.5

(目次)第1部 アブラムシの生活と識別(アブラムシとは，いろいろな生活型(モルフ) ほか)，第2部 アブラムシ230種(草，樹 ほか)，第3部 アブラムシのいる環境と採集(アブラムシの見られる環境，アブラムシの採集法 ほか)，第4部 アブラムシの標本と標本作成法(標本で見るアブラムシ，一時標本作成法)，第5部 植物属と

アブラムシ種リスト（研究の道しるべとなる文献を探そう）

⦿内容 日本産アブラムシ科700種の中から230種を寄生主ごとに取り上げた。

アメンボ観察事典　小田英智構成，中谷憲一文・写真　偕成社　1996.7　39p　28×23cm　（自然の観察事典6）　2400円　①4-03-527260-4

⦿目次 水の上のスケーター「アメンボ」，水面は大きな捕虫網，アメンボは肉食性のカメムシのなかま，なぜ，水に浮かんでいられるのか，アメンボの種類と生息環境，そのほかの両生カメムシ類，水面を伝わる波の信号，アメンボの交尾，アメンボの産卵，アメンボの卵〔ほか〕

⦿内容 アメンボの体のしくみや生態，飼育法等を19のテーマ別に解説した学習用図鑑。巻末に索引がある。児童向け。

オトシブミ観察事典　桜井一彦文，藤丸篤夫写真　偕成社　1996.7　39p　28×23cm　（自然の観察事典10）　2400円　①4-03-527300-7

⦿内容 オトシブミの体のしくみ，生態，飼育法等を19のテーマ別に解説した学習用図鑑。巻末に索引がある。児童向け。

オトシブミハンドブック　安田守，沢田佳久著　文一総合出版　2009.5　80p　19cm　〈文献あり　索引あり〉　1200円　①978-4-8299-1021-4　ⓃK486.3

⦿目次 オトシブミ亜科（ルリオトシブミ，ナラルリオトシブミ，ケシルリオトシブミ，ハギルリオトシブミ，カシルリオトシブミ　ほか），チョッキリ亜科（イタヤハマキチョッキリ，ドロハマキチョッキリ，サメハダハマキチョッキリ，ファウストハマキチョッキリ，ブドウハマキチョッキリ　ほか）

⦿内容 野外でオトシブミやオトシブミが葉を巻いてつくる揺籃に出会うための案内書，出会ったときの手引書。揺籃をつくるオトシブミ（オトシブミ亜科21種とチョッキリ亜科9種）日本産全種を掲載。揺籃をつくらないチョッキリ亜科についても，代表的な9種を掲載した。

カゲロウ観察事典　小田英智構成，中瀬潤文・写真　偕成社　2006.10　39p　28×23cm　（自然の観察事典37）　2400円　①4-03-526570-5

⦿目次 カゲロウを知っていますか，たべずに活動する成虫たち，カゲロウの舞，ナミヒラタカゲロウの交尾，カゲロウの産卵，カゲロウの死，カゲロウの卵，川のなかのカゲロウの幼虫，幼虫のたべもの，水の流れとの戦い，脱皮をくりかえす幼虫，カゲロウに似たカワゲラ，水からの脱出，亜成虫への羽化，カゲロウに似せた毛

ばり，カゲロウの大発生，カゲロウ，ゆたかな川の恵み，川でカゲロウを採集しよう

かまきり　林長閑指導，斎藤光一絵　フレーベル館　1995.2　28p　27×21cm　（おおきなしぜん ちいさなしぜん こんちゅう8）　1000円　①4-577-01446-7

⦿内容 幼児向けの昆虫図鑑。かまきり。

カマキリ観察事典　小田英智構成・文，草野慎二写真　偕成社　2000.9　39p　28×23cm　（自然の観察事典22）　2400円　①4-03-527420-8　ⓃK486

⦿目次 草原の王者，カマキリの誕生，幼虫をまちうける危険，1令幼虫の狩り，脱皮して成長する幼虫，ビッグ・ハンターへの成長，梅雨の季節のカマキリ，オオカマキリの羽化，大きくそだった成虫の狩り，カマキリの獲物を調べてみよう，カマキリの身体検査，カマキリの威嚇とけんか，草むらを飛ぶカマキリ，オオカマキリの交尾，オオカマキリの産卵，カマキリのなかまたち，春を待つオオカマキリの卵，カマキリを飼うには

⦿内容 カマキリの観察事典。最新の撮影技術と研究成果を基に，カマキリの謎を詳しく解説。見て調べて，実際の飼育や栽培にも役立つ，児童用の観察事典。カマキリのカマの特徴，カマキリの成長，獲物などを写真により紹介する。

朽ち木にあつまる虫ハンドブック　鈴木知之著　文一総合出版　2009.4　88p　19cm　〈文献あり　索引あり〉　1400円　①978-4-8299-0140-3　Ⓝ486.1

⦿目次 朽ち木ってなんだろう?／生きている木も朽ち木?，3つの腐朽タイプ，朽ち木の多様性，朽ち木を利用する昆虫たち，用語解説，本書の使い方／凡例，バッタ目，カメムシ目，シロアリ目，ゴキブリ目，ハエ目，チョウ目，ハチ目，朽ち木で越冬する昆虫たち，朽ち木で見られる生きもの

⦿内容 多種多様な生きものがくらす自然豊かな森に入ると，多くの枯れ枝や倒木などを目にする。このような植物の残がいは菌類の働きによって分解され，ゆっくりと「朽ち木」になっていく。そのような朽ち木に集まる昆虫の多様性を紹介する図鑑。異なる「目」や「科」に属す昆虫を掲載する。

樹液に集まる昆虫ハンドブック　森上信夫著　文一総合出版　2009.7　80p　19cm　〈文献あり　索引あり〉　1400円　①978-4-8299-1025-2　Ⓝ486.1

⦿目次 チョウ目（チョウ，ガ），甲虫目（オオクワガタ，コクワガタ　ほか），ハチ目・ハエ目（オオスズメバチ，ヒメスズメバチ　ほか），そのほかの昆虫（コロギス，マダラカマドウマ　ほか），

樹液の出るおもな樹木（クヌギ，コナラ ほか）

セミ・バッタ　宮武頼夫，加納康嗣編著　（大阪）保育社　1992.5　215p　19cm　（検索入門）　1600円　Ⓘ4-586-31038-3

(内容)日本産のセミ・バッタのなかま、ナナフシ・カマキリ・ゴキブリのなかまを紹介する図鑑。それぞれのグループごとに、わかりやすい特徴をたどって名前しらべられる。これまでの図鑑では紹介されたことのない種類もとりあげている。

タイ・インドシナ産ハムシ類図説　木元新作　東海大学出版会　2003.2　150p　26cm　13000円　Ⓘ4-486-01602-5

(目次)ハムシ科（コガネハムシ亜科，モモブトハムシ亜科，カタビロハムシ亜科，クビボソハムシ亜科，ナガツツハムシ亜科，ツツハムシ亜科，サルハムシ亜科，ハムシ亜科，ヒゲナガハムシ亜科，ノミハムシ亜科，トゲハムシ亜科，カメノコハムシ亜科）

(内容)タイ・カンボジア・ラオス・ベトナムより記録されているハムシ類についての同定用の図鑑。

てんとうむし　小島賢司指導，内藤貞夫絵　フレーベル館　1995.2　28p　27×21cm　（おおきなしぜん ちいさなしぜん こんちゅう1）　1000円　Ⓘ4-577-01439-4

(内容)幼児向けの昆虫図鑑。テントウムシ。

テントウムシ観察事典　小田英智構成・文，久保秀一写真　偕成社　1996.5　39p　28×23cm　（自然の観察事典3）　2400円　Ⓘ4-03-527230-2

(目次)春はテントウムシの季節、アブラムシのいる茂みをさがそう、ナミテントウの模様、アブラムシに集まるテントウムシ、テントウムシの交尾、テントウムシの産卵、幼虫たちの誕生、アブラムシをたべる幼虫、脱皮して成長する幼虫、テントウムシの蛹化〔ほか〕

(内容)テントウムシの体のしくみ、生態、飼育法等を18のテーマ別に解説した学習用図鑑。巻末に索引がある。児童向け。

日本原色カメムシ図鑑　第2巻　陸生カメムシ類　安永智秀，高井幹夫編著，川沢哲夫編，中谷至伸著　全国農村教育協会　2001.10　350p　21cm　9500円　Ⓘ4-88137-089-8　Ⓝ486.5

(目次)1 カメムシ類の分類体系、2 日本産の分類群の解説（フタガタカメムシ科，カスミカメムシ（メクラカメムシ）科，ハナカメムシ科，トコジラミ科），3 応用上重要なカスミカメムシ類，4 雄交尾器の解剖と観察法

(内容)日本に生息するカメムシを扱ったカラー図鑑の第2巻。本書では陸生カメムシ類を収載。

日本原色虫えい図鑑　湯川淳一，桝田長編著　全国農村教育協会　1996.6　826p　21cm　14420円　Ⓘ4-88137-061-8

(目次)1 虫えい解説、2 一般解説、3 虫えいをめぐる生物の世界、4 虫えいの採集と観察、飼育、5 虫えいを形成する害虫

(内容)虫こぶ等の俗称で知られる虫えい566種の図鑑。写真頁と解説頁から構成される。解説は虫えいの和名、虫えい形成者の和名と種名、虫えいの形状、虫えい形成者の生態的知見、寄主植物、分布等を記載する。巻末に学名索引、植物および虫えいの和名索引、えい形成植物およびその他の昆虫類、ダニ類、クモ類等の和名索引、事項索引（和文／欧文）がある。

日本産カミキリムシ　大林延夫，新里達也共編　（秦野）東海大学出版会　2007.2　818p　27×21cm　30600円　Ⓘ978-4-486-01741-7

(目次)第1章 概説（研究史、系統と分類、形態 ほか），第2章 図解検索（ホソカミキリムシ科，カミキリムシ科），第3章 種の解説（ホソカミキリムシ科，カミキリムシ科）

(内容)日本産カミキリムシ、全946種（亜種含む）を掲載。最新カミキリムシ図鑑。

日本産カミキリムシ検索図説　大林延夫〔ほか〕編　東海大学出版会　1992.3　696p　27cm　〈参考文献：p670～673〉　18540円　Ⓘ4-486-01181-3　Ⓝ486.6

(内容)カミキリムシの同定のための図鑑。写真だけではなく多くの図で微細な特徴を表現し、今までの文章表現ではわかりにくかった相対的な差も同時に表現する。さらに成虫時のみならず、幼虫、蛹時代における同定も可能としている。

日本のカミキリムシハンドブック　鈴木知之文・写真　文一総合出版　2009.6　88p　19cm　〈文献あり 索引あり〉　1400円　Ⓘ978-4-8299-1023-8　Ⓝ486.6

(目次)ホソカミキリムシ科、カミキリムシ科／ノコギリカミキリ亜科、クロカミキリ亜科、ハナカミキリ亜科、ホソカミキリ亜科、カミキリ亜科、フトカミキリ亜科

(内容)日本には約800種、亜種を含めると900種を超えるカミキリムシが生息している。カミキリムシの魅力を生態を中心に紹介したハンドブック。

バッタ・コオロギ・キリギリス大図鑑　日本直翅類学会編　（札幌）北海道大学出版会　2006.9　687p　30cm　〈付属資料：CD-ROM1〉　50000円　Ⓘ4-8329-8161-7

(目次)標本写真篇（クロギリス科、コロギス科 ほか），検索篇（亜目・上科，コオロギ亜目 ほか），解説篇（総論，各論），直翅類ことはじめ（採集法，飼育法 ほか），資料篇

昆虫類　　　　　　　　　動物

⦅内容⦆本図鑑には日本に定着するものと偶産種（いわゆる迷いバッタ）を含めて445種32亜種の計477種・亜種を収録した。

ホソカタムシの誘惑　日本産ホソカタムシ全種の図説　青木淳一著　（秦野）東海大学出版会　2009.11　194p　21cm　〈文献あり　索引あり〉　2800円　Ⓘ978-4-486-01855-1　Ⓝ486.6

⦅目次⦆1章　ホソカタムシに関するQ&A，2章　ホソカタムシの魅力，3章　ホソカタムシの研究法，4章　採集日記から，5章　ホソカタムシ採りの達人たち，6章　日本産ホソカタムシ種名リスト，7章　日本産ホソカタムシ図説（分布図付き）

⦅内容⦆ぼくがホソカタムシに惚れた理由。超マイナーな虫の魅力を探る、日本産ホソカタムシ種名リスト＋図説（付・分布図）付き。

◆◆アリ

<図鑑>

アリハンドブック　寺山守解説，久保田敏写真　文一総合出版　2009.12　80p　19cm　〈文献あり　索引あり〉　1400円　Ⓘ978-4-8299-0146-5　Ⓝ486.7

⦅目次⦆アリの形態，アリの生活，採集の方法，飼育の方法，標本の作り方，本書の使い方，アリの亜科の検索，ノコギリハリアリ亜科，カギバラアリ亜科，ハリアリ亜科〔ほか〕

自然の観察事典　15　アリ観察事典　小田英智構成・文，藤丸篤夫写真　偕成社　1997.8　39p　28×23cm　2400円　Ⓘ4-03-527350-3

⦅目次⦆春の巣づくり，花の蜜あつめ，アリマキの甘露あつめ，アリマキ牧場に通う行列，蜜胃はみんなの貯蔵庫，虫をはこぶアリたち，大きなえさの共同解体，巣のなかにあるものは，羽アリの結婚飛行，卵を産む女王アリ〔ほか〕

日本産アリ類全種図鑑　アリ類データベースグループ（JADG）著　学習研究社　2003.6　196p　27×22cm　（学研の大図鑑）〈付属資料：CD-ROM1〉　7000円　Ⓘ4-05-401792-4

⦅目次⦆日本のアリの生態（アリの進化と日本のアリ，クロオオアリの生活史，クロオオアリの餌集めと縄張り争い　ほか），日本のアリの亜科・属検索（アリのからだの名称，検索），日本産アリ類図鑑（ヤマアリ亜科，カタアリ亜科，フタフシ亜科　ほか）

◆◆ハチ

<事典>

アシナガバチ観察事典　小田英智，小川宏著　偕成社　2005.7　39p　28×23cm　（自然の観察事典 32）　2400円　Ⓘ4-03-526520-9

⦅目次⦆アシナガバチの春の目ざめ、巣づくりをはじめた母バチ、巣室づくりと産卵、日増しに大きくなる巣、巣を守る母バチ、母バチのアオムシ狩り、えさをもらってそだつ幼虫たち、たくさんの仕事をこなす母バチ、梅雨のなかで大きくそだつ巣、蛹にそだつ幼虫、働きバチの誕生、緑のなかの小さな王国、協力しあって働く働きバチ、夏のアシナガバチの巣、アシナガバチの敵、オスバチと娘バチの誕生、アシナガバチの交尾の季節、冬のアシナガバチ

<図鑑>

カリバチ観察事典　小田英智構成・文，小川宏写真　偕成社　1996.5　39p　28×23cm　（自然の観察事典 5）　2400円　Ⓘ4-03-527250-7

⦅目次⦆ファーブルとカリバチ、ガの幼虫を狩るジガバチ、巣に獲物をはこぶジガバチ、獲物をたべるハチの幼虫、クモを狩るベッコウバチ、キリギリスを狩るクロアナバチ、朽ち木や茎のずいでの巣づくり、竹筒に巣をつくるドロバチ、竹筒のなかでそだつ幼虫、竹筒に集まるカリバチたち〔ほか〕

⦅内容⦆カリバチの体のしくみ、生態、飼育法等を18のテーマ別に解説した学習用図鑑。巻末に索引がある。児童向け。

日本の真社会性ハチ　高見澤今朝雄著　（長野）信濃毎日新聞社　2005.11　262p　26cm　6000円　Ⓘ4-7840-7004-4

⦅目次⦆1　アシナガバチ亜科（3属11種18亜種）（アシナガバチ属（7属14亜種）、ホソアシナガバチ属（2属）ほか）、2　スズメバチ亜科（3属17種24亜種）（スズメバチ属（7属12亜種）、クロスズメバチ属（6属7亜種）ほか）、3　マルハナバチ族（1属16種22亜種）（マルハナバチ属（1属16種22亜種）、4　ミツバチ族（1属2種2亜種）（ミツバチ属（1属2種2亜種））

⦅内容⦆日本産全種、66亜種のハチを収録した図鑑。分類、形態、分布、生活史などを解説し、その生態を1237点に及ぶ写真で紹介する。また、これまでマルハナバチ族の亜種には和名が与えられてきたが、アシナガバチ亜科とスズメバチ亜科の亜種については和名が与えられていなかったため、両者の整合性を保つためと、亜種としてのアイデンティティを高めるために12亜種に新和名を与えている。

マルハナバチ・ハンドブック 野山の花とのパートナーシップを知るために 鷲谷いづみ，鈴木和雄，加藤真，小野正人著　文一総合出版　1997.4　49p　19cm　1200円　⓪4-8299-2110-2

(目次)図鑑篇(ナガマルハナバチ亜属，トラマルハナバチ亜属，ユーラシアマルハナバチ亜属，コマルハナバチ亜属，オオマルハナバチ亜属，ヤドリマルハナバチ属，導入種)，解説篇―マルハナバチってどんなハチ?

(内容)マルハナバチの観察や，自然の豊かさや地域の生物多様性の指標として調査するためのミニガイド。

ミツバチ観察事典　小田英智構成・文，藤丸篤夫写真　偕成社　1996.5　39p　28×23cm　〈自然の観察事典 4〉　2400円　⓪4-03-527240-X

(目次)ミツバチ王国への案内，花の蜜を集めるミツバチ，花粉を集めるミツバチ，ミツバチ王国の入口，ハチ蜜への加工と貯蔵，花粉の貯蔵，ロウで部屋をつくるミツバチ，ミツバチの女王，ミツバチのことば，女王バチの産卵〔ほか〕

(内容)ミツバチの体のしくみ，生態，飼育法等を18のテーマ別に解説した学習用図鑑。巻末に索引がある。児童向け。

◆◆チョウ・ガ

<事 典>

アゲハチョウ観察事典　藤丸篤夫構成・文・写真　偕成社　1999.6　39p　28×23cm　〈自然の観察事典 20〉　2400円　⓪4-03-527400-3

(目次)求愛・交尾，アゲハの産卵，ふ化，幼虫の成長，4齢から終齢幼虫への脱皮，アゲハをさがしてみよう，臭角と目玉模様，蛹化・終齢幼虫から前蛹へ，蛹化・前蛹からサナギへ，サナギの敵，羽化，花とアゲハ，花粉をはこぶ，アゲハのなかまと食草，アゲハの一生

蝶の学名 その語源と解説　新版　平嶋義宏著 (福岡)九州大学出版会　1999.10　714p　21cm　8500円　⓪4-87378-601-0

(目次)第1章 学名の基礎知識(学名とは，属名の規程，種名の規程)，第2章 リンネがつけた蝶の学名(リンネがつけた昆虫の学名，リンネの鱗翅目の分類，リンネがつけた蝶の種名)，第3章 蝶の属名(日本の蝶の属名，神話・伝説に由来する世界の蝶の属名，古代人が用いた固有名に由来する世界の蝶の属名，古典語(単純な形)を用いた世界の蝶の属名，古典語の派生語・複合語を用いた世界の蝶の属名既存の属名・種名をもとに構成した世界の蝶の属名，日本語その他の言語を用いた世界の蝶の属名，アナグラムの世界の蝶の属名，意味不明や誤綴の世界の蝶の属名)，第4章 蝶の種名(日本の蝶の種名，神話・伝説に由来する世界の蝶の種名，ギリシア・ローマの古代人などに因む世界の蝶の種名，サンスクリット(梵語)由来の世界の蝶の種名)，第5章 蝶の学名一覧，第6章 蝶の英名，参考文献，種名索引，和名索引，付録「国際動物命名規約」の最新情報

(内容)蝶の学名の語源を解説したもの。種名索引，和名索引付き。付録として「国際動物命名規約」の最新情報がある。

モンシロチョウ観察事典　小田英智構成・文，北添伸夫写真　偕成社　1999.6　39p　28×23cm　〈自然の観察事典 19〉　2400円　⓪4-03-527390-2

(目次)モンシロチョウを追いかけてみよう，メスをさがすモンシロチョウのオス，交尾と交尾拒否，モンシロチョウの産卵，卵からのふ化，1令幼虫の最初の食事，脱皮して成長する幼虫，アオムシの身体検査，アオムシの天敵，モンシロチョウの蛹化，モンシロチョウの羽化，キャベツ畑の結婚式，花とモンシロチョウ，スジグロシロチョウ，シロチョウのなかま，成虫たちの死，モンシロチョウの冬越し，モンシロチョウの飼育

<図 鑑>

アジア産蝶類生活史図鑑 1　五十嵐邁，福田晴夫著　東海大学出版会　1997.1　549p　37cm　42000円　⓪4-486-01325-5

(目次)アゲハチョウ科，シロチョウ科，マダラチョウ科，ジャノメチョウ科，ワモンチョウ科，タテハチョウ科，シジミチョウ科，セセリチョウ科，食餌植物

(内容)アジア産の蝶の幼生期を示すことを目的に作成された図鑑。8科119属302種を掲載。

アジア産蝶類生活史図鑑 2　五十嵐邁，福田晴夫著　東海大学出版会　2000.3　711p　37×27cm　43000円　⓪4-486-01473-1　Ⓝ486.8

(目次)図版(アゲハチョウ科，シロチョウ科，マダラチョウ科，ジャノメチョウ科 ほか)，解説(アゲハチョウ科，シロチョウ科，マダラチョウ科，ジャノメチョウ科 ほか)

(内容)アジア産蝶類100属380種を収録した図鑑。図版と解説の二部構成。巻末に索引付き。

イモムシハンドブック　安田守著，高橋真弓，中島秀雄監修　文一総合出版　2010.4　100p　19cm　〈文献あり 索引あり〉　1400円　⓪978-4-8299-1079-5　Ⓝ486.8

(目次)チョウ類(アゲハチョウ科，シロチョウ科，

シジミチョウ科，タテハチョウ科，セセリチョウ科），ガ類（コウモリガ科，ヒゲナガガ科，ハマキガ科，ミノガ科，ヒロズコガ科 ほか）

〔内容〕チョウ・ガの幼虫であるイモムシの入門書。身近な環境で見られる種，農作物などに見られる種，形態・生態が特徴的な種を中心に，チョウ類91種，ガ類135種，計226種を掲載。

岡山の蝶 原色図鑑 難波通孝著 （岡山）山陽新聞社 1996.4 222p 19cm 2500円 ①4-88197-574-9

〔目次〕アゲハチョウ科，シロチョウ科，シジミチョウ科，テングチョウ科，マダラチョウ科，タテハチョウ科，ジャノメチョウ科，セセリチョウ科，番外3種，Topics〔ほか〕

〔内容〕岡山県内で記録された蝶128種の図鑑。蝶の和名，学名，和名の意味，分布，食草，生態等のデータと生態写真を掲載する。写真はカラー。各項目に＜出会えるワンポイント＞欄を設け，県内で観察できる可能性の高い場所や時期を記載。排列は科別。巻末に五十音順の索引がある。

原色図鑑サハリンの蝶 朝日純一，神田正五，川田光政，小原洋一著 （札幌）北海道新聞社 1999.1 310p 21cm 3200円 ①4-89363-245-0

〔目次〕第1章 蝶と花のフィールド（フィールドの蝶，ツンドラの大地―自然と景観，サハリンの花），第2章 蝶を知る―調査の前に（樺太（サハリン）の蝶相，各部位名称と用語，調査・採集プランニングの進め方，調査・研究小史），第3章 サハリン調査紀行（調査概要―行程，調査地記録，調査採集紀行，現地ルポ），第4章 図鑑（この図鑑の使い方，標本図鑑（アゲハチョウ科，シロチョウ科，シジミチョウ科，タテハチョウ科，ジャノメチョウ科，セセリチョウ科，謎の蝶），第5章 報告（発見記―新記録種・注目種）

〔内容〕サハリンの蝶類93種を収録した図鑑。収録内容は，和名・学名・英名・ロシア名，分布と変異，生活，英文摘要など。巻末に，サハリン島の地形図がある。

原色 蝶類検索図鑑 猪又敏男著 北隆館 1990.3 223p 22cm 〈参考文献：p223〉 4660円 Ⓝ486.8

〔内容〕日本産蝶類全種の科，亜科，族（亜族），属（亜属），種（亜種）の特徴をわかりやすくまとめた検索図表と，各種に属する蝶の写真と生態を記した図説からなる。巻末に和名索引と学名索引を付す。

原色日本蛾類幼虫図鑑 一色周知監修 （吹田）保育社，復刊ドットコム（発売） 2010.7 2冊（セット） 21cm 19000円 ①978-4-8354-4541-0 Ⓝ486.8

〔目次〕上巻（スズメガ科，ヤママユガ科，イボタガ科，カノコガ科，コブガ科ヒトリガ科，トラガ科，ヤガ科，ドクガ科，概説），下巻（シャチホコガ科，カレハガ科，オビガ科，カイコガ科，トガリバガ科 ほか）

〔内容〕上巻に大蛾類，下巻に小蛾類の幼虫の原色図版を収録した図鑑。一種ずつ形態，生態，食草，分布などを解説。

神戸・六甲山のチョウと食草ハンドブック 大塚喜久，今給黎靖夫，清水孝之著 （長野）ほおずき書籍，星雲社（発売） 2009.3 107p 19cm 〈索引あり〉 1000円 ①978-4-434-12930-8 Ⓝ486.8

〔目次〕1 神戸市の自然環境とチョウ，2 神戸市の四季とチョウ，3 神戸市のチョウと食草（アゲハチョウ科，シロチョウ科，シジミチョウ科，タテハチョウ科，セセリチョウ科，偶産種），4 文献における神戸市のチョウの記録

里山 蝶ガイドブック 新開孝著 ティビーエス・ブリタニカ 2003.4 155p 21cm 2600円 ①4-484-03403-4

〔目次〕蝶を探してみよう（花から探す・春，花から探す・初夏 ほか），はねの秘密を知る（日光浴―ソーラーシステム機能，雨宿り―雨の日の蝶 ほか），求愛から羽化まで（出会い―オスとメス，二つ折のラブレター―求愛飛翔・交尾 ほか），蝶を追う旅へ（大雪山，上高地 ほか），さらに蝶を楽しむために（見つけてみよう―生け垣の蝶たち，飼ってみよう ほか）

〔内容〕蝶は今日も里山を飛んでいる。知られざる「蝶の日常」に迫る。里山で観察できる蝶・約120種のフィールド写真がいっぱい。上手な蝶の探し方，飼育，楽しみかたも詳しく解説。

世界チョウ図鑑500種 華麗なる変身を遂げるチョウとガの魅力 ケン・プレストン・マフハム著，大谷剛監修・訳 ネコ・パブリッシング 2009.3 528p 17cm 〈索引あり 原書名：500 butterflies.〉 3619円 ①978-4-7770-5250-9 Ⓝ486.8

〔目次〕ホソチョウ科，ワモンチョウ科，フクロウチョウ科，マダラチョウ科，ドクチョウ科，セセリチョウ科，トンボマダラ科，テングチョウ科，シジミチョウ科，モルフォチョウ科，タテハチョウ科，アゲハチョウ科，シロチョウ科，シジミタテハ科，ジャノメチョウ科

〔内容〕アフリカ，アメリカをはじめ，主に熱帯地域に生息するチョウとガ14科，500種を収録（一部温帯地域も含む）。現地へ足を運び，ありのままの生きている姿でとらえた写真とともに，種の特長，生態，自然史，分布などを分かりやすく解説。

世界珍蝶図鑑 熱帯雨林編 海野和男著 人類文化社，桜桃書房〔発売〕 2001.1 207p

26cm 3200円 ⓘ4-7567-1197-9 Ⓝ486.8

(目次)熱帯アメリカ（クラウディーナミイロタテハ, クラウディアミイロタテハ ほか）, 熱帯オセアニア（メガネトリバネアゲハ, アレキサンドラトリバネアゲハ ほか）, 熱帯アジア（コウトウキシタアゲハ, ヘレナキシタアゲハ ほか）, 熱帯アフリカ（ドルーリーオオアゲハ, ザルモクシスオオアゲハ ほか）

(内容)熱帯雨林に生息する蝶のうち日本では見られない美麗種, 有名種253種を紹介する珍蝶図鑑。地域別に分類した蝶に写真と解説を付す。翅の美しい蝶は表・裏の写真を掲載。巻末にIUCN1996年レッド・データと環境庁2000年日本産レッド・データ, 参考文献, 学名・和名索引を収録。

高尾・陣馬山の蝶 煌めき舞い踊る75種の妖精たち 長瀬隆夫著 （立川）けやき出版 2004.4 133p 21cm 1700円 ⓘ4-87751-234-9

(目次)1 アゲハチョウ科, 2 シロチョウ科, 3 テングチョウ科・マダラチョウ科, 4 タテハチョウ科, 5 ジャノメチョウ科, 6 シジミチョウ科, 7 セセリチョウ科

(内容)高尾・陣馬山で観察した蝶全75種の10年間の記録と写真を掲載。ハイキングの際に最適な1冊。出合い期待度ランキング付。

ちょう 市川和夫指導, 斎藤光一絵 フレーベル館 1995.2 28p 27×21cm （おおきなしぜん ちいさなしぜん こんちゅう 2） 1000円 ⓘ4-577-01440-8

(内容)幼児向けの昆虫図鑑。チョウ。

チョウ 1 渡辺康之著 （大阪）保育社 1991.4 207p 19cm （検索入門） 1600円 ⓘ4-586-31036-7

(内容)わかりやすい特徴をたどって, チョウの名前しらべができる図鑑。日本にすんでいる全種を収録し, 台風などで外国から運ばれてくる主な迷チョウもとりあげている。幼虫の簡単な検索もできる。1巻には, アゲハチョウ・シロチョウ・ジャノメチョウ・タテハチョウのなかまを収録。

チョウ 2 渡辺康之著 （大阪）保育社 1991.5 207p 19cm （検索入門） 1600円 ⓘ4-586-31037-5

(内容)わかりやすい特徴をたどって, チョウの名前しらべができる図鑑。2巻には, テングチョウ・マダラチョウ・シジミチョウ・セセリチョウのなかまを収録。

蝶 松香宏隆著 PHP研究所 1994.5 215p 18cm （カラー・ハンドブック 地球博物館 No.1） 2200円 ⓘ4-569-54372-3

(目次)用語解説, 模式図, 種別解説（土着種, 偶産種）, 偶産種標本プレート, 種別解説補追, 不明種リスト, 迷蝶記録年表, 地図, 日本産蝶類分類一覧, 和名索引／学名一覧

(内容)日本で記録された335種の蝶をすべて収録した小型図鑑。カラー写真545点を掲載。付録として迷蝶記録年表, 学名一覧などを付載する。

蝶 猪又敏男編・解説, 松本克臣写真 山と渓谷社 2006.6 255p 19×12cm （新装版 山渓フィールドブックス 5） 1600円 ⓘ4-635-06062-4

(目次)アゲハチョウ科, シロチョウ科, シジミチョウ科, タテハチョウ科, セセリチョウ科

(内容)日本に定着している蝶全種と, 特に南西諸島などで見る可能性の高い迷蝶, あわせて246種類を掲載。種の識別ポイントを明示したわかりやすい標本写真とシャープで美しい生態写真の2部で構成。巻末に学名索引, 和名索引が付く。

蝶 猪又敏男編・解説, 松本克臣写真 山と渓谷社 1995.8 255p 19cm （山渓フィールドブックス 11） 1800円 ⓘ4-635-06051-9 Ⓝ486.8

(内容)日本に定着している蝶全種と, 特に南西諸島などで見る可能性の高い迷蝶, あわせて246種を掲載した図鑑。種の識別ポイントを明示した標本写真と生態写真の2部で構成する。

蝶ウォッチング百選 師尾信著 晩声社 2000.6 135p 19cm 1600円 ⓘ4-89188-298-0 Ⓝ486.8

(目次)第1章 市街地や里の蝶たち（アゲハ－ナミアゲハ, キチョウ ほか）, 第2章 雑木林や里山・河畔の蝶たち（ウスバシロチョウ, ヒメギフチョウ ほか）, 第3章 高原の蝶たち（キアゲハ, スイロオナガシジミ ほか）, 第4章 高山の蝶たち（ウスバキチョウ, ミヤマシロチョウ ほか）

(内容)蝶の写真図鑑。約100種の蝶について写真とともに観察のポイント, 生態などについてのコラムを併載。蝶は市街地や里, 雑木林や里山・湖畔, 高原, 高山の4つの生息地帯に分類して配列。巻末に付録として蝶の大きさと生態, 蝶の体の各部の名称, 用語の解説等を収録。和名の五十音順索引を付す。

蝶ウォッチング百選 続 師尾信著 晩声社 2003.7 137p 19cm 1600円 ⓘ4-89188-309-X

(目次)第1章 市街地や里の蝶たち（ジャコウアゲハ, クロアゲハ ほか）, 第2章 雑木林や里山・河畔の蝶たち（ヒメウスバシロチョウ, オナガアゲハ ほか）, 第3章 高原の蝶たち（ウラクロシジミ, ウラジロミドリシジミ ほか）, 第4章 南の島の蝶たち（ベニモンアゲハ, シロオビアゲハ ほか）, 付録（蝶の大きさと生態, 蝶の体の

各部の名称 ほか

[内容]蝶は見る角度によって色が違って見えたり、明るさによっても違って見える。だから、蝶は時間をかけて見ると面白い。前作とあわせて日本の蝶のほぼ九割ちかくを網羅。

チョウ・ガ 松本克臣著 山と溪谷社 1999.4 281p 15cm 〈ヤマケイポケットガイド 9〉 1000円 Ⓣ4-635-06219-8

[目次]チョウ(チョウの仲間、アゲハチョウ科のチョウ、シロチョウ科のチョウ、シジミチョウ科のチョウ、タテハチョウ科のチョウ、セセリチョウ科のチョウ、チョウを探そう)、ガ(ガの仲間、ヒゲナガガ科、ボクトウガ科、スカシバガ科、マダラガ科、コウモリガ科、マドガ科、ミドガ科、トリバガ科、イラガ科、アゲハモドキガ、メイガ科、シャクガ科、ハマキガ科、カレハガ科、トガリバガ科、ヤガ科、ドクガ科、シャチホコガ科、ヒトリガ科、ヒトリモドキガ科、カノコガ科、カイコガ科、セセリモドキガ科、スズメガ科、イボタガ科、トラガ科)

[内容]チョウ約190種、ガ約80種を紹介した図鑑。名前、分類、生息地や時期などを書き出したデータ、写真など。巻末に索引を付す。

蝶・蛾 白水隆,黒子浩共著 (大阪)保育社 1996.1 190,12p 19cm 〈エコロン自然シリーズ〉 1800円 Ⓣ4-586-32108-3

[目次]チョウ類(セセリチョウ科、アゲハチョウ科、シロチョウ科、シジミチョウ科、ウラギンシジミ科)、ガ類(スズメガ科、イボタガ科、ヤママユガ科、カノコガ科、コブガ科 ほか)

[内容]日本に生息する蝶類233種、蛾類409種の図鑑。図版頁と解説頁で構成される。排列は科別。巻末に五十音順の和名索引とアルファベット順の学名索引がある。「標準原色図鑑全集1」(1966年刊)の改装版にあたる。

蝶蝶図鑑 京都洛北岩倉 佐藤英次コレクション (京都)コトコト 2008.7 127p 21cm 〈監修:佐藤英次〉 1600円 Ⓣ978-4-903822-85-3 Ⓝ486.8

[目次]蝶蝶写真館、岩倉蝶蝶図鑑—佐藤英次コレクション(アゲハチョウ科、シロチョウ科 ほか)、佐藤英次コレクションに寄せて—岩倉の暮らしの変化と自然環境の変化、蝶日誌、ギフチョウへのメッセージ—岩倉から消えたチョウたち(幻のチョウ—ギフチョウはどこへ、岩倉から消えたチョウたち)

[内容]特定地域での蝶図鑑。岩倉の土地で採集した80種を超える蝶たちを多くの写真で紹介。

蝶と蛾の写真図鑑 オールカラー世界の蝶と蛾500 完璧版 デービッド・カーター著,加藤義臣監訳 日本ヴォーグ社 1996.12 303p 21cm 〈地球自然ハンドブック〉 2900円 Ⓣ4-529-02776-7

[目次]この本の使い方、蝶それとも蛾?、生活サイクル、幼生期、生き残り戦略、保護、観察、飼育、バタフライガーデン、動物地理区、蝶(セセリチョウ科、アゲハチョウ科、シロチョウ科、シジミチョウ科、タテハチョウ科)、蛾(トガリバガ科、カギバガ科、ツバメガ科、シャクガ科、カレハガ科 ほか)

[内容]500種以上の蝶と蛾のカラー写真を600点以上掲載し、一目で蝶と蛾の種類を見分けられる図鑑。

トリバネチョウ生態図鑑 松香宏隆著 松香出版,愛育社〔発売〕 2001.12 367p 31×24cm 〈本文:日英両文〉 34000円 Ⓣ4-7500-0242-9 Ⓝ486.8

[目次]トリバネチョウ(生態写真、成虫と分布図、幼生期)、食草ウマノスズクサ(ウマノスズクサ科)、付録

[内容]世界最大の蝶トリバネチョウと食草ウマノスズクサの生態図鑑。本文はトリバネチョウと食草ウマノスズクサの生態写真(図版)と生態の解説記事からなる。巻末付録に地名図、地名索引、分類リスト、和名リスト、略語リスト、参考文献、索引などがある。

長野県産チョウ類動態図鑑 信州昆虫学会監修,田下昌志,西尾規孝,丸山潔編 文一総合出版 1999.8 291p 26cm 15000円 Ⓣ4-8299-2135-8

[目次]第1部 総論(日本付近広域図と長野県の位置、長野県の地形と市町村、生態写真、長野県の自然環境と昆虫相 ほか)、第2部 各論(標本図版、長野県産チョウ類分布記録総括、市町村別記録種数、減少種・増加種・狭域分布種・少個体数種 など ほか)

[内容]長野県内に生息するチョウ類の個体数の変動をグラフ化し動態を示した図鑑。掲載データは、学名、和名、種解説、標本図版、レッドデータ、個体数減少・増加種、分布域減少・拡大種、狭分布種、少・多個体数種、天然記念物、北限種・南限種、本州中部のみ分布種、多記録種、偶産種など。学名・和名の種名索引付き。

日本産蝶類及び世界近縁種大図鑑 1 藤岡知夫編著,築山洋,千葉秀幸共著 出版芸術社 1997.12 3冊 37cm 〈他言語標題:Japanese butterflies and their relatives in the world「解説編」「資料編」「図版編」に分冊刊行〉 全76000円 Ⓣ4-88293-146-X Ⓝ486.8

[内容]アゲハチョウ科とセセリチョウ科の標本6453種を収録した大型図鑑。日本産と海外産の近縁種との比較を通して、日本の蝶のルーツを探る企画。図版編、解説編、資料編の3分冊で構成。標本のすべての産地を世界地図の中で示す。

日本産蝶類大図鑑 改訂増補 復刻版 藤岡知夫編著 講談社 1997.12 3冊(セット) 37cm 88000円 ⓘ4-06-933050-X

(目次)資料編, 解説編, 図版編
(内容)本邦蝶界の研究成果を網羅した復刻版。種の数(迷蝶を含む)、284。個体数、7952。原色図版、152プレート。図版編、解説編、資料編の3分冊。

日本産蝶類標準図鑑 白水隆著 学習研究社 2006.8 336p 30cm 7000円 ⓘ4-05-202296-3

(目次)アゲハチョウ科, シロチョウ科, シジミチョウ科, タテハチョウ科, セセリチョウ科, 追補
(内容)本図鑑は基本的に、各科総論、図版、解説、の3つから構成されている。各科総論は、その科の特徴と構成される亜科など、その科の中での亜科や族などの高次分類とその特徴、場合によってはその問題点を述べている。図版は標本を多く並べているが、基本的には1ページを1枚の写真で撮影したもの、もしくは同時に撮影した写真を張り合わせたものを使用している。したがって、斑紋だけでなく、色、大きさも比較しやすいようになっている。解説は、種の概要、分布、生態、食草、変異に分けている。学名は最新の研究をもとにして決定している。

日本産蝶類幼虫・成虫図鑑 1 タテハチョウ科 手代木求著 東海大学出版会 1990.4 80, 108p 30cm 18540円 ⓘ4-486-01097-3

(目次)フタオチョウ亜科, スミナガシ亜科, イシガケチョウ亜科, コムラサキ亜科, イチモンジチョウ亜科, ヒョウモンチョウ亜科, カバタテハ亜科, ヒオドシチョウ亜科
(内容)日本国内で幼虫期が確認されたタテハチョウ科に含まれる55種を対象とし、それらの卵、各齢幼虫の頭部および全姿、蛹、成虫のほとんどすべてを図示および記載した。

日本産蝶類幼虫・成虫図鑑 2 シジミチョウ科 手代木求著 東海大学出版会 1997.7 138p 30cm 24000円 ⓘ4-486-01405-7

(目次)アリノスシジミ亜科, ウラギンシジミ亜科, ミドリシジミ亜科, ベニシジミ亜科, ヒメシジミ亜科
(内容)世界的に見ても種類数が多く、日本には70種程度が土着するシジミチョウ科の日本国内で記録された68種を収録した図鑑。卵、幼虫、蛹、成虫および食草を図示、記載。巻末には、和名索引、学名索引が付く。

日本の蝶 北隆館 1992.6 247p 19cm (フィールドセレクション 9) 1800円 ⓘ4-8326-0265-9

(内容)日本国内に定着している可能性のある蝶の全種に迷蝶数種を加えた約250種の生態写真を集大成した図鑑。フィールドで役立つよう、生きた姿を文と写真で表現している。

日本の蝶 牧林功解説, 青山潤三写真 成美堂出版 1994.4 447p 16cm (ポケット図鑑) 1300円 ⓘ4-415-08045-6

(目次)蝶の体のつくり, 蝶の用語解説, 春の蝶, 初夏の蝶, 夏の蝶, 秋の蝶, 分布の限られている蝶, 高山の蝶, 北海道の蝶, 離島の蝶, 南西諸島の蝶, 蝶の生活史
(内容)日本全国の蝶を231種を収録した図鑑。

ビジュアル博物館 7 蝶と蛾 ポール・ウェイリー著, リリーフ・システムズ訳 (京都)同朋舎出版 1990.7 63p 29×23cm 3500円 ⓘ4-8104-0895-7

(目次)チョウとガの違い, チョウの一生, 求愛行動と産卵, 幼虫のふ化, 幼虫, 風変わりな幼虫, 蛹化, さなぎ, 羽化, チョウ, 温帯にすむチョウ, 山のチョウ, 風変わりなチョウ, ガ, 繭(まゆ), カイコガ, 温帯にすむガ, 風変わりなガ, 日中に活動するガ, 移動と冬眠, 形, 色, 模様, 擬態, 擬態, そのほかの特殊行動, 絶滅の危機にいる種属, チョウとガを観察する, チョウやガを飼育する
(内容)チョウとガの世界を紹介する博物図鑑。美しいチョウとガの写真で、からだの構造、ライフサイクル、すみか、食べ物、防衛手段、擬態、交尾などを見ながら学べる。

◆◆トンボ

<図 鑑>

沖縄のトンボ図鑑 尾園暁写真, 渡辺賢一, 焼田理一郎, 小浜継雄文 ミナミヤンマ・クラブ, いかだ社〔発売〕 2007.8 199p 21cm 2800円 ⓘ978-4-87051-215-3

(目次)カワトンボ科, ミナミカワトンボ科, ハナダカトンボ科, ヤマイトトンボ科, アオイトトンボ科, モノサシトンボ科, イトトンボ科, ヤンマ科, サナエトンボ科, オニヤンマ科, エゾトンボ科, トンボ科
(内容)美しい生態写真満載。読みやすいレイアウト。フィールドで扱いやすい体裁。初心者から研究者・マニアに至るまで必携のコンパクト図鑑。沖縄にいるすべてのトンボを網羅したトンボ図鑑の決定版。

近畿のトンボ図鑑 山本哲央, 新村捷介, 宮崎俊行, 西浦信明著 ミナミヤンマ・クラブ, いかだ社(発売) 2009.7 239p 21cm 〈文献あり 索引あり〉 3500円 ⓘ978-4-87051-270-2 Ⓝ486.39

昆虫類　　　　　　　　　動物

(目次)カワトンボ科、アオイトトンボ科、モノサシトンボ科、イトトンボ科、ムカシトンボ科、ムカシヤンマ科、ヤンマ科、エゾトンボ科、トンボ科、迷入種

(内容)美しい生態写真満載!読みやすいレイアウト!フィールドで扱いやすい体裁!初心者から研究者・マニアに至るまで必携のコンパクト図鑑。近畿にいるすべてのトンボを網羅したトンボ図鑑の決定版。

原色日本トンボ幼虫・成虫大図鑑　杉村光俊〔ほか〕著　(札幌)北海道大学図書刊行会　1999.7　917p　31cm　〈他言語標題：Dragonflies of the Japanese archipelago in color〉　60000円　①4-8329-9771-8　Ⓝ486.39

(内容)日本のトンボを標本・生態カラー写真で紹介する図鑑。1998年12月末現在、日本で記録されているすべてのトンボと、幼虫についても解明されている全種類を網羅収録する。生息環境についても詳しい解説を施した原色図鑑。

中国・四国のトンボ図鑑　杉村光俊、小坂一章、吉田一夫、大浜祥治著　ミナミヤンマ・クラブ、いかだ社(発売)　2008.7　255p　21cm　3500円　①978-4-87051-240-5　Ⓝ486.39

(目次)カワトンボ科、ヤマイトトンボ科、アオイトトンボ科、モノサシトンボ科、イトトンボ科、ムカシトンボ科、ムカシヤンマ科、ヤンマ科、サナエトンボ科、オニヤンマ科、エゾトンボ科、トンボ科、迷入種

(内容)美しい生態写真満載!読みやすいレイアウト!フィールドで扱いやすい体裁!初心者から研究者・マニアに至るまで必携のコンパクト図鑑。中国・四国にいるすべてのトンボを網羅したトンボ図鑑の決定版。

トンボ　杉村光俊文・写真　講談社　1993.7　48p　25×22cm　〈講談社パノラマ図鑑 31〉　1200円　①4-06-250032-9

(目次)スーパーアイ、四季のトンボ、トンボのくらし、トンボのなかま分け、世界のめずらしいトンボ、日本で見られるトンボ85種、トンボのいるかんきょう、もっと知りたい人のQ&A

(内容)小さな生きものから宇宙まで、子どもの知りたいふしぎ・なぜに答える科学図鑑。精密イラスト・迫力写真、おどろきの「大パノラマ」ページで構成する。小学校中学年から。

北海道のトンボ図鑑　広瀬良宏、伊藤智、横山透著　ミナミヤンマ・クラブ、いかだ社〔発売〕　2007.7　183p　21cm　〈付属資料：CD-ROM1〉　3800円　①978-4-87051-214-6

(目次)カワトンボ科、アオイトトンボ科、モノサシトンボ科、イトトンボ科、ムカシトンボ科、ヤンマ科、サナエトンボ科、オニヤンマ科、トンボ科、恒常的飛来種、稀有・偶産種

(内容)美しい生態写真満載。読みやすいレイアウト。フィールドで扱いやすい体裁。初心者から研究者・マニアに至るまで必携のコンパクト図鑑。北海道にいるすべてのトンボを網羅したトンボ図鑑の決定版。付録CD-ROM付。

◆◆カブトムシ・クワガタムシ

<事　典>

カブトムシの飼育徹底ガイドブック　飼育の基礎と繁殖テクニック　カブクワ編集チーム編　誠文堂新光社　2009.4　239p　26cm　〈文献あり〉　3000円　①978-4-416-70905-4　Ⓝ646.98

(目次)ダイナステス編(ダイナステス属、ヘラクレスヘラクレス ほか)、ゴロファ編(ゴロファ属、エアクス ほか)、メガソマ編(メガソマ属、エレファスゾウカブト ほか)、飼育講座(世界のカブトムシの分布、世界のカブトムシ ほか)

(内容)カブトムシの特徴から飼育までがわかる事典。種の紹介ページにで、一般的な名称と学名、難易度、産地の地図などを紹介。また、生態の特徴や実際に飼育するときのデータなども掲載。写真も多数掲載する。

カブトムシの百科　第4版　海野和男著　データハウス　2006.6　206p　19cm　〈動物百科〉　2400円　①4-88718-875-7

(目次)アジア(コーカサスオオカブトムシ、アトラスオオカブトムシ、ボルネオオオカブトムシ ほか)、新大陸(ヘルクレスオオカブトムシ、ネプチューンオオカブトムシ、サターンオオカブトムシ ほか)、アフリカ、ヨーロッパ(ケンタウルスオオカブトムシ、コンゴサイカブトムシ、オワリサイカブトムシ ほか)、付録 クワガタムシ名鑑

クワガタ＆カブト　甲虫ランキング大百科　ぽにーてーる編　カンゼン　2005.9　191p　19cm　895円　①4-901782-58-4

(目次)人気甲虫スペシャルランキングベスト5、甲虫の体のつくり、甲虫なんでもランキング カブト編、甲虫なんでもランキング クワガタ編、クワガタ＆カブトの世界分布

(内容)132種類のクワガタ＆カブトランキング。強さ!大きさ!かっこよさ!おもしろベスト10発表。

昆虫キャラクター大百科　ぽにーてーる編著　カンゼン　2005.12　191p　19cm　(KANZENクワガタ＆カブトシリーズ)　895円　①4-901782-61-4

(目次)第1章 強いぞ!人気甲虫たち―立派なツノとアゴは憧れの的!、第2章 ド迫力!大型昆虫た

動物　　　　　　　　　　　　　　　　　　　　　　　　　　　　　　　　昆虫類

ち一大きなからだが迫力満点!、第3章 カッコいい!美形昆虫たち—色・すがた・かたちが人気のヒミツ、第4章 へんしん!忍者昆虫たち—植物やほかの昆虫にすがたを変える、第5章 必殺ワザ!王者昆虫たち—さまざまなコウゲキ方法で身を守る、第6章 ビックリ!へんな昆虫たち—海外には珍しい昆虫がいっぱい!

(内容)生息・捕獲アイコンで昆虫を見つける、捕まえる楽しみ。昆虫113種類を徹底紹介。昆虫のもつすべての特徴がバッチリ。

マンガでわかる!採りかた・飼いかた クワガタ&カブト大百科 レッカ社編著　カンゼン　2006.6　191p　19cm　(KANZENクワガタQカブトシリーズ)　952円　①4-901782-79-7

(目次)第1章 クワガタ・カブトってどんな虫?(クワガタ・カブトの体のとくちょう(成虫編)、クワガタ・カブトの体のとくちょう(幼虫編) ほか)、第2章 クワガタ・カブトを採りに行こう(レッツ・ゴー!クワガタ・カブトの森へ!、採りに行く前に ほか)、第3章 クワガタ・カブトを飼おう(成虫の飼いかた、死んでしまったら?標本作り ほか)、第4章 クワガタ・カブト採集・飼育図鑑、第5章 クワガタ・カブトなんでも相談室(クワガタ・カブトQ&A、クワガタ・カブト用語集 ほか)

やさしく詳しくカブトムシ、クワガタムシ 坪井源幸著　どうぶつ出版　2006.7　200p　19cm　(どうぶつ出版・飼育ガイド 2)　1280円　①4-86218-011-6

(目次)かっこいいカブトムシカタログ、カブトムシを育ててみよう、繁殖を楽しもう、特徴のあるクワガタムシカタログ、タイプ別クワガタムシの育て方、もっと飼育を楽しむために

(内容)日本の夏の風物詩カブトムシを中心に、ヘラクレスオオカブトやネプチューンオオカブトなど人気のカブトムシ21種類が登場。クワガタムシも、ニジイロクワガタからオウゴンオニクワガタ、日本のオオクワガタや珍クワガタなど14種を解説。中心となるカブトムシについては、体の構造から繁殖方法、種類ごとの成虫～繁殖～幼虫の管理方法までを、詳しく説明。クワガタムシについても、タイプごとに飼育のコツを紹介しているので、わかりやすく便利。

<図鑑>

外国産クワガタ・カブトムシ飼育大図鑑 鈴木知之撮影・文　世界文化社　2005.6　255p　26cm　7000円　①4-418-05902-4

(目次)世界のカブトムシ(ディナステス属、ゾウカブト属 ほか)、世界のクワガタムシ(ネッタイマダラクワガタ属・ツツクワガタ属、イッカククワガタ属 ほか)、世界のハナムグリ(ゴライアスハナムグリ属、オオツノハナムグリ属 ほか)、クワガタ・カブトムシ飼育ノート(クワガタ・カブトムシの基礎用語、飼育の基礎知識—飼育下におけるクワガタ・カブトムシの発育段階について ほか)

(内容)入手可能な世界のクワガタムシ、カブトムシ262種を網羅。卵・幼虫・蛹は、可能な限り写真で徹底ガイド。実際の飼育現場の生きたアドバイス、すぐ使える情報を満載した。

カブト・クワガタ・ハナムグリ300種図鑑 内山りゅう、ピーシーズ写真、坪井源幸文　ピーシーズ　2002.7　272p　19cm　2362円　①4-938780-68-2　Ⓝ646.98

(目次)オオクワガタの仲間、ヒラタクワガタの仲間、ツヤクワガタの仲間、ホソアカクワガタの仲間、ノコギリクワガタの仲間、ミヤマクワガタの仲間、シカクワガタの仲間、フタマタクワガタの仲間、ネブトクワガタの仲間、その他のクワガタ、ディナステスの仲間、メガソマの仲間、カラコソマの仲間、カブトその他、ハナムグリの仲間、日本産カブト・クワガタ

(内容)カブトムシ・クワガタムシ・ハナムグリの仲間を紹介する図鑑。300種を収録。オオクワガタの仲間、ヒラタクワガタの仲間、ツヤクワガタの仲間などに分類して掲載。それぞれの仲間に関して解説が書かれており、各種は写真とともに学名と分布が記載されている。また飼育法も紹介されている。巻末に和名索引と学名索引がつく。

カブトムシ観察事典 小田英智構成・文、久保秀一写真　偕成社　1996.5　39p　28×23cm　(自然の観察事典 1)　2400円　①4-03-527210-8

(目次)雑木林の樹液の食堂、夜の樹液に集まるカブトムシ、カブトムシの体のつくり、オスの角は戦いの武器、メスを得るための戦い、カブトムシの力のひみつ、カブトムシの交尾、カブトムシのメスのにおい、カブトムシの産卵、卵から幼虫への誕生〔ほか〕

(内容)カブトムシの体のしくみ、生態、飼育法等を18のテーマ別に解説した学習用図鑑。巻末に索引がある。児童向け。

カブトムシ・クワガタムシ　学研の図鑑 学習研究社　1996.6　152p　26cm　1500円　①4-05-200690-9

(目次)日本のカブトムシ(カブトムシの体、カブトムシの一生)、日本のクワガタムシ(クワガタムシの体、クワガタムシの一生、クワガタムシのすむ林)、世界のカブトムシ、世界のクワガタムシ、採集と飼育、カブトムシクワガタムシなんでもQ&A

(内容)カブトムシ・クワガタムシを日本のものと世界のものとに分けて収めた学習図鑑。カブト

ムシ・クワガタムシの写真とともに和名・学名・分布・特徴を紹介するほか、採集・飼育方法を説明する。巻末に日本産カブトムシ・クワガタムシの種名一覧や五十音順の事項索引がある。

カブトムシ・クワガタムシ　岡島秀治総合監修　学習研究社　2001.7　144p　30cm　(ニューワイド学研の図鑑)　2000円　④4-05-500421-4　Ⓝk486.6

〔目次〕カブトムシ(日本のカブトムシ、アジアのカブトムシ、オセアニアのカブトムシ、アメリカのカブトムシ ほか)、クワガタムシ(日本のクワガタムシ、アジアのクワガタムシ、オセアニアのクワガタムシ、北アメリカのクワガタムシ ほか)

〔内容〕カブトムシとクワガタムシを知るための児童向け図鑑。標本の写真に和名、学名、特徴、分布データを添えたほか、なかま分けのマークや地域別の色分け、生態などの記事も掲載。巻頭に「世界のカブトムシの生活」と「世界のクワガタムシの生活」、巻末にカブトムシ・クワガタムシについての情報ページや種名で引く索引付き。

カブトムシ・クワガタムシ　小池啓一執筆・企画構成、新開孝、鈴木知之、筒井学、横塚眞己人撮影　小学館　2006.7　187p　30cm　(小学館の図鑑NEO 16)　〈付属資料あり〉　2000円　④4-09-217216-8

〔目次〕クワガタムシのなかま、クロツヤムシのなかま、ふんを食べるなかま、葉を食べるなかま、テナガコガネのなかま、カブトムシのなかま、ハナムグリのなかま

〔内容〕日本と世界のクワガタムシ、カブトムシ、コガネムシなど約850種を実物大で紹介。夜行性で、すき間に入るのが得意で、オスの大あごが発達したクワガタムシ、夜行性で、大きな角をもったカブトムシ、昼間活発に飛び回る美しいハナムグリ、葉を食べる丸い形のコガネムシ、動物のふんに集まるダイコクコガネなど、ふしぎな形といろいろな生活方法を、美しい写真と最新のデータで紹介。

カブトムシ・クワガタムシ　増補改訂版　学習研究社　2008.6　180p　30cm　(ニューワイド学研の図鑑)　2000円　④978-4-05-202948-6　ⓃE486

〔目次〕カブトムシ(カブトムシのからだ、カブトムシの生活(日本のカブトムシ)、世界のカブトムシ(分布地図)、日本のカブトムシ、アジアのカブトムシ ほか)、クワガタムシ(クワガタムシのからだ、クワガタムシの生活(日本のクワガタムシ)、世界のクワガタムシ(分布地図)、日本のクワガタムシ、アジアのクワガタムシ ほか)

〔内容〕カブトムシ・クワガタムシの人気種せい

ぞろい!日本のカブトムシ・クワガタムシ、ほぼ全亜種掲載!稀種や最近発表の新種が満載。

カブトムシ・クワガタムシスーパーカタログ　カブクワ編集チーム編　誠文堂新光社　2009.5　159p　30cm　〈文献あり 索引あり〉　2000円　④978-4-416-70907-8　Ⓝ646.98

〔目次〕ダイナステス(Dynastes)属、ゴロファ(Golofa)属、メガソマ(Megasoma)属、サイカブト(Orictini)属、コフキカブト(Spodistes)属、タテツノコフキカブト(Lycomedes)属、メンガタカブト(Trichogomphus)属、コツノヒナカブト(Mitracephala)属、カルコソマ(Chalcosoma)属、ゴホンヅノカブト(Eupatorus)属〔ほか〕

〔内容〕最新のデータ満載。憧れのヘラクレスを飼う。人気上昇中、フタマタクワガタ徹底特集。ギラファで120ミリオーバーを目指す。国産オオクワの入手から繁殖を極める。幻の伊豆諸島のクワガタたち。初心者にもできる標本作り。どっちが強い!?昆虫対決。200種類以上のカブトムシ、クワガタムシが大集結。

カブトムシとクワガタ　浜野栄次写真・文　実業之日本社　1993.8　159p　19cm　(ジュニア自然図鑑 2)　1300円　④4-408-36142-9

〔内容〕子どものための昆虫図鑑。カブトムシやクワガタムシ、そして同じ甲虫のなかまであるカミキリムシやタマムシなどを収める。虫たちの生きかたや成長のようす、体のつくりとしくみを紹介する。

かぶとむしのなかま　安永一正構成・絵　フレーベル館　1995.2　28p　27×21cm　(おおきなしぜん ちいさなしぜん こんちゅう 10)　1000円　④4-577-01448-3

〔内容〕幼児向けの昆虫図鑑。カブトムシやクワガタなど。

カブトムシの百科　増補版　海野和男著　データハウス　1999.6　174p　19cm　(動物百科)　2200円　④4-88718-531-6

〔目次〕アジア(コーカサスオオカブトムシ、アトラスオオカブトムシ ほか)、新大陸(ヘルクレスオオカブトムシ、ネプチューンオオカブトムシ ほか)アフリカ、ヨーロッパ(ケンタウルスオオカブトムシ、コンゴサイカブトムシ ほか)

カラー図鑑 クワガタムシ・カブトムシ　吉田賢治著　成美堂出版　2000.6　159p　21cm　1000円　④4-415-01422-4　Ⓝ486.6

〔目次〕クワガタムシ生態カタログ、クワガタムシ(全種・全亜種)原色図鑑、クワガタムシ完全ガイド、カブトムシ(全種・全亜種)原色図鑑、カブトムシ完全ガイド

〔内容〕日本に生息するクワガタムシとカブトム

シの全種、全亜種を写真で紹介した図鑑。クワガタムシ、カブトムシの生態から、採集方法、飼育法、標本制作などを解説している。巻末に索引付き。

観察ブック カブトムシ・クワガタムシのとり方・飼い方 荒谷邦雄監修 学習研究社 2007.7 103p 26cm (NEW WIDE学研の図鑑) 1200円 ⓘ978-4-05-202892-2

(目次)カブトムシ・クワガタムシは魅力いっぱい!, カブトムシってなんだ?, クワガタムシってなんだ?, 日本のカブトムシ, 日本のクワガタムシ, 世界のカブトムシ, 世界のクワガタムシ
(内容)世界のカブトムシ・クワガタムシの飼い方もわかる。

クワガタムシ・カブトムシ 日本産のクワガタムシとカブトムシを完全網羅 吉田賢治著 成美堂出版 1996.6 159p 21cm (カラー図鑑シリーズ) 1200円 ⓘ4-415-08156-8

(目次)クワガタムシ生態カタログ, クワガタムシ(全種・全亜種)原色図鑑, クワガタムシ完全ガイド, カブトムシ(全種・全亜種)原色図鑑, カブトムシ完全ガイド
(内容)日本に棲息するクワガタムシとカブトムシを原寸大のカラー標本写真で紹介した図鑑。和名・学名・体長・形態・特徴を記すほか、イラストを用いて生態・採集方法・飼育法などを解説する。

くわがたむしとかぶとむし 新版 今森光彦写真・監修 小学館 2003.7 31p 27×22cm (21世紀幼稚園百科 13) 1100円 ⓘ4-09-224113-5

(内容)くわがたむしとかぶとむしは、子どもたちの人気者。シカのような見事なつのを持つくわがたむし。戦士のような姿をしたかぶとむし。力強く、けんか好きな、くわがたむしとかぶとむしの世界をのぞいてみよう。幼稚園児向け。

原色図鑑&飼育 クワガタムシ・カブトムシ完全BOOK 吉田賢治著 成美堂出版 2005.8 223p 21cm 1300円 ⓘ4-415-03031-9

(目次)世界のすごいクワガタムシ・カブトムシ(グランデスオオクワガタ, パラワンオオヒラタクワガタ ほか), 「世界クワガタムシ博物館」が教えるクワガタムシ・カブトムシの飼育術(クワガタムシの飼育, カブトムシの飼育), 世界のクワガタムシ飼育図鑑(オオクワガタの仲間, ヒラタクワガタの仲間 ほか), 世界のカブトムシ飼育図鑑(ヘラクレスオオカブトの仲間, ネプチューンオオカブトの仲間 ほか)
(内容)クワガタムシ、カブトムシの飼育がわかる。オオクワガタやヘラクレスオオカブトをふ やしてみよう。プロのテクニック大公開。

原色図鑑 世界のクワガタムシ・カブトムシ 吉田賢治著 成美堂出版 2004.7 239p 21cm 1300円 ⓘ4-415-02735-0

(目次)世界のクワガタムシ生態図鑑, 世界のカブトムシ原色図鑑, 世界のクワガタムシ原色図鑑, クワガタムシ・カブトムシの不思議, クワガタムシ・カブトムシの採集, クワガタムシ・カブトムシの飼育
(内容)日本初公開種も登場する完全保存版の一冊。クワガタムシ186種とカブトムシ22種が世界じゅうから大集合。全種類リアルな原寸大で大きさ、美しさがひと目でわかる。クワガタムシ・カブトムシの不思議から採集法、飼育法、標本の作り方までやさしく解説。

世界カブト・クワガタ図鑑 CGビジュアル版 カブクワ図鑑制作委員会編 池田書店 2007.7 143p 21×19cm 1300円 ⓘ978-4-262-14347-7

(目次)クワガタ(メンガタクワガタ, セアカフタマタクワガタ, ニジイロクワガタ, ギラファノコギリクワガタ, オウゴンオニクワガタ ほか), カブト(コーカサスオオカブト, マルスゾウカブト, ネプチューンオオカブト, ノコギリタテズノカブト, グラントシロカブト ほか)
(内容)カブト・クワガタの美しいフォルムをCGや写真で最大限に表現した新しいガイドブック。

世界のクワガタ・カブト図鑑&飼育book 吉田賢治監修 成美堂出版 2008.7 191p 19cm 950円 ⓘ978-4-415-30406-9 Ⓝ646.98

(目次)世界のクワガタムシ図鑑&飼育(ヒラタクワガタの仲間, オオクワガタの仲間, アンタエウスオオクワガタ・シェンクリングオオクワガタ, ノコリギクワガタの仲間, フタマタクワガタの仲間, シカクワガタの仲間, ホソアカクワガタの仲間, ミヤマクワガタの仲間, オウゴンオニクワガタ・タランドゥスオオツヤクワガタの仲間, ニジイロクワガタ・キンイロクワガタ・メンガタクワガタの仲間, ツヤクワガタ・マルバネクワガタの仲間, ネプトクワガタの仲間), 世界のカブトムシ図鑑&飼育(ヘラクレスオオカブトの仲間, ネプチューンオオカブト・サタンオオカブトの仲間, コーカサスオオカブト・アトラスオオカブトの仲間, ゾウカブトの仲間, その他のカブトムシ(中〜小型種))
(内容)世界の人気クワガタムシ・カブトムシを大紹介!迫力の生態写真から、ギネス級個体の標本写真そして種類ごとの飼育法までわかりやすく解説。

世界のクワガタムシ 今森光彦著 アリス館 2000.7 231p 22×19cm 3800円 ⓘ4-

7520-0167-5 ⓃK486

(目次)クワガタムシ美術館(人気者,日本最小のクワガタムシ,ひょうきんな道化師,南国的な顔 ほか),クワガタムシの宝箱(クワガタムシの世界分布,日本,台湾,中華人民共和国 ほか)

(内容)実物大の標本写真339点を収録したクワガタムシの図鑑。

世界のクワガタムシ・カブトムシ カラー図鑑&飼い方 青木猛著 西東社 2005.8 223p 21cm 1200円 Ⓟ4-7916-1342-2

(目次)クワガタをよく知ろう!,世界のクワガタ図鑑,カブトムシをよく知ろう!,世界のカブトムシ図鑑,飼育のきほん,タイプ別飼育&繁殖テクニック,採って残して思いっきり楽しもう!

(内容)人気種から希少種まで,世界のカブトムシ・クワガタ300点。タイプ別の飼育・繁殖法から標本づくりまで情報満載。

世界のクワガタムシ・カブトムシ大図鑑 オールカラー そこが知りたい! 山口茂著 ナツメ社 2006.7 159p 21×19cm 1200円 Ⓟ4-8163-4154-4

(目次)ビジュアルクワガタムシ図鑑(オオクワガタのなかま,ヒラタクワガタのなかま,ノコギリクワガタのなかま ほか),ビジュアルカブトムシ図鑑(コーカサスオオカブトのなかま,ゾウカブトのなかま,ヘラクレスオオカブトのなかま ほか),クワガタムシ・カブトムシ飼育情報(クワガタムシとは?クワガタムシの採集方法,カブトムシとは? ほか)

日本のクワガタムシハンドブック 横川忠司文・写真 文一総合出版 2008.7 80p 19cm 〈他言語標題：The handbook of stag beatles in Japn〉 1400円 Ⓟ978-4-8299-0185-4 Ⓝ486.6

(目次)オオクワガタ,コクワガタ,ヒメオオクワガタ,アカアシクワガタ,スジクワガタ,ヒラタクワガタ,ノコギリクワガタ,ミヤマクワガタ,オニクワガタ,ネプトクワガタ〔ほか〕

(内容)北海道、本州、四国、九州に生息する種の成虫に重点を置きつつも日本産クワガタムシ全種を掲載。さらにはじめての方でも採集・飼育・標本作製に挑戦していただけるよう、重要なことに絞ってできるだけ簡単な方法を紹介。

人気のカブトムシクワガタの飼い方&図鑑 日本と世界のカブトムシ・クワガタ100種類を大紹介! 主婦の友社編,岩淵けい子監修 主婦の友社 2009.7 127p 21cm (主婦の友ベストbooks)〈索引あり〉 1000円 Ⓟ978-4-07-267571-7 Ⓝ486.6

(目次)海外のクワガタムシ(アンタエウスオオクワガタ,グランディスオオクワガタ ほか),海外のカブトムシ(ネプチューンオオカブト,ヘラクレスヘラクレス ほか),日本のクワガタムシ(オオクワガタ,ヒラタクワガタ ほか),日本のカブトムシ(カブトムシ,タイワンカブト(サイカブト) ほか),クワガタムシ・カブトムシの飼い方(クワガタムシやカブトムシを飼うこと,飼育用品 ほか)

(内容)絶大な人気を誇る、カブトムシとクワガタクワ。そのカブクワを、日本と世界合わせて100種類以上をオールカラーで紹介。また、カブトムシとクワガタの見つけ方、育て方、観察の仕方をわかりやすく解説。

ポケット版 学研の図鑑 11 カブトムシ・クワガタムシ 岡島秀治著 学習研究社 2004.3 172, 16p 19cm 960円 Ⓟ4-05-201940-7

(目次)カブトムシ(日本のカブトムシ,世界のカブトムシ,カブトムシの飼い方),ワクガタムシ(日本のクワガタムシ,世界のクワガタムシ,クワガタムシの飼い方),コウチュウのなかま

わくわくウオッチング図鑑 7 カブトムシ・クワガタ 雑木林の昆虫観察 学習研究社 1991.4 152p 19cm〈監修：須田孫七〉 854円 Ⓟ4-05-105559-0 ⓃK460

(目次)わくわく体ウオッチング,わくわく林の生態ウオッチング,わくわく成長ウオッチング,世界のカブトムシ・クワガタウオッチング

(内容)カブトムシ・クワガタムシの体・生態・成長のようす・飼育の仕方などが1冊でわかるポケット図鑑。

◆◆水生昆虫

<事 典>

日本産水生昆虫 科・属・種への検索 川合禎次,谷田一三共編（秦野）東海大学出版会 2005.1 1342p 26cm 32000円 Ⓟ4-486-01572-X

(目次)総論(水生昆虫とは、水への適応、水生昆虫研究の史的展望)、各論(カゲロウ目、トンボ目、カワゲラ目、半翅目、ヘビトンボ目、アミメカゲロウ目、トビケラ目、膜翅目、鱗翅目、コウチュウ目、双翅目)

<図 鑑>

原色川虫図鑑 谷田一三監修、丸山博紀、高井幹夫著 全国農村教育協会 2000.7 244p 21cm 3800円 Ⓟ4-88137-079-0 Ⓝ486

(目次)カゲロウ,トビケラ,カワゲラ,その他の川虫(トンボ目、カメムシ目、アミメカゲロウ目、コウチュウ目 ほか)、川虫へのアプローチ

(川の中に生息する昆虫、川虫と出会うために、この川虫の名前を知るために、川虫の生息場所を調べる ほか)
⑰内容⑰水生昆虫のなかでも川虫(=河川性昆虫)とよばれる昆虫を対象とした図鑑。解説は形態の特徴、生息環境、同定のポイントに重点をおいて記述、種の分布は北海道・本州・四国・九州に区分して記載。解説文中の注目すべき形態はイラストで示す。写真は生きたままの川虫を容器に入れて、室内あるいは野外で撮影している。

水生昆虫ファイル 1 刈田敏著 つり人社
2002.2 127p 17cm 1900円 ⓘ4-88536-484-1 Ⓝ486
⑰目次⑰1〜4月の検索、ハッチチャート、カゲロウ幼虫の見方、カゲロウ亜成虫の見方、カワゲラ幼虫(成虫)の見方、トビケラ幼虫(成虫)の見方、川の種類、水生昆虫のすみか、アカマダラカゲロウ、エラブタマダラカゲロウ〔ほか〕
⑰内容⑰冬から春にかけて羽化してくる水生昆虫をカラー写真で紹介する図鑑。同定に役立つようそれぞれの特徴を具体的に指摘して説明している。また、生態データやフライフィッシング情報、ハッチシーズン表、似ている幼虫、似ている成虫なども掲載している。

水生昆虫ファイル 2 刈田敏著 つり人社
2003.5 159p 17cm 2200円 ⓘ4-88536-504-X
⑰目次⑰ホソバマダラカゲロウ、クシゲマダラカゲロウ、オオマダラカゲロウ、クロマダラカゲロウ、コオノマダラカゲロウ、ミットゲマダラカゲロウ、フタマタマダラカゲロウ、ヨシノマダラカゲロウ、ツノマダラカゲロウ、メイズコカゲロウ(仮称)〔ほか〕
⑰内容⑰水生昆虫の幼虫・成虫(亜成虫)各状態の写真に特徴を詳しく指摘し、種名や生態が分かりやすいように構成。なお、Fly Fishingデータもある。

水生昆虫ファイル 3 刈田敏著 つり人社
2005.10 159p 17cm 2200円 ⓘ4-88536-537-6
⑰目次⑰7〜10月の検索、ハッチチャート、川の種類、水生昆虫のすみか、トウヨウモンカゲロウ、ユミモンヒラタカゲロウ、コラム・ドリフター、オナガヒラタカゲロウ、ミドリタニガワカゲロウ、クロタニガワカゲロウ〔ほか〕
⑰内容⑰初夏から秋をメインに、それ以外の季節の種も、カゲロウ、トビケラ、カワゲラ、ユスリカ、その他も加えて56種類の水生昆虫をカラー写真で紹介。生態データやフライフィッシング情報、ハッチシーズン表も掲載。

水辺の昆虫 今森光彦著 山と渓谷社
2000.3 281p 15cm (ヤマケイポケットガイド 18) 1000円 ⓘ4-635-06228-7 Ⓝ486.038
⑰目次⑰トンボ目、カメムシ目、カゲロウ目・カワゲラ目・ヘビトンボ目・トビケラ目、甲虫目
⑰内容⑰水辺やその周辺で見られる昆虫を紹介した図鑑。トンボ類約70種、水生のカメムシ、カゲロウ・カワゲラ・トビケラ類、ゲンゴロウ類など約80種、合計約150種を収録。掲載データは、和名、漢字名、学名、時期、生息地、分布、大きさ、体の特徴、食べ物、幼虫、生活型、越冬形態、産卵形態など。

水辺の昆虫 今森光彦写真・文 山と渓谷社
2010.7 79p 19cm (わかる!図鑑 8) 〈文献あり 索引あり〉 1200円 ⓘ978-4-635-06188-9 Ⓝ486
⑰目次⑰トンボ、カメムシ、カゲロウ、トビケラ、ヘビトンボ、カワゲラ、甲虫
⑰内容⑰捕まえた昆虫がわかる、水辺の昆虫採集が楽しくなる本。生きものの特徴がわかる。よく似たものとの区別がわかる。

◆害 虫

<事 典>

家屋害虫事典 日本家屋害虫学会編 井上書院 1995.2 468p 21cm 5356円 ⓘ4-7530-0091-5
⑰目次⑰1 害虫概論、2 主要害虫、3 害虫防除
⑰内容⑰人間の生活上害になる生物の事典。保健・衛生関係者や建物管理者、あるいは住環境に関心を持つ一般の人を対象にする。本文は加害対象別に害虫を解説した「害虫概論」、主な害虫を種別ごとに解説した「主要害虫」、そして「害虫防除」の3部構成。巻末に和名・学名・薬剤名・一般用語の各索引を付す。

生活害虫の事典 佐藤仁彦編 朝倉書店
2003.12 352p 21cm 12000円 ⓘ4-254-64031-5
⑰目次⑰1 衣類の害虫(イガ類、カツオブシムシ類)、2 書物の害虫(シミ類、シバンムシ類)、3 食品の害虫(コクゾウ類、マメゾウムシ類、シバンムシ類 ほか)、4 住宅・家具の害虫(シロアリ類、ナガシンクイムシ類、シバンムシ類 ほか)、5 衛生害虫(カ類、ハエ類 ほか)、6 ネズミ類、7 庭木・草花・家庭菜園の害虫(ダニ類、アザミウマ類、アブラムシ類 ほか)、8 不快害虫(クモ類、ワラジムシ類、ダンゴムシ類 ほか)
⑰内容⑰身のまわりで目につく害虫や、昆虫ではないが害を及ぼす小動物(ネズミやダニなど)および不快感をもたらす昆虫の事典。分類、形態、分布、生態、防除方法などを解説する。

生活害虫の事典 普及版 佐藤仁彦編 朝倉書店 2009.10 352p 21cm 〈索引あり〉 8800円 ⓘ978-4-254-64037-3 Ⓝ486.036

(目次)1 衣類の害虫、2 書物の害虫、3 食品の害虫、4 住宅・家具の害虫、5 衛生害虫、6 ネズミ類、7 庭木・草花・家庭菜園の害虫、8 不快昆虫

(内容)身のまわりで目に付く害虫や、昆虫以外の害を及ぼす小動物(ネズミなど)を分類、形態、分布、生態、防除方法などをわかりやすく解説。

日本の有害節足動物 生態と環境変化に伴う変遷 新版 加納六郎、篠永哲著 (秦野)東海大学出版会 2003.12 397p 26cm 15000円 ⓘ4-486-01633-5

(目次)図版(ゴキブリ目、シラミ目、ハジラミ目、シミ目、チャタテムシ目、カメムシ目 ほか)、増補、生息環境の変化に伴う衛生害虫の変遷、「蚊とハエのいない生活」実践運動について、ゴキブリ、蚊、ハエ、シラミ、ノミ、トコジラミ(南京虫)、カメムシ、ドクガ(有毒鱗翅類)、有毒昆虫類、ハチ類、ブユ、ヌカカ、アブ、室内塵中のダニ、ツツガムシ、クモ、サソリ、不快害虫

(内容)1997年に刊行された『日本の有害節足動物』に最新知見を補足した新装改訂版。甲虫、多足類、ダニ類、クモ類などのうち、有害であり被害をもたらす衛生害虫、不快害虫をカラー写真と丁寧な生態と治療法などを解説。

<図鑑>

原色図鑑 衛生害虫と衣食住の害虫 改訂版 安富和男、梅谷献二著 全国農村教育協会 1995.2 310p 19cm 4120円 ⓘ4-88137-055-3

(目次)1 衣類の害虫、2 食品の害虫、3 家具・建材の害虫、4 書籍の害虫、5 吸血・刺咬性害虫、6 野外から侵入する害虫、7 不快昆虫・動物

魚類

<事典>

魚の事典 能勢幸雄ほか編 東京堂出版 1990.1 522p 22cm 〈監修:能勢幸雄〉 5974円 ⓘ4-490-10245-3 Ⓝ487.5

(内容)魚についてのすべてを網羅しやさしく解説した魚の百科事典。わが国の魚類、鯨類、エビ・カニ類、イカ・タコ類、貝類、ウニ・ナマコ類と外国産の魚類(主として観賞魚)など合計約1200種あまりを、魚の分類、形態、解剖、生理、生態、行動、習性、病気、分布、環境、資源、漁業、増・養殖、水産食品、釣り、魚の調理など広い範囲(項目数約1700)を収録する。

魚貝もの知り事典 平凡社編 平凡社 2003.8 391p 18cm 2500円 ⓘ4-582-12427-5

(内容)鯨から海鼠まで日本の水産物エピソード図鑑・事典。総項目数450、収録図版数600点を収録。配列は動植物名の標準和名の五十音順、解説文と図版でわかりやすく解説。巻末に五十音順索引がつく。

魚介類2.5万名前大辞典 日外アソシエーツ株式会社編 日外アソシエーツ 2008.11 738p 21cm 9333円 ⓘ978-4-8169-2147-6 Ⓝ481.7

(内容)魚介類を五十音順に収録。目的の魚介類が簡単に見つかる。漢字表記や学名、科名、別名、大きさ、形状などを記載。最大規模の25000件を満載した基本ツール。

魚の雑学事典 おもしろくてためになる 富田京一、荒俣幸男、さとう俊著 日本実業出版社 2004.11 253p 19cm 1400円 ⓘ4-534-03837-2

(目次)1章 魚の定義と生息場所、2章 魚の暮らし、3章 魚の成長と社会、4章 魚の形態と機能、5章 魚の歴史と進化、6章 魚の食用と環境、7章 魚と文化、8章 魚と遊ぼう

(内容)魚の祖先はいったい何だったのか。その不思議な生態・意外に高い知能・魚との接し方・遊び方や意外なエピソードまでを満載。

魚の名前 中村庸夫文・写真 東京書籍 2006.4 186p 21cm 2200円 ⓘ4-487-80116-8

(目次)アイゴ、アイナメ、アオギス、アオザメ、アカアマダイ、アカエイ、アカククリ、アカグツ、アカタビラメ、アカシュモクザメ 〔ほか〕

(内容)形態・体色・生態・エピソード・発見者など、さまざまな理由で呼ばれる魚たち。面白い地方名や、学名・外国語名の発想の日本との違いなど、豊かな表情の写真も含めて200種の魚名の由来を語る、初のカラー魚名辞典。収録写真/オールカラー246点。

魚・水の生物のふしぎ 井田齊、岩見哲夫監修 ポプラ社 2008.3 223p 29×22cm (ポプラディア情報館) 6800円 ⓘ978-4-591-10084-4

(目次)魚のくらし(魚とは何か、魚のすみか、魚の大きさ ほか)、水の生物のくらし(無脊椎動物とは、水の生き物のからだ、ゾウリムシやアメーバのなかま(原生生物) ほか)、もっと調べてみよう(おもしろ実験室 しらすパックは海のなかまでいっぱい、おもしろ実験室 二枚貝を調べよう、おもしろ実験室 魚の頭に石がある? ほか)

(内容)海や川、湖にすむ魚のほか、イカやエビ、

クラゲ、サンゴなど、水にすむさまざまな生物の生態を紹介する学習事典。魚や水の生物の体のしくみ、成長のしかたなど、図鑑だけではわからない知識も満載。巻末には、魚の観察や飼育の方法、学習の参考となる水族館の案内を掲載する。

四季のさかな話題事典　金田禎之著　東京堂出版　2009.9　252p　20cm　〈文献あり　索引あり〉　2400円　①978-4-490-10769-2　Ⓝ664.6

(目次)春のさかな(タイ、サワラ ほか)、夏のさかな(カツオ、キス ほか)、秋のさかな(イワシ、サケ ほか)、冬のさかな(ハタハタ、ブリ ほか)

(内容)日本近海で四季折々に獲れるさかな47種をとり上げ、その語源、生態、漁法、料理などを紹介。長年、水産行政に携わってきた著者ならではの含蓄に富んだ"おさかな事典"。

商用魚介名ハンドブック　学名・和名・英名・その他外国名　日本水産物輸入協会編　成山堂書店　2000.9　330p　21cm　4000円　①4-425-82782-1　Ⓝ664.6

(目次)ヤツメウナギ、サメ類、エイ、ギンザメ、チョウザメ類、イワシ、ニシン類、サケ、マス、ニギス、エソ類、コイ、ドジョウ、ナマズ、ウナギ、アナゴ、ウツボ類、ソコギス、ダツ、サンマ、サヨリ、トビウオ、キンメダイ類、マトウダイ、ボラ、カマス、シイラ、シマガツオ類、マグロ、カツオ、サバ、サワラ、カジキ、タチウオ類、アジ、ブリ、ヒイラギ類、イボダイ、マナガツオ、キントキダイ、スズキ、ハタ類〔ほか〕

(内容)商業用魚介類の事典。魚類、甲殻類、軟体類、水棲無脊椎動物類、海藻類のうち、貿易の対象となる種に加え、これら海外種を中心に日本近海種を含めた代表的な魚介類の図版237点、総計1883種を採録。全種を28の章に類別、学名・和名・外国名・産地・毒性等の特記事項を記載。学名、和名、外国名の3種から引ける索引を掲載。参考として韓国・中国・マレーシア・チリ・ニュージーランドそれぞれの国での魚介類の呼称、新顔の魚の和名・英名・学名対照表を巻末に付す。

商用魚介名ハンドブック　学名・和名・英名・その他外国名　日本水産物輸入協会編　成山堂書店　2000.2　328p　21cm　4000円　①4-425-82781-3　Ⓝ487.5

(目次)ヤツメウナギ、サメ類、エイ、ギンザメ、チョウザメ類、イワシ、ニシン類、サケ、マス、ニギス、エソ類、コイ、ドジョウ、ナマズ、ウナギ、アナゴ、ウツボ類、ソコギス、ダツ、サンマ、サヨリ、トビウオ、キンメダイ類、マトウダイ、ボラ、カマス、シイラ、シマガツオ類、マグロ、カツオ、サバ、サワラ、カジキ、タチウオ類、アジ、ブリ、ヒイラギ類、イボダイ、マナガツオ、キントキダイ、スズキ、ハタ類〔ほか〕

(内容)輸入対象魚介類に関するハンドブック。全種を28の章に類別し、学名、和名、外国名、産地、毒性等を記載。魚類、甲殻類、軟体類、水棲無脊椎動物類、海藻類のうち貿易の対象となる種にくわえ、日本近海種を含め総計1883種を収録、235点の図版を掲載。学名、和名、外国名の索引を付す。参考として韓国・中国・マレーシア・ロシア・チリ・ニュージーランドそれぞれ現地での魚介類の呼称と新顔の魚の和名・英名・学名対照表を巻末に収録。

商用魚介名ハンドブック　学名・和名・英名・その他外国名　3訂版　日本水産物貿易協会編　成山堂書店　2005.11　1冊　21cm　4400円　①4-425-82783-X

(目次)ヤツメウナギ、サメ類、エイ、ギンザメ、チョウザメ類、イワシ、ニシン類、サケ、マス、ニギス、エソ類、コイ、ドジョウ、ナマズ、ウナギ、アナゴ、ウツボ類、ソコギス、ダツ、サンマ、サヨリ、トビウオ、キンメダイ類、マトウダイ、ボラ、カマス、シイラ、シマガツオ類、マグロ、カツオ、サバ、サワラ、カジキ、タチウオ類、アジ、ブリ、ヒイラギ類、イボダイ、マナガツオ、キントキダイ、スズキ、ハタ類〔ほか〕

(内容)魚類、甲殻類、軟体類、水棲無脊椎動物類、海藻類のうち、貿易の対象となる種に加え、これら海外種を中心に日本近海種を含め総計1909種を採録。全種を28の章に類別、学名・和名・外国名・産地・毒性等の特記事項を記載。学名、和名、外国名の3パターンから引ける索引を掲載。新たに「魚介物の名称のガイドラインについて(中間とりまとめ)」を追加。

食材魚貝大百科　第1巻　エビ・カニ類＋魚類　多紀保彦、奥谷喬司、近江卓監修、中村庸夫写真　平凡社　1999.10　181p　29cm　〈他言語標題：The encyclopaedia of fish and seafood〉　2800円　①4-582-54571-8　Ⓝ667

(内容)食材となる魚介類を図版で解説した事典。全4巻で1400種の海産物、4000点以上の図版を収録。見開きあるいは1ページを基本として項目立て、さらに種名を基本とした小項目をたてて解説。各項目・小項目は動物学上の分類学的順序に従って排列する。魚介類と健康、塩の文化史などのトピックスも掲載。食材名索引、英語名索引、全巻早見表を付す。

食材魚貝大百科　第2巻　貝類・魚類　多紀保彦、奥谷喬司、近江卓監修、中村庸夫企画・写真　平凡社　1999.12　181p　29×22cm　2800円　①4-582-54572-6

(内容)貝類(ユキノカサガイ・ツタノハガイの仲間、アワビの仲間、サザエの仲間、ニシキウズガイの仲間、ソデボラの仲間 ほか)、魚類(アンコウの仲間、サヨリの仲間、ダツの仲間、ト

ビウオの仲間，サンマの仲間 ほか）

食材魚貝大百科 第3巻 イカ・タコ類ほか＋魚類 多紀保彦，奥谷喬司，近江卓監修，中村庸夫写真 平凡社 2000.2 181p 29×22cm 2800円 ⓘ4-582-54573-4 Ⓝ667

(目次)イカ・タコ類ほか（コウイカの仲間，ヤリイカ（ジンドウイカ）の仲間，アカイカ（スルメイカ）の仲間，ホタルイカの仲間 ほか），魚類（キスの仲間，アマダイの仲間，ムツの仲間，スギ ほか）

食材魚貝大百科 第4巻 海藻類＋魚類＋海獣類ほか 多紀保彦，近江卓，中村庸夫企画・写真 平凡社 2000.4 182p 30cm 2800円 ⓘ4-582-54574-2 Ⓝ667

(目次)海藻類（スイゼンジノリの仲間，アオノリ・アサオの仲間，ミルの仲間 ほか），魚類（ハタハタの仲間，ミシマオコゼの仲間，トラギスの仲間 ほか），海獣類ほか（イルカ・クジラ，アザラシ・トド，カエル・イモリ・サンショウウオ・ウミヘビ・ワニ ほか）

食と健康に役立つ魚雑学事典 成瀬宇平著 丸善 2000.10 186p 21cm 2000円 ⓘ4-621-04802-3 Ⓝ487.5

(内容)食材としての魚・貝・イカ・タコ・カニ・エビに関する事典。112の魚介別に分類，外形，分布・生活，食べ頃，成分の特徴・味，からだによい成分，おいしい食べ方，目利き，漁法，話のタネ，俳句など魚にまつわる知識をイラスト付きで収録する。本文中に11のコラムをはさみ，資料として「魚介類の栄養素とその機能」を併載。巻末に索引を付す。

図説 魚と貝の事典 望月賢二監修，魚類文化研究会編 柏書房 2005.5 497, 46p 21cm 3800円 ⓘ4-7601-2657-0

(目次)第1部 魚と貝の文化事典，第2部 関係資料・索引（魚類および水産動物関係資料，文化・歴史・民俗関係資料，水産・漁業関係資料）

(内容)名前の由来から食生活との関わりまで，豊富な図版とともに日本人の自然への関わりを読み解く"魚と貝の文化誌"。収録図版480点余の大事典。本文は見出しの五十音順に排列。巻末に索引（魚介名，事項名，図版名，学名，外国名）を収録。

図説 魚と貝の大事典 望月賢二監修 柏書房 1997.5 497, 76p 26cm 18000円 ⓘ4-7601-1442-4

(目次)第1部 魚と貝の文化事典，第2部 関係資料・索引（魚類および水産動物関係資料，文化・歴史・民俗関係資料，水産・漁業関係資料）

中国産有毒魚類および薬用魚類 伍漢霖，金鑫波，倪勇著，野口玉雄，橋本周久監訳 恒星社厚生閣 1999.11 350p 26cm 9200円 ⓘ4-7699-0904-7

(目次)A 有毒魚類（食中毒の原因となる魚類，刺毒魚類），B 薬用魚類

(内容)250種以上の中国産の有毒魚類および薬用魚類，ならびに民間薬等として利用されている魚類について，形態的特徴，生態ならびに分布を解説し，魚種の鑑定，中毒症状，治療法，中毒予防，および薬用（民間薬を含む）などについて述べたもの。挿絵299枚を添付し，掲載項目は，形態的特徴，分布，生態，毒性，薬用部位，適用症など。中国医学専門用語註解，標準和名索引（五十音順），学名索引（ABC順）がある。

東シナ海・黄海の魚類誌 山田梅芳，時村宗春，堀川博史，中坊徹次著 （秦野）東海大学出版会 2007.3 1262p 26cm （水産総合研究センター叢書） 18000円 ⓘ978-4-486-01740-0

(目次)無顎口上綱（メクラウナギ綱），顎口上綱（軟骨魚綱，全頭亜綱，板鰓亜綱，硬骨魚綱）

(内容)漁業上の重要種をはじめとする480数種の魚類について，長年の調査に基づき，形態，分布・回遊，生息環境（水深・水温・塩分），年齢と成長，成熟，卵・仔魚・稚魚，食性，漁獲量，利用について，豊富な図を用いて詳述した。東シナ海・黄海に生息する魚のほとんどは，日本列島沿岸各地にも分布しているため，これらの魚について，東シナ海・黄海を含め，日本列島各地から漁業生物学的な知見を可能な限り集めて収録した。資源水準が大きく低下した漁業上の重要種については，成長・成熟特性，体長組成，分布域の変化等を図示した。収録した魚種のカラー写真，種の特徴を示す図を掲載した。また，東シナ海・黄海は日本・中国・韓国が共通して利用する漁場であることから，魚種の中国名と韓国名を併記した。

<索 引>

魚類レファレンス事典 日外アソシエーツ編集部編 日外アソシエーツ, 紀伊國屋書店〔発売〕 2004.12 1332p 21cm 43000円 ⓘ4-8169-1879-5

(目次)本文，学名索引

(内容)魚類・貝類からサンゴ・ヒトデ・クラゲまで，20982種の水生生物がどの図鑑・百科事典にどのような見出しで載っているか一目でわかる。47種105冊の図鑑から延べ64552件の見出しを収録。魚類・水生生物の同定に必要な情報（学名，漢字表記，別名，分布説明など）を記載。図鑑ごとに収録図版の種類（カラー，モノクロ，写真，図）も明示。

<ハンドブック>

活魚大全 本間昭郎〔ほか〕編 フジ・テクノシステム 1990.1 712p 31cm 49440円
⑪活魚流通の技術的データを集大成したもの。養殖漁業、食品素材として活魚の需要が増大に応えるための書。参考・引用文献を付す。

<図鑑>

アラマタ版 磯魚ワンダー図鑑 荒俣宏著 新書館 2007.7 390p 21cm 3800円 ①978-4-403-23107-0
目次 軟骨魚綱(サメ, エイ), 条鰭綱(ウナギ目, ニシン目, ナマズ目, ヒメ目 ほか), 増補追加魚種
内容 みずから潜り, みずから撮り, みずから書いたアラマタ図鑑の大迫力。

今を生きる古代型魚類 その不思議なサカナの世界 淡輪俊, 多紀保彦監修, 河本新編著 東京農業大学出版会 2008.3 117p 22×22cm (進化生研ライブラリー 7) 〈文献あり〉 3400円 ①978-4-88694-125-1 Ⓝ487.6
目次 古代型魚類とは, 生きている化石, 化石の中の古代魚, サカナが語る大陸移動, 今を生きる古代型魚類, 驚きの生態, 人とサカナ, 古代型魚類を獲る, 古代型魚類を飼う, 保護との未来

海の魚大図鑑 釣りが, 魚が, 海が, もっと楽しくなる 石川皓章著, 隔週刊つり情報編集部編, 瀬能宏監修 日東書院本社 2010.12 399p 27cm 〈文献あり 索引あり〉 5000円 ①978-4-528-01210-3 Ⓝ487.5
目次 魚類chapters(タイの仲間, ハタの仲間 part1, ハタの仲間part2 ハナダイ類の仲間, スズキ, メジナ, イシダイ, イサキ…etc.の仲間, フエダイ, ハチビキの仲間, フエフキダイの仲間, アマダイ, イトヨリの仲間, カサゴ, カジカの仲間, メバル, ソイ, メヌケの仲間, ホウボウ, カナガシラ, ミシマオコゼの仲間 ほか), イカ, タコ類chapters(イカ, タコの仲間)
内容 海の魚たちを約600種収録した図鑑。著者自身が釣り上げスタジオ撮影した「鮮度抜群」の写真を掲載。分類表記の標準和名や学名は魚類分類学の最新の成果に基づいて表記。

海の魚 田口哲著 小学館 1994.6 387p 19cm (フィールド・ガイド 13) 2400円 ①4-09-208013-1
目次 アカエイ科, カスザメ科, ガンギエイ科, シビレエイ科, トビエイ科, ヒラタエイ科, イトマキエイ科, テンジクザメ科, ミズワニ科, ネコザメ科, コモリザメ科, ドチザメ科, メジロザメ科, トラザメ科, イセゴイ科〔ほか〕
内容 ダイバーに人気の高い内外の6大海域(「北海道・日本海」「西部太平洋・温帯域」「西部太平洋・サンゴ礁域」「インド洋」「紅海」「カリブ海」)に生息する魚840種, 約1100点の生態写真を掲載するもの。

海の釣魚 石川皓章解説・写真 成美堂出版 1993.11 415p 16cm (ポケット図鑑) 〈監修:杉浦宏〉 1200円 ①4-415-08018-9 Ⓝ487.5
目次 仲間別海の釣魚, 釣魚料理を楽しむ
内容 釣り人や魚好きの一般の方が, 釣り場や市場などで魚を見たときの魚種の検索のための図鑑。一般の魚類図鑑のように学術的な表現や用語を避け, 平易に表現している。

海の釣魚 分類と釣り場・釣期 杉浦宏監修, 石川皓章解説・写真 成美堂出版 2001.5 399p 15cm 1200円 ①4-415-01703-7 Ⓝ487.5
目次 仲間別海の釣魚(スズキ・ハタの仲間, タイの仲間 ほか), 魚の下処理とさばき方(魚の上手な持ち帰り方, ウロコの落とし方 ほか), 海の釣魚の基礎知識(魚の分類と名まえの話, 魚の変わった習性となぞ ほか)
内容 釣り人や一般向けの海の魚類図鑑。魚の名称, 分類, 近似種, 地域名, 体長, 分布, 釣り場, 釣期と旬, 味覚, 毒魚などの特徴や, 釣れた地域を示した写真とともに解説。巻末に「魚名五十音順さくいん」がある。

海の動物百科 2 魚類1 松浦啓一訳 朝倉書店 2007.4 73, 15p 30cm 〈原書名:The New Encyclopedia of AQUATIC LIFE:Fishes 1〉 4200円 ①978-4-254-17696-4
目次 魚とは何か?, ヤツメウナギ類とヌタウナギ類, チョウザメ類とヘラチョウザメ類, ガー類とアミア, イセゴイ類・ソトイワシ類・ウナギ類, ニシン類とカタクチイワシ類, オステオグロッスム類とその仲間, カワカマス・サケ類・ニギス類とその仲間, ヨコエソ類とその仲間, エソ類とハダカイワシ類

海の動物百科 3 魚類2 John E.McCosker, Robert M.McDowall編, 松浦啓一監訳, 渋川浩一, 今村央訳 朝倉書店 2007.5 149, 15p 31×22cm 〈原書名:The New Encyclopedia of AQUATIC LIFE:Fishes 2〉 4200円 ①978-4-254-17697-1
目次 カラシン類・ナマズ類・コイ類とその仲間, 地下の魚たち, タラ類・アンコウ類とその

仲間，性的寄生，トウゴロウイワシ類・カダヤシ類・メダカ類，スズキ型魚類，ヒラメ・カレイ類，モンガラカワハギ類とその仲間，タツノオトシゴ類とその仲間，その他の棘鰭類，リュウグウノツカイ類とその仲間，ポリプテルス・シーラカンス類・ハイギョ類，「四足動物の祖先」を探して，サメ類，エイ類とノコギリエイ類，ギンザメ類

海水魚 北隆館 1992.9 231p 19cm （フィールドセレクション 11） 1800円 ⓘ4-8326-0267-5

(内容)動物や植物をテーマ別に収録した，持ち運びやすいサイズのフィールド図鑑。

海水魚 吉野雄輔著 山と渓谷社 1999.4 284p 15cm （ヤマケイポケットガイド 8） 1000円 ⓘ4-635-06218-X

(目次)硬骨魚類スズキ目（ハタ科，メギス科，タナバタウオ科，キントキダイ科，コバンザメ科，アジ科，フエダイ科，タカサゴ科，イサキ科，タイ科，フエフキダイ科，チョウチョウウオ科，キンチャクダイ科，カワビシャ科，ヒメジ科，ハタンポ科，タカベ科，カドカキダイ科，イシダイ科，ゴンベ科，タカノハダイ科，スズメダイ科，ベラ科，ブダイ科，トラギス科，ウバウオ科，ベラギンポ科，ミシマオコゼ科，ヘビギンポ科，コケギンポ科，イソギンポ科，ネズッポ科，ハゼ科，マンジュウダイ科，アイゴ科，ツノダシ科・ニザダイ科，カマス科，サバ科），そのほかの目（カサゴ目，トゲウオ目，マトウダイ目・キンメダイ目，ダツ目・ボラ目・アンコウ目，ナマズ目・ヒメ目，ウナギ目，カレイ目，フグ目，軟骨魚類）

(内容)海水魚約260種を紹介した図鑑。掲載項目は，名前，分類，生息域や分布などを書き出したデータ，写真など。巻末に索引を付す。

海水魚 吉野雄輔写真・文 山と渓谷社 2010.7 79p 19cm （わかる!図鑑 7）〈文献あり 索引あり〉 1200円 ⓘ978-4-635-06209-1 Ⓝ487.5

(目次)サメの仲間，エイの仲間，ゴンズイ，エソの仲間，ウツボ，アナゴの仲間，アンコウの仲間ほか，マツカサウオの仲間ほか，ウミテングの仲間ほか，ヨウジウオの仲間ほか，サヨリ，ボラの仲間，オコゼ，カサゴの仲間〔ほか〕

(内容)海を泳ぐ魚がすぐわかる，海の魚と友だちになる本。生きものの特徴がわかる。よく似たものとの区別がわかる。

海水魚 吉野雄輔，安延尚文著 山と渓谷社 2010.7 281p 15cm （新ヤマケイポケットガイド 8）〈1999年刊の改訂〉 1200円 ⓘ978-4-635-06268-8 Ⓝ487.5

(目次)硬骨魚類スズキ目（ハタ科，メギス科，タナバタウオ科，キントキダイ科，テンジクダイ科 ほか），そのほかの目（カサゴ目，トゲウオ目，マトウダイ目・キンメダイ目，ダツ目・ボラ目・アンコウ目，ナマズ目・ヒメ目 ほか）

(内容)収録種類数約300種（亜種を含む）の図鑑。ごくふつうに見られる成魚を中心に選んでいる。

海水魚カタログ 美しい自然に息づく海の魚たち244種 大方洋二著 永岡書店 1995.7 191p 21cm 1600円 ⓘ4-522-21186-4

(内容)一般的な海水魚244種をカラー写真386点で紹介している。写真のほか，魚の行動や習性などに関する平易な解説も掲載する。巻末に用語解説，魚名の五十音索引がある。

海水魚大図鑑 小林道信，森文俊，阿部正之撮影，安倍肯治，小関秀男，木村浩章，水谷尚義，富沢直人，円藤清文 世界文化社 1996.10 431p 26cm 9500円 ⓘ4-418-96405-3

(目次)第1章 マリンアクアリウム・レイアウト，第2章 海水魚図鑑，第3章 マリンアクアリウム・インテリア，第4章 無脊椎動物図鑑，第5章 マリン・アクアリウムへの招待

学研生物図鑑 特徴がすぐわかる 魚類 改訂版 学習研究社 1991.5 290p 22cm〈監修：落合明 編集：小山能尚『学研中高生図鑑』の改題〉 4100円 ⓘ4-05-103853-X Ⓝ460.38

(内容)中学・高校生向けの生物の学習図鑑シリーズ。全12巻。

カラー図鑑 海水魚 海水魚と仲良くなるマニュアル&カタログ 阿部正之撮影 成美堂出版 1993.4 159p 21cm 1300円 ⓘ4-415-07847-8

(内容)海水魚と飼育のための器具を紹介するガイドブック。収録対象は，ビギナーにも飼いやすい種類を中心に，サンゴ，エビ，カニ，海藻なども含めた全230種類。種類別の特徴や飼育上の注意点，様々な飼育器具から水槽のセット方法，日常の管理，さらに，グループごとの飼育法から病気までを解説する。

川・湖・池の魚 田口哲解説・写真 成美堂出版 1994.9 319p 16cm （ポケット図鑑）〈監修：中村泉〉 1300円 ⓘ4-415-08086-3 Ⓝ487.5

(目次)源流から河口まで，日本産淡水魚について，淡水魚の採集と飼育観察

(内容)淡水魚をカラー写真と解説で紹介する図鑑。200種を12の分類別にとり上げ，1種1ページを基本に，体長，名称・学名・地方名，分布地域，体長，特徴を記載する。巻末に五十音順索引，参考文献を付す。

動物　　　　　　　　　　　　　　　魚類

紀州・熊野採集日本魚類図譜　福井正二郎画・文，望月賢二監修　はる書房　1999.5　335p　31×22cm　14300円　④4-938133-88-1
[目次]メクラウナギ科，ヤツメウナギ科，ギンザメ科，ネコザメ科，ミックリザメ科，ネズミザメ科，ウバザメ科，オナガザメ科，トラザメ科，ドチザメ科〔ほか〕
[内容]筆者が和歌山県と三重県の一部，いわゆる紀州・熊野と呼ばれている地域で採集した魚類を，現魚を前に描き，それに地方名と自身の体験的解説を付した図譜。約700点を収録。筆者が和歌山県の北から尾鷲までの海岸および内陸で集めた魚類を描いたものと，魚類に関する調査研究とその中で得られた知見，聞き取りによる地方名調査に基づいている。掲載データは，標準和名，学名，科名，採取年月日，採集地，環境，漁法，個体の大きさ，その他附属情報など。和名索引，学名索引，標本番号一覧付き。

さかな　沖山宗雄監修　学習研究社　2005.1　120p　20×23cm　（ふしぎ・びっくり!?こども図鑑）　1900円　④4-05-202109-6
[目次]さかな（いろいろな海の魚，岩ぞこやすなぞこの魚，およぎまわる魚 ほか），たこ・いか・貝（たこ・いかのなかま，貝のなかま），いろいろな水の生きもの（えび・かにのなかま，やどかりのなかま，ひとでやくらげのなかま ほか）
[内容]写真やスーパーイラストで好奇心をくぎづけ。テーマに合った発展内容やクイズで知識が身につく。おうちの方へのコーナーの詳しい情報で親子の会話が増える。幼児～小学校低学年向き。

さかな　学習研究社　1993.6　31p　27×22cm　（はじめてのえほん図館 5）　1000円　④4-05-200117-6　⑩E
[内容]海や川で見られる水にすむ生物を紹介する図鑑。子どもたちがよく知っているものや，名前は知っていても生態を知らないものなど，水にすむたくさんの生物をとりあげている。

さかな　学習研究社　1996.6　120p　30cm　（ふしぎ・びっくり!?こども図鑑）　2000円　④4-05-200685-2
[目次]さかな（いろいろな海の魚，岩ぞこやすなぞこの魚，およぎまわる魚，さんごしょうの魚，ふかい海の魚 ほか），たこ・いか・貝，いろいろな水の生きもの（えび・かにのなかま，やどかりのなかま，ひとでやくらげのなかま，かえるやいもりのなかま，水の生きものをかおう）
[内容]幼児～小学校低学年向きの魚の図鑑。魚はじっとしていてもなぜしずまないの?など，子どもの素朴な疑問にていねいに答える。

魚　学習研究社　2000.3　184p　30×23cm　（ニューワイド学研の図鑑）　2000円　④4-05-500412-5　⑩K487
[目次]古代魚，サメのなかま，ウナギのなかま，ニシンのなかま，コイのなかま，サケのなかま，外国から来た魚たち，タラのなかま，ダツのなかま，アカマンボウのなかま，トゲウオのなかま，カサゴのなかま，スズキのなかま，カレイのなかま，フグのなかま，深海魚，魚の情報館
[内容]おもに日本国内と近海に生息する魚の代表的なものを取り上げた図鑑。14に分けた標本のページ，代表的な魚の一生や生態を写真で紹介したページ，魚の歴史や身体のつくり，飼い方などを紹介した魚の資料館の3部で構成。表記のなかまはおもに目で分けその中で科のレベルに分類。標本の各項目には標準和名と魚の写真，体長，分布，住みか，食性と特徴の解説を掲載。巻末に魚名の五十音順索引を付す。

魚　蒲原稔治著　（大阪）保育社　1996.8　175p　19cm　（エコロン自然シリーズ）　1800円　④4-586-32109-1
[目次]魚類の一般的な特徴，魚の採集法，標本つくりと保存法，魚の名まえ，魚の外部形態，魚の内部形態，魚の発生，魚の生態，魚の分布，変異，魚の寄生虫
[内容]日本産の魚類317種の図鑑。図版頁と解説頁で構成され，図版のないものも加えると計500種を収録する。巻末に五十音順索引とアルファベット順の学名索引がある。「標準原色図鑑全集4 魚」の改装版にあたる。

魚　井田斉監修　小学館　2003.3　199p　29×22cm　（小学館の図鑑NEO 4）　2000円　④4-09-217204-4
[目次]メクラウナギ目，ヤツメウナギ目の魚，ギンザメ目，ネコザメ目の魚，テンジクザメ目，メジロザメ目の魚，ネズミザメ目，カグラザメ目の魚，ノコギリザメ目などの魚，エイ目の魚，シーラカンス目の魚，オーストラリアハイギョ目などの魚，チョウザメ目などの魚，アロワナ目の魚（観賞魚）〔ほか〕
[内容]日本の海と川・湖で見られる魚のほか，食用・観賞用として海外から入ってくる魚，生態の変わった魚など，約1100種の魚を紹介。

魚　改訂版　旺文社　1998.4　207p　19cm　（野外観察図鑑 4）　743円　④4-01-072424-2
[目次]海の魚（岩礁や砂底にすむ魚，水面近くから，中層，深海にすむ魚，サンゴ礁にすむ魚 ほか），川や池の魚（川の上流から中流にすむ魚，川の下流にすむ魚，池や沼にすむ魚 ほか），世界の珍しい魚（世界各地の珍しい魚，北アメリカの魚，南アメリカの魚 ほか）
[内容]身近な魚や世界のめずらしい魚を680種以上を収録した魚の図鑑。すむ場所や体型での仲

動植物・ペット・園芸 レファレンスブック　283

魚 新訂版 学習研究社 1995.11 208p 26cm （学研の図鑑） 1500円 ④4-05-200553-8

(内容)魚の習用図鑑。魚の体の特徴や生態をイラストと写真で平易に解説する。図鑑の部分と、「さかなの世界（実験と観察）」の部分で構成される。排列は魚の種別。巻末に五十音索引がある。児童向け。

魚 今泉吉典総監修，杉浦宏監修 講談社 1997.6 191p 27×22cm （講談社 動物図鑑 ウォンバット 2） 1700円 ④4-06-267352-5

(目次)無顎綱（ヤツメウナギ目，メクラウナギ目），軟骨魚綱（ネズミザメ目・ツノザメ目・カグラザメ目・ネコザメ目，エイ目，ギンザメ目），硬骨魚綱（シーラカンス目，サケ目，ナマズ目ほか）

魚 増補改訂版 沖山宗雄総合監修 学習研究社 2006.7 210p 30cm （ニューワイド学研の図鑑） 2000円 ④4-05-202547-4

(目次)サメのなかま，古代魚，ウナギのなかま，ニシンなどのなかま，コイのなかま，サケのなかま，外国から来た魚たち，ヒメ・アカマンボウなどのなかま，タラ・アンコウなどのなかま，トゲウオ・タツノオトシゴのなかま，ボラ・ダツなどのなかま，カサゴのなかま，スズキのなかま，カレイのなかま，フグのなかま，魚の食べ方・食べ物図鑑，深海魚

(内容)おもに日本にすむ魚をまるごとに紹介した魚の図鑑。約1180種を掲載。

魚 学習研究社 2008.2 142p 27cm （ジュニア学研の図鑑） 1500円 ④978-4-05-202855-7 ⑭E487.5

(目次)魚のからだ，魚ってなんだろう?，サメ・エイのなかま，チョウザメのなかま，ウナギのなかま，ニシンのなかま，コイのなかまなど，サケのなかま，シャチブリ・ヒメのなかま，タラのなかまなど，キンメダイのなかま，トゲウオのなかま，ボラのなかまなど，ダツのなかま，カサゴのなかま，スズキのなかま，カレイのなかま，フグのなかま

(内容)魚の特ちょうを美しいカラー写真でくわしく解説。「魚はどこにすんでいるの？」「魚は何を食べるの？」「魚はどんなふうに成長するの？」…などなど，やさしく解説。本格図鑑の入門版。

魚（さかな） 井田斉監修・執筆，朝日田卓指導・執筆，松浦啓一〔ほか〕執筆，近江卓，松沢陽士ほか撮影 小学館 2010.6 207p 19cm （小学館の図鑑NEO POCKET 3）

〈タイトル：魚 文献あり 索引あり〉 950円 ④978-4-09-217283-8 ⑭487.5

(目次)ヌタウナギ目，ヤツメウナギ目，ギンザメ目・ネコザメ目・テンジクザメ目，ツノザメ目，メジロザメ目，ネズミザメ目，カグラザメ目，カスザメ目・ノコギリザメ目・エイ目，シーラカンス目，チョウザメ目・カライワシ目・ソトイワシ目〔ほか〕

(内容)日本で見ることのできる魚を中心に，海外から入ってくる観賞魚や食用魚，水族館などで見られる魚など約750種を収録。

魚（さかな） 学研教育出版，学研マーケティング（発売） 2010.7 224p 19cm （新・ポケット版学研の図鑑 9） 〈タイトル：魚 監修・指導：沖山宗雄 索引あり〉 960円 ④978-4-05-203211-0 ⑭487.5

(目次)淡水魚（ヤツメウナギのなかま，ウナギのなかま，コイのなかま，ナマズのなかま，サケのなかま ほか），海水魚（サメのなかま，エイのなかま，チョウザメのなかま，ウナギのなかま，ニシンのなかま ほか）

(内容)魚の最新情報が満載。収録数約800種。野外観察に最適なハンディ図鑑。

魚・貝 改訂新版 〔沖山宗雄，奥谷喬司〕〔監修〕 学習研究社 2002.11 238p 31cm （原色ワイド図鑑） 5952円 ④4-05-152132-X ⑭487.5

(内容)日本産の淡水魚，海水魚を中心に，熱帯魚・金魚などの品種も含め約700種，貝450種を収録する図鑑。

魚・貝の生態図鑑 学習研究社 1993.6 160p 30cm （大自然のふしぎ） 〈付：地図1〉 3200円 ④4-05-200137-0

(目次)魚の生態のふしぎ，魚の体のふしぎ，貝・そのほかの水生動物のふしぎ，自然ウォッチング，資料編

(内容)ルアー釣りをする魚，高速遊泳魚マグロの秘密，サメの超能力，秀才タコの問題解決能力ほか，最新の研究結果を大判で収録するビジュアルブック。

さかな食材絵事典 お寿司のネタもよくわかる さかなクンも解説しているよ! 広崎芳次郎監修 PHP研究所 2004.3 79p 29×22cm 2800円 ④4-569-68459-9

(内容)この事典では，食べられる魚をその旬の季節ごとに分類し，それぞれの魚を料理法を中心に，大きさや分布場所，漁業方法，その魚に関する知識などを，ひと目でわかるアイコンを使って紹介。

さかな大図鑑 〔愛蔵版〕 荒賀忠一，高松史朗，望月賢二，小西和人，今井浩次共著，

小西和人編　(大阪)週刊釣りサンデー　1990.12　447p　26cm　9800円　①4-87958-018-X
〖目次〗やさしい魚類学、波止釣りのさかな、投げ釣りのさかな、船釣りのさかな、深海釣りのさかな、トローリングのさかな、磯釣りのさかな、離島の磯釣りのさかな、渓流釣りのさかな、川釣りのさかな、湖沼釣りのさかな、ルアーフィッシングのさかな、海外のさかな、日本産魚類分類リスト、日本産魚類和名索引、エサの動物など外国産魚索引、日本産魚類学名索引

魚大全　Fish & Fishing　講談社　1995.5　287p　26×21cm　5000円　①4-06-207256-4
〖目次〗淡水魚譜、海水魚譜、海水魚譜、釣魚覚え書き
〖内容〗「日本産魚類大図鑑」(1971年刊)の収録魚を中心とする魚のイラスト308点の図鑑。イラストのほかに100種のカラー写真、魚種別の基本知識、釣りや料理に関する解説などを掲載する。全体を淡水魚と海水魚に大別し、さらに息場所別に収録。巻末に魚名総索引がある。

さかなとみずのいきもの　無藤隆総監修、武田正倫監修　フレーベル館　2005.2　128p　29×23cm　(フレーベル館の図鑑 NATURA 6)　1900円　①4-577-02842-5
〖目次〗魚(魚のからだ、海の岩場にすむ魚 ほか)、かに・えび・やどかりなど(かに・えび・やどかりのからだ、かにのなかま ほか)、たこ・いか・貝など(たこ・いかのからだ、たこのなかま ほか)、くらげ・いそぎんちゃく・さんごなど(くらげのなかま、いそぎんちゃくのなかま ほか)、かえる・さんしょううおなど(かえる・さんしょううおのからだ、かえるのなかま ほか)
〖内容〗図解、図鑑、特集の3種類のページで魚と海の生き物が詳しくわかる。

魚の分類の図鑑　世界の魚の種類を考える　上野輝弥、坂本一男著　東海大学出版会　1999.12　155p　22cm　2800円　①4-486-01497-9
〖目次〗地質年代表、魚の歴史と進化、魚の調べ方、計測方法、魚の骨格、魚類の分布(生物地理)と環境、世界の魚の種類を考える、標本の作り方、分類表、参考文献

魚の分類の図鑑　世界の魚の種類を考える　新版　上野輝弥、坂本一男著　(秦野)東海大学出版会　2005.7　159p　21cm　2800円　①4-486-01700-5
〖内容〗魚を学ぶための第一歩。世界中の魚を分類学でいう目と亜目のレベルでまとめたガイドブック。

詳細図鑑　さかなの見分け方　新装版　講談社　2002.4　231p　22cm　2900円　①4-06-211280-9　Ⓝ664.6
〖内容〗釣りで見る魚を紹介する図鑑。釣りの際によく見かける魚や珍しい魚、また日本各地で食用とされる淡水・海水魚介など715種の見分け方、釣りの仕掛け図、料理のコツ等を紹介する。98年刊の新装版。

深海魚　暗黒街のモンスターたち　尼岡邦夫著　ブックマン社　2009.3　223p　26cm　〈文献あり 索引あり〉　3619円　①978-4-89308-708-9　Ⓝ487.5
〖目次〗第1章 暗黒の世界と深海魚、第2章 モンスターたちのオンステージ(発光、発音、発電、摂餌、感覚、運動、繁殖、防御 ほか)
〖内容〗愛をささやく魚がいるってホント?頭の5倍の大きさの口をもつ魚ってどんなの?雄が雌に寄生する魚がいるって知ってた?奇妙な姿の深海魚たちが大集結!特異なパーツごとに260種の深海魚を分類・解説し、300点超の貴重な写真を収録。

新顔の魚 1970-1995　復刻版　阿部宗明著、上田一夫監修、坂本一男編、伊藤魚学研究振興財団制作　(千葉)まんぼう社、新泉社〔発売〕　2003.4　301p　21cm　4800円　①4-7877-0303-X
〖内容〗1970年から1995年にまでに刊行された「新顔の魚」の復刻版。和名、学名、大きさ、産地、漁法などを記載し193種を収録している。巻末に和名、学名、分類表、発行順の索引が付く。

新魚病図鑑　畑井喜司雄、小川和夫監修　緑書房　2006.1　295p　30cm　16000円　①4-89531-067-1
〖目次〗サケ科魚、アユ、ウナギ、コイ・ニシキゴイ、キンギョ・フナ、その他の淡水魚、ブリ類、タイ類、ヒラメ、トラフグ、シマアジ、その他の海水魚、甲殻類、貝類・ウニ
〖内容〗この新図鑑は、主要魚種であるブリ、マダイ、ヒラメ、トラフグ、ウナギ、サケ科魚、アユ、コイだけに限らず、クロダイ、イシダイ、マアジ、スズキ、キンギョ、クルマエビなどを含めた38種類の魚介類のこれまでに知られている主な病気を網羅したものである。

新魚類解剖図鑑　木村清志監修　緑書房　2010.6　216p　31cm　〈他言語標題: New Atlas of Fish Anatomy　緑書房創業50周年記念出版　索引あり〉　14000円　①978-4-89531-018-5　Ⓝ487.51
〖目次〗第1章 概説(体形、体各部の名称、鰭、皮膚、鱗、体色、軟骨魚類の骨格系、硬骨魚類の骨格系、筋肉系、消化系・鰓、神経系、循環器系・内臓、感覚器)、第2章 各種の解説(ホシザメ、アブラツノザメ、アカエイ、ウナギ、ニシン ほか)

新さかな大図鑑 釣魚 カラー大全 小西英人編，荒賀忠一，望月賢二，中坊徹次，小西和人，今井浩次著者　(大阪)週刊釣りサンデー　1995.6　559p　26cm　6700円　①4-87958-022-8

(内容)釣りの対象となる魚類を集めた図鑑。釣りの種類別に11章から成り，それぞれの主な対象魚について魚類学者による解説，釣り人による解説，星の数（五段階）による釣魚評価・食味評価等，釣り人向けのデータを多く掲載する。カラー写真。巻末に科別索引，和名索引，学名索引がある。

スーパーで買える魚図鑑 これであなたもサカナ通！ セマーナ編　日本文芸社　2002.9　127p　21cm　1000円　①4-537-20161-4　Ⓝ664.6

(目次)第1章 春―（3～5月）の魚（クロダイ，サヨリ ほか），第2章 夏―（6～8月）の魚（アイナメ，アジ ほか），第3章 秋（9～11月）の魚（イトヨリダイ，イボダイ ほか），第4章 冬（12～2月）の魚（アコウダイ，アマダイ ほか），第5章 加工品―その他の海産物（海藻類（ワカメ・モズク・ヒジキ・コンブ・ノリ等），魚卵類（イクラ・タラコ・明太子・スジコ・カズノコ等） ほか）

(内容)スーパーマーケットで取り扱う身近な魚類をとりあげる図鑑。旬の時期，栄養素，名前の由来からおいしい魚の見分け方，おすすめ料理・加工品までの知識を解説，図版はオールカラーで掲載する。

世界の海水魚　仲村章解説，小田明写真　成美堂出版　1994.6　383p　15cm　(ポケット図鑑)　1300円　①4-415-08006-5

(目次)チョウチョウウオの仲間たち，ヤッコの仲間たち，スズメダイの仲間たち，ベラとハナダイの仲間たち，ハギとカワハギの仲間たち，フグとゴンベの仲間たち，ミノカサゴ，イザリウオ，ハタの仲間たち，ハゼとニセスズメの仲間たち，タツノオトシゴとヨウジウオの仲間たち，その他の魚たち，無セキツイ動物と海の生き物たち，海水魚飼育ABC

世界文化生物大図鑑 魚類　改訂新版　世界文化社　2004.6　399p　28×23cm　10000円　①4-418-04903-7

(目次)魚類概論（魚類とは，進化と系統 ほか），魚類（メクラウナギ目，ヤツメウナギ目 ほか），魚類の生態と行動（親と子，群れ生活と単独生活 ほか），分布と生息（分布と生息，淡水魚 ほか），魚としたしむ方法（フィッシュ・ウォッチング，採集とアクアリウム）

(内容)ニホン，日本周辺海域に分布する約1000種を収録した魚類図鑑。索引は目名，亜目名，科名，種名，別名を和名の五十音順に配列。

淡水魚　北隆館　1992.10　181p　19cm　(フィールドセレクション 12)　1800円　①4-8326-0268-3

(内容)淡水魚の形態的な特徴や生態的な記述，食性，分布を中心にまとめた図鑑。

中国貿易魚介図鑑 東シナ海版　マルハアジア事業部監修，姚祖榕，吉田信夫共著　成山堂書店　2006.2　142p　21cm　2000円　①4-425-88241-5

(目次)魚類，エビ類，シャコ類，カニ類，貝類，頭足類，その他

(内容)本著の魚種は中国各地に点在しているものの，主に東シナ海，中でもその中心漁場である舟山群島でよく見られるものを多く掲載。掲載されている各魚種写真は，主に舟山の魚市場で撮影され，経済的価値のある水産物を中心に，海水魚，淡水魚，甲殻類，貝類，頭足類，海藻，腔腸動物，棘皮動物と多岐にわたって収録。

釣魚検索　小西英人編，中坊徹次監修，中坊徹次〔ほか〕著　(大阪)週刊釣りサンデー　1998.12　208p　27cm　1900円　①4-87958-661-7　Ⓝ664.6

(内容)できるだけ早く簡単に魚の名前を正確に調べることができるよう，見分け方のヒントをカラー写真を用いながら解説する図鑑。名前を知ると，その魚に親近感を覚えられる。

釣魚識別図鑑 ここで見分けよう　中坊徹次編，小西英人著　エンターブレイン　2008.6　335p　15cm　(釣り曜日)　1600円　①978-4-7577-4343-4　Ⓝ487.5

(目次)魚形探索―Step1.おおまかな形で魚を探す，釣魚識別―Step2.似た魚をペアで見分ける

(内容)形で探す魚形探索。似た魚をペアで比較する釣魚識別。海水魚267種収録。食味評価と危険部位の解説付。

釣魚図鑑　小西英人編著　(大阪)週刊釣りサンデー　2000.11　160p　26cm　1900円　①4-87958-684-6　Ⓝ664.6

(内容)日本産海水魚で主要な釣魚92科・277種をオールカラー写真を付して収録した図鑑。釣り人にとって重要な魚を目で分け，解説と分布，毒の有無などを説明する。「魚あれこれ」や「ぎょぎょ事典」などの記事も掲載する。

釣魚・つり方図鑑　つりトップ編集部編　学習研究社　1998.9　176p　21cm　1300円　①4-05-400976-X

(目次)海水の部(アイゴ，アイナメ，アカメ，アコウダイ ほか)，淡水の部(アブラハヤ，アユ，イトウ，イワナの仲間 ほか)

⦅内容⦆主に魚釣りで接する魚を掲載した図鑑。海水と淡水に分け、アイウエオ順に掲載。

釣った魚がわかる本 お魚探偵団編 学習研究社 1995.6 224p 15cm （趣味の図鑑シリーズ 2） 1000円 ⓘ4-05-400471-7 Ⓝ487.5

⦅内容⦆釣れる場所がわかる。釣れたての魚がわかる。

釣り魚図鑑 TOKYO FISHING CLUB編 日本文芸社 1998.9 223p 18cm （カラーポシェット） 1000円 ⓘ4-537-07608-9

⦅目次⦆砂浜の魚、防波堤の魚、磯の魚、沖の魚、湖沼・池の魚、下流・河口の魚、中流・上流の魚、魚の知識
⦅内容⦆日本各地の海、湖沼、池、河川で釣れる代表的な魚、206種を紹介した釣り魚図鑑。正式魚種名（学術上の和名）、分類名、地方名、分布、釣り期、釣り場、釣り方、味の旬、料理（紹介魚種）、解説など。索引付き。

釣り魚図典 近江卓, 成沢哲夫編著 小学館 1998.7 319p 27×22cm 5200円 ⓘ4-09-526082-3

⦅目次⦆第1章 沖合、第2章 内湾、第3章 磯、第4章 砂浜、第5章 堤防、第6章 河口、第7章 河川、第8章 渓流、第9章 湖沼、釣りをもっと楽しむ（釣り具図鑑、調理を楽しむ、飼育を楽しむ、記録を残す・アートを楽しむ）
⦅内容⦆釣り魚および釣りの対象となるイカ・タコ類、エビ類を、釣り場ごとに約370種解説した図鑑。掲載データは、生息環境、食性、主な釣り方とこつ、ポイント、仕掛けと餌、調理法など。用語解説、学名索引、英名索引、和名・別名索引付き。

釣り魚カラー図鑑 豊田直之, 西山徹, 本間敏弘著 西東社 1994.1 382p 15cm 1500円 ⓘ4-7916-0975-1

⦅目次⦆1 上・中流の魚、2 中・下流・河口の魚、3 湖沼・池の魚、4 砂浜の魚、5 防波堤の魚、6 磯の魚、7 沖の魚

つれる魚・50種 海、川、湖の魚・つり方、調べ方図鑑 刈田敏著 偕成社 1999.3 39p 25cm （はじめてのつり図鑑 6）〈索引あり〉 2800円 ⓘ4-03-533360-3

⦅目次⦆つるための魚の基礎知識、川や湖でつれる魚、海でつれる魚、危険な魚、魚の調べ方、つった魚をたべよう
⦅内容⦆つりは考えるゲーム。ねらう魚のすみ場所や性質を知って、その魚にあったつり方を調べるための完全図鑑。

似魚図鑑 晋遊舎 2008.11 95p 19cm 1000円 ⓘ978-4-88380-862-5 Ⓝ664.6

⦅目次⦆マダイ・アメリカナマズ・ティラピア, アマダイ・キングクリップ, キンメダイ・オオメマトウダイ, マグロ・アカマンボウ・ガストロ, カンパチ・スギ・シイラ, ヒラマサ・ナイルパーチ, ブリ・シルバーワレフ・ホワイトワレフ, カツオ・アロツナス, サヨリ・ペヘレイ, アナゴ・アンギーラ〔ほか〕
⦅内容⦆姿違えど良く似たお味。真鯛とアメリカ鯰、黒鮪とアカマンボウなど、代用魚や偽装魚と呼ばれる魚を紹介。

初めてのフィッシュウオッチング サンゴ礁の仲間フルガイド PART2 瀬能宏監修 水中造形センター 1996.11 161p 19cm 1950円 ⓘ4-915275-79-5

⦅目次⦆親子で容姿が変わる魚、雌雄で容姿が変わる魚、カラーバリエーション、魚たちの模様比べ、環境から種類を調べる、擬態によって身を守る、共生というライフスタイル、ユニークな体形の魚、群れをつくる魚、固有種と呼ばれる魚
⦅内容⦆種々の魚を見たり、生態や行動を観察するフィッシュウォッチングのための図鑑。和名・学名・科名・全長に加え、体形や色・模様の特徴といった種類識別ポイント、よく見られる環境、行動パターンを記す。巻末に五十音順の魚名索引がある。

ビジュアル博物館 20 魚類 魚はいかに進化し、どんな習性があるのか その不思議な世界を探る スティーブ・パーカー著, リリーフ・システムズ訳 （京都）同朋舎出版 1991.7 61p 29cm 〈監修：大英自然史博物館〉 3500円 ⓘ4-8104-0966-X Ⓝ487.5

⦅内容⦆子供向けの図解百科事典シリーズ。1冊1テーマで構成する。

フィッシュウオッチング500 魚別撮影ガイド付き 月刊『マリンダイビング』編集部編 水中造形センター 2003.7 255p 15cm 2500円 ⓘ4-915275-15-9

⦅目次⦆イルカ＆クジラの仲間、ウミガメ＆ウミヘビの仲間、サメの仲間、エイの仲間、ウツボの仲間、ウナギ・アナゴの仲間、エソの仲間、ゴンズイの仲間、イタチウオの仲間、イザリウオの仲間〔ほか〕
⦅内容⦆スクーバダイビングで見られる魚や海の仲間500種を全て写真付きで紹介。生態的特徴、生息地などを詳しく解説すると同時に、魚別の水中写真を撮るときのコツや魚への寄り方も解説。フィッシュウオッチング派、水中写真（デジカメ、フィルム）派、全てのダイバーが楽しめる入門ガイド。

マリン アクアリウム ニック・デイキン著

魚類　　　　　　　　　動物

緑書房　1996.3　400p　30cm　6800円
①4-89531-643-2

(目次)第1章 海の世界，第2章 アクアリウムをつくる，第3章 海水魚と無脊椎動物の飼い方，第4章 熱帯性海水魚，第5章 熱帯海洋性無脊椎動物，第6章 冷水域の海水魚

(内容)熱帯性海水魚および熱帯海洋性無脊椎動物300種をカラー写真をまじえて解説したもの。ほかにアクアリウム(養魚槽)の作り方，海水魚・無脊椎動物の飼育方法も掲載する。巻末に五十音順の事項索引，アルファベット順の学名・英名索引がある。

有毒魚介類携帯図鑑　野口玉雄，阿部宗明，橋本周久著　緑書房　1997.11　191p　17×18cm　5800円　①4-89531-450-2

(目次)有毒魚介類カラープレート(有毒脊椎動物―魚類，有毒無脊椎動物，海藻類など)，魚介類の毒について(脊椎動物(魚類)の毒，無脊椎動物、海藻類などの毒)

遊遊さかな事典 六十六の釣魚物語とさかな用語集 釣り曜日　小西英人著　エンターブレイン，角川グループパブリッシング(発売)　2009.12　797p　15cm　(釣り人のための遊遊さかなシリーズ)〈文献あり 索引あり〉　1700円　①978-4-04-726176-1　Ⓝ487.5

(目次)アイナメ―海底の覇者，アオギス―それは青い鳥，アオダイ―黒潮の鯛，アオブダイ―別格の外道，アカエイ―砂底のナイフ，アカメ―悲しい王者，アマゴ／サツキマス―渓流の女王，イサキ―プロ好みの魚，イシガレイ―大物師の冬の夢，イシダイ―幻の美学〔ほか〕

(内容)サイト「釣り曜日」内で連載された釣魚浪漫エッセイ「遊魚漫筆」を単行本化。魚の部位等を解説する「さかな用語集」付き。

幼魚ガイドブック　瀬能宏，吉野雄輔著　ティビーエス・ブリタニカ　2002.9　135p　21cm　2400円　①4-484-02416-0　Ⓝ487.5

(目次)ウツボ科，アンコウ科，イザリウオ科，マツカサウオ科，マトウダイ科，ヘコアユ科，ヨウジウオ科，フサカサゴ科，ホウボウ科，ハタ科〔ほか〕

(内容)成長するにつれて模様や体形がダイナミックに変化する，日本沿岸の主な海水魚の幼魚と成魚を紹介する図鑑。特にスクーバダイバーに人気の高い，色彩的に美しいものやユニークなもの，約100種を収録。科ごとに分類し，構成。各種の種名，特徴・分布・見分け方・生態などの解説を記載。写真は幼魚と成魚を並列に掲載している。巻末に学名索引と和名索引が付く。

<カタログ>

世界の海水魚カタログ　成美堂出版　1993.8　177p　30cm　1700円　①4-415-03643-0

(目次)海水魚カタログ，無脊椎動物カタログ，海水魚飼育マニュアル―上手な海の創り方

(内容)海水魚，無脊椎動物合わせて300種を収録し，それぞれの特徴と飼育法を解説するガイドブック。

世界の海水魚カタログ　成美堂出版　1992.8　161p　29×21cm　1700円　①4-415-03268-0

(内容)海水魚225種，無脊椎動物57種を完全紹介。飼育用品から各種の飼育法まで，海水魚飼育のためのすべてを網羅したファン必携の一冊。

世界の海水魚カタログ　1995　成美堂出版　1994.7　161p　29×22cm　1700円　①4-415-03697-X

(目次)1 海水魚カタログ，2 無脊椎動物カタログ，3 海水魚飼育マニュアル

世界の海水魚カタログ　1997　成美堂出版　1996.9　159p　30cm　1700円　①4-415-04120-5

(目次)海水魚・無脊椎動物カタログ(キンチャクダイの仲間，チョウチョウウオの仲間，スズメダイの仲間，ハナダイ，ハタ，ニセスズメの仲間 ほか)，飼育マニュアル(飼育総論，餌付けについて，病気について，混泳について ほか)

(内容)世界各地の海水魚を写真とともに掲載したカタログ。「海水魚・無脊椎動物カタログ」と「飼育マニュアル」の2部構成。カタログ編ではキンチャクダイの仲間，チョウチョウウオの仲間などのグループに分けて各海水魚の名称・学名・分布・体長・飼育難易度・価格の目安を示すほか特徴を解説，マニュアル編では餌付け方法や病気について述べる。巻末に海水魚名の五十音順索引がある。

世界の海水魚カタログ　1999　成美堂出版　1998.8　152p　29cm　〈価格付〉　1500円　①4-415-09342-6　Ⓝ666.9

(内容)世界の海水魚を価格とともに紹介するカタログ。

世界の海水魚カタログ　2000年版　成美堂出版　1999.9　152p　29cm　(Seibido mook)　〈価格付〉　1500円　①4-415-09462-7　Ⓝ666.9

(内容)世界の海水魚を価格とともに紹介するカタログ。

世界の海水魚カタログ　2001年版　成美堂出版編集部編　成美堂出版　2000.8　159p　29cm　(Seibido mook)　1500円　①4-415-09546-1　Ⓝ666.9

⓽世界の海水魚335種類をその価格とともに紹介するカタログ。カラー写真を多数掲載。また、魚の飼育マニュアル、大型水槽での飼育などの愛好家向けの情報も掲載する。

世界の海水魚カタログ 2009年版　成美堂出版編集部編　成美堂出版　2008.7　152p　29cm　（Seibido mook）　1500円　Ⓘ978-4-415-10613-7　Ⓝ666.9

⓽世界の海水魚を紹介するカタログ。約450種の海水魚と無脊椎動物のデータと写真を、最新の市場価格動向付きで掲載する。そのほか「お手本にしたいアクアリストのご自慢水槽」「役に立つ最新グッズカタログ」「保存版・魚病診断チャート」も特集する。

世界の海水魚カタログ380　森岡篤写真，水谷尚義監修・文　主婦の友社　2006.7　223p　17×9cm　（主婦の友ポケットBOOKS）　950円　Ⓘ4-07-251162-5

⓾クマノミの仲間、ハゼ・ギンポの仲間、チョウチョウウオの仲間、スズメダイの仲間、ヤッコダイの仲間、ベラの仲間、ニザダイ・カワハギ・フグの仲間、ハナダイ・ニセスズメ・ハタの仲間、サメ・エイの仲間、ヨウジウオ・カサゴ・その他、イソギンチャク・サンゴの仲間、その他の海の生き物

⓽持ち運びに便利なポケット版。憧れの世界の海水魚380種を掲載。最新の参考価格一覧表付き。

世界の海水魚350 2002年版　成美堂出版編集部編　成美堂出版　2001.7　149p　29cm　（Seibido mook）　1400円　Ⓘ4-415-09657-3　Ⓝ666.9

⓽スズメダイ、チョウチョウウオ、サンゴ、イソギンチャク、クラゲ、エビなど、海水魚350種を収録した観賞魚ガイド。各魚には飼いやすさ、入荷状況、価格等を記載する。また、ベルリン式水槽や秘かなブームのウミウシ等を特集している。「世界の海水魚カタログ」の改題。

世界の海水魚350 2003年版　成美堂出版編集部編　成美堂出版　2002.7　149p　29cm　（Seibido mook）　1500円　Ⓘ4-415-09771-5

⓽世界の海水魚を紹介するカタログ。約350種の海水魚と無脊椎動物のデータと写真を、最新の市場価格動向付きで紹介。また初級飼育マニュアルのほか、最新の人気種、飼いやすさ、入荷状況、混泳難易度なども掲載する。

世界の海水魚450 2004年版　成美堂出版編集部編　成美堂出版　2003.7　151p　29cm　（Seibido mook）　1500円　Ⓘ4-415-09919-X

⓽世界の海水魚を紹介するカタログ。約450種の海水魚と無脊椎動物のデータと写真を、最新の市場価格動向付きで紹介。また最新の人気種、飼いやすさ、入荷状況、混泳難易度なども掲載する。

世界の熱帯魚&水草カタログ 2011年版　成美堂出版編集部編　成美堂出版　2010.7　197p　29cm　（Seibido mook）　1500円　Ⓘ978-4-415-10917-6　Ⓝ666.9

⓽世界の熱帯魚600種と水草92種を紹介するカタログ。かわいい小型魚から迫力の大型魚・古代魚まで、詳細データ付きで紹介。注目の新着魚情報や、レッド・ビーシュリンプの水槽製作の秘訣なども掲載。

◆日本の魚

＜事典＞

日本産魚類検索 全種の同定 第二版　中坊徹次編　東海大学出版会　2000.12　2冊（セット）　26cm　28000円　Ⓘ4-486-01505-3　Ⓝ487.5

⓾科の検索，種の検索，無顎口上綱（メクラウナギ綱，頭甲綱），顎口上綱（軟骨魚綱（全頭亜綱，板鰓亜綱），硬骨魚綱（条鰭亜綱））

⓽日本列島周辺の海産魚類、淡水魚類、汽水性魚類を収録するデータブック。2000年8月までに公表された種のすべてと2000年11月までに公表された日本初記録種、未同定ながら標準和名を付して予報的に公表したものを含めて合計352科3887種類（種としては3863種）を収録。「科の検索」と「種の検索」の2部構成。巻末に標準和名、英名（科のみ）、学名の索引付き。

＜図鑑＞

えひめ愛南お魚図鑑　高木基裕，平田智法，平田しおり，中田親編　（松山）創風社出版　2010.3　249p　30cm　〈他言語標題：Fishes of Ainan Ehime　文献あり　索引あり〉　3500円　Ⓘ978-4-86037-140-1　Ⓝ487.52183

⓾生態編（サカタザメ科，ウチワザメ科，シビイレエイ科，ヒラタエイ科，アカエイ科 ほか），漁獲物編（ヌタウナギ科，ネズミザメ科，トラザメ科，ドチザメ科，ネコザメ科 ほか），資料編

⓽愛媛県愛南町の水域に生息する海水魚と淡水魚を掲載した図鑑。生態編で643種、漁獲物編417種が収録されており、全体の種数は157科849種。巻末に索引が付く。

海水魚 新装版　益田一著　山と渓谷社　2006.6　383p　19×12cm　（新装版山渓フィールドブックス1）　2000円　Ⓘ4-635-06058-6

魚類　　　　　　　　動物

[目次]サメの仲間—ネコザメ目・ネズミザメ目・ツノザメ目，エイの仲間—エイ目，ニシン・イワシの仲間—ニシン目・カライワシ目・ネズギス目，ウツボ・アナゴの仲間—ウナギ目，サケ・エソ・ゴンズイの仲間—サケ目・ハダカイワシ目・ナマズ目，サヨリ・トビウオの仲間—ダツ目，ヨウジウオの仲間—ヨウジウオ目・ウミテング目，タラ・アンコウの仲間—タラ目・アシロ目・アンコウ目，キンメダイの仲間—キンメダイ目・マトウダイ目，ボラ・カマスの仲間—スズキ目〔ほか〕

[内容]1287種収録の小さな大図鑑。構成は分類学の体系順で，便宜上それを43章に分け収録。沖縄県から北海道までの日本近海にすんでいる魚，ダイビングの際，鑑賞できる色とりどりの魚，海釣りの対象魚，食用種として家庭の食卓や寿司屋さんに並ぶ魚，食料品に加工される魚は徹底的に網羅。巻末に索引が付く。

川と湖の魚　2　川那部浩哉，水野信彦共著　（大阪）保育社　1990.7　215p　19cm　（検索入門）　1600円　①4-586-31034-0

[内容]日本の淡水域と汽水域にすむ魚類をカラー写真と図で示し，その形と生態の特徴を解説。サケ・ハゼ・カジカ・スズキなど，背鰭が二つある魚を主とする。検索表を付す。

北日本魚類大図鑑　普及版　尼岡邦夫，仲谷一宏，矢部衛著　（札幌）北日本海洋センター　1997.3　390p　26cm　3573円

[目次]ヤツメウナギ科，ギンザメ科，テングザメ科，トラザメ科，ドチザメ科，メジロザメ科，ウバザメ科，ネズミザメ科，グラザメ科，ヨロイザメ科，ツノザメ科，カスザメ科，ノコギリザメ科，シビレエイ科，ガンギエイ科，アカエイ科〔ほか〕

[内容]東北地方以北に生息する魚類570種を掲載。各種についてその特徴，生息域，成長，最大体長，産卵期，雌雄差などの生態，分布等を記す。巻末には，和名・地方名索引，学名索引，英名索引，露名索引を付す。

北の魚類写真館　田口哲著，中村泉監修　（札幌）北海道新聞社　1999.9　277p　21cm　2500円　①4-89453-027-9

[目次]サケ科，キュウリウオ科，アユ科，シラウオ科，ツノザメ科，カスザメ科，トラザメ科，ドチザメ科，ガンギエイ科，ウナギ科，アナゴ科，ナマズ科，ニシン科，カタクチイワシ科，コイ科，ドジョウ科，タラ科，チゴダラ科，ギンダラ科，ボラ科，サンマ科，ダツ科，サヨリ科，メダカ科，アンコウ科，イザリウオ科，ヨシノボリ科，クダヤガラ科，トゲウオ科〔ほか〕

[内容]北海道に生息する魚類を水中写真で紹介した図鑑。掲載項目は，魚名，学名，分布，別名，地方名，全長，撮影地など。巻末に「用語解説」，「索引と漢字表記」がある。

原色日本海魚類図鑑　津田武美著　（富山）桂書房　1990　612p　31cm　38500円　Ⓝ487.5

[内容]見開き片側に，魚の名前が知ることが出来るように特徴を捉えて精密に描かれたカラー図版，対応する側に，学名・英名・中国名等を記載し，諺や民話等も含む解説を配した図鑑。

島言語でわかる沖縄魚類図鑑　悦秀満著　（南風原町）沖縄マリン出版　2002.1　157p　21cm　1900円　①4-901008-18-8　Ⓝ487.52199

[目次]湾内・砂泥底に住む魚，海岸近くに寄る魚，サンゴ礁に住む魚，岩礁に住む魚，表層を遊泳する魚，中層を遊泳する魚，底層を遊泳する魚，深海に住む魚，沖合に住む魚

[内容]沖縄の海に住む代表的な魚を掲載する図鑑。248種を収録。生息場所別に構成。各魚の沖縄での呼び名，英語名，学名，全長，生息地域，若干の生態解説，料理・食べ方について記載している。巻末に和名索引と沖縄名索引が付く。

四万十川の魚図鑑　大塚高雅写真　ミナミヤンマ・クラブ，いかだ社（発売）　2010.7　163p　21cm　〈他言語標題：Fish guide of Shimanto-gawa　解説：野村彰герт　企画・構成：杉村光俊　文献あり　索引あり〉　2200円　①978-4-87051-287-0　Ⓝ487.52184

[目次]上流（タカハヤ，ヒナイシドジョウ，アカザほか），中流（ウナギ，オオウナギ，コイほか），下流（アカエイ，イセゴイ，ゴンズイほか）

[内容]記録魚種数全国一の清流—四万十川。美しい写真と共に解説・飼育情報も充実。観光スポット・行事など，魚と四万十川をまるごと楽しむためのガイドも付いたコンパクト図鑑。

旬の魚図鑑　坂本一男著　主婦の友社　2007.4　207p　21cm　（主婦の友ベストBOOKS）　1400円　①978-4-07-252167-0

[目次]春に食べたい魚，夏に食べたい魚，秋に食べたい魚，冬に食べたい魚，その他の魚，えび，いか，たこ，かい等

[内容]日本中から新鮮な魚が集まる東京・築地市場の「おさかな普及センター資料館」の館長に，いろいろな魚の名前や形，生まれ故郷，おいしい時期や食べ方までを，やさしく解説してもらった。

詳細図鑑 さかなの見分け方　講談社ペック編　講談社　1998.6　231p　21cm　2850円　①4-06-208648-4

[目次]淡水魚（コイ目，ナマズ目，サケ目 ほか）海水魚（ニシン目，タラ目，キンメダイ目 ほか），

えび・かに(十脚目，口脚目 ほか)，いか・たこ(コウイカ目，ダンゴイカ目，ツツイカ目，八腕形目)，貝・その他(原始腹足目，新紐舌目，新腹足目 ほか)，魚介料理の基本，釣りの仕掛け集

(内容)日本近海・沿岸の海水魚介類及び日本の淡水魚介類を，釣りの対象魚，食用とされた魚介類を中心に715種収録した図鑑。収録魚介類一覧付き。

新・北のさかなたち 漁業生物図鑑 水島敏博，鳥沢雅監修，上田吉幸，前田圭司，嶋田宏，鷹見達也編 (札幌)北海道新聞社 2003.3 645p 21cm 2800円 Ⓘ4-89453-245-X

(目次)魚の仲間たち，巻き貝，二枚貝の仲間たち，イカ，タコの仲間たち，エビ，カニ，シャコの仲間たち，ウニ，ナマコ，ホヤの仲間たち，コンブの仲間たち，北海道の海・川・湖，漁業，調査研究

(内容)魚類71種，軟体動物15種，節足動物10種，棘皮動物3種，脊索動物1種，海藻類8種の計108種を収録した北海道の漁業生物図鑑。全体を生物分類群に配列し，形態，生態，利用，加工，調査研究，釣りおよび刊行について解説。巻末に和名・地名索引，アイヌ語索引，学名索引，英名索引，露名索引が付く。

図鑑北の海水魚 西沢邦昭写真・解説 (札幌)北海道新聞社 1993.5 174p 19cm 〈監修：佐々木達〉 1600円 Ⓘ4-89363-686-3 Ⓝ487.5

(内容)北海道の海で見られる魚84種類の生態や生息環境などをカラー写真と平易な解説で紹介。海水魚観察やスキューバダイビング，釣りなどの手引としても最適。

駿河湾おさかな図鑑 なんだろう隊が行く 静岡新聞社出版局編 (静岡)静岡新聞社 2003.6 207p 19cm 1800円 Ⓘ4-7838-0538-5

(目次)第1章 駿河湾のなぞ(駿河トラフ，積み重なる海水，生き物の宝庫 ほか)，第2章 駿河湾のさかなたち(磯のさかなたち，砂浜のさかなたち，河口のさかなたち ほか)，第3章 駿河湾トコトコ探検ガイド(漁港へ行こう，シラス調査隊，砂浜で発見! ほか)

淡水魚 森文俊，内山りゅう，山崎浩二著 山と渓谷社 2000.3 281p 15cm (ヤマケイポケットガイド 17) 1000円 Ⓘ4-635-06227-9 Ⓝ487.5

(目次)淡水魚(ヤツメウナギ目，ウナギ目，カライワシ目，サケ目，コイ目，ナマズ目，ダツ目，カダヤシ目，トゲウオ目，ヨウジウオ目，スズキ目，カサゴ目，カレイ目，フグ目)，甲殻類・貝類

(内容)日本の淡水魚約230種，淡水のエビ・カニ・貝約60種，合計290種を紹介した図鑑。掲載データは，和名，地方名，分布，生息域，すみ場所，大きさ，見分け方，雌雄，食べ物，繁殖期，利用など。

淡水魚 森文俊，内山りゅう著 山と渓谷社 1997.3 287p 19cm (山渓フィールドブックス 15) 2000円 Ⓘ4-635-06055-1

(目次)ヤツメウナギ目，チョウザメ目，ウナギ目，タウナギ目，ニシン目，カライワシ目，サケ目，コイ目，ナマズ目，ダツ目，カダヤシ目，トゲウオ目，ヨウジウオ目，スズキ目，カサゴ目，カレイ目，フグ目

(内容)日本で見ることのできる淡水域・汽水域の魚281種類を掲載。標本写真が充実しており，天然記念物などの魚を除いた270種を500点以上の写真で紹介。

淡水魚 新装版 森文俊，内山りゅう著 山と渓谷社 2006.6 287p 19cm (山渓フィールドブックス 2) 1600円 Ⓘ4-635-06059-4

(目次)ヤツメウナギ目，チョウザメ目，ウナギ目，タウナギ目，ニシン目，カライワシ目，サケ目，コイ目，ナマズ目，ダツ目，カダヤシ目，トゲウオ目，ヨウジウオ目，スズキ目，カサゴ目，カレイ目，フグ目

(内容)日本の淡水域・汽水域で見ることのできる魚282種類を掲載。在来の淡水魚はもちろん，オオクチバスやコクチバスなどの外来種も掲載。

淡水魚カタログ 川や湖、沼で出会える魚たち190種 森文俊，秋山信彦著 永岡書店 1995.7 191p 21cm 1600円 Ⓘ4-522-21187-2

(内容)淡水魚190種をカラー写真(絶滅種はイラスト)で紹介したもの。写真のほか，形態・生態に関する解説，魚の名前の由来や食べ方等の情報も掲載する。巻末に魚名の五十音索引がある。

東北フィールド魚類図鑑 沿岸魚から深海魚まで 北川大二，今村央，後藤友明，石戸芳男，藤原邦浩，上田祐司共著 (秦野)東海大学出版会 2008.11 140p 26cm (水産総合研究センター叢書) 〈文献あり〉 4500円 Ⓘ978-4-486-01814-8 Ⓝ487.5212

(目次)ヌタウナギ目，ヤツメウナギ目，ギンザメ目，ネズミザメ目，メジロザメ目，ヨロイザメ目，アイザメ目，ツノザメ目，ノコギリザメ目，エイ目〔ほか〕

(内容)わが国周辺から知られている魚類のうち，五分の一が認められる東北地方の太平洋側に出現する魚類を多数収録した魚類図鑑。外部形態などの特徴から海域別の分布量や食用情報も掲載，巻末に和名索引，学名索引が付く。

とちぎの魚図鑑 魚のすみかが一目でわかるとちぎ独自の呼び名がわかる 栃木県なかがわ水遊園監修 (宇都宮)下野新聞社 2010.4 167p 21cm 〈文献あり 索引あり〉 1500円 ①978-4-88286-399-1 Ⓝ487.52132
〔内容〕栃木県内で生息が確認されている魚に、かつて生息が確認されていたものも含め、全82種を網羅。主な魚種には、典型的な成魚の写真のほか、稚魚や若魚、雌雄の違いがわかる写真なども掲載。栃木独自の呼び名付き。

日本産 魚類検索 全種の同定 中坊徹次編 東海大学出版会 1993.10 1474p 26cm 25750円 ①4-486-01250-X
〔内容〕日本産の魚類の同定のための検索図鑑。収録対象は、海産魚類(日本列島、琉球列島周辺の太平洋、日本海、東シナ海、オホーツク海、天皇海山の沿岸から外洋、浅海から深海まで)、淡水魚類、汽水性魚類(河口や汽水湖)の1992年6月までの既知種のすべてと、1993年5月までに公表された新種あるいは日本初記録種のうち収録が可能だったもの、執筆者が研究中で未同定ながら和名を付して予報的に公表したものまで、合計334科3639種類。新しい検索方式を採用し、線画による全形図・分類形質図計2万点を掲載する。

日本産魚類生態大図鑑 益田一、小林安雅著 東海大学出版会 1994.10 465p 26cm 9785円 ①4-486-01300-X
〔内容〕日本列島とその周辺海域の淡水魚類・海水魚類のカラー写真を収録した図鑑。1916種を『日本産魚類検索』(1993年刊)の分類体系により排列する。生態写真は1種1点を原則とはせず、成魚と幼魚、雌雄、普通の状態と色彩変異など必要に応じて追加、計3084枚を掲載する。各魚種には科名・大きさ・撮影地・撮影者・学名・科名・解説を記載。巻末に科名・和名・学名の3種類の索引と参考文献を付す。

日本の海水魚 木村義志著 学習研究社 2000.8 260p 19cm (フィールドベスト図鑑 vol.7) 1900円 ①4-05-401121-7 Ⓝ487.5
〔目次〕サメ目、エイ目、ニシン目、ヒメ目、ウナギ目、ナマズ目、ダツ目、ヨウジウオ目、キンメダイ目、マトウダイ目〔ほか〕
〔内容〕魚屋さんの魚がわかる本。水産上の重要魚種とその利用、料理を満載、「思わず」魚が食べたくなる海水魚図鑑。

日本の海水魚 岡村収、尼岡邦夫編・監修、大方洋二、岡田孝夫、小林安雅、田口哲、矢野維幾、吉野雄輔写真 山と渓谷社 1997.8 783p 20×21cm (山渓カラー名鑑) 5400円 ①4-635-09027-2

日本の海水魚 吉野雄輔写真・解説、瀬能宏監修 山と渓谷社 2008.9 543p 21cm (山渓ハンディ図鑑 13) 〈文献あり〉 3600円 ①978-4-635-07025-6 Ⓝ487.521
〔目次〕テンジクザメ目、ネコザメ目、ネズミザメ目、メジロザメ目、カスザメ目、エイ目、ウナギ目、ニシン目、ネズミギス目、ナマズ目〔ほか〕
〔内容〕日本産の海水魚1246種を最新情報とともに紹介。

日本の海水魚 増補改訂 木村義志著 学研教育出版、学研マーケティング(発売) 2009.12 268p 19cm (フィールドベスト図鑑 vol.7) 〈初版:学習研究社2000年刊 索引あり〉 1800円 ①978-4-05-404371-8 Ⓝ4875
〔目次〕サメ目、エイ目、ニシン目、ヒメ目、ウナギ目、ナマズ目、ダツ目、ヨウジウオ目、キンメダイ目、マトウダイ目、スズキ目、フグ目、カサゴ目、カレイ目、タラ目、アンコウ目
〔内容〕日本の海水魚278種。水族館では見られない鮮魚店の魚、海中にいる状態の写真を中心に紹介。体の細部がわかる標本写真、料理や食材の写真も豊富に掲載。巻末に、日本近海では捕れない最近の食用魚図鑑付き。

日本の海水魚466 ポケット図鑑 峯水亮、松沢陽士著 文一総合出版 2010.4 319p 15cm 〈文献あり 索引あり〉 1000円 ①978-4-8299-1170-9 Ⓝ487.521
〔目次〕テンジクザメ目、メジロザメ目、ネコザメ目、ネズミザメ目、カスザメ目、エイ目、ウナギ目、ニシン目、ナマズ目、ヒメ目〔ほか〕
〔内容〕国内のダイブサイトで見られる海水魚466種を掲載。成魚を中心に、色彩のバリエーションや幼魚の写真も紹介。

日本の外来魚ガイド 松沢陽士写真・図鑑執筆、瀬能宏監修・解説執筆 文一総合出版 2008.8 157p 21cm 〈文献あり〉 3200円 ①978-4-8299-1013-9 Ⓝ487.521
〔目次〕国外外来種(オオタナゴ、タイリクバラタナゴ、ハクレン、コクレン、ゼブラダニオ ほか)、国内外来種(コイ、ゲンゴロウブナ、ギンブナ、ニゴロブナ、ヤリタナゴ、アブラボテ、シロヒレタビラ・アカヒレタビラ ほか)
〔内容〕日本の野外で実際に見つかっている外来魚をすべて取り上げた図鑑。種の同定に必要な標本写真と、外来魚の生活史を時間をかけて撮影した生態写真を多数掲載。国内分布や原産地、形態と生態の解説に加え、在来種への影響や移殖史を解説する。

動 物　　　　　　　　　　　　　　　　　　　　　　　　　　魚 類

日本の魚　淡水編　田口哲著　小学館　1990.3　255p　19cm　（フィールドガイド3）　1800円　①4-09-208003-4
[内容]遡上する魚と共に汽水から源流へ。渓に湖に躍動する淡水魚を中心に、可能な限り自然生態写真を追い求めて撮影した195種の魚たち。臨場感あふれる写真は、ナチュラリスト、釣り人、アクアリストなど自然派、行動派をかりたてる。インドア・ウォッチングでも楽しめるネイチャー・ガイドブック。

日本の淡水魚　木村義志監修　学習研究社　2000.8　256p　19cm　（フィールドベスト図鑑 vol.6）　1900円　①4-05-401120-9　Ⓝ487.5
[目次]ヤツメウナギ目，ニシン目，サケ目，ウナギ目，コイ目，ナマズ目，ダツ目，カダヤシ目，ダツ目，トゲウオ目〔ほか〕
[内容]日本の陸水に生息する淡水魚を網羅的に収録した図鑑。魚が棲んでいる環境がわかるように生態写真を大きく掲載し、殆どの種について体の細部がわかるように標本写真も掲載。それぞれの種の解説のほかに、コラムなどでその魚の利用法、漁法、特殊な生態、人工品種などを極力写真を添えて解説する。

日本の淡水魚　第3版　改訂版　川那部浩哉，水野信彦，細谷和海編・監修，桜井淳史，大塚高雄，田口哲，矢野維幾写真　山と渓谷社　2001.8　719p　20×21cm　（山渓カラー名鑑）　4757円　①4-635-09021-3　Ⓝ487.5
[目次]無顎上綱，頭甲綱，顎口上綱，硬骨魚綱，条鰭亜綱，軟質下綱，真骨下綱，サバ亜目，キノボリウオ亜目，タイワンドジョウ亜目〔ほか〕
[内容]日本産の淡水魚312種を紹介した図鑑。本書は第3版(改訂版)にあたる。旧版の学名情報を更新し、写真5点を差し替えている。排列は生物分類。和名、学名、分類、特徴（分布、生活、利用）により解説。巻頭に「日本の淡水魚とその環境」「魚の各部の名称」と用語解説、巻末に「日本の淡水魚リスト・環境省レッドリスト対照表」、および参考文献一覧、和名索引、学名索引がある。

日本の淡水魚　増補改訂　木村義志監修　学習研究社　2009.8　264p　19cm　（フィールドベスト図鑑 vol.6）〈索引あり〉　1800円　①978-4-05-403843-1　Ⓝ4875
[目次]ヤツメウナギ目，ニシン目，サケ目，ウナギ目，コイ目，ナマズ目，ダツ目，カダヤシ目，ダツ目，トゲウオ目，スズキ目，カサゴ目，スズキ目，カレイ目
[内容]美しい写真と探しやすいアイコン方式のフィールドベスト図鑑の増補改訂版。深刻な環境問題になりつつある外来魚の解説を増補。

フィッシュウオッチングガイド　part1　東日本　月刊ダイビングワールド編　マリン企画　2007.5　240p　21cm　2857円　①978-4-89512-476-8
[目次]サメ・エイの仲間，ウツボ・アナゴの仲間，ナマズの仲間，エソの仲間，アンコウ・カエルアンコウの仲間，ウバウオの仲間，キンメダイ・イットウダイの仲間，タツノオトシゴ・ヨウジウオの仲間，カサゴ・オコゼの仲間，ハタ・ハナダイの仲間〔ほか〕
[内容]伊豆海洋公園，伊豆大島，伊豆・川奈，伊豆・井田，伊豆・安良里，静岡・三保，小笠原諸島，宮城・志津川，佐渡島。全609種、フィールド写真831点掲載。

◆**個々の魚**

<図　鑑>

クマノミガイドブック　ジャック・T.モイヤー著，余吾豊訳　TBSブリタニカ　2001.7　131p　21cm　〈文献あり　索引あり〉　原書名：Anemonefishes of the world〉　2200円　①4-484-01411-4　Ⓝ487.76
[目次]クマノミの仲間（プレムナス属，クラウン・アネモネフィッシュ・グループ，ツーバンド・アネモネフィッシュ・グループ，レッドサドルバック・アネモネフィッシュ・グループ，スカンク・アネモネフィッシュ・グループ），モイヤー先生のクマノミ・ノート（クマノミと私，日本で会えるクマノミたち，伊豆のクマノミは越冬できるか?，クマノミの地理的隔離，クマノミ類の分類の歴史　ほか）

クマノミ全種に会いに行く　中村庸夫著　平凡社　2004.6　110p　21cm　1800円　①4-582-54235-2
[目次]クマノミ（スパインチーク・アネモネフィッシュ，クラウン・アネモネフィッシュ，カクレクマノミ，ツーバンド・アネモネフィッシュ，モーリシャン・アネモネフィッシュ　ほか），クマノミ・ウォッチング（ロード・ハウ島，アンダマン海，パプア・ニューギニア，マーシャル諸島，モーリシャス　ほか）
[内容]クマノミ類はイソギンチャク（シー・アネモネ）とともにくらす魚。だからアネモネフィッシュと呼ばれる。クマノミはアネモネの花のように美しく愛らしい海の宝石だ。その不思議な生態、分類の謎、見分け方など、クマノミたちの全28種を写真とともに解説する。マダガスカル、セイシェル、モーリシャス、オーストラリア、アンダマン海、ニューギニアからマーシャル諸島、そして沖縄─。クマノミをもとめて旅する著者の水中ウォッチングの記録も満載。

動植物・ペット・園芸 レファレンスブック　293

魚類　　　　　　　動物

ザ・ピラニア　肉食魚の飼育と楽しみ方　小林道信文・写真　誠文堂新光社　2009.7　207p　21cm　（アクアリウム・シリーズ）　〈並列シリーズ名：Aquarium series〉　2800円　⒤978-4-416-70940-5　Ⓝ666.9

(目次)牙魚飼育の世界，ピラニアの魅力，ピラニアの基礎知識，ピラニア図鑑，ピラニアの飼育，その他の牙魚図鑑，ピラニアに似た魚図鑑，牙魚飼育Q&A

ザ・フグ　フグの飼育と楽しみ方　新川章文，小林道信写真　誠文堂新光社　2009.6　207p　21cm　（アクアリウム・シリーズ）　〈並列シリーズ名：Aquarium series〉　2200円　⒤978-4-416-70936-8　Ⓝ666.9

(目次)淡水フグの魅力，淡水フグとは?，淡水フグ&汽水フグ図鑑，淡水フグと汽水フグの飼育，海水フグ図鑑，海水フグの飼育，フグQ&A

世界のナマズ　江島勝康著　マリン企画　1999.12　223p　21cm　2800円　⒤4-89512-515-7

(目次)ピメロドゥス科，ロリカリア科，カリクティス科，ドラス科，アウケニプテルス科，アスプレド科，ヘロゲネス科，アゲネイオスス科，トリコミクテルス科，セトプシス科，アストロブレブス科，サカサナマズ科，アンフィリウス科，スキルベ科，デンキナマズ科，ギギ科，アカザ科，オリーラ科，アキシス科，シソール科，パンガシウス科，ナマズ科，チャカ科，ヒレナマズ科，ヘテロプネウステス科，アメリカナマズ科，ハマギギ科，ゴンズイ科，本書の使い方，ナマズの魅力，ナマズ類の飼育法，ナマズ類の繁殖，ポピュラーネーム索引，学名索引，主要参考文献

(内容)世界のナマズを掲載したもの。ナマズ目を各科ごとにまとめて紹介する。掲載項目は，呼称，学名，分布，大きさ，水温，水質など。ポピュラーネーム索引，学名索引付き。

チョウチョウウオ・ガイドブック　中村庸夫著　ティビーエス・ブリタニカ　2003.4　149p　21cm　2400円　⒤4-484-03404-2

(目次)アンフィカエトドン属，カエトドン属，ケルモン属，ケルモノプス属，コラディオン属，ヘミタウリクティス属，フォルキピゲル属，ヘニオクス属，ヨーンランダリア属，パラカエトドン属，プログナトデス属

(内容)海洋写真家中村庸夫が世界の海で撮影した決定版。チョウチョウウオ科119種を収録。

ハゼガイドブック　林公義著，白鳥岳朋写真　ティビーエス・ブリタニカ　2003.3　223p　21cm　2800円　⒤4-484-03401-8

(目次)カワアナゴ科，ヤナギハゼ科（クモギクレ属，ヤナギハゼ属），ハゼ科（トビハゼ属，ミミズハゼ属，ヒモハゼ属 ほか），オオメワラスボ科（オオメワラスボ属，タンザクハゼ属，ハタタテハゼ属 ほか）

(内容)ダイバー，アクアリスト必携。可愛いハゼ，きれいなハゼ，珍しいハゼ大集合。日本初，本格的なハゼの生態写真図鑑。約70属280種を掲載。約400点の写真と詳しい解説で，種の特徴，見分け方，分布，名前の由来などを説明。「未知数のベニハゼ属」「ハゼと共生するテッポウエビの世界」「まだまだいるぞ!こんな稀種」など不思議な生態，興味深い話題を取り上げたコラムを満載。

◆◆メダカ

〈図　鑑〉

学研わくわく観察図鑑 メダカ　岩松鷹司監修　学習研究社　2006.5　48p　23×22cm　1000円　⒤4-05-202455-9

(目次)メダカの体（体を観察しよう，体の中を見てみよう ほか），メダカの育ち方（メダカのふる里，なわばりあらそい ほか），卵の中の大変身（卵のつくりと大変身の始まり，細胞がふえていく ほか），メダカのくらし（天敵の間で，メダカの一年 ほか），ヒメダカを飼育しよう（飼育水槽をつくろう，産卵のようすを観察しよう ほか）

(内容)生態，飼育，観察，図鑑，自由研究。5つのポイントを，大きな写真とイラストで詳しく解説。自由研究に役立つヒントがいっぱい。

世界のメダカガイド　山崎浩二著　文一総合出版　2010.8　192p　21cm　〈索引あり〉　2800円　⒤978-4-8299-0179-3　Ⓝ666.9

(目次)メダカと呼ばれる魚たち，用語解説，メダカ（オリジアスの仲間），卵生メダカ，卵胎生メダカ，真胎性メダカ（グーデアの仲間），メダカの飼育と繁殖，メダカの病気と治療法

(内容)過去に日本に輸入されたことのある種類を中心に，メダカの魅力を紹介する図鑑。

◆◆サケ・マス

〈事　典〉

サケ観察事典　小田英明構成・文，桜井淳史写真　偕成社　2006.6　39p　30cm　（自然の観察事典 34）　2400円　⒤4-03-526540-3

(目次)帰ってきたサケ，川をさかのぼるサケ，上流へと向かうサケ，サケの捕獲と人工ふ化，産卵場所をつくるサケ，サケの産卵，旅路の果ての死，川をのぼるカラフトマス，北アメリカのベニザケ，海の恵みをはこぶベニザケ，川で一生をすごすヤマメ，渓流でくらすイワナ，サケ

294　動植物・ペット・園芸 レファレンスブック

の稚魚のふ化，卵黄の養分でそだつ稚魚，川をくだるサケの幼魚，海にでるサケの幼魚，日本のサケ科の分類

食材魚貝大百科　別巻2　サケ・マスのすべて　井田齊，河野博，茂木正人監修・編，中村庸夫，中村武弘企画・写真　平凡社　2007.9　167p　29×22cm　2600円　⓪978-4-582-54577-7

〔目次〕サケ・マスとは何か（シロザケ，ギンザケ，カラフトマス ほか），サケ・マスの食文化（サケ・マス類のおいしさ，サケ・マス加工食品，サケ・マス料理 ほか），サケ・マス釣り紀行（ハンティング・ロッジ―スコットランド，ネス湖―スコットランド，火山と氷と魚の海―アイスランド ほか）

〔内容〕食材となる魚介類を図版で解説した事典。本編4巻に続く別巻2では，再生可能な資源の代表であるサケを扱う。日本では毎年24億尾のシロザケが放流されている。ニジマスも世界中で養殖・放流され，タイセイヨウサケのほとんどは海面養殖である。多くが人間によって管理されるサケ・マス類について，生態の多様性から食文化，趣味の釣りまでを解説する。

◆◆マグロ

<事典>

食材魚貝大百科　別巻1　マグロのすべて　河野博，茂木正人監修・編，中村庸夫，中村武弘企画・写真　平凡社　2007.2　159p　29×22cm　2600円　⓪978-4-582-54576-0

〔目次〕マグロとは何か（クロマグロ，ミナミマグロ ほか），マグロの食文化（肉質とうま味，生マグロの解体 ほか），マグロの漁と市場（マグロの流通と市場，マグロ漁とその歴史 ほか），最新マグロ事情（マグロの完全養殖，地中海のマグロ蓄養 ほか）

〔内容〕食材となる魚介類を図版で解説した事典。本編4巻に続く別巻1では，スシやサシミを通して世界中に広まったマグロを扱う。生物学から食文化，漁業，国際問題までを解説。

◆◆サメ

<図鑑>

サメガイドブック　世界のサメ・エイ図鑑　アンドレア・フェッラーリ，アントネッラ・フェッラーリ著，御船淳，山本毅訳，谷内透監修　ティビーエス・ブリタニカ　2001.7　255p　21cm　〈原書名：Tutto：squali／Sharks and Rays of the World〉　3500円　⓪4-484-01412-2　Ⓝ487.54

〔目次〕深海の支配者たち，起源と進化，さまざまな感覚器官，私とホホジロザメの最初の出会い，鰭（ひれ）と推進力，鰓（えら）と呼吸，歯と捕食活動，世の中，変われば変わるもの，皮膚，繁殖，人間との関係，このままではサメは絶滅する，神話と伝説，サメを写真に撮る，サメの危険を避ける方法，サメよりも注意すべき危険な生き物，このサメは何？ひと目で見分けるポイント，図鑑編，資料編

〔内容〕世界のサメ86種とエイ34種を収録する図鑑。分布域，生活域，習性などを種類ごとに解説。「危険を避ける法」「写真を撮る」などのコラムを掲載した序章，属する目ごとに分類して排列した図鑑編，サメの分類表，索引，用語解説などを収録した資料編で構成。

サメの世界　写真図鑑　第2版　仲谷一宏著，中村庸夫ほか写真　データハウス　2007.7　86p　19cm　1500円　⓪978-4-88718-931-7

〔目次〕サメってどんな魚？，軟骨魚類とは？，サメの分類，サメの体の特徴，サメの生殖方法，メガマウスザメ，ジンベエザメ，ウバザメ，ニタリ，アオザメ〔ほか〕

世界サメ図鑑　スティーブ・バーカー著，桜井英里子訳，仲谷一宏日本語版監修　ネコ・パブリッシング　2010.2　224p　28cm　〈索引あり　原書名：The encyclopedia of sharks.〉　3619円　⓪978-4-7770-5263-9　Ⓝ487.54

〔目次〕1 サメの歴史，2 サメの種類，3 サメの生物学，4 サメの体形，5 サメの生態，6 ハンターそして殺し屋，7 サメの繁殖，8 サメと人間，9 サメを保護する，サメを見られる水族館

〔内容〕サメは，大きな顎と鋭い歯をもち，太古から恐れられてきた「海のハンター」。200枚を超える美麗な写真とイラストを交えて，サメの実態を全方位から解説していく。サメの最新情報が満載の，総合的な大図鑑。

ビジュアル博物館　40　鮫　ミランダ・マッキュイティ著，リリーフ・システムズ訳（京都）同朋舎出版　1993.7　62p　29×23cm　2800円　⓪4-8104-1292-X

〔目次〕サメとは何か？，サメの親戚，サメの体内，古代のサメ，優美な姿態，感覚，産卵，卵胎生と胎生，歯と食物，敵か，味方か，ホホジロザメ，おとなしい巨大ザメ，日光浴をする巨大ザメ，カスザメ，ホーン・シャーク，ハンマーのような頭，変わったサメ，不思議なサメ，サメの工芸品，サメの襲撃，追いつめられたサメ，おりの内と外，サメの研究，サメに標識をつける，サメの過剰殺りく，利用と乱獲，サメを救おう！

〔内容〕大英博物館・大英自然史博物館の監修のもと，同館収蔵品をカラー写真で紹介する図鑑。第40巻ではサメをテーマとし，サメの行動と生

息環境を写真で示す。

◆鑑賞魚

<事典>

海水魚の飼い方ハンドブック リビングの小さな水槽で南の海のお魚を楽しむ方法
コーラルフィッシュ編集部編 枻出版社 2006.9 189p 21cm 1500円 ①4-7779-0604-3
〔目次〕01 海水魚を飼いたいあなたへ、02 海水魚飼育に必要な物は?、03 最初の1匹を飼うために、04 2匹目の魚を入れる、05 サンゴを入れてみよう、06 もっと魚を追加したい!
〔内容〕初めてお魚を飼うけれど、クマノミやスズメダイなどの海水魚を飼いたい。そんなあなたのためのノウハウがいっぱい。リビングの小さな水槽で南の海のお魚を楽しむ方法。

川魚完全飼育ガイド 日本産淡水魚の魅力満載 秋山信彦、上田雅一、北野忠共著 (横浜)エムピージェー、マリン企画〔発売〕 2003.3 143p 21cm 1829円 ①4-89512-522-X
〔目次〕川魚カタログ(イトウ・イワナの仲間、アブラハヤ〜ワタカ ほか)、川魚を入手する(採集〜生息場所を知る、現地でのストックと輸送 ほか)、川魚を飼う(必要な飼育器材、水槽をセットする ほか)、飼育各論(渓流魚、大型魚・魚食魚 ほか)、川魚の繁殖(繁殖に導くための飼い方、繁殖水槽の準備 ほか)

金魚のすべて 増補改訂版 川田洋之助、杉野裕志著 (横浜)エムピージェー、マリン企画〔発売〕 2007.10 127p 21cm (アクアライフの本) 1800円 ①978-4-89512-550-5
〔目次〕琉金のなかま、オランダ獅子頭のなかま、ランチュウのなかま、和金のなかま、ひょうきんな金魚たち、その他、新品種、外国産金魚

金魚80品種カタログ 杉野裕志解説、佐藤昭広写真 2007.5 192p 19cm (どうぶつ出版・飼育ガイド 3) 1580円 ①978-4-86218-020-9
〔目次〕1 最新金魚名鑑(日本産金魚の系統、金魚の品種一覧 ほか)、2 鑑賞編(体色と鱗の種類、模様の種類 ほか)、3 飼育編(金魚の購入場所、金魚の飼育 ほか)、4 研究編(金魚の歴史、金魚偉人伝 ほか)
〔内容〕最新撮りおろし写真350枚で構成。遺伝・繁殖情報も充実。日本の伝統的なワキン、リュウキン、ランチュウなどに加え、ピンポンパールやパンダチョウビなどの外国産品種や、トウカイニシキ、ブリストルシュブンキンなどの新

品種まで網羅。品種として認知される80品種を正確に反映した初めての本。品種選びにも最適。体色、模様、鱗、形態の遺伝と、交配上の注意点などを解説。

錦鯉問答 星野さとるほか監修 新日本教育図書 2007.12 431p 26cm 2800円 ①978-4-88024-371-9
〔目次〕ニシキゴイは世界の観賞魚、錦鯉を飼おう、錦鯉のルーツ、錦鯉の形態と生理、錦鯉の生態と一年暦、錦鯉の品種を問う、錦鯉の飼い方、池造りの理論と実際、錦鯉の鑑賞、錦鯉の魚病、錦鯉の子取りと選別、鯉ハント、錦鯉の品評会、ニシキゴイは姿勢と筋
〔内容〕発祥と歴史・形態と生理・品種と鑑賞・飼育と池造り・魚病対策・子取りと選別・鯉ハント─日本の国魚・鯉のすべて。

熱帯魚ビギナーズ・ガイド 熱帯魚・水草ほか700種、一挙掲載 小林道信写真・文 誠文堂新光社 2006.9 223p 21cm (アクアビギナー・シリーズ) 1300円 ①4-416-70647-2
〔目次〕熱帯魚の各部の名称、熱帯魚飼育の世界、卵生メダカの仲間、グッピー、その他の卵胎生メダカの仲間、南米産小型カラシンの仲間、南米産中大型カラシンの仲間、南米産カラシンの仲間(ピラニアほか)、アフリカ産カラシンの仲間、コイとドジョウの仲間〔ほか〕

熱帯魚・水草完全入門 小林道信著・写真 (大阪)創元社 1996.8 254p 21cm (創元社ビジュアルコレクション) 1854円 ①4-422-73131-9
〔目次〕1 熱帯魚カタログ(メダカの仲間、カラシンの仲間 ほか)、2 アクア・インテリア(エントランス・ホールを飾る、玄関を飾る ほか)、3 水草カタログ(有茎の水草、エキノドルスの仲間 ほか)、4 熱帯魚飼育・水草栽培入門(熱帯魚の飼育用品、熱帯魚水槽のセッティング・アップ ほか)
〔内容〕熱帯魚と水草について、生息する分布、体長・葉長、状態よく飼育栽培するための水質、理想的な水温、最低限の水槽サイズ、販売価格、二酸化炭素の必要度合い、適正照明量などのデータとともにまとめたもの。カラー写真。巻末に五十音順の熱帯魚・水草索引がある。

はじめての海水魚 森岡篤写真、水谷尚義監修・文 主婦の友社 2005.7 207p 21cm (主婦の友ベストBOOKS) 1300円 ①4-07-246161-X
〔目次〕第1章 水槽別レイアウト、第2章 世界の海水魚カタログ400、第3章 海水魚を飼う前に、第4章 カクレクマノミとイソギンチャクを飼ってみよう、第5章 毎日の世話、第6章 魚の健康を

守る
⑳世界の海水魚カタログ400種。イラスト図解で育て方がすぐわかる、ろ過方法もばっちり。

よくわかる熱帯魚&水草の育て方・楽しみ方 松沢陽士著 大泉書店 2007.4 143p 24×19cm 1200円 ⓘ978-4-278-03942-9

㋳1 熱帯魚カタログ（メダカの仲間、カラシンの仲間 ほか），2 飼う前に準備すること（水槽，水槽台 ほか），3 水槽のオリジナルアレンジ（水槽をセットしよう，水草をレイアウトしよう ほか），4 毎日の世話のしかた（毎日の世話をしよう，水換え・掃除をしよう ほか），5 病気と対策（熱帯魚の病気，熱帯魚イエローページ）

⑳気軽に楽しむ。デスクトップ・アクアリウム。定番の人気種から最新の種類まで全167種。人気の水草15種。

<図　鑑>

アロワナ銘鑑 月刊アクアライフ編集部編 (横浜)エムピージェー，マリン企画〔発売〕 2006.12 239p 29×22cm 2800円 ⓘ4-89512-543-2

㋳アロワナと共に過ごす至福の時間 アクアリウムにおけるアロワナの歴史，龍魂の魅力を楽しむためのアジアアロワナ用語解説，アロワナ銘鑑，アジアアロワナ飼育ガイド，アジアアロワナファーム今昔物語

⑳10年分のアジアアロワナ450個体以上を一挙掲載。

海水魚・サンゴ1000種図鑑 わが家でサンゴ礁を楽しむ 小林道信文・写真 誠文堂新光社 2009.11 255p 26cm（アクア・グラフィックス・シリーズ）〔並列シリーズ名：Aqua graphics series〕 索引あり 3800円 ⓘ978-4-416-70955-9 Ⓝ666.9

㋳海の生物を飼おう!，海水魚水槽で部屋を飾る，マリンエンゼル・カタログ，小型ヤッコ・カタログ，チョウチョウウオ・カタログ，スズメダイ・カタログ，クマノミ・カタログ，ベラ・ブダイ・カタログ，ハタ・タナバタウオ，ニセスズメ・カタログ，ハナダイ・カタログ〔ほか〕

海水魚ビギナーズ・ガイド　海水魚ほか600種一挙掲載 小林道信写真・文 誠文堂新光社 2007.4 223p 21cm（アクアビギナーズ・シリーズ） 1500円 ⓘ978-4-416-70701-2

㋳海水魚飼育の世界，海水魚の各部の名称，マリンエンゼルフィッシュの仲間，チョウチョウウオの仲間，クマノミの仲間，スズメダイの仲間，ベラの仲間，ハタの仲間，タナバタウオの仲間，ハナダイの仲間〔ほか〕

カラー熱帯魚淡水魚百科 増補版 杉浦宏編著，藤川清写真 平凡社 1999.11 530p 19cm 2800円 ⓘ4-582-82510-9

㋳トロピカル・フィッシュ・ウォッチング，魚の話，メダカ類，カラシン科，キノボリウオ科，コイ科，シクリッド科，ナマズとドジョウ，そのほかの魚，日本産淡水魚，熱帯魚分布地図，家庭アクアリウム，淡水熱帯魚検索図鑑

⑳現在日本のペット・ショップで比較的容易に入手できる熱帯淡水魚（汽水域の魚類を含む）と日本産淡水魚（帰化した魚類を含む）約330種収録した写真図鑑。配列は科名別。巻末に日本名と学名の索引がある。

観賞魚大図鑑 デイヴィッド・オルダートン著，東博司監修 緑書房 2007.7 400p 29×24cm 6800円 ⓘ978-4-89531-693-4

㋳魚の飼い方，熱帯魚，熱帯魚の種類，水草の種類，海水魚，海水魚の種類，無脊椎動物の種類，池の観賞魚，池の観賞魚の種類，池の植物の種類

⑳総合的な最新情報を満載した「観賞魚大図鑑」は、すべてのアクアリストの要求に応えている。熱帯魚・海水魚・金魚・錦鯉の飼育方法、水槽や池に入れる適切なサンゴや植物の選び方なども知ることができる。あなたの環境に最適な魚・無脊椎動物を飼育できるように、美しい写真入りのデータ一覧では、種の食性から特性までを詳しく解説している。

完璧版 観賞魚の写真図鑑 オールカラー世界の観賞魚500 ディック・ミルズ著 日本ヴォーグ社 1995.9 304p 21cm（地球自然ハンドブック） 2700円 ⓘ4-529-02564-0

㋳熱帯淡水魚，熱帯海水魚，冷水海水魚

⑳世界の鑑賞魚500種の図鑑。全種150字程度の解説、生息域、飼育上の注意点、カラー写真を掲載する。排列は熱帯淡水魚、冷水淡水魚、熱帯海水魚、冷水海水魚に分け、さらに科・グループに分類する。同一分類内は学名のアルファベット順。巻末に魚名の五十音索引がある。

金魚百科 最新式の飼育と観賞 改訂版 渡辺良夫著 (北方町)ハロウ出版社，星雲社〔発売〕 1991.10 151p 21cm 1600円 ⓘ4-7952-3011-0

㋳リュウキン，ランチュウ，オランダシシガシラ，アズマニシキ，トサキン，ヂキン，デメキン，タンチョウ，キャリコ，スイホウガン，ハナフサ，ナンキン，エドニシキ，パールスケール，ハマニシキ，チャキン，セイブン，ワキン，コメット，シュブンキン，チョウテンガン

決定版 熱帯魚大図鑑 小林道信ほか撮影，森文俊文 世界文化社 1995.10 431p 26cm 9500円 ⓘ4-418-95408-2

動植物・ペット・園芸 レファレンスブック　297

魚類　　　　　　　動物

⊡目次　第1章 カラシンの仲間，第2章 コイ，ドジョウの仲間，第3章 メダカの仲間，第4章 シクリッドの仲間，第5章 ベタ，グーラミィ，スネークヘッドの仲間，第6章 ナマズの仲間，第7章 レインボー・フィッシュ，汽水魚，その他の仲間，第8章 古代魚の仲間，第9章 アクアリウムへの招待

⊡内容　熱帯魚1130種の図鑑。魚のカラー写真と解説をカラシン，コイ・ドジョウ，メダカ等8つの魚種別に掲載する。巻末に魚名の五十音索引がある。

原色熱帯魚ハンドブック　山崎浩二，内山りゅう写真　日本出版社　1994.12　161p　26×17cm　1500円　Ⓘ4-89048-344-6

⊡目次　アクアリウムへの誘い，水槽の中の主役たち，スーパーマニアの水槽のある生活，古代魚の仲間，レインボー・フィッシュ，汽水魚，ほか，ナマズの仲間，アナバス，スネークヘッドの仲間，ディスカスの仲間，メダカの仲間，コイ，ドジョウの仲間〔ほか〕

コリドラス大図鑑 All About Corydoras　小林圭介著　（横浜）エムピージェー，マリン企画〔発売〕　2005.9　159p　21cm　1886円　Ⓘ4-89512-533-5

⊡目次　コリドラスのプロフィール，コリドラスの生息地―自然下での姿，記載種カタログ，未記載種カタログ，コリドラスのための飼育レイアウト，飼育水槽セットの手順紹介，コリドラスの繁殖生態，イスブルッカー博士を訪ねて―世界最高峰のコリドラス研究家，コリドラス飼育総論，グループ別飼育法，繁殖を楽しもう―グループ別繁殖方法，病気の対処法

⊡内容　115種，すべてを掲載。

最新図鑑 熱帯魚アトラス　山崎浩二，阿部正之写真・解説　平凡社　2007.4　559p　19cm　3800円　Ⓘ978-4-582-54239-4

⊡目次　メダカの仲間（グッピー，プラティ，ノソブランキウス，メダカなど），カラシンの仲間（テトラ，ハチェットフィッシュ，ペンシルフィッシュ，ピラニア，カラシンなど），コイ・ドジョウの仲間（ラスボラ，ダニオ，バルブ，ドジョウなど），ナマズの仲間（ナマズ，コリドラス，プレコ，サカサナマズなど），シクリッドの仲間（アピストグラマ，シクリッド，エンゼル・フィッシュ，ディスカスなど），アナバス・スネークヘッドの仲間（ベタ，グーラミィ，スネークヘッドなど），レインボー・フィッシュ，その他の仲間（レインボー，ハゼ，淡水カレイ，パーチ，淡水フグなど），古代魚の仲間（アロワナ，ナイフフィッシュ，ポリプテルス，ガー，淡水エイなど）

⊡内容　虹色のひれのベタ，新しい分類のラスボラ・グループ，60種類以上のコリドラス，アマゾン川の宝石アピストグラマ，世界最小の魚パエドキプリス，世界最大の淡水魚ピラルク，生きている化石エンドリケリー・エンドリケリー…。豊かな飼育経験をもつ著者が，わかりやすく詳細に解説。平常時の雄，雌，幼魚などの写真も掲載。

ザ・大型熱帯魚　大型熱帯魚マニアによる飼育書制作委員会文，小林道信写真　誠文堂新光社　2004.10　236p　21cm　（アクアリウム・シリーズ）　3600円　Ⓘ4-416-70460-7

⊡目次　大型熱帯魚飼育の世界へようこそ!，ピラルクー，ポリプテルス，エンドリケリーの繁殖，アロワナ，アジア・アロワナの繁殖，淡水エイ，ダトニオ，ガーパイク，大型ナマズ，大型プレコ，大型シクリッド，大型カラシン，スネークヘッド，肺魚，その他の大型魚，大型魚FQA，密放流について考えた

ザ・淡水エイ　新川章文，小林道信写真　誠文堂新光社　2005.4　239p　21cm　（アクアリウム・シリーズ）　3600円　Ⓘ4-416-70514-X

⊡目次　淡水エイの飼育，混泳について，健康の問題について，毒針に刺されたら，淡水エイの種類別注意点，淡水エイの繁殖，淡水エイQ&A

ザ・ディスカス 美しい色彩と魅惑の生態　中村勝弘著，小林道信写真　誠文堂新光社　2003.6　191p　21cm　（アクアリウム・シリーズ）　3200円　Ⓘ4-416-70329-5

⊡目次　ディスカスの世界へようこそ!，ディスカスの魅力，ワイルドディスカス，改良品種のディスカス，ディスカスの繁殖，ディスカスを水草水槽で飼う，ディスカス水槽レイアウト，ディスカスインテリア水槽，ディスカス飼育Q&A，ディスカスア・ラ・カルト

⊡内容　熱帯魚の王様と言われるディスカスの素晴らしさを豊富なカラー写真で紹介。多くの品種のディスカスを収録し，飼育のしかた，繁殖方法などを掲載。索引付き。

ザ・熱帯魚&水草1000種図鑑　小林道信写真・文　誠文堂新光社　2005.2　239p　21cm　（アクアリウム・シリーズ）　3600円　Ⓘ4-416-70504-2

⊡目次　熱帯魚図鑑，シクリッドの仲間，古代魚の仲間，ナマズの仲間，アナバスの仲間，コイとドジョウの仲間，カラシンの仲間，メダカの仲間，その他の仲間，水草図鑑，熱帯魚・水草アラカルト

ザ・レッドアロワナ 紅龍をより赤く育てる飼育テクニック　大谷昂弘，小林道信著　誠文堂新光社　2005.9　239p　21cm　（アクアリウム・シリーズ）　3600円　Ⓘ4-416-70550-6

〔目次〕紅龍の世界，レッドアロワナの世界へようこそ，紅龍の魅力，紅龍図鑑，その他の紅龍図鑑，紅龍の成長比較図鑑，紅龍の飼育，紅龍の混泳飼育を楽しむ，アジアアロワナと混泳可能な魚，アジアアロワナの病気と治療，アロワナ・インテリア水槽，アジアアロワナをデジタル一眼レフで撮る，レッドアロワナQ&A，アジアアロワナの購入と登録

世界のエンゼルフィッシュ 円藤清著 （横浜）エムピージェー，マリン企画〔発売〕 2003.11 128p 26cm （マリンアクアリウムガイドシリーズ 1） 2800円 ⓘ4-89512-527-0

〔目次〕ケントロピーゲ，パラケントロピーゲ，ゲニカントゥス，アポレミクティス，キートドントプルス，ピゴプリテス，ポマカントゥス，ホラカントゥス

〔内容〕アクアリウムでの姿を中心に，エンゼルフィッシュの魅力を紹介する図鑑。

世界の熱帯魚 阿部正之写真 成美堂出版 1994.1 399p 15cm （ポケット図鑑） 1200円 ⓘ4-415-08001-4

〔目次〕カラシンの仲間，コイ，ドジョウの仲間，シクリッドの仲間，グーラミィ，ナンダスの仲間，グッピーの仲間，ナマズの仲間，レインボーフィッシュ，汽水魚の仲間，古代魚の仲間ほか

〔内容〕熱帯魚の人気350種を掲載する図鑑。

人気の金魚図鑑・飼い方選び方 勝田正志著 日東書院本社 2006.5 111p 21cm （いきものシリーズ） 1200円 ⓘ4-528-01718-0

〔目次〕第1章 金魚・図鑑編（フナ，ヒブナ，テツギョ，アルビノテツギョ ほか），第2章 金魚・触れ合い編（水槽のレイアウト，60L水槽のセッティング，ワンタッチ水槽のセッティング，セッティングの見本例 ほか）

〔内容〕日本で入手可能な100品種以上を大きな写真で見やすく紹介。コイのように金魚を真上から観賞する。金魚の見方を変える真上からの姿を多数紹介。日常の水槽管理から，病気予防や治療などをわかりやすく解説。

人気の熱帯魚・水草図鑑 200種類以上を紹介・飼い方もこれで安心 勝田正志監修 日東書院 2005.7 159p 21cm 1400円 ⓘ4-528-01721-0

〔目次〕第1章 カタログ編（メダカの仲間，カラシンの仲間，コイの仲間，シクリッドの仲間，アナバスの仲間 ほか），第2章 飼い方編（飼育に必要な物，水槽のセッティング，魚の選び方・水槽への入れ方，日常の管理・水換え・フィルターの清掃，餌の種類と与え方 ほか）

〔内容〕熱帯魚の楽園アクアリウム，水草のレイアウトで素敵なインテリアに。200種類以上を紹介，飼い方もこれで安心。

熱帯魚 Tropical Fish ピーシーズ編 クレオ 2000.9 127p 30×23cm 2800円 ⓘ4-87736-056-5 Ⓝ666.9

〔目次〕アフリカ，アジア・オセアニア，南北アメリカ，INDEX（学名ABC順），索引（日本名五十音順）

〔内容〕世界の熱帯魚を分布地域別に紹介する図鑑。1999年のデータをもとに学名，日本でのポピュラーネーム，分布，全長と写真を掲載。排列は学名のアルファベット順。

熱帯魚 北隆館 1992.11 239p 19cm （フィールドセレクション 13） 1800円 ⓘ4-8326-0269-1

〔内容〕熱帯魚の図鑑。雌雄の区別などの形態的な特徴や自然環境の中での生息地などの生態的な記述，食性や分布を中心にまとめている。

熱帯魚・水草 ピーシーズ著 山と渓谷社 2001.3 281p 15cm （ヤマケイポケットガイド 22） 1000円 ⓘ4-635-06232-5 Ⓝ666.9

〔目次〕熱帯魚（コイ目，ナマズ目，ギムノトゥス目，スズキ目，フグ目，タウナギ目，カレイ目・アンコウ目，ヨウジウオ目・ネズミギス目，ダツ目，トウゴロウイワシ目，オステオグロッスム目，ポリプテルス目，レビドシレン目・アミア目，レビゾステウス目，チョウザメ目・エイ目），その他の水生生物・水草

〔内容〕日本へ輸入されている淡水生熱帯魚約560種と，水草・エビ・貝約50種の計約610種を紹介した図鑑。収録種は亜種・変種・品種を含み，飼育しやすい種や生態が興味深い種に限定。巻頭に用語と図説，全品種の索引があるほか，ページの端に生育環境や体形から探せる「つめ検索」が付く。

熱帯魚繁殖大鑑 東博司著 緑書房 1991.7 509p 27cm 〈企画：フィッシュマガジン編集部〉 19800円

〔内容〕約410種の淡水性熱帯魚の繁殖方法を，著者の実際の飼育や繁殖経験に基づいて説明。アマチュア等の飼育家向き。基礎知識の解説，魚種別の形態・生態・繁殖の実際の2章からなる。カラー写真を多数掲載。巻末に魚名（通称）索引，学名索引，参考文献がある。

熱帯魚・水草300種図鑑 阿部正之，内山りゅう，小林道信，森文俊，山崎浩二著 ピーシーズ 1997.4 269p 21cm （ピーシーズ アクア・コレクション） 1524円 ⓘ4-938780-19-4

〔目次〕1 熱帯魚カタログ，2 熱帯魚の育て方，3 アクアリウム・レイアウト，4 アクアリウム・インテリア，5 水草の魅力，6 水草カタログ，7 水

魚類　　　　　　　　動物

草の育て方

熱帯魚・水草1500種図鑑　ピーシーズ
1999.4　438p　30×21cm　3239円　①4-938780-31-3

(目次)アクアリウムへの招待，カラシンの仲間，コイ・ドジョウの仲間，メダカの仲間，熱帯アフリカに生けるものたち，シクリッドの仲間，アクアリウム・レイアウトの世界1，アナバス・スネークヘッドの仲間，ナマズの仲間1，アクアリウム・レイアウトの世界2，ナマズの仲間2，熱帯アメリカに生けるものたち，ナマズの仲間3，レインボー・フィッシュ，汽水魚，その他，古代魚の仲間，水草の仲間，エビ・貝の仲間

(内容)熱帯魚・水草1500種をカラー写真で紹介した図鑑。掲載データは，学名，近似種，固有種，婚姻色，品種，分布域，分類など。索引付き。

プレコ大図鑑　プレコの全てをなめつくせ！　アクアライフ編集部編　(横浜)エムピージェー，マリン企画(発売)　2008.8　159p　21cm　〈アクアライフの本〉　1886円　①978-4-89512-554-3　Ⓝ666.9

(目次)「プレコ」とは何か?，南米河川マップ，プレコカタログ，繁殖レポート，プレコのための水槽セッティング，プレコの飼育例あれこれ，プレコのお家をつくろう!，プレコの飼育方法と病気対策，河川ごとに見るプレコたち，アクアリウム的プレコのグループ分け，プレコ類全属解説

ベタ＆グーラミィ　ラビリンスフィッシュ飼育図鑑　Labyrinth fish　大美賀隆写真・著　(横浜)エムピージェー　2010.4　128p　21cm　〈文献あり 索引あり〉　1905円　①978-4-904837-02-3　Ⓝ666.9

(目次)ベタ＆グーラミィ・プロフィール，飼育編，繁殖編，病気とケア，ベタ＆グーラミィ・カタログ(改良ベタ，ワイルドベタ，オスプロネムス科マクロポドゥス亜科，オスプロネムス科ベロンティア亜科，オスプロネムス科ルキオセパルス亜科，オスプロネムス科オスプロネムス亜科，アナバス科)

(内容)「プロフィール」「飼育・繁殖」「図鑑」で構成するラビリンスフィッシュ飼育図鑑。プロフィールと飼育・繁殖のページでは，初心者にも理解しやすいように大枠を解説，図鑑のページではグループごとの特徴と飼育，さらに種類の特徴と飼育のポイントを詳細に解説。

<カタログ>

おさかなパラダイス　ペット用品ガイド　フィッシュ編　2005年版　産経新聞メディックス　2005.4　146p　30×21cm　800円　①4-87909-735-7

(目次)特集(食卓にオフィスに"小さな水族館"，難しくなくなった，海水魚飼育)，フード(熱帯魚用フード，海水魚用フード ほか)，グッズ(水槽，水槽台／水槽カバー類 ほか)，爬虫・両生類関連用品(フード，水槽・水槽関連用品 ほか)，お役立ち最新データ

世界の熱帯魚カタログ　1993　成美堂出版　1992.11　175p　29×21cm　1700円　①4-415-03281-8

(内容)400種の熱帯魚・水草の完全プロフィール。飼育用具から繁殖の楽しみ方まで熱帯魚のすべてを網羅したアクアリスト必携の一冊。

世界の熱帯魚カタログ　1994　成美堂出版　1993.11　177p　29×22cm　1700円　①4-415-03651-1

(目次)熱帯魚エリアマップ，熱帯魚の2大産地を訪ねる，メダカの仲間，カラシンの仲間，コイの仲間，シクリッドの仲間，アナバスの仲間，ナマズの仲間，ナンダスの仲間、他，汽水魚，レインボーフィッシュの仲間，古代魚，大型魚の仲間，水草，初めて熱帯魚を飼う人に

(内容)熱帯魚，水草417種を収録し，それぞれの特徴から，飼育方法，繁殖法までを紹介するガイドブック。

世界の熱帯魚カタログ　世界の熱帯魚約400種を収録　1995　成美堂出版　1994.9　161p　30cm　1700円　①4-415-04015-2

(目次)熱帯魚の故郷を訪ねて(アマゾン，東南アジア，水草ファーム)，熱帯魚のカタログ(メダカの仲間，カラシンの仲間，コイの仲間，シクリッドの仲間 ほか)

(内容)世界の熱帯魚約400種を収録した図鑑。メダカの仲間，カラシンの仲間など種類別に分類収録する。記載データは，学名，原産地，全長，寿命，繁殖難易度，水質，温度，飼育難易度，混泳難易度，特徴，価格。

世界の熱帯魚カタログ　1997　成美堂出版　1996.12　178p　30cm　1700円　①4-415-04130-2

(目次)熱帯魚の故郷を訪ねて，熱帯魚の楽しみ，TROPICAL FISH CATALOG(メダカの仲間，カラシンの仲間，コイの仲間，シクリッドの仲間，アナバス・スネークヘッドの仲間，ナマズの仲間，汽水魚・その他の仲間，古代魚の仲間，水草の仲間)，BREEDING MANUAL，パターン別熱帯魚の楽しみ方

(内容)熱帯魚400種を種類別に紹介。学名，原産地，全長，水温，水質，エサ，特徴のほか価格もわかる。

世界の熱帯魚＆水草カタログ　2001年版　成美堂出版編集部編　成美堂出版　2000.8　176p　29cm　(Seibido mook)　1500円

①4-415-09552-6　Ⓝ666.9

(内容)世界の熱帯魚424種と水草40種を紹介するカタログ。マレーシアのアロワナファームレポートや、苔を食べる魚図鑑、メダカの楽しみ方などの情報も紹介する。

世界の熱帯魚&水草カタログ　2002年版
成美堂出版編集部編　成美堂出版　2001.7　176p　29cm　（Seibido mook）　1500円　①4-415-09647-6　Ⓝ666.9

(内容)世界の熱帯魚408種と水草68種を紹介するガイドブック。人気種から稀少種までの熱帯魚を詳しく掲載する。また人気のコリドラスの飼育術なども解説する。

世界の熱帯魚・水草カタログ275　森岡篤写真，水谷尚義監修・文，主婦の友社編　主婦の友社　2006.7　159p　17×9cm　（主婦の友ポケットBOOKS）　900円　①4-07-251179-X

(目次)メダカの仲間，カラシンの仲間，シクリッドの仲間，アナバスの仲間，コイ・ドジョウの仲間，ナマズの仲間，古代魚の仲間，その他の仲間，水草

(内容)持ち運びに便利なポケット版。憧れの世界の熱帯魚と水草275種を掲載。最新の参考価格一覧表付き。

熱帯魚　水草カタログ　Aquarium photograph　小林道信文・写真　西東社　1995.8　398p　15cm　1500円　①4-7916-0670-1

(目次)1 熱帯魚，2 水草，3 海水魚，4 無脊椎動物・海藻

(内容)熱帯魚および水草のカタログ。熱帯魚、水草、海水魚、無脊椎動物・海藻の4章で構成される。熱帯魚・水草のカラー写真の他、200字程度の解説、飼育・栽培方法に関するデータ、価格等を掲載。巻末に五十音索引がある。

両棲類・爬虫類

<ハンドブック>

可愛いヤモリと暮らす本　レオパ&クレス　冨水明著　（横浜）エムピージェー，マリン企画（発売）　2008.4　143p　21cm　（アクアライフの本）　1886円　①978-4-89512-552-9　Ⓝ645.9

(目次)ヒョウモントカゲモドキ，クレステッドゲッコウとその仲間，飼育に関する基礎知識――入手から繁殖まで，ヤモリカタログ80種，タイプ別ヤモリの飼育法，今さら聞けない初歩的疑問，答えます

爬虫類の病気ハンドブック　カメ・トカゲ・ヘビ repmedica　小家山仁著　アートヴィレッジ　2008.10　157p　21cm　〈文献あり〉　3500円　①978-4-901053-71-6　Ⓝ645.9

(目次)1 爬虫類飼育の予備知識（爬虫類を飼育する上で守ること，検疫（新たに爬虫類を導入したときにすべきこと）ほか），2 カメの主な病気（鼻炎，肺炎 ほか），3 トカゲの主な病気（口腔内感染症，ヨウ素欠乏症 ほか），4 ヘビの主な病気（口内炎，吐き戻し ほか），付録 病院への連れて行き方

<図　鑑>

イモリ・サンショウウオの仲間　有尾類・無足類　山崎利貞著，松橋利光写真　誠文堂新光社　2005.10　144p　26cm　（爬虫・両生類ビジュアルガイド）　2800円　①4-416-70549-2

(目次)有尾類・無足類とは，有尾類・無足類の分布，サイレン科，サンショウウオ科，オオサンショウウオ科，ホライモリ科，アンヒューマ科，トラフサンショウウオ科，アメリカサンショウウオ科，イモリ科〔ほか〕

オオトカゲ&ドクトカゲ　Go!!Suzuki著，クリーパー編集部編　誠文堂新光社　2006.10　160p　26cm　（爬虫・両生類ビジュアルガイド）　2800円　①4-416-70646-4

(目次)オオトカゲ属（オニオオトカゲ亜属，ヒメオオトカゲ亜属，マングローブオオトカゲ亜属&パプアオオトカゲ亜属，フィリピンオオトカゲ亜属，ミズオオトカゲ亜属&ザラクビオオトカゲ亜属，キイロオオトカゲ亜属，ナイルオオトカゲ亜属&サバクオオトカゲ亜属），ドクトカゲ属（アメリカドクトカゲ，メキシコドクトカゲ），オオトカゲの飼育

カメレオン　星克巳著，川添宣広写真　誠文堂新光社　2004.5　128p　26cm　（爬虫・両生類ビジュアルガイド）　2800円　①4-416-70419-4

(目次)カメレオンとは?，カメレオンの分布，カルンマカメレオン属，フサエカメレオン属，カメレオン属（カメレオン亜属，ミツヅノカメレオン亜属），ハチノスカメレオン属，カレハカメレオン属&ヒメカメレオン属，カメレオンの飼育

(内容)世界のカメレオンの美しい色彩・生態・飼育。

カラー図鑑　カメ・トカゲ・ヘビ・カエルなどの飼い方　ビギナーでも大丈夫!は虫類・両生類170種　内山りゅう写真，長坂拓也監修，成美堂出版編集部編　成美堂出版　2000.6　167p　21cm　1000円　①4-415-

01011-3　Ⓝ645.9

(目次)個体別飼い方とケージアドバイス(トカゲの仲間，ヘビの仲間，カメの仲間，サンショウウオ・イモリの仲間，カエルの仲間)，は虫類・両生類の種別飼い方マニュアル(飼育前の準備，飼育のポイント，飼育設備の基本 ほか)

(内容)は虫類・両生類を飼うためのガイドブック。初心者でも飼いやすい約170種のは虫類・両生類をカメ，トカゲ，ヘビなど種別に飼い方を紹介する。個体別の飼い方とケージアドバイス、また種別の飼い方マニュアルで入手から用具と設備，トラブル，病気，繁殖を解説する。巻末にトカゲ，ヘビなど個体名の種別・五十音順の索引を付す

ザ・爬虫類&両生類 初心者でも繁殖にトライできる本　富田京一著，松橋利光写真，長坂拓也監修　誠文堂新光社　2000.5　191p　21cm　(アクアリウムシリーズ)　3200円　Ⓘ4-416-70006-7　Ⓝ645.9

(目次)1 爬虫両生類図鑑(爬虫類とは，両生類とは ほか)，2 爬虫両生類と快適に暮らすために(爬虫両生類のエサの種類，爬虫両生類の温度管理 ほか)，3 爬虫両生類をよく知るために(爬虫両生類の分類と進化，爬虫両生類の検索のしかた)，4 爬虫両生類を見つけるために(爬虫両生類の野外採集の準備，爬虫両生類ウォッチング ほか)

(内容)爬虫類・両生類の実際の飼育とフィールドでの観察のための図鑑。爬虫類・両生類の飼育方法・繁殖法，分類と進化，検索法などの生物学的な知識と野外採取，観察等を解説する。巻末に有尾，無尾，カメ目，有鱗目にわけた日本の爬虫類・両生類全リストとワシントン条約，各都道府県の条例などを掲載した爬虫両生類に関する法律を収録。

世界大博物図鑑　第3巻　両生・爬虫類　荒俣宏著　平凡社　1990.7　357p　26cm　11330円　Ⓘ4-582-51823-0　Ⓝ480.38

(目次)総説 虫の世界，両生類，爬虫類，恐竜類，怪物類

世界の爬虫類　成美堂出版　1995.1　383p　15cm　(ポケット図鑑 23)　1300円　Ⓘ4-415-08090-1

(目次)トカゲの仲間，ヘビの仲間，カメの仲間，有尾目，無尾目

(内容)世界の爬虫類，両生類を写真と解説で紹介する図鑑。250種以上を収録し爬虫類と両生類に大別した上で，分類階級にしたがって排列。写真のほか，分布域，全長等を記載する。巻末に和名索引，爬虫類の飼い方，ワシントン条約についてがある。

トカゲ　1　アガマ科&イグアナ科　海老沼剛著，川添宣広写真　誠文堂新光社　2004.9　144p　26cm　(爬虫・両生類ビジュアルガイド)　2800円　Ⓘ4-416-70455-0

(目次)イグアナ科とアガマ科のトカゲとは?，分布と生活環境，アガマ科，イグアナ科，アガマ科とイグアナ科のタイプ別飼育法

(内容)イグアナ・フトアゴヒゲトカゲ他、世界のトカゲの生態，飼育。

長崎県の両生・爬虫類　松尾公則著　(長崎)長崎新聞社　2005.2　155p　21cm　1905円　Ⓘ4-931493-59-9

(目次)第1章 両生類(有尾目(サンショウウオ目)，無尾目(カエル目)，地域ごとの両生類)，第2章 爬虫類(カメ目，トカゲ目，地域ごとの爬虫類)

(内容)長崎県に生息するすべての両生類と爬虫類を生態写真をもとに収録した図鑑。写真を多く，説明の文章は短く簡潔に記載する。

日本のカメ・トカゲ・ヘビ　松橋利光写真，富田京一解説　山と渓谷社　2007.7　256p　21×13cm　(山渓ハンディ図鑑)　2800円　Ⓘ978-4-635-07010-2

(目次)カメ(アジアガメ科，ヌマガメ科，スッポン科，カミツキガメ科，ウミガメ科，オサガメ科)，トカゲ(ヤモリ科，トカゲモドキ科，イグアナ科，アガマ科，トカゲ科，カナヘビ科)，ヘビ(メクラヘビ科，ナミヘビ科，クサリヘビ科，コブラ科)

(内容)日本で見られるカメ16種，トカゲ・ヤモリ41種，ヘビ48種の全105種類を掲載。知る人ぞ知る爬虫類研究家・トミちゃんの読んで楽しい図鑑。

日本の爬虫両生類157 ポケット図鑑　大谷勉著　文一総合出版　2009.4　287p　15cm　〈文献あり 索引あり〉　1000円　Ⓘ978-4-8299-1016-0　Ⓝ487.9

(目次)両生綱(有尾目，無尾目)，爬虫綱(カメ目，有鱗目トカゲ亜目，有鱗目ヘビ亜目)

(内容)北海道から南西諸島まで，日本国内に生息する陸棲爬虫類・両生類157種を収録した図鑑。陸上や淡水域で見られる種類はすべてカバー。一目ではなかなか識別できないものが多い爬虫両生類を，特徴や生態がよくわかる写真とともに，類似種との違いや亜種間の差、地域差，雌雄差，繁殖期の変化，幼生・幼体の特徴といった写真だけではわかりにくい部分について詳しく解説。

日本の爬虫類・両生類飼育図鑑　大谷勉著，川添宣広編・写真　誠文堂新光社　2010.11　255p　21cm　〈他言語標題：REPTILES AMPHIBIANS OF JAPAN 文献あり〉　3200円　Ⓘ978-4-416-71046-3　Ⓝ645.9

動物　　　　　　　　　　　　　　　両棲類・爬虫類

(目次)1 生息環境を知る(覚えておかなければならないこと、爬虫類・両生類の特性、フィールドの魅力 ほか)、2 爬虫類の採集と飼育、種別紹介(日本に棲むヘビ図鑑、ヘビの採集と飼育、日本に棲むトカゲ図鑑 ほか)、3 両生類の採集と飼育、種別紹介(日本に棲むカエル図鑑、日本に棲む有尾類図鑑、カエルの採集と飼育 ほか)、4 各地域の生息環境について

日本の両生爬虫類　決定版　内山りゅう、前田憲男、沼田研児、関慎太郎写真・解説　平凡社　2002.9　335p　21cm　2800円　①4-582-54232-8　Ⓝ487.8

(目次)両生綱(有尾目、無尾目)、爬虫綱(カメ目、有鱗目(トカゲ亜目、ヘビ亜目))

(内容)現時点で確認されている国内種すべてを収載した両生類・爬虫類図鑑。日本の両生類・爬虫類170種、および外国産約100種を収録。両生類、爬虫類ともに、目別、さらに科別に分類し構成している。各種の学名、英名、漢字名、大きさ、鳴き声、生息場所、分布・生息環境、特徴、類似種との識別を記載。また、環境庁のレッドリストに掲載されている種については該当するカテゴリーを付記している。巻末に和名索引、学名索引が付く。

爬虫両生類飼育図鑑　カメ・トカゲ・イモリ・カエルの飼い方　千石正一著　マリン企画　1991.5　127p　26cm　2800円　①4-89512-322-7

(目次)爬虫両生類を飼う前に、種類別飼育法のねらい、飼育各論(両生類、爬虫類)、飼育総論(爬虫両生類の生活と環境因子、ビバリウムと設備、餌の種類と与え方、日常の管理と動物の扱い方、入手の前後、繁殖)、各グループの飼い方(有尾類の飼い方、カエルの飼い方、トカゲの飼い方、ヘビの飼い方、ワニの飼い方、カメの飼い方)

爬虫類と両生類の写真図鑑　完璧版　マーク・オシー、ティム・ハリデイ共著、太田英利日本語版監修、戸田守、安川雄一郎、増永元、佐藤寛之、山城彩子ほか訳　日本ヴォーグ社　2001.4　262p　21cm　(地球自然ハンドブック)　〈原書名：Reptiles and amphibians〉　2500円　①4-529-03423-2　Ⓝ487.9

(目次)両生類とは何か、爬虫類とは何か、両生類の繁殖、爬虫類の繁殖、両生類の食性、爬虫類の食性、体の動きと行動、防御行動、分布と生息環境、野生個体群の保全、観測と飼育、同定のための検索表、爬虫類(カメ類、ムカシトカゲ類、トカゲ類、ヘビ類、ワニ類)、両生類(イモリ類・サンショウウオ類、アシナシイモリ類、カエル類)

(内容)世界の爬虫類・両生類400種を収録した図鑑。本文は爬虫類と両生類の章に分かれ、それぞれの項目に一般名、学名、生息状況、特徴、分布、繁殖、食性、活動時間帯などの解説と600枚以上の写真を掲載。巻頭に種を同定するための検索表、巻末に用語集と索引を付す。

爬虫類・両生類　鳥羽通久、福山欣司、草野保監修・指導　学習研究社　2004.11　160p　30×23cm　(ニューワイド学研の図鑑)　2000円　①4-05-202103-7

(目次)爬虫類(ワニのなかま、カメのなかま、トカゲのなかま、ミミズトカゲのなかま、ヘビのなかま、ムカシトカゲのなかま)、両生類(カエルのなかま、サンショウウオのなかま、アシナシイモリのなかま)、爬虫類・両生類情報館

(内容)爬虫類・両生類の不思議な生態を詳しく解説した図鑑。収録種類数は約600種、すべて写真で大きく掲載。巻末に五十音順のさくいんが付く。

爬虫類・両生類200種図鑑　菅野宏文文、内山りゅう、水越秀宏写真　ピーシーズ　1997.11　237p　21cm　(ピーシーズアクア・コレクション)　2286円　①4-938780-23-2

(目次)1 爬虫類・両生類カタログ(カメの仲間、トカゲの仲間、ヘビの仲間、ヘビの仲間、両生類の仲間)、2 育て方(飼育施設について、飼育に必要な器具、カメ類の飼育、トカゲの飼育、ヘビの飼育、ワニの飼育、両生類の飼育、買い方、選び方、日常管理)、3 ビバリウムの植物カタログ(エアープランツ)、4 餌カタログ、5 爬虫類・両生類の病気

(内容)爬虫類、両生類を種類別に収録、和名、学名、分布、大きさ、エサや飼育温度などを写真とともに紹介、巻末には五十音順の索引が付く。

爬虫類・両生類ビジュアル大図鑑　1000種　海老沼剛著　誠文堂新光社　2009.12　335p　26cm　〈飼育解説：八木厚昌　写真：川添宣広　文献あり　索引あり〉　4200円　①978-4-416-70931-3　Ⓝ487.9

(目次)爬虫類(カメ目、トカゲ亜目、ミミズトカゲ亜目 ほか)、両生類(無尾目、有尾目、無足目)、生息環境別爬虫類・両生類の飼育方法

ビジュアル博物館　26　爬虫類　(京都)同朋舎出版　1992.4　63p　29×23cm　3500円　①4-8104-1020-X

(目次)爬虫類とは何か、爬虫類の時代、類縁関係、体の内側、冷血動物たち、特殊な感覚、求愛行動、卵を調べる、親子生き写し、うろこの話、ヘビのいろいろ、種類の多いトカゲ、ワニガメ、ワニの一族、生きている化石、えものをとる、ぎゅっと締めつける、毒の種類、タマゴヘビ、生き残る、カムフラージュ、さまざまな足、地上を歩く、樹上の生活、水中の生活、

動植物・ペット・園芸 レファレンスブック　303

天敵，共存，未来に目を向ける
(内容)魅惑に満ちた爬虫類の世界を紹介する博物図鑑。ヘビ，ワニ，トカゲ，カメなどの実物そのままの写真によって，特徴，変わった習性を知ることができる。

ビジュアル博物館 41 両生類 バリー・クラーク著，リリーフ・システムズ訳 (京都)同朋舎出版 1993.12 63p 29×23cm 2800円 ①4-8104-1763-8

(目次)両生類ってなに?，太古の両生類，骨だけの姿，重要な水，体色ともよう，身を守る，食物，かくれんぼ，感覚と生存，とんだりはねたり，手足の指，カエルのおんがく，求愛のディスプレイ，産卵と子どもの世話，変態，子どもからおとなへ，カエルとヒキガエル，尾のある両生類，木の上の生活，穴を掘る，ヤドクガエルとマンテラ，味方と敵，絶滅の危機，保護

(内容)大英博物館・大英自然史博物館の監修のもと，同館収蔵品をカラー写真で紹介する図鑑。第41巻では両生類をテーマとし，生活，行動，進化を紹介する。

ペットにできる世界の爬虫類カタログ 江良達雄著 新星出版社 2003.8 238p 21cm 1800円 ①4-405-10514-6

(目次)1 リクガメ，2 水棲ガメ，3 トカゲ，4 ヤモリ，5 ナミヘビ，6 ボア・パイソン，付録・爬虫類を飼う！

魅せる日本の両生類・爬虫類 関慎太郎著 緑書房 2006.6 127p 26cm 2800円 ①4-89531-686-6

(目次)サンショウウオ，イモリの仲間たち おとなになっても長い尾を持つ両生類 有尾目の仲間(アベサンショウウオ，ハクバサンショウウオ(ヤマサンショウウオ)ほか)，カエルの仲間 おとなになると尾がなくなる両生類 無尾目の仲間(アズマヒキガエル，オオヒキガエル ほか)，カメの仲間たち 背中に甲羅を持った爬虫類 カメ目の仲間(ヤエヤマセマルハコガメ，ニホンイシガメ ほか)，トカゲモドキ，ヤモリ，アガマ，カナヘビ，トカゲの仲間たち 細長い体と4本あしを持つすばしっこい爬虫類 有鱗目の仲間 トカゲ亜目(クロイワトカゲモドキ，マダラトカゲモドキ ほか)，ヘビの仲間 体は細く，あしがない爬虫類 有鱗目の仲間 ヘビ亜目(ヤエヤマヒバァ，ミヤラヒメヘビ ほか)

両生類・はちゅう類 松井正文，疋田努，太田英利指導・執筆，松橋利光，前田憲男，関慎太郎ほか撮影 小学館 2004.3 167p 29×22cm (小学館の図鑑NEO 6) 〈付属資料：CD1〉 2000円 ①4-09-217206-0

(目次)両生類—水と陸が必要(有尾目のなかま，無足目のなかま，無尾目のなかま)，はちゅう類—陸のくらしに適した体(カメ目のなかま，ムカシトカゲ目のなかま，有鱗目のなかま，ワニ目のなかま)

(内容)日本と世界の両生類約190種，はちゅう類約320種を紹介。

◆カエル

<事 典>

かえる大百科 お茶目なカエルと暮らす法 海老沼剛著 (横浜)エムピージェー，マリン企画(発売) 2008.7 143p 21cm 1886円 ①978-4-89512-553-6 Ⓝ487.85

(目次)水生のカエル，地表生のカエル，樹上生のカエル，国内で見られる代表的なカエル，オタマジャクシはカエルの子，特定外来種と未判定外来種，カエルの飼い方，カエルの病気・事故，カエルうんちく話

声が聞こえる!カエルハンドブック 前田憲男写真・文，上田秀雄音声 文一総合出版 2010.4 80p 19cm 〈音声情報あり 再生要件：サウンドリーダー，U-SPEAK 文献あり〉 1400円 ①978-4-8299-0148-9 Ⓝ487.85

(目次)エゾアカガエル，ニホンアマガエル・ツチガエル，トノサマガエル，トウキョウダルマガエル，ヤマアカガエル，ニホンアカガエル，ツシマアカガエル，チョウセンヤマアカガエル，ナガレタゴガエル，タゴガエル，タゴガエル(長野産)〔ほか〕

(内容)北海道から南西諸島まで，その地域で季節的に鳴き声が早くから聞かれる代表的な種類ごとにまとめたカエルハンドブック。別売りのサウンドリーダーを利用すれば鳴き声もわかる。

<図 鑑>

カエル 1 ユーラシア大陸、アフリカ大陸とマダガスカル、オーストラリアと周辺の島々のカエル 海老沼剛著，川添宣広写真 誠文堂新光社 2006.2 144p 26cm (爬虫・両生類ビジュアルガイド) 2800円 ①4-416-70603-0

(目次)本書で紹介するカエル，分布と生活環境，スズガエル科，コモリガエル科，コノハガエル科&ニンニクガエル科，ヒキガエル科&カメガエル科，アマガエル科&アオガエル科，アカガエル科，マダガスカルガエル科，サエズリガエル科&クサガエル科，ヒメガエル科，かえるの飼育(前編)

カエル 2 南北アメリカ大陸と周辺の島々のカエル 海老沼剛著，川添宣広写真 誠文堂新光社 2006.5 144p 26cm (爬

虫・両生類ビジュアルガイド）　2800円　①4-416-70623-5

🈩分布と生活環境，コモリガエル科，スキアシガエル科，ヒキガエル科，アマガエル科，アカガエル科，ヤドクガエル科，ユビナガガエル科，ヒメガエル科＆アベコベガエル科，カエルの飼育 前編

カエル観察事典　小田英智構成・文，桜井淳史写真　偕成社　1996.12　40p　28×23cm　〈自然の観察事典 8〉　2400円　①4-03-527280-9

🈩カエルの進化，アカガエルの春のめざめ，ヒキガエルのカワズ合戦，アマガエルのコーラス，あわにつつまれたカエルの卵，カエルの卵の発生，オタマジャクシの誕生，泳ぎだすオタマジャクシ，カエルへの変態，水から陸にあがるカエル〔ほか〕

カエル・サンショウウオ・イモリのオタマジャクシハンドブック　松井正文解説，関慎太郎写真　文一総合出版　2008.3　79p　19cm　1400円　①978-4-8299-0132-8　Ⓝ487.8

🈩アズマヒキガエル，ニホンヒキガエル，ナガレヒキガエル，ミヤコヒキガエル，ニホンアマガエル，ハロウエルアマガエル，タゴガエル，オキタゴガエル，ナガレタゴガエル，ツシマアカガエル〔ほか〕

🈔世界にはおよそ5,400種のカエルと560種のサンショウウオ・イモリが知られている。日本にはそれぞれ，38種5亜種と，23種がいる。そのうち35種4亜種のカエルと，22種のサンショウウオ・イモリを紹介する図鑑。

世界カエル図鑑300種　絶滅危機の両生類，そのユニークな生態　クリス・マチソン著，松井正文日本語版監修・訳　ネコ・パブリッシング　2008.4　528p　17cm　〈原書名：300 frogs.〉　3619円　①978-4-7770-5227-1　Ⓝ487.85

🈩スズガエル科，ミミナシガエル科，コノハガエル科，スキアシガエル科，ピパ（コモリガエル）科，オガエル科，ムカシガエル科，パセリガエル（ツブガエル）科，メキシコジムグリガエル科，ユウレイガエル（ウスカワガエル）科〔ほか〕

🈔世界中に生息するカエルとヒキガエルの300の種、亜種、型を網羅する図鑑。全編を通して、表情豊かな写真を用いながら、これらの両生類の形態、自然史、分布など、識別のカギとなる特徴を分かりやすく解説している。

地球のカエル大集合！世界と日本のカエル大図鑑　世界のカエル156種類・日本のカエル全43種類　松井正文監修，関慎太郎写真・文　PHP研究所　2004.7　79p　29×22cm　2800円　①4-569-68485-8

🈩世界のカエル（スズガエルのなかま，ピパのなかま，スキアガエルのなかま ほか），日本のカエル（ヒキガエルのなかま，アマガエルのなかま，アカガエルのなかま ほか），解説（カエルってどんな動物？，世界のカエルと日本のカエル，カエルの一生 ほか）

🈔世界と日本のカエル約200種を紹介したカエル図鑑。分類別に名称、分布、すみか、大きさ、特徴を記載。巻末にカエル名索引が付く。

日本のカエル＋サンショウウオ類　松橋利光写真，奥山風太郎解説　山と溪谷社　2002.4　191p　21cm　〈山渓ハンディ図鑑 9〉　2000円　①4-635-07009-3　Ⓝ487.85

🈩ヒキガエル科，アマガエル科，アカガエル科，アオガエル科，ジムグリガエル科，サンショウウオ・イモリの仲間

🈔日本のカエル全43種（亜種を含む）とサンショウウオとイモリの全21種（亜種を含む）を紹介する図鑑。カエル、サンショウウオ・イモリの順に、それぞれ科や属ごとに分類し収録。各種の名前、解説文、大きさ、体の色、すみか、鳴き声、卵とオタマジャクシ、分布図などを記載。巻頭には用語解説とカエル写真検索、巻末には和名索引と学名索引が付く。

ヤドクガエル　松園純著，川添宣広写真　誠文堂新光社　2004.7　128p　26cm　〈爬虫・両生類ビジュアルガイド〉　2800円　①4-416-70435-6

🈩ヤドクガエルとは？，ヤドクガエルの分布と生活環境，デンドロバテス属，フィロバテス属，エピペドバテス属，コロステサス属，ヤドクガエルのためのビバリウム，ビバリウム向けの植物，ヤドクガエルの飼育

🈔世界のヤドクガエルの美しい色彩、生態、飼育。

◆ヘ　ビ

＜図　鑑＞

ヘビ　世界のヘビ図鑑　山田和久著，松橋利光写真　誠文堂新光社　2005.8　143p　26cm　〈爬虫・両生類ビジュアルガイド〉　2800円　①4-416-70548-4

🈩ヘビとは？，分類と分布（新大陸（アメリカ大陸）のヘビ，旧大陸（オセアニア大陸，アフリカ大陸，オーストラリア大陸，その他）のヘビ，毒蛇）

ヘビ大図鑑　驚くべきヘビの世界　クリス・マティソン著，千石正一監訳　緑書房　2000.11　191p　29cm　〈原書名：Snake.〉

動植物・ペット・園芸 レファレンスブック　　*305*

6800円　①4-89531-678-5　Ⓝ487.94

内容 3000種を超える世界のヘビを収録した図鑑。巨大なオオアナコンダから猛毒のネッタイガラガラヘビ、優美なヒョウモンヘビまで網羅。ヘビの進化、体の構造、行動を解説、採餌法や防御法を解説。希少種を含むヘビ全種のリスト付き。

◆カ　メ

<ハンドブック>

ワニガメハンドブック　大久保智哉著・写真（〔出版地不明〕）大久保智哉、冬至書房（発売）2010.7　93p　21cm　〈他言語標題：THE HANDBOOK OF ALLIGATOR SNAPPING TURTLE　標題紙のタイトル：ワニガメ〉　2500円　①978-4-88582-171-4 Ⓝ487.95

目次 ワニガメ写真館、ワニガメのいる動物園、ワニガメ・グッズ、ワニガメの達人、筆者飼育個体、ワニガメの知恵袋

<図　鑑>

カメのすべて　高橋泉著、三上昇監修　成美堂出版　1997.9　176p　21cm　（カラー図鑑シリーズ）　1200円　①4-415-08561-X

目次 1 カメってこんな動物（カメの祖先をたどる、カメの科学、日本のカメ ウォッチング）、2 カメの図鑑（世界のカメ、ヨコクビガメ科、ヘビクビガメ科、カミツキガメ科、オオアタマガメ科 ほか）、3 古今東西カメの博物誌（いろいろな"カメ"を探しにいこう、"カメ"の名の付くモノ、あれこれ、カメが出てくるお話 ほか）、4 カメの飼育マニュアル（カメを飼いたいすべての人へ、陸生のカメの飼い方、半水生のカメの飼い方 ほか）、Q&A もっと知りたいカメのこと（カメ学を究める、愛好者への道）

内容 世界のカメ124種をカラー写真付きで紹介した図鑑。生息分布、大きさ、主な特徴などを解説。上手なカメの飼い方などカメに関する情報つき。

水棲ガメ　1　アメリカ大陸のミズガメ　海老沼剛著、川添宣広写真　誠文堂新光社　2005.2　114p　26cm　（爬虫・両生類ビジュアルガイド）　2800円　①4-416-70515-8

目次 ヌマガメ科、イシガメ科（バタグールガメ科）、カミツキガメ科、スッポン科＆カワガメ科、ヘビクビガメ科＆ヨコクビガメ科、ドロガメ科、水棲ガメの飼育 前編

水棲ガメ　2　ユーラシア・オセアニア・アフリカのミズガメ　海老沼剛著　誠文堂新光社　2005.6　144p　26cm　（爬虫・両生類ビジュアルガイド）　2800円　①4-416-70531-X

目次 イシガメ科（バタグールガメ科）、ヌマガメ科＆オオアタマガメ科、スッポンモドキ科＆スッポン科、ヘビクビガメ科＆ヨコクビガメ科、水棲ガメの飼育後編

ミズガメ大百科　冨水明著　（横浜）エムピージェー、マリン企画〔発売〕　2004.8　143p　21cm　1905円　①4-89512-531-9

目次 ミズガメの体、カメのいる世界、ミズガメを飼ってみよう、ミズガメ・カタログ（ヨコクビガメ科、ヘビクビガメ科、カミツキガメ科、オオアタマガメ科、ドロガメ科、カワガメ科、スッポンモドキ科、スッポン科、バクグールガメ科、ヌマガメ科）、カメを飼うということ、カメ飼育に必要な器具と餌、ミズガメのタイプ別飼育法、ミズガメの主な病気、ミズガメ飼育の素朴な疑問、学名索引

内容 ウミガメを除く水棲のカメ120種を収録。

リクガメ　山田和久著、松橋利光写真　誠文堂新光社　2005.3　144p　26cm　（爬虫・両生類ビジュアルガイド）　2800円　①4-416-70513-1

目次 What's a Tortoise, Distribution, Geohelone, Malocochersus, Chersina, Pyxis, Acinixys, Kinixys, Manouria, Indotestudo, Gopherus, Testudo

鳥　類

<書　誌>

野鳥をよむ　松田道生著　アテネ書房　1994.6　172, 29p　19cm　（情報源…をよむ）〈巻末：野鳥の本リスト〉　1500円　①4-87152-189-3　Ⓝ488.031

目次 入門書、エッセイ、芸術・民俗、野外鳥類学、図鑑・辞典、野鳥保護、写真集、CD・ビデオ、野鳥の本リスト

内容 野鳥をもっと知りたい。バードウォッチングをもっと楽しみたい。自然保護とはなにかを考えてみる。鳥類を本格的に研究したい。…そんな人のための、野鳥に関する100点の本・ビデオ・CDなどの紹介と周辺情報。文献リスト1500点付き。

<事　典>

三省堂 世界鳥名事典　吉井正監修、三省堂編修所編　三省堂　2005.5　598, 66p　21cm　〈『コンサイス鳥名事典』大改訂・改題書〉　6500円　①4-385-15378-7

(内容)日本の野鳥、世界の主な野鳥、ニワトリなどの家禽、始祖鳥などの化石鳥、ヌエなどの架空鳥など、4200余種を収録。和名・学名・英名、分類、鳥の形態・生態・繁殖などの動物学的記述から、保護・民俗など人間とのかかわりまで詳細に記述。付録に34ページの主要206種の細密イラストのほか、分類表、野鳥用語解説、「レッドデータブック」、化石鳥類。学名索引・英名索引・漢字索引完備。

世界鳥類事典 クリストファー・M.ペリンズ監修、山岸哲日本語版監修、バードライフ・インターナショナル協力 〔京都〕同朋舎出版 1996.12 442p 30cm 〈原書名：The Illustrated Encyclopedia of Birds〉 24000円 ①4-8104-1153-2

(目次)総説（鳥の身体と生態、鳥の進化と分類、鳥の分布 ほか）、図と解説（ダチョウ目、レア目、エミュー目 ほか）、世界の鳥分類リスト
(内容)現存する9300種の世界の鳥類を掲載。そのうち1200種を細密な図とともに解説したほか絶滅の危機に瀕している1000種を明示した。

野鳥大百科 カラー版 斎藤隆史監修 勁文社 2001.3 335p 15cm （ケイブンシャの大百科）〈1981年刊の一部改訂〉 820円 ①4-7669-3733-3

(内容)世界と日本の鳥723種類を収録した事典。カラーページに図版、次の白黒ページで見開きの鳥の解説を収録。解説ページでは、名前とその鳥が属する科名・特長などを掲載する。1981年刊の改訂。

<辞 典>

世界鳥類名検索辞典 英名篇 白井祥平編著 原書房 1992.7 605p 25cm （世界動物名検索大辞典 4） 25750円 ①4-562-02351-1

(内容)世界の鳥類の総て、1万677種を収録。学名1万504名、和名1万3271名、英名3万3209名、合計6万3984名の鳥名の検索が可能。英名篇はABC順。英名から和名、学名を知ることができる。類、分布が記載されている。

世界鳥類名検索辞典 学名篇 白井祥平編著 原書房 1992.7 435p 25cm （世界動物名検索大辞典 4） 20600円 ①4-562-02352-X

(内容)世界の鳥類の総て、1万677種を収録。学名1万504名、和名1万3271名、英名3万3209名、合計6万3984名の鳥名の検索が可能。学名篇はABC順。学名から和名、英名を知ることができる。類、分布が記載されている。

世界鳥類名検索辞典 和名篇 白井祥平編著 原書房 1992.7 396p 25cm （世界動物名検索大辞典 4） 20600円 ①4-562-02350-3

(内容)世界の鳥類の総て、1万677種を収録。学名1万504名、和名1万3271名、英名3万3209名、合計6万3984名の鳥名の検索が可能。和名篇は五十音順。和名から学名、英名を知ることができる。類、分布が記載されている。

<ハンドブック>

野鳥調査マニュアル 定量調査の考え方と進め方 岡本久人,市田則孝著 東洋館出版社 1990.7 350p 21cm 3800円 ①4-491-00763-2

(目次)第1章 調査の目的，第2章 調査技術総論，第3章 計画技術，第4章 定量調査のロジック，第5章 統計学的な調査手法，第6章 観測技術，第7章 マネジメントの技術，第8章 調査の総括
(内容)野鳥保護のために、いかにして客観的なデータを得るか。調査技術、計画技術、定量調査のロジック、統計学的な調査手法、観測技術、マネジメントの技術などを解説した、野鳥調査のための書。

<図 鑑>

色と大きさでわかる野鳥観察図鑑 日本で見られる340種へのアプローチ 杉坂学監修 成美堂出版 2002.6 271p 21cm （観察図鑑シリーズ）〈付属資料：CD1,『CD付野鳥観察図鑑』改訂・改題書〉 2000円 ①4-415-02025-9 Ⓝ488.21

(目次)野鳥観察のための基礎知識，1 人家付近の陸鳥，2 森林（丘陵～山地）の陸鳥，3 内陸・淡水域の水鳥や陸鳥，4 海の水鳥・陸鳥，野鳥観察を楽しむために
(内容)バードウォッチャー向けの野鳥の図鑑。日本で見ることができる340種を収録。「野鳥もくじ」により、野鳥を見た場所と野鳥の色から名前を検索することができる。本編は野鳥を生息場所により分類し、さらに目・科ごとに掲載している。各野鳥の名称、学名、全長、翼開長、時期、見分け方、鳴き声などを記載。巻末に野鳥観察を楽しむための基本、全国の探鳥地リスト、五十音順和名索引を掲載。38種の野鳥の鳴き声を収録するCD付き。

学研生物図鑑 特徴がすぐわかる 鳥類 改訂版 学習研究社 1990.3 298p 22cm 〈監修：高野伸二 編集：本間三郎,築地正明『学研中高生図鑑』の改題〉 4000円 ①4-05-103852-1 Ⓝ460.38

(内容)中学・高校生向けの生物の学習図鑑シリーズ。全12冊。

聴いて楽しむ野鳥100声 野鳥おもしろ雑学事典 山岸哲著,藪内正幸作画 インプレス,インプレスコミュニケーションズ〔発

売〕 2004.11 231p 21cm 〈付属資料：CD-ROM1〉 1600円 ⓘ4-8443-2040-8

(目次)第1章 野鳥ファンが恋いこがれる "心ときめく名鳥"たち，第2章 手始めは「公園デビュー」で出会える野鳥たち，第3章 鳴き声を覚えたい，森の，野原の野鳥たち，第4章 山へのハイキング，トレッキングで出会える野鳥たち，第5章 山から，北の国から，里にやってくる野鳥たち，第6章 池から水田，河畔まで水辺に暮らす野鳥たち，第7章 南の訪れから渡る，初夏の訪れを告げてくれる野鳥たち，第8章 釣りや海水浴の途中でも見られる野鳥たち

(内容)コマドリ，ウグイス，オオルリといった野鳥ファンなら誰でも知っている名鳥から，ノビタキ，キジバト，ハシブトガラスなどの身近な野鳥まで，国内の野鳥100種を取り上げ，美しいイラストとともに生態のおもしろエピソードを解説。見開き完結だから，興味を持った野鳥から手軽に読み進められる。付属CD-ROMに収録の「マイクロソフトエンカルタ総合大百科2005プレビュー版」を使えば，本書で解説したすべての野鳥の鳴き声を，美しい写真やイラストとともに，パソコンを使って，自宅でいつでも楽しむことができる。

原色新鳥類検索図鑑 新版 森岡弘之編修，宇田川龍男原著 北隆館 2003.8 358p 21cm 4800円 ⓘ4-8326-0752-9

(目次)第1部 検索図表，第2部 図説・種の説明（カラー），第3部 日本産鳥類の新しい検索と解説，第4部 INDEX

(内容)日本産鳥類の428種類を原色図で示し，そのおおむねの大きさや，習性，分布についても記載。巻末に学名・和名・英名索引を収録。

原色日本野鳥生態図鑑 陸鳥編 中村登流，中村雅彦著 保育社 1995.2 301p 26cm 15000円 ⓘ4-586-30205-4

(目次)1 平地の人家周辺地帯，2 亜熱帯・暖温帯樹林帯，3 冷温樹林帯，4 亜高山・亜寒帯樹林帯，5 草原・高山地帯，6 水辺の陸鳥地帯

(内容)野外観察用に野鳥の生態を表わす写真を多く収録した図鑑。陸鳥編では陸地に生息する野鳥を主な生息地別に6つのグループに分けて収録する。解説は分布や生息地，採食形態，繁殖生態，社会的分散について記載し，形態的特徴などは省いた。随所に科や亜科の解説を掲載。巻末に英名索引・学名索引・和名索引を付す。

原色日本野鳥生態図鑑 水鳥編 中村登流，中村雅彦著（大阪）保育社 1995.3 304p 26cm 15000円 ⓘ4-586-30206-2

(目次)1 内陸水地帯（河川流水の鳥，湖沼静止水面の鳥，水辺草むらの鳥，砂礫泥地の鳥），2 海岸線地帯（岩礁地の鳥，砂浜の鳥，海岸湿地の鳥），3 海洋地帯（孤島の鳥，洋上の鳥）

(内容)野外観察用に野鳥の生態を表わす写真を多く収録した図鑑。水鳥編では水辺に生息する野鳥を主な生息地別に3つのグループに分けて収録する。解説は分布や生息地，採食形態，繁殖生態，社会的分散について記載し，形態的特徴などは省いた。随所に科や亜科の解説を掲載。巻末に英名索引・学名索引・和名索引を付す。「陸鳥編」もある。

声が聞こえる！野鳥図鑑 上田秀雄鳴き声・文，叶内拓哉写真 文一総合出版 2001.1 224p 18cm 1600円 ⓘ4-8299-2149-8 Ⓝ488.038

(目次)海上・岸・干潟で見られる鳥，湖沼・川・湿地・田で見られる鳥，市街・雑木林・畑・草地で見られる鳥，低山・森林で見られる鳥，亜高山・高山で見られる鳥

(内容)日本で記録されている約550種の野鳥のうち，一般によく見られる，または声の聞かれる200種を収録した図鑑。鳥の特徴を示すため写真は大きく扱い，生態や識別に役立つポイントを解説する。また，鳴き声を実際に聞けるよう，スキャントークリーダーでなぞれば聞くことができる音声コード付き。

声が聞こえる！野鳥図鑑 増補改訂版 上田秀雄音声・文，叶内拓哉写真 文一総合出版 2009.6 263p 19cm 〈音声情報あり 再生要件：スキャントークコードリーダー 索引あり〉 2000円 ⓘ978-4-8299-1022-1 Ⓝ488

(内容)50種追加収録！掲載した250種すべての野鳥の声が野外でも確認できる！鳥の声を聞けば，さらに識別に役立つ野鳥図鑑。

こどものずかんMio 5 とり （大阪）ひかりのくに 2005.9 64p 27×22cm 762円 ⓘ4-564-20085-2

(目次)かえってきたよ！，げんきなこどもがうまれたよ，なんでもそらをとびながら！，おとうさん，おかあさんはおおいそがし，はなをたべるの？，ずかん まちでみられるとり，どこでないているの？，あめにぬれているよ，ずかん くさはらやたはたのまわりでみられるとり，くらべっこ たまごくらべ〔ほか〕

さわる図鑑・鳥 1 庭や公園の野鳥 谷口高司絵 日本野鳥の会 1991.5 1冊（頁付なし） 26cm 〈監修：鳥山由子 付属資料（録音カセット1巻） 発売：地方・小出版流通センター〉 6019円 ⓘ4-931150-14-4 Ⓝ488.038

(内容)凹凸がわかるカラー図版に，拡大文字・点字による解説を付し，野鳥の鳴き声と説明の入ったカセットテープを付けた図鑑。1巻にはス

ズメ等20種を掲載する。

さわる図鑑・鳥 2 日本野鳥の会 1992.10 1冊 26cm 〈<監修：鳥山由子 付属資料（録音カセット1巻），地方・小出版流通センター>〉 5825円 ①4-931150-15-2
(内容)森や林の野鳥 目の不自由な人とその介助者のための鳥の図鑑。凹凸のあるカラーの絵と，点字・拡大活字・小活字による解説で構成。1頁に1種，全20種を収む。鳴き声の入ったテープつき。

自然発見ガイド 野鳥 しぐさでわかる身近な野鳥 市田則孝監修，久保田修構成，藤田和生絵 学習研究社 2006.2 159p 19cm 〈付属資料：CD1〉 1300円 ①4-05-402807-1
(目次)第1章 エリア別 身近な野鳥ポイントガイド（低地で見られる，水辺で見られる，飛翔姿で見られる），第2章身近な野鳥発見ガイド（身近な公園や野原，川沿いや池周辺，海辺やその周辺）
(内容)鳥の名前がすぐわかる。見分けるために役立つ177種の細密画と求愛・飛び方・餌を探す・縄張り・などのしぐさを紹介。

世界鳥類大図鑑 バードライフ・インターナショナル総監修，出田興生，丸武志訳，山岸哲日本語版総監修 ネコ・パブリッシング 2009.1 512p 31cm 〈DKブックシリーズ〉 〈索引あり 原書名：Bird.〉 9500円 ①978-4-7770-5242-4 Ⓝ488.038
(内容)世界中の鳥類1200種以上を，体の大きさ，渡りの状態，生息場所といったデータとともにカラー写真や図で紹介。鳥類の生理学と行動，世界の鳥類の分布，進化の仕方なども解説する。

世界文化生物大図鑑 鳥類 改訂新版 世界文化社 2004.6 367p 28×23cm 10000円 ①4-418-04902-9
(目次)鳥類概論（鳥類とは，用語解説 ほか），野鳥（アビ目，カイツブリ目 ほか），野生化した飼い鳥（野外でみられる外国産飼い鳥），鳥類の生態（飛行，飛び立ち・着陸・着水 ほか），探鳥地とバードウォッチング（北海道，東北 ほか），生態と分布（鳥の飛行，鳥の渡り ほか）
(内容)野鳥図鑑だけではなく野鳥に関する基礎知識や生態，分布，バードウォッチングの楽しみ方を紹介している。

鳥類原色大図説 黒田長礼著 香柏社，慶友社〔発売〕 1997.3 3冊(セット) 31×22cm 150000円 ①4-87449-023-9
(内容)日本に関係ある鳥類1092種類について図説したもの。学名，和名，異名，英名，支那名，分布，羽色，測定，鳴き声など記載。昭和8年刊行の復刻版。

鳥類写生図譜 第1集 小泉勝爾，土岡春郊共著 （京都）しこうしゃ図書販売 1991.5 1冊（頁付なし） 47cm 〈監修：結城素明 箱入〉 30000円 Ⓝ488.038
(内容)鳥類写生図譜刊行会昭和3年刊の複製。

鳥類写生図譜 第2集 小泉勝爾，土岡春郊共著 （京都）しこうしゃ図書販売 1991.6 1冊（頁付なし） 47cm 〈監修：結城素明 箱入〉 30000円 Ⓝ488.038
(内容)鳥類写生図譜刊行会昭和5年刊の複製。

鳥類図鑑 本山賢司絵・文，上田恵介本文監修 東京書籍 2006.7 173p 21cm 1900円 ①4-487-80128-1
(目次)マガモ，カルガモ／コガモ／ヨシガモ／スズガモ，ホシハジロ／ヒドリガモ／オナガガモ／ハシビロガモ，キンクロハジロ，マガン，ヒシクイ／コクガン，カリガネ，オシドリ，カイツブリ／ハジロカイツブリ／ミミカイツブリ／カンムリカイツブリ／アカエリカイツブリ，オオハクチョウ／コハクチョウ〔ほか〕
(内容)画期的なオールカラー・イラストレーションによる本格的図鑑。約200種を収録。

とり 志村英雄，池谷奉文監修・指導 学習研究社 1996.10 120p 30cm 〈ふしぎ・びっくり!?こども図鑑〉 2000円 ①4-05-200684-4
(目次)野山のとり，水べのとり，外国のとり，ペットのとり
(内容)野山や水辺に見られる鳥，国内外のさまざまな鳥，ペットとして飼われている鳥を紹介した，幼児から小学校低学年向けの図鑑。昆虫・クモについての「ふしぎ」に答える「なぜ・なぜのページ」と，生態について解説する「図かんのページ」から成る。巻末に五十音順の用語索引がある。

とり 新版 小宮輝之監修 学習研究社 2004.9 120p 30×23cm 〈ふしぎ・びっくり!?こども図鑑〉 1900円 ①4-05-202106-1
(目次)野山のとり（森や林のとり，草原のとり，高い山のとり，にわや公園のとり，日本のめずらしいとり），水べのとり（川やみずうみのとり，ひがたやしっ地のとり，海がんのとり，海のとり，外国のめずらしいとり），ペットのとり（ペットのとり，小とりをかう）
(内容)野山や水辺に住む鳥，外国や国内の珍しい鳥などのほか，ペットとして飼われている鳥を収録。

とり 無藤隆総監修，杉森文夫監修 フレーベル館 2005.1 128p 29×23cm 〈フレーベル館の図鑑 ナチュラ 5〉 1900円 ①4-577-02841-7

(目次)にわや公園の鳥，野山の鳥（田やはたけ，森や林，高原・草原，山），水べの鳥（川・みずうみ，ひがた・海），世界の鳥（森や林，田やはたけ，草原，水べ），人とくらす鳥（いんこ，にわとり）

(内容)鳥を，庭や公園，野山など生息するフィールドごとに分けて紹介。それぞれ，鳥のからだや暮らしがわかる「ずかい」，鳥の種類がわかる「図鑑」，鳥にさらに詳しくなれる「とくしゅう」で構成。「もっと知りたい!鳥」として，からだのしくみや飛び方などの情報も収載する。写真やリアルなイラストを豊富に掲載。鳥の名前から引く索引付き。

とり フレーベル館 1991.3 116p 30cm （ふしぎがわかるしぜん図鑑 5） 〈監修：水野丈夫, 長谷川博〉 1942円 ⓣ4-577-00037-7 ⓝK488

(目次)飼い鳥，庭や公園の鳥，野山の鳥，水べの鳥，世界の鳥

鳥 石井照昭著 PHP研究所 1994.6 239p 18cm （カラー・ハンドブック 地球博物館 3） 2200円 ⓣ4-569-54374-X

(内容)日本で見られる鳥類を選定収録した図鑑。『日本鳥類目録改訂第5版』(1974)および補遺(1975, 1978)に挙げられている鳥類505種のなかから，本州で身近に見られるものを中心に220種を選んで掲載する。

鳥 増補改訂 学研教育出版, 学研マーケティング（発売） 2009.11 208p 30cm （ニューワイド学研の図鑑 6） （初版：学習研究社1999年刊 付属資料（CD1枚 12cm）：野鳥のさえずり 索引あり） 2000円 ⓣ978-4-05-203128-1 ⓝ488.038

(目次)ダチョウ・シギダチョウなどのなかま，アホウドリ・ミズナギドリのなかま，ペンギンのなかま，アビ・カイツブリのなかま，ウ・ペリカンなどのなかま，サギ・トキ・コウノトリのなかま，フラミンゴのなかま，ハクチョウ・ガン・カモのなかま，ワシ・タカのなかま，キジ・ライチョウなどのなかま〔ほか〕

(内容)日本の鳥・世界の鳥を約800種掲載。66種の鳥の鳴き声CD付。

鳥 増補改訂版 学研教育出版, 学研マーケティング（発売） 2010.9 216p 19cm （新・ポケット版学研の図鑑 5） 〈監修・指導：小宮輝之 初版：学習研究社2002年刊 索引あり〉 960円 ⓣ978-4-05-203207-3 ⓝ488.038

(目次)日本の鳥（ミズナギドリのなかま，アビ・カイツブリのなかま，ウのなかま，サギ・コウノトリのなかま ほか），世界の鳥・飼い鳥（ダチョウなどのなかま，ペンギンのなかま，ウ・

ペリカンのなかま，サギ・コウノトリのなかま ほか），鳥の資料館（鳥とはどんな動物?，鳥の行動，鳥の保護，鳥の見られる場所）

(内容)最新情報を満載。日本の鳥から世界の鳥，飼い鳥まで約650種。鳥のいる場所・見られる季節がわかる，野外観察に最適なハンディ図鑑。

鳥 小宮輝之監修・指導 学習研究社 2007.12 152p 27×19cm （ジュニア学研の図鑑） 1500円 ⓣ978-4-05-202829-8

(目次)鳥の体，鳥のくらし，日本の鳥（家のまわりや公園の鳥，里山や野原の鳥，森林の鳥，高い山の鳥，川の鳥，池・湖・湿地の鳥，干潟の鳥，海岸の鳥，沖合の鳥），世界の鳥（熱帯アジア（東洋区）の鳥，ユーラシア（旧北区）の鳥，アフリカ（旧熱帯区）の鳥，北アメリカ（新北区）の鳥，南アメリカ（新熱帯区）の鳥，オーストラリアの鳥，海洋島の鳥，極致の鳥，絶滅した鳥）

(内容)鳥類を「日本で見られる鳥」とそのほかの「世界の鳥」とに大きく分け，世界の鳥は「熱帯アジア（東洋区）」「ユーラシア（旧北区）」など八つのブロックに分けた。さらに，各ブロックの鳥は「家のまわりや公園」や「草原」「森林」「高い山」「川」「海」などすんでいる場所ごとに分けてくわしく解説。

鳥 改訂版 旺文社エディタ編・制作 旺文社 1998.4 207p 19cm （野外観察図鑑 5） 743円 ⓣ4-01-072425-0

(目次)日本の鳥（アビのなかま，カイツブリのなかま ほか），世界の鳥（南アジアの鳥，北アジアの鳥 ほか），飼い鳥（オオム・インコのなかま，フィンチのなかま ほか），鳥の観察をしよう（日本の鳥の解説，世界の鳥の解説，飼い鳥の解説）

(内容)身近な鳥からめずらしい鳥まで640種を収録した鳥の図鑑。鳥の特ちょうがひと目でわかるように引き出し線でポイントを説明している。バードウォッチングにも携帯できるハンディーサイズ。

鳥 新訂版 千羽晋示, 浦本昌紀, 内田康夫, 小林桂助, 岡田泰明ほか指導 学習研究社 1995.11 248p 26cm （学研の図鑑） 1500円 ⓣ4-05-200554-6

(内容)日本の野鳥、世界の野鳥、飼い鳥を集めた学習用図鑑。カラーのイラスト頁と解説頁から成る。排列は鳥の種別。巻末に鳥名の五十音索引がある。

鳥 今泉吉典総監修, 吉井正監修 講談社 1997.6 191p 27×22cm （講談社 動物図鑑 ウォンバット 3） 1700円 ⓣ4-06-267353-3

(目次)ダチョウ目，レア目，キーウィ目，ペンギン目，ワシタカ目，オウム目，スズメ目〔ほか〕

鳥 小宮輝之監修・指導 学習研究社 1999.11 184p 30cm (ニューワイド学研の図鑑 6) 〈索引あり〉 2000円 ⓅⒹ4-05-500414-1

内容日本と世界の約800種の鳥を分類別に紹介する学習図鑑。求愛や身を守る行動、子育てなど、様々な鳥の珍しい生態を詳しく紹介する。保護や飼い方などの情報も掲載。

鳥 上田恵介監修、柚木修指導・執筆 小学館 2002.11 199p 29cm (小学館の図鑑NEO 5) 2000円 ⓅⒹ4-09-217205-2

内容幼児から小学校高学年向けの学習図鑑。カラー写真と精密な図版を掲載したシリーズ。第5巻では日本の鳥と世界の鳥を美しいイラストと写真で紹介する。

鳥の形態図鑑 赤勘兵衛著、岩井修一解説 偕成社 2008.7 179p 29cm 5800円 Ⓟ978-4-03-971150-2 Ⓝ488.038

目次カイツブリ、カンムリカイツブリ、オオミズナギドリ、オナガミズナギドリ、カワウ、ヨシゴイ、アマサギ、コサギ、オシドリ、コガモ〔ほか〕

内容保護された野鳥をモデルに、空を飛ぶための翼と尾、地上を歩いたり枝に止まるためのあし、獲物をみつけたり捕らえるための眼やくちばしの形態を細密画で克明に描く。実測のデータも付した鳥類図鑑の決定版。小学校高学年から一般向き。

鳥の写真図鑑 完璧版 オールカラー世界の鳥800 コリン・ハリソン、アラン・グリーンスミス著 日本ヴォーグ社 1995.5 416p 21cm (地球自然ハンドブック)〈原書名：EYEWITNESS HANDBOOKS：BIRDS〉 3300円 ⓅⒹ4-529-02562-4

目次はじめに、この本の使い方、鳥の解剖学、種のなかのバリエーション、庭で鳥を観察しよう、野外で鳥を観察しよう、飛んでいる鳥を識別するには、鳥を分類するためのキーポイント、非スズメ目、スズメ目

内容世界の鳥を写真付きで紹介するポケット図鑑。800点以上の鳥のカラー写真と、生態や分類方法、バードウォッチングの仕方などに関する解説がある。巻末に用語解説と索引を付す。

鳥630図鑑 増補改訂版 日本鳥類保護連盟、オーク出版サービス〔発売〕 2002.7 410p 19cm 3791円 ⓅⒹ4-87246-532-6 Ⓝ488.038

目次アホウドリの仲間(アホウドリ、コアホウドリほか)、ミズナギドリの仲間(フルマカモメ、オオミズナギドリほか)、ウミツバメの仲間(オーストンウミツバメ、コシジロウミツバメほか)、アビの仲間(アビ、シロエリオオハムほか)、カイツブリの仲間(カンムリカイツブリ、カイツブリほか)、ネッタイチョウの仲間(アカオネッタイチョウほか)、グンカンドリの仲間(オオグンカンドリほか)、ウの仲間(カワウ、ウミウ、ヒメウほか)、カツオドリの仲間(アオツラカツオドリ、カツオドリほか)、ペリカンの仲間(ハイイロペリカンほか)〔ほか〕

内容鳥類の図鑑。昭和63年刊行の前版に、新たに国内で記録された16種、野生化した外来種5種を追加、文章や絵に関しても加筆、修正した増補改訂版。各鳥を仲間ごとに分類し、掲載。それぞれの種の標準和名、学名、英名、全長、翼開長、姿、声、習性、生息場所、分布図などを記載。またカラーインデックスは、体の部分的な特徴ごとにグループ分けされており、検索しやすくなっている。巻末に和名索引と英名索引がつく。

鳥630図鑑 新装版 日本鳥類保護連盟、オーク出版サービス〔発売〕 1998.8 394p 19cm 3791円 ⓅⒹ4-87246-460-5

目次アホウドリの仲間―アホウドリ、コアホウドリほか、ミズナギドリの仲間―フルマカモメ、オオミズナギドリほか、ウミツバメの仲間―オーストンウミツバメ、コシジロウミツバメほか、アビの仲間―アビ、シロエリオオハムほか、カイツブリの仲間―カンムリカイツブリ、カイツブリほか、ネッタイチョウの仲間―アカオネッタイチョウほか、グンカンドリの仲間―オオグンカンドリほか、ウの仲間―カワウ、ウミウ、ヒメウほか、カツオドリの仲間―アオツラカツオドリ、カツオドリほか、ペリカンの仲間―ハイイロペリカンほか〔ほか〕

内容日本の野鳥の全部と外国産鳥類を630掲載した野鳥図鑑。掲載データは、標準和名、学名、英名、姿、声、習性、生息場所など。日本産鳥類リスト、英名索引、和名索引付き。

鳴き声が聞ける！CD付 野鳥観察図鑑 日本で見られる340種へのアプローチ 杉坂学監修 成美堂出版 1999.5 271p 21cm 〈付属資料：CD1〉 2000円 ⓅⒹ4-415-00766-X

目次野鳥観察のための基礎知識、1 人家付近の陸鳥(キジバト、シラコバト ほか)、2 森林(丘陵～山地)の陸鳥(アオバト、ズアカアオバト ほか)、3 内陸・淡水域の水鳥や陸鳥(カワセミ、ヤマショウビン ほか)、4 海の水鳥・陸鳥(イソヒヨドリ、ハマヒバリ ほか)、野生化した飼い鳥(コブハクチョウ、ドバト ほか)、野鳥観察を楽しむために(服装を選ぼう、観察記録の付け方 ほか)、全国・探鳥地リスト、和名さくいん

内容野鳥観察のための、340種の野鳥を収録した図鑑。掲載データは、種名、学名、分類、英名、時期、声、見分け方、特徴、棲息地、全長／翼開長、写真、イラストなど。巻末に全国・

探鳥地リスト、五十音順・和名さくいんがある。38種の野鳥の鳴き声を収録したCD付き。

鳴き声と羽根でわかる野鳥図鑑 鳴き声QRコード付 羽根模様イラスト付 吉田巧監修, 岩下緑音声監修 池田書店 2010.3 255p 19cm 〈文献あり 索引あり〉 1600円 ⓘ978-4-262-14749-9 Ⓝ488.21

(目次)第1章 身近にいる鳥, 第2章 里山にいる鳥, 第3章 野山にいる鳥, 第4章 水辺にいる鳥, 第5章 海にいる鳥, 第6章 島鳥

(内容)野鳥の識別がより簡単に。

日本の鳥550 水辺の鳥 増補改訂版 桐原政志解説, 山形則男, 吉野俊幸写真 文一総合出版 2009.5 367p 22cm (ネイチャーガイド) 〈文献あり 索引あり〉 3600円 ⓘ978-4-8299-0142-7 Ⓝ488.21

(内容)9年ぶりの大改訂で掲載種数は13種増。姉妹書の「山野」と合わせ、日本最大級の野鳥写真図鑑が完成。写真の大幅リニューアルにより、約140点を追加・変更。飛んでいる姿など、識別に役立つ写真がさらに増えた。識別の難しいセグロカモメ類の見分け方や、話題のトキについて新たにコラムを収録。

日本の鳥300 叶内拓哉写真・文 文一総合出版 2005.5 318p 15cm (ポケット図鑑) 1000円 ⓘ4-8299-2194-3

(目次)アビ目, カイツブリ目, ミズナギドリ目, ペリカン目, コウノトリ目, カモ目, タカ目, キジ目, ツル目, チドリ目, ハト目, カッコウ目, フクロウ目, ヨタカ目, アマツバメ目, ブッポウソウ目, キツツキ目, スズメ目, 外来種(かご抜け鳥)

(内容)バードウォッチングに興味をもった人が、まず最初に手に取る1冊。日本のおもな鳥300種をピックアップ。ふだん見られる鳥はすべてカバーしている。それぞれの鳥の特徴がよくわかる写真を大きく使い、解説はコンパクトにまとめた。鳥の大きさは、スズメやカラスなど、よく見かける鳥との比較で、わかりやすく表現。解説は、大きさ、特徴、見られる場所が一目でわかるパートと、「見られる場所」「行動」「食べるもの」「鳴き声」「見た目の特徴」をていねいに紹介したパートの2つにわかれ、用途に応じて使い分けられる。写真のキャプションは、写真を見ながら色やかたちの特徴を覚えられる書き方。ポケットにすっぽり入って簡単に持ち運べるサイズで、初心者にぴったり。

日本の野鳥 小宮輝之著 学習研究社 2000.5 260p 19cm (フィールドベスト図鑑 vol.8) 1900円 ⓘ4-05-401122-5 Ⓝ488.038

(目次)街や公園で見られる鳥, 平地や丘陵で見られる鳥, 山や森林で見られる鳥, 川や湖で見られる鳥, 干潟や海洋で見られる鳥

(内容)日本でよく見られる鳥約350種を収録した図鑑。鳥がよく見られる場所を5つのフィールドに分け、その中で、大きさ別に分けて掲載。巻末に種名さくいんつき。

日本の野鳥 第2版 叶内拓哉, 安部直哉, 上田秀雄著 山と渓谷社 2000.5 623p 21cm (山渓ハンディ図鑑7) 3000円 ⓘ4-635-07007-7 Ⓝ488.038

(目次)水辺(家禽化されたガン類, カモ類の羽衣, カモ類の採食と飛び立ち, シギとチドリ), 山野(ツバメ科とアマツバメ科の巣について, モズのはやにえ), かご抜け鳥, 浴びる, 羽づくろい, 採食(行動, 動物質, 植物質), 日本の野鳥リスト

(内容)日本産とされる野鳥479種を収録した図鑑。海鳥・水辺の鳥と山野の鳥に分けて掲載。内容項目は、種の標準和名、種英名、目名、科名、種の学名(属名・種小名)、漢字名、全長・翼開長、分布図、観察時期、解説(時期、環境、行動、鳴声、特徴)、写真、写真解説などを掲載。巻頭に用語解説と巻末に日本の野鳥リスト、学名索引、和名索引がある。

日本の野鳥 2版 高野伸二編 山と渓谷社 1991.6 591p 20×21cm (山渓カラー名鑑) 〈解説：浜口哲一ほか 参考文献：p584〜585〉 4630円 ⓘ4-635-09018-3 Ⓝ488.038

(内容)日本産の野鳥384種を1,050枚の写真で紹介。

日本の野鳥 叶内拓哉写真, 安部直哉分布図 山と渓谷社 1998.5 623p 21cm (山渓ハンディ図鑑7) 3000円 ⓘ4-635-07007-7

(目次)水辺, 山野, かご抜け鳥, 浴びる, 羽づくろい, 採食, 日本の野鳥リスト

日本の野鳥 増補改訂 小宮輝之著 学研教育出版, 学研マーケティング(発売) 2010.2 268p 19cm (フィールドベスト図鑑 vol.8) 〈他言語標題：Wild birds in Japan 初版：学習研究社2000年刊 索引あり〉 1800円 ⓘ978-4-05-404436-4 Ⓝ488

(目次)街や公園で見られる鳥, 平地や丘陵で見られる鳥, 山や森林で見られる鳥, 川や湖で見られる鳥, 干潟や海洋で見られる鳥

(内容)「日本の野鳥」新装改訂版。日本でよく見られる鳥約370種。野鳥が見られる場所別、大きさ別に配列し、わかりやすいアイコンで表示。飛翔するワシタカ類、海鳥類の見分け方など役に立つコラムを豊富に掲載。最近定着してきたヒメアマツバメ、復活しつつあるトキ、コウノトリ、南西諸島のリュウキュウアカショウビン

など30種以上を増補。

日本の野鳥 特装版 高野伸二編、浜口哲二ほか解説、岡崎立絵、佐野裕彦絵、池尾喜寿ほか写真 山と渓谷社 1990.6 591p 21×22cm （山渓カラー名鑑）〈特装版〉 7282円 ⓣ4-635-05603-1 Ⓝ488.038

〔内容〕身近に見られる野鳥382種類を1050枚の写真、360枚のイラストとともに紹介する図鑑。

日本の野鳥図鑑 知りたい鳥がすぐわかる！ 松田道生監修・著 ナツメ社 2008.5 255p 21cm 2000円 ⓣ978-4-8163-4483-1 Ⓝ488.21

〔目次〕イントロダクション 身近な鳥を知る、1 郊外の鳥たち、2 野山の鳥たち、3 水辺の鳥たち、4 干潟や海の鳥たち、5 北海道の鳥たち、6 南の島の鳥たち、7 太平洋の島の鳥たち、バードウォッチング入門

〔内容〕美しいカラー写真と細密な生態イラストによる解説。97種の鳴き声を収録したCD付き。

日本の野鳥 巣と卵図鑑 黒田長久監修、柿沢亮三、小海途銀次郎著 世界文化社 1999.5 238p 26cm 6800円 ⓣ4-418-99404-1

〔目次〕カイツブリ（鳰）、アホウドリ（信天翁）、オオミズナギドリ（大水薙鳥）、カワウ（河鵜）、ヨシゴイ（葭五位）、ミゾゴイ（溝五位）、ゴイサギ（五位鷺）、ササゴイ（笹五位）、アマサギ（猩猩鷺）、チュウサギ（中鷺）〔ほか〕

〔内容〕鳥の卵150種600個、巣の標本120種を収録した図鑑。掲載項目は、鳥名、生態、繁殖、卵の特徴、巣の特徴、大きさ、似た巣との見分け方、私の見た巣など。巻末に、鳥名別索引を付す

日本の野鳥 羽根図鑑 笹川昭雄著 世界文化社 1995.7 303p 26cm 7800円 ⓣ4-418-95402-3

〔内容〕野鳥の羽毛162種3000本の細密画を収録した図鑑。各野鳥に関する解説と部位別の羽毛図を収載し、羽毛から鳥を調べる逆引き野鳥図鑑としても使える。巻末に五十音順の科別索引、鳥名別索引がある。

日本の野鳥590 真木広造写真、大西敏一解説 平凡社 2000.11 654p 20cm 3500円 ⓣ4-582-54230-1 Ⓝ488.038

〔目次〕アビ目、カイツブリ目、ミズナギドリ目、ペリカン目、コウノトリ目、カモ目、タカ目、キジ目、ツル目、チドリ目、ハト目、カッコウ目、フクロウ目、ヨタカ目、アマツバメ目、ブッポウソウ目、キツツキ目、スズメ目、今後記録される可能性のある鳥、外来種（かご抜け鳥）、日本産鳥類リスト、和名索引、学名索引、英名索引

〔内容〕日本産鳥類594種（未公認種68種を含む）

の図鑑。各種類について、写真と解説（分布・生息環境、特徴、声、亜種、類似種との識別、世界の分布図）を掲載する。和名・学名・英名それぞれから調べられる索引付き。

日本野鳥写真大全 大橋弘一、諸角寿一編著 クレオ 2001.7 127p 30×23cm 2800円 ⓣ4-87736-063-8 Ⓝ488.087

〔目次〕アビ目／カイツブリ目／ミズナギドリ目／ペリカン目／コウノトリ目、カモ目、タカ目／キジ目／ツル目、チドリ目、ハト目／カッコウ目／フクロウ目、ヨタカ目、アマツバメ目／ブッポウソウ目／キツツキ目、スズメ目

〔内容〕日本の野鳥約300種を紹介した写真集。排列は鳥類の生物分類による。各写真の下には種名、撮影地、撮影月旬のほか、撮影カメラのデータを記載。巻末に標準和名の五十音順索引がある。

日本野鳥大鑑 鳴き声420 増補版 蒲谷鶴彦、松田道生著 小学館 2001.5 447p 26cm （CD Books）〔付属資料：CD6〕14000円 ⓣ4-09-480073-5 Ⓝ488.21

〔目次〕アビ目アビ科、カイツブリ目カイツブリ科、ミズナギドリ目アホウドリ科、ミズナギドリ科、ウミツバメ科、ペリカン目カツオドリ科、ウ科、コウノトリ目サギ科、コウノトリ科、トキ科〔ほか〕

〔内容〕鳴き声を詳説した野鳥図鑑。野鳥379種と外来種41種の計420種を掲載する。野鳥は科別に分類し、名称、特徴、鳴き声と録音について解説。巻頭には「鳥声分析と声紋の見方」「野鳥の鳴き声」を、巻末には「鳥声録音50年の歩み」のほか参考・引用文献一覧と学名・英名・和名ごとの総索引を収載。

人気のバードウォッチング 野鳥図鑑 日本で見られる身近な野鳥から絶滅危惧種まで 小宮輝之著 日東書院 2005.11 159p 21cm 1400円 ⓣ4-528-01722-9

〔目次〕人家付近、外来種、野原、森林、山岳、河川・湖沼・干潟、海岸、海洋

〔内容〕日本で見られる身近な野鳥から絶滅危惧種まで、260種以上の鳥の写真と解説。見やすい大判でも軽い、タテ書きだから読みやすい。

野山の鳥 北隆館 1992.4 243p 19cm （フィールドセレクション 7） 1800円 ⓣ4-8326-0238-1

〔内容〕野山で出会うことの多い野鳥182種を、1種につき1～5点の写真で見せる。

野山の鳥 吉野俊幸写真、山田智子文 山と渓谷社 2010.2 79p 19cm （わかる！図鑑 3）〈文献あり 索引あり〉 1200円 ⓣ978-4-635-06205-3 Ⓝ488.038

鳥類　　　　　　　　　動　物

(目次)スズメ目の鳥，ハト目の鳥，キジ目の鳥，カッコウ目の鳥，ヨタカ目の鳥，アマツバメ目の鳥，ブッポウソウ目の鳥，キツツキ目の鳥，フクロウ目の鳥，タカ目の鳥
(内容)生きものの特徴をピンポイントで示し、簡単に名前がわかる図鑑。

野山の鳥観察ガイド　市田則孝監修，久保田修解説，藤田和生絵　ネイチャーネットワーク　2004.7　231p　19cm　〈自然出会い図鑑3〉　1905円　①4-931530-16-8
(目次)第1章 特徴別野山の鳥探索ガイド(大きさで見分ける，特徴で見分ける，飛んでいる姿で見分ける ほか)，第2章 環境別野山の鳥観察ガイド(高山・夏でも雪が残る稜線，夏の亜高山針葉樹の森，夏の広葉樹・針葉樹混合林 ほか)，第3章 分類順野山の鳥写真図鑑(カモ目，タカ目，キジ目 ほか)
(内容)野鳥との出会いを紹介する図鑑。登山やハイキングの途中で野鳥の姿や鳴き声に出会ったときの，「なんという鳥だろう？」という素朴な疑問に基づいて解説する。

バードウォッチングを楽しむ本　亀田竜吉著　学習研究社　1995.6　224p　15cm　〈趣味の図鑑シリーズ 3〉　1000円　①4-05-400472-5　Ⓝ488.038
(内容)名前がわかる。観察場所がわかる。

ビジュアル博物館　1　鳥類　デビッド・バーニー著，リリーフ・システムズ訳　(京都)同朋舎出版　1990.3　63p　23×29cm　3500円　①4-8104-0799-3
(目次)恐竜から鳥か，動物としての鳥，翼，巧みに飛ぶ，すばやく飛び立つ，飛行スピードと飛び続けている時間，気流に乗って舞う，滑空する空中停止する，尾，羽の構造，羽，翼羽，体羽，綿羽，尾羽，求愛，カムフラージュ，足と足あと，感覚，くちばし，植物を食べる鳥，虫類を食べる鳥，小動物を捕らえる鳥，魚をとる鳥，雑食の鳥，ペリット，巣をつくる，カップ形の巣，変わった巣，水鳥と渉禽類の卵，陸上の鳥の卵，驚くべき卵，ふ化，成長，鳥を呼び寄せる，バードウォッチング
(内容)鳥たちの世界を紹介する博物図鑑。羽，翼，骨格，卵，巣，生まれたばかりのひななどの実物写真で鳥たちの生活，行動，ライフサイクルを見るガイドブック。

ひと目で見分ける287種野鳥ポケット図鑑　久保田修著　新潮社　2010.4　174p　16cm　(新潮文庫 く-35-1)　〈索引あり〉　590円　①978-4-10-130791-6　Ⓝ488.21
(目次)アビ目(アビ科)，カイツブリ目(カイツブリ科)，ミズナギドリ目(アホウドリ科，ミズナギドリ科，ウミツバメ科)，ペリカン目(ネッ

タイチョウ科，アトリ科，ハタオリドリ科，ムクドリ科，コウライウグイス科，モリツバメ科，カラス科)
(内容)頻繁に観察できる野鳥287種を収録した図鑑。精密に描かれたイラスト，鳴き声の分類，生息地域を記した分布図。文庫ならではの実用性を重視した一冊。

ひと目でわかる野鳥　中川雄三監修　成美堂出版　2010.2　239p　24cm　〈索引あり〉　1900円　①978-4-415-30532-5　Ⓝ488.038
(目次)1章 水鳥のすべて(外洋の海鳥，沿岸～淡水域の水鳥，干潟や湿地の水辺鳥)，2章 陸鳥のすべて(空高く飛ぶ鳥，おもに地上にいる鳥，野山の鳥)
(内容)色，形，大きさなど様々な種類の野鳥が飛ぶ，木にとまる，エサをとる，鳴く…野外での生態映像と，わかりやすい本誌解説で知りたい野鳥の特徴がはっきりわかる。身近な鳥から貴重種まで370種を紹介。

フィールドガイド 日本の野鳥　増補改訂拡大蔵書版　高野伸二著　日本野鳥の会　2008.4　374p　27cm　〈他言語標題：A field guide to the birds of Japan　文献あり〉　7600円　①978-4-931150-42-3　Ⓝ488.038
(内容)雄，雌，成鳥，幼鳥，飛翔図など，野外での識別に役立つ画を多く載せた日本の野鳥のフィールドガイド。「日本鳥類目録改訂版第6版」に準拠し，種名・亜種名・学名を変更，野生化した飼い鳥などを追加した増補改訂拡大蔵書版。

フィールドのための野鳥図鑑　野山の鳥　高木清和著　山と渓谷社　2000.8　191p　21cm　1900円　①4-635-06331-3　Ⓝ488.038
(目次)フィールドのための野鳥図鑑(アトリ科，アマツバメ科，イワヒバリ科，ウグイス科，エナガ科，カッコウ科，カラス科，カワセミ科，キジ科，キツツキ科 ほか)，野鳥と生息環境，野鳥の観察地102
(内容)野山でみることのできる野鳥の図鑑。フィールドで素早く確認できるように，成鳥の写真に形態的特徴を併載する。野鳥は科ごとに排列，漢字表記と学名，体長，鳴き声，生息環境と出現期，写真と撮影メモ，生態メモを掲載。ほかに野鳥を生息環境別に紹介した野鳥と生息環境，野鳥の観察地102を掲載。巻末に野鳥名の索引を付す。

フィールドのための野鳥図鑑　水辺の鳥　高木清和著　山と渓谷社　2002.3　191p　21cm　1900円　①4-635-06332-1　Ⓝ488.038
(目次)アビ科，アホウドリ科，ウ科，ウグイス科，カイツブリ科，カモ科，カモメ科，カワガラス科，カワセミ科〔ほか〕
(内容)野山でみることのできる野鳥の図鑑。フ

ィールドで素早く確認できるように、成鳥の写真に形態的特徴を併載する。野鳥は科ごとに排列、漢字表記と学名、体長、鳴き声、生息環境と出現期、写真と撮影メモ、生態メモを掲載。ほかに野鳥を生息環境別に紹介した野鳥と生息環境、野鳥の観察地94を掲載。巻末に野鳥名の索引を付す。

ポケット版 学研の図鑑 5 鳥 小宮輝之
監修・指導 学習研究社 2002.4 192, 16p 19cm 960円 ①4-05-201489-8 ⓃK488

(目次)日本の鳥(ミズナギドリのなかま、アビ・カイツブリのなかま、ウのなかま ほか)、世界の鳥・飼い鳥(ダチョウなどのなかま、ペンギンのなかま、ウ・ペリカンのなかま ほか)、鳥の資料館(鳥とはどんな動物?、鳥の行動、鳥の保護 ほか)

(内容)子ども向けの鳥図鑑。日本に住んでいる鳥と世界の鳥・飼い鳥を取り上げている。目名ごとに分類し掲載している。各種の種名、科名、全長、翼開長、世界の分布、日本での分布、特徴・生態、鳴き声などを記載。巻末に索引が付く。

ポケット 野鳥 叶内拓哉著 家の光協会
1994.4 223p 15cm 1000円 ①4-259-53756-3

(目次)野鳥170種類、野鳥を見るために(街中の庭・公園、川・湖沼、雑木林・山地の林、草原・高原、干潟・田んぼ、海・砂浜)

(内容)多種の野鳥のなかから、よく見ることのできる170種類を分類・解説する図鑑。野鳥の全長、形態、撮影月、撮影場所などのデータを記す。

マルチメディア鳥類図鑑 柚木修著 アスキー 1997.10 46p 26cm (マルチメディア図鑑シリーズ) 〈付属資料:CD-ROM1〉 4800円 ①4-7561-1439-3

(目次)サイエンスとロマン、野鳥の春、渡りの現場、交尾は交尾、野鳥の夏、若葉の季節が子育ての季節、川原の涼風、野鳥の秋、鷹ひとつ見つけてうれしいらご岬、一年に二度の夏、野鳥の冬、赤い実を食べると赤くなる?、娘一人に婿たくさん、日本のバードウォッチング・ポイント

(内容)日本の鳥、世界の鳥450種以上を収録したマルチメディア図鑑。鳥の生態を収録したムービー映像を多数収録。

身近で見られる日本の野鳥カタログ 鳥との語らいが今、始まる 安部直哉解説・写真、小林詩写真 成美堂出版 1992.12 159p 29×21cm 2000円 ①4-415-03283-4

(目次)野鳥の生息環境、野鳥の生活、野鳥観察入門、日本の野鳥555種

(内容)約160種の貴重な生態、生息状況等を分布図とともに詳しく紹介する図鑑。

見る読むわかる野鳥図鑑 字も絵も見やすい! 安西英明解説、箕輪義隆絵 日本野鳥の会 2010.3 65p 21cm 800円 ①978-4-931150-45-4 Ⓝ488.21

(目次)1章 あの鳥なーに?(身近な鳥と比べてわかる鳥、草地や水辺の小鳥など、チドリやシギ ほか)、2章 見分けるためのポイント(野鳥の見分け方、鳥の体と飛ぶ仕組み、おすすめとお願い)、3章 楽しみ方さまざま(野鳥たちは何してる?、季節を楽しむ、鳥類の分類と種 ほか)

野鳥 新装版 叶内拓哉写真、浜口哲一解説 山と渓谷社 2006.11 383p 19cm (山渓フィールドブックス 15) 2000円 ①4-635-06072-1

(目次)アビ目、カイツブリ目、ミズナギドリ目、ペリカン目、コウノトリ目、カモ目、タカ目、キジ目、ツル目、チドリ目、ハト目、カッコウ目、フクロウ目、ヨタカ目、アマツバメ目、ブッポウソウ目、キツツキ目、スズメ目

(内容)比較的よく見られるもの331種(亜種を含む)を収録。

野鳥 野鳥観察・日本で見る225種 堀田明監修・写真 成美堂出版 2000.3 319p 15cm (ポケット図鑑) 1200円 ①4-415-01038-5 Ⓝ488.038

(目次)野山の鳥(ヒバリ・セキレイの仲間、シジュウカラの仲間、ホオジロの仲間、ウグイスの仲間 ほか)、水辺の鳥(カイツブリ・ウの仲間、サギの仲間、ツル・バンの仲間、ガン・ハクチョウの仲間 ほか)、用語の解説、野鳥一覧表

(内容)日本でみることのできる野鳥225種を収録した図鑑。掲載データは、分布、生息地、生活形、全長など。巻末に、野鳥一覧表付き。

野鳥 吉野俊幸著 山と渓谷社 1999.4 281p 15cm (ヤマケイポケットガイド 7) 1000円 ①4-635-06217-1

(目次)陸鳥(タカ目、キジ目、ハト目、カッコウ目、フクロウ目、ヨタカ目・アマツバメ目、ブッポウソウ目、キツツキ目、スズメ目)、水鳥(カイツブリ目、ミズナギドリ目、ペリカン目、コウノトリ目、カモ目、チドリ目、ツル目)

(内容)野鳥約240種を紹介した図鑑。掲載項目は、名前、分類、解説文、生活型や分布などを書き出したデータ、写真など。巻末に索引を付す。

野鳥 吉野俊幸、山田智子著 山と渓谷社 2010.7 281p 15cm (新ヤマケイポケットガイド 6) 〈1999年刊の改訂〉 1200円 ①978-4-635-06267-1 Ⓝ488.038

(目次)陸鳥(タカ目、キジ目、ハト目、カッコウ目、フクロウ目 ほか)、水鳥(カイツブリ目、

ミズナギドリ目，ペリカン目，コウノトリ目，カモ目 ほか）

(内容)収録種類数は約240種（亜種を含む）の図鑑。ごくふつうに見られるものを中心に選んでいる。

野鳥　堀田明解説・写真　成美堂出版　1993.5
319p 16cm （ポケット図鑑）　1200円
①4-415-07862-1　Ⓝ488.038

(内容)美しいカラー写真で楽しむ、フィールドで読む携帯に便利なポケットサイズ。

野鳥ガイド　唐沢孝一著　新星出版社
1998.6 198p 21cm 1600円　①4-405-10644-1

(目次)身近な鳥（カルガモ，カイツブリ，バン，トビ ほか），野山の鳥（イヌワシ，クマタカ，オジロワシ，オオワシ ほか），水辺の鳥（アホウドリ，オオミズナギドリ，カワウ，ウミウ ほか）

(内容)233種の野鳥を写真で紹介するガイド。人と共存している野鳥、森林や野山などに生息する野鳥、湖沼や河川、海洋などの水辺の野鳥の3つに大別し収録。五十音から鳥名が引ける索引付き。

野鳥観察図鑑　バードウォッチング大百科
松田道生著　地球丸　1999.4 160p 21cm （アウトドアガイドシリーズ）　1700円
①4-925020-47-1

(目次)1章 庭や公園の野鳥たち、2章 里山の野鳥たち、3章 山や森の野鳥たち、4章 川や湖の野鳥たち、5章 干潟や海の野鳥たち、6章 野鳥観察役立ち情報

野鳥観察図鑑　日本で見られる340種へのアプローチ　杉坂学監修　成美堂出版
1999.5 271p 21cm 1500円　①4-415-00767-8

(目次)野鳥観察のための基礎知識、1 人家付近の陸鳥（キジバト，シラコバト ほか）、2 森林（丘陵～山地）の陸鳥（アオバト，ズアカアオバト ほか）、3 内陸・淡水域の水鳥や陸鳥（カワセミ，ヤマショウビン ほか）、4 海の水鳥・陸鳥（イソヒヨドリ，ハマシギ ほか）、野生化した飼い鳥（コブハクチョウ，ドバト ほか）、野鳥観察を楽しむために（服装を選ぼう、観察記録の付け方 ほか）、全国・探鳥地リスト、和名さくいん

(内容)野鳥観察のための、340種の野鳥を収録した図鑑。掲載データは、種名、学名、分類、英名、時期、声、見分け方、特徴、棲息地、全長／翼開長、写真、イラストなど。巻末に全国・探鳥地リスト、五十音順・和名さくいんがある。

野鳥図鑑　山形則男写真　日本文芸社
2001.3 239p 17cm （カラーポシェット）

1000円　①4-537-20042-1　Ⓝ488.038

(目次)野山の鳥，水辺の鳥

(内容)バードウォッチング入門者向けのハンディな野鳥図鑑。17目59科240種の野鳥を生息地（野山と水辺）により分類。各章を構成するスタンダード図鑑とステップアップ図鑑は初心者だけでなく中級者も楽しめる内容。本文は和名、学名、分類、特徴、生態などの解説、写真からなる。巻頭に観察用語の解説と鳥の各部の名称、巻末に和名索引がある。

野鳥282　上田恵介解説，和田剛一写真　小学館　1997.4 319p 15cm （ポケットガイド 3）　1262円　①4-09-208203-7

(目次)アビ目，カイツブリ目，ミズナギドリ目，ペリカン目，コウノトリ目，ガンカモ目，ワシタカ目，キジ目，ツル目，チドリ目，ハト目，ホトトギス目，フクロウ目，ヨタカ目，アマツバメ目，ブッポウソウ目，キツツキ目，スズメ目

(内容)日本で見る機会の多い野鳥を中心に282種を紹介。巻末には、学名索引、英名索引、和名索引を付す。

野鳥の図鑑　にわやこうえんの鳥からうみの鳥まで　藪内正幸作　福音館書店
1991.6 351p 21cm 3000円　①4-8340-0706-5　ⓃK488

(目次)庭や公園にくる鳥、草原の鳥、山や林の鳥、川や沼の鳥、海の鳥、鳥をみるときには

(内容)ロングセラー「日本の野鳥<全6巻>」を1冊にまとめ、さらに28種をくわえた図鑑。バードウォッチング用、また家庭用に、子どもから大人まで。

野鳥の名前　安部直哉解説，叶内拓哉写真　山と渓谷社　2008.10 352p 21cm （山渓名前図鑑）　3200円　①978-4-635-07017-1　Ⓝ488.038

(内容)動・植物の名前の由来をイラストと写真、適切な文章で紹介した五十音順の図鑑。動・植物の生い立ちや素顔を知ることで、名前覚えや街歩き・野山散策が楽しみになる。

野鳥フィールド日記　岡崎立着　山と渓谷社　1995.5 239p 19cm （MY DATA図鑑）　1800円　①4-635-58020-2

(内容)イラストによる野鳥の観察図鑑。

ヤマケイジュニア図鑑 3 鳥　山と渓谷社
2002.6 143p 19cm 950円　①4-635-06238-4　ⓃK488.038

(目次)庭や公園の鳥、畑や野原の鳥、林や森の鳥、川や水田・河原の鳥、池や湖の鳥、海辺の鳥

(内容)子ども向けの図鑑。日本でわりあいよく見られる鳥たちを、すみ場所でおおまかに分けて、紹介している。スズメの仲間、シギやチ

ドリの仲間というように、種類ごとに掲載している。各鳥の種名、科名、大きさ、時期、分布、写真、解説を収録。各章の区切りでは、イラストを使って、代表的な鳥のくらし方や面白い行動などを紹介している。巻末に索引が付く。

◆鳥類学

<事　典>

図説 鳥名の由来辞典　菅原浩，柿沢亮三編著　柏書房　2005.5　622，26p　21cm　3800円　①4-7601-2659-7
[目次] 辞典編，資料編（江戸時代の鳥類図譜による鳥類古名の探求，明治以後の鳥類目録，図説中の鳥類異名）
[内容] 鳥を見つめた日本人の眼差し。豊富な図版とともに日本人の自然への関わりを読み解く"鳥と人の文化誌"。収録項目2700、収録図版700点。本文は見出し語の五十音順に排列。

図説 日本鳥名由来辞典　菅原浩，柿沢亮三編者　柏書房　1993.3　622，26p　26cm　25000円　①4-7601-0746-0
[内容] 奈良時代から近代に至る日本の鳥類図譜に現れる鳥の図から現代名を同定する辞典。700余（カラー写真16頁）の図版を収録、2700余の項目を立項し、現在用いられている鳥名との同定を図る。解説は、鳥名の変遷、鳥と人間の文化を、資料に即して記載する。鳥名の同定対照表、アイヌ語・オランダ語鳥名表を付す。

鳥類学辞典　山岸哲，森岡弘之，樋口広芳監修　（京都）昭和堂　2004.9　950p　21cm　18000円　①4-8122-0413-5
[内容] 形態、心理、行動、遺伝、生態、進化学など、鳥類に関する様々な学問分野の専門用語約2800項目を収録した鳥類学辞典。配列は見出し語の五十音順、見出し語、見出し語のよみ、英語表記またはラテン語表記、解説文を記載、巻末に和文索引、欧文索引、人名索引が付く。

<図　鑑>

基本がわかる野鳥eco図鑑　野鳥がわかると命のつながりが見える　安西英明著　東洋館出版社　2008.9　157p　21cm　〈イラスト：谷口高司〉　1900円　①978-4-491-02381-6　①488.21
[目次] 第1章 見てくらべる図鑑（野鳥を知るものさし鳥、ペア？ファミリー？何してる？ ほか）、第2章 読んで知る図鑑（近くでじっくり見たい、双眼鏡や望遠鏡の使い方 ほか）、第3章 鳥の神秘と不思議（分類は決まっていない？、渡りの謎 ほか）、第4章 楽しみ方のさまざま（双眼鏡フリーのウォッチング，季節やテーマごとのチェック ほか），終章 鳥と人とエコライフ（人の常識は地球の非常識、エコライフの基礎 ほか）
[内容] "鳥を見分けるには？""声を聞き分けるには？""双眼鏡はどう使う？""カラスの習性って？""よく見かけるこの羽は何の鳥？"など、野鳥に関する疑問に答える図鑑。

原寸大写真図鑑 羽　高田勝，叶内拓哉著　文一総合出版　2004.2　301p　31×23cm　〈付属資料：ポスター〉　18000円　①4-8299-2182-X
[目次] アビ目アビ科、カイツブリ目カイツブリ科、ミズナギドリ目（アホウドリ科、ミズナギドリ科、ウミツバメ科）、ペリカン目ウ科、コウノトリ目サギ科、カモ目カモ科、タカ目（タカ科、ハヤブサ科）、キジ目（ライチョウ科、キジ科）、ツル目（ミフウズラ科、クイナ科）、チドリ目（チドリ科、シギ科、セイタカシギ科、ヒレアシシギ科、カモメ科、ウミスズメ科）〔ほか〕
[内容] 273種の羽を掲載した図鑑。羽の写真はすべて原寸大で風切、尾羽など出来るだけ色々な部位を掲載している。掲載順は日本鳥学会の分類順で巻末に和名、英名、学名索引が付く。

世界「鳥の卵」図鑑　マイケル・ウォルターズ著，山岸哲監修，丸武志訳　新樹社　2006.9　256p　21cm　（ネイチャー・ハンドブック）　〈原書名：DK Handbook of Birds' Eggs〉　3200円　①4-7875-8553-3
[目次] 非スズメ類，スズメ類
[内容] 全世界から500種以上の鳥の卵を2000点以上の写真・イラストと、わかりやすい解説で紹介。豊富なロンドン自然史博物館の卵標本が一冊にまとまっているのでさまざまな形・色・模様の卵を比較できる。目名、科名、学名のほか、卵の大きさ、一腹卵数、抱卵期間など豊富な情報が一目でわかるように配置されて、また、基礎知識はもちろん、用語解説、さくいんも充実。繁殖や孵化についても説明。このネイチャーハンドブックは、知らなかった鳥の卵たちに出会える、感動の図鑑。

鳥のくちばし図鑑　国松俊英文，水谷高英絵　岩崎書店　2007.3　32p　29×22cm　（ちしきのぽけっと 4）　1400円　①978-4-265-04354-5
[目次] さまざまなくちばし、魚をつきさす、魚をはさむ、カニやゴカイをつまんでとらえる、肉をひきさく、巣材をはこぶ、ひなにえさをはこぶ、巣をつくる、木の幹で虫をとらえる、木の枝で虫をとらえる〔ほか〕
[内容] ながーいくちばし、みじかいくちばし、大きなくちばし、小さなくちばし、まがったくちばし、とがったくちばし、ふといくちばし、ひらたいくちばし…どんなふうに使うのだろう。

鳥の巣の本　鈴木まもる著　岩崎書店　1999.4　40p　30cm　（絵本図鑑シリーズ）　1500円　Ⓣ4-265-02919-1

(内容)鳥の巣の作り方や大きさ、卵のふ化日数など鳥の巣に関することをイラストで解説した図鑑。

鳥の生態図鑑　学習研究社　1993.10　160p　31×23cm　〈大自然のふしぎ〉　3200円　Ⓣ4-05-200135-4

(目次)鳥の体のふしぎ、鳥の生態のふしぎ、自然ウォッチング、資料編

(内容)カッコウの戦略、天才建築家の鳥、人も驚くカラスの知恵、星座を知っている鳥など、最新の研究結果を大判で収録するビジュアルブック。

羽根図鑑　日本の野鳥　改訂新版　笹川昭雄著　世界文化社　2001.9　399p　27cm　〈文献あり　索引あり〉　8000円　Ⓣ4-418-01404-7　Ⓝ488.1

(内容)羽根を手がかりに鳥を知るための図鑑。著者の30年以上の研究をもとに252種の羽根を収録した。1995年刊の改訂新版。

野鳥のくらし　和田剛一文・写真・映像　偕成社　2004.9　124p　30×23cm　〈生きものROM図鑑〉　〈付属資料：CD-ROM1〉　4500円　Ⓣ4-03-527660-X

(目次)第1章　山（高い山でくらす、「木つつき」はなんのため？ほか）、第2章　草原・人里（りっぱなかんむり、みんなでのんびり　ほか）、第3章　川・池・湖（もぐりの名人、親しき仲にも礼儀あり　ほか）、第4章　海（おしゃもじを振って、魚だけを食べるタカ　ほか）

(内容)野鳥たちの「さえずり」や「狩り」や「擬態」や「求愛」や「食べもの」や「巣づくり」や「渡り」や「子そだて」や「抱卵」や「越冬」を写真と動く映像でみてみよう。小学中級から。

野鳥の羽根　色と形で判る実物大識別図鑑　笹川昭雄著　世界文化社　1996.5　279p　21cm　3600円　Ⓣ4-418-96403-7

(目次)山野の鳥、水辺の鳥、羽根の不思議

(内容)野鳥133種（山野の鳥90種、水辺の鳥43種）の羽根1200枚を風切羽、尾羽、雨覆羽、体羽に分けて実物大で収録した図鑑。巻末に五十音順の鳥名索引がある。「日本の野鳥・羽根図鑑」を基に再編集したもの。一愛鳥家の強い要望でついに完成。アウト・ドアライフには欠かせない一冊。

野鳥の羽ハンドブック　高田勝、叶内拓哉著　文一総合出版　2008.11　96p　19cm　1400円　Ⓣ978-4-8299-1014-6　Ⓝ488.038

(目次)カワウ、ゴイサギ、コサギ、アオサギ、オシドリ、マガモ、カルガモ、コガモ、ヒドリガモ、オナガガモ〔ほか〕

(内容)2004年、文一総合出版より発刊した『原寸大写真図鑑　羽』より、野外で特に目につく機会の多いと思われる77種の鳥の羽を選んだもの。

◆日本各地の鳥

＜事　典＞

校庭の野鳥　野外観察ハンドブック　唐沢孝一著　全国農村教育協会　1997.8　171p　21cm　1905円　Ⓣ4-88137-065-0

(目次)野鳥の「くらし」と「かたち」（人の生活と野鳥、野鳥とその生息環境、鳥の形態、鳥の行動、鳥の食生活、繁殖の生態、鳥たちの夜、天敵からの防衛、渡り鳥）、校庭の野鳥206種、身近な野鳥の調べ方（野鳥の保護と教材としての野鳥、身近な野鳥調査の例）

(内容)収録の対象にした野鳥は、校庭に限定せず、学校をとりまく市街地や公園、河川、湖沼などの身近な環境に普通に見られる野鳥となっている。構成は3部から成り、とくに第2部では、全国各地に見られる野鳥206種について、写真と共に、その形態・分布、繁殖などの特徴をコンパクトに解説。各種ごとに、学名、和名を示すとともに、和名の由来についても解説。巻末には、和名索引、学名索引、英名索引を付す。

フィールドガイド　日本の野鳥　増補改訂版　高野伸二著　日本野鳥の会　2007.10　374p　19×12cm　〈地方〉　3400円　Ⓣ978-4-931150-41-6

(内容)水辺の鳥、山野の鳥、野生化した飼い鳥（外来種や家禽）、珍しい鳥や識別が難しい種の記録、近年観察された野鳥（増補種、追記種）や補足、行動の見分け方、古巣・卵・痕跡の見分け方、羽、幼羽と年齢・鳥の体

＜ハンドブック＞

決定版　日本の探鳥地　北海道編　BIRDER編集部編　文一総合出版　2004.8　135p　26cm　〈BIRDER SPECIAL〉　1600円　Ⓣ4-8299-2195-1　Ⓝ488.21

(目次)道央地域（西岡公園、野幌森林公園 ほか）、道南地域（砂崎岬、きじひき高原と匠の森 ほか）、道北地域（コムケ湖、クッチャロ湖・ベニヤ原生花園 ほか）、道東地域（鶴居・伊藤サンクチュアリセンター、根室半島 ほか）

(内容)日本の探鳥地を紹介するガイドブック。地域別の全6冊構成。探鳥地の概要、見られる鳥、おすすめ時期、必要な装備、アクセス情報に加え、After Birding（バードウォッチング後のお楽しみ）情報も掲載する。

決定版 日本の探鳥地 東北編　BIRDER編
集部編　文一総合出版　2004.9　143p
26cm　(BIRDER SPECIAL)　1600円
⓪4-8299-2196-X
(目次)青森県，岩手県，秋田県，宮城県，山形県，福島県

決定版 日本の探鳥地 関東・甲信越・北陸編　BIRDER編集部編　文一総合出版
2004.11　144p　26cm　(BIRDER SPECIAL)　1600円　⓪4-8299-2198-6
(目次)新潟県，長野県，富山県，石川県，福井県，茨城県，栃木県，群馬県，山梨県

決定版 日本の探鳥地 首都圏編　BIRDER編集部編　文一総合出版　2004.8　135p
26cm　1600円　⓪4-8299-2197-8
(目次)東京都(高尾山，多磨霊園 ほか)，千葉県(手賀沼，印旛沼 ほか)，埼玉県(彩湖，荒川第一調節池)，秋ヶ瀬公園・子供の森 ほか)，神奈川県(横浜市・新治市民の森，鶴見川中流 ほか)

決定版 日本の探鳥地 東海・西日本編
BIRDER編集部編　文一総合出版　2004.11
136p　26cm　(BIRDER SPECIAL)　1600円　⓪4-8299-2199-4
(目次)岐阜県，静岡県，愛知県，三重県，滋賀県，京都府，大阪府，奈良県，和歌山県，兵庫県，鳥取県，島根県，岡山県，広島県，山口県，香川県，愛媛県，徳島県，高知県

決定版 日本の探鳥地 九州・沖縄編
BIRDER編集部編　文一総合出版　2005.1
144p　26cm　(BIRDER SPECIAL)　1600円　⓪4-8299-2200-1
(目次)福岡県，佐賀県，長崎県，熊本県，大分県，宮崎県，鹿児島県，沖縄県

北海道野鳥観察地ガイド　大橋弘一著　(札幌)北海道新聞社　2010.7　239p　21cm
1900円　⓪978-4-89453-557-2　Ⓝ488.211
(目次)第1章 道央—石狩・空知・後志(旭山記念公園／藻岩山，西岡公園 ほか)，第2章 道北—上川・留萌・宗谷(かなやま湖，神楽岡公園 ほか)，第3章 道東—十勝・釧路・根室・オホーツク(帯広川，千代田新水路 ほか)，第4章 道南—日高・胆振・渡島・桧山(日高幌別川，静内川河口 ほか)
(内容)道内野鳥観察の主要スポット74カ所が詳細マップ＋豊富な写真で丸わかり。37カ所に見開き写真グラフ／20カ所のミニ情報も。見られる鳥種や時期，アクセス方法，装備など実用情報満載のバードウオッチャー必携ガイド。

<図鑑>

奄美の野鳥図鑑　奄美野鳥の会編　文一総合出版　2009.2　335p　19cm　〈文献あり 索引あり〉　2500円　⓪978-4-8299-1017-7　Ⓝ488.2197
(目次)奄美の固有種紹介，アビ目，カイツブリ目，ミズナギドリ目，ペリカン目，コウノトリ目，カモ目，タカ目，ツル目，チドリ目〔ほか〕
(内容)奄美群島で記録された296種の野鳥をカラー写真と文章で解説。奄美固有種のルリカケス，オオトラツグミ，オーストンオオアカゲラ，アマミヤマシギは生態写真を別途掲載。主な探鳥地を詳細な地図入りで紹介。

江戸鳥類大図鑑　よみがえる江戸鳥学の精華『観文禽譜』　堀田正敦著，鈴木道男編著　平凡社　2006.3　762, 51p　26cm
35000円　⓪4-582-51506-1
(目次)第1章 水禽(つる，まなづる ほか)，第2章 原禽(にはとり，ちやぼ ほか)，第3章 林禽(からす，はしとがらす ほか)，第4章 山禽(ほうわう，たいぼう ほか)，第5章 異邦禽小鳥(南相思鳥 ほか)

四季で探す 野鳥ハンドブック　中野泰敬著・写真　新星出版社　1999.5　190p
18cm　1200円　⓪4-405-10506-5
(目次)3月 家の周りでウォッチング!，4月 春の雑木林でウォッチング!，5月 新緑の山地でウォッチング!，6月 初夏の川原でウォッチング!，7月 夏の高原でウォッチング!，8月 夏の高山でウォッチング!，9月 秋の干潟でウォッチング!，10月 秋の田んぼでウォッチング!，11月 秋の雑木林でウォッチング!，12月 冬の海辺でウォッチング!，1月 冬の湖沼でウォッチング!，2月 冬の雑木林でウォッチング!
(内容)一年間で約100種類の野鳥に出会えるように，1カ月ごとにバード・ウォッチングする場所を設定し，その場所で主に見られる野鳥を紹介した図鑑。

図説日本の野鳥　京極徹ശ　河出書房新社
2000.5　127p　22cm　(ふくろうの本)
1800円　⓪4-309-72636-4　Ⓝ488.21
(目次)第1章 なかま分け，あれこれ，第2章 分布と渡りの謎を科学する，第3章「飛ぶ」メカニズム，特集 日本の固有種，第4章 日本の鳥はどこからきたのか，第5章「絶滅」ということ，第6章 現代文学の鳥を読む
(内容)鳥の世界の全貌と未来を最新データで鳥瞰。

鳥の手帖 江戸時代の図譜と文献例でつづる鳥の歳時記　尚学図書言語研究所編　小学館　1990.4　208, 8p　22cm　〈監修：浦

本昌紀〕 2010円 ①4-09-504061-0 Ⓝ488.038

(内容)毛利梅園著「梅園禽譜」の画にカラー写真を補って141種を収録。古書や近代文学から用例を集め、季語、異名、語解を付したユニークな図鑑。

日本の鳥550 山野の鳥 増補改訂版 五百沢日丸解説、山形則男、吉野俊幸写真 文一総合出版 2004.4 383p 21cm (ネイチャーガイド) 3200円 ①4-8299-0165-9

(目次)タカ目、キジ目、ミフウズラ・ハト目、カッコウ目、アマツバメ目、ヨタカ目、フクロウ目、ブッポウソウ目キツツキ目、スズメ目

(内容)増補・改訂版では、初版の日本国内で記録された鳥類280種に、その後新たに記録された種や新たに写真を収録できた12種を加え、292種を収録した。これに外来種として20種、姉妹編である『水辺の鳥』は272種、外来種6種を収録しており、2冊を合わせた種数は564種、外来種も加えると590種となる。

庭で楽しむ野鳥の本 原寸大 大橋弘一, Naturally著 山と渓谷社 2007.12 95p 26×21cm 1800円 ①978-4-635-59619-0

(目次)スズメ、ニュウナイスズメ、ムクドリ、コムクドリ、ヒヨドリ、モズ、ツバメ、ショウドウツバメ、コシアカツバメ、ハクセキレイ〔ほか〕

(内容)庭に訪れる野鳥58種類、家の近くの水辺で見られる水鳥18種類を紹介。

野山の鳥 国松俊英文、中野泰敬、吉野俊幸、堀田明写真 偕成社 1995.4 191p 19cm (名前といわれ 日本の野鳥図鑑1) 1800円 ①4-03-529360-1

(目次)人里の鳥、草原の鳥、低い山の鳥、高い山の鳥

(内容)野外観察用に作られた、野鳥の名前のいわれや語源を解説した図鑑。この巻では野山に生息する鳥を収録。排列は生息地別。語源・特徴・大きさ・生活・季語などについて記載する。学名の意味についても記載。子どもにも理解できるような平易な記述と総ルビが特徴。巻末に鳥名五十音順索引を付す。「水辺の鳥」編もある。

北海道の野鳥 フィールドウォッチングガイド 様々な野鳥に出会える北海道のフィールドへ出かけよう！ 門間敬行、佐藤晶人共著 誠文堂新光社 2009.2 239p 21cm 〈文献あり 索引あり〉 2500円 ①978-4-416-80956-3 Ⓝ488.211

(目次)タカ科、フクロウ科、キツツキ科、カッコウ科、ハト科、カラス科、シジュウカラ科、ゴジュウカラ科、エナガ科、キバシリ科〔ほか〕

(内容)北海道でよく見られる野鳥を中心に201種掲載。

北海道の野鳥 北海道新聞社編 (札幌)北海道新聞社 2002.10 371p 19cm 2200円 ①4-89453-230-1 Ⓝ488.211

(目次)タカ科、ハヤブサ科、ライチョウ科、キジ科、ハト科、カッコウ科、フクロウ科、ヨタカ科、アマツバメ科、カワセミ科〔ほか〕

(内容)北海道で見られる野鳥のほとんどを収録した図鑑。343種を490枚の写真で紹介している。科ごとに分類し収録。各野鳥の識別ポイント、時期・生息場所、生態、鳴き声などを記載。この他に、北海道のレッドリスト(鳥類)、北海道のレッドデータブックカテゴリー、環境庁のレッドデータブックカテゴリーが掲載されている。巻末に索引が付く。

北海道野鳥ハンディガイド 大橋弘一著 (札幌)北海道新聞社 2009.5 167p 21cm 〈他言語標題：A handy guidebook to the birds of Hokkaido〉 1700円 ①978-4-89453-502-2 Ⓝ488.211

(目次)スズメ目、キツツキ目、ブッポウソウ目、アマツバメ目、ヨタカ目、フクロウ目、カッコウ目、ハト目、チドリ目、ツル目、キジ目、タカ目、カモ目、コウノトリ目、ペリカン目、カイツブリ目、アビ目

(内容)コンパクトなのに本格派！写真・イラスト併用、北海道の野鳥観察は、この1冊におまかせ！基本198種をカラー写真529点・イラスト108点で徹底紹介。特徴がよくわかる詳しい解説＆分布図で識別もバッチリ。入門者からベテランまで大満足のまったく新しい携帯用の野鳥図鑑。

北海道野鳥ハンドブック 鈴木昇一著 (長野)ほおずき書籍、星雲社〔発売〕 2000.5 181p 19cm 1800円 ①4-7952-2529-X Ⓝ488.211

(目次)陸の鳥(タカ科、ハヤブサ科、ライチョウ科、キジ科 ほか)、水辺の鳥(アビ科、カイツブリ科、アホウドリ科、ミズナギドリ科 ほか)

(内容)北海道に生息する野鳥の図鑑。322種の野鳥について収録。野鳥は生息地別に陸の鳥と水辺の鳥に2区分して科名ごとにまとめ種名・科名・学名を掲載、さらに写真とともに野外観察ポイントを見られる時期、生息場所、全長、雌雄の別、見られる頻度の5項目を掲載。巻末に資料として野鳥の生息環境、野外観察の準備、野鳥の有益性、野鳥保護関連事項を収録。五十音順の和名索引を付す。

身近な鳥の図鑑 平野伸明著 ポプラ社 2009.4 239p 21cm 〈文献あり 索引あり〉 1600円 ①978-4-591-10767-6 Ⓝ488.21

(目次)海辺や干潟、宅地や公園、田んぼや畑、池や湖、雑木林や里山、川、山麓の森、高原、高山

動物　　　　　　　　　　　　　　　　　　　　　　　　　鳥類

[内容]家のまわりで、近所の公園で、すこし遠出をしたときちょっと見るとこんな鳥が…環境ごとに、身近な鳥を100種掲載。

水辺の鳥　国松俊文，本若博次，堀田明写真　偕成社　1995.4　191p　19cm　（名前といわれ 日本の野鳥図鑑2）　1800円　ⓣ4-03-529370-9

[目次]川や池の鳥，水田や湿地の鳥，海岸や干潟の鳥，外洋の鳥
[内容]野外観察用に作られた、野鳥の名前のいわれや語源を解説した図鑑。この巻では水辺に生息する鳥を収録。排列は生息地別。語源・特徴・大きさ・生活・季語などについて記載する。学名の意味についても記載。子どもにも理解できるような平易な記述と総ルビが特徴。巻末に鳥名五十音順索引を付す。「野山の鳥」編もある。

水辺の鳥　北隆館　1992.5　239p　19cm　（フィールドセレクション8）　1800円　ⓣ4-8326-0239-X

[内容]記録された野鳥の中から比較的出会うことの多い野鳥を選び収録した図鑑。とくに、出会う可能性の高い野鳥については、複数の写真を掲載しわかりやすく解説している。

水辺の鳥　吉野俊幸写真，山田智子文　山と渓谷社　2010.7　79p　19cm　（わかる！図鑑10）〈文献あり 索引あり〉　1200円　ⓣ978-4-635-06208-4　Ⓝ488.038

[目次]カイツブリ目の鳥，カモ目の鳥，コウノトリ目の鳥，ツル目の鳥，チドリ目の鳥，スズメ目の鳥，ブッポウソウ目の鳥，タカ目の鳥，水辺で見かける野山の鳥たち
[内容]知りたかった鳥がすぐわかる、バードウォッチングが楽しくなる本。生きものの特徴がわかる。よく似たものとの区別がわかる。

野鳥ウォッチングガイド　環境別だからわかりやすい！日本で出会える273種　山形則男写真，五百沢日丸文　日本文芸社　2000.4　223p　21cm　1300円　ⓣ4-537-12031-2　Ⓝ488.038

[目次]1 市街地・公園，2 農耕地，3 里山・低山，4 高原・草原，5 亜高山・高山，6 河川・湖沼，7 干潟・海岸・海上，8 沖縄・伊豆・小笠原諸島，9 北海道
[内容]バードウォッチングのための野鳥図鑑。18目63科273種の野鳥を収録し市街地・公園、農耕地、里山・低山などの環境別に排列。各野鳥の掲載データは写真と名称、分類・大きさ・生息環境・鳥の種類などのデータ部分と鳥の特徴、見分け方などを解説した本文で構成。巻末に用語解説とバードウォッチングスポット100を収録。五十音順の索引を付す。

◆**世界各地の鳥**

<図鑑>

北シベリア鳥類図鑑　A.V.クレチマル著，千村裕子露文和訳，ジャン・バルセロ和文英訳　文一総合出版　1996.4　121p　30cm　12360円　ⓣ4-8299-3038-1

[目次]アビ，オオハム，シロエリオオハム，ハシジロアビ，アカエリカイツブリ，ミミカイツブリ，ヒメウ，チシマウガラス，オオハクチョウ，ヒシクイ〔ほか〕
[内容]シベリア北部に生息する鳥類の図鑑。写真頁と解説頁から成り、解説は和文と英文の併記。巻末に和名索引，英名索引，学名索引がある。

ジョン・グールド　世界の鳥　鳥図譜ベストコレクション　モーリーン・ランボーン著　（京都）同朋舎出版　1994.3　303p　37cm　〈原書名：Birds of the World〉　15000円　ⓣ4-8104-1151-6

[目次]博物画の黄金時代，ヒマラヤ山脈鳥類百図，ヨーロッパの鳥類，オオハシ科の研究，キヌバネドリ科の研究，オーストラリアの鳥類，アメリカ産ウズラ類の研究，ハチドリ科の研究，アジアの鳥類，イギリスの鳥類，ニューギニアの鳥類
[内容]世界の鳥を精密イラストで紹介する図鑑。イギリスの鳥類学者のジョン・グールド（1804～1881）が描いた、ヒマラヤ、オーストラリア、アジア、イギリス、ニューギニア、ヨーロッパの鳥類の図譜3000点以上の中から、モーリーン・ランボーンが選んだ400枚以上の挿絵を掲載している。全体は10章で構成し、図版は最初に出版された順番に掲載、各図版には、グールドの解説からの引用と最近の情報をあわせたモーリーン・ランボーンの解説がついている。

世界大博物図鑑　別巻1　絶滅・希少鳥類　荒俣宏著　平凡社　1993.5　658p　26cm　18000円　ⓣ4-582-51826-5

[内容]古今東西の博物学図譜から絶滅・希少鳥類の図版を約800種収録（世界初）した図鑑。さらに約2500種の絶滅・希少鳥類の一覧リストを付す。

東アフリカの鳥　小倉寛太郎写・写真　文一総合出版　1998.8　207p　21cm　（海外バードウォッチング2）　3200円　ⓣ4-8299-2127-7

[目次]種別解説，探鳥地案内，エティオピア地域の鳥，探鳥サファリと撮影の手引き，東アフリカの鳥出会い見込み表，旅の情報
[内容]サファリでの野鳥観察ガイド。東アフリカ（ケニア、タンザニア、ウガンダ、エティオピア）の鳥285種を収録。種別解説掲載一覧、和名

動植物・ペット・園芸 レファレンスブック　321

索引、学名索引、英名索引付き。

<地図帳>

絵でみる世界鳥類地図 バーバラ・テイラー、リチャード・オアー著 （京都）同朋舎出版 1994.7 64p 36×28cm （ピクチャーアトラスシリーズ） 2980円 ⓘ4-8104-1777-8

（目次）鳥とはなにか、鳥の住むところ、北極、アメリカ大陸（森林地帯、西部山岳地帯、砂漠地帯、河川湖沼地帯、中央アメリカとカリブ海地方、アマゾン熱帯雨林地帯、アンデス山脈、パンパス、ガラパゴス諸島）、ヨーロッパ（森林地帯、地中海、沿岸地域）、アフリカ（森林地帯と山地、サバンナ、河川湖沼地帯）、アジア（ヒマラヤ山脈、東南アジア、日本と中国）、オーストラリアと南洋諸島（森林地帯と砂漠地帯、熱帯雨林地帯、ニュージーランド）、南極、世界の旅人、絶滅のおそれがある鳥

（内容）鳥と生息地の関わりに着目し世界の鳥類を地域別に紹介するピクチャーブック。

◆野鳥保護

<事典>

近畿地区・鳥類レッドデータブック 絶滅危惧種判定システムの開発 山岸哲監修、江崎保男、和田岳編著 （京都）京都大学学術出版会 2002.3 225p 30cm 5000円 ⓘ4-87698-441-7 Ⓝ488.216

（目次）第1章 生物多様性の危機とレッドデータブック（6番目の大絶滅、個体数減少・絶滅の原因、レッドデータブック（RDB）の編纂、レッドリストのカテゴリー、世界の絶滅危惧鳥類の現状、アジアの絶滅危惧鳥類の現状、日本版レッドデータブックの発行、日本の絶滅危惧鳥類の現状、RDBのこれから）、第2章 科学的なレッドデータブックのつくり方（専門家をあつめる、鳥類目録を作成し、なかから希少性判定対象種を選ぶ、生息環境を調査する、生息状況を調査する、希少性を判定する、データ付きのレッドリスト）、第3章 近畿地方の鳥類レッドリスト（判定対象個体群の選定、判定結果の一覧とレッドリストを読む際の留意事項、判定対象とならなかった種の概論、レッドリスト）、第4章 府県の概況と代表的な生息環境の保全（近畿各府県の概況、危機に瀕している生息環境）

（内容）近畿7府県における絶滅危惧鳥類を掲載するレッドデータブック。それと同時に、地域の専門家のもつ生息情報を保全管理の基礎資料としての価値をもつ地方版RDBに加工する科学的システムを提案する書でもある。絶滅のランクごとに分類し、さらにそれぞれ繁殖個体群、越冬個体群、通過個体群に分けて掲載している。

各種の名称、学名、解説文、生息の場所と季節、生息の現状と見通しなどを詳しく記載。巻末に索引が付く。

絶滅危惧種・日本の野鳥 バードライフ編 レッドデータ・ブックに見る日本の鳥 バードライフ・アジア編、川那部真解説、谷口高司イラスト 東洋館出版社 2003.11 207p 30cm 2800円 ⓘ4-491-01944-4

（目次）絶滅危惧種（アホウドリ、ミゾゴイ、コウノトリ、トキ、サカツラガン ほか）、準絶滅危惧種ほか（オーストンミツバメ／クロトキ、オジロワシ／クロハゲワシ、ホウロクシギ／コモンシギ、ズアカアオバト／リュウキュウコノハズク、コケワタガモ／クロウミツバメ ほか）

（内容）バードライフ・アジアは2001年にアジアの鳥類についてのレッドデータ・ブックを出版したが、そこで得られた情報を基に、今、何をすべきかという提言をまとめた「アジアの絶滅危惧種を守ろう（Saving Asia's Threatened Birds and Habitats）」を国際的に発表した。この機会に、日本で絶滅に瀕している鳥類45種を中心に紹介し、その問題点を考えてもらうため本書を編集した。

絶滅危惧の野鳥事典 川上洋一著 東京堂出版 2008.1 232p 図版16p 21cm 〈文献あり〉 2900円 ⓘ978-4-490-10730-2 Ⓝ488.21

（目次）日本の自然環境と鳥類、キジ目、カモ目、キツツキ目、ブッポウソウ目、フクロウ目、ハト目、ツル目、コウノトリ目、スズメ目、移入種、レッドデータ野鳥カテゴリー別リスト

（内容）野鳥たちに未来はあるのか？自然と共生する道を考える。トキ、コウノトリ復活の陰で消えゆく野鳥たち。環境省がまとめたレッドデータブックのなかから100種類をピックアップし、彼らの姿と生息する環境の現状を紹介。減少の理由を十把一絡に「自然が失われたから」と片づけてしまうのではなく、一つ一つを検証し、鳥を支えている自然がいかに多様か、保全するための問題も多岐にわたっているかについて言及している。

<年鑑・白書>

IBA白書 2010 日本野鳥の会自然保護室制作 日本野鳥の会 2010.12 256p 30cm （野鳥保護資料集 第27集） 2000円 ⓘ978-4-931150-47-8 Ⓝ488

（目次）北海道、東北、関東、甲信越・北陸、東海・中部、近畿、中国、四国、九州、南西諸島

（内容）日本におけるIBA基準生息地167ヶ所の目録と、その現状報告をかねたもので、3回目の報告書。

◆海鳥・渡り鳥

<事 典>

海鳥識別ハンドブック 箕輪義隆著 文一総合出版 2007.1 80p 19cm 1400円 ⓘ978-4-8299-0025-3
⟨目次⟩アビ目（アビ科），カイツブリ目（カイツブリ科），ミズナギドリ目（アホウドリ科，ミズナギドリ科 ほか），ペリカン目（ネッタイチョウ科，カツオドリ科 ほか），チドリ目（トウゾクカモメ科，カモメ科（アジサシ類）ほか

カモメ識別ハンドブック 改訂版 氏原巨雄，氏原道昭著 文一総合出版 2010.11 80p 19cm 〈文献あり〉 1400円 ⓘ978-4-8299-1173-0 Ⓝ488.64
⟨目次⟩ユリカモメ，ハシボソカモメ，チャガシラカモメ，ヒメカモメ，ボナパルトカモメ，ワライカモメ，アメリカズグロカモメ，ゴビズキンカモメ，オオズグロカモメ，クビワカモメ〔ほか〕

ツバメ観察事典 小田英智構成，本若博次文・写真 偕成社 1997.9 39p 28×23cm （自然の観察事典 12） 2400円 ⓘ4-03-527320-1
⟨目次⟩ツバメがやってきた，つがいをつくる，空中で虫を捕らえる，どろの巣づくりをはじめる，ツバメたちの住宅難，なかのよいツバメのつがい，ツバメの産卵，卵をだくツバメ，ヒナ鳥の誕生，ヒナ鳥がそだつ，いそがしい親鳥たち，大きく育ったヒナ鳥たち，巣立ち，ひとりだちする若鳥，水辺のツバメたち，秋をむかえたツバメの群れ，南の国への渡り，ツバメで調べよう，ツバメの保護

◆個々の鳥

<図 鑑>

シギ・チドリ類ハンドブック 氏原巨雄，氏原道昭著 文一総合出版 2004.5 66p 19cm 1200円 ⓘ4-8299-2185-4
⟨目次⟩レンカク，タマシギ，ケリ，タゲリ，ムナグロ，アメリカムナグロ，ダイゼン，ヨーロッパムナグロ，メダイチドリ，オオメダイチドリ，オオチドリ，コバシチドリ，ハジロコチドリ，ミズカキチドリ，コチドリ，イカルチドリ，シロチドリ，フタオビチドリ，キョウジョシギ，クロキョウジョシギ〔ほか〕
⟨内容⟩鳥類の中でも種類が豊富で，見分けの難しいものも多いシギ・チドリ類の図鑑。図版と簡素な解説文を掲載。野外識別のための手引き書。

◆◆ワシ・タカ

<事 典>

ワシタカ類飛翔ハンドブック 増補・改訂版 山形則男著 文一総合出版 2003.5 66p 19cm 1200円 ⓘ4-8299-2177-3
⟨目次⟩ハチクマ，ミサゴ，トビ，オジロワシ，オオワシ，オオタカ，ツミ，ハイタカ，アカハラダカ，オオノスリ〔ほか〕
⟨内容⟩渡り途中のタカ類の飛翔を観察・識別するための事典。飛んでいるタカ類を詳しく観察するために，同じ種でも成鳥，幼鳥，雄，雌，タイプ別など多くの写真を掲載。近年タカ類の渡りを，山の上などの高所から眼下に観察する機会も増えてきたため，飛翔下面だけでなく，上面の写真も多く掲載。また渡りの季節だけでなく，繁殖期や越冬期にも使えるよう，冬鳥や迷鳥などの飛翔写真も紹介する。

ワシタカ類飛翔ハンドブック 新訂 山形則男著 文一総合出版 2008.9 80p 19cm 1400円 ⓘ978-4-8299-1015-3 Ⓝ488.7
⟨目次⟩各部の名称・用語解説，飛翔中のタカを見分けるにはどうしたらよいか?，ミサゴ，ハチクマ，トビ，オジロワシ，オオワシ，ハイタカ属の見分け方，オオタカ，アカハラダカ〔ほか〕
⟨内容⟩1996年刊行「ワシタカ類飛翔ハンドブック」の新訂版。タカ類の雄，雌，幼鳥だけでなく，換羽中の第1回冬羽や，第2回夏羽などの若鳥もできるだけ扱っている。

ワシタカ類飛翔ハンドブック 山形則男著 文一総合出版 1996.9 50p 19cm 980円 ⓘ4-8299-3046-2
⟨目次⟩ミサゴ，ハチクマ，トビ，オジロワシ，オオワシ，オオタカ，アカハラダカ，ツミ，ハイタカ，オオノスリ，ケアシノスリ，ノスリ，サシバ，クマタカ，カラフトワシ〔ほか〕
⟨内容⟩日本で見ることのできるワシタカ28種80パターンの飛翔写真を収録したハンディサイズの図鑑。同じ種でも年齢・性別・色彩に違いのある種は成鳥・幼鳥・雄・雌・タイプ別に写真を掲載し，大きさ・特徴・飛び方・見られる時期と場所の説明を簡潔に記す。巻末に掲載写真の撮影年月・撮影場所のデータ一覧がある。

<図 鑑>

世界猛禽カタログ 1 バンク町田著 どうぶつ出版 2005.1 215p 19cm （どうぶつ出版・飼育ガイド） 2480円 ⓘ4-924603-96-1
⟨目次⟩コンドル目コンドル科，タカ目タカ科，タカ目ハヤブサ科，フクロウ目フクロウ科，フ

クロウ目メンフクロウ科，飼育のしかた，猛禽の楽しみかた

(内容)猛禽ファン待望。最も新しく，最も実践的な猛禽飼育の技術を満載。日本国内はもちろん，ヨーロッパでの撮影も敢行し，亜種も含め知りたい種類がすべて網羅されている。ワシ，タカ，ハヤブサ，フクロウなど世界の猛禽を紹介。種の分布やルーツなど，鳥を飼育するためには必携。日本古来から鷹匠が引き継いできた技術やヨーロッパのファルコナーたちがつくりあげてきたトレーニング法などを紹介。

◆◆ペンギン

<事典>

ペンギン大百科 トニー・D.ウィリアムズ，ローリー・P.ウィルソン，P.ディー・ボースマ著，J.N.デイヴィーズ，ジョン・バズビー画，ペンギン会議訳　平凡社　1999.1　461p　21cm　4500円　①4-582-51814-1

(目次)第1部 ペンギンのすべて(ペンギンはどのようにペンギンになったか，ペンギンの繁殖と換羽，個体群の構造と動態，ペンギンの複雑なディスプレイ，ペンギンはどのように餌を採るのか，寒さへの適応，水中への適応，ペンギンの保全さだまざまな脅威，日本でのペンギン飼育，ペンギン保護の現状，ペンギン研究の過去・現在・未来)，第2部 ペンギン全17種のデータ(エンペラーペンギン属，アデリーペンギン属，マカロニペンギン属，キガシラペンギン属，コガタペンギン属，フンボルトペンギン属)

(内容)ペンギン目ペンギン科6属17種のペンギンについてのデータブック。主要な研究分野ごとの動向や，各々のペンギンに関する学名，形態(成鳥・幼鳥・ひな)，繁殖，社会構造，適応力など，詳細に解説。事項名索引のほか，ペンギンの属和名を慣用的な和名で検索できる和名索引が付く。

ペンギン ハンドブック ポーリン・ライリー著，青柳昌宏訳　どうぶつ社　1997.1　191p　19cm　〈原書名：Penguins of the World〉2200円　①4-88622-295-1

(目次)第1章 ペンギン類の多様性，第2章 エンペラーペンギン属，第3章 アデリーペンギン属，第4章 マカロニペンギン属，第5章 キガシラペンギン属，第6章 コガタペンギン属，第7章 フンボルトペンギン属，第8章 生存への脅威，保護，そして未来

<図鑑>

ペンギンガイドブック 藤原幸一著　ティビーエス・ブリタニカ　2002.12　175p　21cm　2600円　①4-484-02415-2　Ⓝ488.66

(目次)ピゴセリス属，アプテノディテス属，ユーディプティデス属，メガディプテス属，スフェニスカス属，ユーディプテューラ属

(内容)地球上に生息するペンギン全18種を収録した図鑑。分類別に掲載し，生息域，繁殖，子育て等の生態を解説する。ほかに「ペンギンの名前の由来」などのコラム，南極等の繁殖地図，繁殖カレンダー，研究機関および保護団体一覧，参考文献リストなどの各資料を掲載する。

ペンギン図鑑 上田一生著，福武忍画，鎌倉文也写真　文溪堂　1997.8　79p　30cm　2400円　①4-89423-189-1

(目次)18種類のペンギンたち(エンペラーペンギン，キングペンギン，アデリーペンギン，ヒゲペンギン，ジェンツーペンギン，マカロニペンギン，ロイヤルペンギン，イワトビペンギン，フィヨルドランドペンギン，スネアーズペンギン，シュレーターペンギン，キガシラペンギン，コガタペンギン，ハネジロペンギン，フンボルトペンギン，マゼランペンギン，ケープペンギン，ガラパゴスペンギン)，2 "海"駆けるペンギンたちのふしぎ(飛ぶ，泳ぐ，歩く，食べる，話す，育てる，逃げる，ともに生きる)，繁殖カレンダー，ペンギン用語ミニ事典，さくいん

(内容)ペンギンの生態と保護活動を，250点以上の写真とイラストで解説した図鑑。地球上に生息する18種類のペンギンを，すべて野生の姿で紹介。巻末には，約150項目から成るペンギン用語ミニ事典と索引がある。

◆◆ニワトリ

<図鑑>

カラー版 日本鶏・外国鶏 全国日本鶏保存会監修，立松光好写真　家の光協会　2004.12　191p　21cm　2800円　①4-259-56105-7

(目次)天然記念物の日本鶏(オナガドリ(尾長鶏)，ショウコク(小国)ほか)，天然記念物以外の日本鶏(ナゴヤシュ(名古屋種)，クマモトシュ(熊本種)ほか)，外国の鶏(ヨコハマ，フェニックスほか)，野鶏(セキショクヤケイ(赤色野鶏)，ハイイロヤケイ(灰色野鶏)ほか)，鶏の基礎知識

(内容)天然記念物指定の鶏をはじめとする日本鶏と主要な外国鶏をカラー写真と解説文で紹介。

◆鳥の飼育

<事典>

コンパニオンバード百科　鳥たちと楽しく

快適に暮らすためのガイドブック　コンパニオンバード編集部編　誠文堂新光社　2007.9　238p　21cm　3800円　ⓘ978-4-416-70731-9

(目次)第1章 世界の飼い鳥カタログ, 第2章 鳥類学概論, 第3章 人と鳥の文化史, 第4章 お迎え, 第5章 飼育管理, 第6章 健康管理, 第7章 人も鳥も幸せに暮らすための知恵, 第8章 栄養と食餌, 第9章 鳥の健康百科, 第10章 巣引きとヒナの成長, 第11章 コンパニオンバードへの取り組み

ザ・インコ&オウムのしつけガイド　マティー・スー・エイサン著, 池田奈々子訳, 磯崎哲也, 青木愛弓監訳　誠文堂新光社　2005.4　254p　21cm　(ペット・ガイド・シリーズ)　〈原書名：GUIDE TO COMPANION PARROT BEHAVIOR〉　2800円　ⓘ4-416-70518-2

(目次)第1章 コンパニオンインコとは?, 第2章 自分にぴったりの鳥を見つける, 第3章 アジア, アフリカ, ヨーロッパのインコ・オウムたち, 第4章 南米アメリカのインコ・オウムたち, 第5章 オセアニア・東南アジアのインコ・オウムたち, 第6章 日常の世話とそのほか注意する点, 第7章 行動面の発達, 第8章 問題行動, 第9章 コンパニオンインコ物語

(内容)インコ・オウムと暮らすための実用アドバイス…。オールカラーの写真とわかりやすいイラストで解説。

ザ・フクロウ 飼い方&世界のフクロウカタログ　加茂元照, 波多野鷹著, 大橋和宏, 永田敏弘写真　誠文堂新光社　2004.4　215p　21cm　(ペット・ガイド・シリーズ)　3600円　ⓘ4-416-70401-1

(目次)世界のフクロウカタログ, 1章 本書の基本的な考え方, 2章 フクロウ総論, 3章 入手, 4章 準備, 5章 餌, 6章 用具, 7章 訓練, 8章 行動, 9章 FAQ, 10章 健康

(内容)フクロウの種類, 入手方法, 飼育方法, 健康・病気・予防などを説明。種別リスト, 索引付き。カラー写真多数掲載。

＜図鑑＞

欧州家禽図鑑　秋篠宮文仁, 柿沢亮三, マイケル・ロバーツ, ビクトリア・ロバーツ共著　平凡社　1994.12　222p　21cm　5200円　ⓘ4-582-51813-3

(内容)英国のドメスティック・トラストにおいて飼育・保存されている欧州の代表的な家禽品種・内種を対象とした図鑑。ニワトリ117種, アヒル・ガチョウ33種を収録。写真とともに品種来歴・系統・性能などを解説する。品種解説の写真と解説文は秋篠宮文仁殿下の撮影・執筆による。巻末に参考文献、索引を付す。—初めての本格的なヨーロッパの家禽図鑑。

鳥の飼育大図鑑　江角正紀解説, 立松光好写真　ペットライフ社, 緑書房(発売)　2008.3　201p　30cm　4800円　ⓘ978-4-903518-21-3　Ⓝ646.8

(目次)第1章 鳥(鳥という動物, 解剖学的に鳥を見る, 鳥の生態 ほか), 第2章 飼養(飼養環境, 鳥を飼う目的, 飼養単位 ほか), 第3章 種別解説(フィンチ類, カナリア類, ソフトビル類 ほか)

哺乳類

＜事典＞

図説 哺乳動物百科 1 総説・アフリカ・ヨーロッパ　遠藤秀紀監訳　朝倉書店　2007.6　86p　29×23cm　〈原書名：Mammal〉　4500円　ⓘ978-4-254-17731-2

(目次)総説(哺乳類とは, 進化, 人類の役割, 哺乳類の分類), アフリカ(アフリカの生息環境, 草原, 砂漠, 山地, 湿地, 森林), ヨーロッパ(ヨーロッパの生息環境, 草原, 山地, 湿地, 森林)

図説 哺乳動物百科 2 北アメリカ・南アメリカ　遠藤秀紀監訳　朝倉書店　2007.9　80p　29×23cm　4500円　ⓘ978-4-254-17732-9

(目次)第1巻(総説, アフリカ, ヨーロッパ), 第2巻(北アメリカ, 南アメリカ), 第3巻(オーストラレーシア, アジア, 海域)

図説 哺乳動物百科 3 オーストラレーシア・アジア・海域　スティーブ・パーカー, ジョナサン・エルフィック, デヴィッド・バーニー, クリス・ノリス著, 遠藤秀紀監訳　朝倉書店　2007.11　82p　29×22cm　〈原書名：Mammal〉　4500円　ⓘ978-4-254-17733-6

(目次)オーストラレーシア(オーストラレーシアの生息環境, 草原, 砂漠, 湿地, 森林, 島), アジア(アジアの生息環境, 草原, 山地, 砂漠とステップ, 湿地, 森林), 海域(海域の生息環境, 沿岸域, 外洋, 極海)

日本の哺乳類　阿部永〔ほか〕著, 自然環境研究センター編　東海大学出版会　1994.12　195p　20cm　〈監修：阿部永 参考文献：p14～15〉　3914円　ⓘ4-486-01290-9　Ⓝ489.087

(目次)モグラ目(食虫目), コウモリ目(翼手目), サル目(霊長目), ウサギ目, ネズミ目(齧歯目), ネコ目(食肉目), アザラシ目(鰭脚目),

ウシ目（偶蹄目）
(内容)日本に生息する138種（絶滅種を含む）を収録。解説には国内分布、形態の特徴、近似種との区別点、生息環境、繁殖習性などを記載。巻末には検索表、種名リストを付した。

レッドデータ 日本の哺乳類 日本哺乳類学会、川道武男編 文一総合出版 1997.9 279p 21cm 2621円 Ⓘ4-8299-2117-X

(目次)第1章 総論、第2章 日本産哺乳類全種のランク（食虫目、翼手目、霊長目、ウサギ目、齧歯目、食肉目、偶蹄目、クジラ目、海牛目）、第3章 IUCN新基準とその適用（IUCN新カテゴリーと新基準の適用、IUCN新カテゴリーの問題点とCITES新基準、各論）、第4章 野生哺乳類の保護にかかわる法律

(内容)日本に生息する絶滅の危機にある哺乳類を日本哺乳類学会がランクづけした日本版のレッドデータブック。世界自然保護連合（IUCN）が1996年に発行した新しい基準を日本産哺乳類に適用したランクも紹介されている。

<図 鑑>

NHKはろ～!あにまる動物大図鑑 ほ乳類 アフリカ編 NHK「はろ～!あにまる」制作班編 イースト・プレス 2008.12 111p 19cm 1000円 Ⓘ978-4-7816-0055-0 Ⓝ489.038

(目次)アフリカ／草原地帯（サバンナ）（ライオン、ヒョウ（アフリカヒョウ）ほか）、アフリカ／乾燥地帯（砂漠）（ミーアキャット、ケープアラゲジリス ほか）、アフリカ／熱帯ジャングル（ニシローランドゴリラ、マウンテンゴリラ ほか）、マダガスカル（ワオキツネザル、ゴールデンバンブーレムール ほか）

(内容)NHK「はろー!あにまる」から生まれた本格的な動物図鑑。番組で紹介した200種類以上のほ乳類を5つの地域にわけ収録（全5巻）。オールカラーで、詳細なデータとともに示す。DVD版もある。本巻では「アフリカ・マダガスカル」で暮らす動物を紹介。

NHKはろ～!あにまる動物大図鑑 ほ乳類 日本編 NHK「はろ～!あにまる」制作班編 イースト・プレス 2008.12 111p 19cm 1000円 Ⓘ978-4-7816-0056-7 Ⓝ489.038

(目次)北海道（ヒグマ（エゾヒグマ）、キツネ（キタキツネ・ホンドギツネ）ほか）、本州・四国・九州（ツキノワグマ、タヌキ（ホンドタヌキ）ほか）、九州・沖縄の島（ツシマヤマネコ、ニホンザル（ヤクシマザル）、海のほ乳類（ゴマフアザラシ、ゼニガタアザラシ ほか）、外来種（アライグマ、ヌートリア）

(内容)NHK「はろー!あにまる」から生まれた本格的な動物図鑑。番組で紹介した200種類以上のほ乳類を5つの地域にわけ収録（全5巻）。オールカラーで、詳細なデータとともに示す。本巻では「日本」で暮らす動物を紹介。

NHKはろ～!あにまる動物大図鑑 ほ乳類 オーストラリア・海洋編 NHK「はろ～!あにまる」制作班編 イースト・プレス 2009.2 104p 19cm 〈索引あり〉 1000円 Ⓘ978-4-7816-0057-4 Ⓝ489.038

(目次)オーストラリア、海洋（南極海とその周辺、北極海とその周辺、北太平洋、温かな海、世界の海）

(内容)NHK「はろー!あにまる」から生まれた本格的な動物図鑑。番組で紹介した200種類以上のほ乳類を5つの地域にわけ収録（全5巻）。オールカラーで、詳細なデータとともに示す。本巻では「オーストラリアと世界各地の海」で暮らす動物を紹介する。

NHKはろ～!あにまる動物大図鑑 ほ乳類 アジア・ヨーロッパ編 NHK「はろ～!あにまる」制作班編 イースト・プレス 2009.2 127p 19cm 〈索引あり〉 1000円 Ⓘ978-4-7816-0058-1 Ⓝ489.038

(目次)南アジア（インド・東南アジア・中国南部など）（アジアゾウ、インドライオン ほか）、ヒマラヤ山ろく（ユキヒョウ、ジャイアントパンダ ほか）、中央アジア（モウコノウマ、サイガ ほか）、ロシア東部（アムールトラ、アムールヒョウ ほか）、ヨーロッパ（オオヤマネコ、タイリクオオカミ ほか）

(内容)NHK「はろー!あにまる」から生まれた本格的な動物図鑑。番組で紹介した200種類以上のほ乳類を5つの地域にわけ収録（全5巻）。オールカラーで、詳細なデータとともに示す。本巻ではアジアとヨーロッパに住む個性あふれる動物たちを収録。草原や湿地帯、山々などの大自然を生きぬくために身につけた独特の「体つき」や「習慣」「生活のひみつ」「進化の過程」などの特徴を、取材班が現地で撮影した豊富なビジュアルと詳細やデータを通してわかりやすく紹介。

NHKはろ～!あにまる動物大図鑑 ほ乳類 南北アメリカ編 NHK「はろ～!あにまる」制作班編 イースト・プレス 2009.3 119p 19cm 〈索引あり〉 1000円 Ⓘ978-4-7816-0059-8 Ⓝ489.038

(目次)北極・海辺（ホッキョクグマ、ホッキョクギツネ ほか）、北米の山地・森林（グリズリー、アメリカクロクマ ほか）、北米の大平原（コヨーテ、スウィフトギツネ ほか）、中南米（シロミミオポッサム、オオアリクイ ほか）、中南米のサル（フサオマキザル、ノドジロオマキザル ほか）

⓲NHK「はろー!あにまる」から生まれた本格的な動物図鑑。番組で紹介した200種類以上のほ乳類を5つの地域にわけ収録(全5巻)。オールカラーで、詳細なデータとともに示す。本巻では南北アメリカに住むほ乳類が主人公。北極の動物から、ジャングルに住むユニークな動物までを紹介する。

かながわの自然図鑑 3 哺乳類 神奈川県立生命の星・地球博物館編 (横浜)有隣堂 2003.1 138p 19cm 1600円 ⓘ4-89660-175-0

⓲食虫目(モグラ目)、翼手目(コウモリ目)、霊長目(サル目)、ウサギ目、齧歯目(ネズミ目)、食肉目(ネコ目)、偶蹄目(ウシ目)、神奈川から消えた哺乳類、移入された哺乳類、野生化した家畜

⓲丹沢・箱根の山地、山里や街中にくらす神奈川県産哺乳類8目29科76種を収録。本文は各種ごとに和名、科名、学名、英名をあげ、形態、分布、生態の順に記載。巻末に主な参考文献を収録。神奈川県における哺乳類の現状、哺乳類相なども記述。オールカラー、写真多数。

世界珍獣図鑑 IUCNレッドリスト完全収録 今泉忠明著 人類文化社、桜桃書房〔発売〕 2000.3 205p 27cm (オリクテロプス自然博物館シリーズ) 〈索引あり〉 3200円 ⓘ4-7567-1188-X Ⓝ489.038

⓲珍獣を生きた化石ととらえ、世界中の珍しい哺乳類約100種を全てカラー写真付きで紹介する図鑑。分類順に掲載し、分類名、名称、英語名、学名、どんな珍獣かの定義、解説を記載する。巻末にIUCNが1996年に指定したレッドリスト、環境庁が指定した日本のレッドリストを掲載する。五十音順索引あり。

世界哺乳類図鑑 ジュリエット・クラットン=ブロック著、渡辺健太郎訳 新樹社 2005.2 400p 21cm (ネイチャー・ハンドブック) 〈原書名:DK Handbook of Mammals〉 3800円 ⓘ4-7875-8533-9

⓲哺乳類とは何か?、進化、多様性、体のつくり、生殖、社会集団、感覚とコミュニケーション、移動、食事、砂漠の哺乳類〔ほか〕

⓲世界中の哺乳類を紹介した、決定的なポケットガイド。450種、1000点以上のフルカラー写真を掲載、地球上のさまざまな場所でくらす哺乳類を生き生きとした姿で紹介。

ぜんぶわかる 動物ものしりずかん 内山晟監修 成美堂出版 2005.12 80p 22×22cm 850円 ⓘ4-415-03165-X

⓲ネコのなかま、イヌのなかま、クマのなかま、パンダ、アライグマのなかま、ラッコのなかま、ゾウのなかま、シマウマのなかま、サイのなかま、キリンのなかま〔ほか〕

⓲ライオン、ゾウ、パンダ、コアラ世界の動物が大集合。

動物 三浦慎悟〔ほか〕指導・執筆、横山正協力 小学館 2002.7 207p 29cm (小学館の図鑑NEO 1) 2000円 ⓘ4-09-217201-X

⓲幼児から小学校向けの学習図鑑。シリーズ第1巻では地球で暮らす様々な哺乳類を、美しいイラストと生き生きとした写真で紹介する。

日本外来哺乳類フィールド図鑑 鈴木欣司著 旺文社 2005.7 271p 26cm 4000円 ⓘ4-01-071867-6

⓲第1章 国外外来種(アライグマ、キョン、タイワンリス、マスクラット、ヌートリア ほか)、第2章 国内外来種(ニホンイタチ、ニホンテン、ケラマジカ、ニホンジカ、タヌキ、キタキツネ)、第3章 資料・索引

⓲全国各地の外来哺乳類を活写した、初めての図鑑。2005年6月、外来生物法施行。もう見過ごすことはできない「外来種」。最新の生息地情報と、貴重な400点の写真を通じて知る、その真実の姿。

日本の哺乳類 小宮輝之著 学習研究社 2002.3 256p 19cm (フィールドベスト図鑑 vol.12) 1900円 ⓘ4-05-401374-0 Ⓝ489.038

⓲第1章 北海道(北海道のリス類の痕跡、北海道のネズミ類の痕跡・食害 ほか)、第2章 本州・四国・九州(日本のシカ、シカの痕跡 ほか)、第3章 対馬・隠岐島・佐渡島、第4章 南西諸島・小笠原諸島(小さなニホンジカ、南西諸島は亜種の宝庫 ほか)、第5章 海の哺乳類(ひげクジラと歯クジラ、ひげクジラの大きさくらべ ほか)

⓲日本で見られる全ての哺乳類を掲載する図鑑。生息地域ごとに収録。それぞれの種の生息環境、足跡、分類上の目・科名、標準和名の漢字表記、学名、大きさ、分布図の他、食べあと、巣穴、糞の写真なども掲載する。巻末に日本の哺乳類のレッドデータ・繁殖データ、五十音順索引が付く。

日本の哺乳類 改訂版 阿部永監修・著、石井信夫、伊藤徹魯、金子之史、前田喜四雄、三浦慎悟、米田政明著、自然環境研究センター編 (秦野)東海大学出版会 2005.7 206p 26cm 6500円 ⓘ4-486-01690-4

⓲食虫目(モグラ目)、翼手目(コウモリ目)、霊長目(サル目)、食肉目(ネコ目)、偶蹄目(ウシ目)、齧歯目(ネズミ目)、兎目(ウサギ目)

⓲イルカ・クジラ類とジュゴンを除く日本の野生哺乳類の図鑑。種の見分け方や分布、生態

などの概要をそれぞれの専門研究者が解説する。

日本の哺乳類 増補改訂 小宮輝之著 学研教育出版, 学研マーケティング（発売） 2010.2 264p 19cm 〈フィールドベスト図鑑 vol.11〉〈初版：学習研究社2002年刊 文献あり 索引あり〉 1900円 ①978-4-05-404437-1 Ⓝ489

(目次)第1章 北海道（北海道のリス類の痕跡, 北海道のネズミ類の痕跡・食害 ほか）, 第2章 本州・四国・九州（日本のシカ, シカの痕跡 ほか）, 第3章 対馬・隠岐島・佐渡島, 第4章 南西諸島・小笠原諸島（小さなニホンジカ, 南西諸島は亜種の宝庫 ほか）, 第5章 海の哺乳類（ひげクジラと歯クジラ, ひげクジラの大きさくらべ ほか）

(内容)「日本の哺乳類」新装改訂版。日本の哺乳類全種。日本国内, 日本近海で見られるすべての種を網羅。種の解説と写真のほか, フィールドで見分けるために役立つ食痕, 足跡, 糞, 海上での行動など多数紹介。カツオクジラ, ヒメヒナコウモリなど新種を増補。

日本の哺乳類 改訂2版 阿部永監修, 阿部永, 石井信夫, 伊藤徹魯, 金子之史, 前田喜四雄, 三浦慎悟, 米田政明著, 自然環境研究センター編集制作 （秦野）東海大学出版会 2008.7 206p 27cm 〈他言語標題：A guide to the mammals of Japan 英語併記〉 6500円 ①978-4-486-01802-5 Ⓝ489.038

(目次)食虫目（モグラ目）, 翼手目（コウモリ目）, 霊長目（サル目）, 食肉目（ネコ目）, 偶蹄目（ウシ目）, 齧歯目（ネズミ目）, 兎目（ウサギ目）, 日本産小型哺乳類検索表

(内容)イルカ・クジラ類とジュゴンを除く日本の野生哺乳類全般について, 種の見分け方や分布, 生態などの概要をそれぞれの専門研究者が解説。

日本哺乳類大図鑑 飯島正広写真・文, 土屋公幸監修 偕成社 2010.7 179p 29cm 〈文献あり 索引あり〉 5200円 ①978-4-03-971170-0 Ⓝ489.038

(目次)里山（タヌキ, キツネ ほか）, 奥山（ヤマネ, ニホンテン ほか）, 北と南（エゾクロテン, エゾヒグマ ほか）, 海（オットセイ, ゴマフアザラシ ほか）

(内容)日本にすむ哺乳類100余種を, くらす環境により4章に分け, 豊富な写真で紹介。通常の図鑑としての体の特徴や雌雄・親子, 夏毛・冬毛などがわかる内容に加えて, くらしや行動などの生態も, 写真で紹介。さらに随所に, 四季折々の日本の風土に動物が美しく映えて写る写真集的ページも設置。図鑑, 生態紹介のみならず, 写真集まで, 動物で見てみたいすべてが入った, 日本の哺乳類図鑑。小学校中学年から。

ビジュアル博物館 9 哺乳類 スティーブ・パーカー著, リリーフ・システムズ訳 （京都）同朋舎出版 1990.10 63p 24×19cm 3500円 ①4-8104-0897-3 Ⓝ403.8

(目次)哺乳類の世界, 哺乳類とは何か, 哺乳類の進化, 多様化する哺乳類, 哺乳類の感覚, 空を飛ぶ哺乳類, 体をおおう毛, 開けた場所で身を隠す, 体をおおうとげ, 体を守るしかけ, 尻尾はなんのためにあるか?, 早い誕生, 早い繁殖, たくましく生きるネコ, 哺乳類に特有のもの, 成長, 生活のゲーム, 清潔さを守る, 食物のとり方, 噛みつく歯と噛み砕く歯, 食物を蓄える, 巣の中でくつろぐ, 地下の生活, 指は何本あるか?, 足跡と歩いた跡, 哺乳類を調べる

(内容)哺乳類の世界を紹介する博物図鑑。ロリス, アナグマ, ワラビー, そのほかの写真によって, 哺乳動物の行動や体のつくりを知ることができるガイドブック。

哺乳動物 1 今泉吉典総監修, 今泉忠明監修 講談社 1997.6 191p 27×22cm 〈講談社 動物図鑑 ウォンバット 4〉 1700円 ①4-06-267354-1

(目次)単孔目, 有袋目, 貧歯目, 食虫目, ツパイ目, 皮翼目, 翼手目, 霊長目, 食肉目

哺乳動物 2 今泉吉典総監修, 今泉忠明監修 講談社 1997.6 191p 27×22cm 〈講談社 動物図鑑 ウォンバット 5〉 1700円 ①4-06-267355-X

(目次)食肉目, 鰭脚亜目, クジラ目, 海牛目, 長鼻目, 奇蹄目, イワダヌキ目, 管歯目, 偶蹄目, 有鱗目, 齧歯目, 齧歯目 リス亜目, 齧歯目 ネズミ亜目, 齧歯目 ヤマアラシ亜目, ウサギ目, ハネジネズミ目

森の動物出会いガイド 子安和弘著 ネイチャーネットワーク 2000.11 156p 19cm 〈自然出会い・図鑑1〉 1429円 ①4-931530-04-4 Ⓝ654.8

(目次)ナキウサギ―岩場に住む氷河期の落とし子, ノウサギ―駿足で天敵から身を守る, ニホンリス―木登りとジャンプがうまい森の人気者, ムササビ―グライダーのように空を滑空する, ヤマネ―日本特産, 小さくてかわいらしい森の守り神, ヌートリア―南アメリカ原産の帰化動物, タヌキ―「木に登るイヌ」の異名を持つ, キツネ―用心深い森の名ハンター, ツキノワグマ―絶滅が危惧される大型獣, アライグマ―高い適応力で繁殖を続ける移入動物〔ほか〕

(内容)日本に生息している主な哺乳類を取り上げた図鑑。各動物ごとに, 学名・和名・分布域・解説・観察するためのコツなどを掲載する。

野生動物に出会う本 日本に生きるほ乳動物38の素顔 久保敬親写真・文 地球丸

1999.3 159p 21cm （アウトドアガイドシリーズ） 1700円 ⓘ4-925020-46-3

⟨目次⟩日本に生きるほ乳動物38の素顔、野生動物との出会いのガイド、出会う前に知っておきたい心構え＆マナー、出会いの可能性があるフィールド＆ツアーガイド、野生動物をよく知るためのアニマル・トラッキング、日本の絶滅のおそれのある野生生物（ほ乳類）レッドデータブック

◆個々の哺乳類

＜事 典＞

百分の一科事典 ウサギ　スタジオ・ニッポニカ編　小学館　1999.1　318p　15cm　（小学館文庫）　600円　ⓘ4-09-416064-7

⟨目次⟩ウサギって何？（言葉としてのウサギ、イメージとしてのウサギ ほか）、ウサギの文化誌（風俗・習慣、単語・成句・諺 ほか）、「ウサギ」の刻んだ歴史（卯年生まれの人、卯年年表 ほか）、ウサギの表現（小説、児童文学 ほか）、あれもウサギ、これもウサギ（「ウサギ」のつく人々、「ウサギ」を名に持つ土地 ほか）うさぎアラカルト（ウサギの飼い方、ウサギの利用法 ほか）

⟨内容⟩ウサギをキーワードにした雑学の事典。ウサギと名の付いた動物、植物、魚類、ことわざ、人名、地名、芸術作品、漫画などをイラスト、写真などを使って解説。総索引付き。

まるごと楽しむひつじ百科　未来開拓者共働会議編　農山漁村文化協会　1992.3　187p　21cm　1900円　ⓘ4-540-91099-X

⟨目次⟩第1章 羊ってこんな動物、第2章 失敗しない飼い方、第3章 羊肉を楽しむ、第4章 羊毛を楽しむ、第5章 羊とともに生きる

⟨内容⟩おとなしくて成長が早く、草のある所に放しておけばエサのいらない羊なら、お年寄りや子供にだって世話ができる。―素人でも失敗しない飼い方紹介。手紡ぎ毛糸は風合豊か。個性的な作品にチャレンジ。―羊毛の入手法から紡ぎ方、フェルト作りまでを解説。

＜図 鑑＞

イヌとネコ　今泉忠明監修　学習研究社　1998.12　152p　26cm　（学研の図鑑）　1460円　ⓘ4-05-201002-7

⟨目次⟩世界のイヌ（日本のイヌ、使役犬、牧羊犬、狩猟犬（鳥猟犬）、狩猟犬（獣猟犬）、テリア、愛玩犬＆家庭犬、働くイヌ・警察犬、働くイヌ・盲導犬、イヌ大活躍、イヌの体と能力、イヌの気持ち、イヌの成長、ドッグショー）、世界のネコ（毛が短いネコ、毛が長いネコ、めずらしいネコ、ネコの体と能力、ネコの成長、仲間と比べてみよう、ネコの気持ち、キャットショー）、イヌの飼い方・ネコの飼い方

いぬ・ねこ　植木裕幸、福田豊文著　山と渓谷社　2001.3　281p　15cm　（ヤマケイポケットガイド 23）　1000円　ⓘ4-635-06233-3　Ⓝ645.6

⟨目次⟩いぬ（ハーディンググループ、ワーキンググループ、スポーティンググループ、ハウンドグループ、テリアグループ、トイグループ、ノンスポーティンググループ、日本犬グループ、雑種）、ねこ（猫の品種、雑種）

⟨内容⟩日本でペットとしておなじみの犬約90種と猫約30種の計120種を紹介した図鑑。犬はAKC（アメリカンケンネルクラブ）分類に基づくグルーピング、猫は短毛・長毛の品種により五十音順で排列され、写真と解説文を記載。巻頭に用語解説と別名や外国語名を含めた名称の索引があるほか、ページの端に体の特徴や大きさから探せる「つめ検索」が付く。

いぬねこ ハムスターそのほか　無藤隆総監修、今泉忠明監修　フレーベル館　2005.7　128p　29×23cm　（フレーベル館の図鑑ナチュラ 8）　1900円　ⓘ4-577-02844-1

⟨目次⟩いぬ（いぬのからだ、いぬのひみつ ほか）、ねこ（ねこのからだ、ねこのひみつ ほか）、ハムスターなど（ハムスターのからだ、ハムスターのなかま ほか）、きんぎょ・ねったい魚（きんぎょのからだ、きんぎょのなかま ほか）

⟨内容⟩親子のコミュニケーションを育む、巻頭特集。4画面分の大パノラマページ。美しい撮り下ろし標本写真の図鑑ページ。自然体験・観察活動に役立つ特集やコラム。幼稚園・保育園の体験活動、小学校の生活科、総合学習に最適。スーパーリアルイラストレーションによる図解。最新情報・最新データ満載。

極地の哺乳類・鳥類　内藤靖彦監修、山田格、倉持利明、遠藤秀紀、西海功共著　人類文化社、桜桃書房〔発売〕　2001.9　195p　26cm　3200円　ⓘ4-7567-1206-1　Ⓝ489

⟨目次⟩哺乳類（食肉目、鯨目、齧歯目、兎目、偶蹄目）、鳥類（ペンギン目、アビ目、ミズナギドリ目、ペリカン目、カモ目、タカ目、フクロウ目、ツル目、キジ目、チドリ目、スズメ目）

⟨内容⟩極地の哺乳類44種と鳥類84種の計128種を収録した図鑑。排列は生物分類に基づく。和名、英語名、学名、絶滅評価区分、分布図、特徴を写真をまじえて解説。本文の漢字表記にはフリガナ付き。巻頭に極地の自然を解説した記事、巻末に極地動物用語の解説と和名索引がある。

コウモリ識別ハンドブック　コウモリの会編　文一総合出版　2005.8　68p　19cm　1200円　ⓘ4-8299-0015-6

哺乳類　　　　　　　　　動物

⓪クビワオオコウモリ、オガサワラオオコウモリ、キクガシラコウモリ、コキクガシラコウモリ、オキナワコキクガシラコウモリ、ヤエヤマコキクガシラコウモリ、カグラコウモリ、クロアカコウモリ、モモジロコウモリ、ドーベントンコウモリ（ウスリードーベントンホオヒゲコウモリ）〔ほか〕

◆◆ゾウ

<図鑑>

ビジュアル博物館　42　象　イアン・レッドモンド著、リリーフ・システムズ訳　（京都）同朋舎出版　1994.1　63p　29×23cm　2800円　①4-8104-1764-6

⓪ゾウはどんな動物?、ゾウの系統、マンモスとマストドン、ゾウの仲間、ゾウの骨格、つま先で立つゾウ、手の働きをする鼻、役に立つ牙、特殊な歯、休みなく食べる、楽しい水浴び、体を冷やす、お母さんがリーダー、巨体のぶつかり〔ほか〕

⓪大英博物館・大英自然史博物館の監修のもと、同館収蔵品をカラー写真で紹介する図鑑。第42巻ではゾウをテーマとし、ゾウの生活、行動、一生、人間との関わりを紹介する。

◆◆ウシ

<年鑑・白書>

日本飼養標準 肉用牛　2008年版　農業・食品産業技術総合研究機構編　中央畜産会　2009.3　234p　30cm　3333円　①978-4-901311-52-6　Ⓝ645.3

⓪序章 飼養標準改訂の基本方針および本飼養標準の構成、1章 栄養素の単位と要求量、2章 養分要求量1、3章 養分要求量2、4章 養分要求量に影響する要因と飼養上注意すべき事項、5章 飼料給与上注意すべき事項、6章 飼養標準の使い方と注意すべき事項、7章 養分要求量の算定式、8章 参考文献

日本飼養標準 乳牛　2006年版　農業・食品産業技術総合研究機構編　中央畜産会　2007.9　205p　30cm　3000円　①978-4-901311-44-1

⓪飼養標準改訂の基本方針および本飼養標準の構成、栄養素の単位と要求量、養分要求量、養分要求量に影響する要因と飼養上注意すべき事項、飼料給与上注意すべき事項、群飼と給与飼料中の養分変動、飼養標準の使い方と注意すべき事項、養分要求量の算定式、参考文献、参考資料

◆◆ウマ

<事典>

新アルティメイトブック馬　エルウィン・ハートリー・エドワーズ著、楠瀬良監訳　緑書房　2005.6　271p　29×24cm　6800円　①4-89531-679-3

⓪馬とはどういう動物か、品種（軽量馬、重量馬、ポニー）

⓪エリスキー、カチアワリ、アメリカン・クリームなど、優れた17品種を新たに加え、100を超える品種について全面的な改訂がなされている。それぞれの品種が見開き2ページにわたって取り上げられており、注釈を付した特殊な撮影技術を使った写真とともに、その特徴、歴史、利用状況などがわかりやすく記されている。また、各品種の解説に加えて、ウマ科動物の進化、家畜化の歴史、体型に関する説明も十分になされている。

<図鑑>

馬の百科　ジュリエット・クラットン＝ブロック著、千葉幹夫日本語版監修　あすなろ書房　2008.9　63p　29×22cm　（「知」のビジュアル百科 49）　2500円　①978-4-7515-2459-6

⓪ウマの仲間、ウマの進化、骨と歯、感覚と行動、母ウマと子ウマ、野生のロバ、縞模様、ウマの祖先、歴史のなかのウマたち、働き者のロバ、ラバとケッティ、蹄鉄、馬具、ウマに乗って探検、アメリカ大陸へ、荒野を走る、世界のウマ、品種と経路、戦争のウマたち、騎士道時代、ウマでの旅、馬車のいろいろ、大型馬、ウマの力強さ、軽い車を引く、北アメリカ大陸のウマ、スポーツ界のウマ、競走馬、役に立つポニー

⓪馬と、馬にまつわる文化をビジュアルで紹介。絶滅した品種から、優美なサラブレッドまで、馬について、知っておきたい基礎知識を網羅。

ビジュアル博物館　33　馬　ジュリエット・クラットン・ブロック著、リリーフ・システムズ訳　（京都）同朋舎出版　1992.12　63p　29×23cm　3500円　①4-8104-1126-5

⓪ウマの仲間、ウマの進化、骨と歯、感覚と行動、母ウマと子ウマ、野生のロバ、縞模様、ウマの祖先、歴史のなかのウマたち、働き者のロバ、ラバとケッティ、蹄鉄、馬具、ウマに乗って探検、アメリカ大陸へ、荒野を走る〔ほか〕

⓪魅惑に満ちたウマとポニーの世界を紹介する博物図鑑。ウマ、ポニー、ロバ、ラバ、ノロバ、シマウマ、さらには荷馬車、四輪馬車、馬具などの歴史、文明の中で果たしてきたその役割などを写真で紹介する。

◆◆競走馬

＜事典＞

「あの馬は今?」ガイド 名馬500頭、その後の消息 2001-2002 流星社編集部編 流星社 2001.7 222p 21cm 1500円 ⓘ4-947770-06-6 Ⓝ788.5
(目次)1章 早来・千歳・伊達, 2章 門別, 3章 新冠, 4章 静内・三石, 5章 浦河・えりも, 6章 本州・九州, 7章 北京, 8章 地方競馬, 9章 覚えていますか?スペシャル
(内容)グラスワンダー、アンバーシャダイ、メジロライアン、メジロブライトなど、名馬500頭の引退後の消息を紹介する資料集。

「あの馬は今?」ガイド 2004-2005 流星社編 流星社 2004.8 239p 21cm 1600円 ⓘ4-947770-34-1
(目次)1章 早来・千歳・伊達, 2章 門別・鵡川, 3章 新冠・静内・三石, 4章 浦河・様似・十勝, 5章 本州・四国・九州, 6章 地方競馬, 「覚えていますか?」スペシャル
(内容)引退後にもドラマがあった。名馬500頭、その後の消息。

「あの馬は今?」ガイド 2005-2006 流星社編 流星社 2005.8 255p 21cm 1700円 ⓘ4-947770-39-2
(目次)1章 早来・千歳・伊達, 2章 門別・鵡川, 3章 新冠・静内・三石, 4章 浦河・様似・十勝, 5章 本州・四国・九州, 6章 地方競馬
(内容)引退後にもドラマがあった。名馬500頭、その後の消息。

「あの馬は今?」ガイド 名馬500頭その後の消息 2006-2007 流星社 2006.11 239p 21cm (流星社の競馬本) 1700円 ⓘ4-947770-42-2
(目次)カラー特集, 1章 安平・千歳・伊達, 2章 日高・むかわ, 3章 新冠・新ひだか, 4章 様似・浦河・十勝, 5章 本州・四国・九州, 6章 地方競馬
(内容)引退後にもドラマがあった。名馬500頭、その後の消息。

「あの馬は今?」ガイド 2007-2008 流星社編 流星社 2007.12 223p 21cm 1700円 ⓘ978-4-947770-44-8
(目次)カラー特集, 1章 安平・千歳・他, 2章 むかわ・日高, 3章 新冠・新ひだか, 4章 三石・浦河・他, 5章 本州・四国・九州, 6章 地方競馬, 「覚えていますか?」スペシャル
(内容)ディープインパクトをはじめターフを駆け巡ったあの名馬のその後の消息。

＜ハンドブック＞

名馬牧場めぐりガイド 決定版 2001～2002 新紀元社 2001.6 203p 21cm (SHINKIGEN BOOKS) 1800円 ⓘ4-88317-883-8 Ⓝ645.22
(目次)牧場めぐりに出かける前に(北海道温泉・観光MAP, ルールとマナー ほか), 種牡馬(早来町, 門別町 ほか), 繁殖牝馬(五丸農場, Y.Sスタッド ほか), 名馬の墓標, 種牡馬・繁殖牝馬繁養先一覧(種牡馬, 繁殖牝馬)
(内容)種牡馬18牧場190頭、繁殖牝馬5牧場8頭、名馬が眠る場所7カ所の道南30牧場から紹介した名馬ガイド。内容は2001年4月末現在のデータに基づく。牧場は種牡馬、繁殖牝馬、名馬の墓標ごとに牧場を分類して掲載。巻末に種牡馬・繁殖牝馬繁養先一覧を収録。

名馬牧場めぐりガイド 2003～2004 新紀元社制作 新紀元社 2003.7 198p 21cm 1900円 ⓘ4-7753-0173-X
(目次)牧場めぐりに出かける前に(北海道牧場めぐりMAP, ルールとマナー ほか), 種牡馬(早来町, 門別町 ほか), 繁殖牝馬, 種牡馬・繁殖牝馬繁養先一覧
(内容)ファレノプシス、ティコティコタックらG1馬、G1馬の母18頭を徹底取材。観光、食事、土産のスポット紹介も充実。テーマ別全9つのモデルコースつき。

名馬牧場めぐりガイド 2004～2005 名牝レポート 新紀元社制作 新紀元社 2004.7 191p 21cm (SHINKIGEN BOOKS) 1900円 ⓘ4-7753-0301-5
(目次)牧場めぐりに出かける前に(北海道牧場めぐりMAP, ルールとマナー ほか), 種牡馬(早来町, 門別町 ほか), 繁殖牝馬(繁殖牝馬レポート), 種牡馬・繁殖牝馬繁養先一覧(種牡馬, 繁殖牝馬)
(内容)天皇賞・秋、有馬記念をともに連覇した名馬シンボリクリスエスが種牡馬入り。ターフを沸かせた名馬たちに会いに行こう。観光、食事、土産のスポット紹介も充実。

◆◆イルカ・クジラ

＜事典＞

海の哺乳類 FAO種同定ガイド トマス・A.ジェファーソン, スティーブン・レザウッド, マーク・A.ウェバー著 山田格訳 NTT出版 1999.1 336p 25×19cm 4300円 ⓘ4-7571-6001-1
(目次)1 序言と一般的解説, 2 クジラ目―クジラとイルカ(世界のクジラ目の同定キー, クジ

ラ目各科の頭骨の同定キー，ヒゲクジラ亜目―ヒゲクジラ，ハクジラ亜目―ハクジラ），3 海牛目―マナティとジュゴン（世界の海牛類の同定キー，海牛類各科のガイド，FAO種同定キー），4 食肉目―鰭脚類と他の海棲食肉類（鰭脚亜目―アザラシ科，アシカ科，セイウチ科，その他の海棲食肉目―カワウソ，ミナミウミカワウソ，ホッキョクグマ），5 主要漁業区の種リスト，6 参考文献，7 訳者あとがき，8 訳注，9 地名・機関名リスト，10 日本で発行されている海棲哺乳類に関する書籍，11 索引

〔内容〕世界の海棲哺乳類と，淡水でも見られる鯨類，鰭脚類，海牛類の同定ガイド。ヒゲクジラ，ハクジラ，イルカ，アザラシ，アシカ，カイギュウ，ラッコ，ホッキョクグマなど，119種を収録。本書には，海洋学的見地や海棲哺乳類の同定に関連して海棲哺乳類の分布にふれた導入部，専門用語集，図解付きの種同定キー科ごとの図解付きの頭骨検索キー，種ごとの同定シート，主要な漁業区域の分布表などを含み，個々の同定シートには，学名とFAOの公式名称，特徴，類似種の記載，サイズ，分布，生物学，棲息地，行動，利用などを掲載。索引付き。

<ハンドブック>

イルカ・ウォッチングガイドブック 水口博也著 阪急コミュニケーションズ 2003.7 143p 21cm 2400円 ①4-484-03406-9

〔目次〕イルカの世界へ，バハマのタイセイヨウマダライルカの暮らし，イルカ・ウォッチングガイド（海外，日本），街のイルカ・ウォッチング，イルカ・ウォッチングをより楽しむために

〔内容〕誰にでもできるイルカ・ウォッチングのノウハウと旅の情報を満載。海外・国内のポイントを網羅。

ザ・ホエールウォッチング トレバー・デイ著，宮崎信之日本語版監修 昭文社 2007.3 160p 28×22cm 〈原書名：THE WHALE WATCHING〉 2800円 ①978-4-398-21452-2

〔目次〕はじめに，クジラ類，イルカ類，ネズミイルカ類のウォッチング，ナガスクジラ類のウォッチング，セミクジラ類とコククジラ類のウォッチング，マッコウクジラ類のウォッチング，アカボウクジラ類のウォッチング，イッカクとシロイルカのウォッチング，ゴンドウクジラ類のウォッチング，目立つくちばしをもたない外洋性イルカ類のウォッチング，目立つくちばしをもつ外洋性イルカ類のウォッチング，カワイルカ類のウォッチング，ネズミイルカ類のウォッチング

〔内容〕世界中のクジラ・イルカ類についての最新データや実用知識，日本近海で見られる種，専門家によるホエールウォッチングのためのアドバイスなど，さまざまな情報が満載。

<図鑑>

イルカ、クジラ大図鑑 海にくらすほ乳類 おどろきの能力をさぐる！ 中村庸夫監修 PHP研究所 2007.6 79p 29×22cm 2800円 ①978-4-569-68693-6

〔目次〕第1章 海に生きるイルカ，クジラ（世界最大の動物・クジラ，イルカのジャンプ ほか），第2章 イルカ，クジラってどんな動物？（イルカ，クジラはほ乳類のなかま，イルカ，クジラと魚の違いは？ ほか），第3章 イルカ，クジラと日本人（日本史のなかのイルカ，クジラ，日本の捕鯨 ほか），第4章 イルカ，クジラをとりまく危機（イルカ，クジラのすむ海があぶない，イルカやクジラを守るために，わたしたちにできること ほか），第5章 イルカ，クジラのなかまたち（イルカ，クジラのなかまたち，川にすむイルカたち ほか）

海の動物百科 1 哺乳類 大隅清治，内田詮三訳 朝倉書店 2006.11 77p 30cm 4200円 ①4-254-17695-3

〔目次〕クジラとイルカ（イルカ類，カワイルカ類，シロイルカとイッカク，マッコウクジラ類，コククジラ，ナガスクジラ類，セミクジラ類），ジュゴンとマナティ（海中草地で草を食む）

海獣図鑑 アシカセイウチアザラシ 荒井一利文，田中豊美画 文渓堂 2010.2 63p 31cm 〈文献あり 索引あり〉 2500円 ①978-4-89423-659-2 Ⓝ489.57

〔目次〕鰭脚類ってどんな動物？，水中生活に適した体，鰭脚類のくらし，海にくらすほ乳類，鰭脚類の仲間たち，野生のアシカやアザラシにであえるところ，海獣たちにせまる危機，海獣たちの保護活動

〔内容〕「鰭脚類」とよばれるアシカの仲間，セイウチ，アザラシの仲間を全種（35種類）とりあげ，それぞれの見分け方や生態，形態などを，詳しく解説。100点を超える写真と，精緻なイラストが満載。すべてオールカラーでの紹介。地球温暖化や異常気象，海洋汚染によって，生存をおびやかされている海獣たち―彼らがおかれている現状についても伝えている。

クジラ・イルカ 海の王者の生態と観察 学習研究社 1993.3 140p 19cm 〈わくわくウオッチング図鑑 9〉 880円 ①4-05-106173-6

〔目次〕クジラのすべて―体と生活，ヒゲクジラの仲間―種類と生活，ハクジラの仲間―種類と生活

〔内容〕38種類のクジラ・イルカを解説した，ホエールウォッチングのガイドブック。

クジラ・イルカ大図鑑 アンソニー・R.マーティン編著，粕谷俊雄監訳　平凡社　1991.12　205p　31×23cm　〈原書名：WHALES AND DOLPHINS〉　4800円　①4-582-51812-5
[内容]全世界のクジラ・イルカ類のすべてを、多くの写真とイラストで紹介。生態・行動を中心に最新の情報を盛り込んだ、学生から専門家までを対象とした図鑑。巻末に五十音順の和名・事項名索引、アルファベット順の学名索引、欧名索引を付す。

クジラ・イルカ大百科　水口博也著　ティビーエス・ブリタニカ　1998.7　287p　30cm　4800円　①4-484-98298-6
[目次]第1章 クジラ・イルカはどんな動物か，第2章 クジラ・イルカの仲間たち，第3章 クジラ・イルカの暮らし，第4章 行動を見る，第5章 クジラ・イルカのすむ海，第6章 クジラ・イルカを知るために
[内容]クジラ・イルカの世界を、900点の写真と130点のイラストで解説する図鑑。クジラ・イルカ分類表、英名リスト、属名リスト、種名リスト、索引付き。

鯨類学　村山司編著　(秦野)東海大学出版会　2008.5　402p 図版14枚　22cm　(東海大学自然科学叢書3)　〈折り込1枚　文献あり〉　6800円　①978-4-486-01733-2　Ⓝ489.6
[目次]進化と適応，クジラの形態，聴覚，視覚，その他の感覚，移動，日本近海における鯨類の餌生物，社会，認知，海洋汚染と鯨類，ホエールウォッチング，海獣類における環境エンリッチメント，鯨類資源のモニタリング
[内容]イルカ・クジラの生物学、世界の鯨類図鑑。鯨類の姿かたち、暮らしの知見を紹介する。

ビジュアル博物館　46　鯨　フランク・グリーナウェイ著，リリーフ・システムズ訳　(京都)同朋舎出版　1994.5　63p　29×23cm　2800円　①4-8104-1838-3
[目次]海の哺乳類，クジラの進化，大小さまざまなクジラ，クジラの体内，アザラシとアシカ，海の生活に適応して，海の巨獣，エサを捕える鋭い歯，濾すためのくじらひげ，クジラの歌，求愛と出産，社会生活，イルカとその仲間，"殺し屋"シャチ，不思議なイッカク，マッコウクジラ，ゾウアザラシ，セイウチの素顔，海の牛，巨大なクジラ狩り，20世紀の捕鯨，油，ブラシ，コルセット，肉，アザラシ狩り，神話と伝説，陸に乗り上げるクジラとホエールウォッチング，漁業と汚染，海の哺乳類の研究，クジラを救おう！
[内容]大英博物館・大英自然史博物館の監修のもと、同館収蔵品をカラー写真で紹介する図鑑。第46巻ではクジラをテーマとし、クジラ、アザ

ラシ、シャチ、マナティーなど海の哺乳類の生態を紹介する。

◆イヌ科の動物

<図　鑑>

イヌ科の動物事典　ジュリエット・クラットン＝ブロック著，祖谷勝紀日本語版監修　あすなろ書房　2004.4　63p　29×22cm　(「知」のビジュアル百科6)　〈『ビジュアル博物館 イヌ科の動物』新装・改訂・改題書〉　2000円　①4-7515-2306-6
[目次]イヌとは何か，イヌ科の進化，イヌ科動物の骨，被毛，頭，尻尾，視覚と聴覚，嗅覚，行動，イヌ科の子どもたち，群れのリーダー，ジャッカルとコヨーテ〔ほか〕
[内容]盲導犬や介助犬…さまざまな場面で活躍するイヌ。人とともに歩んできたその歴史や、進化の過程、そしてたくさんの品種を豊富な写真とともに紹介。イヌのいろいろが、この1冊でわかる。

ビジュアル博物館　32　イヌ科の動物　ジュリエット・クラットン・ブロック著，リリーフ・システムズ訳　(京都)同朋舎出版　1992.7　63p　29×23cm　3500円　①4-8104-1091-9
[目次]イヌとは何か，イヌ科の進化，イヌ科動物の骨，被毛，頭，尻尾(しっぽ)，視覚と聴覚，嗅覚(きゅうかく)，行動，イヌ科の子どもたち，群れのリーダー，ジャッカルとコヨーテ，アジア，アフリカのイヌ科動物，アカギツネとハイイロギツネ，暑い地方と寒い地方のキツネ，南米のさまざまなイヌ科動物，家畜化の始まり，野生のイヌ，新品種をつくる，狩猟犬，牧畜・牧羊犬，人間の手助けをする，スポーツとイヌ，ハウンド犬，銃猟犬，テリア犬，非猟犬，作業犬，小型愛玩犬(あいがんけん)，雑種犬，イヌの世話
[内容]イヌ科動物たちの魅惑に満ちた世界に触れる博物図鑑。イヌ、オオカミ、ジャッカル、キツネの実物写真で、イヌ科動物の生活と進化をビジュアルに示す。歴史を通じてイヌたちが多くの点で人間を助けてきたようすを紹介する。

◆◆イ　ヌ

<事　典>

愛犬の家庭医学事典　ドッグメディカ　鈴木立雄，吉田仁夫監修　小学館　2000.12　287p　21cm　(ホームパル・デラックス)　1700円　①4-09-303352-8　Ⓝ645.6
[目次]犬種別かかりやすい病気，気になる症状

をチャートでチェック，第1章 かかりやすい病気と日頃の健康管理（子犬・成犬・高齢犬の健康管理，子犬の病気，子犬の食餌，子犬の部屋 ほか），第2章 気になるしぐさは病気のサイン（熱がある，おしっこの色がおかしい，体をかく，歩き方がおかしい ほか），第3章 いざという時に役立つ病気の知識（皮膚病，感染症，寄生虫病，耳の病気 ほか）

愛犬の健康と病気完全ガイド　知っておきたいケアと予防　川瀬清美監修，中島真理写真　成美堂出版　1996.3　190p　21cm　1200円　ⓉⒶ4-415-08372-2

〔目次〕1 愛犬の健康管理，2 症状からわかる愛犬の病気，3 愛犬の伝染病，4 知っておきたい愛犬の病気，5 もしものときに役立つ手当て，6 家庭看護と応急処置

〔内容〕飼い犬の日常管理法・異常の早期発見法・病気と治療法・家庭看護と応急処置等を解説したもの。巻頭のカラーページで代表的な犬種の健康管理の仕方や，犬の体のしくみなどを紹介する。犬の病気に関しては熱がある・耳をしきりにかくなど症状別に検索可能。巻末に病名・症状名の五十音順索引がある。

愛犬のための繁殖・育児百科事典　筒井敏彦，神里洋著　講談社　2010.1　207p　21cm　2300円　ⓉⒶ978-4-06-215389-8　Ⓝ645.62

〔目次〕1章 繁殖する前に知っておきたいこと，2章 交配・妊娠・出産・子育ての流れ，3章 子犬の先天的異常，4章 不妊症，5章 人工授精，6章 避妊・去勢

〔内容〕早く気づいてあげたい妊娠中の気になる症状の見分け方。受診の目安がわかる！お産本番の乗り切り方と助産方法がわかる！赤ちゃんの健康を守る病気の症状別ケア。

犬との幸せな暮らし方　出会いから飼い方・しつけ方までこの一冊でまるわかり　丹羽三枝子監修　実業之日本社　2008.3　207p　21cm　1300円　ⓉⒶ978-4-408-61198-3　Ⓝ645.6

〔目次〕トイグループ，テリアグループ，ノンスポーティンググループ，ハーディンググループ，ハウンドグループ，スポーティンググループ，ワーキンググループ，犬との暮らし方

〔内容〕はじめてでも安心！愛犬との親密度がアップするコツをわかりやすく解説。性格・歴史・しつけのポイント，飼うときに知りたいデータが満載。最新！人気の110犬種を大紹介。

犬の医学大百科　症状と病名からひける　佐草一優監修　日東書院本社　2007.2　207p　21cm　1400円　ⓉⒶ978-4-528-01712-2

〔目次〕第1章 症状別でみる病気，イラストで見る体のしくみ，第2章 病名でみる病気（呼吸器系疾患，消化器系疾患，内臓疾患，泌尿器系疾患，生殖器系疾患 ほか），犬種別かかりやすい病気，第3章 緊急時＆問題行動対応マニュアル（応急処置マニュアル，問題行動，妊娠と出産）

〔内容〕国内で飼われているほとんどの犬種を診察している監修者が，69犬種のかかりやすい病気をやさしく解説。お医者さんに行く前に読んで，愛犬の「SOSサイン」を見逃さない。間違いのない獣医師の見つけ方も要チェック。

犬の家庭医学大百科　愛犬の健康を守る最新ガイドブック　600点以上の写真とイラストでわかりやすく解説！　ブルース・フォーグル著，武部正美監訳　ペットライフ社，緑書房〔発売〕　2003.12　447p　24×19cm　〈原書名：Caring for Your Dog〉　6800円　ⓉⒶ4-938396-65-3

〔目次〕第1章 あなたの家庭犬（犬を選ぶ，すばらしいパートナー，責任ある繁殖），第2章 病気と異常（健康な犬，自然の防御機能，栄養のバランス ほか），第3章 応急処置と救急事故（犬の押さえ方（保定法），救急事故の状態を見極める，ショック ほか），付録（用語解説，人獣共通感染症）

〔内容〕責任ある飼い主になるための「犬の家庭医学事典」の決定版。子犬から成犬，そして高齢犬に至るまで，さまざまな年齢層の犬に関する病気や世話の仕方が解説。愛犬の具合が悪くなったとき，どこに異常があるのか，どのような世話をすればよいのか，またいつ病院に連れていけばよいのかなどについても記載。さらに，食事や病気の予防法，そして応急処置についても詳しく。

犬の事典　AKC公認全犬種標準書　〔第18版〕　アメリカン・ケンネル・クラブ編　ディーエイチシー　1995.6　770p　21cm　〈原書名：THE COMPLETE DOG BOOK〉　15000円　ⓉⒶ4-88724-038-4

〔目次〕1 はじめて犬を飼う方へ（犬を買い求める前に，アメリカン・ケンネル・クラブ，ドッグ・スポーツ ほか），2 犬種標準（スポーティング・ドッグ―鳥猟犬，ハウンド―獣猟犬，ワーキンド・ドッグ―作業犬 ほか），3 健康管理と訓練

〔内容〕AKC（アメリカン・ケンネル・クラブ）公認全犬種標準書の日本語版。AKCが1992年5月1日までに認可した134犬種の沿革と標準を詳細に解説するほか，飼育方法，ショーやトライアルの解説と参加方法等，犬に関する情報を網羅する。図版・写真多数。巻末に用語集，犬種名索引がある。

犬の事典　セルジュ・シモン，ドミニク・シモン著，岡田好恵訳，今泉忠明監修　学習研究社　2002.2　301p　26cm　〈原書名：Copain des Chiens〉　2800円　ⓉⒶ4-05-

401446-1 Ⓝ645.6

⦅目次⦆覚悟は、いいですか?、イヌをしつける、イヌの世話、旅行にイヌは?、人間のために働く、イヌにまつわる職業、イヌとお出かけ、イヌの種類、珍種のイヌたち、わんちゃんカタログ

⦅内容⦆イヌの飼い方・品種ガイドブック。入手法としつけ・世話の仕方や繁殖法・旅行にイヌをつれていくときの注意等飼い方のガイドや海難救助イヌ等人間のために働くイヌやイヌにまつわる職業、イヌの競技等について紹介。22以上の代表的なイヌの品種と12以上の珍種について写真と体高・体格・頭部・毛・性格等の規格を紹介している。約130種類のイヌのポートレートアルバムもある。巻末には五十音順索引を付す。

犬の大百科　アン・ロジャーズ=クラーク、アンドルー・H.ブレイス編、神里洋監訳、古谷沙梨訳　誠文堂新光社　1997.11　496p　30cm　〈原書名：The international encyclopedia of dogs〉　9500円　Ⓘ4-416-79713-3

⦅目次⦆1 犬を探る(犬の起源、犬体構成と機能、遺伝学の基礎知識)、2 犬を選ぶ(犬を飼う前にすること、考えること、探し方、選び方)、3 犬と暮らす(一般的な健康管理、給餌)、4 犬を殖やす(繁殖者の責任と交配の実際)、5 犬を作る(成長過程としつけ、訓練の原則)、6 犬を競う(ショー・ドッグとドッグ・ショー)、7 犬種解説、8 世界の四大畜犬団体、9 犬の用語解説

⦅内容⦆犬の起源、体の仕組み、遺伝学の基礎知識、犬の選び方、健康管理や給餌など一般的な飼養や、しつけや繁殖など写真や図版を交えて解説した犬の事典。巻末に犬の用語解説、索引が付く。

犬名辞典　福田博道著　グラフ社　2006.11　246p　19cm　1429円　Ⓘ4-7662-1010-7

⦅目次⦆愛犬の名づけのポイント(編集部編)、犬名辞典

⦅内容⦆収録犬数452匹。日本最大の犬名辞典ついに登場。実在の名犬から物語の犬まで、感動の秘話、数奇な運命、驚異の記録を収録。名づけに役立つデータも紹介。

新アルティメイトブック 犬　デイヴィッド・テイラー原著、福山英也監訳　緑書房　2006.9　263p　29×24cm　〈原書改訂版原書名：Ultimate Dog Revised〉　6000円　Ⓘ4-89531-687-4

⦅目次⦆基本的な犬の知識(起源と家畜化、犬の身体的特徴 ほか)、犬種(ハウンド種、銃猟犬 ほか)、犬の飼い方(最初に飼う犬、栄養 ほか)、繁殖(交配と遺伝、妊娠と出産 ほか)

⦅内容⦆100犬種以上のすばらしい写真。最新情報とともに盛り込まれた犬に関するあらゆる知識やケアの方法。愛犬家必携の究極の百科全書。

デズモンド・モリスの犬種事典 1000種類を越える犬たちが勢揃いした究極の研究書　デズモンド・モリス著、福山英也、大木卓監修　誠文堂新光社　2007.8　24×19cm　〈原書名：Dogs A Dictionary of Dog Breeds〉　4800円　Ⓘ978-4-416-70729-6

⦅目次⦆1 スポーティング・ドッグ(サイトハウンド、セントハウンド(嗅覚ハウンド) ほか)、2 牧畜犬(ライブストック・ドッグ)(家畜の番犬、シープ・ハーダー(牧羊犬) ほか)、3 サービス・ドッグ(有用犬)(ハウスホールド・コンパニオン・ドッグ(家庭内伴侶犬・愛玩犬)、ハウスホールド・ワーキング・ドッグ(家庭内使役犬) ほか)、4 その他の犬(オオカミと犬の「ハイブリッド」、野生化した犬 ほか)

⦅内容⦆収録犬種、計1003種と世界で最も詳しい犬の事典。うち、世界の家庭犬722犬種については詳しい解説付き。さらに珍しい犬281犬種についても簡単な説明付き。3397の犬種名(別名を含む)を一覧表に掲載。犬種ごとの参考文献付き。付録として主な大種に関する年代別文献目録を、簡単な解説付きで一覧表に掲載。特定犬種については分類別の文献をすべて収録。野生のイヌ属に属する分類の動物に関する簡単な説明、また、イヌ科に属する動物に関しては全種を一覧表に掲載。

もっともくわしいイヌの病気百科 イヌの病気・ケガの知識と治療　改訂新版　矢沢サイエンスオフィス編　学習研究社　2007.3　519p　21cm　3600円　Ⓘ978-4-05-403067-1

⦅目次⦆家庭での病気とケガの診断—こんな症状が出たら、イヌの現代病、老犬の世話、捨てイヌ・殺処分・虐待・動物実験、犬種別・イヌのかかりやすい病気、イヌの病気の知識と治療、イヌの病気とケガの検査、イヌの病気とケガの薬、イヌの病気とケガの薬一覧

⦅内容⦆全国のイヌとその飼い主のため、ベテランの獣医師や大学教授など16人の専門家が、イヌのあらゆる病気とケガについてくわしく解説した日本初の本格的なイヌの家庭医学書。

野生イヌの百科　第2版　今泉忠明著　データハウス　2007.5　159p　19cm　(動物百科)　2000円　Ⓘ978-4-88718-915-7

⦅目次⦆北半球、アジア、アフリカ、北アメリカ、南アメリカ、オーストラリア

〈名　簿〉

「信頼できる動物病院200」 愛犬との幸せ生活保障ブック　いぬといっしょ。編集部編　アップロードシナジー、文苑堂〔発売〕　2006.12　192p　21×13cm　1200円　Ⓘ4-903471-13-6

哺乳類　　　　　　　　　動物

(目次)信頼できる名医と出会うためにいい動物病院の見分け方—動物病院の現状、ホームドクターのすすめ、インフォームドコンセントの重要性、セカンドオピニオン、愛犬の病気を知る、動物病院と上手につきあうために—行く前にすること、飼い主がすべきこと、病院で気をつけること、クチコミ動物病院200、愛犬の健康管理、いつまでも元気でいて欲しいから 高齢犬との暮らし方—老化のサインを理解する、高齢犬のなりやすい病気、高齢犬の介護、愛犬の十分な治療のために ペット保険講座、愛犬が元気に暮らすために健康診断を受けよう、急患のペットのもとへ駆けつける救急車アニマル・ドクター・カー、愛犬イエローページ—大学病院、夜間専門病院、得意分野インデックス
(内容)初診料・予防接種・避妊手術…etc.ネットで話題の600軒を取材。治療費開示OKの200軒を掲載。

<ハンドブック>

愛犬ハンドブック 体と共に心も健やかなワンちゃんを育てるために 遠藤六夫著 郁朋社　2003.4　140p　19cm　1000円　⓵4-87302-218-5
(目次)1 私の生い立ちと習性、2 私の体の特徴、3 私の成長としつけ、4 私の日常生活、5 私の健康管理と主な感染症、6 ズーノーシス（人畜共通感染症）の予防—私から人へ
(内容)生態・しつけ・栄養管理から、ウィルス・感染症・ズーノーシスの予防まで。賢く犬と付き合いたい人、必読の書。

高齢犬ケア ハンドブック DOG FAN編集部編　誠文堂新光社　2004.8　223p　21cm　1900円　⓵4-416-70439-9
(目次)高齢のサイン（何歳から高齢犬?、イヌの寿命は何歳？ ほか）、高齢犬になる前に（日常の健康管理）、高齢犬にみられる病気（病気知らずの健康な高齢犬になるには、「心臓疾患」ほか）、高齢犬との暮らし方（老衰期を認識すること、寝たきり高齢犬を介護するには ほか）、高齢犬を癒す（サプリメント、手作りサポートグッズ—飼い主さんの思いやりが生んだ手作り用品ほか）

ドッグマスター検定ハンドブック 白藤秀一著　（大阪）澪標　2007.10　119p　21cm　〈地方〉　1429円　⓵978-4-86078-114-9
(目次)1 犬の種類とキャラクター、2 犬の解剖学、3 犬のトレーニング、4 犬の病気、5 犬の栄養学、6 犬の行動心理、7 グルーミングとトリミング、8 動物愛護について

トリマーのためのベーシックハンドブック 福山英也、中野博、金子幸一著　ペットライフ社、緑書房〔発売〕　2004.3　148p　30cm　3800円　⓵4-938396-73-4
(目次)グルーミングとは、グルーミング・ツール、犬体の基礎知識、犬の知識、ベイジング、ラム・クリップで学ぶトリミングの基本、犬種別の応用
(内容)トリマーとして身につけておくべき知識や、汎用性の高いトリミング技法をまとめた手引書。基礎をなぞるだけではなく、より新しく独自性の高い内容を紹介する。

ワンちゃんパラダイス ペット用品ガイド ドッグ編 2005年版 産經新聞メディックス　2005.4　324p　30×21cm　1000円　⓵4-87909-732-2
(目次)特集 愛犬と快適アウトドア、フード（ドライタイプ、ソフト・セミモイストタイプ、ウエットタイプ、スナック ほか）、グッズ（デイリーグッズ、グルーミンググッズ、愛好者向けアイテム）、お役立ち最新データ

ワンちゃんパラダイス ペット用品ガイド ドッグ編 2006年版 産經新聞メディックス　2006.4　321p　30cm　1200円　⓵4-87909-751-9
(目次)特集 ペット業界の動きがよくわかる!ワンパラNavi（ペット業界の市場環境、データNavi—データで見るペット業界の動き、アイテムNavi—アイテムで見る各社の動き）、フード・グッズカタログ（フード、グッズ）
(内容)愛犬用のフード＆グッズが2200アイテム。

<図鑑>

愛犬名鑑 2000 日本ペット名鑑社、星雲社〔発売〕　2000.4　240p　31×24cm　3800円　⓵4-7952-7215-8　Ⓝ645.6
(目次)2000年版総力特集・キャバリア・キング・チャールズ・スパニエル大図鑑!—まるで可愛がられるために存在しているかのような可愛さのかたまり!、愛犬家先進国フランスのドッグ・ショー—毎夏、フランスで開催されているサロン・デ・ザニモーの取材報告、犬種CLOSE‐UP—注目の11犬舎・ブリーダーをクローズ・アップして紹介、英国の名犬たち—選抜した英国の名犬種をイラストと解説で紹介、愛犬と暮らす国づくり—愛犬との生活を取り巻く環境問題から旅行まで、全国ブリーダー＋優良ブリーダー、優秀血統犬舎、動物たちにもっと愛を—動物愛護団体の活動を紹介します、全国選抜ペンション・ショップ・スクール、働く犬たちの活動〔ほか〕
(内容)犬のガイドブック。2000年版では特集でキャバリアをとりあげるほか、各種の名犬種をイラスト入りで解説する。ほかに愛犬との生活を取り巻く環境問題、愛犬医学の基礎知識など

いぬ 今泉忠明監修 学習研究社 2006.10 48p 23×22cm （学研わくわく観察図鑑） 1200円 ④4-05-202616-0

(内容)シリーズ最新刊。これ1冊ですべてがわかる。たくさんの写真でいろいろな犬を紹介。自由研究にも飼育にも役立つヒントがいっぱい。

犬を選ぶための愛犬図鑑 中島真理写真 西東社 1990.11 196p 21cm 1200円 ④4-7916-0664-7 Ⓝ645.6

(目次)1 小型犬31種完全プロフィール，2 中型犬31種完全プロフィール，3 大型犬31種完全プロフィール，犬を飼う前に知っておきたい愛犬知識集

(内容)初心者のための犬選びの本。これから犬を飼ってみたいと思っている人により多くの犬を紹介し，自分にあった犬を選べるように制作している。紹介している犬種は93種で，比較的入手しやすいものを中心に選んでいる。また，ショー・ドッグよりも家庭犬として犬を選ぶことを主眼に置いて，各犬種の容姿から性格までを写真を交えながら解説している。

犬を選ぶためのカラー図鑑 横山信夫著 西東社 2000.3 222p 21cm 1500円 ④4-7916-0999-9 Ⓝ645.6

(目次)1 シープドッグ&キャトル・ドッグ，2 ピンシャー，シュナウザー，モロシアン・タイプ&スイス・キャトル・ドッグ，3 テリア，4 ダックスフンド，5 スピッツ&プリミティブ・タイプ

(内容)犬を紹介した図鑑。10のグループに分けて分類。掲載データは，原産国，体重・体高，被毛，毛色，食事量と屋外飼育可能性，ブラッシングの必要度，運動量の必要度，番犬としての期待度，子どもとの相性度など。犬種名索引付き。

犬の写真図鑑 中島真理，山崎哲写真，金井康枝文 金の星社 2005.3 64p 30×22cm （犬とくらす犬と生きるまるごと犬百科1） 3400円 ④4-323-05411-4

(目次)牧羊犬・牧畜犬，番犬・作業犬，穴にもぐる狩猟犬，嗅覚型ハウンド，視覚型ハウンド，鳥猟犬，日本犬スピッツ系の犬など，伴侶犬・愛玩犬

(内容)136犬種の犬の特徴，原産国などをカラー写真で見て楽しめ，犬を飼うときの参考になる写真図鑑。

犬の写真図鑑DOGS〔完璧版〕 オールカラー世界の犬300〔完璧版〕 デビッド・オルダートン著 日本ヴォーグ社 1995.1 304p 21cm （地球自然ハンドブック）〈原書名：EYEWITNESS HANDBOOKS：DOGS〉 2700円 ④4-529-02418-0

(目次)この本の使い方，イヌ科の動物，イエイヌのグループ，犬ってどんな動物?，被毛のタイプ〔ほか〕

犬のベスト・カタログ 世界の155犬種を紹介した犬図鑑の決定版! 飼いたい犬が必ず見つかる犬図鑑の決定版 中島真理監修・写真 日本文芸社 2009.8 255p 21cm （実用best books）〈索引あり〉 1500円 ④978-4-537-20753-8 Ⓝ645.6

(目次)犬を飼う前に知っておきたい大切なこと，今，選びたい!人気犬種ベスト10，全145犬種ベスト・カタログ，犬種選びと飼育の重要キーワード辞典

(内容)飼いたい犬が必ず見つかる犬図鑑の決定版。世界の155犬種を写真で紹介。飼いやすさがわかるガイド付き。

犬のベストカタログ138 人気犬種がわかる世界の犬図鑑 佐草一優監修 日本文芸社 2002.4 231p 21cm 1300円 ④4-537-20120-7 Ⓝ645.6

(目次)人気犬種第1位～第20位（ミニチュア・ダックスフンド，チワワ ほか），人気犬種第21位～第40位（フレンチ・ブルドッグ，ウエスト・ハイランド・ホワイト・テリア ほか），人気犬種第41位～第100位（バセット・ハウンド，ボルゾイ ほか），人気犬種第101位～第138位（レオンベルガー，琉球犬 ほか）

(内容)人気犬種138種を収録する図鑑。人気犬種1位から順に排列。人気順位はJKC（ジャパンケネルクラブ）の犬種別登録頭数をもとに編集部が決定。各犬種の写真と解説文の他に，原産国，体高，体重，値段，性格，飼い主の環境，かかりやすい病気などのデータを記載。巻頭に索引，犬の被毛とカラー，犬の用語解説，犬のからだの名称を掲載するか。

必ずみつかる子犬選びの本 うちで飼うならこの犬!セレクト74犬種 中島真理写真・監修 成美堂出版 〔2000.7〕 223p 21cm 1300円 ④4-415-01421-6 Ⓝ645.6

(目次)あなたに合う子犬を見つける7つのポイント，犬のグループ分け，あなたと相性ぴったりの犬がみつかる74種のわんちゃんガイド（初心者にも暮らしやすい仲間，子どもとも仲良くできる仲間，マンションでも暮らせる仲間 ほか），犬との楽しいお付き合いのしかたがわかる13の暮らしの知恵ガイド

(内容)犬のガイドブック。74種の犬種を収録。飼い主の生活スタイルに合わせて愛犬が選べるように，初心者でも暮らしやすい仲間，子どもとも仲良くできる仲間，などの状況別に紹介，体

高，体重，毛の色，原産国，食事量，運動量，お手入れ，性格などの項目を記載する。巻末に犬種名索引を付す。

犬種大図鑑 ブルース・フォーグル著，福山英也監修 ペットライフ社，緑書房〔発売〕 1996.7 312p 30×25cm 6500円 ⓘ4-938396-33-5

(目次)第1章 犬の履歴，第2章 犬と人間，第3章 犬の解剖図，第4章 犬の言葉，第5章 家庭犬の種類，第6章 犬の育て方

(内容)世界各地の400の犬種の歴史、特徴や飼う際のアドバイスをカラー写真を用いて解説した図鑑。古代犬，スピッツタイプの犬，牧畜犬等に分類して掲載する。ほかに犬の履歴，犬と人間、犬の解剖図・犬の言葉・犬の育て方についても述べる。巻末に五十音順の犬名索引や犬種名索引を付す。

子犬の図鑑 105犬種の親子が登場 今泉忠明監修，植木裕幸，福田豊文写真，中野ひろみ文 山と渓谷社 2003.8 239p 30cm 3800円 ⓘ4-635-59616-8

(目次)ハーディング(牧畜犬)，スポーティング(鳥猟犬)，ハウンド(獣猟犬)，日本犬，テリア(穴居害獣駆犬)，トイ(愛玩犬)，ワーキング(使役犬)，ノン・スポーティング(非猟犬・実用犬)，犬たちのグループ，イヌの祖先と歴史，撮影にあたって，育て方と健康

最新犬種図鑑 写真で見る犬種とスタンダード Japan Kennel Club ジャパンケンネルクラブ監修，中島真理写真，白石花絵構成・文 インターズー 2008.3 223p 31cm 5400円 ⓘ978-4-89995-463-7 Ⓝ645.6

(内容)純粋犬種を写真とともに紹介する図鑑。ジャパンケンネルクラブ(JKC)の監修の下，JKC公認犬種をほとんど網羅する163犬種を収録する。1犬種1ページを基本に掲載し，ダックスフンドは4ページ，プードルは2ページを充てる。「JKC全犬種標準書第10版」をもとに最新情報を掲載。約300語の用語解説，200語以上のカラー辞典も収録する。

最新犬種スタンダード図鑑 〔ビジュアル版〕 中島真理写真 学習研究社 1994.3 159p 27×22cm 3900円 ⓘ4-05-400262-5

(内容)世界の人気犬種133種を収録した図鑑。133犬種それぞれの理想的な外観・性格・体の各部・毛質と毛色などを解説する。

最新犬種スタンダード図鑑 全面改訂版 芟藪豊作監修，中島真理写真 学習研究社 2003.4 175p 27×22cm 4000円 ⓘ4-05-401648-0

(目次)オーストラリアン・シェパード，ビアデッ

ド・コリー，ベルジアン・シェパード・ドッグ，ボーダー・コリー，ブービエ・デ・フランダース，ラフ・コリー，スムース・コリー，ジャーマン・シェパード・ドッグ，オールド・イングリッシュ・シープドッグ，プーリー〔ほか〕

(内容)全国の愛犬家に贈る日本で唯一の世界水準の愛犬書。ジャパンケンネルクラブの犬種標準をもとに，世界の人気犬種156種の理想的な姿や毛色、犬の特徴や歴史などを写真とともにくわしく解説した充実の内容。

新犬種大図鑑 ブルース・フォーグル著，福山英也監修 ペットライフ社，緑書房〔発売〕 2002.4 416p 30×26cm 〈原書名：The new Encyclopedia of the Dog〉 6800円 ⓘ4-938396-56-4 Ⓝ645.6

(目次)第1章 犬の履歴，第2章 犬と人間，第3章 犬の解剖図，第4章 犬の言葉，第5章 家庭犬の種類，第6章 犬の育て方

(内容)世界各地の420種以上の犬を詳しく紹介する図鑑。古代犬，視覚ハウンド，スピッツ・タイプの犬など種類別に掲載している。各犬種の原産国、起源、初期の用途、現在の用途、寿命，別名，体重，体高などのデータを記載。カラー写真とともに犬種の歴史や特徴などが解説されている。この他に，犬と人間のかかわりや犬の育て方なども解説されている。巻末に犬種名索引が付く。

新 世界の犬図鑑 山崎哲写真，小島豊治解説 山と渓谷社 2004.5 343p 29×22cm 3800円 ⓘ4-635-59617-6

(目次)犬と暮らす，飼い犬の歴史，グループ別犬種チャート，10グループの分類，体について(ハーディング・グループ，ワーキング・グループ，スポーティング・グループ，ハウンド・グループ，テリア・グループ，トイ・グループ，ノンスポーティング・グループ)，犬を知るキーワード

新！世界の犬種図鑑 エーファ・マリア・クレーマー著，古谷沙梨訳 誠文堂新光社 2006.9 359p 21cm 4000円 ⓘ4-416-70645-6

(目次)犬のタイプ(ハーディング・ドッグ：牧畜犬，ワーキング・ドッグ：番犬，労役犬，プリミティブ・タイプ：スピッツと原始型の犬，コンパニオン・ドッグ：愛玩犬，ハンティング・ドッグ：猟犬，サイトハウンド，テリア)，FCI(Fédération Cynologique Internationale国際畜犬連盟)公認犬種分類表，純粋犬種(体高30cmまで，体高30cmから39cmまで，体高40cmから49cmまで，体高50cmから59cmまで，体高60cmから69cmまで，体高70cm以上)

(内容)今にも「ワン！」と吠えそうな迫真のカラー・フォト＆犬のきもち重視の解説で世界の

438犬種をわかりやすく紹介。各ブリードの起源、適性、サイズ、キャラクターなど知ってうれしい情報満載。気軽にパラパラ目を通すだけで犬知識をアップデート。アーム・チェア愛犬家にもおすすめ。

世界の犬　人気犬134種をサイズ別に掲載
中島真理写真，中沢秀章監修　成美堂出版　2000.2　335p　15cm　〈ポケット図鑑〉　1200円　Ⓘ4-415-01042-3　Ⓝ645.6

⦿目次⦿犬を飼う前に知っておきたいあれこれ—基礎知識編，DOGカタログ（小型犬，中型犬，大型犬，日本犬），犬を迎えるために知っておきたいあれこれ—準備・実践編

⦿内容⦿人気の犬134種をサイズ別に紹介した図鑑。犬を飼うために知っておきたい基礎知識から、犬を向かえるための準備、飼い方の実践法まで解説。犬名索引付き。

世界の犬カタログ BEST134　神里洋著，山本ユキ写真　新星出版社　1997.3　222p　21cm　1500円　Ⓘ4-405-10640-1

⦿目次⦿1 ガン・ドッグ，2 ハウンド，3 ワーキング・ドッグ，4 テリア，5 トイ，6 コンパニオン・ドッグ，7 ハーディング・ドッグ，8 ジャパニーズ・ドッグ

世界の犬図鑑　山崎哲写真，小島豊治解説　山と渓谷社　1993.7　343p　29×22cm　6800円　Ⓘ4-635-59609-5

⦿目次⦿愛する犬よ、永遠なれ，飼い犬の歴史，グループ別犬種チャート，体について，ハーディング・グループ，ワーキング・グループ〔ほか〕

世界の犬図鑑　人気犬種ベスト165　福山英也監修　新星出版社　2004.12　255p　21cm　1500円　Ⓘ4-405-10518-9

⦿目次⦿01 人気の犬種Best56（ダックスフンド，チワワ，プードル，ウェルシュ・コーギー・ペンブローク ほか），02 世界の犬種図鑑165（古代犬，視覚ハウンド，スピッツ・タイプ，嗅覚ハウンド ほか）

⦿内容⦿人気犬種165種を紹介する図鑑。前半で人気犬種の性格や歴史などを詳述。後半で165犬種の基本的データなどを掲載する。

世界の犬種図鑑　エーファ・マリア・クレーマー著，古谷沙梨訳　誠文堂新光社　1992.6　319p　21cm　〈原書名：Der Kosmos - Hundefuhrer〉　3900円　Ⓘ4-416-79200-X

⦿目次⦿純粋犬と純粋繁殖，純粋犬を飼う前に，FCI公認犬種分類表，犬のタイプのいろいろ，純粋犬種

Dogsかわいいでしょ！　be文庫編集部編　集英社　2005.8　185p　15cm　〈集英社be文庫〉　743円　Ⓘ4-08-650094-9

⦿目次⦿1 Smallサイズのワンコたち（イタリアン・グレーハウンド，ウェスト・ハイランド・ホワイト・テリア ほか），2 知っておきたい ワンコのこと（フレンドリーなワンコに育てるために，もともとは、こんなお仕事してました ほか），3 Mediumサイズのワンコたち（アメリカン・コッカー・スパニエル，イングリッシュ・コッカー・スパニエル ほか），4 Largeサイズのワンコたち（アフガンハウンド，イングリッシュ・セター ほか），5 ワンコ用語辞典inudas（毛色編，体編，お手入れ編）

⦿内容⦿子犬たちをおしゃれスナップ。小型、中型、大型犬—サイズ別に64犬種のワンコたちをとびきりかわいい写真でご紹介。しつけのこと、血統書のこと、知っておきたい用語集など、読み物コラムもお役立ち。

ドッグ・セレクションベスト200　見て楽しい、読んで役立つ世界の犬種図鑑　木寺良三写真，石原美紀子監修　日本文芸社　2007.1　335p　21×19cm　〈実用BEST BOOKS〉　1500円　Ⓘ978-4-537-20520-6

⦿内容⦿犬の写真を数多く掲載。これから犬と暮らしたいと思っている人にもかならず役立つ犬種図鑑。

人気犬種166カタログ　佐草一優監修　グラスウインド，星雲社〔発売〕　2004.12　247p　21cm　1800円　Ⓘ4-434-05637-9

⦿目次⦿ダックスフンド，チワワ，プードル，ウェルシュ・コーギー・ペンブローク，シー・ズー，ヨークシャー・テリア，ラブラドール・レトリーバー，パピヨン，ポメラニアン，柴犬〔ほか〕

⦿内容⦿国内登録犬種146種完全収録。5年分の国内登録166種全掲載。一目でわかる「飼いやすさの目安」付き。

人気の犬種図鑑174　最新版・日本国内で登録された全犬種を収録　佐草一優監修　日東書院　2005.12　247p　21cm　1400円　Ⓘ4-528-01729-6

⦿目次⦿ダックスフンド，チワワ，プードル，ヨークシャー・テリア，パピヨン，ウェルシュ・コーギー・ペンブローク，シー・ズー，ポメラニアン，ラブラドール・レトリーバー，ミニチュア・シュナウザー〔ほか〕

⦿内容⦿最新の国内登録151犬種を全てデータ付きで紹介。単年の登録犬種だけでなく、過去に逆上って10年余りを網羅。

人気の子犬図鑑・飼い方遊び方　藤原尚太郎著　日東書院本社　2006.5　159p　21cm　〈いきものシリーズ〉　1400円　Ⓘ4-528-01732-6

⦿目次⦿第1章 人気の子犬図鑑（ミニチュア・ダックス，チワワ，トイ・プードル，ヨーク

シャー・テリア ほか）、第2章 飼い方・選び方（人気の子犬図鑑40種チェックシート、どんなところで子犬を探すか、健康な子犬を選ぶポイント、成長の様子—誕生～3か月 ほか）

(内容)日本の人気犬種ランキングベスト40の可愛い子犬をくわしく紹介。可愛い子犬を選ぶためのポイント、上手な育て方、しつけ方、犬種別の性格、手入れ法などがチェックシートで素早くわかる。

フォーグル博士のDOGS　ブルース・フォーグル著、福山英也日本語版監修　ネコ・パブリッシング　2002.7　431p　14cm　〈原書名：Dogs〉　1429円　④4-87366-281-8　Ⓝ645.6

(目次)古代犬、視覚ハウンド、嗅覚ハウンド、スピッツ・タイプの犬、テリア犬種、ガンドッグ、牧畜犬、コンパニオン・ドッグ、雑種

(内容)犬の図鑑。194の犬種を収録。古代犬、視覚ハウンド、嗅覚ハウンド、スピッツ・タイプの犬など、種類別に分類し掲載している。680枚以上の写真で様々な犬種を詳しく紹介し、各犬種の最も重要な特徴に重点をおいた解説がなされている。また各犬種の原産国、用途、寿命、別名、体重、体高、毛色の解説などのデータも記載されている。巻末に索引がつく。

ポケット版 愛犬図鑑　西村進著　西東社　1997.5　370p　15cm　1500円　④4-7916-0671-X

(目次)1 トイ・グループ、2 スピッツ・グループ、3 ワーキング・グループ、4 ハーディング・グループ、5 ハウンド・グループ、6 ガンドッグ・グループ、7 テリア・グループ、8 コンパニオン・グループ

野生イヌの百科　今泉忠明著　データハウス　1993.10　159p　19cm　（動物百科）　2000円　④4-88718-171-X

(目次)北半球、アジア、アフリカ、北アメリカ、南アメリカ、オーストラリア、日本の動物園で飼育されているイヌ科動物

よくわかる犬種図鑑ベスト185　藤原尚太郎〔編著〕、主婦の友社編　主婦の友社　2009.4　255p　21cm　（主婦の友ベストbooks）　〈索引あり〉　1500円　④978-4-07-266548-0　Ⓝ645.6

(目次)プードル（トイ・プードル）、チワワ、ダックスフンド（ミニチュア・ダックスフンド）、ポメラニアン、ヨークシャー・テリア、パピヨン、シー・ズー、フレンチ・ブルドッグ、柴犬、ミニチュア・シュナウザー〔ほか〕

(内容)国内登録151犬種を網羅しさらに過去にさかのぼって登録犬種の最新のデータを収録。人気順位、飼いやすさの目安、性格、かかりやすい病気、運動量、手入れの仕方などを、データとして紹介。

<カタログ>

世界の愛犬カタログ131種　福山英也監修、主婦の友社編　主婦の友社　2003.7　224p　21cm　1300円　④4-07-237386-9

(内容)ダックスフンド、シープドッグ＆キャトルドッグ、レトリバー、フラッシングドッグ＆ウォータードッグ、テリア、ピンシャー、シュナウザー、モロシアンタイプ＆スイスキャトルドッグ、スピッツ＆プリミティブタイプ、コンパニオン＆トイ、セント・ハウンド、サイトハウンド、ポインティングドッグ、愛犬との暮らしをもっと楽しく！賢い飼い主になる知識＆トレーニング

(内容)FCIグループ別「犬種別カタログ」。犬についての知識と飼い主としての心構え。「しつけとマナー」ベーシックトレーニング。

日本と世界の犬のカタログ '94　中島真理写真　成美堂出版　1994.1　193p　30cm　1700円　④4-415-03659-7

(内容)世界の犬152種をカラーグラフで紹介するほか、愛犬と泊まれるペンション・ホテル・旅館、ドッグフード、日本と世界の人気犬種一覧などを掲載するカタログ。

日本と世界の犬のカタログ '95 犬を愛する人のためのマニュアルガイド　成美堂出版　1994.12　210p　29×21cm　1700円　④4-415-04028-4

(目次)1 愛犬との出会い、2 愛犬の食事、3 愛犬との旅行

(内容)世界の犬158種をカラーグラフで紹介するほか、愛犬と泊まれるペンション・ホテル・旅館、ドッグフード、日本と世界の人気犬種一覧などを掲載するカタログ。特別取材として「獣医になる方法教えます」を収める。

日本と世界の犬のカタログ 犬を愛する人のためのマニュアルガイド '96　成美堂出版　1995.12　210p　30cm　1700円　④4-415-04079-9

(目次)巻頭特別グラフ—子犬の写真館、最新DOGカタログSUPERグラフ、愛犬との暮らし大百科（愛犬がやってきた、愛犬の食事、愛犬との旅行）

(内容)飼い犬166種のカタログ。収録データは原産国、大きさ、価格等で、他に歴史と用途、外観特徴、性格、飼育のポイント等に関する解説を掲載する。カラー写真付き。巻末に、犬と宿泊可能なペンション・ホテル・旅館の一覧、犬種名索引等がある。

動 物　　　　　　　　　　　　　　　　哺乳類

日本と世界の犬のカタログ　'97　犬を愛する人のためのマニュアルガイド　中島真理写真・監修　成美堂出版　1996.12　210p　30cm　1700円　Ⓘ4-415-04139-6
 (目次)巻頭特別グラフ・シェットランド諸島をたずねて，最新DOGカタログBESTグラフ，うちの愛犬・ラブリー・フォーカス，愛犬との暮らし大百科(子犬を迎える前に，待ちに待った子犬がやってきた!，しつけ方と食事の与え方，最新DOG・FOODSカタログ，愛犬と旅行にいくときの注意点，ワンちゃんと泊まれるペンション・ホテル・旅館)
 (内容)名犬174種のオールカラー完全ガイド，特徴や飼育のポイントなどを紹介。

日本と世界の犬のカタログ　2011年版　成美堂出版編集部編　成美堂出版　2010.10　282p　30cm　(Seibido mook)　1500円　Ⓘ978-4-415-10928-2　Ⓝ978-4-415-10928-2
 (内容)世界の犬237種をカラーグラフで紹介するカタログ。'91から刊行されている。世界中から選りすぐった純血犬を，グループ別に貴重な写真，様々なデータとともに掲載する。人気急上昇犬に注目した特集記事も収録。

◆◆盲導犬

<ハンドブック>

盲導犬ハンドブック　松井進著　文芸春秋　2002.5　190p　19cm　1667円　Ⓘ4-16-358570-2　Ⓝ369.275
 (目次)第1章 盲導犬と歩く(盲導犬を育てる，盲導犬と歩く ほか)，第2章 盲導犬と暮らす(盲導犬を持つには，共同訓練 ほか)，第3章 盲導犬に関する資料集(盲導犬育成施設の状況，盲導犬の育成・活動の状況 ほか)，第4章 視覚障害について，付録 バリアフリーに関する基本的なキーワード集
 (内容)盲導犬に関する情報ガイドブック。本編は4章から構成。第1章では，盲導犬の装身具や，歩行するとき等日常生活で盲導犬が果たす役割を紹介。第2章では，盲導犬の入手法や日常の世話，訓練士や盲導犬ボランティアの仕事等について紹介。第3章では，全国の盲導犬育成法人及び育成機関や，日本・世界の盲導犬稼動状況，関連法令等の資料をまとめ，第4章は視覚障害についての基礎知識と視覚障害者への接し方について紹介している。巻末にバリアフリーに関する基本的なキーワード集を付す。

◆ネコ科の動物

<図　鑑>

ビジュアル博物館　29　ネコ科の動物　ジュリエット・クラットン・ブロック著，リリーフ・システムズ訳　(京都)同朋舎出版　1992.7　63p　29×33cm　3500円　Ⓘ4-8104-1088-9
 (目次)ネコ科の動物とは，最初のネコ，いろいろなネコ科動物，骨格，体の内部，すぐれた感覚，すばらしい運動能力，毛づくろい，えものをなぶる，子ネコ，ネコ類の特性，ネコの王者ライオン，最大のネコ トラ，木登り名人 ヒョウ，水辺を好むネコ ジャガー，高地のネコ，平原のさすらい者，森林のネコ，スピードの王者チーター，ネコ科の親せき，ネコの家畜化，神話と伝説，ネコの貴族，短毛種，長毛種，珍しいネコ，都会の生活，ネコの世話
 (内容)野生と家畜のネコたちの驚くべき世界を紹介する博物図鑑。大小のネコ科動物の実物写真，ネコを題材とした美術品や工芸品，ネコの歯から爪まで，ネコ科動物のすべてを目のあたりに見ることができる。

◆◆ネコ

<書　誌>

猫を愛する人のための猫絵本ガイド　さわだ さちこ編著　講談社　2010.5　127p　21cm　〈他言語標題：The guide to Picture Books with Cats　索引あり〉　1600円　Ⓘ978-4-06-216265-4　Ⓝ019.53
 (目次)美しすぎる猫，いやしてくれる猫，友だちになりたい猫，働きものの猫，頼りになる猫，子どもごころがわかる猫，なぞめいた猫，おともにしたい猫，名作のなかの猫，思わず笑っちゃう猫，いい味だしてる脇役猫，心をあたためてくれる猫，猫とわかりあうために
 (内容)猫好きの絵本コーディネーター・さわださちこ氏が選んだ227冊がならぶ，珠玉の猫絵本ガイド。猫のタイプ別に，対象年齢表示や読み聞かせ対応などもナビゲート。絵本の雰囲気がよりわかる，見開きページも掲載。

<事　典>

猫の教科書　高野八重子，高野賢治著，シャナン写真　ペットライフ社，緑書房〔発売〕　2007.11　151p　31×21cm　3800円　Ⓘ978-4-903518-16-9
 (目次)猫種解説，猫学(猫の歴史，体の構造と機能，猫の飼育管理，健康，行動学，繁殖学，遺伝学，血統猫，人間社会と猫，グルーミング，

動植物・ペット・園芸 レファレンスブック　　341

付録）

⑩内容）多くの写真と詳しいデータを掲載した猫種図鑑と猫に関する幅広い情報を一冊にまとめた猫の専門書。

猫の事典 品種・生態から文学・歴史まで
犬養智子著　ごま書房　2000.3　232p 19cm　〈ゴマブックス〉　952円　Ⓣ4-341-01851-5　Ⓝ645.7

⑩内容）猫に関する項目を五十音順に掲載した事典。品種・生態から文学・歴史までの様々なテーマをとりあげる。1976年刊『ネコの事典』の改題。

猫の事典
ステファーヌ・フラッティーニ著、今泉忠明監修、岡田好恵訳　学習研究社 2002.2　213p　26cm　〈原書名：Copain des Chats〉　2500円　Ⓣ4-05-401447-X Ⓝ645.7

⑩目次）ネコとはどんな動物か?、ネコと人間、ネコを飼う、あなたのネコをよく知ろう、ネコのお世話、ネコの繁殖、ネコとお出かけ、ネコに関するいろいろな情報、ネコの品種、ネコ科の野生動物たち、ネコちゃんカタログ、ネコの用語事典

⑩内容）ネコの飼い方・品種ガイドブック。ネコの特徴と歴史、入手法と世話の仕方や繁殖の方法等飼い方のガイド、ネコに関連する職業の紹介等とともに、39種以上のネコの品種を写真とスタンダードな体格・頭部・毛並み・性格等を紹介。写真による短・中・長毛種別のネコのカタログもある。巻末にはネコの用語辞典、五十音順索引、写真クレジットを付す。

野生ネコの百科 最新版
今泉忠明著　データハウス　2004.7　175p　19cm　〈動物百科〉　2400円　Ⓣ4-88718-772-6

⑩目次）アジア（トラ、ユキヒョウ ほか）、アフリカ（ライオン、チーター ほか）、西アジア（ヒョウ、カラカル ほか）、ヨーロッパ・北アメリカ（ヨーロッパヤマネコ（リビア・ステップ）、スペインオオヤマネコ ほか）、南アメリカ（ジャガー、オセロット ほか）

⑩内容）滅びゆく野生の王者。トラからヤマネコまで全38種。獲物に忍び寄り殺すことを目的に、ひたすら狩りのテクニックを進化させてきた野生のネコ類は、自然が作った最高の芸術品だ。美しく質の高い毛皮をまとっていたが故に、人間の餌食となり、野生動物を獲物とするが故に、広大な生活地を必要とし、開発のあおりをまともに受け、今や絶滅が危惧されるようになった。本書はそうした野生の王たちの記録のすべてである。

<ハンドブック>

Q&Aでわかる猫の困った行動解決ハンドブック　高崎一哉著　ワンダーブック、どうぶつ出版〔発売〕　2005.11　190p　21cm 1380円　Ⓣ4-86218-002-7

⑩目次）破壊性―どうしても爪とぎ器を使ってくれない、情緒―車に乗るとヨダレだらけで、外出するのを極端に嫌う、食関連―ボケが始まった!?年を取って困った行動続出、情緒―毛を刈られた自分のしっぽ、異常に怖がるのはなぜ!?、性行動―オス同士が交尾行動、これって、同性愛なの?、食関連―髪の毛を食べてしまうクセ、何とかやめさせたい!、情緒―バイクと接触事故で受けた心の傷、癒してあげたい!!、食関連―ひも状のものを食べるクセ、成長してからも直らない!、排泄―主人に対して異常に甘え、あげくの果てにウンチまで、性行動―去勢したにも関わらず、私に交尾に似た行動を取る〔ほか〕

⑩内容）猫の人気雑誌、月刊『猫の手帖』で連載中の『うちのコがわからない!猫ごころ相談室』を再編集。猫たちがどんなことを考えているか、解決するにはどうすればよいのかを知りたい人に最適の1冊。

ネコちゃんパラダイス ペット用品ガイド キャット編 2005年版
産經新聞メディックス　2005.4　218p　30×21cm　1000円 Ⓣ4-87909-733-0

⑩目次）特集 インドアキャットの快適環境作り、フード（ドライタイプ、ソフト・セミモイストタイプ、ウエットタイプ、スナック ほか）、グッズ（デイリーグッズ、グルーミンググッズ、愛好者向けアイテム）、お役立ち最新データ

ネコちゃんパラダイス ペット用品ガイド キャット編 2006年版
産經新聞メディックス　2006.4　219p　30cm　1200円　Ⓣ4-87909-752-7

⑩目次）特集 ペット業界の動きがよくわかる!ネコパラNavi（ペット業界の市場環境、データNavi―データで見るペット業界の動き、アイテムNavi―アイテムで見る各社の動き）、目的別索引、フード・グッズカタログ（フード、グッズ（デイリーグッズ、グルーミンググッズ、愛好者向けアイテム））、お役立ち最新データ／索引

⑩内容）愛猫用のフード＆グッズが1500アイテム。動物愛護団体、愛猫団体、各種関連団体、主要企業団体、お役立ちデータ満載。

<図鑑>

ART BOX 保存版 vol.9 愛猫美術 83人のアーティストによる猫
Art Boxインターナショナル　2010.6　164p　30cm 3000円　Ⓣ978-4-87298-851-2　Ⓝ708.7

⑩目次）秋山祐徳太子、秋吉由紀子、五百住乙人、生田宏司、石沢晶子、市川あずさ、稲毛志州子、

動物　哺乳類

岩井栄子, 上野遒, 上野由紀子〔ほか〕
(内容)猫を扱った作品を作家のコメントとプロフィール, 作家の愛猫とともに紹介。

かわいい猫の図鑑 カラー版　ボックス・ストーリー著　中経出版　2010.11　223p　15cm（中経の文庫 ぼ-1-2）〈文献あり 索引あり〉　714円　①978-4-8061-3865-5　Ⓝ645.7
(目次)第1章 人気&個性派が集合!今注目のアイドル猫たち（王族に愛されたスレンダーキャット シャム（サイアミーズ）, キュートに微笑む冬の精 ロシアン・ブルー, シャムとバーミーズのいいとこどり!トンキニーズ ほか）, 第2章 あなたの好きなタイプはどれ?体型別猫カタログ（逆三角の小顔&スリムボディーが自慢! オリエンタル, しなやかな筋肉を持つスレンダー体型 フォーリン, コロンとした頭と短めボディーで人気 セミフォーリン ほか）, 第3章 猫ライフを充実させる!はじめての猫ライフ（猫ライフを充実させる!, キャットフードの種類と選び方, 猫の日常管理 ほか）
(内容)世界の純血種の猫のなかでもトップクラスの人気を誇る猫たち8種と, 体型別に分類された猫たち41種を紹介した図鑑。猫初心者のための「はじめての猫ライフ」も充実。

完璧版 猫の写真図鑑CATS オールカラー世界の猫350　デビッド・オルダートン著, マーク・ヘンリー写真写真　日本ヴォーグ社　1993.12　256p　21cm（地球自然ハンドブック）〈原書名：CATS（EYEWITNESS HANDBOOKS)〉　2500円　①4-529-02355-9
(内容)カラー写真と専門家による解説とで世界の猫を紹介する図鑑。350種余の猫についてのフルカラー写真700点以上を掲載, 種類を見分ける手順を記載している。

新猫種大図鑑　ブルース・フォーグル原著, 小暮規夫日本語版監修　ペットライフ社, 緑書房〔発売〕　2004.2　288p　30×26cm〈原書名：The new Encyclopedia of the CAT〉　6400円　①4-938396-66-1
(目次)第1章 猫の仲間, 第2章 人間とのかかわり, 第3章 からだの構造と機能, 第4章 猫の行動, 第5章 イエネコの種類, 第6章 猫の育て方
(内容)世界275タイプ以上の主な猫種を美しいカラー写真で紹介。猫の行動・健康・栄養についての新たな内容も加わった。猫の百科事典の決定版。

世界の猫　山崎哲写真　成美堂出版　1993.12　319p　16cm　（ポケット図鑑）〈監修：小島正だ〉　1200円　①4-415-07894-X　Ⓝ645.6
(内容)文庫サイズの小型図鑑シリーズ。

世界の猫カタログ BEST43　佐藤弥生監修, 山崎哲写真　新星出版社　1997.3　222p　21cm　1500円　①4-405-10641-X
(目次)仔猫アルバム, 猫のカラーについて, アビシニアン, アメリカンカール, アメリカンショートヘアー, アメリカンワイアーヘアー, バリニーズ, ベンガル, バーマン, ボンベイ, ブリティシュショートヘアー, バーミューズ, シャルトリュー, コーニッシュレックス, キムリック, デボンレックス, エジプシャンマウ, エキゾチックショートヘアー, ハバナブラウン, ヒマラヤン, ジャパニーズボブテール, コラット, メインクーン, マンクス, マンチカン, ノルウェージャンフォレストキャット, オシキャット, オリエンタルショートヘアー, ペルシャ, ラグドール, ロシアンブルー, スコティッシュフォールド, シャム, シンガプーラ, ソマリ, スフィンクス, トンキニーズ, ターキッシュアンゴラ, ターキッシュバン

世界の猫図鑑 人気猫種ベスト48　佐藤弥生監修　新星出版社　2008.3　222p　21cm　1500円　①978-4-405-10521-8　Ⓝ645.7
(目次)世界の仔猫ベスト27（アビシニアン&ソマリ, アメリカンショートヘア, アメリカンカール, ベンガル ほか）, 世界の猫カタログベスト43（アビシニアン, ソマリ, アメリカンショートヘアー, アメリカンワイアーヘアー ほか）
(内容)人気の純血全43種に, 今話題の5品種を加え, 全48猫種を紹介。猫のプロフィールを中心に, カラーや被毛の色, 理想的な体の形などがわかる基本的なデータを網羅し, カラーバリエーションを豊富なビジュアルで紹介。

人気の猫種図鑑47 猫の特徴や性格を知って, 触れ合う　佐草一優監修　日東書院　2005.12　207p　21cm　1400円　①4-528-01730-X
(目次)カタログ編（アビシニアン, ソマリ, アメリカンカール, アメリカンカール・ショートヘア, アメリカンショートヘア ほか）, 触れ合い編（ネコを知りましょう, 室内飼いネコの行動学, 自由行動をしているネコの行動, ネコの体, ネコとの出会い方 ほか）
(内容)カタログ編では47種を紹介。触れ合い編では, 猫との生活を楽しくする方法を紹介。一緒に暮らす猫の性格や特徴を良く知ろう。

ねこあつまれ　植木裕幸, 福田豊文写真, 今泉忠明監修　（大阪）ひかりのくに　1999.3　51p　25×21cm　（ものしりスーパー図鑑）　880円　①4-564-20253-7
(目次)ねこのしゅるい（とくちょうのあるねこ, みじかいけのねこ, にほんのねこ, ながいけのねこ, ブラッシングのポイント）, ねこをかおう（ねこってどんなどうぶつ, けんこうでじょ

動植物・ペット・園芸 レファレンスブック

うぶなねこのからだ、せいかつのどうぐをよういしよう、ねこのしつけとせわ、ねこのしょくじ、ねこのおいしゃさん、あかちゃんがうまれたよ、こねこのべんきょう、ひるねだいすき、ねことのつきあいかた）、ねことなかよく（ねこのしぐさ、ねこのなきごえ、ねことあそぼう）、ねこのひみつ（からだのひみつ、ねこのとくいなこと、ねことねこのおつきあい）

猫種大図鑑　ブルース・フォーグル著、小暮規夫監修　ペットライフ社、緑書房〔発売〕　1998.12　240p　30×25cm　〈原書名：The ENCYCLOPEDIA of the CAT〉　6000円　Ⓣ4-938396-45-9

目次　第1章 猫の仲間、第2章 人間とのかかわり、第3章 からだの構造と機能、第4章 猫の行動、第5章 イエネコの種類、第6章 猫の育て方

内容　毛色の種類、起源、性質、猫の骨格、猫の習性、飼育法など、世界中の猫種と、その特徴を解説した図鑑。用語解説、索引付き。

フォーグル博士のCATS　ブルース・フォーグル著、小暮規夫日本語版監修　ネコ・パブリッシング　2002.7　400p　14cm　〈原書名：Cats〉　1429円　Ⓣ4-87366-282-6　Ⓝ645.7

目次　長毛種（ロングヘア（ペルシャ）、新しい色のロングヘア（ペルシャ）、カラーポイント・ロングヘア（ヒマラヤン）、バーマン ほか）、短毛種（エキゾチック、ブリティッシュ・ショートヘア、新しい色のブリティッシュ・ショートヘア、マンクス ほか）、猫のからだの構造（猫の遺伝学、被毛の色、被毛のパターン、顔の形とボディの形態 ほか）

内容　ネコの図鑑。303種類のネコを収録。長毛種、短毛種に分けて掲載。340枚以上の写真により様々な猫種の特徴と社会を解説している。各猫種の起源、原産国、原種、異種交配種、別名、体重、気質などのデータおよび猫の歴史、猫種の色、紹介文が掲載されている。この他に猫のからだの構造についても解説されている。巻末に索引がつく。

<カタログ>

日本と世界の猫のカタログ　'94　山崎哲写真　成美堂出版　1993.12　161p　29×21cm　1700円　Ⓣ4-415-03666-X

目次　1 ネコの写真館、2 世界のネコカタログ、3 ネコと上手につきあう、4 役に立つ情報集

内容　世界の猫を1冊に収録、カタログ化したガイドブック。

日本と世界の猫のカタログ　抱き締めたくなるほど可愛い猫の世界　'95　山崎哲写真　成美堂出版　1994.12　156p　30cm　1700円　Ⓣ4-415-04023-3

目次　素敵なネコの物語、世界のネコカタログ、ネコの飼い方マニュアル、ネコの役に立つ情報

内容　世界の純血種43種をカラー写真と記事で紹介する写真図鑑。他に、飼い方についての記事や、ネコグッズの店、キャットフードカタログ、キャットグッズカタログ、ネコ用語辞典、キャットクラブリストを掲載する。―世界のキャットショー最新アルバム。

日本と世界の猫のカタログ　2011年版　小島正記監修、山崎哲ほか写真　成美堂出版　2010.11　154p　29cm　（Seibido mook）　1400円　Ⓣ978-4-415-10926-8　Ⓝ645.6

内容　世界の純血種の猫をカラー写真と記事で紹介するカタログ。'91年から刊行されている。ワイルド系から癒やし系まで53種を収録。品種ごとに体・性格の特徴、飼育のポイント等をわかりやすく記載。ノルウェージャンフォレストキャットの故郷とキャッテリーをめぐる旅なども掲載。

ベスト猫カタログ　人気の57種類・400バリエーション　キャッツワールド編集部編　誠文堂新光社　2009.3　127p　30cm　〈他言語標題：The best of cat's catalog　文献あり〉　1800円　Ⓣ978-4-416-70920-7　Ⓝ645.7

目次　ヨーロッパの猫たち、アジアの猫たち、ニューヨークの猫たち、日本の猫たち、世界の猫カタログ―人気の57種類、世界の猫グッズ・コレクション

内容　世界の街かどの猫から人気の純血種、個性派猫グッズまで、猫の魅力のすべてをコレクション。

◆**霊長類**

<事　典>

サルの百科　杉山幸丸、相見満、斉藤千映美、室山泰之、松村秀一、浜井美弥著　データハウス　1996.6　239p　19cm　（動物百科）　3200円　Ⓣ4-88718-395-X

目次　原猿類、広鼻猿類、狭鼻猿類、類人猿

内容　世界各地のサル75種の名称・体重・頭胴長・形態・分布地図・近縁種のデータをカラー写真とともに紹介し、それぞれの生態や行動を解説した事典。排列は原猿類・広鼻猿類などの分類順。

<図　鑑>

ゴリラ図鑑　山極寿一写真・文、田中豊美画　文渓堂　2008.11　63p　31cm　2500円

①978-4-89423-611-0　Ⓝ489.97
⊕目次⊕霊長類系統樹，ゴリラって，どんな動物?，上半身が大きいゴリラの体，アフリカの熱帯雨林にすむ，社会構造，森の暮らし，森の恵みを食べる，子育て，遊ぶ，けんかとなかなおり，会話，ドラミング，誤解されたゴリラ，類人—ゴリラの仲間たち，危機にある熱帯雨林とゴリラたち，ゴリラの保護活動，野生のゴリラに会いにいこう，ゴリラ用語ミニ事典，さくいん
⊕内容⊕われらが隣人、ゴリラのことがよくわかる図鑑。ゴリラ研究の第一人者が紹介する、最新のゴリラ情報が満載。ゴリラの生態と保護活動を150点以上の写真とイラストでわかりやすく解説。

ビジュアル博物館　64　霊長類　人間の仲間 霊長類の生活や行動、知能を探る　イアン・レッドモンド著, 斎藤勝日本語版監修, ピーター・アンダーソン, ジェフ・ブライトリング写真　(京都)同朋舎出版　1997.4　63p　30cm　2718円　①4-8104-2250-X
⊕目次⊕霊長類とは，類人猿と人類，原始的な霊長類，夜行性の霊長類，マーモセットとタマリン，新世界ザルの仲間，木の上の生活，頭のよいオマキザル，旧世界ザルの仲間，平原の生活，適応能力の高いマカクの仲間，小型の類人猿，意思を伝え合う，身を守る，大型の類人猿，アジアの大型類人猿，大食漢，類人猿の王者，ゴリラの家族の生活，マウンテンゴリラ，愛情豊かな親，チンパンジー，社交的な類人猿，器用に道具を使う，情愛の深い類人猿，伝説のサルたち，人間と霊長類，霊長類の危機
⊕内容⊕巨大なゴリラから小さなネズミキツネザルまで、霊長類をカラー写真で紹介した博物図鑑。

書 名 索 引

書名索引　いてん

【あ】

愛犬の家庭医学事典 333
愛犬の健康と病気完全ガイド 334
愛犬のための繁殖・育児百科事典 334
愛犬ハンドブック 336
愛犬名鑑 2000 336
愛知の野草 104
IBA白書 2010 322
秋田きのこ図鑑 186
秋の花 108
秋の野草 67
秋の野草 新装版 108
アクアリウムで楽しむ水草図鑑 144
アゲハチョウ観察事典 267
アサガオ観察事典 180
浅野貞夫 日本植物生態図鑑 54
アジア産蝶類生活史図鑑 1 267
アジア産蝶類生活史図鑑 2 267
アジサイ図鑑 179
アジサイの世界 179
アジサイ百科 179
アシナガバチ観察事典 266
あそびのおうさまずかん いきもの・くらし にっぽんのどうぶつたち 197
あそびのおうさまずかん くさばな 102
あそびのおうさまずかん ペット 242
新しい植木事典 157
ART BOX vol.9 342
アニマルトラック＆バードトラックハンドブック 改訂新版 208
アニマルトラック＆バードトラックハンドブック 改訂増補版 208
アニマルトラックハンドブック 新版 ... 208
「あの馬は今？」ガイド 2001-2002 331
「あの馬は今？」ガイド 2004-2005 331
「あの馬は今？」ガイド 2005-2006 331
「あの馬は今？」ガイド 2006-2007 331
「あの馬は今？」ガイド 2007-2008 331
アーバンガーデニング 156
アブラムシ入門図鑑 263
奄美の稀少生物ガイド 2 24
奄美の野鳥図鑑 319
網をはるクモ観察事典 250
アメーバ図鑑 244
アメリカ微生物学会臨床微生物学ポケットガイド 19
アメンボ観察事典 264

アラマタ版 磯魚ワンダー図鑑 281
アリストテレスから動物園まで 4
アリハンドブック 266
アルプスの花を訪ねて 122
アロマ＆エステティックガイド 2002 87
アロマセラピーとマッサージのためのキャリアオイル事典 87
アロマテラピー事典 87
アロマテラピーと癒しのお店ガイド 87
アロマテラピーの事典 87
アロワナ銘鑑 297
安心キノコ100選 186
安心キノコ100選 改訂版 186
安心して応用できる薬木薬草事典 74
アンモナイト 232

【い】

医学・生物学研究のためのウェブサイト厳選700 7
イカ・タコガイドブック 248
イカ・タコ識別図鑑 248
いきもの 197
いきもの探検大図鑑 2
生きものの飼い方 改訂版 243
生き物のくらし 197, 209
生き物の飼育 243
イギリス植物民俗事典 44
いけばな花材辞典 99
いけばな辞典 99
池や小川の生きもの 215
石川のきのこ図鑑 186
石鎚山の花 116
伊豆大島海中図鑑 215
伊豆・大瀬崎マリンウォッチングガイド 221
伊豆の海・海中大図鑑 221
伊豆の海・海中大図鑑 改訂版 221
伊豆の海・海中大図鑑 第3版 221
伊豆の海・海中大図鑑 第4版 221
イスラエル花図鑑 122
イソギンチャクガイドブック 248
磯採集生物ガイドブック 220
磯の生物飼育と観察ガイド 221
一日ひとつの花図鑑 89
遺伝学用語辞典 第6版 20
遺伝子 第8版 21
遺伝子工学キーワードブック 改訂第2版 20

動植物・ペット・園芸 レファレンスブック　349

いてん　　　　　　　　書名索引

遺伝子工学小辞典	20
遺伝子工学ハンドブック	21
愛しのレイ	98
稲作大百科 1 第2版	162
稲作大百科 2 第2版	162
いぬ	337
犬を選ぶための愛犬図鑑	337
犬を選ぶためのカラー図鑑	337
イヌ科の動物事典	333
イヌとネコ	329
犬との幸せな暮らし方	334
いぬ・ねこ	329
いぬねこ	329
イヌ・ネコの実力獣医師広島	210
犬の医学大百科	334
犬の家庭医学大百科	334
犬の事典〔第18版〕	334
犬の事典	334
犬の写真図鑑	337
犬の写真図鑑DOGS〔完璧版〕	337
犬の大百科	335
犬のベスト・カタログ	337
犬のベストカタログ138	337
伊吹山の花	116
今を生きる古代型魚類	281
今森光彦ネイチャーフォト・ギャラリー	252
イモムシハンドブック	267
イモリ・サンショウウオの仲間	301
西表島フィールド図鑑	25
イルカ・ウォッチングガイドブック	332
イルカ、クジラ大図鑑	332
いろいろたまご図鑑	207
色・大きさ・開花順で引ける季節の花図鑑	108
色がわかる四季の花図鑑	108
色・季節でひける花の事典820種	108
色で楽しむ花図鑑500	89
色でひける花の名前がわかる事典	90
色と大きさでわかる野鳥観察図鑑	307
色別茶花・山草545種	67
色別茶花・山草770種	67
色別 野の花図鑑	102
色別身近な野の花山の花ポケット図鑑	102
色分け花図鑑 花菖蒲	150
色分け花図鑑 朝顔	180
色分け花図鑑 桜草	150
色分け花図鑑 椿	150
岩手の樹木百科	130
イワヒバを楽しむ	143
イングリッシュローズ図鑑	175
インテリア観葉植物	143

【う】

ウイルス学事典 第2版	18
ウェブサイト厳選2500 改訂 第2版	7
植える 樹木編	158
魚の事典	278
動く!深海生物図鑑	221
歌ことばの泉	40
馬の百科	330
ウミウサギ生きている海のジュエリー	244
ウミウシ生きている海の妖精	244
ウミウシガイドブック	245
ウミウシガイドブック 2	245
ウミウシガイドブック 3	245
うみのいきもの 改訂新版	27
海の生き物ウオッチング500	222
海の生き物の飼い方	222
海の生きもののくらし	222
海の魚大図鑑	281
海の危険生物ガイドブック	222
海の甲殻類	249
海の魚	281
海の釣魚	281
海の動物百科 1	332
海の動物百科 2	281
海の動物百科 3	281
海の動物百科 4	220
海の動物百科 5	220
海の哺乳類	331
海辺で出遭うこわい生きもの	215
海辺で拾える貝ハンドブック	245
海べの生きもの	222
海辺の生きもの 新装版	223
海辺の生きもの	223
海辺の生き物	27, 223
海辺の生きものガイドブック	223
海辺の生物	223
海辺の生物観察事典	215
海辺の生物観察図鑑	223
ウメの品種図鑑	179
雲南花紀行	122

350　動植物・ペット・園芸 レファレンスブック

書名索引　かいか

【え】

絵合わせ 九州の花図鑑 …………… 116
英国王立園芸協会 ハーブ大百科 ……… 82
A―Z園芸植物百科事典 …………… 138
英文学のための動物植物事典 ………… 32
英和学習基本用語辞典生物 …………… 6
英和 生物学習基本用語辞典 ………… 7
英和・和英生化学用語辞典 第2版 …… 17
英和・和英微生物学用語集 第4版 …… 19
エコガーデニング事典 ……………… 156
エコロジー小事典 …………………… 28
エコロン自然シリーズ 1 …………… 54
越後・佐渡・谷川岳・苗場山植物手帳 … 60
絵でみる世界鳥類地図 ……………… 322
江戸鳥類大図鑑 ……………………… 319
NHKは〜!あにまる動物大図鑑 アフリカ編 …………………………… 326
NHKは〜!あにまる動物大図鑑 日本編 …………………………………… 326
NHKは〜!あにまる動物大図鑑 オーストラリア・海洋編 …………… 326
NHKは〜!あにまる動物大図鑑 アジア・ヨーロッパ編 ……………… 326
NHKは〜!あにまる動物大図鑑 南北アメリカ編 ………………………… 326
エビ・カニガイドブック 2 ………… 250
えひめ愛南お魚図鑑 ………………… 289
愛媛のキノコ図鑑 …………………… 186
愛媛の薬用植物図鑑 ………………… 76
園芸学用語集・作物名編 …………… 138
園芸事典 新装版 …………………… 138
園芸植物 …………………… 140, 141, 150
園芸植物大事典 〔コンパクト版〕 …… 138
園芸植物大事典 6 …………………… 138
園芸植物の病害虫図鑑 〔カラー保存版〕 ……………………………… 142
園芸店で買える花のカタログ …… 94, 154
園芸店・花屋さんで買える花のカタログ ……………………………… 94

【お】

おいしいきのこ毒きのこ …………… 184
おいしいキノコと毒キノコ ………… 187
欧州家禽図鑑 ………………………… 325

旺文社 生物事典 四訂版 ……………… 4
近江の山の山野草 …………………… 52
応用植物病理学用語集 ……………… 48
大阪湾の生きもの図鑑 ……………… 223
オオトカゲ&ドクトカゲ …………… 301
大むかしの生物 ……………………… 9
大むかしの動物 新訂版 ……………… 231
大昔の動物 …………………………… 231
大昔の動物 増補改訂 ………………… 231
小笠原の植物 フィールドガイド …… 54
小笠原の植物 フィールドガイド 2 … 54
小笠原ハンドブック ………………… 24
おかしな生きものミニ・モンスター … 197
岡山県カヤツリグサ科植物図譜 …… 171
岡山県スゲ属植物図譜 1 …………… 171
岡山の蝶 ……………………………… 268
沖縄クモ図鑑 ………………………… 250
沖縄昆虫野外観察図鑑 〔増補改訂版〕 … 262
沖縄のウミウシ ……………………… 245
「沖縄の海」海中大図鑑 ……………… 223
沖縄のトンボ図鑑 …………………… 271
沖縄の蜜源植物 ……………………… 54
奥日光フィールド図鑑 ……………… 25
おさかなパラダイス 2005年版 …… 300
押し花図鑑 …………………………… 98
押し花野草図鑑 ……………………… 98
オーストラリアケアンズ生き物図鑑 … 214
オーストラリアの花100 …………… 122
尾瀬植物手帳 ………………………… 53
尾瀬の自然 …………………………… 55
尾瀬の自然図鑑 ……………………… 25
オックスフォード植物学辞典 ……… 45
オックスフォード動物学辞典 ……… 206
オックスフォード動物行動学事典 … 206
オトシブミ観察事典 ………………… 264
オトシブミハンドブック …………… 264
大人の園芸 …………………………… 158
おもしろ恐竜図鑑 …………………… 232
おもしろくてためになる桜の雑学事典 ……………………………… 178
おもと …………………………………… 144
親子で遊ぼう!!おもしろ動物園 首都圏版 ………………………………… 205
オールド・ローズとつるバラ図鑑674 … 175
オールド・ローズ花図譜 …………… 175

【か】

「開花順」四季の野の花図鑑 ………… 108

動植物・ペット・園芸 レファレンスブック　*351*

書名	ページ
海岸植物の本	53
海岸動物	224
外国産クワガタ・カブトムシ飼育大図鑑	273
海獣図鑑	332
海水魚	282
海水魚 新装版	289
海水魚・海の無脊椎動物1000種図鑑	224
海水魚カタログ	282
海水魚・サンゴ1000種図鑑	297
海水魚大図鑑	282
海水魚の飼い方ハンドブック	296
海水魚ビギナーズ・ガイド	297
海中生物図鑑	224
海鳥識別ハンドブック	323
貝と水の生物 改訂版	215
貝の写真図鑑 〔完璧版〕	245
貝の図鑑	245
貝のふしぎ図鑑	245
怪物の事典	239
解剖・観察・飼育大事典	240
海洋生物ガイドブック	224
外来種ハンドブック	28
外来水生生物事典	28
外来生物事典	28
カエデ識別ハンドブック	171
カエル 1	304
カエル 2	304
カエル観察事典	305
カエル・サンショウウオ・イモリのオタマジャクシハンドブック	305
かえる大百科	304
家屋害虫事典	277
香りの植物	34
花卉園芸大百科 1	146
花卉園芸大百科 2	146
花卉園芸大百科 3	146
花卉園芸大百科 4	146
花卉園芸大百科 5	146
花卉園芸大百科 6	146
花卉園芸大百科 7	146
花卉園芸大百科 8	146
花卉園芸大百科 9	146
花卉園芸大百科 10	147
花卉園芸大百科 11	147
花卉園芸大百科 12	147
花卉園芸大百科 13	147
花卉園芸大百科 14	147
花卉園芸大百科 15	147
花卉園芸大百科 16	147
花卉園芸の事典 普及版	147
学研わくわく観察図鑑 メダカ	294
学習図鑑 昆虫	252
学習図鑑 植物	34
学術用語集 増訂版	46
カゲロウ観察事典	264
花材図鑑 コンテナガーデン	150
花材図鑑 ドライ・プリザーブドフラワー	99
花材図鑑 ブーケ	99
花材百科 四季花事典 1 春・夏	100
傘の形でわかる日本のきのこ	187
花実でわかる樹木	124
花色でひける野草・雑草観察図鑑	102
化石	10
化石鑑定のガイド 新装版	10
化石図鑑	10
河川水辺の国勢調査年鑑 平成3年度 底生動物調査、植物調査、鳥類調査、両生類・爬虫類・哺乳類調査、陸上昆虫類等調査編	218
河川水辺の国勢調査年鑑 平成4年度 底生動物調査編	218
河川水辺の国勢調査年鑑 平成4年度 植物調査編	51
河川水辺の国勢調査年鑑 平成8年度 魚介類調査、底生動物調査編	219
河川水辺の国勢調査年鑑 平成8年度 植物調査編	51
河川水辺の国勢調査年鑑 平成7年度 魚介類調査、底生動物調査編	219
河川水辺の国勢調査年鑑 平成7年度 植物調査編	51
河川水辺の国勢調査年鑑 平成9年度 魚介類調査、底生動物調査編	219
河川水辺の国勢調査年鑑 平成9年度 植物調査編	51
河川水辺の国勢調査年鑑 河川版 平成11年度 魚介類調査、底生動物調査編	219
河川水辺の国勢調査年鑑 河川版 平成11年度 植物調査編	51
片桐義子の花日記	97
形とくらしの雑草図鑑	73
家畜衛生統計 平成9年	240
家畜衛生統計 平成12年	240
活魚大全	281
学研生物図鑑 野草 1 改訂版	105
学研生物図鑑 貝 1 改訂版	246
学研生物図鑑 昆虫 1 改訂版	253
学研生物図鑑 野草 2 改訂版	105
学研生物図鑑 貝 2 改訂版	246
学研生物図鑑 昆虫 2 改訂版	253
学研生物図鑑 昆虫 3 改訂版	253

学研生物図鑑 海藻 改訂版	183
学研生物図鑑 魚類 改訂版	282
学研生物図鑑 水生動物 改訂版	216
学研生物図鑑 鳥類 改訂版	307
学研生物図鑑 動物（ほ乳類・は虫類・両生類）改訂版	197
学研の図鑑 新訂版	90, 253
学研の大図鑑 危険・有毒生物	226
学校園おもしろ栽培ハンドブック	139
学校のまわりでさがせる生きもの図鑑 水の生きもの	216
学校のまわりでさがせる生きもの図鑑 昆虫 1	253
学校のまわりでさがせる生きもの図鑑 昆虫 2	253
学校のまわりでさがせる生きもの図鑑 動物・鳥	55
学校のまわりでさがせる植物図鑑 春	108
学校のまわりでさがせる植物図鑑 夏	109
学校のまわりでさがせる植物図鑑 秋冬	109
学校のまわりでさがせる植物図鑑 樹木	131
学校のまわりの生きものずかん 1	55
学校のまわりの生きものずかん 2	55
学校のまわりの生きものずかん 3	55
学校のまわりの生きものずかん 4	55
学校のまわりの植物ずかん 1	109
学校のまわりの植物ずかん 2	109
学校のまわりの植物ずかん 3	109
学校のまわりの植物ずかん 4	109
学校のまわりの植物ずかん 5	131
家庭園芸栽培大百科	138
家庭で使える薬用植物大事典	74
ガーデンカラーブック	156
ガーデン植物大図鑑	158
ガーデン・ハーブ図鑑	84
加藤淡斎 茶花	101
かながわの自然図鑑 3	327
かながわの山に咲く花	116
必ずみつかる子犬選びの本	337
カニ観察事典	250
カニ百科	250
カビ図鑑	184
カブト・クワガタ・ハナムグリ300種図鑑	273
カブトムシ観察事典	273
カブトムシ・クワガタムシ	273, 274
カブトムシ・クワガタムシ 増補改訂版	274
カブトムシ・クワガタムシ－スーパーカタログ	274
カブトムシとクワガタ	274
カブトムシの飼育徹底ガイドブック	272
かぶとむしのなかま	274
カブトムシの百科 第4版	272
カブトムシの百科 増補版	274
かぶとやまの薬草	77
花粉学事典	47
花粉学事典 新装版	48
花粉分析と考古学	48
花木・公園の木	131
花木＆庭木図鑑200	158
花木・庭木	159
花木・庭木 増補改訂版	159
かまきり	264
カマキリ観察事典	264
上高地の自然図鑑	25
カメのすべて	306
カメレオン	301
カモメ識別ハンドブック 改訂版	323
カヤツリグサ科入門図鑑	172
カラー 高山植物 増補新版，〔完全保存新装版〕	61
カラー植物百科 新訂増補版	34
カラー図鑑 海水魚	282
カラー図鑑 カメ・トカゲ・ヘビ・カエルなどの飼い方	301
カラー図鑑 観葉植物	144
カラー図鑑 クワガタムシ・カブトムシ	274
カラー図鑑 山菜・木の実	67
カラー図鑑 ハーブクラフト	84
カラー図鑑 水草の育て方	144
カラー動物百科 新訂増補版	206
カラー熱帯魚淡水魚百科 増補版	297
ガラパゴス大百科	23
カラー版 家庭菜園大百科	163
カラー版 きのこ図鑑	187
カラー版 食虫植物図鑑	50
カラー版 日本鶏・外国鶏	324
カラー版 薬草図鑑	77
樺太植物誌	58
カリバチ観察事典	266
軽井沢町植物園の花	116
軽井沢町植物園の花 第2集	116
軽井沢町植物園の花 第3集	116
かれんな花を楽しむはじめての山野草102種	141
かわいい猫の図鑑	343
可愛いヤモリと暮らす本	301
川魚完全飼育ガイド	296
川と湖の魚 2	290

川の生きもの図鑑	25
川の図鑑	216
川の生物	216
川の生物図典	25
川・湖・池の魚	282
環境と生態	22
環境白書 平成21年版	31
環境白書 平成22年版	31
環境微生物図鑑	20
かんさつしようこん虫のへんしん	253
観察ブック カブトムシ・クワガタムシの とり方・飼い方	275
観賞魚大図鑑	297
完全ガイド 鉢花	155
鑑定図鑑日本の樹木	131
関東近郊 花のある旅100	115
眼微生物事典	18
完璧版 観賞魚の写真図鑑	297
完璧版 昆虫の写真図鑑	253
完璧版 猫の写真図鑑CATS	343
漢方のくすりの事典	80
漢方ポケット図鑑	80
観葉植物	143, 145
観葉植物事典	143
観葉植物と熱帯花木図鑑	145

【き】

聴いて楽しむ野鳥100声	307
気をつけよう!毒草100種	49
機械と生き物Q&A くらべる図鑑 3	2
機械と生き物Q&A くらべる図鑑 4	2
聴き歩きフィールドガイド 奄美	212
聴き歩きフィールドガイド 沖縄 1	213
木々の恵み	124
季語の花 秋	40
季語の花 夏	40
季語早引き辞典 植物編	42
紀州・熊野採集日本魚類図譜	283
季節の花事典	97
季節の野草・山草図鑑	67
北アルプス自然図鑑 花・蝶・鳥	25
北シベリア鳥類図鑑	321
北で育てる魅力の花	149
北日本魚類大図鑑 普及版	290
北の魚類写真館	290
樹と花の絵図典	141
樹に咲く花 改訂第3版	90
樹に咲く花	124

樹に咲く花 1	90
樹に咲く花 2	124
記念樹	157
きのこ	187
きのこ 新装版	187
きのこ	187, 188
きのこガイドブック '99年版	185
きのこ・木の実	185
キノコ図鑑	188
きのこ採りナビ図鑑	188
きのこ年鑑 '92年版	191
きのこ年鑑 2000年版	191
きのこ年鑑 2004年度版	191
きのこ年鑑 2008年度版	191
きのこ年鑑 2009年度版	191
きのこ年鑑 2010年度版	191
きのこの語源・方言事典	185
キノコの世界	185
きのこのほん	188
きのこハンドブック	185, 188
木の写真図鑑	125
木の図鑑	125
木の大百科	122
木の名前	125, 130
木の実・草の実	135
木の実・山菜事典 1	65
木の実・山菜事典 2	65
ギボウシ図鑑	172
基本がわかる野鳥eco図鑑	317
基本 ハーブの事典	82
キャンパスに咲く花 阪大吹田編	116
キャンパスに咲く花 阪大豊中編	117
Q&Aでわかる猫の困った行動解決ハンドブック	342
九州で見られるきのこ	188
九州・野山の花	117
きょうりゅう	232, 233
きょうりゅう 新版	233
恐竜	233, 234
恐竜 増補改訂	234
恐竜	234
恐竜イラスト百科事典	232
恐竜・大昔の生き物 増補改訂版	234
恐竜解剖図鑑	234
恐竜キャラクター大百科	234
恐竜時代の図鑑 1	234
恐竜時代の図鑑 2	234
恐竜時代の図鑑 3	234
恐竜事典	234
恐竜図解新事典	232
恐竜図鑑	235

書名索引　けいる

恐竜3D図鑑	235
恐竜大図鑑	235
恐竜超百科 古代王者恐竜キング 恐竜大図鑑	235
きょうりゅうと おおむかしのいきもの	235
きょうりゅうとおおむかしのいきもの	235
恐竜と古代生物	231
恐竜の図鑑	235
恐竜の探検館	236
恐竜博物図鑑	236
恐竜ファイル	236
恐竜野外博物館	236
魚貝もの知り事典	278
魚介類2.5万名前大辞典	278
極地の哺乳類・鳥類	329
巨樹・巨木	130
巨樹・巨木 続	130
巨樹・巨木林 フォローアップ調査報告書	137
魚類レファレンス事典	280
切り花図鑑	90
きれいに咲かせる鉢花づくり120種	155
近畿地区・鳥類レッドデータブック	322
近畿のトンボ図鑑	271
金魚のすべて 増補改訂版	296
金魚80品種カタログ	296
金魚百科 改訂版	297
近世産物語彙解読辞典 1	24
近世産物語彙解読辞典 2	24
近世産物語彙解読辞典 3	24
近世産物語彙解読辞典 4	24
近世産物語彙解読辞典 5	24
近世植物・動物・鉱物図譜集成 第6巻	80
近世植物・動物・鉱物図譜集成 第11巻	81
近世植物・動物・鉱物図譜集成 第13巻	81
近世植物・動物・鉱物図譜集成 第15巻〔1 索引篇〕	81

【く】

草木染 染料植物図鑑 続・続	74
草木の本	42
草木花歳時記 春	40
草木花歳時記 夏	40
草木花歳時記 秋の巻	40
草木花歳時記 冬	41
草木花歳時記 拾遺百花選	41
草木花歳時記 春 上	41

草木花歳時記 春 下	41
草木花歳時記 夏 上	41
草木花歳時記 夏 下	41
草木花歳時記 秋 上	41
草木花歳時記 秋 下	41
草木花歳時記 冬	41
くさばな 新版	102
草花遊び図鑑	102
くさばな・き	34
草花の名前と育て方	149
草花もの知り事典	101
クジラ・イルカ	332
クジラ・イルカ大図鑑	333
クジラ・イルカ大百科	333
薬になる草と木424種	75
薬になる植物百科	75
薬になる野草・樹木	77
くだもの	170
朽ち木にあつまる虫ハンドブック	264
クマノミガイドブック	293
クマノミ全種に会いに行く	293
くもんのはじめてのずかん どうぶつ・とり	197
くもんのはじめてのずかん さかな・みずのいきもの・こんちゅう	197
くもんのはじめてのずかん はな・くだもの・やさい・かいそう	34
クラゲガイドブック	246
暮らしを彩る花屋さんの花ガイドブック	90
暮らしを支える植物の事典	45
暮らしにいかすハーブ図鑑	85
くらしの花大図鑑	150
くらしの花百科	150
くらべてわかる食品図鑑 4	224
クリスマスローズギャラリー	175
グレート・ヒマラヤ花図巻	122
クレマチス	151
Clematis Gallery	151
クローズアップ大図鑑	209
クローズアップ虫の肖像	253
クワガタ＆カブト 甲虫ランキング大百科	272
クワガタムシ・カブトムシ	275
くわがたむしとかぶとむし 新版	275

【け】

鯨類学	333

動植物・ペット・園芸 レファレンスブック　355

けつて　書名索引

決定版 山野草の育て方＆楽しみ方事典 ………………………………………… 138	原色新海藻検索図鑑 ……………… 183
決定版!!全国水族館ガイド …………… 205	原色新樹木検索図鑑 合弁花他編 … 125
決定版 日本の探鳥地 北海道編 …… 318	原色新樹木検索図鑑 離弁花編 …… 125
決定版 日本の探鳥地 東北編 ……… 319	原色新鳥類検索図鑑 新装 ………… 308
決定版 日本の探鳥地 関東・甲信越・北陸編 ……………………………………… 319	原色図鑑＆飼育 クワガタムシ・カブトムシ完全BOOK ………………………… 275
決定版 日本の探鳥地 首都圏編 …… 319	原色図鑑 衛生害虫と衣食住の害虫 改訂版 ……………………………………… 278
決定版 日本の探鳥地 東海・西日本編 … 319	原色図鑑サハリンの蝶 ……………… 268
決定版 日本の探鳥地 九州・沖縄編 … 319	原色図鑑 世界のクワガタムシ・カブトムシ ……………………………………… 275
決定版 熱帯魚大図鑑 ………………… 297	原色図鑑 芽ばえとたね 新装版 …… 34
決定版 バラ図鑑 ……………………… 176	原色 蝶類検索図鑑 ………………… 268
決定版 水草大図鑑 …………………… 145	原色 冬虫夏草図鑑 ………………… 184
決定版 山の花1200 ………………… 61	原色動物大図鑑 第1巻 復刻版 …… 198
賢治と学ぶ大磯・四季の花 上 …… 117	原色動物大図鑑 第2巻 復刻版 …… 198
賢治と学ぶ大磯・四季の花 下 …… 117	原色動物大図鑑 第3巻 復刻版 …… 198
原種カトレヤ全書 1 ………………… 151	原色動物大図鑑 第4巻 復刻版 …… 198
原種 世界の蘭 ………………………… 173	原色日本海魚類図鑑 ………………… 290
犬種大図鑑 ……………………………… 338	原色日本蛾類幼虫図鑑 ……………… 268
原種デンドロビューム全書 2 ……… 90	原色日本植物図鑑 草本編 1 改訂版 … 34
原種花図鑑 ……………………………… 151	原色日本動物図鑑 …………………… 198
原種洋蘭大図鑑 ………………………… 173	原色日本トンボ幼虫・成虫大図鑑 … 272
原色花卉病害虫百科 1 ……………… 147	原色日本のスミレ 増補 ……………… 180
原色花卉病害虫百科 2 ……………… 148	原色日本野鳥生態図鑑 ……………… 308
原色花卉病害虫百科 3 ……………… 148	原色熱帯魚ハンドブック …………… 298
原色花卉病害虫百科 4 ……………… 148	原色版 恐竜・絶滅動物図鑑 ……… 231
原色花卉病害虫百科 5 ……………… 148	原色版 恐竜百科 ……………………… 236
原色花卉病害虫百科 6 ……………… 148	原色牧野植物大図鑑 合弁花・離弁花編 改訂版 ……………………………………… 35
原色花卉病害虫百科 7 ……………… 148	原色牧野植物大図鑑 離弁花・単子葉植物編〔改訂版〕 ………………………… 35
原色果樹病害虫百科 1 第2版 ……… 169	原色牧野植物大図鑑〔CD版〕 …… 35
原色果樹病害虫百科 2 第2版 ……… 169	原色牧野日本植物図鑑 1 重版 …… 35
原色果樹病害虫百科 3 第2版 ……… 169	原色牧野日本植物図鑑 2 …………… 35
原色果樹病害虫百科 4 第2版 ……… 169	原色木材大事典170種 ………………… 123
原色果樹病害虫百科 5 第2版 ……… 169	原色薬草図鑑 1 ……………………… 77
原色川虫図鑑 …………………………… 276	原色薬草図鑑 2 ……………………… 77
原色 九州の花・実図譜 2 ………… 117	原色野菜病害虫百科 1 第2版 ……… 167
原色 九州の花・実図譜 3 ………… 117	原色野菜病害虫百科 2 第2版 ……… 168
原色 九州の花・実図譜 4 ………… 118	原色野菜病害虫百科 3 第2版 ……… 168
原色検索 日本海岸動物図鑑 1 …… 213	原色野菜病害虫百科 4 第2版 ……… 168
原色検索 日本海岸動物図鑑 2 …… 224	原色野菜病害虫百科 5 第2版 ……… 168
原色昆虫図鑑 1 ……………………… 254	原色野菜病害虫百科 6 第2版 ……… 168
原色昆虫図鑑 2 ……………………… 254	原色野菜病害虫百科 7 第2版 ……… 168
原色昆虫大図鑑 第3巻（トンボ目・カワゲラ目・バッタ目・カメムシ目・ハエ目・ハチ目他）新訂／平嶋義宏，森本桂／新訂監修 ……………………………… 254	原色野草検索図鑑 合弁花編 ……… 105
原色作物ウイルス病事典 …………… 142	原色野草検索図鑑 単子葉植物編 … 105
原色サボテン事典 ……………………… 181	原色野草検索図鑑 離弁花編 ……… 105
原色樹木図鑑 1 2版 ………………… 125	原寸イラストによる落葉図鑑 ……… 47
原色樹木大図鑑 新訂版 ……………… 125	原寸イラストによる落葉図鑑 第3版 … 131
原色植物検索図鑑 復刻版 …………… 34	原寸図鑑 葉っぱでおぼえる樹木 … 125
原色植物ダニ検索図鑑 ……………… 250	

356　動植物・ペット・園芸 レファレンスブック

書名索引　　　　こんち

原寸図鑑 葉っぱでおぼえる樹木 2	125
原寸大 恐竜館	236
原寸大 昆虫館	254
原寸大写真図鑑 羽	317
原寸大すいぞく館	216
原寸大!スーパー昆虫大事典	254
原寸大 どうぶつ館	198
原寸大 花と葉でわかる山野草図鑑	67
幻想動物事典	239
現代森林年表	136
現代生物科学辞典	4
現代雑木林事典	136
現代本草集成	80
現代用語百科 バイオテクノロジー編 第2版	11
建築物におけるIPM実践ハンドブック	32
犬名辞典	335

【こ】

子犬の図鑑	338
皇居東御苑の草木図鑑	55
光合成事典	48
高山植物	60, 61
高山植物 増補改訂	61
高山植物	61
高山植物ハンディ図鑑	62
高山に咲く花	62
高山の植物	62
高山の花	60, 62
酵素ハンドブック 第3版	18
甲虫	254
甲虫 新装版	254
校庭の生き物ウォッチング	24
校庭のクモ・ダニ・アブラムシ	249
校庭のコケ	192
校庭の昆虫	261
校庭の雑草 4版	73
校庭の雑草図鑑	73
校庭の花	118
校庭の野鳥	318
高等植物分類表	52
行動生物学・動物学習辞典	208
神戸・六甲山のチョウと食草ハンドブック	268
コウモリ識別ハンドブック	329
紅葉ハンドブック	131
高齢犬ケア ハンドブック	336

声が聞こえる!カエルハンドブック	304
声が聞こえる!野鳥図鑑	308
声が聞こえる!野鳥図鑑 増補改訂版	308
国際栽培植物命名規約	47
国際動物命名規約提要	206
語源辞典 動物編	204
語源辞典 植物編	44
ここがポイント!園芸12か月	139
九重昆虫記 1	262
古生物学事典	9
古生物学事典 普及版	9
古生物学事典 第2版	9
古生物百科事典 普及版	9
古脊椎動物図鑑 普及版	231
古典植物辞典	39
古典文学植物誌	39
古典薬用植物染色図譜	74
ことばの動物史	202
こども大図鑑動物	198
こどものずかんMio 1	255
こどものずかんMio 2	199
こどものずかんMio 3	216
こどものずかんMio 4	224
こどものずかんMio 5	308
こどものずかんMio 6	236
こどものずかんMio 7	105
こどものずかんMio 8	243
こどものずかんMio 11	162
こどものずかんMio 12	2
小林弘珪藻図鑑 第1巻	182
米の事典 新版	163
コリドラス大図鑑	298
ゴリラ図鑑	344
コルテ・フラワーエッセンスの癒しの世界	87
これだけは知っておきたい北アルプス花ガイド	118
コーワン微生物分類学事典	18
こんちゅう	255
昆虫	255
昆虫 改訂版	255
昆虫	255
昆虫 増補改訂版	255
昆虫	256, 262
昆虫 1 改訂新版	256
昆虫 2 改訂新版	256
昆虫 3	256
昆虫ウォッチング	251
昆虫学大事典	251
昆虫顔面図鑑 日本編	256
昆虫キャラクター大百科	272

動植物・ペット・園芸 レファレンスブック　357

こんちゅうげんすんかくだい図鑑 ………	256
こんちゅうずかん …………………………	257
昆虫図鑑 …………………………………	257
昆虫図鑑 いろんな場所の虫さがし ……	257
昆虫大百科 ………………………………	251
昆虫 ………………………………………	257
昆虫ナビずかん …………………………	257
昆虫2.8万名前大辞典 ……………………	252
昆虫の集まる花ハンドブック …………	90
昆虫の食草・食樹ハンドブック ………	252
昆虫の図鑑採集と標本の作り方 増補改訂版 ………………………………	257
昆虫の生態図鑑 …………………………	257
昆虫の生態図鑑 改訂新版 ………………	257
昆虫の分類 復刻版 ………………………	257
昆虫変身3D図鑑 …………………………	258
昆虫・両生類・爬虫類 …………………	199
昆虫レファレンス事典 …………………	252
コンパニオンバード百科 ………………	324

【さ】

サイエンスビュー 生物総合資料 増補新訂版 ………………………………………	8
サイエンスビュー生物総合資料 増補4訂版 ………………………………………	8
菜園の病害虫 ……………………………	168
細胞生物学辞典 …………………………	16
最新花材図鑑 1 …………………………	99
最新観葉植物 ……………………………	145
最新恐竜大事典 …………………………	237
最新犬種図鑑 ……………………………	338
最新犬種スタンダード図鑑 〔ビジュアル版〕 ………………………………………	338
最新犬種スタンダード図鑑 全面改訂版 ………………………………………	338
最新小動物検査ラボnavi ………………	210
最新図鑑 熱帯魚アトラス ………………	298
最新全国植物園ガイド …………………	45
最新全国動物園水族館ガイド …………	205
最新・動物病院経営指針 ………………	211
最新日本ツバキ図鑑 ……………………	151
最新の切り花 ……………………………	151
最新 花サボテンカタログ ………………	181
最新 花屋さんの花図鑑 …………………	151
最新版 英和・和英微生物学用語集 第5版 ………………………………………	19
最新版 山野草大百科 ……………………	105
栽培 改訂新版 ……………………………	141

栽培大図鑑 ………………………………	141
細胞生物学事典 …………………………	16
細胞生物学辞典 …………………………	16
細胞内シグナル伝達 改訂第2版 ………	16
ザ・インコ&オウムのしつけガイド ……	325
ザ・大型熱帯魚 …………………………	298
さかな ……………………………………	283
魚 …………………………………………	283
魚 改訂版 …………………………………	283
魚 新訂版 …………………………………	284
魚 …………………………………………	284
魚 増補改訂版 ……………………………	284
魚 …………………………………………	284
魚（さかな） ……………………………	284
魚・貝 改訂新版 …………………………	284
魚・貝の生態図鑑 ………………………	284
さかな食材絵事典 ………………………	284
さかな大図鑑 〔愛蔵版〕 ………………	284
魚大全 ……………………………………	285
さかなとみずのいきもの ………………	285
さかなと水のいきもの …………………	216
魚の雑学事典 ……………………………	278
魚の名前 …………………………………	278
魚の分類の図鑑 …………………………	285
魚の分類の図鑑 新版 ……………………	285
魚・水の生物のふしぎ …………………	278
相模湾産後鰓類図譜 ……………………	246
相模湾産後鰓類図譜 補遺 ………………	246
咲く順でひける四季の花事典 …………	107
作物学用語事典 …………………………	161
桜紀行 ……………………………………	178
サクラ図譜 ………………………………	178
桜の話題事典 ……………………………	178
サクラハンドブック ……………………	178
さくら百科 ………………………………	178
作例、文献付 生花格花花材事典 ………	100
サケ観察事典 ……………………………	294
ザ・淡水エイ ……………………………	298
雑草管理ハンドブック …………………	139
雑草管理ハンドブック 普及版 …………	140
札幌の昆虫 ………………………………	262
サツマイモ事典 …………………………	168
ザ・ディスカス …………………………	298
里の花 ……………………………………	102
里山いきもの図鑑 ………………………	55
里山 昆虫ガイドブック …………………	258
里山・山地の身近な山野草 ……………	68
里山図鑑 …………………………………	26
里山 蝶ガイドブック ……………………	268
里山の昆虫ハンドブック ………………	258
里山の植物ハンドブック ………………	55

書名索引　　　　　　　　　　　　　してん

書名	ページ
ザ・熱帯魚＆水草1000種図鑑	298
ザ・熱帯魚水草レイアウト	143
ザ・爬虫類＆両生類	302
ザ・ピラニア	294
ザ・フグ	294
ザ・フクロウ	325
ザ・ホエールウォッチング	332
サボテン科大事典	180
サボテン・多肉植物	181
サボテン・多肉植物ポケット辞典	181
サボテン・多肉植物330種	181
ザ・水草図鑑	145
サメガイドブック	295
サメの世界 第2版	295
サメも飼いたいイカも飼いたい	216
ザリガニ	250
猿の腰掛け類きのこ図鑑	188
サルの百科	344
ザ・レッドアロワナ	298
さわる図鑑・鳥 1	308
さわる図鑑・鳥 2	309
サンゴ礁の生きもの 新装版	224
サンゴ礁の生きもの	225
山菜	68
山菜 新装版	68
山菜	68
山菜・木の実	68, 69
山菜図鑑	69
山菜と木の実の図鑑	69
山菜採りナビ図鑑	69
山菜ハンドブック	69
山菜見極め図鑑	69
山菜・野草ハンドブック	66
三省堂いけばな草花辞典	100
三省堂 生物小事典 第4版	5
三省堂 世界鳥名事典	306
産地別日本の化石650選	10
散歩道で出会う身近な樹木たち	134
山野草 〔カラー版〕	69
山野草	70
山野草ウォッチング	70
山野草を食べる本	66
山野草ガイド	70
「山野草の名前」1000がよくわかる図鑑	102
山野草の名前と育て方	65
山野草ハンディ事典	70
山・野草ハンドブック671種	67
山麓トレッキング花ガイド	102

【し】

書名	ページ
飼育・栽培 増補改訂版	2
飼育栽培図鑑	2
飼育大図鑑	243
飼育と観察	3, 243
飼育と観察 増補改訂	243
飼育と観察 新訂版	243
時間生物学事典	5
時間生物学ハンドブック	8
四季 池坊いけばな花材事典 春	100
四季 池坊いけばな花材事典 夏	100
四季 池坊いけばな花材事典 秋	100
四季 池坊いけばな花材事典 冬・周年	100
四季を楽しむ花図鑑500種	109
四季咲き木立ちバラ図鑑728	176
シギ・チドリ類ハンドブック	323
四季で探す 野鳥ハンドブック	319
四季の花図鑑	110
四季のさかな話題事典	279
四季の山野草 '93	70
四季の山野草観察カタログ	55
四季の花	110
四季の花色大図鑑	110
四季の花事典 増訂版	107
四季の花の名前と育て方	148
四季花の事典	110
静岡県 草と木の方言	44
静岡県田んぼの生き物図鑑	26
静岡県庭木図鑑	159
静岡県の植物図鑑 上	55
静岡県の植物図鑑 下	55
自然観察 千曲川の植物	56
自然紀行 日本の天然記念物	29
自然断面図鑑	209
自然の観察事典 15	266
自然発見ガイド 野鳥	309
しだ・こけ 新装版	192
シダ植物	192
シダ ハンドブック	192
知ってびっくり「生き物・草花」漢字辞典	1
知っ得 古典文学植物誌	40
知っ得 植物のことば語源辞典	44
知っ得 動物のことば語源辞典	204
実物大 恐竜図鑑	237
「事典」果物と野菜の文化誌	161

動植物・ペット・園芸 レファレンスブック　　359

してん　　　　書名索引

書名	頁
事典人と動物の考古学	206
しなの帰化植物図鑑	51
芝草管理用語辞典	160
芝草管理用語辞典 大改訂版	160
自分で採れる薬になる植物図鑑	88
シーボルト 日本植物誌 本文覚書篇 改訂版	53
島言語でわかる沖縄魚図鑑	290
自慢したい咲かせたい庭の植物	141
四万十川の魚図鑑	290
写真で見る外来雑草	73
写真で見る植物用語	45
写真で見る有害生物防除事典	31
写真でわかるバラづくり	175
写真と資料が語る総覧・日本の巨樹イチョウ	131
写真・日本クモ類大図鑑 改訂版	251
獣医英和大辞典	210
獣医からもらった薬がわかる本	241
獣医畜産六法	212
獣医畜産六法 平成22年版	212
獣医療公衆衛生六法	212
12か月楽しむ花づくり	149
樹液に集まる昆虫ハンドブック	264
宿根草図鑑 Perennials	155
樹皮ハンディ図鑑	126
樹皮ハンドブック	124
樹木	123, 126
樹木 新装版	130
樹木 春夏編	126
樹木 秋冬編	126
樹木医が教える緑化（りょくか）樹木事典	123
樹木観察ハンドブック 山歩き編	126
樹木図鑑	126, 127
樹木大図鑑	127
樹木と遊ぶ図鑑	127
樹木の冬芽図鑑	127
樹木見どころ勘どころまるわかり図鑑	127
樹木 見分けのポイント図鑑	127
樹木もの知り事典	123
旬の魚図鑑	290
詳細図鑑 きのこの見分け方	188
詳細図鑑 さかなの見分け方	290
詳細図鑑 さかなの見分け方 新装版	285
小動物の処方集	211
小動物ハンドブック 普及版	211
小動物ハンドブック	211
小動物皮膚病臨床大図鑑	211
生薬単	80
商用魚介名ハンドブック	279
商用魚介名ハンドブック 3訂版	279
食材魚貝大百科 第1巻	279
食材魚貝大百科 第2巻	279
食材魚貝大百科 第3巻	280
食材魚貝大百科 第4巻	280
食材魚貝大百科 別巻1	295
食材魚貝大百科 別巻2	295
食虫植物の世界	50
食虫植物ふしぎ図鑑	50
食と健康に役立つ魚雑学事典	280
食品衛生検査指針 動物用医薬品・飼料添加物編 2003	212
食品工業利用微生物データブック	19
食品微生物学辞典	18
食品微生物学ハンドブック	19
しょくぶつ	35
植物	35
植物 改訂版	36
植物	36
植物 改訂版	36
植物	36
植物 増補改訂版	36
植物	36
植物 2	56
植物育種学辞典	49
植物イラスト図鑑	36
植物栄養・肥料の事典	45
植物学名命名者・略称対照辞典 1992年版	46
植物学ラテン語辞典 復刻・拡大版	46
植物形態の事典	45
植物形態の事典 新装版	45
植物ゲノム科学辞典	49
植物ことわざ事典	44
植物3.2万名前大辞典	33
植物誌 1	52
植物・植物学の本全情報 45-92	33
植物生活史図鑑 1	36
植物生活史図鑑 2	36
植物生活史図鑑 3	36
植物のかんさつ	37
植物の漢字語源辞典	44
植物の生態図鑑	37
植物の生態図鑑 改訂新版	37
植物の育て方 改訂版	141
植物の百科事典	46
植物のふしぎ	37
植物バイオテクノロジー事典	49
植物病害虫の事典	142
植物病理学事典	48

360　動植物・ペット・園芸 レファレンスブック

書名索引　　　　　　　　　　　　　　　　　　　　　　すいれ

植物文化人物事典 ………………… 34
植物分類表 ………………………… 52
植物保護の事典 普及版 …………… 48
植物保護の事典 …………………… 59
植物レファレンス事典 2（2003-2008 補遺） ……………………………… 34
植物和名学名対照辞典 1992年版 … 47
食用作物 …………………………… 161
食料・農業のための世界植物遺伝資源白書 ……………………………… 59
食料白書 2002（平成14）年版 …… 14
除草剤便覧 第2版 ………………… 140
ジョン・グールド 世界の鳥 ……… 321
資料 日本動物史 新装版 ………… 213
白馬植物手帳 ……………………… 61
新アルティメイトブック 犬 ……… 335
新アルティメイトブック馬 ……… 330
新 遺伝子工学ハンドブック 改訂第4版 ……………………………… 21
新 遺伝子工学ハンドブック 改訂第5版 ……………………………… 21
新・尾瀬の植物図鑑 ……………… 56
深海魚 ……………………………… 285
深海生物大図鑑 …………………… 225
新顔の魚 1970-1995 復刻版 …… 285
進化と遺伝 ………………………… 20
シンカのかたち 進化で読み解くふしぎな生き物 ……………………… 9
新 観察・実験大事典 生物編 …… 8
新・北のさかなたち ……………… 291
新魚病図鑑 ………………………… 285
新魚類解剖図鑑 …………………… 285
新犬種大図鑑 ……………………… 338
新 校庭の雑草 第3版 …………… 53
新さかな大図鑑 …………………… 286
新獣医英和辞典 …………………… 210
新獣医学辞典 ……………………… 210
信州高山高原の花 新装版 ……… 118
信州のキノコ ……………………… 188
信州のシダ ………………………… 192
信州のスミレ ……………………… 180
信州 野山の花 …………………… 118
信州「畑の花」 …………………… 118
新樹種ガイドブック ……………… 158
新聖書植物図鑑 …………………… 44
新世界絶滅危機動物図鑑 1（哺乳類） … 229
新世界絶滅危機動物図鑑 2（哺乳類 2） ……………………………… 229
新世界絶滅危機動物図鑑 3（鳥類 1） … 229
新世界絶滅危機動物図鑑 4（鳥類 2） … 229
新世界絶滅危機動物図鑑 5（爬虫・両生・魚類） ……………………… 230

新世界絶滅危機動物図鑑 6（資料集） … 230
新 世界の犬図鑑 ………………… 338
新!世界の犬種図鑑 ……………… 338
新訂 新遺伝子工学ハンドブック 改訂第3版 ……………………………… 21
新日本海藻誌 ……………………… 182
新日本植物誌 顕花編 改訂版 …… 53
新日本植物誌 シダ篇 改訂増補版 … 53
新日本の桜 ………………………… 178
新猫種大図鑑 ……………………… 343
新・花と植物百科 ………………… 141
北海道樹木図鑑 新版 …………… 132
新版北海道の花 …………………… 118
新百花譜百選 ……………………… 91
新編 育種学用語集 ……………… 49
新編果樹園芸ハンドブック ……… 170
新編原色果物図説 ………………… 170
新編作物学用語集 ………………… 161
新編 庭木の選び方と手入れ事典 1 … 157
新編 庭木の選び方と手入れ事典 2 … 157
新編 庭木の選び方と手入れ事典 3 … 157
新牧野日本植物図鑑 ……………… 37
「信頼できる動物病院200」 …… 335
新・緑空間デザイン植物マニュアル … 143
森林大百科事典 …………………… 136
森林の百科事典 …………………… 136
森林用語辞典 ……………………… 136
森林・林業百科事典 ……………… 136
人類遺伝学用語事典 ……………… 21
人類学用語事典 …………………… 22
人類大図鑑 ………………………… 23

【す】

スイスアルプス植物手帳 ………… 58
水棲ガメ 1 ………………………… 306
水棲ガメ 2 ………………………… 306
水生昆虫ファイル 1 ……………… 277
水生昆虫ファイル 2 ……………… 277
水生昆虫ファイル 3 ……………… 277
水生生物ハンドブック …………… 27
水生生物ハンドブック 改訂版 … 27
水生生物ハンドブック 新訂 …… 27
水生線虫 クロマドラ目 ………… 244
水族館ウォッチング ……………… 205
水族館ガイド ……………………… 205
水族館で遊ぶ ……………………… 205
水族館のいきものたち 改訂版 … 206
スイレンハンドブック …………… 172

動植物・ペット・園芸 レファレンスブック　*361*

書名索引

図解 植物観察事典 新訂版	46
図解 生物学データブック	8
図解 生物観察事典	22
図解 生物観察事典 新訂版	22
図解 世界の化石大百科	10
図解 種から山野草を育てる	140
図解 動物観察事典 新訂版	206
図解・ハーブ栽培事典	82
図解 微生物学ハンドブック	19
図解 薬草の実用事典	75
図鑑・海藻の生態と藻礁	183
図鑑北の海水魚	291
図鑑 野の花山の花1170種	103
すぐわかる尾瀬の花図鑑	118
すぐわかる尾瀬の花図鑑 第2版	118
すぐわかる森と木のデータブック 2002	136
図説 魚と貝の事典	280
図説 魚と貝の大事典	280
図説 植物用語事典	46
図説・世界未確認生物事典	239
図説 草木名彙辞典	47
図説 鳥名の由来辞典	317
図説 日本鳥名由来辞典	317
図説 日本の変形菌	183
図説日本の野鳥	319
図説 日本未確認生物事典	239
図説 花と樹の事典	33
図説 花と樹の大事典	33
図説 哺乳動物百科 1	325
図説 哺乳動物百科 2	325
図説 哺乳動物百科 3	325
図説無脊椎動物学	244
Snow forest雪の森へ	8
スパイス&ハーブの使いこなし事典	82
スーパーで買える魚図鑑	286
スーパーリアル恐竜大図鑑	237
すべての園芸家のための花と植物百科	139
すべてわかる恐竜大事典	232
スミレハンドブック	180
スモールペットパラダイス 2005年版	241
スモールペットパラダイス 2006年版	241
駿河湾おさかな図鑑	291

【せ】

生化学辞典 第2版	16
生化学辞典 第3版	16
生化学・分子生物学英和用語集	17
生活害虫の事典	277
生活害虫の事典 普及版	278
清香園美術盆栽	160
聖書植物図鑑〔カラー版〕	44
聖書植物大事典	44
聖書動物事典〔カラー版〕	203
聖書動物大事典	203
聖書の動物事典	203
生態学事典	22
生態の事典〔新装版〕	22
生物を科学する事典	5
生物学辞典	5
生物学データ大百科事典 上	5
生物学データ大百科事典 下	5
生物学名辞典	5
生物学名命名法辞典	5
生物環境調節ハンドブック 新版	22
生物教育用語集	5
生物工学ハンドブック	13
生物事典 改訂新版	6
生物生息地の保全管理への取組状況調査結果 平成12年度	31
生物多様性緑化ハンドブック	29
生物による環境調査事典	29
生物農薬ガイドブック 1999	140
生物農薬ガイドブック 2002	140
生物の事典	6
生物の小事典	6
生物の進化大図鑑	9
生命元素事典	17
生命のふしぎ	8
精油・植物油ハンドブック	88
西洋中世ハーブ事典	82
世界イカ類図鑑	248
世界遺産ガイド 生物多様性編	29
世界海産貝類コレクション大図鑑	246
世界海産貝類大図鑑	246
世界カエル図鑑300種	305
世界家畜品種事典	239
世界カブト・クワガタ図鑑	275
世界きのこ図鑑	189
世界サメ図鑑	295
世界森林白書 2002年版	136
世界絶滅危機動物図鑑 第1集	230
世界絶滅危機動物図鑑 第2集	230
世界絶滅危機動物図鑑 第3集	230
世界絶滅危機動物図鑑 第4集	230
世界絶滅危機動物図鑑 第5集	230
世界絶滅危機動物図鑑 第6集	230
世界大博物図鑑 第1巻	258

書名索引　　　　　せつめ

世界大博物図鑑　第3巻	302
世界大博物図鑑　別巻1	321
世界大博物図鑑　別巻2	216
世界チョウ図鑑500種	268
世界鳥類事典	307
世界鳥類大図鑑	309
世界鳥類名検索辞典	307
世界珍獣図鑑	327
世界珍虫図鑑	258
世界珍虫図鑑　改訂版	258
世界珍蝶図鑑　熱帯雨林編	268
世界「鳥の卵」図鑑	317
世界の愛犬カタログ131種	340
世界のアイリス	149
世界の犬	339
世界の犬カタログ　BEST134	339
世界の犬図鑑	339
世界のエンゼルフィッシュ	299
世界の海水魚	286
世界の海水魚カタログ	288
世界の海水魚カタログ　1995	288
世界の海水魚カタログ　1997	288
世界の海水魚カタログ　1999	288
世界の海水魚カタログ　2000年版	288
世界の海水魚カタログ　2001年版	288
世界の海水魚カタログ　2009年版	289
世界の海水魚カタログ380	289
世界の海水魚350　2002年版	289
世界の海水魚350　2003年版	289
世界の海水魚450　2004年版	289
世界のクワガタ・カブト図鑑＆飼育book	275
世界のクワガタムシ	275
世界のクワガタムシ・カブトムシ	276
世界のクワガタムシ・カブトムシ大図鑑	276
世界の犬種図鑑	339
世界の穀物需給とバイオエネルギー	14
世界の昆虫	258
世界の昆虫　増補改訂	258
世界の昆虫大百科	259
世界の雑草 3	73
世界の山草・野草ポケット事典	70
世界の食虫植物	50
世界の食用植物文化図鑑	162
世界の多肉植物	181
世界の淡水産紅藻	182
世界の珍蘭奇蘭大図鑑	173
世界の動物	199
世界のナマズ	294
世界の猫	343

世界の猫カタログ　BEST43	343
世界の猫図鑑	343
世界の熱帯魚	299
世界の熱帯魚カタログ　1993	300
世界の熱帯魚カタログ　1994	300
世界の熱帯魚カタログ　1995	300
世界の熱帯魚カタログ　1997	300
世界の熱帯魚＆水草カタログ　2001年版	300
世界の熱帯魚＆水草カタログ　2002年版	301
世界の熱帯魚＆水草カタログ　2011年版	289
世界の熱帯魚・水草カタログ275	301
世界のバイオ企業　2004・2005	12
世界の爬虫類	302
世界の花と木2850	151
世界のプリムラ	149
世界の水草	145
世界の水草728種図鑑	145
世界のメダカガイド	294
世界の野生ランカタログ	174
世界の蘭380	174
世界のワイルドフラワー　1	58
世界のワイルドフラワー　2	58
世界文化生物大図鑑　貝類　改訂新版	246
世界文化生物大図鑑　魚類　改訂新版	286
世界文化生物大図鑑　昆虫 1　改訂新版	259
世界文化生物大図鑑　昆虫 2　改訂新版	259
世界文化生物大図鑑　植物 1　改訂新版	59
世界文化生物大図鑑　植物 2　改訂新版	59
世界文化生物大図鑑　鳥類　改訂新版	309
世界文化生物大図鑑　動物　改訂新版	199
世界哺乳類図鑑	327
世界猛禽カタログ 1	323
世界木材図鑑	127
世界薬用植物百科事典	75
節足動物ビジュアルガイド　タランチュラ＆サソリ	249
絶滅危機動物図鑑	230
絶滅危惧種・日本の野鳥	322
絶滅危惧動物百科 1	226
絶滅危惧動物百科 2	226
絶滅危惧動物百科 3	226
絶滅危惧動物百科 4	226
絶滅危惧動物百科 5	227
絶滅危惧動物百科 6	227
絶滅危惧動物百科 7	227

動植物・ペット・園芸 レファレンスブック

せつめ　書名索引

絶滅危惧動物百科 8 …………………… 227
絶滅危惧動物百科 9 …………………… 227
絶滅危惧動物百科 10 ………………… 227
絶滅危惧の昆虫事典 新版 …………… 262
絶滅危惧の昆虫事典 …………………… 262
絶滅危惧の動物事典 …………………… 227
絶滅危惧の野鳥事典 …………………… 322
絶滅した奇妙な動物 …………………… 231
絶滅哺乳類図鑑 ………………………… 239
絶滅野生動物の事典 …………………… 227
セミ・バッタ …………………………… 265
全国園芸店名簿 2001 ………………… 139
全国水族館ガイド ……………………… 205
全国水族館めぐり ……………………… 205
全国 ペットと泊まれる宿 第4改訂版 … 240
潜水調査船が観た深海生物 …………… 221
先端医学キーワード小辞典 …………… 17
先端バイオ用語集 ……………………… 12
ぜんぶわかる 動物ものしりずかん … 327

【そ】

草地学用語辞典 ………………………… 72
草地学用語集 改訂第1版 …………… 72
窓辺の花 ………………………………… 152
ゾウも飼いたいワニも飼いたい ……… 243
蔬菜園芸の事典 普及版 ……………… 163
蔬菜園芸の事典 ………………………… 163
蔬菜の新品種 第14巻（2000年版）… 167
蔬菜の新品種 第15巻（2003年版）… 167
蔬菜の新品種 第16巻 ………………… 167
蔬菜の新品種 第17巻 ………………… 463
ソフトコーラル飼育図鑑 ……………… 244
ゾルンホーフェン化石図譜 1 ………… 11

【た】

タイ・インドシナ産ハムシ類図説 …… 265
太古の生物図鑑 ………………………… 10
ダイノキングバトル 恐竜大図鑑 …… 237
ダイバーのための海中観察図鑑 ……… 225
ダイバーのための海底観察図鑑 ……… 215
高尾・奥多摩植物手帳 ………………… 53
高尾山の花 ……………………………… 118
高尾山の花名さがし …………………… 119
高尾山の野草313種 …………………… 119

高尾山 花と木の図鑑 ………………… 56
高尾・陣馬山の蝶 ……………………… 269
高山の花 ………………………………… 62
タカラガイ生きている海の宝石 ……… 247
タカラガイ・ブック …………………… 247
タケ・ササ図鑑 ………………………… 172
田崎真也の記念日ワインにはこの花を
　……………………………………… 97
種から育てる花図鑑わたし流 ………… 152
タネから楽しむ山野草 ………………… 140
タネの大図鑑 …………………………… 47
多年草図鑑1000 ………………………… 105
タバコ属植物図鑑 ……………………… 168
食べごろ摘み草図鑑 …………………… 70
食べられる海辺の野草 ………………… 66
食べられる野生植物大事典 …………… 66
食べられる野生植物大事典 新装版 … 66
食べる薬草事典 ………………………… 75
タランチュラの世界 …………………… 249
ダリア百科 ……………………………… 172
短歌俳句 植物表現辞典 ……………… 42
短歌俳句 動物表現辞典 ……………… 202
誕生花を贈る366日 春 ……………… 95
誕生花を贈る366日 夏 ……………… 95
誕生花を贈る366日 秋 ……………… 95
誕生花を贈る366日 冬 ……………… 95
誕生花事典 ……………………………… 95
誕生花事典366日 ……………………… 95
誕生花と幸福の花言葉366日 ………… 95
誕生花 わたしの花あの人の花 新装版
　……………………………………… 95
誕生日の花 春編 3月〜5月 ………… 96
誕生日の花 夏編 ……………………… 96
誕生日の花 秋編 ……………………… 96
誕生日の花 冬編 ……………………… 96
淡水魚 ……………………………… 286, 291
淡水魚 新装版 ………………………… 291
淡水魚カタログ ………………………… 291
淡水珪藻生態図鑑 ……………………… 182
淡水産エビ・カニハンドブック ……… 250
淡水指標生物図鑑 ……………………… 27
淡水藻類 ………………………………… 182
淡水藻類入門 …………………………… 182
淡水微生物図鑑 ………………………… 28
タンパク質の事典 ……………………… 17
田んぼの生きものおもしろ図鑑 ……… 26
田んぼの生き物図鑑 …………………… 26
タンポポ観察事典 ……………………… 171
田んぼまわりの生きもの 栃木県版 … 25

書名索引　てんと

【ち】

地域生物資源活用大事典 ………………… 161
地球から消えた生物 ……………………… 10
地球動物図鑑 ……………………………… 199
地球のカエル大集合!世界と日本のカエル
　大図鑑 …………………………………… 305
ちきゅうの どうぶつたち ………………… 199
知識ゼロからの野草図鑑 ………………… 105
千葉いきもの図鑑 ………………………… 26
千葉県植物ハンドブック 改訂新版 ……… 53
千葉県植物ハンドブック 新版 …………… 53
千葉県動物誌 ……………………………… 213
茶大百科 1 ………………………………… 169
茶大百科 2 ………………………………… 169
茶花づくし 炉編・風炉編 ………………… 101
茶花の入れ方がわかる本 ………………… 101
茶花の図鑑 風炉編 ………………………… 101
茶花の図鑑 炉編 …………………………… 101
中央アルプス駒ヶ岳の高山植物 ………… 62
中国砂漠・沙地植物図鑑 木本編 ………… 59
中国産有毒魚類および薬用魚類 ………… 280
中国・四国のトンボ図鑑 ………………… 272
中国貿易魚介図鑑 ………………………… 286
中国本草図録 巻1 ………………………… 81
中国本草図録 巻2 ………………………… 81
中国本草図録 巻3 ………………………… 81
中国本草図録 巻4 ………………………… 81
中国本草図録 巻5 ………………………… 81
中国本草図録 巻6 ………………………… 81
中国本草図録 巻7 ………………………… 81
中国本草図録 巻8 ………………………… 81
中国本草図録 巻9 ………………………… 81
中国本草図録 巻10 ……………………… 82
中国本草図録 別巻 ………………………… 82
中国野生ラン図鑑 ………………………… 174
チューリップ観察事典 …………………… 171
ちょう ……………………………………… 269
チョウ 1 …………………………………… 269
チョウ 2 …………………………………… 269
蝶 …………………………………………… 269
蝶ウォッチング百選 ……………………… 269
蝶ウォッチング百選 続 …………………… 269
チョウ・ガ ………………………………… 270
蝶・蛾 ……………………………………… 270
鳥海山花図鑑 ……………………………… 119
釣魚検索 …………………………………… 286
釣魚識別図鑑 ……………………………… 286

釣魚図鑑 …………………………………… 286
釣魚・つり方図鑑 ………………………… 286
チョウチョウウオ・ガイドブック ……… 294
蝶蝶図鑑 …………………………………… 270
蝶と蛾の写真図鑑 ………………………… 270
蝶の学名 新版 ……………………………… 267
超はっけん大図鑑 11 ……………………… 3
チョウも飼いたいサソリも飼いたい …… 259
鳥類学辞典 ………………………………… 317
鳥類原色大図説 …………………………… 309
鳥類写生図譜 第1集 ……………………… 309
鳥類写生図譜 第2集 ……………………… 309
鳥類図鑑 …………………………………… 309

【つ】

筑波山の自然図鑑 ………………………… 26
土の中の小さな生き物ハンドブック …… 214
釣った魚がわかる本 ……………………… 287
ツバメ観察事典 …………………………… 323
釣り魚図鑑 ………………………………… 287
釣り魚図典 ………………………………… 287
釣り魚カラー図鑑 ………………………… 287
釣り人のための渓流の樹木図鑑 ………… 132
釣り人のための薬草50木の実50 ………… 77
つれる魚・50種 …………………………… 287

【て】

出会いを楽しむ 海中ミュージアム …… 225
DNAキーワード小事典 …………………… 21
庭園・植栽用語辞典 ……………………… 157
ディクソンの大恐竜図鑑 ………………… 237
低木とつる植物図鑑1000 ………………… 159
定本 インド花綴り ………………………… 58
ティランジア・ハンドブック 改訂版 …… 143
デザインのための花合わせ実用図鑑 …… 152
デザインのための花合わせ実用図鑑 新装
　改訂版 …………………………………… 152
デジカメで綴る花の歳時記 ……………… 110
デズモンド・モリスの犬種事典 ………… 335
てのひらにのる自然 ミニ盆栽のすべて
　……………………………………………… 160
転写因子・転写制御キーワードブック … 21
伝説の花たち ……………………………… 97
てんとうむし ……………………………… 265
テントウムシ観察事典 …………………… 265

動植物・ペット・園芸 レファレンスブック　365

天然食品・薬品・香粧品の事典 普及版 ‥‥ 87

【と】

東京野草図鑑 街草みつけた ‥‥‥‥‥ 106
どうくつの生きもの ‥‥‥‥‥‥‥‥‥ 209
動植物ことば辞典 ‥‥‥‥‥‥‥‥‥‥ 2
動植物ことわざ辞典 ‥‥‥‥‥‥‥‥‥ 32
動植物名よみかた辞典 ‥‥‥‥‥‥‥‥ 2
冬虫夏草図鑑 ‥‥‥‥‥‥‥‥‥‥‥‥ 184
冬虫夏草ハンドブック ‥‥‥‥‥‥‥‥ 184
東南アジア市場図鑑 植物篇 ‥‥‥‥‥ 162
どうぶつ ‥‥‥‥‥‥‥‥‥‥‥‥‥‥ 199
どうぶつ 新版 ‥‥‥‥‥‥‥‥‥‥‥‥ 199
どうぶつ ‥‥‥‥‥‥‥‥‥‥‥‥‥‥ 200
動物 改訂版 ‥‥‥‥‥‥‥‥‥‥‥‥‥ 200
動物 新訂版 ‥‥‥‥‥‥‥‥‥‥‥‥‥ 200
動物 ‥‥‥‥‥‥‥‥‥‥‥‥‥‥‥‥ 200
動物 増補改訂版 ‥‥‥‥‥‥‥‥‥‥‥ 200
動物 増補改訂 ‥‥‥‥‥‥‥‥‥‥‥‥ 200
動物 ‥‥‥‥‥‥‥‥‥‥‥‥‥‥‥‥ 327
動物 1 ‥‥‥‥‥‥‥‥‥‥‥‥‥‥‥ 201
動物 2 ‥‥‥‥‥‥‥‥‥‥‥‥‥‥‥ 201
動物愛護管理業務必携 ‥‥‥‥‥‥‥‥ 241
動物愛護六法 ‥‥‥‥‥‥‥‥‥‥‥‥ 242
動物1.4万名前大辞典 ‥‥‥‥‥‥‥‥‥ 194
動物遺伝育種学事典 ‥‥‥‥‥‥‥‥‥ 208
動物遺伝育種学事典 普及版 ‥‥‥‥‥ 208
動物園の動物 ‥‥‥‥‥‥‥‥‥‥‥‥ 201
動物学ラテン語辞典 ‥‥‥‥‥‥‥‥‥ 206
どうぶつ505 ‥‥‥‥‥‥‥‥‥‥‥‥‥ 201
動物細胞工学ハンドブック 普及版 ‥‥ 207
動物・植物の本全情報 93／98 ‥‥‥‥ 1
動物・植物の本 全情報 1999-2003 ‥‥ 1
動物信仰事典 ‥‥‥‥‥‥‥‥‥‥‥‥ 204
動物世界遺産 レッド・データ・アニマルズ 1 ‥‥‥‥‥‥‥‥‥‥‥‥‥‥‥ 228
動物世界遺産 レッド・データ・アニマルズ 2 ‥‥‥‥‥‥‥‥‥‥‥‥‥‥‥ 228
動物世界遺産 レッド・データ・アニマルズ 3 ‥‥‥‥‥‥‥‥‥‥‥‥‥‥‥ 228
動物世界遺産 レッド・データ・アニマルズ 4 ‥‥‥‥‥‥‥‥‥‥‥‥‥‥‥ 228
動物世界遺産 レッド・データ・アニマルズ 5 ‥‥‥‥‥‥‥‥‥‥‥‥‥‥‥ 228
動物世界遺産 レッド・データ・アニマルズ 6 ‥‥‥‥‥‥‥‥‥‥‥‥‥‥‥ 228
動物世界遺産 レッド・データ・アニマルズ 7 ‥‥‥‥‥‥‥‥‥‥‥‥‥‥‥ 228

動物世界遺産 レッド・データ・アニマルズ 8 ‥‥‥‥‥‥‥‥‥‥‥‥‥‥‥ 229
動物世界遺産 レッド・データ・アニマルズ 別巻 ‥‥‥‥‥‥‥‥‥‥‥‥‥‥ 229
動物・動物学の本全情報 45-92 ‥‥‥‥ 194
動物とえもの ‥‥‥‥‥‥‥‥‥‥‥‥ 209
動物と植物 ‥‥‥‥‥‥‥‥‥‥‥‥‥ 1
どうぶつ・とり ‥‥‥‥‥‥‥‥‥‥‥ 201
どうぶつなんでもずかん ‥‥‥‥‥‥‥ 201
動物の「跡」図鑑 ‥‥‥‥‥‥‥‥‥‥ 209
動物の漢字語源辞典 ‥‥‥‥‥‥‥‥‥ 204
動物のくらし ‥‥‥‥‥‥‥‥‥‥‥‥ 209
動物の仕事につくには ‥‥‥‥‥‥‥‥ 195
動物の仕事につくには 2003年度用 ‥‥ 196
動物の仕事につくには ‥‥‥‥‥‥‥‥ 196
動物の仕事につくには '04〜'05年度用 ‥‥‥‥‥‥‥‥‥‥‥‥‥‥‥‥‥‥ 196
動物の仕事につくには ‥‥‥‥‥‥‥‥ 196
動物の仕事につくには 2008年度版 ‥‥ 196
動物の仕事につくには '07〜'08年度版 ‥‥‥‥‥‥‥‥‥‥‥‥‥‥‥‥‥‥ 196
動物の仕事につくには 2009 ‥‥‥‥‥ 197
動物の仕事につくには 2008-2009年度版 ‥‥‥‥‥‥‥‥‥‥‥‥‥‥‥‥‥‥ 197
動物の生態図鑑 ‥‥‥‥‥‥‥‥‥‥‥ 209
動物の生態図鑑 改訂新版 ‥‥‥‥‥‥ 209
動物のふしぎ ‥‥‥‥‥‥‥‥‥‥‥‥ 194
動物百科 絶滅巨大獣の百科 ‥‥‥‥‥ 230
動物病院ガイドブック 拡大版 ‥‥‥‥ 211
動物病院ガイドブック 関東・首都圏版 2000年 ‥‥‥‥‥‥‥‥‥‥‥‥‥‥‥ 211
動物用医薬品用具便覧 1991年版 ‥‥‥ 212
動物レファレンス事典 ‥‥‥‥‥‥‥‥ 195
動物ワールド ‥‥‥‥‥‥‥‥‥‥‥‥ 201
東北きのこ図鑑 ‥‥‥‥‥‥‥‥‥‥‥ 189
東北フィールド魚類図鑑 ‥‥‥‥‥‥‥ 291
都会のキノコ図鑑 ‥‥‥‥‥‥‥‥‥‥ 189
都会の木の花図鑑 ‥‥‥‥‥‥‥‥‥‥ 134
都会の木の実・草の実図鑑 ‥‥‥‥‥‥ 135
都会の草花図鑑 ‥‥‥‥‥‥‥‥‥‥‥ 106
トカゲ 1 ‥‥‥‥‥‥‥‥‥‥‥‥‥‥ 302
毒・食虫・不思議な植物 ‥‥‥‥‥‥‥ 34
毒草大百科 愛蔵版 ‥‥‥‥‥‥‥‥‥ 49
毒草大百科 ‥‥‥‥‥‥‥‥‥‥‥‥‥ 50
毒草大百科 増補版 ‥‥‥‥‥‥‥‥‥ 50
土壌・肥料・植物栄養学用語集 ‥‥‥‥ 139
土壌肥料用語事典 新版(第2版) ‥‥‥ 139
図書館探検シリーズ 第1巻 ‥‥‥‥‥ 232
図書館探検シリーズ 第3巻 ‥‥‥‥‥ 194
図書館探検シリーズ 第14巻 ‥‥‥‥‥ 208
図書館探検シリーズ 第24巻 ‥‥‥‥‥ 33
とちぎの魚図鑑 ‥‥‥‥‥‥‥‥‥‥‥ 292

栃木の花 ……………………… 119	夏の樹木 ……………………… 127
Dogsかわいいでしょ! ……… 339	夏の花 ………………………… 110
ドッグ・セレクションベスト200 ……… 339	夏の野草 新装版 ……………… 110
ドッグマスター検定ハンドブック … 336	夏の野草 ……………………… 110
どっちがオス?どっちがメス? ……… 207	ナノバイオ用語事典 …………… 12
採って食べる山菜・木の実 …… 67	名前といわれ 木の写真図鑑 1 … 127
都道府県別 地方野菜大全 …… 163	名前といわれ 木の写真図鑑 2 … 128
とびだす昆虫たち ……………… 259	名前といわれ 木の写真図鑑 3 … 128
捕らぬ狸は皮算用? …………… 204	名前といわれ 野の草花図鑑 4(続編2)
とり …………………………… 309	………………………………… 103
とり 新版 …………………… 309	名前といわれ 野の草花図鑑 5(続編の3)
とり ……………………… 309, 310	………………………………… 103
鳥 …………………………… 310	南紀串本 海の生き物ウォッチングガイド
鳥 増補改訂 ………………… 310	………………………………… 221
鳥 増補改訂版 ……………… 310	なんでもわかる恐竜百科 ……… 237
鳥 …………………………… 310	なんでもわかる花と緑の事典 … 33
鳥 改訂版 …………………… 310	南米薬用植物ガイドブック PART.1 … 76
鳥 新訂版 …………………… 310	南洋材 新訂増補版 …………… 123
鳥 ……………………… 310, 311	
採りたい食べたいキノコ ……… 189	【に】
鳥のくちばし図鑑 ……………… 317	
鳥の形態図鑑 ………………… 311	新潟県のきのこ ………………… 189
鳥の飼育大図鑑 ………………… 325	似魚図鑑 ……………………… 287
鳥の写真図鑑 完璧版 ………… 311	錦鯉問答 ……………………… 296
鳥の巣の本 …………………… 318	日常の生物事典 ………………… 1
鳥の生態図鑑 ………………… 318	日経バイオテクノロジー最新用語辞典
鳥の手帖 ……………………… 319	1991 ………………………… 12
トリバネチョウ生態図鑑 ……… 270	日経バイオ年鑑 91/92 ……… 14
トリマーのためのベーシックハンドブック ……………………………… 336	日経バイオ年鑑 93 …………… 14
ドリル式 花図鑑 ……………… 152	日経バイオ年鑑 94 …………… 14
鳥630図鑑 増補改訂版 ……… 311	日経バイオ年鑑 95 …………… 14
鳥630図鑑 新装版 …………… 311	日経バイオ年鑑 96 …………… 14
トルコの花 …………………… 122	日経バイオ年鑑 97 …………… 14
トロール説植物形態学ハンドブック … 47	日経バイオ年鑑 98 …………… 14
ど忘れかんたん鉢花事典 ……… 155	日経バイオ年鑑 2000 ………… 15
どんぐりの図鑑 ………………… 135	日経バイオ年鑑 2003 ………… 15
どんぐりハンドブック ………… 135	日経バイオ年鑑 2004 ………… 15
トンボ ………………………… 272	日経バイオ年鑑 2005 ………… 15
	日経バイオ年鑑 2006 ………… 15
【な】	日経バイオ年鑑 2007 ………… 15
	日経バイオ年鑑 2008 ………… 15
長崎県の両生・爬虫類 ………… 302	日経バイオ年鑑 2009 ………… 15
長野県産チョウ類動態図鑑 …… 270	日経バイオ年鑑 2010 ………… 15
中村元の全国水族館ガイド112 … 205	日経バイオ年鑑 2011 ………… 15
鳴き声が聞ける!CD付 野鳥観察図鑑 … 311	日中英対照生物・生化学用語辞典 … 18
鳴き声と羽根でわかる野鳥図鑑 … 312	にっぽん全国 ペットと泊まれる温泉 … 241
鳴く虫観察事典 ………………… 259	にっぽんたねとりハンドブック … 167
ナショナルジオグラフィック恐竜図鑑 … 237	日本アオコ大図鑑 ……………… 182
	日本アルプス植物図鑑 ………… 63

日本イネ科植物図譜 増補改訂版 172	日本植物方言集成 45
日本イネ科植物図譜 172	日本織文集成 1 43
日本うたことば表現辞典 3 203	日本織文集成 2 204
日本うたことば表現辞典 植物編 41	日本人の事典 23
日本海草図譜 50	日本水生植物図鑑 復刻版 50
日本外来哺乳類フィールド図鑑 327	日本淡水産動植物プランクトン図鑑 ... 220
日本化石図譜 増訂版 普及版 11	日本淡水動物プランクトン検索図説 ... 220
日本帰化植物写真図鑑 52	日本ツバキ・サザンカ名鑑 172
日本帰化植物写真図鑑 第2巻 52	日本動物大百科 1 194
日本近海産貝類図鑑 247	日本動物大百科 2 194
日本果物史年表 169	日本動物大百科 3 194
日本原色カメムシ図鑑 第2巻 265	日本動物大百科 4 195
日本原色虫えい図鑑 265	日本動物大百科 5 195
日本古典博物事典 動物篇 203	日本動物大百科 6 195
日本昆虫図鑑 復刻版 259	日本動物大百科 7 195
日本産アリ類全種図鑑 266	日本動物大百科 8 195
日本産海洋プランクトン検索図説 219	日本動物大百科 9 195
日本産カミキリムシ 265	日本動物大百科 10 195
日本産カミキリムシ検索図説 265	日本動物大百科 別巻 195
日本産 魚類検索 292	日本と世界の犬のカタログ '94 340
日本産魚類検索 全種の同定 第二版 ... 289	日本と世界の犬のカタログ '95 340
日本産魚類生態大図鑑 292	日本と世界の犬のカタログ '96 340
日本産菌類集覧 183	日本と世界の犬のカタログ '97 341
日本産クモ類 251	日本と世界の犬のカタログ 2011年版 ... 341
日本産昆虫の英名リスト 252	日本と世界の動物園 206
日本産樹木寄生菌目録 184	日本と世界の猫のカタログ '94 344
日本産水生昆虫 276	日本と世界の猫のカタログ '95 344
日本産蘚類図説〔復刻版〕............... 192	日本と世界の猫のカタログ 2011年版 ... 344
日本産淡水貝類図鑑 1 247	日本と世界の水草のカタログ 1994 ... 145
日本産淡水貝類図鑑 2 247	日本と世界の水草のカタログ 1995 ... 146
日本産蝶類及び世界近縁種大図鑑 1 ... 270	日本と世界の水草のカタログ 1997 ... 146
日本産蝶類大図鑑 改訂増補 復刻版 ... 271	日本と世界の洋ランカタログ '93 174
日本産蝶類標準図鑑 271	日本と世界の洋ランカタログ '94 174
日本産蝶類幼虫・成虫図鑑 1 271	日本と世界の洋ランカタログ '97 174
日本産蝶類幼虫・成虫図鑑 2 271	日本どんぐり大図鑑 135
日本産土壌動物 215	日本のアジサイ図鑑 179
日本産土壌動物検索図説 215	日本のイエバエ科 263
日本産野生生物目録 無脊椎動物編 3 ... 244	日本の生きもの図鑑 26
日本山野草・樹木生態図鑑 シダ類・裸子植物・被子植物(離弁花)編 71	日本の貝 247
日本産幼虫図鑑 259	日本の貝 1 247
日本史のなかの動物事典 204	日本の貝 2 247
日本樹木名方言集 復刻版 123	日本の海水魚 292
日本飼養標準 肉用牛 2008年版 330	日本の海水魚 増補改訂 292
日本飼養標準 乳牛 2006年版 330	日本の海水魚466 292
日本植生便覧 改訂新版 53	日本の海藻 183
日本植物誌 新装版 56	日本の外来魚ガイド 292
日本植物種子図鑑 改訂版 47	日本の外来生物 26
日本植物種子図鑑 56	日本のカエル+サンショウウオ類 305
日本植物病害大事典 48	日本の化石 11
日本植物病名目録 48	日本の家畜・家禽 239
	日本のカミキリムシハンドブック ... 265

日本のカメ・トカゲ・ヘビ 302	日本の絶滅のおそれのある野生生物 5 改訂 30
日本の消えゆく植物たち 59	日本の絶滅のおそれのある野生生物 6 改訂 30
日本の帰化植物 51	
日本の帰化植物図譜 52	日本の絶滅のおそれのある野生生物 7 改訂 30
日本のきのこ〔特装版〕 189	
日本のきのこ 190	日本の絶滅のおそれのある野生生物 8 改訂版 30
日本のキノコ262 190	
日本の恐竜 237	日本の絶滅のおそれのある野生生物 9 改訂版 30
日本の巨樹・巨木林 北海道・東北版 137	
日本の巨樹・巨木林 関東版 1 137	日本の淡水魚 293
日本の巨樹・巨木林 関東版 2 137	日本の淡水魚 第3版 改訂版 293
日本の巨樹・巨木林 甲信越・北陸版 137	日本の淡水魚 増補改訂 293
日本の巨樹・巨木林 東海版 137	日本の蝶 271
日本の巨樹・巨木林 近畿版 137	日本の椿花 新装版 149
日本の巨樹・巨木林 中国・四国版 138	日本の毒きのこ 190
日本の巨樹・巨木林 九州・沖縄版 138	日本の毒きのこ 増補改訂 190
日本の巨樹・巨木林 全国版 138	日本の毒キノコ150種 190
日本のクモ 251	日本の鳥550 山野の鳥 増補改訂版 320
日本のクワガタムシハンドブック 276	日本の鳥550 水辺の鳥 増補改訂版 312
日本の高山植物〔特装版〕 63	日本の鳥300 312
日本の高山植物 63	日本の野菊 180
日本の高山植物400 63	日本の爬虫両生類157 302
日本の昆虫 260	日本の爬虫類・両生類飼育図鑑 302
日本の魚 淡水編 293	日本のハーブ事典 83
日本の桜 179	日本の哺乳類 325, 327
日本の桜 増補改訂版 179	日本の哺乳類 改訂版 327
日本の山菜 71	日本の哺乳類 増補改訂 328
日本の山菜 増補改訂 71	日本の哺乳類 改訂2版 328
日本の山野草 71	日本の薬草 77
日本の山野草ポケット事典 66	日本の薬草 増補改訂 77
日本のシダ植物図鑑 第7巻 193	日本の野生植物 草本 2 新装版 173
日本のシダ植物図鑑 8 193	日本の野生植物 木本 1 新装版 173
日本のシダ植物図鑑 分布・生態・分類 6 193	日本の野生植物 木本 2 新装版 173
日本の樹木〔特装版〕 132	日本の野生植物 シダ 193
日本の樹木 増補改訂 132	日本の野生植物 シダ 新装版 193
日本の樹木 132	日本の野生植物 コケ 192
日本の樹木 上 132	日本の野草 春 110
日本の樹木 下 132	日本の野草 夏 111
日本の植生 54	日本の野草 秋 111
日本の真社会性ハチ 266	日本の野草 春 増補改訂 111
日本の水生動物 217	日本の野草 夏 増補改訂 111
日本のスゲ 172	日本の野草 秋 増補改訂 111
日本のスミレ 180	日本の野草・雑草 71
日本の絶滅のおそれのある野生生物 1 改訂 29	日本の野草300 夏・秋 111
日本の絶滅のおそれのある野生生物 2 改訂版 30	日本の野草300 冬・春 111
	日本の野草 春 111
日本の絶滅のおそれのある野生生物 3 改訂 30	日本の野草 夏 111
	日本の野草 秋 112
日本の絶滅のおそれのある野生生物 4 改訂 30	日本の野草〔特装版〕 106
	日本の野草 増補改訂新版／門田裕一／改

書名	頁
訂版監修	106
日本の野鳥	312
日本の野鳥 第2版	312
日本の野鳥 2版	312
日本の野鳥	312
日本の野鳥 増補改訂	312
日本の野鳥 特装版	313
日本の野鳥図鑑	313
日本の野鳥 巣と卵図鑑	313
日本の野鳥 羽根図鑑	313
日本の野鳥590	313
日本の有害節足動物 新版	278
日本の両生爬虫類	303
日本博物誌年表	24
日本花名鑑 1	152
日本花名鑑 2	152
日本花名鑑 3	152
日本花名鑑 4	152
日本ハーブ図鑑	85
日本変形菌類図鑑	184
日本哺乳類大図鑑	328
日本野生植物館	56
日本野生植物図鑑	57
日本野生動物	201
日本野鳥写真大全	313
日本野鳥大鑑 増補版	313
NEWさつき大事典	171
New Roses 2006	177
New Roses 2009	177
庭木・植木図鑑	159
庭木・街路樹	134
庭木花木の整姿・剪定	157
庭木・花木の手入れとせん定	158
庭木図鑑450 永久保存版	159
庭木専科	159
庭木・街の木	159
庭づくり百花事典	156
庭で楽しむ四季の花280	112
庭で楽しむ野鳥の本	320
庭と温室と海岸の花	91
庭に植えたい樹木図鑑	160
庭の花	160
庭の花図鑑500	153
人気犬種166カタログ	339
人気のガーデニング花木100	158
人気のカブトムシクワガタの飼い方＆図鑑	276
人気の金魚図鑑・飼い方選び方	299
人気の犬種図鑑174	339
人気の子犬図鑑・飼い方遊び方	339
人気の昆虫図鑑	260
人気の昆虫図鑑ベスト257	260
人気の庭木・花木159種	160
人気の猫種図鑑47	343
人気の熱帯魚・水草図鑑	299
人気のバードウォッチング 野鳥図鑑	313
人気の斑入りカンアオイ・斑入り山野草	144
人気の斑入りカンアオイ・斑入り山野草 vol.2	144
人間の許容限界事典	23

【ぬ】

書名	頁
貫・福智山地の自然と植物	57

【ね】

書名	頁
ねこあつまれ	343
猫を愛する人のための猫絵本ガイド	341
ネコちゃんパラダイス 2005年版	342
ネコちゃんパラダイス 2006年版	342
猫の教科書	341
猫の事典	342
熱帯アジアの果物	170
熱帯アジアの野菜	163
熱帯魚	299
熱帯魚・水草	299
熱帯魚繁殖大鑑	299
熱帯魚ビギナーズ・ガイド	296
熱帯魚 水草カタログ	301
熱帯魚・水草完全入門	296
熱帯魚・水草300種図鑑	299
熱帯魚・水草1500種図鑑	300
熱帯くだものの図鑑	170
熱帯探険図鑑 1	214
熱帯探険図鑑 2	214
熱帯探険図鑑 3	214
熱帯探険図鑑 4	214
熱帯探険図鑑 5	214
熱帯の有用果樹	170
根の事典 新装版	46
根の事典	46

【の】

農家が教える農薬に頼らない病害虫防除ハンドブック	142
農林水産研究文献解題 no.17	49
農林水産研究文献解題 no.18	207
農林水産研究文献解題 No.19	11
野の植物誌	57
野の花	103
野の花 アーバン	103
野の花 ルーラル	103
野の花さんぽ図鑑	103
野の花の図譜	103
野の花フィールド日記	104
野の花・街の花	112
野の花めぐり 春編	112
野の花めぐり 夏・初秋編	112
野の花山の花 増補改訂	104
野の花・山の花ウォッチング	101
野の花・山の花観察図鑑	104
野花で遊ぶ図鑑	104
野や庭の昆虫	263
野山で見かける山野草図鑑	71
野山で見つける草花ガイド	67
野山の昆虫	260
野山の樹木	132, 133
野山の樹木観察図鑑	133
野山の植物	37
野山の鳥	313, 320
野山の鳥観察ガイド	314
野山の薬草	77
野山の野草	106
non・noガーデニング基本大百科	156

【は】

バイオインフォマティクス	21
バイオ・ケミルミネセンスハンドブック	13
バイオサイエンス事典 新装版	6
バイオサイエンス事典	6
バイオ実験法＆必須データポケットマニュアル	18
バイオ・創薬アウトソーシング企業総覧 2002-03 第2版	12
バイオテクノロジー総覧	13
バイオテクノロジーと食品の安全性	13
バイオテクノロジー用語事典	12
バイオテクノロジー用語小事典	12
バイオ・テク便覧 1991年版	13
バイオニクス学事典	6
バイオのことば小辞典	6
バイオビジネス白書 2002年版	15
バイオベンチャー大全 2007-2008	13
バイオマス技術ハンドブック	13
バイオマスハンドブック 第2版	13
バイオマス用語事典	12
ハイキングで出会う花ポケット図鑑	104
俳句の魚菜図鑑	203
俳句の鳥・虫図鑑	203
俳句の花図鑑	43
俳句用語用例小事典 7	203
ハイテク農業ハンドブック	161
バージェス頁岩 化石図譜	11
はじめての海水魚	296
はじめての果樹ガーデン	170
はじめての恐竜大図鑑	238
初めての山野草	67
はじめての花づくり	149
はじめての花作り	149
はじめての花の木	153
はじめてのバラづくり	176
初めてのフィッシュウオッチング PART2	287
はじめてのポケット図鑑 恐竜	238
ハゼガイドブック	294
鉢花＆寄せ植えの花320	155
鉢花ポケット事典	155
爬虫両生類飼育図鑑	303
爬虫類と両生類の写真図鑑	303
爬虫類の病気ハンドブック	301
爬虫類・両生類	303
爬虫類・両生類200種図鑑	303
爬虫類・両生類ビジュアル大図鑑	303
バッタ・コオロギ・キリギリス大図鑑	265
葉っぱで調べる身近な樹木図鑑	128
葉っぱ・花・樹皮でわかる樹木図鑑	128
葉で見わける樹木 増補改訂版	128
バードウォッチングを楽しむ本	314
花	91
花色図鑑	153
花色でひける山野草・高山植物	104
花色でひける山野草の名前がわかる事典	71
花色別 野の花・山の花図鑑	104
花・園芸の図詳図鑑	142

花を愉しむ事典	97
花を愉しむ事典 新装版	97
花かおる飯豊連峰	119
花かおる葦毛湿原	119
花かおる越後三山	119
花かおる上高地	119
花かおる草津・白根山	119
花かおる櫛形山	119
花かおる志賀高原	119
花かおる仙丈ヶ岳・東駒ヶ岳	119
花かおる蓼科山・御泉水自然園	120
花かおる立山黒部アルペンルート	120
花かおる栂池自然園	120
花かおる剣山	120
花かおる戸隠高原	120
花かおる苗場山	120
花かおる西駒ヶ岳	120
花かおる八方尾根	120
花かおる早池峰	120
花かおるビーナスライン	120
花かおる妙高高原	120
花かおる六甲山	121
花かおる和賀岳・真昼岳	121
花ことばと神話・伝説	96
花言葉・花事典	96
花言葉「花図鑑」	96
花ことばハンドブック	96
花ごよみ365	107
花ごよみ種ごよみ	91
花ごよみ花だより	107
花歳時記百科	41
花・作物 改訂新版	142
花図鑑 観葉植物・熱帯花木・サボテン・果樹	153
花図鑑 球根+宿根草	91
花図鑑 球根+宿根草 増補改訂版	153
花図鑑 切花	91
花図鑑 切花 増補改訂版	153
花図鑑 樹木	91
花図鑑 樹木 増補改訂版	153
花図鑑 鉢花	91
花図鑑 ハーブ	85
花図鑑 ハーブ+薬用植物	85
花図鑑 薔薇	176
花図鑑 薔薇 増補改訂版	176
花図鑑 野菜+果物	153
花図鑑 野草	104
花だより百選	112
花	92
「花と木の名前」1200がよくわかる図鑑	92
花と草樹を詠むために	42
花と草木の事典	154
花と昆虫観察事典	252
花と葉で見わける野草	104
花と花ことば辞典	96
花と葉の色・形・開花時期でひける花の名前がわかる本	154
花と緑を讃える噺	33
花と緑の園芸百科	154
花とみどりのキャリアBOOK2003 花メゾン 2003年度版	99
花と緑の病害図鑑	142
花と実の図鑑 1	37
花と実の図鑑 2	37
花と実の図鑑 3	38
花と実の図鑑 4	38
花と実の図鑑 5	38
花と実の図鑑 6	38
花と実の図鑑 7	38
花と実の図鑑 8	38
花のいろいろ	108
花の色図鑑	92
花の色別道ばたの草花図鑑 1(春—夏編)	112
花の色別 道ばたの草花図鑑 2	112
花の園芸用語事典	148
花のおもしろフィールド図鑑 春	112
花のおもしろフィールド図鑑 夏	112
花のおもしろフィールド図鑑 秋	113
花の顔	92
花の香り事典	88
花のくすり箱	75
花の声	92
花のコンテナ	155
花の歳時記 春	42
花の歳時記 夏	42
花の歳時記 秋	42
花の歳時記 冬・新年	42
花の歳時記三百六十五日	42
花の事典	88
花の事典 新品種&人気の花	89
花の事典 鉢花	156
花の事典 洋花&グリーン	89
花の西洋史事典	97
花の大百科事典	89
花の大百科事典 普及版	89
花のつくりとしくみ観察図鑑 1	92
花のつくりとしくみ観察図鑑 2	92
花のつくりとしくみ観察図鑑 3	92
花のつくりとしくみ観察図鑑 4	92
花のつくりとしくみ観察図鑑 5	93

書名索引　　ひせい

花のつくりとしくみ観察図鑑 6	93
花のつくりとしくみ観察図鑑 7	93
花のつくりとしくみ観察図鑑 8	93
花の名前	89, 108
花の名前ガイド	154
花の名前と育て方大事典	148
花の名前 ポケット事典	89
花の乗鞍岳	115
花の俳句歳時記	42
花の病害虫	150
花蓮品種図鑑	173
花花素材集	98
花ハンドブック	93
花ひらく中之条	121
はな やさい くだもの	38
はな・やさい・くだもの	38
花屋さんで買える花ベストセレクション	95
花屋さんの四季の花 春	113
花屋さんの四季の花 夏・秋・冬	113
花屋さんの花	93
花屋さんの花カラー図鑑	113
花屋さんの花がわかる本	93
花屋さんの「花」図鑑	93
花屋さんの花図鑑	94
花屋さんの花図鑑 育てる花	154
葉によるシダの検索図鑑	193
羽根図鑑 改訂新版	318
ハーブ	85
ハーブ学名語源事典	83
ハーブ活用百科事典	83
ハーブ・香草の楽しみ方	84
ハーブ事典	83
ハーブ図鑑	86
ハーブ図鑑200	86
ハーブ入門	86
ハーブの写真図鑑	86
ハーブの図鑑	86
ハーブの育て方・楽しみ方大図鑑	86
ハーブノート	84
ハーブの花図譜	86
HERB BIBLE	84
ハーブハンドブック	83, 86
ハーブベストセレクション150	86
薔薇	175
バラ	176
バラ図鑑 最新版	178
バラ図鑑300	177
バラ図鑑300 永久保存版	177
バラ花譜	177
薔薇大図鑑 2000	177

ばら・花図譜	177
はるなつあきふゆ	3
春の樹木	128
春の花	113
春の野草 新装版	113
春の野草	113
ハローキティのどうぶつ図鑑	201
ハワイアン・ガーデン	59
花図鑑 野菜	163

【ひ】

東アフリカの鳥	321
東シナ海・黄海の魚類誌	280
美花選	98
干潟の生きもの図鑑	217
干潟の図鑑	28
ヒサクニヒコの恐竜図鑑	238
ビジュアル園芸・植物用語事典	139
ビジュアル動物大図鑑	201
ビジュアル博物館 1	314
ビジュアル博物館 3	207
ビジュアル博物館 5	128
ビジュアル博物館 6	28
ビジュアル博物館 7	271
ビジュアル博物館 8	248
ビジュアル博物館 9	328
ビジュアル博物館 10	28
ビジュアル博物館 11	38
ビジュアル博物館 12	238
ビジュアル博物館 14	23
ビジュアル博物館 17	260
ビジュアル博物館 19	11
ビジュアル博物館 20	287
ビジュアル博物館 26	303
ビジュアル博物館 29	341
ビジュアル博物館 32	333
ビジュアル博物館 33	330
ビジュアル博物館 40	295
ビジュアル博物館 41	304
ビジュアル博物館 42	330
ビジュアル博物館 46	333
ビジュアル博物館 52	10
ビジュアル博物館 54	23
ビジュアル博物館 64	345
ビジュアルワイド 図説生物 改訂4版	8
微生物学の歴史 1	18
微生物学・分子生物学辞典	18
微生物工学技術ハンドブック	19

動植物・ペット・園芸 レファレンスブック　　373

ひせい　　　　　　　　　書名索引

微生物制御実用事典 …………… 19
微生物の事典 …………………… 19
びっくり鬼虫大図鑑 …………… 249
必携─NBCテロ対処ハンドブック … 20
必携茶花ハンドブック ………… 101
ひっつきむしの図鑑 …………… 106
ひっつきむしの図鑑 フィールド版 … 106
ヒトデガイドブック …………… 249
人・動物・自然・食べ物 ……… 201
ひと目で探せる四季の山菜 …… 66
ひと目で見分ける250種 高山植物ポケット図鑑 …………………… 63
ひと目で見分ける287種野鳥ポケット図鑑 …………………… 314
ひと目でわかる花の名前辞典 … 94
ひと目でわかる野鳥 …………… 314
日々を彩る一木一草 …………… 113
ヒマラヤ植物大図鑑 …………… 63
百分の一科事典 ウサギ ……… 329
百花譜 百選 …………………… 94
ビュフォンの博物誌 …………… 23
病気と害虫BOOK ……………… 142
ひょうごの山野草 ……………… 57
猫種大図鑑 ……………………… 344
平尾台花ガイド ………………… 121
ヒーリング植物バイブル ……… 88

【ふ】

フィッシュウオッチングガイド part1 … 293
フィッシュウオッチング500 …… 287
フィールドガイド 小笠原の自然 … 27
フィールドガイド 日本の野鳥 増補改訂拡大蔵書版 …………………… 314
フィールドガイド 日本の野鳥 増補改訂版 …………………… 318
フィールド検索図鑑 春の花 …… 113
フィールド検索図鑑 夏の花 …… 113
フィールド検索図鑑 秋の花 …… 113
フィールドのための野鳥図鑑 … 314
フィールドのための野鳥図鑑 水辺の鳥 …………………… 314
フィールド版 日本の高山植物 … 63
富貴蘭 …………………………… 174
富貴蘭美術名鑑 ………………… 174
フェンスの植物 ………………… 39
フォーグル博士のCATS ……… 344
フォーグル博士のDOGS ……… 340
フォトCD早引き昆虫図鑑 …… 260

フォトCD早引き植物図鑑 …… 39
ふしぎ動物大図鑑 ……………… 202
ふしぎびっくり語源博物館 5 … 2
ふしぎ・びっくり!?こども図鑑 むし 新版 …………………… 260
富士山の植物図鑑 ……………… 63
冬芽ハンドブック ……………… 128
ブラッド獣医学大辞典 ………… 210
フラワーデザイナーのためのハンドブック …………………… 98
フラワーデザイナーのためのハンドブック 増補改訂版 …………………… 98
フラワーデザインをはじめたいあなたに 1992年版 …………………… 99
フラワーバイヤーズブック '98 … 154
フラワー療法事典 新装普及版 … 97
振りかえるふるさと山河の花 第1巻 … 113
振りかえるふるさと山河の花 第2巻 … 114
プリニウス博物誌 植物篇 ……… 33
プリニウス博物誌 植物薬剤篇 新装版 …………………… 75
プリニウス博物誌 植物薬剤篇 … 76
ふれあいこどもずかん 春・夏・秋・冬 … 3
ふれあいこどもずかん春夏秋冬 第2版 …………………… 3
プレコ大図鑑 …………………… 300
プロフェッショナル英和辞典 SPED EOS 生命科学編 …………………… 7
フローラ ………………………… 39
フローラル・ディクショナリー … 98
分子細胞生物学辞典 第2版 …… 16
分子細胞生物学辞典 …………… 16
分子生物学歯科小事典 ………… 17
分子生物学辞典 ………………… 17
分子生物学大百科事典 2 ……… 17
分子生物学・免疫学キーワード辞典 … 17
分子生物学・免疫学キーワード辞典 第2版 …………………… 17

【へ】

ベゴニア百科 …………………… 148
Basic生物・化学英和用語辞典 … 7
ベスト猫カタログ ……………… 344
ベタ&グーラミィ ……………… 300
ヘチマ観察事典 ………………… 171
ペットとあなたの健康 ………… 212
ペットにできる世界の爬虫類カタログ … 304
ペットの自然療法事典 ………… 240
ペットビジネスハンドブック 2004年版

374　動植物・ペット・園芸 レファレンスブック

ペットビジネスハンドブック 2005年版	241
ペットビジネスハンドブック 2006年版	241
ペットビジネスハンドブック 2008年版	242
ペットビジネスハンドブック 2009年版	242
ペットビジネスハンドブック 2010年版	242
ペット用語事典 犬・猫編 改訂版	240
ペット用語事典 犬・猫編 1999・2000年版	240
ペット用品ガイド キャット編 '97	242
ペット用品ガイド ドッグ編 '97	242
ペット用品ガイド フィッシュ編 '97 ...	242
ペット六法 法令篇 第2版	242
ペット六法 法令篇, 用語解説・資料篇 ..	242
ヘビ	305
ヘビ大図鑑	305
ベリーハンドブック	170
ペレニアルガーデン	155
ペンギンガイドブック	324
ペンギン図鑑	324
ペンギン大百科	324
ペンギン ハンドブック	324

【ほ】

防除ハンドブック 豆類の病害虫	168
放線菌図鑑	184
北斎絵事典	32
牧草・毒草・雑草図鑑	73
北陸きのこガイド	186
ポケットガイド 新潟県の山の花	115
ポケットガイド バイオテク用語事典	12
ポケット きのこ	185
ポケット 木の実 草の実	135
ポケット 山菜	71
ポケット 山野草	72
ポケット図鑑 木の花	94
ポケット図鑑 山菜	72
ポケット版 愛犬図鑑	340
ポケット版 学研の図鑑 1	261
ポケット版 学研の図鑑 2	39
ポケット版 学研の図鑑 3	202
ポケット版 学研の図鑑 4	217
ポケット版 学研の図鑑 5	315
ポケット版 学研の図鑑 8	3
ポケット版 学研の図鑑 9	210
ポケット版 学研の図鑑 10	238
ポケット版 学研の図鑑 11	276
ポケット版 恐竜図鑑	238
ポケット判 日本の山野草	72
ポケット判 日本の薬草	78
ポケット判 身近な樹木	129
ポケット 薬草	78
ポケット 野鳥	315
ポケット 山の幸	72
ホソカタムシの誘惑	266
ポチとタマがおしえてくれるうちの獣医さん	211
北海道きのこ図鑑 新版	190
北海道「きのこ図鑑」 第2版	190
北海道山菜・木の実図鑑	72
北海道 山菜実用図鑑	72
北海道山菜実用図鑑 新版	72
北海道 樹木図鑑 増補改訂版	133
北海道 樹木図鑑 第2版	133
北海道のキノコ 続	191
北海道の高山植物 新版	60
北海道の湿原と植物	51
北海道の植物 続	115
北海道のトンボ図鑑	272
北海道の野の花 最新版	115
北海道の野鳥	320
北海道 薬草図鑑 野生編	78
北海道野鳥観察地ガイド	319
北海道野鳥ハンディガイド	320
北海道野鳥ハンドブック	320
北海道山の花ずかん 夕張山地	121
北海道山の花図鑑 札幌市藻岩・円山・八剣山	121
北海道山の花図鑑 アポイ岳・様似山道・ピンネシリ	121
北海道山の花図鑑 大雪山	121
北海道山の花図鑑 利尻島・礼文島	121
北海道山の花図鑑 夕張山地・日高山脈	121
哺乳動物 1	328
哺乳動物 2	328
骨	207
ホネからわかる!動物ふしぎ大図鑑 1 ...	213
ホネからわかる!動物ふしぎ大図鑑 2 ...	214
ホネからわかる!動物ふしぎ大図鑑 3 ...	225
ホリスティックハーブ療法事典	83
ボルネオ島アニマル・ウォッチングガイド	214
滅びゆく世界の動物たち	230
滅びゆく日本の植物50種	59
盆栽芸術 盆栽編	161

ほんし　　　　　　　　　　書名索引

本州のウミウシ ……………………… 248
ほんとのおおきさ水族館 …………… 217
本の探偵事典　どうぶつの手がかり編 … 194

【ま】

牧野和漢薬草大図鑑　新訂版 ………… 78
マグロウヒル現代生物科学辞典　英英　第2
　版 ……………………………………… 7
マグローヒル　バイオサイエンス用語辞典
　………………………………………… 6
街へ野山へ楽しい木めぐり ………… 129
まちかど花ずかん …………………… 114
街・里の野草 ………………………… 106
街で見つける山の幸図鑑 …………… 57
街でよく見かける雑草や野草がよーくわか
　る本 ………………………………… 54
街でよく見かける雑草や野草のくらしがわ
　かる本 ……………………………… 73
町の木公園の木図鑑　春・夏 ……… 134
町の木公園の木図鑑　秋・冬 ……… 134
街の樹木観察図鑑 …………………… 133
街の虫とりハンドブック …………… 263
マリン　アクアリウム ……………… 287
まるごと楽しむひつじ百科 ………… 329
まるごと日本の生きもの …………… 27
マルチメディア鳥類図鑑 …………… 315
マルハナバチ・ハンドブック ……… 267
まんが恐竜図鑑事典　新訂版 ……… 238
マンガでわかる!採りかた・飼いかた　クワ
　ガタ＆カブト大百科 ……………… 273
マンモス探検図鑑 …………………… 239
万葉 …………………………………… 43
万葉植物事典 ………………………… 43
万葉植物事典　普及版 ……………… 43
万葉植物の検索 ……………………… 43

【み】

身近で見られる日本の野鳥カタログ … 315
身近な木の花ハンドブック ………… 131
身近な木の花ハンドブック430種 …… 94
身近な草木の実とタネハンドブック … 46
身近な昆虫 …………………………… 261
身近な樹木 …………………………… 129
身近な鳥の図鑑 ……………………… 320
身近な薬草ハンドブック …………… 76

身近な薬草百科 ……………………… 78
身近な野生動物観察ガイド ………… 213
身近な野草・雑草 …………………… 74
身近な野草とキノコ ………………… 94
身近にあるハーブがよーくわかる本 … 84
ミズガメ大百科 ……………………… 306
みずのいきもの ……………………… 217
水の生きもの ………………………… 217
水の生き物 …………………………… 217
水の生き物　増補改訂 ……………… 217
水の生き物 …………………………… 217
水の生物 ……………………………… 217
水の生物　新訂版 …………………… 217
水の生物 ……………………………… 218
水の生物　改訂新版 ………………… 218
水べの生きもの野外観察ずかん 1 … 218
水べの生きもの野外観察ずかん 2 … 218
水べの生きもの野外観察ずかん 3 … 218
水辺の昆虫 …………………………… 277
水辺の鳥 ……………………………… 321
魅せる日本の両生類・爬虫類 ……… 304
見つけたい楽しみたい野の植物 …… 114
見つけて楽しむきのこワンダーランド
　……………………………………… 191
見つけよう信州の昆虫たち ………… 263
ミツバチ観察事典 …………………… 267
見てわかる観葉植物の育て方 ……… 144
見てわかるバラの育て方 …………… 175
南九州の樹木図鑑 …………………… 133
南太平洋のシダ植物図鑑 …………… 193
ミニ雑草図鑑 ………………………… 74
身のまわりの木の図鑑 ……………… 129
見る読むわかる野鳥図鑑 …………… 315

【む】

むし …………………………………… 261
虫こぶハンドブック ………………… 263
虫のおもしろ私生活 ………………… 261

【め】

明解　獣医学辞典 …………………… 210
名人が教えるきのこ採り方・食べ方 … 186
名馬牧場めぐりガイド 2001～2002 … 331
名馬牧場めぐりガイド 2003～2004 … 331
名馬牧場めぐりガイド 2004～2005 … 331
メディカルハーブ安全性ハンドブック … 84

376　動植物・ペット・園芸 レファレンスブック

書名索引　　　　　　　　　　　　やせい

メディカルハーブの事典 ················· 83

【も】

盲導犬ハンドブック ····················· 341
猛毒動物の百科 改訂版 ················· 226
猛毒動物の百科 第3版 ················· 226
木材科学ハンドブック ··················· 124
木材活用ハンドブック ··················· 124
木材居住環境ハンドブック ············· 124
木材工業ハンドブック 改訂4版 ········· 124
木材・樹木用語辞典 ····················· 123
持ち歩き きのこ見極め図鑑 ············· 191
持ち歩き高山植物見極め図鑑 ··········· 63
もち歩き図鑑 花木ウォッチング ········· 94
持ち歩き図鑑 きのこ・毒きのこ ········· 191
持ち歩き図鑑 高山の花 ················· 64
持ち歩き図鑑 身近な樹木 ··············· 129
持ち歩き図鑑 身近な野草・雑草 ········· 74
持ち歩き 花屋さんの花図鑑 ············· 94
持ち歩き バラの品種図鑑 ··············· 177
もっともくわしいイヌの病気百科 改訂新
　版 ····································· 335
もっともくわしい植物の病害虫百科 ····· 142
森のきのこたち ························· 186
森の動物出会いガイド ··················· 328
モンシロチョウ観察事典 ················· 267

【や】

野外毒本 ································ 22
屋久島 高地の植物 ····················· 58
屋久島の植物 ··························· 58
薬草 ···································· 76
薬草 新装版 ····························· 78
薬草 ···································· 78
薬草カラー図鑑 1 ······················· 79
薬草カラー図鑑 2 ······················· 79
薬草カラー図鑑 3 ······················· 79
薬草カラー図鑑 4 ······················· 79
薬草カラー大事典 ······················· 76
薬草500種 ······························· 76
薬草歳時記 ····························· 79
薬草採取 ································ 79
薬草毒草300 ···························· 79
薬草毒草300プラス20 ···················· 79

薬草の詩 ································ 79
訳注 質問本草 ·························· 82
やくみつるの昆虫図鑑 ·················· 261
薬用植物ガイド ·························· 79
野菜＆果物図鑑 ························· 162
野菜園芸大百科 1 第2版 ················ 163
野菜園芸大百科 2 第2版 ················ 164
野菜園芸大百科 3 第2版 ················ 164
野菜園芸大百科 4 第2版 ················ 164
野菜園芸大百科 5 第2版 ················ 164
野菜園芸大百科 6 第2版 ················ 164
野菜園芸大百科 7 第2版 ················ 164
野菜園芸大百科 8 第2版 ················ 164
野菜園芸大百科 9 第2版 ················ 164
野菜園芸大百科 10 第2版 ··············· 164
野菜園芸大百科 11 第2版 ··············· 164
野菜園芸大百科 12 第2版 ··············· 164
野菜園芸大百科 13 第2版 ··············· 164
野菜園芸大百科 14 第2版 ··············· 164
野菜園芸大百科 15 第2版 ··············· 164
野菜園芸大百科 16 第2版 ··············· 164
野菜園芸大百科 17 第2版 ··············· 165
野菜園芸大百科 18 第2版 ··············· 165
野菜園芸大百科 19 第2版 ··············· 165
野菜園芸大百科 20 第2版 ··············· 165
野菜園芸大百科 21 第2版 ··············· 166
野菜園芸大百科 22 第2版 ··············· 166
野菜園芸大百科 23 第2版 ··············· 166
野菜園芸ハンドブック 新編 ············· 167
野菜・果物 ····························· 162
野菜栽培技術データ集 ·················· 166
野菜・山菜博物事典 ···················· 166
野菜づくり大図鑑 ······················· 167
野菜と果物の品目ガイド 改訂7版 ······· 161
野菜と果物の品目ガイド 改訂8版 ······· 162
野菜の上手な育て方大事典 ············· 166
やさしい日本の淡水プランクトン 図解ハ
　ンドブック ···························· 219
やさしい日本の淡水プランクトン 図解ハ
　ンドブック 普及版 ···················· 219
やさしい日本の淡水プランクトン 図解ハ
　ンドブック 改訂版 普及版 ············ 220
やさしく詳しくカブトムシ、クワガタム
　シ ····································· 273
夜叉神峠・鳳凰三山の高山植物 ········· 64
野生イヌの百科 第2版 ·················· 335
野生イヌの百科 ························· 340
野生鳥獣保護管理ハンドブック ········· 229
野生動物観察事典 ······················ 208
野生動物に出会う本 ···················· 328
野生動物保護の事典 ···················· 229

動植物・ペット・園芸 レファレンスブック　377

書名索引

野生ネコの百科 最新版 …………… 342
野草 改訂新版 ………………………… 107
野草・雑草観察図鑑 …………………… 74
野草図鑑 ……………………………… 114
野草図鑑 夏編 ………………………… 114
野草図鑑 秋編 ………………………… 114
野草大図鑑 …………………………… 107
野草大百科 …………………………… 104
野草のおぼえ方 上 …………………… 107
野草のおぼえ方 下 …………………… 107
野草の写真図鑑 ……………………… 122
野草の名前 春 ………………………… 114
野草の名前 夏 ………………………… 114
野草の名前 秋・冬 …………………… 115
野草の花図鑑 春 ……………………… 115
野草の花図鑑 夏 ……………………… 115
野草の花図鑑 秋 ……………………… 115
野草 見分けのポイント図鑑 ………… 107
野鳥 新装版 …………………………… 315
野鳥 ……………………………… 315, 316
野鳥ウォッチングガイド ……………… 321
野鳥をよむ …………………………… 306
野鳥ガイド …………………………… 316
野鳥観察図鑑 ………………………… 316
野鳥図鑑 ……………………………… 316
野鳥大百科 …………………………… 307
野鳥調査マニュアル ………………… 307
野鳥と木の実ハンドブック ………… 135
野鳥282 ……………………………… 316
野鳥のくらし ………………………… 318
野鳥の図鑑 …………………………… 316
野鳥の名前 …………………………… 316
野鳥の羽根 …………………………… 318
野鳥の羽ハンドブック ……………… 318
野鳥フィールド日記 ………………… 316
八ヶ岳・霧ヶ峰植物手帳 ……………… 60
薬局店主が書いた身のまわりの薬草豆事
典 ……………………………………… 79
ヤドクガエル ………………………… 305
山形昆虫記 …………………………… 263
ヤマケイジュニア図鑑 1 ……………… 39
ヤマケイジュニア図鑑 2 …………… 261
ヤマケイジュニア図鑑 3 …………… 316
ヤマケイジュニア図鑑 4 …………… 202
ヤマケイジュニア図鑑 5 …………… 218
ヤマケイジュニア図鑑 6 …………… 225
山に咲く花 ……………………………… 64
山の植物誌 ……………………………… 64
山の植物誌 特装版 …………………… 64
山の花 ……………………………… 64, 65
山の花手帳 ……………………………… 65

【ゆ】

有毒魚介類携帯図鑑 ………………… 288
遊遊さかな事典 ……………………… 288
有用植物和・英・学名便覧 …………… 47
雪割草 ………………………………… 154
雪割草全集 2 ………………………… 154
夢に近づく仕事の図鑑 1 …………… 202

【よ】

幼魚ガイドブック …………………… 288
葉形・花色でひける 木の名前がわかる事
典 …………………………………… 129
ようこそ緑の夢王国 県立植物園 …… 58
用途がわかる山野草ナビ図鑑 ……… 72
洋ラン ………………………………… 174
洋ラン図鑑 …………………………… 174
洋ランポケット事典 ………………… 173
よくわかる犬種図鑑ベスト185 …… 340
よくわかる庭木大図鑑 ……………… 160
よくわかる熱帯魚&水草の育て方・楽しみ
方 …………………………………… 297
よみがえる恐竜・古生物 …………… 231
47都道府県・地野菜／伝統野菜百科 … 166

【ら】

ライフサイエンス辞書 改訂 …………… 7
ライフサイエンス必須英和・和英辞典 … 7
落葉広葉樹図譜 机上版 ……………… 129
落葉広葉樹図譜 フィールド版 ……… 129
落葉樹の葉 …………………………… 129
蘭 ……………………………………… 174

【り】

リクガメ ……………………………… 306
陸と水の動物 ………………………… 202
利尻礼文・知床・大雪植物手帳 ……… 54
立体・恐竜図鑑 ……………………… 238

378 動植物・ペット・園芸 レファレンスブック

書名索引　　　　　　　　　わんに

琉球列島産植物花粉図鑑 …………	48
両生類・はちゅう類 ……………	304
緑化樹木ガイドブック …………	133
緑化技術用語事典 ………………	136
緑化樹木ガイドブック …………	134
リロ&スティッチいきものずかん ……	202
臨床微生物学ハンドブック ………	20

【れ】

麗澤の森 ……………………	131
レッドデータアニマルズ …………	229
レッドデータ 日本の哺乳類 ………	326
レッドデータブック ………………	60
レッドデータプランツ ……………	60

【ろ】

ロシア語の比喩・イメージ・連想・シンボル事典 ………………………	44
Rose book ………………………	177
六甲山の花 ………………………	115

【わ】

ワイド図鑑身近な樹木 ……………	130
和歌植物表現辞典 ………………	40
わが家で育てる果樹&ベリー100 ……	170
わかりやすい観葉植物の育て方 ……	144
和漢古典植物考 …………………	40
和漢薬ハンドブック ……………	80
和漢薬百科図鑑 1 ………………	80
和漢薬百科図鑑 2 改訂新版 ………	80
わくわくウオッチング図鑑 1 ……	3
わくわくウオッチング図鑑 2 ……	3
わくわくウオッチング図鑑 3 ……	4
わくわくウオッチング図鑑 4 ……	4
わくわくウオッチング図鑑 5 ……	4
わくわくウオッチング図鑑 6 ……	4
わくわくウオッチング図鑑 7 ……	276
わくわくウオッチング図鑑 8 ……	243
ワシタカ類飛翔ハンドブック 増補・改訂版 ………………………	323
ワシタカ類飛翔ハンドブック 新訂 …	323

ワシタカ類飛翔ハンドブック ………	323
ワニガメハンドブック ……………	306
和の花、野の花、身近な花 ………	100
和花 ………………………………	100
湾岸都市の生態系と自然保護 ……	31
ワンちゃんパラダイス 2005年版 ……	336
ワンちゃんパラダイス 2006年版 ……	336
ワン・ニャン110番 ………………	212

動植物・ペット・園芸 レファレンスブック　379

著編者名索引

【あ】

会田 民雄
　カラー版 薬草図鑑 ………………… 77
　山菜 ………………………………… 68
　山野草 ……………………………… 69
　日本の樹木 ………………………… 132
　ポケット 山野草 …………………… 72
　ポケット 薬草 ……………………… 78
　薬草 ………………………………… 78

相原 和久
　節足動物ビジュアルガイド タランチュ
　ラ＆サソリ ………………………… 249

相原 正明
　オーストラリアの花100 ………… 122

相見 満
　サルの百科 ………………………… 344

アーヴィン, ダグラス・H.
　バージェス頁岩 化石図譜 ………… 11

青木 愛弓
　ザ・インコ＆オウムのしつけガイド ‥ 325

青木 淳一
　昆虫 ………………………………… 255
　日本産土壌動物 …………………… 215
　日本産土壌動物検索図説 ………… 215
　ホソカタムシの誘惑 ……………… 266

青木 猛
　世界のクワガタムシ・カブトムシ … 276

青木 俊明
　世界の昆虫大百科 ………………… 259

青柳 昌宏
　ペンギン ハンドブック …………… 324

青山 潤三
　決定版 山の花1200 ………………… 61
　日本の高山植物 ……………………… 63
　日本の蝶 …………………………… 271

青山 富士夫
　高山の植物 ………………………… 62
　持ち歩き図鑑 高山の花 …………… 64

赤尾 秀子
　おかしな生きものミニ・モンスター ‥ 197

赤木 かん子
　本の探偵事典 ……………………… 194

阿木 二郎
　ふしぎびっくり語源博物館 ……… 2

あき びんご
　くもんのはじめてのずかん ……… 34, 197

秋篠宮 文仁
　欧州家禽図鑑 ……………………… 325
　日本の家畜・家禽 ………………… 239

秋山 久美子
　都会の草花図鑑 …………………… 106

秋山 智隆
　節足動物ビジュアルガイド タランチュ
　ラ＆サソリ ………………………… 249

秋山 信彦
　池や小川の生きもの ……………… 215
　川魚完全飼育ガイド ……………… 296
　淡水魚カタログ …………………… 291

秋山 恵生
　Snow forest雪の森へ ……………… 8

秋吉 文夫
　どうぶつ505 ……………………… 201

アーサー, アレックス
　ビジュアル博物館 ………………… 248

浅井 粂男
　さかなと水のいきもの …………… 216
　庭と温室と海岸の花 ……………… 91
　陸と水の動物 ……………………… 202

浅岡 みどり
　家庭園芸栽培大百科 ……………… 138

浅田 信行
　さくら百科 ………………………… 178

浅野 貞夫
　浅野貞夫 日本植物生態図鑑 ……… 54
　原色図鑑 芽ばえとたね …………… 34
　日本山野草・樹木生態図鑑 ……… 71

浅野 隆司
　獣医からもらった薬がわかる本 … 241

朝日 純一
　原色図鑑サハリンの蝶 …………… 268

朝日新聞社
　草木花歳時記 ……………………… 40, 41
　薬草毒草300 ……………………… 79
　薬草毒草300プラス20 …………… 79

朝日田 卓
　魚（さかな） ……………………… 284

朝比奈 正二郎
　原色昆虫大図鑑 …………………… 254

浅間 茂
　校庭の生き物ウォッチング ……… 24
　校庭のクモ・ダニ・アブラムシ … 249

浅山 英一
　花・作物 ……………………… 142
　花と草木の事典 ……………… 154
亜細亜大学ことわざ比較研究プロジェクト
　捕らぬ狸は皮算用? …………… 204
芦沢 正和
　都道府県別 地方野菜大全 …… 163
　花図鑑 野菜＋果物 …………… 153
　花図鑑 野菜 …………………… 163
芦田 正次郎
　動物信仰事典 ………………… 204
足田 輝一
　植物ことわざ事典 ……………… 44
アースプランツリサーチオーガニゼーション
　HERB BIBLE …………………… 84
東 清二
　沖縄昆虫野外観察図鑑 ……… 262
東 博司
　観賞魚大図鑑 ………………… 297
　熱帯魚繁殖大鑑 ……………… 299
東 眞理子
　恐竜ファイル ………………… 236
東 洋一
　恐竜ファイル ………………… 236
畔上 能力
　樹木 見分けのポイント図鑑 … 127
　日本の野草 …………………… 106
　春の花 ………………………… 113
　ひと目で探せる四季の山菜 …… 66
　野草 見分けのポイント図鑑 … 107
　山に咲く花 ……………………… 64
　山の花手帳 ……………………… 65
足立 尚計
　ことばの動物史 ……………… 202
アッシャー, キャロル
　樹木 …………………………… 123
アディソン, J.
　花を愉しむ事典 ………………… 97
アトリエカスミ
　ハーブ入門 ……………………… 86
姉崎 一馬
　野山の樹木 …………………… 132
アプトン, ロイ
　メディカルハーブ安全性ハンドブック
　………………………………… 84
安倍 肯治
　海水魚大図鑑 ………………… 282

阿部 定夫
　花卉園芸の事典 ……………… 147
安部 順
　オーストラリアの花100 ……… 122
阿部 慎太郎
　伊豆大島海中図鑑 …………… 215
阿部 宗明
　原色動物大図鑑 ……………… 198
　新顔の魚 1970-1995 ………… 285
　有毒魚介類携帯図鑑 ………… 288
安部 直哉
　日本の野鳥 …………………… 312
　身近で見られる日本の野鳥カタログ
　………………………………… 315
　野鳥の名前 …………………… 316
阿部 永
　日本の哺乳類 ………… 325, 327, 328
阿部 秀樹
　イカ・タコガイドブック ……… 248
阿部 正敏
　葉によるシダの検索図鑑 …… 193
阿部 正之
　海辺の生物観察図鑑 ………… 223
　海水魚大図鑑 ………………… 282
　カラー図鑑 海水魚 …………… 282
　最新図鑑 熱帯魚アトラス …… 298
　世界の熱帯魚 ………………… 299
　熱帯魚・水草300種図鑑 …… 299
アベスプランニング
　全国水族館ガイド …………… 205
　全国水族館めぐり …………… 205
アボット, R.タッカー
　世界海産貝類大図鑑 ………… 246
尼岡 邦夫
　北日本魚類大図鑑 …………… 290
　深海魚 ………………………… 285
　日本の海水魚 ………………… 292
奄美野鳥の会
　奄美の野鳥図鑑 ……………… 319
飴山 實
　草木花歳時記 ………………… 41
アメリカンケンネルクラブ
　犬の事典 ……………………… 334
荒井 一利
　海獣図鑑 ……………………… 332
新井 和也
　高山植物ハンディ図鑑 ………… 62
　日本の高山植物400 …………… 63

八ケ岳・霧ケ峰植物手帳 60
新井 二郎
　高尾・奥多摩植物手帳 53
　春の花 113
新井 朋子
　自然断面図鑑 209
荒井 真紀
　野山の昆虫 260
新井 幸人
　新・尾瀬の植物図鑑 56
荒賀 忠一
　さかな大図鑑 284
　新さかな大図鑑 286
荒木田 文輝
　まちかど花ずかん 114
新崎 盛敏
　原色新海藻検索図鑑 183
アラビー, マイク
　エコロジー小事典 28
　環境と生態 22
　動物と植物 1
荒俣 宏
　アラマタ版 磯魚ワンダー図鑑 281
　磯採集ガイドブック 220
　世界大博物図鑑 216, 258, 302, 321
荒俣 幸男
　磯採集ガイドブック 220
　魚の雑学事典 278
荒谷 邦雄
　観察ブック カブトムシ・クワガタムシ
　　のとり方・飼い方 275
有沢 重雄
　飼育栽培図鑑 2
　花と葉で見わける野草 104
アリ類データベースグループ
　日本産アリ類全種図鑑 266
アロマトピア編集部
　アロマ&エステティックガイド 87
あんぐりら
　恐竜時代の図鑑 234
安西 正
　花と緑を讃える噺 33
安西 徹郎
　土壌肥料用語事典 139
安西 英明
　基本がわかる野鳥eco図鑑 317
　見る読むわかる野鳥図鑑 315

安生 健
　恐竜の探検館 236
アンダーソン, ピーター
　ビジュアル博物館 345
安藤 勝彦
　コーワン微生物分類学事典 18
　日本産菌類集覧 183
安藤 敏夫
　アーバンガーデニング 156
　日本花名鑑 152
　花の事典 新品種&人気の花 89
安藤 博
　四季の山野草 70
　四季の山野草観察カタログ 55
　日本の山野草 71
　ポケット 山菜 71
　薬草毒草300 79
　薬草毒草300プラス20 79
安藤 洋子
　写真でわかるバラづくり 175
阿武 恒夫
　庭づくり百花事典 156
　「花と木の名前」1200がよくわかる図
　　鑑 92

【い】

飯岡 美紀
　フラワー療法事典 97
飯島 和子
　校庭の雑草 73
飯島 正広
　日本哺乳類大図鑑 328
飯塚 英春
　花かおる苗場山 120
飯野 剛
　ウミウサギ生きている海のジュエリー
　.................................... 244
家永 善文
　図解 植物観察事典 46
五百沢 日丸
　日本の鳥550 320
　野鳥ウォッチングガイド 321
猪飼 篤
　タンパク質の事典 17

五十嵐 邁
アジア産蝶類生活史図鑑 ……………… 267
五十嵐 恒夫
北海道のキノコ ……………………… 191
猪狩 貴史
尾瀬植物手帳 ……………………………… 53
カエデ識別ハンドブック ……………… 171
いがり まさし
「開花順」四季の野の花図鑑 ………… 108
日本のスミレ ………………………… 180
日本の野菊 …………………………… 180
野草のおぼえ方 ……………………… 107
生田 省悟
花を愉しむ事典 ………………………… 97
井口 潔
街で見つける山の幸図鑑 ……………… 57
井口 智子
フローラ ………………………………… 39
池尻 幸雄
写真で見る有害生物防除事典 ………… 31
池田 清彦
外来生物事典 …………………………… 28
池田 健蔵
原色新樹木検索図鑑 合弁花他編 …… 125
原色新樹木検索図鑑 離弁花編 ……… 125
原色野草検索図鑑 合弁花編 ………… 105
原色野草検索図鑑 単子葉植物編 …… 105
原色野草検索図鑑 離弁花編 ………… 105
池田 奈々子
ザ・インコ＆オウムのしつけガイド ‥ 325
池田 比佐子
恐竜野外博物館 ……………………… 236
池田 等
海辺で拾える貝ハンドブック ………… 245
タカラガイ・ブック …………………… 247
池田 二三高
花と緑の病害図鑑 …………………… 142
池田 良幸
石川のきのこ図鑑 …………………… 186
池田書店
葉っぱ・花・樹皮でわかる樹木図鑑 ‥ 128
池谷 奉文
とり ……………………………………… 309
池坊 専永
四季 池坊いけばな花材事典 ………… 100
池本 卯典
獣医療公衆衛生六法 ………………… 212

井越 和子
最新 花屋さんの花図鑑 ……………… 151
伊沢 一男
薬になる野草・樹木 …………………… 77
ポケット判 日本の薬草 ………………… 78
薬草カラー図鑑 ………………………… 79
薬草カラー大事典 ……………………… 76
伊澤 一男
薬草採取 ………………………………… 79
伊沢 紘生
日本動物大百科 ……………………… 194
伊沢 凡人
カラー版 薬草図鑑 ……………………… 77
伊沢 正名
カビ図鑑 ……………………………… 184
きのこ ………………………………… 187
しだ・こけ …………………………… 192
ポケット きのこ ……………………… 185
石井 圭一
アメーバ図鑑 ………………………… 244
石井 誠治
都会の木の花図鑑 …………………… 134
石井 竹夫
賢治と学ぶ大磯・四季の花 ………… 117
石井 悌
日本昆虫図鑑 ………………………… 259
石井 照昭
鳥 ……………………………………… 310
石井 信夫
日本の哺乳類 ………………… 327, 328
石井 規雄
校庭のクモ・ダニ・アブラムシ ……… 249
石井 英美
樹に咲く花 ……………………… 90, 124
原寸図鑑 葉っぱでおぼえる樹木 …… 125
石井 実
日本動物大百科 ……………………… 195
石井 桃子
都会の木の実・草の実図鑑 ………… 135
石井 由紀
伝説の花たち …………………………… 97
フェンスの植物 ………………………… 39
石井 米雄
人類大図鑑 ……………………………… 23
石井 竜一
植物の百科事典 ………………………… 46

石浦 章一
　生物の小事典 ………………………… 6
石川 晶生
　さくら百科 ………………………… 178
石川 格
　庭木花木の整姿・剪定 …………… 157
石川 忠
　完璧版 昆虫の写真図鑑 …………… 253
石川 辰夫
　図解 微生物学ハンドブック ……… 19
石川 統
　細胞生物学事典 …………………… 16
　生物学辞典 ………………………… 5
石川 皓章
　海の魚大図鑑 ……………………… 281
　海の釣魚 …………………………… 281
石川 美枝子
　原寸イラストによる落葉図鑑 …… 131
　原寸イラストによる落葉図鑑 …… 47
　樹木 見分けのポイント図鑑 ……… 127
　野草 見分けのポイント図鑑 ……… 107
石川 良輔
　昆虫 ………………………………… 255
石沢 進
　花かおる苗場山 …………………… 120
石津 純一
　図解 生物学データブック ………… 8
石田 直理雄
　時間生物学事典 …………………… 5
石谷 孝佑
　米の事典 …………………………… 163
伊地知 英信
　高山の花 …………………………… 62
石戸 忠
　原色植物検索図鑑 ………………… 34
　日本水生植物図鑑 ………………… 50
　日本の生きもの図鑑 ……………… 26
石浜 明
　ウイルス学事典 …………………… 18
石原 篤幸
　図解 種から山野草を育てる ……… 140
石原 勝敏
　生物学データ大百科事典 ………… 5
　生物の事典 ………………………… 6
石原 直
　ナノバイオ用語事典 ……………… 12
石原 保
　原色昆虫大図鑑 …………………… 254

石原 真理
　英国王立園芸協会 ハーブ大百科 …… 82
石原 美紀子
　ドッグ・セレクションベスト200 …… 339
伊豆シャボテン公園伊豆資源生物アカデミー
　サボテン・多肉植物330種 ………… 181
井筒 清次
　おもしろくてためになる桜の雑学事典
　　……………………………………… 178
磯崎 哲也
　ザ・インコ＆オウムのしつけガイド … 325
磯田 進
　富士山の植物図鑑 ………………… 63
　薬用植物ガイド …………………… 79
磯野 直秀
　日本博物誌年表 …………………… 24
井田 孝
　麗澤の森 …………………………… 131
井田 斉
　魚 …………………………………… 283
　魚（さかな） ………………………… 284
　魚・水の生物のふしぎ …………… 278
井田 齊
　食材魚貝大百科 …………………… 295
板木 利隆
　カラー版 家庭菜園大百科 ………… 163
伊丹 清
　自慢したい咲かせたい庭の植物 …… 141
　花図鑑 樹木 ……………………… 91, 153
市石 博
　生物を科学する事典 ……………… 5
　日常の生物事典 …………………… 1
市川 顕彦
　昆虫 ………………………………… 255
市川 和夫
　ちょう ……………………………… 269
市川 章三
　恐竜 ………………………………… 234
　最新恐竜大事典 …………………… 237
市川 董一郎
　信州「畑の花」 …………………… 118
一島 英治
　酵素ハンドブック ………………… 18
一前 宣正
　世界の雑草 ………………………… 73
市田 則孝
　自然発見ガイド 野鳥 ……………… 309
　野山の鳥観察ガイド ……………… 314

野鳥調査マニュアル 307
一ノ倉 俊一
　花かおる早池峰 120
一瀬 諭
　やさしい日本の淡水プランクトン 図解
　　ハンドブック 219, 220
一色 周知
　原色日本蛾類幼虫図鑑 268
井出 勝久
　原寸大!スーパー昆虫大事典 254
出井 雅彦
　小林弘珪藻図鑑 182
出田 興生
　恐竜博物図鑑 236
　世界鳥類大図鑑 309
伊藤 丙雄
　絶滅哺乳類図鑑 239
伊藤 勝敏
　伊豆・大瀬崎マリンウォッチングガイ
　　ド 221
　伊豆の海・海中大図鑑 221
　海べの生きもの 222
　「沖縄の海」海中大図鑑 223
伊藤 圭介
　近世植物・動物・鉱物図譜集成 81
伊藤 智
　北海道のトンボ図鑑 272
伊東 昭介
　信州のスミレ 180
伊東 正
　蔬菜の新品種 163, 167
伊藤 徹魯
　日本の哺乳類 327, 328
伊藤 年一
　学研生物図鑑 253
伊藤 ふくお
　どんぐりの図鑑 135
　ひっつきむしの図鑑 106
伊藤 美千穂
　生薬単 80
伊藤 恵夫
　化石図鑑 10
　恐竜事典 234
　太古の生物図鑑 10
伊藤 芳夫
　サボテン科大事典 180
伊藤 義治
　花と緑の園芸百科 154

伊藤魚学研究振興財団
　新顔の魚 1970-1995 285
伊那谷自然友の会
　野山の薬草 77
稲葉 慎
　小笠原ハンドブック 24
稲畑 汀子
　草木花歳時記 40, 41
井波 一雄
　薬草 78
犬養 智子
　猫の事典 342
いぬといっしょ。編集部
　「信頼できる動物病院200」...... 335
井上 圭三
　生化学辞典 16
井上 のきあ
　花花素材集 98
井上 光三郎
　野の花の図譜 103
井之口 希秀
　日本植物種子図鑑 47, 56
猪又 敏男
　原色 蝶類検索図鑑 268
　地球から消えた生物 10
　蝶 269
伊庭 英夫
　遺伝子 21
今井 一洋
　バイオ・ケミルミネセンスハンドブッ
　　ク 13
今井 勝
　エコロジー小事典 28
今井 桂三
　昆虫ナビずかん 257
今井 建樹
　信州高山高原の花 118
　信州のスミレ 180
　信州 野山の花 118
　花かおるビーナスライン 120
　フォトCD早引き植物図鑑 39
今井 浩次
　新さかな大図鑑 286
今井 奨
　分子生物学歯科小事典 17
今泉 忠明
　あそびのおうさまずかん 197, 242
　アニマルトラック＆バードトラックハン

ドブック ………………………	208
アニマルトラックハンドブック ……	208
いきもの ………………………	197
いぬ ………………………………	337
イヌとネコ ……………………	329
いぬねこ ………………………	329
犬の事典 ………………………	334
大昔の動物 ……………………	231
学校のまわりでさがせる生きもの図鑑	
…………………………………	55
きょうりゅう …………………	233
くもんのはじめてのずかん ……	197
子犬の図鑑 ……………………	338
飼育と観察 ……………………	243
新世界絶滅危機動物図鑑 … 229,	230
世界珍獣図鑑 …………………	327
絶滅野生動物の事典 …………	227
どうぶつ ………………… 199,	200
動物 ……………………………	200
動物とえもの …………………	209
動物のくらし …………………	209
動物のふしぎ …………………	194
動物百科 絶滅巨大獣の百科 …	230
図書館探検シリーズ ……… 194,	208
どっちがオス?どっちがメス? …	207
日本の生きもの図鑑 …………	26
ねこあつまれ …………………	343
猫の事典 ………………………	342
ビジュアル動物大図鑑 ………	201
ポケット版 学研の図鑑 ………	202
哺乳動物 ………………………	328
猛毒動物の百科 ………………	226
野生イヌの百科 ………… 335,	340
野生動物観察事典 ……………	208
野生ネコの百科 最新版 ………	342
今泉 吉典	
昆虫・両生類・爬虫類 ………	199
魚 ………………………………	284
鳥 ………………………………	310
哺乳動物 ………………………	328
今木 明	
今を生きる古代型魚類 ………	281
今給黎 靖夫	
神戸・六甲山のチョウと食草ハンドブッ	
ク ………………………………	268
今島 実	
海の動物百科 …………………	220
昆虫・両生類・爬虫類 ………	199
今関 六也	
日本のきのこ …………………	189

今福 道夫	
日本動物大百科 ………………	195
今堀 和友	
生化学辞典 ……………………	16
今村 央	
海の動物百科 …………………	281
東北フィールド魚類図鑑 ……	291
今森 光彦	
今森光彦ネイチャーフォト・ギャラ	
リー ……………………………	252
くわがたむしとかぶとむし …	275
里山いきもの図鑑 ……………	55
世界のクワガタムシ …………	275
野山の昆虫 ……………………	260
水辺の昆虫 ……………………	277
いも類振興会	
サツマイモ事典 ………………	168
入江 礼子	
自然断面図鑑 …………………	209
入谷 伸一郎	
バラ ……………………………	176
入村 精一	
ヒトデガイドブック …………	249
岩井 修一	
サメも飼いたいイカも飼いたい …	216
自然断面図鑑 …………………	209
鳥の形態図鑑 …………………	311
岩井 つかさ	
ガーデン・ハーブ図鑑 ………	84
岩佐 祐子	
どんぐりハンドブック ………	135
巌佐 庸	
生態学事典 ……………………	22
岩崎 哲也	
磯の生物飼育と観察ガイド …	221
岩下 緑	
鳴き声と羽根でわかる野鳥図鑑 …	312
岩瀬 徹	
学習図鑑 植物 …………………	34
形とくらしの雑草図鑑 ………	73
校庭の雑草 ……………………	73
校庭の花 ………………………	118
写真で見る植物用語 …………	45
新 校庭の雑草 …………………	53
日本の山野草 …………………	71
野山の樹木観察図鑑 …………	133
野草・雑草観察図鑑 …………	74

岩槻 邦男
　植物の百科事典 ･････････････････････ 46
　新牧野日本植物図鑑 ･･･････････････ 37
　日本の消えゆく植物たち ･･････････ 59
　日本の野生植物 ･･････････････････ 193
　滅びゆく日本の植物50種 ･････････ 59
岩月 善之助
　しだ・こけ ･･････････････････････ 192
　日本の野生植物 ･･････････････････ 192
岩槻 秀明
　どんぐりハンドブック ･･･････････ 135
　街でよく見かける雑草や野草がよーくわ
　　かる本 ･････････････････････････ 54
　街でよく見かける雑草や野草のくらしが
　　わかる本 ･･････････････････････ 73
　身近にあるハーブがよーくわかる本
　　 ･･･････････････････････････････ 84
岩藤 シオイ
　どんぐりハンドブック ･･･････････ 135
岩淵 けい子
　人気のカブトムシクワガタの飼い方＆図
　　鑑 ･･･････････････････････････ 276
　人気の昆虫図鑑 ･･････････････････ 260
　人気の昆虫図鑑ベスト257 ･･･････ 260
岩淵 雅樹
　分子細胞生物学辞典 ･･･････････････ 16
岩松 鷹司
　学研わくわく観察図鑑 メダカ ･･･ 294
岩見 哲夫
　魚・水の生物のふしぎ ･･･････････ 278
インフォマックス
　恐竜3D図鑑 ･････････････････････ 235

【う】

ヴィカリー、ロイ
　イギリス植物民俗事典 ･･･････････ 44
ウィザリー、ジェフリ・L.
　DNAキーワード小事典 ･･･････････ 21
ウイットフィールド、フィリップ
　原色版 恐竜百科 ････････････････ 236
ウィリアムズ、トニー・D.
　ペンギン大百科 ･････････････････ 324
ウィリアムズ、ポール
　ガーデンカラーブック ･･･････････ 156
ウィルクス、アンジェラ
　はじめての恐竜大図鑑 ･･･････････ 238

ウィルソン、ローリー・P.
　ペンギン大百科 ･････････････････ 324
ヴィルマン、クレール
　クローズアップ虫の肖像 ････････ 253
ウィンストン、ロバート
　人類大図鑑 ･････････････････････ 23
ウェイリー、ポール
　ビジュアル博物館 ･･･････････････ 271
植木 裕幸
　いぬ・ねこ ･････････････････････ 329
　子犬の図鑑 ･････････････････････ 338
　ねこあつまれ ･･･････････････････ 343
上杉 兼司
　沖縄昆虫野外観察図鑑 ･･･････････ 262
上住 泰
　園芸植物の病害虫図鑑 ･･･････････ 142
上田 一夫
　新顔の魚 1970-1995 ･･･････････････ 285
上田 一生
　ペンギン図鑑 ･･･････････････････ 324
上田 恭一郎
　世界珍虫図鑑 ･･･････････････････ 258
上田 恵介
　鳥類図鑑 ･･･････････････････････ 309
　鳥 ･････････････････････････････ 311
　野鳥282 ････････････････････････ 316
上田 俊穂
　きのこ ･････････････････････････ 187
上田 秀雄
　聴き歩きフィールドガイド 奄美 ･･ 212
　聴き歩きフィールドガイド沖縄 ･･ 213
　声が聞こえる!カエルハンドブック ･･ 304
　声が聞こえる!野鳥図鑑 ･･･････････ 308
　日本の野鳥 ･････････････････････ 312
上田 雅一
　川魚完全飼育ガイド ･････････････ 296
上田 康郎
　防除ハンドブック 豆類の病害虫 ･･ 168
上田 善弘
　花図鑑 薔薇 ････････････････････ 176
　バラ図鑑300 ････････････････････ 177
上田 吉幸
　新・北のさかなたち ･････････････ 291
ウェッブ、マーカスA.
　ハーブ活用百科事典 ･････････････ 83
上野 明
　図鑑 野の花山の花1170種 ･･･････ 103

上野 俊一
　どうくつの生きもの ………… 209
上野 信太郎
　動植物ことば辞典 …………… 2
上野 輝弥
　魚の分類の図鑑 ……………… 285
ウェバー, マーク・A.
　海の哺乳類 …………………… 331
植原 直樹
　園芸植物 ……………… 140, 150
　観葉植物 ……………………… 143
植松 清次
　花と緑の病害図鑑 …………… 142
植松 黎
　誕生花事典366日 …………… 95
植村 修二
　日本帰化植物写真図鑑 ……… 52
植村 猶行
　多年草図鑑1000 ……………… 105
　低木とつる植物図鑑1000 …… 159
　庭木図鑑450 ………………… 159
植村 好延
　昆虫 …………………………… 255
ウォーカー, エイダン
　世界木材図鑑 ………………… 127
ウォーカー, リチャード
　こども大図鑑動物 …………… 198
魚沼自然観察歴史探訪ガイドクラブ
　花かおる越後三山 …………… 119
ウォルターズ, マイケル
　世界「鳥の卵」図鑑 ………… 317
牛木 辰男
　サイエンスビュー 生物総合資料 ……… 8
　サイエンスビュー生物総合資料 ……… 8
氏原 巨雄
　カモメ識別ハンドブック …… 323
　シギ・チドリ類ハンドブック ……… 323
氏原 道昭
　カモメ識別ハンドブック …… 323
　シギ・チドリ類ハンドブック ……… 323
丑丸 敦史
　シンカのかたち 進化で読み解くふしぎ
　　な生き物 …………………… 9
薄葉 重
　虫こぶハンドブック ………… 263
宇田川 龍男
　原色新鳥類検索図鑑 ………… 308

内田 清之助
　原色動物大図鑑 ……………… 198
　日本昆虫図鑑 ………………… 259
内田 詮三
　海の動物百科 ………………… 332
内田 亨
　原色動物大図鑑 ……………… 198
　水の生物 ……………………… 218
内田 紘臣
　イソギンチャクガイドブック ……… 248
内田 正宏
　花図鑑 野菜＋果物 ………… 153
　花図鑑 野菜 ………………… 163
内田 康夫
　鳥 ……………………………… 310
内村 悦三
　タケ・ササ図鑑 ……………… 172
内山 晟
　ぜんぶわかる 動物ものしりずかん …… 327
内山 裕夫
　微生物の事典 ………………… 19
内山 裕之
　解剖・観察・飼育大事典 …… 240
　生物による環境調査事典 …… 29
内山 りゅう
　カブト・クワガタ・ハナムグリ300種図
　　鑑 …………………………… 273
　カラー図鑑 カメ・トカゲ・ヘビ・カエ
　　ルなどの飼い方 …………… 301
　原色熱帯魚ハンドブック …… 298
　淡水魚 ………………………… 291
　田んぼの生き物図鑑 ………… 26
　日本産淡水貝類図鑑 ………… 247
　日本の両生爬虫類 …………… 303
　熱帯魚・水草300種図鑑 …… 299
　爬虫類・両生類200種図鑑 … 303
梅沢 俊
　北海道の高山植物 …………… 60
　北海道の湿原と植物 ………… 51
　北海道山の花ずかん ………… 121
　北海道山の花図鑑 …………… 121
梅田 紀代志
　陸と水の動物 ………………… 202
梅田 操
　ウメの品種図鑑 ……………… 179
梅林 正芳
　図説 植物用語事典 …………… 46

梅本 浩史
　樹皮ハンディ図鑑 ……………… 126
梅谷 献二
　原色図鑑 衛生害虫と衣食住の害虫 …… 278
卜部 格
　タンパク質の事典 ……………… 17
浦本 昌紀
　動物世界遺産 レッド・データ・アニマ
　　ルズ ………………………… 228
　鳥 …………………………… 310
海野 和男
　学習図鑑 昆虫 ………………… 252
　カブトムシの百科 ………… 272, 274
　昆虫 …………………………… 255
　昆虫顔面図鑑 ………………… 256
　昆虫変身3D図鑑 ……………… 258
　世界珍蝶図鑑 熱帯雨林編 …… 268

【え】

英国王立園芸協会
　A―Z園芸植物百科事典 ……… 138
　新・花と植物百科 …………… 141
　多年草図鑑1000 ……………… 105
　低木とつる植物図鑑1000 …… 159
　庭木図鑑450 ………………… 159
　バラ図鑑300 ………………… 177
英国王立園芸協会日本支部
　多年草図鑑1000 ……………… 105
　低木とつる植物図鑑1000 …… 159
　庭木図鑑450 ………………… 159
　バラ図鑑300 ………………… 177
エイサン, マティー・スー
　ザ・インコ＆オウムのしつけガイド ‥ 325
江川 清
　ふしぎびっくり語源博物館 …………… 2
江崎 悌三
　日本昆虫図鑑 ………………… 259
江崎 保男
　近畿地区・鳥類レッドデータブック ‥ 322
江島 勝家
　世界のナマズ ………………… 294
江尻 光一
　家庭園芸栽培大百科 ………… 138
江塚 昭male
　花だより百選 ………………… 112

江角 正紀
　鳥の飼育大図鑑 ……………… 325
悦 秀満
　島言葉でわかる沖縄魚図鑑 …… 290
エドワーズ, エルウィン・ハートリー
　新アルティメイトブック馬 …… 330
エニグ, ジャン＝リュック
　「事典」果物と野菜の文化誌 …… 161
江原 昭三
　原色植物ダニ検索図鑑 ……… 250
海老沼 剛
　カエル ……………………… 304
　かえる大百科 ……………… 304
　水棲ガメ …………………… 306
　トカゲ ……………………… 302
　爬虫類・両生類ビジュアル大図鑑 …… 303
FAO協会
　世界森林白書 ……………… 136
エムピージェー
　プレコ大図鑑 ……………… 300
江良 達雄
　ペットにできる世界の爬虫類カタログ
　　…………………………… 304
エルフィック, ジョナサン
　図説 哺乳動物百科 ………… 325
園芸学会
　園芸学用語集・作物名編 …… 138
円藤 清
　海水魚大図鑑 ……………… 282
　世界のエンゼルフィッシュ …… 299
　ソフトコーラル飼育図鑑 …… 244
遠藤 進
　高尾山の花名さがし ………… 119
遠藤 秀紀
　極地の哺乳類・鳥類 ………… 329
　図説 哺乳動物百科 ………… 325
遠藤 博
　原色新樹木検索図鑑 合弁花他編 …… 125
　原色新樹木検索図鑑 離弁花編 …… 125
　原色野草検索図鑑 合弁花編 …… 105
　原色野草検索図鑑 単子葉植物編 …… 105
　原色野草検索図鑑 離弁花編 …… 105
遠藤 六夫
　愛犬ハンドブック …………… 336

【お】

オアー，リチャード
　絵でみる世界鳥類地図 ……………… 322
　自然断面図鑑 …………………… 209
旺文社エディタ
　鳥 ……………………………… 310
近江 卓
　魚（さかな） …………………… 284
　食材魚貝大百科 …………… 279, 280
　釣り魚図鑑 ……………………… 287
近江谷 克裕
　バイオ・ケミルミネセンスハンドブック ……………………………… 13
大井 次三郎
　エコロン自然シリーズ …………… 54
　植物 ……………………………… 56
　新日本植物誌 …………………… 53
　日本の野生植物 ………………… 173
大井 ミノブ
　いけばな辞典 …………………… 99
大海 淳
　きのこ採りナビ図鑑 …………… 188
　山菜採りナビ図鑑 ……………… 69
　山菜見極め図鑑 ………………… 69
　樹木見どころ勘どころまるわかり図鑑 ……………………………… 127
　持ち歩き きのこ見極め図鑑 …… 191
　持ち歩き高山植物見極め図鑑 …… 63
　用途がわかる山野草ナビ図鑑 …… 72
大岡 信
　短歌俳句 植物表現辞典 ………… 42
　短歌俳句 動物表現辞典 ………… 202
　日本うたことば表現辞典 ………… 203
　日本うたことば表現辞典 植物編 … 41
大垣 智昭
　園芸事典 ………………………… 138
大方 洋二
　海水魚カタログ ………………… 282
　日本の海水魚 …………………… 292
大型熱帯魚マニアによる飼育書制作委員会
　ザ・大型熱帯魚 ………………… 298
大川 清
　園芸事典 ………………………… 138

大木 卓
　デズモンド・モリスの犬種事典 …… 335
大久保 栄治
　富士山の植物図鑑 ……………… 63
大久保 智哉
　ワニガメハンドブック ………… 306
大作 晃一
　おいしいきのこ毒きのこ ……… 184
　植物 ……………………………… 36
　見つけて楽しむきのこワンダーランド ……………………………… 191
大沢 雅彦
　花の大百科事典 ………………… 89
大島 泰郎
　生化学辞典 ……………………… 16
大嶋 敏昭
　花色でひける山野草・高山植物 … 104
　花色でひける山野草の名前がわかる事典 ……………………………… 71
　ポケット図鑑 木の花 …………… 94
　葉形・花色でひける 木の名前がわかる事典 ……………………… 129
大須賀 正美
　安心して応用できる薬木薬草事典 … 74
大隅 清治
　海の動物百科 …………………… 332
宙出版書籍編集部
　はじめての花の木 ……………… 153
太田 和夫
　樹に咲く花 ………………… 90, 124
太田 次郎
　環境と生態 ……………………… 22
　現代生物科学辞典 ……………… 4
　進化と遺伝 ……………………… 20
　動物と植物 ……………………… 1
　バイオサイエンス事典 ………… 6
　バイオテクノロジー用語事典 …… 12
　微生物学・分子生物学辞典 …… 18
　分子生物学大百科事典 ………… 17
太田 猛彦
　森林の百科事典 ………………… 136
太田 哲英
　アジサイ図鑑 …………………… 179
太田 英利
　動物世界遺産 レッド・データ・アニマルズ ……………………………… 228
　爬虫類と両生類の写真図鑑 …… 303
　両生類・はちゅう類 …………… 304

大滝 末男
　日本水生植物図鑑 ･････････････････････ 50
大舘 一夫
　都会のキノコ図鑑 ･･････････････････････ 189
大谷 昂弘
　ザ・レッドアロワナ ････････････････････ 298
大谷 剛
　世界チョウ図鑑500種 ･･････････････････ 268
　日本動物大百科 ････････････････････････ 195
大谷 勉
　日本の爬虫両生類157 ･･････････････････ 302
　日本の爬虫類・両生類飼育図鑑 ･･････････ 302
大谷 吉雄
　日本のきのこ ･･････････････････････････ 189
大塚 孝一
　信州のシダ ････････････････････････････ 192
大塚 高雄
　四万十川の魚図鑑 ･･････････････････････ 290
　日本の淡水魚 ･･････････････････････････ 293
大塚 喜久
　神戸・六甲山のチョウと食草ハンドブック ･･････････････････････････････････ 268
大槻 真一郎
　ハーブ学名語源事典 ････････････････････ 83
　プリニウス博物誌 ･････････････ 33, 75, 76
　フローラ ･･････････････････････････････ 39
大槻 虎男
　聖書植物図鑑 ･･････････････････････････ 44
大坪 奈保美
　はじめての恐竜大図鑑 ･･････････････････ 238
大西 敏一
　日本の野鳥590 ････････････････････････ 313
大貫 茂
　関東近郊 花のある旅100 ･･･････････････ 115
　桜の話題事典 ･･････････････････････････ 178
　日本の山野草 ･･････････････････････････ 71
　花蓮品種図鑑 ･･････････････････････････ 173
　万葉植物事典 ･･････････････････････････ 43
　薬草500種 ･･･････････････････････････ 76
大野 啓一
　写真で見る植物用語 ････････････････････ 45
大野 雑草子
　俳句用語用例小事典 ････････････････････ 203
　花と草樹を詠むために ･･････････････････ 42
　花の俳句歳時記 ････････････････････････ 42
大野 照文
　バージェス頁岩 化石図譜 ･･････････････ 11

大野 正男
　飼育と観察 ････････････････････････････ 243
大場 達之
　高山植物 ･･････････････････････････････ 61
　植物 ･･････････････････････････････････ 36
　日本アルプス植物図鑑 ･･････････････････ 63
　日本海草図譜 ･･････････････････････････ 50
　野の植物誌 ････････････････････････････ 57
　山の植物誌 ････････････････････････････ 64
大場 秀章
　アジサイ図鑑 ･･････････････････････････ 179
　国際栽培植物命名規約 ･･････････････････ 47
　サクラ図譜 ････････････････････････････ 178
　シーボルト 日本植物誌 本文覚書篇 ･･････ 53
　植物文化人物事典 ･･････････････････････ 34
　植物分類表 ････････････････････････････ 52
　新日本の桜 ････････････････････････････ 178
　世界のワイルドフラワー ････････････････ 58
　日本植物誌 ････････････････････････････ 56
　日本の帰化植物図譜 ････････････････････ 52
大場 良一
　日本と世界の洋ランカタログ ････････････ 174
大橋 和宏
　ザ・フクロウ ･･････････････････････････ 325
大橋 弘一
　日本野鳥写真大全 ･･････････････････････ 313
　庭で楽しむ野鳥の本 ････････････････････ 320
　北海道野鳥観察地ガイド ････････････････ 319
　北海道野鳥ハンディガイド ･･････････････ 320
大橋 広好
　エコロン自然シリーズ ･･････････････････ 54
　植物 ･･････････････････････････････････ 56
　新牧野日本植物図鑑 ････････････････････ 37
大橋 裕一
　眼微生物事典 ･･････････････････････････ 18
大林 修一
　花図鑑 観葉植物・熱帯花木・サボテン・果樹 ････････････････････････････････ 153
大林 延夫
　里山の昆虫ハンドブック ････････････････ 258
　日本産カミキリムシ ････････････････････ 265
　日本産カミキリムシ検索図説 ････････････ 265
大原 隆明
　サクラハンドブック ････････････････････ 178
大美賀 隆
　ベタ&グーラミィ ･･････････････････････ 300
大森 直樹
　はじめての果樹ガーデン ････････････････ 170

大八木 和久
　産地別日本の化石650選 ················ 10
大利 昌久
　生命のふしぎ ························ 8
岡崎 淳子
　原色版 恐竜・絶滅動物図鑑 ·········· 231
岡崎 正規
　植物保護の事典 ···················· 59
岡崎 康司
　新 遺伝子工学ハンドブック ·········· 21
　バイオインフォマティクス ············ 21
岡崎 立
　野鳥フィールド日記 ················ 316
小笠原 誓
　園芸植物 ························ 140
　最新観葉植物 ···················· 145
小笠原 亮
　日本花名鑑 ······················ 152
　洋ランポケット事典 ················ 173
小笠原自然環境研究会
　フィールドガイド 小笠原の自然 ······ 27
小笠原野生生物研究会
　小笠原の植物 フィールドガイド ······ 54
岡島 秀治
　いきもの探検大図鑑 ················ 2
　生き物のくらし ·············· 197, 209
　学校のまわりでさがせる生きもの図鑑
　································ 253
　カブトムシ・クワガタムシ ·········· 274
　くもんのはじめてのずかん ·········· 197
　昆虫 ······················ 255, 256
　世界の昆虫 ······················ 258
　ポケット版 学研の図鑑 ······ 261, 276
岡島 秀光
　イワヒバを楽しむ ·················· 143
岡田 季代子
　トルコの花 ······················ 122
岡田 孝夫
　日本の海水魚 ···················· 292
緒方 宣邦
　遺伝子工学キーワードブック ········ 20
岡田 弘
　原種カトレヤ全書 ·················· 151
　原種デンドロビューム全書 ·········· 90
岡田 比呂実
　切り花図鑑 ······················ 90
　植物 ····························· 36

岡田 正順
　花卉園芸の事典 ·················· 147
岡田 操
　北海道の湿原と植物 ················ 51
岡田 稔
　牧野和漢薬草大図鑑 ················ 78
岡田 泰明
　鳥 ······························ 310
岡田 要
　原色動物大図鑑 ·················· 198
岡田 好恵
　犬の事典 ························ 334
　猫の事典 ························ 342
岡野 健
　木材科学ハンドブック ·············· 124
　木材居住環境ハンドブック ·········· 124
岡部 誠
　木の名前 ························ 130
　庭木・街の木 ···················· 159
岡部誠
　木の名前 ························ 125
岡村 収
　日本の海水魚 ···················· 292
岡村 はた
　図解 植物観察事典 ················ 46
　図解 生物観察事典 ················ 22
　図解 動物観察事典 ··············· 206
岡本 省吾
　樹木 ···························· 126
岡本 久人
　野鳥調査マニュアル ··············· 307
岡本 泰子
　絶滅哺乳類図鑑 ·················· 239
岡山 博人
　遺伝子工学ハンドブック ············ 21
小川 朱実
　花かおる戸隠高原 ················· 120
小川 和夫
　新魚病図鑑 ······················ 285
小川 賢一
　学研の大図鑑 危険・有毒生物 ······ 226
尾河 直哉
　「事典」果物と野菜の文化誌 ········ 161
小川 秀一
　花かおる戸隠高原 ················· 120
小川 宏
　アシナガバチ観察事典 ············· 266

カリバチ観察事典 …………… 266	奥本 大三郎
小川 真	クローズアップ虫の肖像 ……… 253
きのこハンドブック …………… 185	奥本 裕昭
小川 恭弘	世界の花と木2850 …………… 151
わかりやすい観葉植物の育て方 …… 144	奥本裕昭
小川 洋子	イギリス植物民俗事典 ………… 44
植物誌 …………………………… 52	奥山 和子
小川 吉雄	色別茶花・山草545種 ………… 67
土壌肥料用語事典 ……………… 139	色別茶花・山草770種 ………… 67
沖野 登美雄	奥山 春季
愛媛のキノコ図鑑 ……………… 186	色別茶花・山草545種 ………… 67
沖山 宗雄	色別茶花・山草770種 ………… 67
生き物のくらし ………… 197, 209	おくやま ひさし
さかな ………………………… 283	学校のまわりの生きものずかん …… 55
魚 ……………………………… 284	学校のまわりの植物ずかん …… 109, 131
魚・貝 ………………………… 284	里山図鑑 ………………………… 26
奥井 真司	山菜と木の実の図鑑 …………… 69
毒・食虫・不思議な植物 ……… 34	樹木と遊ぶ図鑑 ………………… 127
毒草大百科 ………………… 49, 50	野花で遊ぶ図鑑 ………………… 104
奥沢 正紀	町の木公園の木図鑑 …………… 134
きのこの語源・方言事典 ……… 185	奥山 風太郎
奥沢 康正	日本のカエル+サンショウウオ類 … 305
きのこの語源・方言事典 ……… 185	小倉 寛太郎
奥田 重俊	東アフリカの鳥 ………………… 321
日本植生便覧 …………………… 53	小黒 晃
日本野生植物館 ………………… 56	ハーブ・香草の楽しみ方 ……… 84
奥谷 喬司	ペレニアルガーデン …………… 155
伊豆・大瀬崎マリンウォッチングガイド … 221	お魚探偵団
海辺の生きもの ………………… 223	釣った魚がわかる本 …………… 287
貝のふしぎ図鑑 ………………… 245	尾崎 章
魚・貝 ………………………… 284	家庭園芸栽培大百科 …………… 138
サンゴ礁の生きもの ……… 224, 225	カラー図鑑 観葉植物 ………… 144
食材魚貝大百科 …………… 279, 280	観葉植物 ………………… 145, 143
世界イカ類図鑑 ………………… 248	花図鑑 観葉植物・熱帯花木・サボテン・果樹 … 153
世界海産貝類大図鑑 …………… 246	尾崎 由紀子
潜水調査船が観た深海生物 …… 221	ハーブ学名語源事典 …………… 83
日本近海産貝類図鑑 …………… 247	長田 敬五
日本動物大百科 ………………… 195	小林弘珪藻図鑑 ………………… 182
日本の貝 ………………………… 247	長田 清一
水の生き物 ……………………… 217	花図鑑 観葉植物・熱帯花木・サボテン・果樹 … 153
奥谷 雅之	長田 武正
日常の生物事典 ………………… 1	日本イネ科植物図譜 …………… 172
奥日光自然史研究会	小山内 健
奥日光フィールド図鑑 ………… 25	オールド・ローズとつるバラ図鑑674 … 175
奥野 淳児	決定版 バラ図鑑 ……………… 176
海の甲殻類 ……………………… 249	四季咲き木立ちバラ図鑑728 …… 176
エビ・カニガイドブック ……… 250	

小澤 智生
　琉球列島産植物花粉図鑑 48
小沢 良行
　信州のキノコ 188
オシー, マーク
　爬虫類と両生類の写真図鑑 303
オースチン, デビッド
　イングリッシュローズ図鑑 175
尾園 暁
　沖縄のトンボ図鑑 271
小田 明
　世界の海水魚 286
　世界の水草 145
小田 隆
　恐竜 233
小田 英智
　アサガオ観察事典 180
　アシナガバチ観察事典 266
　網をはるクモ観察事典 250
　アメンボ観察事典 264
　海辺の生物観察事典 215
　カエル観察事典 305
　カゲロウ観察事典 264
　カニ観察事典 250
　カブトムシ観察事典 273
　カマキリ観察事典 264
　カリバチ観察事典 266
　サケ観察事典 294
　自然の観察事典 266
　タンポポ観察事典 171
　チューリップ観察事典 171
　ツバメ観察事典 323
　テントウムシ観察事典 265
　図書館探検シリーズ 232
　鳴く虫観察事典 259
　花と昆虫観察事典 252
　ふしぎ動物大図鑑 202
　ヘチマ観察事典 171
　ミツバチ観察事典 267
　モンシロチョウ観察事典 267
越智 由香
　ペットの自然療法事典 240
落合 幸徳
　ナノバイオ用語事典 12
オディ, ペネラピ
　ホリスティックハーブ療法事典 83
乙須 敏紀
　世界木材図鑑 127
　木材活用ハンドブック 124

小野 篤司
　ウミウシ生きている海の妖精 244
　ウミウシガイドブック 245
　沖縄のウミウシ 245
小野 直子
　生命のふしぎ 8
小野 展嗣
　いきもの探検大図鑑 2
　昆虫 256
　動物学ラテン語辞典 206
　日本産クモ類 251
小野 正人
　マルハナバチ・ハンドブック 267
小野 幹雄
　原色牧野植物大図鑑 35
尾野 益大
　花かおる剣山 120
小畠 郁生
　化石鑑定のガイド 10
　きょうりゅう 233
　恐竜イラスト百科事典 232
　恐竜と古代生物 231
　恐竜野外博物館 236
　古生物百科事典 9
　図解 世界の化石大百科 10
　生物の進化大図鑑 9
　ゾルンホーフェン化石図譜 11
　ポケット版 恐竜図鑑 238
小幡 英典
　初めての山野草 67
小原 秀雄
　動物世界遺産 レッド・データ・アニマ
　　ルズ 228, 229
オフィス宮崎
　生物の進化大図鑑 9
淤見 慶宏
　タカラガイ・ブック 247
小美野 喬
　行動生物学・動物学習辞典 208
オルダートン, デビッド
　犬の写真図鑑DOGS〔完璧版〕 337
　観賞魚大図鑑 297
　完璧版 猫の写真図鑑CATS 343

【か】

海洋博覧会記念公園管理財団
　熱帯くだものの図鑑 ………………… 170
加々美 光男
　傘の形でわかる日本のきのこ ……… 187
　日本のきのこ ………………………… 190
花卉懇談会
　なんでもわかる花と緑の事典 ……… 33
柿沢 亮三
　欧州家禽図鑑 ………………………… 325
　図説 鳥名の由来辞典 ………………… 317
　図説 日本鳥名由来辞典 ……………… 317
　日本の野鳥 巣と卵図鑑 ……………… 313
鍵和田 秞子
　花の歳時記 …………………………… 42
鹿児島県薬剤師会
　薬草の詩 ……………………………… 79
鹿児島の自然を記録する会
　川の生きもの図鑑 …………………… 25
葛西 愛
　身のまわりの木の図鑑 ……………… 129
梶 みゆき
　花図鑑 薔薇 ………………………… 176
梶井 功
　世界の穀物需給とバイオエネルギー
　　……………………………………… 14
梶浦 一郎
　日本果物史年表 ……………………… 169
梶島 孝雄
　資料 日本動物史 ……………………… 213
柏倉 正伸
　日常の生物事典 ……………………… 1
柏原 晃夫
　ほんとのおおきさ水族館 …………… 217
粕谷 俊雄
　クジラ・イルカ大図鑑 ……………… 333
　日本動物大百科 ……………………… 194
カーター，デービッド
　蝶と蛾の写真図鑑 …………………… 270
片桐 啓子
　山野草 ………………………………… 70
片桐 義子
　片桐義子の花日記 …………………… 97

片野田 逸朗
　九州・野山の花 ……………………… 117
可知 直毅
　旺文社 生物事典 ……………………… 4
勝 広光
　奄美の稀少生物ガイド ……………… 24
勝木 俊雄
　日本の桜 ……………………………… 179
学研辞典編集部
　季語早引き辞典 植物編 ……………… 42
勝田 正志
　人気の金魚図鑑・飼い方選び方 …… 299
　人気の熱帯魚・水草図鑑 …………… 299
勝本 謙
　カビ図鑑 ……………………………… 184
　日本産菌類集覧 ……………………… 183
勝山 輝男
　樹に咲く花 ……………………… 90, 124
　日本帰化植物写真図鑑 ……………… 52
　日本のスゲ …………………………… 172
　野山の野草 …………………………… 106
勝山 信之
　色でひける花の名前がわかる事典 … 90
　花と葉の色・形・開花時期でひける花の
　　名前がわかる本 …………………… 154
家庭科教育研究者連盟
　くらべてわかる食品図鑑 …………… 224
ガーディナー，ブライアン
　原色版 恐竜・絶滅動物図鑑 ………… 231
加藤 愛一
　原寸大 恐竜館 ………………………… 236
加藤 明文
　ポケットガイド 新潟県の山の花 …… 115
加藤 昌一
　ウミウシ生きている海の妖精 ……… 244
加藤 淡斎
　加藤淡斎 茶花 ………………………… 101
　必携茶花ハンドブック ……………… 101
加藤 僖重
　日本の樹木 …………………………… 132
加藤 真
　マルハナバチ・ハンドブック ……… 267
加藤 美由紀
　生物を科学する事典 ………………… 5
加藤 義臣
　蝶と蛾の写真図鑑 …………………… 270
角川マガジンズ
　Rose book …………………………… 177

門田 裕一
　植物 ……………………………………… 36
　日本の野草 …………………………… 106
　街・里の野草 ………………………… 106
香取 一
　植物のふしぎ …………………………… 37
金井 康枝
　犬の写真図鑑 ………………………… 337
金井 竜二
　生物学データ大百科事典 ……………… 5
神奈川キノコの会
　猿の腰掛け類きのこ図鑑 …………… 188
神奈川県自然公園指導員連絡会
　かながわの山に咲く花 ……………… 116
神奈川県立生命の星地球博物館
　かながわの自然図鑑 ………………… 327
　昆虫 …………………………………… 262
金子 明人
　Clematis Gallery …………………… 151
金子 幸一
　トリマーのためのベーシックハンドブック …………………………………… 336
金子 周司
　ライフサイエンス辞書 ………………… 7
金子 兜太
　草木花歳時記 ………………………… 40
金子 浩昌
　日本史のなかの動物事典 …………… 204
金子 安之
　食品微生物学ハンドブック ………… 19
金子 之史
　日本の哺乳類 ………………………… 327
金田 初代
　一日ひとつの花図鑑 ………………… 89
　色・季節でひける花の事典820種 … 108
　花のいろいろ ………………………… 108
　花の事典 ……………………………… 88
　花屋さんの花カラー図鑑 …………… 113
　ハーブ入門 …………………………… 86
金田 洋一郎
　一日ひとつの花図鑑 ………………… 89
　色・季節でひける花の事典820種 … 108
　花木・公園の木 ……………………… 131
　山野草 ………………………………… 70
　窓辺の花 ……………………………… 152
　庭木・街路樹 ………………………… 134
　花のいろいろ ………………………… 108
　花の事典 ……………………………… 88
　花屋さんの花カラー図鑑 …………… 113
　ハーブ入門 …………………………… 86
　野菜・果物 …………………………… 162
金田 禎之
　四季のさかな話題事典 ……………… 279
狩野 昊子
　ロシア語の比喩・イメージ・連想・シンボル事典 …………………………… 44
加納 真士
　原色版 恐竜百科 ……………………… 236
加納 康嗣
　セミ・バッタ ………………………… 265
加納 喜光
　知ってびっくり「生き物・草花」漢字辞典 ………………………………… 1
　植物の漢字語源辞典 ………………… 44
　動物の漢字語源辞典 ………………… 204
加納 六郎
　日本の有害節足動物 ………………… 278
叶内 拓哉
　原寸大写真図鑑 羽 …………………… 317
　声が聞こえる!野鳥図鑑 …………… 308
　日本の鳥300 ………………………… 312
　日本の野鳥 …………………………… 312
　ポケット 野鳥 ……………………… 315
　野鳥 …………………………………… 315
　野鳥と木の実ハンドブック ………… 135
　野鳥の名前 …………………………… 316
　野鳥の羽ハンドブック ……………… 318
蒲谷 鶴彦
　日本野鳥大鑑 ………………………… 313
カブクワ図鑑制作委員会
　世界カブト・クワガタ図鑑 ………… 275
カブクワ編集チーム
　カブトムシ・クワガタムシスーパーカタログ …………………………………… 274
　カブトムシの飼育徹底ガイドブック ‥ 272
鎌倉 文也
　ペンギン図鑑 ………………………… 324
鎌倉アジサイ同好会
　アジサイの世界 ……………………… 179
上赤 博文
　校庭の雑草図鑑 ……………………… 73
神蔵 嘉高
　家庭で使える薬用植物大事典 ……… 74
　暮らしにいかすハーブ図鑑 ………… 85
神里 洋
　犬の大百科 …………………………… 335
　世界の犬カタログ BEST134 ……… 339

上条 勝弘
　図鑑 野の花山の花1170種 ……… 103
上條 滝子
　東京野草図鑑 街草みつけた ……… 106
神園 英彦
　日本の椿花 ……………………… 149
亀田 竜吉
　香りの植物 ……………………… 34
　植物 ……………………………… 36
　バードウォッチングを楽しむ本 …… 314
　花と葉で見わける野草 …………… 104
　ハーブ …………………………… 85
亀山 章
　生物多様性緑化ハンドブック …… 29
加茂 元照
　ザ・フクロウ …………………… 325
蒲生 重男
　海の動物百科 …………………… 220
加茂花菖蒲園
　色分け花図鑑 花菖蒲 …………… 150
蒲原 稔治
　魚 ………………………………… 283
嘉弥真 国男
　沖縄の蜜源植物 ………………… 54
花葉会
　アーバンガーデニング ………… 156
　花の事典 新品種＆人気の花 …… 89
唐沢 孝一
　校庭の野鳥 ……………………… 318
　野鳥ガイド ……………………… 316
唐沢 耕司
　洋ランポケット事典 …………… 173
　蘭 ………………………………… 174
カリア，フレデリック・J.
　バージェス頁岩 化石図譜 ……… 11
刈田 敏
　水生昆虫ファイル ……………… 277
　水生生物ハンドブック ………… 27
　つれる魚・50種 ………………… 287
刈田 敏三
　水生生物ハンドブック ………… 27
苅藪 豊作
　最新犬種スタンダード図鑑 …… 338
軽井沢町教育委員会
　軽井沢町植物園の花 …………… 116
軽部 征夫
　バイオニクス学事典 …………… 6

川合 禎次
　日本産水生昆虫 ………………… 276
川上 親孝
　昆虫の生態図鑑 ………………… 257
川上 洋一
　昆虫ナビずかん ………………… 257
　世界珍虫図鑑 …………………… 258
　絶滅危惧の昆虫事典 …………… 262
　絶滅危惧の動物事典 …………… 227
　絶滅危惧の野鳥事典 …………… 322
河口 栄二
　イヌ・ネコの実力獣医師広島 … 210
川崎 悟司
　絶滅した奇妙な動物 …………… 231
川崎 順二
　静岡県庭木図鑑 ………………… 159
川崎 哲也
　サクラ図譜 ……………………… 178
　新日本の桜 ……………………… 178
川崎 展宏
　草木花歳時記 ………………… 40, 41
川沢 哲夫
　日本原色カメムシ図鑑 ………… 265
川島 栄生
　アジサイ百科 …………………… 179
川嶋 一成
　海辺の生き物 …………………… 223
　海辺の生物観察事典 …………… 215
川島 淳平
　スイレンハンドブック ………… 172
川瀬 清
　愛犬の健康と病気完全ガイド … 334
川添 宣広
　カエル …………………………… 304
　カメレオン ……………………… 301
　水棲ガメ ………………………… 306
　節足動物ビジュアルガイド タランチュラ＆サソリ ……………………… 249
　トカゲ …………………………… 302
　日本の爬虫類・両生類飼育図鑑 … 302
　ヤドクガエル …………………… 305
川田 伸一郎
　動物の「跡」図鑑 ……………… 209
川田 光政
　原色図鑑サハリンの蝶 ………… 268
川田 洋之助
　金魚のすべて …………………… 296

川名 興
　校庭の雑草 ･････････････････････ 73
　校庭の花 ･･･････････････････････ 118
　新 校庭の雑草 ･････････････････ 53
川那部 浩哉
　川と湖の魚 ･････････････････････ 290
　日本の淡水魚 ･･･････････････････ 293
川那部 真
　絶滅危惧種・日本の野鳥 ･･･････ 322
河野 重行
　生物学データ大百科事典 ･･･････ 5
河野 昭一
　植物生活史図鑑 ･････････････････ 36
川原 勝征
　南九州の樹木図鑑 ･････････････ 133
　屋久島 高地の植物 ･････････････ 58
　屋久島の植物 ･･･････････････････ 58
川道 武男
　日本動物大百科 ･････････････････ 194
　レッドデータ 日本の哺乳類 ･･･ 326
河本 新
　今を生きる古代型魚類 ･････････ 281
川本 剛志
　エビ・カニガイドブック ･･･････ 250
川原田 邦彦
　鑑定図鑑日本の樹木 ･･･････････ 131
　四季の花の名前と育て方 ･･･････ 148
　日本のアジサイ図鑑 ･･･････････ 179
　庭木・植木図鑑 ･････････････････ 159
　見てわかるバラの育て方 ･･･････ 175
管 開雲
　雲南花紀行 ･････････････････････ 122
環境省
　環境白書 ･･･････････････････････ 31
環境省自然環境局
　日本の絶滅のおそれのある野生生物
　　････････････････････････････ 29, 30
環境省自然環境局生物多様性センター
　巨樹・巨木林フォローアップ調査報告
　　書 ･････････････････････････ 137
環境省自然環境局野生生物課
　日本の絶滅のおそれのある野生生物
　　･･････････････････････････････ 30
環境庁
　日本の巨樹・巨木林 ･･･････ 137, 138
環境庁自然保護局
　日本産野生生物目録 無脊椎動物編 ･･･ 244
　日本の絶滅のおそれのある野生生物
　　･･････････････････････････････ 30
神田 正五
　原色図鑑サハリンの蝶 ･････････ 268
神田 久
　新潟県のきのこ ･････････････････ 189
甘中 照雄
　木の実・草の実 ･････････････････ 135

【き】

企画室トリトン
　水べの生きもの野外観察ずかん ･･････ 218
　ヤマケイジュニア図鑑 ･････････ 39
城川 四郎
　樹に咲く花 ･･････････････････ 90, 124
　猿の腰掛け類きのこ図鑑 ･･･････ 188
菊沢 喜八郎
　生態学事典 ･････････････････････ 22
菊池 韶彦
　遺伝子 ･････････････････････････ 21
菊池 裕子
　東南アジア市場図鑑 ･･･････････ 162
菊葉文化協会
　皇居東御苑の草木図鑑 ･････････ 55
岸 国平
　日本植物病害大事典 ･･･････････ 48
岸 由二
　いきもの探検大図鑑 ･･･････････ 2
岸田 泰則
　昆虫 ･･･････････････････････････ 255
岸本 年郎
　完璧版 昆虫の写真図鑑 ･････････ 253
岸本 良彦
　プリニウス博物誌 ･･･････ 33, 75, 76
木塚 夏子
　エコガーデニング事典 ･････････ 156
北川 大二
　東北フィールド魚類図鑑 ･･･････ 291
北川 尚史
　どんぐりの図鑑 ･････････････････ 135
　ひっつきむしの図鑑 ･･･････････ 106
北川 淑子
　シダ ハンドブック ･････････････ 192
北沢 周平
　植える 樹木編 ･･･････････････････ 158

北添 伸夫
 愛媛の薬用植物図鑑 ……………… 76
 花と昆虫観察事典 ………………… 252
 モンシロチョウ観察事典 ………… 267
北野 佐久子
 基本 ハーブの事典 ………………… 82
北野 忠
 川魚完全飼育ガイド ……………… 296
北野 忠彦
 ウイルス学事典 …………………… 18
北村 京子
 ビジュアル動物大図鑑 …………… 201
北村 四郎
 原色日本植物図鑑 ………………… 34
 日本の野生植物 …………………… 173
北村 文雄
 樹木図鑑 …………………………… 126
北村 昌美
 森林の百科事典 …………………… 136
北村 雄一
 動く!深海生物図鑑 ……………… 221
北山 隆
 生薬単 ……………………………… 80
北脇 栄次
 誕生花を贈る366日 ……………… 95
 誕生花 わたしの花あの人の花 … 95
吉 占和
 中国野生ラン図鑑 ………………… 174
木寺 良三
 ドッグ・セレクションベスト200 … 339
衣川 堅二郎
 きのこハンドブック ……………… 185
木下 章
 三省堂いけばな草花辞典 ………… 100
木下 杢太郎
 新百花譜百選 ……………………… 91
 百花譜 百選 ………………………… 94
木野田 君公
 札幌の昆虫 ………………………… 262
木原 章
 アメーバ図鑑 ……………………… 244
木原 浩
 草木の本 …………………………… 42
 草木花歳時記 …………………… 40, 41
 高山植物 …………………………… 61
 高山に咲く花 ……………………… 62
 山菜 ………………………………… 68
 新日本の桜 ………………………… 178
 野の花 ……………………………… 103
 ベリーハンドブック ……………… 170
 山の植物誌 ………………………… 64
 山の花 …………………………… 64, 65
紀平 肇
 日本産淡水貝類図鑑 ……………… 247
ギブス, ニック
 世界木材図鑑 ……………………… 127
 木材活用ハンドブック …………… 124
君島 正彬
 かれんな花を楽しむはじめての山野草
  102種 ……………………………… 141
木村 一郎
 オックスフォード動物学辞典 …… 206
木村 清志
 新魚類解剖図鑑 …………………… 285
木村 武二
 オックスフォード動物行動学事典 … 206
木村 浩章
 海水魚大図鑑 ……………………… 282
木村 陽二郎
 図説 花と樹の事典 ………………… 33
 図説 花と樹の大事典 ……………… 33
 日本植物誌 ………………………… 56
木村 義志
 日本の海水魚 ……………………… 292
 日本の淡水魚 ……………………… 293
 まるごと日本の生きもの ………… 27
木元 新作
 タイ・インドシナ産ハムシ類図説 … 265
京極 徹
 図説日本の野鳥 …………………… 319
魚類文化研究会
 図説 魚と貝の事典 ………………… 280
桐野 秋豊
 色分け花図鑑 椿 …………………… 150
 日本の椿花 ………………………… 149
桐原 春子
 ハーブの花図譜 …………………… 86
桐原 政志
 日本の鳥550 ……………………… 312
金 鑫波
 中国産有毒魚類および薬用魚類 … 280
金城 政勝
 沖縄昆虫野外観察図鑑 …………… 262
近世歴史資料研究会
 近世産物語彙解説辞典 …………… 24
 近世植物・動物・鉱物図譜集成 … 80, 81

キンダースリー, ドーリング
　ビジュアル博物館 ･････････････････････ 23

【く】

草川 俊
　野菜・山菜博物事典 ･･････････････ 166
草薙 得一
　雑草管理ハンドブック ･････････ 140, 139
草野 源次郎
　ポケット 薬草 ･････････････････････ 78
草野 慎二
　カマキリ観察事典 ････････････････ 264
草野 巧
　幻想動物事典 ･･････････････････････ 239
草野 保
　爬虫類・両生類 ･･･････････････････ 303
櫛形山を愛する会
　花かおる櫛形山 ･･･････････････････ 119
楠瀬 良
　新アルティメイトブック馬 ･･････････ 330
久高 将和
　聴き歩きフィールドガイド沖縄 ･････ 213
クック, フレッド
　地球動物図鑑 ･････････････････････ 199
工藤 晃司
　恐竜 ･･･････････････････････････････ 233
　ポケット版 恐竜図鑑 ･･･････････････ 238
工藤 伸一
　東北きのこ図鑑 ･･･････････････････ 189
国松 俊英
　鳥のくちばし図鑑 ････････････････ 317
　野山の鳥 ･･････････････････････････ 320
　水辺の鳥 ･･････････････････････････ 321
久保 敬親
　日本野生動物 ･････････････････････ 201
　野生動物に出会う本 ･････････････ 328
久保 秀一
　カブトムシ観察事典 ･････････････ 273
　タンポポ観察事典 ････････････････ 171
　テントウムシ観察事典 ･･････････ 265
久保 道徳
　和漢薬ハンドブック ････････････････ 80
久保田 修
　高山の花 ･･･････････････････････････ 60
　里の花 ･････････････････････････････ 102

自然発見ガイド 野鳥 ････････････････ 309
野山の鳥観察ガイド ･･････････････ 314
ひと目で見分ける287種野鳥ポケット図
　鑑 ･･･････････････････････････････ 314
山の花 ･･･････････････････････････････ 65
久保田 敏
　アリハンドブック ････････････････ 266
熊谷 信孝
　貫・福智山地の自然と植物 ････････ 57
熊崎 実
　森林の百科事典 ･･･････････････････ 136
熊田 達夫
　伝説の花たち ･･･････････････････････ 97
　野の植物誌 ･････････････････････････ 57
　野山の野草 ･････････････････････････ 106
　花の声 ･･･････････････････････････････ 92
　フェンスの植物 ･････････････････････ 39
　街・里の野草 ･･･････････････････････ 106
　山の植物誌 ･････････････････････････ 64
熊野 茂
　世界の淡水産紅藻 ････････････････ 182
クームズ, アレン・J.
　庭木図鑑450 ･････････････････････ 159
久山 敦
　花図鑑 球根+宿根草 ･･････････ 91, 153
クラーク, チップ
　バージェス頁岩 化石図譜 ･････････ 11
クラーク, バリー
　ビジュアル博物館 ････････････････ 304
倉沢 栄一
　海辺の生きものガイドブック ･････ 223
倉田 悟
　日本のシダ植物図鑑 ･････････････ 193
　日本のシダ植物図鑑 分布・生態・分類
　　･････････････････････････････････ 193
倉田 陽一
　花かおる和賀岳・真昼岳 ････････ 121
クラットン=ブロック, ジュリエット
　イヌ科の動物事典 ････････････････ 333
　馬の百科 ･･････････････････････････ 330
　世界哺乳類図鑑 ･･･････････････････ 327
　ビジュアル博物館 ･･････････ 330, 333, 341
蔵並 秀明
　桜紀行 ･･････････････････････････････ 178
倉持 利明
　海の動物百科 ･････････････････････ 220
　極地の哺乳類・鳥類 ･･･････････････ 329

倉本 宣
　生物多様性緑化ハンドブック ………… 29
クリエーティブオフィス21
　動物病院ガイドブック …………… 211
　動物病院ガイドブック 関東・首都圏版
　…………………………………… 211
栗田 貞多男
　北アルプス自然図鑑 花・蝶・鳥 …… 25
　信州「畑の花」………………… 118
グリーナウェイ, テレサ
　ビジュアル博物館 ………………… 23
グリーナウェイ, フランク
　どうくつの生きもの …………… 209
　ビジュアル博物館 ……………… 333
クリーパー編集部
　オオトカゲ＆ドクトカゲ ……… 301
栗林 慧
　甲虫 ……………………………… 254
栗原 佐智子
　キャンパスに咲く花 ……… 116, 117
グリーン情報編集部
　全国園芸店名簿 ………………… 139
グリーンスミス, アラン
　鳥の写真図鑑 完璧版 ………… 311
クレアボー編集部
　アロマ＆エステティックガイド ……… 87
グレイ, エリザベス
　骨 ………………………………… 207
グレイ・ウィルソン, クリストファー
　野草の写真図鑑 ………………… 122
クレイトン, T.E.
　分子生物学大百科事典 …………… 17
クレチマル, A.V.
　北シベリア鳥類図鑑 …………… 321
クレーマー, エーファ・マリア
　新!世界の犬種図鑑 …………… 338
　世界の犬種図鑑 ………………… 339
黒岩 常祥
　細胞生物学事典 ………………… 16
　生物学辞典 ……………………… 5
黒川 光広
　恐竜図解新事典 ………………… 232
　滅びゆく世界の動物たち ……… 230
黒子 浩
　蝶・蛾 …………………………… 270
黒沢 高秀
　花の大百科事典 ………………… 89

黒沢 良彦
　甲虫 ……………………………… 254
　昆虫大百科 …………………… 251
黒沢 美房
　静岡県の植物図鑑 ……………… 55
黒田 長久
　日本の野鳥 巣と卵図鑑 ……… 313
黒田 長礼
　鳥類原色大図説 ………………… 309
黒沼 幸男
　花かおる早池峰 ………………… 120
桑原 義晴
　日本イネ科植物図譜 …………… 172
　日本山野草・樹木生態図鑑 …… 71
群 境介
　てのひらにのる自然 ミニ盆栽のすべて
　…………………………………… 160
グンジ, クリスィアン
　どうくつの生きもの …………… 209
群馬県立自然史博物館
　よみがえる恐竜・古生物 ……… 231

【け】

倪 勇
　中国産有毒魚類および薬用魚類 …… 280
月刊アクアライフ編集部
　アロワナ銘鑑 …………………… 297
月刊ダイビングワールド
　フィッシュウオッチングガイド ……… 293
月刊『マリンダイビング』
　海の生き物ウオッチング500 …… 222
　フィッシュウオッチング500 …… 287
建設省河川局河川環境課
　河川水辺の国勢調査年鑑 …… 51, 219
建設省河川局治水課
　河川水辺の国勢調査年鑑 …… 51, 218
建設省都市局公園緑地課
　緑化樹木ガイドブック ……… 133, 134

【こ】

伍 漢霖
　中国産有毒魚類および薬用魚類 …… 280

呉 継志
　訳注 質問本草 ……………………… 82
小荒井 実
　花かおる飯豊連峰 ………………… 119
小家山 仁
　爬虫類の病気ハンドブック ……… 301
小池 啓一
　カブトムシ・クワガタムシ ……… 274
　原寸大 昆虫館 ……………………… 254
　昆虫 ………………………………… 256
小泉 勝爾
　鳥類写生図譜 ……………………… 309
小泉 伸夫
　超はっけん大図鑑 …………………… 3
小泉 裕一
　日常の生物事典 ……………………… 1
厚生労働省
　食品衛生検査指針 動物用医薬品・飼料
　　添加物編 ……………………… 212
合田 一之
　原種デンドロビューム全書 ……… 90
講談社
　ガーデン植物大図鑑 ……………… 158
　くらしの花大図鑑 ………………… 150
　作例、文献付 生花格花材事典 … 100
　山野草を食べる本 ………………… 66
　四季の花色大図鑑 ………………… 110
　四季花の事典 ……………………… 110
　日本の生きもの図鑑 ……………… 26
　野の花 ……………………………… 103
　花色図鑑 …………………………… 153
　花色別 野の花・山の花図鑑 …… 104
　花の事典 洋花＆グリーン ……… 89
　和花 ………………………………… 100
講談社ベック
　詳細図鑑 さかなの見分け方 …… 290
河野 博
　食材魚貝大百科 …………………… 295
神戸山草会
　ひょうごの山野草 ………………… 57
高村 忠彦
　季節の野草・山草図鑑 …………… 67
　山野草ガイド ……………………… 70
コウモリの会
　コウモリ識別ハンドブック ……… 329
小海途 銀次郎
　日本の野鳥 巣と卵図鑑 ………… 313

国際園芸学会
　国際栽培植物命名規約 …………… 47
国際食糧農業協会
　バイオテクノロジーと食品の安全性
　　…………………………………… 13
国際連合食糧農業機関
　食料・農業のための世界植物遺伝資源白
　　書 ………………………………… 59
　バイオテクノロジーと食品の安全性
　　…………………………………… 13
国土交通省河川局河川環境課
　河川水辺の国勢調査年鑑 ……… 51, 219
国分 牧衛
　食用作物 …………………………… 161
國文學編集部
　古典文学植物誌 …………………… 39
　知っ得 古典文学植物誌 ………… 40
国立科学博物館
　南太平洋のシダ植物図鑑 ………… 193
小暮 規夫
　新猫種大図鑑 ……………………… 343
　猫種大図鑑 ………………………… 344
　フォーグル博士のCATS ………… 344
木暮 欣正
　熱帯アジアの野菜 ………………… 163
国連食糧農業機関
　世界森林白書 ……………………… 136
小坂 一章
　中国・四国のトンボ図鑑 ………… 272
小崎 格
　花図鑑 野菜＋果物 ……………… 153
小島 潔
　アルプスの花を訪ねて …………… 122
小島 研二
　家庭園芸栽培大百科 ……………… 138
小島 賢司
　てんとうむし ……………………… 265
小島 貞男
　環境微生物図鑑 …………………… 20
小島 豊治
　新 世界の犬図鑑 ………………… 338
　世界の犬図鑑 ……………………… 339
腰本 文子
　初めての山野草 …………………… 67
御所見 直好
　振りかえるふるさと山河の花 … 113, 114
小杉 国夫
　栃木の花 …………………………… 119

小菅 貞男
 日本の貝 ･････････････････････ 247
小須田 進
 押し花花図鑑 ････････････････････ 98
 押し花野草図鑑 ･･･････････････････ 98
小関 秀男
 海水魚大図鑑 ･･･････････････････ 282
児玉 永吉
 サボテン・多肉植物ポケット辞典 ････ 181
コーツ, アリス・M.
 花の西洋史事典 ･･････････････････ 97
コックス, バリー
 原色版 恐竜・絶滅動物図鑑 ･･･････ 231
後藤 哲雄
 原色植物ダニ検索図鑑 ･･･････････ 250
後藤 友明
 東北フィールド魚類図鑑 ･････････ 291
小梨 直
 骨 ････････････････････････････ 207
小西 和人
 さかな大図鑑 ･･･････････････････ 284
 新さかな大図鑑 ･････････････････ 286
小西 国義
 花卉園芸の事典 ･････････････････ 147
 花の園芸用語事典 ･･･････････････ 148
小西 天二
 薬用植物ガイド ･･････････････････ 79
小西 英人
 イカ・タコ識別図鑑 ･･････････････ 248
 新さかな大図鑑 ･････････････････ 286
 釣魚検索 ･･･････････････････････ 286
 釣魚識別図鑑 ･･･････････････････ 286
 釣魚図鑑 ･･･････････････････････ 286
 遊遊さかな事典 ･････････････････ 288
小西 正泰
 日本史のなかの動物事典 ･････････ 204
伊宮 伶
 花ことばと神話・伝説 ･････････････ 96
 花と花ことば辞典 ････････････････ 96
小葉竹 由美
 山菜・木の実 ･･･････････････････ 69
小浜 継雄
 沖縄のトンボ図鑑 ･･･････････････ 271
小林 彰夫
 天然食品・薬品・香粧品の事典 ････ 87
小林 詩
 身近で見られる日本の野鳥カタログ
 ･･････････････････････････････ 315

小林 国雄
 盆栽芸術 ･･･････････････････････ 161
小林 圭介
 コリドラス大図鑑 ･･･････････････ 298
小林 桂助
 鳥 ････････････････････････････ 310
小林 茂
 「事典」果物と野菜の文化誌 ･･･････ 161
小林 祥次郎
 日本古典博物事典 ･･･････････････ 203
小林 享夫
 日本産樹木寄生菌目録 ･･･････････ 184
小林 達明
 生物多様性緑化ハンドブック ･･･････ 29
小林 道信
 アクアリウムで楽しむ水草図鑑 ････ 144
 海水魚・サンゴ1000種図鑑 ･･････ 297
 海水魚大図鑑 ･･･････････････････ 282
 海水魚ビギナーズ・ガイド ････････ 297
 決定版 熱帯魚大図鑑 ････････････ 297
 決定版 水草大図鑑 ･･････････････ 145
 ザ・大型熱帯魚 ･･････････････････ 298
 ザ・淡水エイ ････････････････････ 298
 ザ・ディスカス ･･････････････････ 298
 ザ・熱帯魚&水草1000種図鑑 ････ 298
 ザ・熱帯魚水草レイアウト ････････ 143
 ザ・ピラニア ････････････････････ 294
 ザ・水草図鑑 ･･･････････････････ 145
 ザ・レッドアロワナ ･･････････････ 298
 熱帯魚ビギナーズ・ガイド ････････ 296
 熱帯魚 水草カタログ ････････････ 301
 熱帯魚・水草完全入門 ･･･････････ 296
 熱帯魚・水草300種図鑑 ･････････ 299
小林 秀明
 生物の小事典 ･･･････････････････ 6
小林 裕和
 甲虫 ･･････････････････････････ 254
小林 浩
 サボテン・多肉植物 ･･････････････ 181
小林 弘
 小林弘珪藻図鑑 ････････････････ 182
小林 正明
 草花遊び図鑑 ･･･････････････････ 102
小林 茉由
 草花遊び図鑑 ･･･････････････････ 102
小林 巳癸彦
 新潟県のきのこ ･････････････････ 189

小林 安雅
　海の生きもののくらし ……………… 222
　海辺の生き物 ………………… 27, 223
　海中生物図鑑 ………………………… 224
　日本産魚類生態大図鑑 ……………… 292
　日本の海水魚 ………………………… 292
小原 洋一
　原色図鑑サハリンの蝶 ……………… 268
駒形 和男
　コーワン微生物分類学事典 ………… 18
駒嶺 穆
　オックスフォード植物学辞典 ……… 45
　植物ゲノム科学辞典 ………………… 49
　植物バイオテクノロジー事典 ……… 49
小宮 輝之
　いきもの探検大図鑑 ………………… 2
　新世界絶滅危機動物図鑑 …… 229, 230
　どうぶつ ……………………………… 199
　動物 …………………………………… 200
　動物のくらし ………………………… 209
　とり …………………………………… 309
　鳥 ……………………………… 310, 311
　日本の家畜・家禽 …………………… 239
　日本の哺乳類 ………………… 327, 328
　日本の野鳥 …………………………… 312
　人気のバードウォッチング 野鳥図鑑
　　………………………………………… 313
　ポケット版 学研の図鑑 …… 315, 210
　ほんとのおおきさ水族館 …………… 217
　まるごと日本の生きもの …………… 27
小宮山 勝司
　きのこ ………………………………… 187
　きのこハンドブック ………………… 185
小森 厚
　聖書動物大事典 ……………………… 203
子安 和弘
　森の動物出会いガイド ……………… 328
小山 昇平
　安心キノコ100選 …………………… 186
　信州のキノコ ………………………… 188
　日本の毒キノコ150種 ……………… 190
小山 能尚
　学研生物図鑑 ………………………… 246
コーラルフィッシュ編集部
　海水魚の飼い方ハンドブック ……… 296
コルテ, アンドレアス
　コルテ・フラワーエッセンスの癒しの世界
　　………………………………………… 87

ゴールドバーグ, アリシア
　メディカルハーブ安全性ハンドブック
　　………………………………………… 84
コーワン, S.T.
　コーワン微生物分類学事典 ………… 18
近田 文弘
　オーストラリアの花100 …………… 122
　学校のまわりでさがせる植物図鑑
　　………………………………… 108, 109, 131
　皇居東御苑の草木図鑑 ……………… 55
　花と葉で見わける野草 ……………… 104
　見つけたい楽しみたい野の植物 …… 114
近藤 昭郎
　はじめてのバラづくり ……………… 176
近藤 篤弘
　尾瀬の自然 …………………………… 55
　高尾山の花 …………………………… 118
近藤 勝彦
　カラー版 食虫植物図鑑 ……………… 50
近藤 純夫
　日本と世界の動物園 ………………… 206
　ハワイアン・ガーデン ……………… 59
近藤 浩文
　植物イラスト図鑑 …………………… 36
近藤 誠宏
　カラー版 食虫植物図鑑 ……………… 50
近藤 三雄
　アーバンガーデニング ……………… 156
近藤 陽子
　尾瀬の自然 …………………………… 55
近内 誠登
　雑草管理ハンドブック ……… 140, 139
コンパニオンバード編集部
　コンパニオンバード百科 …………… 324
コーンビス, アレン
　木の写真図鑑 ………………………… 125

【さ】

三枝 敏郎
　花の香り事典 ………………………… 88
三枝 博幸
　昆虫ナビずかん ……………………… 257
　チョウも飼いたいサソリも飼いたい ‥ 259
西郷 薫
　遺伝学用語辞典 ……………………… 20

斉藤 和季
　植物ゲノム科学辞典 ・・・・・・・・・・・・・・・・・・・ 49
斉藤 亀三
　原種 世界の蘭 ・・・・・・・・・・・・・・・・・・・・・・・ 173
　世界の珍蘭奇蘭大図鑑 ・・・・・・・・・・・・・・・ 173
　世界の野生ランカタログ ・・・・・・・・・・・・・ 174
　世界の蘭380 ・・・・・・・・・・・・・・・・・・・・・・・ 174
齋藤 寛
　海の動物百科 ・・・・・・・・・・・・・・・・・・・・・・・ 220
斎藤 謙綱
　花と実の図鑑 ・・・・・・・・・・・・・・・・・・ 37, 38
斎藤 光一
　かまきり ・・・・・・・・・・・・・・・・・・・・・・・・・・ 264
　植物 ・・・・・・・・・・・・・・・・・・・・・・・・・・・・・・・ 36
　ちょう ・・・・・・・・・・・・・・・・・・・・・・・・・・・・ 269
斎藤 新一郎
　落葉広葉樹図譜 ・・・・・・・・・・・・・・・・・・・・ 129
斎藤 隆
　蔬菜園芸の事典 ・・・・・・・・・・・・・・・・・・・・ 163
斎藤 隆史
　野鳥大百科 ・・・・・・・・・・・・・・・・・・・・・・・・ 307
斉藤 千映美
　サルの百科 ・・・・・・・・・・・・・・・・・・・・・・・・ 344
斎藤 洋
　天然食品・薬品・香粧品の事典 ・・・・・・ 87
斎藤 政広
　鳥海山花図鑑 ・・・・・・・・・・・・・・・・・・・・・・ 119
斎藤 勝
　ビジュアル博物館 ・・・・・・・・・・・・・・・・・・ 345
　リロ＆スティッチいきものずかん ・・・・ 202
栽培植物分類名称研究所
　国際栽培植物命名規約 ・・・・・・・・・・・・・・ 47
細胞生物学辞典編集委員会
　細胞生物学辞典 ・・・・・・・・・・・・・・・・・・・・ 16
サヴェージ, R.J.G.
　原色版 恐竜・絶滅動物図鑑 ・・・・・・・・ 231
酒井 修一
　詳細図鑑 きのこの見分け方 ・・・・・・・・ 188
酒井 巧
　野の花 ・・・・・・・・・・・・・・・・・・・・・・・・・・・・ 103
坂井 勝
　アンモナイト ・・・・・・・・・・・・・・・・・・・・・・ 232
榊 佳之
　遺伝子 ・・・・・・・・・・・・・・・・・・・・・・・・・・・・ 21
坂崎 利一
　アメリカ微生物学会臨床微生物学ポケッ
　　トガイド ・・・・・・・・・・・・・・・・・・・・・・・・・ 19

サカタのタネ
　タネの大図鑑 ・・・・・・・・・・・・・・・・・・・・・・ 47
さかなクン
　原寸大すいぞく館 ・・・・・・・・・・・・・・・・・・ 216
坂梨 一郎
　花と緑の園芸百科 ・・・・・・・・・・・・・・・・・・ 154
坂水 健祐
　フォトCD早引き昆虫図鑑 ・・・・・・・・・・ 260
坂本 一男
　魚の分類の図鑑 ・・・・・・・・・・・・・・・・・・・・ 285
　旬の魚図鑑 ・・・・・・・・・・・・・・・・・・・・・・・・ 290
　新顔の魚 1970-1995 ・・・・・・・・・・・・・・・ 285
坂本 和義
　人間の許容限界事典 ・・・・・・・・・・・・・・・・ 23
相良 秋男
　にっぽん全国 ペットと泊まれる温泉
　　・・・・・・・・・・・・・・・・・・・・・・・・・・・・・・・・・・ 241
佐川 広治
　季語の花 秋 ・・・・・・・・・・・・・・・・・・・・・・・ 40
　季語の花 夏 ・・・・・・・・・・・・・・・・・・・・・・・ 40
崎尾 均
　樹に咲く花 ・・・・・・・・・・・・・・・・・・ 90, 124
佐草 一優
　犬の医学大百科 ・・・・・・・・・・・・・・・・・・・・ 334
　犬のベストカタログ138 ・・・・・・・・・・・・ 337
　人気犬種166カタログ ・・・・・・・・・・・・・・ 339
　人気の犬種図鑑174 ・・・・・・・・・・・・・・・・ 339
　人気の猫種図鑑47 ・・・・・・・・・・・・・・・・・ 343
佐久間 功
　外来水生生物事典 ・・・・・・・・・・・・・・・・・・ 28
桜井 淳史
　カエル観察事典 ・・・・・・・・・・・・・・・・・・・・ 305
　学校のまわりでさがせる生きもの図鑑
　　・・・・・・・・・・・・・・・・・・・・・・・・・・・・・・・・・・ 216
　カニ観察事典 ・・・・・・・・・・・・・・・・・・・・・・ 250
　サケ観察事典 ・・・・・・・・・・・・・・・・・・・・・・ 294
　日本の淡水魚 ・・・・・・・・・・・・・・・・・・・・・・ 293
桜井 英里子
　世界サメ図鑑 ・・・・・・・・・・・・・・・・・・・・・・ 295
桜井 一彦
　オトシブミ観察事典 ・・・・・・・・・・・・・・・・ 264
桜井 弘
　生命元素事典 ・・・・・・・・・・・・・・・・・・・・・・ 17
桜井 富士朗
　最新・動物病院経営指針 ・・・・・・・・・・・・ 211
桜井 廉
　きのこ・木の実 ・・・・・・・・・・・・・・・・・・・・ 185
　ここがポイント!園芸12か月 ・・・・・・・・ 139

さくらそう会
　色分け花図鑑 桜草 ……………… 150
笹川 昭雄
　日本の野鳥 羽根図鑑 …………… 313
　羽根図鑑 …………………………… 318
　野鳥の羽根 ………………………… 318
笹川 寿一
　薬局店主が書いた身のまわりの薬草豆事
　　典 ………………………………… 79
佐々木 清光
　日本史のなかの動物事典 ………… 204
佐々木 とも子
　絶滅危機動物図鑑 ………………… 230
佐々木 秀雄
　北陸きのこガイド ………………… 186
佐々木 洋
　街の虫とりハンドブック ………… 263
笹間 良彦
　図説・世界未確認生物事典 ……… 239
　図説 日本未確認生物事典 ……… 239
指田 豊
　日本の薬草 ………………………… 77
佐竹 義輔
　日本の野生植物 …………………… 173
佐藤 晶人
　北海道の野鳥 ……………………… 320
佐藤 昭広
　金魚80品種カタログ ……………… 296
さとう あきら
　動物園の動物 ……………………… 201
佐藤 勇武
　庭木・花木の手入れとせん定 …… 158
佐藤 仁彦
　植物病害虫の事典 ………………… 142
　植物保護の事典 ………………… 48, 59
　生活害虫の事典 ……………… 277, 278
佐藤 邦雄
　軽井沢町植物園の花 ……………… 116
佐藤 ケイ
　アロマセラピーとマッサージのための
　　キャリアオイル事典 …………… 87
さとう 俊
　磯採集ガイドブック ……………… 220
　魚の雑学事典 ……………………… 278
佐藤 孝夫
　北海道樹木図鑑 …………………… 132
　北海道 樹木図鑑 ………………… 133

佐藤 孝子
　動く!深海生物図鑑 ……………… 221
佐藤 武彦
　花かおる立山黒部アルペンルート … 120
佐藤 勉
　原色サボテン事典 ………………… 181
　世界の多肉植物 …………………… 181
佐藤 寅夫
　オックスフォード動物学辞典 …… 206
佐藤 秀明
　花の名前 …………………………… 108
佐藤 寛之
　爬虫類と両生類の写真図鑑 ……… 303
佐藤 政二
　花かおる苗場山 …………………… 120
佐藤 方彦
　日本人の事典 ……………………… 23
佐藤 美知男
　高尾山の花名さがし ……………… 119
佐藤 弥生
　世界の猫カタログ BEST43 ……… 343
　世界の猫図鑑 ……………………… 343
里見 哲夫
　新・尾瀬の植物図鑑 ……………… 56
佐内 豊
　医学・生物学研究のためのウェブサイト
　　厳選700 ………………………… 7
　ウェブサイト厳選2500 …………… 7
佐名川 洋之
　解剖・観察・飼育大事典 ………… 240
佐野 弓子
　遺伝学用語辞典 …………………… 20
佐波 征機
　ヒトデガイドブック ……………… 249
鮫島 惇一郎
　新版北海道の花 …………………… 118
さわだ さちこ
　猫を愛する人のための猫絵本ガイド
　　……………………………………… 341
沢田 誠
　現代用語百科 ……………………… 11
沢田 佳久
　オトシブミハンドブック ………… 264
沢柳 大五郎
　百花譜 百選 ……………………… 94
三省堂編修所
　三省堂 生物小事典 ……………… 5
　三省堂 世界鳥名事典 …………… 306

サンティッチ, バーバラ
　世界の食用植物文化図鑑 ……………… 162
さんぽう
　動物の仕事につくには ………… 196, 197

【し】

ジー, ヘンリー
　恐竜野外博物館 ………………………… 236
椎名 佳代
　精油・植物油ハンドブック …………… 88
　ハーブハンドブック …………………… 83
椎葉 林弘
　よくわかる庭木大図鑑 ………………… 160
ジヴァノヴィッツ, イゴール
　クローズアップ大図鑑 ………………… 209
シェヴァリエ, アンドリュー
　世界薬用植物百科事典 ………………… 75
ジェファーソン, トマス・A.
　海の哺乳類 ……………………………… 331
塩津 孝博
　九州で見られるきのこ ………………… 188
塩野 法子
　最新花材図鑑 …………………………… 99
滋賀県琵琶湖環境科学研究センター
　やさしい日本の淡水プランクトン 図解
　　ハンドブック ………………… 219, 220
滋賀県立衛生環境センター
　やさしい日本の淡水プランクトン 図解
　　ハンドブック ………………………… 219
滋賀の理科教材研究委員会
　やさしい日本の淡水プランクトン 図解
　　ハンドブック ………………… 219, 220
鹿間 時夫
　古脊椎動物図鑑 ………………………… 231
　日本化石図譜 …………………………… 11
仕事の図鑑編集委員会
　夢に近づく仕事の図鑑 ………………… 202
静岡県農林技術研究所
　静岡県田んぼの生き物図鑑 …………… 26
静岡新聞社出版局
　駿河湾おさかな図鑑 …………………… 291
自然環境研究センター
　絶滅危惧動物百科 ……………… 226, 227
　日本の外来生物 ………………………… 26
　日本の哺乳類 ………………… 325, 327, 328

自然史植物画研究会
　片桐義子の花日記 ……………………… 97
七理 久美
　熱帯アジアの果物 ……………………… 170
品川 鈴子
　薬草歳時記 ……………………………… 79
篠永 哲
　学研の大図鑑 危険・有毒生物 ……… 226
　日本のイエバエ科 ……………………… 263
　日本の有害節足動物 …………………… 278
篠原 準八
　食べごろ摘み草図鑑 …………………… 70
篠原 直子
　アロマテラピーの事典 ………………… 87
柴崎 その枝
　薬草 ……………………………………… 76
　山の花 …………………………………… 65
柴田 千晶
　食虫植物ふしぎ図鑑 …………………… 50
柴田 規夫
　押し花花図鑑 …………………………… 98
　押し花野草図鑑 ………………………… 98
　四季を楽しむ花図鑑500種 …………… 109
　野山で見かける山野草図鑑 …………… 71
柴田 尚
　森のきのこたち ………………………… 186
柴田 正輝
　恐竜ファイル …………………………… 236
芝山 秀次郎
　雑草管理ハンドブック …………… 140, 139
CBRNEテロ対処研究会
　必携—NBCテロ対処ハンドブック …… 20
渋川 浩一
　海の動物百科 …………………………… 281
渋田 義行
　近江の山の山野草 ……………………… 52
渋谷 正子
　ガーデンカラーブック ………………… 156
シブヤ ユウジ
　幻想動物事典 …………………………… 239
シーボルト, P.F.B.フォン
　シーボルト 日本植物誌 本文覚書篇 … 53
　日本植物誌 ……………………………… 56
島崎 はるか
　家庭園芸栽培大百科 …………………… 138
嶋田 甚五郎
　微生物学の歴史 ………………………… 18

臨床微生物学ハンドブック ………… 20
嶋田 宏
　新・北のさかなたち ……………… 291
島村 宣幸
　デザインのための花合わせ実用図鑑
　　…………………………………… 152
清水 晶子
　樹木 ………………………………… 123
清水 章
　バイオ・創薬アウトソーシング企業総
　　覧 ………………………………… 12
清水 大典
　原色 冬虫夏草図鑑 ……………… 184
　冬虫夏草図鑑 ……………………… 184
　ポケット きのこ ………………… 185
　ポケット 山菜 …………………… 71
清水 孝雄
　分子細胞生物学辞典 ……………… 16
清水 孝之
　神戸・六甲山のチョウと食草ハンドブッ
　　ク ………………………………… 268
　花かおる六甲山 …………………… 121
清水 建美
　草木花歳時記 …………………… 40, 41
　高山に咲く花 ……………………… 62
　図説 植物用語事典 ……………… 46
　日本の帰化植物 …………………… 51
　見つけたい楽しみたい野の植物 … 114
清水 矩宏
　日本帰化植物写真図鑑 …………… 52
　牧草・毒草・雑草図鑑 …………… 73
清水 秀男
　ティランジア・ハンドブック …… 143
清水 美重子
　六甲山の花 ………………………… 115
清水 通明
　静岡県の植物図鑑 ………………… 55
新村 捷介
　近畿のトンボ図鑑 ………………… 271
志村 英雄
　とり ………………………………… 309
下田 道生
　九州で見られるきのこ …………… 188
シモン, セルジュ
　犬の事典 …………………………… 334
シモン, ドミニク
　犬の事典 …………………………… 334

シャナン
　猫の教科書 ………………………… 341
ジャパンケネルクラブ
　最新犬種図鑑 ……………………… 338
獣医事法規研究会
　獣医療公衆衛生六法 ……………… 212
主婦と生活社
　新編 庭木の選び方と手入れ事典 … 157
　野山で見つける草花ガイド ……… 67
主婦の友社
　色がわかる四季の花図鑑 ………… 108
　花木＆庭木図鑑200 ……………… 158
　きのこ・木の実 …………………… 185
　最新 花屋さんの花図鑑 ………… 151
　スパイス＆ハーブの使いこなし事典
　　…………………………………… 82
　世界の愛犬カタログ131種 ……… 340
　世界の熱帯魚・水草カタログ275 … 301
　誕生花と幸福の花言葉366日 …… 95
　庭で楽しむ四季の花280 ………… 112
　人気のガーデニング花木100 …… 158
　人気のカブトムシクワガタの飼い方＆図
　　鑑 ………………………………… 276
　人気の昆虫図鑑ベスト257 ……… 260
　人気の庭木・花木159種 ………… 160
　鉢花＆寄せ植えの花320 ………… 155
　ハーブ図鑑200 …………………… 86
　バラ図鑑300 ……………………… 177
　持ち歩き 花屋さんの花図鑑 …… 94
　持ち歩き バラの品種図鑑 ……… 177
　よくわかる犬種図鑑ベスト185 … 340
　和の花、野の花、身近な花 ……… 100
蕭 培根
　中国本草図録 …………………… 81, 82
尚学図書
　鳥の手帖 …………………………… 319
常喜 豊
　日本動物大百科 …………………… 195
正田 陽一
　世界家畜品種事典 ………………… 239
食虫植物研究会
　世界の食虫植物 …………………… 50
食品工業利用微生物研究会
　食品工業利用微生物データブック … 19
食品流通構造改善促進機構
　野菜と果物の品目ガイド ……… 161, 162
植物栄養肥料の事典編集委員会
　植物栄養・肥料の事典 …………… 45

しょく　　　　　　　　著編者名索引

植物文化研究会
　図説 花と樹の事典 ･････････････････････ 33
　図説 花と樹の大事典 ････････････････････ 33
食料農業政策研究センター
　食料白書 ･･･････････････････････････････ 14
塩見 正衛
　生物学辞典 ･････････････････････････････ 5
ジョンソン，ジニー
　動物の「跡」図鑑 ･･････････････････････ 209
　骨 ･････････････････････････････････････ 207
白井 祥平
　世界鳥類名検索辞典 ････････････････････ 307
白井 英男
　写真で見る有害生物防除事典 ････････････ 31
白石 花絵
　最新犬種図鑑 ･･････････････････････････ 338
白石 茂
　原種洋蘭大図鑑 ････････････････････････ 173
素木 得一
　昆虫の分類 ････････････････････････････ 257
白澤 照司
　薔薇大図鑑 ････････････････････････････ 177
白瀧 嘉子
　はじめての花づくり ･･･････････････････ 149
白鳥 岳朋
　ハゼガイドブック ･････････････････････ 294
白簱 史朗
　カラー 高山植物 ････････････････････････ 61
白幡 節子
　花の西洋史事典 ････････････････････････ 97
白幡 洋三郎
　花の西洋史事典 ････････････････････････ 97
白藤 秀一
　ドッグマスター検定ハンドブック ････････ 336
白水 隆
　蝶・蛾 ･･･････････････････････････････ 270
　日本産蝶類標準図鑑 ･･･････････････････ 271
新エネルギー財団
　バイオマス技術ハンドブック ････････････ 13
新海 栄一
　日本のクモ ････････････････････････････ 251
新開 孝
　学校のまわりでさがせる生きもの図鑑
　　････････････････････････････････････ 253
　カブトムシ・クワガタムシ ･･････････････ 274
　昆虫 ･････････････････････････････････ 256
　里山 昆虫ガイドブック ･････････････････ 258
　里山 蝶ガイドブック ･･･････････････････ 268

　里山の昆虫ハンドブック ････････････････ 258
新川 章
　ザ・淡水エイ ･･････････････････････････ 298
　ザ・フグ ･･････････････････････････････ 294
「新 観察実験大事典」編集委員会
　新 観察・実験大事典 ････････････････････ 8
新紀元社
　名馬牧場めぐりガイド ･････････････････ 331
新行内 博
　日常の生物事典 ･････････････････････････ 1
人獣共通感染症勉強会
　ペットとあなたの健康 ･････････････････ 212
信州昆虫学会
　長野県産チョウ類動態図鑑 ･････････････ 270
　見つけよう信州の昆虫たち ･････････････ 263
神保 宇嗣
　完璧版 昆虫の写真図鑑 ････････････････ 253
森林総合研究所
　森林大百科事典 ･･･････････････････････ 136
　木材工業ハンドブック ･････････････････ 124

【す】

末光 隆志
　生物の事典 ･････････････････････････････ 6
菅野 宏文
　爬虫類・両生類200種図鑑 ･････････････ 303
菅原 亀悦
　岩手の樹木百科 ･･･････････････････････ 130
菅原 光二
　釣り人のための渓流の樹木図鑑 ･････････ 132
　釣り人のための薬草50木の実50 ････････ 77
菅原 繁蔵
　樺太植物誌 ･････････････････････････････ 58
菅原 久夫
　色別 野の花図鑑 ･･････････････････････ 102
　高山植物 ･･････････････････････････････ 61
　日本の野草 ･････････････････････ 111, 112
菅原 浩
　図説 鳥名の由来辞典 ･･････････････････ 317
　図説 日本鳥名由来辞典 ････････････････ 317
杉浦 明
　新編果樹園芸ハンドブック ･････････････ 170
杉浦 宏
　海の釣魚 ･････････････････････････････ 281
　カラー熱帯魚淡水魚百科 ･･･････････････ 297

魚 ……………………………… 284
杉坂 学
　色と大きさでわかる野鳥観察図鑑 …… 307
　鳴き声が聞ける!CD付 野鳥観察図鑑
　　　　　　　　　　　　　　　　　311
　野鳥観察図鑑 ……………………… 316
杉野 孝雄
　静岡県の植物図鑑 ………………… 55
杉野 裕志
　金魚のすべて ……………………… 296
　金魚80品種カタログ ……………… 296
杉村 昇
　名前といわれ 木の写真図鑑 …… 127, 128
　名前といわれ 野の草花図鑑 …… 103
　花の色別 道ばたの草花図鑑 …… 112
　花の色別道ばたの草花図鑑 ……… 112
杉村 光俊
　原色日本トンボ幼虫・成虫大図鑑 … 272
　中国・四国のトンボ図鑑 ………… 272
　トンボ …………………………… 272
杉本 公造
　クレマチス ……………………… 151
杉森 文夫
　とり ……………………………… 309
杉山 純多
　コーワン微生物分類学事典 ……… 18
杉山 明子
　樹木 ……………………………… 123
杉山 幸丸
　サルの百科 ……………………… 344
鈴木 昭
　花屋さんの花 …………………… 93
鈴木 誠
　四季の花 ………………………… 110
鈴木 昶
　花のくすり箱 …………………… 75
鈴木 庸夫
　植える 樹木編 ………………… 158
　学習図鑑 植物 ………………… 34
　切り花図鑑 ……………………… 90
　樹木図鑑 …………………… 126, 127
　日本の野草300 ………………… 111
　庭の花 …………………………… 160
　野山の樹木 ……………………… 133
　春の花 …………………………… 113
　野草・雑草観察図鑑 …………… 74
鈴木 和夫
　森林の百科事典 ………………… 136

鈴木 和雄
　マルハナバチ・ハンドブック …… 267
鈴木 克美
　海岸動物 ………………………… 224
鈴木 欣司
　日本外来哺乳類フィールド図鑑 … 327
　身近な野生動物観察ガイド ……… 213
鈴木 敬宇
　ウミウシガイドブック …………… 245
鈴木 健一朗
　コーワン微生物分類学事典 ……… 18
鈴木 紘一
　生化学辞典 ……………………… 16
鈴木 重俊
　家庭園芸栽培大百科 ……………… 138
鈴木 昇一
　北海道野鳥ハンドブック ………… 320
鈴木 省三
　バラ図鑑 ………………………… 178
　ばら・花図譜 …………………… 177
鈴木 立雄
　愛犬の家庭医学事典 ……………… 333
鈴木 伝次
　アリストテレスから動物園まで …… 4
鈴木 知之
　外国産クワガタ・カブトムシ飼育大図鑑
　　　　　　　　　　　　　　　　　273
　カブトムシ・クワガタムシ ……… 274
　朽ち木にあつまる虫ハンドブック … 264
　日本のカミキリムシハンドブック … 265
鈴木 信夫
　校庭の昆虫 ……………………… 261
鈴木 寿志
　バージェス頁岩 化石図譜 ……… 11
鈴木 宏子
　ハーブ活用百科事典 ……………… 83
鈴木 洋
　漢方のくすりの事典 ……………… 80
鈴木 正治
　木材居住環境ハンドブック ……… 124
鈴木 まもる
　鳥の巣の本 ……………………… 318
鈴木 道男
　江戸鳥類大図鑑 ………………… 319
鈴木 路子
　色・大きさ・開花順で引ける季節の花図鑑
　　　　　　　　　　　　　　　　　108
　咲く順でひける四季の花事典 …… 107

誕生花事典 ………………………… 95
鈴木 実
　淡水指標生物図鑑 ……………… 27
鈴木 基夫
　園芸植物 ………………………… 141
鈴木 安一郎
　きのこのほん …………………… 188
鈴木 幸夫
　すぐわかる尾瀬の花図鑑 ……… 118
鈴木 良武
　熱帯探険図鑑 …………………… 214
須田 研司
　むし ……………………………… 261
須田 隆
　きのこ・木の実 ………………… 185
　持ち歩き図鑑 きのこ・毒きのこ …… 191
須田 孫七
　こんちゅうげんすんかくだい図鑑 …… 256
　むし ……………………………… 261
スタジオニッポニカ
　百分の一科事典 ウサギ ………… 329
スティックランド, スー
　エコガーデニング事典 ………… 156
須藤 彰司
　森林の百科事典 ………………… 136
　南洋材 …………………………… 123
須藤 隆一
　環境微生物図鑑 ………………… 20
須長 一繁
　庭木専科 ………………………… 159
スミス, ウイリアム
　聖書植物大事典 ………………… 44
　聖書動物大事典 ………………… 203
須山 正男
　山菜・野草ハンドブック ……… 66
スラディチェック, ウラディミール
　淡水指標生物図鑑 ……………… 27

【せ】

成美堂出版
　カラー図鑑 カメ・トカゲ・ヘビ・カエ
　　ルなどの飼い方 ……………… 301
　世界の海水魚カタログ ……… 288, 289
　世界の海水魚350 ………………… 289
　世界の海水魚450 ………………… 289

世界の熱帯魚&水草カタログ
　………………………… 289, 300, 301
　日本と世界の犬のカタログ …… 341
　ポケット図鑑 山菜 ……………… 72
生物学御研究所
　相模湾産後鰓類図譜 …………… 246
誠文堂新光社
　ベスト猫カタログ ……………… 344
セガ
　恐竜超百科 古代王者恐竜キング 恐竜大
　　図鑑 …………………………… 235
世界遺産総合研究所
　世界遺産ガイド 生物多様性編 …… 29
世界昆虫研究会
　世界の昆虫大百科 ……………… 259
世界のプリムラ編集委員会
　世界のプリムラ ………………… 149
瀬川 弥太郎
　三省堂いけばな草花辞典 ……… 100
赤 勘兵衛
　鳥の形態図鑑 …………………… 311
関 邦博
　人間の許容限界事典 …………… 23
関 慎太郎
　カエル・サンショウウオ・イモリのオタ
　　マジャクシハンドブック ……… 305
　地球のカエル大集合!世界と日本のカエ
　　ル大図鑑 ……………………… 305
　日本の両生爬虫類 ……………… 303
　魅せる日本の両生類・爬虫類 … 304
　両生類・はちゅう類 …………… 304
関岡 東生
　日本樹木名方言集 ……………… 123
関口 たか広
　おもしろ恐竜図鑑 ……………… 232
関根 雄次
　日本産蘇類図説 ………………… 192
瀬倉 正克
　シーボルト 日本植物誌 本文覚書篇 …… 53
瀬戸口 美恵子
　恐竜解剖図鑑 …………………… 234
　バージェス頁岩 化石図譜 ……… 11
瀬能 宏
　海の魚大図鑑 …………………… 281
　日本の海水魚 …………………… 292
　日本の外来魚ガイド …………… 292
　初めてのフィッシュウオッチング …… 287
　幼魚ガイドブック ……………… 288

瀬畑 雄三
　名人が教えるきのこ採り方・食べ方 ‥ 186
セマーナ
　スーパーで買える魚図鑑 ………… 286
脊山 洋右
　生化学辞典 ……………………… 16
千 宗左
　茶花づくし 炉編・風炉編 ………… 101
千 宗室
　茶花づくし 炉編・風炉編 ………… 101
千石 正一
　爬虫両生類飼育図鑑 ……………… 303
　ヘビ大図鑑 ……………………… 305
全国雑木林会議
　現代雑木林事典 ………………… 136
全国日本鶏保存会
　カラー版 日本鶏・外国鶏 ………… 324
善如寺 厚
　きのこ・木の実 ………………… 185
善養寺 康之
　聖書植物図鑑 …………………… 44

【そ】

宗田 安正
　季語早引き辞典 植物編 …………… 42
相馬 正人
　飼育と観察 ……………………… 3
祖谷 勝紀
　イヌ科の動物事典 ………………… 333
祖父江 信夫
　木材科学ハンドブック …………… 124
楚山 いさむ
　出会いを楽しむ海中ミュージアム … 225
楚山 勇
　イソギンチャクガイドブック ……… 248
　海辺の生きもの ………………… 223
　クラゲガイドブック ……………… 246
　サンゴ礁の生きもの ………… 224, 225
　ヒトデガイドブック ……………… 249

【た】

大海 勝子
　詳細図鑑 きのこの見分け方 ……… 188
大海 秀典
　詳細図鑑 きのこの見分け方 ……… 188
大工園 認
　野の花めぐり …………………… 112
大和総研新規産業情報部
　バイオビジネス白書 ……………… 15
タイン, マイケル
　現代生物科学辞典 ……………… 4
ダウ, J.A, T.
　細胞生物学辞典 ………………… 16
高井 幹夫
　原色川虫図鑑 …………………… 276
　日本原色カメムシ図鑑 …………… 265
高家 博成
　昆虫ナビずかん ………………… 257
　ふしぎ・びっくり!?こども図鑑 むし ‥ 260
　むし …………………………… 261
高岡 得太郎
　散歩道で出会う身近な樹木たち …… 134
高岡 昌江
　どっちがオス?どっちがメス? …… 207
　ほんとのおおきさ水族館 ………… 217
高木 絢子
　バラ図鑑300 …………………… 177
　持ち歩き バラの品種図鑑 ………… 177
高木 清和
　北アルプス自然図鑑 花・蝶・鳥 … 25
　フィールドのための野鳥図鑑 ……… 314
高木 国保
　キノコ図鑑 ……………………… 188
　きのこハンドブック ……………… 188
　山菜図鑑 ………………………… 69
　山菜ハンドブック ………………… 69
高木 基裕
　えひめ愛南お魚図鑑 ……………… 289
高崎 一哉
　Q&Aでわかる猫の困った行動解決ハンドブック ……………………… 342
高田 勝
　原寸大写真図鑑 羽 ……………… 317
　野鳥の羽ハンドブック …………… 318

高田　良二
　ウミウサギ生きている海のジュエリー
　　　……………………………………… 244
高野　喜八郎
　花と緑の病害図鑑 ……………… 142
高野　賢治
　猫の教科書 ………………………… 341
高野　伸二
　日本の野鳥 ………………… 312, 313
　フィールドガイド 日本の野鳥 … 314, 318
高野　八重子
　猫の教科書 ………………………… 341
高橋　章
　カラー図鑑 ハーブクラフト ……… 84
　花図鑑 ハーブ …………………… 85
　ハーブ ……………………………… 85
高橋　郁雄
　北海道「きのこ図鑑」 ………………… 190
　北海道きのこ図鑑 ………………… 190
高橋　泉
　カメのすべて ……………………… 306
高橋　永治
　日本淡水動物プランクトン検索図説
　　　……………………………………… 220
高橋　英司
　小動物ハンドブック ……………… 211
高橋　修
　越後・佐渡・谷川岳・苗場山植物手帳 … 60
　スイスアルプス植物手帳 ………… 58
高橋　勝雄
　野草の名前 ………………… 114, 115
高橋　清久
　時間生物学ハンドブック ……………… 8
高橋　兼一
　病気と害虫BOOK ……………… 142
高橋　秀治
　動植物ことわざ辞典 ……………… 32
高橋　順子
　花の名前 …………………………… 108
高橋　新一
　花ごよみ種ごよみ ………………… 91
高橋　秀男
　樹に咲く花 ………………… 90, 124
　くさばな …………………………… 102
　しょくぶつ ………………………… 35
　知識ゼロからの野草図鑑 ……… 105
　日本アルプス植物図鑑 …………… 63
　日本の山菜 ………………………… 71

日本のスミレ ……………………… 180
　花図鑑 野草 ……………………… 104
　ポケット版 学研の図鑑 …………… 39
　まるごと日本の生きもの …………… 27
　野草 ………………………………… 107
高橋　英樹
　北海道の湿原と植物 ……………… 51
高橋　文雄
　大昔の動物 ………………………… 231
高橋　真弓
　イモムシハンドブック …………… 267
高橋　良孝
　英国王立園芸協会 ハーブ大百科 … 82
　花色でひける野草・雑草観察図鑑 … 102
　草花の名前と育て方 …………… 149
　原寸大 花と葉でわかる山野草図鑑 … 67
　山野草ガイド ……………………… 70
　見てわかる観葉植物の育て方 … 144
　野草の写真図鑑 ………………… 122
高橋　佳晴
　花色別 野の花・山の花図鑑 ……… 104
高橋　竜次
　色でひける花の名前がわかる事典 …… 90
　花と葉の色・形・開花時期でひける花の
　　名前がわかる本 ………………… 154
高林　成年
　観葉植物 ………………………… 145
　四季 池坊いけばな花材事典 …… 100
高樋　竜一
　万葉植物の検索 …………………… 43
鷹見　達也
　新・北のさかなたち …………… 291
高見澤　今朝雄
　日本の真社会性ハチ …………… 266
鷹谷　宏幸
　ハーブノート ……………………… 84
高山　栄
　おいしいキノコと毒キノコ ……… 187
高山　直秀
　ペットとあなたの健康 …………… 212
高山　林太郎
　アロマテラピー事典 ……………… 87
滝　庸
　原色動物大図鑑 ………………… 198
多紀　保彦
　今を生きる古代型魚類 ………… 281
　食材魚貝大百科 ………… 279, 280
　日本の外来生物 …………………… 26

タキイ種苗株式会社出版部
　都道府県別 地方野菜大全 ･････････････ 163
滝沢 公子
　人類遺伝学用語事典 ･･･････････････････ 21
滝沢 弘之
　ティランジア・ハンドブック ････････････ 143
田口 哲
　海の魚 ･･････････････････････････････ 281
　川・湖・池の魚 ･･････････････････････ 282
　北の魚類写真館 ･･････････････････････ 290
　日本の海水魚 ･･･････････････････････ 292
　日本の魚 ････････････････････････････ 293
　日本の淡水魚 ･･･････････････････････ 293
竹内 浩二
　花の病害虫 ･････････････････････････ 150
竹内 真一
　北アルプス自然図鑑 花・蝶・鳥 ･･････ 25
竹内 智子
　ホリスティックハーブ療法事典 ･･･････ 83
竹下 孝史
　除草剤便覧 ･････････････････････････ 140
武田 正倫
　生き物のくらし ･･････････････ 197, 209
　海の甲殻類 ･････････････････････････ 249
　海べの生きもの ･････････････････････ 222
　海辺の生き物 ･･･････････････････････ 223
　学校のまわりでさがせる生きもの図鑑
　　････････････････････････････････ 216
　さかなとみずのいきもの ･･･････････ 285
　ザリガニ ･･･････････････････････････ 250
　日本動物大百科 ･････････････････････ 195
　日本の水生動物 ･････････････････････ 217
　ポケット版 学研の図鑑 ･････････････ 217
　水の生き物 ･････････････････････････ 217
　水べの生きもの野外観察ずかん ････ 218
武田 義明
　植物イラスト図鑑 ･･･････････････････ 36
武田 良平
　山菜・木の実 ･･･････････････････････ 68
竹中 明夫
　植物の百科事典 ･････････････････････ 46
竹之内 悦子
　コルテ・フラワーエッセンスの癒しの世
　界 ･･･････････････････････････････ 87
嵩原 建二
　聴き歩きフィールドガイド沖縄 ･･････ 213
武部 正美
　犬の家庭医学大百科 ･････････････････ 334

竹松 哲夫
　世界の雑草 ･･････････････････････････ 73
田崎 真也
　田崎真也の記念日ワインにはこの花を
　　･･････････････････････････････････ 97
田下 昌志
　長野県産チョウ類動態図鑑 ･･････････ 270
　見つけよう信州の昆虫たち ･･････････ 263
田地野 政義
　花かおる妙高高原 ･･････････････････ 120
田代 道弥
　茶花の入れ方がわかる本 ････････････ 101
多田 多恵子
　里山の植物ハンドブック ･････････････ 55
　花の声 ･･････････････････････････････ 92
　身近な草木の実とタネハンドブック ･･ 46
只木 良也
　森林の百科事典 ･････････････････････ 136
橘 ヒサ子
　北海道の湿原と植物 ･･････････････････ 51
ダッドレー, ニジェル
　エコガーデニング事典 ･･････････････ 156
巽 英明
　樹木図鑑 ･･･････････････････････････ 126
　庭木・街の木 ･･･････････････････････ 159
　野の植物誌 ･･････････････････････････ 57
蓼科ハーバルノート
　ハーブハンドブック ･････････････････ 86
立松 光好
　カラー版 日本鶏・外国鶏 ･･･････････ 324
　鳥の飼育大図鑑 ･････････････････････ 325
田中 生男
　建築物におけるIPM実践ハンドブック
　　･･････････････････････････････････ 32
田中 啓幾
　落葉樹の葉 ･････････････････････････ 129
田中 孝治
　家庭で使える薬用植物大事典 ･･･････ 74
　薬になる植物百科 ･･･････････････････ 75
　図解 薬草の実用事典 ････････････････ 75
田中 光常
　ハローキティのどうぶつ図鑑 ･･･････ 201
田中 次郎
　日本の海藻 ･････････････････････････ 183
田中 信也
　愛媛の薬用植物図鑑 ･････････････････ 76
田中 豊雄
　野の花山の花 ･･･････････････････････ 104

花の乗鞍岳 ……………………… 115
田中 豊美
　海獣図鑑 ………………………… 332
　ゴリラ図鑑 ……………………… 344
田中 肇
　昆虫の集まる花ハンドブック … 90
　花の顔 …………………………… 92
田中 秀明
　新日本の桜 ……………………… 178
田中 文夫
　防除ハンドブック 豆類の病害虫 … 168
田中 正明
　日本淡水産動植物プランクトン図鑑
　　………………………………… 220
田中 真理
　誕生花 わたしの花あの人の花 … 95
田中 桃三
　花色別 野の花・山の花図鑑 …… 104
田中 美子
　アリストテレスから動物園まで … 4
田仲 義弘
　校庭の昆虫 ……………………… 261
棚部 一成
　アンモナイト …………………… 232
田辺 力
　昆虫 ……………………………… 256
田辺 直樹
　食虫植物の世界 ………………… 50
谷内 透
　サメガイドブック ……………… 295
谷川 明男
　沖縄クモ図鑑 …………………… 250
谷川 力
　写真で見る有害生物防除事典 … 31
谷口 高司
　さわる図鑑・鳥 ………………… 308
　絶滅危惧種・日本の野鳥 ……… 322
谷口 維紹
　分子細胞生物学辞典 …………… 16
谷口 弘一
　北海道の植物 …………………… 115
　北海道の野の花 ………………… 115
谷田 一三
　原色川虫図鑑 …………………… 276
　日本産水生昆虫 ………………… 276
谷村 優太
　進化と遺伝 ……………………… 20

田幡 憲一
　日常の生物事典 ………………… 1
田畑 哲之
　植物ゲノム科学辞典 …………… 49
玉置 悟
　木々の恵み ……………………… 124
田村 隆明
　転写因子・転写制御キーワードブック
　　………………………………… 21
　バイオ実験法＆必須データポケットマ
　　ニュアル ……………………… 18
田村 孝
　くらべてわかる食品図鑑 ……… 224
ダルジーニオ, デイビッド
　進化と遺伝 ……………………… 20
ダン, ジェフ
　ビジュアル博物館 ……………… 23
誕生日の花制作委員会
　誕生日の花 ……………………… 96
ダンス, ピーター
　貝の写真図鑑 …………………… 245
　世界海産貝類大図鑑 …………… 246
淡輪 俊
　今を生きる古代型魚類 ………… 281

【ち】

チェンバーズ, ポール
　よみがえる恐竜・古生物 ……… 231
畜産技術協会
　世界家畜品種事典 ……………… 239
千国 安之輔
　写真・日本クモ類大図鑑 ……… 251
千谷 順一郎
　栽培 ……………………………… 141
　花・作物 ………………………… 142
千羽 晋示
　鳥 ………………………………… 310
千葉 徳爾
　日本史のなかの動物事典 ……… 204
千葉 秀幸
　日本産蝶類及び世界近縁種大図鑑 … 270
千葉 幹夫
　馬の百科 ………………………… 330
千葉 喜彦
　時間生物学ハンドブック ……… 8

千葉県生物学会
　千葉県植物ハンドブック 53
千葉県動物学会
　千葉県動物誌 213
千原　光雄
　環境微生物図鑑 20
　日本産海洋プランクトン検索図説 219
　日本の海藻 183
千村　裕子
　北シベリア鳥類図鑑 321
中国科学院蘭州沙漠研究所
　中国砂漠・沙地植物図鑑 59
陳　心啓
　中国野生ラン図鑑 174

【つ】

塚本　洋太郎
　新・花と植物百科 141
　すべての園芸家のための花と植物百科
　................................... 139
塚谷　裕一
　生物の小事典 6
月井　雄二
　淡水微生物図鑑 28
月川　和雄
　恐竜解剖図鑑 234
築地　正明
　学研生物図鑑 246
月谷　真紀
　絶滅危機動物図鑑 230
月本　佳代美
　飼育栽培図鑑 2
築山　洋
　日本産蝶類及び世界近縁種大図鑑 270
辻　幸治
　色別身近な野の花山の花ポケット図鑑
　................................... 102
辻　英夫
　ビジュアルワイド 図説生物 8
辻井　達一
　北海道の湿原と植物 51
津田　武美
　原色日本海魚類図鑑 290
津田　稔
　英和学習基本用語辞典生物 6

土岡　春郊
　鳥類写生図譜 309
土崎　常男
　原色作物ウイルス病事典 142
土田　勝義
　しなの帰化植物図鑑 51
土橋　豊
　観葉植物事典 143
　熱帯の有用果実 170
　ビジュアル園芸・植物用語事典 139
　洋ラン 174
　洋ラン図鑑 174
土屋　公幸
　日本哺乳類大図鑑 328
土屋　光太郎
　イカ・タコガイドブック 248
　イカ・タコ識別図鑑 248
　南紀串本 海の生き物ウォッチングガイド
　................................... 221
筒井　敏彦
　愛犬のための繁殖・育児百科事典 334
筒井　学
　カブトムシ・クワガタムシ 274
　昆虫 256
　飼育と観察 3
津野　祐次
　花かおる仙丈ヶ岳・東駒ヶ岳 119
椿　正晴
　恐竜大図鑑 235
　よみがえる恐竜・古生物 231
坪井　源幸
　カブト・クワガタ・ハナムグリ300種図鑑
　................................... 273
　やさしく詳しくカブトムシ、クワガタムシ
　................................... 273
坪井　敏男
　薬になる草と木424種 75
露木　尚治
　原種デンドロビューム全書 90
つり情報社
　海の魚大図鑑 281
つりトップ編集部
　釣魚・つり方図鑑 286
鶴田　文
　怪物の事典 239

【て】

デイ, トレバー
　ザ・ホエールウォッチング ………… 332
デイヴィーズ, J.N.
　ペンギン大百科 …………………… 324
ディー・エヌ・エー研究所
　バイオテクノロジー用語小事典 …… 12
デイキン, ニック
　マリン アクアリウム ……………… 287
ディクソン, ドゥーガル
　恐竜イラスト百科事典 …………… 232
　原色版 恐竜・絶滅動物図鑑 …… 231
　ディクソンの大恐竜図鑑 ………… 237
テイラー, デイヴィッド
　新アルティメイトブック 犬 ……… 335
テイラー, バーバラ
　絵でみる世界鳥類地図 …………… 322
テイラー, ポール・D.
　化石図鑑 …………………………… 10
　ビジュアル博物館 ………………… 11
テオプラストス
　植物誌 ……………………………… 52
出川 洋介
　カビ図鑑 …………………………… 184
手代木 求
　日本産蝶類幼虫・成虫図鑑 …… 271
デービス, パトリシア
　アロマテラピー事典 ……………… 87
寺島 恒世
　歌ことばの泉 ……………………… 40
寺田 仁志
　日々を彩る一木一草 ……………… 113
寺西 菊雄
　オールド・ローズとつるバラ図鑑674
　　…………………………………… 175
　決定版 バラ図鑑 ………………… 176
　四季咲き木立ちバラ図鑑728 …… 176
寺山 宏
　和漢古典植物考 …………………… 40
寺山 守
　アリハンドブック ………………… 266

【と】

土居内 和夫
　植物イラスト図鑑 ………………… 36
東京山草会
　タネから楽しむ山野草 …………… 140
　野の花・山の花観察図鑑 ……… 104
TOKYO FISHING CLUB
　釣り魚図鑑 ………………………… 287
東郷 吉男
　動植物ことば辞典 ………………… 2
動物愛護管理法令研究会
　動物愛護管理業務必携 ………… 241
どうぶつ出版
　ペット用語事典 犬・猫編 ……… 240
遠山 茂樹
　西洋中世ハーブ事典 ……………… 82
都会のキノコ図鑑刊行委員会
　都会のキノコ図鑑 ………………… 189
時岡 隆
　原色動物大図鑑 …………………… 198
時政 孝行
　かぶとやまの薬草 ………………… 77
時村 宗春
　東シナ海・黄海の魚類誌 ……… 280
徳岡 正三
　中国砂漠・沙地植物図鑑 ……… 59
徳島 康之
　誕生花と幸福の花言葉366日 … 95
徳田 広
　原色新海藻検索図鑑 …………… 183
　図鑑・海藻の生態と藻礁 ……… 183
徳永 桂子
　日本どんぐり大図鑑 ……………… 135
都市緑化技術開発機構
　新・緑空間デザイン植物マニュアル .. 143
戸田 守
　爬虫類と両生類の写真図鑑 …… 303
栃木県なかがわ水遊園
　とちぎの魚図鑑 …………………… 292
栃本 武良
　生物による環境調査事典 ……… 29
DOG FAN編集部
　高齢犬ケア ハンドブック ……… 336

殿塚 孝昌
　ウミウシガイドブック ………… 245
戸部 博
　植物形態の事典 …………………… 45
　トロール図説植物形態学ハンドブック
　　…………………………………… 47
泊 明
　恐竜3D図鑑 ……………………… 235
富岡 康浩
　写真で見る有害生物防除事典 …… 31
冨川 哲夫
　図解 動物観察事典 ……………… 206
富沢 直人
　アクアリウムで楽しむ水草図鑑 … 144
　海水魚大図鑑 …………………… 282
冨塚 登
　微生物工学技術ハンドブック …… 19
富田 京一
　いきもの探検大図鑑 ………………… 2
　海の生き物の飼い方 …………… 222
　最新恐竜大事典 ………………… 237
　魚の雑学事典 …………………… 278
　ザ・爬虫類＆両生類 …………… 302
　スーパーリアル恐竜大図鑑 …… 237
　すべてわかる恐竜大事典 ……… 232
　ダイノキングバトル 恐竜大図鑑 … 237
　ナショナルジオグラフィック恐竜図鑑
　　………………………………… 237
　日本のカメ・トカゲ・ヘビ …… 302
　ホネからわかる！動物ふしぎ大図鑑
　　……………………… 213, 214, 225
富田 幸光
　恐竜 ……………………………… 234
冨田 幸光
　恐竜 ……………………………… 233
　原寸大 恐竜館 …………………… 236
　絶滅哺乳類図鑑 ………………… 239
冨成 忠夫
　日本の野生植物 ………………… 173
富水 明
　可愛いヤモリと暮らす本 ……… 301
冨水 明
　タランチュラの世界 …………… 249
　ミズガメ大百科 ………………… 306
富山 一郎
　原色動物大図鑑 ………………… 198
冨山 稔
　世界の山草・野草ポケット事典 … 70
　世界のワイルドフラワー ………… 58

友国 雅章
　昆虫 ……………………………… 256
　動物の「跡」図鑑 ……………… 209
友田 勇
　ブラッド獣医学大辞典 ………… 210
友永 たろ
　どっちがオス？どっちがメス？ … 207
豊国 秀夫
　植物学ラテン語辞典 ……………… 46
　日本の高山植物 …………………… 63
豊島 聡
　生化学辞典 ………………………… 16
豊田 直之
　釣り魚カラー図鑑 ……………… 287
鳥居 恒夫
　色分け花図鑑 桜草 …………… 150
　春の花 …………………………… 113
鳥居塚 和生
　富士山の植物図鑑 ………………… 63
鳥飼 久裕
　聴き歩きフィールドガイド 奄美 … 212
鳥沢 雅
　新・北のさかなたち …………… 291
鳥羽 通久
　動物のくらし …………………… 209
　爬虫類・両生類 ………………… 303
トレーガー, ジェームズ・C.
　環境と生態 ………………………… 22
トロール, W.
　トロール図説植物形態学ハンドブック
　　…………………………………… 47

【な】

ナイス, ジル
　ハーブ活用百科事典 ……………… 83
内藤 貞夫
　てんとうむし …………………… 265
内藤 登喜夫
　決定版 山野草の育て方＆楽しみ方事典
　　………………………………… 138
　最新版 山野草大百科 …………… 105
　山野草ハンディ事典 ……………… 70
　日本の山野草ポケット事典 ……… 66
内藤 靖彦
　極地の哺乳類・鳥類 …………… 329

内藤 豊
　図解 生物学データブック 8
ナヴィインターナショナル
　ワン・ニャン110番 212
中井 将善
　気をつけよう!毒草100種 49
中池 敏之
　新日本植物誌 53
　日本のシダ植物図鑑 193
　日本のシダ植物図鑑 分布・生態・分類
　　................ 193
長岡 求
　園芸植物 140
　切り花図鑑 90
　デザインのための花合わせ実用図鑑
　　................ 152
　日本花名鑑 152
　野の花・街の花 112
　鉢花ポケット事典 155
　花屋さんの花がわかる本 93
　身のまわりの木の図鑑 129
仲川 晃生
　防除ハンドブック 豆類の病害虫 168
中川 重年
　樹に咲く花 90, 124
　山菜 68
　日本の樹木 132
中川 雄三
　学校のまわりでさがせる生きもの図鑑
　　................ 55
　ひと目でわかる野鳥 314
長坂 拓也
　カラー図鑑 カメ・トカゲ・ヘビ・カエ
　　ルなどの飼い方 301
　ザ・爬虫類＆両生類 302
長沢 栄史
　東北きのこ図鑑 189
　日本の毒きのこ 190
中沢 武
　持ち歩き図鑑 きのこ・毒きのこ 191
中沢 秀章
　世界の犬 339
中嶋 信太郎
　万葉植物事典 43
中島 隆
　園芸植物 140
　最新観葉植物 145
中島 秀雄
　イモムシハンドブック 267

中島 秀喜
　微生物学の歴史 18
中島 真理
　愛犬の健康と病気完全ガイド 334
　犬を選ぶための愛犬図鑑 337
　犬の写真図鑑 337
　犬のベスト・カタログ 337
　必ずみつかる子犬選びの本 337
　最新犬種図鑑 338
　最新犬種スタンダード図鑑 338
　世界の犬 339
　日本と世界の犬のカタログ 340, 341
中瀬 潤
　カゲロウ観察事典 264
長瀬 隆夫
　高尾・陣馬山の蝶 269
永田 和宏
　細胞生物学事典 16
　先端医学キーワード小辞典 17
　分子生物学・免疫学キーワード辞典 17
永田 生慈
　北斎絵事典 32
永田 正
　小動物の処方集 211
永田 敏弘
　色分け花図鑑 花菖蒲 150
　ザ・フクロウ 325
永田 洋
　さくら百科 178
永田 芳男
　秋の野草 67, 108
　高山植物 61
　高山の花 62
　樹木 126, 130
　高山の花 62
　夏の野草 110
　春の野草 113
　山に咲く花 64
　レッドデータプランツ 60
中谷 憲一
　アメンボ観察事典 264
中谷 友紀子
　イングリッシュローズ図鑑 175
　ヒーリング植物バイブル 88
中谷 至伸
　日本原色カメムシ図鑑 265
中西 章
　昆虫ナビずかん 257

長沼 毅
　深海生物大図鑑 ………………… 225
中根 猛彦
　昆虫 ……………………………… 255
長野 敬
　アリストテレスから動物園まで ……… 4
　サイエンスビュー 生物総合資料 …… 8
　サイエンスビュー生物総合資料 …… 8
　先端医学キーワード小辞典 ……… 17
中野 博
　トリマーのためのベーシックハンドブッ
　ク ………………………………… 336
中野 ひろみ
　海辺の生き物 …………………… 223
　子犬の図鑑 ……………………… 338
中野 泰敬
　四季で探す 野鳥ハンドブック …… 319
　野山の鳥 ………………………… 320
中野 理枝
　本州のウミウシ ………………… 248
中坊 徹次
　新さかな大図鑑 ………………… 286
　釣魚検索 ………………………… 286
　釣魚識別図鑑 …………………… 286
　日本産 魚類検索 ……………… 292
　日本産魚類検索 全種の同定 … 289
　日本動物大百科 ………………… 195
　東シナ海・黄海の魚類誌 ……… 280
長神 風二
　進化と遺伝 ……………………… 20
仲村 章
　世界の海水魚 …………………… 286
中村 明巳
　万葉 ……………………………… 43
中村 泉
　北の魚類写真館 ………………… 290
中村 勝弘
　ザ・ディスカス ………………… 298
中村 信一
　植物形態の事典 ………………… 45
　トロール図説植物形態学ハンドブック
　 …………………………………… 47
中村 武久
　樹木図鑑 ………………………… 126
中村 武弘
　食材魚貝大百科 ………………… 295
　水族館で遊ぶ …………………… 205

中村 庸夫
　イルカ、クジラ大図鑑 ………… 332
　クマノミ全種に会いに行く …… 293
　魚の名前 ………………………… 278
　サメの世界 ……………………… 295
　食材魚貝大百科 ……… 279, 280, 295
　水族館ウォッチング …………… 205
　水族館で遊ぶ …………………… 205
　チョウチョウウオ・ガイドブック … 294
　日本の海藻 ……………………… 183
中村 俊彦
　校庭のコケ ……………………… 192
　新 校庭の雑草 ………………… 53
中村 登流
　原色日本野鳥生態図鑑 ………… 308
中村 運
　生化学・分子生物学英和用語集 … 17
　分子生物学辞典 ………………… 17
中村 元
　決定版!!全国水族館ガイド …… 205
　中村元の全国水族館ガイド112 … 205
中村 雅彦
　原色日本野鳥生態図鑑 ………… 308
中村 至伸
　これだけは知っておきたい北アルプス花
　ガイド …………………………… 118
　山麓トレッキング花ガイド …… 102
　花かおる上高地 ………………… 119
　花かおる志賀高原 ……………… 119
　花かおる栂池自然園 …………… 120
仲谷 一宏
　北日本魚類大図鑑 ……………… 290
　サメの世界 ……………………… 295
　世界サメ図鑑 …………………… 295
中安 均
　校庭の生き物ウォッチング …… 24
中山 理
　英文学のための動物植物事典 … 32
　聖書の動物事典 ………………… 203
中山 至大
　日本植物種子図鑑 ………… 47, 56
中山 周平
　野や庭の昆虫 …………………… 263
　花 ………………………………… 91
　ポケット版 学研の図鑑 ……… 3
中山 草司
　完全ガイド 鉢花 ……………… 155
南雲 保
　小林弘珪藻図鑑 ………………… 182

名古屋理科同好会
　愛知の野草 ……………………… 104
夏梅 陸夫
　季語の花 秋 …………………… 40
　季語の花 夏 …………………… 40
　山野草ウォッチング …………… 70
　誕生花事典 ……………………… 95
　花言葉「花図鑑」……………… 96
　もち歩き図鑑 花木ウォッチング … 94
七宮 清
　採りたい食べたいキノコ ……… 189
鍋田 修身
　生物を科学する事典 …………… 5
並河 治
　校庭の花 ………………………… 118
並河 洋
　海の動物百科 …………………… 220
　クラゲガイドブック …………… 246
成沢 哲夫
　釣り魚図典 ……………………… 287
成島 悦雄
　原寸大 どうぶつ館 …………… 198
　ゾウも飼いたいワニも飼いたい … 243
成瀬 宇平
　食と健康に役立つ魚雑学事典 … 280
　47都道府県・地野菜／伝統野菜百科 … 166
難波 恒雄
　世界薬用植物百科事典 ………… 75
　和漢薬百科図鑑 ………………… 80
難波 通孝
　岡山の蝶 ………………………… 268
難波 由城雄
　網をはるクモ観察事典 ………… 250
南米薬用ハーブ普及会
　南米薬用植物ガイドブック …… 76

【に】

新居 綱男
　花かおる剣山 …………………… 120
新潟きのこ同好会
　新潟県のきのこ ………………… 189
新潟県立植物園
　ようこそ緑の夢王国 県立植物園 … 58
新里 達也
　日本産カミキリムシ …………… 265

新野 大
　大阪湾の生きもの図鑑 ………… 223
新美 倫子
　事典人と動物の考古学 ………… 206
西 貞夫
　野菜園芸ハンドブック ………… 167
西海 功
　極地の哺乳類・鳥類 …………… 329
　動物の「跡」図鑑 ……………… 209
西尾 規孝
　長野県産チョウ類動態図鑑 …… 270
西岡 直樹
　定本 インド花綴り …………… 58
西潟 正人
　イカ・タコ識別図鑑 …………… 248
西川 輝昭
　海の動物百科 …………………… 220
西沢 邦昭
　図鑑北の海水魚 ………………… 291
西沢 俊樹
　分子生物学歯科小事典 ………… 17
西田 尚道
　花木・庭木 ……………………… 159
　樹木 見分けのポイント図鑑 … 127
　日本の樹木 ……………………… 132
　春の花 …………………………… 113
　野草 見分けのポイント図鑑 … 107
　山に咲く花 ……………………… 64
西田 美緒子
　こども大図鑑動物 ……………… 198
西原 達次
　分子生物学歯科小事典 ………… 17
西村 和子
　微生物の事典 …………………… 19
西村 三郎
　海岸動物 ………………………… 224
　原色検索 日本海岸動物図鑑 … 224, 213
西村 進
　ポケット版 愛犬図鑑 ………… 340
西本 豊弘
　事典人と動物の考古学 ………… 206
西本 真理子
　岡山県カヤツリグサ科植物図譜 … 171
　岡山県スゲ属植物図譜 ………… 171
西山 徹
　釣り魚カラー図鑑 ……………… 287
21世紀総合研究所
　世界遺産ガイド 生物多様性編 … 29

日外アソシエーツ
　魚介類2.5万名前大辞典 ……………… 278
　魚類レファレンス事典 ………………… 280
　昆虫2.8万名前大辞典 ………………… 252
　昆虫レファレンス事典 ………………… 252
　植物3.2万名前大辞典 ………………… 33
　植物・植物学の本全情報 45-92 ……… 33
　植物レファレンス事典 ………………… 34
　動植物名よみかた辞典 ………………… 2
　動物・動物学の本全情報 45-92 ……… 194
　動物1.4万名前大辞典 ………………… 194
　動物・植物の本 全情報 ………………… 1
　動物・植物の本全情報 ………………… 1
　動物レファレンス事典 ………………… 195
日経バイオテク
　日経バイオテクノロジー最新用語辞典
　　　……………………………………… 12
　日経バイオ年鑑 ………………… 14, 15
　バイオベンチャー大全 ………………… 13
日経BP社バイオセンター
　日経バイオ年鑑 ………………………… 15
日中英用語辞典編集委員会
　日中英対照生物・生化学用語辞典 …… 18
日本アジサイ協会
　アジサイの世界 ………………………… 179
日本育種学会
　植物育種学辞典 ………………………… 49
　新編 育種学用語集 …………………… 49
日本インドアグリーン協会
　観葉植物と熱帯花木図鑑 ……………… 145
日本植木協会
　新樹種ガイドブック …………………… 158
　緑化樹木ガイドブック ………… 133, 134
日本うたことば表現辞典刊行会
　日本うたことば表現辞典 ……………… 203
　日本うたことば表現辞典 植物編 …… 41
日本エネルギー学会
　バイオマスハンドブック ……………… 13
　バイオマス用語事典 …………………… 12
日本園芸生産研究所
　蔬菜の新品種 …………………………… 167
日本おもと協会
　おもと …………………………………… 144
日本おもと業者組合
　おもと …………………………………… 144
日本家屋害虫学会
　家屋害虫事典 …………………………… 277
日本カクタス企画社
　原色サボテン事典 ……………………… 181

日本花粉学会
　花粉学事典 ………………………… 47, 48
日本環境衛生センター
　建築物におけるIPM実践ハンドブック
　　　……………………………………… 32
日本漢字教育振興会
　知っ得 植物のことば語源辞典 ……… 44
　知っ得 動物のことば語源辞典 ……… 204
日本ぎぼうし協会
　ギボウシ図鑑 …………………………… 172
日本光合成研究会
　光合成事典 ……………………………… 48
日本古生物学会
　大むかしの生物 ………………………… 9
　古生物学事典 …………………………… 9
日本細菌学会用語委員会
　英和・和英微生物学用語集 …………… 19
　最新版 英和・和英微生物学用語集 … 19
日本作物学会
　作物学用語事典 ………………………… 161
　新編作物学用語集 ……………………… 161
日本自然保護協会
　昆虫ウォッチング ……………………… 251
　干潟の図鑑 ……………………………… 28
日本シダの会
　日本のシダ植物図鑑 …………………… 193
日本獣医師会
　獣医畜産六法 …………………………… 212
日本食品微生物学会
　食品微生物学辞典 ……………………… 18
日本植物画倶楽部
　日本の帰化植物図譜 …………………… 52
日本植物学会
　学術用語集 ……………………………… 46
　生物教育用語集 ………………………… 5
日本植物工場学会
　ハイテク農業ハンドブック …………… 161
日本植物友の会
　野の花・山の花ウォッチング ………… 101
日本植物病理学会
　植物病理学事典 ………………………… 48
　日本植物病名目録 ……………………… 48
日本植物分類学会
　レッドデータブック …………………… 60
日本植物防疫協会
　生物農薬ガイドブック ………………… 140
日本水産物貿易協会
　商用魚介名ハンドブック ……………… 279

日本水産物輸入協会
　商用魚介名ハンドブック …………… 279
日本生化学会
　英和・和英生化学用語辞典 ………… 17
日本生態学会
　外来種ハンドブック …………………… 28
　生態学事典 ……………………………… 22
日本生物環境調節学会
　生物環境調節ハンドブック …………… 22
日本生物工学会
　生物工学ハンドブック ……………… 13
日本草地学会
　草地学用語辞典 …………………… 72
　草地学用語集 ……………………… 72
日本たばこ産業
　タバコ属植物図鑑 …………………… 168
日本ダリア会
　ダリア百科 …………………………… 172
日本直翅類学会
　バッタ・コオロギ・キリギリス大図鑑 ‥ 265
日本ツバキ協会
　最新日本ツバキ図鑑 ……………… 151
　日本ツバキ・サザンカ名鑑 ………… 172
日本庭園研究会
　庭園・植栽用語辞典 ………………… 157
日本動物学会
　生物教育用語集 ……………………… 5
日本動物細胞工学会
　動物細胞工学ハンドブック ………… 207
日本動物薬事協会
　動物用医薬品用具要覧 ……………… 212
日本土壌肥料学会
　土壌・肥料・植物栄養学用語集 …… 139
日本能率協会総合研究所
　バイオテクノロジー総覧 ……………… 13
日本花菖蒲協会
　世界のアイリス ……………………… 149
日本ハーブ協会連絡協議会
　ハーブベストセレクション150 ……… 86
日本富貴蘭会
　富貴蘭美術銘鑑 ……………………… 174
日本ベゴニア協会
　ベゴニア百科 ………………………… 148
日本放線菌学会
　放線菌図鑑 …………………………… 184
日本放送協会
　NHKはろ〜!あにまる動物大図鑑 …… 326

日本放送出版協会
　里山の昆虫ハンドブック …………… 258
　里山の植物ハンドブック …………… 55
日本哺乳類学会
　レッドデータ 日本の哺乳類 ………… 326
日本野鳥の会自然保護室
　IBA白書 ……………………………… 322
日本雪割草協会
　雪割草 ………………………………… 154
日本緑化工学会
　緑化技術用語事典 …………………… 136
日本緑化センター
　緑化樹木ガイドブック ………… 133, 134
日本林業技術協会
　森林・林業百科事典 ………………… 136
日本林業調査会
　現代森林年表 ………………………… 136
　森林用語辞典 ………………………… 136
　すぐわかる森と木のデータブック …… 136
丹羽 三枝子
　犬との幸せな暮らし方 ……………… 334

【ぬ】

沼田 研児
　日本の両生爬虫類 …………………… 303
沼田 真
　生態の事典 …………………………… 22
　湾岸都市の生態系と自然保護 ……… 31

【ね】

ネイチャーウォッチング研究会
　タカラガイ生きている海の宝石 …… 247
ネイチャープロ編集室
　こども大図鑑動物 …………………… 198
　知識ゼロからの野草図鑑 …………… 105
根本 久
　もっともくわしい植物の病害虫百科 ‥ 142

【の】

農業食品産業技術総合研究機構
　日本飼養標準 肉用牛 330
　日本飼養標準 乳牛 330
農経新聞社
　野菜と果物の品目ガイド 161, 162
農耕と園芸編集部
　野菜栽培技術データ集 166
農山漁村文化協会
　稲作大百科 162
　花卉園芸大百科 146, 147
　学校園おもしろ栽培ハンドブック 139
　原色花卉病害虫百科 147, 148
　原色果樹病害虫百科 169
　原色野菜病害虫百科 167, 168
　茶大百科 169
　農家が教える農薬に頼らない病害虫防除
　　ハンドブック 142
　野菜園芸大百科 .... 163〜166
農商務省山林局
　日本樹木名方言集 123
農村環境整備センター
　田んぼの生きものおもしろ図鑑 26
農村文化社きのこガイドブック編集部
　きのこガイドブック 185
農村文化社きのこ年鑑編集部
　きのこ年鑑 191
農林水産技術会議
　農林水産研究文献解題 49, 207, 11
農林水産省生産局
　獣医畜産六法 212
農林水産省生産局畜産部衛生課
　家畜衛生統計 240
農林水産省大臣官房統計情報部
　生物生息地の保全管理への取組状況調査
　　結果 31
農林水産省畜産局
　獣医畜産六法 212
農林水産省畜産局衛生課
　家畜衛生統計 240
野口 勝可
　除草剤便覧 140
野口 武彦
　古典薬用植物染色図譜 74

野口 玉雄
　学研の大図鑑 危険・有毒生物 226
　中国産有毒魚類および薬用魚類 280
　有毒魚介類携帯図鑑 288
野口 英昭
　静岡県 草と木の方言 44
野沢 洽治
　水生線虫 クロマドラ目 244
野沢 勝
　日本の化石 11
野島 博
　遺伝子工学キーワードブック 20
　先端バイオ用語集 12
能勢 幸雄
　魚の事典 278
野中 俊文
　甲虫 254
野間口 隆
　オックスフォード動物学辞典 206
ノーマン, デビッド
　恐竜事典 234
　ビジュアル博物館 238
野村 恵利子
　イヌ・ネコの実力獣医師広島 210
野村 和子
　オールド・ローズ花図譜 175
　花図鑑 薔薇 176
野村 周平
　完璧版 昆虫の写真図鑑 253
能村 哲郎
　生物学データ大百科事典 5
ノリス, クリス
　図説 哺乳動物百科 325
則元 京
　木材居住環境ハンドブック 124

【は】

バイオインダストリー協会バイオ・テク便覧
　編集グループ
　バイオ・テク便覧 13
俳句あるふぁ編集部
　花の歳時記三百六十五日 42
葉石 猛夫
　木材居住環境ハンドブック 124

ハイネス，ピーター
　バラ図鑑300 ……………………… 177
バウン，デニー
　英国王立園芸協会 ハーブ大百科 …… 82
パーカー，スティーブ
　図説 哺乳動物百科 ……………… 325
　世界サメ図鑑 …………………… 295
　ビジュアル博物館 …… 28, 207, 287, 328
萩尾 エリ子
　ハーブの図鑑 ……………………… 86
萩原 清司
　飼育と観察 ………………………… 3
ハーゲネーダー，フレッド
　木々の恵み ……………………… 124
橋詰 己繁
　花かおる蓼科山・御泉水自然園 …… 120
橋本 篤生
　ハーブの図鑑 ……………………… 86
橋本 郁三
　木の実・山菜事典 ………………… 65
　食べられる野生植物大事典 ……… 66
　採って食べる山菜・木の実 ……… 67
　ポケット 木の実 草の実 ………… 135
　ポケット 山の幸 ………………… 72
橋本 周久
　中国産有毒魚類および薬用魚類 … 280
　有毒魚介類携帯図鑑 …………… 288
橋本 貞夫
　栽培 ……………………………… 141
橋本 光政
　図解 植物観察事典 ……………… 46
　図解 生物観察事典 ……………… 22
バズビー，ジョン
　ペンギン大百科 ………………… 324
長谷川 明
　都会のキノコ図鑑 ……………… 189
長谷川 篤彦
　獣医英和大辞典 ………………… 210
　新獣医英和辞典 ………………… 210
長谷川 哲雄
　木の図鑑 ………………………… 125
　昆虫図鑑 ………………………… 257
　野の花さんぽ図鑑 ……………… 103
長谷川 博
　いきもの探検大図鑑 ……………… 2
長谷川 道明
　甲虫 ……………………………… 254

長谷川 善和
　はじめてのポケット図鑑 恐竜 …… 238
畑井 喜司雄
　新魚病図鑑 ……………………… 285
畠山 陽一
　秋田きのこ図鑑 ………………… 186
畑中 寛
　生化学辞典 ……………………… 16
畑中 喜秋
　植物 ……………………………… 36
波多野 鷹
　ザ・フクロウ …………………… 325
バターフィールド，モイラ
　自然断面図鑑 …………………… 209
BIRDER編集部
　決定版 日本の探鳥地 …… 318, 319
八戸 さとこ
　街の虫とりハンドブック ……… 263
初島 住彦
　野の花めぐり …………………… 112
　屋久島 高地の植物 ……………… 58
八田 洋章
　どんぐりハンドブック ………… 135
　野山の樹木 ……………………… 133
ハットン，ウェンディ
　熱帯アジアの果物 ……………… 170
　熱帯アジアの野菜 ……………… 163
パディアン，ケビン
　恐竜大図鑑 ……………………… 235
ハーディング，ジェニー
　精油・植物油ハンドブック ……… 88
バードライフアジア
　絶滅危惧種・日本の野鳥 ……… 322
バードライフインターナショナル
　世界鳥類事典 …………………… 307
　世界鳥類大図鑑 ………………… 309
花追い人
　デジカメで綴る花の歳時記 …… 110
花新聞ほっかいどう編集室
　北で育てる魅力の花 …………… 149
花田 知恵
　ビジュアル動物大図鑑 ………… 201
花田 信弘
　分子生物学歯科小事典 …………… 17
花と植物の雑学研究会
　ドリル式 花図鑑 ………………… 152

花と緑の研究所
　押し花花図鑑 ……………………… 98
　押し花野草図鑑 …………………… 98
埴 沙萠
　図書館探検シリーズ ……………… 33
バーニー, デヴィッド
　樹木図鑑 …………………………… 126
　図説 哺乳動物百科 ………………… 325
　ビジュアル博物館 ………… 38, 128, 314
羽根田 治
　野外毒本 …………………………… 22
羽田 節子
　いきもの探検大図鑑 ……………… 2
馬場 篤
　万葉植物事典 ……………………… 43
　薬草500種 ………………………… 76
馬場 多久男
　花実でわかる樹木 ………………… 124
馬場 嘉信
　ナノバイオ用語事典 ……………… 12
ハーブハーモニーガーデン
　ハーブ図鑑 ………………………… 86
　ハーブの育て方・楽しみ方大図鑑 … 86
波部 忠重
　世界海産貝類大図鑑 ……………… 246
浜 栄助
　原色日本のスミレ ………………… 180
浜井 美弥
　サルの百科 ………………………… 344
浜口 哲一
　野鳥 ………………………………… 315
浜田 隆士
　きょうりゅうとおおむかしのいきもの
　　……………………………………… 235
　恐竜の図鑑 ………………………… 235
浜田 豊
　最新の切り花 ……………………… 151
　花ことばハンドブック …………… 96
　花の名前 …………………………… 89
　ひと目でわかる花の名前辞典 …… 94
濱田 豊
　花ハンドブック …………………… 93
浜野 栄次
　カブトムシとクワガタ …………… 274
濱野 周泰
　大人の園芸 ………………………… 158
　原寸図鑑 葉っぱでおぼえる樹木 … 125

浜屋 悦次
　応用植物病理学用語集 …………… 48
浜谷 稔夫
　木の写真図鑑 ……………………… 125
ハモンド, ポーラ
　おかしな生きものミニ・モンスター … 197
早川 満生
　山野草の名前と育て方 …………… 65
早崎 博之
　生物を科学する事典 ……………… 5
　日常の生物事典 …………………… 1
林 角郎
　はじめての花作り ………………… 149
林 寿郎
　動物 ………………………………… 201
林 真一郎
　精油・植物油ハンドブック ……… 88
　ハーブ活用百科事典 ……………… 83
　ハーブハンドブック ……………… 83
　メディカルハーブ安全性ハンドブック
　　……………………………………… 84
　メディカルハーブの事典 ………… 83
林 長閑
　かまきり …………………………… 264
林 正男
　細胞生物学辞典 …………………… 16
林 将之
　紅葉ハンドブック ………………… 131
　昆虫の食草・食樹ハンドブック … 252
　シダ ハンドブック ……………… 192
　樹皮ハンドブック ………………… 124
　葉っぱで調べる身近な樹木図鑑 … 128
　葉で見わける樹木 ………………… 128
　冬芽ハンドブック ………………… 128
林 公義
　ハゼガイドブック ………………… 294
林 弥栄
　樹木 見分けのポイント図鑑 …… 127
　日本の樹木 ………………………… 132
　日本の野草 ………………………… 106
　野草 見分けのポイント図鑑 …… 107
林 芳人
　中央アルプス駒ヶ岳の高山植物 … 62
　花かおる西駒ヶ岳 ………………… 120
林 良博
　絶滅危機動物図鑑 ………………… 230
早山 明彦
　生物を科学する事典 ……………… 5

原 寛
　日本の野生植物 ……………………… 173
原 まゆみ
　自然断面図鑑 ………………………… 209
原島 広至
　生薬単 …………………………………… 80
原田 禹雄
　訳注 質問本草 ………………………… 82
原田 宏
　図解 生物学データブック ……………… 8
原田 浩
　校庭のコケ …………………………… 192
ハリソン, コリン
　鳥の写真図鑑 完璧版 ………………… 311
ハリデイ, ティム
　爬虫類と両生類の写真図鑑 ………… 303
バルセロ, ジャン
　北シベリア鳥類図鑑 ………………… 321
ハレ, ロム
　行動生物学・動物学習辞典 ………… 208
バレット, ポール
　恐竜大図鑑 …………………………… 235
パンク町田
　世界猛禽カタログ …………………… 323
番場 瑠美子
　花と実の図鑑 ………………………… 38

【ひ】

疋田 努
　両生類・はちゅう類 ………………… 304
樋口 あや子
　ハーブ事典 ……………………………… 83
樋口 春三
　なんでもわかる花と緑の事典 ………… 33
樋口 広芳
　鳥類学辞典 …………………………… 317
　日本動物大百科 ………………… 194, 195
樋口 康夫
　花を愉しむ事典 ………………………… 97
樋口 幸男
　飼育と観察 ……………………………… 3
ヒサ クニヒコ
　ヒサクニヒコの恐竜図鑑 …………… 238

久志 博信
　決定版 山野草の育て方＆楽しみ方事典
　　　　　　　　　　　　　　　…… 138
　最新版 山野草大百科 ………………… 105
　「山野草の名前」1000がよくわかる図
　鑑 ……………………………………… 102
　山野草ハンディ事典 …………………… 70
　日本の山野草ポケット事典 …………… 66
　ポケット 山野草 ……………………… 72
ピーシーズ
　カブト・クワガタ・ハナムグリ300種図
　鑑 ……………………………………… 273
　熱帯魚 ………………………………… 299
　熱帯魚・水草 ………………………… 299
菱田 嘉一
　世界海産貝類コレクション大図鑑 … 246
菱山 忠三郎
　里山・山地の身近な山野草 …………… 68
　山野草 …………………………………… 70
　樹木 …………………………………… 126
　樹木の冬芽図鑑 ……………………… 127
　樹木 見分けのポイント図鑑 ………… 127
　高尾山 花と木の図鑑 ………………… 56
　日本の野草 …………………………… 106
　花と実の図鑑 …………………………… 38
　春の花 ………………………………… 113
　ポケット判 日本の山野草 …………… 72
　ポケット判 身近な樹木 ……………… 129
　街の樹木観察図鑑 …………………… 133
　身近な樹木 …………………………… 129
　身近な野草・雑草 ……………………… 74
　持ち歩き図鑑 身近な樹木 …………… 129
　持ち歩き図鑑 身近な野草・雑草 ……… 74
　野草 見分けのポイント図鑑 ………… 107
　山に咲く花 ……………………………… 64
　ワイド図鑑身近な樹木 ……………… 130
日高 敏隆
　生き物の飼育 ………………………… 243
　日本動物大百科 ……………………… 195
ピーターズ, デイビッド
　ふしぎ動物大図鑑 …………………… 202
ピッキオ
　花のおもしろフィールド図鑑 … 112, 113
　虫のおもしろ私生活 ………………… 261
ヒックマン, マイケル
　現代生物科学辞典 ……………………… 4
肥土 邦彦
　園芸植物 ……………………………… 150
日野 東
　山菜ハンドブック ……………………… 69

日本の野草・雑草 ………………… 71
ビバマンボ
　動く!深海生物図鑑 ……………… 221
be文庫編集部
　Dogsかわいいでしょ! …………… 339
ビュフォン, ジョルジュ・ルイ・ルクレール
　ビュフォンの博物誌 ……………… 23
平井　一男
　防除ハンドブック 豆類の病害虫 …… 168
平井　信二
　木の大百科 ………………………… 122
平井　博
　飼育と観察 ………………………… 243
　ポケット版 学研の図鑑 …………… 3
平尾　博
　サボテン・多肉植物ポケット辞典 … 181
平岡　誠
　イングリッシュローズ図鑑 ……… 175
開　誠
　高尾山の野草313種 ……………… 119
　街へ野山へ楽しい木めぐり ……… 129
平城　好明
　フラワーバイヤーズブック ……… 154
平嶋　義宏
　原色昆虫大図鑑 …………………… 254
　生物学名辞典 ……………………… 5
　生物学名命名法辞典 ……………… 5
　蝶の学名 …………………………… 267
平田　しおり
　えひめ愛南お魚図鑑 ……………… 289
平田　信
　花 …………………………………… 92
平田　智法
　えひめ愛南お魚図鑑 ……………… 289
平田　幸彦
　インテリア観葉植物 ……………… 143
　12か月楽しむ花づくり …………… 149
平田　喜信
　和歌植物表現辞典 ………………… 40
平野　隆久
　学校のまわりでさがせる植物図鑑
　　………………… 108, 109, 131
　里山の植物ハンドブック ………… 55
　山菜ハンドブック ………………… 69
　知識ゼロからの野草図鑑 ………… 105
　日本の野草・雑草 ………………… 71
　野の植物誌 ………………………… 57
　花の顔 ……………………………… 92

薬草 …………………………… 76, 78
野草の花図鑑 ……………………… 115
平野　伸明
　身近な鳥の図鑑 …………………… 320
平野　めぐみ
　野生動物観察事典 ………………… 208
平畑　政幸
　図解 植物観察事典 ……………… 46
平松　良夫
　聖書動物事典 ……………………… 203
平山　大
　生物を科学する事典 ……………… 5
平山　廉
　恐竜キャラクター大百科 ………… 234
ヒル, L.R.
　コーワン微生物分類学事典 ……… 18
蛭川　憲男
　上高地の自然図鑑 ………………… 25
広川　信隆
　分子細胞生物学辞典 ……………… 16
広川　秀夫
　バイオのことば小辞典 …………… 6
広崎　芳次
　さかな食材絵事典 ………………… 284
広沢　毅
　冬芽ハンドブック ………………… 128
広瀬　敬代
　オーストラリアの花100 ………… 122
広瀬　良宏
　北海道のトンボ図鑑 ……………… 272
広田　伸七
　日本帰化植物写真図鑑 …………… 52
　牧草・毒草・雑草図鑑 …………… 73
　ミニ雑草図鑑 ……………………… 74
広田　哲也
　原種カトレヤ全書 ………………… 151
　原種デンドロビューム全書 ……… 90
広部　千恵子
　イスラエル花図鑑 ………………… 122
　新聖書植物図鑑 …………………… 44
ピンナ, ジョヴァンニ
　図解 世界の化石大百科 ………… 10

【ふ】

ファイブアデイ協会
　野菜＆果物図鑑 ………………… 162
ファーマー＝ノウルズ, ヘレン
　ヒーリング植物バイブル ………… 88
フェッラーリ, アントネッラ
　サメガイドブック ……………… 295
フェッラーリ, アンドレア
　サメガイドブック ……………… 295
フォーグル, ブルース
　犬の家庭医学大百科 …………… 334
　犬種大図鑑 ……………………… 338
　新犬種大図鑑 …………………… 338
　新猫種大図鑑 …………………… 343
　猫種大図鑑 ……………………… 344
　フォーグル博士のCATS ……… 344
　フォーグル博士のDOGS ……… 340
フォーリー, キャロライン
　ハーブ活用百科事典 ……………… 83
吹春　俊光
　おいしいきのこ毒きのこ ……… 184
　見つけて楽しむきのこワンダーランド
　　……………………………………… 191
福井　希一
　キャンパスに咲く花 ……… 116, 117
福井　正二郎
　紀州・熊野採集日本魚類図譜 ……… 283
福井　俊郎
　酵素ハンドブック ………………… 18
福島　誠一
　花の名前と育て方大事典 ……… 148
福田　邦夫
　花の色図鑑 ………………………… 92
福田　健二
　花の大百科事典 …………………… 89
福田　達朗
　オーストラリアの花100 ……… 122
福田　輝彦
　昆虫の図鑑採集と標本の作り方 … 257
福田　豊文
　いぬ・ねこ ……………………… 329
　子犬の図鑑 ……………………… 338
　ねこあつまれ …………………… 343

福田　晴夫
　アジア産蝶類生活史図鑑 ……… 267
　昆虫の図鑑採集と標本の作り方 … 257
福田　博道
　犬名辞典 ………………………… 335
福田　泰二
　日本の消えゆく植物たち ………… 59
福田　芳生
　なんでもわかる恐竜百科 ……… 237
福武　忍
　ペンギン図鑑 …………………… 324
復本　一郎
　俳句の魚菜図鑑 ………………… 203
　俳句の鳥・虫図鑑 ……………… 203
　俳句の花図鑑 ……………………… 43
福本　匡志
　見つけよう信州の昆虫たち …… 263
福山　欣司
　爬虫類・両生類 ………………… 303
福山　英也
　犬種大図鑑 ……………………… 338
　新アルティメイトブック 犬 …… 335
　新犬種大図鑑 …………………… 338
　世界の愛犬カタログ131種 …… 340
　世界の犬図鑑 …………………… 339
　デズモンド・モリスの犬種事典 … 335
　トリマーのためのベーシックハンドブック
　　……………………………………… 336
　フォーグル博士のDOGS ……… 340
藤　広治
　原種デンドロビューム全書 ……… 90
藤井　猛
　白馬植物手帳 ……………………… 61
　花かおる八方尾根 ……………… 120
藤井　康文
　きょうりゅう …………………… 233
フジェール, バーバラ
　ペットの自然療法事典 ………… 240
藤岡　知夫
　日本産蝶類及び世界近縁種大図鑑 … 270
　日本産蝶類大図鑑 ……………… 271
藤川　清
　カラー熱帯魚淡水魚百科 ……… 297
藤川　良子
　DNAキーワード小事典 ………… 21
藤木　利之
　琉球列島産植物花粉図鑑 ………… 48

著編者名索引　ふりに

藤倉 克則
　潜水調査船が観た深海生物 ………… 221
藤沢 弘介
　オックスフォード動物学辞典 ……… 206
藤田 和生
　里の花 ……………………………… 102
　自然発見ガイド 野鳥 ……………… 309
　野山の鳥観察ガイド ……………… 314
藤田 智
　野菜づくり大図鑑 ………………… 167
藤田 千枝
　実物大 恐竜図鑑 ………………… 237
藤田 敏彦
　海の動物百科 ……………………… 220
藤田 弘基
　グレート・ヒマラヤ花図巻 ……… 122
冨士田 裕子
　北海道の湿原と植物 ……………… 51
藤巻 宏
　地域生物資源活用大事典 ………… 161
藤丸 篤夫
　アゲハチョウ観察事典 …………… 267
　オトシブミ観察事典 ……………… 264
　昆虫図鑑 いろんな場所の虫さがし …. 257
　自然の観察事典 …………………… 266
　ミツバチ観察事典 ………………… 267
伏見 譲
　タンパク質の事典 ………………… 17
藤村 達人
　植物ゲノム科学辞典 ……………… 49
藤本 時男
　聖書植物大事典 …………………… 44
　聖書動物大事典 …………………… 203
藤本 義昭
　図解 植物観察事典 ………………… 46
藤森 隆郎
　森林の百科事典 …………………… 136
藤原 幸一
　ペンギンガイドブック …………… 324
藤原 俊六郎
　土壌肥料用語事典 ………………… 139
藤原 尚太郎
　人気の子犬図鑑・飼い方遊び方 …… 339
　よくわかる犬種図鑑ベスト185 …… 340
藤原 陸夫
　日本植生便覧 ……………………… 53
布施 正直
　花色別 野の花・山の花図鑑 ……… 104

二上 政夫
　図解 世界の化石大百科 …………… 10
舟木 秋子
　ゾルンホーフェン化石図譜 ……… 11
舟木 嘉浩
　恐竜 ………………………………… 233
　ゾルンホーフェン化石図譜 ……… 11
船越 亮二
　わが家で育てる果樹＆ベリー100 …… 170
麓 次郎
　季節の花事典 ……………………… 97
　四季の花事典 ……………………… 107
布山 喜章
　遺伝学用語辞典 …………………… 20
　プロフェッショナル英和辞典 SPED EOS
　生命科学編 ………………………… 7
ブライアン, キム
　こども大図鑑動物 ………………… 198
ブライアント, ジェフ
　世界の食用植物文化図鑑 ………… 162
ブライス, シャーリー
　アロマセラピーとマッサージのための
　キャリアオイル事典 ……………… 87
ブライス, レン
　アロマセラピーとマッサージのための
　キャリアオイル事典 ……………… 87
ブライトリング, ジェフ
　ビジュアル博物館 ………………… 345
フラグマン, オーリー
　イスラエル花図鑑 ………………… 122
フラッティーニ, ステファーヌ
　猫の事典 …………………………… 342
ブランショ, フィリップ
　クローズアップ虫の肖像 ………… 253
フランス, ピーター
　聖書動物事典 ……………………… 203
ブリッグス, デリック・E.G.
　バージェス頁岩 化石図譜 ………… 11
フリックヒンガー, カール・アルベルト
　ゾルンホーフェン化石図譜 ……… 11
ブリッケル, クリストファー
　A—Z園芸植物百科事典 …………… 138
　すべての園芸家のための花と植物百科
　　……………………………………… 139
プリニウス
　プリニウス博物誌 ………… 33, 76

動植物・ペット・園芸 レファレンスブック　433

降幡 高志#
　生物を科学する事典 ……………………… 5
フリーマン、マーガレット・B.
　西洋中世ハーブ事典 …………………… 82
ブルーガイド編集部
　全国 ペットと泊まれる宿 ……………… 240
古木 達郎
　校庭のコケ ……………………………… 192
古田 陽久
　世界遺産ガイド 生物多様性編 ………… 29
古田 真美
　世界遺産ガイド 生物多様性編 ………… 29
古見 きゅう
　南紀串本 海の生き物ウォッチングガイ
　ド ………………………………………… 221
古谷 沙梨
　犬の大百科 ……………………………… 335
　新!世界の犬種図鑑 ……………………… 338
　世界の犬種図鑑 ………………………… 339
フルールフルール
　花言葉・花事典 ………………………… 96
ブレイス、アンドルー・H.
　犬の大百科 ……………………………… 335
プレストン=マフハム、ケン
　世界チョウ図鑑500種 ………………… 268
ブレット=サーマン、マイケル・K.
　ナショナルジオグラフィック恐竜図鑑
　…………………………………………… 237
ブレムネス、レスリー
　ハーブ事典 ……………………………… 83
　ハーブの写真図鑑 ……………………… 86
　ハーブハンドブック …………………… 83
プロジェクト「たねとり物語」
　にっぽんたねとりハンドブック ……… 167
文化出版局
　花屋さんの四季の花 …………………… 113

【へ】

ヘイウッド、V.H.
　花の大百科事典 ………………………… 89
平凡社
　カラー植物百科 ………………………… 34
　魚貝もの知り事典 ……………………… 278
　草花もの知り事典 ……………………… 101
　樹木もの知り事典 ……………………… 123

ベイリー、ジル
　進化と遺伝 ……………………………… 20
　動物と植物 ……………………………… 1
ヘインズ、ティム
　よみがえる恐竜・古生物 ……………… 231
ベカエール 直美
　ビュフォンの博物誌 …………………… 23
ベケット、ケネス・A.
　庭木図鑑450 …………………………… 159
ベック、レイモンド・W.
　微生物学の歴史 ………………………… 18
ペット六法編集委員会
　ペット六法 ……………………………… 242
ペリー、ガレン・P.
　DNAキーワード小事典 ………………… 21
ペリンズ、クリストファー・M.
　世界鳥類事典 …………………………… 307
ヘルヴィッヒ、ロブ
　世界の花と木2850 …………………… 151
ベルゲン、デヴィッド
　実物大 恐竜図鑑 ……………………… 237
ペンギン会議
　ペンギン大百科 ………………………… 324
ヘンディー、ジェニー
　庭づくり百花事典 ……………………… 156
ベントン、マイケル・J.
　生物の進化大図鑑 ……………………… 9
逸見 旺潮
　いけばな花材辞典 ……………………… 99
ヘンリー、マーク
　完璧版 猫の写真図鑑CATS ………… 343

【ほ】

北条 雅章
　野菜の上手な育て方大事典 …………… 166
坊農 秀雅
　バイオインフォマティクス …………… 21
ボウン、デニ
　ガーデン・ハーブ図鑑 ………………… 84
保坂 健太郎
　きのこのほん …………………………… 188
星 克巳
　カメレオン ……………………………… 301

星 元紀
　生化学辞典 ……………………………… 16
星野 さとる
　錦鯉問答 ………………………………… 296
星野 卓二
　岡山県カヤツリグサ科植物図譜 ……… 171
　岡山県スゲ属植物図譜 ………………… 171
星野 登志子
　ハーブの花図譜 ………………………… 86
ホスキング, エリック
　聖書動物事典 …………………………… 203
ホスキング, デイヴィッド
　聖書動物事典 …………………………… 203
ボースマ, P.ディー
　ペンギン大百科 ………………………… 324
細谷 和海
　日本の淡水魚 …………………………… 293
細矢 剛
　カビ図鑑 ………………………………… 184
ホーソン, リンデン
　バラ図鑑300 …………………………… 177
北海道新聞社
　北海道の野鳥 …………………………… 320
北海道大学CoSTEPサイエンスライターズ
　シンカのかたち 進化で読み解くふしぎ
　　な生き物 ……………………………… 9
ボックス・ストーリー
　かわいい猫の図鑑 ……………………… 343
堀田 明
　野山の鳥 ………………………………… 320
　水辺の鳥 ………………………………… 321
　野鳥 ………………………………… 315, 316
堀田 正敦
　江戸鳥類大図鑑 ………………………… 319
ホッブス, クリストファー
　メディカルハーブ安全性ハンドブック
　　 …………………………………………… 84
ぽにーてーる
　クワガタ＆カブト 甲虫ランキング大百
　　科 ……………………………………… 272
　昆虫キャラクター大百科 ……………… 272
堀 繁久
　沖縄昆虫野外観察図鑑 ………………… 262
堀 志保美
　写真と資料が語る総覧・日本の巨樹イ
　　チョウ ………………………………… 131
堀 知佐子
　47都道府県・地野菜／伝統野菜百科 ‥ 166

堀 輝三
　写真と資料が語る総覧・日本の巨樹イ
　　チョウ ………………………………… 131
堀 勝
　原色日本植物図鑑 ……………………… 34
堀内 一博
　富貴蘭 …………………………………… 174
堀内 克明
　プロフェッショナル英和辞典 SPED EOS
　　生命科学編 …………………………… 7
堀江 博道
　花と緑の病害図鑑 ……………………… 142
　花の病害虫 ……………………………… 150
堀上 英紀
　アメーバ図鑑 …………………………… 244
堀川 博史
　東シナ海・黄海の魚類誌 ……………… 280
堀越 禎一
　庭木・街の木 …………………………… 159
ホワイト, ジョン
　樹木 ……………………………………… 123
本郷 次雄
　石川のきのこ図鑑 ……………………… 186
　愛媛のキノコ図鑑 ……………………… 186
　カラー版 きのこ図鑑 ………………… 187
　きのこ …………………………………… 187
　九州で見られるきのこ ………………… 188
　日本のきのこ …………………………… 189
本多 成正
　はじめてのポケット図鑑 恐竜 ……… 238
本田 正次
　野草 ……………………………………… 107
本間 昭郎
　活魚大全 ………………………………… 281
本間 研一
　時間生物学事典 ………………………… 5
本間 三郎
　学研生物図鑑 …………………………… 253
本間 敏弘
　釣り魚カラー図鑑 ……………………… 287
本間 保男
　植物病害虫の事典 ……………………… 142
　植物保護の事典 …………………… 48, 59

【ま】

マウント, デービッド W.
　バイオインフォマティクス ………… 21
前川 誠郎
　新百花譜百選 ………………………… 91
前川 貴行
　原寸大 どうぶつ館 ………………… 198
前川 二太郎
　世界きのこ図鑑 …………………… 189
前川 文夫
　日本野生植物図鑑 ………………… 57
前園 泰徳
　昆虫 ………………………………… 257
　千葉いきもの図鑑 ………………… 26
前田 栄作
　花 …………………………………… 92
前田 喜四雄
　日本の哺乳類 ……………………… 327
前田 圭司
　新・北のさかなたち ……………… 291
前田 信二
　尾瀬の自然図鑑 …………………… 25
　筑波山の自然図鑑 ………………… 26
前田 憲男
　声が聞こえる!カエルハンドブック … 304
　日本の両生爬虫類 ………………… 303
　両生類・はちゅう類 ……………… 304
前田 英勝
　微生物工学技術ハンドブック …… 19
前田 米太郎
　図解 植物観察事典 ………………… 46
　図解 生物観察事典 ………………… 22
前野 義博
　オールド・ローズとつるバラ図鑑674
　　……………………………………… 175
　決定版 バラ図鑑 …………………… 176
　四季咲き木立ちバラ図鑑728 …… 176
真木 広造
　日本の野鳥590 …………………… 313
真木 芳助
　芝草管理用語辞典 ………………… 160
牧野 富太郎
　原色牧野植物大図鑑 ……………… 35
　原色牧野日本植物図鑑 …………… 35

新牧野日本植物図鑑 ……………… 37
牧野 晩成
　野山の植物 ………………………… 37
牧林 功
　日本の蝶 …………………………… 271
真木真昼県立自然公園を美しくする会
　花かおる和賀岳・真昼岳 ………… 121
マクガヴァン, ジョージ・C.
　完璧版 昆虫の写真図鑑 …………… 253
　絶滅危機動物図鑑 ………………… 230
マクガフィン, マイケル
　メディカルハーブ安全性ハンドブック
　　……………………………………… 84
マクギー, カレン
　ビジュアル動物大図鑑 …………… 201
マクドナルド, デイビッド
　動物と植物 ………………………… 1
マクドナルド, マリー・A.
　愛しのレイ ………………………… 98
マクファーランド, デイヴィド
　オックスフォード動物行動学事典 … 206
マグローヒル・バイオサイエンス用語辞典編
集委員会
　マグローヒル バイオサイエンス用語
　辞典 ……………………………… 6
正木 智美
　岡山県カヤツリグサ科植物図譜 … 171
　岡山県スゲ属植物図譜 …………… 171
間正 理恵
　サメも飼いたいイカも飼いたい … 216
増井 光子
　いきもの探検大図鑑 ……………… 2
増田 修
　日本産淡水貝類図鑑 ……………… 247
増田 和夫
　自分で採れる薬になる植物図鑑 … 88
益田 一
　海水魚 ……………………………… 289
　海洋生物ガイドブック …………… 224
　日本産魚類生態大図鑑 …………… 292
桝田 長
　日本原色虫えい図鑑 ……………… 265
増田 稔
　木材居住環境ハンドブック ……… 124
増永 元
　爬虫類と両生類の写真図鑑 ……… 303

益村 聖
　絵合わせ 九州の花図鑑 ················ 116
　原色 九州の花・実図譜 ·········· 117, 118
増村 征夫
　ハイキングで出会う花ポケット図鑑 ·· 104
　ひと目で見分ける250種 高山植物ポケット図鑑 ···························· 63
増山 洋子
　押し花花図鑑 ························· 98
　押し花野草図鑑 ······················· 98
マチソン, クリス
　世界カエル図鑑300種 ················ 305
町田 竜一郎
　昆虫 ································· 256
マーチン, ラウル
　恐竜大図鑑 ··························· 235
松井 淳
　オーストラリアケアンズ生き物図鑑 ·· 214
松井 進
　盲導犬ハンドブック ·················· 341
松井 孝爾
　昆虫・両生類・爬虫類 ················ 199
松井 宏光
　愛媛の薬用植物図鑑 ··················· 76
松井 正文
　カエル・サンショウウオ・イモリのオタマジャクシハンドブック ··········· 305
　世界カエル図鑑300種 ················ 305
　地球のカエル大集合!世界と日本のカエル大図鑑 ························· 305
　動物世界遺産 レッド・データ・アニマルズ ································· 228
　両生類・はちゅう類 ·················· 304
松浦 啓一
　海の動物百科 ························ 281
　魚(さかな) ·························· 284
松尾 公則
　長崎県の両生・爬虫類 ················ 302
松岡 敬二
　大昔の動物 ·························· 231
松岡 達英
　昆虫ナビずかん ······················ 257
　熱帯探険図鑑 ························ 214
　マンモス探検図鑑 ···················· 239
松岡 真澄
　植物 ································· 36
　野の花フィールド日記 ················ 104

松香 宏隆
　蝶 ··································· 269
　トリバネチョウ生態図鑑 ·············· 270
マッキュイティ, ミランダ
　ビジュアル博物館 ···················· 295
マッキンタイア, アン
　フラワー療法事典 ····················· 97
松久保 晃作
　海辺の生物 ·························· 223
松倉 一夫
　樹木観察ハンドブック ················ 126
マッケイ, ジョージ
　ビジュアル動物大図鑑 ················ 201
松沢 陽士
　海辺で拾える貝ハンドブック ·········· 245
　原寸大すいぞく館 ···················· 216
　魚(さかな) ·························· 284
　日本の海水魚466 ····················· 292
　日本の外来魚ガイド ·················· 292
　よくわかる熱帯魚＆水草の育て方・楽しみ方 ······························· 297
松下 高弘
　庭木専科 ···························· 159
松下 まり子
　花粉分析と考古学 ····················· 48
松園 純
　ヤドクガエル ························ 305
松田 修
　古典植物辞典 ························· 39
松田 征也
　日本産淡水貝類図鑑 ·················· 247
松田 道生
　日本の野鳥図鑑 ······················ 313
　日本野鳥大鑑 ························ 313
　野鳥をよむ ·························· 306
　野鳥観察図鑑 ························ 316
松田 岑夫
　フラワーバイヤーズブック ············ 154
松橋 利光
　イモリ・サンショウウオの仲間 ······· 301
　ザ・爬虫類＆両生類 ·················· 302
　日本のカエル＋サンショウウオ類 ····· 305
　日本のカメ・トカゲ・ヘビ ············ 302
　ヘビ ································ 305
　ほんとのおおきさ水族館 ·············· 217
　リクガメ ···························· 306
　両生類・はちゅう類 ·················· 304

松原 巌樹
　かんさつしようこん虫のへんしん 253
　昆虫ナビずかん 257
　さかなと水のいきもの 216
　庭と温室と海岸の花 91
　花のつくりとしくみ観察図鑑 92, 93
　身近な昆虫 261
　身近な野草とキノコ 94
　陸と水の動物 202

松原 剛
　原種デンドロビューム全書 90

松村 秀一
　サルの百科 344

松本 克臣
　蝶 269
　チョウ・ガ 270

松本 忠夫
　図解 生物学データブック 8
　生態学事典 22

松本 正雄
　園芸事典 138

松本 真奈美
　歌ことばの泉 40

松本 嘉幸
　アブラムシ入門図鑑 263
　校庭のクモ・ダニ・アブラムシ 249

松山 史郎
　アサガオ観察事典 180
　チューリップ観察事典 171
　鳴く虫観察事典 259
　ヘチマ観察事典 171

マティソン, クリス
　ヘビ大図鑑 305

マーティン, アンソニー・R.
　クジラ・イルカ大図鑑 333

真鍋 真
　恐竜 233, 234
　実物大 恐竜図鑑 237
　ポケット版 学研の図鑑 238

真室 哲也
　くさばな 102

真柳 誠
　中国本草図録 81, 82

真山 茂樹
　小林弘珪藻図鑑 182

丸 武志
　世界鳥類大図鑑 309
　世界「鳥の卵」図鑑 317

丸子 あゆみ
　愛しのレイ 98

丸野内 棣
　現代用語百科 11
　バイオのことば小辞典 6

マルハアジア事業部
　中国貿易魚介図鑑 286

丸山 和夫
　医学・生物学研究のためのウェブサイト
　　厳選700 7
　ウェブサイト厳選2500 7

丸山 潔
　長野県産チョウ類動態図鑑 270
　見つけよう信州の昆虫たち 263

丸山 健一郎
　ひっつきむしの図鑑 106

丸山 正
　潜水調査船が観た深海生物 221

丸山 尚敏
　山菜 68

丸山 博紀
　原色川虫図鑑 276

マレー, コリン
　アジサイ図鑑 179

馬渡 峻輔
　海の動物百科 220

【み】

三浦 慎悟
　動物 327
　日本の哺乳類 327

三浦 知之
　干潟の生きもの図鑑 217

御影 雅幸
　薬草 76

三上 栄一
　微生物工学技術ハンドブック 19

三上 常夫
　新しい植木事典 157
　鑑定図鑑日本の樹木 131
　記念樹 157
　日本のアジサイ図鑑 179

三上 昇
　カメのすべて 306

三上 日出夫
　北海道の植物 ……………………… 115
　北海道の野の花 …………………… 115
三木 卓
　日本の昆虫 ………………………… 260
御子柴 克彦
　分子細胞生物学辞典 ……………… 16
ミコプロジェクト
　アロマテラピーと癒しのお店ガイド
　　……………………………………… 87
身崎 寿
　和歌植物表現辞典 ………………… 40
水口 哲二
　昆虫 ………………………………… 256
水島 敏博
　新・北のさかなたち ……………… 291
水島 大樹
　完璧版 昆虫の写真図鑑 ………… 253
水田 光雄
　日本帰化植物写真図鑑 …………… 52
水谷 高英
　鳥のくちばし図鑑 ………………… 317
水谷 尚義
　海水魚大図鑑 ……………………… 282
　世界の海水魚カタログ380 ……… 289
　世界の熱帯魚・水草カタログ275 … 301
　はじめての海水魚 ………………… 296
水野 丈夫
　ビジュアルワイド 図説生物 ……… 8
水野 猛
　遺伝子 ……………………………… 21
水野 寿彦
　日本淡水動物プランクトン検索図説
　　……………………………………… 220
水野 仲彦
　山菜・木の実 ………………… 68, 69
水野 信彦
　川と湖の魚 ………………………… 290
　日本の淡水魚 ……………………… 293
水野 瑞夫
　身近な薬草百科 …………………… 78
溝部 鈴
　進化と遺伝 ………………………… 20
光岡 祐彦
　暮らしを支える植物の事典 ……… 45
水越 秀宏
　爬虫類・両生類200種図鑑 ……… 303

満田 新一郎
　野菜・果物 ………………………… 162
三橋 淳
　昆虫学大事典 ……………………… 251
三橋 博
　最新 花サボテンカタログ ……… 181
光山 正雄
　臨床微生物学ハンドブック ……… 20
緑のある暮らし普及会
　ハーブ・香草の楽しみ方 ………… 84
水口 博也
　イルカ・ウォッチングガイドブック … 332
　ガラパゴス大百科 ………………… 23
　クジラ・イルカ大百科 …………… 333
皆越 ようせい
　土の中の小さな生き物ハンドブック … 214
湊 和雄
　沖縄昆虫野外観察図鑑 …………… 262
湊 秋作
　田んぼの生きものおもしろ図鑑 … 26
南 孝彦
　まちかど花ずかん ………………… 114
南谷 忠志
　日本植物種子図鑑 …………… 47, 56
峯水 亮
　海の甲殻類 ………………………… 249
　日本の海水魚466 ………………… 292
箕輪 義隆
　海鳥識別ハンドブック …………… 323
　見る読むわかる野鳥図鑑 ………… 315
三原 道弘
　花と実の図鑑 ………………… 37, 38
御船 淳
　サメガイドブック ………………… 295
宮入 盛男
　自然観察 千曲川の植物 …………… 56
宮内 信之助
　新潟県のきのこ …………………… 189
三宅 裕志
　動く!深海生物図鑑 ……………… 221
宮腰 佐貴子
　樹と花の絵図典 …………………… 141
宮坂 信之
　先端医学キーワード小辞典 ……… 17
　分子生物学・免疫学キーワード辞典 … 17
宮坂 昌之
　先端医学キーワード小辞典 ……… 17

分子生物学・免疫学キーワード辞典 …… 17
宮崎 茂
　牧草・毒草・雑草図鑑 …………… 73
宮崎 俊行
　近畿のトンボ図鑑 ……………… 271
宮崎 信之
　ザ・ホエールウォッチング ……… 332
宮沢 輝夫
　山形昆虫記 ……………………… 263
宮田 彬
　九重昆虫記 ……………………… 262
宮田 摂子
　動物の「跡」図鑑 ……………… 209
宮田 正
　植物保護の事典 …………… 48, 59
宮田 昌彦
　日本海草図譜 …………………… 50
宮武 頼夫
　セミ・バッタ …………………… 265
宮野 弘司
　図解・ハーブ栽培事典 ………… 82
宮原 桂
　漢方ポケット図鑑 ……………… 80
宮本 拓海
　外来水生生物事典 ……………… 28
　シンカのかたち 進化で読み解くふしぎ
　　な生き物 ………………………… 9
宮脇 昭
　日本植生便覧 …………………… 53
　日本の植生 ……………………… 54
未来開拓者共働会議
　まるごと楽しむひつじ百科 …… 329
ミルズ, ディック
　完璧版 観賞魚の写真図鑑 …… 297
ミルナー, アンジェラ
　恐竜事典 ……………………… 234
　ビジュアル博物館 ……………… 238
ミルワード, ピーター
　英文学のための動物植物事典 … 32
　聖書の動物事典 ……………… 203

虫メガネ研究所
　まちかど花ずかん …………… 114
ムーディ, リチャード
　恐竜ファイル ………………… 236
無藤 隆
　いぬねこ ……………………… 329
　きょうりゅうとおおむかしのいきもの
　　……………………………… 235
　こんちゅう …………………… 255
　さかなとみずのいきもの …… 285
　しょくぶつ …………………… 35
　どうぶつ ……………………… 200
　とり …………………………… 309
　はるなつあきふゆ ……………… 3
村井 千里
　花図鑑 球根＋宿根草 …… 91, 153
村岡 眞治郎
　持ち歩き図鑑 きのこ・毒きのこ … 191
村上 興正
　外来種ハンドブック …………… 28
村上 光太郎
　食べる薬草事典 ………………… 75
村上 志緒
　日本のハーブ事典 ……………… 83
村越 愛策
　人・動物・自然・食べ物 …… 201
村越 匡芳
　庭に植えたい樹木図鑑 ……… 160
村田 綾子
　絶滅危機動物図鑑 …………… 230
村田 源
　原色日本植物図鑑 ……………… 34
邑田 仁
　雲南花紀行 …………………… 122
　原色樹木大図鑑 ……………… 125
　高等植物分類表 ………………… 52
　新牧野日本植物図鑑 …………… 37
　富士山の植物図鑑 ……………… 63
村田 真一
　マンモス探検図鑑 …………… 239
村田 威夫
　シダ植物 ……………………… 192
村田 晴夫
　オールド・ローズとつるバラ図鑑674
　　……………………………… 175
　決定版 バラ図鑑 ……………… 176
　四季咲き木立ちバラ図鑑728 ……… 176

【む】

ムーア, ピーター
　環境と生態 ……………………… 22

邑田 裕子
　薬用植物ガイド ………………… 79
村田 正博
　利尻礼文・知床・大雪植物手帳 ……… 54
村野 正昭
　日本産海洋プランクトン検索図説 ……… 219
村松 正実
　遺伝子工学小辞典 ……………… 20
　遺伝子工学ハンドブック ……………… 21
　新 遺伝子工学ハンドブック ……………… 21
　新訂 新遺伝子工学ハンドブック ……… 21
　DNAキーワード小事典 ……………… 21
　分子細胞生物学辞典 ……………… 16
　ポケットガイド バイオテク用語事典
　　…………………………………… 12
村山 克之
　樹と花の絵図典 ……………… 141
村山 忠親
　原色木材大事典170種 ……………… 123
村山 司
　鯨類学 …………………………… 333
村山 望
　沖縄昆虫野外観察図鑑 ……………… 262
村山 元春
　原色木材大事典170種 ……………… 123
室井 綽
　図解 植物観察事典 ……………… 46
　図解 生物観察事典 ……………… 22
　図解 動物観察事典 ……………… 206
室伏 きみ子
　人類遺伝学用語事典 ……………… 21
　バイオテクノロジー用語事典 ……… 12
室山 泰之
　サルの百科 ……………… 344

【め】

妻鹿 加年雄
　樹木図鑑 ……………… 126
メダカ里親の会
　田んぼまわりの生きもの 栃木県版 …… 25
メダワー, J.S.
　アリストテレスから動物園まで ……… 4
メダワー, P.B.
　アリストテレスから動物園まで ……… 4

メディカルハーブ広報センター
　メディカルハーブ安全性ハンドブック
　　…………………………………… 84

【も】

モイヤー, ジャック・T.
　クマノミガイドブック ……………… 293
モーガン, サリー
　環境と生態 ……………………… 22
茂木 透
　樹に咲く花 ……………… 90, 124
木材樹木用語研究会
　木材・樹木用語辞典 ……………… 123
望月 昭伸
　水族館のいきものたち ……………… 206
望月 賢二
　いきもの探検大図鑑 ……………… 2
　紀州・熊野採集日本魚類図譜 ……… 283
　新さかな大図鑑 ……………… 286
　図説 魚と貝の事典 ……………… 280
　図説 魚と貝の大事典 ……………… 280
　日本動物大百科 ……………… 195
望月 学
　眼微生物事典 ……………… 18
茂木 正人
　食材魚貝大百科 ……………… 295
モード, ローレンス
　ビジュアル博物館 ……………… 260
本川 達雄
　図説無脊椎動物学 ……………… 244
本山 賢司
　川の図鑑 ……………… 216
　鳥類図鑑 ……………… 309
本若 博次
　ツバメ観察事典 ……………… 323
　水辺の鳥 ……………… 321
森 和男
　世界の山草・野草ポケット事典 ……… 70
　中国野生ラン図鑑 ……………… 174
森 弦一
　日本花名鑑 ……………… 152
森 文俊
　海水魚大図鑑 ……………… 282
　決定版 熱帯魚大図鑑 ……………… 297
　淡水魚 ……………………… 291

淡水魚カタログ 291
熱帯魚・水草300種図鑑 299
森上 信夫
　昆虫 256
　昆虫の食草・食樹ハンドブック .. 252
　樹液に集まる昆虫ハンドブック .. 264
森岡 篤
　世界の海水魚カタログ380 289
　世界の熱帯魚・水草カタログ275 .. 301
　はじめての海水魚 296
森岡 弘之
　原色新鳥類検索図鑑 308
　鳥類学辞典 317
　日本動物大百科 194
盛口 満
　冬虫夏草ハンドブック 184
モリス，デズモンド
　デズモンド・モリスの犬種事典 .. 335
森田 敏隆
　誕生花を贈る366日 95
森田 弘彦
　除草剤便覧 140
　日本帰化植物写真図鑑 52
　牧草・毒草・雑草図鑑 73
森本 桂
　原色昆虫大図鑑 254
森山 健三
　和漢薬ハンドブック 80
師尾 信
　蝶ウォッチング百選 269
諸角 寿一
　日本野鳥写真大全 313
文部省
　学術用語集 46
門間 敬行
　北海道の野鳥 320

【や】

八木 達彦
　酵素ハンドブック 18
八木下 知子
　花木・公園の木 131
焼田 理一郎
　沖縄のトンボ図鑑 271

やく みつる
　やくみつるの昆虫図鑑 261
矢口 行雄
　樹木医が教える緑化（りょくか）樹木事典 123
　もっともくわしい植物の病害虫百科 .. 142
八坂書房
　日本植物方言集成 45
　花ごよみ365 107
　花ごよみ花だより 107
矢沢サイエンスオフィス
　もっともくわしいイヌの病気百科 .. 335
矢島 稔
　こんちゅう 255
　昆虫・両生類・爬虫類 199
谷城 勝弘
　カヤツリグサ科入門図鑑 172
　シダ植物 192
安川 雄一郎
　爬虫類と両生類の写真図鑑 303
八杉 貞雄
　旺文社 生物事典 4
安田 浩司
　庭木専科 159
安田 守
　イモムシハンドブック 267
　オトシブミハンドブック 264
　冬虫夏草ハンドブック 184
安富 和男
　原色図鑑 衛生害虫と衣食住の害虫 .. 278
安永 一正
　かぶとむしのなかま 274
安永 智秀
　日本原色カメムシ図鑑 265
安延 尚文
　海水魚 282
安原 修次
　石鎚山の花 116
　伊吹山の花 116
　花ひらく中之条 121
　平尾台花ガイド 121
安間 繁樹
　ボルネオ島アニマル・ウォッチングガイド ... 214
安松 京三
　原色昆虫大図鑑 254
野生生物保護学会
　野生動物保護の事典 229

野生鳥獣保護管理研究会
　野生鳥獣保護管理ハンドブック ……… 229
柳 宗民
　花と緑の園芸百科 ………………………… 154
柳沢 冨雄
　図解 生物学データブック ……………… 8
柳沢 まきよし
　日本のキノコ262 ………………………… 190
柳田 充弘
　分子細胞生物学辞典 …………………… 16
矢野 宏二
　日本産昆虫の英名リスト ……………… 252
矢野 維幾
　日本の海水魚 …………………………… 292
　日本の淡水魚 …………………………… 293
矢野 佐
　原色植物検索図鑑 ……………………… 34
　野草 ……………………………………… 107
矢野 亮
　植物のかんさつ ………………………… 37
　日本の野草 ………………………… 110, 111
　はな やさい くだもの ………………… 38
矢萩 信夫
　薬草 ……………………………………… 78
矢萩 礼美子
　薬草 ……………………………………… 78
矢原 一郎
　分子細胞生物学辞典 …………………… 16
矢原 徹一
　レッドデータプランツ ………………… 60
屋比久 壮実
　海岸植物の本 …………………………… 53
薮 忠綱
　環境と生態 ……………………………… 22
　動物と植物 ……………………………… 1
藪内 正幸
　聴いて楽しむ野鳥100声 ……………… 307
　古脊椎動物図鑑 ………………………… 231
　野鳥の図鑑 ……………………………… 316
矢部 衛
　北日本魚類大図鑑 ……………………… 290
山形 則男
　日本の鳥550 ………………………… 312, 320
　野鳥ウォッチングガイド ……………… 321
　野鳥図鑑 ………………………………… 316
　ワシタカ類飛翔ハンドブック ………… 423
山川 民夫
　生化学辞典 ……………………………… 16

山岸 敦子
　北海道山菜・木の実図鑑 ……………… 72
　北海道山菜実用図鑑 …………………… 72
　北海道 山菜実用図鑑 ………………… 72
山岸 哲
　聴いて楽しむ野鳥100声 ……………… 307
　近畿地区・鳥類レッドデータブック … 322
　世界鳥類事典 …………………………… 307
　世界鳥類大図鑑 ………………………… 309
　世界「鳥の卵」図鑑 …………………… 317
　鳥類学辞典 ……………………………… 317
　日本動物大百科 ………………………… 194
山岸 茂晴
　信州「畑の花」 ………………………… 118
山岸 高旺
　淡水藻類 ………………………………… 182
　淡水藻類入門 …………………………… 182
山岸 喬
　日本ハーブ図鑑 ………………………… 85
　北海道山菜・木の実図鑑 ……………… 72
　北海道山菜実用図鑑 …………………… 72
　北海道 山菜実用図鑑 ………………… 72
　北海道 薬草図鑑 ……………………… 78
山極 寿一
　ゴリラ図鑑 ……………………………… 344
　地球動物図鑑 …………………………… 199
山口 昭夫
　花かおる草津・白根山 ………………… 119
山口 昭彦
　学研生物図鑑 …………………………… 105
　カラー図鑑 山菜・木の実 …………… 67
　山・野草ハンドブック671種 ………… 67
　身近な木の花ハンドブック …………… 131
　身近な木の花ハンドブック430種 …… 94
　身近な薬草ハンドブック ……………… 76
山口 和夫
　食品微生物学ハンドブック …………… 19
山口 啓子
　バージェス頁岩 化石図譜 ……………… 11
山口 茂
　世界のクワガタムシ・カブトムシ大図
　　鑑 …………………………………… 276
山口就平
　世界の昆虫大百科 ……………………… 259
山口 進
　世界の昆虫大百科 ……………………… 259
山口 真澄
　誕生花を贈る366日 …………………… 95

山崎 浩二
　アクアリウムで楽しむ水草図鑑 ……… 144
山崎 浩二
　原色熱帯魚ハンドブック …………… 298
　最新図鑑 熱帯魚アトラス ………… 298
　世界のメダカガイド ………………… 294
　淡水魚 ………………………………… 291
　淡水産エビ・カニハンドブック …… 250
　熱帯魚・水草300種図鑑 …………… 299
山崎 青樹
　草木染 染料植物図鑑 ………………… 74
山崎 敬
　フィールド版 日本の高山植物 ……… 63
山崎 哲
　犬の写真図鑑 ………………………… 337
　新 世界の犬図鑑 …………………… 338
　世界の犬図鑑 ………………………… 339
　世界の猫 ……………………………… 343
　世界の猫カタログ BEST43 ………… 343
　日本と世界の猫のカタログ ………… 344
山崎 利貞
　イモリ・サンショウウオの仲間 …… 301
山崎 誠子
　花のコンテナ ………………………… 155
山崎 昌廣
　人間の許容限界事典 ………………… 23
山下 暁美
　ふしぎびっくり語源博物館 …………… 2
山下 修一
　植物病害虫の事典 …………………… 142
山下 秋厚
　昆虫の図鑑採集と標本の作り方 …… 257
山下 貴司
　エコロン自然シリーズ ……………… 54
　植物 …………………………………… 56
山科 敦之
　ナノバイオ用語事典 ………………… 12
山城 彩子
　爬虫類と両生類の写真図鑑 ………… 303
山田 梅芳
　東シナ海・黄海の魚類誌 …………… 280
山田 香織
　清香園美術盆栽 ……………………… 160
山田 和久
　ヘビ …………………………………… 305
　リクガメ ……………………………… 306
山田 隆彦
　スミレハンドブック ………………… 180

山田 卓三
　いきもの探検大図鑑 …………………… 2
　くもんのはじめてのずかん ………… 34
　花歳時記百科 ………………………… 41
　万葉植物事典 ………………………… 43
山田 格
　海の哺乳類 …………………………… 331
　極地の哺乳類・鳥類 ………………… 329
山田 登美男
　清香園美術盆栽 ……………………… 160
山田 智子
　きのこ ………………………………… 187
　野山の鳥 ……………………………… 313
　水辺の鳥 ……………………………… 321
　野鳥 …………………………………… 315
山田 治男
　獣医療公衆衛生六法 ………………… 212
山田 洋
　カラー図鑑 水草の育て方 ………… 144
山田 晃弘
　図解 生物学データブック …………… 8
山菜の会
　食べられる海辺の野草 ……………… 66
山根 義久
　ペットの自然療法事典 ……………… 240
山内 一也
　ウイルス学事典 ……………………… 18
山本 格
　Basic生物・化学英和用語辞典 ……… 7
山本 一彦
　分子生物学・免疫学キーワード辞典 … 17
山本 雅
　細胞内シグナル伝達 ………………… 16
　新 遺伝子工学ハンドブック ………… 21
　新訂 新遺伝子工学ハンドブック …… 21
山本 毅
　サメガイドブック …………………… 295
山本 哲央
　近畿のトンボ図鑑 …………………… 271
山本 典暎
　イカ・タコガイドブック …………… 248
　海の危険生物ガイドブック ………… 222
　海辺で出遭うこわい生きもの ……… 215
　南紀串本 海の生き物ウォッチングガイ
　　ド ………………………………… 221
山本 規詔
　宿根草図鑑 Perennials ……………… 155

山本 紀夫
　世界の食用植物文化図鑑 ………… 162
山本 雅之
　転写因子・転写制御キーワードブック
　　……………………………………… 21
山本 ユキ
　世界の犬カタログ BEST134 ……… 339
山本 幸憲
　図説 日本の変形菌 ………………… 183
山本 洋輔
　いきもの探検大図鑑 ………………… 2

【ゆ】

湯浅 浩史
　草木の本 ……………………………… 42
遊磨 正秀
　シンカのかたち 進化で読み解くふしぎ
　　な生き物 …………………………… 9
湯川 淳一
　日本原色虫えい図鑑 ……………… 265
行田 義三
　貝の図鑑 …………………………… 245
湯田 六男
　花かおる草津・白根山 …………… 119
柚木 修
　鳥 …………………………………… 311
　マルチメディア鳥類図鑑 ………… 315

【よ】

姚 祖榕
　中国貿易魚介図鑑 ………………… 286
幼菌の会
　カラー版 きのこ図鑑 ……………… 187
羊土社ホームページ編集室
　医学・生物学研究のためのウェブサイト
　　厳選700 …………………………… 7
　ウェブサイト厳選2500 ……………… 7
余吾 豊
　クマノミガイドブック …………… 293
横井 和子
　加藤淡斎 茶花 ……………………… 101
　必携茶花ハンドブック …………… 101

横井 政人
　A—Z園芸植物百科事典 …………… 138
　園芸植物 …………………………… 141
　低木とつる植物図鑑1000 ………… 159
　庭木図鑑450 ……………………… 159
横内 文人
　しなの帰化植物図鑑 ………………… 51
横川 忠司
　日本のクワガタムシハンドブック … 276
横田 明
　コーワン微生物分類学事典 ………… 18
横塚 眞己人
　西表島フィールド図鑑 ……………… 25
　カブトムシ・クワガタムシ ……… 274
　原寸大 昆虫館 …………………… 254
横山 和正
　持ち歩き図鑑 きのこ・毒きのこ … 191
横山 三郎
　日本の椿花 ………………………… 149
横山 匡
　新聖書植物図鑑 ……………………… 44
横山 正
　動物 ………………………………… 327
横山 透
　北海道のトンボ図鑑 ……………… 272
横山 信夫
　犬を選ぶためのカラー図鑑 ……… 337
好井 久雄
　食品微生物学ハンドブック ………… 19
吉井 正
　三省堂 世界鳥名事典 …………… 306
　鳥 …………………………………… 310
吉河 功
　庭園・植栽用語辞典 ……………… 157
吉川 信博
　水生線虫 クロマドラ目 ………… 244
吉川 博子
　臨床微生物学ハンドブック ………… 20
吉沢 信行
　鑑定図鑑日本の樹木 ……………… 131
吉田 彰
　大昔の動物 ………………………… 231
吉田 一夫
　中国・四国のトンボ図鑑 ………… 272
吉田 金彦
　語源辞典 ……………………… 204, 44

吉田 賢治
　カラー図鑑 クワガタムシ・カブトムシ
　　.. 274
　クワガタムシ・カブトムシ 275
　原色図鑑＆飼育 クワガタムシ・カブト
　　ムシ完全BOOK 275
　原色図鑑 世界のクワガタムシ・カブト
　　ムシ 275
　世界のクワガタ・カブト図鑑＆飼育
　　book 275
由田 宏一
　有用植物和・英・学名便覧 47
吉田 鴻司
　季語の花 秋 40
　季語の花 夏 40
吉田 巧
　鳴き声と羽根でわかる野鳥図鑑 312
吉田 忠生
　新日本海藻誌 182
吉田 外司夫
　ヒマラヤ植物大図鑑 63
吉田 信夫
　中国貿易魚介図鑑 286
吉田 仁夫
　愛犬の家庭医学事典 333
吉田 真澄
　動物愛護六法 242
吉田 豊
　花かおる葦毛湿原 119
吉田 よし子
　香りの植物 34
　東南アジア市場図鑑 162
吉浪 誠
　写真で見る有害生物防除事典 31
吉野 江美子
　万葉 43
吉野 敏
　世界の水草728種図鑑 145
吉野 俊幸
　学校のまわりでさがせる生きもの図鑑
　　.. 55
　日本の鳥550 .... 312, 320
　野山の鳥 313, 320
　水辺の鳥 321
　野鳥 315
吉野 雄輔
　海水魚 282
　ダイバーのための海中観察図鑑 225
　ダイバーのための海底観察図鑑 215

　日本の海水魚 292
　幼魚ガイドブック 288
吉松 英明
　花と緑の病害図鑑 142
吉見 昭一
　傘の形でわかる日本のきのこ 187
吉光 見稚代
　薬草 76
吉村 則子
　英国王立園芸協会 ハーブ大百科 82
吉山 寛
　樹に咲く花 124
　原寸イラストによる 落葉図鑑 131
　原寸イラストによる落葉図鑑 47
米倉 浩司
　高等植物分類表 52
米倉 督雄
　小動物皮膚病臨床大図鑑 211
米田 政明
　日本の哺乳類 327
米田 芳秋
　色分け花図鑑 朝顔 180
読売新聞東京本社山形支局
　山形昆虫記 263

【ら】

羅 毅波
　中国野生ラン図鑑 174
ライフサイエンス辞書プロジェクト
　ライフサイエンス必須英和・和英辞典
　　.. 7
ライリー, ポーリン
　ペンギン ハンドブック 324
ラウ, ヴェルナー
　植物形態の事典 45
ラキー, J.M.
　細胞生物学辞典 16
ラシュホース, キース
　庭木図鑑450 159
ラースン, ニール・L.
　アンモナイト 232
ラム, ロジャー
　行動生物学・動物学習辞典 208

ランバート, デヴィッド
　恐竜解剖図鑑 ……………………… 234
ランボーン, モーリーン
　ジョン・グールド 世界の鳥 ………… 321

【り】

李 樹華
　雲南花紀行 ……………………… 122
　中国野生ラン図鑑 ……………… 174
リズデイル, コリン
　樹木 ……………………………… 123
リチャードソン, ヘーゼル
　恐竜博物館図鑑 ………………… 236
リドレー, マーク
　進化と遺伝 ……………………… 20
リバーフロント整備センター
　河川水辺の国勢調査年鑑 ……… 51, 219, 218
　川の生物 ………………………… 216
　川の生物図典 …………………… 25
劉 媖心
　中国砂漠・沙地植物図鑑 ……… 59
流星社
　「あの馬は今?」ガイド ………… 331
リリーフ・システムズ
　化石図鑑 ………………………… 10
　樹木図鑑 ………………………… 126
　ビジュアル博物館 …………… 10, 11, 23, 28, 38, 128, 207, 238, 248, 260, 271, 287, 295, 304, 314, 328, 330, 333, 341
リンガフランカ
　庭づくり百花事典 ……………… 156
リンゼー, ウイリアム
　太古の生物図鑑 ………………… 10

【る】

ルーイン, ベンジャミン
　遺伝子 …………………………… 21

【れ】

レイ, ルイス・V.
　恐竜野外博物館 ………………… 236
レウィントン, アンナ
　暮らしを支える植物の事典 …… 45
レザウッド, スティーブン
　海の哺乳類 ……………………… 331
レジャ, ダリル・L.
　DNAキーワード小事典 ………… 21
レソェ, トマス
　世界きのこ図鑑 ………………… 189
レッカ社
　恐竜キャラクター大百科 ……… 234
　マンガでわかる!採りかた・飼いかた クワガタ&カブト大百科 ……… 273
レッドモンド, イアン
　ビジュアル博物館 …………… 330, 345

【ろ】

魯 元学
　雲南花紀行 ……………………… 122
ロヴィン, ジェフ
　怪物の事典 ……………………… 239
六甲山自然案内人の会
　花かおる六甲山 ………………… 121
ロジャーズ=クラーク, アン
　犬の大百科 ……………………… 335
ロード, トニー
　フローラ ………………………… 39
ロバーツ, ビクトリア
　欧州家禽図鑑 …………………… 325
ロバーツ, マイケル
　欧州家禽図鑑 …………………… 325
ロング, ダニエル
　小笠原ハンドブック …………… 24

【わ】

ワイシック, ポール・R.
　愛しのレイ ………………………………… 98
若林 徹哉
　やさしい日本の淡水プランクトン 図解
　ハンドブック ……………………… 219, 220
若林 芳樹
　新しい植木事典 ………………………… 157
　記念樹 …………………………………… 157
　日本のアジサイ図鑑 …………………… 179
若松 英輔
　メディカルハーブ安全性ハンドブック
　……………………………………………… 84
若宮 寿子
　野菜＆果物図鑑 ………………………… 162
鷲沢 孝美
　きれいに咲かせる鉢花づくり120種 … 155
鷲谷 いづみ
　外来種ハンドブック …………………… 28
　マルハナバチ・ハンドブック ………… 267
和田 剛一
　野鳥282 ………………………………… 316
　野鳥のくらし …………………………… 318
和田 岳
　近畿地区・鳥類レッドデータブック … 322
和田 浩志
　植物 ……………………………………… 36
渡辺 公綱
　生化学辞典 ……………………………… 16
渡辺 賢一
　沖縄のトンボ図鑑 ……………………… 271
渡辺 健太郎
　世界哺乳類図鑑 ………………………… 327
渡辺 千尚
　国際動物命名規約提要 ………………… 206
渡辺 仁治
　淡水珪藻生態図鑑 ……………………… 182
渡辺 とも子
　種から育てる花図鑑わたし流 ………… 152
渡辺 直経
　人類学用語事典 ………………………… 22
渡辺 典博
　巨樹・巨木 ……………………………… 130

渡辺 肇子
　メディカルハーブ安全性ハンドブック
　……………………………………………… 84
渡辺 晴夫
　植物のかんさつ ………………………… 37
　植物のふしぎ …………………………… 37
渡辺 弘之
　土の中の小さな生き物ハンドブック … 214
渡辺 信
　微生物の事典 …………………………… 19
渡辺 政隆
　機械と生き物Q&A くらべる図鑑 …… 2
　クローズアップ大図鑑 ………………… 209
渡邊 眞之
　日本アオコ大図鑑 ……………………… 182
渡辺 泰明
　甲虫 ……………………………………… 254
渡辺 康之
　チョウ …………………………………… 269
渡辺 良夫
　金魚百科 ………………………………… 297
亘理 俊次
　図説 植物用語事典 ……………………… 46
　日本の野生植物 ………………………… 173
和中 雅人
　原種カトレヤ全書 ……………………… 151
ワンステップ
　食虫植物ふしぎ図鑑 …………………… 50
　タネの大図鑑 …………………………… 47

【ABC】

Allaby, Michael
　オックスフォード植物学辞典 ………… 45
　オックスフォード動物学辞典 ………… 206
Barnes, Richard Stephen Kent
　図説無脊椎動物学 ……………………… 244
Beer, Amy-Jane
　絶滅危惧動物百科 ………………… 226, 227
Blood, Douglas Charles.
　ブラッド獣医学大辞典 ………………… 210
Calow, Peter
　図説無脊椎動物学 ……………………… 244
Campbell, Andrew
　海の動物百科 …………………………… 220
　絶滅危惧動物百科 ………………… 226, 227

Davies, Robert
　絶滅危惧動物百科 226, 227
Dawes, John
　海の動物百科 220
DECO
　外来生物事典 28
Dow, J.A.T.
　細胞生物学辞典 16
Foster, Steven
　天然食品・薬品・香粧品の事典 87
Go!!Suzuki
　オオトカゲ&ドクトカゲ 301
Haruey, Authony P.
　古生物百科事典 9
King, R.C.
　遺伝学用語辞典 20
Lackie, John M.
　細胞生物学辞典 16
Leung, Albert Y.
　天然食品・薬品・香粧品の事典 87
Mahy, Brian W.J.
　ウイルス学事典 18
McCosker, John E.
　海の動物百科 281
McDowall, Robert M.
　海の動物百科 281
Murray, Patrick R.
　アメリカ微生物学会臨床微生物学ポケッ
　　トガイド 19
Naturally
　庭で楽しむ野鳥の本 320
Olive, P.J.W.
　図説無脊椎動物学 244
Oliver, Stephen G.
　遺伝子工学小辞典 20
Orr, Richard.
　動物とえもの 209
Pliny
　プリニウス博物誌 75
Redouté, Pierre Joseph
　バラ図譜 177
　美花選 98
Sainsbury, Diana
　微生物学・分子生物学辞典 18
Schmid, Rolf D.
　ポケットガイド バイオテク用語事典
　　....................................... 12

Singleton, Paul
　微生物学・分子生物学辞典 18
Stansfield, W.D.
　遺伝学用語辞典 20
Steel, Rodney
　古生物百科事典 9
Stenesh, Jochanan
　分子生物学辞典 17
Studdert, Virginia P.
　ブラッド獣医学大辞典 210
Tennant, Bryn
　小動物の処方集 211
Ward, John M.
　遺伝子工学小辞典 20
Warinner, Peter Q.
　臨床微生物学ハンドブック 20
Whitfield, Philip.
　動物とえもの 209

事項名索引

【あ】

アイリス　→花卉園芸 ················ 146
アオコ　→藻類 ······················ 182
アサガオ　→アサガオ ················ 180
アジサイ　→アジサイ ················ 179
アニマルトラック　→動物生態学 ······ 208
アブラムシ　→個々の昆虫 ············ 263
アメーバ　→無脊椎動物 ·············· 244
アメンボ　→個々の昆虫 ·············· 263
アリ　→アリ ························ 266
アロマテラピー　→植物ヒーリング ····· 87
アロワナ　→鑑賞魚 ·················· 296
アンモナイト　→アンモナイト ········ 232
イエバエ　→個々の昆虫 ·············· 263
イカ　→イカ・タコ ·················· 248
育種学
　　→植物遺伝学 ···················· 49
　　→動物遺伝・育種学 ·············· 207
いけばな　→いけばな ················· 99
イソギンチャク　→棘皮動物 ·········· 248
遺伝
　　→遺伝学 ························ 20
　　→植物遺伝学 ···················· 49
　　→動物遺伝・育種学 ·············· 207
稲作　→稲作 ························ 162
イヌ　→イヌ ························ 333
イヌ科　→イヌ科の動物 ·············· 333
イネ科植物　→種子植物 ·············· 171
イモリ　→両棲類・爬虫類 ············ 301
イルカ　→イルカ・クジラ ············ 331
イワヒバ　→観葉・観賞植物 ·········· 143
インコ　→鳥の飼育 ·················· 324
ウイルス学　→微生物学 ··············· 18
ウサギ　→個々の哺乳類 ·············· 329
ウシ　→ウシ ························ 330
歌ことば
　　→植物歳時記 ···················· 40
　　→動物と文学 ··················· 202
ウマ　→ウマ ························ 330
ウミウサギ　→貝類・軟体動物 ········ 244

ウミウシ　→貝類・軟体動物 ·········· 244
海鳥　→海鳥・渡り鳥 ················ 323
ウメ　→ウメ ························ 179
英文学　→生物と文化 ················· 32
エコロジー　→環境問題・自然保護 ····· 28
エビ　→甲殻類 ······················ 249
園芸　→園芸 ························ 138
エンゼルフィッシュ　→鑑賞魚 ········ 296
オウム　→鳥の飼育 ·················· 324
オオカミ　→イヌ科の動物 ············ 333
押し花　→押し花 ····················· 98
オトシブミ　→個々の昆虫 ············ 263
鬼虫　→節足動物 ···················· 249
おもと　→観葉・観賞植物 ············ 143

【か】

ガ　→チョウ・ガ ···················· 267
海水魚　→鑑賞魚 ···················· 296
海藻　→海藻 ························ 182
害虫　→害虫 ························ 277
海鳥　→海鳥・渡り鳥 ················ 323
飼い鳥　→鳥の飼育 ·················· 324
怪物　→幻想動物 ···················· 239
海洋動物　→海洋動物 ················ 220
外来生物　→環境問題・自然保護 ······· 28
貝類　→貝類・軟体動物 ·············· 244
街路樹　→街路樹 ···················· 133
カエデ　→種子植物 ·················· 171
カエル　→カエル ···················· 304
花卉園芸　→花卉園芸 ················ 146
家禽　→鳥の飼育 ···················· 324
カゲロウ　→個々の昆虫 ·············· 263
果樹栽培　→果樹栽培 ················ 169
化石
　　→化石 ························· 10
　　→古代動物・化石 ················ 230
河川水辺の国勢調査
　　→淡水植物・湿性植物 ············ 51
　　→水生動物 ····················· 215
家畜　→家畜 ························ 239
家庭菜園　→野菜 ···················· 163

動植物・ペット・園芸 レファレンスブック　453

事項名索引

ガーデニング　→ガーデニング ……………… 156
花道　→いけばな ……………………………… 99
カトレヤ　→花卉園芸 ………………………… 146
カニ　→甲殻類 ………………………………… 249
カビ　→菌類 …………………………………… 183
カブトムシ　→カブトムシ・クワガタムシ …………………………………………… 272
花粉　→花粉 ……………………………………… 47
花木　→花木・庭木 …………………………… 157
カマキリ　→個々の昆虫 ……………………… 263
カミキリムシ　→個々の昆虫 ………………… 263
カメ　→カメ …………………………………… 306
カメムシ　→個々の昆虫 ……………………… 263
カメレオン　→両棲類・爬虫類 ……………… 301
カヤツリグサ　→種子植物 …………………… 171
カンアオイ　→観葉・観賞植物 ……………… 143
環境問題　→環境問題・自然保護 ……………… 28
鑑賞魚　→鑑賞魚 ……………………………… 296
観賞植物　→観葉・観賞植物 ………………… 143
漢方　→生薬 …………………………………… 80
観葉植物　→観葉・観賞植物 ………………… 143
木　→樹木 ……………………………………… 122
帰化植物　→帰化植物 …………………………… 51
キク　→キク …………………………………… 180
季語　→植物歳時記 ……………………………… 40
季節の花　→四季の草花 ……………………… 107
キツネ　→イヌ科の動物 ……………………… 333
記念樹　→花木・庭木 ………………………… 157
きのこ　→きのこ ……………………………… 184
木の実　→木の実・草の実 …………………… 135
ギボウシ　→種子植物 ………………………… 171
競走馬　→競走馬 ……………………………… 331
恐竜　→恐竜 …………………………………… 232
棘皮動物　→棘皮動物 ………………………… 248
巨樹　→日本の樹木 …………………………… 130
巨樹・巨木林　→森林保護 …………………… 137
魚類　→魚類 …………………………………… 278
キリギリス　→個々の昆虫 …………………… 263
金魚　→鑑賞魚 ………………………………… 296
菌類　→菌類 …………………………………… 183
草木染め　→草木染め ………………………… 74
草地　→牧草・草地 ……………………………… 72
草の実　→木の実・草の実 …………………… 135
草花　→野の花 ………………………………… 101

クジラ　→イルカ・クジラ …………………… 331
果物　→果樹栽培 ……………………………… 169
クマノミ　→個々の魚 ………………………… 293
クモ　→蛛形類 ………………………………… 250
クラゲ　→貝類・軟体動物 …………………… 244
クレマチス　→花卉園芸 ……………………… 146
クワガタムシ　→カブトムシ・クワガタムシ …………………………………………… 272
幻想動物　→幻想動物 ………………………… 239
甲殻類　→甲殻類 ……………………………… 249
高原植物　→高原・高山植物 …………………… 60
光合成　→光合成 ………………………………… 48
後鰓類　→貝類・軟体動物 …………………… 244
高山植物　→高原・高山植物 …………………… 60
酵素　→生化学 …………………………………… 16
甲虫　→カブトムシ・クワガタムシ ………… 272
行動生物学　→動物生態学 …………………… 208
コウモリ　→個々の哺乳類 …………………… 329
コオロギ　→個々の昆虫 ……………………… 263
コケ　→コケ植物 ……………………………… 192
コケ・シダ　→コケ・シダ …………………… 192
語源　→植物と文化・民俗 ……………………… 44
古生物
　→古生物学 ……………………………………… 9
　→古代動物・化石 …………………………… 230
古典文学　→植物と文学 ………………………… 39
ことわざ
　→生物と文化 ………………………………… 32
　→植物と文化・民俗 …………………………… 44
　→動物と文化・民俗 ………………………… 204
米づくり　→稲作 ……………………………… 162
コリドラス　→鑑賞魚 ………………………… 296
ゴリラ　→霊長類 ……………………………… 344
昆虫　→昆虫類 ………………………………… 251

【さ】

歳時記
　→植物歳時記 …………………………………… 40
　→四季の草花 ………………………………… 107
　→動物と文学 ………………………………… 202
栽培　→園芸 …………………………………… 138

事項名索引　　せかい

細胞　→細胞学	16	宿根草花　→宿根草花	155
魚　→魚類	278	樹木　→樹木	122
作物栽培　→作物栽培	161	菖蒲　→花卉園芸	146
サクラ　→サクラ	178	生薬　→生薬	80
サクラソウ　→花卉園芸	146	食虫植物　→食虫植物	50
サケ　→サケ・マス	294	植物　→植物全般	33
ササ　→種子植物	171	植物園　→植物園	45
さつき　→種子植物	171	植物学　→植物学	45
雑草　→雑草	73	植物ゲノム　→植物遺伝学	49
雑草管理　→園芸	138	植物誌　→植物誌	52
サツマイモ　→サツマイモ	168	植物病理学　→植物病理学	48
里の花　→野の花	101	植物保護　→植物保護	59
里山　→日本の生物	24	織文	
サボテン　→サボテン	180	→植物と美術	43
サメ　→サメ	295	→動物と文化・民俗	204
ザリガニ　→ザリガニ	250	進化　→進化・系統	9
サル　→霊長類	344	深海生物　→海洋動物	220
サンゴ　→サンゴ	244	森林　→森林	136
サンゴ礁　→海洋動物	220	森林保護　→森林保護	137
山菜　→山野草・山菜	65	人類学　→人類学	22
サンショウウオ　→両棲類・爬虫類	301	神話　→花の文化	97
山野草　→山野草・山菜	65	水生昆虫　→水生昆虫	276
飼育		水生植物　→水生植物	50
→ペット	240	水生生物　→水生生物	27
→鳥の飼育	324	水生動物　→水生動物	215
シギ　→個々の鳥	323	水族館　→動物園・水族館	205
四季の花　→四季の草花	107	スイレン　→種子植物	171
自然環境保全基礎調査　→森林保護	137	スゲ　→種子植物	171
自然保護		スミレ　→スミレ	180
→環境問題・自然保護	28	生化学　→生化学	16
→植物保護	59	聖書	
→森林保護	137	→植物と聖書	44
→動物保護	226	→動物と聖書	203
→野鳥保護	322	生態学	
シダ　→シダ植物	192	→生態学	22
湿原　→淡水植物・湿性植物	51	→動物生態学	208
湿性植物　→淡水植物・湿性植物	51	生物学　→生物学	4
芝草　→芝草	160	生物観察　→生態学	22
シーボルト　→日本の植生	52	生物工学　→バイオテクノロジー	11
ジャッカル　→イヌ科の動物	333	生物誌　→生物誌	23
獣医学　→獣医学	210	生物多様性　→環境問題・自然保護	28
種子　→植物学	45	生命の起源　→古生物学	9
種子植物　→種子植物	171	世界の昆虫　→各地の昆虫	261

動植物・ペット・園芸 レファレンスブック　455

世界の植生　→世界の植生 ……………… 58	チョウ　→チョウ・ガ ……………… 267
世界の動物　→世界各地の動物 ……… 214	チョウチョウウオ　→個々の魚 ……… 293
世界の鳥　→世界各地の鳥 …………… 321	鳥類　→鳥類 …………………………… 306
世界の花　→世界各地の花 …………… 122	鳥類学　→鳥類学 ……………………… 317
節足動物　→節足動物 ………………… 249	ツバキ　→花卉園芸 …………………… 146
絶滅危惧	DNA　→遺伝学 ………………………… 20
→環境問題・自然保護 ………………… 28	ディスカス　→鑑賞魚 ………………… 296
→植物保護 ……………………………… 59	ティランジア　→観葉・観賞植物 …… 143
→動物保護 …………………………… 226	伝説　→花の文化 ……………………… 97
→野鳥保護 …………………………… 322	テントウムシ　→個々の昆虫 ………… 263
絶滅生物　→古生物学 …………………… 9	天然記念物　→環境問題・自然保護 … 28
絶滅動物　→古代動物・化石 ………… 230	動植物　→動植物全般 …………………… 1
セミ　→個々の昆虫 …………………… 263	冬虫夏草　→菌類 ……………………… 183
染色　→草木染め ……………………… 74	動物　→動物全般 ……………………… 194
線虫　→無脊椎動物 …………………… 244	動物愛護法　→ペット ………………… 240
ゾウ　→ゾウ …………………………… 330	動物園　→動物園・水族館 …………… 205
雑木林　→森林 ………………………… 136	動物学　→動物学 ……………………… 206
草地学　→牧草・草地 ………………… 72	動物病院　→獣医学 …………………… 210
藻類　→藻類 …………………………… 182	動物保護　→動物保護 ………………… 226
蔬菜　→野菜 …………………………… 163	トカゲ　→両棲類・爬虫類 …………… 301
ソフトコーラル　→サンゴ …………… 244	毒草　→有毒植物 ……………………… 49
	土壌動物　→土壌動物 ………………… 214
【た】	鳥　→鳥類 ……………………………… 306
	どんぐり　→木の実・草の実 ………… 135
タカ　→ワシ・タカ …………………… 323	トンボ　→トンボ ……………………… 271
タケ　→種子植物 ……………………… 171	
タコ　→イカ・タコ …………………… 248	**【な】**
ダニ　→蛛形類 ………………………… 250	
ダニえい　→個々の昆虫 ……………… 263	ナマズ　→個々の魚 …………………… 293
多肉植物　→サボテン ………………… 180	軟体動物　→貝類・軟体動物 ………… 244
タバコ　→タバコ ……………………… 168	ニシキゴイ　→鑑賞魚 ………………… 296
タランチュラ　→節足動物 …………… 249	日本の昆虫　→各地の昆虫 …………… 261
ダリア　→種子植物 …………………… 171	日本の魚　→日本の魚 ………………… 289
誕生花　→花ことば …………………… 95	日本の樹木　→日本の樹木 …………… 130
淡水植物　→淡水植物・湿性植物 …… 51	日本の植生　→日本の植生 …………… 52
タンパク質　→生化学 ………………… 16	日本の生物　→日本の生物 …………… 24
タンポポ　→種子植物 ………………… 171	日本の動物　→日本各地の動物 ……… 212
チドリ　→個々の鳥 …………………… 323	日本の鳥　→日本各地の鳥 …………… 318
茶　→茶 ………………………………… 169	日本の花　→日本各地の花 …………… 115
茶花　→茶花 …………………………… 101	庭木　→花木・庭木 …………………… 157
蛛形類　→蛛形類 ……………………… 250	ニワトリ　→ニワトリ ………………… 324
チューリップ　→種子植物 …………… 171	根　→植物学 …………………………… 45

事項名索引　　　　　　まくろ

ネコ　→ネコ ……………………………… 341
ネコ科　→ネコ科の動物 ………………… 341
熱帯魚　→鑑賞魚 ………………………… 296
農薬　→園芸 ……………………………… 138
野の花　→野の花 ………………………… 101

【は】

バイオサイエンス　→生物学 …………… 4
バイオテクノロジー
　　→バイオテクノロジー ………………… 11
　　→植物バイオテクノロジー …………… 49
　　→動物遺伝・育種学 ………………… 207
俳句　→動物と文学 ……………………… 202
博物誌　→生物誌 ………………………… 23
蓮　→種子植物 …………………………… 171
ハゼ　→個々の魚 ………………………… 293
ハチ　→ハチ ……………………………… 266
鉢植　→鉢植花卉 ………………………… 155
爬虫類　→両棲類・爬虫類 ……………… 301
バッタ　→個々の昆虫 …………………… 263
バードウォッチング　→日本各地の鳥 … 318
花　→花 …………………………………… 88
花ことば　→花ことば …………………… 95
ハーブ　→ハーブ ………………………… 82
ハムシ　→個々の昆虫 …………………… 263
バラ　→バラ ……………………………… 175
干潟
　　→水生生物 ……………………………… 27
　　→水生動物 …………………………… 215
美術　→植物と美術 ……………………… 43
微生物　→微生物学 ……………………… 18
ひつじ　→個々の哺乳類 ………………… 329
ひっつきむし　→野草 …………………… 104
ヒトデ　→棘皮動物 ……………………… 248
ヒマラヤ　→高原・高山植物 …………… 60
病害虫
　　→植物病理学 ………………………… 48
　　→園芸植物の病害虫 ………………… 142
　　→蔬菜の病害虫 ……………………… 167
ピラニア　→個々の魚 …………………… 293
ヒーリング　→植物ヒーリング ………… 87

フグ　→個々の魚 ………………………… 293
フクロウ　→鳥の飼育 …………………… 324
ブーケ　→フラワーデザイン …………… 98
フラワーデザイン　→フラワーデザイン … 98
フラワー療法　→フラワー療法 ………… 97
プランクトン　→プランクトン ………… 219
プリムラ　→花卉園芸 …………………… 146
プレコ　→鑑賞魚 ………………………… 296
文化
　　→生物と文化 ………………………… 32
　　→植物と文化・民俗 ………………… 44
　　→花の文化 …………………………… 97
　　→動物と文化・民俗 ………………… 204
文学
　　→植物と文学 ………………………… 39
　　→動物と文学 ………………………… 202
分子生物学　→生化学 …………………… 16
分類学　→植物分類学 …………………… 52
ベゴニア　→花卉園芸 …………………… 146
ヘチマ　→種子植物 ……………………… 171
ペット
　　→ペット ……………………………… 240
　　→鳥の飼育 …………………………… 324
ヘビ　→ヘビ ……………………………… 305
ベリー　→果樹栽培 ……………………… 169
ペンギン　→ペンギン …………………… 324
方言
　　→植物と文化・民俗 ………………… 44
　　→樹木 ………………………………… 122
放線菌　→菌類 …………………………… 183
牧草　→牧草・草地 ……………………… 72
ホソカタムシ　→個々の昆虫 …………… 263
ボタニカルアート　→花の文化 ………… 97
哺乳類
　　→絶滅哺乳類 ………………………… 239
　　→哺乳類 ……………………………… 325
盆栽　→盆栽 ……………………………… 160
本草学　→本草学 ………………………… 80

【ま】

マグロ　→マグロ ………………………… 295

動植物・ペット・園芸 レファレンスブック　457

ます　　　　　　　　　　　事項名索引

マス　→サケ・マス ……………………… 294
マリンウォッチング　→海洋動物 ………… 220
マンモス　→マンモス …………………… 239
万葉集　→万葉の植物 ……………………… 43
水草
　→観葉・観賞植物 …………………… 143
　→鑑賞魚 ……………………………… 296
ミツバチ　→ハチ ………………………… 266
宮沢賢治　→日本各地の花 ……………… 115
民俗
　→植物と文化・民俗 ………………… 44
　→動物と文化・民俗 ………………… 204
虫　→昆虫類 ……………………………… 251
虫えい　→個々の昆虫 …………………… 263
虫こぶ　→個々の昆虫 …………………… 263
無脊椎動物　→無脊椎動物 ……………… 244
メダカ　→メダカ ………………………… 294
盲導犬　→盲導犬 ………………………… 341
木材　→樹木 ……………………………… 122

霊長類　→霊長類 ………………………… 344
レッドデータ
　→環境問題・自然保護 ……………… 28
　→植物保護 …………………………… 59
　→動物保護 …………………………… 226

【わ】

和歌　→植物と文学 ……………………… 39
ワシ　→ワシ・タカ ……………………… 323
渡り鳥　→海鳥・渡り鳥 ………………… 323

【や】

薬草　→薬草 ……………………………… 74
野菜　→野菜 ……………………………… 163
野生動物　→動物保護 …………………… 226
野草　→野草 ……………………………… 104
野鳥　→鳥類 ……………………………… 306
野鳥保護　→野鳥保護 …………………… 322
ヤモリ　→両棲類・爬虫類 ……………… 301
有害生物　→有害生物 …………………… 31
有毒植物　→有毒植物 …………………… 49
有毒動物　→有毒動物 …………………… 226
洋ラン　→ラン …………………………… 173

【ら】

ラン　→ラン ……………………………… 173
離弁花　→樹木 …………………………… 122
両棲類　→両棲類・爬虫類 ……………… 301
緑化樹　→街路樹 ………………………… 133
レイ　→フラワーデザイン ……………… 98

458　動植物・ペット・園芸 レファレンスブック

動植物・ペット・園芸 レファレンスブック

2011年10月25日 第1刷発行

発 行 者／大高利夫
編集・発行／日外アソシエーツ株式会社
　　　　　〒143-8550 東京都大田区大森北1-23-8 第3下川ビル
　　　　　電話(03)3763-5241(代表)　FAX(03)3764-0845
　　　　　URL http://www.nichigai.co.jp/
発 売 元／株式会社紀伊國屋書店
　　　　　〒163-8636 東京都新宿区新宿3-17-7
　　　　　電話(03)3354-0131(代表)
　　　　　ホールセール部(営業)　電話(03)6910-0519

電算漢字処理／日外アソシエーツ株式会社
印刷・製本／株式会社平河工業社

不許複製・禁無断転載　　　　　〈中性紙三菱クリームエレガ使用〉
〈落丁・乱丁本はお取り替えいたします〉
ISBN978-4-8169-2342-5　　　*Printed in Japan, 2011*

本書はデジタルデータでご利用いただくことができます。詳細はお問い合わせください。

「食」と農業 レファレンスブック
A5・440頁　定価9,240円(本体8,800円)　2010.11刊

1990～2009年に刊行された、「食」と農業・畜産業・水産業に関する参考図書を網羅した図書目録。統計集、ハンドブック、年鑑・白書、名簿、事典、法令集、辞典、カタログ・目録、書誌、図鑑など2,598点を収録。全てに内容情報を記載。

福祉・介護 レファレンスブック
A5・340頁　定価8,400円(本体8,000円)　2010.10刊

1990～2009年に刊行された、福祉・介護に関する参考図書を網羅した図書目録。ハンドブック、年鑑・白書、法令集、名簿、事典、辞典、雑誌目次総覧、統計集など1,815点を収録。全てに目次・内容情報を記載。

ヤングアダルトの本
職業・仕事への理解を深める4000冊
A5・400頁　定価8,400円(本体8,000円)　2011.9刊

中高生を中心とするヤングアダルト世代のために、職業・仕事に関する図書を分野別に一覧できる目録。「モノづくり」「販売」「福祉・公務」「教育・研究」などについて、ノンフィクション・エッセイ、資格ガイドなど4,000冊を収録。

原子力問題図書・雑誌記事全情報 2000-2011
A5・660頁　定価24,150円(本体23,000円)　2011.10刊

2000～2011年に国内で刊行された原子力問題に関する図書3,057点、雑誌記事10,551点をテーマ別に分類。原子力政策、原発事故、核兵器、放射能汚染など、平和利用、軍事利用の両面にわたり幅広く収録。

白書統計索引 2010
A5・900頁　定価29,400円(本体28,000円)　2011.2刊

2010年に刊行された104種の白書に収載されている、表やグラフなどの統計資料16,676点の総索引。主題・地域・機関・団体などのキーワードから検索でき、必要な統計資料が掲載されている白書名、図版番号、掲載頁が一目でわかる。

データベースカンパニー
日外アソシエーツ　〒143-8550　東京都大田区大森北1-23-8
TEL.(03)3763-5241　FAX.(03)3764-0845　http://www.nichigai.co.jp/